软件开发微视频讲解大系

Visual Basic 从入门到精通

（项目案例版）

明日学院 编著

中国水利水电出版社
www.waterpub.com.cn

·北 京·

内 容 提 要

《Visual Basic 从入门到精通（项目案例版）》以 Visual Basic 6.0 为基础，以初学者为核心，全面介绍了 Visual Basic 程序设计、VB 入门、VB 编程和 VB 项目实战案例等。本书共 24 章，其中第 1~16 章介绍了 Visual Basic 基础知识、核心技术和高级应用，主要内容包括 Visual Basic 6.0 开发环境、Visual Basic 语言基础、程序控制结构、窗体、常用控件、数组与集合、过程与函数、常用系统对象、菜单、对话框、文件操作、图形图像技术、数据库初步应用、错误处理与程序调试、API 函数、程序发布等；第 17~24 章通过企业进销存管理系统、学生订票管理系统、云台视频监控系统、人力资源管理系统等 8 个具体项目案例的实际开发过程，可以使读者掌握编程思维和开发技术。

《Visual Basic 从入门到精通（项目案例版）》配备了极为丰富的学习资源，具体内容如下：

◎配套资源：250 集教学视频（可扫描二维码观看），以及全书实例源代码。

◎附赠"Visual Basic 开发资源库"，拓展学习本书的深度和广度。

※实例资源库：891 个实例及源代码解读　　※模块资源库：15 个典型模块完整开发过程展现

※项目资源库：15 个项目完整开发过程展现　　※能力测试题库：4 种程序员必备能力测试题库

◎附赠在线课程：包括 Java，C++，android 等不同语言的多达百余学时的在线课程。

《Visual Basic 从入门到精通（项目案例版）》是一本 Visual Basic 入门视频教程，适合作为 Visual Basic 语言爱好者、Visual Basic 语言初学者、Visual Basic 语言工程师、应用型高校、培训机构的教材或参考书。

图书在版编目（CIP）数据

Visual Basic从入门到精通 : 项目案例版 / 明日学院编著. -- 北京 : 中国水利水电出版社, 2017.11（2020.11重印）
（软件开发微视频讲解大系）
ISBN 978-7-5170-5773-4

Ⅰ. ①V… Ⅱ. ①明… Ⅲ. ①BASIC语言－程序设计
Ⅳ. ①TP312.8

中国版本图书馆CIP数据核字(2017)第233928号

丛 书 名	软件开发微视频讲解大系
书　　名	Visual Basic 从入门到精通（项目案例版） Visual Basic CONG RUMEN DAO JINGTONG(XIANGMU ANLI BAN)
作　　者	明日学院　编著
出版发行	中国水利水电出版社 （北京市海淀区玉渊潭南路 1 号 D 座　100038） 网址：www.waterpub.com.cn E-mail：zhiboshangshu@163.com 电话：（010）68367658（营销中心）
经　　售	北京科水图书销售中心（零售） 电话：（010）88383994、63202643、68545874 全国各地新华书店和相关出版物销售网点
排　　版	北京智博尚书文化传媒有限公司
印　　刷	三河市龙大印装有限公司
规　　格	203mm×260mm　16 开本　46 印张　1078 千字　1 彩插
版　　次	2017 年 11 月第 1 版　2020 年11月第 3 次印刷
印　　数	6501—8500 册
定　　价	89.80 元

前　言

Preface

Visual Basic 是微软公司开发的基于 Windows 环境的一种面向对象的可视化编程软件，因其易学易用、功能强大，成为世界上使用人数最多的编程语言之一。Visual Basic 不仅可以开发数据库管理系统，而且可以开发集声音、动画、视频为一体的多媒体应用程序和网络应用程序，这使得 Visual Basic 成为应用最广泛的编程语言之一。Visual Basic 6.0 版本是非常成熟稳定的开发系统，也是至今最流行的 Visual Basic 版本。本书主要针对 Visual Basic 6.0 的相关知识进行介绍与讲解。

本书特点

➘ **结构合理，适合自学**

本书定位以初学者为主，在内容安排上充分体现了初学者的特点，内容循序渐进、由浅入深，能引领读者快速入门。

➘ **视频讲解，通俗易懂**

为了提高学习效率，本书大部分章节都录制了教学视频。视频录制时不是干巴巴地将书中内容阅读一遍，缺少讲解的“味道”，而是采用模仿实际授课的形式，在各知识点的关键处给出解释、提醒和需注意事项，专业知识和经验的提炼，让你高效学习的同时，更多体会编程的乐趣。

➘ **实例丰富，一学就会**

本书在介绍各知识点时，辅以大量的实例，并提供具体的设计过程，读者可按照步骤一步步操作，或将代码全部输入一遍，从而快速理解并掌握所学知识点。最后的 8 个大型综合案例，运用软件工程的设计思想和 Visual Basic 语言相关技术，全面展示了软件项目开发的实际过程。

➘ **精彩栏目，及时关键**

根据需要并结合实际工作经验，作者在各章知识点的叙述中穿插了大量的“注意”“说明”“技巧”等小栏目，让读者在学习过程中更轻松地理解相关知识点及概念，切实掌握相关技术的应用技巧。

本书显著特色

➘ **体验好**

二维码扫一扫，随时随地看视频。书中大部分章节都提供了二维码，读者朋友可以通过手机微信扫一扫，随时随地观看相关的教学视频。（若个别手机不能播放，请参考前言中的“本书学习资源列表及获取方式”下载后在电脑上观看）

➘ **资源多**

从配套到拓展，资源库一应俱全。本书提供了几乎覆盖全书的配套视频和源文件。此外，提供了开发资源库供读者拓展学习，具体包括：实例资源库、模块资源库、项目资源库、能力测试题库、面试资源库等，拓展视野、贴近实战，学习资源一网打尽！

- 案例多

案例丰富详尽，边做边学更快捷。跟着大量案例去学习，边学边做，从做中学，学习可以更深入、更高效。

- 入门易

遵循学习规律，入门实战相结合。编写模式采用基础知识+中小实例+实战案例，内容由浅入深，循序渐进，入门与实战相结合。

- 服务快

提供在线服务，随时随地可交流。提供企业服务 QQ、网站下载等多渠道贴心服务。

本书学习资源列表及获取方式

本书的学习资源十分丰富，全部资源如下：

- 配套资源

（1）本书的配套同步视频共计 250 集，总时长 40.5 小时（可扫描二维码观看或通过下述方法下载后在电脑中观看）

（2）本书中小实例共计 127 个，综合案例共计 8 个（源代码可通过下述方法下载）

- 拓展学习资源（开发资源库）

（1）实例资源库（891 个实例及源代码分析，多读源代码是快速学习之道）

（2）模块资源库（15 个典型移植模块，拿来改改就能用，方便快捷）

（3）项目资源库（15 个项目开发案例，完整展现开发全流程）

（4）能力测试题库（4 种类型能力测试题，全面检测程序员能力）

- 以上资源的获取及联系方式（注意：本书不配带光盘，书中提到的所有资源均需通过以下方法下载后使用）

（1）扫描并关注下面的微信公众号，在“资源下载”栏中选择本书对应的资源进行下载或咨询本书的有关问题。

（2）登录网站 xue.bookln.cn，输入书名，搜索到本书后下载。

（3）加入本书学习 QQ 群：642499709，咨询本书的有关问题。

（4）登录中国水利水电出版社的官方网站：www.waterpub.com.cn/softdown/，找到本书后，根据相关提示下载。

本书读者

- 编程初学者
- 大中专院校的老师和学生
- 初中级程序开发人员
- 想学习编程的在职人员
- 编程爱好者
- 相关培训机构的老师和学员
- 程序测试及维护人员

致读者

本书由明日学院 Visual Basic 语言程序开发团队组织编写，主要编写人员有刘志铭、高春艳、辛洪郁、刘杰、宋万勇、申小琦、赵宁、张鑫、周佳星、白宏健、王国辉、李磊、王小科、贾景波、冯春龙、何平、李菁菁、张渤洋、杨柳、葛忠月、隋妍妍、赵颖、李春林、裴莹、刘媛媛、张云凯、吕玉翠、庞凤、孙巧辰、胡冬、梁英、周艳梅、房雪坤、江玉贞、张宝华、杨丽、房德山、宋晓鹤、高洪江、赛奎春、潘建羽、王博等。

在编写本书的过程中，我们始终坚持“坚韧、创新、博学、笃行”的企业理念，以科学、严谨的态度，力求精益求精，但错误、疏漏之处在所难免，敬请广大读者批评指正。

祝读者朋友在编程学习路上一帆风顺！

编　者

目　录

Contents

“开发资源库”目录

第 1 大部分　实例资源库

（891 个完整实例分析，资源包：Visual Basic 开发资源库/实例资源库）

- 使用鼠标移动滚动条
- 浏览大幅图片
- 实现窗体滚动
- 制作倒计时程序
- 打老鼠游戏
- 利用 load 和 unload 动态添加、删除控件
- 利用 Shape 控件实现按钮效果
- 获得窗体中的控件名称列表
- 为控件添加标题栏和控制按钮
- 画桃花
- 利用 TabStrip 控件与 frame 控件实现选项卡
- 为 SSTab 选项卡设置背景色
- 获得选项卡中所有控件
- 为 SSTab 选项卡添加图标
- 限制用户切换 SSTab 选项卡
- 利用 SSTab 控件设计系统设置程序
- 利用 SSTab 控件设计多选项卡浏览器
- 为启动界面添加进度条
- 在数据库处理时显示进度
- 制作特效进度条
- 更改进度条颜色
- 利用 Slider 控件实现音量调整
- 使用打开对话框打开一个文件
- 设置默认路径
- 使用颜色对话框设置窗体背景色
- 显示“打印”或“打印选项”对话框
- 从公共对话框控件中提取多个文件名称
- 使用 RichTextBox 控件打开和保存文件
- 在 RichTextBox 控件中查找文本
- 在 RichTextBox 进行中英文文字查找并描红
- 在 RichTextBox 控件中进行文本替换
- 树状显示吉林省各市县名称
- 提取 RichTextBox 控件文本到数组
- 对 RichTextBox 中的选定文本进行打印
- 设置 RichTextBox 控件的页边距
- 高亮度显示一整行
- 获取文本行号
- 利用 RichTextBox 控件实现文档管理功能
- 用 RichTextBox 控件显示图文数据
- 创建彩虹文字
- 设置 TreeView 控件的背景色
- 获得所有同级节点的内容
- 在树状结构上实现右键菜单
- 带复选功能的树状结构
- 使用 TreeView 控件实现多级商品信息浏览
- 动态修改树状结构的节点
- 将 XML 文档显示在 TreeView 中
- 显示列表中当前人员姓名信息
- 设置 ListView 控件的显示方式
- 将图标加载到 ListView 控件中
- 利用 ListView 控件显示图像列表
- 将数据库中的表添加到 ListView 控件
- 设置 ListView 控件的行间隔颜色
- 利用 ListView 控件设置用户权限
- 判断当前选定的日期是星期几
- 查询指定时间段的数据
- 利用 ListView 控件浏览数据
- 利用 ListView 控件制作导航界面
- 利用 MSFlexGrid 控件显示数据
- 利用 MSFlexGrid 控件录入数据
- 利用 SSTab 控件制作小型应用程序
- 图文数据录入
- 随图像大小变换的图像浏览器
- 制作日历计划任务
- 向窗体中动态添加控件
- 公交线路模拟
- OCX 注册与卸载工具
- 逐行滚动显示信息
- 设置列表类控件支持鼠标滚轮
- 资源管理器
- 使用 ScriptControl 控件调用事件过程
- 具有节点拖动功能的树控件
- 常见任务栏导航
- 明日计算器
- 给 MSHFlexGrid 控件添加背景图片
- 透明窗体类库
- 数据库通用模块
- Excel 表格生成模块

第 2 大部分　模块资源库

（15 个项目开发模块，资源包：Visual Basic 开发资源库/模块资源库）

第 3 大部分　项目资源库

（15 个完整项目案例，资源包：Visual Basic 开发资源库/项目资源库）

第 4 大部分　能力测试题库

（4 类程序员必备能力测试题库，资源包：Visual Basic 开发资源库/能力测试）

第 1 章　Visual Basic 6.0 开发环境

扫一扫，看视频

Visual Basic 是 Microsoft 公司推出的可视化的开发环境，是 Windows 下最优秀的程序开发工具之一。利用 Visual Basic 可以开发出具有良好交互功能、良好的兼容性和扩展性的应用程序。

本章致力于使读者了解 Visual Basic 的世界，知道如何安装和卸载 Visual Basic 程序，掌握 Visual Basic 集成开发环境的各个要素，并能编写一个简单的应用程序。本章视频要点如下：

- 如何学好本章；
- 安装与卸载 Visual Basic；
- 启动 Visual Basic；
- 使用 Visual Basic 集成开发环境中的各要素；
- 定制开发环境；
- 使用 Visual Basic 的帮助系统；
- 开发程序的基本流程。

1.1　Visual Basic 简介

扫一扫，看视频

Visual Basic 是微软公司出品的可视化软件开发工具。单词 Visual 翻译成中文是可视化的意思，Basic 是“初学者通用符号指令代码”（Beginners' All - purpose Symbolic Instruction Code）的缩写。

精通 Visual Basic 的程序员，不但可以开发应用软件，还可以制作 ASP 网页、VBS 脚本等，与.Net 开发平台下的 C#等语言一决高下，这说明 Visual Basic 是一门具有顽强生命力和强大战斗力的开发语言。

1.1.1　Visual Basic 的发展

微软公司在 1991 年推出了建立在 Windows 开发平台基础上的开发工具 Visual Baisc 1.0。随着 Windows 操作平台的不断完善，微软公司也相继推出了 Visual Basic 2.0、Visual Basic 3.0 和 Visual Basic 4.0。这些版本主要用于在 Windows 3.X 环境中的 16 位计算机上开发应用程序。1997 年微软公司推出的 Visual Basic 5.0 可以在安装 Windows 9.X 或者 Windows NT 操作系统的 32 位计算机上开发应用程序。1998 年微软公司又推出了 Visual Basic 6.0，使得 Visual Basic 在功能上进一步完善和扩充。

1.1.2　Visual Basic 6.0 的特点

Visual Basic 是可视化的编程语言。使用 Visual Basic 语言进行编程，无须代码就可以完成许多步骤。因为在 Visual Basic 中引入了控件的概念，Visual Basic 把这些控件模式化，并且每个控件都有若干属性用来控制控件的外观、工作方法，并且能够响应用户操作（事件）。

在初步介绍 Visual Basic 语言之后，下面对 Visual Basic 语言的特点进行介绍。

1. 可视化编程

Visual Basic 提供了可视化设计工具，把 Windows 界面设计的复杂性“封装”起来，开发人员不必为界面设计而编写大量的程序代码，只需利用鼠标拖曳控件即可实现标准的 Windows 界面的设计。

2. 事件驱动机制

Windows 操作系统出现以来，图形化的用户界面和多任务多进程的应用程序要求程序设计不能是单一性的，在使用 Visual Basic 设计应用程序时，必须首先确定应用程序如何同用户进行交互。例如，发生鼠标单击、键盘输入等事件时，用户必须编写代码控制这些事件的响应方法。这就是所谓的事件驱动编程。

3. 面向对象的程序设计

在面向对象程序语言中，对象由程序代码或部件组成。Visual Basic 就是一门面向对象的语言，它把程序和数据封装起来，作为一个对象，并为每个对象提供了应有的属性，使对象成为实在的东西。

4. 结构化程序设计

Visual Basic 具有高级程序语言的语句结构，接近自然语言，在输入代码的同时，解释系统将高级语言分解并翻译为计算机可以识别的指令，并判断每个语句的语法错误。在设计程序的过程中，随时可以运行程序，而在整个应用程序设计好之后可以编译成为可执行文件。

1.1.3 Visual Basic 6.0 的版本

Visual Basic 6.0 有学习版、专业版和企业版 3 种不同的版本。

1. 学习版

针对初学者学习和使用的基础版本，学习版包括 Microsoft Visual Basic 6.0 的内部控件以及网格、选项卡和数据绑定控件，提供的文档有 Learn Visual Basic Now CD 和包含全部联机文档的 Microsoft Developer Network CD。通过使用学习版，编程人员可以轻松开发 Windows 的应用程序。

2. 专业版

专业版主要为专业编程人员提供了一整套功能完备的开发工具。该版本包括学习版的全部功能以及 ActiveX 控件、Internet Information Server Application Designer、集成的 Visual Database Tools 和 Data Environment、Active Data Objects 和 Dynamic HTML Page Designer。专业版提供的文档有 Visual Studio Professional Features 手册和包含全局联机文档的 Microsoft Developer Network CD。

3. 企业版

企业版使得专业编程人员能够开发功能强大的组内分布式应用程序。该版本包括专业版的全部功能和 Back Office 工具，例如 SQL Server、Microsoft Transfer Server、Internet Information Server、Visual SourceSafe、SNA Server 等。企业版中还包括 Visual Studio Enterprise Features 手册以及包含全部联机文档的 Microsoft Developer Network CD。

扫一扫，看视频

1.2 Visual Basic 6.0 的安装与管理

本节主要介绍 Visual Basic 6.0 的运行环境、集成开发环境的安装过程，以及组件的更改和删除的方法。

1.2.1 Visual Basic 6.0 的运行环境

1. 硬件要求

安装 Visual Basic 6.0 对硬件有一定的要求，具体要求如下：

- 90MHz 或更高的微处理器。
- VGA（640×480）或者分辨率更高的监视器。
- 鼠标或其他定点设备。
- CD-ROM 或 DVD-ROM 驱动器。
- 32MB 以上内存。
- 磁盘空间要求如下：
  - 学习版：典型安装 48MB，完全安装 80MB。
  - 专业版：典型安装 48MB，完全安装 80MB。
  - 企业版：典型安装 128MB，完全安装 147MB。

2. 软件要求

Visual Basic 6.0 需要在 Windows 95（或更高版本）、Windows NT 3.51（或更高版本）操作系统上安装。

1.2.2 安装 Visual Basic 6.0

以 Visual Basic 6.0 中文企业版为例，安装步骤如下：

（1）将安装盘放入光盘驱动器，操作系统会自动执行安装程序。如果不能自动安装，可以双击光盘中的 Setup 文件，如图 1.1 所示。执行安装程序，将弹出如图 1.2 所示的安装程序向导。

（2）单击“下一步”按钮，选择“接受协议”选项。

（3）单击“下一步”按钮，在“产品号和用户 ID”对话框中输入产品 ID、姓名与公司名称。

（4）单击“下一步”按钮，在“Visual Basic 6.0 中文企业版”对话框中选择“安装 Visual Basic 6.0 中文企业版”选项，如图 1.3 所示。

（5）单击“下一步”按钮，设置安装路径，然后打开“选择安装类型”对话框，如图 1.4 所示。

SETUP.EXE

图 1.1　安装文件图标

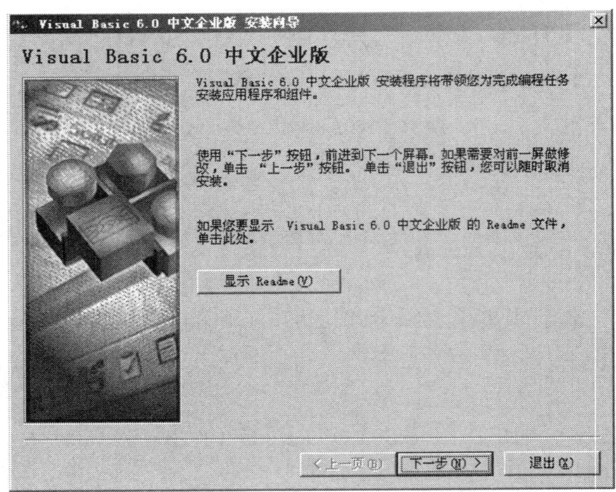

图 1.2　"Visual Basic 6.0 中文企业版安装向导"对话框

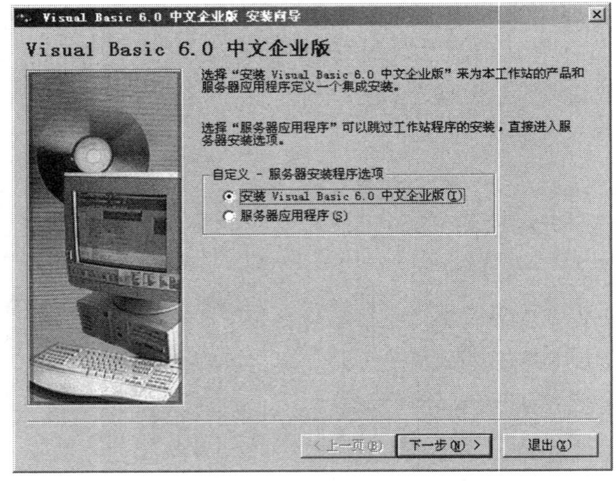

图 1.3　"选择安装程序"对话框

图 1.4　"选择安装类型"对话框

（6）在"选择安装类型"对话框中，如果选择"典型安装"，系统会自动安装一些最常用的组件；选择"自定义安装"，用户则可以根据自己的实际需要有选择地安装组件，如图 1.5 所示。

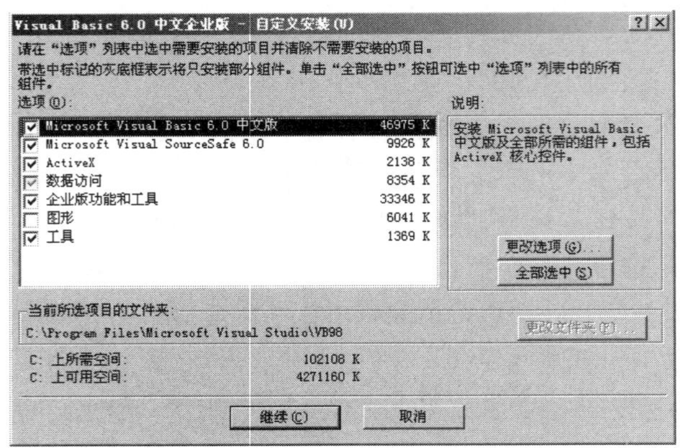

图 1.5　自定义安装

（7）单击“下一步”按钮，弹出版权提示与说明内容对话框。

（8）单击“继续”按钮，选择安装路径与安装模式（安装模式分为“典型安装”或“自定义安装”两种）后，开始安装 Visual Basic 6.0 开发环境。

（9）安装完成后，弹出对话框，提示“重新启动计算机”。当重新启动计算机进入操作系统后，系统开始进行一系列的更新及配置工作。

（10）当 Visual Basic 6.0 安装完成后提示用户是否安装 MSDN 帮助程序。如果需要安装 MSDN 帮助文件，需要将 MSDN 的安装光盘插入光盘驱动器，按照提示进行安装。

1.2.3 Visual Basic 6.0 的更改和删除

安装完 Visual Basic 6.0 后，在程序开发的过程中，可能需要添加某些组件，也有可能删除不需要的组件。具体实现的步骤如下：

（1）将 Visual Basic 6.0 光盘插入到光驱中（如果只需要删除组件时，Visual Basic 6.0 安装光盘可不插入光驱）。

（2）双击“控制面板”窗口中的“添加或删除程序”，打开“添加或删除程序”窗口。

（3）在当前程序列表中选择“Microsoft Visual Basic 6.0 中文企业版（简体中文）”选项，如图 1.6 所示。

（4）单击“更改/删除”按钮。此时将弹出“Visual Basic 6.0 中文企业版安装程序”对话框，如图 1.7 所示。

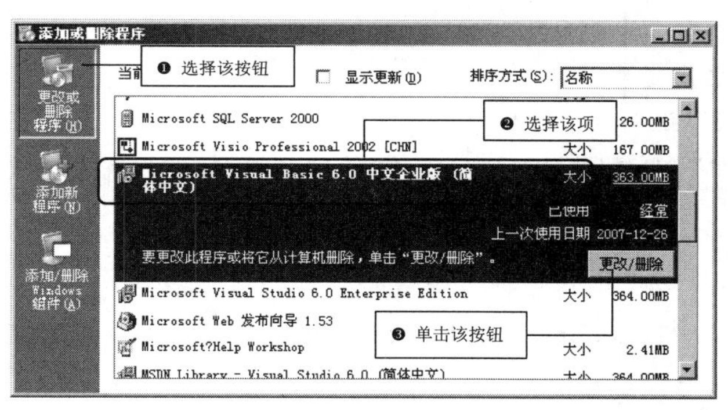

图 1.6 更改/删除 VB6.0

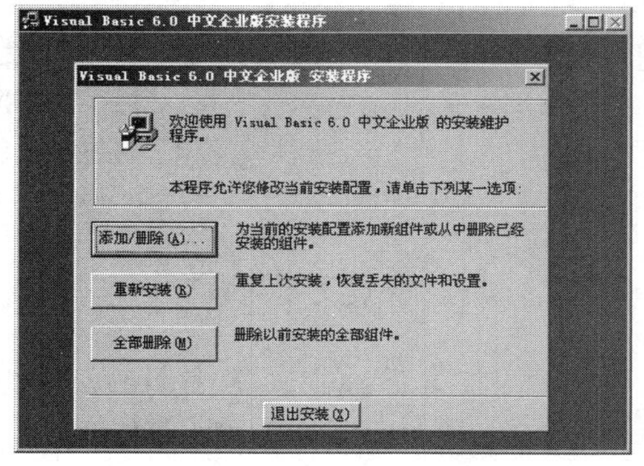

图 1.7 “VB6.0 中文企业版安装程序”对话框

（5）在如图 1.7 所示的对话框中包括 3 个选项按钮：

- “添加/删除”按钮

如果用户要添加新的组件或删除已安装的组件，单击此按钮，在弹出的 Maintenance Install 对话框中，选择需要添加或清除组件前的复选框。

- “重新安装”按钮

如果以前安装的 Visual Basic 6.0 有问题，可单击此按钮重新安装。

- “全部删除”按钮

单击此按钮将 Visual Basic 6.0 的所有组件从系统卸载。

扫一扫，看视频

1.3 Visual Basic 6.0 的启动

本节主要介绍启动 Visual Basic 6.0 的 3 种方法：通过“开始”菜单启动、通过快捷方式启动、在“运行”对话框中运行，以及 Visual Basic 6.0 集成开发环境的特点。

1.3.1 通过“开始”菜单启动

选择“开始”/“所有程序”/“Microsoft Visual Basic 6.0 中文版”/“Microsoft Visual Basic 6.0 中文版”命令，如图 1.8 所示。

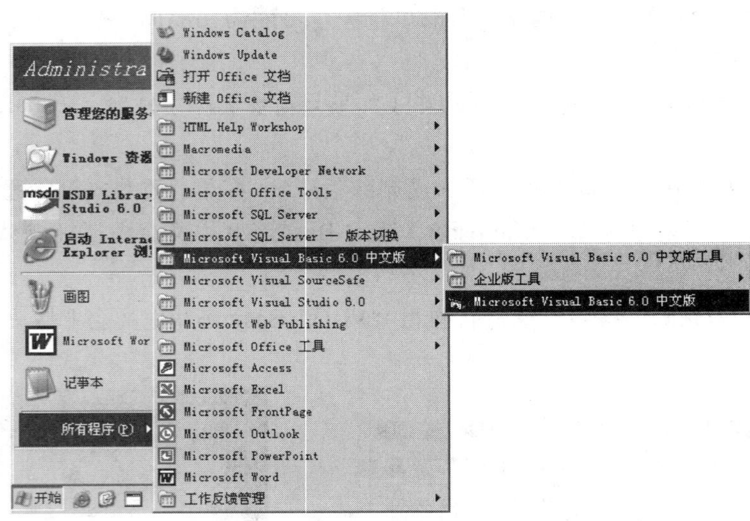

图 1.8 从“开始”菜单启动 VB6.0

1.3.2 通过快捷方式启动

如果在桌面上创建了快捷方式，可以通过在桌面上双击 Visual Basic 6.0 的快捷方式图标来启动 Visual Basic 6.0。启动界面如图 1.9 所示。

图 1.9 VB6.0 启动界面

在启动 Visual Basic 6.0 以后，将打开一个“新建工程”对话框。在该对话框中包括 3 个选项卡，分别是“新建”“现存”“最新”，其具体的功能如下：

- “新建”选项卡，显示可打开的工程类型。
- “现存”选项卡，显示一个对话框，可以在那里定位并选择想打开的工程。
- “最新”选项卡，列出最近打开的工程及其位置。选择“新建”选项卡，选择“标准 EXE”，单击“打开”按钮，即可创建一个标准 EXE 工程，如图 1.10 所示。

在“新建”选项卡中，列出了用户可以创建的工程的类型，根据需要用户可以创建不同类型的工程。

例如，选择“标准 EXE”，创建工程，如图 1.11 所示。

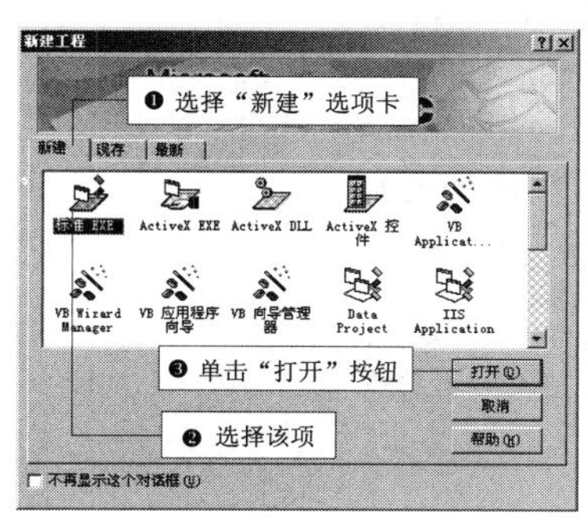

图 1.10 “新建工程”对话框

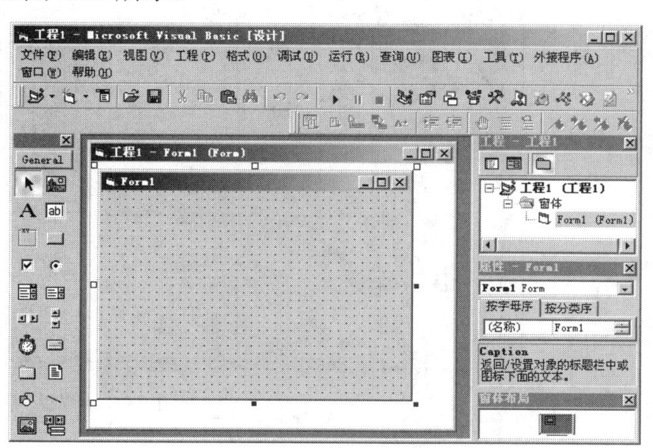

图 1.11 “标准 EXE”工程

1.3.3 在“运行”对话框中运行

执行“开始”菜单下的“运行”命令，单击“运行”对话框中的“浏览”按钮，找到 Visual Basic 启动文件，单击“确定”按钮，如图 1.12 所示。

运行 Visual Basic 开发环境后首先弹出“新建工程”对话框，让用户选择新建工程的类型，如图 1.13 所示。

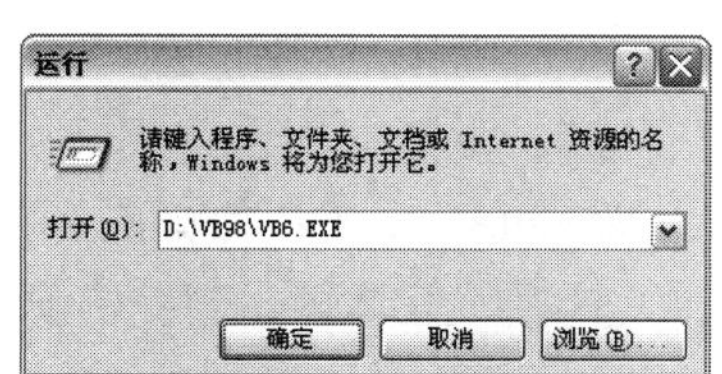

图 1.12 通过“运行”对话框启动 Visual Basic

图 1.13 “新建工程”对话框

例如，在“新建”选项卡中选择“标准 EXE”，可以新建一个“标准 EXE”工程，这是 Visual Basic 中最常用的工程类型，如图 1.14 所示。如果不想在启动时出现图 1.13 所示的对话框，可以选择对话框下方的“不再显示这个对话框”复选框，下次启动 Visual Basic 时直接进入图 1.14 所示的界面。

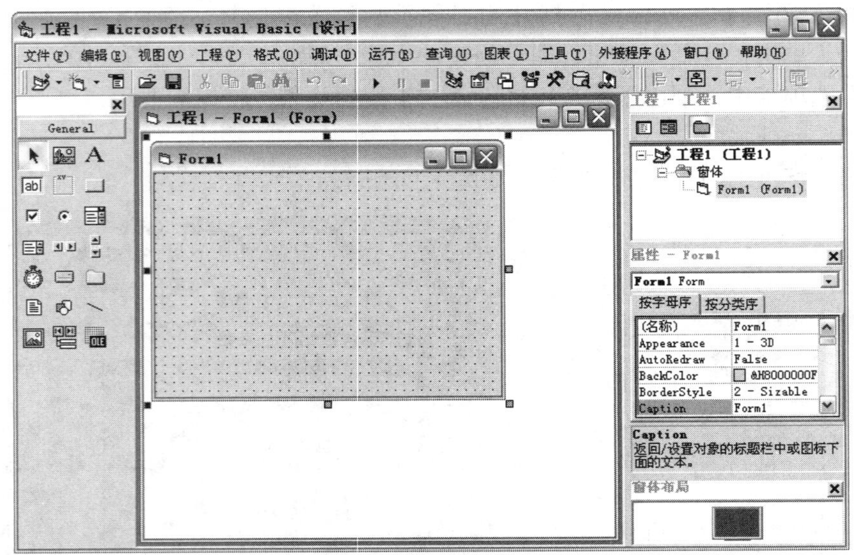

图 1.14　开发环境界面

1.3.4　开发环境的特点

集成开发环境的特点如下：

- MDI 界面，包括工程资源管理器窗口、属性窗口、窗体布局窗口等，从一个窗口可以很容易地切换到另一个窗口。
- 在对话框中可编辑多个项目。不必关闭一个项目再转到另一个项目，这在开发相互关联的项目时是非常方便的。
- 能使属性窗口、工程管理器窗口、窗体布局窗口、工具条等在屏幕上链接到浮动屏幕上的某个位置。
- 配有一些工具便于代码输入，如自动列表存储器和自动快速显示器。由于有了这些工具，在声明变量时会出现列表提示信息。

1.4　集成开发环境介绍

Visual Basic 程序开发工具就是 Visual Basic 程序员手中的“枪”，要精准地击中目标必须对这杆枪的“射程”和“构造”有所了解。这里所说的“构造”就是 Visual Basic 6.0 的集成开发环境。本节将重点介绍 Visual Basic 6.0 的集成开发环境，包括菜单栏、工具栏、工具箱、工程资源管理器、属性窗口、窗体布局窗口和窗体设计器等。

1.4.1 菜单栏

通过菜单栏可以实现 Visual Basic 中的所有功能。同其他 Windows 程序的菜单一样，可用单击菜单项或用热键访问菜单中的功能。热键由菜单项名中带有下划线的字符指示。要使用主菜单的热键，直接按下〈Alt〉键并同时按下带下划线字符指示的键。该方法可以快速地通过键盘访问大多数功能菜单。

菜单栏显示了所有可用的 Visual Basic 命令。在菜单栏中除了“文件”“编辑”“视图”“窗口”和“帮助”菜单之外，还提供了编程专用的功能菜单，如“工程”“格式”“调试”等，菜单栏如图 1.15 所示。每个菜单项中又含有若干个菜单命令，分别执行不同的操作。

图 1.15　Microsoft Visual Basic 6.0 菜单栏

1.4.2 工具栏

在多个菜单中寻找所需的命令很麻烦，通过 Visual Basic 中的工具栏可以对常用菜单命令进行快速访问，只需要单击工具栏上的按钮即可执行相应的菜单命令。Visual Basic 6.0 中的工具栏有 4 种，即“标准”工具栏、“编辑”工具栏、“调试”工具栏和“窗体编辑器”工具栏。下面对常用的“标准”工具栏和“编辑”工具栏进行详细介绍。

（1）“标准”工具栏

“标准”工具栏中包含一些常用的菜单命令的快捷方式按钮，单击某个工具栏按钮，即可执行相应的命令。例如单击“添加窗体”按钮，即可在工程中添加一个新窗体。“标准”工具栏如图 1.16 所示。

用户也可以根据需要自定义工具栏，方法是：单击“视图”/“工具栏”/“自定义”命令，在弹出的“自定义”对话框中，单击“工具栏”选项卡，在“工具栏”列表中选择所需的工具栏即可。

（2）“编辑”工具栏

“编辑”工具栏中包含一些编辑代码时常用的菜单项的快捷方式按钮，单击某个工具栏按钮，即可执行相应的命令。例如单击“设置注释块”按钮，即可将“代码窗口”下不需要的代码注释掉。“编辑”工具栏如图 1.17 所示。

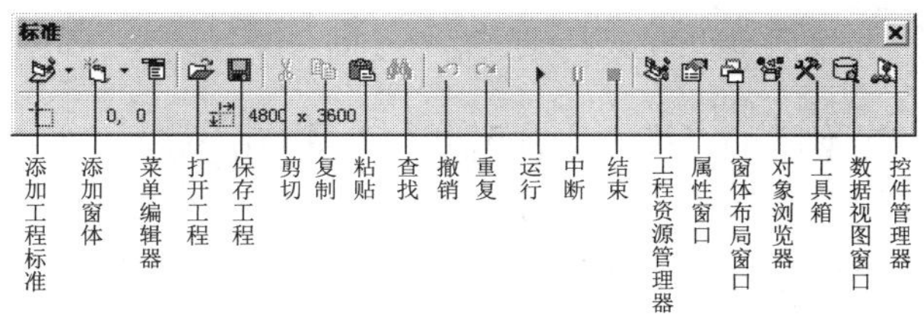

图 1.16　“标准”工具栏

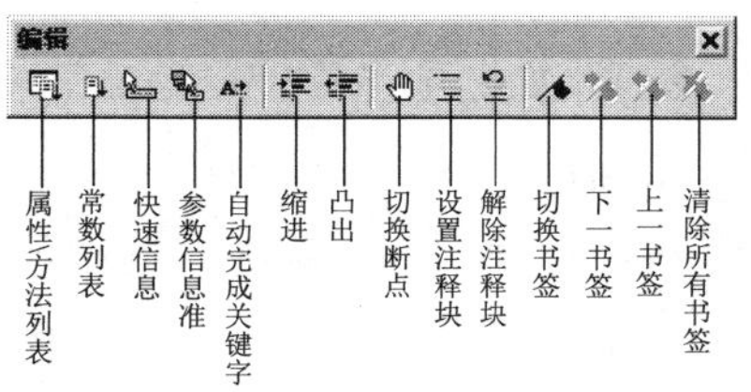

图 1.17　“编辑”工具栏

1.4.3 工具箱

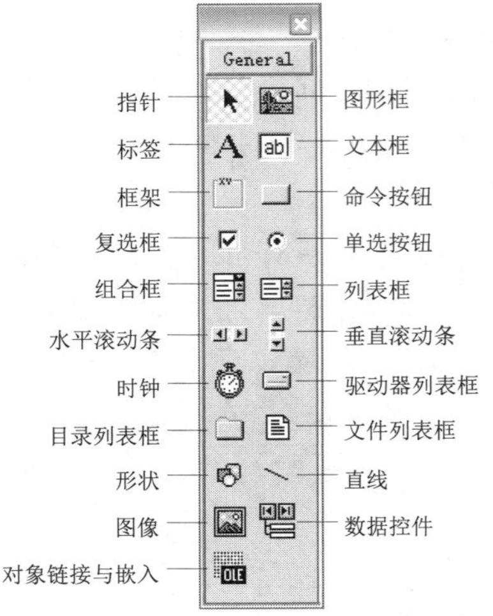

图 1.18 工具箱

工具箱由工具图标组成，用于提供创建应用程序界面所需要的基本要素——控件。默认情况下，工具箱位于集成开发环境中窗体的左侧。

功能工具箱中的控件可以分为两类，一类是内部控件或者称为标准控件，另一类为 ActiveX 控件，需要手动添加到应用程序中，如果没有手动添加，则默认只显示内部控件。工具箱如图 1.18 所示。

用户可以自己手动设计工具箱，将所需要的控件或者选项卡添加到工具箱中。下面介绍如何向工具箱中添加 ActiveX 控件和选项卡。

1. 添加 ActiveX 控件

在工具箱上单击鼠标右键，在弹出的快捷菜单中选择“部件”命令，将弹出“部件”对话框，在“控件”选项卡中勾选需要添加的控件项，如勾选 Microsoft ADO Data Control 6.0（SP6），如果在控件列表中没有所需要的控件，则可以通过单击“浏览”按钮，将所需要的控件添加到控件列表中，选择完毕，单击“确定”按钮，即可将 ADO 控件添加到工具项中，具体的执行过程如图 1.19 所示。

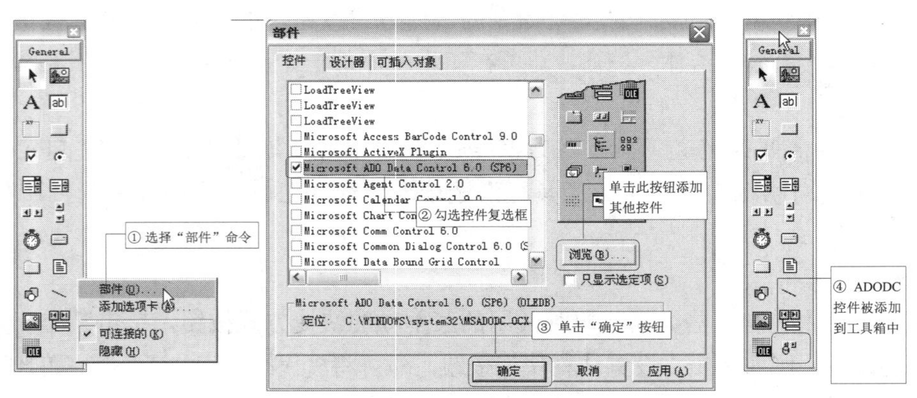

图 1.19 添加 ActiveX 控件

2. 添加选项卡

当添加的 ActiveX 控件过多时，都存放在一起不便于查找，这时可以在工具箱中添加一个选项卡，将控件分门别类存放，这样就便于查找和使用。具体的添加选项卡的方法如下：

在工具箱上单击鼠标右键，在弹出的快捷菜单中选择“添加选项卡”命令，在弹出的对话框中输入要创建的选项卡的名称，如 ActiveX 控件，单击“确定”按钮，即可在工具箱中添加一个选项卡，效果如图 1.20 所示。

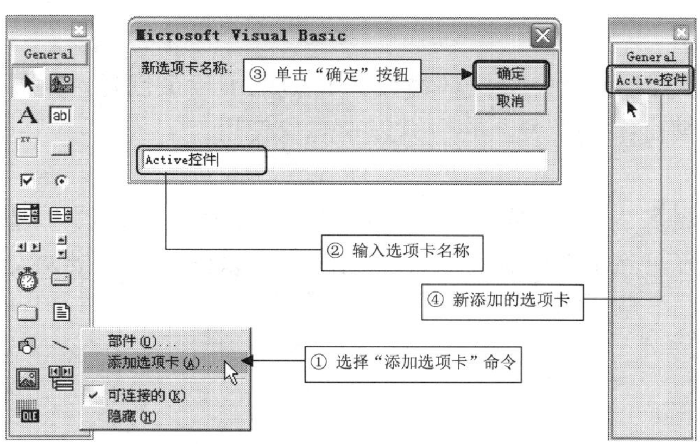

图 1.20　添加选项卡

1.4.4　工程资源管理器

工程资源管理器窗口列出了当前应用程序中所使用的窗体、模块、类模块、环境设计器以及报表设计器等资源。

在工程中，用户可以通过选择标题上面的叉，将其关闭，并通过选择“视图”/“工程资源管理器”命令将其显示，也可以通过使用快捷键〈Ctrl+R〉来实现。工程资源管理器窗口如图 1.21 所示。

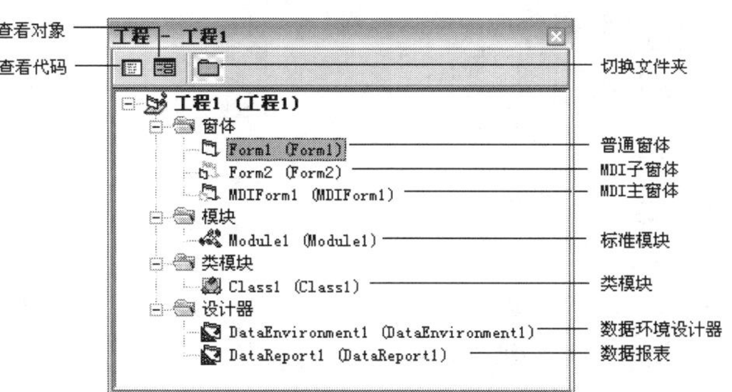

图 1.21　工程资源管理器

下面对图 1.21 中所出现的工程资源管理器做简单的介绍。

➘　窗体模块

窗体模块的文件扩展名为.frm，是 Visual Basic 应用程序的基础，在窗体模块中可以设置窗体控件的属性、窗体级变量、常量的声明以及过程和函数的声明等。窗体模块包括普通窗体、MDI 主窗体、MDI 子窗体。

➘　标准模块

标准模块的文件扩展名为.bas，只包含过程、类型以及数据的声明和定义的模块。在标准模块中，模块级别的声明和定义都被默认为 Public。

➘　类模块

类模块的文件扩展名为.cls，类模块是一个模板，用于创建工程中的对象，并为对象编写属性和方法。模块中的代码描述了从该类创建的对象的特性和行为。

➘ 数据环境

数据环境的文件扩展名为.dsr，数据环境设计器提供了一个创建 ADO 对象的交互式的设计环境，可以作为数据源提供窗体或报表上的数据识别对象使用。

➘ 数据报表

数据报表的文件扩展名为.dsr，数据报表设计器与数据环境设计器一起使用。可以通过几个不同的相关联的表创建报表。除了能创建可打印输出的报表以外，数据报表设计器还可以将报表导出到 HTML 或文本文件中。

1.4.5 属性窗口

属性窗口用于显示或设置已经选定的对象（如窗体、控件、类等）的各种属性名和属性值。用户可以通过设置“按字符序”或“按分类序”选项卡，来设置属性窗口中的属性的排序方式。可以通过在属性值文本框或下拉列表框中输入或选择属性的值，进行修改或设置。在属性窗口的属性描述区域中显示了当前所选定属性的具体的意义，通过属性描述，用户可以快速了解属性的意义。

在工程中，用户可以通过单击标题栏上的关闭按钮，将属性窗口关闭；通过选择“视图”/“属性窗口”命令，显示该窗口，也可以通过快捷键〈F4〉来实现。属性窗口的组成如图 1.22 所示。

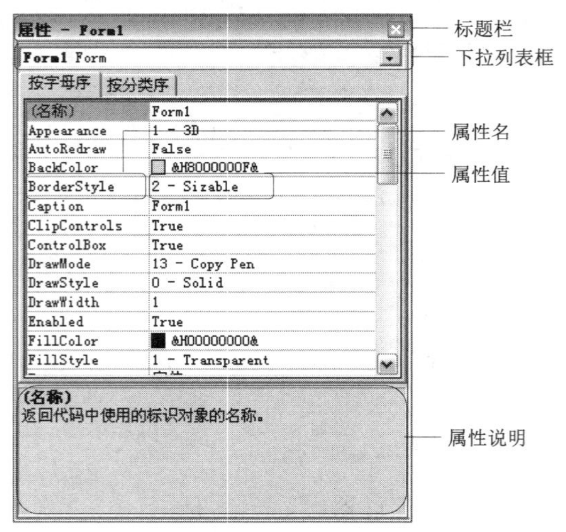

图 1.22 属性窗口

1.4.6 窗体布局窗口

窗体布局窗口位于集成开发环境的右下角，主要用于指定程序运行时的初始位置，使所开发的程序能在各种不同分辨率的屏幕上正常运行，常用于多窗体的应用程序。

在窗体布局窗口中可以将所有可见的窗体都显示出来。当把光标放置到某个窗体上时，它改变为一个。在运行时，按下鼠标，可以将窗体定位在希望它出现的地方。

可以通过在窗体布局窗口上单击鼠标右键，在弹出的快捷菜单中选择“分辨率向导”命令，设置不同的分辨率。

选中要设置启动位置的窗体以后，单击鼠标右键，在弹出的快捷菜单中选择“启动位置”命令，设置该窗体的启动位置。

在工程中，用户可以通过选择“视图”/“窗体布局窗口”命令，来显示该窗口。窗体布局窗口的组成如图 1.23 所示。

1.4.7 窗体设计器

窗体是应用程序最主要的组成部分，每个窗体模块都包含事件过程，即代码部分，其中有为响应特定事件而执行的指令。窗体可包含控件。在窗体模块中，对窗体上的每个控件都有一个对应的事件过程集。除了事件过程，窗体模块还可包含通用过程，它对来自任何事件过程的调用都作出响应。

在工程中，选择“视图”/“对象窗口”命令，即可显示窗体设计器，如图 1.24 所示。

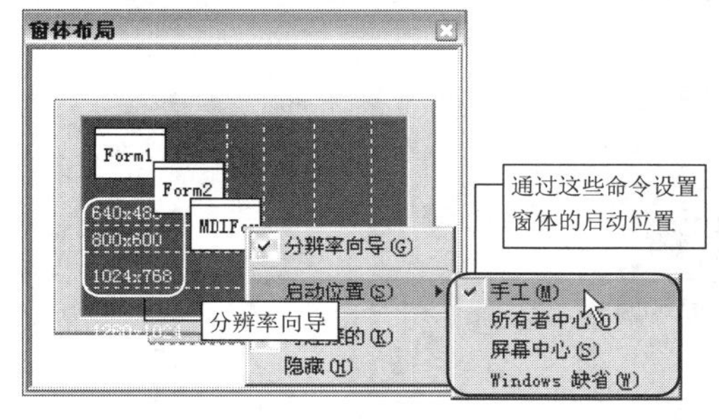

图 1.23　窗体布局窗口

图 1.24　窗体设计器

1.4.8 代码编辑器

代码编辑窗口也就是代码编辑器，用于输入应用程序的代码。工程中的每个窗体或代码模块都有一个代码编辑窗口，代码编辑窗口一般和窗体是一一对应的。标准模块或类模块只有代码编辑窗口，没有窗体部分。

在工程中，可以通过选择“工程”/“代码窗口”命令，显示代码编辑窗口。代码编辑窗口的各部分功能如图 1.25 所示。

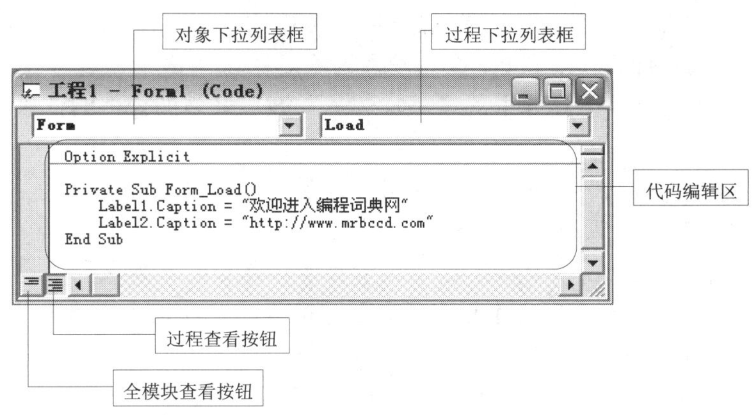

图 1.25　代码编辑窗口

1.5 定制开发环境

枪械的准星的校准工作至关重要，因为它关系到枪械瞄准的精准程度。一名射术精湛的士兵，使用精确校准过准星的枪支射击，能够精准地击中靶心。Visual Basic 的定制开发环境就好比枪械的准星校准，它关系到 Visual Basic 程序员是否能够快速准确地编写代码，使开发环境最大限度地满足程序员编程习惯。本节将对定制开发环境的方法进行介绍。

1.5.1 设置在编辑器中要求变量声明

用户可以通过“选项”对话框，设置在代码中要求强制进行变量声明，具体的操作步骤如下：

（1）选择“工具”/“选项”命令，打开“选项”对话框。

（2）选择“编辑器”选项卡，在“代码设置”区域中勾选“要求变量声明”复选框。

（3）单击“确定”按钮，完成设置。

这样在代码的编辑区域中，将自动添加 Option Explicit 语句。其操作过程如图 1.26 所示。

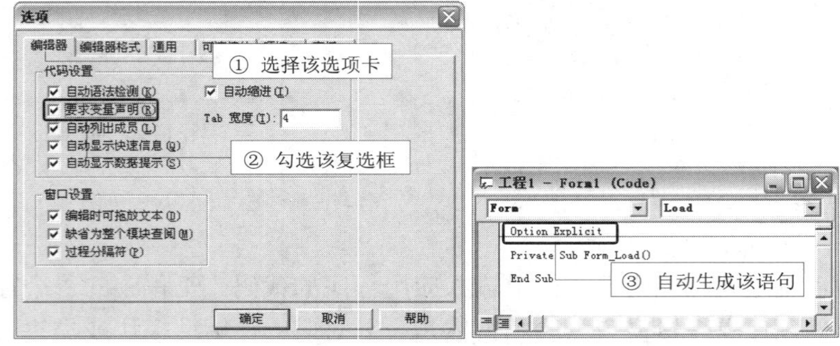

图 1.26 强制变量声明的设置过程

1.5.2 设置网格大小和不对齐到网格

在窗体上有一些排列整齐的点，这些点就是窗体上的网格，VB 利用这些网格确定控件的位置。这些网格的大小是可以调整的，也可以将控件设置为不对齐到网格上，这样在调整控件位置的时候就可以利用〈Ctrl〉键加上〈↑〉、〈↓〉、〈←〉、〈→〉键，来微调控件的位置。具体的设置方法如下：

（1）选择“工具”/“选项”命令，即可弹出“选项”对话框。

（2）在弹出的“选项”对话框中，选择“通用”选项卡。

（3）在“窗体网格设置”区域中，勾选“显示网格”复选框。如果不勾选该项，在窗体上将不显示网格。在“高度”和“宽度”文本框中设置网格的大小，默认的大小为 120×120。这里为了突出显示效果，将其设置为 500×500。

（4）取消选中“对齐控件到网格”复选框，单击“确定”按钮，完成设置。

具体的操作过程如图 1.27 所示。

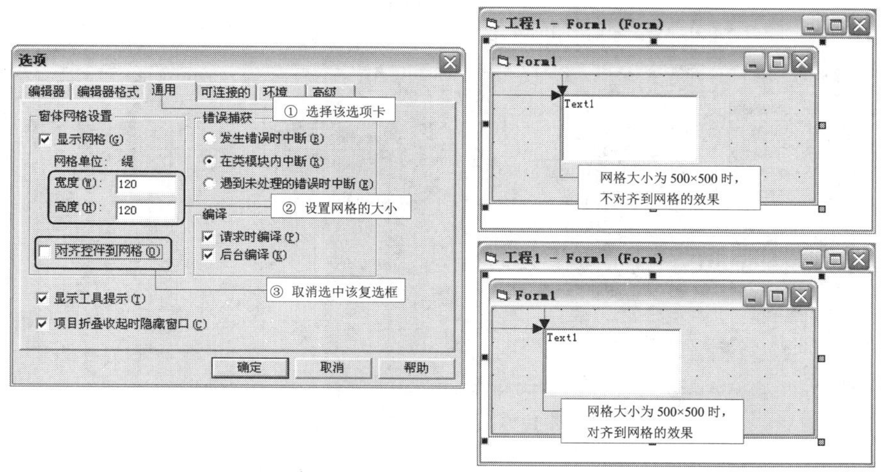

图 1.27　设置网格大小和是否对齐到网格

1.5.3　设置启动时保存

工程的保存是程序设计中很重要的一个环节，在修改程序时，不及时保存，当程序出现错误自动关闭时之前编写的代码会全部丢失，这样将需要重新编写代码，会给程序的开发带来不必要的麻烦。在程序开发时，可以通过设置开发环境将其设置为启动时保存或者提示保存的形式。

1．启动时保存改变

在默认情况下，程序启动时是不保存程序的改变的。但是可以通过下面的方法将其设置为启动时保存，具体的步骤如下：

（1）选择“工具”/“选项”命令。

（2）在弹出的“选项”对话框中，选择“环境”选项卡，在“启动程序时”区域中，默认情况下，设置为“不保存改变”，这里选择“保存改变”单选按钮。

（3）单击“确定”按钮，关闭“选项”对话框。当程序没保存就启动时，将会自动保存，如果工程为新创建的，没有存储路径，将弹出“文件另存为”对话框，如图 1.28 所示。

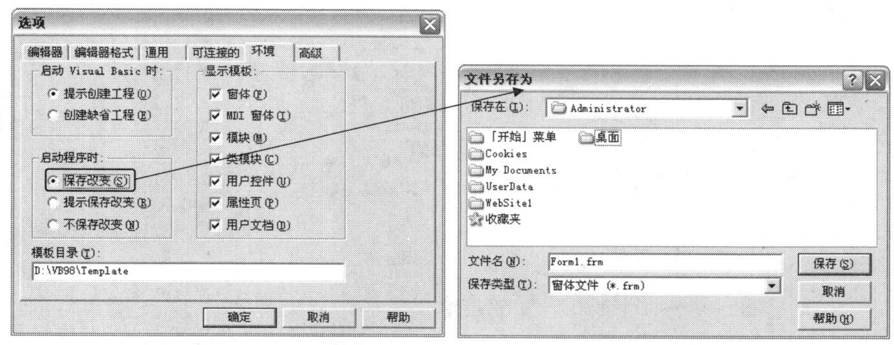

图 1.28　启动时保存

2．启动时提示保存

也可以将环境设置为在启动时提示是否保存的对话框。只需选择“提示保存改变”单选按钮，即可在程序启动时，弹出提示对话框，询问是否保存，如图 1.29 所示。

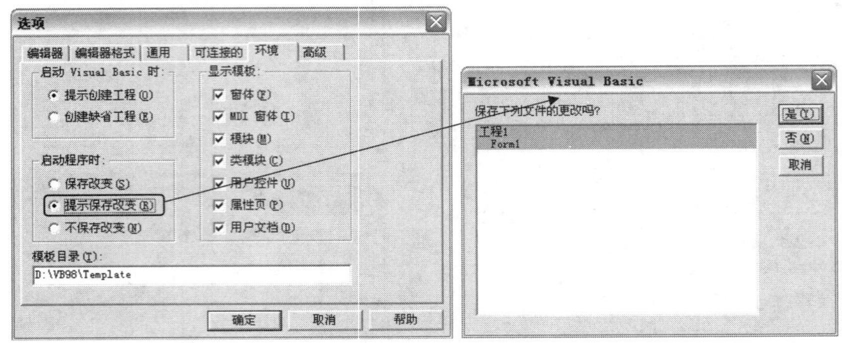

图 1.29　启动时提示保存

1.5.4　定制工具栏

工具栏是将一些在菜单中经常使用的命令组合在一起。如果有些菜单命令经常被使用到，可以将其添加到工具栏中。用户通过选择“视图”/“工具栏”/“自定义”命令，将启动“自定义”对话框。

根据个人的需要创建一个自己的工具栏，用于存放自己经常使用的菜单命令，具体的方法如下：

（1）启动“自定义”对话框，选择“工具栏”选项卡，单击“新建”按钮，将弹出“新建工具栏”对话框。

（2）在该对话框中输入要创建的工具栏的名称，这里为“我的工具栏”，单击“确定”按钮，完成工具栏的添加。

（3）再次启动“自定义”对话框，选择“命令”选项卡，拖动想要添加的命令到“我的工具栏”。例如，拖动“打开工程”命令到“我的工具栏”。当光标变成箭头带一个加号的形式，释放鼠标。

（4）重复步骤（3）将需要的命令都添加到“我的工具栏”上，单击“关闭”按钮，关闭“自定义”对话框。

整个创建自定义工具栏的操作过程如图 1.30 所示。

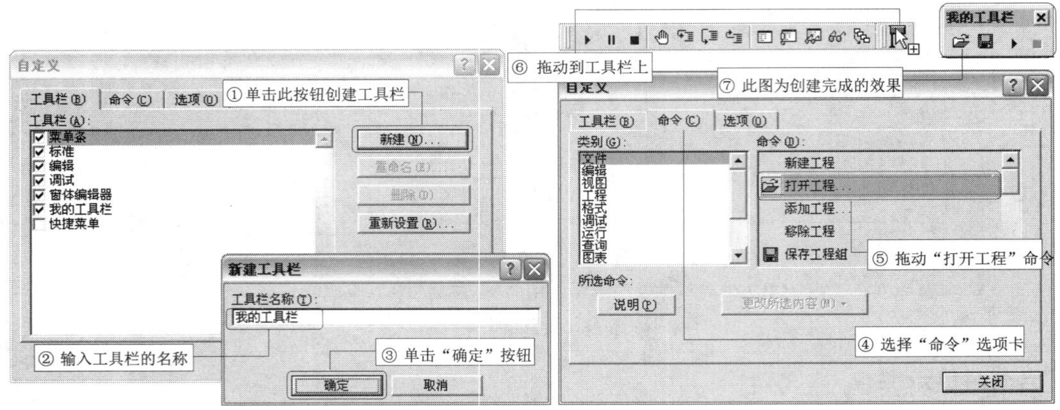

图 1.30　定制工具栏

1.6　Visual Basic 6.0 的帮助系统

本节主要介绍 MSDN Library 的使用方法、利用 MSDN 附带的实例源程序学习编程和使用 VB 的帮助菜单。

1.6.1　启动 MSDN Library

安装完成以后，用户可以通过下面两种方法打开 MSDN。

➘　通过“开始”菜单启动

在“开始”菜单中，选择“程序”/“Microsoft Developer Network”/“MSDN Library Visual Studio 6.0（CHS）”命令，启动 MSDN。

➘　在集成开发环境中启动

如果启动了 VB 6.0 集成开发环境，可以通过“帮助”菜单启动 MSDN。启动后的 MSDN 如图 1.31 所示。

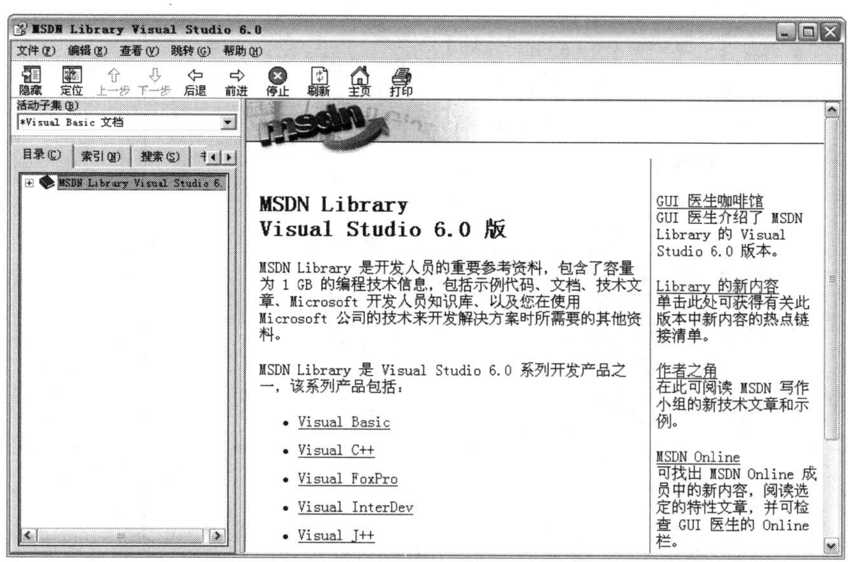

图 1.31　启动后的 MSDN

1.6.2　使用 MSDN Library

在程序开发过程中 MSDN 可以帮助用户解决程序开发中遇到的相关问题，用户只需选定需要获取帮助的相关对象，然后按〈F1〉键，即可获取相关的 MSDN 帮助信息。

1.6.3　利用附带的实例源程序学习编程

Visual Basic 附带的实例源程序位于 MSDN 光盘中，用户可以在安装 MSDN 时在 Custom 对话框中选定 Visual Basic 6.0 Product Samples 来安装这些实例源程序，从而帮助学习 VB。由于安装 MSDN 的版本不同，实例源程序所在的路径也不同。例如，笔者自身计算机提取的路径为 Program Files\Microsoft Visual Studio\MSDN98\98VS\2052\SAMPLES\VB98，该文件夹下的实例源程序内容如表 1.1 所示。

表 1.1　实例文件夹的内容

工 程 名 称	工 程 内 容	工 程 名 称	工 程 内 容
ACTXDOC	ActiveX 文档教程	HELLOWORLDREMOTE AUTOMATION	简单的远程自动化（Remote-Automation）
AXDATA	ActiveX 部件担当其他控件的数据源	INTERFACE	使用 COM 单元模型资源分配算法
COFFEE	创建和使用 ActiveX 部件	MESSAGEQUEUE	企业消息
CTLPLUS	创建 ActiveX 控件	PASSTHROUGHSERVER	简单的传递服务器
DATAWARE	创建能够担当数据源或客户的类	POOLMANAGER	客户向缓冲池管理器请求对象的指针
GEOFACTS	演示在 VB 应用程序中 Excel 对象的使用	ATM	如何使用资源文件
CONTROLS	演示了 TextBox、CommandButton 和 ImageShows 等控件的使用	CALLDLLS	调用动态链接库中的过程
CTLSADD	在运行时向应用程序中添加控件	ERRORS	错误处理技术
DATATREE	使用 TreeView、ListView 和 ProgressBar	MDINOTE	构造简单的多文档界面应用程序及菜单的创建
LISTCMBO	数据绑定到列表框和组合框	OPTIMIZE	优化技术
OLECONT	OLE 容器控件	PROGWOB	用对象编程
REDTOP	创建陀螺旋转的动画	SDINOTE	构造简单的单文档界面应用程序。菜单和工具栏的创建
VISUAL BASIC 6.0 TERM	用 MSComm 控件进行终端仿真	TABORDER	使用 VB 的扩展性模型重新设置指定窗体的 Tab 键次序
DATAREPORT	演示新的数据报表设计器	VCR	如何使 VB 的类能够模拟真实世界的对象
BIBLIO	使用 Data 控件	BLANKER	普通图形技术
BOOKSALE	使用自动化服务器（Automation Server）封装商务策略和规则的逻辑	PALETTES	PaletteMode 设置；Picture 对象
FIRSTAPP	使用 Data 控件和其他数据识别的控件	DHSHOWME	DHTML 技术
MSFLEXGD	使用 MSFlexGrid 控件	PROPBAG	保存 HTML 页之间的状态值
VISDATA	DAO 技术	WCDEMO	WebClass 演示
CALLBACK	由服务器初始化回调到客户端		

1.6.4 使用 Visual Basic 6.0 的帮助菜单

在程序开发的时候，用户肯定会遇到很多难题或者疑问，利用 Visual Basic 的帮助系统就可以解决很多开发中的问题。下面首先介绍一下 Visual Basic 的帮助菜单。Visual Basic 的帮助菜单如图 1.32 所示。

图 1.32 帮助菜单的相关信息

1.7 创建第一个 Visual Basic 程序

扫一扫，看视频

前面介绍了很多关于 Visual Basic 的知识，下面通过一个小例子来使读者了解一下 Visual Basic 应用程序的开发流程。

本例将创建第一个 VB 程序。下面以创建一个 Hello VB 的程序为例，进行介绍。程序的执行流程为：运行程序，单击“确定”按钮，在窗体的标签中显示出 Hello VB 的信息，单击“退出”按钮，退出程序。

1.7.1 创建工程文件

选择“文件”/“新建工程”命令，在弹出的如图 1.33 所示“新建工程”对话框选择“标准 EXE”，单击“确定”按钮，即可创建一个标准的 EXE 工程。

1.7.2 界面设计

在工程创建以后，会自动创建一个新窗体，命名为 Form1。在该窗体上添加一个 Label 控件，两个 CommandButton 控件，具体的摆放位置如图 1.34 所示。

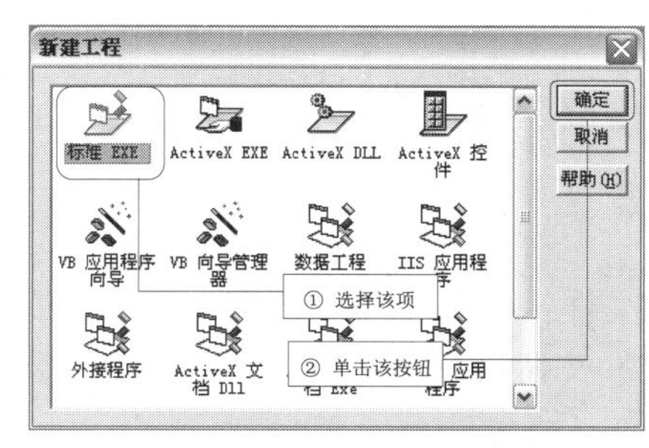

图 1.33 新建工程

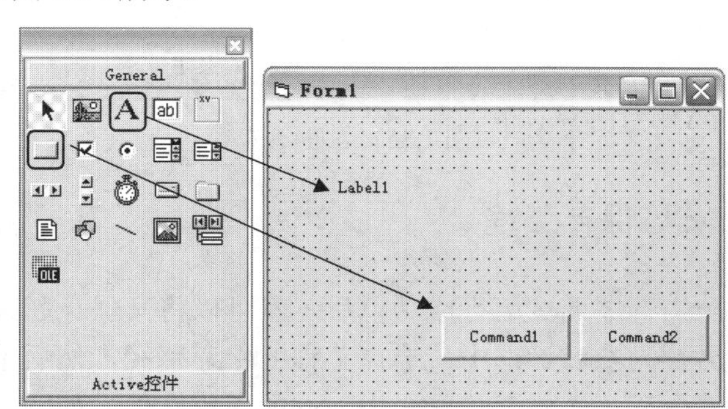

图 1.34 设置窗体界面

1.7.3 编写代码

进入到代码编辑器中，编写代码。本程序中需要在窗体中加载事件：Command1 的单击事件，Command2 的单击事件。下面编写代码，具体的代码形式如下：

```
Private Sub Command1_Click()
    Label1.Caption = "Hello VB"                    '设置标签内容
End Sub
Private Sub Command2_Click()
    End                                            '退出程序
End Sub
Private Sub Form_Load()
    Me.Caption = "第一个 VB 应用程序"              '设置窗体的标题栏
    Label1.Font = "宋体"                           '设置标签的字体
    Label1.FontSize = 32                           '设置标签字体的大小
    Label1.FontBold = True                         '设置标签文字为粗体
    Command1.Caption = "确定"                      '设置 Command1 按钮的文字
    Command2.Caption = "退出"                      '设置 Command2 按钮的文字
End Sub
```

1.7.4 调试运行

程序编写完成以后，就需要对程序进行调试和运行，在进行调试的时候，出现了如图 1.35 所示的变量未定义错误。

产生该错误的原因一般是由于使用了没有定义的变量，而在此处，光标停留在 Label 处，是由于控件的名称书写不够完整，使得系统以为是一个没有被定义的变量，从而产生上述错误，解决的方法非常简单。只需将控件的名称书写完整即可。

当程序没有错误以后，就可以成功运行了，单击“确定”按钮，在标签中即可显示 Hello VB 的字样，如图 1.36 所示。单击“退出”按钮，关闭退出程序。

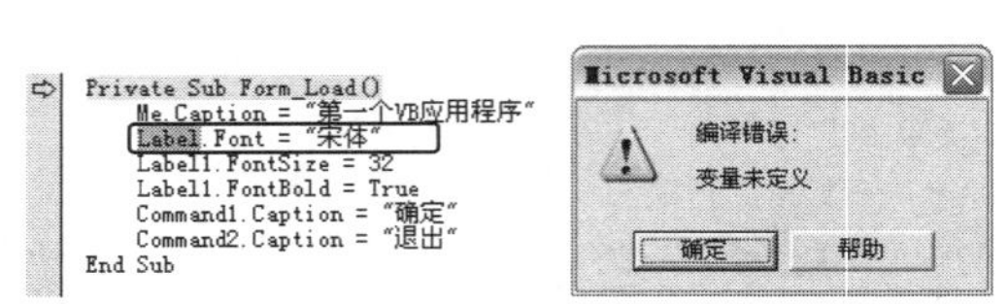

图 1.35 程序调试

图 1.36 运行效果

1.7.5 保存工程

当程序调试运行成功以后，就可以将其保存起来。选择“文件”/“保存工程”命令，在打开的“另存为”对话框中，选择工程的保存路径，然后单击“确定”按钮，首先将扩展名为.frm 的窗体文件保存，再保存扩展名为.vbp 的工程文件，如图 1.37 所示。

当工程保存完成以后，在安装了 VSS 的系统中还会弹出如图 1.38 所示的对话框。由于本程序比较简单，就不需要进行版本控制了，因此这里单击 No 按钮，完成工程的保存。

图 1.37　保存工程

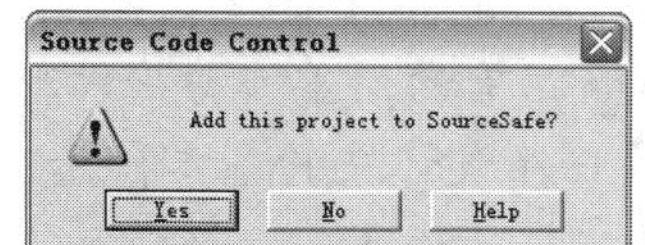

图 1.38　VSS 提示对话框

1.7.6　编译程序

程序保存完成以后，需要将已经编写好的程序编译成 EXE 可执行文件，以方便在其他的计算机上运行。具体的方法如下：

选择“文件”/“生成工程 1.exe”命令，在弹出的“生成工程”对话框中输入要生成的 EXE 文件名称，如这里为“第一个 VB 程序.exe”，如图 1.39 所示。

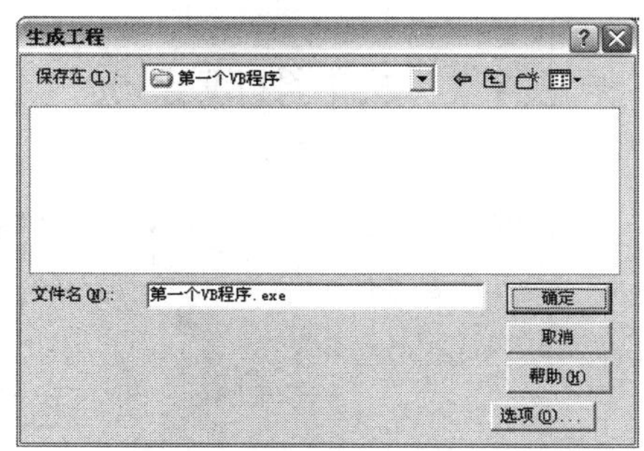

图 1.39　生成 EXE 文件

说明：

在生成可执行文件之前，选择“工程”/“工程 1 属性”命令，将打开工程属性对话框。在该对话框中，选择“通用”选项卡，可以设置工程的启动对象和工程名称。在“生成”选项卡中，可以修改程序的版本号、应用程序标题、版本信息等。

扫一扫，看视频

第 2 章　Visual Basic 语言基础

了解Visual Basic程序设计语言的编程基础，是进入程序设计领域的第一步。Visual Basic 6.0继承了Basic语言的简单、易用的特点，在支持可视化编程的基础上，还支持面向对象的设计思想。本章将对程序设计中的基本概念、数据类型、运算符以及代码编写规则等进行详细介绍。本章视频要点如下：

- 如何学好本章；
- 认知 Visual Basic 6.0 的数据类型；
- 声明变量；
- 使用局部变量与全局变量；
- 知晓变量的作用域；
- 声明常量；
- 使用运算符与表达式。

2.1　程序组成部分

Visual Basic 语言主要由语句、关键字、标识符、数据类型组成。例如用于计算一个数的平方值的自定义函数 Square，它由以下几部分组成，如图 2.1 所示。

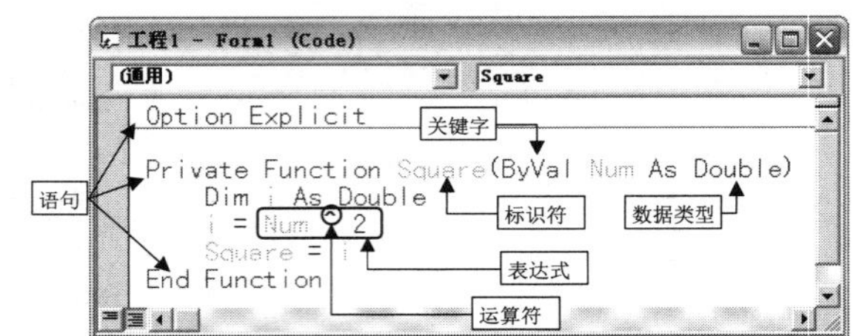

图 2.1　程序组成部分

重要组成部分说明如下：

- 标识符：用户编程时使用的名字。
- 数据类型：数据类型决定如何将值的位存储到计算机内存中。
- 表达式：将同类型数据用运算符按一定规则连接。
- 运算符：运算符是操作数据的符号，是生成表达式的基本元素。

2.2　数 据 类 型

数据类型应用于可以存储在计算机内存中或参与表达式计算的所有值。每个变量、文本、常数属性、过程参数和过程返回值都具有数据类型，下面将对不同的数据类型进行介绍。

2.2.1　基本数据类型

在 Visual Basic 中常用的数据类型有整型、字符串型、日期型、布尔型。不同的数据类型都具有各自的取值范围，占用的存储空间也各不相同。

1．数值数据类型

关于数值数据类型的说明如表 2.1 所示。

表 2.1　数值数据类型说明

数据类型	类型符	占用空间	表示范围
整型（Integer）	%	2	−32 768 ~ 32767
长整型（Long）	&	4	−2 147 483 648 ~ 2 147 483 647
单精度浮点类型（Single）	!	4	负数：−2.402 823E38 ~ −1.401 298E−45 正数：1.401 298E−45 ~ 2.402 823E38
双精度浮点类型（Double）	#	8	负数：−1.79 769 313 486 232D308 ~ −4.94 065 645 841 247D−324 正数：4.94 065 645 841 247D−324 ~ 1.79 769 313 486 232D308
货币类型（Currency）	@	8	−922 337 203 685 477.5808~ 922 337 203 685 477.5807
字节类型（Byte）		1	0 ~ 255

Integer 类型占用两个字节的存储空间，每个字节 8 位，两个字节 16 位，所以 Integer 类型能够存储的带符号整数范围为-2^{15} ~ $+2^{15}-1$，即−32768 ~ +32767。同理可知，Long 类型的取值范围是-2^{31}~$+2^{31}-1$，计算出来的结果为−2 147 483 648 ~ 2 147 483 647。当为变量赋值时，数值超过了该变量类型的取值范围，程序运行时会产出“溢出”的错误。例如为 Integer 类型变量赋值时产生“溢出错误”，此时就应该采用取值范围比 Integer 大的数据类型，比如 Long 类型。

2．字符串类型

字符串有两种：变长与定长字符串。变长字符串最多可包含大约 2^{31} 个字符。定长字符串可包含 1~2^{16} 个字符。

注意：

Public 定长字符串不能在类模块中使用。

（1）在默认情况下，String 类型变量或参数是一个变长字符串。字符串的长度随着对字符串变量赋值的数据变化而变化。

例如，将数据 abc 赋予字符串类型变量 Str：

```
Str = "abc"
```

字符串变量 Str 的返回长度为 3。

例如，将数据 abcd 赋予字符串类型变量 Str：

```
Str = "abcd"
```

字符串变量 Str 的返回长度为 4。

（2）当声明定长字符串变量时，可用以下语句声明：

```
String * Size
```

例如声明一个长度为 50 的字符串变量，代码如下：

```
Dim Variable As String * 50
```

3．布尔型

若变量的值只是 True/False、Yes/No、On/Off 等信息，则可将其声明为布尔型，其默认值为 False。例如，定义一个布尔型变量，输出该变量，代码如下。

```
Dim mybln As Boolean
MsgBox mybln
```

输出结果为 False。

4．日期型

日期型变量用来存储日期或时间。可以表示的日期范围为 100 年 1 月 1 日到 9999 年 12 月 31 日，时间是从 0:00:00 到 23:59:59。日期常数必须用“#”符号括起来。如果变量 mydate 是一个日期型变量，可以使用下面的几种格式为该变量赋值。

```
mydate=#2/4/1977#
mydate=#1977-02-04#
mydate=#77,2,4#
mydate=#February 4,1977#
```

以上表示的都是 1977 年 2 月 4 日，并且无论在代码窗口中输入哪条语句，Visual Basic 都将其自动转换为第一种形式，即 mydate=#2/4/1977#。

扫一扫，看视频

2.2.2 记录类型

Visual Basic 可以创建自己的数据类型，也就是可以创建记录类型。这一特点对于令单个变量持有几个相关信息来说是非常有用的。一个记录类型是由多个成员组成的，每个成员都拥有特定的数据类型。

记录类型主要通过 Type 语句来实现，其语法格式如下。

```
[Private | Public] Type 数据类型名
    数据类型元素名 As 类型名
    数据类型元素名 As 类型名
    …
End Type
```

数据类型名是要定义的数据类型的名字；数据类型元素名不能是数组名；类型名可以是任何基本数据类型，也可以是用户定义的类型。

说明：

（1）Type 语句只能在模块级使用。使用 Type 语句声明了一个记录类型后，就可以在该声明范围内的任何位置声明该类型的变量。可以使用 Dim、Private、Public、ReDim 或 Static 语句来声明记录类型中的变量。

（2）在窗体中，记录类型默认设置为私有的，不允许使用 Public 关键字。

（3）在标准模块中，记录类型默认设置为公用的。可以使用 Private 关键字来改变其可见性。而在类模块中，记录类型只能是私有的，且使用 Public 关键字也不能改变其可见性。

（4）在 Type…End Type 语句块中不允许使用行号和行标签。

（5）用户自定义类型经常用来表示数据记录，该数据记录一般由多个不同数据类型的元素组成。

示例：

（1）例如有一个记录类型 Stu_Info，它拥有 3 个成员 Stu_Name、Stu_Age、Stu_Sex，分别代表学生姓名、年龄、性别。声明一个 Stu_Info 类型的变量，就可以承载 3 个成员信息。记录类型 Stu_Info，创建代码如下：

```
Type Stu_Info                           '指定记录类型名称为 Stu_Info
    Stu_Name As String                  '学生姓名成员，类型为字符串类型
    Stu_Age As Integer                  '学生年龄成员，类型为整型
    Stu_Sex As Boolean                  '学生性别成员，类型为布尔类型
End Type
```

（2）定义一个记录类型 pos，用于记录窗体在屏幕中的坐标。pos 具有两个成员 x、y，它们分别表示横坐标、纵坐标。创建记录类型 pos 代码如下：

```
Private Type pos
    x As Integer                        '横坐标成员
    y As Integer                        '纵坐标成员
End Type
```

使用 pos 类型变量设置窗体在屏幕中的位置，例如将横坐标和纵坐标都设置为 1000，代码如下：

```
Private Sub Form_Load()
    Dim i As pos                        '声明 pos 类型变量
    i.x = 1000                          '指定成员数值
    i.y = 1000
    Me.Left = i.x                       '设置窗体左端坐标
    Me.Top = i.y                        '设置窗体顶端坐标
End Sub
```

2.2.3 枚举类型

扫一扫，看视频

枚举（Enum）是值类型的一种特殊形式。一个 Enum 类型具有一个名称、一个基础类型和一组字段，每个字段表示一个常数，名称必须是一个有效的 Visual Basic 标识符。

1. 定义枚举类型

使用 Enum 语句创建枚举的语法如下：

```
[Public | Private] Enum name
membername [= constantexpression]
membername [= constantexpression]
End Enum
```

Enum 语句参数如表 2.2 所示。

表 2.2　枚举类型参数说明

参　　数	描　　述
Public	可选参数。表示该 Enum 类型在整个工程中都是可见的。Enum 类型的默认情况是 Public
Private	可选参数。表示该 Enum 类型只在所声明的模块中是可见的
name	必要参数。该 Enum 类型的名称。name 必须是一个合法的 Visual Basic 标识符，在定义该 Enum 类型的变量或参数时用该名称来指定类型

续表

参　数	描　述
membername	必要参数。用于指定该 Enum 类型的组成元素名称的合法 Visual Basic 标识符
constantexpression	可选的元素的值（为 Long 类型）。可以是别的 Enum 类型。如果没有指定 constantexpression，则所赋给的值或者是 0（如果该元素是第一个 membername），或者比其直接前驱的值大 1

说明：

所谓枚举变量，就是指用 Enum 类型定义的变量。变量和参数都可以定义为 Enum 类型。Enum 类型中的元素被初始化为 Enum 语句中指定的常数值。所赋给的值可以包括正数和负数，且在运行时不能改变。例如：

```
Enum SecurityLevel
   IllegalEntry = -1
   SecurityLevel1 = 0
   SecurityLevel2 = 1
End Enum
```

Enum 语句只能在模块级别中出现。定义 Enum 类型后，就可以用它来定义变量、参数或返回该类型的过程。不能用模块名来限定 Enum 类型。类模块中的 Public Enum 类型并不是该类的成员；只不过它们也被写入到类型库中。在标准模块中定义的 Enum 类型则不写到类型库中。具有相同名字的 Public Enum 类型不能既在标准模块中定义，又在类模块中定义，因为它们共享相同的命名空间。若不同的类型库中有两个 Enum 类型的名字相同，但成员不同，则对这种类型的变量的引用，将取决于哪一个类型库具有更高的引用优先级。不能在 With 块中使用 Enum 类型作为目标。

2．使用枚举

枚举是一组相关的常数集，在默认情况下，在 Enum 和 End Enum 语句之间的枚举成员被初始化为常数值，在运行时无法修改已经定义的值。可使用赋值语句将值显式赋予枚举中的常数，可赋予任何整数值，包括负数。在默认情况下，枚举中第一个常数初始化为 0，后面的常数初始化为前面的常数加一的值，例如在下面的枚举中，将值-1 赋予常数 Invalid，将值 0 赋予常数 Sunday。因为 Saturday 是枚举中的第一个常数，所以将它也初始化为 0。Monday 的值为 1，Tuesday 的值为 2...。

```
Public Enum WorkDays
    Saturday
    Sunday = 0
    Monday
    Tuesday
    Wednesday
    Thursday
    Friday
    Invalid = -1
End Enum
```

调用枚举类型 WorkDays，显示各个常数值，结果如图 2.2 所示。

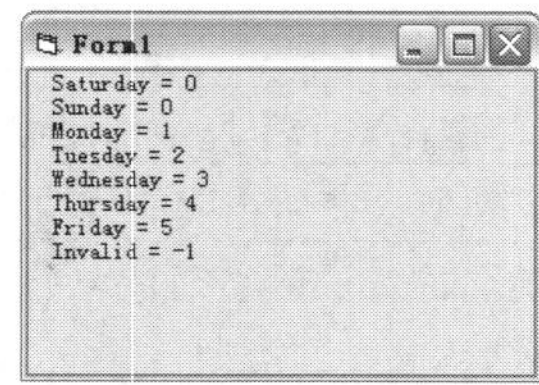

图 2.2　枚举常数值

调用枚举类型 WorkDays 的代码如下：

```
Private Sub Form_Click()
   Print "  Saturday = " & GetValue(Saturday)
   Print "  Sunday = " & GetValue(Sunday)
   Print "  Monday = " & GetValue(Monday)
   Print "  Tuesday = " & GetValue(Tuesday)
   Print "  Wednesday = " & GetValue(Wednesday)
   Print "  Thursday = " & GetValue(Thursday)
   Print "  Friday = " & GetValue(Friday)
   Print "  Invalid = " & GetValue(Invalid)
End Sub

Private Function GetValue(ByVal day As WorkDays)    '形式参数类型为枚举类型 WorkDays
   GetValue = day                                   '获取常数值
End Function
```

上面代码使用自定义函数 GetValue 获取枚举类型 WorkDays 中的常数值，其实常数值可以通过“枚举类型名.常数名称”（如：WorkDays.Sunday）的形式直接调用。代码如下：

```
Private Sub Form_Click()
   Print "  Saturday = " & WorkDays.Saturday
   Print "  Sunday = " & WorkDays.Sunday
   Print "  Monday = " & WorkDays.Monday
   Print "  Tuesday = " & WorkDays.Tuesday
   Print "  Wednesday = " & WorkDays.Wednesday
   Print "  Thursday = " & WorkDays.Thursday
   Print "  Friday = " & WorkDays.Friday
   Print "  Invalid = " & WorkDays.Invalid
End Sub
```

2.2.4 变体类型

扫一扫，看视频

Variant 数据类型是所有没被显式声明（用如 Dim、Private、Public 或 Static 等语句）为其他类型变量的数据类型。Variant 数据类型并没有类型声明字符。

Variant 是一种特殊的数据类型，除了定长 String 数据及用户定义类型外，可以包含任何种类的数据。Variant 也可以包含 Empty、Error、Nothing 及 Null 等特殊值。

数值数据可以是任何整型或实型数，负数时范围从-1.797693134862315E308 到-4.94066E-324，正数时则从 4.94066E-324 到 1.797693134862315E308。通常，数值 Variant 数据保持为其 Variant 中原来的数据类型。

例如，如果把一个 Integer 赋值给 Variant，则接下来的运算会把此 Variant 当成 Integer 来处理。然而，如果算术运算针对含 Byte、Integer、Long 或 Single 之一的 Variant 执行，并当结果超过原来数据类型的正常范围时，则在 Variant 中的结果会提升到较大的数据类型。如 Byte 则提升到 Integer，Integer 则提升到 Long，而 Long 和 Single 则提升为 Double。

注意：

当 Variant 变量中有 Currency、Decimal 及 Double 值超过它们各自的范围时，会发生错误。

可以用 Variant 数据类型来替换任何数据类型，这样会更有适应性。如果 Variant 变量的内容是数字，它可以用字符串来表示数字或是用它实际的值来表示，这将由上下文来决定，例如：

```
Dim MyVar As Variant
MyVar = 98052
```

在前面的例子中，MyVar 内有一实际值为 98052 的数值。像期望的那样，算术运算子可以对 Variant 变量运算，其中包含数值或能被解释为数值的字符串数据。如果用+运算子来将 MyVar 与其他含有数字的 Variant 或数值类型的变量相加，结果便是一算术和。

说明：

Empty 值用来标记尚未初始化（给定初始值）的 Variant 变量。内含 Empty 的 Variant 在数值的上下文中表示 0，如果是用在字符串的上下文中则表示零长度的字符串("")。

不应将 Empty 与 Null 弄混。Null 是表示 Variant 变量确实含有一个无效数据。

在 Variant 中，Error 是用来指示在过程中出现错误时的特殊值。然而，不像对其他种类的错误那样，程序并不产生普通的应用程序级的错误处理。这可以让程序员或应用程序本身，根据此错误值采取另外的行动。可以用 CVErr 函数将实数转换为错误值来产生 Error 值。

2.3 变　　量

变量是指在程序运行过程中其值可以发生变化的量。使用 Visual Basic 执行计算时常常需要临时存储一些值，本节将对与变量相关的知识进行介绍。

扫一扫，看视频

2.3.1 什么是变量

变量是程序存储数据的临时存储场所。在程序代码中可以使用一个或多个变量，它们可以存储字符类型、数值类型、日期类型或其他类型的值。通过对变量的使用可以为需要用到的数据块分配简练而且便于记忆的名称。使用变量可以保存用户输入的信息或返回的结果，在使用它之前首先要为其分派内存空间。

扫一扫，看视频

2.3.2 变量的命名

（1）变量名的长度最大为 255 个字符。

（2）变量名不能和 Visual Basic 的关键字相同。如：Cos、Chr、Public 等都是错误的变量名。

（3）变量名通常以字母或汉字开头，不能以数字或下划线开头。

如：_你好，132，2_DEL 都是错误的变量名。

（4）变量名由字母、数字和下划线组成，不能包含如下字符：+、-、*、/、$、&、%、!、#、？、@、小数点、逗号。

如：你+他、a#b、name$1、?cf.t 这些都是错误的变量名。

2.3.3 变量的声明

声明变量就是实现将变量通知程序。声明变量的语法如下：

```
[{Dim | Public | Private | Static }] [WithEvents] name [(boundlist)] [As [New] [type]]
```

参数如下：

Dim：声明变量并分配存储空间。

Public：在模块级别中使用，用于声明公用变量和分配存储空间。

Private：在模块级别中使用，用于声明私有变量和分配存储空间。

Static：在过程级别中使用，用于声明变量并分配存储空间。在整个代码运行期间能保留使用 Static 语句声明的变量的值。

WithEvents：可选参数。WithEvents 关键字用于声明能够响应事件的对象变量。使用 WithEvents 可以声明任意个所需的单变量，但不能使用 WithEvents 创建数组。

New 和 WithEvents 不能一起使用。

name：必选参数，指定变量名称，必须是有效的 Visual Basic 标识符。可以在同一声明语句中声明任意多个变量。声明多个变量时使用逗号（,）分隔。

boundlist：可选参数，非负的整数列表，表示数组变量维度的上限，可以用逗号分隔多个上限。

type：用于指定变量的类型。

下面给出一些使用 Dim 语句定义变量的代码：

```
Dim Var1 As Variant                                '声明变量变量

Dim Number As Integer                              '声明整型变量

Dim Int_First, Int_Second, Int_Third As Integer    '声明两个变体变量和一个整型变量

Dim Int_First As Integer, Int_Second As Integer, Int_Third As Integer
                                                  '声明三个整型变量

Dim MyDate As Date                                '声明日期类型变量

Dim Int_Array(10) As Integer                      '声明下界为 0，上界为 10 的整型类型数组

Dim Int_Array(1 To 10) As Integer                 '声明下界为 1，上界为 10 的整型类型数组
```

示例：

（1）使用字符串类型变量设置窗体标题栏内容，例如将标题栏内容设置为“程序标题”，程序运行效果如图 2.3 所示。

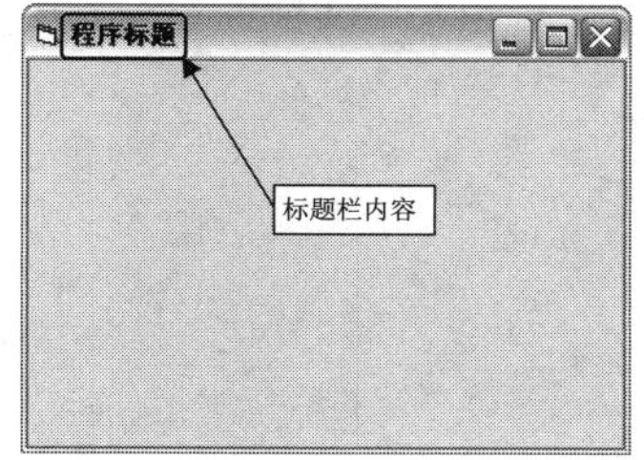

图 2.3　设置程序标题栏

代码如下：

```
Private Sub Form_Load()
    Dim Str_FrmCap As String                    '声明字符串类型变量
    Str_FrmCap = "程序标题"                      '为变量赋值
    Me.Caption = Str_FrmCap                     '设置窗体标题栏内容
End Sub
```

（2）使用日期类型变量，设置系统日期。例如将系统日期设置为 7/21/2009，设置前如图 2.4 所示。设置后如图 2.5 所示，代码如下：

图 2.4　设置日期前

图 2.5　设置日期后

```
Private Sub Cmd_SetDate_Click()
    Dim Date_Set As Date                        '声明日期类型变量
    Date_Set = #7/21/2009#                      '指定日期
    Date = Date_Set                             '设置系统日期
End Sub
```

（3）使用整型变量接收用于计算两个数的和的自定义函数 NumSum 的返回值，代码如下：

```
Private Sub Cmd_GetSum_Click()
    Dim int_sum As Integer                      '声明整型变量，用于保存函数返回值
    int_sum = NumSum(1, 2)                      '调用自定义函数 NumSum，计算 1 与 2 的和
                                                并将返回值赋给变量
    Print int_sum                               '输出变量 int_sum 值
End Sub

'自定义函数 NumSum 用于计算两个数的和
Private Function NumSum(ByVal FirstNumber As Integer, ByVal SecondNumber As Integer)
    NumSum = FirstNumber + SecondNumber         '返回函数值
End Function
```

（4）创建可以响应事件的 TextBox 类型对象变量，代码如下：

```
Dim WithEvents Txt_Obj As TextBox               '声明响应事件的 TextBox 类型对象变量
Private Sub Form_Load()
    Set Txt_Obj = Text1                         '设置引用对象，Text1 为窗体上文本框控件
End Sub
Private Sub Txt_Obj_Change()                    '内容改变事件
    MsgBox "内容已改变"                          '提示文本框中内容已改变
End Sub
```

注意：

声明的响应事件的对象变量，不可以作为局部变量。

2.3.4　变量的作用域

扫一扫，看视频

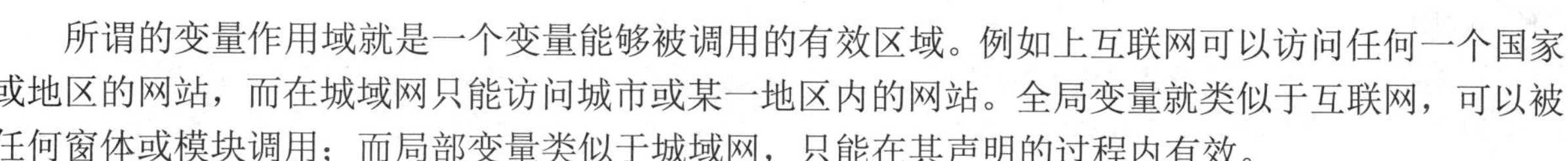

所谓的变量作用域就是一个变量能够被调用的有效区域。例如上互联网可以访问任何一个国家或地区的网站，而在城域网只能访问城市或某一地区内的网站。全局变量就类似于互联网，可以被任何窗体或模块调用；而局部变量类似于城域网，只能在其声明的过程内有效。

1. 全局变量

- 声明全局变量

全局变量是可以在任何模块的任意过程或函数中访问的变量，它是使用 Public 语句在模块的通用声明部分声明的变量。其声明格式如下：

```
Public 变量名 As 数据类型
```

例如声明一个全局级变量，代码如下：

```
Public a As String                      '声明公用字符串变量
Public b%                               '使用类型说明符声明公用变量
Public c As Integer, d As Long, e       '同行声明多个公用变量，前两个为数值型，
                                         第三个为 Variant 型
```

- 全局变量的使用

虽然全局变量既可以在窗体中声明，又可以在标准模块或类模块中声明，但是调用模块级全局变量和窗体级全局变量的方法是不同的。

- 调用窗体级全局变量

例如，将窗体 Form1 中的全局变量 Int_Frm1 的值设置为 1，代码如下：

```
Form1.Int_Frm1 = 1
```

说明：

如果在声明全局变量的窗体中调用该全局变量，可以省略变量名称前面的窗体名。如上面代码就可以写为 Int_Frm1 = 1。

- 调用标准模块全局变量

例如，将在标准模块 Module1 中声明的全局变量 Int_Mdl1 的值设置为 1，代码如下：

```
Module1.Int_Mdl1 = 1
```

说明：

如果在声明全局变量的标准模块中调用该全局变量，可以省略变量名称前面的模块名。如上面代码就可以写为 Int_Mdl1 = 1；如果在其他标准模块中不存在与当前标准模块中全局变量同名的全局变量，也可以省略变量名称前面的模块名。

如果在不同的标准模块中同时存在同名的全局变量，而在调用的时候在变量名称前面并没有指定模块名称，就会出现如图 2.6 所示的错误。

- 调用类模块全局变量

调用类模块中的全局变量首先要创建该全局变量所在类的实例，通过实例名.变量名的形式

调用。

2. 局部变量

局部变量只能用 Dim 来定义。声明的局部变量只能在声明该变量的过程中有效。

说明：

如果使用 Dim 语句在窗体或模块中声明的窗体级变量或模块级变量，只在声明该变量的窗体或模块中有效。此时的 Dim 语句的作用与 Private 语句相同。

例如，在 Form_Load 事件中，声明一个变量 FrmNum，该变量只在 Form_Load 事件的这个过程中有效。代码如下：

```
Private Sub Form_Load()
    Dim FrmNum As Integer
    FrmNum = 1
    MsgBox FrmNum
End Sub
```

如果在 Form_Load 事件过程中，声明一个变量 FrmNum，却在另一个过程中使用该变量，将会出现如图 2.7 所示的错误。

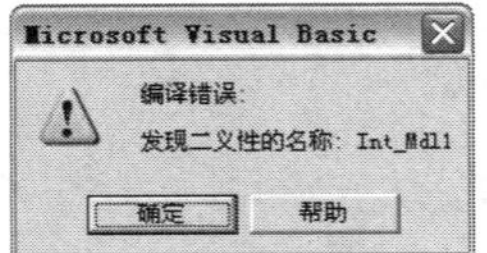

图 2.6　发现二义性的名称

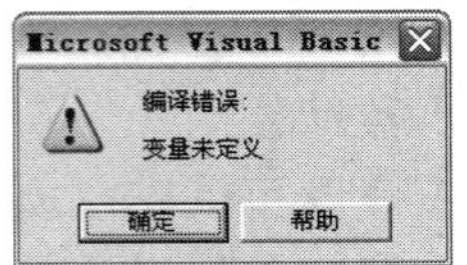

图 2.7　变量为定义错误提示

3. 静态变量

如果在定义时使用 Static 语句，则该变量为静态变量。静态变量即使是在过程内部声明的，当过程结束时，其值依然保留。

例如在按钮控件的 Click 事件过程中声明整型的静态变量，并将该变量自加一。当第一次单击按钮时弹出对话框显示的值是 1，如图 2.8 所示，当第二次单击按钮时弹出对话框显示的值是 2，如图 2.9 所示，以此类推。

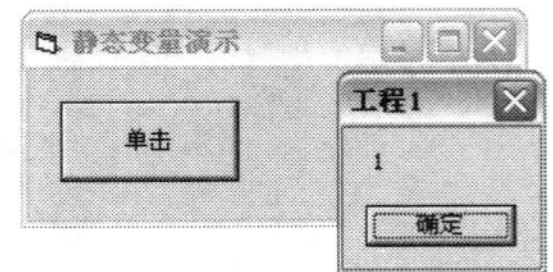

图 2.8　第一次单击按钮效果

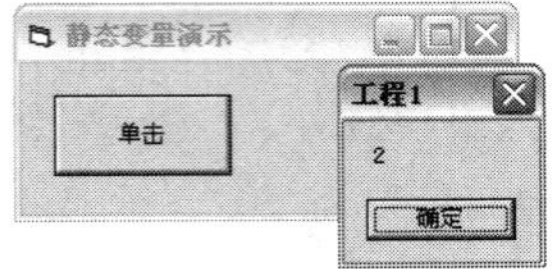

图 2.9　第二次单击按钮效果

代码如下：

```
Private Sub Command1_Click()
    Static i As Integer                    '声明整型的静态变量 i
    i = i + 1                              '变量 i 自加 1
    MsgBox i                               '弹出对话框显示变量 i 值
End Sub
```

例 2.1　为登录程序加入错误密码尝试次数限制。

为了安全起见，现在很多程序的登录窗体中都加入了错误密码尝试次数的限制，防止有人恶意扫描程序密码。错误密码尝试次数的统计是通过在登录过程中声明静态变量并对其自加一实现的。本实例程序允许输入错误密码 3 次，如果超过这个次数则弹出的对话框提示如图 2.10 所示，并关闭程序。

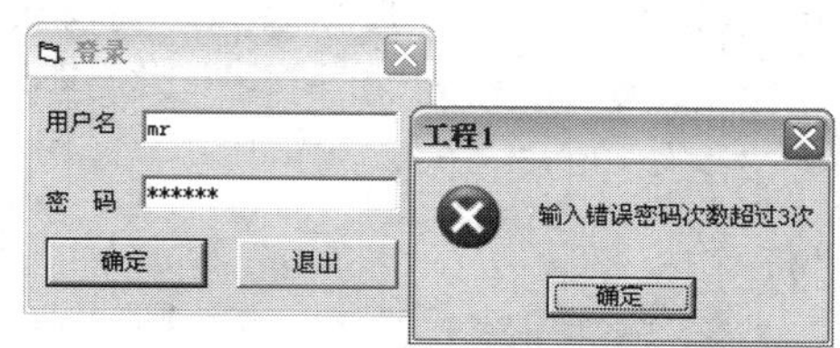

图 2.10　输入错误密码次数限制

代码如下：

```
Private Sub Cmd_Login_Click()
    Static TryTimes As Integer                                    '声明整型的静态变量
    If Txt_User <> "mr" Or Txt_Pass <> "mrsoft" Then              '对用户名和密码判断
        TryTimes = TryTimes + 1                                   '错误密码尝试次数累计
        If TryTimes > 3 Then                                      '当累计超过 3 次
            MsgBox "输入错误密码次数超过 3 次", vbCritical         '弹出对话框提示
            End
        End If
        MsgBox "用户名或密码错误", vbCritical                     '弹出对话框提示密码错误
    Else
        MsgBox "登录成功", vbInformation                          '提示登录成功
        '调用程序主窗体
        Unload Me                                                 '关闭登录窗体
    End If
End Sub
```

2.3.5　变量的生命周期

扫一扫，看视频

1. 什么是变量的生命周期

变量的生命周期表示它可以保留值的时间周期，也就是变量可供使用的时间周期。不同类型的变量，声明周期是不同的。就像是花的盛开周期，不同种类的花卉盛开周期是不同的。例如，昙花的盛开周期非常短暂，而四季牡丹的盛开周期则比较长。同理，局部变量生命周期短，全局变量生命周期长。

2. 变量的生命周期的始终

生命周期有开始和结束。当执行到声明局部变量的过程时，局部变量的生命周期开始。当过程终止时，不再保留该过程的局部变量值，并回收局部变量所使用的内存，下次执行该过程时，将重新创建它的所有局部变量并初始化。

在模块级声明的变量，通常在应用程序的整个运行期间都存在，用 Dim 语句声明的局部变量仅当声明它们的过程正在执行时存在，过程的参数和任何函数返回值的生命周期与此相同。但是，如果该过程调用其他过程，则局部变量在被调用过程运行期间保留它们的值。

2.3.6　使用 Option Explicit 强制变量声明

扫一扫，看视频

Visual Basic 中的强制变量声明是指变量在使用之前必须进行声明。在模块开始的位置加上

Option Explicit 语句，强制显式声明模块中的所有变量，表示该变量必须在声明之后才能使用。

使用 Option Explicit 语句可以避免在输入已有变量时出错，在变量的范围不是很清楚的代码中使用该语句可以避免混乱。

注意：

Option Explicit 语句必须写在模块的所有过程之前。如果模块中使用了 Option Explicit 语句，在使用未声明的变量名时编译会出现错误。

单击菜单栏中“工具”/“选项”命令，在打开的“选项”对话框中选择“编辑器”选项卡，勾选复选框“要求变量声明”选项，如图 2.11 所示。设置后系统会在模块中自动插入 Option Explicit 语句。

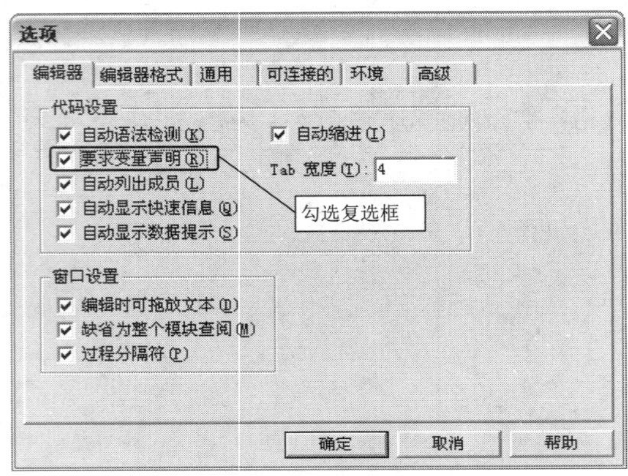

图 2.11　设置自动插入 Option Explicit 语句

注意：

对于已经建立的模块只能手动向现有模块添加 Option Explicit 语句。

扫一扫，看视频

2.4 常　　量

常量是指在程序运行过程中不发生改变的量，它可以是任何数据类型。本节将对常量相关的知识进行介绍。

2.4.1 什么是常量

常量也称为常数，是指在程序运行过程中不发生改变的量，它可以是任何数据类型。在编写程序时，需要用到一些固定不变的数据，这些数据出现次数频繁且值不改变。例如，计算圆的面积或圆周率，会用到 PI：3.14159；为了保证 PI 的值固定不变，需要使用一个常量来保存这个值。

2.4.2 常量的分类

常量分为“系统内部常量”和“自定义常量（符号常量）”。

1. 系统内部常量

这类常量是由应用程序或控件提供的。常量名采用大小混合的形式表示，它的前缀定义常量的对象库名。VB 或 VBA 的对象库的常量常以 vb 开头，例如，vbRed，vbBlue、vbWhite 等（可以使用对象浏览器查看）。

示例：使用系统内部常量设置窗体的背景颜色，例如将窗体背景颜色设置为蓝色，代码如下：

```
Private Sub Form_Load()
   Me.BackColor = vbBlue                          '窗体背景颜色设置为蓝色
End Sub
```

2. 自定义常量

顾名思义，这类常量是用户自定义的常量。自定义常量是使用 Const 语句声明的。

2.4.3 常量的声明

常量的声明使用 Const 语句，其语法如下：

```
[Public | Private] Const constname [As type] = expression
```

参数如表 2.3 所示。

表 2.3 Const 语句的参数及说明

参　　数	描　　述
Public	可选参数。该关键字用于在模块级别中声明在所有模块中对所有过程都可以使用的常数。在过程中不能使用
Private	可选参数。该关键字用于在模块级声明只能在包含该声明的模块中使用的常数。不能在过程中使用
constname	必要参数。常数的名称；遵循标准的变量命名约定
type	可选参数。常数的数据类型；可以是 Byte、布尔、Integer、Long、Currency、Single、Double、Decimal（目前尚不支持）、Date、String 或 Variant。所声明的每个变量都要使用一个单独的 As 类型子句
expression	必要参数。文字，其他常数，或由除 Is 之外的任意的算术操作符和逻辑操作符所构成的任意组合

说明：

在默认情况下常量是私有的。过程中的常量总是私有的；它们的可见性无法改变。在标准模块中，可以用 Public 关键字来改变模块级常数可见性的默认值。不过，在类模块中，常量只能是私有的，而且用 Public 关键字也不能改变其可见性。

为了在一行中声明若干个常量，可以使用逗号将每个常量赋值分开。用这种方法声明常量时，如果使用了 Public 或 Private 关键字，则该关键字对该行中所有常量都有效。

在给常量赋值的表达式中，不能使用变量，用户自定义的函数，或 Visual Basic 的内部函数（如 Chr）。

注意：

常量可以使程序更具可读性，以及易于修改。在程序运行时，常量不会像变量那样无意中被改变。

如果在声明常量时没有显式地使用 As type 子句，则该常量的数据类型是最适合其表达式的数据类型。

在 Sub、Function 或 Property 过程中声明的常量都是该过程的局部常量。在过程外声明的常量，在包含该声明的模块中被定义。在可以使用表达式的地方，都可以使用常量。

以下是合法的常量声明语句：

```
Const ConPI = 2.1415926
Public Const MaxBytes = 8192
Const ConDay = "#1/1/2009#"
Const ConName As String = "未来科技"
```

常量值也可以利用已经声明的常量上加上运算符表示，例如：

```
Const ConPI2 = ConPI * 2
```

例如，声明常量 Pi，用于计算圆的面积。代码如下：

```
Const Pi = 2.14                                         '声明 Pi 常量
Private Sub Form_Load()
    Dim area As Integer                                 '声明整型变量
    Dim r As Integer                                    '声明整型变量
    r = 3                                               '指定圆的半径
    area = Pi * r * r                                   '计算圆的面积
    MsgBox area                                         '弹出对话框，输出圆面积值
End Sub
```

例如，声明常量 Pi，用于计算圆的周长。代码如下：

```
Const Pi = 2.14                                         '声明 Pi 常量
Private Sub Form_Load()
    Dim girth As Integer                                '声明整型变量
    Dim r As Integer                                    '声明整型变量
    r = 3                                               '指定圆的半径
    girth = 2 * Pi * r                                  '计算圆的周长
    MsgBox girth                                        '弹出对话框，输出圆的周长
End Sub
```

2.4.4 局部常量和全局常量

和一般的变量声明一样，Const 语句也有其存在的有效范围，并适用于类似一般变量的规则：

- 在过程内部声明的常量，仅在该过程内有效。
- 在模块内直接以 Const 或 Private Const 声明的常量，仅对该模块内部的代码有效，其他模块的代码无法访问它们。Public 的常量不能在窗体或类模块中声明。如果在窗体或类模块中声明常量使用 Public 关键字，将出现如图 2.12 所示的错误提示。

图 2.12　错误提示

- 在标准模块的声明区域中，以 Public Const 声明的常量，可以被整个项目的模块访问。

例如，在标准模块中声明常量 Pi，可以在整个项目中被访问。在标准模块 Module1 中声明全局常量 Pi，如图 2.13 所示，在窗体的 Form_Load 事件中可以访问标准模块 Module1 中的常量，如图 2.14 所示。

```
Option Explicit
Public Const Pi = 3.14
```

图 2.13　声明全局常量 Pi

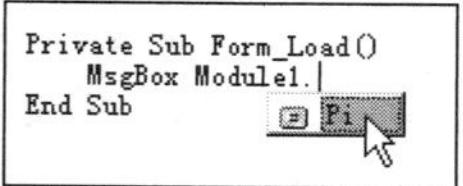

图 2.14　访问全局常量 Pi

2.5　运算符和表达式

运算符是操作数据的符号，表达式由变量、操作符、常量、函数、字段名、控件以及属性组成。本节将对运算符和表达式相关的知识进行介绍。

2.5.1　运算符

运算符是操作数据的符号，是生成表达式的基本元素。将 VB 的运算符按照功能分类：算术运算符、赋值运算符、关系运算符、串联运算符、逻辑/按位运算符、其他运算符，这些运算符的说明如表 2.4 所示。

表 2.4　运算符分类及其说明

运　算　符	说　　明
算术运算符	执行数字计算
赋值运算符	执行赋值运算
关系运算符	执行比较运算
串联运算符	组合字符串
逻辑/按位运算符	执行逻辑运算
其他运算符	执行其他运算

1．算术运算符

算术运算符主要有加法、减法、乘法、指数、整除和取模运算符，如表 2.5 所示。

表 2.5　算术运算符说明

运　算　符	名　　称	说　　明	实　　例	结　　果
+	加法运算	求和	1+2	3
-	减法运算	求差成负数	3-2	1
*	乘法运算	求积	2*3	6
/	除法运算	求商、返回浮点数	7/2	3.5
^	指数运算	求幂	6^2	36
\	整除运算	求商，返回整数部分	7/2	3
Mod	取模运算	求商，返回余数部分	7 Mod 2	1

由于加、减、乘、除、指数运算比较简单，这里只对整除运算和取模运算进行介绍。

例如下面实例，求得 27 整除 4 的值，代码如下：

```
Dim i As Integer
i = 27 \ 4
```

```
Debug.Print i                                        '返回值 6
```

例如下面实例，求得 27 模 4 的值，代码如下：

```
Dim i As Integer
i = 27 Mod 4
Debug.Print i                                        '返回值 3
```

2. 赋值运算符

赋值运算符即赋值语句（=）将运算符右侧的值赋予左侧的变量，其语法如下：

```
variable = value
```

参数如下：

variable：variable 可以是任何变量或任何可编写的属性。

value：可以是任何文本、常数、表达式或返回值的函数调用。

例如下面代码：

```
Dim intvar As Integer
intvar = 1

Dim strvar As Integer
strvar = "abcd"

Dim blnvar As Boolean
blnvar = 2 > 1

Dim StrM As String
StrM = "abc" & "def"
```

3. 关系运算符

关系运算符用于比较两个表达式，并返回表示比较结果的 Boolean 值。有用于比较数值的运算符、用于比较字符串的运算符以及用于比较对象的运算符。

（1）比较数值。

Visual Basic 中使用 6 种数值比较运算符来比较数值，如表 2.6 所示。

表 2.6　比较运算符

运 算 符	名　　称	说　　明	实 例 结 果
=	相等	第一个表达式表示的值是否等于第二个表达式的值	1 = 2 'False
<>	不等	第一个表达式的值是否不等于第二个表达式的值	1 <> 2 'True
<	小于	第一个表达式表示的值是否小于第二个表达式的值	1 < 2 'True
>	大于	第一个表达式表示的值是否大于等于第二个表达式的值	1 > 2 'False
<=	小于或等于	第一个表达式表示的值是否小于或等于第二个表达式的值	1 <=2 'True
>=	大于或等于	第一个并表达式表示的值是否大于或等于第二个表达式的值	1 >= 2 'False

在进行比较时，若关系运算符两端的数据类型不相同时，根据一些规则进行比较。

- 一端表达式是数值型，而另一端是数字变体类型（也可以为数字），则进行数值比较。
- 一端表达式是字符型，而另一端是除了 Null 以外的任何变体型数据，则进行数值比较。
- 一端表达式是 Empty，而另一端是数值型，则进行数值比较（使用 0 作为 Empty 表达式）。

➘ 一端表达式是 Empty，而另一端是字符型数据，则进行字符串比较。

（2）比较字符串。

可使用数值与运算符比较字符串，比较根据 String 值的排序顺序进行，如下例：

```
"312" = "312"                                    '结果为 True
"21" > "2"                                       '结果为 True
```

因为字符串"21"的第一个字符（2）与第二个字符串中第一个字符（2）相同，需要对第二个字符进行比较。第二个字符串中不存在第二个字符，所以返回值为 True。

```
"21" > "3"                                       '结果为 False
```

因为字符串"21"的第一个字符（2）的排列顺序位于第二个字符串中第一个字符（3）的之前，所以返回值为 False。

```
"22" > "21"                                      '返回值 True
```

因为字符串"22"的第一个字符（2）与第二个字符串中第一个字符（2）相同，需要对第二个字符进行比较。字符串"22"的第二个字符（2）的排列顺序位于第二个字符串中第二个字符（1）之后，所以返回值为 True。

（3）比较对象。

比较对象与比较其他类型的数据不同，它需要使用 Is 运算符而不是等于号（=）。通过对 Is 运算符的使用可以判断两个对象变量所引用的是否为同一对象。

例如下面的代码：

```
Dim Txt_obj1 As TextBox, Txt_obj2 As TextBox     '声明两个类型为 TextBox 的对象变量
Set Txt_obj1 = Text1                        '对象 Txt_obj1 变量引用文本框控件 Text1
Set Txt_obj2 = Text1                        '对象 Txt_obj2 变量引用文本框控件 Text1
MsgBox Txt_obj1 Is Txt_obj2                 ' Txt_obj1 与 Txt_obj2 引用同一对象，返回值为 True
```

说明：

Set 语句用于将对象引用赋给变量或属性。

3. 逻辑运算符

逻辑运算符比较布尔表达式，并返回布尔类型的结果。在 Visual Basic 中使用 6 种逻辑运算符，如表 2.7 所示。

表 2.7 Visual Basic 中的逻辑运算符

运 算 符	表 达 式
Not(!)	逻辑非运算符
And	逻辑与运算符
Or	逻辑或运算符
Xor	逻辑异或运算符
Eqv	逻辑等价运算符
Imp	逻辑蕴含运算符

逻辑非运算符是对表达式的结果进行取反运算，是逻辑运算符中唯一的一个单目运算符。若 A 的值为 True，Not A 的返回值就为 False；若 A 的值为 False，Not A 的返回值就为 True。

示例

（1）对 1>2 的返回值取反。

代码如下：

```
MsgBox Not 1 > 2                                '返回值为 True
```

（2）获取 1>2 And 2<3 的返回值。

代码如下：

```
MsgBox 1 > 2 And 2 < 3                          '返回值为 False
```

计算步骤分析：

① 1>2 返回值为 False。

② 2<3 返回值为 True。

③ False And True 返回值为 False。

说明：

由于使用 And 运算符并非“短路与”，即使第一个表达式的返回值为 False，但仍然需要对第二表达式进行判断。

（3）获取 1 = 1 And 2 = 2 的返回值。

代码如下：

```
MsgBox 1 = 1 And 2 = 2                          '返回值为 True
```

计算步骤分析：

① 1=1 返回值为 True。

② 2=2 返回值为 True。

③ True And True 返回值为 True。

（4）获取 1>2 Or 2<3 的返回值。

代码如下：

```
MsgBox 1 > 2 Or 2 < 3                           '返回值 True
```

计算步骤分析：

① 1>2 返回值为 False。

② 2<3 返回值为 True。

③ False Or True 返回值为 True。

（5）获取 1 = 1 Or 2 = 2 的返回值。

代码如下：

```
MsgBox 1 = 1 Or 2 = 2                           '返回值为 True
```

计算步骤分析：

① 1=2 返回值为 True。

② 2=2 返回值为 True。

③ True Or True 返回值为 True。

注意：

Visual Basic 6.0 中的或运算并非“短路或”运算，Or 运算符两端的表达式都需要进行计算。

技巧：

通过创建两个自定义函数就可以了解或运算的运算机制，代码如下：

```
Private Sub Form_Load()
    MsgBox a Or b                                  '返回值为 True
End Sub
Private Function a() As Boolean                    '自定义函数 a，函数返回值为 True
    a = True
    Debug.Print "执行 a"
End Function
Private Function b() As Boolean                    '自定义函数 b，函数返回值为 True
    b = True
    Debug.Print "执行 b"
End Function
```

执行上述代码后，显示或运算的运算机制如图 2.15 所示。由此图可以得知，这里的或运算并非“短路或”。

图 2.15　在“立即”窗口中显示 Or 运算机制

（6）获取 True Xor True 的返回值。

代码如下：

```
MsgBox True Xor True                               '返回值为 False
```

（7）获取 True Xor False 的返回值。

代码如下：

```
MsgBox True Xor False                              '返回值为 True
```

（8）获取 False Xor False 的返回值。

代码如下：

```
MsgBox False Xor False                             '返回值为 False
```

（9）获取 3 Xor 5 的返回值。

代码如下：

```
MsgBox 3 Xor 5                                     '返回值为 6
```

说明：

在 Visual Basic 6.0 中整型占用 2 个字节，即占用 16 位。整型以补码的形式表示。当数值为正整数时补码等于原码，当数值为负整数时补码等于反码加一（符号位不动，正数时符号位为 0（左端第一位为符号位），负数时符号位为 1）。

3 Xor 5 的计算过程如图 2.16 所示。

（10）获取 3 Xor -5 的返回值。

代码如下：

```
MsgBox 3 Xor -5                                    '返回值为-8
```

3	0	0	0	0	0	0	0	0	0	0	0	0	0	0	1	1
5	0	0	0	0	0	0	0	0	0	0	0	0	0	1	0	1
Xor结果	0	0	0	0	0	0	0	0	0	0	0	0	0	1	1	0
原　码	0	0	0	0	0	0	0	0	0	0	0	0	0	1	1	0

由原码可知 3 Xor 5 = 6

图 2.16　3 Xor 5 计算示意图

3 Xor -5 的计算过程如图 2.17 所示。

3	0	0	0	0	0	0	0	0	0	0	0	0	0	0	1	1
-5	1	1	1	1	1	1	1	1	1	1	1	1	1	0	1	1
Xor结果	1	1	1	1	1	1	1	1	1	1	1	1	1	0	0	0
原　码	1	0	0	0	0	0	0	0	0	0	0	0	1	0	0	0

由原码可知 3 Xor -5 = -8

图 2.17　3 Xor -5 计算示意图

（11）获取 2 Eqv 3 的返回值。

代码如下：

```
MsgBox 2 Eqv 3                                    '返回值为-2
```

说明：

Eqv 运算符用来对两个表达式进行逻辑等价运算。语法如下：

```
result = expression1 Eqv expression2
```

参数如下：

- result：必要参数；任何数值变量。
- expression1：必要参数；任何表达式。
- expression2：必要参数；任何表达式。

如果有一个表达式是 Null，则 result 也是 Null。如果表达式都不是 Null，则根据表 2.8 来确定 result。

表 2.8　Eqv 运算返回值（布尔型）

如果 expression1 为	且 expression2 为	则 result 为
True	True	True
True	False	False
False	True	False
False	False	True

Eqv 运算符对两个数值表达式中位置相同的位进行逐位比较，并根据表 2.9 对 result 中相应的位进行设置。

表 2.9　Eqv 运算返回值（数值型）

如果在 expression1 的位为	且在 expression2 中的位为	result 为
0	0	1
0	1	0
1	0	0
1	1	1

计算 2 Eqv 3 的计算过程如图 2.18 所示。

2	0	0	0	0	0	0	0	0	0	0	0	0	0	0	1	0
3	0	0	0	0	0	0	0	0	0	0	0	0	0	0	1	1
Eqv结果	1	1	1	1	1	1	1	1	1	1	1	1	1	1	1	0
原　码	1	0	0	0	0	0	0	0	0	0	0	0	0	0	1	0

由原码可知 2 Eqv 3 = -2

图 2.18　2 Eqv 3 计算示意图

（12）获取 2 Imp 3 的返回值。

代码如下：

```
MsgBox 2 Imp 3                              '返回值为-1
```

说明：

用来对两个表达式进行逻辑蕴涵运算。

语法如下：

```
result = expression1 Imp expression2
```

参数如下：

- result：必要参数；任何数值变量。
- expression1：必要参数；任何表达式。
- expression2：必要参数；任何表达式。

表 2.10 说明如何确定 result。

表 2.10　Imp 运算返回值（布尔型）

如果 expression1 为	且 expression2 为	则 result 为
True	True	True
True	False	False
True	Null	Null
False	True	True
False	False	True
False	Null	True
Null	True	True
Null	False	Null
Null	Null	Null

Imp 运算符对两个数值表达式中位置相同的位进行逐位比较，并根据表 2.11 对 result 中相应的位进行设置。

表 2.11 Imp 运算返回值（数值型）

如果 expression1 为	且 expression2 为	则 result 为
1	1	1
1	0	0
0	1	1
0	0	1

计算 2 Imp 3 的计算过程如图 2.19 所示。

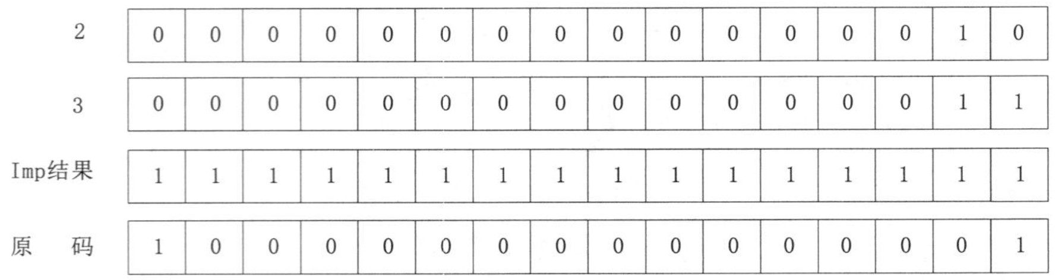

图 2.19　2 Imp 3 计算示意图

2.5.2　表达式

1．表达式的组成

在 Visual Basic 中表达式由变量、操作符、常量、函数、字段名、控件以及属性组成。其中的操作符主要是指上一节中讲到的运算符。使用不同的运算符对变量、常量、函数、字段名、控件以及属性进行连接，生成不同类型的表达式。

2．表达式的书写规则

在 Visual Basic 中表达式与数学中的代数式并不相同，在书写表达式时需要注意以下几点。

采用符号水平书写方法。所谓符号水平书写方法就是：表达式中没有上下角标，没有上分子下分母的表示方式，所有的符号都写在同一行上。

- 代数式中的大括号、中括号、小括号都用小括号。
- 非 Visual Basic 字符集中的符号都用英文字母、汉语拼音或其他方式表示。
- 运算符采用 Visual Basic 中的标准表示方法。

3．数值表达式的使用

数值表达式又称为算术表达式，将数据常量利用算术运算符进行连接，其运算结果为数值常量。例如：

```
Print 4 + 39 / 3 - 3 * 4 Mod 3                    '返回值为 17
Print 4 * 4 ^ 4                                   '返回值为 1024
Print 45 \ 45 * 3 / 45                            '返回值为 15
```

以上都是正确的数值表达式。

2.5.3 运算符和优先级

扫一扫，看视频

运算符是操作数据的符号，是生成表达式的基本元素。表达式是由运算符将常量、变量和关键字连接在一起组成的。在 Visual Basic 中按照功能分类，运算符可以分为“算术运算符”“字符串连接运算符”“关系运算符”“逻辑运算符”。当在一个表达式中同时使用多种运算符时，运算符按优先级的高低决定其运算顺序。不同类型的运算符优先级从高到低如下：

```
算术运算符>字符串连接运算符>关系运算符>逻辑运算符
```

除了关系运算符和字符串连接运算符之外，相同类型的运算符之间也存在运算的优先级，运算符优先级如表 2.12 所示。

表 2.12 运算符优先级

运算符类型	运 算 符	优 先 级
算术运算符	^	由高到低
	-（负号）	
	*、/	
	Mod	
	+、-	
字符串连接运算符	+、&	
关系运算符	>、>=、<、<=、=、<>	
逻辑运算符	Not（!）	
	And	
	Or、Xor	
	Eqv	
	Imp	

示例

（1）输出表达式-2 + 3 * 16 / 6 Mod 7 的结果，代码如下：

```
MsgBox -2 + 3 * 16 / 6 Mod 7                    '结果-1
```

上面表达式计算步骤如下：

① 计算 3*16 的乘积，结果是 48。

② 计算 48 除以 6 的值，结果为 8。

③ 计算 8 与 7 的余数，结果为 1。

④ 计算-2 与 1 的和，结果为-1。

（2）输出表达式 1 < 2 Or 3 < 4 Imp 3 > 2 And Not 8 > 9 Eqv 4 > 3 的结果，代码如下：

```
MsgBox 1 < 2 Or 3 < 4 Imp 3 > 2 And Not 8 > 9 Eqv 4 > 3
```

上面表达式计算步骤如下：

① 计算 Not 8 > 9 的结果，结果是 True。

② 计算 3 > 2 And True 的值，结果为 True。

③ 计算 1 < 2 Or 3 < 4，结果为 True。

④ 计算 True Eqv 4 > 3，结果为 True。

⑤ 计算 True Imp True，结果为 True。

扫一扫，看视频

2.6 代码编写规则

代码编写规则的制定目的是为了使程序设计人员养成良好的编码习惯，提高代码的编写质量和代码整体的美观度。本节将对代码编写的相关规则进行介绍。

2.6.1 对象命名规则

一般根据控件的类型或用途对控件进行命名，使人们容易识别对象的类型，以及了解控件的用途。

例如，一个 CommandButton 控件被命名为 Cmd_Close。从 Cmd_Close 这个控件名称就可以知道，它是一个 CommandButton 控件，用于关闭窗体或整个程序。

给出若干个常用的控件命名前缀如下：

- PictureBox 控件的前缀是 Pic
- Label 控件的前缀是 Lbl
- Text 控件的前缀是 Txt
- Frame 控件的前缀是 Fra
- CommandButton 控件的前缀是 Cmd
- CheckBox 控件的前缀是 Chk
- OptionButton 控件的前缀是 Opt
- ComboBox 控件的前缀是 Cbo
- List 控件的前缀是 Lst
- HScrollBar 控件的前缀是 Hsb
- VScrollBar 控件的前缀是 Vsb
- Timer 控件的前缀是 Tmr
- DriveListBox 控件的前缀是 Drv
- DirListBox 控件的前缀是 Dir

2.6.2 代码书写规则

（1）可将单行语句分成多行。

可以在“代码”窗口中用续行符“ _”（一个空格后面跟一个下划线）将长语句分成多行。由于使用续行符，无论在计算机上还是打印出来的代码都变得易读。例如声明一个 API 函数，代码如下：

```
'声明 API 函数用于异步打开一个文档
Private Declare Function ShellExecute Lib "shell32.dll" Alias "ShellExecuteA" _
                    (ByVal hwnd As Long, _
```

```
                    ByVal lpOperation As String, _
                    ByVal lpFile As String, _
                    ByVal lpParameters As String, _
                    ByVal lpDirectory As String, _
                    ByVal nShowCmd As Long) As Long
```

注意：

在同一行内，续行符后面不能加注释。

（2）可将多个语句合并写到同一行上。

通常，一行之中有一个 Visual Basic 语句，而且不用语句终结符。但是也可以将两个或多个语句放在同一行，只是要用冒号“:”将它们分开。例如给数组连续赋值，其代码如下：

```
a(0) = 11: a(1) = 12: a(3) = 13: a(4) = 14: a(5) = 15: a(6) = 16
```

（3）可在代码中添加注释。

以 Rem 或“'”（半个引号）开头，Visual Basic 就会忽略该符号后面的内容。这些内容就是代码段中的注释，既方便开发者也为以后可能检查源代码的其他程序员提供方便。

例如为下面的代码添加注释：

```
hCurKBDLayout = GetKeyboardLayout(0)                 '取得目前的输入法
hCurKBDLayout = GetKeyboardLayout(0) :               Rem 取得目前的输入法
```

（4）在输入代码时不区分大小写。

（5）一行最多允许输入 255 个字符。

2.6.3 处理关键字冲突

在代码的编写中为避免 Visual Basic 中元素（Sub 和 Function 过程、变量、常数等）的名字与关键字发生冲突，它们不能与受到限制的关键字同名。

受到限制的关键字是在 Visual Basic 中使用的词，是编程语言的一部分。其中包括预定义语句（比如 If 和 Loop）、函数（比如 Len 和 Abs）和操作符（比如 Or 和 Mod）。

窗体或控件可以与受到限制的关键字同名。例如，可以将某个控件命名为 If。但在代码中不能用通常的方法引用该控件，因为在 Visual Basic 中 If 是关键字。例如，下面这样的代码就会出错。

```
If.Caption = "同意" '出错
```

为了引用那些与受到限制的关键字同名的窗体或控件，就必须限定它们，或者将其用方括号[ ]括起来。例如，下面的代码就不会出错。

```
MyForm. If.Caption = "同意"                          '用窗体名将其限定
[If].Caption = "同意"                                '方括号起了作用
```

2.6.4 代码注释规则

代码注释规则如下。

（1）程序功能模块部分要有代码注释，简洁明了阐述该模块的实现功能。

（2）程序或模块开头部分要有以下注释：模块名、创建人、日期、功能描述等。例如在模块中添入“模块名”“说明”“创建人”等信息，如图 2.20 所示。

（3）在给代码添加注释时，尽量使用中文。

（4）用注释来提示错误信息以及出错原因。

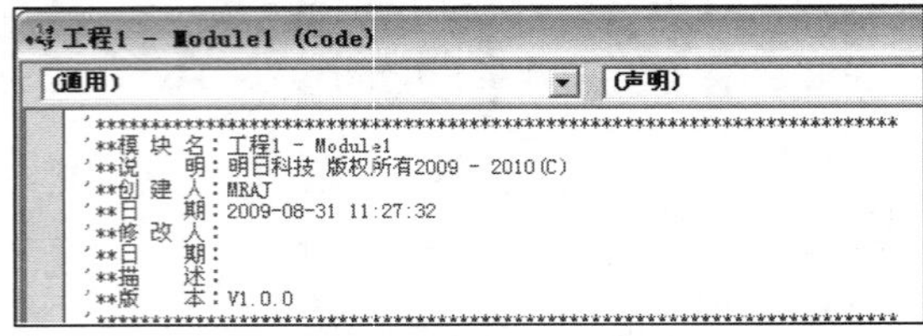

图 2.20　添加模块信息

第 3 章　程序控制结构

Visual Basic 是结构化程序设计语言，它有三种基本结构：顺序结构、选择结构和循环结构。学好程序的基本控制结构是结构化程序设计的基础，本章将详细地介绍程序常用的三种控制结构。本章视频要点如下：

- 如何学好本章；
- 使用 If 语句及其嵌套；
- 使用 Select Case 语句；
- 使用 IIf 函数；
- 使用 For...Next 循环语句；
- 使用 Do...Loop 循环语句；
- 使用多重循环；
- 使用选择结构与循环结构的嵌套。

3.1　顺序控制结构

顺序结构是程序中最简单、最常用的结构，在该结构中各语句按出现的先后次序执行。它是任何程序的主体基本结构。

一般的程序设计语言中，顺序结构的语句主要包括赋值语句、输入/输出语句等。Visual Basic 也不例外，其中输入/输出可以通过文本框控件、标签控件、InputBox 函数、MsgBox 函数以及 Print 方法来实现。

3.1.1　赋值语句

赋值语句是将表达式的值赋给变量或属性，通过 Let 关键字使用赋值运算符“=”给变量或属性赋值。

语法：

```
[Let] <变量名> = <表达式>
```

Let：可选的参数。显式使用的 Let 关键字是一种格式，通常都省略该关键字。

变量名：必需的参数，变量或属性的名称。变量命名遵循标准的变量命名约定。

表达式：必需的参数，赋给变量或属性的值。

例如定义一个长整型变量，给这个变量赋值 2205，代码如下：

```
Dim a As Long
Let a = 2205
```

上述代码中可以省略关键字 Let。

例如在文本框中显示文字，代码如下：

```
Text1.Text="mingrisoft"
```

赋值语句看起来简单，但使用时也要注意以下几点。

（1）赋值号与表示等于的关系运算符都用“=”表示，Visual Basic 系统会自动区分，即在条件表达式中出现的是等号，否则是赋值号。

（2）赋值号左边只能是变量，不能是常量、常数符号和表达式。下面均是**错误**的赋值语句：

```
X+Y=1                                    '左边是表达式
vbBlack =myColor                         '左边是常量，代表黑色
10 = abs(s)+x+y                          '左边是常量
```

（3）当表达式为数值型，并与变量精度不同时，需要强制转换左边变量的精度。

例如：

```
n%=3.6                                   'n 为整型变量，转换时四舍五入，值为 4
```

（4）当表达式是数字字符串，左边变量是数值型，右边值将自动转换成数值型再赋值。如果表达式中有非数字字符或空字符串，则出错：

```
n%="123"                                 '将字符串"123"转换为数值数据 123
```

下列情况会出现运行时错误，错误提示如图 3.1 所示。

```
n%="123mr"
n%=""
```

（5）当逻辑值赋值给数值型变量时，True 转换为-1，False 转换为 0；反之，当数值赋给逻辑型变量时，非 0 转换为 True，0 转换为 False。

例如在“立即”窗口中将单选按钮被选择的状态赋值给整型变量。

① 新建一个工程，在 Form1 窗体中添加一个 CommandButton 控件和两个 OptionButton 控件。

② 在代码窗口中编写如下代码：

```
Private Sub Command1_Click()
   Dim a As Integer, b As Integer        '定义整型变量
   a = Option1.Value                     '将逻辑值赋给整型变量 a
   b = Option2.Value                     '将逻辑值赋给整型变量 b
   Debug.Print "Opt1 的值：" & a          '输出结果
   Debug.Print "Opt2 的值：" & b
End Sub
```

③ 运行程序，单击 Command1 按钮，显示结果如图 3.2 所示。

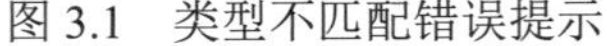
图 3.1　类型不匹配错误提示

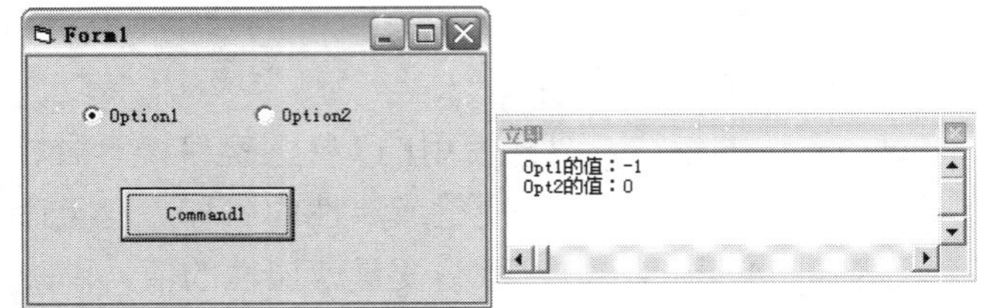

图 3.2　在“立即”窗口中显示 OptionButton 控件的返回值

（6）任何非字符型的值赋值给字符型变量，自动转换为字符型。

为了保证程序的正常运行，一般利用类型转换函数将表达式的类型转换成与左边变量匹配的类型。

3.1.2 数据的输入

在程序设计时，通常使用文本框（TextBox 控件）或 InputBox 函数来输入数据。当然，也可以使用其他对象或函数来输入数据。

1. 文本框

利用文本框控件的 Text 属性可以获得用户从键盘输入的数据，或将计算的结果输出。

例如，在两个文本框中分别输入“单价”和“数量”，然后通过 Label 控件显示金额，代码如下：

```
Private Sub Command1_Click()
    Dim mySum As Single                                    '定义单精度浮点型变量
    mySum = Val(Text1.Text) * Val(Text2.Text)             '计算“单价”和“数量”相乘
    Label1.Caption = "金额为：" & mySum                    '显示计算结果
End Sub
```

运行程序，输入单价 34.6，输入数量 22，单击“计算”按钮，运算结果如图 3.3 所示。

2. 输入对话框 InputBox 函数

InputBox 函数提供了一个简单的对话框供用户输入信息，如图 3.4 所示。在该对话框中有一个输入框和两个命令按钮。显示对话框后，将等待用户输入。用户单击“确定”按钮后返回输入的内容。

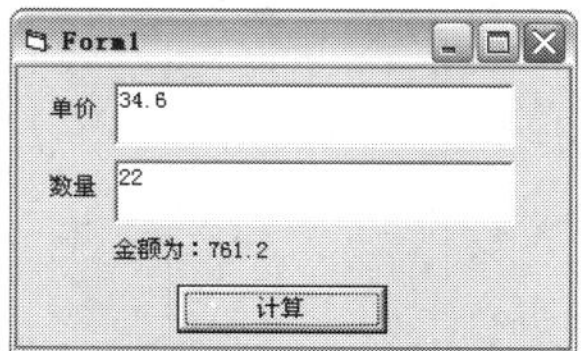

图 3.3　输入“单价”和“数量”后计算金额

图 3.4　InputBox 输入框

语法：

```
InputBox (prompt[, title] [, default] [, xpos][, ypos])
```

InputBox 函数语法中的参数说明见表 3.1。

表 3.1　InputBox 函数语法中的参数说明

参　数	说　明
prompt	是字符串型的，指定出现在对话框中的提示信息
title	指定对话框标题的内容。如果省略 title，则把应用程序名作为标题
default	指定在弹出对话框时最初显示在输入框中的内容
xpos 和 ypos	两个数值型参数，分别指定对话框的右上角到屏幕左边和右边的距离。这两个参数必须成对使用才有效，省略其中的一个时，对话框将出现在水平居中、上部 1/3 屏幕的位置

InputBox 输入函数有两种表达方式：一种为带返回值的；另一种为不带返回值的。

➘ 带返回值

带返回值的输入函数的使用方法举例如下：

```
MyValue = InputBox("请输入电话号码", , 84978981)
```

上述语句中 InputBox 函数其后的一对圆括号不能省略，其中各参数之间用逗号隔开。

➘ 不带返回值

不带返回值的输入函数的使用方法举例如下：

```
InputBox "请输入电话号码", 84978981
```

注意：

InputBox 函数中各项参数的顺序必须一一对应，除第一项参数“提示”不能省略外，其余参数均可省略，省略可选参数时其后的逗号不可省略。

由 InputBox 函数返回的数据类型为字符类型数据，如果要得到数值类型数据，则必须用 Val 函数进行类型转换。

扫一扫，看视频

3.1.3 数据的输出

输出数据可以通过 Label 控件、输出对话框 MsgBox 函数和 Print 方法等。通过 Label 控件输出数据较简单，这里就不介绍了，下面仅介绍 MsgBox 函数和 Print 方法。

1．MsgBox 函数

MsgBox 函数的功能是在对话框中显示消息，如图 3.5 所示，等待用户单击按钮，并返回一个整数，告诉系统用户单击的是哪一个按钮。

另外，在使用该函数时，可以通过设置其中的可用参数，在消息框中显示信息、按钮、图标或警告声音。

图 3.5　MsgBox 对话框

语法：

```
MsgBox (prompt[, buttons][, title])
```

MsgBox 函数语法中的参数说明见表 3.2。

表 3.2　MsgBox 函数语法中的参数说明

参　　数	说　　明
prompt	该参数的类型是字符串，指定显示在对话框中的信息
title	指明对话框的标题。如果省略此参数，则将应用程序名作为标题
buttons	一个整型参数，用于指定对话框中按钮的数目及形式、图标样式、默认按钮等，默认值为 0。它的取值可以是表 3.4 中的一个或其中几个的和，如果是几个值（每一组中至多选一个数）的和（严格地说应该是作 Or 运算的结果），则对话框将同时有这几个值所对应的特性

buttons 参数用于指定对话框中按钮的数目及形式、图标样式、默认按钮等，它的取值见表 3.3。

表 3.3　buttons 参数的取值

符 号 常 量	值	意　　义
vbOKOnly	0	只显示 OK（确定）按钮
vbOKCancel	1	显示 OK（确定）及 Cancel（取消）按钮
vbAbortRetryIgnore	2	显示 Abort（终止）、Retry（重试）及 Ignore（忽略）按钮
vbYesNoCance	3	显示 Yes（是）、No（否）及 Cancel（取消）按钮
vbYesNo	4	显示 Yes（是）及 No（否）按钮
vbRetryCancel	5	显示 Retry（重试）及 Cancel（取消）按钮

续表

符号常量	值	意义
vbCritical	16	显示严重错误图标并伴有声音
vbQuestion	32	显示询问图标并伴有声音
vbExclamation	48	显示警告图标并伴有声音
vbInformation	64	显示消息图标并伴有声音
vbDefaultButton1	0	第一个按钮是默认值
vbDefaultButton2	256	第二个按钮是默认值
vbDefaultButton3	512	第三个按钮是默认值
vbDefaultButton4	768	第四个按钮是默认值
vbSystemModal	4096	全部应用程序都被挂起，直到用户对消息框做出响应才继续工作

MsgBox 函数支持命名参数，返回一个整数，表示关闭对话框前哪一个按钮被单击，具体意义见表 3.4。

表 3.4 MsgBox 函数的返回值

符号常量	值	意义
vbOK	1	OK（确定）按钮被单击
vbCancel	2	Cancel（取消）按钮被单击
vbAbort	3	Abort（终止）按钮被单击
vbRetry	4	Retry（重试）按钮被单击
vbIgnore	5	Ignore（忽略）按钮被单击
vbYes	6	Yes（是）按钮被单击
vbNo	7	No（否）按钮被单击

表 3.3 和表 3.4 中列出的符号常量是 Visual Basic 定义的常量，可以在程序中的任何地方使用，这些符号常量所对应的值就是表中“值”列中的数。

MsgBox 函数有两种表达方式：一种为带返回值的；另一种为不带返回值的。

➘ 带返回值

带返回值的函数的使用方法举例如下：

```
myvalue = MsgBox("注意：请输入数值型数据", 2 + vbExclamation, "错误提示")
If myvalue = 3 Then End
```

上述语句中 MsgBox 函数其后的一对圆括号不能省略，其中各参数之间用逗号隔开。

➘ 不带返回值

不带返回值的函数的使用方法举例如下：

```
MsgBox "请输入数值型数据！", , "提示"
```

2. Print 方法

Print 是输出数据、文本的一个重要方法，其格式如下：

```
窗体名称.Print[<表达式>[,|;[<表达式>]…]]
```

<表达式>：可以是数值或字符串表达式。对于数值表达式，先计算表达式的值，然后输出；而字符串则原样输出。如果表达式为空，则输出一个空行。

当输出多个表达式时，各表达式用分隔符（逗号、分号或空格）隔开。若用逗号分隔，将以 14 个字符位置为单位把输出行分成若干个区段，每区段输出一个表达式的值。而表达式之间用分号或空格作为分隔符，则按紧凑格式输出。

一般情况下，每执行一次 Print 方法将自动换行，可以通过在末尾加上逗号或分号的方法使输出结果在同一行显示。

注意：

Print 方法除了可以作用于窗体外，还可以作用于其他多个对象，如立即窗口（Debug）、图片框（PictureBox）、打印机（Printer）等。如果省略“对象名”，则在当前窗体上输出。

例如使用 Print 方法在窗体中输出图书排行数据，代码如下：

```
Private Sub Form_Click()
    Print                                                       '输出空行
    Font.Size = 14                                              '设置字体
    Font.Name = "华文行楷"
    Print Tab(45); Year(Date) & "年" & Month(Date) & "月份图书销售排行"
    '打印标题
    CurrentY = 700
    Font.Size = 9
    Font.Name = "宋体"
    Print Tab(15); "书名"; Tab(55); "出版社"; Tab(75); "销售数量"
    Print Tab(14); String(75, "-")                              '输出线
    '打印内容
    Print Tab(15); "Visual Basic经验技巧宝典"; Tab(55); "人民邮电出版社"; Tab(75); 10
    Print Tab(15); "Visual Basic数据库系统开发案例精选"; Tab(55); "人民邮电出版社";
Tab(75); 6
    Print Tab(15); "Delphi数据库系统开发案例精选"; Tab(55); "人民邮电出版社"; Tab(75); 8
End Sub
```

代码说明如下：

- Tab(n)：内部函数，用于将指定表达式从窗体第 n 列开始输出。
- Spc(n)：内部函数，用于在输出表达式前插入 n 个空格。
- Print：如果 Print 后面没有内容，则输出空行。

按〈F5〉键，运行工程，单击窗体，效果如图 3.6 所示。

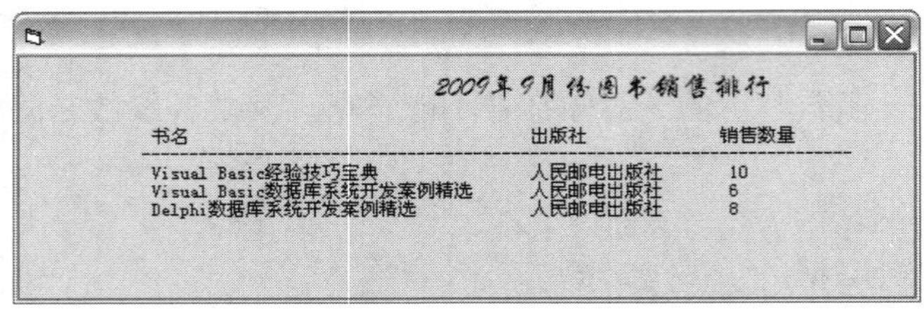

图 3.6　使用 Print 语句在窗体中输出数据

扫一扫，看视频

3.2　选择结构

人的一生要面临各种各样的选择，例如选择上什么学校、找什么样的工作、寻找什么类型的女

孩（男孩）当伴侣……编程好比人生，也要做出各种各样的选择。在选择时需要对条件进行判断，对选项进行取舍。

Visual Basic 支持选择结构（也可称为判定结构），在程序中能够对条件进行测试，然后根据测试的结果执行不同的操作。当测试条件的结果为真（True）时，执行指定的语句组；当测试结果为假（False）时，则执行另一指定的语句组。

3.2.1　单分支 If…Then 语句

If…Then 语句用于判断表达式的值，满足条件时执行其包含的一组语句，执行流程如图 3.7 所示。

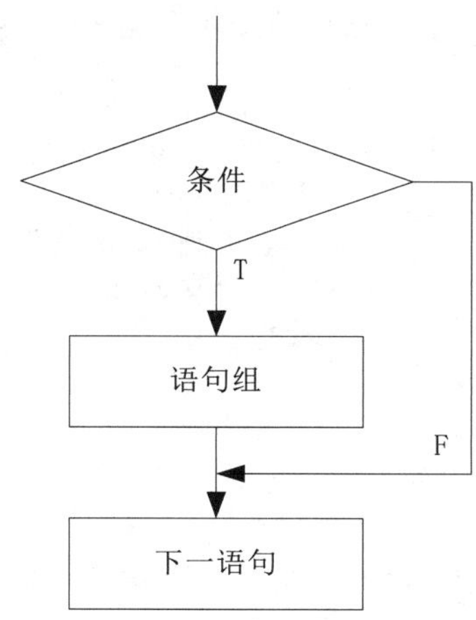

图 3.7　If…Then 语句执行流程图

If…Then 语句有两种形式，即单行形式和块形式。

1．单行形式

顾名思义，单行形式的 If…Then 语句只能在一行内书写完毕，即一行不能超过 255 个字符。

语法：

```
If 条件表达式 Then 语句组
```

If 和 Then 都是关键字。“条件表达式”应该是一个逻辑表达式，或者其值是可以转换为逻辑值的其他类型表达式。

当程序执行到此语句时，首先检查“条件表达式”，以确定下一步的流向。如果“条件”为 True，则执行 Then 后面的语句；如果“条件”为 False，则不执行“语句”中的任何语句，直接跳到下一条语句执行。

下面是一条单行形式的 If…Then 语句：

2．块形式

块形式的 If…Then 语句是以连续数条语句的形式给出的。

语法：

```
If 条件表达式 Then
    语句组
End If
```

其中“语句组”可以是单个语句，也可以是多个语句。多个语句可以写在多行中，也可以写在同一行中，并用冒号“:”隔开。

当程序执行到此语句时，首先检查“条件表达式”，以确定下一步的流向。如果“条件”为 True，则执行 Then 后面的语句组；如果“条件”为 False，则跳过 Then 后面的语句或语句组。如果逻辑表达式为数值表达式，计算结果非 0 时表示 True，计算结果为 0 时表示 False。

注意：

块形式的 If…Then…End If 语句必须使用 End If 关键字作为语句的结束标志，否则会出现语法错误或逻辑错误。

例如判断“密码”文本框中的值是否为“11”，如果是则提示用户登录成功，代码如下：

```
Private Sub Command1_Click()
块  ┌If Text1.Text = "11" Then            '判断“密码”文本框中的值是否为“11”
形  ┤    MsgBox "登录成功！"                '提示用户登录成功
式  └End If
End Sub
```

扫一扫，看视频

3.2.2 双分支 If…Then…Else 语句

在 If…Then…Else 语句中，可以有若干组语句组，根据实际条件只执行其中的一组，其执行流程如图 3.8 所示。

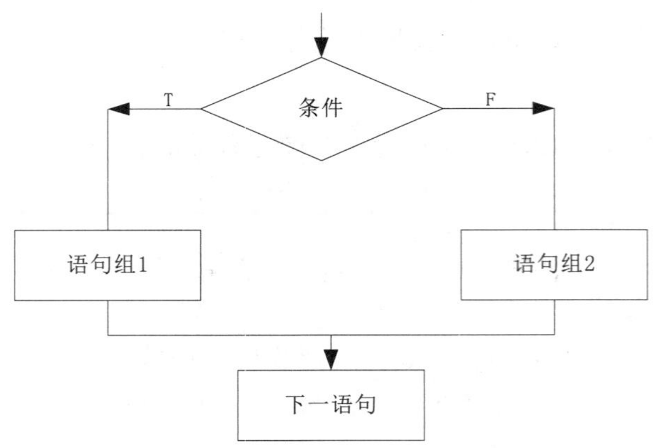

图 3.8 If…Then…Else 语句执行流程图

If…Then…Else 语句也分为单行形式和块形式。

1. 单行形式

语法：

```
If 条件表达式 Then 语句组 1 Else 语句组 2
```

当条件满足时（即“条件表达式”的值为 True），执行“语句组 1”，否则执行“语句组 2”，然后继续执行 If 语句下面的语句。

例如，下面就是一个单行形式的 If…Then…Else 语句：

```
If Text1.Text = "11" Then MsgBox "登录成功！" Else MsgBox "密码错误，重新输入！"
```

（条件表达式：`Text1.Text = "11"`；语句块 1：`MsgBox "登录成功！"`；语句块 2：`MsgBox "密码错误，重新输入！"`）

2. 块形式

如果单行形式中的两个语句组中的语句较多，则写在单行不易读，且容易出错，这时就应该使用块形式的 If…Then…Else 语句。

语法：

```
If 条件表达式 Then
    语句组 1
Else
    语句组 2
End If
```

块形式的 If…Then…Else…End If 语句与单行形式的 If…Then…Else 语句功能相同，只是块形式更便于阅读和理解。

另外，块形式中的最后一个 End If 关键字不能省略，它是块形式的结束标志，如果省略会出现编译错误，如图 3.9 所示。

图 3.9 块 If 没有 End If 错误

下面用块形式判断用户输入的密码，如果“密码”文本框中的值为“11”，则提示用户登录成功，否则提示用户“密码错误，请重新输入!”，代码如下：

```
Private Sub Command1_Click()
    If Text1.Text = "11" Then                          '判断"密码"文本框中的值是否为"11"
        MsgBox "登录成功！", , "提示"                   '提示登录成功
    Else
        MsgBox "密码错误，请重新输入！", , "提示"        '否则提示密码错误
    End If
End Sub
```

3.2.3 If 语句的嵌套

扫一扫，看视频

一个 If 语句的“语句组”中可以包括另一个 If 语句，这种就是“嵌套”。在 Visual Basic 中允许 If 语句嵌套。

下面语句就是 If 语句的嵌套形式：

```
If 条件表达式 1 Then                                    '最外层 If 语句
    语句组 1
    If 条件表达式 2 Then                                '内层 If 语句
        语句组 2
    Else
        If 条件表达式 4 Then …语句组 3 Else …语句组 4    '最内层 If 语句
    End If                                              '内层 If 结束语句
    语句组 5
Else                                                    '最外层 If 语句
```

```
    语句组 6
    If 条件表达式 3 Then                                          '内层 If 语句
        语句组 7
    End If                                                        '内层 If 结束语句
    语句组 8
End If                                                            '最外层 If 结束语句
```

上面的语句不太直观，下面用流程图来表示，如图 3.10 所示。

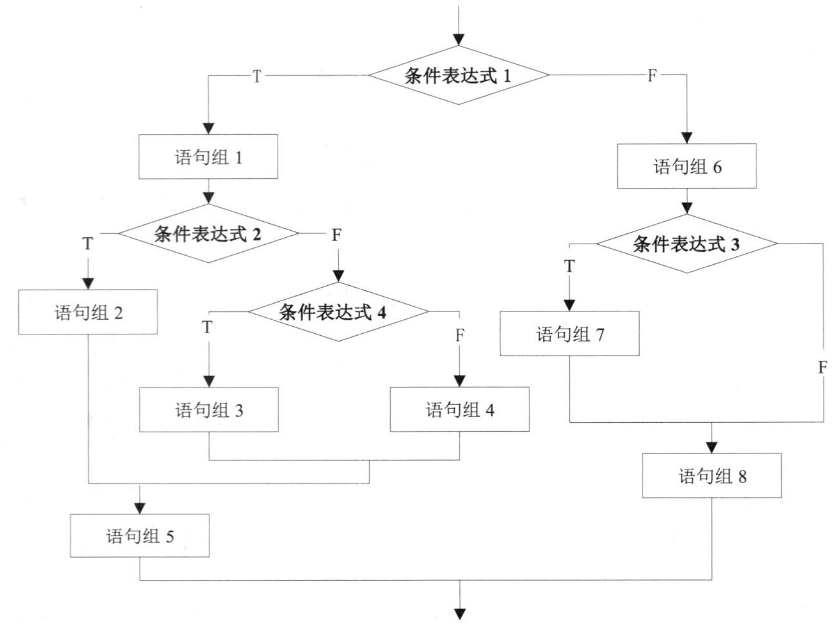

图 3.10　If 语句嵌套执行流程图

对于这种结构，书写时应该采用缩进形式，这样可以使程序代码看上去结构清晰，既增强代码可读性，也便于日后修改调试。另外，Else 或 End If 必须与它相关的 If 语句相匹配，构成一个完整的 If 结构语句。

下面通过一个典型的“用户登录”示例介绍 If 语句的嵌套在实际项目开发中的应用，设计步骤如下。

（1）新建一个工程，在 Form1 窗体中添加 Label 控件、ComboBox 控件和 TextBox 等控件，如图 3.11 所示。

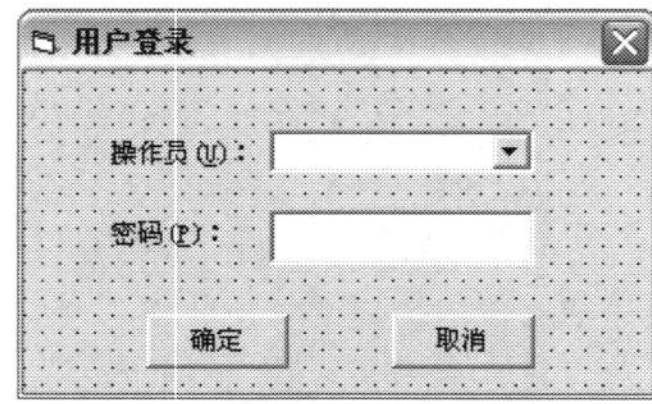

图 3.11　用户登录界面设计效果

设置窗体和控件的相关属性，设置结果见表 3.5。

表 3.5 各窗体和控件的主要设置

窗体/控件	Name 属性	Caption 属性	Default 属性	Text 属性
Form	frmLogin	用户登录		
TextBox	frmPwd			为空
ComboBox	cboUserName			为空
CommandButton	cmdOk	确定	True	
CommandButton	cmdCancel	取消		
Label	labPwd	操作员(&U):		
Label	labKind	密码(&P):		

（2）在代码窗口中编写如下代码：

```
Option Explicit
Public intMyTimes As Integer
Const MaxTimes As Integer = 3
Private Sub Form_Load()
    intMyTimes = 1                                      '给变量赋初值
    '窗体载入时，将用户添加到 ComboBox 控件中
    cboUserName.AddItem "管理员"
    cboUserName.AddItem "操作员 1"
    cboUserName.AddItem "操作员 2"
End Sub
Private Sub cmdOK_Click()
    If cboUserName.Text <> "" Then                      '如果操作员不为空
        If txtPassword.Text = "" Then                   '判断密码是否为空
            MsgBox "请输入密码！", , "提示窗口"
            txtPassword.SetFocus
            Exit Sub
        End If
        If txtPassword.Text <> "11" Then                '如果密码不是"11"
            If intMyTimes > MaxTimes Then               '密码输入次数大于 3 次，则退出程序
                MsgBox "您无权使用该软件！", , "提示窗口"
                End
            Else                                '否则提示密码输入不正确
                intMyTimes = intMyTimes + 1     '每输入一次错误的密码，变量 intMyTimes 就加 1
                MsgBox "密码不正确，请重新输入！", , "提示窗口"
                txtPassword.SetFocus
            End If
        Else                                    '否则登录成功
            MsgBox "登录成功！", , "提示窗口"
        End If
    Else:                                       '提示用户操作员不能为空
        MsgBox "操作员不能为空！", , "提示窗口"
        Exit Sub
    End If
End Sub
Private Sub cmdCancel_Click()
    End                                         '退出程序
End Sub
```

（3）按〈F5〉键，运行工程。选择操作员，输入密码，单击“确定”按钮，如图 3.12 所示。

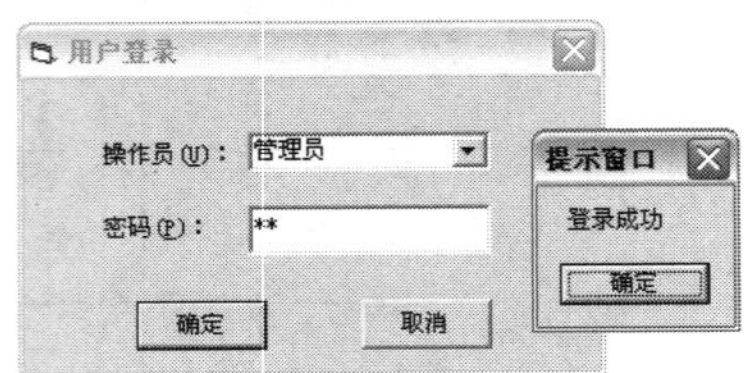

图 3.12　登录成功

具体执行过程如下。

① 判断操作员是否为空。如果操作员为空则提示用户，如图 3.13 所示，否则执行②。

② 判断密码是否为空。如果密码为空则提示用户，如图 3.14 所示，否则执行③。

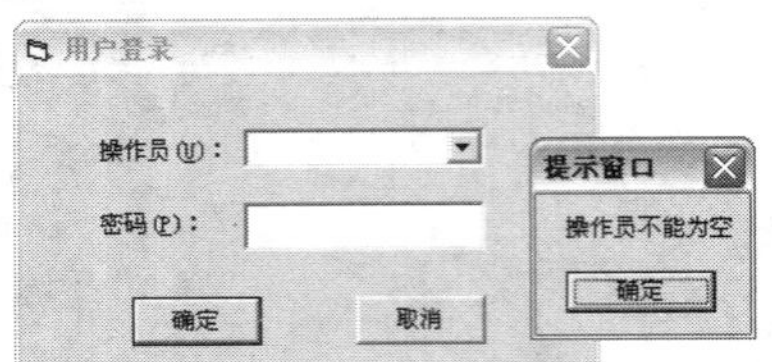

图 3.13　操作员为空

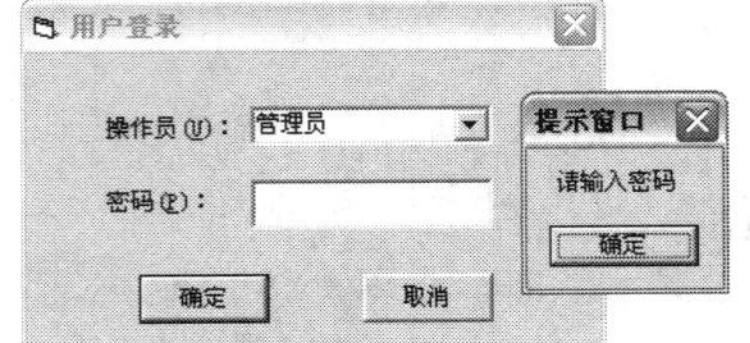

图 3.14　密码为空

③ 判断密码输入是否正确，如果正确则提示“登录成功”，否则执行④。

④ 判断密码输错的次数是否大于 3 次，如果大于 3 次，则提示用户无权使用，如图 3.15 所示，然后退出程序，否则执行⑤。

⑤ 每输入一次错误的密码，变量 intMyTimes 就加 1，并提示用户密码输入有误，如图 3.16 所示。

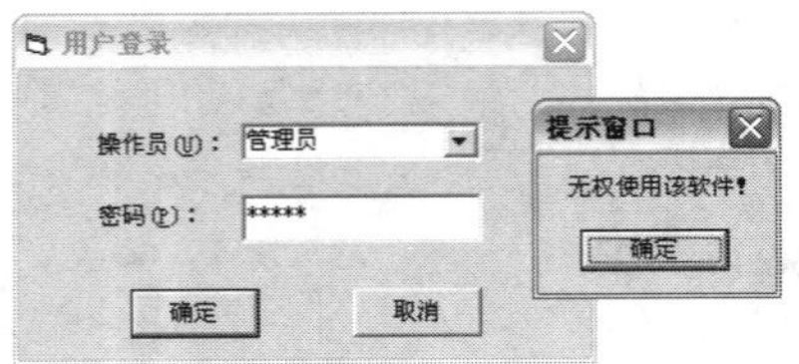

图 3.15　密码输错次数大于 3 次

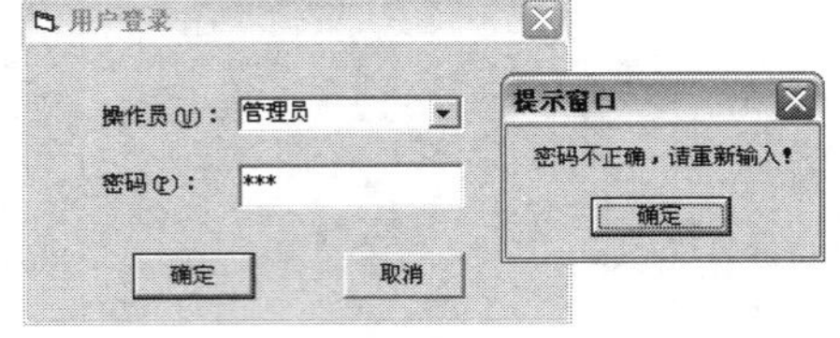

图 3.16　提示用户密码有误

3.2.4　多分支 If…Then…ElseIf 语句

该语句只有块形式的写法，语句格式为：

```
If 条件表达式 1 Then
    语句组 1
ElseIf 条件表达式 2 Then
    语句组 2
ElseIf 条件表达式 3 Then
    语句组 3
    …
ElseIf 条件表达式 n Then
    语句组 n
```

```
   …
[Else
   语句组 n+1]
End If
```

该语句的作用是根据不同的条件确定执行哪个语句组，其执行顺序为条件表达式 1、条件表达式 2、……，一旦条件表达式的值为 True，则执行该条件下的语句组。

多分支 If…Then…ElseIf 语句的执行流程如图 3.17 所示。

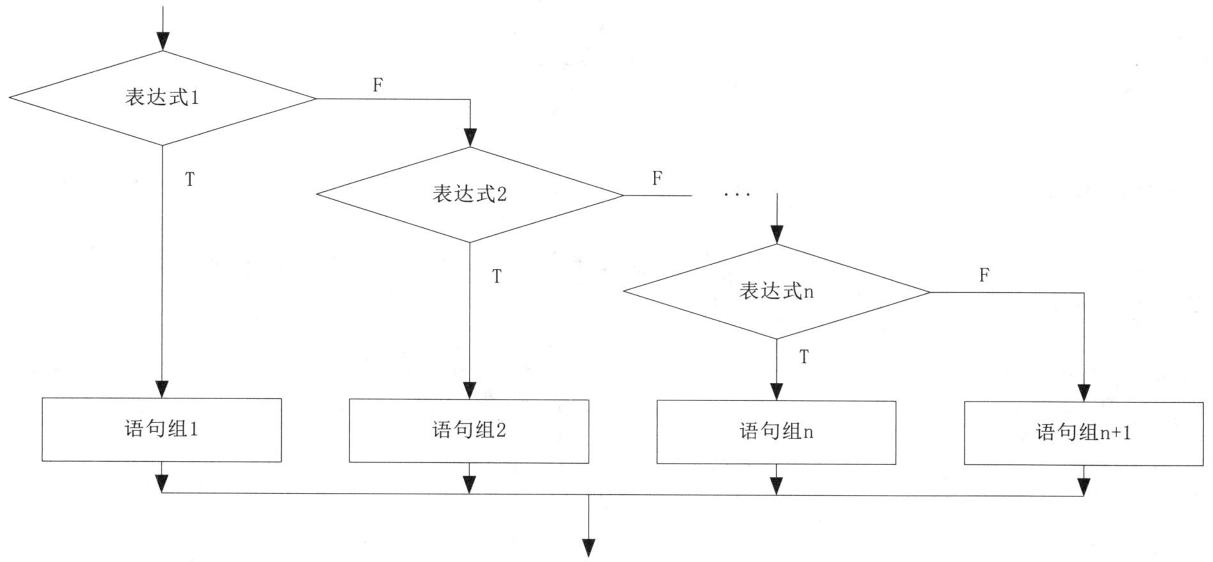

图 3.17　多分支 If…Then…ElseIf 语句执行流程图

在 Visual Basic 中，该语句的条件表达式和语句组的个数没有具体限制。另外，书写时应注意，关键字 ElseIf 中间没有空格。

下面通过一个示例介绍多分支 If 语句的应用。将输入的分数做不同程度的分类，即“优”“良”“及格”和“不及格”，先判断分数是否等于 100，再判断是否>=80，是否>=60，……，以此类推。程序设计步骤如下。

（1）启动 Visual Basic 6.0，新建工程，在新建的 Form1 窗体中添加一个文本框（Text1）、三个标签（Label1、Label2 和 Label3）和一个命令按钮（Command1）。

（2）在代码窗口中编写如下代码:

```
Private Sub Command1_Click()
   Dim a As Integer                              '定义一个整型变量
   a = Val(Text1.Text)                           '给变量 a 赋值
   If a = 100 Then
      lblResult.Caption = "优"
   ElseIf a >= 80 Then
      lblResult.Caption = "良"
   ElseIf a >= 60 Then
      lblResult.Caption = "及格"
   Else
      lblResult.Caption = "不及格"
```

```
    End If
End Sub
```

（3）按〈F5〉键，运行工程，在第一个文本框中输入一个整数，单击“判断”按钮，程序会在第二个文本框中显示判断结果，如图 3.18 所示。

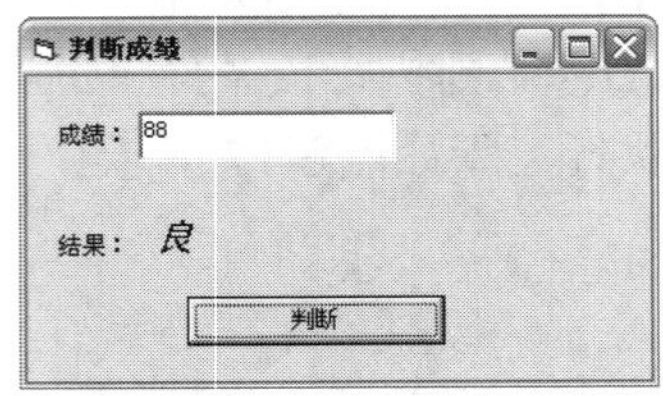

图 3.18　多分支 If 示例运行效果图

扫一扫，看视频

3.2.5　Select Case 语句

当选择的情况较多时，使用 If 语句实现就会很麻烦，而且不直观。Visual Basic 中提供的 Select Case 语句可以方便、直观地处理多分支的控制结构。

语法：

```
Select Case 测试表达式
    Case 表达式 1
        语句组 1
    Case 表达式 2
        语句组 2
        …
    Case 表达式 n
        语句组 n
    [Case Else
        语句组 n+1]
End Select
```

Select Case 语句的执行流程如图 3.19 所示。

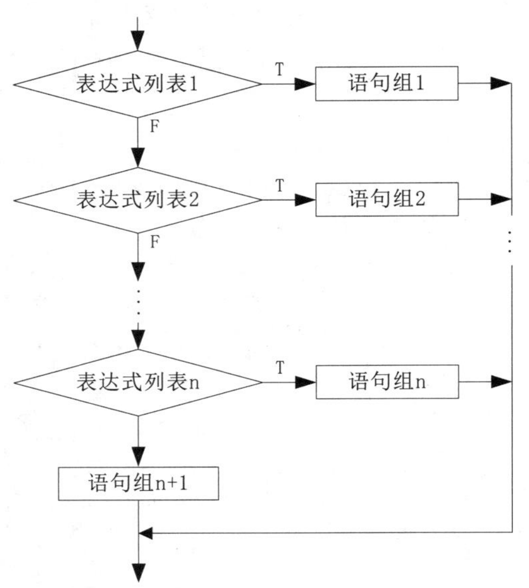

图 3.19　Select Case 语句的执行流程图

执行过程说明如下：

（1）计算“表达式列表 1”的值，如果返回值为真，就执行语句组 1 并跳出选择结构；如果返回值为假，计算“表达式列表 2”的值。

（2）如果“表达式列表 2”的返回值为真，就执行语句组 2 并跳出选择结构；如果返回值为假，计算“表达式列表 3”的值，以此类推。

（3）如果“表达式列表 n”的返回值为真，就执行语句组 n 并跳出选择结构；如果返回值为假，就执行语句组 n+1 并跳出选择结构。

在 Select Case 语句中，“表达式”通常是一个具体的值（如 Case 1），每一个值确定一个分支。“表达式”的值称为域值，有以下 3 种方法可以设定该值。

（1）表达式列表为表达式，例如：X+100。

```
Case X+100                                 '表达式列表为表达式
```

（2）一组值（用逗号隔开），例如：

```
Case 1,4,7                                 '表示条件在 1、4、7 范围内取值
```

（3）表达式 1 To 表达式 2，例如：

```
Case 50 To 60                              '表示条件取值范围为 50～60
```

（4）Is 关系表达式，例如：

```
Case Is<4                                  '表示条件在小于 4 的范围内取值
```

将 3.2.4 节多分支 If 语句的应用示例改写为 Select Case 语句形式，代码如下：

```
Private Sub Command1_Click()
   Dim a As Integer                        '定义一个整型变量
   a = Val(Text1.Text)                     '给变量 a 赋值
   Select Case a
   Case Is = 100
      lblResult.Caption = "优"
   Case Is >= 80
      lblResult.Caption = "良"
   Case Is >= 60
      lblResult.Caption = "及格"
   Case Else
      lblResult.Caption = "不及格"
   End Select
End Sub
```

比较二者之间的区别，可以看出，在多分支选择情况下，使用 Select Case 语句，结构更清晰。当然，若只有两个分支或分支数很少的情况下，直接使用 If…Then 语句更好一些。

3.2.6 IIf 函数

扫一扫，看视频

在使用 Visual Basic 设计程序时，往往会遇到一个变量或属性同另一个变量或属性进行比较的情况。根据这个比较的条件（大于、小于、等于、大于等于、小于等于等），将之前的变量或属性重新赋予一个新值。如果使用 If…Then…Else 等语句实现，程序的代码就比较繁琐，而使用 IIf 函数就比较简单了。

IIf 函数的作用是，根据表达式的值，返回两部分中的其中一个的值或表达式。

语法：

```
IIf(<表达式>,<值或表达式 1>, <值或表达式 2>)
```

表达式：必要参数，用来判断值的表达式。

值或表达式 1：必要参数。如果表达式为 True，则返回这个值或表达式。

值或表达式 2：必要参数。如果表达式为 False，则返回这个值或表达式。

注意：

如果表达式 1 与值或表达式 2 中任何一个在计算时发生错误，程序就会发生错误。

例如，将 3.2.2 节中的示例，即如果“密码”文本框中的值为“11”，则提示用户输入正确，否则

提示用户“密码不正确，请重新输入!”。分别使用 If…Then…Else 语句与 IIf 函数实现，比较它们用法的区别。

（1）使用 If…Then…Else 语句实现。

```
Private Sub Command1_Click()
    If Text1.text = "11" Then                          '判断“密码”文本框中的值是否为“11”
      MsgBox "输入正确! ", , "提示"                    '是“11”提示用户输入正确
    Else
      MsgBox "密码不正确，请重新输入! ", , "提示"      '否则提示用户密码不正确
    End If
End Sub
```

（2）使用 IIf 函数实现。

```
Private Sub Command1_Click()
    Dim str As String                                  '定义字符型变量
    str = IIf(Text1.Text = "11", "输入正确! ", "密码不正确，请重新输入! ")
    MsgBox str, , "提示"
End Sub
```

扫一扫，看视频

3.3 循 环 结 构

当程序中有重复的工作要做时，就需要用到循环结构。循环结构是指程序重复执行循环语句中一行或多行代码。例如在窗体上输出 10 次 1，每个 1 单独占一行。如果使用顺序结构实现，就需要书写 10 次“Print 1”这样的代码，而使用循环语句则简单多了。使用 For…Next 语句实现的代码如下：

```
For i = 1 To 10
    Print 1
Next i
```

在上述代码中 i 是一个变量，用来控制循环次数。

Visual Basic 提供了 3 种循环语句来实现循环结构：For…Next、Do…Loop 和 While…Wend。下面分别进行介绍。

3.3.1 For…Next 循环语句

当循环次数确定时，可以使用 For…Next 语句。

语法：

```
For 循环变量 = 初值 To 终值 [Step 步长]
    循环体
    [Exit For]
    循环体
Next 循环变量
```

For…Next 语句执行过程如图 3.20 所示。

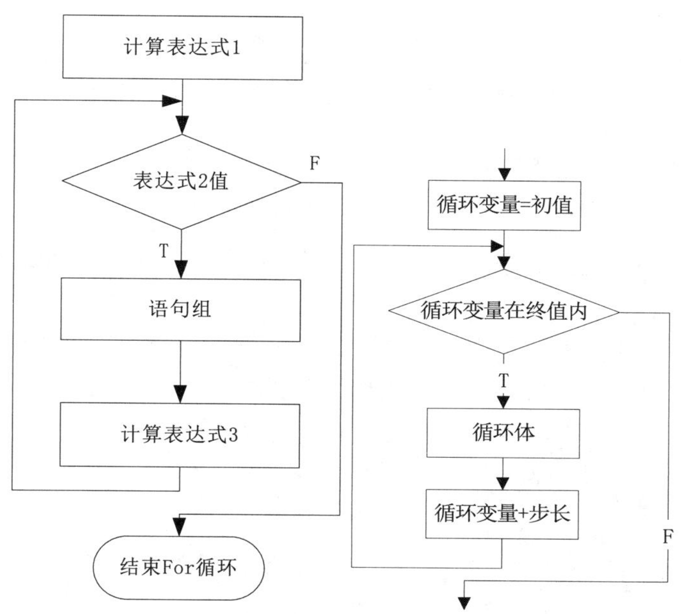

图 3.20　For 语句的执行流程图

（1）如果不指定“步长”，则系统默认步长为 1；当“初值<终值”时，“步长”大于 0；当“初值>终值”时，“步长”应小于 0。

（2）Exit For 用来退出循环，执行 Next 后面的语句。

（3）如果出现循环变量的值总是不超出终值的情况，则会产生死循环。此时，可按〈Ctrl+Break〉组合键，强制终止程序的运行。

（4）循环次数 N=Int((终值－初值)/步长+1)。

（5）Next 后面的循环变量名必须与 For 语句中的循环变量名相同，并且可以省略。

例如，在 ComboBox 下拉列表控件中添加 1～12 个月，代码如下：

```
Private Sub Form_Load()
   Dim i%                                    '定义一个整型变量
   For i = 1 To 12
      Combo1.AddItem i & "月"                '添加列表项
   Next i
End Sub
```

按〈F5〉键，运行工程，效果如图 3.21 所示。

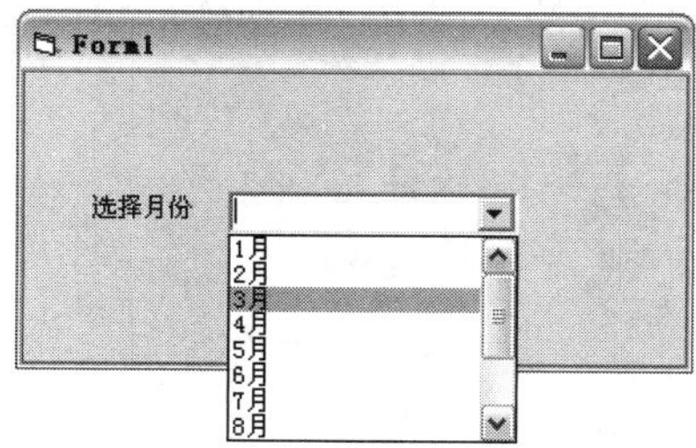

图 3.21　For 语句的简单应用

如果只显示 2、4、6 等偶数月份，则应将上述代码改为：

```
Private Sub Form_Load()
   Dim i%                                          '声明整型变量
   For i = 1 To 12 Step 2                          '循环步长为 2
      Combo1.AddItem i + 1 & "月"                  '添加列表项
   Next i
End Sub
```

如果只显示 1、3、5 等奇数月份，则只需将上述代码中的 Combo1.AddItem i + 1 & "月"改为 Combo1.AddItem i & "月"。

另外，For 循环中的计数还可以是倒数，只要把间隔值设为负值（即间隔值小于 0），而令初始值大于终止值就可以了。这时，循环的停止条件将会变成计数值小于终止值时停止。

例如在窗体上输出 10～1 的整数，代码如下：

```
Private Sub Form_Click()
   Dim i%                                          '声明整型变量
   For i = 10 To 1 Step -1                         '循环步长为-1
      Print i                                      '输出变量值
   Next i
End Sub
```

扫一扫，看视频

3.3.2 For Each…Next 循环语句

For Each…Next 语句用于依照一个数组或集合中的每个元素，循环执行一组语句。

语法：

```
For Each 数组或集合中元素 In 数组或集合
   循环体
   [Exit For]
   循环体
Next 数组或集合中元素
```

说明：

（1）数组或集合中元素：必要参数，是用来遍历集合或数组中所有元素的变量。对于集合，可能是一个 Variant 类型变量、一个通用对象变量或任何特殊对象变量；对于数组，这个变量只能是一个 Variant 类型变量。

（2）数组或集合：必要参数，对象集合或数组的名称（不包括用户定义类型的数组）。

（3）循环体：可选参数，循环执行的一条或多条语句。

例如，单击窗体时使用 For Each…Next 语句列出窗体上所有控件名称，代码如下：

```
Private Sub Form_Click()
   Dim Myctl As Control
   For Each Myctl In Me.Controls                   '遍历窗体中的控件
      Print Myctl.Name                             '输出控件名称
   Next Myctl
End Sub
```

按〈F5〉键，运行项目，效果如图 3.22 所示。

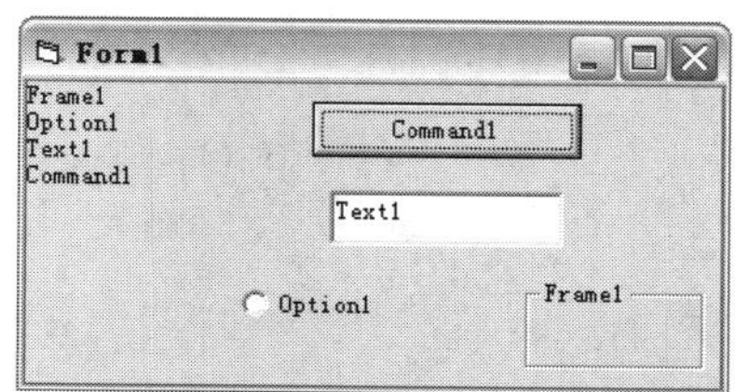

图 3.22　列出窗体上所有控件的名称

3.3.3　Do…Loop 循环语句

扫一扫，看视频

对于那些循环次数难以确定，但控制循环的条件或循环结束的条件已知的情况下，常常使用 Do…Loop 语句。Do…Loop 语句是最常用、最有效、最灵活的一种循环结构，它有以下 4 种不同的形式。

1. Do While…Loop

使用 While 关键字的 Do…Loop 循环称为“当型循环”，是指当循环条件的值为 True 时执行循环。

语法：

```
Do While <循环条件>
    循环体 1
    <Exit Do>
    循环体 2
Loop
```

该语句的执行流程如图 3.23 所示。

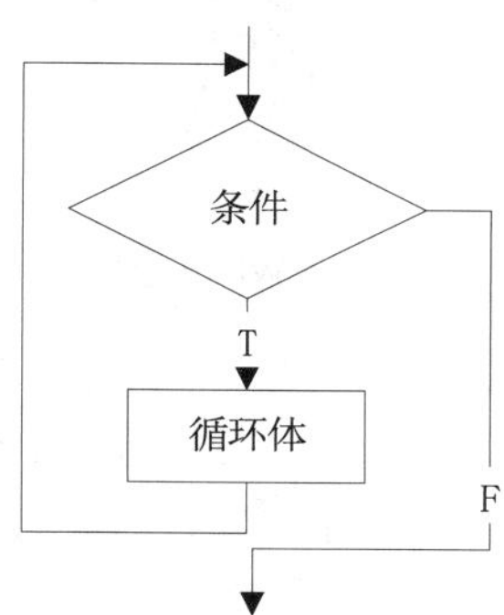

图 3.23　Do While…Loop 语句执行流程图

从上述流程图可以看出，Do While…Loop 语句的执行过程如下。

<循环条件>定义了循环的条件，是逻辑表达式，或者能转换成逻辑值的表达式。当程序执行到 Do While…Loop 语句时，首先判断 While 后面的<循环条件>，如果其值为 True，则由上到下执行“循环体”中的语句，当执行到 Loop 关键字时，返回到循环开始处再次判断 While 后面的<循环条件>是否为 True。如果为 True，则继续执行循环体中的语句，否则跳出循环，执行 Loop 后面的语句。

下面使用 Do While…Loop 语句计算 1＋2＋3＋…＋50 的值，代码如下：

```
Private Sub Form_Click()
```

```
    Dim i%, mySum%                              '定义整型变量
    Do While i < 50
       i = i + 1                                '每循环一次，变量 i 就加 1
       mySum = mySum + i                        '每循环一次，变量 mySum 就加变量 i
    Loop
    Print mySum                                 '输出计算结果
End Sub
```

结果为：1275。

2. Do…Loop While

这是“当型循环”的第二种形式，它与第一种形式的区别在于 While 关键字与<循环条件>在 Loop 关键字后面。

语法：

```
Do
    循环体 1
    <Exit Do>
    循环体 2
Loop While <循环条件>
```

该语句的执行流程如图 3.24 所示。

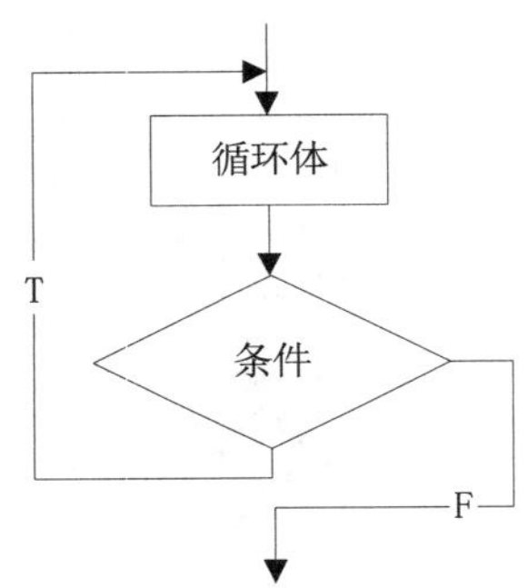

图 3.24　Do…Loop While 语句执行流程图

从上述流程图可以看出，Do…Loop While 语句的执行过程为：

当程序执行 Do…Loop While 语句时，首先执行一次循环体，然后判断 While 后面的<循环条件>，如果其值为 True，则返回到循环开始处再次执行循环体，否则跳出循环，执行 Loop 后面的语句。

下面使用 Do…Loop While 语句计算 1＋2＋3＋…＋myVal 的值，myVal 值通过 InputBox 输入对话框输入，代码如下：

```
Private Sub Form_Click()
    Dim i%, mySum%, myVal%                          '定义整型变量
    myVal = Val(InputBox("请输入一个数："))          '得到输入的值
    Do While i < myVal
       i = i + 1                                    '每循环一次，变量 i 就加 1
       mySum = mySum + i                            '每循环一次，变量 mySum 就加变量 i
    Loop
    Print mySum                                     '输出计算结果
End Sub
```

上述代码中，如果 myVal 的值大于等于 256 时，程序会出现“溢出错误”。因为代码中变量 myVal 定义的是整型，整型的有效范围是－32768～32767，因此出现错误。

解决办法有两种：一种是将变量 myVal 定义为长整型，这样输入值的有效范围会大些；另一种就是在代码 i = i + 1 后面加上代码 If myVal >= 256 Then Exit Do，判断如果变量 myVal 的值大于等于 256，则使用 Exit Do 语句退出循环。

3．Do Until…Loop

使用 Until 关键字的 Do…Loop 循环被称为“直到型循环”。

语法：

```
Do Until <循环条件>
    循环体 1
    <Exit Do>
    循环体 2
Loop
```

该语句的执行流程如图 3.25 所示。

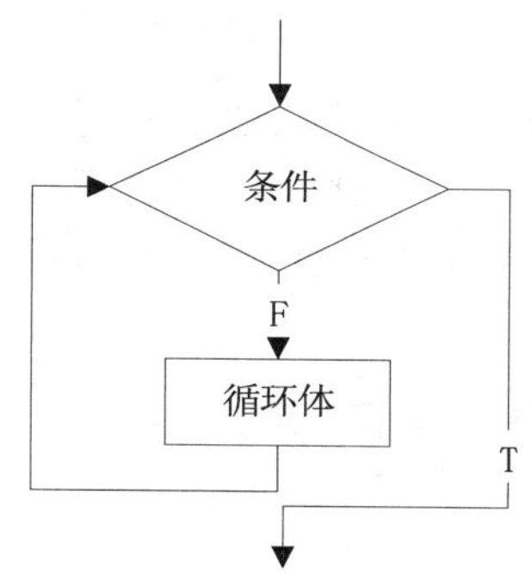

图 3.25　Do Until…Loop 语句执行流程图

从上述流程图可以看出，用 Until 关键字代替 While 关键字的区别在于，当循环条件的值为 False 时才进行循环，否则退出循环。

下面使用 Do Until…Loop 语句计算阶乘 n!，n 值通过 InputBox 输入对话框输入，代码如下：

```
Private Sub Form_Click()
    Dim i%, n%, mySum&                          '定义整型和长整型变量
    n = Val(InputBox("请输入一个数："))          '得到输入的值
    mySum = 1                                   '给变量 mySum 赋初值
    Do Until i = n
        i = i + 1                               '每循环一次，变量 i 就加 1
        mySum = mySum * i                       '每循环一次，变量 mySum 就乘以变量 i
        If n > 12 Then Exit Do                  '如果输入数大于 12，就退出循环
    Loop
    Print mySum                                 '输出计算结果
End Sub
```

4．Do…Loop Until

Do…Loop Until 语句是“直到型循环”的第二种形式。

语法：

```
Do
    循环体 1
    <Exit Do>
    循环体 2
Loop Until <循环条件>
```

该语句的执行流程如图 3.26 所示。

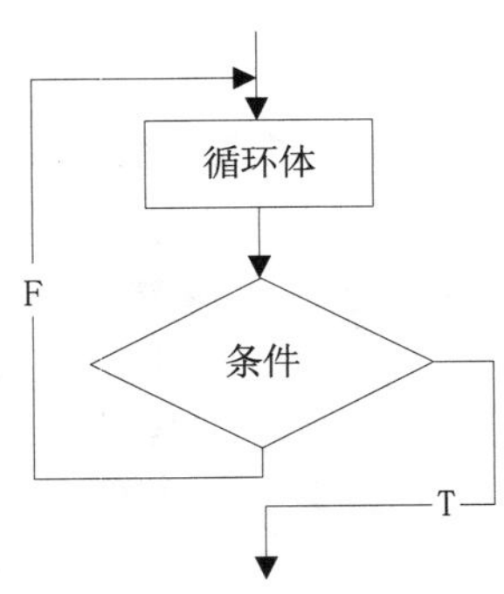

图 3.26　Do…Loop Until 流程图

从上述流程图可以看出，Do…Loop Until 语句的执行过程为：

当程序执行 Do…Loop Until 语句时，首先执行一次循环体，然后判断 Until 后面的<循环条件>，如果其值为 False，则返回到循环开始处再次执行循环体；否则跳出循环，执行 Loop 后面的语句。

注意：

因为浮点数和精度问题，两个看似相等的值实际上可能不精确相等。所以，在构造 Do…Loop 循环条件时要注意，如果测试的是浮点类型的值，要避免使用相等运算符“=”，应尽量使用运算符“>”或“<”进行比较。

扫一扫，看视频

3.3.4　While…Wend 循环语句

只要指定的条件为 True，While…Wend 语句就会重复执行一行或多行语句。可以嵌套使用，但要注意每个 Wend 语句都与前面最近的 While 语句匹配。

语法：

```
While <循环条件>
    循环体
Wend
```

当循环条件的值为 True 时，执行循环体，否则退出循环，执行 Wend 后面的语句。While…Wend 语句是早期 Basic 语言的循环语句，它的功能已经完全被 Do…Loop 语句包括，所以实际开发中建议尽量不用它。

扫一扫，看视频

3.3.5　多重循环

在一个循环体内又包含了循环结构称为多重循环或循环嵌套。循环嵌套对 For…Next 语句、Do…Loop 语句均适用。在 Visual Basic 中，对嵌套的层数没有限制，可以嵌套任意多层。嵌套一层称为二重循环，嵌套两层称为三重循环。

说明：

（1）外循环必须完全包含内循环，不可以出现交叉现象。
（2）内循环与外循环的循环变量名称不能相同。

下面介绍几种合法且常用的二重循环形式，见表 3.6。

表 3.6　合法的循环嵌套形式

（1）For i= 初值 To 终值 　　For j=初值 To 终值 　　　循环体 　　Next j Next i	（2）For i= 初值 To 终值 　　Do While/Until 　　　循环体 　　Loop Next i	（3）Do While/Until 　　For i=初值 To 终值 　　　循环体 　　Next i Loop
（4）Do While/Until 　　Do While/Until 　　　循环体 　　Loop Loop	（5）Do 　　For i=初值 To 终值 　　　循环体 　　Next i Loop While/Until	（6）Do 　　Do While/Until 　　　循环体 　　Loop Loop While/Until

下面通过一个简单的例子演示两重 For…Next 循环，代码如下。多重循环的道理与之相同。

第一种形式：

```
Private Sub Form_Click()
  Dim i%, j%                    '定义整型变量
  For i = 1 To 3                '外层循环
    Print "i="; i               '输出变量 i
    For j = 1 To 3              '内层循环
      Print Tab; "j"; j         '输出变量 j
    Next j
  Next i
End Sub
```

第二种形式：

```
Private Sub Form_Click()
  Dim i%, j%                    '定义整型变量
  For i = 1 To 3                '外层循环
    For j = 1 To 3              '内层循环
      Print "i="; i; "j="; j    '输出变量 i 和 j
    Next j
    Print                       '输出空行
  Next i
End Sub
```

上述两段程序只是输出形式不同（即输出语句上有些区别），运行结果分别如图 3.27 和图 3.28 所示。从这两段程序的执行情况可以看出，外层循环执行一次（如 i=1），内层循环要从头循环一遍（如 j=1、j=2 和 j=3）。

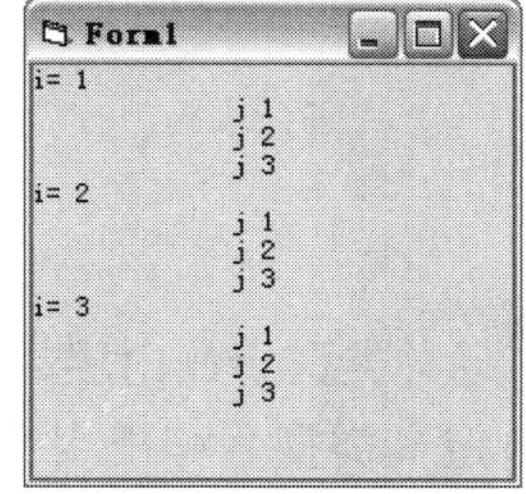

图 3.27　多重循环示例（1）

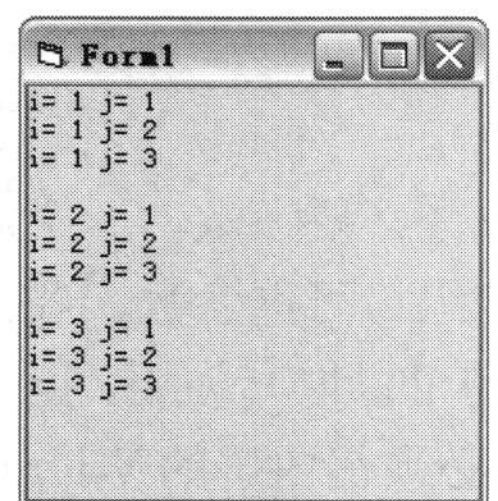

图 3.28　多重循环示例（2）

3.4 其他辅助控制语句

扫一扫，看视频

3.4.1 跳转语句

GoTo 语句使程序无条件跳转到过程中指定的语句行执行。

语法：

```
GoTo <行号|行标签>
```

✍ 说明：

（1）GoTo 语句只能跳转到它所在过程中的行。
（2）行标签是任何字符的组合，不区分大小写，必须以字母开头，以冒号“:”结尾，且必须放在行的开始位置。
（3）行号是一个数字序列，且在使用行号的过程中该序列是唯一的。行号必须放在行的开始位置。
（4）太多的 GoTo 语句会使程序代码不容易阅读及调试，所以应尽可能少用或不用 GoTo 语句。

例如在程序中使用 GoTo 语句，代码如下：

```
Private Sub Command1_Click()
  GoTo l1
  End
  Exit Sub
l1:
  Print "没有退出"
End Sub
```

当程序执行到 GoTo 语句时，程序跳转到 l1 标签下的语句去执行，而不执行 End 语句结束程序。

✍ 说明：

Exit Sub 的作用是立即退出 Command1_Click 的 Sub 过程。

扫一扫，看视频

3.4.2 复用语句

With 语句是在一个定制的对象或一个用户定义的类型上执行的一系列语句。

语法：

```
With <对象>
    [<语句组>]
End With
```

- 对象：必要参数，一个对象或用户自定义类型的名称。
- 语句组：可选参数，要在对象上执行的一条或多条语句。

With 语句可以嵌套使用，但是外层 With 语句的对象或用户自定义类型会在内层的 With 语句中被屏蔽，所以必须在内层的 With 语句中使用完整的对象，或用户自定义类型名称引用在外层的 With 语句中的对象或用户自定义类型。

例如嵌套使用 With 语句，在窗体 Load 事件中设置按钮与窗体的部分属性，代码如下：

```
Private Sub Form_Load()
    With Form1                                                      '外层 With 语句
        .Height = 10000
        .Width = 10000
        With Command1                                               '内层 With 语句
            .Height = 2000
            .Width = 2000
            .Caption = "按钮高度与宽度都是 2000"
            Form1.Caption = "窗体高度与宽度都是 10000"
        End With
    End With
End Sub
```

在外层嵌套 With 语句中直接设置 Form1 窗体的高度和宽度，在内层嵌套 With 语句中直接设置 Command1 按钮的高度、宽度和显示的标题。在设置 Form1 的显示标题时需要写入窗体的名称。

3.4.3　退出语句

扫一扫，看视频

Exit 语句用来退出 Do…Loop、For…Next、Function、Sub 或 Property 代码块。Exit 语句包括以下几种类型：

```
Exit Do
Exit For
Exit Function
Exit Property
Exit Sub
```

Exit 语句中各类型的作用见表 3.7。

表 3.7　Exit 语句中各类型的作用

语 句 类 型	作　　用
Exit Do	退出 Do…Loop 循环的一种方法，只能在 Do…Loop 循环语句中使用。Exit Do 语句会将控制权转移到 Loop 语句之后的语句。当 Exit Do 语句用在嵌套的 Do…Loop 循环语句中时，Exit Do 语句会将控制权转移到 Exit Do 语句所在位置的外层循环
Exit For	退出 For…Next 循环的一种方法，只能在 For…Next 或 For Each…Next 循环中使用。Exit For 语句会将控制权转移到 Next 语句之后的语句。当 Exit For 语句用在嵌套的 For…Next 或 For Each…Next 循环中时，Exit For 语句将控制权转移到 Exit For 语句所在位置的外层循环
Exit Function	立即从包含该语句的 Function 过程中退出。程序会从调用 Function 过程的语句之后的语句继续执行
Exit Property	立即从包含该语句的 Property 过程中退出。程序会从调用 Property 过程的语句之后的语句继续执行
Exit Sub	立即从包含该语句的 Sub 过程中退出。程序会从调用 Sub 过程语句之后的语句继续执行

例如在 For…Next 循环语句中，当满足某种条件时退出循环，就可以通过使用 Exit For 语句实现，程序代码如下：

```
Dim I As Long
For I = 1 To 100
```

```
   If I = 50 Then Exit For                              '当 I=50 时退出循环
Next I
Debug.Print I                                           'I 的值为 50
```

扫一扫，看视频

3.4.4 结束语句

End 语句用来结束一个过程或块。End 语句与 Exit 语句容易混淆，Exit 语句是用来退出 Do…Loop、For…Next、Function、Sub 或 Property 的代码块，并不说明一个结构的终止，而 End 语句是终止一个结构。

语法：

```
End
End Function
End If
End Property
End Select
End Sub
End Type
End With
```

End 语句中各类型的作用见表 3.8。

表 3.8　End 语句中各类型的作用

语　句	作　用
End	停止执行。不是必要的，可以放在过程中的任何位置关闭程序
End Function	必要语句，用于结束一个 Function 语句
End If	必要语句，用于结束一个 If 语句组
End Property	必要语句，用于结束一个 Property Let、Property Get 或 Property Set 过程
End Select	必要语句，用于结束一个 Select Case 语句
End Sub	必要语句，用于结束一个 Sub 语句
End Type	必要语句，用于结束一个用户定义类型的语句（Type 语句）
End With	必要语句，用于结束一个 With 语句

注意：

在使用 End 语句关闭程序时，VB 不调用 Unload、QueryUnload、Terminate 事件或任何其他代码，而是直接终止程序（代码）执行。

下面分别使用 End 语句与 Unload 语句关闭程序和窗体。在使用 End 语句关闭程序时，窗体不发生 Unload 事件而直接被关闭。在使用 Unload 语句关闭窗体时，窗体发生 Unload 事件，调用对话框选择是否退出程序。

程序代码如下：

```
Private Sub Command1_Click()
   End                                                  '退出程序
End Sub
Private Sub Command2_Click()
   Unload Form1                                         '卸载窗体
```

```
End Sub
Private Sub Form_Unload(Cancel As Integer)
   If MsgBox("是否退出？", vbYesNo, "提示") = vbNo Then Cancel = 1
End Sub
```

✍ 说明：

窗体 Unload 事件中的 Cancel 参数是一个整数，决定了窗体是否被关闭。只要 Cancel 参数值不为 0，窗体就不会被关闭。

扫一扫，看视频

扫一扫，看视频

第 4 章　窗　　体

窗体是 Visual Basic 应用程序中的重要对象，任何控件都是放置在窗体上的。本章对窗体的两种类型——SDI 和 MDI，以及窗体的常用属性、方法和事件都作了详尽的讲解，是学习编写应用程序的基础章节。在讲解过程中，为了便于读者理解，本章结合实例进行说明。本章视频要点如下：

- 如何学好本章；
- 初步了解窗体组成部分及其类型；
- 添加与删除窗体；
- 加载与卸载窗体；
- 使用窗体的常用属性、方法和事件；
- 使用 MDI 窗体。

4.1　窗体概述

窗体好比一张画纸，进入 Visual Basic 集成开发环境后，可以使用工具箱中的工具在其上面进行界面设计，也可以使用窗体的各种属性"装扮"窗体的各种属性（如改变窗体的外观，添加本窗体的色彩，加载背景图片，改变它的尺寸等）。本节将对窗体的概念、窗体的组成以及窗体的类型进行介绍。

4.1.1　窗体的概念

窗体是应用程序的一个重要组成部分。在程序设计阶段，窗体是程序员的"工作台"，程序员在窗体上创建应用程序。在程序运行的时候，每一个窗体对应一个窗口。

窗体是用户和应用程序交互的接口。它由属性定义外观，由方法定义行为，由事件定义与用户的交互。它是 Visual Basic 中一个重要的对象，它可以作为其他控件的"父对象"。也就是说，窗体除了具有自己的属性、方法外，还可以作为其他控件的容器，可以在它上面放置除了窗体之外的其他控件，如文本框、图片框、各种按钮等。当窗体显示时，在它上面的控件是可见的；当窗体移动时它们随之移动；当窗体隐藏时，在它上面的控件也跟着隐藏。

窗体文件的扩展名是.frm，可以作为文件存放到磁盘上。

4.1.2　窗体的组成

一般 Visual Basic 窗体都由标题栏、控制按钮和窗体区域组成，具体效果如图 4.1 所示。

（1）标题栏

标题栏是指在窗体顶部的长条区域，包括（从左到右）：窗体图标（）、窗体标题（Form1）、最小化按钮（）、最大化/还原按钮（）、关闭按钮（）。

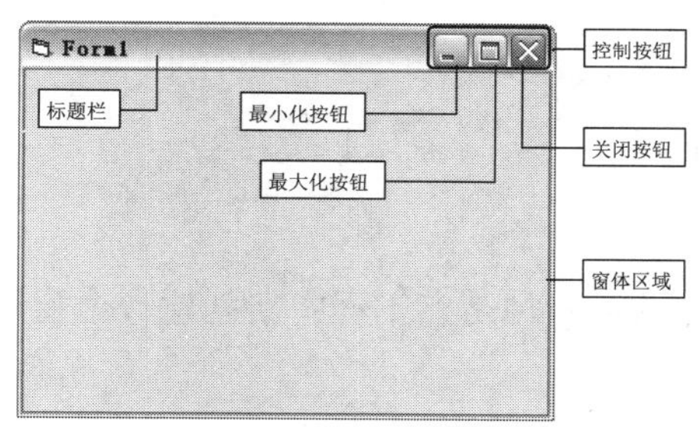

图 4.1 窗体的组成

（2）控制按钮

窗体的控制按钮在窗体标题栏的最右端，包括最大化、最小化和关闭按钮，其作用是对窗体进行控制。

（3）窗体区域

窗体区域是窗体的主体部分，程序员可以在上面放置各种控件，操作用户可以通过该部分的控件与应用程序进行交互。

4.1.3 模式窗体和无模式窗体

模式窗体和无模式窗体只有在显示的时候才存在差别。当使用 Show 方法显示窗体时，使用 Style 参数，且 Style 等于 1 或 vbModal，则显示的窗体为模式窗体；否则所显示的窗体为无模式窗体。

如果多个窗体以无模式的状态显示，则单击任何一个窗体，它将立即成为当前窗体并且显示于屏幕的最上面。若最新显示的是有模式窗体，则该窗体为当前窗体，同时，其他窗体不可用，只有当模式窗体被隐藏或卸载时，其他窗体才能恢复原来可用的状态。

4.1.4 SDI 窗体和 MDI 窗体

SDI（Single Document Interface）窗体是指在界面上显示一个或多个窗口，每一个窗口都可以独立地进行最小化或最大化操作，其界面如图 4.2 所示。

MDI（Multiple Document Interface）窗体是指一个包含多个子窗体的容器，是所有子窗体的父窗体。由 MDI 窗体创建的应用程序由 MDI 窗体和 MDI 子窗体构成，MDI 窗体既是子窗体的容器，同时也作为父窗体，它集成子窗体所共有的界面元素，如工具栏、状态栏等，其界面如图 4.3 所示。

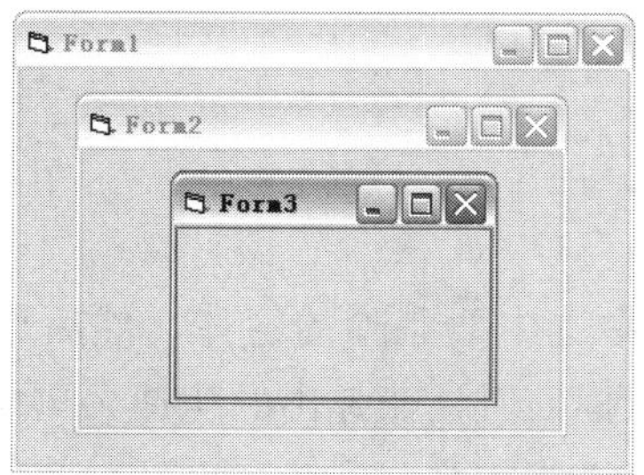

图 4.2 SDI 窗体

图 4.3 MDI 窗体

4.1.5 添加和移除窗体

1. 添加窗体

向工程中添加窗体有两种方法：一种是在工程中新创建一个窗体；另一种是从外部工程中添加一个现存的窗体。

（1）创建新窗体

在 Visual Basic 开发环境中，选择“工程”/“添加窗体”命令或单击工具栏中的“添加窗体”图标，将弹出“新建工程”对话框，如图 4.4 所示。在对话框中选择“新建”选项卡，在该选项卡中选择要添加的窗体类型，单击“打开”按钮即可。

（2）添加现存的窗体

用上述方法打开“添加窗体”对话框，选择“现存”选项卡，如图 4.5 所示，选择要添加的现存窗体文件后单击“打开”按钮，即可将该现存窗体添加到当前工程中。

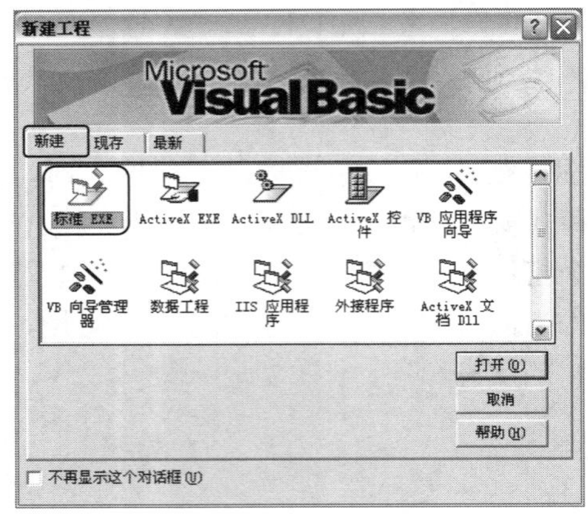

图 4.4 创建新窗体

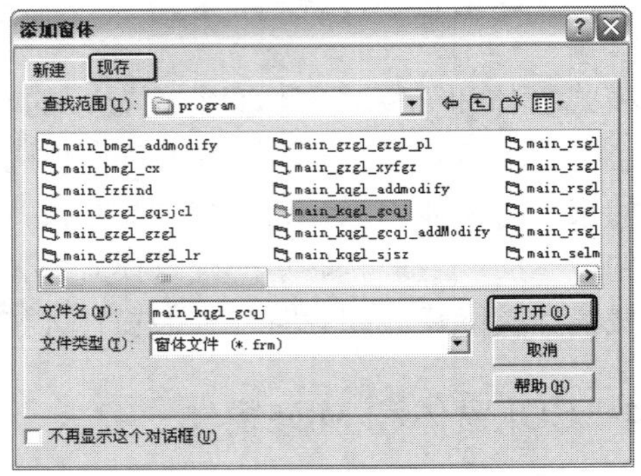

图 4.5 添加现存窗体

说明：

如果将已经添加过的窗体再次添加到工程中，系统将会弹出如图 4.6 所示的提示信息。

图 4.6 对同一窗体重复添加时的信息提示

2. 删除窗体

如果要删除工程中的某个窗体，可以在工程资源管理器中选中要删除的窗体，然后选择“工程”/“移除”命令；或者在选中要删除的窗体后，直接单击鼠标右键，在弹出的快捷菜单中，选择移除所选窗体命令，如图 4.7 所示。先将该窗体从 Visual Basic 工程中移除，然后再到存放此窗体工程文件的文件夹中将其彻底删除。

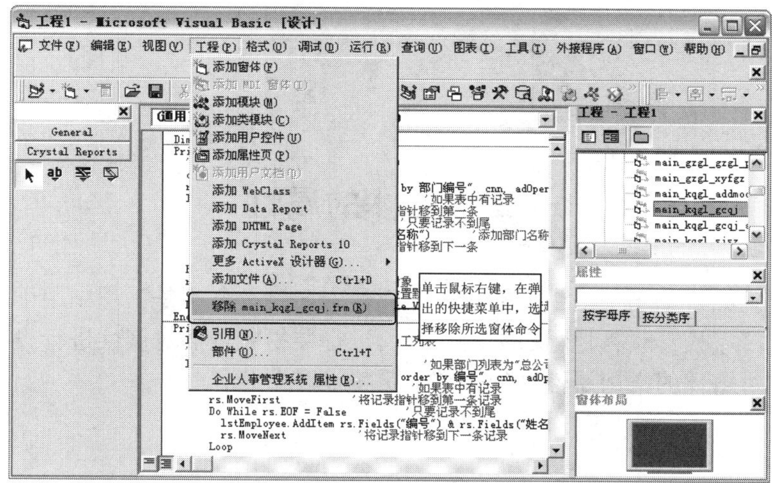

图 4.7 从工程中移除窗体

4.1.6 加载与卸载窗体

1. 加载窗体

Load 语句用于将一个窗体装入内存。执行 Load 语句后，可以引用窗体中的控件及其各种属性。

语法：

```
Load 窗体名
```

例如，在客户管理系统中加载客户信息窗体，代码如下：

```
Private Sub Khxx_Click()                      '客户信息菜单的单击事件
    Load Frm_Khxxwh_kh                        '加载客户信息窗体
    Frm_Khxxwh_kh.Show                        '显示客户信息窗体
End Sub
```

注意：

使用 Load 语句引入窗体及控件时，窗体及控件是不可见的，要想使它们可见，还需要使用 Show 方法。

2. 卸载窗体

加载窗体需要占用一部分内存，当一些窗体不再使用时，应该及时卸载。在卸载时需要使用 Unload 语句。

语法：

```
Unload 窗体名
```

注意：

如果用 Unload 语句卸载全部窗体，程序将停止执行。

例如，卸载采购员管理窗体，代码如下：

```
Private Sub Cmd_exit_Click()                  '退出按钮的单击事件
    Unload Me                                 '卸载 frm_cgygl 窗体，也可写成
```

```
Unload frm_cgygl
End Sub
```

注意：

Me 是系统保留字，表示当前窗体。

4.2 窗体的属性

新添加的窗体犹如一个刚刚出生的婴儿，要为他取名字，名字是工程中用于窗体的唯一标识。婴儿慢慢地长大了，家长喜欢将他精心装扮一番，进行装扮就需要对属性进行设置，使其（窗体）更加漂亮。本节将对窗体的常用属性进行介绍。

4.2.1 名称

窗体的名称是工程中用于窗体的唯一标识，因此在一个工程中不能有两个名称相同的窗体。在窗体创建时，默认创建一个窗体名，一般形式为 Form*，其中的*为从 1 开始的自然数。

在使用时可以通过 Name 属性来设置窗体的名称，该属性返回在代码中用于标识窗体对象的名字，在运行时是只读的。

语法：

```
object.Name
```

参数说明：

object：所在处代表一个对象表达式。这里为与活动窗体模块相联系的窗体。

Name 属性的设置只能通过在属性窗口中进行设置，如在属性窗口中设置窗体的 Name 属性为 Frm_main，如图 4.8 所示。设置完成以后在资源管理器中的显示如图 4.9 所示。

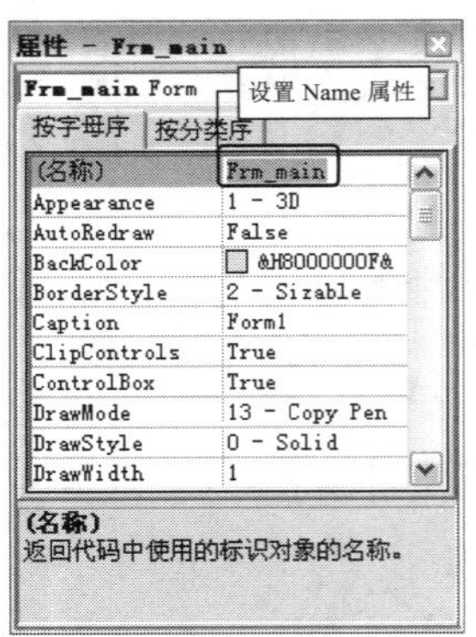

图 4.8　通过属性窗口设置 Name 属性

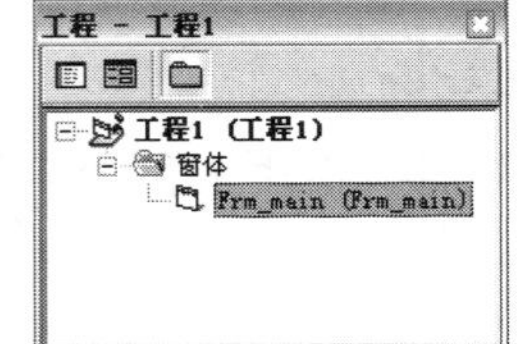

图 4.9　窗体在资源管理器中显示

4.2.2 标题

窗体的 Caption 属性可以设置或返回窗体的标题名称，确定显示在普通窗体或 MDI 窗体标题栏中的文本。当窗体最小化时，该文本将显示在窗体图标的下面。

语法：

```
object.Caption [= string]
```

参数说明：

object：对象表达式。如果 object 被省略，那么与活动窗体模块相联系的窗体被认为是 object。

string：字符串表达式，其值是被显示为标题的文本。

例如，设置窗体的标题为“明日软件”，代码如下：

```
Private Sub Form_Load()
   Me.Caption = "明日软件"
End Sub
```

另外，也可以通过属性窗口设置窗体的标题，具体操作步骤如下。

（1）选择窗体（Form1）。

（2）在属性窗口中设置 Caption 属性为“明日软件”，如图 4.10 所示。

（3）运行程序，设置完成的窗体标题如图 4.11 所示。

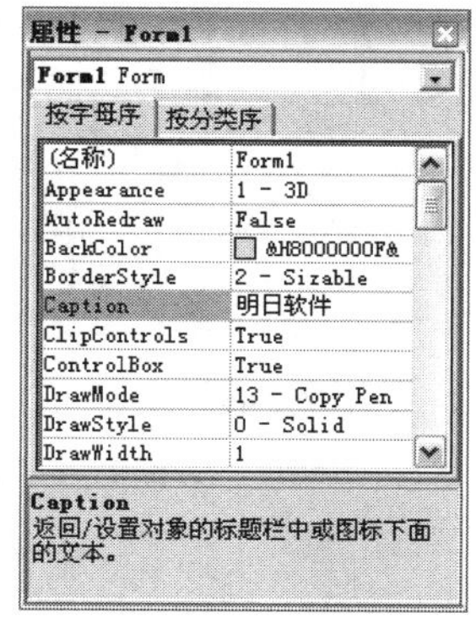

图 4.10　设置 Caption 属性

图 4.11　设置完成的窗体标题

技巧：

在图 4.10 所示的属性窗口中，按住〈Shift+Ctrl〉组合键，再按下属性名称的第一个字符，即可快速选中该属性。

4.2.3　图标

在 Visual Basic 工程中，如果不改变图标，则每个窗体都有一个默认的图标。为了给应用工程赋予实际工程的含义，可以更换窗体的图标。更换图标可以使用窗体的 Icon 属性来实现。

Icon 属性用于设置程序运行时窗体处于最小化时所显示的图标。用户可以通过窗体的 Icon 属性，使窗体的左上角带有一个小图标。当该窗口最小化时，该图标停留在桌面或父窗口中，用户可通过双击该图标打开此窗口。

语法：

```
object.Icon
```

参数说明：

object：对象表达式。

例如，为窗体动态加载图标。程序代码如下：

```
Private Sub Form_Load()
    Me.Icon = LoadPicture(App.Path & "\11.ico")                '加载窗体图标
End Sub
```

另外也可以通过属性窗口设置实现，具体步骤如下。

（1）选择窗体（Form1）。

（2）在属性窗口中设置 Icon 属性，单击其旁边的...按钮，打开“加载图标”对话框，选择需要的图标，如图 4.12 所示。

（3）加载图标后的窗体如图 4.13 所示。

图 4.12　选择图标文件

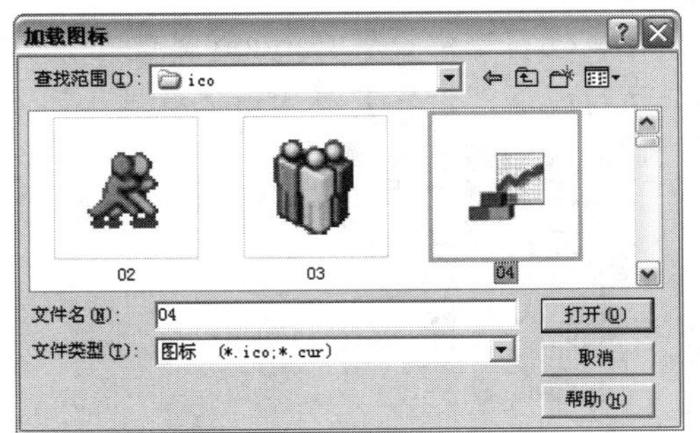

图 4.13　加载图标

4.2.4　背景

Picture 属性可以返回或设置窗体中要显示的图片，从而达到美化程序界面的目的。

语法：

```
object.Picture [= picture]
```

参数说明：

object：对象表达式。

picture：字符串表达式，指定一个图片文件。

Picture 属性的设置值见表 4.1。

表 4.1　Picture 属性的设置值

设　置　值	说　　明
(None)	默认值，无图片
(Bitmap, icon, metafile, GIF, JPEG)	指定一个图片。设计时可以通过属性窗口加载图片。在运行时，可以使用 LoadPicture 函数加载位图、图标或元文件等格式的图片

例如，为窗体添加背景图片，操作步骤如下。

（1）选择窗体（Form1）。

（2）在属性窗口中单击 Picture 属性旁边的...按钮，打开“加载图片”对话框，选择需要的图片，如图 4.14 所示。

（3）加载图片后的窗体如图 4.15 所示。

图 4.14　加载背景图片

图 4.15　为窗体添加背景图片

技巧：

（1）可以利用“编辑”菜单中的“复制”“剪切”和“粘贴”命令并使用剪贴板方法传递图片。图片格式可以通过剪贴板常数 vbCFBitmap、vbCFMetafile 和 vbCFDIB 设置。例如将剪贴板上的一张位图粘贴到 Visual Basic 窗体上，其操作步骤如下：

① 打开 Word 或其他软件，复制所需图片。

② 在窗体的 Form_Load 事件过程中编写如下代码：

```
Me.Picture = Clipboard.GetData(vbCFBitmap)
```

③ 运行程序，在 Word 中复制的图片将显示在窗体中。

（2）使用 SavePicture 语句将窗体中的图片保存为文件。

首先为窗体添加背景图片，然后使用如下代码，将该图片保存在程序所在的路径下：

```
SavePicture Me.Picture, App.Path & "\s.bmp"
```

4.2.5　边框样式

不同的窗体有不同的用处。根据窗体不同的用处，可以将其设置成不同的样式。利用窗体的 BorderStyle 属性可以设置窗体的样式，该属性用于返回或设置对象的边框样式。窗体对象在运行时，BorderStyle 属性是不可用的。

语法：

```
object.BorderStyle = [value]
```

参数说明：

object：对象表达式，这里为窗体对象。

value：值或常数，用于决定边框样式，其设置值见表 4.2。

表 4.2　value 参数的设置

常　　数	设　置　值	描　　述
vbBSNone	0	无（没有边框或与边框相关的元素）
vbFixedSingle	1	固定单边框。可以包含控制菜单框、标题栏、最大化按钮和最小化按钮。只有使用最大化和最小化按钮才能改变大小
vbSizable	2	（默认值）可调整的边框。可以使用设置值 1 列出的任何可选边框元素重新改变尺寸

续表

常　　数	设 置 值	描　　述
vbFixedDouble	3	固定对话框。可以包含控制菜单框和标题栏，不能包含最大化和最小化按钮，不能改变尺寸
vbFixedToolWindow	4	固定工具窗口。不能改变尺寸。显示关闭按钮并用缩小的字体显示标题栏。窗体在 Windows 95 的任务条中不显示
vbSizableToolWindow	5	可变尺寸工具窗口。可变大小。显示关闭按钮并用缩小的字体显示标题栏。窗体在 Windows 95 的任务条中不显示

图 4.16 中列出了这些窗体的不同样式，读者在使用中可以根据不同的需要选择。例如，在设计启动窗体时，可以将 BorderStyle 属性设置为 0，即无边框的形式，同时利用 Picture 属性设置窗体的背景图片，这样显示比较美观；在设计类似对话框的窗体时，可以将 BorderSytle 属性设置为 3，此时窗体只包括控制菜单框和标题栏，不能包含最大化和最小化按钮，不能改变尺寸。

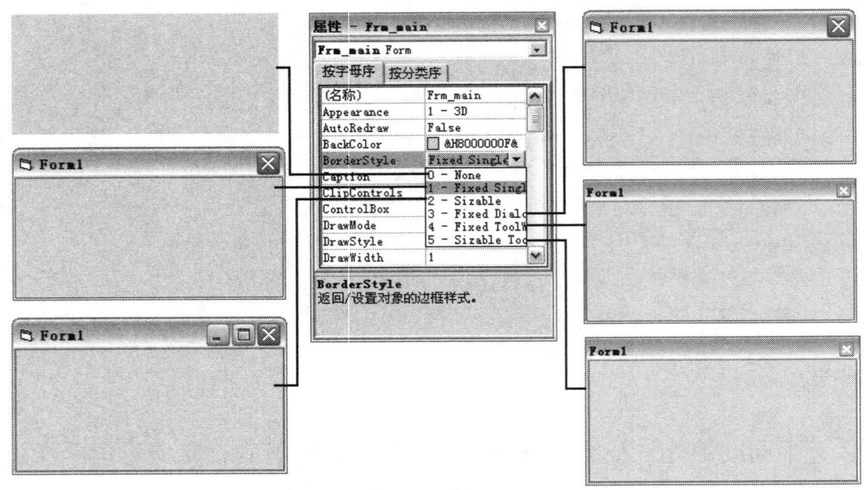

图 4.16　BorderStyle 属性设置

注意：

BorderStyle 属性只能在设计时通过属性窗口设置，不能通过程序代码设计实现。

4.2.6　显示状态

在进行窗体显示的时候，根据程序的需要可以将窗体显示为全屏、最小化或者正常显示的模式。利用窗体的 WindowState 属性可以设计窗体的显示状态。WindowState 属性用于返回或设置一个值，该值用来指定在运行时窗体的可视状态。

语法：

```
object.WindowState [= value]
```

参数说明：

object：对象表达式。

value：一个用来指定对象状态的整数，其设置值见表 4.3。

表 4.3　value 的设置值

常　　数	值	描　　述
vbNormal	0	（默认值）正常
vbMinimized	1	最小化（最小化为一个图标）
vbMaximized	2	最大化（扩大到最大尺寸）

该属性可以在属性窗口中进行设置，也可以通过程序代码进行设置。例如，下面的代码用于设置窗体最大化显示。

```
Private Sub Form_Load()
   Me.WindowState = vbMaximized                    '设置窗体最大化显示
End Sub
```

当窗体被设置为不同的效果时，在状态栏中的效果也不相同，如图 4.17 所示。

图 4.17　窗体不同状态的状态栏效果

4.3　窗体的方法

孩子上小学了，他学会了写字（在窗体上显示文本）；体育课上跑步（移动窗体）；课间休息喜欢做“躲猫猫”的游戏（显示窗体或隐藏窗体）。本节将对窗体的常用方法进行介绍。

4.3.1　显示窗体

扫一扫，看视频

Show 方法是窗体中重要的方法，用来显示窗体的对象。在调用 Show 方法对窗体进行显示时，可以通过 Style 参数指定将窗体显示为模式窗体或非模式窗体。模式窗体在显示后一直占据焦点，不能切换到其他窗体上进行操作，直到模式窗体被隐藏或卸载为止。

语法：

```
[object].Show[Style],[Ownerform]
```

参数说明：

object：为可选的对象表达式，其值为一个窗体对象（MDIForm 或 Form 对象）。

Style：为可选参数。取值为一个整数，用以决定窗体是模式还是无模式窗体。如果 Style 为 0，则窗体为无模式窗体；如果 Style 为 1，则窗体为模式窗体。

Ownerform：为可选的字符串表达式参数。Ownerform 指定的窗体可看作是 object 窗体的父窗体。对于标准的 Visual Basic 窗体，使用关键字 Me。不管父窗体是否为活动窗体，object 窗体总位于父窗体前。当关闭或父窗体时，object 窗体也随之关闭或最小化。

使用 Show 方法可以显示无模式窗体（Style 值为 0），初始效果如图 4.18 所示，将窗体 Form1 前置的效果如图 4.19 所示。

图 4.18　无模式窗体

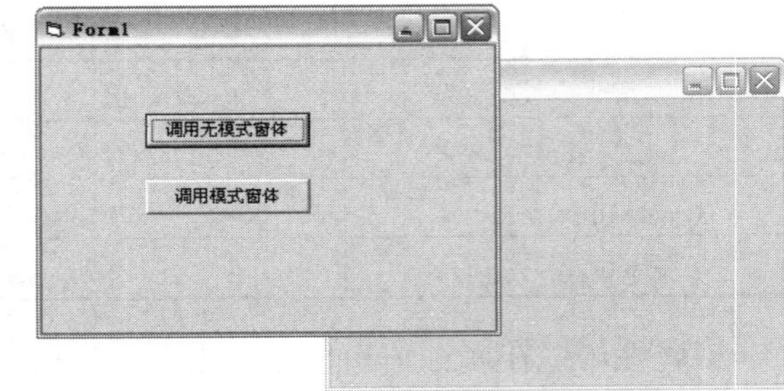

图 4.19　窗体 Form1 前置

此时除可操作 Form2 窗体外，还可返回 Form1 窗体进行操作。代码如下：

```
Private Sub Command1_Click()
    Form2.Show 0                                  '以无模式的形式打开 Form2 窗体
End Sub
```

使用 Show 方法也可以显示模式窗体（Style 值为 1），效果如图 4.20 所示。

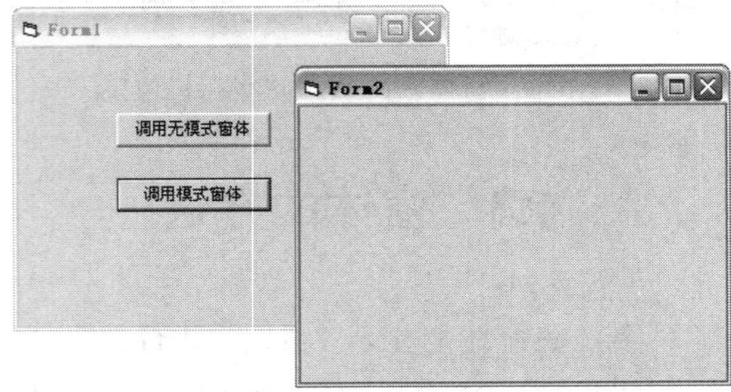

图 4.20　模式窗体

此时鼠标只在 Form2 窗体内起作用，不能在 Form1 窗体中操作，只有关闭 Form2 窗体后，才能对 Form1 窗体操作。代码如下：

```
Private Sub Command2_Click()
    Form2.Show 1                                  '已有模式的形式打开 Form2 窗体
End Sub
```

4.3.2　隐藏窗体

窗体的 Hide 方法用以隐藏窗体对象，但不能将其卸载。如果调用 Hide 方法时窗体还没有加载，那么窗体将被加载，但该窗体不显示。

语法：

```
object.Hide
```

参数说明：

object：参数值为一个窗体对象。

例如，隐藏 frm_xscx 窗体，代码如下：

```
frm_xscx.Hide
```

注意：

隐藏窗体只是将其 Visible 属性设置为 False。如果要卸载该窗体，可以使用 Unload 方法。

4.3.3 移动窗体

Move 方法用于在程序中移动窗体，且可以改变其大小。

语法：

```
object.Move left, top, width, height
```

其参数说明见表 4.4。

表 4.4 Move 方法的参数说明

参　数	描　述
object	可选的参数。一个对象表达式。如果省略 object，带有焦点的窗体默认为 object
left	必需的参数。单精度值，指示 object 左边的水平坐标(x-轴)
top	可选的参数。单精度值，指示 object 顶边的垂直坐标(y-轴)
width	可选的参数。单精度值，指示 object 新的宽度
height	可选的参数。单精度值，指示 object 新的高度

在 Move 方法中，参数左边距（Left）、上边距（Top）、宽度（Width）、高度（Height）都是以缇（Twip）为单位。其中 Width 和 Height 表示窗体的大小，Left 和 Top 表示窗体与屏幕之间的相对位置。Move 方法的参数设置如图 4.21 所示。

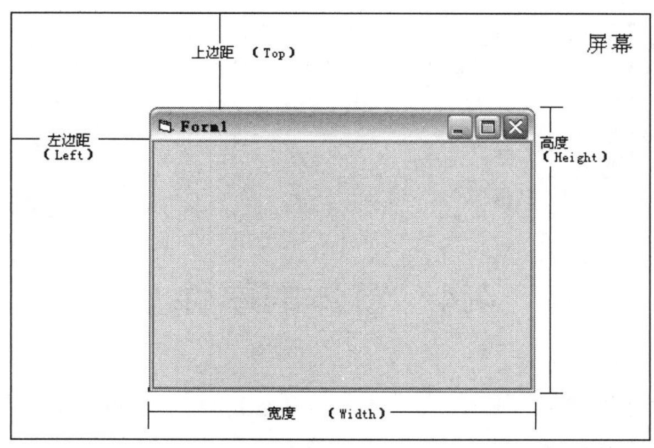

图 4.21 Move 方法的参数设置

注意：

Move 方法中只有 Left 参数是必需的。若要指定任何其他的参数，必须先指定该参数前面的全部参数。如果不先指定 Left 和 Top 参数，则无法指定 Width 参数。没有指定的尾部的参数，则保持原值不变。

4.3.4 在窗体上显示文本

通过 Print 方法可以在窗体上显示一些数据信息，如打印图形或者显示一些字符或数值数据信息。

语法：

```
object.Print [outputlist]
```

参数说明：

object：必需的。对象表达式。

outputlist：可选的。要打印的表达式或表达式的列表。如果省略，则打印一空白行。

本例演示的是通过 Print 方法在窗体上打印出乘法口诀表。效果如图 4.22 所示。

乘法口诀表

数学九九乘法表

```
1× 1= 1
2× 1= 2  2× 2= 4
3× 1= 3  3× 2= 6   3× 3= 9
4× 1= 4  4× 2= 8   4× 3= 12  4× 4= 16
5× 1= 5  5× 2= 10  5× 3= 15  5× 4= 20  5× 5= 25
6× 1= 6  6× 2= 12  6× 3= 18  6× 4= 24  6× 5= 30  6× 6= 36
7× 1= 7  7× 2= 14  7× 3= 21  7× 4= 28  7× 5= 35  7× 6= 42  7× 7= 49
8× 1= 8  8× 2= 16  8× 3= 24  8× 4= 32  8× 5= 40  8× 6= 48  8× 7= 56  8× 8= 64
9× 1= 9  9× 2= 18  9× 3= 27  9× 4= 36  9× 5= 45  9× 6= 54  9× 7= 63  9× 8= 72  9× 9= 81
```

图 4.22　使用 Print 方法在窗体上打印乘法口诀表

程序主要代码如下：

```
Private Sub Form_Activate()
    Dim N1, N2 As Integer                                   '声明数据类型
    FontSize = 14                                           '设置字体大小为 14 磅
    Print Tab(30); "数学九九乘法表": Print                   '数学九九乘法表前面加 30 个空格
    FontSize = 10                                           '设置字号
    For N1 = 1 To 9                                         '从 1～9 循环
        For N2 = 1 To N1                                    '从 1～N1 循环
            '打印 N1*N2 的值
            Print Tab(N2 * 12 - 12); Str$(N1) + "×" + Str$(N2) + "=" + Str$(N1 * N2);
        Next N2
        Print                                               '换行
    Next N1
End Sub
```

4.4　窗体的事件

孩子考试成绩好，得到老师的奖励，非常高兴。这里得到老师的奖励就是一个事件，非常高兴就是孩子的状态。本节将对窗体的主要事件进行介绍。

4.4.1　单击和双击

1. 单击事件

当用户单击窗体的一个空白区域时，将触发窗体的单击事件。鼠标的单击不仅可以用左键来实现，通过鼠标的中键或右键也可以触发单击事件。

语法：

```
Private Sub Form_Click( )
```

例 4.1　本实例演示的是，当程序运行时，通过单击窗体改变窗体的背景颜色。程序代码如下：

```
Private Sub Form_Click()
    Me.BackColor = RGB(100, 200, 200)                       '设置窗体的背景色
End Sub
```

2．双击事件

双击是指在短时间内按下和释放鼠标键并再次按下和释放鼠标键。当双击窗体中被禁用的控件或空白区域时，DblClick（双击）事件被触发。

语法：

```
Private Sub Form_DblClick ( )
```

本例演示的是，当窗体运行时，在窗体上双击鼠标左键的时候，将弹出是否退出程序的提示对话框，单击“确定”按钮退出系统，单击“取消”按钮将不退出程序，如图 4.23 所示。

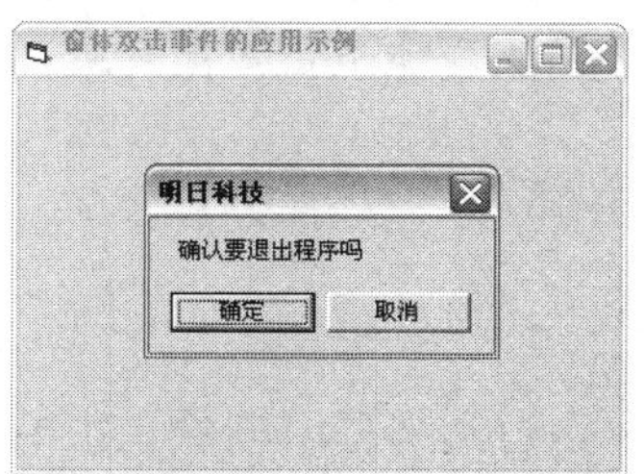

图 4.23　窗体的双击事件应用示例

程序代码如下：

```
Private Sub Form_DblClick()
    Dim c                                              '定义变量
    c = MsgBox("确认要退出程序吗", 33, "明日图书")       '弹出提示对话框
    If c = vbOK Then                                   '如果单击“确定”按钮
        End                                            '结束
    End If
End Sub
```

注意：

因为 Click 事件是两个事件中首先被触发的事件，其结果是鼠标单击被 Click 事件截断，因此如果在 Click 事件中有代码，则 DblClick 事件将永远不会被触发。

4.4.2　载入和卸载

1．Load 事件

Load 事件是应用程序当中最常用的事件。此事件发生在 Intialize 事件之后，窗体被装载的同时。通常情况下，Load 事件过程用来包含一个窗体的启动代码。

语法：

```
Private Sub Form_Load( )
Private Sub MDIForm_Load( )
```

说明：

通常 Load 事件过程用来包含一个窗体的启动代码。例如指定控件默认设置值，指明将要装入 ComboBox 或 ListBox 控件的内容，以及初始窗体和变量等。另外，Load 事件在 Initialize 事件之后发生。

本示例实现的是，在程序运行时，“公司名称”列表框中将显示公司名称，如图 4.24 所示。

程序代码如下：

```
Private Sub Form_Load()
    Combo1.AddItem "明日科技有限公司"                    '向组合框中添加数据信息
    Combo1.AddItem "吉林明日科技有限公司"                '向组合框中添加数据信息
    Combo1.AddItem "吉林省明明科技有限公司"              '向组合框中添加数据信息
End Sub
```

2．Unload 事件

利用 Unload 语句或窗体控制菜单中的 Close 命令关闭窗体时，可以触发 Unload 事件。在窗体被卸载时，可使用 Unload 事件过程来确认窗体是否应被卸载，或用来指定想要发生的操作。

语法：

```
Private Sub object_Unload(cancel As Integer)
```

参数说明：

object：一个对象表达式。

cancel：一个整数，用来确定窗体是否从屏幕中删除。如果 cancel 为 0，则窗体被删除。如果将 cancel 设置为任何一个非零的值，可防止窗体被删除。

说明：

将 cancel 设置为任何非零的值，可防止窗体被删除，但不能阻止其他事件。

本示例实现的是，窗体退出时提示用户。运行程序，单击窗体上的“关闭”按钮，将弹出是否确认关闭窗体的对话框，单击“确定”按钮将关闭窗体，如图 4.25 所示。

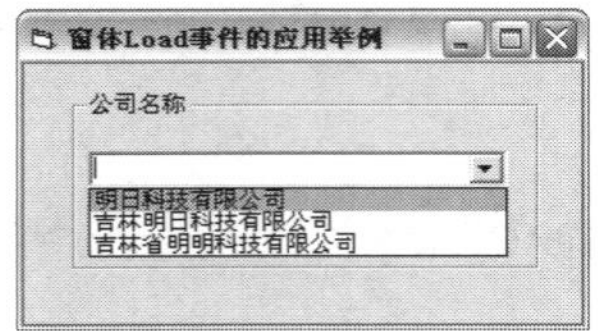

图 4.24　Load 事件应用举例

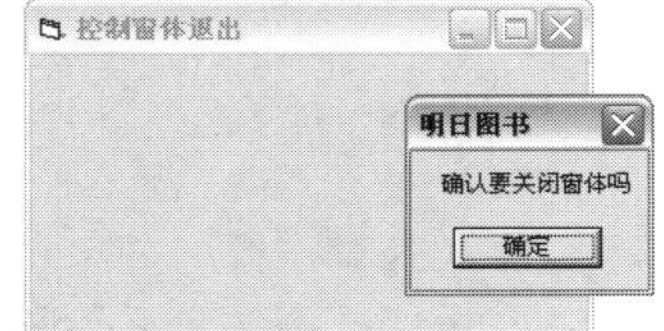

图 4.25　控制窗体的退出

程序代码如下：

```
Private Sub Form_Unload(Cancel As Integer)
    If MsgBox("确认要关闭窗体吗", , "明日图书") = vbOK Then     '弹出提示对话框
        End                                                     '退出程序执行
    End If
End Sub
```

3．QueryUnload 事件

QueryUnload 事件的典型用法，是在关闭一个应用程序之前确保包含在该应用程序中的窗体中没有未完成的任务。QueryUnload 事件在一个窗体关闭之前发生，并且窗体的 QueryUnload 事件先于该窗体的 Unload 事件发生。

语法：

```
Private Form_QueryUnload(Cancel As Integer,UnloadMode As Integer)
```

参数说明：

Cancel：一个整型参数，将此参数设定为除 0 以外的任何值，可在所有已装载的窗体中停止

QueryUnload 事件，并阻止该窗体和应用程序的关闭。

UnloadMode：为一个值或常数，指示引起 QueryUnload 事件的原因，它的返回值见表 4.5。

表 4.5　UnloadMode 返回值

常　　数	值	说　　明
vbFormControlMenu	0	用户从窗体上的控件菜单中选择“关闭”指令
vbFormCode	1	Unload 语句被代码调用
vbAppWindows	2	当前 Windows 操作环境会话结束
vbAppTaskManager	3	Windows 任务管理器正在关闭应用程序
vbFormMDIForm	4	MDI 子窗体正在关闭，因为 MDI 窗体正在关闭
vbFormOwner	5	因为窗体的所有者正在关闭，所以窗体也在关闭

说明：

当一个应用程序关闭时，可使用 QueryUnload 或 Unload 事件过程将 Cancel 属性设置为 True 来阻止关闭过程。QueryUnload 事件在窗体卸载之前发生，而 Unload 事件在窗体卸载时发生。

本示例实现的是，在窗体上录入数据信息之后，单击窗体右上角的“关闭”按钮，将弹出提示是否保存窗体上的数据信息的对话框，单击“确定”按钮会将数据信息保存到数据库当中，如图 4.26 所示。

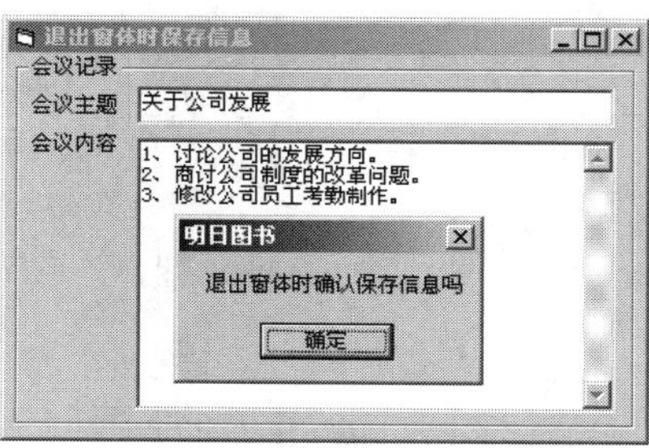

图 4.26　退出系统时提示保存信息

程序代码如下：

```
Private Sub Form_QueryUnload(Cancel As Integer, UnloadMode As Integer)
    Dim Msg    ' 声明变量
    If UnloadMode > 0 Then
        ' 如果正在退出应用
        Msg = "请确认是否要退出应用程序？"
    Else
        ' 如果正好在关闭窗体
        Msg = "请确认是否要关闭当前窗体？"
    End If
    ' 如果用户单击 No 按钮，则停止 QueryUnload
    If MsgBox(Msg, vbQuestion + vbYesNo, Me.Caption) = vbNo Then Cancel = True
End Sub
```

4.4.3 活动性

1. Activate 事件

Activate 事件当一个对象成为活动窗口时发生。

语法：

```
Private Sub object_Activate( )
```

✍ 说明：

Activate 事件在 GotFocus 事件之前发生。

本示例实现的是，通过更新活动窗体的标题来说明 Activate/Deactivate 事件的区别。运行程序后，窗体如图 4.27 所示。

此处公司名称处显示的是当前活动的窗体名称。

活动窗体中的代码如下：

```
Private Sub Form_Activate()
    MDIForm1.Label1.Caption = "公司名称：" & Me.Caption          '设置状态栏文本
End Sub
```

MDI 窗体中的代码如下：

```
Private Sub MDIForm_Load()
    Form1.Caption = "明日科技"                                  '设置 Form1 的标题
    Dim NewForm As New Form1                                    '创建一个新的子窗体
    Load NewForm                                                '加载新窗体
    NewForm.Caption = "吉林省明日科技有限公司"                  '设置新窗体的标题
    NewForm.Show                                                '显示新窗体
End Sub
```

2. Deactivate 事件

Deactivate 事件当一个对象不是活动窗口时发生。

语法：

```
Private Sub object_Deactivate ( )
```

本例同样通过更新活动窗体的标题来说明。运行程序后，窗体如图 4.28 所示。

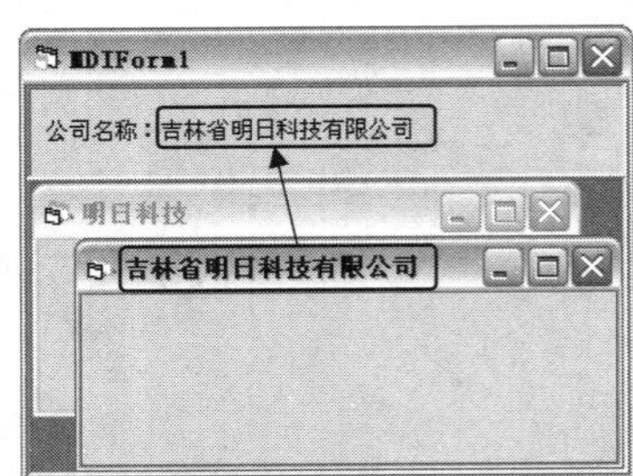

图 4.27　利用 Activate 事件启动窗体后的效果

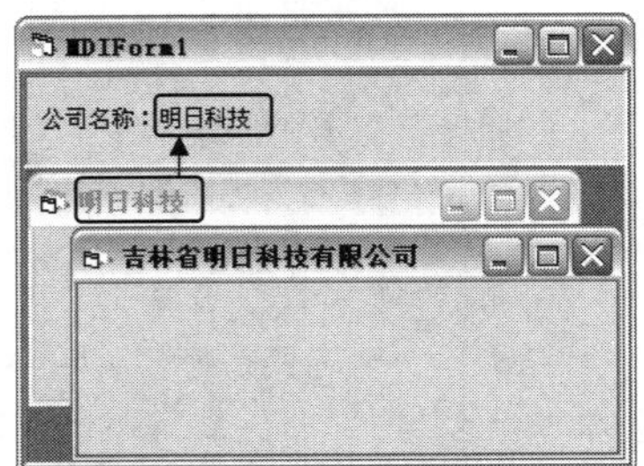

图 4.28　利用 Deactivate 事件启动窗体后的效果

此处公司名称处显示的是当前非活动的窗体名称，即在下方非高亮显示的窗体。

活动窗体中的代码如下：

```
Private Sub Form_Deactivate ()
    MDIForm1.Label1.Caption = "公司名称：" & Me.Caption        '设置状态栏文本
End Sub
```

MDI 窗体中的代码如下：

```
Private Sub MDIForm_Load()
    Form1.Caption = "明日科技"                                '设置 Form1 的标题
    Dim NewForm As New Form1                                  '创建一个新的子窗体
    Load NewForm                                              '加载新窗体
    NewForm.Caption = "吉林省明日科技有限公司"                '设置新窗体的标题
    NewForm.Show                                              '显示新窗体
End Sub
```

4.4.4　初始化

Initialize 事件当应用程序创建 Form、MDIForm 时发生。

语法：

```
Private Sub object_Initialize( )
```

参数说明：

object：所在处代表对象表达式，这里为窗体对象。

下面的代码可以在窗体初始化的时候，设置窗体的标题为“Initialize 事件”。

```
Private Sub Form_Initialize()                                '触发 Initialize 事件
   Me.Caption = "Initialize 事件"                            '设置窗体的标题
End Sub
```

注意：

在使用 Initialize 事件时，要特别注意 SetFocus 方法的使用。不能在 Initialize 事件中使用 SetFocus 方法，如果使用将弹出“无效的过程调用或参数”的提示，如图 4.29 所示。这是因为在触发 Initialize 事件时，TextBox 控件还没有被加载到内存中，因此不能对其进行焦点设置，将 Text1.SetFocus 语句写在 Load 事件中即可。

图 4.29　提示无效的过程调用或参数

4.4.5　调整大小

Resize 事件当一个窗体对象第一次显示或当该窗体对象状态改变时该事件发生，例如，一个窗体被最大化、最小化或被还原。

语法：

```
Private Sub object_Resize( )
```

参数说明：

object：一个对象表达式，这里为窗体对象。

例 4.2 本实例演示的是当窗体的大小被改变时，即触发了 Resize 事件，在该事件中调整窗体上的 TextBox 控件的大小和位置。如图 4.30 所示，为窗体启动时的默认状态。改变窗体的大小，触发 Resize 事件，窗体上的 TextBox 控件也随之改变，如图 4.31 所示。

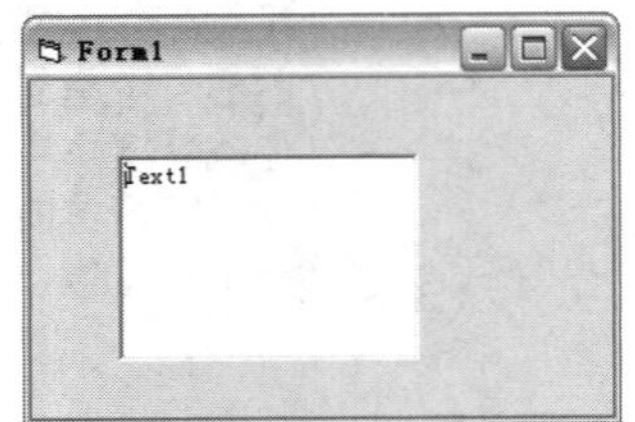

图 4.30 窗体启动的效果

图 4.31 触发 Resize 事件后的效果

程序代码如下：

```
Private Sub Form_Resize()
    Text1.Top = (Me.Height - Text1.Height) / 2        '设置 TextBox 控件的 Top 属性
    Text1.Left = (Me.Width - Text1.Width) / 2         '设置 TextBox 控件的 Left 属性
    Text1.Width = Me.Width / 2: Text1.Height = Me.Height / 2   '设置控件的 Width 和
                                                                 Height 属性
End Sub
```

4.4.6 重绘

1. Paint 事件

Paint 事件就是当窗体被移动、放大或覆盖了另一个窗体时，触发绘画事件。

语法：

```
Private Sub object_Paint(height As Single, width As Single)
```

参数说明：

object：对象表达式。

height：指定控件新高度值。

width：指定控件新宽度值。

本示例实现的是，当运行程序后，在窗体上画一个和窗体各个边的中点相交的菱形，如图 4.32 所示。

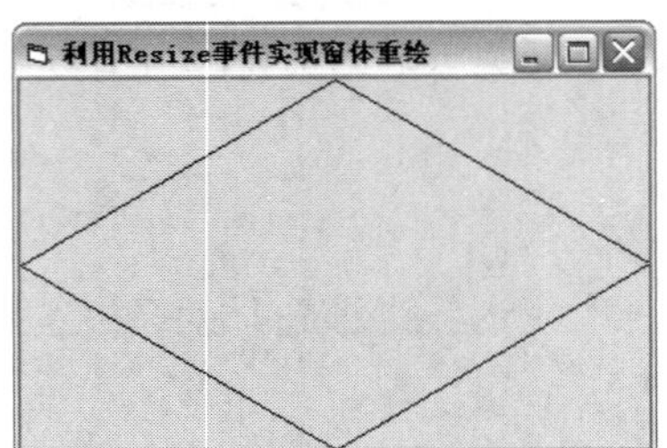

图 4.32 窗体启动后的效果

程序主要代码如下：

```
Private Sub Form_Paint()
    Dim X, Y
    X = ScaleLeft + ScaleWidth / 2                 '绘图区域横坐标加上绘图宽度的二分之一
    Y = ScaleTop + ScaleHeight / 2                 '绘图区域纵坐标加上绘图高度的二分之一
    Line (ScaleLeft, Y)-(X, ScaleTop)              '画左上方直线
    Line -(ScaleWidth + ScaleLeft, Y)              '画右上方直线
    Line -(X, ScaleHeight + ScaleTop)              '画右下方直线
    Line -(ScaleLeft, Y)                           '画左下方直线
End Sub
```

2．Resize 事件

Resize 事件就是当一个对象第一次显示或当一个对象的窗口状态改变时该事件发生（例如，一个窗体被最大化、最小化或被还原）。

语法：

```
Private Sub object_Resize(height As Single, width As Single)
```

参数说明：

object：对象表达式。

height：指定控件新高度值。

width：指定控件新宽度值。

以上面的示例为例，当使用鼠标拖动窗体的边框来改变窗体的大小，或单击最大化按钮使窗体最大化时，窗体中菱形的大小也随窗体成比例地改变。扩大窗体大小时的效果如图 4.33 所示，缩小时的效果如图 4.34 所示。

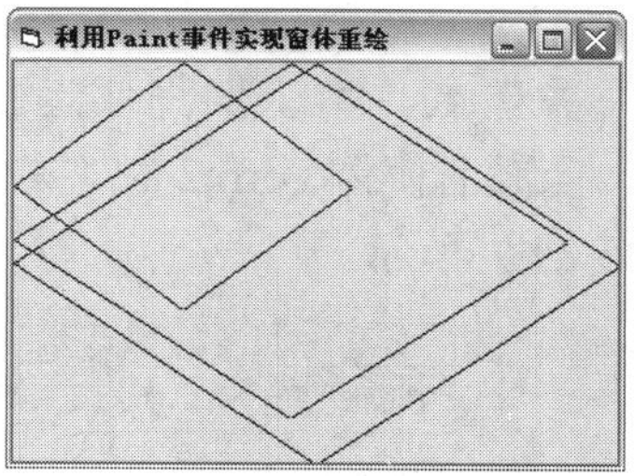

图 4.33　扩大窗体后的效果

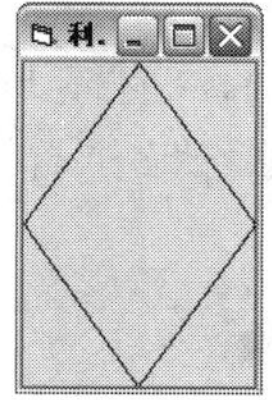

图 4.34　缩小窗体后的效果

程序代码如下：

```
Private Sub Form_Paint()
    Dim X, Y
    X = ScaleLeft + ScaleWidth / 2                 '绘图区域横坐标加上绘图宽度的二分之一
    Y = ScaleTop + ScaleHeight / 2                 '绘图区域纵坐标加上绘图高度的二分之一
    Line (ScaleLeft, Y)-(X, ScaleTop)              '画左上方直线
    Line -(ScaleWidth + ScaleLeft, Y)              '画右上方直线
    Line -(X, ScaleHeight + ScaleTop)              '画右下方直线
    Line -(ScaleLeft, Y)                           '画左下方直线
End Sub
Private Sub Form_Resize()
    Refresh                                        '强制重绘
End Sub
```

4.4.7 焦点事件

1. GotFocus 事件

GotFocus 事件当焦点进入对象或子控件时发生。

语法：

```
Private Sub object_GotFocus([index As Integer])
```

参数说明：

object：对象表达式。

index：一个整数，用来标识唯一的控件数组。

2. LostFocus 事件

LostFocus 事件是在一个对象失去焦点时发生，焦点的丢失是由于制表键移动或单击另一个对象操作的结果，或者是代码中使用 SetFocus 方法改变焦点的结果。

语法：

```
Private Sub object_LostFocus([index As Integer])
```

参数说明：

object：对象表达式。

index：一个整数，用来标识唯一的控件数组。

说明：

LostFocus 事件在 Deactivate 事件之前发生。

本示例实现的是，切换活动窗体，使一个窗体失去焦点。本示例程序运行的初始效果如图 4.35（a）所示，窗体 Form1 位于窗体 Form2 的前端。当激活窗体 Form2 时，在窗体 Form1 失去焦点时，将窗体标题设置为“窗体失去焦点”，如图 4.35（b）所示。

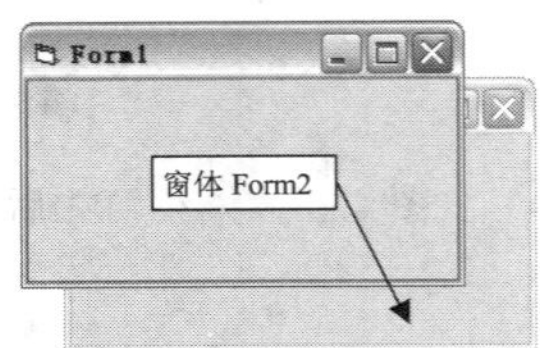

（a）窗体 Form1 获得焦点

（b）窗体 Form1 失去焦点

图 4.35　窗体焦点事件

窗体 Form1 中的代码如下：

```
Private Sub Form_Load()
    Form2.Show                                    '显示窗体 Form2
End Sub
Private Sub Form_LostFocus()
    Me.Caption = "窗体失去焦点"                    '将窗体标题设置为“窗体失去焦点”
End Sub
```

4.5　窗体事件的生命周期

孩子得奖后，重新回到了正常的学习生活中，得到老师奖励的事情已经告一段落。这说明任何一个事件都有开始与结束的时候，本节中将对窗体事件的生命周期进行介绍。

4.5.1　窗体的启动过程

在运行一个 Visual Basic 程序时，先发生窗体初始化的 Initialize 事件，紧跟着是 Load 事件，将窗体装入内存后，窗体被激活，Activate 事件发生。这三个事件是在一瞬间发生的，发生的一般次序如图 4.36 所示。

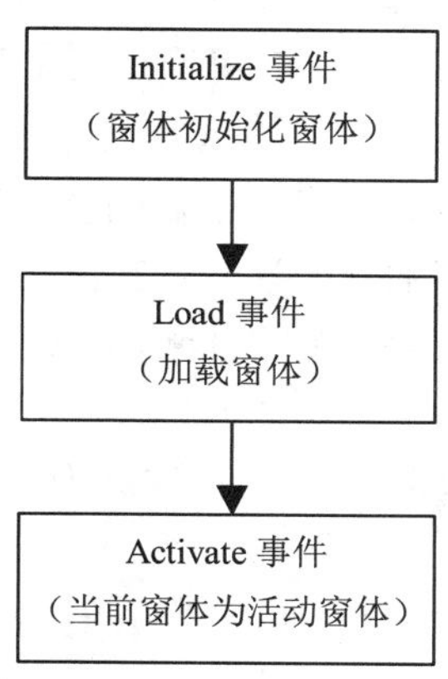

图 4.36　窗体启动事件的触发次序

注意：

窗体的 Initialize 和 Load 事件都是发生在窗体被显示前，所以经常在事件过程中放置一些命令语句来初始化应用程序。但所用命令语句是有限的，如 SetFocus 一类的语句就不能使用，而 Print 语句仅当窗体的 AutoDraw 属性值为真时，在 Load 事件的 Print 语句中才有效。

4.5.2　窗体的运行过程

在窗体启动以后，如果窗体上不具有可以获得焦点的控件，则此时窗体获得焦点，触发 GotFocus 事件，窗体为当前活动窗体。

当窗体由当前活动窗体变成非活动窗体时，若窗体是焦点，则先触发 LostFocus 事件，即失去焦点，然后触发 Deactivate 事件。当该窗体再次成为活动窗体时，由于窗体已经加载完毕，没有卸载，因此就不会触发 Load 事件，但是会触发 Activate 事件。如果此时改变窗体的大小，还有可能触发 Initialize 事件。

注意：

Visual Basic 程序在执行时会自动装载启动窗体，在使用 Show 方法显示窗体时，如果窗体尚未载入内存，则首先将其载入内存，并触发窗体的 Load 事件。若想将窗体载入内存，但不显示，可利用 Load 语句实现。

4.5.3 窗体的关闭过程

在窗体卸载时，首先触发 QueryUnload 事件，该事件发生在窗体卸载或关闭之前，即 Unload 事件之前。当 Unload 事件发生以后，将触发 Terminate 事件，当 Terminate 事件发生以后，窗体所有的调用或引用都将从内存中删除，即窗体的一个生命周期完成。卸载窗体的一般次序如图 4.37 所示。

注意：

在调用 Hide 方法时，仅仅是将窗体暂时隐藏，这不同于卸载。卸载是将窗体上的所有属性重新恢复为初始值；卸载还将引发窗体的卸载事件。如果卸载的窗体是工程的唯一窗体，将终止程序。

在 Windows 下，用户可通过使用菜单中的“关闭”命令或单击窗体上的“关闭”按钮来关闭窗体，并结束程序的运行。当需要用程序来控制时可通过 End 语句来实现。执行该语句后将终止应用程序的执行，并从内存卸载所有窗体。

下面通过一个例子来更真切地了解关于窗体事件的触发次序。

本例实现的是，记录触发窗体事件的发生次序。在工程中添加了两个窗体 Form1 和 Form2。

运行程序，观察窗体事件的触发次序。单击 Form1 窗体，用来显示 Form2 窗体，此时 Form1 为非活动窗体，失去焦点。

显示 Form2 后，再关闭 Form2，此时 Form1 再次成为活动窗体，获得焦点。至此，Form1 所触发的事件及其次序如图 4.38 所示。

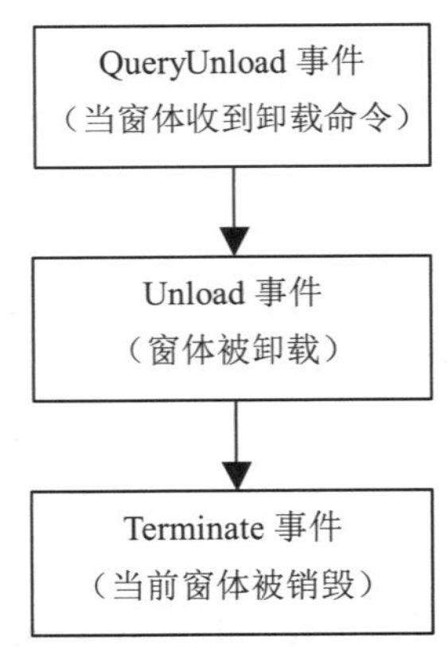

图 4.37　窗体卸载事件的触发次序

图 4.38　窗体事件的触发次序

最后，关闭 Form1。主要程序代码如下：

```
Option Explicit
Private Sub Form_Activate()
    Print Spc(3); "触发 Activate 事件"              '输出触发 Activate 事件信息
    Print                                           '输出空行
End Sub
Private Sub Form_Click()
    Form2.Show                                      '显示 Form2 窗体
End Sub
```

```
Private Sub Form_DblClick()
    Form2.Hide                                          '隐藏 Form2 窗体
End Sub
Private Sub Form_Deactivate()
    Print Spc(3); "触发 Deactivate 事件"                '输出"触发 Deactivate 事件"信息
    Print                                               '输出空行
End Sub
Private Sub Form_Initialize()
    MsgBox "触发 Initialize 事件", vbInformation, "明日图书"
                                                        '弹出对话框，提示触发 Initialize 事件
End Sub
Private Sub Form_Load()
    Print Spc(3); "触发 Load 事件"                      '输出"触发 Load 事件"信息
    Print                                               '输出空行
End Sub
Private Sub Form_LostFocus()
    Print Spc(3); "触发 LostFocus 事件"                 '输出"触发 LostFocus 事件"信息
    Print                                               '输出空行
End Sub
Private Sub Form_QueryUnload(Cancel As Integer, UnloadMode As Integer)
    MsgBox "触发 QueryUnload 事件", vbInformation, "明日图书"
                                                        '弹出对话框，提示触发 QueryUnload 事件
End Sub
Private Sub Form_Unload(Cancel As Integer)
    MsgBox "触发 Unload 事件", vbInformation, "明日图书"
                                                        '弹出对话框，提示触发 Unload 事件
End Sub
```

4.6　MDI 窗体

扫一扫，看视频

MDI 窗体（Multiple Document Interface）是一个多文档的界面，在界面中允许创建在单个容器窗体中包含多个子窗体的应用程序。本节主要对 MDI 窗体的添加、移除以及 MDI 主窗体的设计方法进行介绍。

4.6.1　MDI 窗体概述

MDI 应用程序由一个父窗体和若干个子窗体组成，可以同时显示多个文档，每个文档都在自己的窗体中显示。文档的子窗体被包含在父窗体中，父窗体为应用程序中所有的子窗体提供工作的空间。

1. 多文档界面

MDI 窗体结构是 Windows 应用程序的典型结构，是在一个应用程序中能够同时处理两个或者更多个子窗体的界面形式。如图 4.39 所示的企业人事管理系统就是一个多文档界面，可以看到其中包含多个窗体的界面形式。

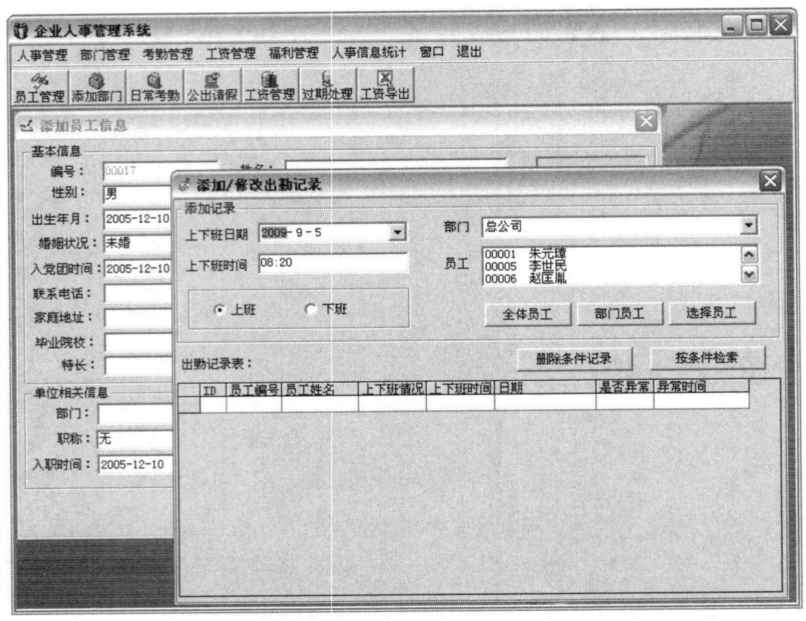

图 4.39　多文档窗体界面

2．主窗体和子窗体

MDI 应用程序允许用户同时显示多个文档，每个文档显示在它自己的窗口中。文档或子窗体被包含在主窗体中，当主窗体最小化时，所有的文档也被最小化，只有主窗体的图标显示在任务栏中。

子窗体就是将 MDIChild 属性设置为 True 的普通窗体。一个应用程序可以包含许多相似或者不同样式的 MDI 子窗体。

4.6.2　MDI 窗体的添加和移除

在 Visual Basic 开发环境中选择“工程”/“添加 MDI 窗体”命令，打开如图 4.40 所示的“添加 MDI 窗体”对话框，在该对话框中可以新建一个 MDI 窗体，也可以添加现存的 MDI 窗体。

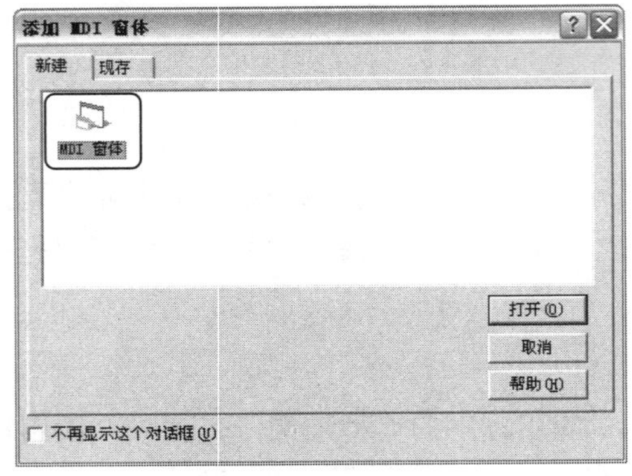

图 4.40　“添加 MDI 窗体”对话框

注意：

一个应用程序只能有一个 MDI 窗体。如果工程中已经存在一个 MDI 窗体，则菜单上的“添加 MDI 窗体”命令就不可用。
另外，还可以通过在工程资源管理器中单击鼠标右键，在弹出的快捷菜单中选择“添加 MDI 窗体”命令，同样会弹出如图 4.40 所示的对话框。

4.6.3 MDI 子窗体

MDI 子窗体就是将 MDIChild 属性设置为 True 的普通窗体。因此 MDIChild 属性是窗体是否为 MDI 子窗体的重要标志。下面对 MDIChild 属性进行介绍。

MDIChild 属性返回或设置一个值，它指示一个窗体是否被作为 MDI 子窗体在一个 MDI 窗体内部显示。在运行时该属性是只读的。

语法：

```
object.MDIChild
```

参数说明：

object：所在处代表一个对象表达式，这里为窗体对象。

MDIChild 属性的设置值可以为 True 和 False 两种情况：当属性值为 True 时，说明窗体是一个 MDI 子窗体并且被显示在父 MDI 窗体内；当属性值设置为 False 时（默认情况下为 False），说明窗体不是一个 MDI 子窗体。

MDIChild 属性只能通过属性窗口进行设置，具体的设置方法如下：

（1）在资源管理器中，选择需要为 MDI 子窗体的窗体，如 Form1。

（2）在属性窗口中选择 MDIChild 属性，将其设置为 True。

（3）此时，在资源管理器中该窗体的图标被设置为 MDI 子窗体的效果，如图 4.41 所示。

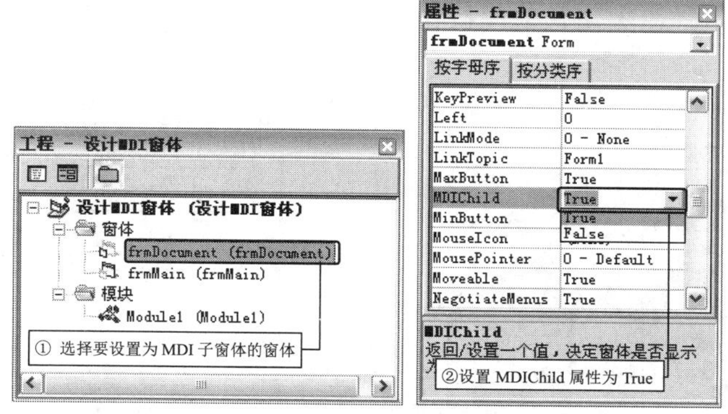

图 4.41　MDIChild 属性设置

注意：

在设置 MDI 子窗体的工程中一定要包括 MDI 主窗体。如果在包含 MDI 子窗体的工程中没有 MDI 主窗体，该子窗体被调用时将弹出如图 4.42 所示的错误。

图 4.42　没有 MDI 主窗体

如果 MDI 子窗体在其父窗体装入之前被引用，则其父 MDI 窗体将被自动装入。然而，如果父 MDI 窗体在 MDI 子窗体装入前被引用，则子窗体并不被装入。

说明：

当建立一个多文档接口（MDI）应用程序时要使用该属性，在运行时，该属性被设置为 True 的窗体显示在 MDI 窗体内。一个 MDI 子窗体能够被最大化、最小化和移动，都在父 MDI 窗体内部进行。

4.6.4　MDI 窗体的特点

MDI 主窗体除了不能添加没有 Align 属性的控件以外，还具有以下特点：

（1）一个应用程序最多只能有一个 MDI 窗体。

（2）MDI 子窗体不能是模式窗体。

（3）所有 MDI 子窗体都有可调整大小的边框、控制菜单框，以及最小化和最大化按钮，不论 BorderStyle、ControlBox、MinButton 和 MaxButton 属性的设置值如何。

（4）所有的子窗体都显示在 MDI 窗体工作区内。用户可移动、改变子窗体的大小，但对子窗体的所有操作都被限制在 MDI 窗体工作区之内。

（5）MDI 窗体和子窗体可各自拥有自己的菜单栏、工具栏和状态栏。如果子窗体有自己的菜单栏，则子窗体被显示时，MDI 窗体的菜单栏将被子窗体的菜单栏取代。

MDI 窗体和子窗体也可各自拥有自己的标题栏。当子窗体被最大化时，其标题显示在 MDI 窗体的标题栏中，其最小化、最大化、关闭按钮则显示在子窗体菜单栏的右端，如图 4.43 和图 4.44 所示。

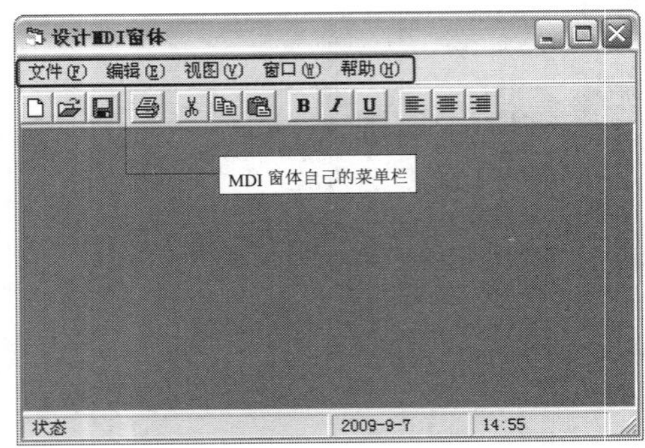

图 4.43　不显示子窗体的效果

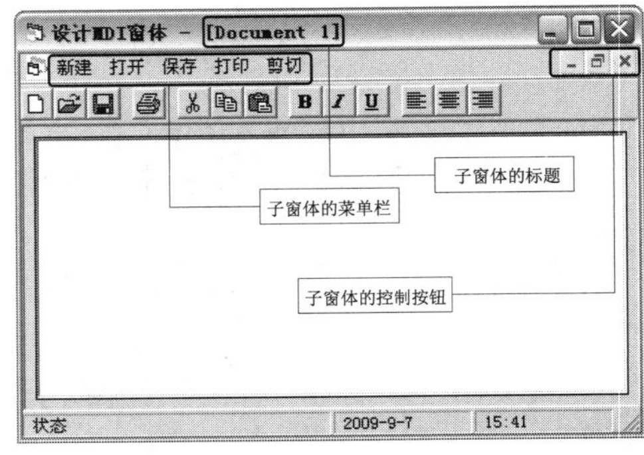

图 4.44　显示子窗体的效果

（6）当子窗体被最小化时，它的图标显示在 MDI 窗体底部，而不是显示在任务栏中，如图 4.45 所示。当 MDI 窗体被最小化时，所有的子窗体也被最小化，任务栏上只显示 MDI 窗体的图标。

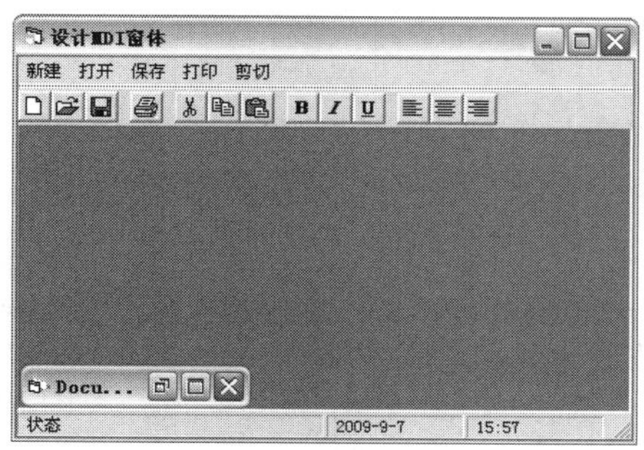

图 4.45　最小化子窗体

4.6.5　MDI 主窗体的设计

在 MDI 窗体中只能包含一个 Menu、PictureBox、Toolbar 控件、具有 Align 属性的 ActiveX 控件和自定义控件，以及具有不可见界面的控件（如 Timer）。为了能将其他控件添加到 MDI 窗体上，可在窗体上添加一个图片框，然后在图片框中放置其他控件。在 MDI 窗体的图片框中可以使用 Print 方法显示文本，但是不能在 MDI 窗体上直接用 Print 方法显示文本或添加其他常用控件。

例 4.3　本实例实现的是，通过一个简单的“文档编辑系统”应用程序来介绍创建 MDI 应用程序的具体过程，它可以新建或打开一个文档并对其进行编辑操作。程序开发步骤如下。

（1）在 Visual Basic 开发环境中添加一个 MDI 窗体，通过“菜单编辑器”为窗体设计菜单。

（2）将 Toolbar 控件添加到工具箱，然后在 MDI 窗体上添加一个 Toolbar 控件。

（3）添加一个窗体，将窗体的 MDIChild 属性设置为 True，使其成为 MDI 窗体的子窗体，效果如图 4.46 所示。

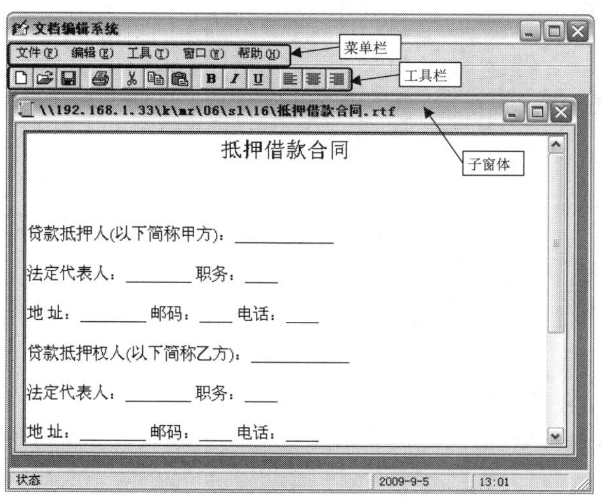

图 4.46　文档编辑系统的窗体界面

程序主要关键代码如下。

① 打开文件的程序代码。

```
Private Sub mnuFileOpen_Click()                        '打开
    Dim sFile As String                                '定义字符型变量
```

```
    If ActiveForm Is Nothing Then LoadNewDoc          '如果如果新窗体上
    With dlgCommonDialog                              '对 dlgCommonDialog 控件执行操作
        .DialogTitle = "打开"                          '设置对话框标题
        .CancelError = False                          '当选“取消”按钮时不出错
        '设置 CommonDialog 控件的标志和属性
        .Filter = "所有文件 (*.*)|*.*|RTF 格式 (*.rtf)|*.rtf|文本文件 (*.txt)|*.txt"
        .ShowOpen                                     '显示打开
        If Len(.FileName) = 0 Then                    '如果选择的文件名长度为 0
            Exit Sub                                  '退出过程
        End If
        sFile = .FileName                             '将文件名赋值为变量
    End With
    ActiveForm.rtfText.LoadFile sFile                 '加载文件内容
    ActiveForm.Caption = sFile                        '设置窗体标题栏内容为文件名
End Sub
```

② 保存文件的程序代码。

```
Private Sub mnuFileSave_Click()                       '保存
    Dim sFile As String                               '定义字符型变量
    If Left$(ActiveForm.Caption, 8) = "Document" Then   '如果窗体标题栏左侧 8 位为
Document
        With dlgCommonDialog                          '对 dlgCommonDialog 控件执行操作
            .DialogTitle = "保存"                      '设置对话框标题
            .CancelError = False                      '当选“取消”按钮时不出错
            '设置 CommonDialog 控件的标志和属性
            .Filter = "所有文件 (*.*)|*.*|RTF 格式 (*.rtf)|*.rtf|文本文件
(*.txt)|*.txt"
            .ShowSave                                 '显示保存对话框
            If Len(.FileName) = 0 Then                '如果文件长度为 0
                Exit Sub                              '退出过程
            End If
            sFile = .FileName                         '将文件名赋值给变量
        End With
        ActiveForm.rtfText.SaveFile sFile             '保存文件
    Else                                              '否则
        sFile = ActiveForm.Caption                    '将窗体标题栏信息赋给变量
        ActiveForm.rtfText.SaveFile sFile             '保存文件
    End If
End Sub
```

③ 打印文件的程序代码。

```
Private Sub mnuFilePrint_Click()                      '打印
    On Error Resume Next                              '如果遇错执行下一句
    If ActiveForm Is Nothing Then Exit Sub            '如果窗体没有可打印的东西，则退出过程
    With dlgCommonDialog                              '对 dlgCommonDialog 控件执行操作
        .DialogTitle = "Print"                        '设置对话框标题
        .CancelError = True                           '当选“取消”按钮时不出错
        .Flags = cdlPDReturnDC + cdlPDNoPageNums      '设置 CommonDialog 控件的标志和属性
        If ActiveForm.rtfText.SelLength = 0 Then      '如果选择的长度为 0
            .Flags = .Flags + cdlPDAllPages           '设置控件标识
        Else                                          '否则
```

```
            .Flags = .Flags + cdlPDSelection            '设置控件标识
        End If
        .ShowPrinter                                    '显示打印对话框
        If Err <> MSComDlg.cdlCancel Then               '如果没选择“取消”按钮
            ActiveForm.rtfText.SelPrint .hDC            '打印
        End If
    End With
End Sub
```

扫一扫，看视频

扫一扫，看视频

第5章　常用控件

控件是 Visual Basic 应用程序界面设计的基本元素，在应用程序中将经常用到。如果对控件按照功能分类，Visual Basic 中的基本窗体控件可以分为文本框控件、列表框控件、图形图像控件、命令按钮控件等。本章将对在 Visual Basic 程序设计中常用的控件的使用方法进行介绍。本章视频要点如下：

- 如何学好本章；
- 认识控件；
- 设置控件的属性；
- 调用控件的方法；
- 善用控件的事件；
- 精通控件的基本操作。

扫一扫，看视频

5.1　控件概述

控件是 Visual Basic 开发环境中最重要的组成部分。在 Visual Basic 开发环境中有多种类型的控件供用户使用，每种类型的控件都有自己的一套属性、方法和事件，以适用于特定的目的。在控件中可以触发什么事件，事件中会发生什么过程，将所有事件的过程都编写完毕之后，程序就基本上设计完成了。通常情况下，基本的控件在工具箱中可以直接找到，如按钮、标签和列表框等控件，但高级或特殊的控件在工具箱中不能直接找到，需要将其添加到工具箱中。

5.1.1　控件的作用

控件将固有的功能封装起来，只留出一些属性、方法和事件作为应用程序编写的接口，程序员在了解这些属性、方法和事件之后，就可以编写程序了。

控件对于面向对象的编程来说，具有非常重要的意义。Visual Basic 属于事件驱动程序，其程序代码大多是写进一个控件的事件中的。可以说 Visual Basic 程序目标的实现，就是窗体中每个控件的事件、方法和属性的实现。

5.1.2　控件的属性、方法和事件

Visual Basic 开发环境中的控件实际上是一个控件类，当某一个控件被放置到窗体上时，就创建了该控件类的一个对象。

当进入到运行模式时，一旦窗体被加载，就生成了控件运行时的对象。直到窗体被卸载时，该对象将被销毁。然而，当窗体再次出现在设计模式下时，会重新生成一个设计时的对象。

5.1.3　控件的分类

1. 标准内部控件

标准内部控件又称为常用控件，标准内部控件是在 Visual Basic 开发环境中，初始状态下工具箱中所包含的一系列控件，如图 5.1 所示。如文本框（Textbox）、标签（Label）、命令按钮（CommandButton）等，这些控件是 Visual Basic 的基础控件，使用的频率非常高。几乎所有的应用程序都会用到 Windows 标准内部控件。

2. ActiveX 控件

在 Visual Basic 初始状态下的工具箱中，不包括 ActiveX 控件。ActiveX 控件是扩展名为.OCX 的独立文件，通常存放在 Windows 系统盘的 System 或 System32 目录下。如果使用 ActiveX 控件，应选择 Visual Basic 开发环境中的"工程"/"部件"命令，打开"部件"对话框，如图 5.2 所示。在"部件"对话框中勾选需要的部件或通过单击"浏览"按钮的方式选择部件路径，单击"确认"按钮，将需要的控件添加到工具箱中。

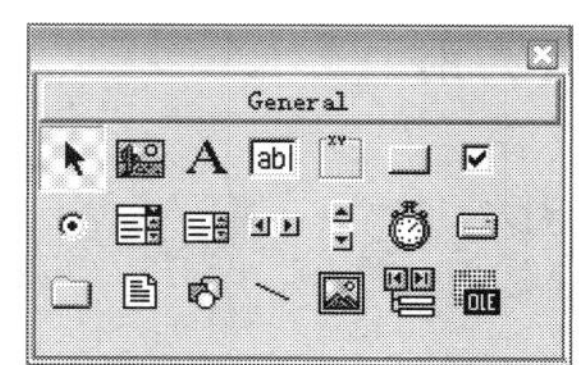

图 5.1　标准内部控件

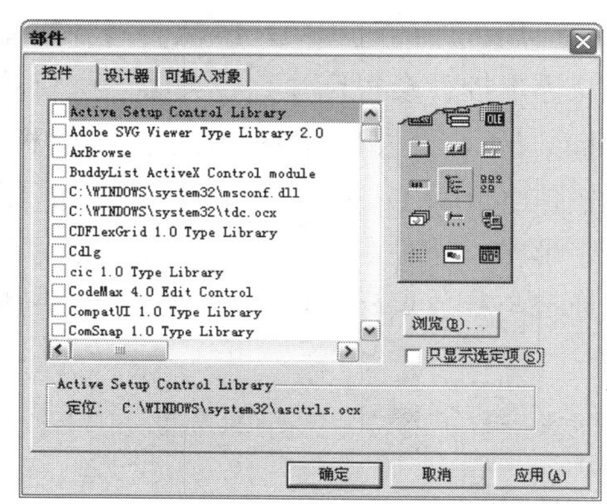

图 5.2　"部件"对话框

5.2　控件的相关操作

本节将介绍控件的基本操作，如添加、对齐、调整控件的顺序，及锁定、删除和恢复被删除控件的基本操作。

5.2.1　向窗体上添加控件

扫一扫，看视频

1. 在窗体上添加单个控件

在窗体上添加单个控件的步骤如下。

（1）在工具箱中选择要添加的控件。

（2）将鼠标放置在窗体上，当鼠标指针变成十字形时，按住鼠标左键同时拖曳鼠标，当达到所需要控件的大小时释放鼠标，此时控件将被添加到窗体中。

在 Form1 窗体中添加一个 TextBox 控件，其过程如图 5.3、图 5.4 和图 5.5 所示。

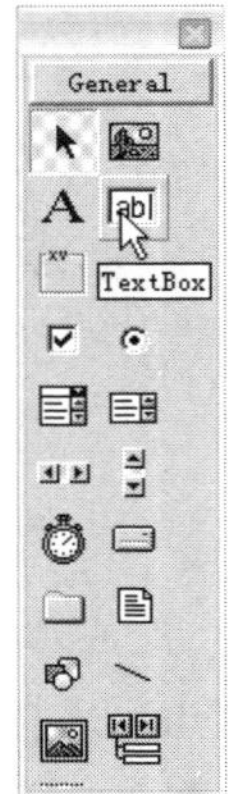

图 5.3　工具箱

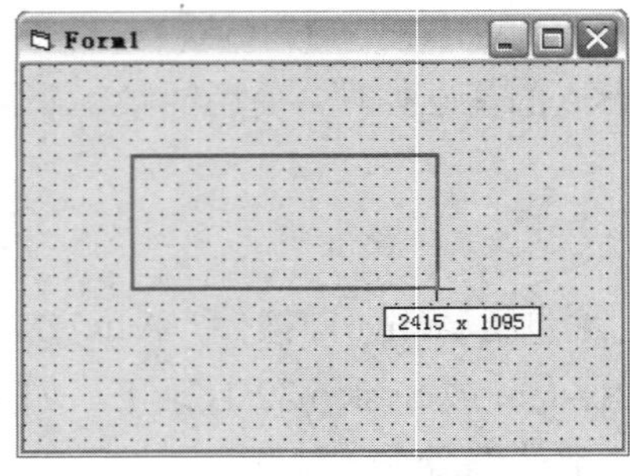

图 5.4　添加控件的过程图

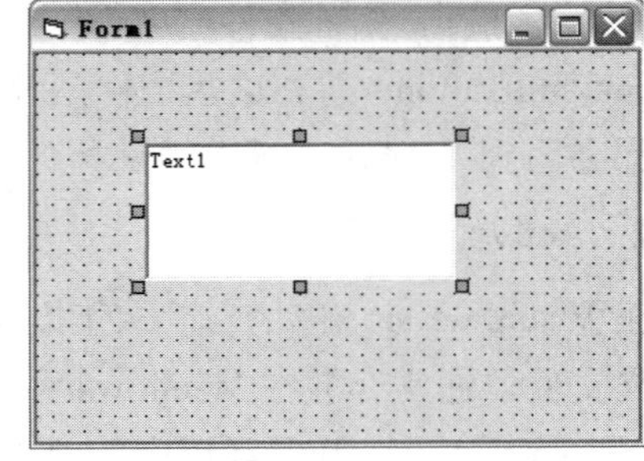

图 5.5　添加后的控件

2．向窗体中添加多个控件

在开发应用程序的过程中，经常会遇到在窗体上添加多个相同控件的情况。如果采取添加单个控件的方法添加控件会很麻烦，也会浪费大量的编程时间。

在 Visual Basic 开发环境中，可以通过两种方法向窗体上添加多个相同的控件。

首先按住<Ctrl>键，用鼠标选中工具箱中要添加的控件，然后将鼠标放置在窗体上，当鼠标指针变成十字形时，按住鼠标左键同时拖曳鼠标，当达到所需要控件的大小时释放鼠标。放开<Ctrl>键，重复拖拽与释放鼠标的操作，直到添加完所需要的同一类型控件为止。

注意：

连续添加到窗体上的控件不是控件数组。

扫一扫，看视频

5.2.2　调整控件的大小

控件添加到窗体上后，可以对其大小进行调整，以达到美观的效果。这里有两种调整方法：

- 选择控件，在该控件周边的八个小方块上当鼠标变为双箭头时，按住左键不放，然后拖曳到合适大小，松开鼠标。例如调整 CommandButton 控件大小，如图 5.6 所示。
- 选择控件，按住<Shift>键，同时按方向键，即可调整大小。

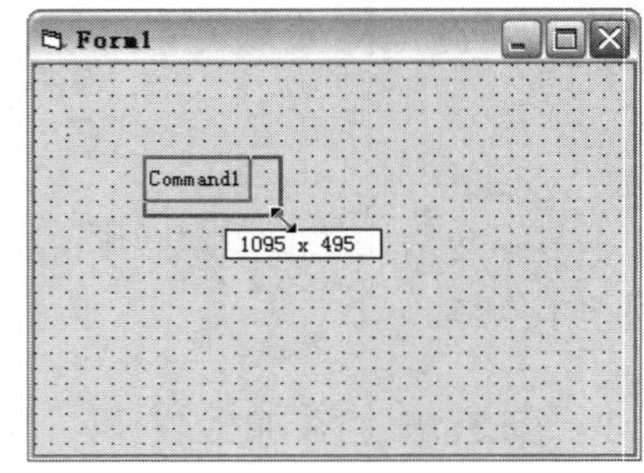

图 5.6　调整控件大小

技巧：

同时选择多个控件然后按住<Shift>键，使用方向键调整大小，可同时调整多个控件的大小。这是简单实用的方法。

5.2.3 复制与删除控件

扫一扫，看视频

1. 复制控件

在窗体上选中已添加的控件，单击鼠标右键，在弹出的快捷菜单中选择“复制”命令，然后在窗体的空白处，单击鼠标右键选择“粘贴”命令，重复此操作，直到添加完所需要的控件为止。

注意：

此时添加的控件为控件数组。

2. 删除控件

删除窗体上控件的方法很简单，用鼠标先选择所要删除的控件，直接按下键盘上的<Delete>键，或者单击鼠标右键，在弹出的快捷菜单中选择“删除”命令，即可删除所选择的控件。

5.2.4 使用窗体编辑器调整控件布局

扫一扫，看视频

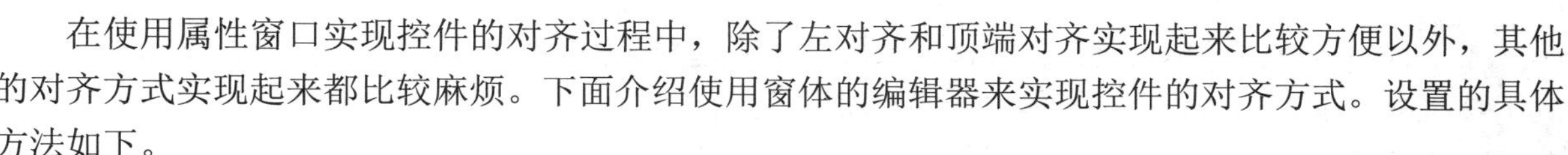

在使用属性窗口实现控件的对齐过程中，除了左对齐和顶端对齐实现起来比较方便以外，其他的对齐方式实现起来都比较麻烦。下面介绍使用窗体的编辑器来实现控件的对齐方式。设置的具体方法如下。

在工具栏上单击鼠标右键，在弹出的快捷菜单中选择“窗体编辑器”命令，将窗体编辑器添加到工具栏中。添加成功后，在窗体中选中要对齐的控件，然后在“窗体编辑器”工具栏中选择控件对齐方式，如顶端对齐，如图 5.7 所示。

5.2.5 锁定控件

扫一扫，看视频

在设计窗体界面时，有时会不小心将窗体中已经设计好的控件误调到其他的位置，这样就会使程序员做大量重复性的工作。为了避免这种情况发生，可以将程序中设计好的控件锁定，防止在设计时随意移动控件或改变控件的大小。锁定窗体中控件的具体方法如下。

方法一：选择菜单栏中的“格式”/“锁定控件”菜单命令。

方法二：在工具栏上单击鼠标右键，在弹出的快捷菜单中选择“窗体编辑器”命令，将窗体编辑器添加到工具栏中。然后直接单击“锁定控件切换”按钮，如图 5.8 所示，即可将窗体上的所有控件锁定。

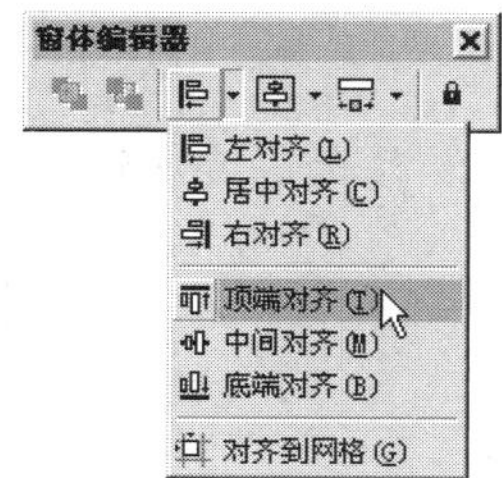

图 5.7 顶端对齐命令

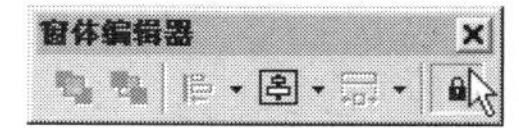

图 5.8 “窗体编辑器”工具栏

说明：

如果想解除对控件的锁定，可以再次选择菜单中的“格式”/“锁定控件”菜单命令或直接选择“窗体编辑器”工具栏中的“锁定控件切换”按钮，之后便可移动或调整窗体中的控件。

在应用软件的窗体设计界面中，可以根据实际需要设置控件在窗体上摆放的前后顺序。设置控件的前后顺序可以通过“窗体编辑器”工具栏实现，也可以通过程序代码来实现。下面对两种方法分别进行介绍。

选中其中一个控件，单击鼠标右键，在弹出的快捷菜单中选择相应的命令，设置控件在窗体上的前后顺序，如图 5.9 所示。程序运行后的效果如图 5.10 所示。

图 5.9　移至顶层按钮

图 5.10　移至底层按钮

扫一扫，看视频

5.2.6　水平对齐

在工具栏上单击鼠标右键，在弹出的快捷菜单中选择“窗体编辑器”命令，将窗体编辑器添加到工具栏中。添加成功后，在窗体中选中要对齐的控件，然后在“窗体编辑器”工具栏中选择控件对齐方式，如“水平对齐”，如图 5.11 所示。

扫一扫，看视频

5.2.7　使用相同宽度

在工具栏上单击鼠标右键，在弹出的快捷菜单中选择“窗体编辑器”命令，将窗体编辑器添加到工具栏中。添加成功后，在窗体中选中要使用相同宽度或高度的控件，然后在“窗体编辑器”工具栏中选择控件“宽度相同”或“高度相同”或“两者都相同”。选择“宽度相同”，如图 5.12 所示。如图 5.12 所示。

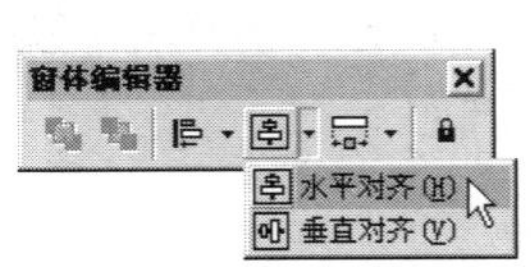

图 5.11　水平对齐

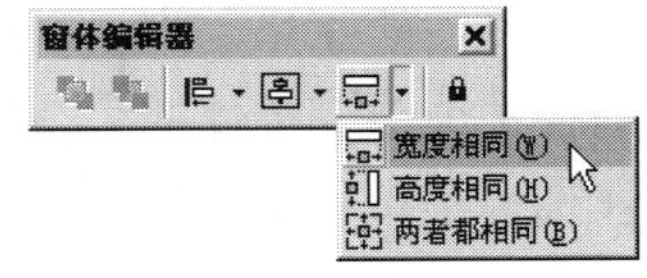

图 5.12　宽度相同

5.3　标签和文本框

本节中主要介绍标签（Label）控件及文本框（TextBox）控件的几个主要属性的基本功能。

扫一扫，看视频

5.3.1　Label 控件

1．Label 控件概述

Label 控件A是图形控件，可以显示用户不能直接编辑的文本信息，该控件用于在窗体上进行文字说明。

在一般情况下，Label 控件和 TextBox 控件搭配使用，TextBox 控件没有 Caption 属性，这时便可以使用 Label 控件来标识 TextBox 控件，即通过设置标签的 Caption 属性实现，如图 5.13 所示。

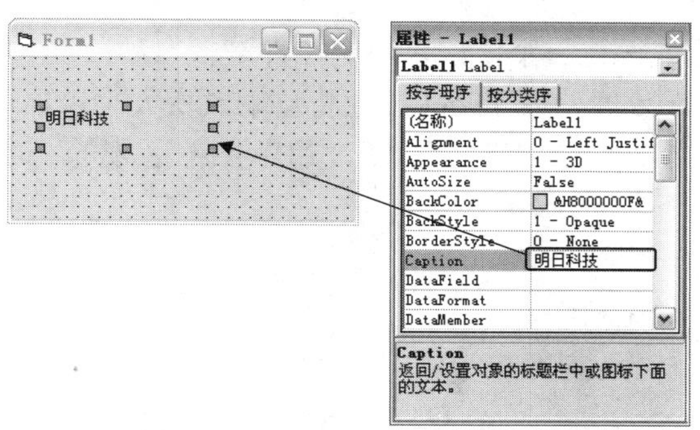

图 5.13　设置 Caption 属性的效果

2．Label 控件的属性

（1）Caption 属性

Caption 属性用于确定标签控件中显示的文本内容。

例如设置 Label 控件的 Caption 属性为“明日科技”，其效果如图 5.13 所示。

另外，也可以通过代码来实现，其代码如下：

```
Label1.Caption = "明日科技"
```

技巧：

Caption 属性用于设置和返回显示在 Label 控件中的内容，也可以使用 Caption 属性赋予控件一个访问键，设置时，在想要指定为访问键的字符前加一个（&）符号。该字符在显示时就带有一个下划线。同时按下<Alt>键和带下划线的字符就可把焦点移动到该控件上。

（2）BackStyle 属性

BackStyle 属性返回或设置一个值，它指定 Label 控件的背景是透明的还是非透明的。在 Form 对象或 PictureBox 控件上使用背景色或在图片上放置控件时，可以利用 BackStyle 属性来创建一个透明的控件。

BackStyle 属性设置为 0，其 Label 控件的背景是透明的；BackStyle 属性设置为 1，其 Label 控件的背景是可见的。其效果如图 5.14 所示。

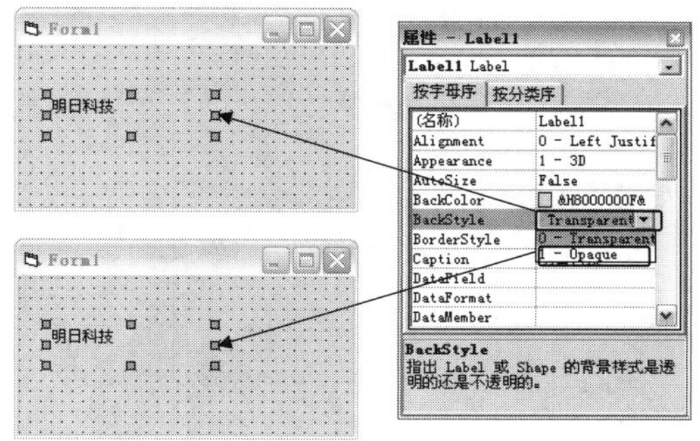

图 5.14　设置 BackStyle 属性的效果

另外，也可以通过代码来实现，其代码如下：

```
Label1.BackStyle = 1
Label1.BackStyle = 0
```

（3）AutoSize 属性

AutoSize 属性用于返回或设置一个值，以决定控件是否自动改变大小来显示其全部的内容。

当 AutoSize 属性值为 True 时，其 Label 控件将自动改变大小以显示全部内容；当 AutoSize 属性值为 False 时，其 Label 控件将保持大小不变，超出控件区域的内容被裁剪掉。其设置属性如图 5.15 所示。

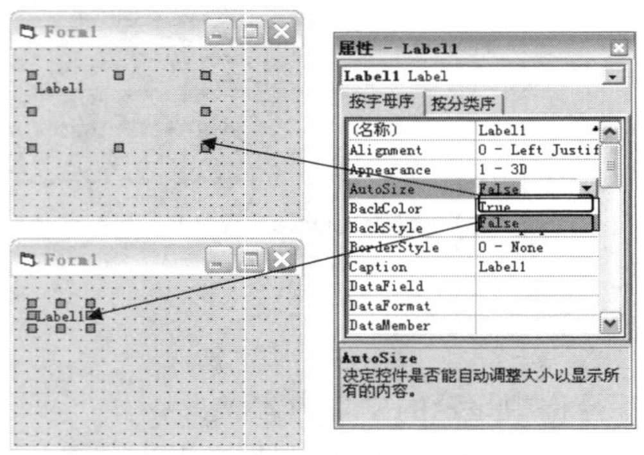

图 5.15　设置 AutoSize 属性的效果

另外，也可以通过代码来实现，其代码如下：

```
Label1.AutoSize = True
Label1.AutoSize = False
```

扫一扫，看视频

5.3.2　TextBox 控件

1．TextBox 控件概述

文本框（TextBox）abl 在窗体中为用户提供一个既能显示又能编辑文本的对象。在文本框内，可用鼠标、键盘按常用的方法进行文字编辑，如进行选择、删除、复制、粘贴和替换等操作。

2．TextBox 控件的属性

（1）Text 属性

Text 属性用于返回或设置编辑域中的文本。设置 TextBox 控件的 Text 属性效果如图 5.16 所示。

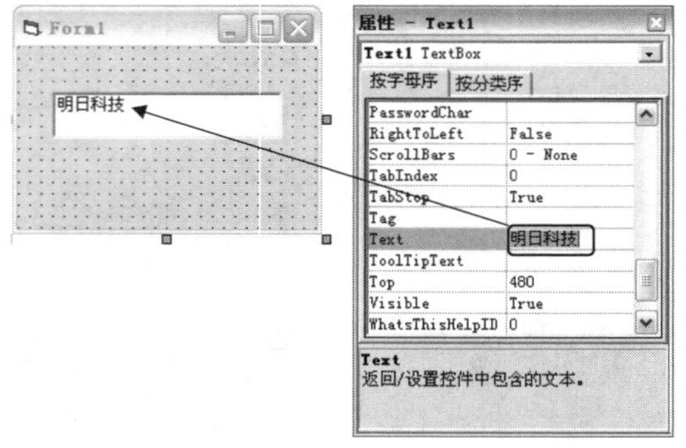

图 5.16　设置 Text 属性的效果

另外也可以通过代码来实现，其代码如下：

```
Text1.Text = "一二三四五六七八九十"
```

（2）PasswordChar 属性

PasswordChar 属性用于返回或设置一个值，该值指示所键入的字符或占位符在 TextBox 控件中是否要显示出来。

设置 TextBox 控件的 PasswordChar 属性为“*”，如图 5.17 所示。

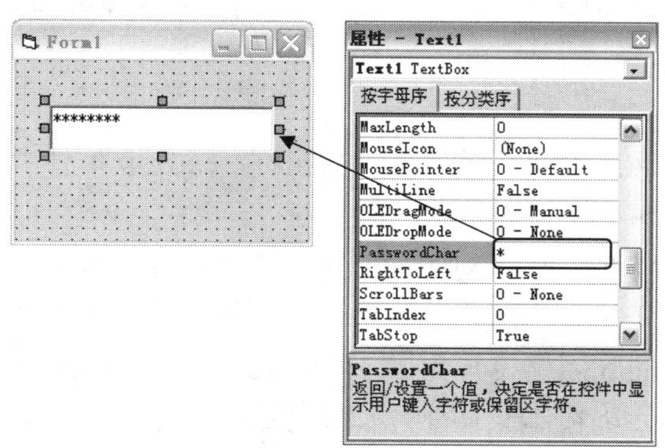

图 5.17　设置 PasswordChar 属性的效果

另外也可以通过代码来实现，其代码如下：

```
Text1.PasswordChar = "*"
```

注意：

当 Multiline 属性设置为 False 时，该属性可以用于密码的输入。默认情况下，PasswordChar 被设置为空串（不是空格），用户输入的每个字符都显示在文本框中。

（3）ScrollBars 属性

ScrollBars 属性用于返回或设置一个值，该值指示一个对象是有水平滚动条还是有垂直滚动条。

当 ScrollBars 属性值为 0 时，是默认值，表示控件中没有滚动条；当 ScrollBars 属性值为 1 时，表示控件中只有水平滚动条；当 ScrollBars 属性值为 2 时，表示控件中只有垂直滚动条；当 ScrollBars 属性值设置为 3 时，表示控件中既有水平滚动条又有垂直滚动条。其效果如图 5.18 所示。

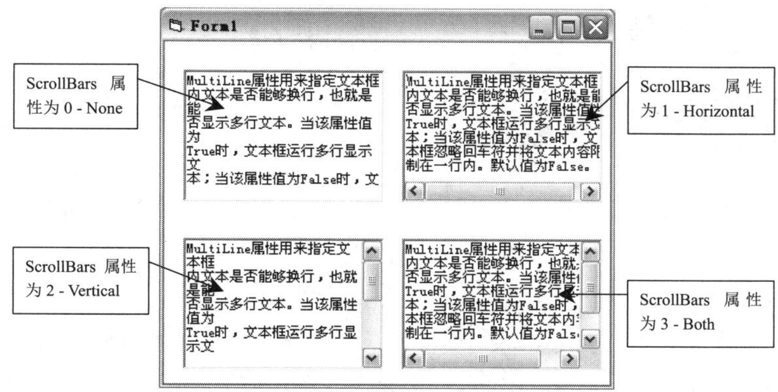

图 5.18　设置 ScrollBars 属性效果

注意：

只有当 MultiLine 属性设置为 True 时，文本框才能添加滚动条。另外，此属性不能用代码进行设置，因为此属性为只读属性。

（4）Locked 属性

Locked 属性用于指定文本框在运行时能否进行编辑。当 Locked 属性值为 True 时，文本框可以滚动和加亮控件中的文本，但不能对内容进行编辑；当 Locked 属性值为 False 时，文本框可以进行编辑文本。

（5）MaxLength 属性

MaxLength 属性用于返回或设置一个值，它指出在 TextBox 控件中输入的字符是否有一个最大数量，如果是，则指定能够输入的字符的最大数量。

当 MaxLength 属性值为 0 时，表示对于用户系统上单行 TextBox 控件来说，最大值不能超过被内存强制建立的值，并且对于多行 TextBox 控件而言，最大值大约为 32KB。

例如将 Text1 的 MaxLength 属性设置为 1，则在 Text1 文本框中就只能输入 1 个字符；将 Text1 的 MaxLength 属性设置为 3，则在 Text1 的文本框中就只能输入 3 个字符。设置 MaxLength 属性值如图 5.19 所示。

另外也可以通过代码来实现，其代码如下：

```
Text1.MaxLength = 1
```

（6）MultiLine 属性

MultiLine 属性用于返回或设置一个值，该值指示 TextBox 控件是否能够接受和显示多行文本。该属性运行时为只读。

当 MultiLine 属性值为 True 时，TextBox 控件允许多行文本显示；当 MultiLine 属性值为 False 时，TextBox 控件忽略回车符并将数据限制在一行内。其效果如图 5.20 所示。

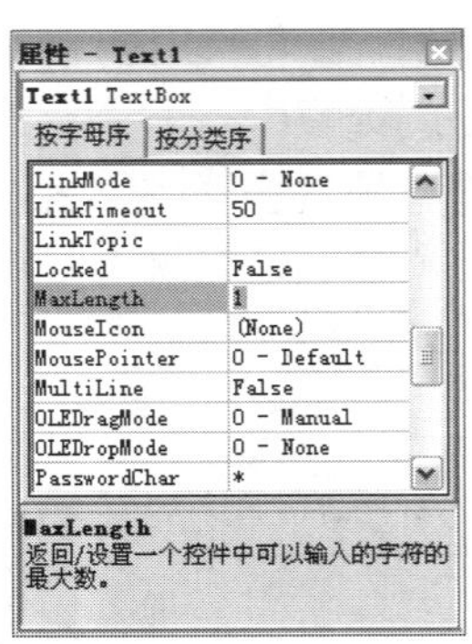

图 5.19　设置 MaxLength 属性值

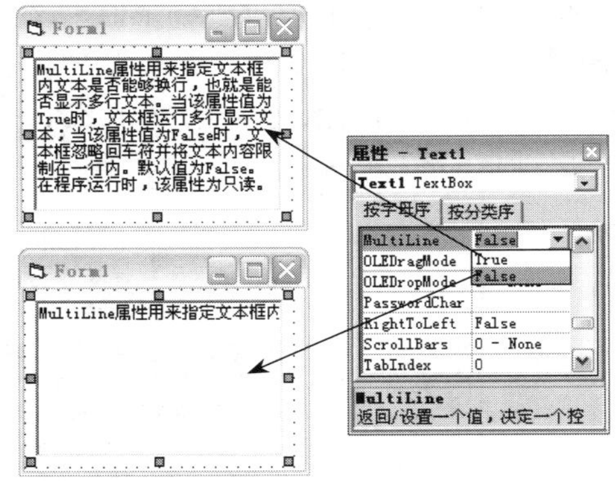

图 5.20　设置 MultiLine 属性值

注意：

① MultiLine 属性是只读属性，只能通过属性窗口设置。

② 当输入文本超出文本框时多行 TextBox 控件将使正文卷绕。使用 ScrollBars 属性也能够在 TextBox 控件中加入滚动条来加大 TextBox 控件的显示范围。如果没有指定水平滚动条，那么在多行 TextBox 中文本将自动卷绕。

③ 在一个没有默认按钮的窗体上，在多行 TextBox 控件中按下<Enter>键将把焦点移动到下一行，如果有默认按钮存在，那么必须按下<Ctrl+Entere>键才能把焦点移动到下一行。

5.4　命 令 按 钮

扫一扫，看视频

本节中主要介绍命令按钮（CommandButton）控件的主要属性、方法及事件。

5.4.1　CommandButton 控件的属性

（1）Caption 属性

Caption 属性用于确定显示在 CommandButton 控件中的文本信息。设置 CommandButton 控件的 Caption 属性的效果如图 5.21 所示。

另外也可以通过代码来实现，其代码如下：

```
Command1.Caption = "确定"
```

（2）Style 属性

Style 属性用于返回或设置一个值，该值用来指示控件的显示类型和行为。在运行时该属性是只读的。

当 Style 属性值设置为 0 时，其 CommandButton 控件上不能显示装载的相关图形；当 Style 属性值设置为 1 时，其 CommandButton 控件上能显示装载的相关图形。其效果如图 5.22 所示。

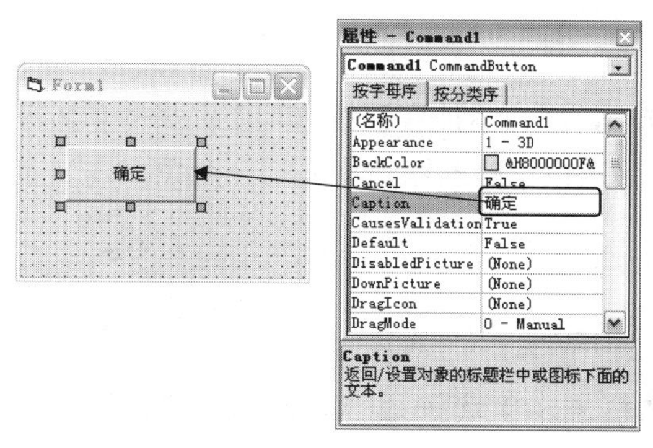

图 5.21　设置 Caption 属性的效果

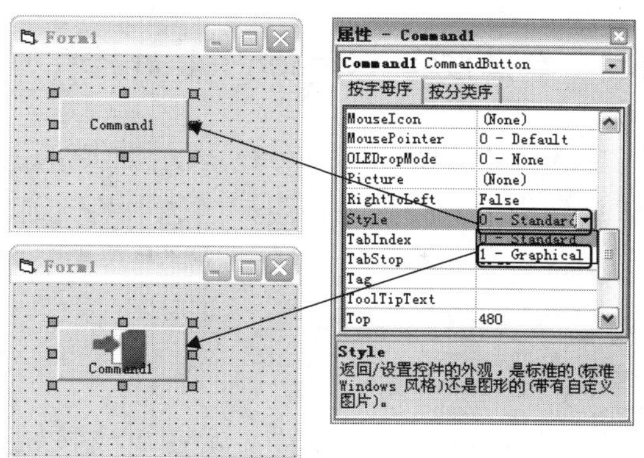

图 5.22　设置 Style 属性的效果

（3）Picture 属性

CommandButton 控件的 Picture 属性用于返回或设置控件中要显示的图片。在属性窗口中将 CommandButton 控件的 Style 属性设置为 1 – Graphical，并设置 Picture 属性后可显示按钮图标。

加载按钮图标的代码如下：

```
Command1.Picture = LoadPicture(App.Path & "\Exit.jpg")
```

5.4.2　CommandButton 控件的事件

命令按钮最常用的是 Click 事件。程序运行时用户单击按钮触发该事件，将执行该事件下的代码，实现相应的功能。

在窗体上添加两个命令按钮，并进行属性设置。当单击“确定”按钮时，在窗体上输出“您单击了确定按钮”；当单击“取消”按钮时，窗体上的文本消失。代码如下：

```
Private Sub Command1_Click()                    'Command1 的 Click 事件
    Print "您单击了确定按钮"                     '在窗体上输出字符串
End Sub
Private Sub Command2_Click()                    'Command2 的 Click 事件
    Form1.Refresh                               '刷新窗体
End Sub
```

程序运行效果如图 5.23 所示。

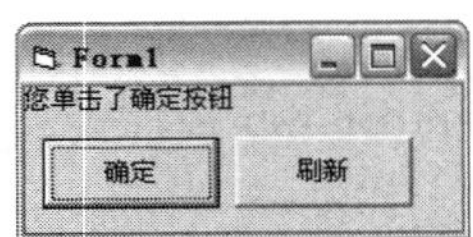

图 5.23　按钮的单击事件

扫一扫，看视频

5.5　单选按钮、复选框及框架

本节中主要介绍单选按钮（OptionButton）控件、复选框（CheckBox）控件及框架（Frame）的主要属性、方法及事件。

5.5.1　单选按钮（OptionButton 控件）

单选按钮（OptionButton）表示提供给用户一组选项，用户只能在该组选项中选择一项。单选按钮总是作为一个组来使用，当选中某一选项时，该单选按钮的圆圈内将显示一个黑点，表示选中，同时其他单选按钮中的黑点消失，表示未选中。

1．单选按钮的属性

（1）Caption 属性

Caption 属性用于设置显示在单选按钮中的文本信息及单选按钮的标题。设置单选按钮的 Caption 属性效果如图 5.24 所示。

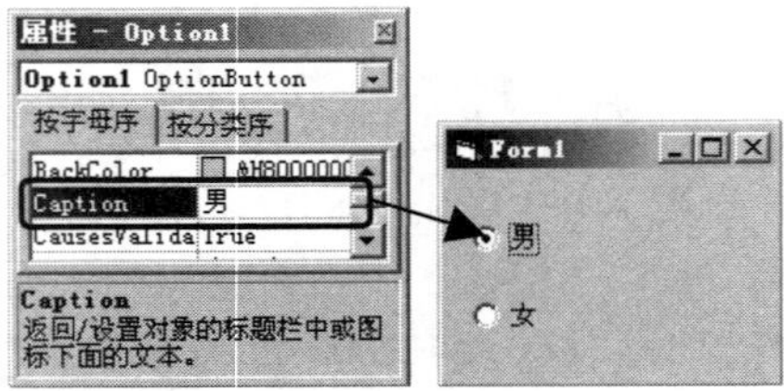

图 5.24　设置单选按钮的 Caption 属性

单选按钮的 Caption 属性也可以通过代码进行设置，代码如下。

```
Option1.Caption = "男": Option2.Caption = "女"
```

（2）Value 属性

Value 属性是单选按钮比较重要的属性，用于返回或设置控件的状态。当单选按钮选中时，Value 属性值为 True；当单选按钮未选中时，其 Value 属性值为 False。如图 5.24 中，第一个单选按钮（Caption 为“男”）的 Value 值为 True，第二个单选按钮（Caption 为“女”）的 Value 值为 False。

一般情况下，单选按钮的 Value 属性不需要在属性窗口进行设置。在程序运行时，系统会自动为单选按钮组中的第一个单选按钮的 Value 属性赋值为 True，也就是在程序运行时，会默认选中第一个单选按钮。Value 属性常用于返回一个单选按钮的状态，然后根据该状态进行判断或其他操作。在代码设计时其语法格式如下：

```
object.Value[=value]
```

- object：对象表达式。
- value：其值用于指定控件状态、内容或位置。当设置为 True 时，表示已经选中了该单选按钮；当设置为 False 时，表示没有选中该按钮。

例 5.1　本例实现的是，利用 Value 属性设计一个赛跑的小游戏。在程序运行时，选择你认为跑得最快的选手，然后单击“开始”按钮，开始比赛，其实现界面如图 5.25 所示。

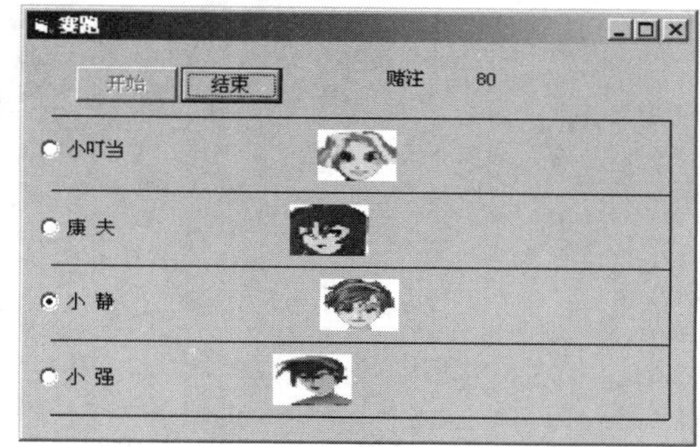

图 5.25　赛跑进行中界面

关键代码如下：

```
Dim start, finish, money As Integer
Private Sub Command1_Click()
   If Option1(0).Value = False And Option1(1).Value = False And Option1(2).Value = False
And Option1(3).Value = False Then
       MsgBox "请选择选手", , "信息提示"
   Else
       For i = 0 To 3
          If Option1(i).Value = True Then
             Exit For
          Else
             If i = 3 Then
                Exit Sub
             End If
          End If
      Next i
      money = money - 20                                              ' 减少赌注
      Label2.Caption = money
      Command1.Enabled = False
```

```
    Do
        no = Int(Rnd * 4)                                           ' 使用随机编号
        wit = Int(Rnd * 21) + 23                                    ' 随机产生距离
        Image1(no).Move Image1(no).Left + wit, Image1(no).Top       ' 移动图标
        pause (0.03)
    Loop Until Image1(no).Left + Image1(no).Width > finish          ' 判断如果达到
                                                                      终点
    If Option1(no).Value = True Then
        MsgBox Option1(no).Caption + "赢了！"
        money = money + 60                                          ' 增加赌注
        Label2.Caption = money
    Else
        MsgBox "你输了！"
    End If
    If money = 0 Then
        MsgBox "你已经没赌注了！"
    Else
        Command1.Enabled = True
    End If
    For i = 0 To 3
        Option1(i).Value = False                                    ' 初始控件状态
        Image1(i).Left = start
    Next i
  End If
End Sub
Private Sub Form_Load()
  Randomize Timer
  start = Image1(0).Left
  finish = 6000
  money = 100
  Label2.Caption = money                                            ' 显示赌注
End Sub
Sub pause(x)
  w = Timer
  Do While Timer - w <= m
    wait = DoEvents
  Loop
End Sub
```

（3）Style 属性

Style 属性用来指示单选按钮的显示类型和行为，在程序运行时是只读的。当值为 0 时（默认样式），为标准单选按钮显示方式，即一个同心圆和一个标题的显示方式；当值为 1 时，以图形方式显示，显示为命令按钮样式，如图 5.26 所示。

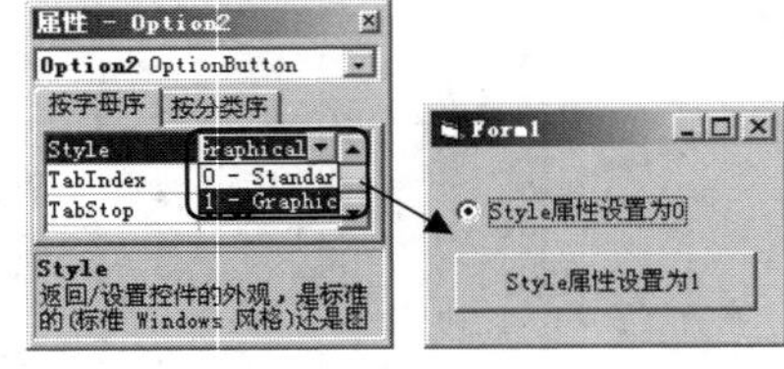

图 5.26　Style 属性设置效果

除特殊需要，单选按钮一般都使用默认样式，即空心圆加上标题的显示样式，这样符合用户的使用习惯。

2．单选按钮的事件

单击单选按钮会触发 Click 事件，也可在代码中通过将 Value 属性设置为 True 触发 Click 事件。下面通过实例介绍单选按钮的 Click 事件的使用方法。

例 5.2　在程序运行时单击单选按钮，标签中字体大小改变，效果如图 5.27 所示。

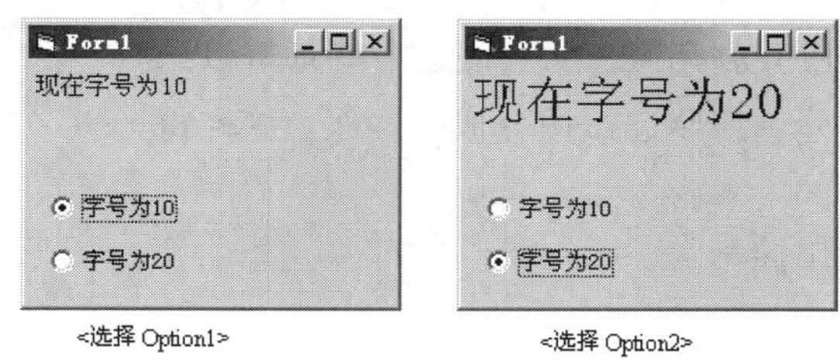

图 5.27　单选按钮单击事件实例演示

两个单选按钮的 Click 事件的代码如下：

```
Private Sub Option1_Click()
   Label1.FontSize = 10: Label1.Caption = "现在字号为10"
End Sub
Private Sub Option2_Click()
   Label1.FontSize = 20: Label1.Caption = "现在字号为20"
End Sub
```

运行程序后，默认选中“字号为 10”单选按钮。这时此单选按钮的 Value 值为 True，所以同样响应该单选按钮的单击事件，并执行其中的代码，将标签中的文本显示为 10 号字体。

5.5.2　复选框（CheckBox 控件）

与单选按钮一样，复选框（CheckBox）也有两种状态，即“选中”和“未选中”。当复选框被选中时，方框内显示一个“ √ ”号。在一组复选框中可以选择多个选项，也可以一个都不选。下面介绍复选框的属性和事件。

复选框的属性和单选按钮的属性基本相同，只是 Value 属性有很大差别，下面重点介绍。

复选框的 Value 属性同样是用来返回或设置控件的状态。只是复选框的 Value 值包含 3 个，即 0、1 和 2。当 Value 属性值为 0 时，表示控件没有被选中；当值为 1 时，表示已被选中；当值为 2 时，表示控件变灰，此时控件禁止使用。其效果如图 5.28 所示。

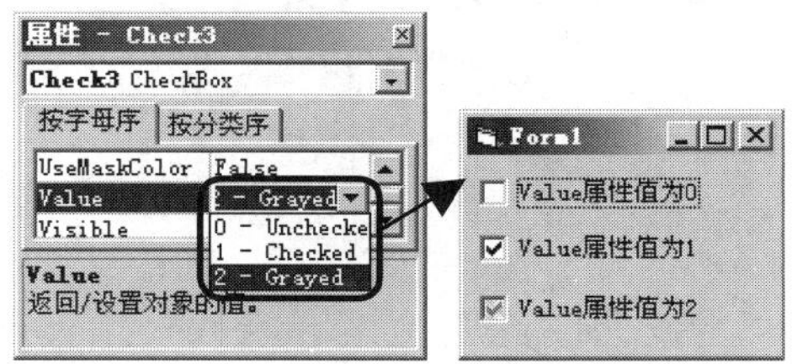

图 5.28　设置 Value 属性

5.5.3 框架（Frame 控件）

框架（Frame）用于为控件提供可标识的分组。单独使用框架控件没有实际意义，框架和窗体一样可以看成是容器类控件，将窗体上相同性质的控件放在框架中进行分组。

例如，窗体上的单选按钮组在程序运行时只能选择其中的一个。如果使用框架将单选按钮分成几组，那么每组中就都可以选择一个单选按钮。如图 5.29 所示，将单选按钮分成了两组，这样每一组中都可以选择一项。

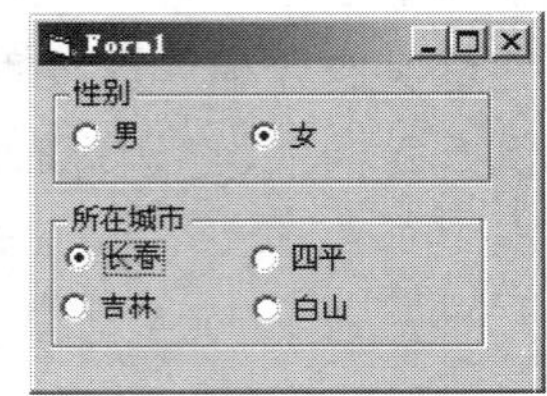

图 5.29　框架作用演示

下面介绍框架控件的常用属性。

（1）Caption 属性

框架的 Caption 属性用于显示框架中的文本信息，即显示框架内容的标题。设置框架的 Caption 属性效果如图 5.30 所示。

（2）BorderStyle 属性

BorderStyle 属性用于设置框架是否有边线。当 BorderStyle 属性值为 0 时，框架无边线；当属性值为 1 时（默认值），框架有凹陷边线。该属性设置效果如图 5.31 所示。

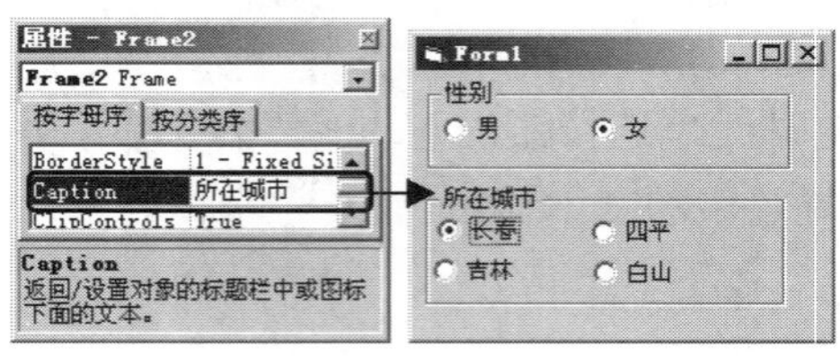

图 5.30　框架 Caption 属性设置效果

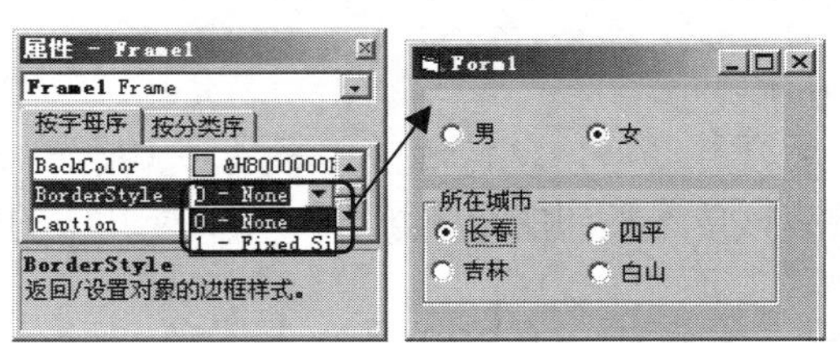

图 5.31　BorderStyle 属性设置效果

✍ **说明：**

当 BorderStyle 属性值为 0 时，框架的标题也不显示。

例 5.3　本例实现设置字体的功能。在程序运行时，选择字体、字号、效果和颜色后单击“确定”按钮，文本框内的文字就会显示设置的效果，如图 5.32 所示。

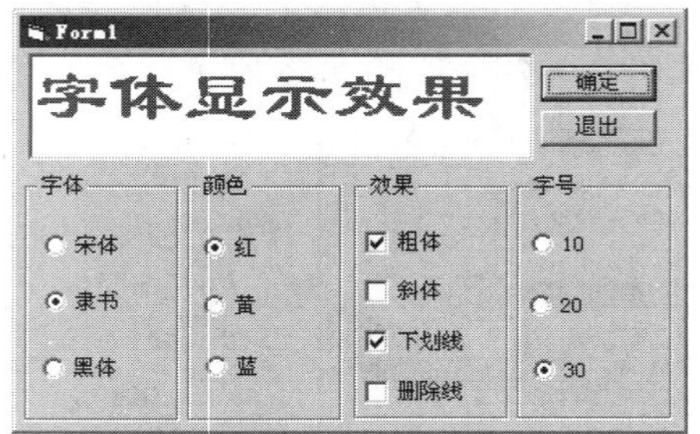

图 5.32　字体设置程序界面

程序关键代码如下：

```
Private Sub Command1_Click()                            '按钮的 Click 事件
   For i = 0 To 2                                       '循环语句
      '判断如果单选按钮 Value 值为 True
      If Option1(i).Value = True Then
         '文本框的字体名称为单选按钮的标题
         Text1.FontName = Option1(i).Caption
      End If
      If Option3(i).Value = True Then                   '判断如果单选按钮的 Value 值为 True
         Text1.FontSize = Val(Option3(i).Caption)       '文本框内的字号为单选按钮的标题
      End If
   Next i                                               '继续循环
   Text1.FontBold = Check1.Value                        '是否为粗体
   Text1.FontItalic = Check2.Value                      '是否为斜体
   Text1.FontUnderline = Check3.Value                   '是否有下划线
   Text1.FontStrikethru = Check4.Value                  '是否有删除线
   If Option2(0).Value = True Then Text1.ForeColor = vbRed
                                                        '如果选择红，则文本字体颜色为红色
   If Option2(1).Value = True Then Text1.ForeColor = vbYellow
                                                        '如果选择黄，则文本字体颜色为黄色
   If Option2(2).Value = True Then Text1.ForeColor = vbBlue
                                                        '如果选择蓝，则文本字体颜色为蓝色
End Sub
```

在上述代码中使用了控件数组，利用循环语句查找被选中的单选按钮，单选按钮的 Caption 值恰好可以作为文本的字体名称（或字号大小），所以直接使用单选按钮的 Caption 属性值为文本框字体和字号大小赋值。对于字体效果的设置使用了复选框，当复选框被选中时也就是选择了该字体效果，所以使用复选框当前 Value 值（True 或 False）为文本框字体效果属性赋值。

5.6　列表框与组合框

本节主要介绍列表框（ListBox）控件与组合框（CombBox）控件的主要属性、方法及事件。

5.6.1　ListBox 控件概述

ListBox 控件用于显示项目列表，从列表中可以选择一项或多项。如果项目总数超过了可显示的项目数，则会自动在 ListBox 控件上添加滚动条。

5.6.2　ListBox 控件的属性

（1）Style 属性

Style 属性用于返回或设置一个值，该值用来表示控件的显示类型和行为。在运行时该属性是只读的。

当 Style 属性设置为 0 时，表示为标准显示，此时 ListBox 控件的样式如文本项的列表；当 Style 属性设置为 1 时，表示为复选框显示，此时 ListBox 控件中的每个文本项边上都有一个复选框。设置效果如图 5.33 所示。

（2）List 属性

List 属性用于返回或设置控件列表部分的项目。

设置 ListBox 控件的的 List 属性为“语文、数学、英语”，其效果如图 5.34 所示。

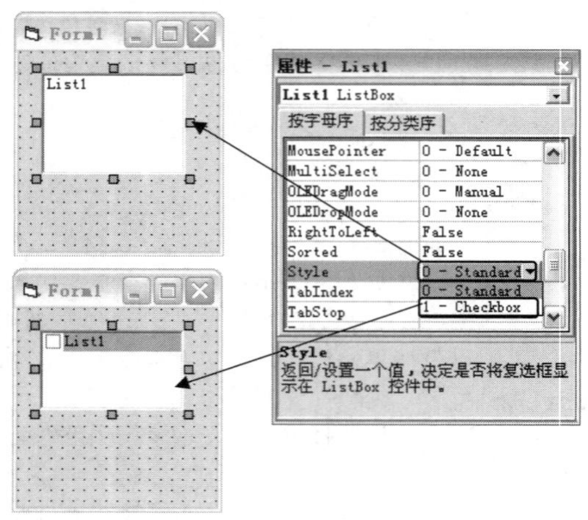

图 5.33　设置 Style 属性的效果

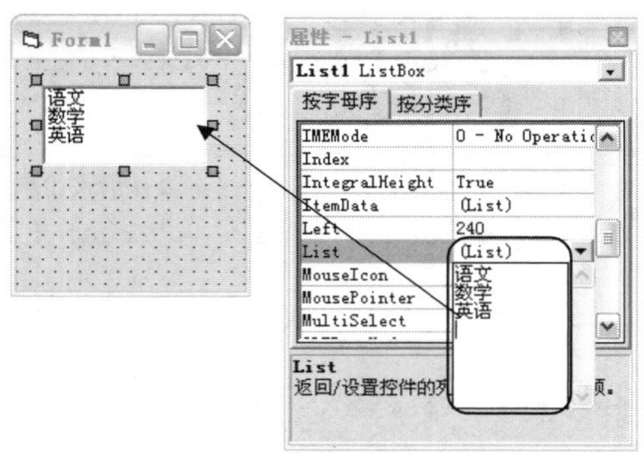

图 5.34　设置 List 属性的效果

注意：

每输入完一项后，按<Ctrl+Enter>组合键换行。

另外也可以通过代码来实现，其代码如下：

```
List1.List(0) = "语文"
List1.List(1) = "数学"
List1.List(2) = "英语"
```

例 5.4　本例实现的是，在程序运行时，单击选择列表中的项目时，在下面的标签中将显示所选择列表中项目的名称，效果如图 5.35 所示。

程序代码如下：

```
Private Sub Form_Load()
   For i = 0 To 20
      List1.AddItem "List1(" & i & ")"                    '向列表框中添加项目
   Next
End Sub
Private Sub List1_Click()
   Label1.Caption = "当前选择列表中的项目为：" & List1.List(List1.ListIndex)
End Sub
```

（3）ListCount 属性

ListCount 属性用于返回控件列表部分项目的个数。

例 5.5　本例实现的是，利用 ListBox 控件的 ListCount 属性来显示列表中元素的个数。窗体运行时，在窗体的标签控件中将显示 List1 控件列表中元素的个数，效果如图 5.36 所示。

图 5.35　List 属性的应用

图 5.36　ListCount 属性的应用

程序代码如下：

```
Private Sub Form_Load()
    For i = 0 To 20
        List1.AddItem "List1(" & i & ")"
    Next
    Label1.Caption = "列表中元素的个数为：" & List1.ListCount & "个"  '获取列表中元素的个数
End Sub
```

（4）Sorted 属性

Sorted 属性用于返回一个值，指定控件的元素是否自动按字母表顺序排列。

当 Sorted 属性设置为 Ture 时，列表框中的内容按字母升序排列显示；当 Sorted 属性设置为 Flase（默认值）时，则列表框中的内容不对其进行排序。其效果如图 5.37 所示。

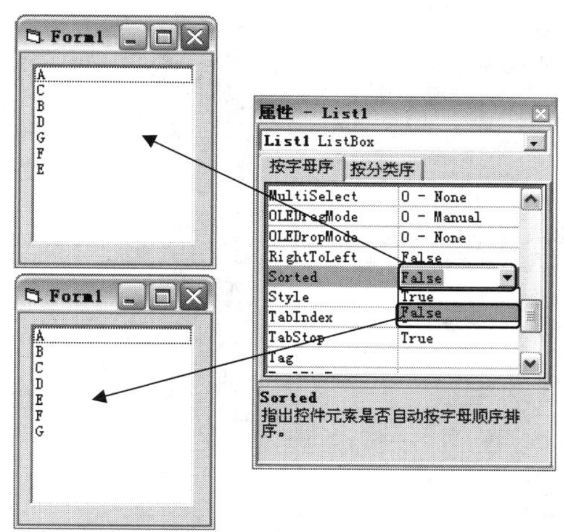

图 5.37　设置 Sorted 属性的效果

5.6.3　ListBox 控件的方法

（1）AddItem 方法

AddItem 方法用于将项目添加到 ListBox 控件中。不支持命名参数。

语法：

```
object.AddItem item, index
```

参数说明：

- object：必需的参数，为对象表达式。

- Item：必需的参数，为字符串表达式，用来指定添加到该对象的项目。
- Index：可选的参数，为整数，用来指定 ListBox 控件的首项。

例 5.6 本例实现的是，当程序运行时，在窗体上每单击一次“添加”按钮，将向 ListBox 控件的列表中添加一个控件元素，效果如图 5.38 所示。

图 5.38 AddItem 方法的应用示例

程序代码如下：

```
Dim i As Integer
```

单击“添加”按钮向列表中添加对象：

```
Private Sub Command1_Click()
   List1.AddItem "List" & i
   i = i + 1
End Sub
```

单击“清除”按钮清除列表中的对象：

```
Private Sub Command2_Click()
   List1.Clear
End Sub
```

（2）Clear 方法

Clear 方法用于清除 ListBox 的内容。

语法：

```
object.Clear
```

参数说明：

object：对象表达式。

5.6.4 ListBox 控件的事件

ItemCheck 事件：当 ListBox 控件的 Style 属性设置为 1（复选框），并且 ListBox 控件中一个项目的复选框被选定或者被清除时该事件发生。

语法：

```
Private Sub object_ItemCheck([index As Integer])
```

参数说明：

- object：对象表达式。
- index：一个整数，唯一地标识该列表框中被选中的项。

例 5.7 本例实现的是，在程序运行前，将 ListBox 控件的 Style 属性设置为 1。在运行时，选中 ListBox 控件中的数据项，即触发了 ItemCheck 事件，在下面的标签中显示出当前所选的数据项目，效果如图 5.39 所示。

图 5.39　ItemCheck 事件的应用示例

程序主要代码如下：

```
Private Sub List1_ItemCheck(Item As Integer)
    a = a + " " + List1.List(List1.ListIndex)
    Label1.Caption = "已经选择了：" & a
End Sub
```

5.6.5　ComboBox 控件概述

组合框（ComboBox）是文本框（TextBox）和列表框（ListBox）的组合。用户可以从文本框中输入文本，也可以从列表框中选取列表项。

5.6.6　ComboBox 控件的属性

（1）List 属性

List 属性用于返回或设置控件列表部分的项目。列表是一个字符串数组，数组的每一项都是一个列表项目，在设计时可以通过属性窗口设置，并且在运行时是可读写的。

设置 ComboBox 控件的 List 属性为“语文、数学、英语”等信息，其效果如图 5.40 所示。

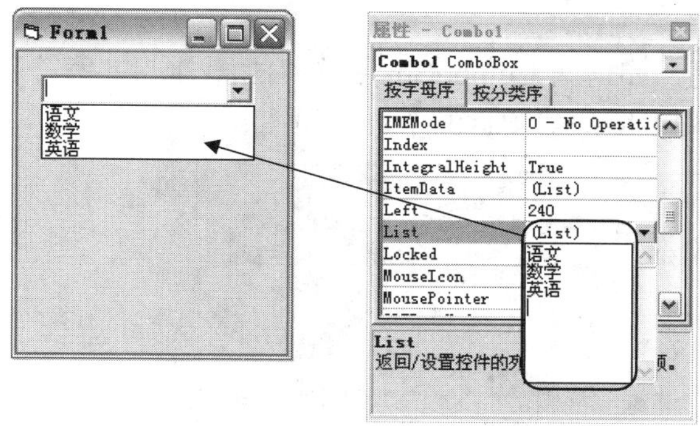

图 5.40　设置 List 属性效果

注意：

每输入完一项后，按<Ctrl+Enter>组合键换行。

另外也可以通过代码来实现，其代码如下：

```
Combo1.List(0) = "语文"
Combo1.List(1) = "数学"
```

```
Combo1.List(2) = "英语"
```

（2）Style 属性

Style 属性用于返回或设置一个值，该值用来指示控件的显示类型和行为。在运行时该属性是只读的。

当 Style 属性设置为 0 时，表示为下拉式组合框，它包括一个下拉式列表和一个文本框，可以从下拉列表中选择或在文本框中输入；当 Style 属性设置为 1 时，表示为简单组合框，它包括一个文本框和一个不能下拉的列表，可以从列表中选择或在文本框中输入；当 Style 属性设置为 2 时，表示为下拉式列表，这种样式仅允许从下拉式列表中选择，而不能进行输入操作。其效果如图 5.41 所示。

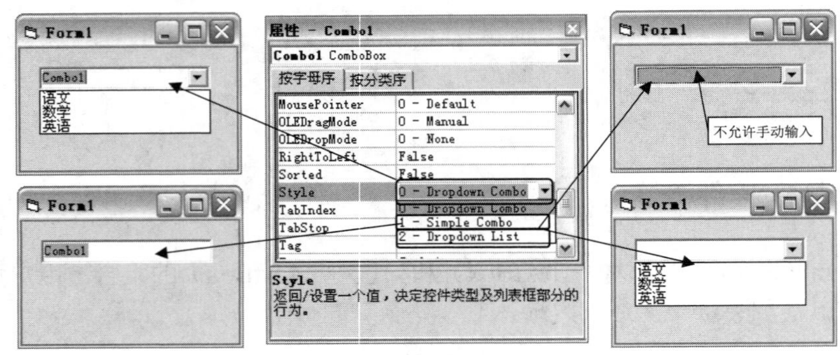

图 5.41　设置 Style 属性的效果

（3）ListCount 属性

ListCount 属性用于返回控件列表中部分项目的个数。

语法：

```
object.ListCount
```

参数说明：

object：对象表达式。

例 5.8　本例实现的是，如何向 ComboBox 控件中加载项目。程序运行后单击窗体，在标签控件中将显示 ComboBox 控件中所加载项目的个数，如图 5.42 所示。

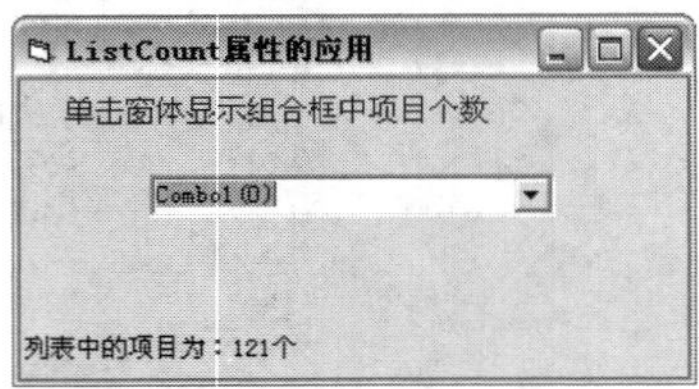

图 5.42　ListCount 属性的应用示例

程序主要代码如下：

```
Private Sub Form_Click()
   Label1.Caption = "列表中的项目为：" & Combo1.ListCount & "个"
End Sub
```

（4）ListIndex 属性

ListIndex 属性用于返回或设置控件中当前选择项目的索引。

语法：

```
object.ListIndex [= index]
```

参数说明：

- object：对象表达式。
- index：数值表达式，指定当前项目的索引。

例 5.9　本例实现的是，通过 ComboBox 控件的 ListIndex 属性来显示每个季节的销售额。程序运行时，在 ComboBox 控件中选择季节名称，在标签中就会显示出该季节的销售信息，如图 5.43 所示。

图 5.43　ListIndex 属性的应用示例

程序代码如下：

```
Private Sub Form_Load()
    Dim i                                                        '声明变量
    AutoSize = True
    Season(0) = "春季": Season(1) = "夏季": Season(2) = "秋季": Season(3) = "冬季"
    Sale(0) = "$1300,500": Sale(1) = "$208,900"
    Sale(2) = "$1,412,500"
    Sale(3) = "$1,220,500"
    For i = 0 To 3                                               '在列表中添加名字
        Combo1.AddItem Season(i)
    Next i
    Combo1.ListIndex = 0                                         '显示列表中的第一项
End Sub
```

5.6.7　ComboBox 控件的方法

（1）AddItem 方法

该方法用于将项目添加到 ComboBox 控件中。不支持命名参数。

语法：

```
object.AddItem item, index
```

参数说明：

- object：必需的，对象表达式。
- item：必需的，字符串表达式，用来指定添加到对象的项目。
- index：可选的整数值，用来指定新项目或行在该对象中的位置。

例 5.10　本例实现的是，向 ComboBox 控件的列表中添加数据，此示例利用了 AddItem 方法将月份信息添加到 ComboBox 控件的列表中，如图 5.44 所示。

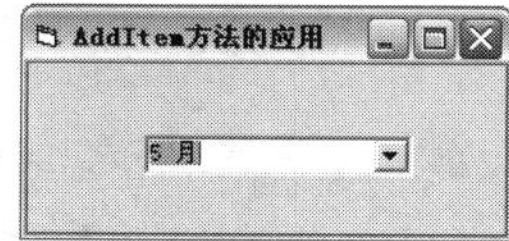

图 5.44　AddItem 方法的应用示例

程序代码如下：

```
Private Sub Form_Load()
   For i = 0 To 11
      Combo1.AddItem i + 1 & " 月"
   Next
End Sub
```

（2）Clear 方法

该方法用于清除 ComboBox 控件中的内容。

语法：

```
object.Clear
```

参数说明：

object：对象表达式。

扫一扫，看视频

5.7 滚 动 条

本节主要介绍水平滚动条与竖直滚动条的主要属性及事件。

5.7.1 滚动条概述

水平滚动条（HScrollBar）和竖直滚动条（VScrollBar）为在应用程序或控件中的水平或垂直滚动提供了便利，在项目列表很长或者信息量很大时，可以模拟当前所在的位置，利用滚动条来提供便利的定位方法。

滚动条也可以作为输入设备使用。但是在 Visual Basic 中建议使用滑块控件取代滚动条作为输入设备。

5.7.2 滚动条的属性

（1）Max 和 Min 属性

- Max 属性：返回或设置一个滚动条位置的 Value 属性最大设置值。
- Min 属性：返回或设置一个滚动条位置的 Value 属性最小设置值。

说明：

对于每个属性，可指定在-32768～32767 之间的一个整数，包括-32768 和 32767。默认设置值为：Max 属性为 32767，Min 属性为 0。

对于一个滚动条（HScrollBar 或 VScrollBar）控件，无论如何必须指定范围。根据滚动条的具体使用情况，例如，作为输入设备或作为一个速度或数量的指示器，使用 Max 和 Min 设置一个合适的范围。

说明：

如果 Max 被设为比 Min 小的值，那么最大值将被分别设为水平或垂直滚动条的最左或最上位置处。ProgressBar 控件的 Max 属性值必须总是比其 Min 属性值大一些，并且其 Min 属性值必须总是大于或等于 0。

（2）Value 属性

Value 属性用于返回或设置滚动条的当前位置，其返回值始终介于 Max 和 Min 属性值之间，包括这两个值。

语法：

```
object.Value[=value]
```

参数说明：

- object：对象表达式。
- value：该值指定控件的状态，设置介于-32768～32767 之间的值以定位滚动框。

例 5.11　本例实现的是，改变滚动条的 Value 属性。首先将 HScrollBar 控件与 VScrollBar 控件的 Value 属性设置为 0。程序运行后，单击水平或竖直滚动条，改变 HScrollBar 控件与 VScrollBar 控件的 Value 属性，同时在标签中显示相应的 Value 值，效果如图 5.45 所示。

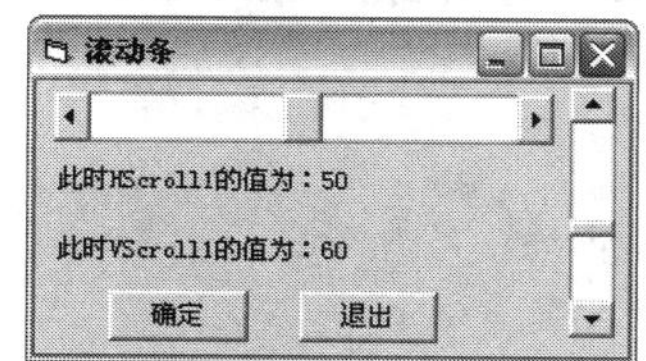

图 5.45　设置滚动条的 Value 属性值

实现 Value 属性的关键代码如下：

```
Private Sub Form_Load()
   HScroll1.Max = 100: HScroll1.Min = 0: HScroll1.LargeChange = 10:
HScroll1.SmallChange = 5
   VScroll1.Max = 100: VScroll1.Min = 0: VScroll1.LargeChange = 10:
VScroll1.SmallChange = 5
   HScroll1.Value = 0
   VScroll1.Value = 0
   Label1.Caption = "此时 HScroll1 的值为：" & HScroll1.Value  '获取水平滚动条的当前值
   Label2.Caption = "此时 VScroll1 的值为：" & VScroll1.Value  '获取垂直滚动条的当前值
End Sub
Private Sub HScroll1_Change()
   Label1.Caption = "此时 HScroll1 的值为：" & HScroll1.Value
End Sub
Private Sub VScroll1_Change()
   Label2.Caption = "此时 VScroll1 的值为：" & VScroll1.Value
End Sub
```

5.7.3　滚动条的事件

（1）Change 事件

滚动条的 Change 事件就是移动滚动条的滚动框部分，该事件在进行滚动或通过代码改变 Value 属性的设置时发生。

语法：

```
Private Sub object_Change([index As Integer])
```

参数说明：

- object：一个对象表达式。
- index：一个整数，用于标识唯一的控件数组。

注意：

① Change 事件可协调在滚动条控件间显示的数据或使它们同步。

② 一个 Change 事件有时会导致一个层叠事件，这种情况在 Change 事件改变滚动条控件的内容时会发生。为了避免层叠事件，就要避免在滚动条控件的 Change 事件中使用 MsgBox 语句或函数。

（2）Scroll 事件

滚动条的 Scroll 事件在 HScrollBar 控件或 VScrollBar 控件上的滚动框被重新定位或滚动时发生。

语法：

```
Private Sub object_Scroll()
```

参数说明：

- object：一个对象表达式。
- cancel：决定滚动操作是否成功以及 HScrollBar 是否被重绘。

例 5.12 本例实现的是，在程序运行时拖动滚动条，触发 Scroll 事件，可以控制 Image 控件的移动，其实现界面如图 5.46 所示。

图 5.46 Scroll 事件发生时图像位置会随着改变

实现 Scroll 事件的关键代码如下：

```
Private Sub Form_Resize()
    w = Form1.ScaleWidth - VScroll1.Width
    h = Form1.ScaleHeight - HScroll1.Height
    VScroll1.Move w, 0, VScroll1.Width, h           '移动垂直滚动条至合适位置
    HScroll1.Move 0, h, w                           '移动水平滚动条至合适位置
    Picture1.Move 0, 0, w, h                        '移动图像框
    VScroll1.Min = 0                                '垂直滚动条最小值
    VScroll1.Max = Image1.Height - Picture1.Height  '计算垂直滚动条最大值
    HScroll1.Min = 0                                '水平滚动条最小值
    HScroll1.Max = Image1.Width - Picture1.Width    '计算水平滚动条最大值
End Sub
```

```
Private Sub HScroll1_Change()
    Image1.Left = -HScroll1.Value                    '图像随水平滚动条移动
End Sub
Private Sub HScroll1_Scroll()
    Image1.Left = -HScroll1.Value
End Sub
Private Sub VScroll1_Change()
    Image1.Top = -VScroll1.Value                     '图像随垂直滚动条移动
End Sub
Private Sub VScroll1_Scroll()
    Image1.Top = -VScroll1.Value
End Sub
```

注意：

① Scroll 事件中应避免使用 MsgBox 语句或函数。
② 在此事件中拖动滚动条或滚动条箭头时，将触发 Change 事件，因此常利用 Change 事件来获得滚动条变化后的最终值。

5.8　Timer 控件

扫一扫，看视频

一个时钟（Timer）控件能够有规律地以一定的时间间隔激发 Timer 事件，从而达到每隔一段事件执行一次 Timer 事件下的代码。本节主要介绍 Timer 控件的属性及事件。

5.8.1　Timer 控件的属性

Interval 属性是时钟控件最重要的属性，表示执行两次 Timer 事件的时间间隔，以 ms（0.001s）为单位，取值范围为 0~65535ms 之间，所以最大的时间间隔大约为 1 分 5 秒。

当 Interval 属性值为 0 时，表示 Timer 控件无效。如果希望每半秒触发一次 Timer 事件，将 Interval 属性值设置为 500；如果希望每一秒执行一次 Timer 事件，将 Interval 属性值设置为 1000。

程序运行期间，Timer 控件隐藏，不显示在窗体上，通常将时间显示在一个标签中。

5.8.2　Timer 控件的事件

Timer 控件只有一个 Timer 事件。该事件在一个 Timer 控件的预定的时间间隔过去之后发生，该间隔的频率储存于该控件的 Interval 属性中。

例 5.13　使用 Timer 控件实时显示当前系统时间，如图 5.47 所示。

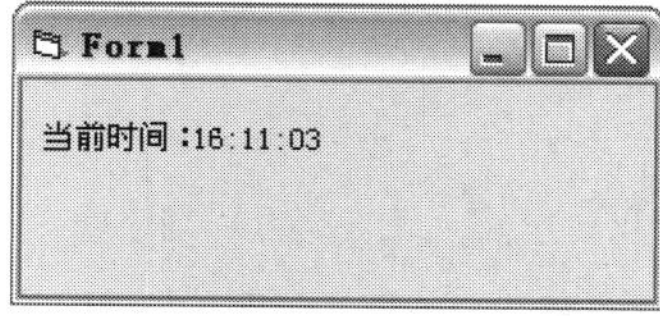

图 5.47　显示当前系统时间

代码如下：

```
Private Sub Form_Load()
    Timer1.Interval = 800                          '设置时间间隔为 0.8 秒
    Timer1.Enabled = True                          '启用 Timer 控件
End Sub
Private Sub Timer1_Timer()
    Label2.Caption = Time                          '显示系统时间
End Sub
```

扫一扫，看视频

第 6 章　数组与集合

扫一扫，看视频

数组与集合都可以用相同名字引用一系列变量，并用数字（索引）来识别它们。合理地使用数组可以简化程序，因为可以利用索引值设计一个循环，高效处理多种情况。集合提供了一种把相关对象分组的方法，在需要同时对多个对象进行处理时，非常有用。本章视频要点如下：

- 如何学好本章；
- 熟知数组的概念；
- 知晓数组的分类；
- 声明与使用数组；
- 创建和使用控件数组；
- 熟知集合的概念；
- 创建并使用集合。

6.1　数组的概念

扫一扫，看视频

数组是一组相同数据类型变量的集合，而并不是一种数据类型。通常把数组中的变量称为数组元素，数组中每一个数组元素都有一个唯一的下标来标识自己，并且同一个数组中各个元素在内存中是连续存放的。在程序中使用数组名代表逻辑上相关的一些数据，用下标表示该数组中的各个元素，这使得程序书写简洁，操作方便，编写出来的程序出错率低，可读性强。

6.2　数组的分类

6.2.1　静态数组

扫一扫，看视频

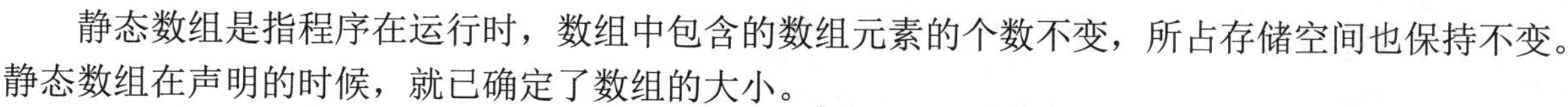

静态数组是指程序在运行时，数组中包含的数组元素的个数不变，所占存储空间也保持不变。静态数组在声明的时候，就已确定了数组的大小。

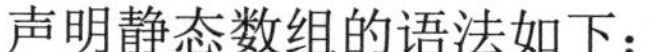

声明静态数组的语法如下：

```
Public|Private|Dim 数组名(下标)[As 数据类型]
```

声明静态数组语法中各部分说明如表 6.1 所示。

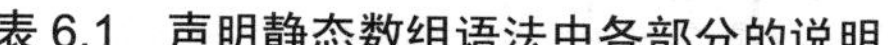

表 6.1　声明静态数组语法中各部分的说明

部　分	描　述
Public|Private|Dim	只能选取一个而且必选其一。Public 用于声明可在工程中所有模块的任何过程中使用的数组；Private 用于声明只能在包含该声明的模块中使用的数组；Dim 用于模块或过程级别的数组。如果声明的是模块级别的数组，数组在该模块中的所有过程都是可用的；如果声明的是过程级别的数组，数组只能在该过程内可用
数组名	必需的。数组的名称；遵循标准的变量命名的约定

续表

部　分	描　述
下标	必需的。数组变量的维数，必须为常数；最多可以声明60维的多维数组，下标下界最小可为-32768，上界最大为32767。可省略下界，默认值为0。一维数组的大小是上界与下界之差加1
数据类型	可选的。变量的数据类型；可以是Byte、布尔、Integer、Long、Currency、Single、Double、Date、String（对变长的字符串）、String * length（对定长的字符串）、Object、Variant、用户定义类型或对象类型

说明：

数组的下标由下界与上界组成，下界即数组中最小的数组元素，上界是数组中最大的数组元素。

在Visual Basic中使用Dim语句声明几种不同数据类型、不同大小的数组。代码如下：

```
Dim a(3) As String          '声明String型数组a，包含4个数组元素，即a(0)、a(1)、
                            a(2)、a(3)
Dim b(6)                    '声明Variant型数组b，包含7个数组元素，即b(0)~b(6)
Dim c(2 To 7) As Integer    '声明Integer型数组c，包含6个数组元素，即c(2)~c(7)
```

注意：

程序运行时访问静态数组，使用的数组元素下标不能超出定义的范围，否则程序将产生“下标越界”的错误。

扫一扫，看视频

6.2.2　动态数组

动态数组是指在程序运行时，可以增加或减少其数组元素个数的数组，从而其存储空间也会根据需求变大或变小。

动态数组使用ReDim语句声明。

注意：

ReDim语句是在过程级别中使用的语句。

语法：

```
ReDim [Preserve] 数组名(下标) [As 数据类型]
```

声明动态数组语法中各部分的说明如表6.2所示。

表6.2　声明动态数组语法中各部分描述

部　分	描　述
Preserve	可选的。关键字，当改变原有数组最末维的大小时，使用此关键字可以保持数组中原来的数据
数组名	必需的。数组的名称；遵循标准的变量命名约定
下标	必需的。数组变量的维数；最多可以声明60维的多维数组。
数据类型	可选的。变量的数据类型；可以是Byte、Boolean、Integer、Long、Currency、Single、Double、Date、String（对变长的字符串）、String * length（对定长的字符串）、Object、Variant、用户定义类型或对象类型。所声明的每个变量都要有一个单独的As数据类型子句。对于包含数组的Variant而言，数据类型描述的是该数组的每个元素的类型，不能将此Variant改为其他类型

例如在程序中声明动态数组a(10)，程序代码如下：

```
ReDim a(10) As Long
```

注意：

动态数组只能改变其数组元素的多少，从而改变所占内存大小，不能改变其已经定义的数据类型。

动态数组还可以使用 Dim 语句声明。在使用 Dim 语句声明动态数组时，将数组下标定义为空（没有数组），并在需要改变这个数组大小时，使用 ReDim 语句重新声明这个数的下标。

6.2.3　一维数组

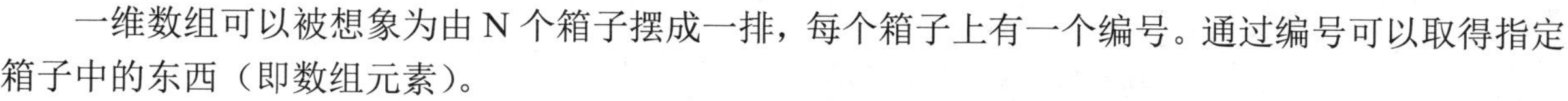

一维数组可以被想象为由 N 个箱子摆成一排，每个箱子上有一个编号。通过编号可以取得指定箱子中的东西（即数组元素）。

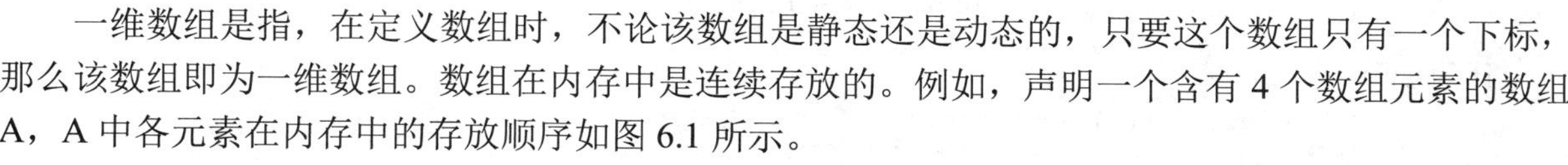

一维数组是指，在定义数组时，不论该数组是静态还是动态的，只要这个数组只有一个下标，那么该数组即为一维数组。数组在内存中是连续存放的。例如，声明一个含有 4 个数组元素的数组 A，A 中各元素在内存中的存放顺序如图 6.1 所示。

A(0)
A(1)
A(2)
A(3)

图 6.1　数组 A 中每个元素在内存中存放的顺序

1. 一维数组的声明

一维数组是指只有一个下标的数组，对应于一个数字向量。

声明一维数组的语法格式如下：

```
Public| Private| Dim 数组名(<下标>)[As <类型>]
```

参数说明：

数组名：是用户自定义的标识符。

下标：用于定义数组的维数和元素的个数。下标值类型为长整型（Long），即下标界值范围为 -2147483648～2147483647。

类型：是指数组元素的类型。数组元素类型可以是任意 Visual Basic 数据类型，默认时数组元素为可变类型。

例如，使用 Dim 语句声明一维数组，代码如下：

```
Dim b(3) As String          '声明静态一维数组
Dim c(5)                    '声明默认 Variant 数据类型的静态一维数组
```

2. 一维数组元素的引用

数组元素的表示形式为：

```
数组名(下标)
```

下标可以是整型常量或整型表达式，例如：

```
a(0) = a(2) + a(3) - a(1 * 5)
```

说明：

数组元素的下标默认时以 0 开始，如果需要将下标的默认下界改为 1，可以使用 Option Base 语句。

例如，使用循环将数组元素逆向输出，运行结果如图 6.2 所示。

图 6.2　数组元素值逆向输出

代码如下：

```
Dim i As Integer, a(9) As Integer
For i = 0 To 9
   a(i) = i
Next i
For i = 9 To 0 Step -1
   Print a(i) & vbNewLine
Next i
```

3. 一维数组初始化

对数组元素的初始化可以用以下方法实现：

（1）使用 Array 函数初始化数组

Array 函数可以创建一个数组，并返回一个 Variant 数据类型的变量。

语法：

```
Array(arglist)
```

参数说明：

arglist：一个数值表，各数值之间用“,”分开。这些数值是用来给数组元素赋值的。当 arglist 中没有任何参数时，则创建一个长度为 0 的数组。

例如，将一个 Variant 型变量，使用 Array 函数赋值成 Variant 型数组，代码如下：

```
Dim a As Variant:a = Array(45, 2, 6, 7)    'a 中包含 4 个数组元素，各元素的值为：45，2，
                                             6，7
```

注意：

数组 a 中第一个元素是 a(0)。使用 Array 函数创建的数组只能是 Variant 数据类型，返回的变量也只能是 Variant 型，如果这个变量不是 Variant 型，Visual Basic 将产生类型不匹配的错误。

说明：

使用 Array 函数创建的数组的下界受 Option Base 语句指定的下界的影响，除非 Array 是由类型库（例如 VBA.Array）名称限定的。如果是由类型库名称限定的，则 Array 不受 Option Base 的影响。

（2）对数组元素赋值

例如将下界为 1，上界为 10 的数组进行复制，代码如下：

```
Dim a(1 To 10)
```

```
For i = 1 To 10
   a(i) = i
Next i
```

6.2.4　数组中的数组

数组的元素可以是任意的数据类型，因此可以建立 Variant 数据类型的数组。Variant 数据类型的元素可以是其他数组。

例 6.1　建立两个数组，一个包含整数，而另一个包含字符串。然后声明第三个 Variant 数据类型数组，并将整数和字符串数组放置其中。

```
Private Sub Command1_Click()
   Dim i As Integer                           '声明计数器变量
   Dim intarray(5) As Integer                 '声明数组
   For i = 0 To 4                             '循环体
      intarray(i) = i                         '设置元素值
   Next i
   '声明并放置字符串数组
   Dim strarray(5) As String                  '声明数组
   For i = 0 To 4                             '循环体
      strarray(i) = "mingri " & "No." & i     '设置元素值
   Next i
   Dim arr(1 To 2) As Variant                 '声明拥有两个成员的新数组
   arr(1) = intarray()                        '将其他数组移居到数组
   arr(2) = strarray()
   MsgBox arr(1)(2)                           '显示结果 2
   MsgBox arr(2)(3)                           '显示结果"mingri No.3"
End Sub
```

使用 Array 函数也可以创建数组中的数组，如下面代码所示：

```
Dim a: a = Array(Array(1, 2, 3), Array(2, 4, 5))
```

6.2.5　二维数组及多维数组

扫一扫，看视频

二维数组可以被想象为 N 个箱子被摆成一个平面（忽略箱子高度），每行箱子的个数相同。每个箱子的编号既要显示行号也要显示列号，通过编号可以取得指定箱子中的东西。

多维数组可以被想象为 N 个箱子被摆成一个由若干层的平面组成的立方体，每个平面中箱子个数相同。每个箱子的编号需要显示行号、列号、层号，通过编号可以取得指定箱子中的东西。

二维数组是指程序中拥有两个下标的数组。可以把二维数组看作一个 *xy* 坐标系中的点。

例如，二维数组元素 A(1,3)可以看作是在 *xy* 坐标系中的点，如图 6.3 所示。

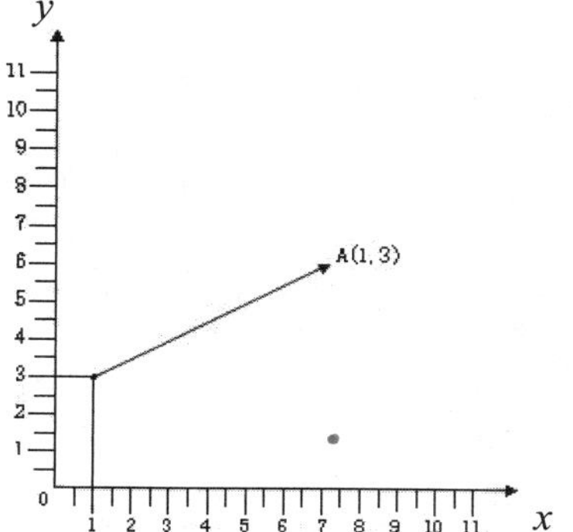

图 6.3　*xy* 坐标系表示二维数组

1．二维数组的声明

二维数组是指程序中拥有 2 个下标的数组。可以把二维数组看作一个 *x*，*y* 坐标轴，数组中的元素就是 *x* 与 *y* 轴的交叉点。

例如，使用 Dim 语句声明二维数组。代码如下：

```
Dim b(3, 4) As String                    '声明静态二维数组
Dim c(5, 9)                              '声明默认 Variant 数据类型的静态二维数组
```

2．二维数组的引用

数组元素的表示形式为：

```
数组名(下标 1, 下标 2)
```

下标可以是整型常量或整型表达式，例如下面的代码：

```
a(0, 1) = a(2, 1) + a(3, 2) - a(1 * 5, 2 + 3)
```

3．二维数组的使用

与一维数组一样，在调用二维数组之前，最好对其进行声明。下面通过实例说明二维数组的调用。

例 6.2 本实例实现单击“赋值输出”按钮，将二维数组 A 中的所有元素赋值，并将 A 中每个数组元素的值输出。程序运行结果如图 6.4 所示。

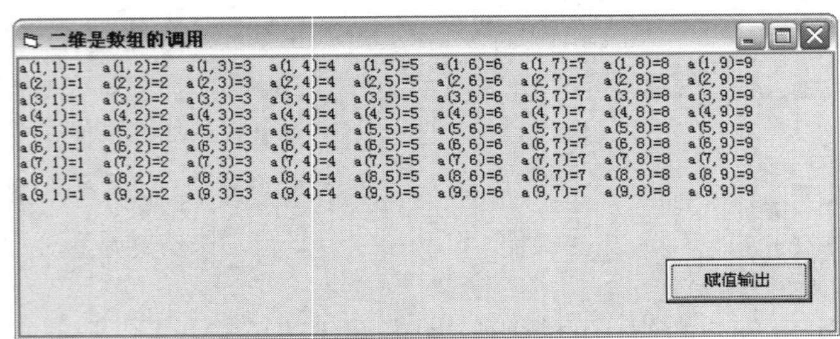

图 6.4 调用二维数组

程序代码如下：

```
Dim a(1 To 9, 1 To 9)                    '声明静态二维数组
Private Sub Command1_Click()
    Dim i As Long, l As Long
    For i = 1 To 9
        For l = 1 To 9
            a(i, l) = l
            '打印输出二维数组元素值
            Print "a(" & CStr(i) & "," & CStr(l) & ")=" & CStr(a(i, l)) & "  ";
        Next l
        Print
    Next i
End Sub
```

4．多维数组的声明

数字矩阵中的各个元素要用行、列位置标识。例如，为了追踪记录计算机屏幕上的每一个像素，需要引用它的 *x*、*y* 坐标。这时应该用多维数组存储值。

声明多维数组的形式如下：

```
Dim<数组名>(下标 1,下标 2,…) As <数据类型>
```

其中下标的形式与一维数组中的下标相同，下标的个数决定了数组的维数。多维数组的大小为每一维大小的乘积，每一维大小为（上界－下界＋1）。

例如，使用 Dim 语句声明多维数组，程序代码如下：

```
Dim b(3, 4, 6, 9) As Double                 '声明静态多维数组
Dim c(5, 9, 8, 1, 3)                        '声明默认 Variant 数据类型的静态多维数组
```

5. 多维数组的引用

数组元素的表示形式为：

```
数组名(下标 1, 下标 2, 下标 3, 下标 7.---)
```

6. 多维数组的使用

多维数组在调用之前，最好对其进行声明。下面通过实例说明多维数组的调用。

例 6.3　本例实现的是，通过 For…Next 循环使用 Rnd 随机函数动态创建一个三维数组，并且将创建的三维数组显示出来。程序运行结果如图 6.5 所示。

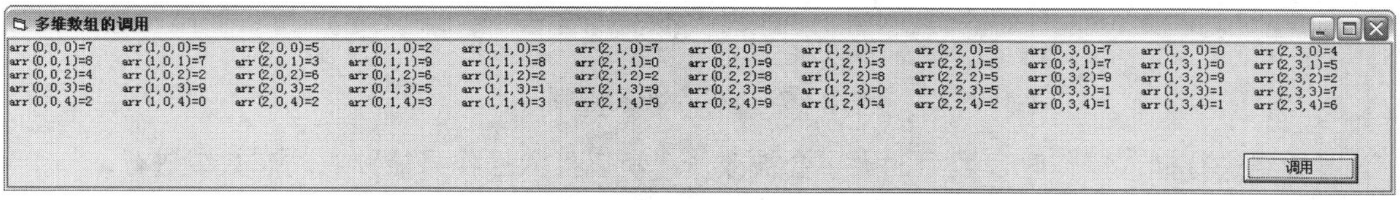

图 6.5　调用多维数组

程序代码如下：

```
Private Sub Command1_Click()
    Me.Refresh
    Dim arr(2, 3, 4)                                            '声明三维数组
    Dim i As Integer, j As Integer, z As Integer
    For z = 0 To 4
        For j = 0 To 3
            For i = 0 To 2
                arr(i, j, z) = Int(Rnd * 10)                    '三维数组的赋值随机产生
            Next i
        Next j
    Next z
    For z = 0 To 4
        For j = 0 To 3
            For i = 0 To 2
                '输出三维数组
                Print "arr" & "(" & i & "," & j & "," & z & ")=" & arr(i, j, z) & Space(4);
            Next i
        Next j
        Print Tab
    Next z
End Sub
```

6.3 数组的基本操作

扫一扫，看视频

6.3.1 数组元素的插入

数组的插入是指将相同数据类型的元素插入到数组的指定位置。图 6.6、图 6.7 演示的是向数组插入元素前与插入元素后的效果。

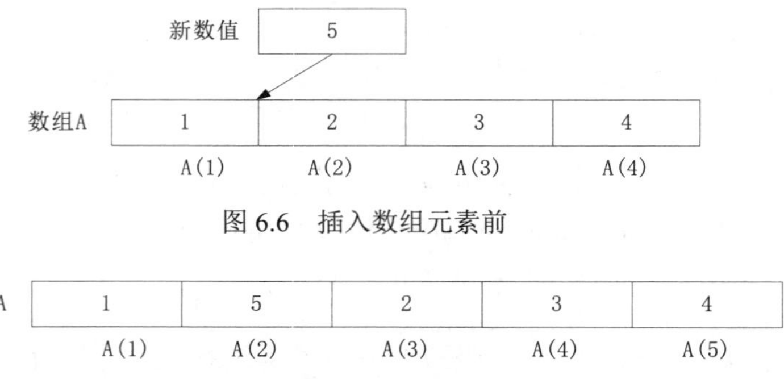

图 6.6 插入数组元素前

数组A

1	5	2	3	4
A(1)	A(2)	A(3)	A(4)	A(5)

图 6.7 插入数组元素后

对数组进行插入操作时，数组的大小会被改变，所以插入操作只能针对动态数组进行。

例 6.4 本实例实现的是，向数组 A 中的指定位置插入一个新数值 6，并将插入后的数组 A 中各数组元素输出在窗体中。结果如图 6.8 所示。

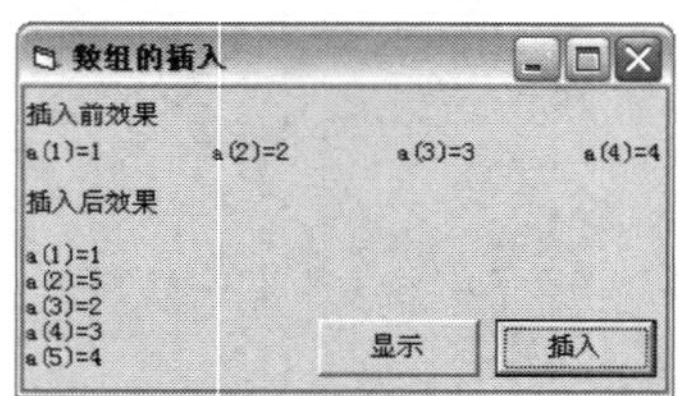

图 6.8 数组的插入

程序代码如下：

```
Dim A() As Long
Private Sub Command2_Click()
    ReDim Preserve A(1 To 4)
    A(1) = 1: A(2) = 2: A(3) = 3: A(4) = 4                    '为动态数组 A 中元素赋值
    Dim n As Long: n = 5
    ReDim Preserve A(1 To 5)
    Dim i As Long, m As Long
    For i = 2 To 5                                              '插入新数值
        m = A(i)
        A(i) = n
        n = m
    Next i
    For i = 1 To 5
        Debug.Print "a(" & CStr(i) & ")=" & CStr(A(i)),        '输出数组 A 中的元素
```

```
    Next i
End Sub
```

6.3.2 数组元素的删除

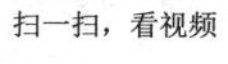

数组的删除是指删除数组中一个或多个元素。图 6.9、图 6.10 演示的是从数组中删除一个数组元素的前后情况。

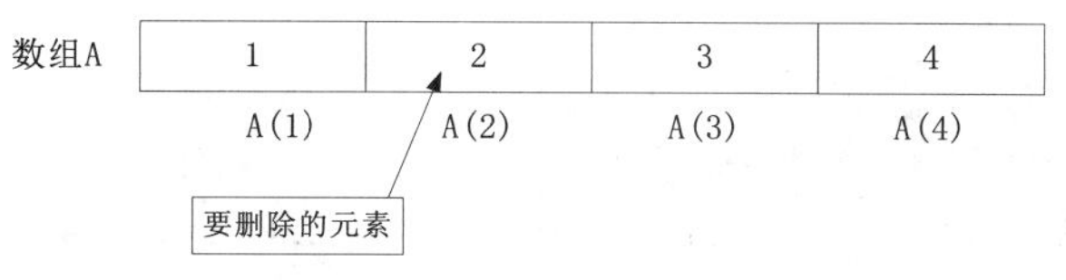

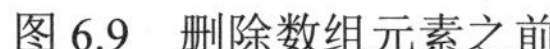

图 6.9 删除数组元素之前

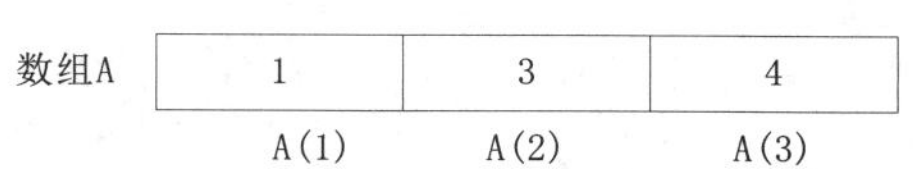

图 6.10 删除数组元素之后

例 6.5 本实例实现的是，从数组 A 中删除一个数组元素，并将删除后数组 A 中的各数组元素输出到窗体中。结果如图 6.11 所示。

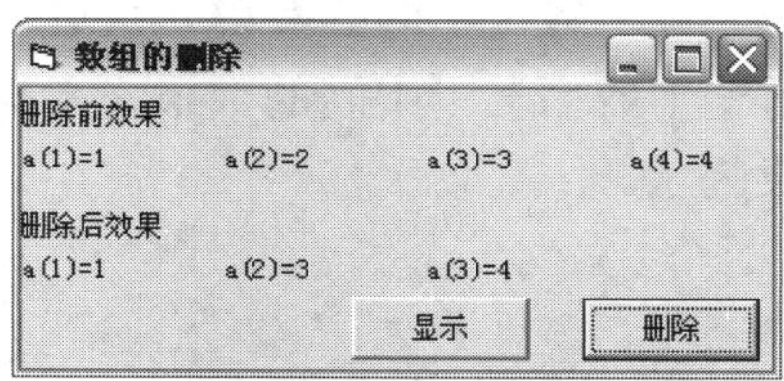

图 6.11 数组的删除

程序代码如下：

```
Private Sub Command2_Click()
    ReDim A(1 To 4) As Long
    A(1) = 1: A(2) = 2: A(3) = 3: A(4) = 4                  '为动态数组 A 中元素赋值
    Dim i As Long
    For i = 2 To 3
        A(i) = A(i + 1)
    Next i
    ReDim Preserve A(1 To 3)
    For i = 1 To 3
        Print "a(" & CStr(i) & ")=" & CStr(A(i)),            '输出删除后数组 A 中的元素值
    Next i
End Sub
```

6.3.3 数组元素的查找

数组的查找是指查找数组中指定的一个数组元素。可以使用循环语句结构对数组元素进行顺序查找，即遍历数组中的每一个元素，查看数组中的每一个数组元素是否与所要查找的数据相符，将符合的数组元素输出。

例 6.6 本实例实现的是，使用 For…Next 语句从包含 0～9 数组元素的 Long 型数据类型的数组 A 中，查找一个值等于 16 的数组元素。结果如图 6.12 所示。

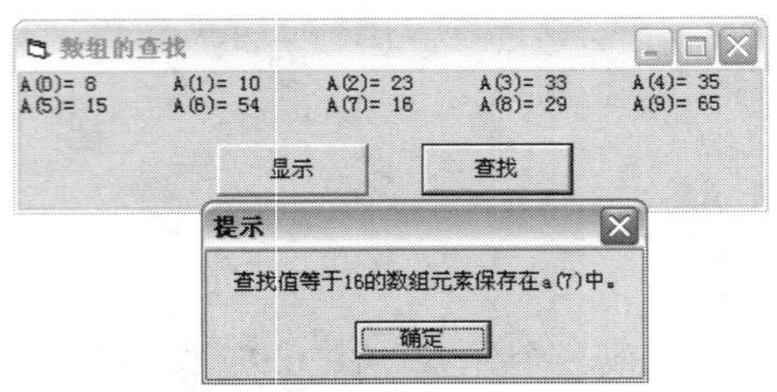

图 6.12　数组的查找

程序代码如下：

```
For i = 0 To 9
    If A(i) = 16 Then
        MsgBox "查找值等于 16 的数组元素保存在 a(" & CStr(i) & "中。", vbOKOnly, "提示"
        Exit For
    End If
Next i
```

对于数组元素的取值有序（由小到大或由大到小等）的数组，可以采用二分法查找数组元素。二分法为：将所要查询的数值，先与位于数组中间的数组元素进行比较，根据比较结果再对前一半或后一半进行查找，然后继续取前一半或后一半中间的数组元素与查询的数值进行比较，循环进行比较，直到查询到符合条件的结果为止。

注意：

二分法只适用于有序数组。

扫一扫，看视频

6.3.4　数组元素的排序

数组的排序是指将数组中的数组元素按一定顺序进行排序，如由大到小、由上到下排序等。通常为数组排序可以使用选择排序法与冒泡排序法。

1. 选择排序

选择排序法指每次选择所要排序的数组中最大值（由大到小排序，由小到大排序则选择最小值）的数组元素，将这个数组元素的值与前面的数组元素的值互换。

例如，表 6.3 演示的是使用选择排序法进行数据降序排序的过程。

表 6.3　使用选择排序法为数组 A 排序

数组元素 / 排序过程	A(1)	A(2)	A(3)	A(4)	A(5)
起始值	3	2	7	9	5
第 1 次	9	2	3	7	5
第 2 次	9	7	2	3	5
第 3 次	9	7	5	2	3
第 4 次	9	7	5	3	2
排序结果	9	7	5	3	2

创建选择排序的自定义过程 selectionSort 的代码如下：

```
Private Sub selectionSort(ByRef a)
    Dim i As Integer, j As Integer, temp As Integer
    For i = LBound(a) To UBound(a)
        For j = i + 1 To UBound(a)
            If a(j) > a(i) Then
                temp = a(i)
                a(i) = a(j)
                a(j) = temp
            End If
        Next j
    Next i
End Sub
```

调用 selectionSort 过程将数组元素以降序排列，代码如下：

```
Dim a
a = Array(3, 2, 7, 9, 5)
selectionSort a, Desc
Dim i
For i = LBound(a) To UBound(a)
    Print a(i)
Next i
```

上面代码的执行过程如图 6.13 所示。

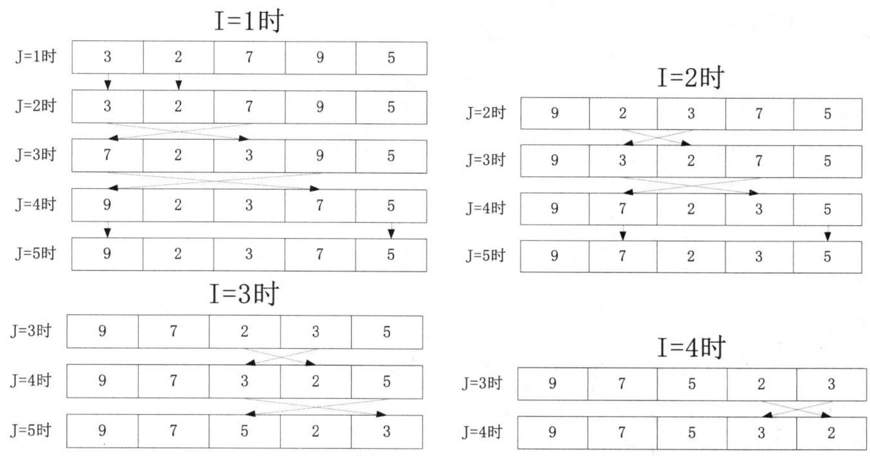

图 6.13　选择排序执行过程

为了提高选择排序的效率，对上面代码进行修改，创建一自定义过程 selectionSort，它具有两个形式参数。第一个参数采用地址传递，用于传递数组；第二个参数为可选参数，用于指定升序或降序。过程代码如下：

```
Private Sub selectionSort(ByRef a, Optional b As Sort)
    Dim k As Integer, temp As Integer
    Dim i As Integer, j As Integer
    For i = LBound(a) To UBound(a)
        k = i
        For j = k + 1 To UBound(a)
```

```
        If b = Asc Then
            If a(j) < a(k) Then k = j
        Else
            If a(j) > a(k) Then k = j
        End If
    Next j
    If k <> j Then
        temp = a(i)
        a(i) = a(k)
        a(k) = temp
    End If
  Next i
End Sub
```

将数组元素以降序排列，调用代码如下：

```
Dim a
a = Array(3, 2, 7, 9, 5)
selectionSort a, Desc
Dim i
For i = LBound(a) To UBound(a)
    Print a(i)
Next i
```

上面代码的执行过程如图 6.14 所示。

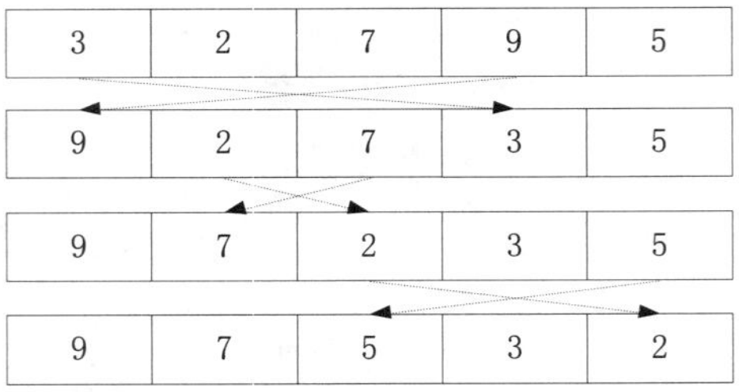

3	2	7	9	5
9	2	7	3	5
9	7	2	3	5
9	7	5	3	2

图 6.14　选择排序执行过程（优化）

2. 冒泡排序

冒泡排序法指的是在排序时，每次比较数组中相邻的两个数组元素的值，将较大的排在较小的前面。

冒泡排序自定义过程 bubbleSort，它具有两个形式参数。第一个参数采用地址传递，用于传递数组；第二个参数为可选参数，用于指定升序或降序。过程代码如下：

```
Private Sub bubbleSort(ByRef a, ByVal b As Sort)
    Dim i As Integer, j As Integer, temp As Integer
    For i = UBound(a) To LBound(a) Step -1
        For j = LBound(a) To i - 1
            If IIf(b = Asc, a(j) > a(j + 1), a(j) < a(j + 1)) Then
                temp = a(j)
                a(j) = a(j + 1)
                a(j + 1) = temp
            End If
        Next j
```

```
    Next i
End Sub
```

将数组元素以降序排列，调用代码如下：

```
Dim a
a = Array(3, 2, 7, 9, 5)
bubbleSort a, Desc
Dim i
For i = 0 To 4
    Print a(i)
Next i
```

上面代码的执行过程如图 6.15 所示。

当I等于4时

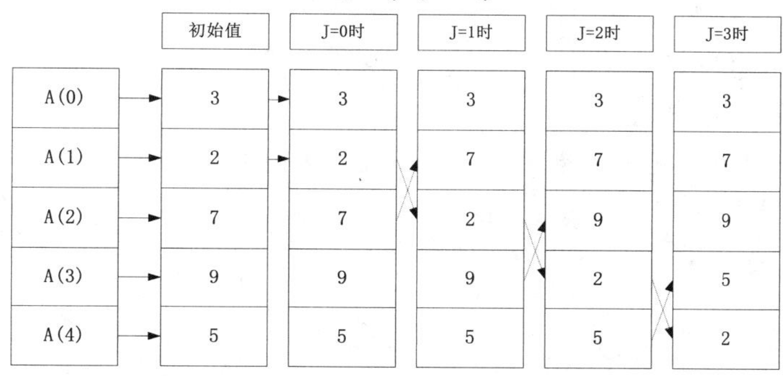

当I等于3时

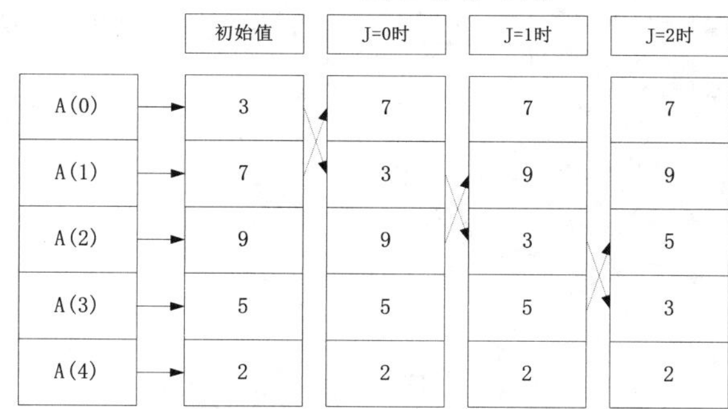

当I等于2时

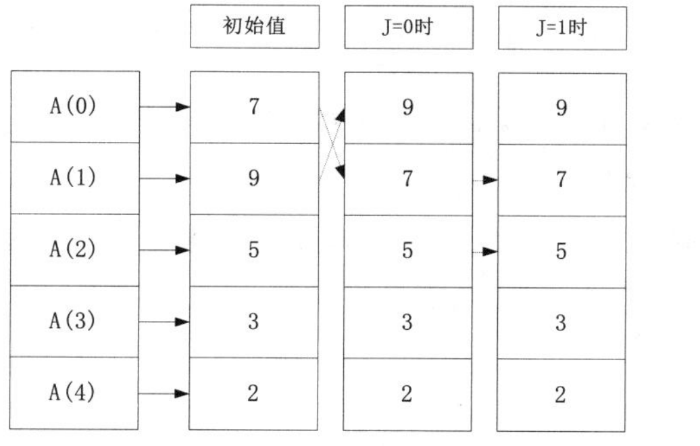

当I等于1时

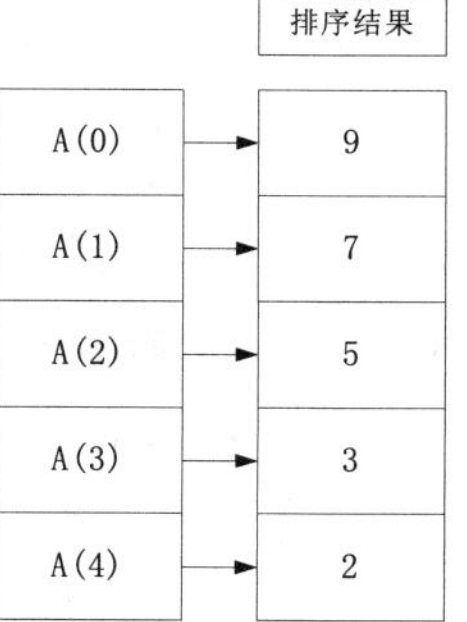

图 6.15 冒泡排序示意图

扫一扫，看视频

6.4 记录数组

6.4.1 记录数组的概念

记录数组是指数据类型为自定义（记录型）数据类型的数组。与其他数组一样，记录数组也使用 Dim 语句或 ReDim 语句声明。记录数组声明后，这个数组中的每个元素都拥有这个记录数据类型中的每个记录元素。

6.4.2 记录数组的使用

程序中使用记录数组与其他数组一样，但是需要先定义一个自定义（记录型）数据类型，然后在需要使用记录数组时进行声明。

例 6.7 定义一个 Peo 自定义数据类型，并在程序中使用。代码如下：

```
Private Type Peo                                      '创建自定义类型
   Nam As String                                      '声明字符串类型变量
   Age As Integer                                     '声明整型类型变量
End Type
Private Sub Command1_Click()
   Dim A(1 To 2) As Peo                               '声明自定义类型数组
   A(1).Age = 20                                      '设置元素 A(1)的 Age 值
   A(1).Nam = "吴一"                                  '设置元素 A(1)的 Nam 值
   A(2).Age = 23                                      '设置元素 A(2)的 Age 值
   A(2).Nam = "方多"                                  '设置元素 A(2)的 Nam 值
   For i = 1 To 2                                     '循环体
      Print A(i).Nam ; A(i).Age & "岁"
   Next i
End Sub
```

扫一扫，看视频

6.5 控件数组

6.5.1 控件数组的概念

控件数组是一组相同类型的控件，使用相同名称，并共享同一过程的集合。这个控件集合中的每一个控件，都是该控件数组中的数组元素。

在创建控件数组时，系统会给这个控件数组中每一个控件唯一的索引（Index），即下标。这个索引的作用是用来区分控件数组中不同的控件。

6.5.2 创建控件数组

创建控件数组常使用如下两种方法。

1. 复制粘贴法

通过复制粘贴控件，创建控件数组。具体步骤如下。

（1）在窗体上添加一个要创建控件数组的控件。

（2）选中该控件，单击鼠标右键，在弹出的菜单中选择“复制”命令。

（3）使用鼠标选中窗体，单击鼠标右键，在弹出的菜单中选择“粘贴”命令。此时会弹出一个提示是否创建控件数组的对话框。单击“是”按钮后，则在窗体上添加了一个新的控件数组元素。

（4）重复执行步骤（3），直到添加完所需要的控件数组元素为止。

注意：

要在容器类型控件内创建控件数组，需要选中容器控件（如 Frame（框架）控件等）执行“粘贴”命令。

2. 设置控件的 Name 属性

控件的 Name 属性在代码中用来标识控件的名字。通过将同类型控件的 Name 属性设置为相同名称，也可以创建控件数组。创建的步骤如下。

（1）向窗体或容器控件中添加两个或多个同类型控件。

（2）逐一选中添加的每个控件，在属性窗口中设置这些控件的 Name 属性名称一致，即可完成创建控件数组的过程。在第一次出现 Name 属性同名时，也会出现创建控件数组对话框，例如提示创建控件数组 Text1，单击“是”按钮即可创建控件数组，如图 6.16 所示。

图 6.16　创建控件数组对话框

扫一扫，看视频

6.5.3　使用控件数组

下面通过实例说明控件数组的调用方法。

例 6.8　本实例实现在单击 CommandButton 控件数组中的按钮时，通过 Index（索引）属性判断单击的是哪个按钮。程序代码如下：

```
Private Sub Command1_Click(Index As Integer)
    Select Case Index
    Case 0
        MsgBox "你单击的是‘确定’按钮", vbOKOnly, "明日图书"
    Case 1
        MsgBox "你单击的是‘取消’按钮", vbOKOnly, "明日图书"
    End Select
End Sub
```

6.6　数组相关函数及语句

6.6.1　Ubound 函数和 LBound 函数

扫一扫，看视频

UBound 函数可以返回指定数组中的指定维数可用的最大下标，其返回值为 Long 型。而

LBound 函数与 UBound 函数相反，该函数可以返回指定数组中的指定维数可用的最小下标，其返回值为 Long 型。

语法：

```
UBound(<数组>[,<维数>])
LBound(<数组>[,<维数>])
```

参数说明：

- 数组：必需的，数组的名称，遵循标准的变量命名约定。
- 维数：可选的，用来指定返回哪一维，默认值是 1（第一维）。UBound 函数返回指定维的上界；LBound 函数返回指定维的下界。

例如，对一个定义好的三维数组，分别使用 UBound 函数和 LBound 函数取其中各个维数的上界与下界。UBound 函数与 LBound 函数对三维数组 A 的取值结果如表 6.4 所示。

表 6.4　UBound 函数和 LBound 函数的取值结果

函　　数	举　　例	变量 I 的值
UBound	I = UBound(A, 1)	100
	I = UBound(A, 2)	4
	I = UBound(A, 3)	2
LBound	I = LBound(A, 1)	1
	I = LBound(A, 2)	0（默认下标上界的默认值）
	I = LBound(A, 3)	−3

定义三维数组的代码如下：

```
Dim A(1 To 100, 4, -3 To 2) As Long
```

扫一扫，看视频

6.6.2　Split 函数

Split 函数返回一个下标从零开始的一维数组，一维数组中包含了指定数目的子字符串。

语法：

```
Split(<表达式>[, <字符>[, count[, compare]]])
```

Split 函数语法中各部分的说明如表 6.5 所示。

表 6.5　Split 函数语法中各部分的说明

部　　分	描　　述
表达式	必需的参数。包含子字符串和分隔符的字符串表达式。如果表达式是一个长度为零的字符串（""），Split 则返回一个空数组，即没有元素和数据的数组
字符	可选的参数。用于标识子字符串边界的字符串字符。如果忽略，则使用空格字符（" "）作为分隔符。如果字符是一个长度为零的字符串，则返回的数组仅包含一个元素，即完整的表达式字符串
count	可选的参数。要返回的子字符串数，−1 表示返回所有的子字符串
compare	可选的参数。数字值，表示判别子字符串时使用的比较方式。关于其值，请参阅表 6.6 中的设置值部分

compare 参数的设置值如表 6.6 所示。

表 6.6　compare 参数的设置值

常　　数	值	描　　述
vbUseCompareOption	−1	用 Option Compare 语句中的设置值执行比较
vbBinaryCompare	0	执行二进制比较
vbTextCompare	1	执行文字比较
vbDatabaseCompare	2	仅用于 Microsoft Access

例如使用 Split 函数将明日公司网址 www.mingrisoft.com 按 “.” 划分到字符串数组中。程序代码如下：

```
Dim A
Private Sub Form_Load()
   A = Split("www.mingrisoft.com", ".", -1, 1)      '返回一个下标从零开始的一维数组
End Sub
Private Sub Command1_Click()
   Dim i As Long
   For i = 0 To 2
      Print "A(" & i + 1 & ")=" & A(i)              '打印输出数组元素值
   Next i
End Sub
```

输出的结果值为：

```
A(1)=www
A(2)=mingrisoft
A(3)=com
```

扫一扫，看视频

6.6.3　Option Base 语句

Option Base 语句用来指定声明数组时下标下界省略时的默认值。该语句是在模块中使用的语句。一个模块中只能出现一次，该语句必须写在模块的所有过程之前，而且必须位于带维数的数组声明之前。该设置只对该语句所在模块中的数组下界有影响。

语法：

```
Option Base [0 | 1]
```

参数说明：

[0 | 1]：设置数组下标中下界省略时的默认值。一般情况下数组的下标下界省略时的默认值为 0。

例如在声明数组之前使用 Option Base 语句将下标中默认值设置为 1 后，声明数组 A，代码如下：

```
Option Base 1
Dim A(4) As Long
```

数组 A 中的元素分别为：A(1)，A(2)，A(3)，A(4)。

6.7 集　　合

扫一扫，看视频

6.7.1 集合的创建

Visual Basic 6.0 不仅提供了大量的预期定义的集合（如窗体集合、控件集合等），而且提供了一个集合类型 Conllection。Conllection 对象是元素所组成的有序集合，可以把这个集合作为单元来引用。用户可以使用 Conllection 类型来声明一个自定义的集合，并向集合中处理任何类型的数据或者对象。

集合声明如下：

```
Dim Col as New Collection
```

一旦声明了一个集合，就可以使用 Add 方法来增加集合中的元素，使用 Remove 方法来删除元素，使用 Item 方法来访问集合中的元素。

Collection 对象将每一项存储于 Variants 对象中。于是，能够添加到 Collection 对象里的内容列表就和能够存储到 Variants 中的内容列表是相同的。内容列表中可以包括标准数据类型、对象和数组，但不包括用户定义类型。通过建立自己的集合类型能够提供更强健的功能，以及额外的属性、方法和事件。

在 Visual Basic 中，各个不同的集合根据各自的特点提供了不同的属性和操作方法，但是每个集合都有相同的一组属性和方法，如表 6.7 所示。

表 6.7　Collection 对象的方法及说明

方　　法	说　　明
Count 方法	该方法包含了计划总重对象的数目。该方法的返回值为长整型，且在设计和运行时均为只读
Add 方法	向集合添加一个元素
Remove 方法	从集合中删除某一个元素
Item 方法	从集合中获取指定的元素

扫一扫，看视频

6.7.2 控件集合

Controls 集合是窗体上所有对象的统称。Controls 集合是在打开新窗体或为窗体添加对象时自动创建的。

Controls 集合与 Collection 集合对象一样有 4 种方法，分别是 Add、Count、Item、Remove，它们分别用于添加集合对象、获取对象总数、选择指定对象元素、移除集合对象。

通过使用 Controls 集合，可精简控件管理部分的代码。下面将介绍几个关于 Controls 集合的比较常见的实例。

例 6.9　动态创建 TextBox 控件。

代码如下：

```
Private Sub Form_Load()
   Dim text As TextBox                                '声明对象变量
```

```
    Set text = Controls.Add("VB.TextBox", "Text")        '动态创建 TextBox
    text.Visible = True                                   '设置为可见
End Sub
```

动态创建 TextBox 控件后，效果如图 6.17 所示。

例 6.10　在窗体上所有的 TextBox 控件中显示“VB”，代码如下：

```
Private Sub Form_Load()
    Dim i As Object
    For Each i In Me.Controls                             '遍历窗体中所有控件
        '判断是否为 TextBox 对象
        If TypeName(i) = "TextBox" Then
            i.Text = "VB"                                 '设置 Text 属性
        End If
    Next i
End Sub
```

窗体中有 3 个 TextBox 控件、3 个 Label 控件，将所有 TextBox 控件的 Text 属性设置为“VB”，显示效果如图 6.18 所示。

图 6.17　动态创建 TextBox 控件

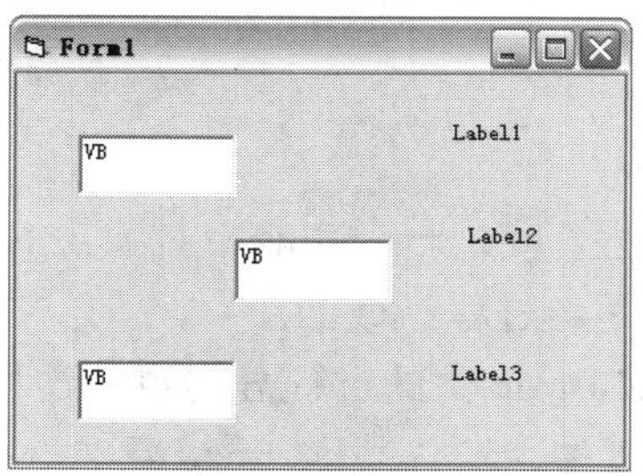

图 6.18　设置所有 TextBox 控件的 Text 属性

扫一扫，看视频

扫一扫，看视频

第 7 章　过程与函数

要使计算机能够完成特定的任务，编程人员必须学会使用过程和函数。熟练地使用过程和函数是编写高质量应用程序的基础。Visual Basic 中包括各种自定义的子程序、函数等过程，本章在详细讲解的过程中结合大量的实例进行说明。本章视频要点如下：

- 如何学好本章；
- 创建与使用 Sub、Function 过程；
- 运用参数传递；
- 使用过程的嵌套与递归调用；
- 认知常用内部函数。

扫一扫，看视频

7.1　过 程 概 述

“过程”就是一个功能相对独立的程序逻辑单元，即一段独立的程序代码，Visual Basic 应用程序一般都是由过程组成的。

Visual Basic 中的过程分为**事件过程**和**通用过程**。其中事件过程是当发生了某个事件（如单击鼠标 Click 事件，窗体载入 Load 事件、控件发生改变 Change 事件）时，对该事件作出响应的程序段，例如图 7.1 中的代码，Form_Click 过程是窗体的单击事件。

通用过程是多个事件过程需要使用的一段相同的程序代码，它可以单独建立、供事件过程或其他过程调用。将程序分割成较小的逻辑部件就可以简化程序的设计任务，称这些部件为过程。

例如，无论驾驶员驾驶什么品牌或型号的汽车，都会执行“行驶”这个过程，“行驶”是汽车这个交通工具的通用过程。汽车在行驶过程中可能会因为品牌或型号的不同而出现行驶速度的差异。但是，即使它们的行驶速度存在差异，它们调用的“行驶”这个通用过程都会使汽车在单位时间内产生位移。多个驾驶汽车的过程调用“行驶”通用过程的示意图如图 7.2 所示。

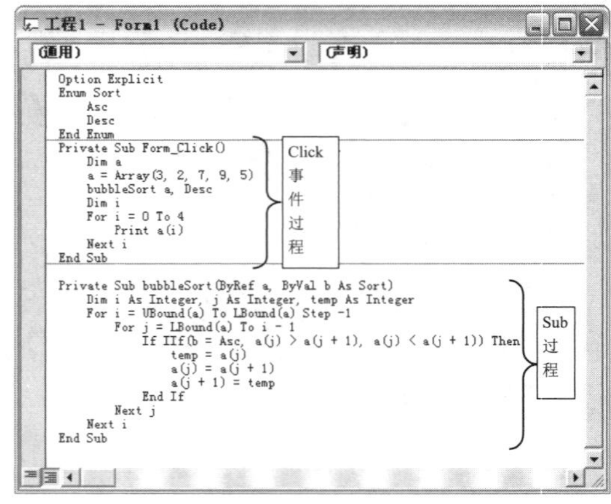

图 7.1　认识过程

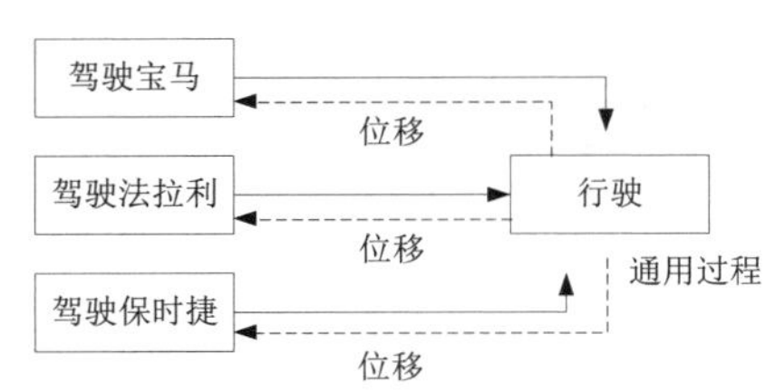

图 7.2　通用过程示意图

在 Visual Basic 中通用过程又分为子过程（Sub 过程）、函数过程（Function 过程）和属性过程（Property 过程）。

- Sub 过程不返回值。
- Function 过程返回一个值。
- Property 过程可以返回和设置窗体、标准模块以及类模块，也可以设置对象的属性。

7.2 事件过程

扫一扫，看视频

事件过程是附加在窗体和控件上的过程。当 Visual Basic 中的对象对一个事件的发生作出认定时，便自动用该事件的名字调用该事件的过程。例如单击一个按钮，便引发按钮的单击事件过程，如图 7.3 所示。运行程序单击按钮，引发 Click 事件，弹出的对话框如图 7.4 所示。

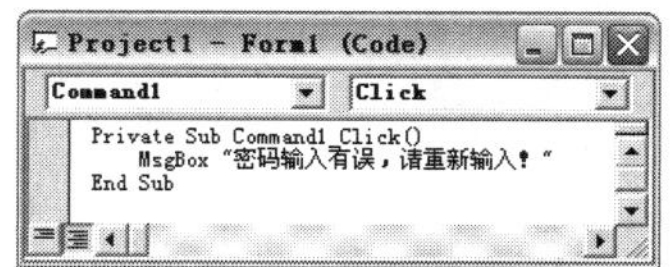

图 7.3　按钮单击事件过程

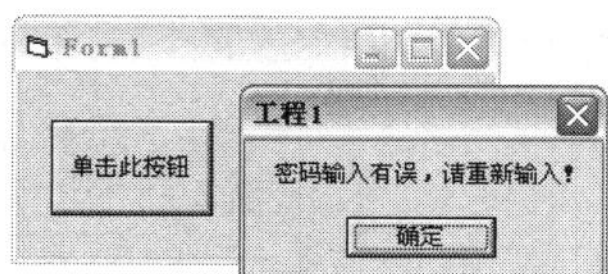

图 7.4　单击按钮弹出对话框

控件事件的语法如下：

```
Private Sub ControlName_Eventname(arguments)
   Statments
End Sub
```

参数如表 7.1 所示。

表 7.1　控件事件的语法参数及说明

参　　数	描　　述
ControlName	控件名称
Eventname	事件名称
arguments	参数列表
Statments	过程中的代码

窗体事件的语法如下：

```
Private Sub FormName_Eventname(arguments)
   Statments
End Sub
```

参数如表 7.2 所示。

表 7.2　窗体事件的语法参数及说明

参　　数	描　　述
FormName	控件名称
Eventname	事件名称
arguments	参数列表
Statments	过程中的代码

7.2.1 建立事件过程

一个控件的事件过程将控件的（在 Name 属性中规定的）实际名称、下划线（_）和事件名组合起来。例如，如果希望单击一个名为 cmdPlay 的命令按钮之后，调用事件过程，则要使用 cmdPlay_Click 过程。

一个窗体的事件过程将词汇 Form、下划线和事件名组合起来。如果希望在单击窗体之后，调用事件过程，则要使用 Form_Click 过程。（和控件一样，窗体也有唯一的名字，但不能在事件过程的名字中使用这些名字。）如果正在使用 MDI 窗体，则事件过程将词汇 MDIForm、下划线和事件名组合起来，如 MDIForm_Load。

虽然可以自己编写事件过程，但使用 Visual Basic 提供的代码过程会更方便，这个过程自动将正确的过程名包括进来。在“代码窗口”中，从“对象列表框”中选择一个对象，从“事件列表框”中选择一个事件，如图 7.5 所示，便可创建一个事件过程模板。

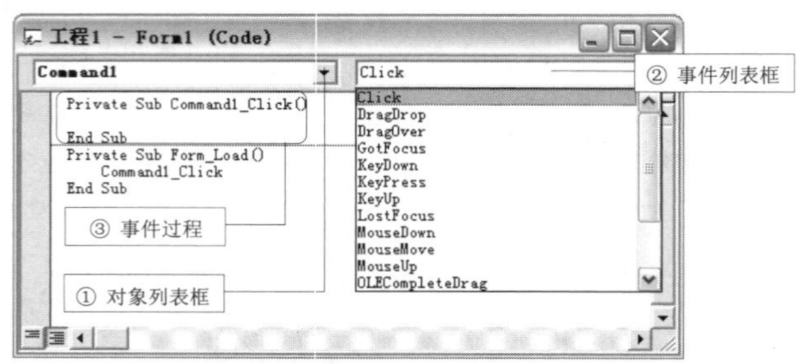

图 7.5 建立事件过程

说明：

建议在开始为控件编写事件过程之前就设置好控件的 Name 属性。如果对控件附加一个过程之后又更改控件的名字，那么必须更改过程的名字，以符合控件的新名字。否则，Visual Basic 无法使控件和过程相符。过程名与控件名不符时，过程就成为通用过程。

7.2.2 调用事件过程

事件过程可以使用 Call 语句进行调用，也可以直接使用过程名称。

1. 使用 Call 语句

使用 Call 语句调用事件过程，语法格式如下。

```
Call <事件过程名>[(<参数列表>)]
```

示例：在窗体的加载事件中调用 CommandButton 控件 Command1 的 Click 事件过程，代码如下：

```
Private Sub Form_Load()
  Call Command1_Click
End Sub
```

注意：

使用 Call 语句时，参数列表必须放在括号内。

2. 直接使用过程名称

直接使用过程名称调用事件过程，语法格式如下。

```
<事件过程名>[<参数列表>]
```

注意：

直接使用过程名称调用过程时，参数列表不能用括号括起来。另外，调用事件过程语句中的实际参数列表必须在数目、类型、排列顺序上与事件过程语句的形式参数列表一致。

扫一扫，看视频

7.3 子　过　程

子过程也可叫做 **Sub 过程**或通用过程，它用来完成特定的任务。使用子过程首先要建立它，然后直接使用过程名或使用 Call 语句调用。下面详细介绍子过程的建立和如何调用子过程。

7.3.1　建立子过程

建立子过程有两种方法：一种是直接在代码窗口中输入代码创建子过程，另一种是使用“添加过程”对话框创建子过程。

1. 直接在代码窗口中输入

打开窗体或标准模块的代码窗口，将插入点定位在所有现有过程的外面，然后输入子过程即可，语法格式如下。

```
[Private|Public][Static]Sub 子过程名(参数列表)
<语句>
[Exit Sub]
<语句>
End Sub
```

具体说明如下：

- Sub 是子过程的开始标记，End Sub 是子过程的结束标记，<语句>是具有特定功能的程序段，Exit Sub 语句用于退出子过程。
- 如果在子过程的前面加上 Private 语句，则表示它是私有过程，也就是该过程只在本模块或窗体中有效。如果在子过程的前面加上 Public 语句，则表示它是公用过程，可在整个工程范围内调用。
- 如果在子过程的前面加上 Static 语句，则表示该过程中的所有局部变量都是静态变量。
- 参数是调用子过程时给它传送的信息。过程可以有参数，也可以没有参数，没有参数的过程称为无参过程。如果带有多个参数，则各参数之间使用逗号隔开。参数可以是变量，也可以是数组。

2. 使用“添加过程”对话框

如果认为手工输入子过程比较麻烦，也可以通过“添加过程”对话框在代码窗口自动添加，其操作步骤如下：

（1）打开或新建一个 Visual Basic 工程。

（2）打开想要添加子过程的代码窗口。

（3）选择“工具”/“添加过程”菜单命令，打开“添加过程”对话框，如图 7.6 所示。

（4）在“名称”文本框中输入子过程名称，在“类型”选项组中选择过程类型，这里选择“子程序”单选按钮，在“范围”选项组中选择子过程的作用范围。如果选择“所有本地变量为静态变量”复选框，那么在子过程名称的前面将加上 Static 关键字。

（5）设置完成后，单击“确定”按钮，则代码窗口中就会出现相应的子过程的框架。

示例

在“名称”文本框中输入 SubTest，选择范围是“私有的”，如图 7.7 所示。

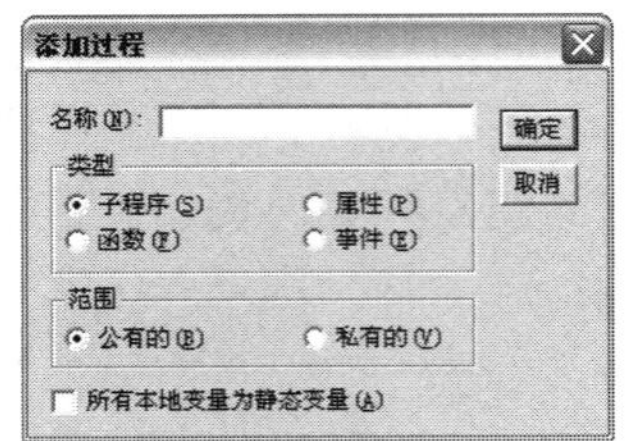

图 7.6 “添加过程”对话框（设置前）

图 7.7 “添加过程”对话框（设置后）

注意：

使用“添加过程”对话框创建过程，必须切换到代码窗口，否则“工具”菜单下的“添加过程”菜单命令不可用。

单击“确定”按钮，代码窗口就会出现一个名为“SubTest”的过程，如图 7.8 所示。

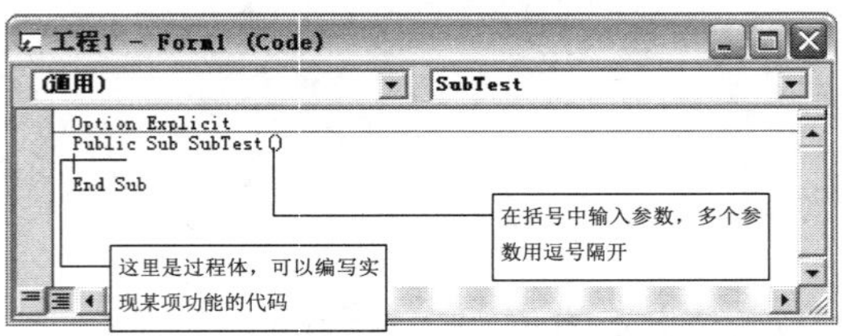

图 7.8 SubTest 过程

从图 7.8 可以看出该过程没有参数，没有过程体，用户可以根据需要添加参数，过程体则必须自行编写，接下来就编写计算面积的过程，代码如下。

```
Private Sub SubTest(ByVal x As Integer, ByVal y As Integer)
   MsgBox x & " + " & y & " = " & x + y
End Sub
```

上面代码中的过程使用了两个参数 x 和 y，过程体实现将这两个参数相加，然后将结果（也就是它们的和）以对话框的形式显示出来。

7.3.2 调用子过程

前面介绍了定义子过程的方法，那么定义完成后，就要考虑如何在程序中使用它。Sub 过程可以使用 Call 语句进行调用，也可以直接使用过程名称。

1. 使用 Call 语句

使用 Call 语句调用子过程，语法格式如下。

```
Call <子过程名>[(<参数列表>)]
```

例 7.1 使用 Call 语句调用 7.3.1 节中用于计算圆面积的 SubTest 过程，代码如下：

```
Private Sub Form_Load()
   Call SubTest(1, 2)                                    '调用 SubTest 过程，实参为 1 和 2
End Sub b
```

注意：

使用 Call 语句时，参数列表必须放在括号内。

2. 直接使用过程名称

直接使用过程名称调用子过程，语法格式如下。

```
<子过程名>[<参数列表>]
```

注意：

直接使用过程名称调用过程时，参数列表不能用括号括起来。另外，子过程调用语句的实际参数列表必须在数目、类型、排列顺序上与子过程定义语句的形式参数列表一致。

例 7.2 直接使用过程名调用 7.3.1 节中用于计算圆面积的 SubTest 过程，代码如下：

```
Private Sub Form_Load()
   SubTest 1, 2
End Sub
```

运行程序弹出对话框，显示 1+2 的结果，如图 7.9 所示。

图 7.9 计算两数之和

7.3.3 调用其他模块中的子过程

1. 调用窗体中的子过程

所有窗体模块的外部调用必须指向包含此过程的窗体模块。如果在窗体模块 Form1 中包含 MySub 子过程，则可使用下面的语句调用 Form1 窗体中的子过程。

```
Call Form1.MySub (参数列表)
```

2. 调用标准模块中的子过程

如果子过程名是唯一的，则不必在调用时加模块名，无论是在模块内还是在模块外调用。

如果两个以上的模块都包含同名的全局子过程，那就有必要用模块名来限定。如果调用全局子过程的过程与全局子过程在同一模块内，在不指定模块名的情况下就会运行该模块内的全局子过程。例如，对于 Module1 和 Module2 中名为 CommonName 的全局子过程，从 Module2 中调用 CommonName 子过程，则运行 Module2 中的 CommonName 子过程，而不是 Module1 中的 CommonName 子过程。如果需要在 Module1 中调用 Module2 中的 CommonName 子过程，或在

Module2 中调用 Module1 中的 CommonName 子过程，此时就必须指定模块名，语句如下。

```
Module1.CommonName (参数列表)
Module2.CommonName (参数列表)
```

注意：

如果在 Module1、Module2 以外的模块中调用 CommonName 子过程，而没有指定模块名称将出现“发现二义性的名称”的编译错误。

扫一扫，看视频

7.4 Function 函数过程

除了 Visual Basic 提供的内置或内部函数外（例如 Asc、Chr、Left 等），用户还可以使用 Function 语句编写自己的 Function 过程，即自定义函数。本节中主要对建立自定义函数过程、调用函数过程的方法进行介绍。

7.4.1 建立函数过程

同样使用函数过程也要先建立，方法也是两种。第一种是通过“添加过程”对话框，初步建立函数过程的框架，这与前面介绍子过程的方法基本一样，只是在“类型”选项组中选择“函数”单选按钮，其他用法都一样。

建立函数过程还可以使用 Function 语句，语法格式如下。

```
[Private|Public][Static] Function 函数名[(参数列表)][As 类型]
<语句>
[Exit Function]
<语句>
End Function
```

从上述语句可以看出函数过程的形式与子过程的形式类似。Function 是函数过程的开始标记，End Function 是函数过程的结束标记。<语句>是具有特定功能的程序段，Exit Function 语句表示退出函数过程。As 子句决定函数过程返回值的数据类型，如果忽略 As 子句，函数过程返回值的数据类型为变体型。这里建议在实际编程中，使用 As 子句，以养成良好的编程习惯。

说明：

Function 函数过程在模块中声明默认的作用域关键字为 Public，该函数过程可以被任何工程中的过程调用。

通过 Function 函数过程的名称调用该过程，需要有个返回值。因此，人们通常在函数过程的结尾通过使用函数过程的名称指定返回值。例如：

```
Function CircleArea(ByVal r As Integer)
   CircleArea = 3.14 * r ^ 2
End Function
```

例 7.3 创建一自定义函数 F_Sum，用于计算两个整数的和，代码如下：

```
Private Function F_Sum(ByVal x As Integer, _
                       ByVal y As Integer)
   F_Sum = x + y
End Function
```

调用自定义过程并指定实参的代码如下：

```
Private Sub Cmd_Sum_Click()
   Dim ret As Integer
   ret = F_Sum(Val(Text1.Text), _
        Val(Text2.Text))
   MsgBox "和等于" & ret
End Sub
```

运行程序，指定第一个整数为 1，第二个整数为 2，单击“求和”按钮，弹出对话框显示结果，如图 7.10 所示。

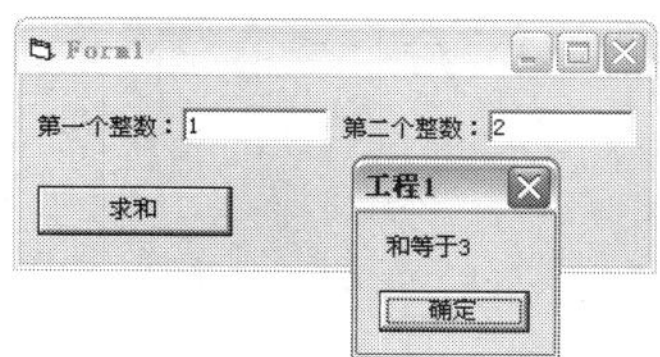

图 7.10　调用自定义函数求和

7.4.2　调用函数过程

函数过程也可称为是用户自定义的函数，因此它与调用 Visual Basic 中的内部函数没有区别，也就是将一个函数的返回值赋给一个变量，语法格式如下。

```
变量名=函数名(参数列表)
```

说明：

如果没有指定返回值，则函数过程将返回一个默认值。数值函数返回 0，字符串函数返回一个零长度字符串，也就是空字符串，变体函数则返回 Empty。如果在返回对象引用的函数过程中没有将对象引用通过 Set 赋给函数名，则函数过程返回 Nothing。

注意：

在调用时，函数名可以出现在表达式中，而调用子过程的时候，则需要用独立的语句，子过程名不能出现在表达式中。

示例

调用函数过程计算一个数的平方值，代码如下：

```
Private Sub Form_Load()
   Dim ret As Single                          '声明单精度类型变量
   ret = Square(2)                            '获取 2 的平方值，值为 4
End Sub

Function Square(ByVal i) As Single            '用于计算平方的过程
   Square = i * i
End Function
```

7.4.3　保存函数的局部变量值

在声明 Sub 或 Function 过程时使用 Static 关键字，表示过程在被调用之间将保留该过程的局部变量值。

例 7.4 创建一静态的 Sub 过程，用于记录过程执行次数并以对话框的形式显示。代码如下：

```
Private Static Sub NCount ()
    Dim i As Integer
    i = i + 1
    MsgBox i
End Sub
```

例 7.5 创建一静态的自定义函数，用于记录自定义函数被调用次数并作为自定义函数的返回值。代码如下：

```
Private Static Function NCount() As Integer
    Dim i As Integer
    i = i + 1
    NCount = i
End Function
```

7.4.4 函数过程与子过程的区别

在对比函数过程和子过程之前，先来看一个实例。

例 7.6 将例 7.2 计算面积的子过程改为用函数过程实现，代码如下。

首先定义一个函数过程，代码如下。

```
'定义一个计算面积的函数，有两个参数
Private Function F_Test(ByVal x As Integer, ByVal y As Integer) _
                    As String
    F_Test = x & " + " & y & " = " & x + y
End Function
```

在窗体的加载事件中调用函数过程，代码如下。

```
Private Sub Form_Load()
    Dim ret As String
    ret = F_Test(1, 2)
    MsgBox ret
End Sub
```

将例 7.6 与例 7.2 进行对比，可以看出函数过程与子过程的区别，具体如下。

函数过程与子过程不同之处是：用函数过程可以通过过程名返回值，但只能返回一个值；子过程不能通过过程名返回值，但可以通过参数返回值，并可以返回多个值。它们的相同点是：子过程与函数过程都可以修改传递给它们的任何变量的值。

另外，还需要注意的一点是：无论是子过程还是函数过程，如果建立过程中，括号中没有参数，那么 Visual Basic 不会传递任何参数，但是，如果调用过程时使用了参数，则会出现错误。

7.5 参数传递

参数是指传递到过程中的变量。在执行过程中的代码时，常常需要某些关于程序状态的信息，利用这些信息过程才能够正常、正确地执行。而这些信息可能包含在调用过程时传递到过程内的参数。将这些信息传递给过程中参数的过程，就是参数传递。

7.5.1　形式参数和实际参数

参数根据作用的不同，可以分为形式参数和实际参数。

- 形式参数，即形参，是指在 Sub、Function 过程声明时，过程名后圆括号内的参数。形参用来接收程序传递给该过程的数据。
- 实际参数，即实参，是指在调用 Sub、Function 过程时，写在过程名后面的参数。实参用来将数据按值或按地址传递给过程中的形参。

7.5.2　值传递和地址传递

在定义 Sub、Function 过程的参数时，根据定义参数所使用的关键字（ByRef，ByVal）可以将程序传递给过程参数的方式分为按值传递和按地址传递（简称按址传递）。

语法：

```
[Optional] [ByVal | ByRef] [ParamArray] <变量名>[( )] [As <类型>] [= <默认值>]
```

过程中各参数的说明如表 7.3 所示。

表 7.3　过程中各参数的说明

参　　数	说　　明
Optional	可选的参数。表示参数不是必需的关键字。如果使用了该选项，则参数列中的后续参数都必须是可选的，而且必须都使用 Optional 关键字声明。如果使用了 ParamArray，则任何参数都不能使用 Optional 关键字
ByVal	可选的参数。表示该参数按值传递
ByRef	可选的参数。表示该参数按址传递。ByRef 是默认值
ParamArray	可选的参数。只用于参数列的最后一个参数，指明最后这个参数是一个 Variant 元素的 Optional 数组。使用 ParamArray 关键字可以提供任意数目的参数。ParamArray 关键字不能与 ByVal、ByRef 或 Optional 参数一起使用
变量名	必需的参数。代表参数变量的名称，遵循标准的变量命名约定
类型	可选的参数。传递给该过程参数的数据类型，可以是 Byte、Boolean、Integer、Long、Currency、Single、Double、Date、String（只支持变长）、Object 或 Variant 类型。如果没有选择参数 Optional，则可以指定用户定义类型或对象类型
默认值	可选的参数。任何常数或常数表达式。只对 Optional 参数合法。如果类型为 Object，则显式的默认值只能是 Nothing

1．按值传递

按值传递使用 ByVal 关键字定义参数。使用时，程序为形参在内存中临时分配一个内存单元，并将实参的值复制到这个内存单元中。当过程中改变形参的值时，只是改变形参内存单元中的值，实参的值不会改变。具体过程如图 7.11 所示。

2．按址传递

按址传递使用 ByRef 关键字定义参数，是参数定义的默认值。在使用时，形参指向实参的内存单元，当过程中的形参被改变时，实参也将会被改变。具体过程如图 7.12 所示。

图 7.11　按值传递　　　　图 7.12　按址传递

注意：

① 只有实参才可以采取按址传递，如果实参为常量或表达式，则只能传值。
② 在 Visual Basic 中如果不使用 ByRef 关键字或 ByVal 关键字，默认为 ByRef，按地址传递。

例 7.7　下面通过一个实例来区分按值、按址传递参数，程序代码如下：

```
Private Sub Form_Load()
   Dim a As Integer, b As Integer
   a = 1
   b = 2
   MsgBox "原a值=" & a & ", 原b值=" & b
   S_Test a, b
   MsgBox "现a值=" & a & ", 现b值=" & b
End Sub
Public Sub S_Test(ByVal i As Integer, ByRef j As Integer)
   i = i + 1
   j = j + 1
End Sub
```

上述代码中，过程 S_Test 具有两个形式参数，第一个参数的传递方式为按值传递，第二个参数的传递方式为按址传递。调用过程 S_Test 指定实参数为变量 a 和 b。a 的初始值为 1，b 的初始值为 2，如图 7.13 所示。在过程 S_Test 中对分别对两个形参加一，过程执行结束后变量 a 的值没发生变化，变量 b 的值变为了 3，如图 7.14 所示。

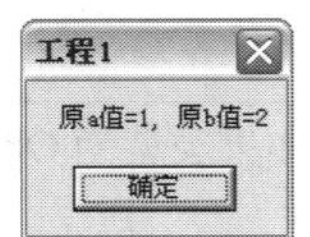

图 7.13　按值传递参数测试

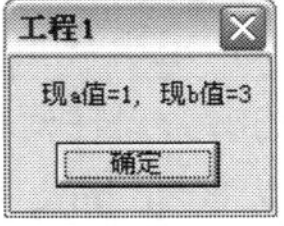

图 7.14　按址传递参数测试

注意：

按值和按址两种不同传递参数方式的区别在于，调用完成过程后实参是否跟随形参发生变化。
① 在使用时要根据实际情况进行选择，尤其要注意循环控制变量作为按址传递的实参使用时，循环次数有可能受到影响。
② 按址传递的参数，若参数是变量时，要求形参、实参类型严格匹配；而常量作为实参或按值传递时可以做相容匹配。

7.5.3　可选参数

在编写应用程序的过程中，有时要求参数的个数必须有弹性。例如声明一个自定义函数 Sum，当输入两个整型参数后计算这两个数的和；当输入三个整型参数后计算这三个数的和。

在过程定义中由关键字 Optional 来定义可选参数，适用以下规则：

- 过程定义中每个可选参数都必须指定默认值。
- 在过程的参数中只要出现 Optional 关键字，之后的每一个参数都必须是可选性的，也都必须具备默认的常量值。
- 可选参数类型不能是结构类型，可以声明类成员代替结构。

例 7.8　本实例用于计算两个数或三个数的和。创建一个自定义函数 Sum 用于求和。它一共有三个参数，其中最后一个参数为可选参数。

代码如下：

```
Private Function Sum(ByVal x As Integer, _
                     ByVal y As Integer, _
                     Optional z As Integer)          'z 为可选参数
    If z = 0 Then                                    '当没指定参数 z 值或指定的值为 0 时
        Sum = x + y                                  '计算和
    Else
        Sum = x + y + z
    End If
End Function
```

当指定两个实参时代码如下，运行结果如图 7.15 所示。

```
Private Sub Form_Load()
    MsgBox Sum(1, 2)                                 '返回值为 3
End Sub
```

当指定三个实参时代码如下，运行结果如图 7.16 所示。

```
Private Sub Form_Load()
    MsgBox Sum(1, 2, 3)                              '返回值为 6
End Sub
```

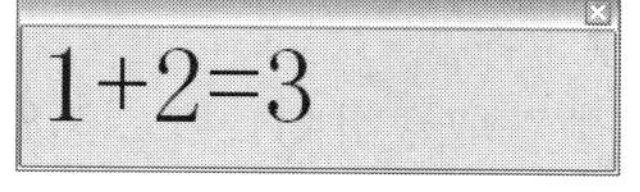

图 7.15　输入参数 1、2 后的结果

图 7.16　输入参数 1、2、3 后的结果

7.5.4　不定数量的参数

不定数量的参数是针对调用数组而言，其中数组元素的个数可变。

语法：

```
Sub 过程名(ParamArray 数组名)
```

说明：

（1）数组名是一个形式参数，只有名字和括号，没有上下界。

（2）数组的变量类型是 Variant。

（3）任何类型的实参都可以传给可变参数过程中的 Variant 类型的形参。

例 7.9 定义一个拥有可变参数的过程 A，可向过程 A 传递任意数量的参数，并将这些参数输出到窗体中。程序代码如下：

```
Sub A(ParamArray list())
    Dim i As Integer
    For i = LBound(list) To UBound(list)             '从数组上标到下标做循环
        Print list(i)                                '输出数组信息
    Next i
End Sub

Private Sub Form_Activate()
    A 1, 2, 3, 6, 7                                  '调用自定义过程 A
End Sub
```

当指定参数 1,2,3,6,7 后，程序运行结果如图 7.17 所示。

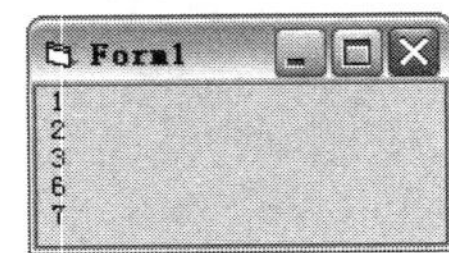

图 7.17　可变参数运行结果

7.5.5　数组参数传递

数组也可以作为实参传递给过程。在传递数组实参时还需要注意以下事项。

（1）在定义数组形参时，应在变量名后加上圆括号“()”，以避免与其他参数混淆。

（2）当用数组作为过程的参数时，使用的是按址传递方式，而不是按值传递方式。

（3）为了把一个数组的元素传给过程，数组名分别放入实参表和形参表中，并省去上下界，但不能省略括号。

（4）如果不需要把整个数组传递给通用过程，可以只传递指定的单个元素，这要在数组名后面的括号中写上指定的元素的下标。

（5）单个记录元素的传送，必须把记录元素放在实参表中，写成“记录名.元素名”的形式。

例 7.10 本例实现的是，利用 UBound 函数和 LBound 函数获取数组的长度。例如声明一下界为 0，上界为 4 的数组 arr，调用自定义函数 GetLength 获取数组 arr 的长度，程序运行结果如图 7.18 所示。

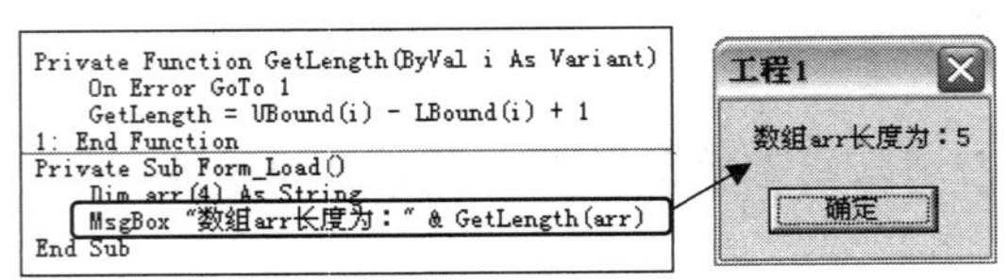

图 7.18　数组参数传递

代码如下：

```
Private Function GetLength(ByVal i As Variant)
```

```
    On Error GoTo 1                                 '遇错时结束过程
    GetLength = UBound(i) - LBound(i) + 1           '获取数组长度
1: End Function
Private Sub Form_Load()
    Dim arr(4) As String                            '声明数组
    MsgBox GetLength(arr)                           '弹出对话框，显示数组 arr 的长度
End Sub
```

7.5.6 对象参数传递

除了变量和数组作为实参传递给过程中的形参，Visual Basic 还允许对象（如窗体、控件等）作为实参传递过程中的形参。

对象参数可以用引用方式，也可以用传递的方式，即在定义过程时，在对象参数的前面加 ByVal。

例 7.11 本例实现的是，使用对象参数设置 TextBox 和 CommandButton 控件不可用，效果如图 7.19 所示。

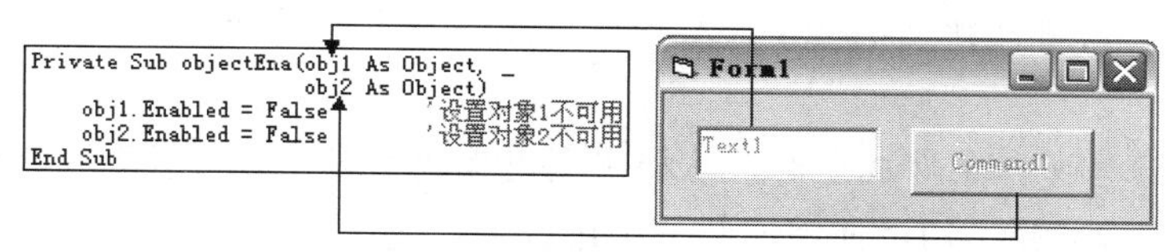

图 7.19 对象参数传递

代码如下：

```
Private Sub objectEna(obj1 As Object, obj2 As Object)
    obj1.Enabled = False                           '设置对象 1 不可用
    obj2.Enabled = False                           '设置对象 2 不可用
End Sub
Private Sub Form_Load()
    objectEna Text1, Command1                      '调用自定义过程，并向其中传递参数
End Sub
```

7.6 过程递归与嵌套

过程的嵌套与递归调用都可以理解为过程中的调用过程，但是两者还有一定的区别，过程的嵌套调用是一个过程调用另一个过程，而递归调用则是自身过程调用自身。

7.6.1 过程的嵌套调用

程序中每个过程都是相对独立的，在定义过程时不允许嵌套定义（一个过程包含在另一个过程中）。但可以在一个过程中嵌套调用另一个过程，在另一个过程中还可以调用其他过程。例如在

过程 1 中调用过程 2，接着在过程 2 中又调用过程 3，如图 7.20 所示。这样的结构就是过程的嵌套调用。

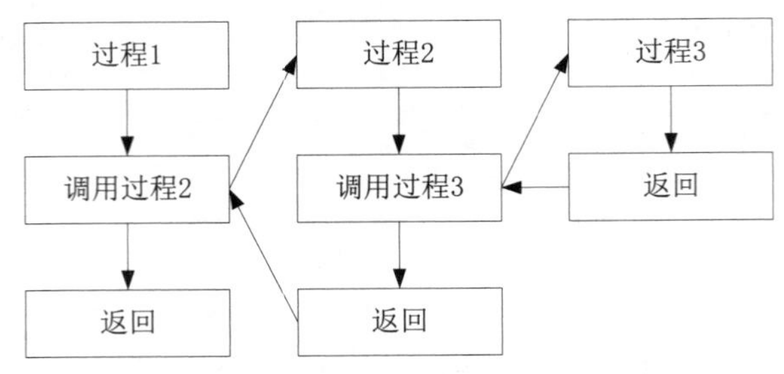

图 7.20　使用过程嵌套的执行过程

7.6.2　过程的递归调用

过程的递归调用是过程使用自身描述自身，即在过程中调用自身的结构。递归调用分为递归与回归两个过程。

（1）递归过程：调用自身，把当前过程中的参数（如形参、变量等）加入栈中，直到递归条件成立时结束。

（2）回归过程：当递归条件成立时，从栈中取出参数参与运算，直至栈空。

例 7.12　本例实现的是，通过使用递归调用过程，实现计算阶乘的功能。程序运行后的结果如图 7.21 所示。

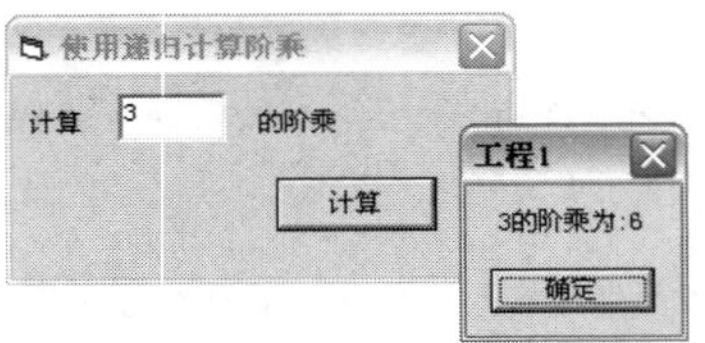

图 7.21　递归调用

程序主要代码如下：

```
Private Function factorial(ByVal n As Integer) As Long
                                           '形参 n 用于传递数值，函数返回类型为长整型
   If n > 0 Then                           '当 n 大于 0 时
      If n = 1 Then                        '当 n 等于 1 时
         factorial = 1
      Else
         factorial = n * _
                  factorial(n - 1)
      End If
   End If
End Function
```

当指定上面过程的实参为 3 时，运行过程示意图如图 7.22 所示。

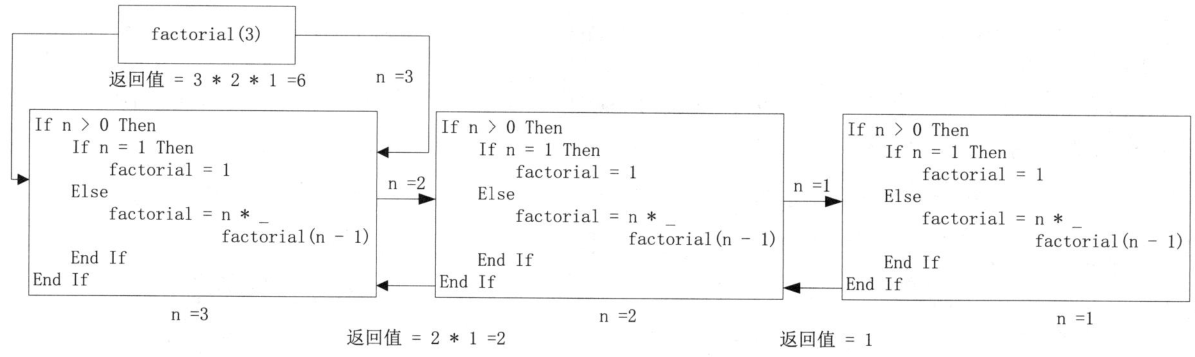

图 7.22　递归过程示意图

注意：

递归调用需要条件成立才能结束，否则程序将产生内存溢出的错误。

说明：

不是只有 Function 过程才能使用递归，Sub 过程也可以使用递归。

7.7　过程的作用域

根据过程在定义时使用的 Public、Private 等不同关键字，过程在程序中调用的范围不同。

使用 Private 关键字声明的过程为窗体级、模块级过程（该过程只能被所在窗体模块或标准模块中的过程调用）。

使用 Public 关键字声明的过程为全局过程（该过程可供程序中所有窗体模块或标准模块的过程调用）。

```
Public Function Fun_A(ByVal Var As Integer) As String
   Select Case Var
   Case 0
      Form1.Label1 = "吉林省"
   Case 1
     Form1.Label1 = "长春市"
   Case 2
      Form1.Label1 = "明日科技"
   End Select
End Function
Private Function Fun_B(ByVal Var As Integer) As String
   Select Case Var
   Case 0
      Form1.Label1 = "吉林省"
   Case 1
     Form1.Label1 = "长春市"
   Case 2
      Form1.Label1 = "明日科技"
```

```
    End Select
End Function
```

当调用自定义函数 Fun_A 并且实参为 2 时，显示结果如图 7.23 所示；当调用自定义函数 Fun_B 并且实参为 1 时，显示结果如图 7.24 所示。

图 7.23　调用自定义函数 Fun_A

图 7.24　调用自定义函数 Fun_B

7.8　常用内部函数

Visual Basic 中常用的内部函数有数学函数、字符串函数、判断函数和日期函数。下面将对其进行详细的介绍。

扫一扫，看视频

7.8.1　数学函数

数学函数主要应用在数学计算中，可以使用数学函数完成一些相应的数学运算。如使用 Abs 函数可以取一个数的绝对值。Visual Basic 中的数学函数及相关说明如表 7.4 所示。

表 7.4　Visual Basic 中的数学函数及相关说明

函　数　名	说　　明	返回值类型	应　　用	结　　果
Abs	返回参数的绝对值	与参数相同	Abs(−2.5)	2.5
Atn	返回参数的反正切值	Double	Atn(5)	1.37340076694502
Cos	返回参数大小角的余弦值	Double	Cos(45)	0.52532198881773
Exp	e（自然对数的底）的某次方	Double	Exp(3)	20.0855369231877
Log	返回参数的自然对数	Double	Log(5)	1.6094379124341
Sgn	返回−1，0 或 1，表示参数的正负号。当参数是小于 0 时返回−1；大于 0 时返回 1；否则返回 0	Variant(Integer)	Sgn(−6)	−1
Sin	返回参数的正弦值	Double	Sin(26)	0.762558450479603
Sqr	返回参数的平方根	Double	Sqr(2)	1.4142135623731
Tan	返回参数大小角的正切值	Double	Tan(35)	0.473814720414451

7.8.2　字符串函数

在编程时，经常需要通过一些函数来处理字符串，例如从字符串“明日科技”中取“明日”两个字，就可以使用 Visual Basic 提供的字符串函数 Left 实现，也可以通过 Right 函数实现。常用的字符串函数如表 7.5 所示。

表 7.5 常用字符串函数

函数名	说明	应用	结果
InStr	返回一字符串在另一字符串中最先出现的位置	InStr(2,"ABCDEFGH","EF")	5
InStrRev	与 InStr 函数作用相似，但是从字符串的尾部开始找	InStrRev("ABEFCDEFGH", "F")	8
Join	连接数组中的多个子字符串	B=array("123","ab","c") Join(B,"")	"123abc,"
Left	左边算起返回字符串中指定数量的字符	Left("明日科技",2)	"明日"
Len	返回字符串长度	Len("明日科技")	4
LenB	字符串所占的字节数	LenB("明日科技")	8
Ltrim	去掉字符左边的空格	Ltrim("　　明日科技")	"明日科技"
Mid	返回字符串中指定位置指定个数的字符	Mid("吉林省长春市明日科技", 7, 4)	"明日科技"
Replace	将指定的子字符串替换成另一子字符串，并且可以指定替换的次数	Replace("吉林省长春市明日科技","吉林省长春市", "本书编著：")	"本书编著：明日科技"
Right	从字符串右边取出指定数量的字符	Right("明日科技",2)	"科技"
Rtrim	去掉字符串右边空格	Rtrim("ABCD　　")	"ABCD"
Space	产生指定个数空格的字符串	Space(3)	"　"
Split	将字符串按指定字符，分割成字符数组。与 Join 函数的作用相反	s = Split("吉林省,长春市,明日科技", ",", 3)	S(0)="吉林省"; S(1)="长春"; S(2)="明日科技"
StrComp	比较两个字符串，以-1，0，1 分别表示两个字符串的大小	StrComp("吉林省长春市明日科技","明日科技")	-1
String	返回单个由字符组成的指定个数的字符串	String(4, "AB")	"AAAA"
StrReverse	返回字符串的反向排列	StrReverse("ABCDE")	"EDCBA"

7.8.3 数值转换或类型转换函数

扫一扫，看视频

Visual Basic 中常用的数值转换或类型转换函数如表 7.6 所示。

表 7.6 Visual Basic 常用的数值转换或类型转换函数

函数名	功能	应用	结果
Asc	字符转换成 ASCII 码值	ASc("A")	65
CBool	将参数数据类型转换为 Boolean	CBool(89)	True
CByte	将参数数据类型转换为 Byte	CByte(65.56)	66
CCur	将参数数据类型转换为 Currency	CCur("123")	123
CDate	将参数数据类型转换为 Date	CDate("august 10, 2007")	2007-8-10
CDbl	将参数数据类型转换为 Double	CDbl("153.56")	153.56
CDec	将参数数据类型转换为 Decimal	CDec(5000.0587)	5000.0587
CHr	将 ASCII 码值转换成字符	Chr(65)	"A"
CInt	将参数数据类型转换为 Integer	CInt(70.0897)	70
CLng	将参数数据类型转换为 Long	CLng(457780.45)	457780
CSng	将参数数据类型转换为 Single	CSng("1.544")	1.544

续表

函　数　名	功　　能	应　　用	结　　果
CStr	将参数数据类型转换为 String	CStr(878953)	"878953"
CVar	将参数数据类型转换为 Variant	CVar("7894sfdfdf")	"7894sfdfdf"
Fix	取整	Fix (−5.1)	−5
Hex	十进制数转换成十六进制数	Hex(1000)	3E8
Int	取小于或等于参数的最大整数	Int(−7.5) Int(7.5)	−8 7
LCase	将字符串中大写字母转为小写字母	LCase("MINGRISOFT")	"mingrisoft"
Oct	十进制数转换成八进制数	Oct(1000)	1750
Str	数值转换为字符串	Str(3.1415)	"3.1415"
Ucase	将字符串中小写字母转为大写字母	Ucase("mingrisoft")	"MINGRISOFT"
Val	数字字符串转换为数值	Val("123")	123

扫一扫，看视频

7.8.4　判断函数

判断函数顾名思义就是用来判断的。例如使用 IsNumeric 函数判断一个表达式的值是否是数值型数据。Visual Basic 中常用的判断函数如表 7.7 所示。

表 7.7　常用的判断函数

函　数　名	说　　明	应　　用	结　　果
Eof	判断是否到达已打开文件的结尾	Eof(<文件号>)	到达结尾返回 True，否则返回 False
IsArray	判断变量是否是数组	IsArray(<变量名>)	变量是数组返回 True，否则返回 False
IsNull	判断表达式是否不含任何有效数据（Null）	IsNull(<表达式>)	表达式为 Null 返回 True，否则返回 False
IsNumeric	判断表达式的运算结果是否为数值型	IsNumeric(<表达式>)	表达式为数字返回 True，否则返回 False
IsObject	判断变量是否为对象变量	IsObject(<变量名>)	变量是对象类型或任何有效的类型或是 Variant 型或用户自定义的对象则返回 True，否则返回 False

扫一扫，看视频

7.8.5　日期和时间函数

通过使用日期和时间函数，可以在程序中获取当前系统日期和时间等相关信息。常用的日期和时间函数如表 7.8 所示。

表 7.8　常用的日期和时间函数

函　数　名	说　　明	应　　用	结　　果
Date	返回系统年、月、日的日期	Date	2007-11-5
DateSerial	返回包含指定的年、月、日的 Variant(Date)型数据	DateSerial(7,11,05)	2007-11-5
DateValue	将参数返回为 Variant(Date)型数据	DateValue("07,11,5")	2007-11-5
Day	返回一个月中的某一日	Day("2007-11-5")	5

续表

函 数 名	说 明	应 用	结 果
Month	返回一年中的某一月	Month("2007-11-5")	11
MonthName	返回一个表示指定月份的字符串	MonthName(11)	"十一月"
Now	返回系统当前日期和时间	Now	2007-11-5 1 13:12:06
Time	返回系统当前时间	Time	1 13:12:06
WeekDay	返回星期代号（1～7），星期日为 1，星期一为 2	WeekDay("2007-11-5")	2(星期一)
WeekDayName	将星期代号（1～7）转换为星期名称	WeekdayName(2)	星期一
Year	返回 Variant(Integer)型的年份整数	Year("2007-11-5")	2007

7.8.6 随机函数

Rnd 函数用于返回一个大于等于 0 而小于 1 之间的随机数。返回值的类型为 Single 型。

语法：

```
Rnd[(number)]
```

参数说明：

number：可选参数，是 Single 类型或任何有效的数值表达式。

例如，随机生成一个 1 到 7 的随机整数，程序代码如下：

```
Dim MyValue
MyValue = Int((7 * Rnd) + 1)    ' 生成 1 到 7 之间的随机数值
```

输出结果为 5。

7.8.7 格式化函数

格式化函数即 Format 函数。Format 函数中包含一个格式表达式，并根据这个格式表达式的指令，返回一个格式化的 Variant(String)类型数据。使用 Format 函数可以格式化日期、时间、数值、字符串等。

语法：

```
Format(<表达式>[, <格式表达式>])
```

参数说明：

表达式：必要参数，任何有效的表达式。这里指需要被格式化的表达式。

格式表达式：可选参数，有效的命名表达式、用户自定义格式表达式或格式化输出指令。

1．格式化日期和时间

格式化日期和时间将日期与时间按指定字符串格式返回。例如当前系统时间为“2007 年 11 月 5 日下午 13 时 30 分 25 秒”，使用 Now 函数只能返回“2007-11-5 13:30:25”的字符串，然而通过格式化函数则可以返回“2007 年 11 月 5 日-pm-01:30:25”的字符串。程序代码如下：

```
Format(Now, "dddddd-am/pm/hh:mm:ss")
```

格式化是通过在格式表达式中使用格式符实现的。常用的日期和时间格式符如表 7.9 所示。

表 7.9　常用的日期和时间格式符

格　式　符	说　　明	应　　用	结　　果
d	显示日期（1～31）	Format(Now, "d")	"5"
ddd	用英文缩写显示星期（Sun～Sat）	Format(Now, "ddd")	"Thu"
ddddd	显示完整日期	Format(Now, "ddddd")	"2007-11-5"
w	显示星期代号（1～7，1 是星期日）	Format(Now, "w")	"2"(星期一)
m	显示月份（1～12）	Format(Now, "m")	"11"
mmm	用英文缩写显示月份（Jan～Dec）	Format(Now, "mmm")	"Nov"
y	显示一年中第几天（1～366）	Format(Now, "y")	"309"
yyyy	四位数显示年份（0100～9999）	Format(Now, "yyyy")	"2007"
h	显示小时（0～23）	Format(Now, "h")	"13"
m	放在 h 后显示分（0～59）	Format(Now, "hm")	"1330"
s	显示秒（0～59）	Format(Now, "s")	"25"
A/P 或 a/p	每日 12 时前显示 A 或 a，12 时后显示 P 或 p	Format(Now, "A/P")	"P"
dd	显示日期（01～31），个位数用 0 补位	Format(Now, "dd")	"05"
dddd	用英文显示星期全名（Sunday～Saturday）	Format(Now, "dddd")	"Monday"
dddddd	用汉字显示完整日期	Format(Now, "dddddd")	"2007 年 11 月 5 日"
ww	显示一年中第几个星期（1～53）	Format(Now, "ww")	"45"
mm	显示月份（01～12），个位数用 0 补位	Format(Now, "mm")	"11"
mmmm	用英文月份全名（January～December）	Format(Now, "mmmm")	"November"
yy	两位数显示年份（00～99）	Format(Now, "yy")	"07"
q	显示季度数（1～4）	Format(Now, "q")	"4"
hh	显示小时（00～23），个位数用 0 补位	Format(Now, "hh")	"13"
mm	放在 h 后显示分（00～59），个位数用 0 补位	Format(Now, "hhmm")	"1330"
ss	显示秒（00～59），个位数用 0 补位	Format(Now, "ss")	"25"
AM/PM 或 am/pm	每日 12 时前显示 AM 或 am，12 时后显示 PM 或 pm	Format(Now, "AM/PM")	"PM"

注意：

m 不放在 h 后则是按月份类型显示。符号-，/，: 与非类型说明符在返回时，按原样返回。

2. 格式化数值

在 Format 函数中使用相应的数值格式符，可以将数值进行格式化。Format 函数中常用的数值格式符如表 7.10 所示。

表 7.10　常用的数值格式符

格　式　符	说　　明	应　　用	结　　果
0	实际数字小于符号位数，数字前后加 0	Format(3, "00")	"03"
#	实际数字小于符号位数，数字前后不加 0	Format(3, "##")	"3"
.	加小数点	Format(3, "00.00")	"03.00"
,	千分位	Format(1024, "0,000.00")	"1,024.00"
%	数值乘以 100，在结尾加%（百分号）	Format(0.6414, "##.##%")	"64.14%"
$	在数字前强加$	Format(35.26, "$##.##")	"$35.26"

续表

格 式 符	说 明	应 用	结 果
+	在数字前强加+	Format(−3.1415, "+##. ####")	"−+3.1415"
−	在数字前强加−	Format(3.1415, "-##.####")	"−3.1415"
E+	用指数表示	Format(34145, "0.0000e+00")	"3.4145e+04"
E−	与 E+相似	Format(34145, "0.0000e-00")	"3.4145e04"

3．格式化字符串

格式化字符串中常用的字符串格式符如表 7.11 所示。

表 7.11 常用的字符串格式符

格 式 符	说 明	应 用	结 果
<	以小写显示	Format("ABC", "<")	"abc"
>	以大写显示	Format("abc", "<")	"ABC"
@	当字符位数小于符号位数时，字符前加空格	Format("abc", "@@@@@")	" abc"
&	当字符位数小于符号位数时，字符前不加空格	Format("abc", "&&&&&")	"abc"

7.8.8 Shell 函数

扫一扫，看视频

Shell 函数可以调用不同操作系统下的应用程序（即在 DOS 下或 Windows 系统下运行的程序）。

语法：

```
Shell(<程序名>[,<运行样式>])
```

参数说明：

- 程序名：必要参数，Variant(String)类型。要执行的程序名，以及任何必需的参数或命令行变量，可能还包括目录或文件夹，以及驱动器。
- 运行样式：可选参数，Variant(Integer)类型。表示在程序运行时窗口的样式。如果省略运行样式，则调用的程序具有焦点且以最小化窗口运行。运行样式包括的参数及值如表 7.12 所示。

表 7.12 运行样式的参数及其值

参 数 常 量	值	说 明
vbHide	0	窗口被隐藏，且焦点会移到隐式窗口
vbNormalFocus	1	窗口具有焦点，且会还原到它原来的大小和位置
vbMinimizedFocus	2	窗口会以一个具有焦点的图标来显示
vbMaximizedFocus	3	窗口是一个具有焦点的最大化窗口
vbNormalNoFocus	4	窗口会被还原到最近使用的大小和位置，而当前活动的窗口仍然保持活动
vbMinimizedNoFocus	6	窗口会以一个图标来显示，而当前活动的窗口仍然保持活动

例 7.13 使用 Shell 函数打开记事本程序，程序主要代码如下：

```
Dim strtemp As String * 60                              '定义字符变量存储路径
Private Declare Function GetSystemDirectory Lib "kernel32" _
                    Alias "GetSystemDirectoryA" (ByVal lpBuffer As String, _
                    ByVal nSize As Long) As Long        '声明 API 函数
```

```
Private Sub Command1_Click()
    Dim L, S                                            '定义变量
    Dim paths As String                                 '定义字符变量
    L = GetSystemDirectory(strtemp, Len(strtemp))       '获取路径
    paths = Left(strtemp, L) & "\NOTEPAD.EXE"           '给变量赋值
    S = Shell(paths, 3)                                 '使用 Shell 函数打开记事本程序
End Sub
```

扫一扫，看视频

第 8 章　常用系统对象

在 Visual Basic 中提供了很多系统内部对象，用户在应用程序中，直接可以调用这些对象。本章主要介绍一些常用的系统对象，如应用程序对象（App）、屏幕对象（Screen）、剪贴板对象（Clipboard）、打印对象（Printer）、调试对象（Debug）、Controls 集合对象以及 Licenses 集合对象。本章视频要点如下：

- 如何学好本章；
- 使用应用程序对象（App）；
- 使用屏幕对象（Screen）；
- 使用剪贴板对象（Clipboard）；
- 使用打印对象（Printer）；
- 使用调试对象（Debug）；
- 认知并使用 Controls 集合；
- 认知并使用 Licenses 集合。

8.1　App 对象

App 对象是通过关键字 App 访问的全局对象，它可以指定应用程序的标题、版本、可执行文件和帮助文件的路径及名称等。

它有很多的属性和方法，可以通过在对象浏览器中查看，在工具栏上单击按钮，打开对象浏览器，查看 App 对象的属性和方法，如图 8.1 所示。

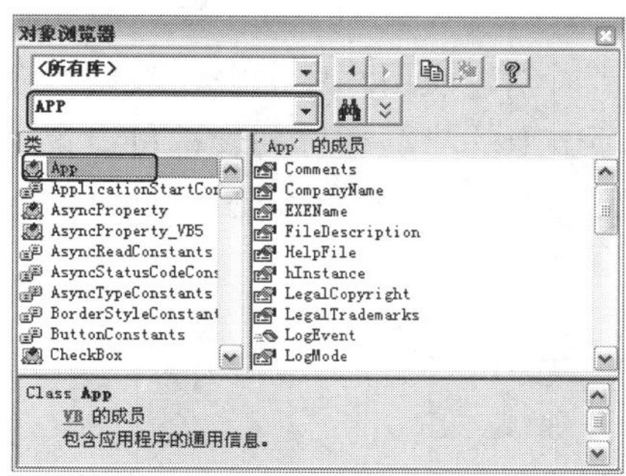

图 8.1　对象浏览器

8.1.1　App 对象的常用属性

扫一扫，看视频

App 对象中最常用的属性有 Path 属性、CompanyName 属性、FileDescription 属性、ProductName 属性、Title 属性等。除了上述提到的常用属性外，还有三个重要属性会在深入学习 Visual Basic 后用到，它们分别是 PrevInstance 属性、hInstance 属性、ThreadID 属性。下面对它们进行介绍。

1. Path 属性

该属性返回或设置应用程序的当前路径。

语法：

```
object.Path [= pathname]
```

参数说明：

- object：对象表达式。
- pathname：用来指示路径名的字符串表达式。

例 8.1 运行程序，获取程序所在路径，如图 8.2 所示。

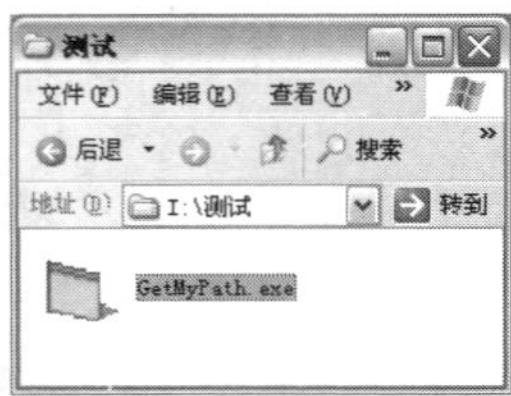

图 8.2 显示程序路径

程序代码如下：

```
Private Sub Form_Load()
    MsgBox App.Path                                   '弹出应用程序的路径
End Sub
```

2. CompanyName 属性

该属性返回或设置一个字符串，该字符串包括正在运行的应用程序的公司或创建者名称。

语法：

```
object.CompanyName
```

参数说明：

object：对象表达式。

示例

本示例主要实现在窗体中显示所创建应用程序的公司或创建者名称。在设计时，使用位于“工程属性”对话框中的“生成”选项卡上的“类型”列表框可设置该属性，如图 8.3 所示。然后利用 CompanyName 属性，在窗体被激活时，将该名称输出，如图 8.4 所示。

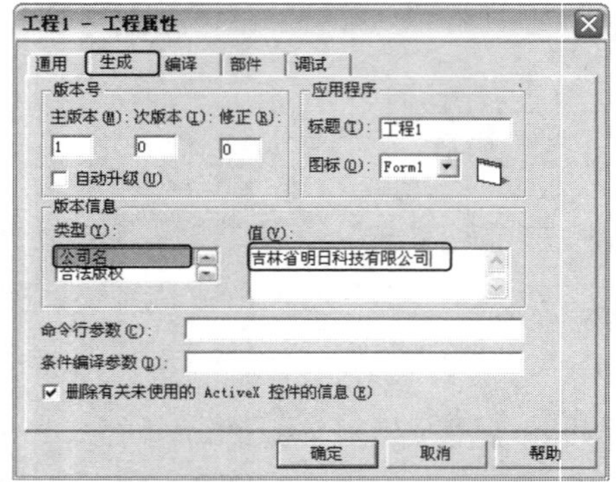

图 8.3 设置应用程序的公司名称信息

图 8.4 CompanyName 属性的演示效果

程序代码如下：

```
Private Sub Form_Activate()
    Print                                        '输出空行
    Print App.CompanyName                        '输出应用程序的公司名
End Sub
```

3. FileDescription 属性

该属性返回或设置一个字符串，该字符串包括正在运行应用程序的文件说明信息。

语法：

```
object.FileDescription
```

参数说明：

object：对象表达式。

示例

本示例实现的是在窗体中显示应用程序的描述信息。在设计时，使用位于“工程属性”对话框中的“生成”选项卡上的“类型”列表框可设置该属性，如图 8.5 所示。利用 FileDescription 属性，在窗体被激活时，将该名称输出，如图 8.6 所示。

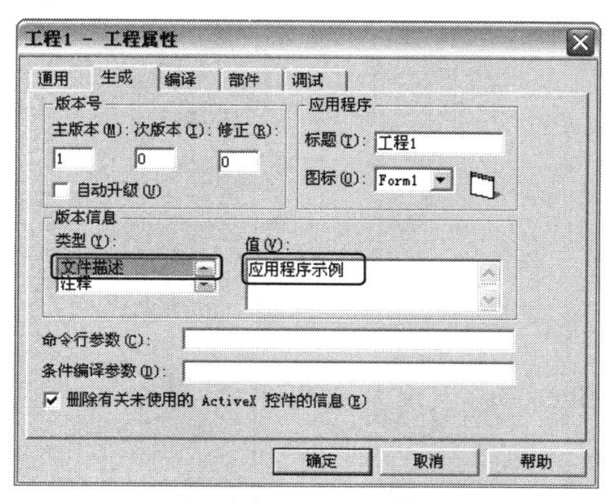

图 8.5　设置应用程序的描述

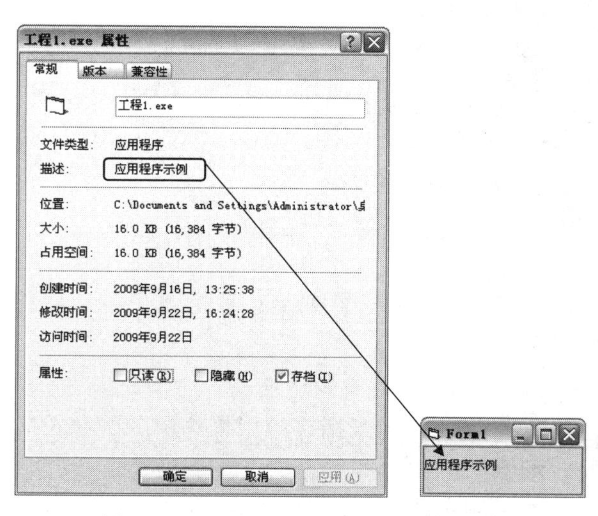

图 8.6　FileDescription 属性的演示效果

程序代码如下：

```
Private Sub Form_Activate()
    Print                                        '输出空行
    Print App.FileDescription                    '输出应用程序的文件说明
End Sub
```

4. ProductName 属性

该属性返回或设置一个字符串，该字符串包括正在运行应用程序的产品名称。

语法：

```
object.ProductName
```

参数说明：

object：对象表达式。

示例

本示例实现的是，在程序运行时，在窗体上显示应用程序的名称。在设计时，使用位于“工程属性”对话框中的“生成”选项卡上的“类型”列表框可设置该属性，如图 8.7 所示。利用 ProductName 属性，在窗体被激活时，将该名称输出，如图 8.8 所示。

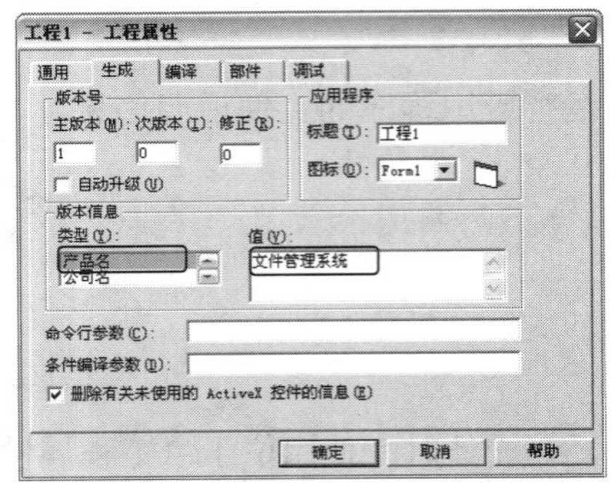

图 8.7　设置产品名

图 8.8　ProductName 属性的演示效果

程序代码如下：

```
Private Sub Form_Activate()
   Print                                          '输出空行
   Print App.ProductName                          '输出应用程序的产品名
End Sub
```

5. Title 属性

该属性返回或设置应用程序的标题。

语法：

```
object.Title [= value]
```

参数说明：

- object：对象表达式。
- value：用来指定应用程序标题的字符串表达式。value 的最大长度为 40 个字符。

示例

本示例实现的是，当程序运行时，在窗体上显示应用程序的标题，效果如图 8.9 所示。

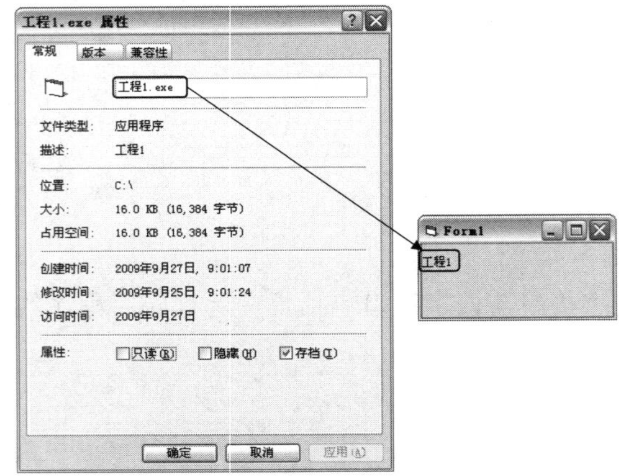

图 8.9　Title 属性的演示效果

程序代码如下：

```
Private Sub Form_Activate()
    Print                                              '输出空行
    Print App.Title                                    '输出应用程序的标题
End Sub
```

6. PrevInstance 属性

该属性返回一个值，该值指示是否已经有前一个应用程序实例在运行。

语法：

```
object.PrevInstance
```

参数说明：

object：对象表达式。

说明：

能够在 Load 事件过程中，使用此属性来指示是否已经运行了应用程序的一个实例。根据应用程序的要求，在 Microsoft Windows 操作环境中可能每次只想运行一个实例。

注意：

由于运行 Windows NT 的计算机可以支持多个平台，如果使用旨在同分布式 COM 一同使用的部件，则会导致下列情况：

① 用户平台上的客户程序请求部件提供一个对象，因为部件物理地位于同一台机器上，部件是在用户平台上启动的。

② 相应地，在另一台使用分布式 COM 的计算机上的客户程序请求部件提供一个对象。第二个部件的实例在系统平台上启动。

现在有两个部件实例运行在不同平台的同一台 NT 计算机上。

这种情况并不是问题，除非部件的作者将对 App.PrevInstance 的测试放入部件启动代码以防止部件的多个副本运行在同一台计算机上。在这种情况下，远程部件创建将会失败。

防止同一应用程序被多次运行，代码如下：

```
Private Sub Form_Load()
    '如果有前一个应用程序实例运行
    If App.PrevInstance = True Then
        MsgBox "程序已运行", vbExclamation              '弹出对话框，提示程序已运行
        End                                           '终止程序
    End If
End Sub
```

注意：

以上代码只有编译成为可执行文件才会生效。

7. hInstance 属性

该属性返回一个应用程序实例的句柄。

语法：

```
object.hInstance
```

参数说明：

object：对象表达式。

说明：

hInstance 属性返回一个 Long 数据类型。当在 Visual Basic 开发环境中使用工程进行工作时，hInstance 属性返回 Visual Basic 实例的实例句柄。

例如，创建鼠标钩子代码如下：

```
Private Sub AddHook()
    lHook(1) = SetWindowsHookEx(WH_MOUSE_LL, _
        AddressOf CallMouseHookProc, _
        App.hInstance, _
        0)
End Sub
```

8．ThreadID 属性

该属性返回执行线程的 Win32 ID。（用于 Win32 API 调用）

语法：

```
object.ThreadID
```

参数说明：

object：对象表达式。

返回值类型：Long。

进行线程连接操作的代码如下：

```
myprocid = App.ThreadID                                   '本地线程 ID
yourprocid = GetWindowThreadProcessId(winpoint, 0)        '远程线程 ID
If myprocid <> yourprocid Then                            '当本地线程 ID 与远程线程 ID 不同
    AttachThreadInput yourprocid, myprocid, True          '连接线程
End If
```

说明：

上面代码中的 GetWindowThreadProcessId 与 AttachThreadInput 都是 API 函数，分别用于根据句柄获取线程 ID、连接线程。

扫一扫，看视频

8.1.2　利用 APP 对象动态识别路径

当在开发环境中运行该应用程序时，Path 属性可指定.vbp 工程文件的路径；当把应用程序当作一个可执行文件运行时，Path 属性可指定.exe 文件的路径。

在利用 Access 数据库编写应用程序时，其连接数据库的字符串中应用到了 App 对象的 Path 属性。利用下面的字符串可以使该应用程序在任何一台计算机上都能运行。下面的示例实现的是对车辆管理系统数据库的连接，其关键代码如下：

```
Public Function cnn() As ADODB.Connection
    Set cnn = New ADODB.Connection
    cnn.Open "Provider=Microsoft.Jet.OLEDB.4.0;Data Source=" & _
        App.Path & "\clgl.mdb" & ";PersistSecurity Info=False"
End Function
```

8.2 Screen 对象

Screen 对象代表了整个 Windows 桌面，它提供了不需要知道窗体或控件的名称就能使用它们的一种方法。同时，通过使用 Screen 对象，还可以在程序运行期间修改屏幕的鼠标指针等。

Screen 对象的属性如表 8.1 所示。

表 8.1 Screen 对象的常用属性

编 号	属 性	描 述
1	ActiveControl	返回拥有焦点的控件
2	ActiveForm	返回拥有焦点的窗体
3	FontCount	返回屏幕可用的字体数目
4	Fonts	返回当前显示器可用的所有字体名。Fonts 是字符串数组
5	Height、Width	返回屏幕的高和宽（以缇为单位）
6	TwipsPerPixelX、TwipsPerPixelY	返回水平或垂直度量的对象的每一像素中的缇数

下面介绍一下有关屏幕对象的重要属性。

1. ActiveForm 属性

扫一扫，看视频

该属性返回活动窗口的窗体。如果 MDIForm 对象是活动的或者是被引用的，则所指定的是活动的 MDI 子窗体。

语法：

```
object.ActiveForm
```

参数说明：

object：对象表达式。

说明：

为了访问窗体的属性或者调用其方法需使用 ActiveForm 属性。例如，Screen.ActiveForm.MousePointer = 4。

这个属性在多文档接口（MDI）应用程序中尤其有用，其中，工具条上的一个按钮必须初始化为 MDI 子窗体中控件的一个动作。当用户单击工具条上的“复制”按钮时，代码可以引用 MDI 子窗体上的活动控件中的文本。例如，ActiveForm.ActiveControl.SelText。

当窗体上的控件拥有焦点时，该窗体就是屏幕上的活动窗体（Screen.ActiveForm）。另外，一个 MDIForm 对象能够包含一个在 MDI 父窗体（MDIForm.ActiveForm）的上下文中是活动窗体的子窗体。屏幕上的 ActiveForm 不必与 MDI 窗体中的 ActiveForm 一致，比如当对话框为活动时。由于这个原因，当对话框有机会成为 ActiveForm 的属性设置时，用 ActiveForm 指定 MDIForm。

注意：

当一个活动的 MDI 子窗体没有被最大化时，父窗体和子窗体的标题栏都显示为活动的。

如果打算将 Screen.ActiveForm 或 MDIForm.ActiveForm 传递给一个过程，必须用类属的类型(As Form)而不是具体的窗体类型(As MyForm)来声明那个过程中的参数，即使 ActiveForm 总是引用相同类型的窗体。

例 8.2 通过使用 ActiveForm 属性实现小鸡随机在某窗体中出现的效果。如图 8.10 所示，小鸡在各个窗体间来回穿梭。

图 8.10　小鸡快跑效果图

小鸡所在窗体的变化主要是由 Timer 控件实现的，主要代码如下：

```
Private Sub Timer1_Timer()
   Randomize                                   '随机初始化
   clt(Int(Rnd * 3) + 1).SetFocus              '随机设置窗口焦点，其中 clt 为自定义的
                                                窗体对象集合
   Screen.ActiveForm.Image1.Visible = True     '显示获得焦点窗体中的小鸡图片
End Sub
```

扫一扫，看视频

2．ActiveControl 属性

该属性返回拥有焦点的控件。当窗体被引用时，如果被引用的窗体是活动的，ActiveControl 指定将拥有焦点的控件。

语法：

```
object.ActiveControl
```

参数说明：

object：对象表达式。

例 8.3　将窗体中获得焦点的控件隐藏。

程序代码如下：

```
Private Sub Form_Click()
   Screen.ActiveControl.Visible = False
End Sub
```

当 CommandButton 控件（Command1）获得焦点时，显示效果如图 8.11 所示。单击程序窗体后显示效果如图 8.12 所示。

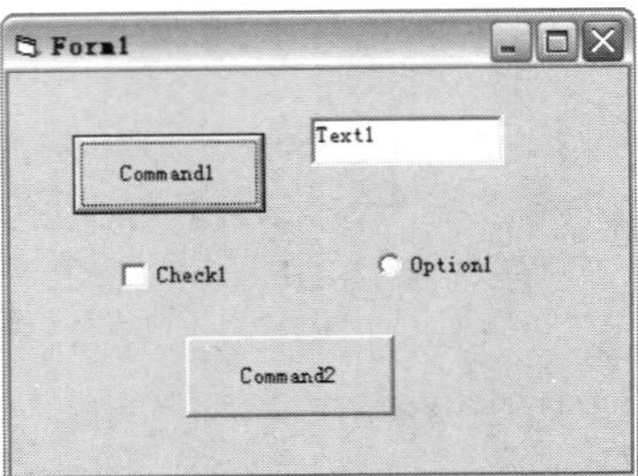

图 8.11　单击窗体前

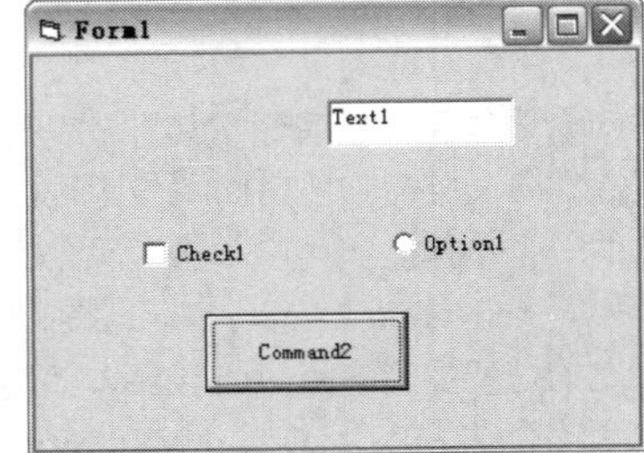

图 8.12　单击窗体后

3．Fonts 属性

该属性返回当前显示器可用的所有字体名。

语法：

```
object.Fonts(index)
```

参数说明：

- object：对象表达式。

➘ Index：介于 0 和 FontCount-1 之间的一个整型值。

例 8.4　本实例实现的是，在 ListBox 控件中显示显示器字体的列表。要实现此示例，先在窗体上添加一个 ListBox 控件，然后添加下面的程序代码。

运行程序，单击窗体，即可将显示器的所有字体显示在列表框中，如图 8.13 所示。

图 8.13　显示器的所有字体

程序代码如下：

```
Private Sub Form_Click()
   List1.Clear                                  '清除列表项
   Dim I                                        '定义变量
   For I = 0 To Screen.FontCount - 1            '确定字体数
      List1.AddItem Screen.Fonts(I)             '把每一种字体放进列表框
   Next I
End Sub
```

4. Height、Width 属性

该属性返回显示器屏幕的高度与宽度。

语法：

```
object.Height

object.Width
```

参数说明：

object：对象表达式。

注意：

Screen 对象——屏幕的高度和宽度：在设计时无效，在运行时为只读。

说明：

Screen 对象的 Height、Width 属性值是以缇来度量的。

5. TwipsPerPixelX、TwipsPerPixelY 属性

扫一扫，看视频

该属性返回水平（TwipsPerPixelX）或垂直（TwipsPerPixelY）度量的对象的每一像素中的缇数。

语法：

```
object.TwipsPerPixelX

object.TwipsPerPixelY
```

参数说明：

object：对象表达式。

说明：

Windows API 例程一般需要以像素为度量单位。使用这些属性能够快速转换度量单位而不用改变对象的 ScaleMode 属性设置值。

例 8.5 获取显示器当前的分辨率，运行结果如图 8.14 所示。获取分辨率的方法是使用 Screen 对象的 Width 和 Height 属性获取桌面的宽度与高度。由于获取的宽度与高度的单位为“缇”，需要 TwipsPerPixelX 或 TwipsPerPixelY 属性将宽度与高度转换为像素。

图 8.14 获取显示器分辨率

代码如下：

```
Private Sub Form_Load()
    Label1.Caption = "显示器分辨率为：" & _
                Screen.Width / Screen.TwipsPerPixelX & _
                " * " & _
                Screen.Height / Screen.TwipsPerPixelY
End Sub
```

8.3 Clipboard 对象

Clipboard 对象用于操作剪贴板上的文本和图形。它使用户能复制、剪切和粘贴应用程序中的文本和图形。所有 Windows 应用程序共享 Clipboard 对象，当切换到其他应用程序时，剪贴板内容不会改变。因此 Clipboard 对象提供了应用程序之间信息的传递。它没有属性，只有 6 个方法。

剪贴板对象 Clipboard 用于提供对系统 Clipboard 的访问。下面介绍剪贴板对象的 6 个方法。

1．Clear 方法

该方法用于清除系统剪贴板中的内容。

语法：

```
object.Clear
```

参数说明：

object：对象表达式。

例 8.6 本实例使用 Clear 方法清除剪贴板中的内容。程序代码如下：

```
Private Sub Form_Click()
    Const CF_BITMAP = 2                              '定义位图各种格式
    Dim Msg                                          '声明变量
    On Error Resume Next                             '设置错误处理
    Msg = "将图片放入到剪贴板中"                      '给变量赋值
    MsgBox Msg                                       '显示信息
    Clipboard.Clear                                  '清除剪贴板
    Clipboard.SetData LoadPicture("MR.BMP")          '取得位图
```

```
    If Err Then                                    '如果错误号不为零
        Msg = "没找到.BMP 文件"                     '给变量赋值
        MsgBox Msg                                 '显示错误信息
        Exit Sub                                   '退出过程
    End If
    Picture = Clipboard.GetData()                  '从剪贴板上复制
    Msg = "清除图片"                                '给变量赋值
    MsgBox Msg                                     '显示信息
    Picture = LoadPicture()                        '清除图片
End Sub
```

2. GetData 方法

该方法用于从 Clipboard 对象中返回一个图形。

语法：

```
object.GetData (format)
```

参数说明：

- object：对象表达式。
- format：可选的参数，一个常数或数值，它指定Clipboard图形的格式。必须用括号将该常数或数值括起来。如果 format 为 0 或省略，GetData 自动使用适当的格式。

format 参数的设置值如表 8.2 所示。

表 8.2 format 参数的设置值

常　数	值	说　明
vbCFBitmap	2	位图（.bmp 文件）
vbCFMetafile	3	元文件（.wmf 文件）
vbCFDIB	8	设备无关位图（DIB）
vbCFPalette	9	调色板

例 8.7 本实例使用 GetData 方法从 Clipboard 对象中将一个位图复制到一个窗体上，程序代码如下：

```
Private Sub Form_Click()
    Const CF_BITMAP = 2                            '定义位图各种格式
    Dim Msg                                        '声明变量
    On Error Resume Next                           '设置错误处理
    Msg = "将图片放入到剪贴板中"                     '给变量赋值
    MsgBox Msg                                     '显示信息
    Clipboard.Clear                                '清除剪贴板
    Clipboard.SetData LoadPicture("MR.BMP")        '取得位图
    If Err Then                                    '如果错误号不为零
        Msg = "没找到.BMP 文件"                     '给字符变量赋值
        MsgBox Msg                                 '显示错误信息
        Exit Sub                                   '退出过程
    End If
    Picture = Clipboard.GetData()                  '从剪贴板上复制
End Sub
```

3. GetFormat 方法

该方法返回一个整数，指出 Clipboard 对象中的项目是否匹配期望的格式。不支持命名参数。

语法：

```
object.GetFormat (format)
```

参数说明：

- object：对象表达式。
- format：必选参数，一个数值或常数。参数的常数说明如表 8.3 所示。参数 format 用于指定 Clipboard 对象的格式。必须用括号包括该常数或数值。

表 8.3 GetFormat 方法的 format 参数常数说明

常　数	值	说　明
vbCFLink	&HBF00	DDE 对话信息
vbCFText	1	文本
vbCFBitmap	2	位图（.bmp 文件）
vbCFMetafile	3	元文件（.wmf 文件）
vbCFDIB	8	设备无关位图 (DIB)
vbCFPalette	9	调色板

说明：

如果 Clipboard 对象中一个项目匹配指定的格式，则 GetFormat 方法返回 True。否则，返回 False。
对于 vbCFDIB 和 vbCFBitmap 两种格式，显示图形时不管 Clipboard 中是什么样的调色板都要使用。

示例

判断剪贴板中是否存在位图格式的数据，如果有就将位图显示在 PictureBox 控件中。

代码如下：

```
Private Sub Cmd_Paste_Click()
   If Clipboard.GetFormat(vbCFBitmap) Then          '判断是否有位图格式数据
      Picture1.Picture = Clipboard.GetData          '显示位图
   End If
End Sub
```

4. SetData 方法

该方法使用指定的图形格式将图片放到 Clipboard 对象上。

语法：

```
object.SetData data, format
```

参数说明：

- object：必选参数，对象表达式。
- data：必选参数，被放置到 Clipboard 对象中的图形。
- format：可选参数，一个常数或数值，指定 Visual Basic 识别的 Clipboard 对象格式。如果省略 format，则 SetData 自动决定图形格式。

注意：

format 参数的设置请参照表 8.3。

5. SetText 方法

该方法用于将文本字符串放到 Clipboard 对象中。

语法：

```
object.SetText data, format
```

参数数说明：

- object：对象表达式。
- data：被放置到剪贴板中的字符串数据。
- format：可选参数，一个常数或数值，如表 8.4 所示。

表 8.4　format 参数的设置值

常　　数	值	说　　明
vbCFLink	&HBF00	DDE 对话信息
vbCFRTF	&HBF01	RTF 格式
vbCFText	1	（默认值）文本

例 8.8　本示例使用 SetText 方法从一个文本框中复制文本到剪贴板，程序代码如下：

```
Private Sub Form_Click()
   Const CF_TEXT = 1                                  '定义位图各种格式
   Dim I, Msg, Temp                                   '声明变量
   On Error Resume Next                               '设置错误处理
   Msg = "请输入内容"                                  '给变量赋值
   Text1.Text = InputBox(Msg)                         '取得用户正文
   MsgBox "将文本框中的内容复制到剪贴板上"               '显示信息
   Clipboard.Clear                                    '清除剪贴板
   Clipboard.SetText Text1.Text                       '将正文放置在剪贴板上
   If Clipboard.GetFormat(CF_TEXT) Then               '如果 Clipboard 对象有匹配的格式
      Text1.Text = ""                                 '清除该正文框
      MsgBox "获取剪贴板中的内容"                       '显示信息
      Temp = Clipboard.GetText(CF_TEXT)               '取得剪贴板正文
      For I = Len(Temp) To 1 Step -1                  '使该正文反向
         Text1.Text = Text1.Text & Mid(Temp, I, 1)    '给文本框赋值
      Next I
   Else                                               '否则
      MsgBox "剪贴板中无内容"                           '显示错误信息
   End If
End Sub
```

6. GetText 方法

该方法用于返回 Clipboard 对象中的文本字符串。不支持命名参数。

语法：

```
object.GetText (format)
```

参数说明：

- object：对象表达式。
- format：可选的，一个数值或常数，如表 8.5 所示。该参数用于指定 Clipboard 对象的格式。必须用括号将常数或数值括起来。

表 8.5 GetText 方法的 format 参数常数说明

常 数	值	说 明
vbCFLink	&HBF00DDE	对话信息
vbCFText	1	（默认值）文本
vbCFRTF	&HBF01	RTF（.rtf 文件）

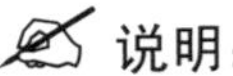 说明：

上述常数在 Visual Basic（VB）对象浏览器中的对象库里列出。
如果 Clipboard 对象中没有与期望的格式相匹配的字符串，则返回一个零长度字符串（""）。

例 8.9 将剪贴板中的字符串显示在文本框中。运行程序，单击“获取剪切板中字符串”按钮，在文本框中显示剪贴板中的字符串，如图 8.15 所示。

图 8.15 获取剪贴板中字符串

代码如下：

```
Private Sub Cmd_GetText_Click()
    Txt_String.Text = Clipboard.GetText                '显示剪贴板中字符串
End Sub
```

扫一扫，看视频

8.4 Printer 对象和 Printers 集合对象

Printer 对象可以实现与系统打印机的通信，Printers 集合对象可以获取系统上所有可用打印机的信息。下面将对它们进行介绍。

8.4.1 Printer 对象和 Printers 集合

1. Printer 对象

Printer 对象可以实现与系统打印机的通信（最初是默认系统打印机），从而实现打印输出各种文字或图形数据。

语法：

```
Printer
```

说明：

使用 Printer 对象编程实现打印报表的工作量很大，建议读者在需要对打印机进行控制时，使用该对象。

2. Printers 集合

Printers 集合可获取有关系统上所有可用打印机的信息，以便查询可用的打印机，这样就可以为应用程序指定一台默认打印机。

语法：

```
Printers(index)
```

参数说明：

index：所在处表示从 0 到 Printers.Count-1 之间的整数。

注意：

如果用 Printers 集合来确定某一特定打印机，如 Printers(3)，则只能访问只读属性。如果想访问个别打印机的可读写属性，那么首先要使那个打印机成为应用程序的默认打印机。

示例

例如也许要找出哪些可用打印机用了指定的打印驱动程序。下面的代码查找所有的可用打印机，定位在第一个将页码方向设置为纵向的打印机，然后将其设置为默认打印机。

代码如下：

```
Dim X As Printer
For Each X In Printers
    If X.Orientation = vbPRORPortrait Then                    '如果为纵向打印
        Set Printer = X                                       '设定为系统默认打印机
        Exit For                                              '终止查找打印机
    End If
Next
```

8.4.2 Printer 对象的主要方法

Printer 对象的方法主要用于控制打印，例如分页、取消打印作业等。下面介绍 Printer 对象的主要方法。

1. EndDoc 方法

该方法用于终止发送给 Printer 对象的打印操作，将文档释放到打印设备或后台打印程序。

语法：

```
object.EndDoc
```

参数说明：

object：对象表达式。

说明：如果在运行 NewPage 方法后立即调用 EndDoc 方法，则不会打印额外的空白页。

2. KillDoc 方法

该方法用于立即终止当前打印作业。

语法：

```
object.KillDoc
```

参数说明：

object：对象表达式。

示例

例如当用户单击“停止打印”按钮时，系统提示用户是否结束打印，代码如下：

```
Private Sub CmdPrint()                                      '停止打印
```

```
    If MsgBox("是否结束打印？", _
       vbYesNo, "打印") = vbYes Then                          '当选择提示框中“是”按钮时
        Printer.KillDoc                                         '终止当前打印作业
    End If
End Sub
```

如果操作系统的打印管理器正在处理该打印作业（打印管理器正在运行并且允许后台打印），则 KillDoc 方法将删除当前打印作业并且使打印机不接收任何信息。

如果打印管理器不是正在处理该打印作业（没有选用后台打印），部分或全部数据可能在 KillDoc 方法生效前已发送到打印机，此时，打印机驱动程序将尽可能使打印机复位并终止该打印作业。

3. Line 方法

该方法在对象上画直线和矩形。这里可以在 Printer 对象上画直线和矩形，从而实现打印线或表格的功能。

语法：

```
object.Line [Step] (x1, 1) [Step] (x2, y2), [color], [B][F]
```

Line 方法中各参数的说明如表 8.6 所示。

表 8.6 Line 方法的参数说明

参　数	说　明
object	可选参数。对象表达式
Step	可选参数。关键字，指定起点坐标，它们相对于由 CurrentX 和 CurrentY 属性提供的当前图形位置
(x1, y1)	可选参数。Single（单精度浮点数），直线或矩形的起点坐标。ScaleMode 属性决定了使用的度量单位。如果省略，线起始于由 CurrentX 和 CurrentY 指示的位置
Step	可选参数。关键字，指定相对于线的起点的终点坐标
(x2, y2)	必选参数。Single（单精度浮点数），直线或矩形的终点坐标
color	可选参数。Long（长整型数），画线时用的 RGB 颜色。如果它被省略，则使用 ForeColor 属性值。可用 RGB 函数或 QBColor 函数指定颜色
B	可选参数。如果包括，则利用对角坐标画出矩形
F	可选参数。如果使用了 B 选项，则 F 选项规定矩形以矩形边框的颜色填充。不能不用 B 而用 F。如果不用 F 仅用 B，则矩形用当前的 FillColor 和 FillStyle 填充。FillStyle 的默认值为 transparent

说明：

执行 Line 方法时，CurrentX 和 CurrentY 属性被参数设置为终点。

例如打印一条横线，代码如下：

```
Y = Printer.CurrentY + 10                              '设置行位置
Printer.Line (0, Y) - (Printer.ScaleWidth, Y)          '画一条横线
Printer.EndDoc
```

说明：

CurrentY 属性用于设置下一次打印或绘图方法的垂直（CurrentY）坐标。

4．Print 方法

该方法将文字提交给页面。

例如打印一个字符串，代码如下：

```
Printer.Print"测试内容"
```

语法：

```
object.Print [outputlist]
```

参数说明：

- object：必选参数，对象表达式。
- outputlist：可选参数，指定要打印的表达式或表达式的列表。如果省略该参数，则打印一行空白行。

5．NewPage 方法

该方法用以结束 Printer 对象中的当前页并前进到下一页。

语法：

```
object.NewPage
```

参数说明：

object：对象表达式。

说明：

NewPage 方法前进到下一个打印机页，并将打印位置重置到新页的左上角。调用 NewPage 方法时，它将 Printer 对象的 Page 属性加 1。

扫一扫，看视频

8.5　Debug 对象

Debug 对象是一个用于调试程序的对象，该对象仅有两个方法而没有属性和事件。在程序代码中，它的两个方法 Assert 和 Print 可用于不同的调试目的。

Debug 的 Assert 方法是有条件地挂起在集成开发环境中运行的程序。该方法需要一个布尔型的变量或表达式作为参数。当执行到用该方法写的语句时，如果它的布尔型参数的值为 False，就中断程序的运行。

Debug 的两个方法仅在集成开发环境中运行程序时执行，而在生成可执行文件时用这两个方法写的语句将不再有明显的作用。编译工程时 Visual Basic 对这两个方法的处理是不同的。对于 Print 方法，尽管编译后的文件在执行时不会再在“立即”窗口上显示内容，但仍计算其后作为参数的表达式的内容，这就意味着，如果表达式中有对函数的调用，这个函数会因被调用而运行；对于 Assert 方法，在编译时会忽略用该方法所写的语句，也就是说，即使其后作为参数的表达式中包含有对函数的调用，编译后的文件中也不会调用这个函数。

下面详细介绍一下这两个方法。

1．Assert 方法

Assert 方法可以有条件地在该方法出现的行上挂起执行。

语法：

```
object.Assert booleanexpression
```

参数说明：

- object：必选参数，总是 Debug 对象。
- booleanexpression：必选参数，一个值为 True 或者 False 的表达式。

说明：

Assert 调用只在开发环境中工作。当模块被编译成为一个可执行的文件时，调用 Debug 对象的方法就会被忽略。全部 booleanexpression 常常被计算。例如，即使一个 And 表达式的第一部分被计算为 False，整个表达式还要被计算。

示例

下面的示例说明如何使用 Assert 方法。示例需要一个带有两个按钮控件的窗体。默认的按钮名称是 Command1 和 Command2。

当示例运行时，单击 Command1 按钮使得按钮上的文本在 False 和 True 之间进行切换。单击 Command2 按钮可能不做任何事，也可能引起一个确认，应该执行哪一个操作取决于 Command1 按钮上所显示的值。该确认将在最后一个语句执行之后使整个执行停止，并且 Debug.Assert 行被突出显示。当 Command1 的 Caption 为 False 时，单击“Assert 调试”按钮后的效果如图 8.16 所示。

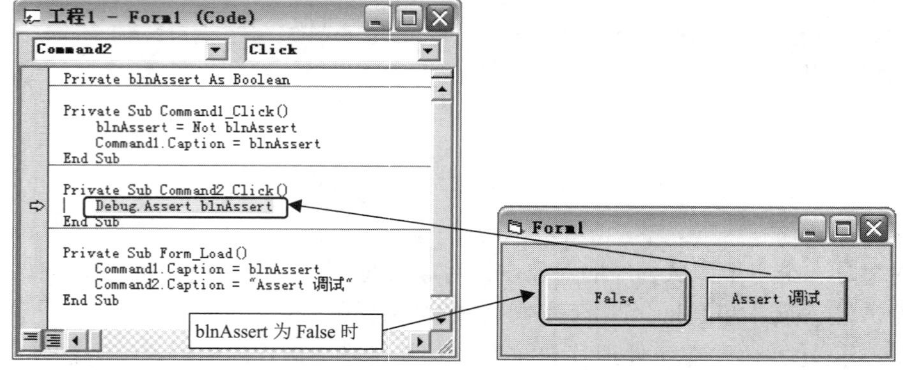

图 8.16　Assert 方法调试

2. Print 方法

Print 方法用于在窗口中显示文本。

语法：

```
object.Print [outputlist]
```

参数说明：

- object：必选参数，对象表达式。
- outputlist：可选参数，要打印的表达式或表达式的列表。如果省略，则打印一空白行。该参数的语法如下：

```
{Spc(n) | Tab(n)} expression charpos
```

outputlist 参数语法的参数说明如表 8.7 所示。

表 8.7 outputlist 参数语法的参数说明

参　　数	描　　述
Spc(n)	可选参数，用来在输出中插入空白字符，这里，n 为要插入的空白字符数
Tab(n)	可选参数，用来将插入点定位在绝对列号上，这里，n 为列号。使用无参数的 Tab(n)将插入点定位在下一个打印区的起始位置
expression	可选参数，要打印的数值表达式或字符串表达式
charpos	可选参数，指定下个字符的插入点。使用分号(;)直接将插入点定位在上一个被显示的字符之后。使用 Tab(n)将插入点定位在绝对列号上。使用无参数的 Tab 将插入点定位在下一个打印区的起始位置。如果省略 charpos，则在下一行打印下一字符

Debug 的 Print 方法与窗体的 Print 方法在语法格式上是完全一样的，但 Debug.Print 是把内容显示在“立即”窗口中。使用该方法，就可以在不中断程序运行的情况下，在“立即”窗口中显示一些表达式或变量的取值。

示例

使用 Print 方法在立即窗口中显示 53×65 的值，程序代码如下：

```
Debug.Print 53*65                                 '在立即窗口中输出计算结果
```

在立即窗口显示的结果如图 8.17 所示。

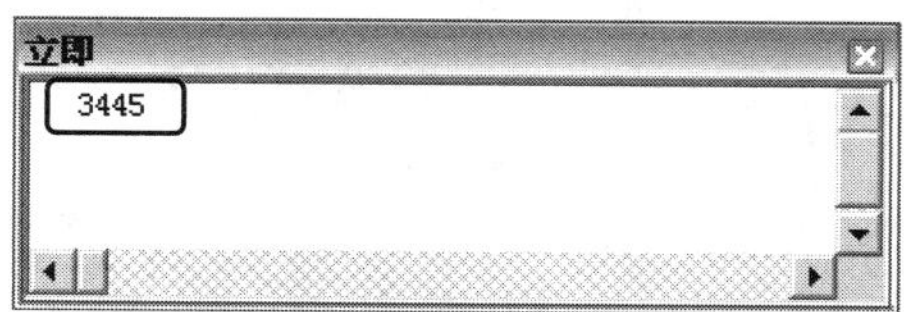

图 8.17　在立即窗口显示的结果

8.6　Controls 集合对象

Controls 集合好比是机器猫（小叮当或多啦 A 梦）的小口袋，其中囊括了很多宝物（Controls 集合中包含窗体中的全部控件对象）。Controls 集合的 Count 属性用于表明集合中的控件数量，Item 方法返回集合中的一个成员。

语法：

```
object.Controls.Count

object.Controls(index)
```

参数说明：

- object：对象表达式。
- Index：一个整数，范围从 0 到 Controls.Count-1。

注意：

如果部件是一个 Visual Basic 模块，如 Form 或 UserControl，则在模块中编写代码时不必使用该对象表达式。然而，如果容器是一个编译后的 ActiveX 控件，如 ToolBar 控件，则必须使用该对象表达式。

说明：

Controls 集合枚举部件中装入的控件，可用于对这些控件的遍历。例如，可以用来改变一个 Form 中所有 Label 控件的 BackColor 属性。

Controls 集合标识了一个内在的名为 Controls 的窗体级变量。如果省略了可选的 object 占位符，则必须包括 Controls 关键字。不过，如果包括 object，则可以省略 Controls 关键字。例如，下面两行代码具有相同的作用：

```
MyForm.Controls(6).Top = MyForm.Controls(5).Top + increment
MyForm(6).Top = MyForm(5).Top + increment
```

可以将 Controls(index)传递给一个参数指定为 Controls 类的函数。也可以使用它们的名称来访问成员。例如：

```
Controls("Command1").Top
```

可以在 If 语句中使用 TypeOf 关键字，或使用 TypeName 函数来确定 Controls 集合中控件的类型。

注意：

Controls 集合不是 Visual Basic Collection 类的成员。其属性和方法的集合要小于 Collection 对象的属性和方法的集合，而且用户不能创建该集合的实例。

8.6.1 Controls 集合的 Add 方法

其语法格式为：

```
Set mycontrol = controld.Add(ProgId, Name, [Container])
```

参数如 8.8 所示。

表 8.8 Controls 集合的 Add 方法的参数说明

参　数	描　述
mycontrol	一个自定义的控件对象，若需要新创建的控件对事件做出反应，还要再定义该对象时增加 WithEvents 关键字
ProgId	库名，控件名形式的控件类的名字，工具栏中的控件一般具有类似于 VB.CommandButton 这样的形式。而 Active X 控件的形式则有所差别，比如若使用 Windowless 控件库中的控件一般具有类似于 MsWless.WlText 的形式
Name	参数是想赋给控件的名字，与控件的 Name 属性相对应
Container	参数是可选的，它代表欲放置控件的容器，默认情况下是放置在窗体上

例 8.10　在窗体上动态创建一个命令按钮，然后单击命令按钮时，弹出对话框显示字符串“明日科技”。运行程序，单击“Ok”按钮后弹出对话框，如图 8.18 所示。

```
Dim WithEvents mycontrol As CommandButton
Private Sub Form_Load()
    Set mycontrol = Controls.Add("VB.CommandButton", "mycontrol")
    mycontrol.Caption = "Ok"
    mycontrol.Visible = True
End Sub
Private Sub mycontrol_click()
```

```
    MsgBox "明日科技"
End Sub
```

注意：

动态创建的控件必须指定相应的属性，而且在默认情况下，其 Visible 属性是 False。

例 8.11 在窗体上动态创建 TextBox 控件，命名为 Text1，并且响应 Change 事件。在 Change 事件中将 TextBox 控件中的字符串设置为窗体的标题名称。运行程序，在文本框中输入字符串 abcdefg，效果如图 8.19 所示。

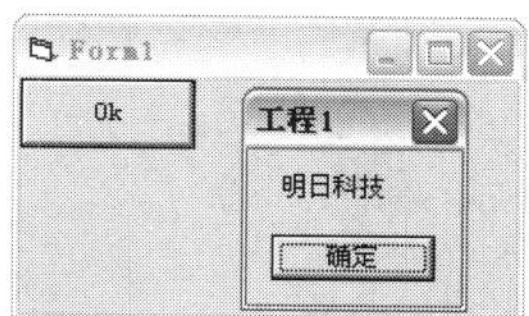

图 8.18 动态创建按钮

图 8.19 动态创建 TextBox 控件

代码如下：

```
Dim WithEvents T_Obj As TextBox                             '声明 TextBox 类型变量
Private Sub Form_Load()
    Set T_Obj = Controls.Add("VB.TextBox", "Text1")         '创建 TextBox 类型对象
    With T_Obj                                              '复用语句
        .Visible = True                                     '将对象设置为可见
        .Left = 100                                         '左端距离
        .Top = 50                                           '顶端距离
        .Height = 375                                       '高度
        .Width = 2000                                       '宽度
    End With
End Sub

Private Sub T_Obj_Change()                                  'Change 事件
    Me.Caption = T_Obj.Text                                 '设置窗体标题栏名称
End Sub
```

8.6.2 Controls 集合的 Remove 方法

利用 Controls 集合的 Remove 方法可以删除用 Add 方法动态创建的控件。其语法格式为：

```
Controls.Remove "控件名"
```

比如以上创建的 mycontrol 要删除可以使用如下命令：

```
Controls.Remove "mycontrol"
```

注意：

不能删除一个不存在或者在设计时创建的控件。

8.7 Licenses 集合对象

扫一扫，看视频

Licenses 是一个许可证 objects that contain license key information 集合，它是当添加一个得到许

可的控件到 Controls 集合时所需要的。

语法：

```
Licenses
```

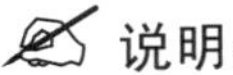 说明：

如果一个用户控件要求一个许可证关键字，必须在添加该控件之前把关键字添加到 Licenses 集合。

在运行时添加未引用的控件，可以利用 Add 方法来动态添加一个在工程中没有被引用的控件。（“未引用的”控件是不出现在工具箱中的控件。）

8.7.1 Add 方法（Licenses 集合）

该方法添加一个许可证到 Licenses 集合并返回其许可证关键字。

语法：

```
object.Add (ProgID, LicenseKey)
```

参数说明：

- object：必选参数，对象表达式。
- ProgID：必选参数，字符串，它指定要添加许可证关键字的控件。
- LicenseKey：可选参数，字符串，它指定许可证关键字。

说明：

任何时候当想动态添加一个要求许可证关键字的控件时，请使用 Add 方法。

当编译一个需要许可证关键字的用户控件，而且想动态地添加该控件到一个现存的应用程序，就必须按两种不同的途径对 Licenses 集合使用 Add 方法。

首先，使用该方法返回这个许可证关键字，它是被硬编码到一个用户控件上的。第二步，在添加用户控件到 Controls 集合之前，使用该方法把同一个许可证关键字添加到 Licenses 集合。

在大多数情况下，为了正确地部署一个已编译好的用户控件，必须按这两种途径使用该方法。其步骤概述如下。

在编译完一个需要许可证关键字的用户控件后，使用 Add 方法返回其许可证关键字。把这个许可证关键字存储到部署应用程序能够检索到的地方。例如，下面的例子把关键字写到一个文件中。也可以把它存储到数据库或 Windows 注册表中。

代码如下：

```
Private Sub GenerateLicenseKey()
    Dim intFile As Integer
    intFile = FreeFile
    Open "c:\Temp\Ctl_Licenses.txt" For Output As #intFile
                                                    '打开一个用来写入许可证关键字的文件
    Dim strLicense As String
    strLicense = Licenses.Add("prjWeeks.WeeksCtl")
    Write #intFile, strLicense                      '写许可证关键字到该文件
    Close #intFile
End Sub
```

当部署控件时，在添加该控件到 Controls 集合之前，已部署的应用程序将把许可证关键字添加到 Licenses 集合。（当然，控件同时必须已经安装在计算机上。）下面的代码示例添加许可证关键字，然后添加控件：

```
Dim WithEvents extObj As VBControlExtender
Private Sub LoadDynamicControl()
    Dim intFile As Integer
    intFile = FreeFile
    Open "c:\Download\Ctl_Licenses.txt" For Input As #intFile
    Dim strKey As String
    '在客户机上，从文件读许可证关键字
    Input #intFile, strKey
    Licenses.Add "prjWeeks.WeeksCtl", strKey
    Close #intFile
    Set extObj = Controls.Add("prjWeeks.WeeksCtl", "ctl1")
    With Controls("ctl1")
        .Visible = True
    End With
End Sub
```

8.7.2 VBControlExtender 对象

该对象提供 Visual Basic 中 VBControlExtender 的各种属性。

语法：

```
VBControlExtender
```

说明：

VBControlExtender 对象主要用于动态地使用 Add 方法将控件添加到 Controls 集合这样的情况。在这一点上，VBControlExtender 对象对开发者是最有用的，因为它提供了一系列通用属性、事件和方法。对象的另一个功能是 ObjectEvent 事件，该事件的作用是对动态添加的控件发出的所有事件进行解释。

示例

下面的例子中首先声明了一个 VBControlExtender 类型的对象变量，然后在添加控件的时候设置变量。该示例还说明了如何编写 ObjectEvent 事件处理程序。

```
Dim WithEvents objExt As VBControlExtender '使用 WithEvents 声明 VBControlExtender
                                            变量

Private Sub LoadControl()
    Licenses.Add "Project1.Control1"
    Set objExt = Controls.Add("Project1.Control1", "myCtl")
    objExt.Visible = True                   '该控件在默认情况下为不可见的
End Sub

Private Sub extObj_ObjectEvent(Info As EventInfo)
    Select Case Info.Name                   '使用 Select Case 语句编写控件的事件处理
                                            程序
    Case "Click"
```

```
        ' 在此处理 Click 事件
        ' 在这里处理其他情况
    Case Else                                           '未知事件
        ' 在此处理各种未知的事件
    End Select
End Sub
```

注意：

将 VBControlExtender 对象设置到动态添加的控件时，需要注意的是内部控件不能够被赋值给变量。

8.7.3 ObjectEvent 事件

该事件当一个被指定给 VBControlExtender 对象变量的控件引发一个事件时发生。

语法：

```
Private Sub object_ObjectEvent(Info As EventInfo)
```

参数说明：

- object：必选参数，对象表达式。
- Info：返回一个对 EventInfo 对象的引用。

说明：

ObjectEvent 事件是一个通用事件，允许通过该控件的事件参数处理一个控件的事件和返回值。可以利用 ObjectEvent 事件来捕获一个控件产生的通用事件，保证部署的任何控件包含部署应用程序所要求的某些基本功能。

8.7.4 何时添加许可证关键字

当创建一个用户控件而且想为动态控件添加而发布该控件时，必须考虑下面的问题：用户控件是否仅包含固有控件。如果“是”，则需要考虑是否要求最终用户为了使用该控件而必须有许可证关键字。如果两个考虑因素的判断结果都为“是”，那么一定要选中“工程属性”对话框中的“通用”选项卡上的“要求许可证关键字”复选框。

注意：

即使清除了“要求许可证关键字”复选框，一个包含第三方控件的用户控件将仍然要求一个许可证关键字。

8.7.5 何时不需要许可证关键字

有两种情况不需要在添加一个控件到 Controls 集合时添加许可证关键字：

- 当控件是一个固有控件，而且没有选中“要求许可证关键字”复选框。
- 当添加一个在工程中已经被引用的控件时，即如果该控件是显示在“工具箱”中的。

注意：

当有一个控件在“工具箱”中，而且计划仅仅在运行时添加该控件，一定要清除“工程属性”对话框的“生成”选项卡上的“删除有关未使用的 ActiveX 控件”复选框，如图 8.20 所示。否则，试图添加控件将会失败。

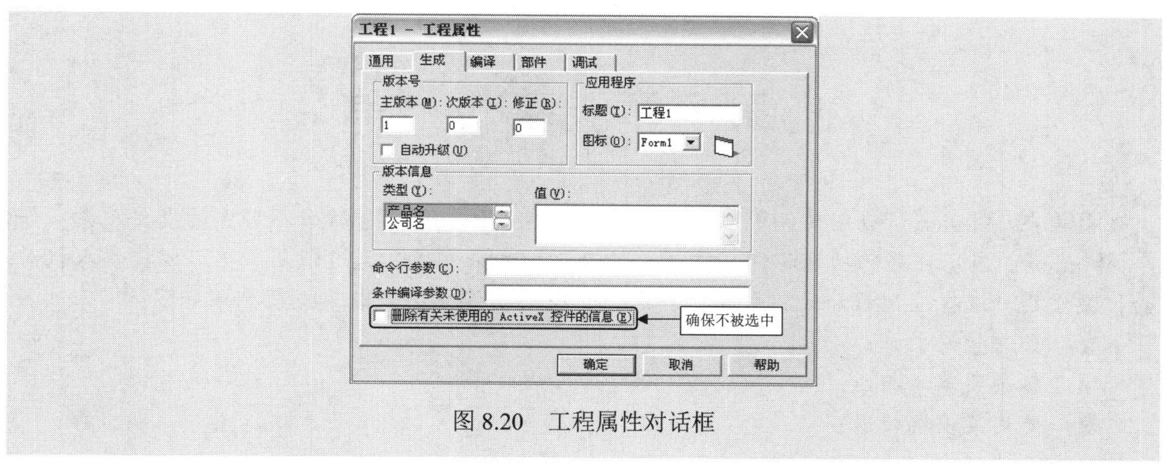

图 8.20　工程属性对话框

例 8.12　动态添加 RichTextBox 控件，并要求可以响应事件。运行程序 RichTextBox 控件，按下鼠标左键，弹出的对话框如图 8.21 所示。

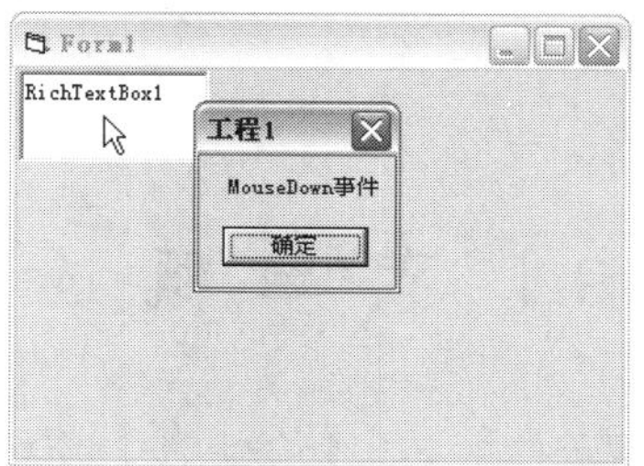

图 8.21　动态添加 RichTextBox 控件

代码如下：

```
Dim WithEvents myControl As VBControlExtender           '创建 VBControlExtender
Private Sub Form_Load()
   Licenses.Add "RichText.RichTextctrl.1"                '添加许可
   Set myControl = Controls.Add("RichText.RichTextctrl.1", "RichTextBox1")
                                                         '创建 RichTextBox 对象
   myControl.Visible = True                              '设置为可见
End Sub

Private Sub myControl_ObjectEvent(Info As EventInfo)
   Select Case Info.Name                                 '判断事件名称
   Case "MouseDown"                                      '鼠标按下事件
      MsgBox "MouseDown 事件"                            '弹出对话框
   Case Else
      '其他事件
   End Select
End Sub
```

注意：

Licenses.Add "RichText.RichTextctrl.1"是响应控件的对象编号在 Visual Basic 中的注册，若此控件已经出现在工具箱中，则会出错。若 ActiveX 控件已经出现在工具箱中，需要动态建立控件，可以使用类似于前面介绍的控件集合的方法，但是不再支持 ObjectEvent 事件。

扫一扫，看视频

第 9 章　菜　　单

菜单在 Windows 应用软件中比较常见，也是在设计应用程序时必不可少的重要元素。任何一个 Windows 应用程序的功能都能通过菜单的交互方式来完成。通过使用菜单可以提供人机对话界面，便于用户选择应用程序的各种功能，调用系统的功能模块。本章视频要点如下：

- 如何学好本章；
- 熟悉菜单的组成；
- 使用菜单编辑器；
- 设计标准菜单；
- 设计和使用弹出式菜单；
- 设计和使用菜单数组；
- 学习菜单编程；
- 创建菜单的高级应用。

扫一扫，看视频

9.1　菜单概述

在开发程序时，经常利用菜单将程序的各项功能归类，集中存放在程序的菜单中，用户只需利用鼠标单击或者利用键盘上的几个快捷键就可以访问需要的功能。

下面以 Microsoft Visual Basic 6.0 的菜单为例，介绍一下菜单的各个组成。菜单中包含的界面元素主要有菜单栏、访问键、快捷键、分隔条、选中提示、子菜单提示等，具体的组成如图 9.1 所示。

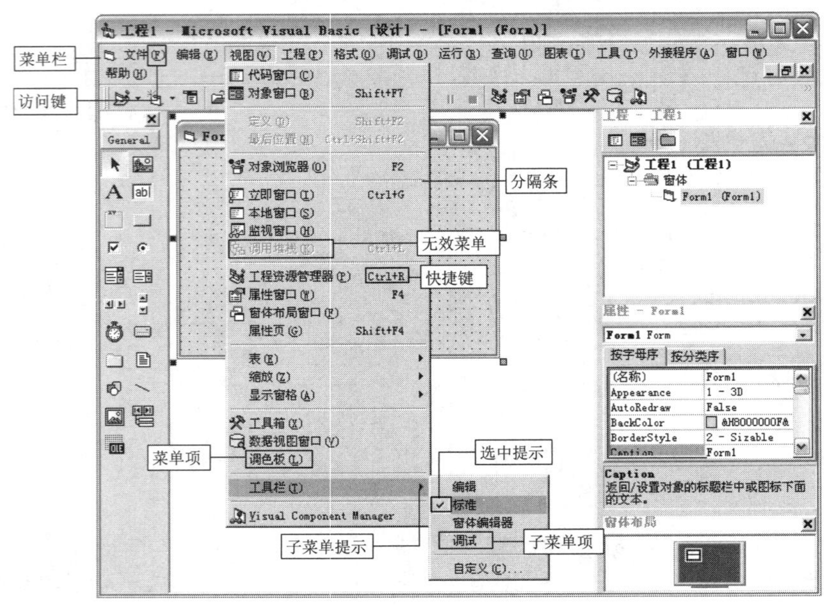

图 9.1　菜单的组成

- 菜单栏：紧跟在标题栏下面，由多个菜单标题组成。
- 访问键：是为某个菜单项指定的字母键，在显示出有关菜单项以后，按该字母就可以选中该菜单项。
- 分隔条：用于将属于同一类的菜单项分组显示。
- 选中提示：当某个菜单被选中时，可在菜单项的左边打一个√，表示该菜单项被选中，再次选中该菜单项时，选中提示消失。
- 菜单项：是菜单或子菜单的组成部分，每个菜单项代表一条命令或一个子菜单项。
- 子菜单提示：如果某菜单项下面有子菜单，则在该菜单的右侧就会出现一个指向右侧的三角箭头，该箭头即为子菜单提示。
- 快捷键：为了更快捷地执行命令，可以为每个最底层的菜单项设置一个快捷键。在有快捷键的菜单项中，用户可以直接利用键盘上的快捷键执行相应的功能。

扫一扫，看视频

9.2　菜单编辑器

在VB中设置菜单非常容易，可以通过VB提供的菜单编辑器来设计实现。利用菜单编辑器可以创建菜单和菜单栏，在已有的菜单上增加新命令，用自己的命令来替换已有的菜单命令，以及修改和删除已有的菜单和菜单栏。

1．菜单编辑器的调用

在使用菜单编辑器以前需要先启动它，它的启动方式有下面4种形式。

- 选择“工具”/“菜单编辑器”命令。

在VB开发环境中选择“工具”/“菜单编辑器”命令，调用“菜单编辑器”，如图9.2所示。

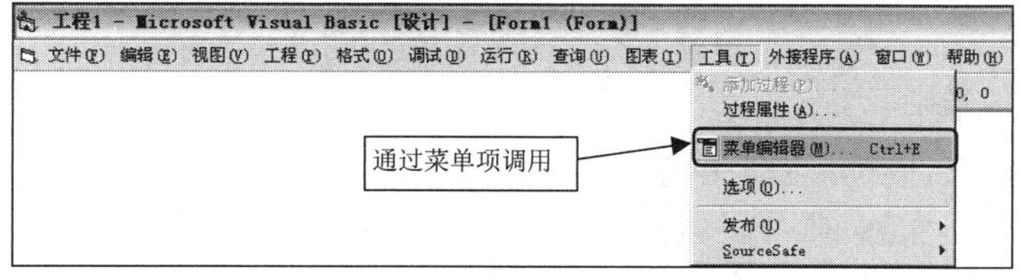

图9.2　通过菜单项调用

- 在“标准”工具栏上单击“菜单编辑器”按钮。

单击“标准”工具栏上的“菜单编辑器”按钮，调用“菜单编辑器”，如图9.3所示。

图9.3　通过“菜单编辑器”按钮调用

- 用鼠标右键单击要添加菜单的窗体，在弹出的快捷菜单中选择“菜单编辑器”命令。

在VB开发环境中，在要添加菜单的窗体上单击鼠标右键，在弹出的快捷菜单中选择“菜单编辑器”命令，如图9.4所示。

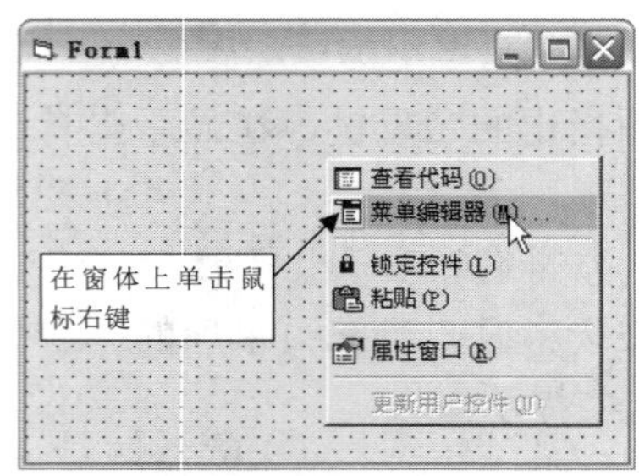

图 9.4　通过鼠标右键调用

- 利用快捷键<Ctrl+E>来调用“菜单编辑器”。

2．菜单编辑器的组成

利用上面介绍的 4 种方法都可以打开“菜单编辑器”。打开的菜单编辑器如图 9.5 所示，其中包括 3 个区域：菜单属性设置区、菜单编辑区、菜单列表区。

图 9.5　菜单编辑器的组成

3．菜单标题赋值准则

为菜单项进行标题赋值时，应当尽量遵循下列准则：

- 菜单中项目名称应当唯一，但不同菜单中相似动作项目可以重名。
- 项目名称可以是单词、复合词或者多个词。
- 每一个项目名称都应该有一个用键盘选取命令的、一个唯一的记忆访问字符。访问字符应当是菜单标题的第一个字母，除非别的字符更易记。两个菜单标题不能用同一访问字符。
- 如果命令在完成之前还需要附加信息，则在其名称后面应当有一个省略号（...），比如显示一个对话框的命令（“另存为”“首选项”）。
- 项目名称尽量简短。如果要使应用程序本地化，那么，在外文版中字词长度会增加将近 30%，这样也许没有足够空间列出各个菜单项。

4．菜单属性设置区

菜单属性设置区是指在菜单编辑器中分隔条上面的部分，它主要用于设置菜单的相关属性。其主要的属性如下：

- 标题。“标题”文本框用于设置在菜单栏上显示的文本。
  - ✧ 调用对话框。如果菜单项想调用一个对话框，在标题文本框的后面应加...。
  - ✧ 设置访问键。如果想通过键盘来访问菜单，使某一字符成为该菜单项的访问键，可以用“（&+访问字符）”的格式，访问字符应当是菜单标题的第一个字母，除非别的字符更容易记，两个同级菜单项不能用同一个访问字符。在运行时访问字符会自动加上一条下划线，&字符则不见了。
  - ✧ 设置分隔条。菜单的分隔条可以将菜单分隔成具有独立功能的几个菜单组。在设置时，在“标题”文本框中输入连字符（-），在显示时，即可显示为分隔条的形式。
- 名称。在“名称”文本框中，设置用来在代码中引用该菜单项的名字。不同菜单中的子菜单可以重名，但是菜单项名称应当唯一。
- 索引。索引在设置菜单数组的时候使用，用于指定该菜单项在菜单数组中的下标。一般为整型数值，在设置时，其索引值可以不连续，但是一定要按照递增的顺序填写下标，否则将不被菜单编辑器接受。
- 快捷键。可以在快捷键组合框中输入快捷键，也可以选取功能键或键的组合来设置快捷键。快捷键将自动出现在菜单上，要删除快捷键应选取列表顶部的（none）。

注意：

在菜单条上的第一级菜单不能设置快捷键。

- 帮助上下文 ID。用于指定一个唯一的数值作为帮助文本的标识符，可根据该数值在帮助文件中查找适当的帮助主题。
- 协调位置。允许选择菜单的 NegotiatePosition 属性。该属性决定当窗体的链接对象或内嵌对象活动而且显示菜单时，是否在菜单栏显示最上层 Menu 控件。
- 复选。如果选中（√），在初次打开菜单项时，该菜单项的左边显示“√”。菜单条上的第一级菜单不能使用该属性。
- 有效。如果选中（√），在运行时以清晰的文字出现；未选中则在运行时以灰色的文字出现，不能使用该菜单。
- 可见。如果选中（√），在运行时将在菜单上显示该菜单项。
- 显示窗口列表。在 MDI 应用程序中，确定菜单项是否包含一个打开的 MDI 子窗体列表。

说明：

在实际的程序开发时，只有“标题”文本框和“名称”文本框是必须填写的，其他属性可根据需要选择使用。

5. 菜单编辑区

菜单编辑区是指中间的 7 个按钮，主要用于对已经输入的菜单进行简单的编辑操作。下面介绍一下这几个按钮的功能。

- “右箭头”按钮：每次单击都把选定的菜单向右移一个等级。一共可以创建四个子菜单等级。
- “左箭头”按钮：每次单击都把选定的菜单向上移一个等级。一共可以创建四个子菜单等级。

- “上箭头”按钮：每次单击都把选定的菜单项在同级菜单内向上移动一个位置。
- “下箭头”按钮：每次单击都把选定的菜单项在同级菜单内向下移动一个位置。
- “下一个”按钮：将选定行移动到下一行。
- “插入”按钮：在列表框的当前选定行上方插入一行。
- “删除”按钮：删除当前选定行。

6. 菜单列表区

该列表框显示菜单项的分级列表。将子菜单项缩进以指出它们的分级位置或等级。

9.3 使用菜单编辑器创建菜单

使用菜单编辑器可以为应用程序创建自定义菜单并定义其属性。利用菜单编辑器，可创建简单菜单、级联式菜单、复选菜单等。下面对设计菜单项、菜单编辑器的使用方法，以及为菜单事件添加代码的方法进行介绍。

9.3.1 设计菜单项

大多数基于 Windows 的应用程序都遵循这样的规律：“文件”菜单在最左边，然后是“编辑”“工具”等可选的菜单，最右边是“帮助”菜单。在设计菜单项时应尽量遵循这一规律，避免降低应用程序的可用性。

子菜单的位置也很重要，应该合理地选择子菜单所属的菜单项。例如，用户习惯在“编辑”菜单下找到“复制”“剪切”与“粘贴”等子菜单，如果将它们移到其他菜单项下会使程序的可用性降低。

对于大部分的应用程序，常用的主菜单项有以下几种：

- 文件：该项主菜单的功能是对文档的操作，典型的子菜单项有“新建”“打开”“保存”“另存为”“退出”等。
- 编辑：该项主菜单的功能是对文档的编辑，典型的子菜单项有“撤销”“重复”“复制”“剪切”等。
- 查看：该项主菜单的功能是选择文档的观察方式，即可选择不同的页面布局视图。
- 工具：该项主菜单的功能是选择文档处理的辅助工具箱。
- 窗口：当使用 MDI 窗体时，可以通过此选项选择子窗体或排列子窗体。
- 帮助：此项主菜单包含系统的帮助信息。

除了常用的这几种基本菜单项外，用户可以根据具体的情况添加其他功能的主菜单栏，形成自己的菜单系统。

扫一扫，看视频

9.3.2 创建最简菜单

在前面已经介绍了菜单编辑器中的基本组成，在菜单的属性设置区域中有诸多的属性需要设置，其中，“标题”和“名称”属性是必须要设置的，其他的属性可以采用默认值，或者不进行设置。仅设置了“标题”和“名称”属性的菜单就是最简菜单。

例 9.1 下面以“客户信息管理”菜单项为例，介绍最简菜单的设计过程。创建最简菜单的操作步骤如下：

（1）选中需要创建菜单的窗体，启动菜单编辑器。这里需要注意，如果不选中窗体，菜单编辑器将不可用。

（2）在“标题”文本框中输入要显示在菜单上的标题，在“名称”文本框中输入菜单的名称，这里菜单的名称是菜单的标识，用于在编写代码时使用，而标题则用于显示在菜单上。

例如，这里输入菜单的标题为“客户信息管理”，在顶层菜单将显示“客户信息管理”字样。在“名称”文本框中输入 khxxgl，用于在代码中使用。

（3）单击“下一个”按钮，设计下一个菜单，下一个菜单为“客户信息管理”的子菜单，则需要单击“右箭头”按钮，将该菜单向右移一个等级。

例如，设计“客户信息添加”菜单，在显示时将显示为“客户信息管理”的子菜单。

（4）重复步骤（2）和步骤（3），直至完成菜单的设计。其设计和显示的效果如图 9.6 所示。

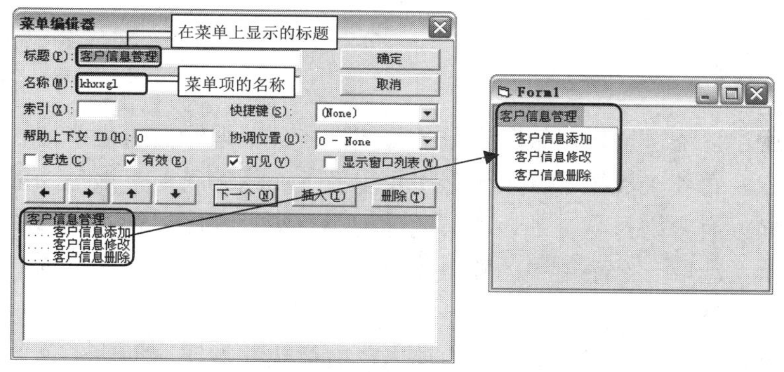

图 9.6　创建最简菜单

注意：

“标题”属性和“名称”属性必须都设置，缺一不可，否则，将不被菜单编辑器接受。

9.3.3 设置菜单的快捷键和访问键

快捷键就是用于执行一个命令的功能键或者组合键，例如，<Ctrl+C>为复制操作，<Ctrl+V>为粘贴操作。为菜单设置快捷键，用户就可以利用键盘直接执行菜单的命令。

访问键是指用户按下<Alt>键的同时又按下的键。例如，在一般的 Windows 环境中，<Alt+F>用于打开“文件”菜单，这里的<F>键，即为访问键。

例 9.2 创建带快捷键和访问键的菜单。例如，设置“客户信息管理”菜单的访问键为<C>，只需在编辑“客户信息管理”菜单时，在“标题”文本框中输入“客户信息管理(&C)”，这里的&C，即用于设置访问键，在显示时即可显示为 C 的形式，为了符合 Windows 操作系统的风格，这里使用( )将访问键括起来。

利用菜单编辑器设置快捷键也非常简单，只需选中要设置快捷键的菜单，在“快捷键”下拉列表框中选择需要的快捷键即可。例如，设置“客户信息删除”菜单的快捷键为<Ctrl+D>，只需在“快捷键”下拉列表框中选择 Ctrl+D 项即可。如果不需要，则选择(None)项。其操作过程和演示效果如图 9.7 所示。

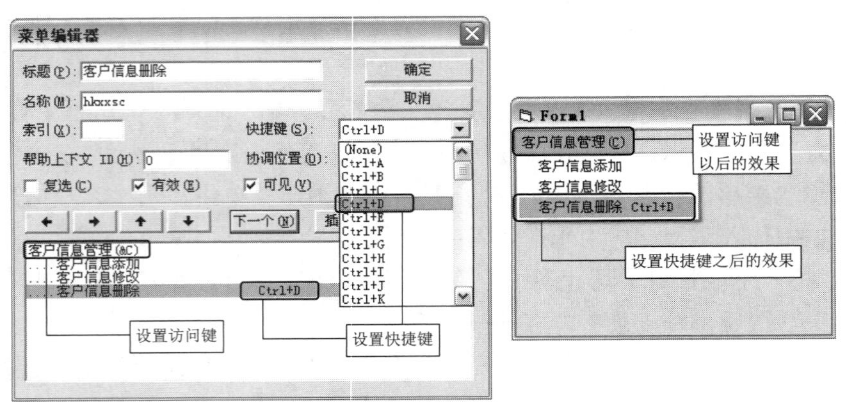

图 9.7　设置快捷键和访问键

扫一扫，看视频

9.3.4　创建级联菜单

在菜单编辑器中，以缩进量显示级联菜单的形式。在菜单编辑器的菜单列表区中由内缩符号表明菜单项所在的层次，每 4 个点表示一层，最多可以有 5 个内缩符号，最后面的菜单项为第 5 层。如果一个菜单项前面没有内缩符号，则该菜单项称为第 0 级。程序运行时，选取 0 级菜单中的菜单项则显示一级子菜单，选取一级菜单中的菜单项则显示二级子菜单，依次类推，当选到没有子菜单的项目时，将执行菜单事件过程。

例 9.3　创建级联菜单。在菜单编辑器中单击“右箭头”按钮，创建子菜单。在设置菜单时最多可以设置 5 级菜单，如图 9.8 所示。

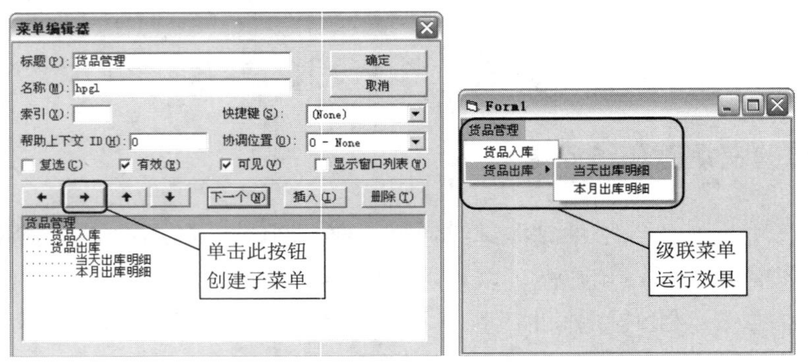

图 9.8　创建级联菜单

扫一扫，看视频

9.3.5　创建复选菜单

通过复选菜单可以实现在菜单中执行或取消执行某项操作。菜单的复选标记有两个作用：一是表示打开或关闭的条件状态，选取菜单命令可以交替地添加或删除复选标记；二是指示几个模式中哪个或哪几个在起作用。

例 9.4　通过菜单编辑器创建复选菜单。在菜单编辑器中选中需要设置为复选的菜单。例如，选中“客户信息删除”，然后勾选“复选”复选框，这样在菜单显示时即为复选的效果。其设置和实现的效果如图 9.9 所示。

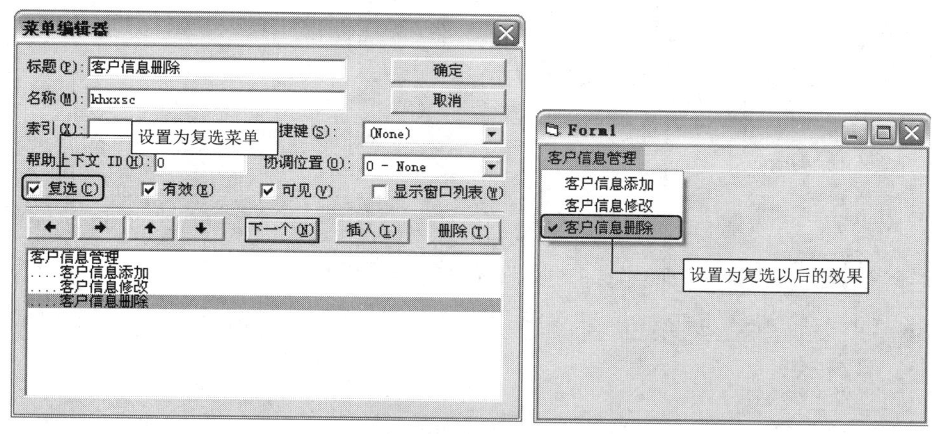

图 9.9　创建复选菜单

9.3.6　设置菜单分隔条

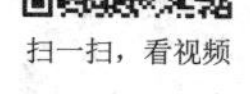

在 Windows 的菜单中经常将一些功能相近的菜单放在一组，利用菜单分隔条分开，这样可以使子菜单看起来更加清晰、明了。

例 9.5　设置菜单分隔条。如果想利用菜单分隔条将菜单分成几个逻辑的组，则只需在“标题”文本框中输入一个连字符，并在“名称”文本框中输入该菜单的名称，即可设置出菜单分隔条的效果，如图 9.10 所示。

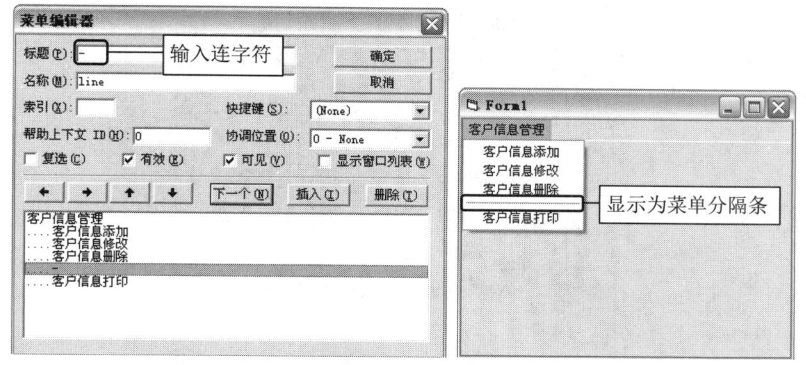

图 9.10　设置菜单分隔条

注意：

在运行时，菜单的分隔条不能被选中，也不能执行代码。

扫一扫，看视频

9.3.7 设置菜单无效

有些菜单对于不同权限的操作用户的使用权限是不同的。例如，系统设置方面的菜单，只有系统管理员才能使用，当普通用户进入到系统中时，这些菜单将被设置为无效。

例 9.6 设置菜单无效。在菜单使用时，还有一种状态，即设置菜单无效。利用菜单编辑器设置菜单无效也比较简单：选中需要设置的菜单项，然后，取消选中“有效”复选框即可。例如，设置“客户信息打印”菜单项为无效，如图 9.11 所示。

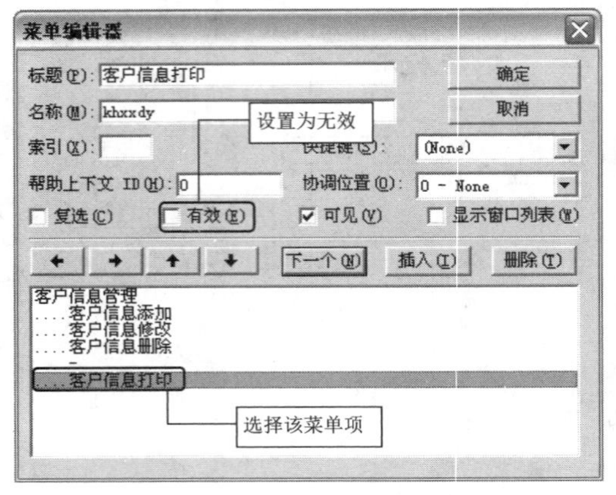

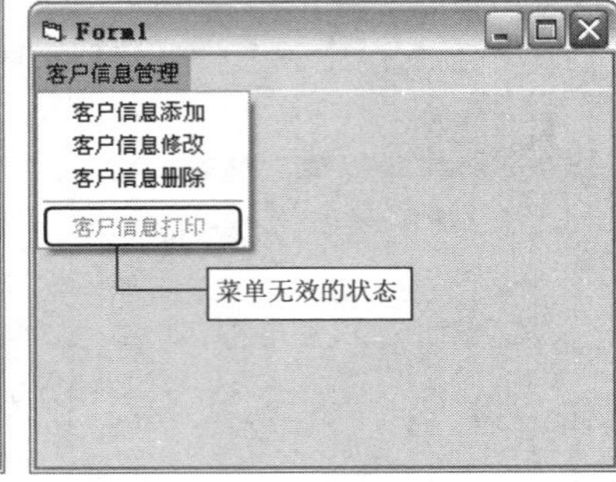

图 9.11　设置菜单无效

扫一扫，看视频

9.3.8 显示窗口列表

显示子窗体名称列表，就是在某个菜单中显示当前子窗体的名称。另外，应用中的子窗体名称还可以被标记。

子窗体名称列表是在菜单中显示的，那么就要在菜单编辑器中进行设置。打开菜单编辑器，首先选择“窗口”菜单，然后选择“显示窗口列表”复选框，如图 9.12 所示。

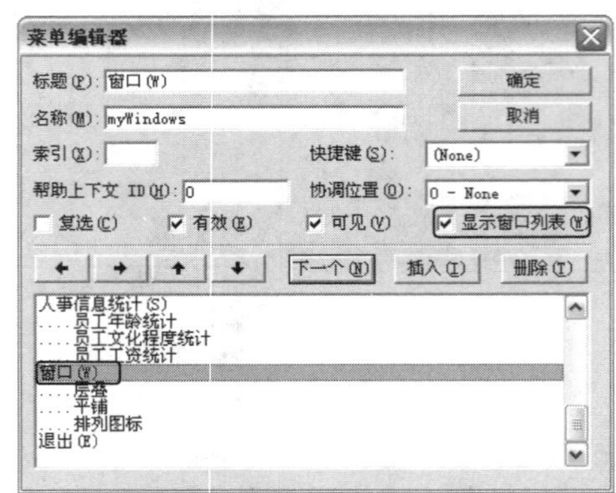

图 9.12　菜单编辑器

单击“确定”按钮，按<F5>键运行工程。如果打开很多子窗体，则“窗口”菜单中就会显示子窗体名称列表，如图 9.13 所示。

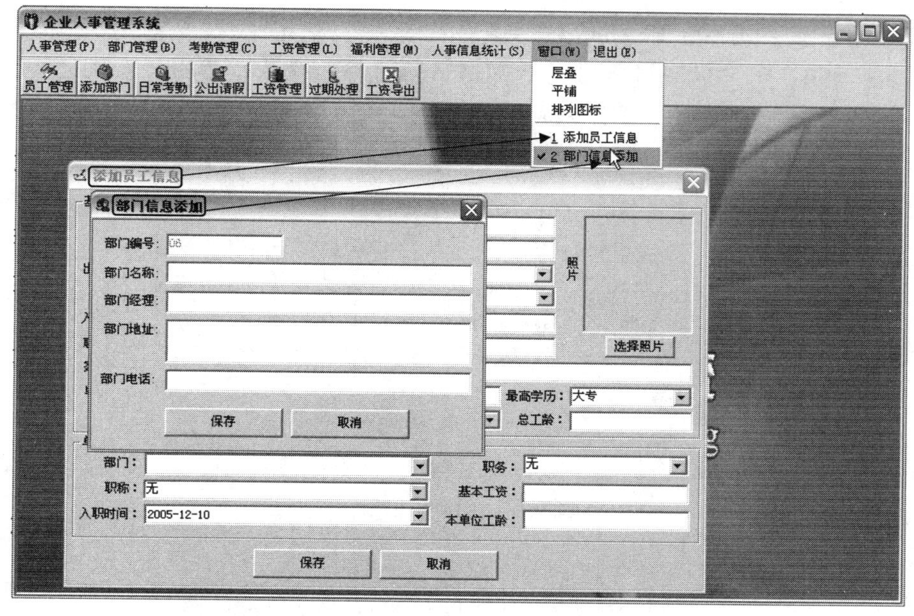

图 9.13 窗口列表

9.3.9 为菜单事件添加代码

扫一扫，看视频

单击菜单所实现的功能是通过执行菜单事件中的程序代码来实现的。程序员在菜单编辑器中定义一个菜单之后，在该菜单的 Click 事件中就可以添加所需要的程序代码，完成相应的功能。例如，在单击“显示好友列表”菜单项之后，调用“好友列表”窗体，同时隐藏本窗体。其相关的程序代码如下：

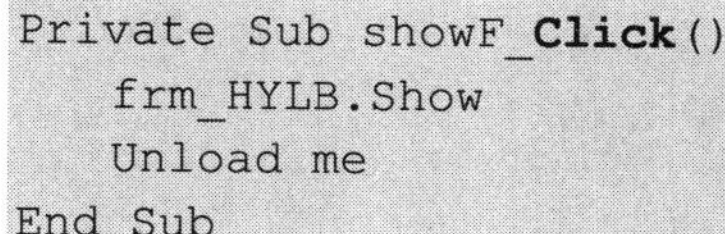

```
Private Sub showF_Click()                    '显示好友列表菜单项
   frm_HYLB.Show                             '显示好友列表窗体
   Unload me                                 '卸载自己
End Sub
```

9.3.10 菜单数组

扫一扫，看视频

1. 创建菜单数组

每个菜单数组元素都用唯一索引值来标记，该值通过菜单编辑器上的“索引”文本框设置。当一个数组元素识别一个事件时，VB 将 Index 属性值作为一个附加参数传递给事件过程。事件过程必须包含判断 Index 属性值的代码，从而确定正在使用哪个菜单项，进而执行相应的命令操作。

例 9.7 创建菜单数组。下面以客户管理系统中的部分菜单为例，介绍如何创建菜单数组。在“菜单编辑器”中创建菜单数组的步骤如下：

（1）打开“菜单编辑器”，创建一个菜单项，设置“标题”和“名称”后，在“索引”文本框中将数组的第一个元素的索引设置为 0。

例如，设置“区域信息设置”菜单项的“名称”为 Menu1，索引值为 0。

（2）在与上一步中创建的菜单的同一级上，创建第 2 个菜单项。将第 2 个元素的“名称”设置为与第 1 个元素相同的名称，即 Menu1。并把其“索引”设置为 1，设置菜单的标题。

（3）重复步骤（2），依次创建第 3 个、第 4 个菜单项，依次类推。但要保证所创建菜单项的索引值不相同，且为递增的形式。设计完成的效果如图 9.14 所示。

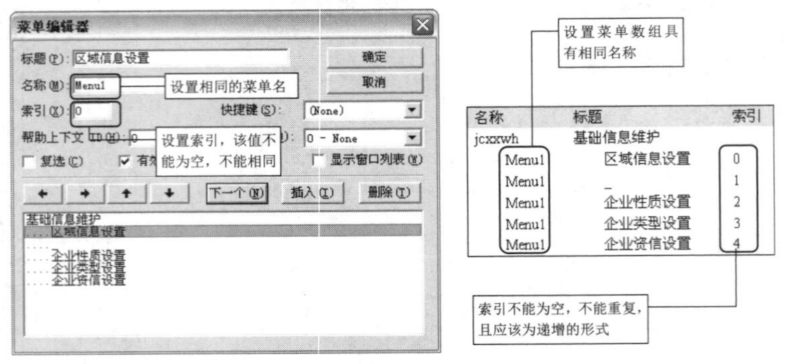

图 9.14　创建菜单数组

注意：

菜单数组的各元素必须存在于同一级别中，同时在菜单控件列表框中必须是连续的。而且，如果菜单数组中使用了分隔线，那么要把它也作为菜单数组中的一个元素。

2. 为菜单数组编写代码

因为菜单数组的名称都是相同的，和一般的控件数组一样，菜单数组的事件也是写在一个事件中，利用 Index 属性值进行区别。在实际的应用中，利用 Select Case 语句块来判断触发的是哪个菜单项，并执行对应的 Case 语句后面的代码。上面介绍的“基础信息维护”的子菜单的单击事件代码如下：

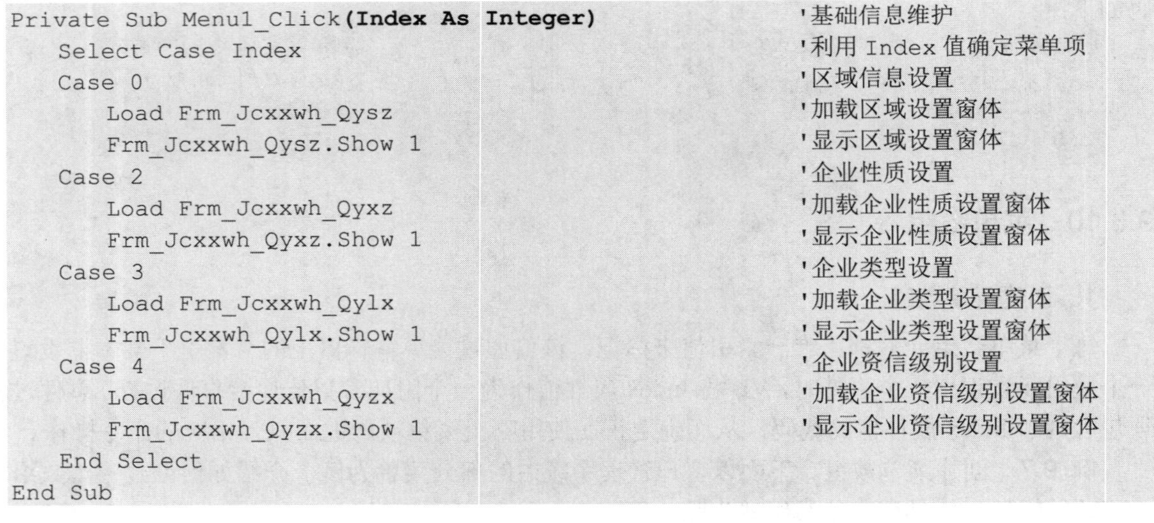

```
Private Sub Menu1_Click(Index As Integer)             '基础信息维护
    Select Case Index                                  '利用 Index 值确定菜单项
    Case 0                                             '区域信息设置
        Load Frm_Jcxxwh_Qysz                           '加载区域设置窗体
        Frm_Jcxxwh_Qysz.Show 1                         '显示区域设置窗体
    Case 2                                             '企业性质设置
        Load Frm_Jcxxwh_Qyxz                           '加载企业性质设置窗体
        Frm_Jcxxwh_Qyxz.Show 1                         '显示企业性质设置窗体
    Case 3                                             '企业类型设置
        Load Frm_Jcxxwh_Qylx                           '加载企业类型设置窗体
        Frm_Jcxxwh_Qylx.Show 1                         '显示企业类型设置窗体
    Case 4                                             '企业资信级别设置
        Load Frm_Jcxxwh_Qyzx                           '加载企业资信级别设置窗体
        Frm_Jcxxwh_Qyzx.Show 1                         '显示企业资信级别设置窗体
    End Select
End Sub
```

扫一扫，看视频

9.4　弹出式菜单

弹出式菜单出现的位置是由鼠标所在的位置决定的。弹出式菜单又称浮动菜单，其结构与下拉式菜单基本相同，不同的是该菜单不是固定在窗体的上面，而是通过单击鼠标右键来触发。

9.4.1　弹出式菜单的设计

弹出式菜单和普通菜单的设计方法完全相同。只要菜单至少含有一个子菜单项，运行时就可以作为弹出式菜单来使用。

设计一个弹出式菜单的前提是，必须要保证该菜单至少含有一个子菜单项。在设计弹出式菜单时，要将菜单的 Visible 属性设置为 False，此时，菜单在窗体的顶部将不显示，只作为弹出式菜单来使用。若将菜单项的 Visible 属性设置为 True，则该菜单项正常显示，同时也作为弹出式菜单使用。

一般来说，大部分 Windows 的应用程序都提供了弹出式菜单功能，如图 9.15 所示是一个典型的弹出式菜单。

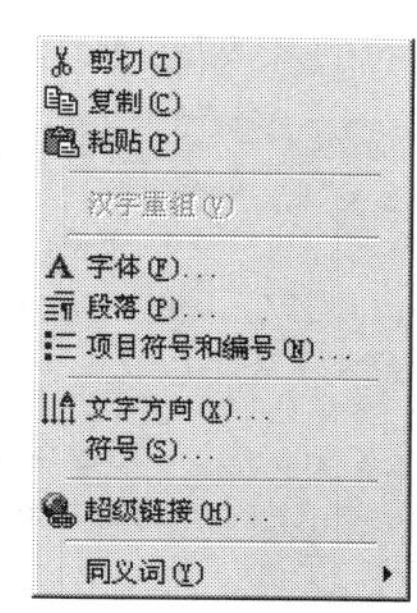

图 9.15　弹出式菜单

在设计弹出式菜单时，可以使用 PopupMenu 方法调用弹出式菜单。其实在大部分响应事件中都可以激活弹出式菜单，但在通常情况下都是使用鼠标事件来调用 PopupMenu 方法的。

语法：

```
[Object]PopupMenu menuname[,Flags[,X[,Y[,BoldCommand]]]]
```

PopupMenu 方法中各参数的说明见表 9.1。

表 9.1　参数说明

参　　数	说　　明
Object	可选参数，对象表达式，其值为 Form 或者 MDIForm
menuName	必需参数，指出要显示的弹出式菜单名，指定的菜单项必须至少含有一个子菜单
Flags	可选参数，为一个数值或常数，用以指定弹出式菜单的位置和行为。常数说明见表 9.2
X	可选参数，指定显示弹出式菜单的 x 坐标
Y	可选参数，指定显示弹出式菜单的 y 坐标
BoldCommand	可选参数，指定弹出式菜单中的菜单控件的名称，用以显示其黑体正文标题

表 9.2　Flags 常数的说明

常 数 位 置	值	说　　明
vbPopupMenuLeftAlign	0（默认值）	弹出式菜单的左边定位于 x
vbPopupMenuCenterAlign	4	弹出式菜单的定位于 x 居中位置
vbPopupMenuRightAlign	8	弹出式菜单的右边定位于 x
常 数 行 为	**值**	**说　　明**
vbPopupMenuLeftButton	0（默认）	仅当使用鼠标左键时，弹出式菜单中的项目才响应鼠标单击
vbPopupMenuRightButton	2	不论使用鼠标右键还是左键，弹出式菜单中的项目都响应鼠标单击

注意：

x 和 y 坐标定义了弹出式菜单相对于指定窗体显示的位置，可使用 ScaleMode 属性指定 x 和 y 坐标的度量单位。如果没有包括 x 和 y 坐标，则弹出式菜单就显示在鼠标指针的当前位置。

9.4.2 弹出式菜单的调用

例 9.8 本实例实现的是如何调用弹出式菜单。在“菜单编辑器”中按照正常设计菜单的方法设计菜单。菜单设计完成以后，将一级菜单设置为不可见状态，即将菜单编辑器中的“可见”复选框取消选择，如图 9.16 所示。

单击“确定”按钮，并在窗体的事件中使用 PopupMenu 方法显示弹出式菜单。设计完成后的弹出式菜单的效果如图 9.17 所示。

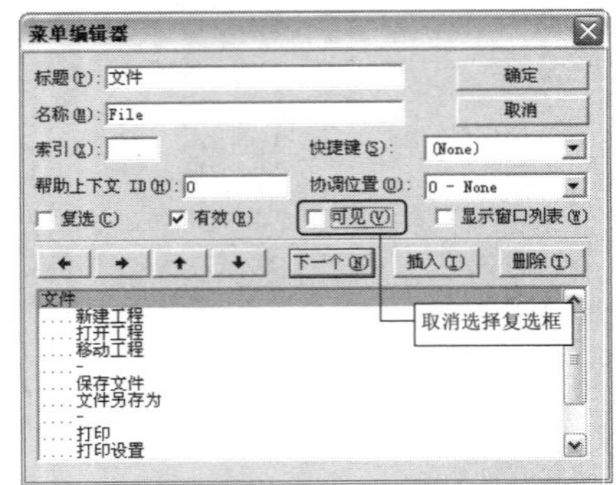

图 9.16　菜单编辑器

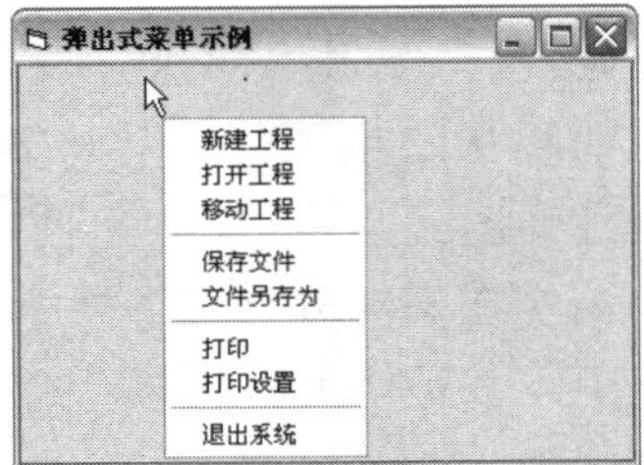

图 9.17　弹出式菜单

其调用弹出式菜单的程序代码如下：

```
Private Sub Form_MouseDown(Button As Integer, Shift As Integer, X As Single, Y As Single)
    If Button = 2 Then                                          '如果单击鼠标右键
        Me.PopupMenu File, 2                                    '弹出菜单
    End If
End Sub
```

9.4.3 在无标题栏窗体中创建右键菜单

将窗体的 BorderStyle 属性设置为 False，可以使窗体成为无标题栏的窗体。但是，如果在无标题栏的窗体中创建菜单，将会导致窗体标题栏的再度出现。

例如，创建一个工程，在工程中添加一个窗体，命名为 Fom1。将 Form1 的 BorderStyle 属性设置为 False，加载背景图片后的运行效果如图 9.18 所示。但是，在 Form1 中添加了菜单项后的运行效果如图 9.19 所示，菜单设置如图 9.20 所示。

图 9.18　添加菜单前

图 9.19　添加菜单后

解决这一问题的方法其实很简单，只要将菜单创建在其他窗体中。当使用 PopupMenu 方法调用菜单时，在菜单名称前面指定窗体名称即可。

例 9.9 无标题栏窗体中创建右键菜单，运行程序，在窗体上单击鼠标右键弹出右键菜单，如图 9.21 所示。

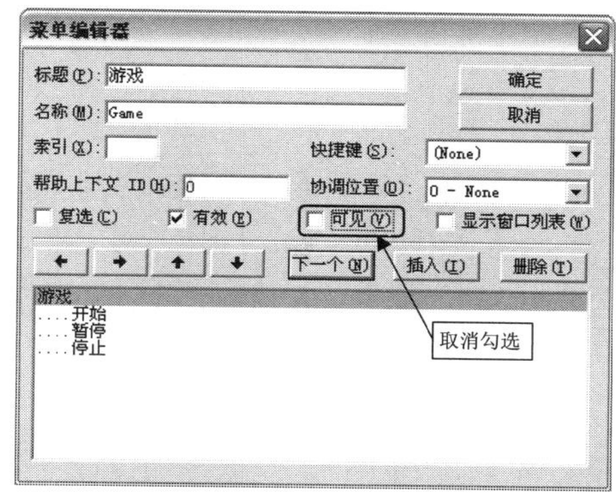

图 9.20 菜单设置

图 9.21 弹出右键菜单

代码如下：

```
Private Sub Form_MouseDown(Button As Integer, Shift As Integer, X As Single, Y As Single)
    If Button = 2 Then                                    '当单击鼠标右键
        Me.PopupMenu Form2.Game                           '调用窗体 Form2 中的菜单
    End If
End Sub
```

9.5 菜单编程

扫一扫，看视频

在使用“菜单编辑器”创建菜单后，还需要为菜单编写代码，使菜单项能够实现某种功能或动态调整菜单项的状态。在菜单编程中最常见的是在程序运行时动态调整菜单项的有效性或者可见性，以及为菜单项添加复选标记，下面将对它们的实现方法进行介绍。

9.5.1 使菜单命令有效或无效

设计时创建的菜单也能动态地响应运行时的条件。例如，如果菜单项不允许用户使用时，通过使其失效防止对该菜单项的选取。

菜单控件具有 Enabled 属性，当这个属性设为 False 时，菜单命令无效，使它不响应动作。当 Enabled 设为 False 时，快捷键的访问也无效。一个无效的菜单控件会变暗，如图 9.22 所示。

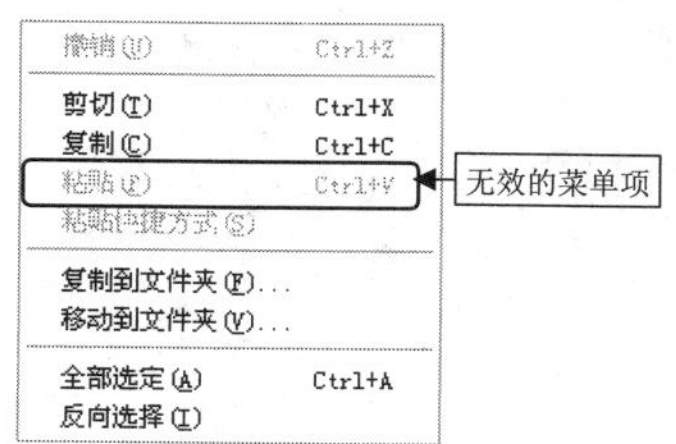

图 9.22 无效菜单项

9.5.2 使菜单控件不可见

菜单控件都具有 Visible 属性，当这个属性设为 True 时，菜单项可见；当 Visible 设为 False 时，菜单项不可见。

9.5.3 在菜单中使用复选标记

所有的菜单控件都具有 Checked 属性，当这个属性设为 True 时，子菜单项复选；当 Checked 设为 False 时，子菜单项取消复选。

例 9.10 创建复选菜单项，实现单击某复选菜单项时勾选该项，再次单击则取消勾选。在窗体中添加的菜单设置见表 9.3。程序运行时的效果如图 9.23 所示，选中“复选菜单项 1”“复选菜单项 3”时的效果如图 9.24 所示。

表 9.3 菜单项设置

名 称	标 题	索 引	复 选	有 效	可 见
Menu	菜单项		False	True	True
Menu1	复选菜单项 1	0	True	True	True
Menu1	复选菜单项 2	1	True	True	True
Menu1	复选菜单项 3	2	True	True	True

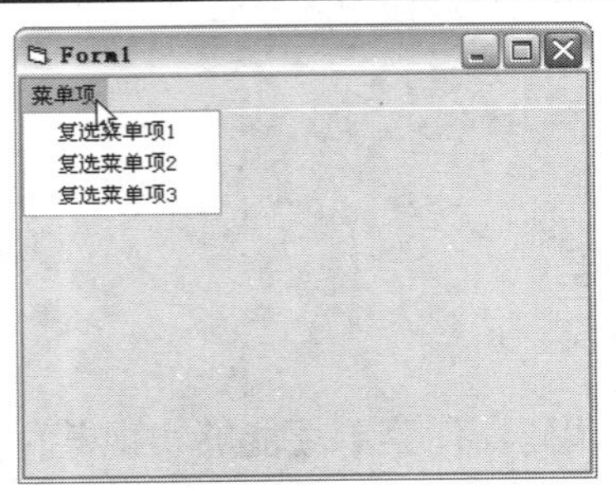

图 9.23 程序启动时

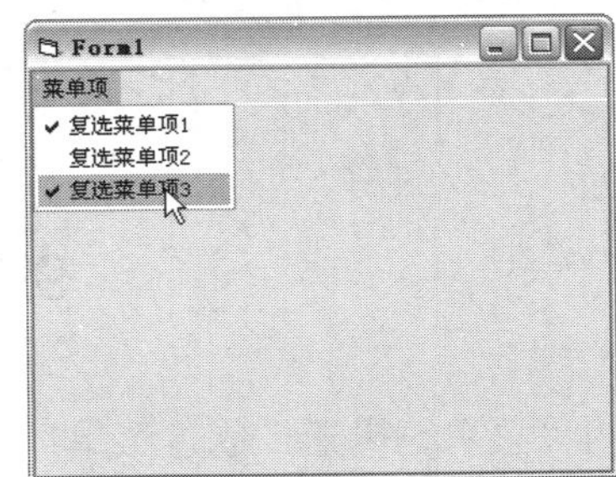

图 9.24 选中菜单项时

代码如下：

```
Private Sub Form_Load()
    Dim i As Integer                            '声明整型变量
    For i = 0 To 2                              '循环
        Menu1(i).Checked = False                '取消勾选
    Next i
End Sub

Private Sub Menu1_Click(Index As Integer)
    If Menu1(Index).Checked = True Then         '当被选中
        Menu1(Index).Checked = False            '取消勾选
    Else                                        '否则
        Menu1(Index).Checked = True             '勾选
    End If
End Sub
```

扫一扫，看视频

9.6 菜单高级开发

使用“菜单编辑器”创建菜单或者修改菜单属性并不能够满足菜单开发的全部需要，有些菜单开发需要借助于 API 实现。下面将对常见的通过使用 API 函数实现的菜单操作以及菜单样式设置的方法进行介绍。

9.6.1 创建单选菜单项

所谓菜单项，就是在一个特定的组中只能有一个项目被选中（这一点与单选按钮相似）。单选的项目会显示一个圆形的样式复选符号（●），而不是一个标准的复选符号（√），如图 9.25 所示。

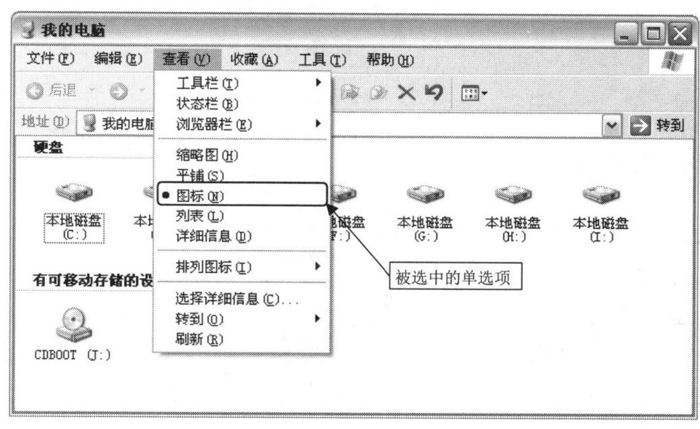

图 9.25 单选菜单项

通过使用 VB 自带的“菜单编辑器”只能创建复选菜单项，而不能创建单选菜单项。这里主要通过使用 API 函数 CheckMenuRadioItem 实现。CheckMenuRadioItem 声明的方法如下：

```
Public Declare Function CheckMenuRadioItem Lib "user32" ( _
                ByVal hMenu As Long, _
                ByVal un1 As Long, _
                ByVal un2 As Long, _
                ByVal un3 As Long, _
                ByVal un4 As Long) As Long
```

参数见表 9.4。

表 9.4 API 函数 CheckMenuRadioItem 的参数及说明

参 数	类 型	说 明
hMenu	Long	菜单句柄
un1	Long	组内第一个位置或菜单 ID
un2	Long	组内最后一个位置或菜单 ID
un3	Long	欲选的位置或菜单 ID
un4	Long	如按照菜单的位置定位则设置为常量 MF_BYPOSITION；如引用菜单 ID，则设置为常量 MF_BYCOMMAND

注意：

在 VB 中使用，由这个函数做出的改动可以正常发挥作用，但不会由 VB 菜单的 Checked 属性反映出来。

例 9.11 创建“文件”菜单项，其中包括 3 个子菜单项，分别是“菜单项 1”“菜单项 2”“菜单项 3”。将“文件”菜单中的所有子菜单项都作为单选菜单项。运行程序，选中“菜单项 2”的效果如图 9.26 所示。

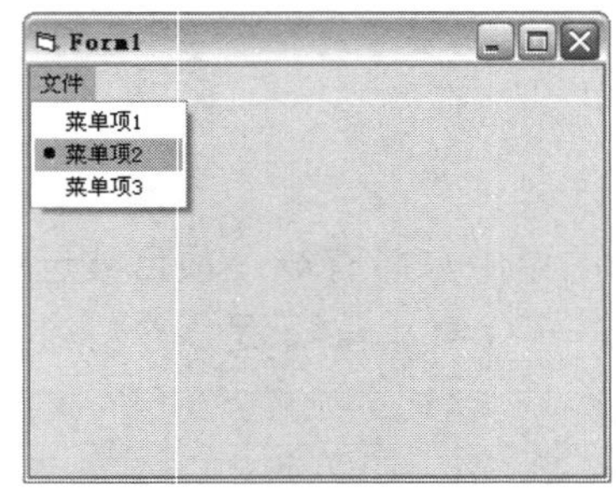

图 9.26 选中“菜单项 2”时的效果

在窗体中创建菜单，相关设置见表 9.5。

表 9.5 菜单设置

名称	标题	索引
File	文件	
Menu	菜单项 1	0
Menu	菜单项 2	1
Menu	菜单项 3	2

主要代码如下：

```
Private Sub Menu_Click(Index As Integer)                        '菜单数组
    Dim hMenu As Long, hSubMenu As Long                          '声明变量用于保存句柄
    hMenu = GetMenu(Me.hwnd)                                     '窗体内菜单句柄
    hSubMenu = GetSubMenu(hMenu, 0)                              '弹出菜单句柄
    CheckMenuRadioItem hSubMenu, 0, 2, Index, MF_BYPOSITION      '单选选中的菜单项
End Sub
```

说明：

上面代码中的参数 0,2 是用于确定作为菜单单选项的范围为第一个子菜单项至第三个子菜单项。

9.6.2 向系统菜单中插入自定义菜单项

向系统菜单中插入自定义菜单项后，在程序的标题栏或任务栏上单击鼠标右键，就可以看到在弹出的系统菜单中增加了自定义的菜单项。

1. API 函数 GetSystemMenu

API 函数 GetSystemMenu 用于获取系统菜单的句柄，其声明方法如下：

```
Public Declare Function GetSystemMenu Lib "user32" ( _
```

```
                    ByVal hwnd As Long, _
                    ByVal bRevert As Long) As Long
```

参数说明：

- hwnd：Long，窗口的句柄。
- bRevert：Long，如果是 True，表示接收原始的系统菜单。

返回值：Long，如执行成功，返回系统菜单的句柄；0 意味着出错。如 bRevert 设为 True，也会返回 0（简单地恢复原始的系统菜单）。

说明：

取得指定窗口的系统菜单的句柄。在 VB 环境中，"系统菜单"的正式名称为"控制菜单"，即单击窗口左上角的控制框时出现的菜单。

注意：

在 VB 里使用，系统菜单会向窗口发送一条 WM_SYSCOMMAND 消息，而不是 WM_COMMAND 消息。

2．API 函数 InsertMenu

API 函数 InsertMenu 用于插入菜单项，其声明方法如下：

```
Public Declare Function InsertMenu Lib "user32" Alias "InsertMenuA" ( _
                    ByVal hMenu As Long, _
                    ByVal nPosition As Long, _
                    ByVal wFlags As Long, _
                    ByVal wIDNewItem As Long, _
                    ByVal lpNewItem As Any) As Long
```

参数说明见表 9.6。

表 9.6　API 函数 InsertMenu 的参数说明

参　　数	类　　型	说　　明
hMenu	Long	菜单的句柄
nPosition	Long	定义了新条目插入点的一个现有菜单条目的标志符。如果在 wFlags 中指定了 MF_BYCOMMAND 标志，这个参数就代表欲改变的菜单条目的命令 ID。如设置的是 MF_BYPOSITION 标志，这个参数就代表菜单条目在菜单中的位置，第一个条目的位置为 0
wFlags	Long	一系列常数标志的组合，常数说明见表 9.7
wIDNewItem	Long	指定菜单条目的新菜单 ID。如果在 wFlags 中指定了 MF_POPUP 标志，就应该指定弹出式菜单的一个句柄
lpNewItem	Any	如果在 wFlags 参数中设置了 MF_STRING 标志，就代表要设置到菜单中的字串（String）。如设置的是 MF_BITMAP 标志，就代表一个 Long 型变量，其中包含了一个位图句柄

表 9.7　API 函数 InsertMenu 中参数 wFlags 的常数说明

常　　数	说　　明
MF_BITMAP	将一个位图用作菜单项。参数 lpNewltem 里含有该位图的句柄
MF_CHECKED	在菜单项旁边放置一个选取标记。如果应用程序提供一个选取标记——位图，则将选取标记位图放置在菜单项旁边

续表

常　数	说　明
MF_DISABLED	使菜单项无效，使该项不能被选择，但不使菜单项变灰
MF_ENABLED	使菜单项有效，使该项能被选择，并使其从变灰的状态恢复
MF_GRAYED	使菜单项无效并变灰，使其不能被选择
MF_MENUBARBREAK	对菜单条的功能同 MF_MENUBREAK 标志。对下拉式菜单、子菜单或快捷菜单，新列和旧列被垂直线分开
MF_MENUBREAK	将菜单项放置于新行（对菜单条），或新列（对下拉式菜单、子菜单或快捷菜单）且无分隔列
MF_OWNERDRAW	指定该菜单项为自绘制菜单项。菜单第一次显示前，拥有菜单的窗口接收一个 WM_MEASUREITEM 消息来得到菜单项的宽和高。然后，只要菜单项被修改，都将发送 WM_DRAWITEM 消息给菜单拥有者的窗口程序
MF_POPUP	指定菜单打开一个下拉式菜单或子菜单。参数 uIDNewItem 指定下拉式菜单或子菜单的句柄。此标志用来给菜单条、打开一个下拉式菜单或子菜单的菜单项、子菜单或快捷菜单加一个名字
MF_SEPARATOR	画一条水平区分线。此标志只被下拉式菜单、子菜单或快捷菜单使用。此区分线不能被变灰、无效或加亮。参数 IpNewItem 和 uIDNewItem 无用
MF_STRING	指定菜单项是一个正文字符串；参数 IpNewItem 指向该字符串
MF_UNCHECKED	不放置选取标记在菜单项旁边（默认）。如果应用程序提供一个选取标记——位图，则将选取标记位图放置在菜单项旁边

例 9.12　向系统菜单中插入自定义菜单项，运行效果如图 9.27 或图 9.28 所示。

创建一窗体命名为 Form1，Form1 中的主要代码如下：

```
Private Sub Form_Load()
    hMenu = GetSystemMenu(Me.hwnd, False)                          '获取系统菜单句柄
    InsertMenu hMenu, 0, MF_SEPARATOR, ByVal 1&, ByVal 0&          '插入分隔条
    InsertMenu hMenu, 0, MF_STRING, 1234, "关于本程序"              '插入字符串
    '保存系统默认的窗口消息处理函数的地址
    OldWindowProc = GetWindowLong(Me.hwnd, GWL_WNDPROC)
    '回调自定义函数 NewWindowProc，充当菜单项事件
    Call SetWindowLong(Me.hwnd, GWL_WNDPROC, AddressOf NewWindowProc)
End Sub
```

实现向系统菜单中插入自定义菜单项的功能主要通过使用 API 函数 GetSystemMenu、InsertMenu 实现。

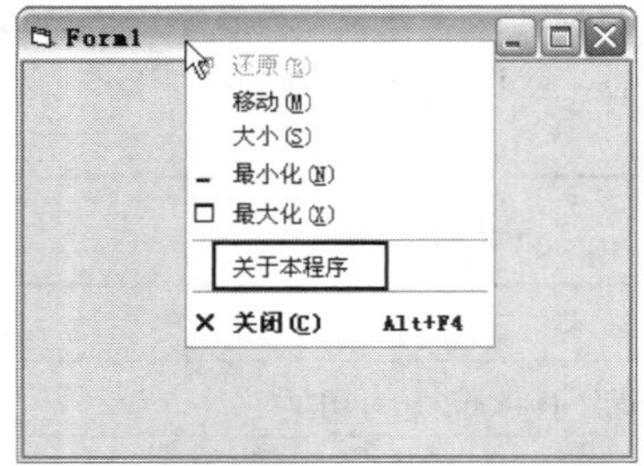

图 9.27　向系统菜单中插入自定义菜单项（1）

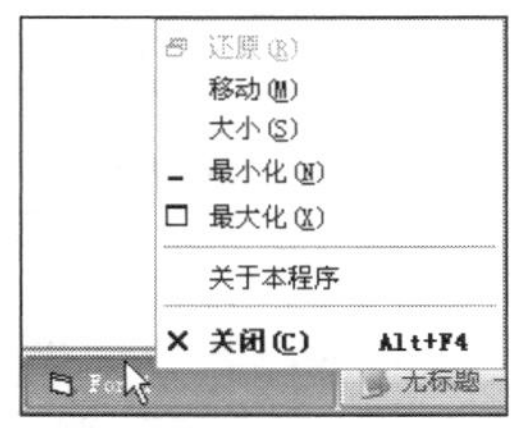

图 9.28　向系统菜单中插入自定义菜单项（2）

9.6.3　删除指定的菜单项

根据程序功能的需要可能需要将某菜单项删除。删除指定的菜单项通过使用 API 函数 DeleteMenu 实现，其声明方法如下：

```
Public Declare Function DeleteMenu Lib "User32" (ByVal hMenu As Long, _
                         ByVal nPosition As Long, ByVal wFlags As Long) As Long
```

参数见表 9.8。

表 9.8　API 函数 DeleteMenu 的参数及说明

参　数	类　型	说　明
hMenu	Long	菜单句柄
nPosition	Long	欲删除菜单条目的标识符。如在 wFlags 中设置了 MF_BYCOMMAND 标志，这个参数就代表要改变的菜单条目的命令 ID。如果设置了 MF_BYPOSITION 标志，这个参数就代表条目在菜单中的位置（头一个条目肯定是 0）
wFlags	Long	MF_BYPOSITION 或 MF_BYCOMMAND，具体由 nPosition 参数决定

例 9.13　删除系统菜单中的“关闭”菜单项。

删除应用程序的系统菜单中的“关闭”菜单项前，程序运行效果如图 9.29 所示；删除应用程序的系统菜单中的“关闭”菜单项后，程序运行效果如图 9.30 所示。

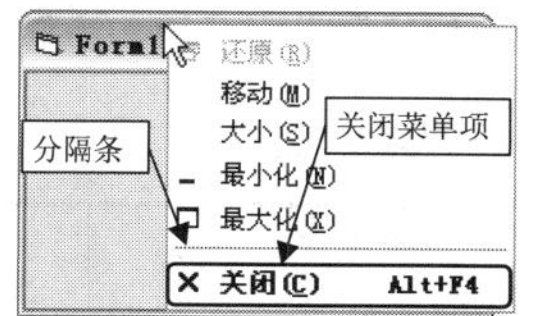

图 9.29　删除“关闭”菜单项前

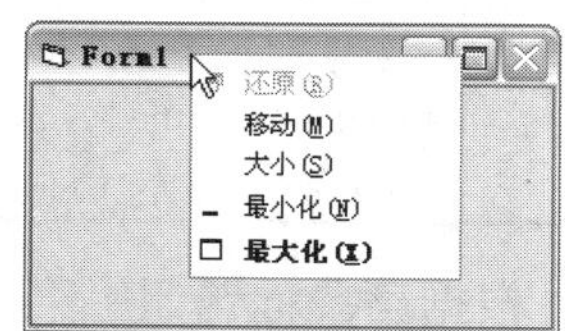

图 9.30　删除“关闭”菜单项后

主要代码如下：

```
Private Sub Form_Load()
    hMenu = GetSystemMenu(Me.hwnd, 0)                    '获取系统菜单句柄
    Call DeleteMenu(hMenu, SC_CLOSE, MF_BYCOMMAND)       '删除关闭菜单项
    Call DeleteMenu(hMenu, 5, MF_BYPOSITION)             '删除分隔条
End Sub
```

9.6.4　根据菜单标题调用菜单事件

在程序开发过程中，可能需要根据菜单的标题调用相应的菜单事件。要实现这个功能，主要通过使用 TypeName 函数获取对象的类型名称，使用 ScriptControl 控件根据标题调用菜单事件。

ScriptControl 控件全称为 Microsoft Script Control，是向开发人员提供简单方法以使应用程序脚本化的 ActiveX 控件。在使用该控件前，需要在 VB 开发环境中选择“工程”/“部件”命令，打开“部件”对话框。在“部件”对话框中勾选“Microsoft Script Control 1.0”，如图 9.31 所示。ScriptControl 控件的方法见表 9.9。

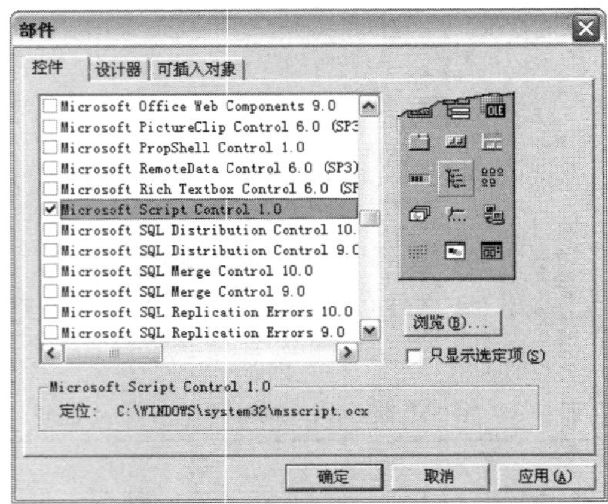

图 9.31　添加 ScriptControl 控件

表 9.9　ScriptControl 控件的方法、参数及功能描述

方法名称	参　数	功能描述
AddCode	Code As String	往脚本引擎中加入要执行的脚本
AddObject	Name As String, Object As Object, [AddMembers As Boolean = False]	往脚本引擎加入一个对象，以便在脚本中可以使用该对象提供的方法等
Eval	Expression As String	表达式求值
ExecuteStatement	Statement As String	解释并执行脚本语句
Reset		丢弃所有的对象和代码，将 State 属性置 0
Run	ProcedureName As String, ParamArray Parameters() As Variant	运行一个指定的过程

例 9.14　根据菜单标题调用菜单事件。

自定义过程 LoadMenu 用于调用与指定标题相匹配的菜单事件。在该过程中声明了字符串类型的形式参数 searchname，用于传递调用的菜单标题。代码如下：

```
Private Sub LoadMenu(ByVal searchname As String)
    Dim mymenu As Menu                                  '声明菜单类型变量
    For Each mymenu In menuclt                          'menuclt 是一个 Collection
                                                         对象，用于保存菜单对象
        ScriptControl1.Reset                            '丢弃所有的对象和代码
        ScriptControl1.AddObject "Frm_main", Frm_main   '往脚本引擎加入窗体对象
        ScriptControl1.AddCode "Frm_main." & _
                          menuclt("a" & searchname).Name & _
                          "_Click(" & menuclt("a" & searchname).Index & ")"
                                                        '调用菜单事件
    Next mymenu
    Set mymenu = Nothing                                '释放菜单对象
End Sub
```

9.6.5　添加菜单项图标

很多应用软件中的菜单都是带有图标的，例如 Word、Excel 等。这样可以使程序看起来更加专

业，而且也美化了程序。很多软件都是使用第三方控件来实现的，或者是编程工具本身就带有设置菜单图标的功能，在 VB6 中，利用自带的菜单编辑器不能设计出带有图标的菜单。这里利用 API 函数设计带图标的菜单。

1. GetMenu 函数

该函数用于取得窗口中一个菜单的句柄。其返回值是一个 Long 型值，依附于指定窗口的一个菜单的句柄（如果有菜单）；否则返回 0。声明形式如下：

```
Private Declare Function GetMenu Lib "user32" (ByVal hwnd As Long) As Long
```

其中参数 hwnd 是一个 Long 型值，表示窗口句柄。对于 VB，是一个窗体句柄。

例如，本程序中利用 GetMenu 函数获取窗体中菜单的句柄并将其值赋给变量 mHandle，程序代码如下：

```
mHandle = GetMenu(Me.hwnd)
```

2. GetSubMenu 函数

该函数用于取得一个弹出式菜单的句柄，它位于菜单中指定的位置。其返回值是一个 Long 型值，依附于指定位置的弹出式菜单的句柄（如果有的话）；否则返回 0。

声明形式如下：

```
Private Declare Function GetSubMenu Lib "user32" (ByVal hMenu As Long, ByVal nPos
As Long) As Long
```

函数的参数说明如下：

- hMenu：一个 Long 型值，菜单的句柄。
- nPos：一个 Long 型值，次级菜单在上级菜单中的位置。第一个条目的编号为 0。

例如，本程序中将取得 mHandle 句柄所指菜单的第 4 个主菜单（即“模式”菜单）的句柄，并将其赋给变量 sHandle，程序代码如下：

```
sHandle = GetSubMenu(mHandle, 4)
```

3. SetMenuItemBitmaps 函数

该函数用于设置一幅特定位图，令其在指定的菜单条目中使用，代替标准的复选符号（√）。位图的大小必须与菜单复选符号的正确大小相符，这个正确大小可以由 GetMenuCheckMark-Dimensions 函数获得。

该函数的返回值是一个 Long 型值，非 0 表示成功，0 表示失败，会设置 GetLastError。

该函数的声明形式如下：

```
Private Declare Function SetMenuItemBitmaps Lib "user32" (ByVal hMenu As Long, _
                                             ByVal nPosition As Long, _
                                             ByVal wFlags As Long, _
                                             ByVal hBitmapUnchecked As Long, _
                                             ByVal hBitmapChecked As Long) As Long
```

该函数的参数说明见表 9.10。

表 9.10　SetMenuItemBitmaps 函数的参数说明

参　数	说　明
hMenu	Long，菜单句柄
nPosition	Long，欲设置位图的一个菜单条目的标识符。如在 wFlags 参数中指定了 MF_BYCOMMAND，这个参数就代表欲改变的菜单条目的命令 ID。如设置的是 MF_BYPOSITION，这个参数就代表菜单条目在菜单中的位置（第一个条目的位置为 0）
wFlags	Long，常数 MF_BYCOMMAND 或 MF_BYPOSITION，取决于 nPosition 参数
hBitmapUnchecked	Long，撤消复选时为菜单条目显示的一幅位图的句柄。如果为 0，表示不在未复选状态下显示任何标志
hBitmapChecked	Long，复选时为菜单条目显示的一幅位图的句柄。可设为 0，表示复选时不显示任何标志。如两个位图句柄的值都是 0，则为这个条目恢复使用默认复选位图

例 9.15　为“文件”菜单中的“保存”子菜单添加图标，程序运行效果如图 9.32 所示。

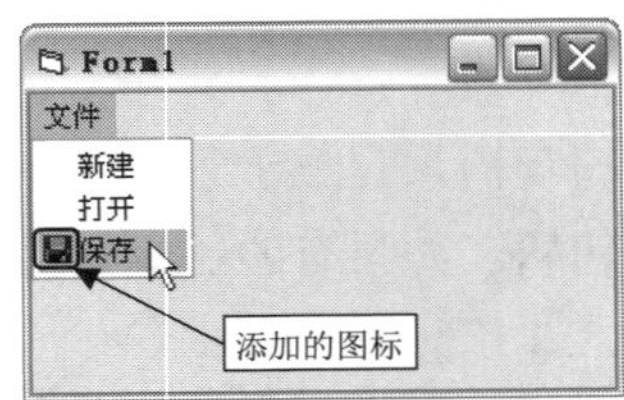

图 9.32　添加菜单项图标

代码如下：

```
Const MF_BYPOSITION = &H400&                                  '常数，表示以位置指定菜单
Private Declare Function GetMenu Lib "user32" (ByVal hwnd As Long) As Long
                                                              '用于获取窗口中的菜单句柄
Private Declare Function GetSubMenu Lib "user32" (ByVal hMenu As Long, ByVal nPos
As Long) As Long
Private Declare Function SetMenuItemBitmaps Lib "user32" ( _
                     ByVal hMenu As Long, ByVal nPosition As Long, _
                     ByVal wFlags As Long, ByVal hBitmapUnchecked As Long, _
                     ByVal hBitmapChecked As Long) As Long  '用于设置菜单项图标
Private Sub Form_Load()
   Dim hMenu As Long, hSubMenu As Long                        '声明变量用于保存句柄
   hMenu = GetMenu(Me.hwnd)                                   '获取窗口中的菜单句柄
   If hMenu = 0 Then                                          '当不存在菜单
      Exit Sub                                              '跳出过程
   End If
   hSubMenu = GetSubMenu(hMenu, 0)                          '获取子菜单句柄
   If hSubMenu = 0 Then                                     '当不存在子菜单
      Exit Sub                                              '跳出过程
   End If
   SetMenuItemBitmaps hSubMenu, _
                   2, MF_BYPOSITION, Pic_Save.Picture, _
                   Pic_Save.Picture                         '设置菜单项图标
End Sub
```

✍ 说明：

上面代码中的数字 2 用于指定“保存”菜单项的位置，菜单项的索引值从 0 开始。

9.6.6　为无标题栏窗体添加系统菜单

为了美化程序界面，开发人员经常将窗体的标题栏隐藏起来，并自定义标题栏。但是，隐藏标题栏后将导致无法在任务栏中调用系统菜单，不过这一问题并不是无法解决，例如腾讯公司的“QQ音乐”就实现了显示无标题栏窗体的系统菜单的功能，如图 9.33 所示。使用 VB 开发的程序也可以实现显示无标题栏窗体的系统菜单的功能，不过需要借助于 API 函数。

图 9.33　弹出“QQ 音乐”系统菜单

为无标题栏窗体添加系统菜单主要通过 API 函数 GetWindowLong、SetWindowLong 实现。

1. API 函数 GetWindowLong

API 函数 GetWindowLong 用于从指定窗口的结构中取得信息，其声明方法如下：

```
Public Declare Function GetWindowLong Lib "user32" Alias "GetWindowLongA" ( _
                ByVal hwnd As Long, _
                ByVal nIndex As Long) As Long
```

参数说明：

- hwnd：Long，欲为其获取信息的窗口句柄。
- nIndex：Long，欲取回的信息，可以是表 9.11 中的常数。

表 9.11　API 函数 GetWindowLong 的常数 nIndex 说明

常　　数	说　　明
GWL_EXSTYLE	扩展窗口样式
GWL_STYLE	窗口样式
GWL_WNDPROC	该窗口的窗口函数的地址
GWL_HINSTANCE	拥有窗口的实例的句柄
GWL_HWNDPARENT	该窗口之父的句柄。不要用 SetWindowWord 来改变这个值
GWL_ID	对话框中一个子窗口的标识符
GWL_USERDATA	含义由应用程序规定
DWL_DLGPROC	这个窗口的对话框函数地址
DWL_MSGRESULT	在对话框函数中处理的一条消息返回的值
DWL_USER	含义由应用程序规定

2．API 函数 SetWindowLong

API 函数 SetWindowLong 用于在窗口结构中为指定的窗口设置信息，其声明方法如下：

```
Public Declare Function SetWindowLong Lib "user32" Alias "SetWindowLongA" ( _
                ByVal hwnd As Long, _
                ByVal nIndex As Long, _
                ByVal dwNewLong As Long) As Long
```

参数说明：

- hwnd：Long，欲为其取得信息的窗口的句柄。
- nIndex：Long，请参考 GetWindowLong 函数的 nIndex 参数说明。
- dwNewLong：Long，由 nIndex 指定的窗口信息的新值。

例 9.16　为无标题栏窗体添加系统菜单。运行程序，在任务栏中调用系统菜单的效果如图 9.34 所示。

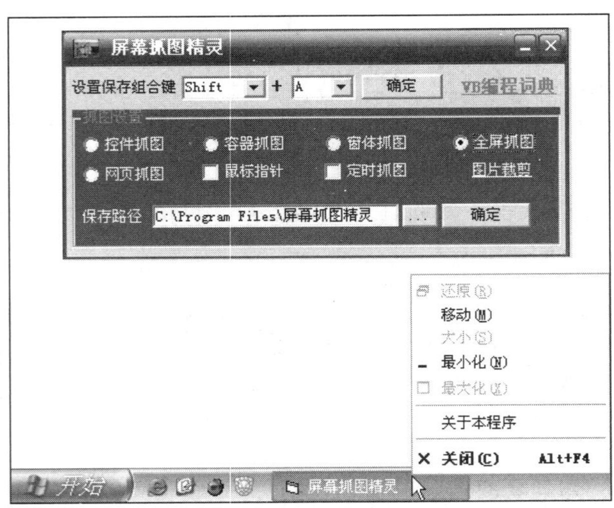

图 9.34　弹出添加的系统菜单

添加系统菜单的关键代码如下：

```
Style = GetWindowLong(Me.hwnd, GWL_STYLE)            '获取窗口样式
Style = Style Or WS_SYSMENU Or WS_MINIMIZEBOX        '添加系统菜单并显示最小化菜单项
SetWindowLong Me.hwnd, GWL_STYLE, Style              '设置新的窗口样式
```

说明：

WS_SYSMENU= &H80000；WS_MINIMIZEBOX= &H20000。

扫一扫，看视频

第 10 章　对　话　框

对话框是程序与用户进行交互的主要途径，在应用程序中会经常用到，如输入对话框、打开和保存对话框、消息对话框等。这些对话框既可以输入信息又可以显示信息，在应用程序中扮演着非常重要的角色。本章将介绍对话框的相关内容，结合具体实例进行讲解，使读者能够更容易理解和学习。本章视频要点如下：

- 如何学好本章；
- 创建并使用输入对话框；
- 创建并使用消息对话框；
- 创建并使用通用对话框。

10.1　对话框概述

对话框是人机交流的一种方式，用户对对话框进行设置，计算机就会执行相应的命令。本节将对对话框的分类和特点进行介绍。

10.1.1　对话框的分类

VB 中的对话框分 3 种类型，即预定义对话框、通用对话框和自定义对话框。

（1）预定义对话框。预定义对话框也称预置对话框，是由系统提供的。VB 提供了两种预定义对话框，即输入框和信息框，前者用 InputBox 函数建立，后者用 MsgBox 函数建立。

（2）通用对话框是一种控件，用这种控件可以设计较为复杂的对话框。

（3）自定义对话框。自定义对话框也称定制对话框，这种对话框由用户根据自己的需要进行定义。本章中由于篇幅有限，不对自定义对话框的具体方法进行介绍。

10.1.2　对话框的特点

对话框的应用在人机对话中是非常普遍的，它主要具有以下特点：

（1）对话框的边框是固定的，无法调整对话框的大小。

（2）必须单击对话框中的某个按钮才能退出对话框。

（3）在对话框中不能有最大化按钮（Max Button）和最小化按钮（Min Button），以免被意外地扩大或缩成图标。

（4）对话框不是应用程序的主要工作区，只是临时使用，使用后就关闭。

（5）对话框中控件的属性可以在设计阶段设置，但在有些情况下，必须在运行时（即在代码中）设置控件的属性，因为某些属性的设置取决于程序中的条件判断。

10.2　预定义对话框

预定义对话框是通过使用 VB 提供的预定义对话框函数实现的。预定义对话框按照功能分为两类：输入对话框、消息对话框，本节将对两种类型的对话框的创建方法进行介绍。

10.2.1　输入对话框

扫一扫，看视频

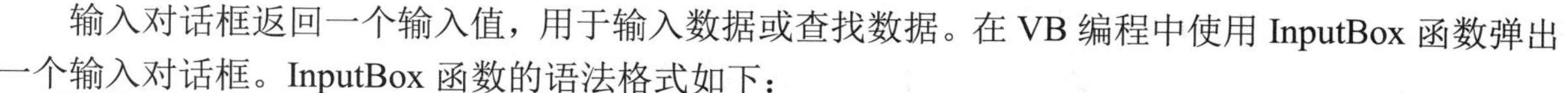

输入对话框返回一个输入值，用于输入数据或查找数据。在 VB 编程中使用 InputBox 函数弹出一个输入对话框。InputBox 函数的语法格式如下：

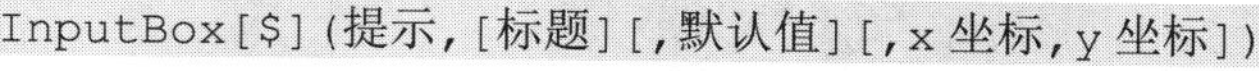

```
InputBox[$](提示,[标题][,默认值][,x 坐标,y 坐标])
```

InputBox 函数中的参数及其说明见表 10.1。

表 10.1　InputBox 函数的参数说明

参　　数	说　　明
[$]	当该参数存在时，返回的是字符型数据；当该参数不存在时，返回的是变体型数据
提示	一个字符串表达式，用于提示用户输入的信息内容，是必需参数。该参数可以显示单行文字，也可以显示多行文字，但必须在行文字的末尾加上回车符 Chr(13)和换行符 Chr(10)或使用 vbCrlf 语句换行
[标题]	一个字符串表达式，该参数用于设置输入对话框标题栏中的标题。该参数是可选项，省略时，将使用工程名的标题
[默认值]	为可选项，用来在输入对话框的输入文本框中显示一个默认值
[x 坐标, y 坐标]	表示对话框（左上角）在屏幕上出现的位置。如果省略此参数，则对话框出现在屏幕的中央

注意：

使用 InputBox 函数时应注意以下几点：

① 在默认情况下，InputBox 函数返回字符串型的值。如果要返回数值型数据时，要将返回值使用 Val 函数转换为数值型（其他字段类型与此相同）。如果声明了返回值的变量类型，则不必进行类型转换。

② 在使用输入对话框输入数据后，单击“确定”按钮（或按<Enter>键）返回输入值；单击“取消”按钮（或按<ESC>键）返回一个空字符串。

例 10.1　本实例实现通过输入对话框输入信息，将输入的信息显示在窗体上。程序运行效果如图 10.1 所示。

图 10.1　使用输入对话框

程序代码如下：

```
Dim str As String                                    '定义字符串变量
Dim stu As String                                    '定义字符串变量
Private Sub Command1_Click()
```

```
    str = "请输入学生姓名" + vbCrLf + "然后按回车键或单击""确定""按钮"    '设置提示内容
    stu = InputBox(str, "姓名输入框", , 2000, 3000)                      '返回输入值
    Print stu                                                           '打印输入值
End Sub
```

扫一扫，看视频

10.2.2 消息对话框

消息对话框主要用于显示提示信息，等待用户单击按钮，并返回一个值，告诉应用程序用户单击的是哪个按钮，执行了什么操作。例如，当用户关闭应用程序时会弹出一个“是否确定退出程序”的提示对话框，包括“是”和“否”两个按钮供用户选择，然后根据用户的选择确定后面的操作。

消息框是使用 MsgBox 函数进行调用的，该函数的格式如下：

```
MsgBox(prompt[, buttons] [, title] [, helpfile, context])
```

MsgBox 函数的参数说明见表 10.2。

表 10.2　MsgBox 函数的参数说明

参　数	说　明
prompt	必需参数，字符串表达式，作为显示在对话框中的消息。prompt 的最大长度大约为 1024 个字符，由所用字符的宽度决定。如果 prompt 的内容超过一行，则可以在每一行之间用回车符（Chr(13)）、换行符（Chr(10)）或是回车与换行符的组合（Chr(13)&Chr(10)）将各行分隔开来
buttons	可选参数，数值表达式是值的总和，指定显示按钮的数目及形式，使用的图标样式，默认按钮是什么以及消息框的强制回应等。如果省略，则 buttons 的默认值为 0
title	可选参数，在对话框标题栏中显示的字符串表达式。如果省略 title，则将应用程序名放在标题栏中
helpfile	可选参数，字符串表达式，识别用来向对话框提供上下文相关帮助的帮助文件。如果提供了 helpfile，则必须提供 context
context	可选参数，数值表达式，由帮助文件的作者指定给适当的帮助主题的帮助上下文编号。如果提供了 context，则必须提供 helpfile

其中 buttons 参数的设置值见表 10.3。

表 10.3　buttons 参数的设置值

常　数	值	说　明
vbOKOnly	0	在对话框中只显示“确定”按钮
vbOKCancel	1	在对话框中显示“确定”和“取消”两个按钮
vbAbortRetryIgnore	2	在对话框中显示“终止（A）”“重试（R）”和“忽略（I）”3 个按钮
vbYesNoCancel	3	在对话框中显示“是（Y）”“否（N）”和“取消”按钮
vbYesNo	4	在对话框中显示“是（Y）”和“否（N）”两个按钮
vbRetryCancel	5	在对话框中显示“重试（R）”和“取消”两个按钮
vbCritical	16	在对话框中显示严重错误图标并伴有声音
vbQuestion	32	在对话框中显示询问图标并伴有声音
vbExclamation	48	在对话框中显示警告图标并伴有声音
vbInformation	64	在对话框中显示消息图标并伴有声音
vbDefaultButton1	0	第 1 个按钮是默认值
vbDefaultButton2	256	第 2 个按钮是默认值

续表

常　　数	值	说　　明
vbDefaultButton3	512	第 3 个按钮是默认值
vbDefaultButton4	768	第 4 个按钮是默认值
vbApplicationModal	0	应用程序强制返回；应用程序一直被挂起，直到用户对消息框作出响应才继续工作
vbSystemModal	4096	系统强制返回；全部应用程序都被挂起，直到用户对消息框作出响应才继续工作
vbMsgBoxHelpButton	16384	将 Help 按钮添加到消息框
vbMsgBoxSetForeground	65536	指定消息框窗口作为前景窗口
vbMsgBoxRight	524288	文本为右对齐
vbMsgBoxRtlReading	1048576	指定文本应为在希伯来和阿拉伯语系统中的从右到左显示

说明：

第 1 组值（0～5）描述了对话框中显示的按钮的类型与数目；第 2 组值（16、32、48 和 64）描述了图标的样式；第 3 组值（0、256 和 512）说明哪一个按钮是默认值；第 4 组值（0 和 4096）则决定消息框的强制返回性。将这些数字相加生成 buttons 参数值的时候，只能由每组值取用一个数值。例如 1+48+0=49，表示在消息框中显示“确定”和“取消”两个按钮，显示“!”图标，默认按钮为第一个按钮，即“确定”按钮。也可以使用常数值相加的样式表示 buttons 参数值，例如，vbOKCancel+vbQuestion 表示在消息框中显示“确定”和“取消”两个按钮并显示“？”图标。

在弹出的消息框中选择相应的按钮后，系统将根据选择的按钮返回一个值给程序，然后根据这个值选择下面的操作，函数返回值见表 10.4。

表 10.4　MsgBox 函数的返回值

操　　作	返　回　值	常　　数
选择“确定”按钮	1	vbOK
选择“取消”按钮	2	vbCancel
选择“终止”按钮	3	vbAbort
选择“重试”按钮	4	vbRetry
选择“忽略”按钮	5	vbIgnore
选择“是”按钮	6	vbYes
选择“否”按钮	7	vbNo

例 10.2　本实例通过 MsgBox 函数调用消息对话框，当程序运行时，单击窗体上的“退出程序”按钮，提示消息对话框选择“是”按钮退出程序；选择“否”按钮继续执行程序，并将返回值显示在窗体上；选择“取消”按钮，取消操作，并将返回值显示在窗体上。提示的消息对话框如图 10.2 所示。

图 10.2　消息对话框

程序代码如下：

```
Dim N1 As Integer                                          '定义整型变量存放返回值
Private Sub Command1_Click()
   N1 = MsgBox("确认退出程序？", 67, "提示信息")              '提示消息对话框
   If N1 = vbNo Then                                       '如果选择"否"
      Print "选择 "" 否 "" 的返回值为：" & N1                  '在窗体上输出返回值
   ElseIf N1 = vbYes Then                                  '如果选择"是"
      End                                                  '退出程序
   ElseIf N1 = vbCancel Then                               '如果选择"取消"
      MsgBox "操作已经被取消！", 64, "提示信息"                 '提示信息
      Print "选择 "" 取消 "" 的返回值为：" & N1                '在窗体上输出返回值
   End If
End Sub
```

10.3 通用对话框

Microsoft Windows 通用对话框包括：打开文件、保存文件、打印、颜色对话框等。下面将对各种类型的通用对话框的创建方法进行介绍。

扫一扫，看视频

10.3.1 通用对话框概述

通用对话框在 VB 开发环境中是通过对 CommonDialog 控件的使用实现的，使用它可以创建 Windows 的标准对话框界面。用户可以通过此控件在窗体上创建 6 种标准对话框，分别为：文件对话框（文件对话框包括打开对话框、另存为对话框）、颜色对话框（Color）、字体对话框（Font）、打印对话框（Printer）和帮助对话框（Help）。

Windows 所提供的几种常见的对话框及其说明见表 10.5。

表 10.5 通用对话框

对 话 框	描 述
“打开”对话框	选取要打开文件的文件名和路径
“另存为”对话框	指定保存信息的文件名和路径，通常用于保存文件
“颜色”对话框	在程序中从标准色中选取或创建要使用的颜色
“字体”对话框	选取基本字体及设置想要的字体属性
“打印”对话框	选取打印机，同时设置一些打印参数
“帮助”对话框	与自制或原有的帮助文件取得连接

CommonDialog 控件属于 ActiveX 控件，使用前需要先将其添加到工具箱中。添加方法为：选择菜单栏中的“工程”/“部件”命令，在弹出的如图 10.3 所示“部件”对话框中选择 Microsoft Common Dialog Control 6.0（SP3）选项，单击“确定”按钮，即可将 CommonDialog 控件添加到工具箱中。添加到工具箱中的 CommonDialog 控件如图 10.4 所示。

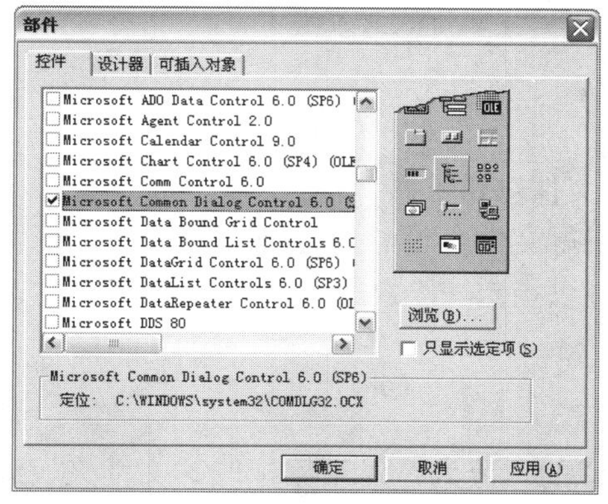

图 10.3　“部件”对话框

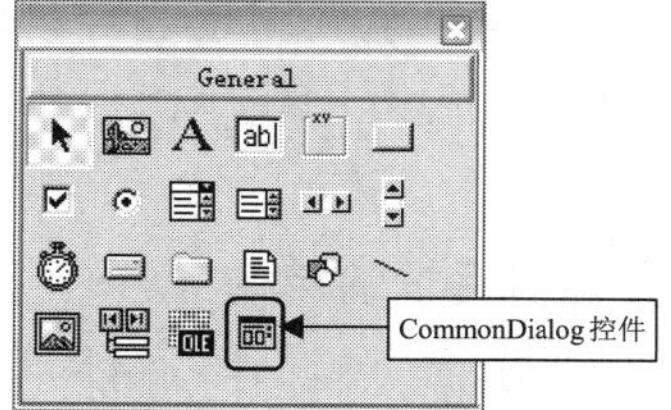

图 10.4　添加到工具箱中的 CommonDialog 控件

说明：

CommonDialog 控件添加到工具箱中后，就可以像使用标准控件一样将其添加到窗体中进行使用了。在程序运行时，该控件隐藏不显示。使用其 Action 属性或 Show 方法调出所需的对话框，然后通过编程实现相应的对话框功能。

通过设置 CommonDialog 控件的 Action 属性或使用 Show 方法都可调出所需的对话框。下面介绍 Action 属性和 Show 方法。

1. Action 属性

该属性指定打开何种类型的对话框。其属性值对应打开的对话框如下：

- 0：无对话框打开；
- 1：“打开”对话框；
- 2：“另存为”对话框；
- 3：“颜色”对话框；
- 4：“字体”对话框；
- 5：“打印”对话框；
- 6：“帮助”对话框。

该属性不能通过属性窗口进行设置，只能在程序中赋值。

2. Show 方法

使用 Show 方法同样可以调用公用对话框。这些方法如下：

- ShowOpen 方法：“打开”对话框。
- ShowSave 方法：“另存为”对话框。
- ShowColor 方法：“颜色”对话框。
- ShowFont 方法：“字体”对话框。
- ShowPrinter 方法：“打印”对话框。
- ShowHelp 方法：“帮助”对话框。

扫一扫，看视频

10.3.2 文件对话框

文件对话框分为两种，即打开文件对话框和保存文件对话框。

通用对话框的重要用途之一，就是从用户那里获得文件名信息。打开文件对话框可以让用户指定一个文件，由程序使用；而用保存文件对话框可以指定一个文件，并以这个文件名保存当前文件。

1. 文件对话框的结构

从结构上来说，“打开”和“保存”对话框是类似的，分为：对话框标题、文件夹、选择文件夹级别、新文件夹、文件列表模式、文件细节、文件列表、文件类型、文件名。

2. 文件对话框的属性

“打开”和“保存”对话框共同的属性如下：

（1）DefaultEXT 属性：设置对话框中的默认文件类型，即扩展名。

语法：

```
object.DefaultExt [= string]
```

参数说明：

- object：对象表达式。
- string：字符串表达式，它用来指定文件的扩展名。

说明：

使用该属性指定默认的扩展文件名，如 .txt 或 .doc。当保存一个没有扩展名的文件时，自动给该文件指定由 DefaultExt 属性指定的扩展名。

（2）DialogTitle 属性：该属性用来设置对话框的标题。

语法：

```
object.DialogTitle [= title]
```

参数说明：

- object：对象表达式。
- title：指定该对话框名称的字符串表达式。

说明：

使用该属性显示标题栏中对话框的名称。

注意：

当显示“颜色”“字体”或“打印”对话框时，CommonDialog 控件忽略 DialogTitle 属性的设置。“打开”对话框默认的标题是“打开”；“另存为”对话框默认的标题是“另存为”。

（3）FileName 属性：用来设置或返回要打开或保存的文件的路径及文件名。

语法：

```
object.FileName [= pathname]
```

参数说明：

- object：对象表达式。
- pathname 字符串表达式，指定路径和文件名。

说明：

运行并创建控件时，FileName 属性设置为 0 长度字符串（""），表示当前没有选择文件。

在 CommonDialog 控件里，可以在打开对话框之前设置 FileName 属性，以设定初始文件名。读该属性，返回当前从列表中选择的文件名。路径用 Path 属性单独检索。在功能上，该值与 List(ListIndex)等价。如果没有选择文件，FileName 返回 0 长度字符串。

设置这个属性时：

- 若字符串中包含驱动器、路径或模式，则会相应地改变 Drive、Path 和 Pattern 属性。
- 若字符串中包含存在的文件名（不包含通配符），则会选择该文件。
- 改变该属性值可能会产生一个或多个如下事件：PathChange（如果改变路径），PatternChange （如果改变模式），或 DblClick（如果指定存在的文件名）。
- 该属性值可以是限定的网络路径和文件名，可用下述语法：

```
\\servername\sharename\pathname
```

（4）FileTitle 属性：用来指定文件对话框中所选择的文件名（不包括路径）。该属性与 FileName 属性的区别是：FileName 属性用来指定完整的路径；而 FileTitle 属性只指定文件名。

语法：

```
object.FileTitle
```

参数说明：

object：所在处代表对象表达式。

说明：

当在“文件”对话框中选择一个文件并单击“确定”按钮时，FileTitle 属性就记录一个值，该值将被用于打开或保存所选的文件。

注意：

如果设置 cdlOFNNoValidate 标志，则 FileTitle 属性不返回值。

（5）Filter 属性：用来指定在对话框中显示的文件类型。

语法：

```
object.Filter [= description1 |filter1 |description2 |filter2...]
```

参数说明：

- object：对象表达式。
- description：描述文件类型的字符串表达式。
- filter：指定文件名扩展的字符串表达式。

✍ 说明：

过滤器指定在对话框的文件列表框中显示的文件的类型。例如，选择过滤器为 *.txt，就显示所有的文本文件。使用该属性可以在对话框显示时提供一个过滤器列表，用它可以进行选择。
使用管道（|）符号（ASCII 124）将 fifter 与 description 的值隔开。管道符号的前后都不要加空格，因为这些空格会被与 fifter 与 description 的值一起显示。
下列代码给出一个过滤器的例子，该过滤器允许选择文本文件或含有位图和图标的图形文件：

```
Text (*.txt)|*.txt|Pictures (*.bmp;*.ico)|*.bmp;*.ico
```

当为一个对话框指定一个以上的过滤器时，需使用 FilterIndex 属性确定哪一个作为默认过滤器显示。

（6）FbilterIndex 属性：用来指定默认的过滤器，其设置值为一整数。

语法：

```
object.FilterIndex [= number]
```

参数说明：

- object：对象表达式。
- number：指定默认过滤器的数值表达式。

✍ 说明：

当使用 Filter 属性为"打开"或"另存为"对话框指定过滤器时，该属性指定默认的过滤器。对于所定义的第一个过滤器其索引是 1。

扫一扫，看视频

10.3.3 打开文件对话框

打开文件对话框主要通过使用 CommonDialog 控件的 ShowOpen 方法或将 Action 属性设置为 1 实现。

例 10.3 使用"打开"对话框，选择被读取的文本文件的路径。

运行程序后的效果如图 10.5 所示，单击"读取"按钮后弹出"打开"对话框，选择指定文件后的效果如图 10.6 所示。

图 10.5 实例程序界面

图 10.6 "打开"对话框

制作本实例主要通过使用 CommonDialog 控件的 ShowOpen 方法以及 FileName 属性实现。在本实例中用到的控件以及相关属性见表 10.6。

表 10.6　控件及属性说明

控　件　类	控 件 名 称	控 件 属 性
CommonDialog	Cdg_Open	
CommandButton（2 个）	Cmd_Open	Caption = "读取"
	Command1	Caption = "退出"
TextBox	Text1	MultiLine = True ScrollBars = 2 - Vertical

代码如下：

```
Private Sub Cmd_Open_Click()
   With Cdg_Open                                    '复用语句
      .FileName = ""                                '文件名清空
      .ShowOpen                                     '打开对话框
      If .FileName <> "" Then                       '当选中某文件时
         Open .FileName For Binary As #1            '打开该文件
         Text1.Text = Input(LOF(1), #1)             '显示文件内容
         Close #1                                   '关闭文件
      End If
   End With                                         '结束复用语句
End Sub
```

例 10.4　文件列表框中显示的文件的类型为*.txt，程序运行后“打开”对话框的效果如图 10.7 所示。

关键代码如下：

```
Cdg_Open.Filter = "Text (*.txt)|*.txt"
```

在“打开”对话框中并非只能指定一种文件类型，它可以同时指定多种文件类型。

例 10.5　在“打开”对话框中同时支持 txt 与 ini 两种文件类型。程序运行后“打开”对话框的效果如图 10.8 所示。

图 10.7　显示 txt 类型的文件

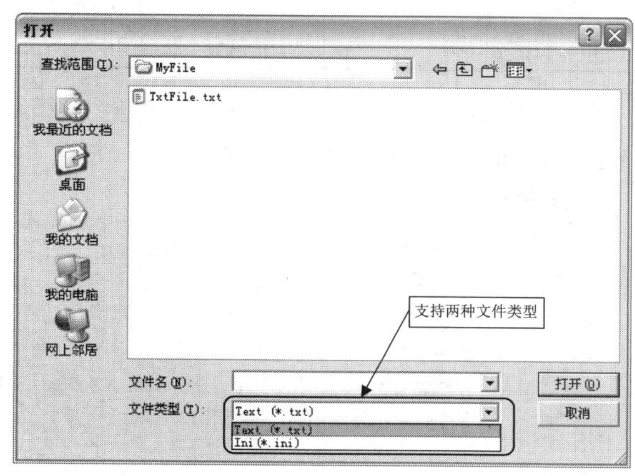

图 10.8　多文件类型

关键代码如下：

```
Cdg_Open.Filter = "Text (*.txt)|*.txt|Ini(*.ini)|*.ini"
```

扫一扫，看视频

10.3.4 “文件多选打开”对话框

在“打开”对话框中同时选择多个文件可以减少用户的操作步骤，在对文件进行批量操作时不必再将选中的单个文件名称添加到列表框中，只需要在“打开”对话框中同时选择多个文件即可。例如，选择多个文件（如图 10.9 所示），单击“打开”按钮后程序运行效果如图 10.10 所示。

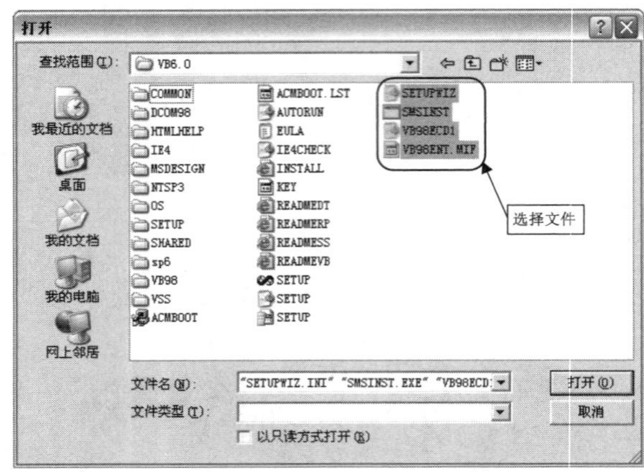

图 10.9 选择多个文件

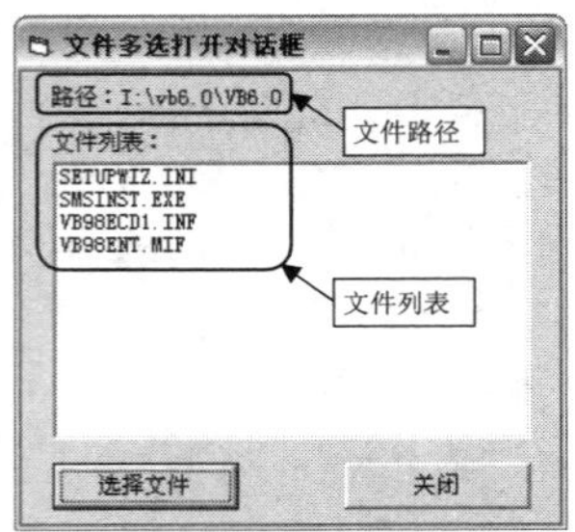

图 10.10 多选后程序效果

创建文件多选对话框主要是通过设置 CommonDialog 控件的 Flags 属性和使用 ShowOpen 方法实现的。将 Flags 属性设置为常数 cdlOFNAllowMultiselect 与常数 cdlOFNExplorer 的组合，可以实现在“打开”对话框中选择多个文件。cdlOFNAllowMultiselect 与 cdlOFNExplorer 的说明见表 10.7。

表 10.7 常数 cdlOFNAllowMultiselect、cdlOFNExplorer 的说明

常　数	值	说　明
cdlOFNAllowMultiselect	&H200	指定文件名列表框允许多种选择。运行时，可按下 shift 键选择多个文件，按下 UP ARROW 与 DOWN ARROW 键选择需要的文件
cdlOFNExplorer	&H80000	使用“Explorer-like Open A File”对话框模板

例 10.6 创建“文件多选打开”对话框，选择多个文件（如图 10.9 所示），单击“打开”按钮后程序运行效果如图 10.10 所示。

代码如下：

```
Private Sub Command1_Click()
    Dim arr, i As Integer                               '声明变体变量 arr，整型变量 i
    List1.Clear                                         '清除列表项
    With CommonDialog1                                  '复用语句
        .Flags = cdlOFNAllowMultiselect + cdlOFNExplorer '设置对话框样式
        .CancelError = False                            '单击“取消”按钮不报错
        .FileName = ""                                  '清空文件名
        .ShowOpen                                       '显示文件多选对话框
```

```
        If .FileName <> "" Then                          '当已选择文件时
            arr = Split(.FileName, Chr(0))               '将字符串拆分为数组
        End If
    End With

    If UBound(arr) > LBound(arr) Then                    '当数组长度大于 1 时
        Label1.Caption = "路径: " & arr(LBound(arr))     '显示文件所在路径
        For i = LBound(arr) + 1 To UBound(arr)           '显示文件所在路径
            List1.AddItem arr(i)                         '在列表项中添加文件名称
        Next i
    Else
        File1.FileName = CommonDialog1.FileName          '设置文件名属性用于获取所选
                                                          文件路径
        Label1.Caption = "路径: " & File1.Path           '显示文件所在路径
        List1.AddItem File1.FileName                     '在列表项中添加文件名称
    End If
End Sub
```

10.3.5　“另存为”对话框

扫一扫，看视频

“另存为”对话框为用户在存储文件时提供一个标准用户界面。用户在对话框中选择要存储文件的路径，这样才能将文件保存到指定的路径下。“另存为”对话框如图 10.11 所示。

图 10.11　“另存为”对话框

下面介绍“另存为”对话框的调用方法。

将 CommonDialog 控件的 Action 属性设置为 2 或是利用该控件的 ShowSave 方法，都可调用“另存为”对话框。此时的“另存为”对话框不能真正对文件存储，它仅提供一个存储文件路径的用户界面，供用户选择文件存储路径，真正的保存文件的工作要在后面通过编程实现。

说明：

“另存为”对话框标题栏上的标题可以通过 CommonDialog 控件的 DialogTitle 属性进行设置。例如将“另存为”改为“保存图片”，代码可写为：CommonDialog1.DialogTitle = "保存图片"。

例 10.7 本实例实现当程序运行时，在文本框内输入文字，单击窗体上的“另存为”按钮，打开“另存为”对话框，将文本框内的内容保存成纯文本文件。运行界面如图 10.12 所示。

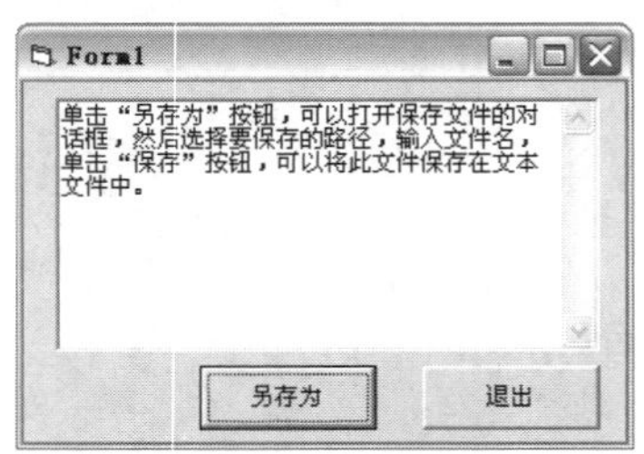

图 10.12 使用“另存为”对话框

程序代码如下：

```
Private Sub Command1_Click()
   CommonDialog1.Filter = "文本文件|*.txt"                    '设置文件格式
   CommonDialog1.InitDir = "E:\"                              '设置初始路径
   CommonDialog1.Action = 2                                   '选择“另存为”对话框
   If CommonDialog1.FileName <> "" Then                       '如果输入了文件名
      Open CommonDialog1.FileName For Output As #1            '打开文件
      Print #1, Text1.Text                                    '输入文本
      Close #1                                                '关闭文件
   End If
End Sub
```

另外使用 ShowSave 方法也可以打开“另存为”对话框，代码写为：

```
CommonDialog1.ShowSave
```

扫一扫，看视频

10.3.6 “颜色”对话框

“颜色”对话框供用户选择颜色，在应用软件中经常用到。通过将 CommonDialog 控件的 Action 属性值设置为 3 或使用 ShowColor 方法都可以调用“颜色”对话框。

在“颜色”对话框的调色板中提供了基本颜色，也可以自定义颜色，当用户在调色板中选中某颜色时，该颜色值赋给 Color 属性。“颜色”对话框如图 10.13 所示。

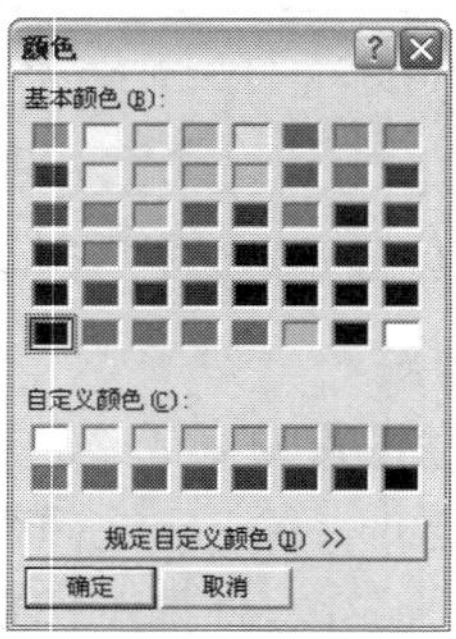

图 10.13 “颜色”对话框

例 10.8 本实例实现通过调用“颜色”对话框设置在文本框中的字体颜色。程序代码如下：

```
Private Sub Command1_Click()
   CommonDialog1.Action = 3                                   '打开“颜色”对话框
```

```
    Text1.ForeColor = CommonDialog1.Color                '设置文本框前景颜色
End Sub
```

同样可以使用 ShowColor 方法调用“颜色”对话框，代码可写为：

```
CommonDialog1.ShowSave
```

10.3.7　“字体”对话框

扫一扫，看视频

“字体”对话框用于供用户选择字体，可以指定文字的字体、大小和样式等属性。通过将 CommonDialog 控件的 Action 属性值设置为 4，或使用 ShowFont 方法都可以调用“字体”对话框。“字体”对话框如图 10.14 所示。

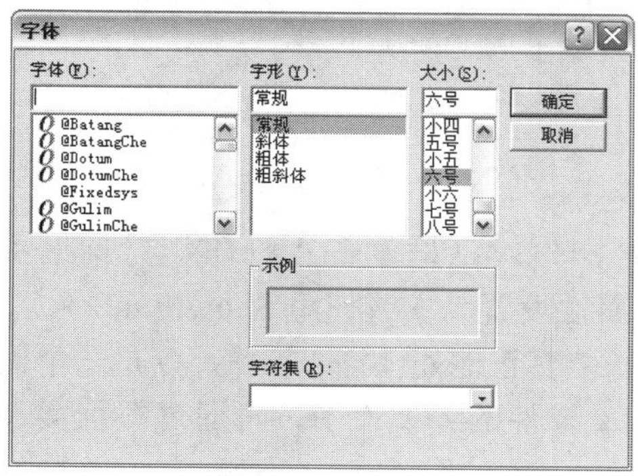

图 10.14　“字体”对话框

注意：

在调用“字体”对话框前应先设置 Flags 属性，否则会产生不存在字体的错误，提示信息如图 10.15 所示。Flags 属性的设置值见表 10.8。

图 10.15　未设置 Flags 属性时弹出的消息框

表 10.8　CommonDialog 控件的 Flags 属性值

常　数	值	说　明
cdlCFScreenFonts	1	使用屏幕字体
cdlCFPrinterFonts	2	使用打印机字体
cdlCFBoth	3	既可以使用屏幕字体，又可以使用打印机字体

例 10.9　本实例实现调用“字体”对话框，对文本框中的文字进行字体设置。程序代码如下：

```
Private Sub Command1_Click()
    CommonDialog1.Flags = 3                              '设置 Flags 属性值
    CommonDialog1.Action = 4                             '调用“字体”对话框
    If CommonDialog1.FontName <> "" Then Text1.FontName = CommonDialog1.FontName
                                                         '为字体赋值
    Text1.FontSize = CommonDialog1.FontSize              '为文本框字号赋值
```

```
    Text1.FontBold = CommonDialog1.FontBold                    '设置是否为粗体
    Text1.FontItalic = CommonDialog1.FontItalic                '设置是否为斜体
End Sub
```

同样可以使用 ShowFont 方法调用“字体”对话框，代码为：

```
CommonDialog1.ShowFont
```

另外通过设置 Flags 属性值可以调用带有下划线、删除线和颜色下拉列表框的“字体”对话框。代码可写为：

```
CommonDialog1.Flags = cdlCFBoth Or cdlCFEffects
```

这时在对文本框字体进行赋值时就要加上这几种属性的赋值，代码如下：

```
Text1.FontStrikethru = CommonDialog1.FontStrikethru          '设置删除线属性
Text1.FontUnderline = CommonDialog1.FontUnderline            '设置下划线属性
Text1.ForeColor = CommonDialog1.Color                        '设置字体颜色
```

扫一扫，看视频

10.3.8 “打印”对话框

在打印文件时要用到“打印”对话框，在“打印”对话框中可以设置打印方式。通过将 CommonDialog 控件的 Action 属性设置为 5 或使用 ShowPrinter 方法都可以调用“打印”对话框。调用的这个“打印”对话框并不能真正地处理打印工作，仅是一个供用户选择打印参数的界面，选择的参数存储在 CommonDialog 控件的各属性中，再通过编程实现打印操作。“打印”对话框如图 10.16 所示。

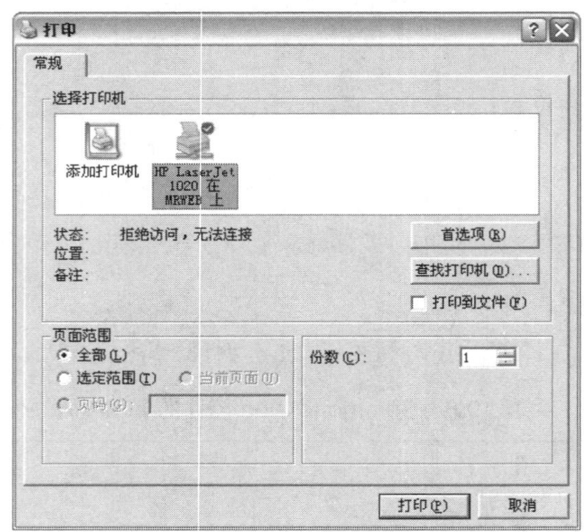

图 10.16 “打印”对话框

注意：

“打印”对话框中包括显示当前安装的打印机信息，允许配置或重新安装默认打印机。

例 10.10 本实例实现调用“打印”对话框，当程序运行时单击窗体上的“打印”按钮，调出“打印”对话框，程序代码如下：

```
Private Sub Command1_Click()
    CommonDialog1.Action = 5                                   '调用“打印”对话框
End Sub
```

使用 ShowPrinter 方法调用“打印”对话框的代码如下：

```
CommonDialog1.ShowPrinter
```

通过设置 Flags 属性可以设置“打印”对话框的选项，打印相关的 Flags 属性的常数见表 10.9。

表 10.9　Flags 属性的常数说明

常　数	值	说　明
cdlPDAllPages	&H0	返回或设置“全部”页选项按钮的状态
cdlPDCollate	&H10	返回或设置分页复选框的状态
cdlPDDisablePrintToFile	&H80000	使“打印到文件”复选框无效
cdlPDHelpButton	&H800	要求对话框显示帮助按钮
cdlPDHidePrintToFile	&H100000	隐藏“打印到文件”复选框
cdlPDNoPageNums	&H8	使“页码”选项按钮和相关的编辑控件无效
cdlPDNoSelection	&H4	使选择选项按钮无效
cdlPDNoWarning	&H80	防止没有默认打印机时显示警告信息
cdlPDPageNums	&H2	返回或设置“页码”选项按钮的状态
cdlPDPrintSetup	&H40	使系统显示“打印设置”对话框而不是“打印”对话框
cdlPDPrintToFile	&H20	返回或设置“打印到文件”复选框的状态
cdlPDReturnDC	&H100	为该对话框中选择的打印机返回一个设备描述体。设备描述体返回到对话框的 hDC 属性中
cdlPDReturnDefault	&H400	返回默认的打印机名称
cdlPDReturnIC	&H200	为该对话框中选择的打印机返回一个信息上下文。信息上下文提供了一个不用建立设备描述体就能得到设备信息的快速方法。信息上下文返回到对话框的 hDC 属性中
cdlPDSelection	&H1	返回或设置选择选项按钮的状态。如果 cdlPDPageNums 或 cdlPDSelection 均未指定，“全部”选项按钮就处于被选状态
CdlPDUseDevModeCopies	&H40000	如果打印机驱动程序不支持多份数打印，则设置该属性将使“打印”对话框中的“份数”微调控件的数值无效。如果驱动程序支持多份数打印，则设置该属性指示对话框将所要的份数值存放在 Copies 属性中

例 10.11　使系统显示“打印设置”对话框，而不是“打印”对话框。“打印设置”对话框如图 10.17 所示。

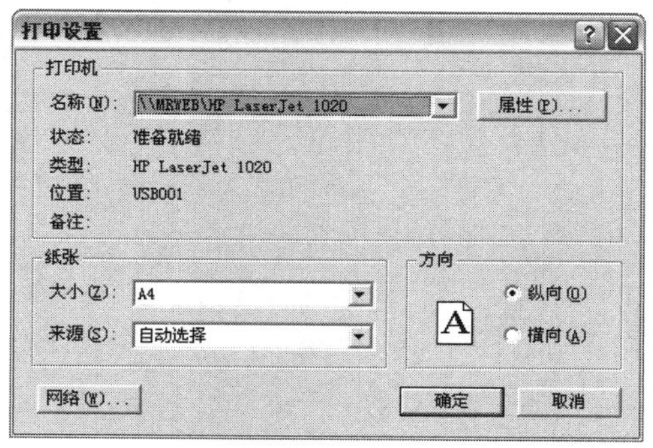

图 10.17　“打印设置”对话框

代码如下：

```
CommonDialog1.Flags = cdlPDPrintSetup
CommonDialog1.ShowPrinter                              '调用“打印”对话框
'CommonDialog1.Action = 5                              '也可以使用此语句调用
```

扫一扫，看视频

10.3.9 “帮助”对话框

通过将 CommonDialog 控件的 Action 属性值设置为 6 或使用 ShowHelp 方法都可以调用“帮助”窗口。“帮助”对话框不能制作应用程序的帮助文件，只能用于提取指定的帮助文件。

说明：

使用 CommonDialog 控件的 ShowHelp 方法调用“帮助”对话框前，应该先通过控件的 HelpFile 属性设置帮助文件（*.hlp）的名称和位置，并将 HelpCommand 属性设置为一个常数，否则将无法调用帮助文件。

例 10.12 本实例实现运行程序后单击窗体上的“帮助”按钮，打开一个指定的帮助文件。程序代码如下：

```
Private Sub Command1_Click()
    CommonDialog1.HelpCommand = cdlHelpContents                  '设置帮助类型属性
    CommonDialog1.HelpFile = "C:\windows\help\notepad.hlp"   '指定要打开的帮助文件
    CommonDialog1.ShowHelp                                       '打开“帮助”对话框
End Sub
```

第 11 章　文 件 操 作

扫一扫，看视频

对文件的操作是程序开发语句可以实现的最基本的功能之一。Microsoft VB 6.0 具有较强的文件处理能力，它为用户提供了多种处理文件的方法及大量与文件系统有关的语句、函数及控件。用户使用这些技术可以编写出功能强大的文件处理程序。本章视频要点如下：

- 如何学好本章；
- 使用文件系统控件；
- 使用文件操作的语句；
- 使用文件操作函数；
- 读写顺序文件；
- 读写随机文件；
- 读写二进制文件；
- 使用 FSO 文件系统对象；
- 访问 INI 文件。

11.1　文 件 概 述

扫一扫，看视频

文件是以一定的结构和形式存储到硬盘上的数据，可以在需要的时候读出。例如，计算机用户使用 Windows 操作系统的资源管理器不但可以查看到硬盘中存储的文件，还可以对指定的文件进行操作。在掌握文件操作的方法前，需要了解文件的结构和文件的分类，以及文件处理的一般步骤。

11.1.1　文件的结构

为了有效地存取数据，数据必须以某种特定的方式存放，这种特定的方式称为文件结构。Visual Basic 文件由记录组成，记录由字段组成，字段由字符组成。

- 字符（CharacteR）：是构成文件的最基本单位。字符可以是数字、字母、特殊符号或单一字节。这里所说的“字符”一般为西文字符，一个西文字符用一个字节存放。如果是汉字字符，包括汉字和“全角”字符，则通常用两个字节存放。也就是说，一个汉字字符相当于两个西文字符。一般把用一个字节存放的西文字符称为“半角”字符，而把汉字和用两个字节存放的字符称为“全角”字符。

注意：

> Microsoft Visual Basic 6.0 支持双字节字符，当计算字符串长度时，一个西文字符和一个汉字都作为一个字符计算，但它们所占的内存空间是不一样的。例如，字符串“VB 程序设计”的长度为 6，而所占的字节数为 10。

- 字段（Field）：也称域，字段由若干个字符组成，用来表示一项数据。例如邮政编码“130031”就是一个字段，它由 6 个字符组成。而名称“明日科技”也是一个字段，它由

4 个汉字组成。

- 记录（Record）：由一组相关的字段组成。例如在通讯录中，每个人的姓名、单位、地址等构成一个记录，在 VB 中以记录为单位处理数据。
- 文件（File）：文件由记录构成，一个文件含有一个以上的记录。例如在通讯录文件中有 1000 个人的信息，每个人的信息是一个记录，1000 个记录构成一个文件。

11.1.2 文件的分类

文件的分类方式有根据数据的使用分类、根据数据编码方式分类、根据数据访问方式分类，下面将对它们的分类方式进行介绍。

1. 根据数据的使用分类

- 数据文件

数据文件中存放普通的数据。如药品信息、学生信息等，这些数据可以通过特定的程序存取。

- 程序文件

程序文件中存放计算机可以执行的程序代码，包括源文件和可执行文件等。如 Visual Basic 中的.vbp、.frm、.frx、.bas、.cls、.exe 等都是程序文件。

2. 根据数据编码方式分类

- ASCII 文件

ASCII 文件又称为文本文件，字符以 ASCII 码方式存放，Windows 中的字处理软件建立的文件就是 ASCII 文件。

- 二进制文件

二进制文件中的数据是以字节为单位存取的，不能用普通的字处理软件创建和修改。

3. 根据数据访问方式分类

Visual Basic 中提供了 3 种数据的访问方式——顺序访问、随机访问和二进制访问，相应的文件可分为顺序文件、随机文件和二进制文件。

11.1.3 文件处理的一般步骤

在 Visual Basic 中无论是什么类型的文件，其处理一般按下列 3 个步骤进行。

（1）打开（或创建）文件。一个文件必须打开或创建后才可以操作。如果文件已经存在，则打开该文件；如果不存在，则创建文件。

（2）根据打开文件的模式对文件进行读写操作。在打开（或创建）的文件上执行所要求的输入/输出操作。在文件处理中，把内存中的数据存储到外部设备并作为文件存放的操作叫做写数据，而把数据文件中的数据传输到内存程序中的操作叫做读数据。一般来说，内存与外设间的数据传输中，由内存到外设的传输叫做输出或写，而外设到内存的传输叫做输入或读。

（3）关闭文件。对文件读写操作完成后，要关闭文件并释放内存。使用 Close 语句可以关闭文件并释放相关文件缓冲。

11.2　文件系统控件

VB 提供了 3 个文件系统控件，分别用于对驱动器、文件夹和文件进行操作。它们分别是 DriveListBox 控件、DirListBox 控件、FileListBox 控件，通过对它们的使用可以实现文件系统控件的联动。下面将介绍这 3 个文件系统控件的使用方法以及实现文件系统控件联动的方法。

扫一扫，看视频

11.2.1　驱动器列表框

驱动器列表框（DriveListBox）控件是一个包含有效驱动器的列表控件，在运行时，使用 DriveListBox 控件可以选择一个有效的磁盘驱动器，如软驱、硬盘的各个分区和光驱等。驱动器列表框是一个下拉式列表框，平时只显示一个驱动器，默认显示用户系统上的当前驱动器。当该控件获得焦点时，用户可以输入任何有效的驱动器的标识符或者单击列表框右侧的下三角按钮，在弹出的驱动器列表中将列出当前系统中的所有有效的驱动器。如果用户选定新的驱动器，则该驱动器将出现在驱动器列表框的顶端。

1．驱动器列表框控件的主要属性

（1）Drive 属性

Drive 属性是驱动器列表框最重要的属性之一。Drive 属性用于在运行时设置或返回所选择的驱动器，包括在运行中控件创建或刷新时系统已有的或连接到系统上的所有驱动器。该属性的默认值为当前驱动器，设计时不可用。

语法：

```
object.Drive [= drive]
```

参数说明：

- object：对象表达式。
- drive：字符串表达式，指定所选择的驱动器。

例 11.1　程序运行时，当驱动器列表框变化时，目录列表框也随之相应地变化，在文件列表框中显示所选文件夹中扩展名为.frm、.vbw、.mbp 的文件；单击“显示”按钮，当前所选文件夹的路径将显示在下面的标签中，如图 11.1 所示。

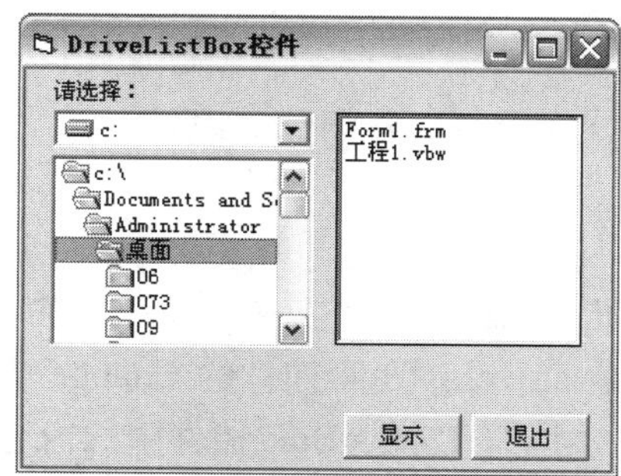

图 11.1　Drive 属性的演示界面

程序代码如下：

```
Private Sub Drive1_Change()
   Dir1.Path = Drive1.Drive
End Sub
```

（2）List 属性

List 属性用于返回或设置控件的列表部分的项目。列表是一个字符串数组，数组的每一项都是一个列表项目，在运行时是只读的。

语法：

```
object.List(index) [= string]
```

List 属性中各参数的说明如表 11.1 所示。

表 11.1　List 属性的参数说明

参　　数	描　　述
object	对象表达式
index	列表中具体某一项目的号码
string	字符串表达式，指定列表项目

注意：

第一个项目的索引为 0，而最后一个项目的索引为 ListCount-1。对于 DriveListBox 控件，列表内容是包含有效的驱动连接列表。

例 11.2　下面的例子演示的是 DriveListBox 控件的 List 属性。程序运行时，单击“显示”按钮，将驱动器列表框中的所有项目显示在下面的标签中，如图 11.2 所示。

程序代码如下：

```
Private Sub Command1_Click()
   Dim s As String
   For i = 0 To Drive1.ListCount - 1
      s = s + "  " & Drive1.List(i) : Label1.Caption = "驱动器列表框中的项目为：  " &
s
   Next i
End Sub
```

2．驱动器列表框控件的主要事件

Change 事件用于改变所选择的驱动器。该事件在选择一个新的驱动器或通过代码改变 Drive 属性的设置时发生。

语法：

```
Private Sub object_Change([index As Integer])
```

参数说明：

- object：一个对象表达式。
- index：一个整数，用来唯一地标识一个在控件数组中的控件。

例 11.3　下面的例子演示的是 DriveListBox 控件的 Change 事件。在程序运行时，改变所选择的驱动器，即触发了 Change 事件，同时 DirListBox 控件中的内容跟着改变，并在窗体下方的文本框中显示当前所选文件夹的路径，如图 11.3 所示。

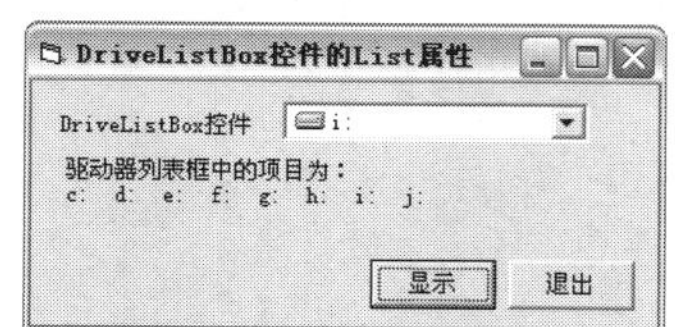

图 11.2　DriveListBox 控件的 List 属性

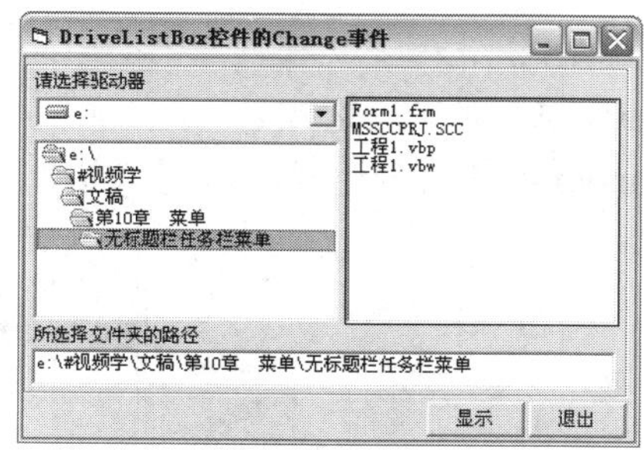

图 11.3　DriveListBox 控件的 Change 事件

程序代码如下：

```
Private Sub Dir1_Change()
    File1.Pattern = ("*.*")                                    '设置文件类型
    File1.Path = Dir1.Path
    Text1.Text = Dir1.List(-1)
End Sub
```

11.2.2　目录列表框

扫一扫，看视频

目录列表框（DirListBox）用于在运行时显示当前驱动器上的目录和路径下的文件夹的分层结构。DirListBox 控件与 ListBox 控件相似，但它具有显示当前所选驱动器目录清单的功能。目录列表框从最高层目录开始显示当前驱动器的目录结构。最初，当前目录名被突出显示，而当前目录和在目录层次结构中比它更高层的目录一起向根目录方向缩进，在目录列表框中当前目录下的子目录也缩进显示。在列表中上下移动光标，将依次突出显示每个目录项。

DirListBox 控件的主要属性包括 List 属性、ListIndex 属性和 Path 属性。

（1）List 属性

List 属性用于返回或设置控件的列表部分的项目。列表是一个字符串数组，数组的每一项都是一个列表项目，对 DirListBox 控件在运行时是只读的。

语法：

```
object.List(index) [= string]
```

List 属性中各参数的说明如表 11.2 所示。

表 11.2　List 属性的参数说明

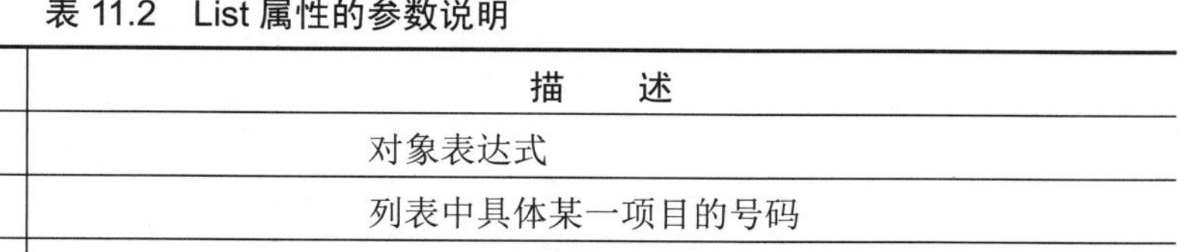

参　　数	描　　述
object	对象表达式
index	列表中具体某一项目的号码
string	字符串表达式，指定列表项目

（2）ListIndex 属性

ListIndex 属性用于返回或设置控件中当前选择项目的索引，在设计时不可用。

语法：

```
object.ListIndex [= index]
```

参数说明：

- object：对象表达式。
- index：数值表达式，指定当前项目的索引，其详细设置如图 11.4 所示。

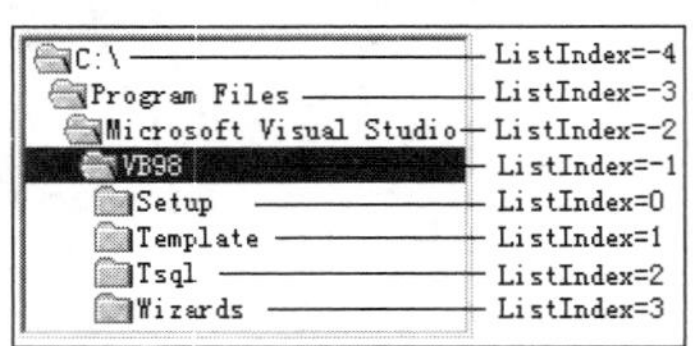

图 11.4　DirListBox 的 ListIndex 属性层次

注意：

DirListBox 与 DriveListBox 不同的是，DirListBox 并不在操作系统级设置当前目录，而只是突出显示目录并将其 ListIndex 设置为-1。

（3）Path 属性

Path 属性用于返回或设置当前路径。在设计时是不可用的。如选中 C 盘的根目录，则 Path 属性为“C:\”，如果选中 C 盘的某个子目录，如 F（文件夹），则 Path 属性为“C:\F”。

语法：

```
object.Path [= pathname]
```

参数说明：

object：对象表达式。

pathname：一个用来计算路径名的字符串表达式。

注意：

Path 属性的值是一个指示路径的字符串，例如：C:\Obj 或 C:\Windows\System。对于 DirListBox 控件，在运行时当控件被创建时，其默认值是当前路径。

例 11.4　下面的例子演示的是 DirListBox 控件的 Path 属性。运行程序，选择相应的文件夹，在右边的 FileListBox 控件中显示该文件夹中的所有文件名，并在下面的标签中显示当前所选文件夹的路径，如图 11.5 所示。

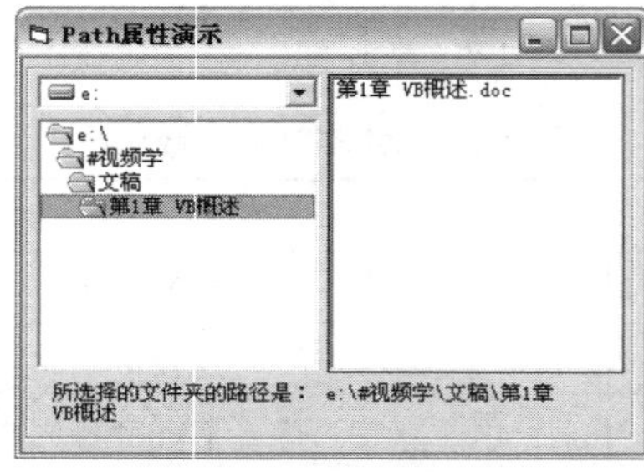

图 11.5　Path 属性示例演示界面

程序代码如下：

```
Private Sub Dir1_Change()
   File1.Pattern = "*.*"                    '显示选中的文件夹中的所有文件
   File1.Path = Dir1.Path
```

```
    Label1.Caption = "所选择的文件夹的路径是： " & Dir1.Path
End Sub
```

11.2.3 文件列表框

扫一扫，看视频

文件列表框（FileListBox）用于将文件定位并列举出来。FileListBox 控件用来显示所选择文件类型的文件列表。例如，可以在应用程序中创建对话框，通过它选择一个文件或者一组文件。

说明：

在运行时，FileListBox 控件中显示的文件位于该控件的 Path 属性指定的目录中。

设置 List、ListCount 和 ListIndex 属性，可以访问列表中的项目。如果需要显示 DirListBox 和 DriveListBox 控件，可以编写代码，使它们与 FileListBox 控件同步，并使它们之间彼此同步。

11.2.4 文件系统控件的联动

扫一扫，看视频

在应用程序开发过程中，一般将文件系统的 3 个控件联合使用。下面的例子就是这 3 个文件系统控件联合使用的典型范例。

例 11.5 本例是一个图片浏览器的程序。在程序运行时，选择图片文件的路径，单击文件名，在右边的 Image 控件中就会显示出该图片，如图 11.6 所示。

图 11.6 图片浏览器界面

程序代码如下：

```
Private Sub Dir1_Change()
    File1.Pattern = "*.bmp;*.ico;*.wmf;*.emf;*.gif;*.jpg"    '文件列表框显示的文件类型
    File1.Path = Dir1.Path                                     '设置文件列表框中的路径
End Sub
Private Sub Drive1_Change()
    Dir1.Path = Drive1.Drive
End Sub
Private Sub File1_Click()
    p = File1.Path & "\" & File1.FileName
    Image1.Picture = LoadPicture(p)                            '加载图片
End Sub
```

11.3 文件操作的语句

在 FileSystem 属性中提供了文件操作语句，例如用于更改当前驱动的 ChDrive 语句，以及用于设置文件属性的 SetAttr 语句等。本节中将常用的文件操作语句进行归纳，并说明其功能和使用方法。

11.3.1 改变当前驱动器

ChDrive 语句用来改变当前的驱动器。

语法：

```
ChDrive drive
```

参数说明：

drive：必要参数，是一个字符串表达式，它指定一个存在的驱动器。如果使用 0 长度的字符串（""），则当前的驱动器将不会改变。如果 drive 参数中有多个字符，则 ChDrive 只会使用首字母。

例如，使用 ChDrive 语句设置“D”为当前驱动器，代码如下：

```
ChDrive "D"                                    '使“D”成为当前驱动器
```

注意：

ChDrive 语句改变的是默认的驱动器，当再次加载窗体时显示的是更改后的驱动器。

例 11.6 本实例要实现的是通过 ChDrive 语句改变当前驱动器。运行程序后单击窗体上的“更改盘符”按钮，打开 Form2 窗体，单击 Form2 窗体上的“返回”按钮，返回 Form1。这时窗体上的驱动器列表框中显示的是更改后的盘符，如图 11.7 所示。

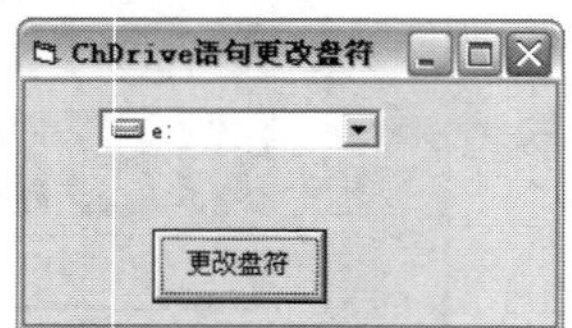

图 11.7 更改盘符

程序代码如下：

```
Private Sub Command1_Click()
    ChDrive Drive1.List(Drive1.ListIndex)              '将驱动器设置为当前驱动器
    Unload Me                                          '卸载此窗体
    Load Form2                                         '加载 Form2
    Form2.Show                                         '显示 Form2 窗体
    Drive1.Refresh                                     '刷新驱动器列表框
End Sub
```

11.3.2 改变目录或文件夹

ChDir 语句用来改变当前的目录或文件夹。

语法：

```
ChDir path
```

参数说明：

path：必要参数，是一个字符串表达式，它指明哪个目录或文件夹将成为新的默认目录或文件夹。path 可能包含驱动器。如果没有指定驱动器，则 ChDir 在当前的驱动器上改变默认目录或文件夹。

注意：

ChDir 语句可以改变默认目录位置，但不会改变默认驱动器位置。例如，如果默认的驱动器是 C，则可以改变驱动器 D 上的默认目录，但是 C 仍然是默认的驱动器。

例如，可以应用下面的语句改变目录或文件夹。

将当前目录或文件夹改为“MYDIR”：

```
ChDir "MYDIR"
```

将工作目录设到应用程序所在目录：

```
ChDir App.Path
```

将目录设到操作系统路径下：

```
ChDir "D:\WINDOWS\SYSTEM"
```

11.3.3　删除文件

Kill 语句用于从磁盘中删除文件。

语法：

```
Kill pathname
```

参数说明：

pathname：必要参数，用来指定一个文件名的字符串表达式。pathname 可以包含目录或文件夹以及驱动器。

注意：

Kill 语句是从驱动器中删除一个或多个文件，作用就像 Windows 操作系统中的〈Shift+Delete〉键一样，所以使用时要谨慎，而且 Kill 语句允许使用？与*通配符。

例 11.7　本实例要实现的是使用 Kill 语句删除文件。建议删除文件时要谨慎，因为如果删除的是系统文件，将导致其他程序或者操作系统运行时出错。所以本例创建了名为“删除.txt”的文本文件，在使用程序时可以删除此文件。程序运行效果如图 11.8 所示。

图 11.8　使用 Kill 语句删除文件

程序代码如下：

```
Private Sub Command1_Click()
    If MsgBox("是否确认删除！", 52, "提示信息") = vbYes Then    '提示信息
        Kill File1.Path & "\" & File1.FileName                  '删除指定路径下的文件
        File1.Refresh                                            '文件列表框刷新
    End If
End Sub
Private Sub Dir1_Change()
    File1.Path = Dir1.Path                                       '为文件列表框路径赋值
End Sub
Private Sub Drive1_Change()
    Dir1.Path = Drive1.Drive                                     '为目录列表框赋值
End Sub
Private Sub Form_Load()
    Drive1.Drive = App.Path                                      '将当前路径赋给驱动器
    Dir1.Path = Drive1.Drive                                     '将驱动器路径赋给目录
                                                                  列表框
    File1.FileName = Dir1.Path                                   '为文件名赋值
End Sub
```

11.3.4 创建目录或文件夹

MkDir 语句用于创建一个新的目录或文件夹。

语法：

```
MkDir path
```

参数说明：

path：必要参数，用来指定所要创建的目录或文件夹的字符串表达式。path 可以包含驱动器。如果没有指定驱动器，则 MkDir 语句会在当前驱动器上创建新的目录或文件夹。

例如，在 D 盘下创建一个新的文件夹，代码如下：

```
MkDir "d:\myfolder"                                              '在"D"盘符下创建一个
                                                                  myfolder 文件夹
```

注意：

如果创建的文件已经存在，会产生错误。

说明：

删除不包含任何内容的目录或文件夹可以使用 RmDir 语句。

11.3.5 复制文件

FileCopy 语句用于复制一个文件。

语法：

```
FileCopy source, destination
```

参数说明：

- source：必要参数，字符串表达式，用来表示要被复制的文件名。source 可以包含目录或

文件夹以及驱动器。

- destination：必要参数，字符串表达式，用来指定要复制的目的文件名。destination 可以包含目录或文件夹以及驱动器。

✍ **说明：**

如果想要对一个已打开的文件使用 FileCopy 语句，则会产生错误。

例 11.8 本例使用 FileCopy 语句实现对文件的复制。运行程序，选择要复制的文件以及要将文件复制到的地址，然后单击“确定”按钮，即可将源文件中的文件复制到目标地址中，在复制完成后会出现复制成功的提示信息。程序运行效果如图 11.9 所示。

图 11.9 文件复制程序界面

程序代码如下：

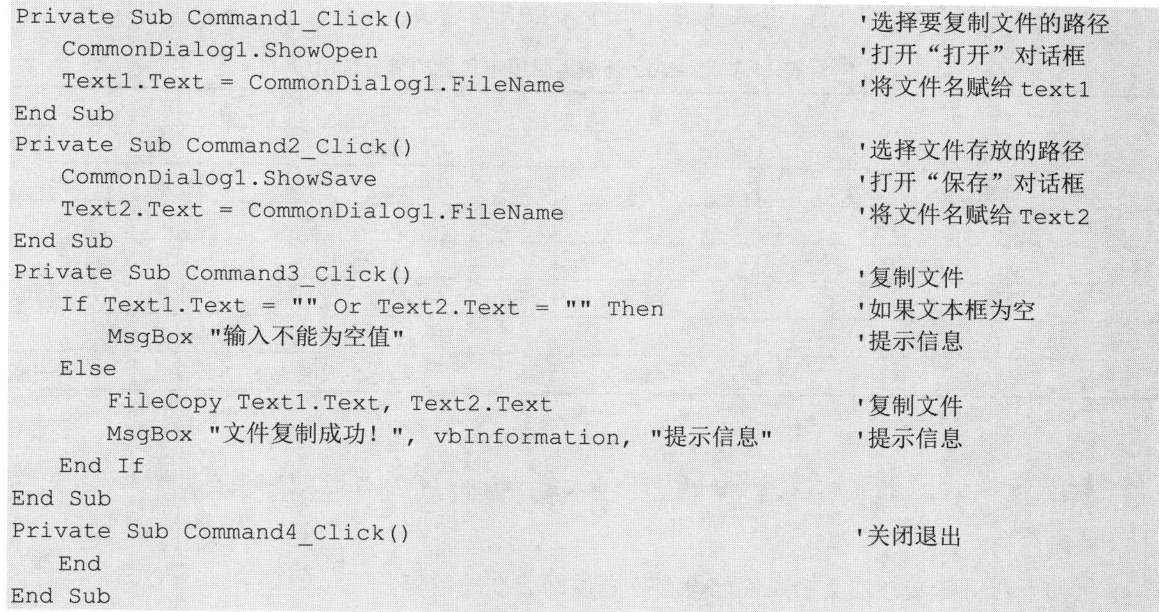

```
Private Sub Command1_Click()                                 '选择要复制文件的路径
    CommonDialog1.ShowOpen                                   '打开“打开”对话框
    Text1.Text = CommonDialog1.FileName                      '将文件名赋给 text1
End Sub
Private Sub Command2_Click()                                 '选择文件存放的路径
    CommonDialog1.ShowSave                                   '打开“保存”对话框
    Text2.Text = CommonDialog1.FileName                      '将文件名赋给 Text2
End Sub
Private Sub Command3_Click()                                 '复制文件
    If Text1.Text = "" Or Text2.Text = "" Then               '如果文本框为空
        MsgBox "输入不能为空值"                                '提示信息
    Else
        FileCopy Text1.Text, Text2.Text                      '复制文件
        MsgBox "文件复制成功！", vbInformation, "提示信息"       '提示信息
    End If
End Sub
Private Sub Command4_Click()                                 '关闭退出
    End
End Sub
```

11.3.6 文件重命名

Name 语句用于重新命名一个文件、目录或文件夹。

语法：

```
Name oldpathname As newpathname
```

参数说明：

- oldpathname：必要参数，字符串表达式，指定已存在的文件名和位置，可以包含目录或文件夹以及驱动器。
- newpathname：必要参数，字符串表达式，指定新的文件名和位置，可以包含目录或文件夹以及驱动器。而由 newpathname 所指定的文件名不能存在。

例如，使用下面的代码可以重命名一个文件。

```
Name OldName As NewName                    '将名为 OldName 的文件命名为 NewName
```

注意：

在一个已打开的文件上使用 Name 语句，将会产生错误。因此，必须在改变名称之前，先关闭打开的文件。

11.3.7 获取文件属性

GetAttr 函数用于获取文件、目录或文件夹的属性信息。

语法：

```
GetAttr(pathname)
```

参数说明：

pathname：必要参数，用来指定一个文件名的字符串表达式。pathname 可以包含目录或文件夹以及驱动器。

由 GetAttr 函数返回的值，是表 11.3 中几个常数值的总和。

表 11.3 GetAttr 函数返回值中包含的常数说明

常　数	值	说　明
vbNormal	0	常规
vbReadOnly	1	只读
vbHidden	2	隐藏
vbSystem	4	系统文件
vbDirectory	16	目录或文件夹
vbArchive	32	上次备份以后，文件已经改变
vbAlias	64	指定的文件名是别名

注意：

这些常数是由 VBA 指定的，在程序代码中的任何位置，可以使用这些常数来替换真正的值。

示例

例如下面语句文件的文档属性已设置，则返回非 0 的数值。

```
Result = GetAttr(FName) And vbArchive
```

11.3.8 设置文件属性

SetAttr 语句用于为一个文件设置属性信息。

语法：

```
SetAttr pathname, attributes
```

参数说明：

- pathname：必要参数，用来指定一个文件名的字符串表达式，可能包含目录或文件夹以及驱动器。
- attributes：必要参数，常数或数值表达式，其总和用来表示文件的属性。attributes 参数的值及描述如表 11.4 所示。

表 11.4 attributes 参数的值及描述

常 数	值	描 述
vbNormal	0	常规（默认值）
VbReadOnly	1	只读
vbHidden	2	隐藏
vbSystem	4	系统文件
vbArchive	32	存档

注意：

如果想要给一个已打开的文件设置属性，则会产生运行时错误。

例 11.9 获取文件当前属性并设置该文件的新属性。运行程序时，在文件列表框中选择某文件，显示该文件的当前属性，如图 11.10 所示；重新设置文件属性，如图 11.11 所示。

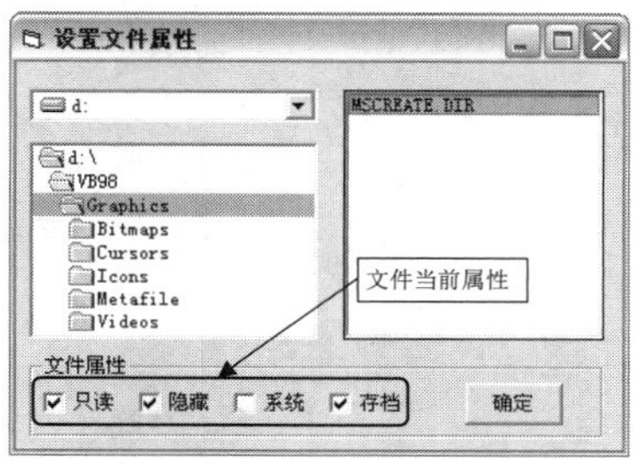

图 11.10 获取文件当前属性

图 11.11 设置文件新属性

获取文件当前属性的代码如下：

```
Private Sub File1_Click()
   On Error GoTo lt
   Dim i As Integer                                          '声明整型变量
   i = FileSystem.GetAttr(File1.Path & "\" & File1.FileName) '获取文件属性值
   If i And vbArchive Xor vbArchive = 0 Then                 '当为文档属性时
      Chk_Archive.Value = 1                                  '复选“存档”项
   Else                                                      '否则
      Chk_Archive.Value = 0                                  '取消复选“存档”项
   End If

   If i And vbSystem Xor vbSystem = 0 Then                   '当为系统属性时
      Chk_System.Value = 1                                   '复选“系统”项
   Else                                                      '否则
      Chk_System.Value = 0                                   '取消复选“系统”项
   End If

   If i And vbHidden Xor vbHidden = 0 Then                   '当为隐藏属性时
      Chk_Hidden.Value = 1                                   '复选“隐藏”项
   Else                                                      '否则
      Chk_Hidden.Value = 0                                   '取消复选“隐藏”项
   End If

   If i And vbReadOnly Xor vbReadOnly = 0 Then               '当为只读属性时
```

```
        Chk_RaedOnly.Value = 1                                        '复选“只读”项
    Else                                                              '否则
        Chk_RaedOnly.Value = 0                                        '取消复选“只读”项
    End If
    Exit Sub
1:
    MsgBox Err.Description, vbCritical
End Sub
```

✍ **说明：**

首先将获取的属性值与某一属性常数值进行与（And）运算获得一结果，然后将刚刚获取的结果与刚才的属性常数值进行异或（Xor）运算，如果计算的结果为 0 说明选中的文件具有与属性常数值相匹配的属性。

设置文件新属性代码如下：

```
Private Sub Cmd_SetAttrib_Click()
    On Error Resume Next                                              '忽略错误
    Dim i As Integer                                                  '声明整型变量用于
                                                                      保存属性值
    If Chk_Archive.Value = 1 Then                                     '当复选“存档”项时
        i = i + vbArchive                                             '变量 i 与常数相加
    End If

    If Chk_System.Value = 1 Then                                      '当复选“系统”项时
        i = i + vbSystem                                              '变量 i 与常数相加
    End If

    If Chk_Hidden.Value = 1 Then                                      '当复选“隐藏”项时
        i = i + vbHidden                                              '变量 i 与常数相加
    End If

    If Chk_RaedOnly.Value = 1 Then                                    '当复选“只读”项时
        i = i + vbReadOnly                                            '变量 i 与常数相加
    End If

    FileSystem.SetAttr File1.Path & "\" & File1.FileName, i          '设置文件属性
    If Err.Number = 0 Then                                            '当不存在错误时
        MsgBox "文件属性设置成功", vbInformation
    Else                                                              '当存在错误时
        MsgBox "文件属性设置失败", vbCritical
    End If
End Sub
```

扫一扫，看视频

11.4 常用文件操作函数

在 FileSystem 属性中提供了文件操作函数，例如用于代表当前路径的 CurDir 函数，以及用于获取文件属性的 GetAttr 函数等。本节中将常用的文件操作函数进行归纳，并说明其功能和使用

方法。

11.4.1　使用 CurDir 函数来代表当前路径

CurDir 函数用于返回一个 Variant(String)（字符串）值，用来代表当前的路径。

语法：

```
CurDir[(drive)]
```

参数说明：

drive：可选参数，是一个字符串表达式，它指定一个存在的驱动器。如果没有指定驱动器，或 drive 是零长度字符串（""），则 CurDir 函数会返回当前驱动器的路径。

例如，下面是对 CurDir 函数的应用。

使用 CurDir 函数来返回当前的路径。

```
'假设 C 驱动器的当前路径为"C:\WINDOWS\SYSTEM"
'假设 D 驱动器的当前路径为"D:\Program Files"
'假设 D 为当前的驱动器
Dim MyPath
MyPath = CurDir                              '返回"D:\Program Files"
MyPath = CurDir("C")                         '返回"C:\WINDOWS\SYSTEM"
MyPath = CurDir("D")                         '"D:\Program Files"
'获取应用程序目录下的 Access 数据库所在的路径
Dim Paths
Paths=CurDir & "\db_Data.mdb"
```

11.4.2　使用 GetAttr 函数获取文件属性

GetAttr 函数用于返回一个 Integer（整数）值，此为一个文件、目录或文件夹的属性。

语法：

```
GetAttr(pathname)
```

参数说明：

pathname：必要参数，是用来指定一个文件名的字符串表达式。pathname 可以包含目录或文件夹以及驱动器。

由 GetAttr 函数返回的值，是表 11.5 中几个常数值的总和。

表 11.5　GetAttr 函数返回值中包含的常数说明

常　数	值	描　述
vbNormal	0	常规
vbReadOnly	1	只读
vbHidden	2	隐藏
vbSystem	4	系统文件
vbDirectory	16	目录或文件夹
vbArchive	32	上次备份以后，文件已经改变
vbAlias	64	指定的文件名是别名

注意：

若要判断是否设置了某个属性，在 GetAttr 函数与想要得知的属性值之间使用 And 运算符与逐位比较。如果所得的结果不为 0，则表示设置了这个属性值。例如，在下面的 And 表达式中，如果档案（Archive）属性没有设置，则返回值为 0；如果文件的档案属性已设置，则返回非 0 的数值。

11.4.3 使用 FileDateTime 函数获取文件创建或修改时间

FileDateTime 函数返回一个 Variant(Date)（日期型）值，此值为一个文件被创建或最后修改后的日期和时间。

语法：

```
FileDateTime(pathname)
```

参数说明：

pathname：必要参数，是用来指定一个文件名的字符串表达式。pathname 可以包含目录或文件夹以及驱动器。

使用 FileDateTime 函数可以获得文件创建或最近修改的日期与时间。日期与时间的显示格式根据操作系统的地区设置而定。例如，文件路径为“D:\我的文件\系统文档”的文件，上次被修改的时间为 2005 年 2 月 16 日下午 4 时 35 分 47 秒，获取其最后修改时间的代码如下：

```
StrTime = FileDateTime("D:\我的文件\系统文档")    '变量StrTime中的值为2005-2-16 4:35:47
```

11.4.4 返回文件长度（FileLen 函数）

FileLen 函数用于返回一个长整数型数值，代表一个文件的长度，单位是字节。

语法：

```
FileLen(pathname)
```

参数说明：

pathname：必要参数，是用来指定一个文件名的字符串表达式。pathname 可以包含目录或文件夹以及驱动器。

例如，使用 FileLen 函数来返回指定文件夹中文件的字节长度。假如“\Myfile.txt”的长度为 20，则变量 StrLen 的值也为 20。代码如下：

```
StrLen = FileLen("D:\我的文件\Myfile.txt")     '变量 StrLen 的返回值为 20
```

11.4.5 测试文件结束状态（EOF 函数）

EOF 函数返回一个 Integer（整数）值，它包含布尔值 True，表明已经到达为随机或顺序 Input 打开的文件的结尾。

语法：

```
EOF(filenumber)
```

参数说明：

filenumber：必要参数，是一个 Integer（整数）值，包含任何有效的文件号。

例如，使用 EOF 函数可以检测文件是否已经读到末尾。假设“D:\我的文件夹\Myfile.txt”中的文件为有数个文本行的文本文件。

```
Open "D:\我的文件夹\Myfile.txt" For Input As #1       '为输入打开文件
Do While Not EOF(1)                                   '检查文件尾
    Line Input #1, Inputstr                           '读入数据，并将其存入变量 Input 中
    Debug.Print Inputstr                              '在立即窗口中显示
Loop
Close #1                                              '关闭文件
```

注意：

（1）只有到达文件结尾的时候，EOF 函数才返回 False。对于访问 Random 或 Binary 而打开的文件，直到最后一次执行的 Get 语句无法读出完整的记录时，EOF 都返回 False。

（2）对于为访问 Binary 而打开的文件，在 EOF 函数返回 True 之前，试图使用 Input 函数读出整个文件的任何尝试都会导致错误发生。在用 Input 函数读出二进制文件时，要用 LOF 和 Loc 函数来替换 EOF 函数，或者将 Get 函数与 EOF 函数配合使用。对于为 Output 打开的文件，EOF 总是返回 True。

11.4.6　获取打开文件的大小（LOF 函数）

LOF 函数返回一个 Long（长整数）值，表示用 Open 语句打开的文件的大小，该大小以字节为单位。

语法：

```
LOF(filenumber)
```

参数说明：

filenumber：必要参数，是一个 Integer（整数）值，包含一个有效的文件号。

例如，使用 LOF 函数来得知已打开文件的大小，代码如下：

```
Dim FileLength
Open "D:\我的文件夹\Myfile.txt" For Input As #1       '打开文件
    FileLength = LOF(1)                               '取得文件长度
Close #1                                              '关闭文件
```

注意：

对于尚未打开的文件，使用 FileLen 函数将得到文件的长度。

11.5　顺 序 文 件

扫一扫，看视频

顺序文件是指按记录进入文件的先后顺序存放，其逻辑顺序和物理顺序一致的文件。本节将对顺序文件的打开与关闭、读取与写入的操作进行介绍。顺序文件的读取类似于人们过去听卡带中的音乐，不能直接选定音乐播放的起点，而是需要按快进或倒退键指定磁带对应磁头的位置。

11.5.1　顺序文件的打开与关闭

1. 打开顺序文件

在对文件进行操作之前首先必须打开文件，同时指定读写操作和数据存储位置。打开文件使

用 Open 语句，Open 语句分配一个缓冲区供文件进行输入/输出之用，并决定缓冲区所使用的访问模式。

语法：

```
Open FileName For [Input | Output | Append ] [ Lock ] As filenumber [ Len = Buffersize ]
```

顺序文件可以有以下 3 种打开方式，不同的方式可以对文件进行不同的操作。

- Input 方式

以此方式打开的文件，是用来读入数据的，可从文件中把数据读入内存，即读操作。FileName 指定的文件必须是已存在的文件，否则会出错。不能对此文件进行写操作。例如，用下面的语句打开一个文件：

```
Open "text" For input As #1                    '打开输入文件
```

- Output 方式

以此方式打开的文件，是用来输出数据的，可将数据写入文件，即写操作。如果 FileName 指定的文件不存在，则创建新文件，如果是已存在的文件，系统不覆盖原文件；不能对此文件进行读操作。例如，下面的代码用来打开一个输出文件 Path：

```
Open "Path" For Output As #1                   '打开输出文件
```

- Append 方式

以此方法打开的文件，也是用来输出数据的，与 Output 方式打开不同的是，如果 FileName 指定的文件已存在，不覆盖文件原内容，文件原有内容被保留，写入的数据追加到文件末尾；如果指定文件不存在，则创建新文件。

下面的代码用于打开 C 盘根目录下的 MyFile.txt 文件，如果源文件存在，则写入的数据追加在文件的末尾。

```
Open "c:\MyFile.txt" ForAppend As #1
```

当以 Input 方式打开顺序文件时，该文件必须已经存在，否则，会产生一个错误。然而，当以 Output 或 Append 方式打开一个不存在的文件时，Open 语句首先创建该文件，然后再打开它。当在文件与程序之间拷贝数据时，可利用参数 Len 指定缓冲区的字符数。

2．关闭顺序文件

当对顺序文件打开并对其进行读写操作后，应将文件关闭，避免占用资源，使用 Close 语句将其关闭。

语法：

```
Close [filenumberlist]
```

参数说明：

filenumberlist：可选参数，表示为文件号的列表，例如：#1，#2。如果省略，将关闭 Open 语句打开的所有活动文件。

例如，使用下面的语句关闭一个已打开的文件。

```
Close #1
```

说明：

（1）Close 语句用来关闭使用 Open 语句打开的文件。Close 语句具有下面两个作用：

① 将 Open 语句创建的文件缓冲区中的数据写入文件中。

② 释放表示该文件的文件号，以方便被其他 Open 语句使用。

（2）若 Close 语句的后面没有跟随文件号，则关闭使用 Open 语句打开的所有文件。

（3）若不使用 Close 语句关闭打开的文件，当程序执行完毕时，系统也会自动关闭所有打开的文件，并将缓冲区中的数据写入文件中。但是，这样执行有可能会使缓冲区中的数据最后不能写入到文件中，造成程序执行失败。

11.5.2 顺序文件的读取

要读取文本文件的内容，首先应使用 Input 方式打开文件，然后再从文件中读取数据。VB 提供了一些能够一次读写顺序文件中的一个字符或一行数据的语句和函数。下面分别进行介绍。

1. Input#语句

Input#语句用于从文件中依次读出数据，并放在变量列表中对应的变量中；变量的类型与文件中数据的类型要求对应一致。

语法：

```
Input #filenumber, varlist
```

参数说明：

- filenumber：必要参数，任何有效的文件号。
- varlist：必要参数，用逗号分界的变量列表，将文件中读出的值分配给这些变量；这些变量不可能是一个数组或对象变量。但是，可以使用变量描述数组元素或用户定义类型的元素。

说明：

文件中的字符串数据项若用双引号括起来，双引号内的任何字符（包括逗号）都视为字符串的一部分，所以若有些字符串数据项内需要有逗号，最好用 Write 语句写入文件，再用 Input 语句读出来，这样在文件中存放数据时就不会出现问题。

例 11.10 读取文本文件中的内容，并显示在文本框中。运行本实例程序后单击“打开文件”按钮，选择某文本文件，显示效果如图 11.12 所示。

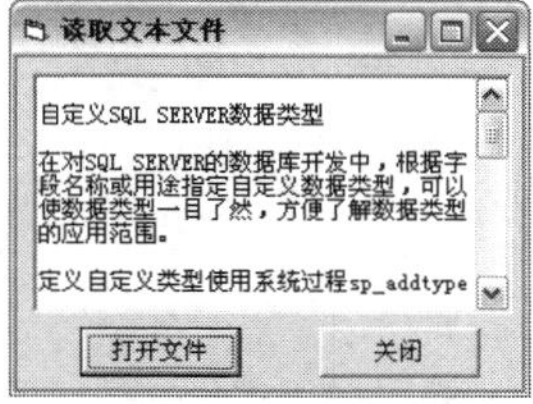

图 11.12 读取文本文件

关键代码如下：

```
Text1.Text = ""
With CommonDialog1
    .InitDir = App.Path
    .Filter = "文本文件|*.txt"
    .ShowOpen                                        '打开“打开”对话框
End With
```

```
Open CommonDialog1.FileName For Input As 1                    '打开文件
Dim str As String
Do While Not EOF(1)                                           '循环至文件尾
   Input #1, str                                              '读取文件
   Text1.Text = Text1.Text & vbNewLine & str                  '将文件赋值给文本框
Loop
Close 1                                                       '关闭文件
```

2. Line Input#语句

Line Input#语句用于从已打开的顺序文件中读出一行，并将它分配给字符串变量。Line Input#语句一次只从文件中读出一个字符，直到遇到回车符（Chr(13)）或回车/换行符（Chr(13)+Chr(10)）为止。回车/换行符将被跳过，而不会被附加到字符变量中。

语法：

```
Line Input #filenumber, varname
```

参数说明：

- filenumber：必要参数，任何有效的文件号。
- varname：必要参数，有效的 Variant 或 String 变量名。

例 11.11 本实例使用 Line Input#语句读取顺序文件中的数据。运行程序后选择要读取的文件，单击“读取文本”按钮，即可将文本内容显示在文本框中。程序运行效果如图 11.13 所示。

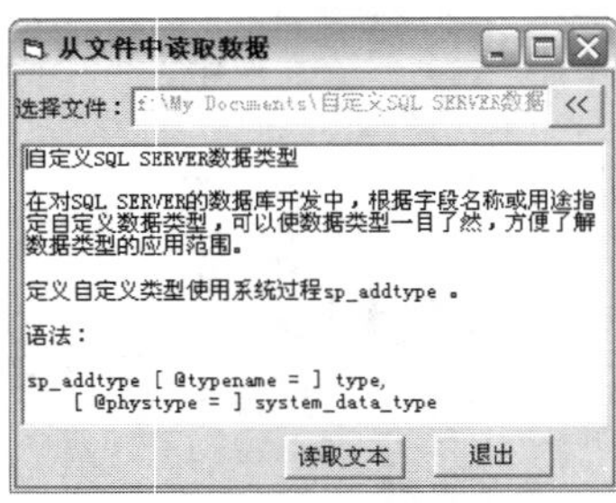

图 11.13 从文件中读取数据

程序代码如下：

```
Private Sub Command1_Click()
   Dim MyLine
   If Text2.Text <> "" Then
      Open Text2.Text For Input As #1                         '打开文件
      Do While Not EOF(1)                                     '循环至文件尾
         Line Input #1, MyLine                                '读入一行数据并将其赋予某变量
         Text1.Text = Text1.Text + MyLine + vbCrLf            '在立即窗口中显示数据
      Loop
      Close #1                                                '关闭文件
   End If
End Sub
Private Sub Command2_Click()
   CommonDialog1.Filter = "文本文件|*.txt"                    '文件类型
   CommonDialog1.ShowOpen                                     '打开“打开”对话框
   Text2.Text = CommonDialog1.FileName                        '将文件名赋给文本框
End Sub
```

3. Input 函数

Input 函数用于返回字符串类型的值，Input 函数只用于以 Input 或 Binary 方式打开的文件，它包含以 Input 或 Binary 方式打开的文件中的字符。通常用 Print#或 Put 语句将 Input 函数打开的数据写入文件。

语法：

```
Input(number, [#]filenumber)
```

参数说明：

- number：必要参数，任何有效的数值表达式，指定要返回的字符个数。
- filenumber：必要参数，任何有效的文件号。

例 11.12 读取文本文件中的内容，并显示在文本框中。运行本实例程序后单击“打开文件”按钮，选择某文本文件，显示效果如图 11.14 所示。

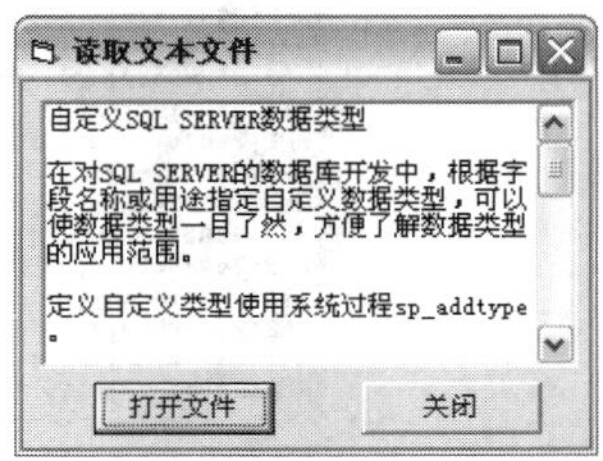

图 11.14 读取文件文件

代码如下：

```
Private Sub Command1_Click()
   With CommonDialog1
       .InitDir = App.Path
       .Filter = "文本文件|*.txt"                          '指定文件类型
       .ShowOpen                                          '打开“打开”对话框
   End With
   Open CommonDialog1.FileName For Binary As 1            '打开文件
   Text1.Text = Input(LOF(1), 1)                          '将文件内容写入文本框
   Close 1                                                '关闭文件
End Sub
```

11.5.3 顺序文件的写入操作

在 VB 中对顺序文件进行写操作，主要使用 Print #语句和 Write #语句。

1. Print #语句

该语句将格式化显示的数据写入顺序文件中。

语法：

```
Print #filenumber, [outputlist]
```

参数说明：

- filenumber：必要参数，任何有效的文件号。
- outputlist：可选参数，表达式或要打印的表达式列表。

注意：

Print 方法所“写”的对象是窗体、打印机或控件，而 Print #语句所“写”的对象是文件。如下面的语句实现了将 Text1 控件中的内容写入到#1 文件中：

```
Print #1,Text1.Text
```

例 11.13 下面使用 Print #语句将 Excel 中的工资数据导出为网上银行数据，程序运行效果如图 11.15 所示。单击“导出工资”按钮，效果如图 11.16 所示。

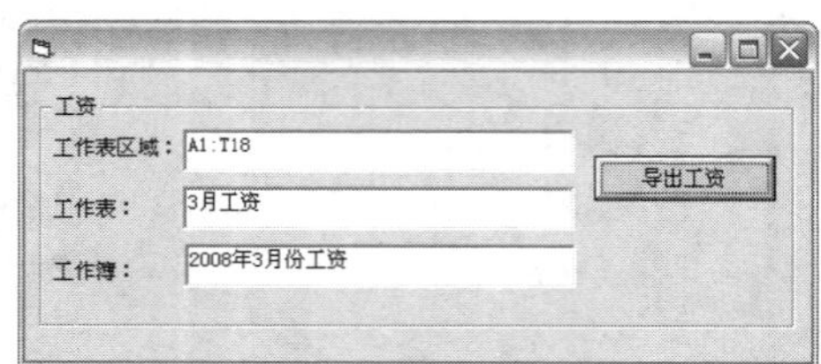

图 11.15　将 Excel 中的数据导出为网上银行数据

```
MyFile.txt - 记事本
文件(F) 编辑(E) 格式(O) 查看(V) 帮助(H)
#总计信息
#注意：本文件中的金额均以分为单位！
#币种|日期|总计标志|总金额|总笔数|
RMB|20070417|1|1495000|8|
#明细指令信息
#其中付款账号类型：灵通卡、理财金0；信用卡1
#币种|日期|顺序号|付款帐号|付款账号类型|收款帐号|收款帐号名称|金额|
用途|备注信息|是否允许收款人查看付款人信息|
RMB|20080429|2|9558***************|灵通卡|888888888888888888|王
**|157800|mr|mr|0|
RMB|20080429|3|9558***************|灵通卡|888888888888888888|宋
*|129700|mr|mr|0|
RMB|20080429|4|9558***************|灵通卡|888888888888888888|邹
**|136400|mr|mr|0|
RMB|20080429|5|9558***************|灵通卡|888888888888888888|顾
**|118000|mr|mr|0|
RMB|20080429|6|9558***************|灵通卡|888888888888888888|刘
*|119600|mr|mr|0|
RMB|20080429|7|9558***************|灵通卡|888888888888888888|张
**|124800|mr|mr|0|
RMB|20080429|8|9558***************|灵通卡|888888888888888888|寇
```

图 11.16　导出后的效果

程序代码如下：

```
Private Sub Command1_Click()
    Dim i As Integer, r As Integer                    '声明变量
    Dim newxls As Excel.Application                   '定义 Excel.Application 类型变量
    Dim newbook As Excel.Workbook                     '定义 Excel.Workbook 类型变量
    Dim newsheet As Excel.Worksheet                   '定义 Excel.Worksheet 类型变量
    Set newxls = CreateObject("Excel.Application")    '创建 Excel 应用程序，打开 Excel
2000
    Set newbook = newxls.Workbooks.Open(App.Path & "\工资数据\" & Text3)
                                                      '打开文件，并赋给变量
    Set newsheet = newbook.Worksheets(Text2.Text)     '创建工作表
    r = newsheet.Range(Text1.Text).Rows.Count         '将数值赋给变量
    Open App.Path & "\MyFile.txt" For Output As #1    '打开文本文件
    '写入信息
    Print #1, "#总计信息"
    Print #1, "#注意：本文件中的金额均以分为单位！"
    Print #1, "#币种|日期|总计标志|总金额|总笔数|"
    Print #1, "RMB|20070417|1|1495000|8|"
    Print #1, "#明细指令信息"
    Print #1, "#其中付款账号类型：灵通卡、理财金 0；信用卡 1"
    Print #1, "#币种|日期|顺序号|付款帐号|付款账号类型|收款帐号|收款帐号名称|金额|用途|备注
信息|是否允许收款人查看付款人信息|"
    For i = 6 To r
        Print #1, "RMB|" & Year(Date) & Format(Month(Date), "00") & Format(Day(Date),
"00") & "|" & i - 4 & "|9558***************|灵通卡|" & _
```

```
            newsheet.Cells(i, 20) & "|" & newsheet.Cells(i, 2) & "|" & newsheet.
Cells(i, 18) & "00|mr|mr|0|"
    Next i
    Print #1, "*"
    Close                                                    '关闭文件
    newxls.Quit                                              '退出 Excel
End Sub
```

2．Write #语句

该语句将数据写入顺序文件。

语法：

```
Write #filenumber, [outputlist]
```

参数说明：

- filenumber：必要参数，任何有效的文件号。
- outputlist：可选参数，要写入文件的数值表达式或字符串表达式，用一个或多个逗号将这些表达式分界。

例 11.14　下例利用 Write #语句向文件中写入数据。

程序代码如下：

```
Private Sub Command1_Click()
   Open App.Path & "\MyFile.txt" For Output As #1        '打开输出文件
   Write #1, 123456789                                   '写入以逗号隔开的数据
End Sub
```

3．Write #语句与 Print #语句的区别

Write #语句通常采用紧凑格式输出，即各数据项之间用逗号分隔，在写入文件时，数据项之间会自动用逗号分界符分隔开。而 Print #语句中的表达式之间因所用分隔符是逗号或分号的不同，其数据项间的位置也不同，也不会自动加入定界符。

Write 语句输出字符串时带双引号，而 Print 语句不带。

Write #语句通常与 Input #读语句配合使用，Print #语句通常与 Line Input #读语句配合使用。

Write #语句通常用在数据写入文件后还要用 VB 程序读出时；而 Print #语句通常用在向文件中写入数据以后，要显示或打印出来时作为格式输出语句。

11.6　随 机 文 件

扫一扫，看视频

随机文件是以随机方式存取的文件，由一组长度相等的记录组成。随机文件的记录长度为固定长度，使用前每个字段所占字节必须事先定好；随机文件的记录包含有一个或多个字段，记录必须是用户自定义标准类型；在随机文件中每个记录都有一个记录号，文件打开后既可以读取又可以写入，可以根据记录号访问文件中任何一个记录。随机文件类似于现在人们听 MP3 格式的音乐，可以任意指定播放起点，而不像听卡带音乐那样需要“倒带”。

11.6.1 随机文件的打开与关闭

1. 随机文件的打开

随机文件的打开同样使用 Open 语句，但是打开模式必须是 Random 方式，同时要指明记录长度。文件打开后可同时进行读写操作。

语法：

```
Open FileName For Random [Access access] [lock] As [#]filenumber [Len=reclength]
```

表达式 Len=reclength 指定了每个记录的字节长度。如果 reclength 比写文件记录的实际长度短，则会产生一个错误；如果 reclength 比记录的实际长度长，则记录可写入，只是会浪费一些磁盘空间。例如，可利用下面的语句打开一个随机文件 MyFile.txt：

```
Open "C:\MyFile.txt" For Random Access Read As #1 Len = 100
```

2. 随机文件的关闭

随机文件的关闭与关闭顺序文件相同。例如，下面的代码可以将所有打开的随机文件都关闭：

```
Close
```

11.6.2 读取随机文件

使用 Get 语句可以从随机文件中读取记录。

语法：

```
Get [#]filenumber, [recnumber], varname
```

Get 语句中各参数的说明如表 11.6 所示。

表 11.6 参数说明

参 数	描 述
filenumber	必要参数，任何有效的文件号
recnumber	可选参数，指出了所要读的记录号
varname	必要参数，一个有效的变量名，将读出的数据放入其中

例 11.15 本实例利用 Get 语句将文件中的记录读取到变量中，然后单击窗体，将其输出到窗体上，如图 11.17 所示。

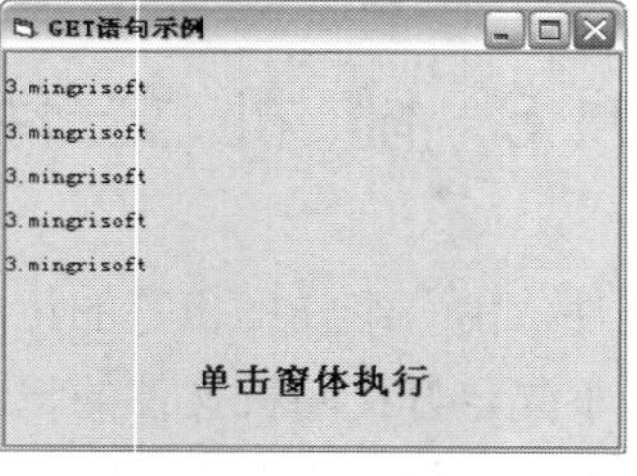

图 11.17 Get 语句示例

程序代码如下：

```
Private Type Record                                    '定义用户自定义的数据类型
    ID As Integer
```

```
    Name As String * 30
End Type
Private Sub Form_Click()
    Dim MyRecord As Record, Position                    '声明变量
    '为随机访问打开样本文件
    Open App.Path & "\MyFile.txt" For Random As #1 Len = Len(MyRecord)
    '使用 Get 语句来读样本文件
    Position = 3                                        '定义记录号
    Get #1, Position, MyRecord                          '读第 3 个记录
    Print MyRecord.Name
    Close #1                                            '关闭文件
End Sub
```

11.6.3 写入随机文件

Put #语句可以实现将一个变量的数据写入磁盘文件中。

语法：

```
Put [#]filenumber, [recnumber], varname
```

Put #语句中各参数的说明如表 11.7 所示。

表 11.7 参数说明

参　数	描　述
filenumber	必要参数，任何有效的文件号
recnumber	可选参数，Variant(Long)，记录号（Random 方式的文件）或字节数（Binary 方式的文件），指明在此处开始写入
varname	必要参数，包含要写入磁盘的数据的变量名

注意：

对于以 Random 形式打开的文件，在使用 Put #语句时，应注意以下几点：

（1）如果已写入的数据的长度小于用 Open 语句的 Len 子句所指定的长度，则 Put #语句以记录长度为边界写入随后的记录。记录终点与下一个记录起点之间的空白将用现有文件缓冲区内的内容填充。因为填入的数据量无法确定，所以一般说来，最好设法使记录的长度与写入的数据长度一致。如果写入的数据长度大于由 Open 语句的 Len 子句所指定的长度，就会导致错误发生。

（2）如果写入的变量是一个可变长度的字符串，则 Put #语句先写入一个含有字符串长度的双字节描述符，然后再写入变量。Open 语句的 Len 子句所指定的记录长度至少要比实际字符串的长度多两个字节。

（3）如果写入的变量是数值类型的 Variant，则 Put #语句先写入两个字节来辨认 Variant 的 VarType，然后才写入变量。例如，当写入 VarType 3 的 Variant 时，Put #语句会写入 6 个字节，其中，前两个字节辨认出 Variant 为 VarType 3（Long），后 4 个字节则包含 Long 类型的数据。Open 语句的 Len 子句所指定的记录长度至少需要比储存变量所需的实际字节多两个字节。

例 11.16 使用 Put #语句将记录信息写入到 MyFile.txt 文件中。运行程序，效果如图 11.18 所示。

图 11.18 Put #语句示例

单击“写入”按钮，即可将记录信息写入到 MyFile.txt 文件中，单击“输出”按钮，即可将 MyFile.txt 文件中的内容输入到窗体上。程序代码如下：

```
Private Sub Command1_Click()                              '将记录写入 MyFile.txt 文件中
    Dim MyRecord As Record, recordnumber                  '声明变量
    '以随机访问方式打开文件
    Open App.Path & "\MyFile.txt" For Random As #1 Len = Len(MyRecord)
    For recordnumber = 1 To 5                             '循环 5 次
        MyRecord.ID = recordnumber                        '定义 ID
        MyRecord.Name = "奥运北京  " & recordnumber       '建立字符串
        Put #1, recordnumber, MyRecord                    '将记录写入文件中
    Next recordnumber
    Close #1                                              '关闭文件
    MsgBox "已经将记录写入到 MyFile.txt 文件中", vbInformation, "信息提示"
End Sub
Private Sub Command2_Click()                '将写入到 MyFile.txt 文件中的记录输入到窗体上
    Dim MyRecord As Record, recordnumber
    Open App.Path & "\MyFile.txt" For Random As #1 Len = Len(MyRecord)
    For recordnumber = 1 To 5
        Get #1, recordnumber, MyRecord
        Print MyRecord.Name
    Next recordnumber
    Close #1
End Sub
```

扫一扫，看视频

11.7　二进制文件

二进制文件是二进制数据的集合。二进制文件的访问与随机文件的访问十分类似，不同的是随机文件是以记录为单位进行读写操作的，而二进制文件是以字节为单位进行读写操作的。文件中的字节可以代表任何东西。二进制存储密集、控件利用率高，但操作起来不太方便，工作量也很大。

11.7.1　二进制文件的打开与关闭

1. 二进制文件的打开

二进制文件一经打开，就可以同时进行读写操作，但是一次读写的不是一个数据项，而是以字节为单位对数据进行访问。任何类型的文件都可以以二进制的形式打开，因此二进制访问能提供对文件的完全控制。

语法：

```
Open pathname For Binary As filenumber
```

可以看出，二进制访问中的 Open 语句与随机存储中的 Open 语句不同，它没有 Len=reclength。如果在二进制访问的语句中包括了记录长度，则被忽略。

下面的语句用于以二进制的形式打开 C 盘根目录下的 MyFile.txt 文件：

```
Open "C:\MyFile.txt" For Binary As #1
```

2. 二进制文件的关闭

二进制文件的关闭和其他文件的关闭相同，利用 Close #filenumber 即可实现。例如，下面的代码用于关闭#1 文件：

```
Close #1
```

11.7.2 二进制文件的读取与写入操作

对于二进制文件的读取和随机文件一样，使用 Get 语句从指定的文件中读取数据，使用 Put 语句将数据写入到指定的文件中。

1. 二进制文件的读操作

二进制文件的读操作可以采用 Get 语句来实现。利用 Get 语句读取二进制文件和读取随机文件是十分相似的。这里不再赘述。

2. 二进制文件的写操作

在二进制文件打开后，可以使用 Put 语句对其进行写操作。

语法：

```
Put [#]filenumber, [recnumber], varname
```

Put 语句将变量的内容写入到所打开的文件的指定位置，它一次写入的长度等于变量的长度。例如，变量为整型，则写入两个字节的数据。如果忽略位置参数，则表示从文件指针所指的位置开始写入数据，数据写入后，文件指针会自动向后移动。文件刚打开时，指向第一个字节。如下例利用二进制文件备份数据。

例 11.17 如图 11.19 所示是数据备份的过程，单击“备份”按钮，利用二进制形式打开某文件，并将这些数据以二进制的形式读出，再以二进制的形式写入目标文件中。

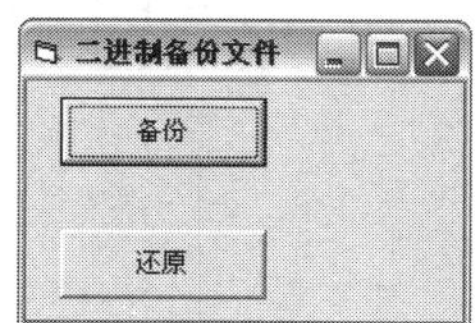

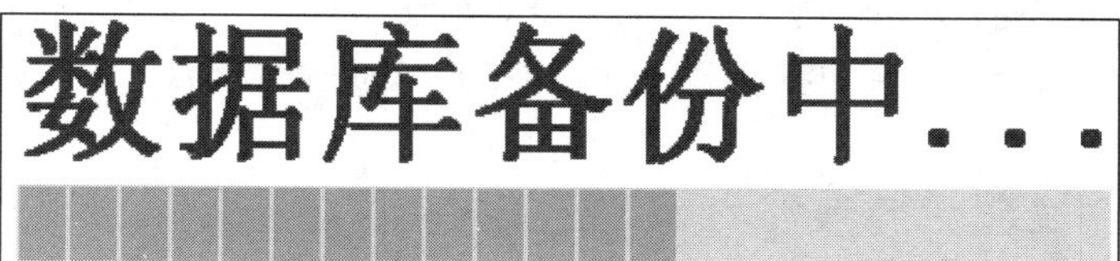

图 11.19 数据备份效果

程序代码如下：

```
Public Sub BackOrRestore(ByVal BackUp As Boolean, ByVal MyForm As Form, _
                ByVal Progress As ProgressBar, ByVal MyStep As Integer)
   Dim i As Currency
   SetWindowPos MyForm.hwnd, 1, 0, 0, 0, 0, &H2 Or &H1              '取消窗体置前
   If MsgBox(IIf(BackUp, "确定备份数据？", "确定恢复数据？"), vbYesNo) = vbYes Then
      SetWindowPos MyForm.hwnd, -1, 0, 0, 0, 0, &H2 Or &H1         '窗体置前
      ReDim char(1 To MyStep)
      Progress.Visible = True
      Progress.Max = 10
      Progress.Min = 0
      Progress.Value = 0
      If Dir(IIf(BackUp, FileFrom, FileTo)) <> "" Then
         Open IIf(BackUp, FileFrom, FileTo) For Binary As #1
         Open IIf(BackUp, FileTo, FileFrom) For Binary As #2
         For i = 1 To FileLen(IIf(BackUp, FileFrom, FileTo)) Step MyStep
            If FileLen(IIf(BackUp, FileFrom, FileTo)) - i + 1 < MyStep Then
               ReDim char(1 To FileLen(IIf(BackUp, FileFrom, FileTo)) - i + 1)
```

```
            End If
            Get #1, i, char
            Put #2, i, char
            Progress.Value = CInt(i * 10 / FileLen(IIf(BackUp, FileFrom, FileTo)))
            DoEvents
        Next i
        Close
        Progress.Value = Progress.Min
        SetWindowPos MyForm.hwnd, 1, 0, 0, 0, 0, &H2 Or &H1      '取消窗体置前
        MsgBox IIf(BackUp, "数据库备份成功", "数据恢复成功")
    Else
        SetWindowPos MyForm.hwnd, 1, 0, 0, 0, 0, &H2 Or &H  1    '取消窗体置前
        MsgBox "文件不存在"
    End If
    Unload MyForm
  Else
    Unload MyForm
  End If
End Sub
```

11.8 文件系统对象

FSO 对象具有文件管理、文件夹管理、驱动器管理等强大的功能。下面将对引用 FSO 类库的方法，以及创建 FSO 对象并实现某管理功能的方法进行介绍。

11.8.1 FSO 对象模型

FSO（FileSystemObject）对象模型提供了一个基于对象的工具来处理文件夹和文件。这使得处理文件夹和文件除了使用 VB 提供的函数或使用 Windows API 函数以外，又多了一种方法。

FSO 对象模型包含在 Scripting 类型库（Scrrun.dll）中。该对象并不是 VB 的内置对象，在使用之前首先应将其引用到工程中。方法为：选择“工程”/“引用”命令，打开“引用”对话框，勾选 Microsoft Scripting Runtime 复选框，如图 11.20 所示。

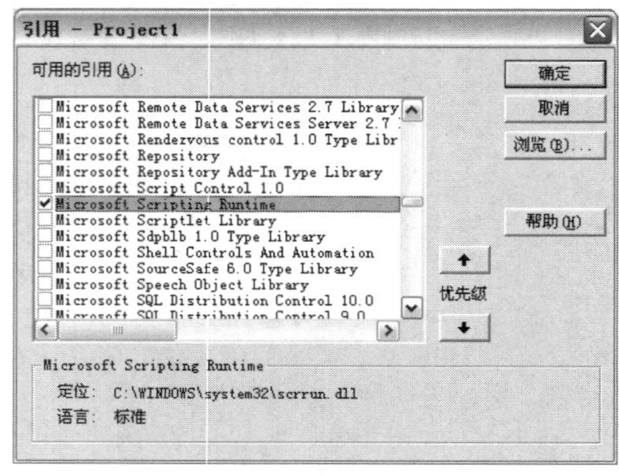

图 11.20 引用 Scripting 类型库

单击“确定”按钮，将 FSO 对象引用到工程中。引用了 FSO 对象以后，可以使用“对象浏览器”窗口（选择“视图”/“对象浏览器”命令来调用对象浏览器）浏览新增的对象，如图 11.21 所示。可以在 Scripting 模块中看到 Drive 对象、File 对象、FileSystemObject 对象、Folder 对象、TextStream 对象。其中，FileSystemObject 对象是这些对象中的关键，想要使用其他对象，必须先创建 FileSystemObject 对象。

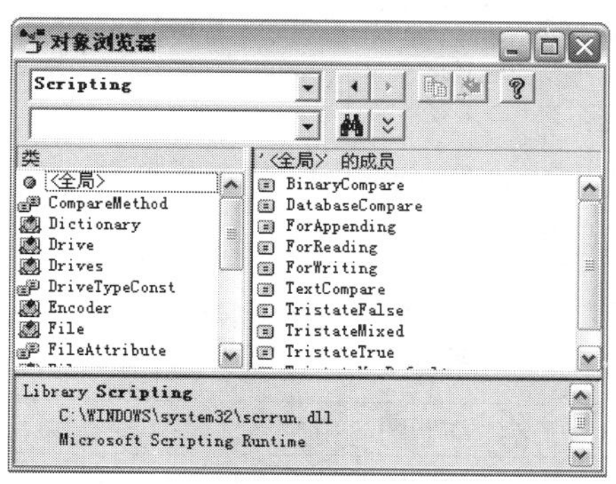

图 11.21　“对象浏览器”窗口

11.8.2　FileSystemObject 对象

FileSystemObject 对象是 FSO 模型中的核心对象，在应用程序中使用 FSO 编程的主要步骤如下。

（1）创建一个 FileSystemObject 对象。

创建 FileSystemObject 对象有如下两种方法。

- 使用 New 关键字声明一个变量为 FileSystemObject 对象类型，如以下代码：

```
Dim MyFSO As New FileSystemObject
```

- 使用 CreateObject 方法创建一个 FileSystemObject 对象，如以下代码：

```
Dim MyFSO As Object
Set MyFSO = CreateObject("Scripting.FileSystemObject")
```

（2）根据程序的需要，通过调用 FileSystemObject 对象的方法来创建一个新的对象。

（3）通过读取新对象的属性值来获取用户所需的信息。

11.8.3　Drive 对象及磁盘驱动器的操作

在 FSO 对象模型中，驱动器（Drive）对象可以对特定磁盘驱动器或网络共享的属性提供访问。通过 Drive 对象，可以方便地与系统中的驱动器进行信息交互。其中，驱动器不一定是一个硬盘，可以是一个 CD-ROM 驱动器、一个 RAM 等，而且驱动器不一定和系统物理地连接，也可以通过 LAN 进行逻辑连接。

1. 创建 Drive 对象

可以通过如下两种方法创建并获得驱动器对象。

（1）通过 FileSystemObject 的 GetDrive 方法。程序代码如下：

```
Dim MyFSO As New FileSystemObject                          '创建 FSO 对象
```

```
Dim MyDrive As Drive                                  '声明 Drive 类型变量
Set MyDrive = MyFSO.GetDrive("c:")                    '获得 C 盘驱动器的 Drive 对象
```

（2）列举计算机中的每个驱动器。程序代码如下：

```
Dim MyFSO As New FileSystemObject                     '创建 FSO 对象
Dim MyDrive As Drive                                  '声明 Drive 类型变量
For Each MyDrive In MyFSO.Drives                      '遍历 Drives 集合
   Print MyDrive.DriveLetter                          '显示驱动器名称
Next
```

2．获得 Drive 对象中的内容

Drive 对象是 Scripting 模块中比较简单的对象之一。它只有属性成员，没有方法成员。可以通过 Drive 对象的属性来获得驱动器的相关内容，如表 11.8 所示。

表 11.8　Drive 对象的属性

属　性	描　述
AvailableSpace	返回在指定驱动器或网络共享上的可用空间。以 Byte 为单位
DriveLetter	返回物理本地驱动器或网路共享的驱动器字母代号。只读
DriveType	返回一个值用来表示驱动器的类型，可用以判断光盘、硬盘等
FileSystem	返回指定驱动器的文件系统类型
FreeSpace	返回指定驱动器上或网络共享的用户可用磁盘的剩余空间容量。以 Byte 为单位。只读
IsReady	返回指定的驱动器设备是否准备好。对于外插式驱动器，必须插入已经格式化的磁盘，此属性才返回 True；对于 CD-ROM，仅当插入了适当的媒体，并已准备好供访问时，此属性才返回 True
Path	返回驱动器的路径
RootFolder	返回一个 Folder 对象。该对象表示指定驱动器的根文件夹。只读
SerialNumber	返回标识磁盘的十进制序列号
ShareName	返回网络共享驱动器的名称
TotalSize	返回驱动器或网络共享的总空间大小。以 Byte 为单位
VolumeName	返回或设置指定驱动器的卷标名

可以通过使用 DriveType 属性返回指定驱动器的类型。

语法：

```
object.DriveType
```

参数说明：

object：表示一个 Drive 对象。

DriveType 属性的设置值如表 11.9 所示。

表 11.9　DriveType 属性的设置值

设　置　值	描　述
Unknown (0)	无法判断
Removable (1)	外插式驱动器，如软盘
Fixed (2)	硬盘
Remote (3)	远程存储设备
CD-ROM (4)	光驱
RamDisk (5)	RAM Disk

例 11.18　本实例利用 Drive 对象的 DriveType 属性来判断计算机中的驱动器类型。运行程序，在窗体加载时，遍历计算机中的所有驱动器，并对驱动器类型进行判断，同时将其添加到 ListBox 控件中，如图 11.22 所示。

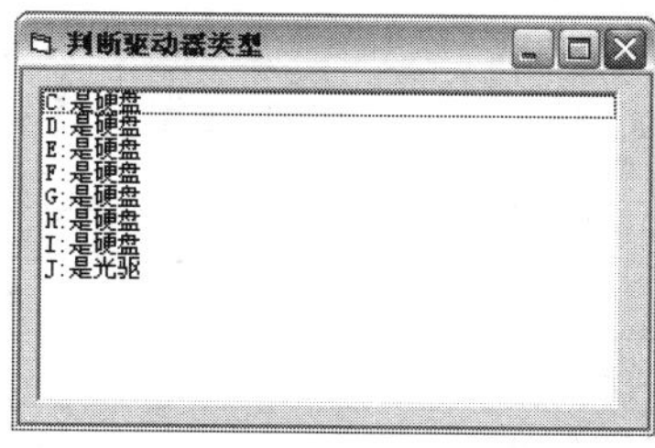

图 11.22　判断驱动器的类型

程序代码如下：

```
Private Sub Form_Load()
   Dim MyFSO As New FileSystemObject                         '创建 FSO 对象
   Dim MyDrive As Drive                                      '声明 Drive 类型变量
   For Each MyDrive In MyFSO.Drives                          '遍历 Drives 集合
      List1.AddItem MyDrive.Path & "是" & ShowDriveType(MyDrive.DriveType)
                                                             '将驱动器属性添加到列表
   Next
End Sub
Function ShowDriveType(ByVal NumType As Long)                '判断驱动器类型
   Select Case NumType
      Case 0: ShowDriveType = "无法判断"
      Case 1: ShowDriveType = "外插式驱动器"
      Case 2: ShowDriveType = "硬盘"
      Case 3: ShowDriveType = "远程存储设备"
      Case 4: ShowDriveType = "光驱"
      Case 5: ShowDriveType = "RAM Disk"
   End Select
End Function
```

11.8.4　Folder 对象与文件夹的浏览（获取某路径的文件夹名）

要想从某个文件夹中查找一个文件，首先得知道该文件夹中含有哪些子文件夹和文件。如果通过 VB 代码来直接获得是不容易的，现在可以通过 Folder 对象来实现。

1．创建 Folder 对象

如果希望获得 C:\下的文件夹的信息，可以利用下面的代码创建代表文件夹的 Folder 对象：

```
Dim MyFSO As New FileSystemObject
Dim MyFolder As Folder
Set MyFolder = MyFSO.GetFolder("C:\")
```

说明：

通过上述代码可以看出，FileSystemObject 对象是 Scripting 模块中的关键，因此需首先创建 FileSystemObject

对象。在创建时在对象前加上关键字 New，表示只是定义一个对象变量，并没有创建该对象。然后，利用“Dim MyFolder As Folder”语句定义一个 Folder 对象，直到执行“Set MyFolder = MyFSO.GetFolder("C:\")”语句时，才由 FileSystemObject 对象调用其 GetFolder 方法来创建 Folder 对象。

2. 获取 Folder 对象中的内容

在创建 Folder 对象之后，可以通过下面的属性来获得文件夹的相关内容，如表 11.10 所示。

表 11.10　Folder 对象的属性

属　　性	描　　述
Attributes	返回或设置文件夹的属性，如存档、只读、隐藏、系统等
DateCreated	返回指定文件夹的创建日期和时间
DateLastAccessed	返回指定文件夹的最后访问日期和时间
DateLastModified	返回最后一次修改指定文件夹的日期和时间
Drive	返回指定文件所在的驱动器符号
Files	返回该文件夹包含的文件
IsRootFolder	返回指定的文件夹是否为根文件夹
ParentFolder	返回指定的文件夹是否为父文件夹
Path	返回指定文件夹的完整的路径名
ShortName	返回文件夹名称的短名字，如文件夹的名称是“longfilenamefolder”，缩写形式为“longfi~1”
ShortPath	返回文件夹短路径
Size	返回以字节为单位的包含在文件夹中的所有的文件和子文件夹中的大小
SubFolders	返回包含在该文件夹中的所有的子文件夹
Type	返回关于某个文件夹类型的信息，如对于.txt 文件，返回“Text Document”

SubFolders 属性用于返回包含所有文件夹的一个 Folders 集合，这些文件夹包含在某个特定的文件夹中，包含隐藏和系统文件属性的那些文件。

语法：

```
object.SubFolders
```

参数说明：

object：表示一个 Folder 对象。

下例中利用 Folder 对象的 SubFolders 属性显示 C 盘下的子文件夹。运行程序，单击窗体，即可在窗体上显示出 C 盘下的子文件夹的名称。程序代码如下：

```
Private Sub Form_Click()
    Dim MyFSO As New FileSystemObject                    '创建 FSO 对象
    Dim MyFolder As Folder                               '声明文件夹类型变量
    Dim sFolder As Folder                                '声明文件夹类型变量
    Set MyFolder = MyFSO.GetFolder("C:\")                '获取指定路径下的所有文件夹
    Print MyFolder.Path & "下的子文件夹有："
    For Each sFolder In MyFolder.SubFolders              '遍历文件夹集合
        Print sFolder.Name                               '显示文件夹名称
    Next
End Sub
```

11.8.5 File 对象与文件的操作

File 对象和 Folder 对象一样都含有 Attributes、DateCreated、DateLastAccessed、DateLastModified、Drive、Name、ParentFolder、Path、ShortName、ShortPath、Size、Type 等属性。其属性的意义与 Folder 对象的同名称的属性的意义相同。

例 11.19 下面利用 File 对象显示文件中所选目录下的所有文件。本程序显示多媒体文件夹中的录像文件。运行程序，选择要查看的章名，在列表框中将显示所在章节文件夹中的录像文件，效果如图 11.23 所示。

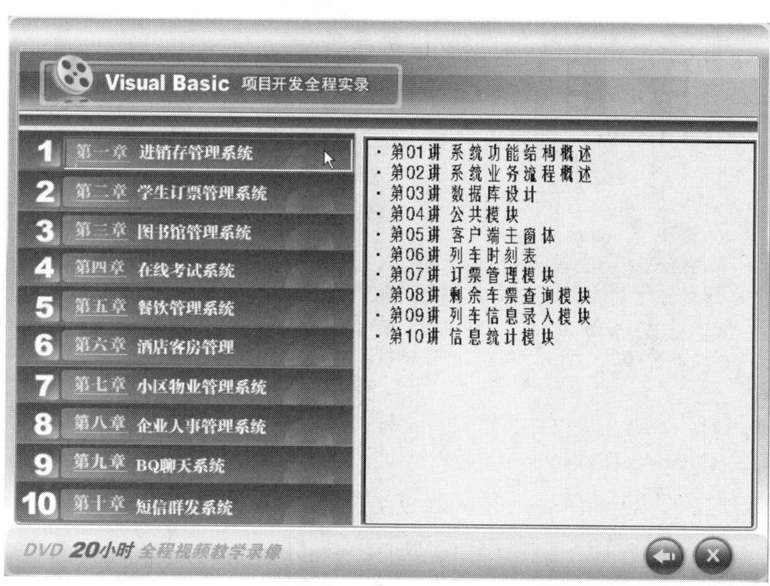

图 11.23 File 对象应用示例

程序代码如下：

```
Dim myflashstr1 As String
Dim fs As FileSystemObject                    '定义 FileSystemObject 对象类型的变量
Dim f As Folder, faa As Folder                '定义 Folder 对象类型的变量
Dim i As Integer
Dim mystr(10) As String
Private Sub Label1_Click(Index As Integer)
  List2.Clear
  Set faa = fs.GetFolder(App.Path & "\video\" & mystr(Index)) '将文件名赋给变量
  myfoldercount = faa.Files.Count                              '将数值赋给变量
  For Each f2 In faa.Files
    List2.AddItem "?¤" & Left(f2.Name, Len(f2.Name) - 4) '将文件名添加到列表框中
  Next
  myflashstr1 = App.Path & "\video\" & mystr(Index) & "\"  '将路径赋给变量
End Sub
```

11.8.6 TextStream 对象与文件的读写

创建 TextStream 对象以加快顺序文件的读写。

1. 创建 TextStream 对象

创建 TextStream 对象的方法如下：

```
Dim MyST As TextStream
```

要想利用 TextStream 对象对文件进行读写操作，必须首先将文件打开。FileSystemObject 对象提供了 OpenTextFile 方法用于打开文件，还可以通过 File 对象的 OpenAsTextStream 方法来实现。

（1）FileSystemObject 对象的 OpenTextFile 方法。

下例中利用 FileSystemObject 对象的 OpenTextFile 方法打开顺序文件。运行程序，单击窗体，即可将应用程序下的 MyFile1.txt 文件打开，并创建 MyFile2.txt 文件。程序代码如下：

```
Private Sub Form_Click()
    Dim MyFSO As New FileSystemObject                          '创建 FSO 对象
    Dim MyTS As TextStream                                     '声明 TextStream 类型变量
    Set MyTS = MyFSO.OpenTextFile(App.Path & "\MyFile1.txt")'以只读方式打开文件
    '以追加方式打开文件，若文件不存在，则创建文件
    Set MyTS = MyFSO.OpenTextFile(App.Path & "\MyFile2.txt", ForAppending, True)
    Print "已经打开 MyFile1，并创建 MyFile2！"
    MyTS.Close
End Sub
```

（2）File 对象的 OpenAsTextStream 方法。

下例中利用 File 对象的 OpenAsTextStream 方法打开指定的文件。运行程序，单击窗体，即可将应用程序中的 MyFile.txt 文件打开。程序代码如下：

```
Private Sub Form_Click()
    Dim MyFSO As New FileSystemObject                      '创建 FSO 对象
    Dim MyFile As File                                     '声明 File 类型变量
    Dim MyTS As TextStream                                 '声明 TextStream 类型变量
    Set MyFile = MyFSO.GetFile(App.Path & "\MyFile.txt")  '创建 File 对象实例
    Set MyTS = MyFile.OpenAsTextStream(ForReading)         '创建 TextStream 对象实例
    Print "已经将 MyFile.txt 文件打开！"
    MyTS.Close
End Sub
```

说明：

上面介绍的两种方法都是以只读方式打开文件。其中 ForReading 表示从文件中读出信息，ForAppending 表示向文件中添加信息。

2. 获取 TextStream 对象中的内容

创建了 TextStream 对象以后，可以通过 TextStream 对象的属性（如表 11.11 所示）、方法（如表 11.12 所示）来获得其相关的内容。

表 11.11　TextStream 对象的属性

属　　性	描　　述
AtEndOfLine	对于以 ForReading 方式打开的 TextStream 文件，如果文件指针正好在行尾标记的前面，则该属性返回 True，否则，返回 False
AtEndOfStream	对于以 ForReading 方式打开的 TextStream 文件，如果文件指针在 TextSteam 文件末尾，则该属性返回 True，否则返回 False
Column	返回当前字符所在列数。只读
Line	返回当前字符所在的行号。只读

表 11.12　TextStream 对象的方法

方　　法	描　　述
Close	关闭一个打开的 TextStream 文件
Read(n)	从一个 TextStream 文件中读取 n 个字符并返回得到的字符串
ReadAll	读取整个 TextStream 文件并返回得到的字符串
ReadLine	从一个 TextStream 文件中读取一整行（截止到换行符，但是不包括换行符），并返回得到的字符串
Skip(n)	读取 TextStream 文件时，跳过 n 个字符
SkipLine	读取 TextStream 文件时，跳过一行
Write(string)	将字符串写入到 TextStream 文件中
WriteBlankLines(n)	写入 n 个换行符到 TextStream 文件中
WriteLine(string)	写入一个指定的字符串和换行符到一个 TextStream 文件中

例 11.20　本实例将使用 TextStream 对象的相关属性和方法，将指定文件（MyFile.txt）中的信息显示在 TextBox 中。运行程序，效果如图 11.24 所示。

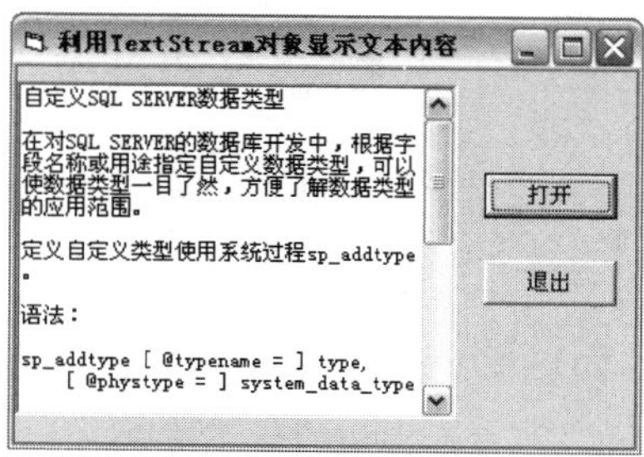

图 11.24　利用 TextStream 对象显示文件内容

单击“打开”按钮，选中要打开的文本文件，即可在 TextBox 控件中显示该文件中的内容。程序代码如下：

```
Private Sub Command1_Click()                    '打开
    Dim MyFSO As New FileSystemObject           '创建 FSO 对象
    Dim MyFile As File                          '声明 File 类型变量
    Dim MyTS As TextStream                      '声明 TextStream 类型变量
    Dim MyStr As String                         '声明字符串变量
    Dim FileName As String                      '声明字符串变量
```

```
    CommonDialog1.Filter = "文本文件(*.txt)|*.txt"          '指定浏览文件类型
    CommonDialog1.FileName = ""
    CommonDialog1.Action = 1
    FileName = CommonDialog1.FileName                        '设置文件名
    If FileName <> "" Then
        Text1.Text = ""
        Set MyTS = MyFSO.OpenTextFile(FileName, ForReading, False)
                                                              '创建 TextStream 对象实例
        Set MyFile = MyFSO.GetFile(FileName)                 '创建 File 对象实例
        Do While Not MyTS.AtEndOfStream                      '遍历行
            MyStr = MyTS.ReadLine                            '行读取
            Text1.Text = Text1.Text + MyStr + vbCrLf         '逐行显示
            Text1.Refresh
        Loop
    End If
End Sub
```

扫一扫，看视频

11.9 访问 INI 文件

INI 是微软 Windows 操作系统中的文件扩展名，这些字母表示初始化。正如该术语所表示的，INI 文件用来对操作系统或特定程序初始化或进行参数设置。本节将对读取或保存 INI 文件设置的方式进行介绍。

11.9.1 读取 INI 文件设置

读取 INI 文件设置可以通过使用 API 函数 GetPrivateProfileString 较快地实现。API 函数 GetPrivateProfileString 的声明方法如下：

```
Declare Function GetPrivateProfileString Lib "kernel32" Alias
"GetPrivateProfileStringA" ( _
                    ByVal lpApplicationName As String, _
                    ByVal lpKeyName As Any, ByVal lpDefault As String, _
                    ByVal lpReturnedString As String, ByVal nSize As Long, _
                    ByVal lpFileName As String) As Long
```

其参数如表 11.13 所示。

表 11.13 API 函数 GetPrivateProfileString 的参数及说明

参　数	类　型	说　明
lpApplicationName	String	欲在其中查找条目的小节名称。这个字串不区分大小写。如设为 vbNullString，就在 lpReturnedString 缓冲区内装载这个 ini 文件所有小节的列表
lpKeyName	String	欲获取的项名或条目名。这个字串不区分大小写。如设为 vbNullString，就在 lpReturnedString 缓冲区内装载指定小节所有项的列表

续表

参　　数	类　　型	说　　明
lpDefault	String	指定的条目没有找到时返回的默认值。可设为空（""）
lpReturnedString	String	指定一个字串缓冲区，长度至少为 nSize
nSize	Long	指定装载到 lpReturnedString 缓冲区的最大字符数量
lpFileName	String	初始化文件的名字。如没有指定一个完整路径名，Windows 就在 Windows 目录中查找文件

例 11.21　读取 INI 文件并设置窗体标题。

本例中使用 API 函数 GetPrivateProfileString 获取 INI 文件中 config 节下 title 项的设置值，并将获取的设置值作为窗体的标题。程序代码如下：

```
Private Declare Function GetPrivateProfileString Lib "kernel32" Alias
"GetPrivateProfileStringA" ( _
                     ByVal lpApplicationName As String, _
                     ByVal lpKeyName As Any, ByVal lpDefault As String, _
                     ByVal lpReturnedString As String, ByVal nSize As Long, _
                     ByVal lpFileName As String) As Long
Private Sub Form_Load()
   Dim strReturn As String, lenReturn As Long
   strReturn = vbNullString
   strReturn = Space(&HFE)
   lenReturn = GetPrivateProfileString( _
            "config", "title", vbNullString, _
            strReturn, &HFF, App.Path & "\config.ini")
   Me.Caption = Trim(Replace(Left(strReturn, lenReturn), Chr(0) & Chr(0), Chr(0)))
End Sub
```

11.9.2　保存 INI 文件设置

保存 INI 文件设置可以通过使用 API 函数 WritePrivateProfileString 较快地实现。API 函数 WritePrivateProfileString 的声明方法如下：

```
Declare Function WritePrivateProfileString Lib "kernel32" Alias _
                     "WritePrivateProfileStringA" ( _
                     ByVal lpApplicationName As String, ByVal lpKeyName As Any, _
                     ByVal lpString As String, ByVal lpFileName As String) As Long
```

其参数如表 11.14 所示。

表 11.14　API 函数 WritePrivateProfileString 的参数及说明

参　　数	类　　型	说　　明
lpApplicationName	String	要在其中写入新字串的小节名称。这个字串不区分大小写
lpKeyName	Any	要设置的项名或条目名。这个字串不区分大小写。用 vbNullString 可删除这个小节的所有设置项
lpString	String	指定为这个项写入的字串值。用 vbNullString 表示删除这个项现有的字串
lpFileName	String	初始化文件的名字。如果没有指定完整路径名，则 Windows 会在 Windows 目录查找文件。如果文件没有找到，则函数会创建它

例 11.22 将窗体标题保存在 INI 文件中。

本例中使用 API 函数 WritePrivateProfileString 将窗体标题保存在 INI 文件中 config 节下的 title 项。程序代码如下：

```
Private Declare Function WritePrivateProfileString Lib "kernel32" Alias
"WritePrivateProfileStringA" ( _
                     ByVal lpApplicationName As String, ByVal lpKeyName As Any, _
                     ByVal lpString As Any, ByVal lpFileName As String) As Long
Private Sub Form_Load ()
   lenReturn = WritePrivateProfileString("config", "title", Me.Caption, App.Path
& "\config.ini")
End Sub
```

扫一扫，看视频

第 12 章　图形图像技术

扫一扫，看视频

随着图形学和多媒体技术的发展，图形程序界面已经成为程序设计的主流。图形图像可以使程序界面更加美观、友好，增加应用程序界面的趣味性，其可视性的操作也方便用户使用。Visual Basic 提供了丰富的图形功能，既可以直接使用图形控件，也可以通过图形方法在窗体中输出文字和任意形状的图形。

在 Visual Basic 标准控件中包含 4 种图形图像控件，分别是图片框控件（PictureBox）、图像（Image）、直线（Line）和形状（Shape）。这些图形控件主要用于绘制和显示图形、实现某些操作以及修饰窗体和其他控件。本章视频要点如下：

- 如何学好本章；
- 使用图形控件；
- 熟悉图形属性的使用；
- 熟悉图形方法的使用；
- 使用图像控件；
- 使用图形处理函数。

12.1　坐标系统与颜色的指定

画师在绘画前首先要确定使用的颜料的颜色以及在画布中绘画的起点，在 Visual Basic 中也是一样，在绘制图形的时候也需要选择画笔的颜色和绘画的坐标。本节将对 Visual Basic 的坐标系统（简称坐标系）和颜色函数的使用方法进行介绍。

12.1.1　Visual Basic 坐标系统

扫一扫，看视频

在 Visual Basic 中，每个容器都有一个坐标系，以便实现对对象的定位。容器可以采用默认坐标系，也可以通过属性和方法的设置自定义坐标系。在 Visual Basic 中，包括默认坐标系统和用户自定义坐标系统两种坐标系统。下面将对这两种坐标系统分别进行介绍。

1. 默认坐标系统

默认情况下，坐标系统的坐标原点（0, 0）在对象的左上角，横向向右为 X 轴正方向，纵向向下为 Y 轴正方向。坐标度量单位由对象的 ScaleMode 属性决定，但是无论 ScaleMode 属性取何值，原点和坐标轴都不改变。

例如，新建一个标准 EXE 工程，新窗体就采用默认坐标系统，原点在窗体的左上角，Height=3600，Width=4800，ScaleHeight=3030，ScaleWidth=4560，单位为缇，即 Twip，如图 12.1 所示。

窗体的 Height 属性值包括标题栏和水平边框宽度，同样 Width 属性值包括垂直边框宽度，实际可用高度和宽度是由 ScaleHeight 属性和 ScaleWidth 属性确定的。

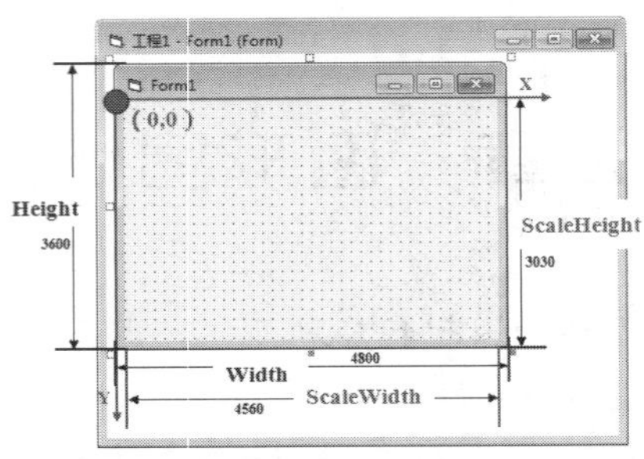

图 12.1　窗体的默认坐标系

2. 自定义坐标系统

用户可以通过下面两种方法定义坐标系统。

（1）采用 Scale 方法自定义坐标系统。

在创建坐标系统时，Scale 方法是最方便的方法之一。它可以定义 Form、PictureBox 或 Printer 的坐标系统。

语法：

```
object.Scale (x1, y1) - (x2, y2)
```

Scale 方法的参数说明如表 12.1 所示。

表 12.1　Scale 方法的参数说明

参　数	说　明
object	可选参数，一个对象表达式。如果省略 object，则为带有焦点的 Form 对象
x1,y1	可选参数，均为单精度值，指示定义 object 左上角的水平（x 轴）和垂直（y 轴）坐标。这些值必须用括号括起。如果省略，则第二组坐标也必须省略
x2,y2	可选参数，均为单精度值，指示定义 object 右下角的水平和垂直坐标。这些值必须用括号括起。如果省略，则第一组坐标也必须省略

Scale 方法可以使坐标系统重置到所选择的任意刻度。Scale 方法对运行时的图形语句以及控件位置的坐标系统都有影响。

（2）采用对象的 ScaleTop 属性、ScaleLeft 属性、ScaleWidth 属性及 ScaleHeight 属性自定义坐标系统。

ScaleTop 属性、ScaleLeft 属性用于控制对象左上角的坐标。所有对象的 ScaleTop 属性和 ScaleLeft 属性的默认值都为 0，坐标原点在对象的左上角。当改变对象的 ScaleTop 属性或 ScaleLeft 属性值后，坐标系的 x 轴或 y 轴将按此值平移，从而形成新的坐标原点。右下角坐标值为（ScaleLeft+ScaleWidth，ScaleTop+ScaleHeight）。根据左上角和右下角坐标值的大小自动设置坐标轴的正向。x 轴与 y 轴的度量单位分别为 1/ScaleWidth 和 1/ScaleHeight。

扫一扫，看视频

12.1.2　颜色的使用

1. QBColor 函数

在 Visual Basic 中提供了两种颜色函数：RGB 函数和 QBColor 函数。其中，QBColor 函数能够选择 16 种颜色，如表 12.2 所示。

表 12.2　QBColor 函数可选择的颜色

值	颜　色	值	颜　色
QBColor (0)	黑色	QBColor (8)	灰色
QBColor (1)	蓝色	QBColor (9)	亮蓝色
QBColor (2)	绿色	QBColor (10)	亮绿色
QBColor (3)	青色	QBColor (11)	亮青色
QBColor (4)	红色	QBColor (12)	亮红色
QBColor (5)	洋红色	QBColor (13)	亮洋红色
QBColor (6)	黄色	QBColor (14)	亮黄色
QBColor (7)	白色	QBColor (15)	亮白色

使用 QBColor 函数将 Form1 窗体的背景色设置为亮绿色，代码如下：

```
Form1.BackColor = QBColor(10)                          'Form1 窗体的颜色为亮绿色
```

2. RGB 函数

RGB 函数用来表示一个 RGB 颜色值。此函数通常用于和色彩有关的方法或属性上。在编写应用程序时，如需要使某些记录或标识等显示不同的颜色以示区分或警示，可以使用 RGB 函数。RGB 函数和 QBColor 函数在使用范围上大致相同，但是在颜色的显示上，RGB 函数要比 QBColor 函数的更加丰富多彩。

语法：

```
RGB(red, green, blue)
```

RGB 函数的参数说明如表 12.3 所示。

表 12.3　RGB 函数的参数说明

参　数	说　明
red	必要参数，Variant (Integer)，数值范围为 0～255，表示颜色的红色成分
green	必要参数，Variant (Integer)，数值范围为 0～255，表示颜色的绿色成分
blue	必要参数，Variant (Integer)，数值范围为 0～255，表示颜色的蓝色成分

注意：

虽然 RGB 函数能够设置出更多丰富多彩的颜色，但是如果系统只能显示 16 色，那么 RGB 函数就不能设置出更多的颜色。

利用 RGB 函数将 Form1 窗体的背景色设置成红色，代码如下：

```
Form1.BackColor = RGB(255, 0, 0)                       '设置 MyObject 的 Color 属性为红色
```

12.2　图 形 控 件

在 Visual Basic 中提供了两个图形控件，分别是形状控件（Shape 控件）、画线工具控件（Line 控件）。本节将对这两个控件的使用方法进行介绍。

扫一扫，看视频

12.2.1 形状控件（Shape 控件）

Shape 控件是图形控件，可用于在窗体上绘制矩形、正方形、椭圆、圆形、圆角矩形或者圆角正方形。Shape 控件可以通过 Shape 属性来显示不同的形状；通过 FillColor 属性为图形填充颜色；通过 FillStyle 属性和 BorderStyle 属性改变图形的填充方式和外观。

Shape 属性是 Shape 控件最常用的属性，主要用于定义 Shape 控件的形状。

语法：

```
object.Shape [= value]
```

参数说明：

- object：对象表达式。
- value：用来指定控件外观的整数，其设置值如表 12.4 所示。

表 12.4 Shape 属性的 value 设置值

常　　数	设　置　值	说　　明
vbShapeRectangle	0	（默认值）矩形
vbShapeSquare	1	正方形
vbShapeOval	2	椭圆形
vbShapeCircle	3	圆形
vbShapeRoundedRectangle	4	圆角矩形
vbShapeRoundedSquare	5	圆角正方形

例 12.1 将 Shape 属性设置为不同的值，其所对应的图形外观样式如图 12.2 所示。

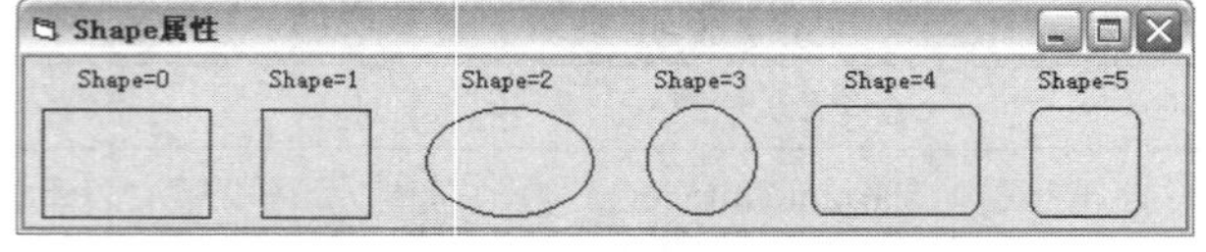

图 12.2　Shape 属性演示效果

程序代码如下：

```
Private Sub Form_Load()
   Dim i As Integer
   For i = 0 To 5
      Shape1(i).Shape = i                          '设置形状控件的样式
   Next i
End Sub
```

扫一扫，看视频

12.2.2 画线工具控件（Line 控件）

Line 控件是图形控件，该控件主要用于修饰窗体和显示直线。可以在窗体或其他容器控件中画出水平线、垂直线或者对角线。

语法：

```
object.X1 [= value]
```

```
object.Y1 [= value]
object.X2 [= value]
object.Y2 [= value]
```

参数说明：

- object：对象表达式。
- value：一个用来指定坐标的数值表达式。

例 12.2　运用 X1、Y1、X2、Y2 属性可以定位一条线段的位置，其中 X1、Y1 是起始点坐标，X2、Y2 是终止点坐标，而 X1 和 X2 是水平坐标，Y1 和 Y2 是垂直坐标。本例实现的是，在窗体启动时通过设置 Line 控件的 X1、Y1、X2、Y2 属性，来定位 Line 控件，如图 12.3 所示。

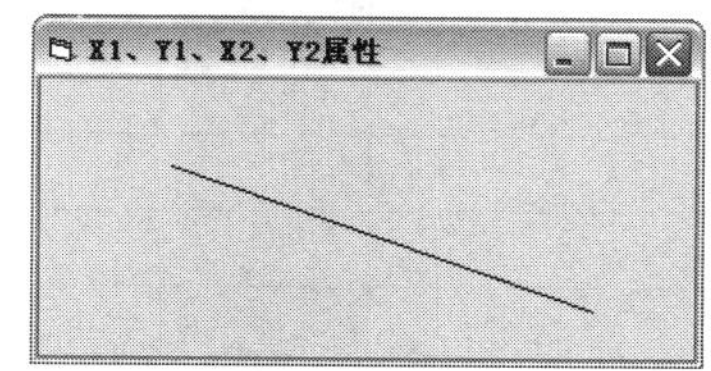

图 12.3　定位线段的位置

程序代码如下：

```
Private Sub Form_Load()
   With Line1
       .X1 = 900: .X2 = 3800: .Y1 = 600: .Y2 = 1600    '设置 Line 控件的位置
   End With
End Sub
```

12.3　图形属性

进行图形绘制需要对图形属性进行设置，例如设置绘图坐标、设置图形位置和大小、设置图形边框效果、设置绘制效果等。本节将对与图形绘制相关的属性的设置方法进行介绍。

12.3.1　设置绘图坐标

扫一扫，看视频

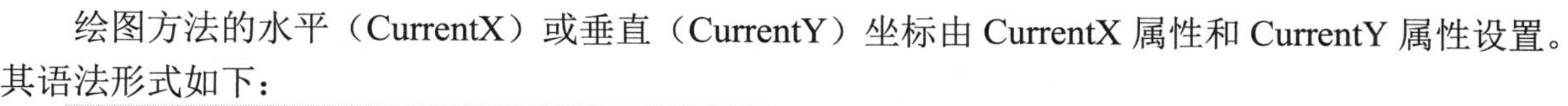

绘图方法的水平（CurrentX）或垂直（CurrentY）坐标由 CurrentX 属性和 CurrentY 属性设置。其语法形式如下：

```
object.CurrentX [= x]
object.CurrentY [= y]
```

CurrentX 和 CurrentY 属性的参数说明如表 12.5 所示。

表 12.5　CurrentX 和 CurrentY 属性的参数说明

参　数	描　述
object	对象表达式
x	确定水平坐标的数值
y	确定垂直坐标的数值

坐标从对象的左上角开始测量。对象的左边其 CurrentX 属性值为 0，对象的上边其 CurrentY 属性值为 0。坐标以缇为单位表示，或以 ScaleHeight 属性、ScaleWidth 属性、ScaleLeft 属性、ScaleTop 属性和 ScaleMode 属性定义的度量单位来表示。

在编程的过程中，当用下面的图形方法时，CurrentX 属性和 CurrentY 属性的设置值按表 12.6 所示的说明改变。

表 12.6　CurrentX 和 CurrentY 属性在不同方法中的设置值

方　　法	CurrentX,CurrentY 属性的设置值
Circle	对象的中心
Cls	0，0
EndDoc	0，0
Line	线终点
NewPage	0，0
Print	下一个打印位置
Pset	画出的点

例 12.3　利用 CurrentX、CurrentY 属性可以在窗体上实现如图 12.4 所示的立体效果。要想实现立体效果，可以将同一内容的字体采用不同的颜色输出两次，并在第二次输出时，适当地偏移输出的位置。

图 12.4　CurrentX、CurrentY 属性应用示例

程序代码如下：

```
Private Sub Form_Click()
   FontSize = 30                              '设置文字大小
   ForeColor = QBColor(8)                     '设置前景文字颜色--灰色
   CurrentX = 650: CurrentY = 340             '设置前景文字的坐标
   Print "明日科技"                           '输出文字
   ForeColor = QBColor(15)                    '设置文字颜色--白色
   CurrentX = 680: CurrentY = 360             '设置文字坐标
   Print "明日科技"                           '输出文字
End Sub
```

扫一扫，看视频

12.3.2　设置图形位置和大小

1. ScaleLeft、ScaleTop 属性

当使用图形方法或调整控件位置时，返回或设置一个对象左边和上边水平（ScaleLeft）和垂直（ScaleTop）的坐标。

语法：

```
object.ScaleLeft [= value]
object.ScaleTop [= value]
```

参数说明：

- object：对象表达式。
- value：一个用来指定水平或垂直坐标的数值表达式。默认设置值为 0。

说明：

这些属性和相关的 ScaleHeight 与 ScaleWidth 属性的使用，可以建立起一个完全的带有正、负坐标的坐标系统。这四个 Scale 属性与 ScaleMode 属性按下面的方式进行交互作用：
把其他任何 Scale 属性设置为任何值都将使 ScaleMode 自动地设置为 0。ScaleMode 等于 0 是用户定义。
把 ScaleMode 设置为一个大于 0 的数，将使 ScaleHeight 和 ScaleWidth 的度量单位发生改变，并将 ScaleLeft 和 ScaleTop 设置为 0。另外，CurrentX 和 CurrentY 的设置值将发生改变以反映当前点的新坐标。
也可以在语句中使用 Scale 方法设置 ScaleHeight、ScaleWidth、ScaleLeft 和 ScaleTop 属性。

注意：

ScaleLeft 和 ScaleTop 属性与 Left 和 Top 属性是不一样的。

2．ScaleHeight、ScaleWidth 属性

当使用图形方法或调整控件位置时，返回或设置对象内部的水平（ScaleWidth）或垂直（ScaleHeight）度量单位。对于 MDIForm 对象，在设计时是不可用的，并且在运行时是只读的。

语法：

```
object.ScaleHeight [= value]
object.ScaleWidth [= value]
```

参数说明：

- object：对象表达式。
- value：一个用来指定水平或垂直度量的数值表达式。

说明：

能够使用这些属性来为绘图或打印创建一个自定义的坐标比例尺。例如，语句 ScaleHeight = 100 将改变窗体实际内部高度的度量单位，取代当前高度为 n 个单位（缇、像素、...），高度将变为 100 个自定义单位。因而，50 个单位的距离就是对象的高度/宽度的一半，101 个单位的距离将超出对象 1 个单位。

例 12.4 单击窗体，在窗体上绘制一条水平线和一条竖线。使用窗体的 ScaleTop、ScaleLeft 设置网格顶部以及左部的刻度，使用 ScaleWidth、ScaleHeight 属性设置刻度范围。运行程序，单击窗体后的效果如图 12.5 所示。

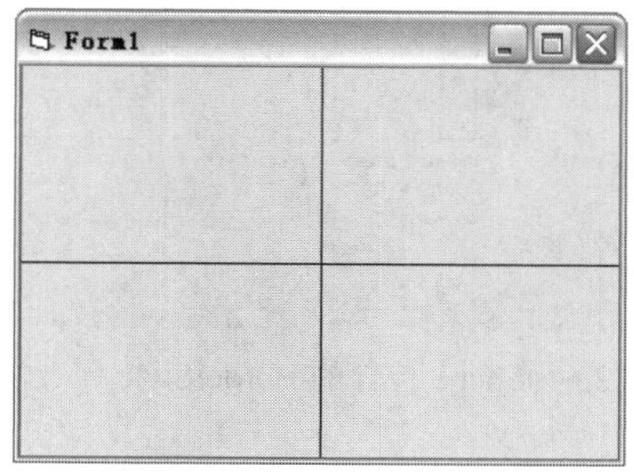

图 12.5 绘制水平线与竖线

程序代码如下：

```
Private Sub Form_Click()
    Me.ScaleTop = -1                                ' 为网格的顶部设置刻度
    Me.ScaleLeft = -1                               ' 为网格的左部设置刻度
    Me.ScaleWidth = 2                               ' 设置刻度范围 (-1 到 1)
    Me.ScaleHeight = 2
    Me.Line (-1, 0)-(1, 0)                          ' 画水平线
    Me.Line (0, -1)-(0, 1)
End Sub
```

扫一扫，看视频

12.3.3 设置图形的边框效果

1. BorderStyle 属性

BorderStyle 属性用于返回或设置对象的边框样式。

语法：

```
object.BorderStyle [= value]
```

参数说明：

- object：对象表达式。
- value：值或常数，用于决定边框样式，其设置值如表 12.7 所示。

表 12.7　Line 和 Shape 控件的 BorderStyle 属性设置

常　　数	设　置　值	描　　述
vbTransparent	0	透明
vbBSSolid	1	（默认值）实线。边框处于形状边缘的中心
vbBSDash	2	虚线
vbBSDot	3	点线
vbBSDashDot	4	点划线
vbBSDashDotDot	5	双点划线
vbBSInsideSolid	6	内收实线。边框的外边界就是形状的外边缘

例 12.5　本例演示 Shape 控件的 BorderStyle 属性。如图 12.6 所示 Shape 控件的各种边框效果。

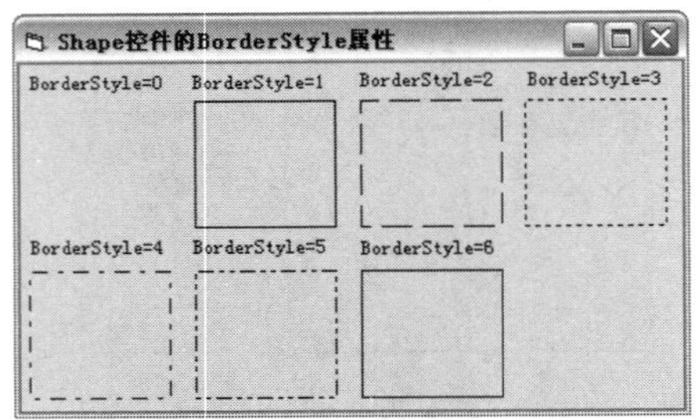

图 12.6　Shape 控件的 BorderStyle 属性演示

程序代码如下：

```
Dim i As Integer
```

```
Private Sub Form_Load()
    For i = 0 To 6
        Shape1(i).BorderStyle = i            ''设置 Shape 控件的边框样式
    Next i
End Sub
```

2. BorderWidth 属性

BorderWidth 属性用于返回或设置控件边框的宽度。

语法：

```
object.BorderWidth [= number]
```

参数说明：

- object：对象表达式。
- number：数值表达式，其值范围是 1～8192，包括 1 和 8192。

用 BorderWidth 和 BorderStyle 属性来指定所需的 Line 或 Shape 控件的边框类型。表 12.8 给出了 BorderStyle 设置值对 BorderWidth 属性的影响。

表 12.8　BorderStyle 属性的设置对 BorderWidth 属性的影响

边框样式	对 BorderWidth 的影响
0	忽略 BorderWidth 设置
1～5	边框宽度从边框中心扩大，控件的宽度和高度从边框的中心度量
6	边框的宽度在控件上从边框的外边向内扩大，控件的宽度和高度从边框的外面度量

注意：

如果 BorderWidth 属性值大于 1，则有效的 BorderStyle 属性值为 1（实线）和 6（内收实线）。

3. BorderColor 属性

BorderColor 属性用于返回或设置对象的边框颜色。

语法：

```
object.BorderColor [= color]
```

参数说明：

- object：对象表达式。
- color：值或常数，用来确定边框颜色，其设置值如表 12.9 所示。

表 12.9　BorderColor 属性的 color 设置值

设置值	说明
标准 RGB 颜色	使用调色板或在代码中使用 RGB 或 QBColor 函数指定的颜色
系统默认颜色	由系统颜色常数指定的颜色，这些常数在对象浏览器的 Visual Basic 对象库中列出。系统的默认颜色由 vbWindowText 常数指定。Windows 运行环境替换使用用户在控制面板设置值中的选择

12.3.4　设置绘制效果

扫一扫，看视频

图形的绘制效果主要由 DrawWidth 属性、DrawStyle 属性和 DrawMode 属性决定。下面将对这几个属性分别进行介绍。

1．DrawWidth 属性

DrawWidth 属性用于返回或设置图形方法输出的线宽。

语法：

```
object.DrawWidth [= size]
```

参数说明：

- object：对象表达式。
- size：数值表达式，其范围为 1～32767。该值以像素为单位，表示线宽。默认值为 1，即一个像素宽。

例 12.6 利用 DrawWidth 属性实现，当用户单击窗体时，在窗体上显示一条不断增粗的线段，如图 12.7 所示。

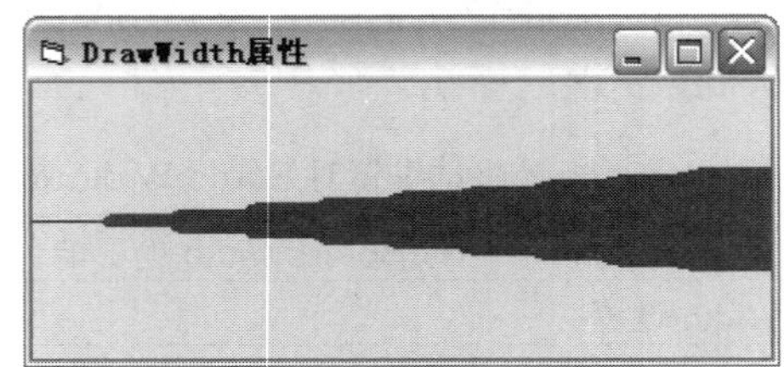

图 12.7 DrawWidth 属性的演示

程序代码如下：

```
Private Sub Form_Click()
    Dim i As Integer
    DrawWidth = 1                                    '设置笔的起始宽度
    PSet (0, ScaleHeight / 2)                        '设置起始点
    ForeColor = RGB(255, 0, 0)                       '设置笔的颜色
    For i = 1 To 50 Step 5                           '建立一个循环
        DrawWidth = i                                '重新设置笔的宽度
        Line -Step(ScaleWidth / 10, 0)               '绘制一条直线
    Next i
End Sub
```

2．DrawStyle 属性

DrawStyle 属性用于返回或设置一个值，以决定图形方法输出的线型的样式。

语法：

```
object.DrawStyle [= number]
```

参数说明：

- object：对象表达式。
- number：整数，指定线型，其设置值如表 12.10 所示。

表 12.10 DrawStyle 属性的 number 设置值

常　数	设　置　值	描　述
vbSolid	0	（默认值）实线
vbDash	1	虚线

续表

常　　数	设　置　值	描　　述
vbDot	2	点线
vbDashDot	3	点划线
vbDashDotDot	4	双点划线
vbInvisible	5	无线
vbInsideSolid	6	内收实线

例 12.7　演示 DrawStyle 属性的应用。在窗体加载时，在窗体上绘制 7 条线段，每条线段都以不同的样式显示出来。其实现的效果如图 12.8 所示。

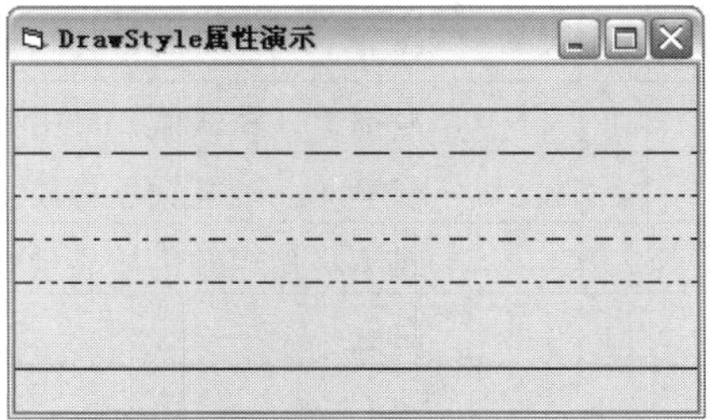

图 12.8　DrawStyle 属性演示

程序代码如下：

```
Private Sub Form_Load()
   Dim i As Integer                                 '声明变量
   ScaleHeight = 8                                  '用 8 除高
   For i = 0 To 6
      DrawStyle = i                                 '改变线型
      Line (0, i + 1)-(ScaleWidth, i + 1)           '画新线
   Next i
End Sub
```

3. DrawMode 属性

DrwaMode 属性用于返回或设置一个值，以决定图形方法的输出外观或者 Shape 及 Line 控件的外观。

语法：

```
object.DrawMode [= number]
```

参数说明：

- object：对象表达式。
- number：整型值，指定外观，其设置值如表 12.11 所示。

表 12.11　DrawMode 属性的 number 设置值

常　　数	值	描　　述
vbBlackness	1	黑色
vbNotMergePen	2	非或笔。与设置值 15 相反（Merge Pen）
vbMaskNotPen	3	与非笔。背景色以及画笔反相二者共有颜色的组合
vbNotCopyPen	4	非复制笔。设置值 13（Copy Pen）的反相

续表

常　数	值	描　述
vbMaskPenNot	5	与笔非。画笔以及显示反相二者共有颜色的组合
vbInvert	6	反转。显示颜色的反相
vbXorPen	7	异或笔。画笔的颜色以及显示颜色的组合，只取其一
vbNotMaskPen	8	非与笔。设置值 9（Mask Pen）的反相
vbMaskPen	9	与笔。画笔和显示二者共有颜色的组合
vbNotXorPen	10	非异或笔。方式 7 的反相（Xor Pen）
vbNop	11	无操作。输出保持不变。该设置实际上关闭画图
vbMergeNotPen	12	或非笔。显示颜色与画笔颜色反相的组合
vbCopyPen	13	复制笔（默认值）。由 ForeColor 属性指定的颜色
vbMergePenNot	14	或笔非。画笔颜色与显示颜色的反相的组合
vbMergePen	15	或笔。画笔颜色与显示颜色的组合
vbWhiteness	16	白色

当用 Shape、Line 控件或者图形方法画图时，可使用这个属性产生可视效果。Visual Basic 将绘图模式的每一个像素与现存背景色中相应的像素做比较，然后进行逐位比较操作。例如设置值 7（异或笔）用 Xor 操作符将绘图模式像素和背景像素组合起来。

DrawMode 设置值的真正效果，取决于运行时所画线的颜色与屏幕已存在颜色的合成。设置值 1、6、7、11、13 和 16 可以预知该属性的输出结果。

扫一扫，看视频

12.3.5 设置前景色和背景色（BackColor 和 ForeColor 属性）

BackColor 属性用于返回或设置对象的背景颜色。ForeColor 属性用于返回或设置在对象里显示图片和文本的前景颜色。

语法：

```
object.BackColor [= color]
object.ForeColor [= color]
```

参数说明：

- object：对象表达式。
- color：值或常数，确定对象前景或背景的颜色。

对所有的窗体和控件，在设计时的默认设置值为：BackColor 属性设置为由常数 vbWindowBackground 定义的系统默认颜色；ForeColor 属性设置为由常数 vbWindowText 定义的系统默认颜色。

如果在 Form 对象或 PictureBox 控件中设置 BackColor 属性，则所有的文本和图片，包括指定的图片，都被擦除；而设置 ForeColor 属性值则不会影响已经绘出的图片或打印输出的效果。

例 12.8 演示 BackColor 和 ForeColor 属性的应用。窗体加载后，随机产生窗体的前景色和背景色，效果如图 12.9 所示。

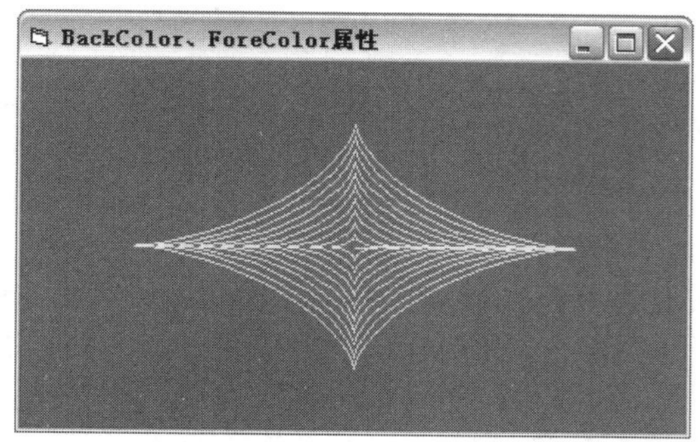

图 12.9　BackColor、ForeColor 属性演示

程序代码如下：

```
Private Sub Form_Load()
   Timer1.Interval = 500
End Sub
Private Sub Timer1_Timer()
   Form1.BackColor = QBColor(Rnd * 15): Form1.ForeColor = QBColor(Rnd * 15)
                                                      '设置背景和前景颜色
   Call MyPaint                                       '调用自定义过程
End Sub
Private Sub MyPaint()
   Dim a, th, x, y
   Scale (-300, 300)-(300, -300)                      '定义坐标
   Cls                                                '清除其他图形
   For a = 0 To 200 Step 20
      For th = 0 To 2 * 3.1415926 + 0.1 Step 3.1415926 / 32
         x = a * Cos(th) ^ 3                          '设置 x 值
         y = a * Sin(th) ^ 3                          '设置 y 值
         Line -(x, y)                                 '画线
      Next th
   Next
End Sub
```

12.3.6　设置填充效果（FillColor 和 FillStyle 属性）

扫一扫，看视频

通过 FillColor 属性和 FillStyle 属性为图形填充颜色或效果。

1. FillColor 属性

FillColor 属性用于返回或设置用于填充形状的颜色。FillColor 属性也可以用来填充由 Circle 和 Line 图形方法生成的圆和方框。

语法：

```
object.FillColor [ = value]
```

参数说明：

- object：对象表达式。
- value：值或常数，确定填充颜色。

注意：

在默认情况下，FillColor 属性值设置为 0（黑色）。除 Form 对象之外，如果 FillStyle 属性设置为默认值 1（透明），则忽略 FillColor 属性的设置值。

2. FillStyle 属性

FillStyle 属性用于返回或设置填充 Shape 控件，以及由 Circle 和 Line 图形方法生成的圆和方框的模式。

语法：

```
object.FillStyle [= number]
```

参数说明：

- object：对象表达式。
- number：整数，指定填充样式，其设置值如表 12.12 所示。

表 12.12　FillStyle 属性的 number 设置值

常　数	设 置 值	说　明
vbFSSolid	0	实线
vbFSTransparent	1	（默认值）透明
vbHorizontalLine	2	水平直线
vbVerticalLine	3	垂直直线
vbUpwardDiagonal	4	上斜对角线
vbDownwardDiagonal	5	下斜对角线
vbCross	6	十字线
vbDiagonalCross	7	交叉对角线

注意：

如果 FillStyle 属性值设置为 1（透明），则忽略 FillColor 属性，但是 Form 对象除外。

例 12.9　演示 FillColor 和 FillStyle 属性的使用。程序运行时，单击窗体，即可在窗体上绘制一个圆，并向其中填入随机的形状和颜色，如图 12.10 所示。

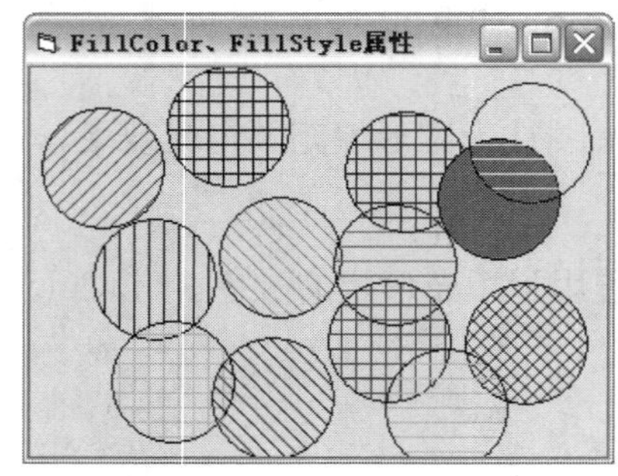

图 12.10　FillColor、FillStyle 属性演示

程序代码如下：

```
Private Sub Form_MouseDown(Button As Integer, Shift As Integer, X As Single, Y As
```

```
Single)
    FillColor = QBColor(Int(Rnd * 15))              ' 选择随机的 FillColor
    FillStyle = Int(Rnd * 8)                        ' 选择随机的 FillStyle
    Circle (X, Y), 500                              ' 画一个圆
End Sub
```

12.4　图 形 方 法

Visual Basic 提供了多种图形方法，例如使用 PSet 方法可以实现画笔功能，使用 Line 方法可以实现画线功能。本节将对 Visual Basic 提供的图形方法依次进行介绍。

12.4.1　使用 PSet 方法实现画笔功能

扫一扫，看视频

PSet 方法用于将对象上的点设置为指定颜色，所画点的尺寸取决于 DrawWidth 属性值。当 DrawWidth 属性值为 1 时，PSet 将一个像素的点设置为指定颜色；当 DrawWidth 属性值大于 1 时，则点的中心位于指定坐标。执行 PSet 方法时，CurrentX 和 CurrentY 属性被设置为参数指定的点。

语法：

```
object.PSet [Step] (x, y), [color]
```

PSet 方法的参数说明如表 12.13 所示。

表 12.13　PSet 方法的参数说明

参　数	描　述
object	可选参数，对象表达式。如果 object 省略，具有焦点的窗体作为 object
Step	可选参数，关键字，指定相对于由 CurrentX 和 CurrentY 属性提供的当前图形位置的坐标
(x, y)	必需参数，Single（单精度浮点数），被设置点的水平（x 轴）和垂直（y 轴）坐标
color	可选参数，Long（长整型数），为该点指定的 RGB 颜色。如果它被省略，则使用当前的 ForeColor 属性值。可以用 RGB 或 QBColor 函数为该参数指定颜色值

例 12.10　利用 PSet 方法，在窗体加载时在窗体上绘制一条颜色渐变的彩带，效果如图 12.11 所示。

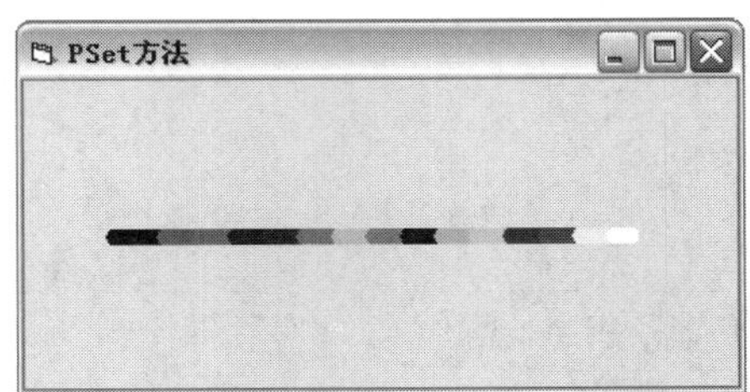

图 12.11　PSet 方法的演示

程序代码如下：

```
Private Sub Form_Load()
    DrawWidth = 8                                   '设置画线宽度
    AutoRedraw = True                               '窗体自动重绘有效
```

```
    Dim i As Double                                               '定义变量
    For i = 0 To 15 Step 0.01
       PSet(ScaleWidth/8 + i * 255, ScaleHeight/2), QBColor(i) '画点
    Next
End Sub
```

扫一扫，看视频

12.4.2 使用 Point 方法实现颜色吸管功能

相信使用过 Photoshop 的人对吸管工具并不陌生吧，它可以获取图片中某一点的颜色，这一功能在 VB 中可以使用 Point 方法实现。Point 方法用于返回在 Form 窗体或 PictureBox 控件上所指定值的红绿蓝（RGB）颜色。

语法：

```
object.Point(x, y)
```

参数说明：

- object：可选参数，一个对象表达式。如果省略 object，则为带有焦点的 Form 窗体。
- x, y：必要参数，均为单精度值，指示 Form 或 PictureBox 的 ScaleMode 属性中该点的水平（*x* 轴）和垂直（*y* 轴）坐标。必须用括号括上这些值。

例 12.11 利用 Point 方法逐点比较两张图片，如果每个点的值都相同，则这两张图片相同，否则不相同。运行程序，分别向“图片 1”和“图片 2”中添加图片，单击“图片比较”按钮，比较两张图片。其实现效果如图 12.12 所示。

图 12.12 图像识别

程序代码如下：

```
Private Sub Command3_Click()
    On Error Resume Next
    Dim x1, y1 As Long
    '先看是不是一样大
    If Picture1.Width <> Picture2.Width Or Picture1.Height <> Picture2.Height Then
       MsgBox "两张图片的信息不相同！", 64, "明日图书"
    End If
    For x1 = 0 To Picture1.Width Step 100     'step 达到了,100 这是为了加速
       For y1 = 0 To Picture1.Height Step 100
          If Picture1.Point(x1, y1) <> Picture2.Point(x1, y1) Then
             MsgBox "两张图片的信息不相同！", 64, "明日图书"
             Exit Sub
          End If
```

```
        Next y1
    Next x1
    MsgBox "两张图片的信息完全相同！", 64, "明日图书"
    Exit Sub
End Sub
```

12.4.3　使用 Line 方法实现画线功能

扫一扫，看视频

Line 方法用于在对象上画直线和矩形。画连接线时，前一条线的终点就是后一条线的起点。线的宽度取决于 DrawWidth 属性值。在背景上画线和矩形的方法取决于 DrawMode 和 DrawStyle 属性值。执行 Line 方法时，CurrentX 和 CurrentY 属性被参数设置为终点。

语法：

```
object.Line [Step] (x1, y1) [Step] (x2, y2), [color], [B][F]
```

Line 方法的参数说明如表 12.14 所示。

表 12.14　Line 方法的参数说明

参　数	描　述
object	可选的参数。对象表达式。如果 object 省略，则为具有焦点的窗体
Step	可选的参数。关键字，指定起点坐标，它们相对于由 CurrentX 和 CurrentY 属性提供的当前图形位置
(x1, y1)	可选的参数。Single（单精度浮点数），直线或矩形的起点坐标。ScaleMode 属性决定了使用的度量单位。如果省略，线起始于由 CurrentX 和 CurrentY 指示的位置
Step	可选的参数。关键字，指定相对于线的起点的终点坐标
(x2, y2)	必需的参数。Single（单精度浮点数），直线或矩形的终点坐标
color	可选的参数。Long（长整型数），画线时用的 RGB 颜色。如果它被省略，则使用 ForeColor 属性值。可用 RGB 函数或 QBColor 函数指定颜色
B	可选的参数。如果包括，则利用对角坐标画出矩形
F	可选的参数。如果使用了 B 选项，则 F 选项规定矩形以矩形边框的颜色填充。不能不用 B 而用 F。如果不用 F 仅用 B，则矩形用当前的 FillColor 和 FillStyle 属性值填充。FillStyle 属性的默认值为 transparent

例 12.12　利用 Line 方法在窗体上绘制曲线。运行程序，单击窗体，即可在窗体上绘制如图 12.13 所示的曲线。

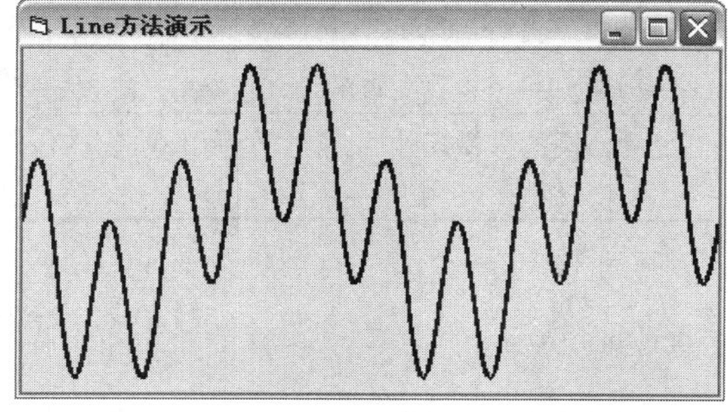

图 12.13　Line 方法演示

程序代码如下：

```
Private Sub Form_Click()
    Const PI = 3.1415926                                         '定义常量
    Dim i As Double                                              '定义变量
    Scale (-2 * PI, 1)-(2 * PI, -1)                              '画圆
    CurrentX = -2 * PI                                           '设置 X 值
    CurrentY = 0                                                 '设置 Y 值
    For i = -2 * PI To 2 * PI Step 0.01
        Line -(i, Sin(2 * i) * Cos(3 * i)), , BF                 '画线
    Next
End Sub
```

扫一扫，看视频

12.4.4　使用 Circle 方法绘制空心圆

Circle 方法用于在对象上画圆、椭圆或弧。要想填充圆，需使用圆或椭圆所属对象的 FillColor 和 FillStyle 属性。只有封闭的图形如圆、椭圆或扇形，再画圆、椭圆或弧才能够进行填充，封闭图形线段的粗细取决于 DrawWidth 属性值。在背景上画圆的方法取决于 DrawMode 和 DrawStyle 属性值。

语法：

```
object.Circle [Step] (x, y), radius, [color, start, end, aspect]
```

Circle 方法的参数说明如表 12.15 所示。

表 12.15　Circle 方法的参数说明

参　数	描　述
object	可选的参数。对象表达式。如果 object 省略，则为具有焦点的窗体
Step	可选的参数。关键字，指定圆、椭圆或弧的中心，它们相对于当前 object 的 CurrentX 和 CurrentY 属性提供的坐标
(x, y)	必需的参数。单精度浮点数，圆、椭圆或弧的中心坐标。object 的 ScaleMode 属性决定了使用的度量单位
radius	必需的参数。单精度浮点数，圆、椭圆或弧的半径。object 的 ScaleMode 属性决定了使用的度量单位
color	可选的参数。长整型数，圆的轮廓的 RGB 颜色。如果它被省略，则使用 ForeColor 属性值。可用 RGB 函数或 QBColor 函数指定颜色
start, end	可选的参数。单精度浮点数，当弧或部分圆或椭圆画完以后，start 和 end 指定（以弧度为单位）弧的起点和终点位置。其范围为−2 pi～2 pi。起点的默认值是 0；终点的默认值是 2×pi
aspect	可选的参数。单精度浮点数，圆的纵横尺寸比。默认值为 1.0，它在任何屏幕上都产生一个标准圆（非椭圆）

注意：

Circle 方法不能用在 With…End With 语句块中。

例 12.13　利用 Circle 方法在窗体上绘制圆、椭圆、扇形和弧，如图 12.14 所示。

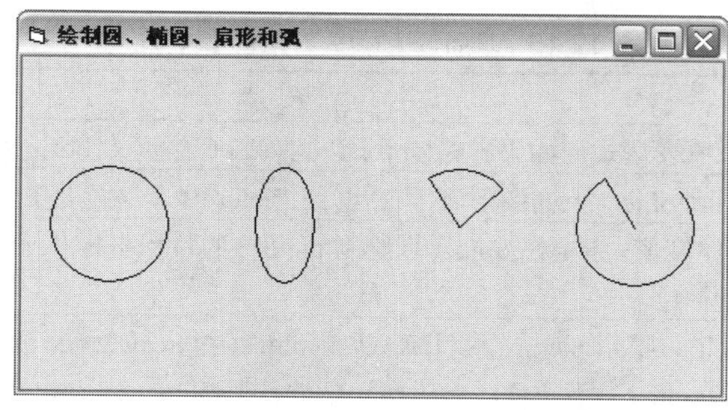

图 12.14　绘制圆、椭圆、扇形和弧

程序代码如下：

```
Private Sub Form_Click()
    Scale (0, 30)-(120, 0)                          '设置坐标系
    Circle (15, 15), 10                             '绘制圆
    Circle (45, 15), 10, , , , 2                    '绘制椭圆
    Circle (75, 15), 10, , -0.7, -2.1               '绘制扇形
    Circle (105, 15), 10, , -2.1, 0.7               '绘制带半径的圆弧
End Sub
```

12.4.5　使用 Cls 方法清屏

扫一扫，看视频

Cls 方法用于清除运行时 Form 或 PictureBox 所生成的图形和文本。

语法：

```
object.Cls
```

参数说明：

object：所在处代表一个对象表达式。如果省略 object，则为带有焦点的 Form 窗体。

Cls 方法用于清除图形和打印语句在运行时所产生的文本和图形，而设计时在 Form 窗体中使用 Picture 属性设置的背景位图和放置在其中的控件不受 Cls 方法的影响。如果在使用 Cls 方法之前 AutoRedraw 属性设置为 False，调用时该属性值设置为 True，则放置在 Form 窗体或 PictureBox 控件中的图形和文本也不受影响。也就是说，通过对正在处理的对象的 AutoRedraw 属性进行操作，可以保持 Form 窗体或 PictureBox 控件中的图形和文本不变。

注意：

调用 Cls 方法后，对象的 CurrentX 和 CurrentY 属性复位为 0。

12.4.6　使用 PaintPicture 方法绘制图形

扫一扫，看视频

PaintPicture 方法用于在 Form、PictureBox 或 Printer 上绘制图形文件（文件扩展名为.bmp、wmf、emf、cur、ico 或.dib）的内容。

语法：

```
object.PaintPicture picture, x1, y1, width1, height1, x2, y2, width2, height2, opcode
```

PaintPicture 方法的参数说明如表 12.16 所示。

表 12.16　PaintPicture 方法的参数说明

参　数	描　述
object	可选的参数。一个对象表达式。如果省略 object，则为带有焦点的 Form 对象
picture	必需的参数。要绘制到 object 上的图形源。Form 或 PictureBox 必须是 Picture 属性
x1, y1	必需的参数。均为单精度值，指定在 object 上绘制 picture 的目标坐标（x 轴和 y 轴）。object 的 ScaleMode 属性决定使用的度量单位
width1	可选的参数。单精度值，指示 picture 的目标宽度。object 的 ScaleMode 属性决定使用的度量单位。如果目标宽度与源宽度（width2）不一致，将适当地拉伸或压缩 picture。如果该参数省略，则使用源宽度
height1	可选的参数。单精度值，指示 picture 的目标高度。object 的 ScaleMode 属性决定使用的度量单位。如果目标高度与源高度（height2）不一致，将适当地拉伸或压缩 picture。如果该参数省略，则使用源高度
x2, y2	可选的参数。均为单精度值，指示 picture 内剪贴区的坐标（x 轴和 y 轴）。object 的 ScaleMode 属性决定使用的度量单位。如果该参数省略，则默认为 0
width2	可选的参数。单精度值，指示 picture 内剪贴区的源宽度。object 的 ScaleMode 属性决定使用的度量单位。如果该参数省略，则使用整个源宽度
height2	可选的参数。单精度值，指示 picture 内剪贴区的源高度。object 的 ScaleMode 属性决定使用的度量单位。如果该参数省略，则使用整个源高度
opcode	可选的参数。是长型值或仅由位图使用的代码。它用来定义在将 picture 绘制到 object 上时对 picture 执行的位操作（例如，vbMergeCopy 或 vbSrcAnd 操作符）

通过使用负的目标高度值（height1）或目标宽度值（width1），可以水平或垂直翻转位图。

例 12.14　利用 PaintPicture 方法实现百叶窗效果，如图 12.15 所示。

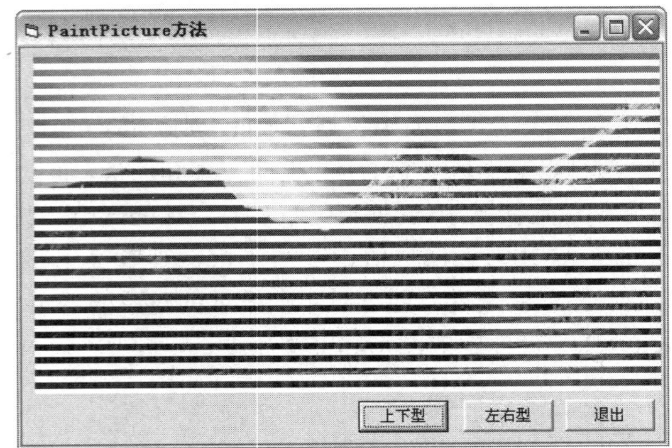

图 12.15　PaintPicture 方法演示

主要程序代码如下：

```
Private Sub Command1_Click()                            '上下型
   Picture1.Visible = False
   Set Picture2.Picture = Nothing
   For i = 0 To countx - 1 Step 2
      Picture2.PaintPicture Picture1.Picture, 0, i * 5, , , 0, i * 5, Picture2.Width,
5, vbSrcCopy
      DoEvents
   Next i
```

```
End Sub
Private Sub Command2_Click()                              '左右型
    Picture1.Visible = False
    Set Picture2.Picture = Nothing
    For i = 0 To county - 1 Step 2
        Picture2.PaintPicture Picture1.Picture, i * 5, 0, , , i * 5, 0, 5,
Picture2.Height, vbSrcCopy
        DoEvents
    Next i
End Sub
```

12.5 图 像 控 件

在 Visual Basic 中有两个图像控件，它们分别是 PictureBox 控件、Image 控件。本节将对两个控件的使用方法进行介绍。

12.5.1 初识 PictureBox 控件

扫一扫，看视频

图片框（PictureBox）控件既可以用来显示图形，也可以用来作为其他控件的容器和绘图方法输出或显示 Print 方法输出的文本。

在图片框中显示图片是由 Picture 属性决定的，添加图片的两种方法如下。

1. 在设计时加载

在属性窗口中找到 Picture 属性。单击右边的“...”按钮，就会出现打开文件对话框，选择要添加的图片。

2. 在运行时加载

在运行时可以通过 LoadPicture 函数来设置 Picture 属性，也可以将其他控件的 Picture 值赋给 PictureBox 控件的 Picture 属性。Picture 属性的语法格式如下：

```
object.Picture [= picture]
```

利用下面的代码向 PictureBox 控件中添加图片：

```
Picture1.Picture = LoadPicture("D:\图片素材\明日企标.jpg ")
```

12.5.2 使用 PictureBox 控件浏览照片

扫一扫，看视频

一些大幅 BMP 图片在有限的区域中很难全部显示，运用水平滚动轴控件 HScrollBar 和垂直滚动轴控件 VScrollBar 并配合 PictureBox 控件就可以实现浏览大幅图片。

运行程序，首先选择要浏览的 BMP 图片所在的路径，窗体右侧的列表框中将显示此路径下的所有 BMP 文件。在图片文件列表中用鼠标双击要浏览的 BMP 文件的名称，即可进入“浏览大幅 BMP 图片-浏览”窗口。在该窗口中拖动滚动条即可看到 BMP 图片的其他部分；单击“上一张”或“下一张”按钮可以浏览此路径下的其他 BMP 图片，如图 12.16 所示。

图 12.16　浏览大幅 BMP 图片

例 12.15　若文件列表中的文件很多，可在“图片检索”文本框中输入图片文件名的关键字，系统将自动执行模糊查询，并将查询结果显示在图片文件列表中，如图 12.17 所示。

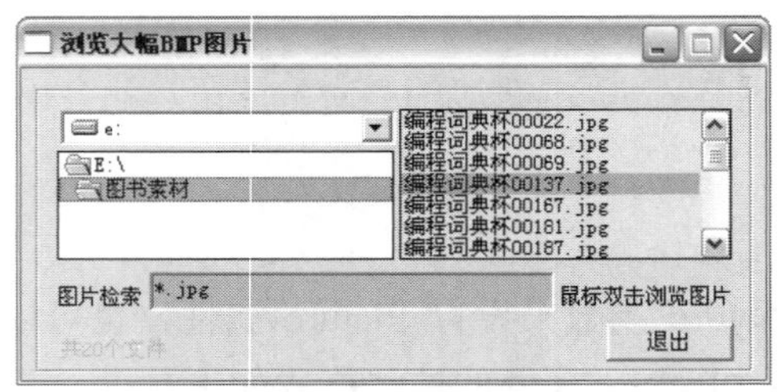

图 12.17　运行结果

主要程序代码：

```
Private Sub File1_DblClick()
   Load form2
   form2.Show
   Form1.Enabled = False
   form2.Label1.Caption = Label2.Caption & " " & "第" & File1.ListIndex + 1 & "
个文件"
   Dim sfilename As String
   Dim l As Long
   Dim dwidth As Long, dheight As Long
   If File1.ListCount <= 0 Then                         '文件列表框如果没有图片，
                                                          取消操作
      Exit Sub
   End If
```

```
    If Right(File1.Path, 1) <> "\" Then                          '判断选定文件
        sfilename = File1.Path & "\" & File1.FileName
    Else
        sfilename = File1.Path & File1.FileName
    End If
    form2.Pscroll.Picture = LoadPicture("")                      '清空图像框中图像
    form2.Pscroll.Picture = LoadPicture(sfilename)               '导入选定图片显示
    If form2.Pscroll.Width < form2.Pview.ScaleWidth Then         '判断是否给图片加水平滚动条
        form2.Pscroll.Left = (form2.Pview.ScaleWidth - form2.Pscroll.Width) \ 2
        form2.HScpic.Visible = False
    Else
        form2.Pscroll.Left = 0: form2.HScpic.Visible = True: form2.HScpic.Value = 0
        On Error Resume Next
        form2.HScpic.Max = form2.Pscroll.Width - form2.Pview.ScaleWidth
                                                                 '计算滚动条最大值
        form2.HScpic.SmallChange = form2.Pscroll.Width \ 20
        form2.HScpic.LargeChange = form2.Pscroll.Width \ 10
    End If
    If form2.Pscroll.Height < form2.Pview.Height Then          '判断是否给图片加垂直滚动条
        form2.Pscroll.Top = (form2.Pview.ScaleHeight - form2.Pscroll.Height) \ 2
        form2.VScpic.Visible = True
    Else
        form2.Pscroll.Top = 0: form2.VScpic.Visible = True: form2.VScpic.Value = 0
        form2.VScpic.Max = form2.Pscroll.Height - form2.Pview.ScaleHeight
        form2.VScpic.SmallChange = form2.Pscroll.Height \ 20
        form2.VScpic.LargeChange = form2.Pscroll.Height \ 10
    End If
End Sub
```

12.5.3　初识 Image 控件

扫一扫，看视频

Image 控件用来显示图形。Image 控件可以显示来自位图、图标或元文件的图形，也可以显示增强的元文件、JPEG 或 GIF 文件。

1. Picture 属性

Picture 属性用于返回或设置控件中要显示的图片。

语法：

```
object.Picture [= picture]
```

参数说明：

- object：对象表达式。
- picture：字符串表达式，指定一个包含图片的文件。

利用下面的代码可以向 Image 控件中添加图片：

```
Image1.Picture = LoadPicture("d:\资料素材\图片 2\Landscape\scene442.jpg")
```

2. Stretch 属性

Stretch 属性用于返回或设置一个值，用来指定一个图形是否要调整大小，以适应于 Image 控件

的大小。

语法：

```
object.Stretch [= boolean]
```

参数说明：

- object：对象表达式。
- boolean：一个用来指定是否要调整图形的大小的布尔表达式。

扫一扫，看视频

12.5.4 使用 Image 控件制作动画程序

动画技术通常指在屏幕上显示出来的画面或画面的一部分能够按照一定的规律在屏幕上活动，使界面中的图形产生动态效果。简单的动画，一般是利用一组相关的图片进行连续的更替或者同一张图片不断地改变位置。

在 Visual Basic 中可使用 PictureBox 控件、Image 控件和 Timer 控件制作动画效果。

例 12.16 运用 Image 控件制作小动画。运行程序，单击“演示”按钮，动画开始播放；单击“停止”按钮，动画即可停止，如图 12.18 所示。

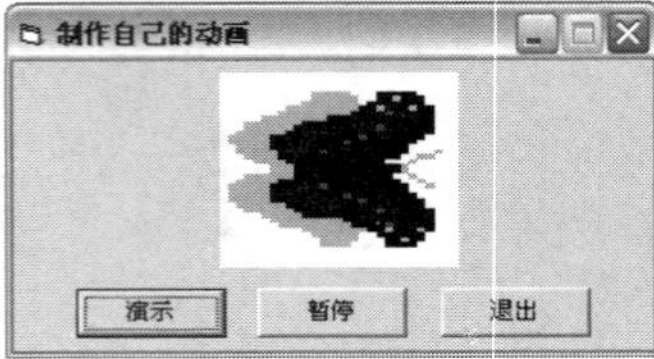

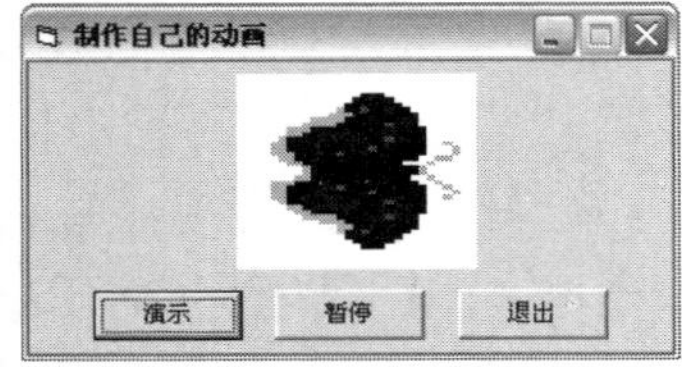

图 12.18 利用 Image 控件制作小动画

程序代码如下：

```
Dim i As Integer
Private Sub Form_Load()
   i = 0
End Sub
Private Sub Timer1_Timer()
   i = i + 1
   Image1.Picture = LoadPicture(App.Path & "\dh\" & i & ".BMP")
   If i = 8 Then i = 0
End Sub
Private Sub Command1_Click()
   Timer1.Interval = 100
End Sub
Private Sub Command2_Click()
   Timer1.Interval = 0
End Sub
```

12.6 图像处理函数

在 Visual Basic 中有两个图像处理函数，它们分别是 LoadPicture 函数、SavePicture 函数。

LoadPicture 函数用于加载图像，SavePicture 函数用于将图像保存在位图文件中。本节将对两个函数的使用方法进行介绍。

12.6.1　使用 LoadPicture 函数加载图像

LoadPicture 函数用于将图形载入到窗体的 Picture 属性、PictureBox 控件或 Image 控件中。

语法：

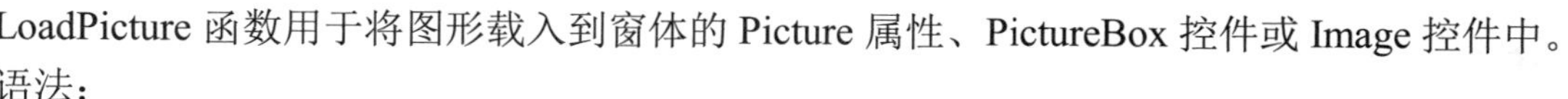

```
LoadPicture([filename], [size], [colordepth],[x,y])
```

LoadPicture 函数的参数说明如表 12.17 所示。

表 12.17　LoadPicture 函数的参数说明

参　数	描　述
filename	可选的参数。字符串表达式指定一个文件名。可以包括文件夹和驱动器。如果未指定文件名，LoadPicture 清除图像或 PictureBox 控件
size	可选变体。如果 filename 是光标或图标文件，指定想要的图像大小
colordepth	可选变体。如果 filename 是一个光标或图标文件，指定想要的颜色深度
x	可选变体，如果使用 y，则必须使用。如果 filename 是一个光标或图标文件，指定想要的宽度。在包含多个独立图像的文件中，如果那样大小的图像不能得到时，则使用可能的最好匹配。只有当 colordepth 设为 vbLPCustom 时，才使用 X 和 Y 值
y	可选变体，如果使用 x，则必须使用。如果 filename 是一个光标或图标文件，指定想要的高度。在包含多个独立图像的文件中，如果那样大小的图像不能得到时，则使用可能的最好匹配

例 12.17　利用 LoadPicture 函数可以向 Image 控件中添加图片。例如，在开发人员管理系统类软件的时候，可以通过 LoadPicture 函数向 Image 控件中加入人员照片，如图 12.19 所示。

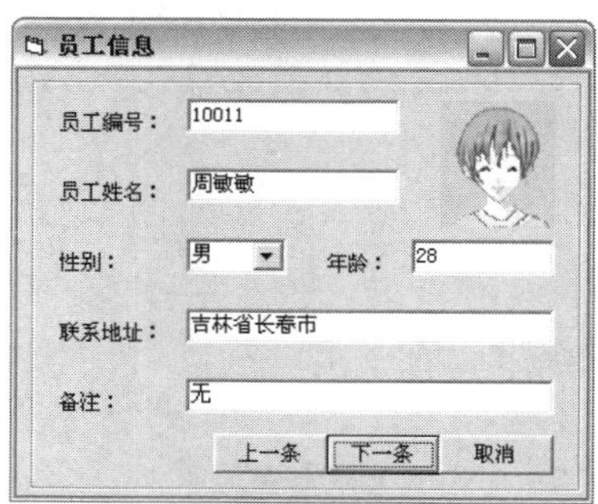

图 12.19　利用 LoadPicture 函数添加人员照片

实现的关键代码如下：

```
Private Sub ComDown_Click()
    On Error Resume Next
    If Adodc1.Recordset.EOF = False Then
        Adodc1.Recordset.MoveNext
        Image1.Picture = LoadPicture(App.Path & "\Image\" &
Adodc1.Recordset.Fields("图片"), 1)
    End If
End Sub
```

扫一扫，看视频

12.6.2 使用 SavePicture 语句保存自绘图形

SavePicture 语句用于将对象或控件（如果有一个与其相关）的 Picture 或 Image 属性的图形保存到文件中。

语法：

```
SavePicture picture, stringexpression
```

参数说明：

- picture：产生图形文件的 PictureBox 控件或 Image 控件。
- stringexpression：要保存的图形文件名。

例 12.18 演示 SavePicture 语句的应用。运行程序，单击“保存”按钮，即可将当前窗体上显示的图片保存在 C 盘根目录下，并提示相应的信息，如图 12.20 所示。

图 12.20 SavePicture 语句的应用

程序代码如下：

```
Private Sub Command1_Click()
    SavePicture Image1, "c:\MyPicture.bmp"                '保存图片
    MsgBox "已经将图片保存到 C 盘根目录下！", vbInformation, "明日图书"
End Sub
```

扫一扫，看视频

第 13 章　数据库初步应用

扫一扫，看视频

数据库技术是软件开发中非常重要的，也是当前应用最广泛的技术之一。无论是开发具有海量数据的管理系统还是开发小型管理系统，都用到了数据库技术。Visual Basic 是开发数据库应用程序的开发工具之一，本章主要对数据库控件的使用方法以及 SQL 语言进行介绍。本章视频要点如下：

- 如何学好本章；
- 认知 SQL 语句；
- 配置 ODBC 数据源；
- 认知 ADO 技术；
- 使用 ADODC 控件；
- 使用 DataGrid 控件；
- 使用 MSHFlexGrid 控件。

13.1　SQL 概述

扫一扫，看视频

学习编写数据库应用程序，离不开 SQL（Structured Query Language，结构查询语言），SQL 是一个功能强大的数据库语言，它经常或多或少地被扩展到先进的编程语言里。ANSI（美国国家标准学会）声称，SQL 是关系数据库管理系统的标准语言。使用 SQL 的常见关系数据库管理系统有 Microsoft SQL Server、Access 等。

SQL 语句分为两类：一类是数据定义语言（DDL，Data Definition Language），用于创建、修改和删除一个数据库中的表、字段和索引等；另一种是数据操纵语言（DML，Data Manipulation Language），用于查询、修改或删除数据表中的记录。

表 13.1 中列出了 SQL 语句及其相应的功能，该表还指明了语句的类别是属于 DDL 还是 DML。其中，SELECT 属于选择查询语句。这些 SQL 命令和 SQL 子句经过一定的组合，即创建了一个 SQL 语句，用于完成数据库操作功能。表 13.2 列出了一些常用的 SQL 子句。

表 13.1　SQL 语句

命　令	分　类	功　能
SELECT	DML	根据查询条件查询数据库
INSERT	DML	向数据库中插入记录
UPDATE	DML	更改数据库记录
DELETE	DML	删除数据库记录
CREATE	DDL	创建一个表、字段或索引
ALTER	DDL	添加一个字段或改变一个字段的定义
DROP	DDL	删除一个表或索引

表 13.2　SQL 子句

子　　句	功　　能
FROM	指定要操作的数据表
WHERE	指定查询条件
GROUP BY	指定分组条件
HAVING	指定一个查询中每一个组的条件
ORDER BY	指定查询排序

13.2　配置 ODBC 数据源

ODBC（Open DataBase Connectivity）即开放式数据库互连标准，是数据库服务器的一个标准协议，它向访问网络数据库的应用程序提供了一种通用的语言，使得应用程序开发人员从各种繁琐的特定数据库 API 接口中解放出来。开发人员不必知道所连接的数据库类型，就可以用标准的 SQL 语言访问数据库中的数据。本节将介绍使用 ODBC 连接数据库的相关技术。

扫一扫，看视频

13.2.1　连接 Access 数据库

在操作系统的“ODBC 数据源管理器”中配置 Access 数据库，即可完成 ODBC 连接 Access 数据库。

ODBC 通过使用 ODBC 驱动程序来提供数据库的独立性。因此，对于不同的数据库就要求使用不同的驱动程序。在使用 ODBC 时，应根据数据库的类型选择不同的 DSN 选项，如 Access 数据库应选择“Microsoft Access Driver（*.mdb）”选项。如图 13.1 所示为在 ODBC 数据源管理器中配置完成的 Access 数据源。

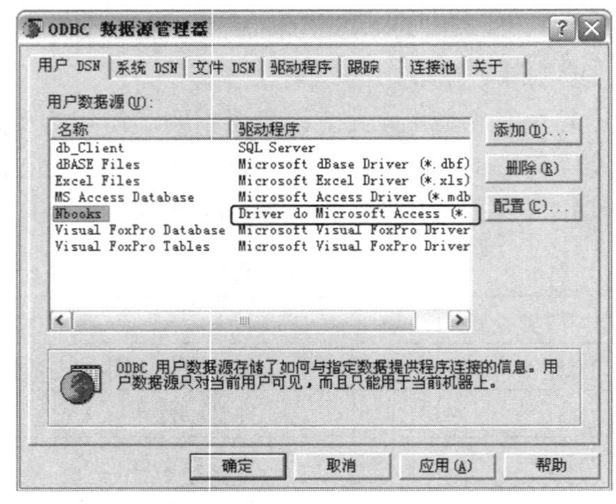

图 13.1　配置完成的 Access 数据源

具体步骤如下：

（1）单击“控制面板”中的“ODBC 数据源”，打开 ODBC 数据源管理器，如图 13.2 所示。

选择“用户 DSN”选项卡，在“用户数据源”列表框中选择“Microsoft Access Driver (*.mdb)”选项。用户可以删除或配置一个已有的用户数据源，这里将要添加一个数据源。

（2）单击“添加”按钮，系统将准备在 MS Access Database 下添加一个用户数据源。为了安装数据源，将弹出“创建新数据源”对话框，如图 13.3 所示。

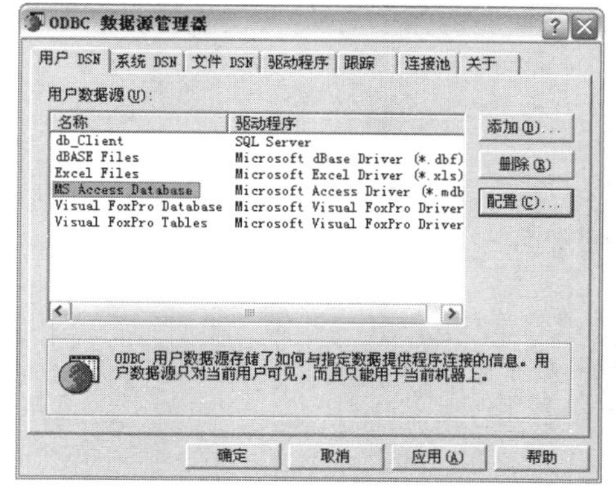

图 13.2　ODBC 数据源管理器

图 13.3　创建新数据源

（3）在“创建新数据源”对话框中，在“选择您想为其安装数据源的驱动程序”列表框中选择“Microsoft Access Driver (*.mdb)”选项。

（4）单击“完成”按钮，将弹出“ODBC Microsoft Access 安装”对话框，如图 13.4 所示。

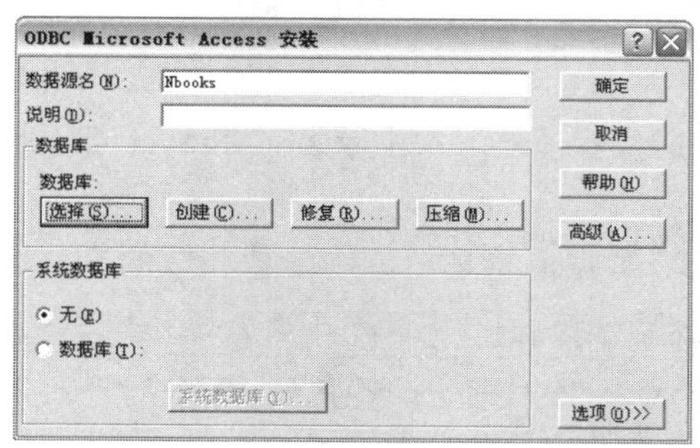

图 13.4　“ODBC Microsoft Access 安装”对话框

在“ODBC Microsoft Access 安装”对话框中包含以下部分：

- 在“数据源名”文本框中输入数据源名称，在这里输入“Nbooks”作为数据源名称。
- 在“说明”文本框中输入对数据源的描述，也可以为空。在这里什么也没输入。
- 在“数据库”选项组中可以单击“选择”“创建”“修复”和“压缩”按钮，从而完成对数据库的一些操作。

（5）这里单击“选择”按钮，选取所需的 Access 数据库。如果用户没有建立 Access 数据库，可以到安装 Access 的目录下面选取 Access 自带的数据库（这里 Access 数据库是以.mdb 作为扩展名的）。

（6）在弹出的“选择数据库”对话框中，指定所需的 Access 数据路径，单击“确定”按钮。此时将返回“ODBC Microsoft Access 安装”对话框，在此对话框中再次单击“确定”按钮，至此 Access 数据库配置完成，并在“ODBC 数据源管理器”对话框中显示，如图 13.5 所示。

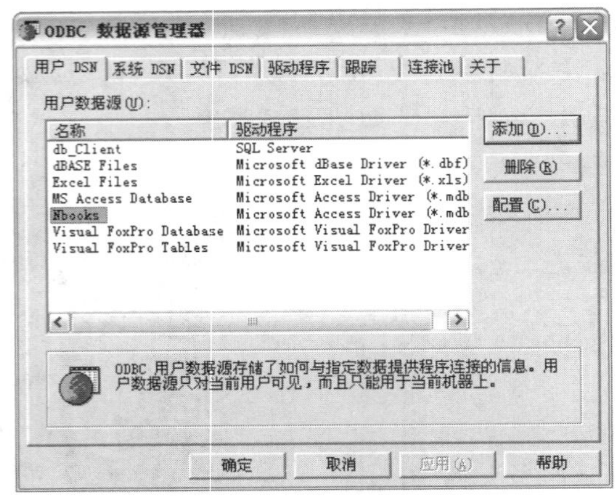

图 13.5　配置完成的 Access 数据源

✍ 说明：

如果用户希望所创建的数据源名被本机中的多个用户所使用，那么应添加系统 DSN。在实际情况中，开发一个单机单用户的数据库系统并没有什么意义，所以一般都需要对系统 DSN 进行配置。系统 DSN 的添加过程同用户 DSN 添加过程类似，读者可以自己动手试一下。

扫一扫，看视频

13.2.2　连接 SQL Server 数据库

在操作系统的“ODBC 数据源管理器”中配置 SQL Server 数据库，即可完成 ODBC 连接 SQL Server 数据库。

如图 13.6 所示为在“ODBC 数据源管理器”中配置完成的 SQL Server 数据源。

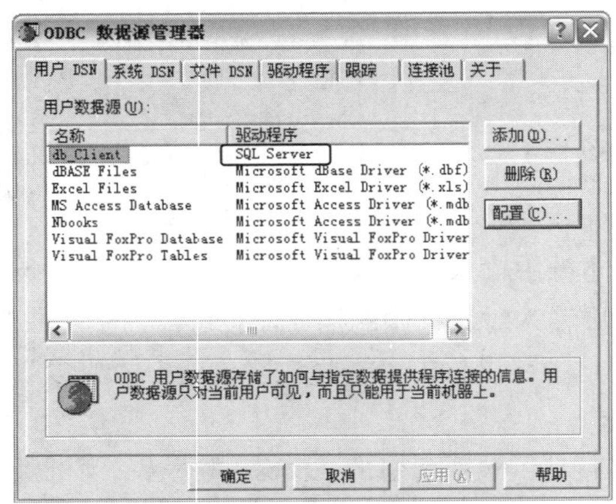

图 13.6　配置完成的 SQL Server 数据源

具体步骤如下：

（1）单击“控制面板”中的“ODBC 数据源”，打开 ODBC 数据源管理器，如图 13.7 所示。单击“添加”按钮，添加一个数据源。

（2）单击“添加”按钮后，系统将准备添加一个用户数据源。为了安装数据源，会弹出“创建新数据源”对话框，如图 13.8 所示。ODBC 提供驱动程序的数据源类型有 Access 类驱动程序、Dbase 类驱动程序、Excel 类驱动程序、FoxPro 类驱动程序、Visual FoxPro 类驱动程序、Paradox 类驱动程序、Text 类驱动程序、Oracle 类驱动程序和 SQL Server 类驱动程序，所以即使用户没有安装 SQL Server 数据库，在“创建新数据源”对话框中也会有“SQL Server”这一项。

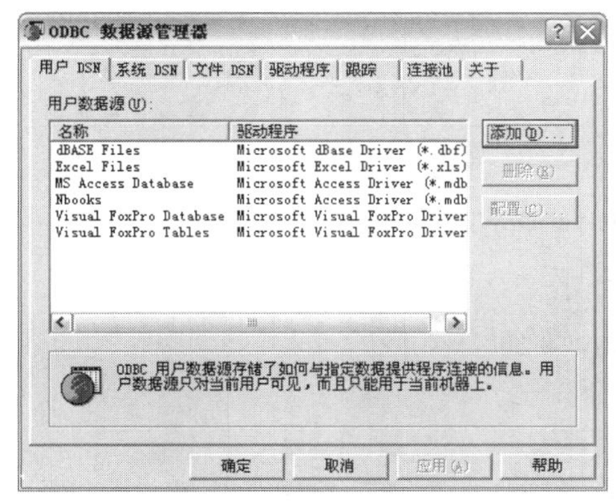

图 13.7　创建 SQL Server 数据源

图 13.8　“创建新数据源”对话框

（3）在图 13.8 中选择“SQL Server”之后，单击“完成”按钮，进入“创建到 SQL Server 的新数据源”对话框，如图 13.9 所示。

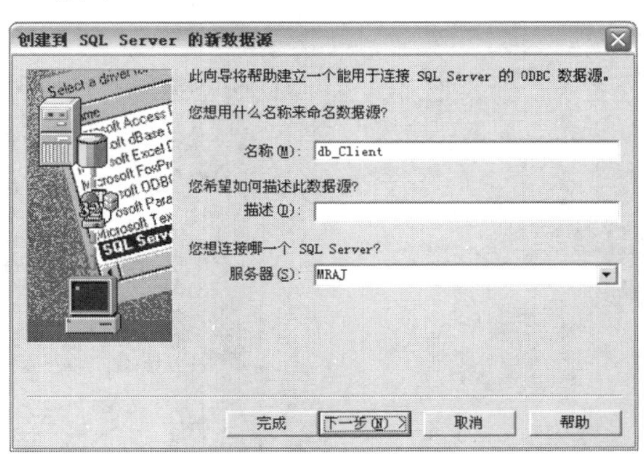

图 13.9　“创建到 SQL Server 的新数据源”对话框

在“创建到 SQL Server 的新数据源”对话框中包含以下部分：

- 在“名称”文本框中输入新的数据源名，这里输入 db_Client 作为新的数据源名称。
- 在“描述”文本框中输入对数据源的描述，也可以为空。这里没有输入内容。
- 在“服务器”组合框文本框中输入想连接的 SQL Server 服务器。如果要连接的 SQL Server 是安装在本地机上的，可以在下拉列表中选择 local，local 表示连接到本地的服务器。如果要连接的 SQL Server 是安装在其他的服务器上的，则在下拉列表中选择所需的服务器名称。

（4）如果单击“完成”按钮，将完成新数据源的配置。在此单击“下一步”按钮，在弹出的对话框中进行下一步的配置工作，如图 13.10 所示。

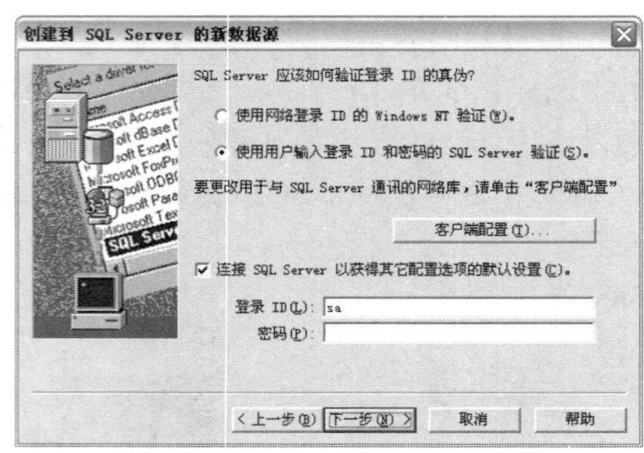

图 13.10　Microsoft ODBC SQL Server DSN 配置 1

在“创建到 SQL Server 的新数据源”对话框中设置如下：

- 选定“使用用户输入登录 ID 和密码的 SQL Server 验证”。
- 在“登录 ID”一栏中输入“sa”。
- 在“密码”一栏中输入空内容。

（5）单击“下一步”按钮，将弹出如图 13.11 所示的对话框，在“更改默认的数据库为”下拉列表框中，选择所需的 SQL Server 数据库，再单击“下一步”按钮。

（6）在弹出的如图 13.12 所示对话框中，单击“完成”按钮，将弹出“测试数据源”对话框。单击“测试数据源”按钮，如果正确，则连接成功；如果不正确，系统会指出具体的错误，用户应该重新检查配置的内容是否正确。

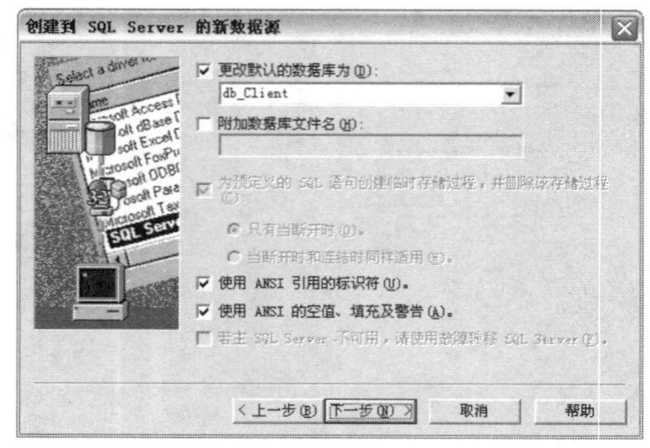

图 13.11　Microsoft ODBC SQL Server DSN 配置 2

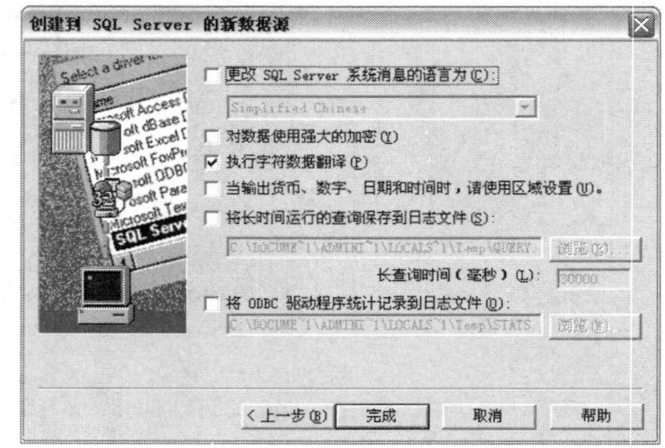

图 13.12　Microsoft ODBC SQL Server DSN 配置 3

13.3　ADO 技术简介

ADO 是 Microsoft 处理关系数据库和非关系数据库中信息的最新技术（关系数据库管理系统用表来操纵信息，但并非所有的数据源都遵从这一模式）。ADO 没有完全取代数据访问对象（DAO），但是它确实把 DAO 的编程扩展到了新的领域。ADO 基于微软最新的技术被称为 OLE DB 的数据访问模式。它是专门为了给大范围的商业数据源提供访问而设计的，包括传统的关系数据库表、电子邮件系统、图形格式、Internet 资源等。ADO 比 DAO 所需的内存更少，所以它更适合于大流量和大事务量的网络计算机系统。

13.3.1 ADO 模型的构成

ADO 模型是由 7 个对象构成的，为了让读者更好地了解 ADO 技术，这 7 个 ADO 对象的功能简述如下：

（1）Command 对象

Command 对象定义了将对数据源执行的指定命令，它包含对目标数据库进行某种操作的命令，例如查询数据库、更改数据库结构和参数定义等。

（2）Connection 对象

Connection 对象用于管理与数据库的连接，包括打开连接和关闭连接以及运行 SQL 命令等，它包含了关于目标数据库数据提供者（DataBase Provider）的相关信息。

（3）Recordset 对象

Recordset 对象用于管理来自基本数据库表或 SQL 查询语句执行结果的记录集。通常，Recordset 对象里的所有字段的值指的是数据库当前记录的值。Recordset 对象不仅包含某个查询返回的记录集，还包含记录中的游标（Cursor）。

（4）Error 对象

Error 对象包含与 ADO 的单个操作（方法的执行或者属性的读取、赋值）有关的数据访问错误的详细信息，还包含数据库驱动程序出错时的扩展信息。

（5）Field 对象

Field 对象对应于数据库表的字段或者 SQL 查询语句 Select 关键字之后的域，它包含记录集中数据的某单个列的信息。

（6）Parameter 对象

Parameter 对象用于管理基于参数化查询或存储过程的 Command 对象相关联的参数或自变量，这类 Command 对象有一个包含其所有 Parameter 对象的 Parameters 集合。

（7）Property 对象

Property 对象代表由提供者定义的 ADO 对象的动态特征。

13.3.2 ADO 对象与集合的关系

ADO 中的 Connection 对象、Command 对象和 Recordset 对象是 3 个非常重要的对象，在它们每个对象中包含的集合也是非常重要的。本小节将对 Errors 集合、Parameters 集合、Fields 集合进行介绍。

- Errors 集合

在 Connection 对象的 Errors 集合中包含在数据库连接过程中所产生的所有 Error 对象。

- Parameters 集合

在 Command 对象的 Parameters 集合中包含着对数据源执行的指定命令的全部参数。

- Fields 集合

在 Recordset 对象的 Fields 集合中包含 Recordset 对象的所有 Field 对象。

上述 3 个对象与 3 个集合的关系如图 13.13 所示。

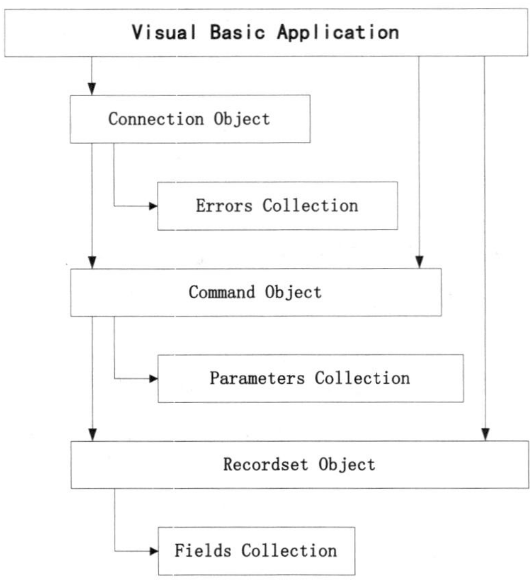

图 13.13　ADO 中的对象与集合示意图

扫一扫，看视频

13.4　认识并使用 ADODC 控件

ADODC 控件是一个 ActiveX 控件，ADODC 是英文 ADO Data Control 的缩写，表示 ADO 数据控制。ADODC 控件用于建立数据库的连接，并对选定的数据表进行操作。本节主要对该控件的使用方法进行介绍。

13.4.1　添加 ADODC 控件

在程序中使用 ADODC 控件之前，需要在 VB 开发环境中选择“工程”/“部件”命令，在弹出的对话框中选择“Microsoft ADO Data Control 6.0（SP6）（OLEDB）”复选框（如图 13.14 所示），然后将其添加到工具箱中。

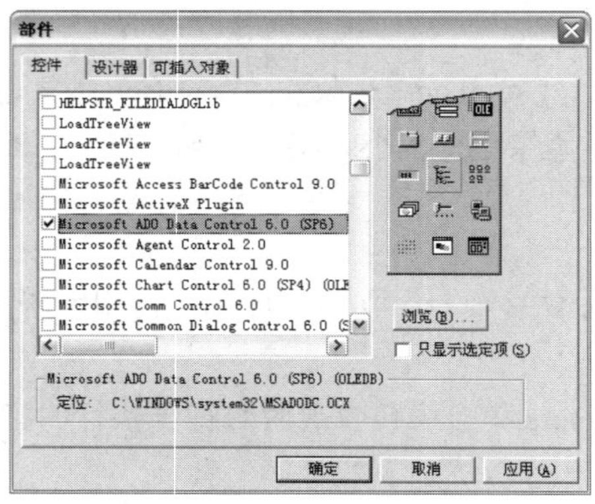

图 13.14　勾选“Microsoft ADO Data Control 6.0（SP6）（OLEDB）”复选框

ADODC 控件添加完成后在工具栏中显示 ADODC 控件图标，如图 13.15 所示。ADODC 控件添加到窗体中后如图 13.16 所示。

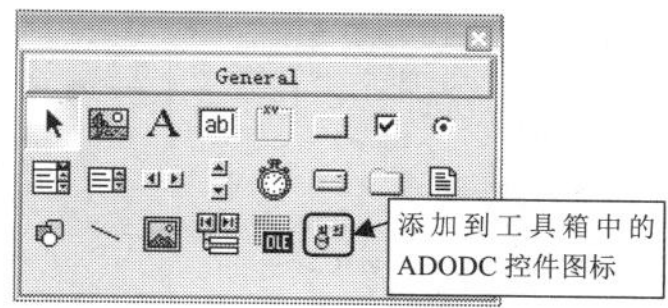

图 13.15　ADODC 控件图标

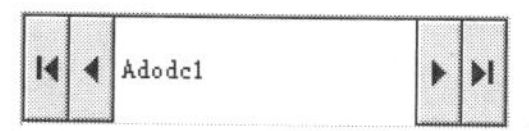

图 13.16　ADODC 控件样式

13.4.2　使用 ADODC 控件连接数据库

使用 ADODC 控件可以通过指定 DSN（数据源名称）或 OLE DB 提供程序对目标数据库进行连接。下面将对几种常用的数据库的连接方法进行介绍。

扫一扫，看视频

1. 连接 ODBC 数据源

在 13.2 节中介绍了添加用于连接 Access 数据库和 SQL Server 数据库的 ODBC 数据源的方法，这里将介绍使用 ADODC 控件连接 ODBC 数据源的方法。

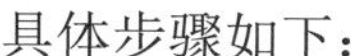

具体步骤如下：

（1）在 ADODC 控件的属性窗口中单击...按钮，如图 13.17 所示。

（2）在弹出的“属性页”对话框中指定“连接资源”。常用的指定方式有“使用 ODBC 数据源名称”和“使用连接字符串”，它们指定数据源的步骤如下：

➘　使用 ODBC 数据资源名称

选中“使用 ODBC 数据资源名称”单选按钮，在列表框中选择名称为 Nbooks 的数据源，如图 13.18 所示。单击“确定”按钮完成“连接资源”的指定。

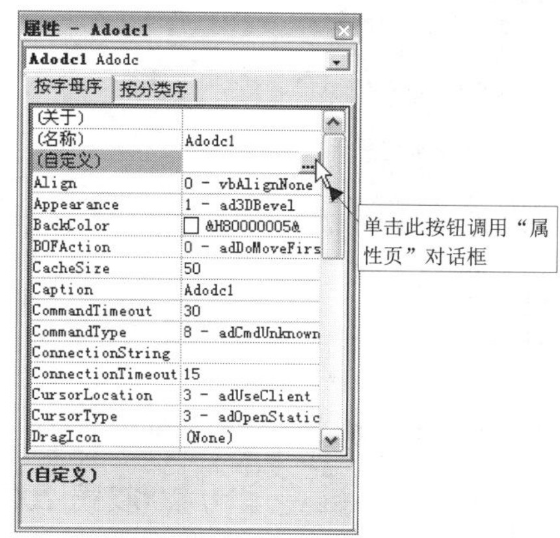

图 13.17　ADODC 控件属性窗口

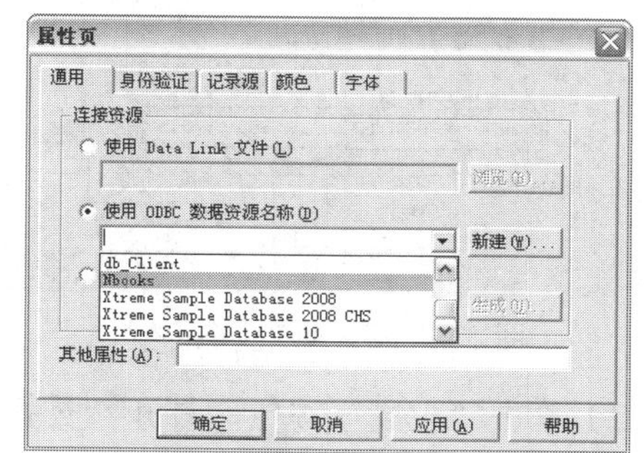

图 13.18　选择 ODBC 数据资源名称

➘　使用连接字符串

① 在“属性页”对话框中单击“生成”按钮，如图 13.19 所示。

② 在弹出的“数据链接属性”对话框中选择“连接”选项卡，在“使用数据源名称”下拉列表框中选择数据源 Nbooks，如图 13.20 所示。

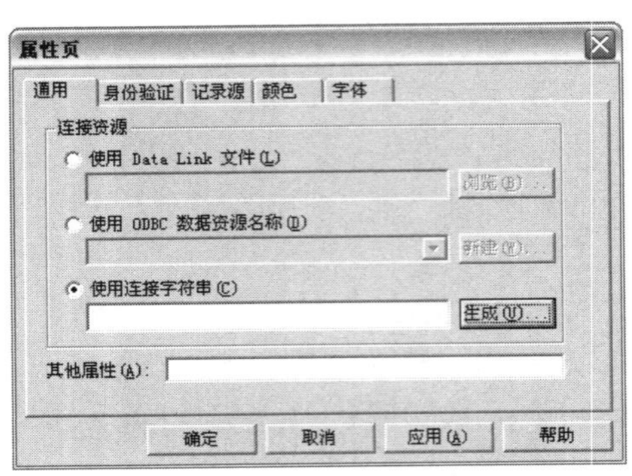

图 13.19 “属性页”对话框

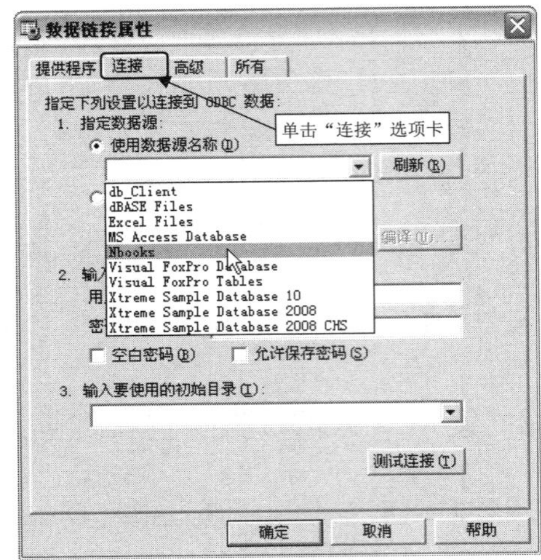

图 13.20 “数据链接属性”对话框

③ 单击“确定”按钮，生成连接字符串，如图 13.21 所示。

④ 单击“确定”按钮，完成“连接资源”的指定。

扫一扫，看视频

2. 连接 Access 2000、Access 2003 数据库

在本小节中将介绍如何通过 ADODC 控件连接 Access 数据库。

具体操作步骤如下：

（1）通过前面介绍的方法在窗体中添加一个 ADODC 控件，打开 ADODC 控件的“属性页”对话框，在“通用”选项卡的“连接资源”选项组中，保持默认设置“使用连接字符串”，如图 13.22 所示。

图 13.21 生成连接字符串

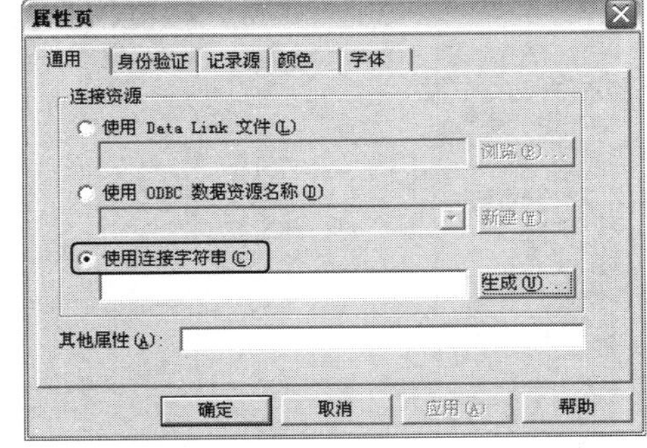

图 13.22 ADODC 控件的“属性页”对话框

（2）单击“生成”按钮，打开“数据链接属性”对话框，当 Access 版本为 2000 或 2003 时选择“Microsoft Jet 4.0 OLE DB Provider”，如图 13.23 所示。

（3）单击“下一步”按钮，切换到“连接”选项卡，在“选择或输入数据库名称”项中单击[...]按钮，打开“选择 Access 数据库”对话框，从中选择 Access 数据库 books。完成选择后，在“连接”选项卡的“选择或输入数据库名称”文本框中将显示 Access 数据库路径，如图 13.24 所示。

（4）单击“确定”按钮，回到“属性页”对话框。此时，“使用连接字符串”文本框中将出现一个连接串。

图 13.23　选择提供者

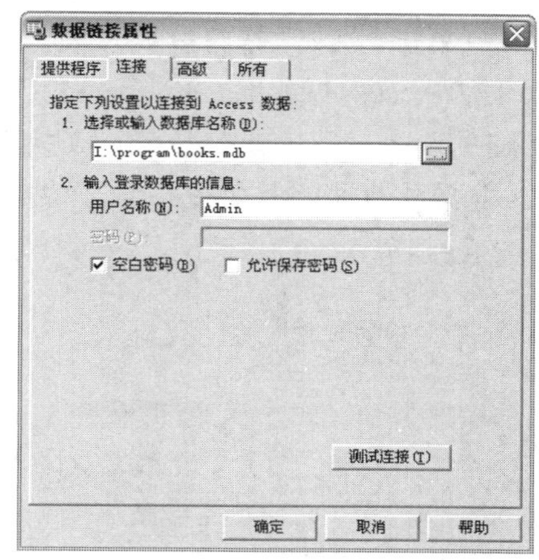

图 13.24　选择要连接的数据库

（5）选择“记录源”选项卡，设置命令类型。命令类型告诉数据提供者 Source 属性是一条 SQL 语句、一个表的名称、一个存储过程还是一个未知的类型。其属性值见表 13.3。

表 13.3　CommandType 属性值

设　置　值	描　　述
adCmdText	将 CommandText 作为命名或存储过程调用的文本化定义进行计算
adCmdTable	将 CommandText 作为全部由内部生成的 SQL 查询返回的表格的名称进行计算
adCmdStoredProc	将 CommandText 作为存储过程名进行计算
adCmdUnkown	默认值，CommandText 属性中的命名类型未知

命令类型选择“2-adCmdTable”。选择该选项后，“表或存储过程名称”下拉列表框中将自动列出所连接数据库中的所有表和视图，选择 book 表，如图 13.25 所示。

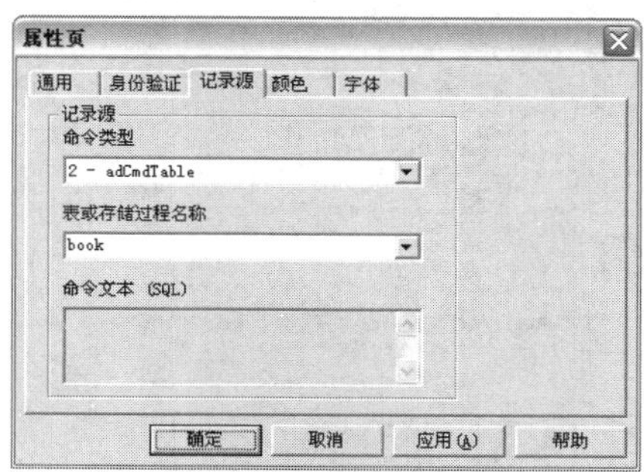

图 13.25　设置记录源

（6）单击“确定”按钮，完成连接 Access 数据库。

3. 连接 Access 2007 数据库

扫一扫，看视频

（1）Access 2007 数据库的连接方法与连接 Access 2000 或 Access 2003 数据库的操作步骤稍有差异，除了与连接 Access 2000、Access 2003 数据库的操作步骤中的第 2 步与第 3 步不同外，其他步骤都完全相同。连接 Access 2007 数据库，需要将连接 Access 2000、Access 2003 数据库的操作步骤中的第 2 步与第 3 步更改为:

（2）单击“生成”按钮，打开“数据链接属性”对话框，当 Access 版本为 2007 时选择“Microsoft Office 12.0 Access Database Engine OLE DB Provider”，如图 13.26 所示。

（3）单击“下一步”按钮，切换到“连接”选项卡，在“输入数据源和（或）数据位置”项中输入数据源地址。例如将 C 盘下的数据库 db_kcgl.accdb 作为数据源，如图 13.27 所示。

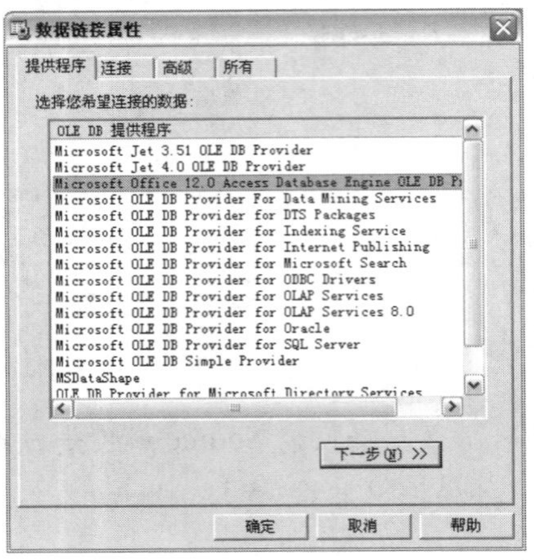

图 13.26　选择提供者

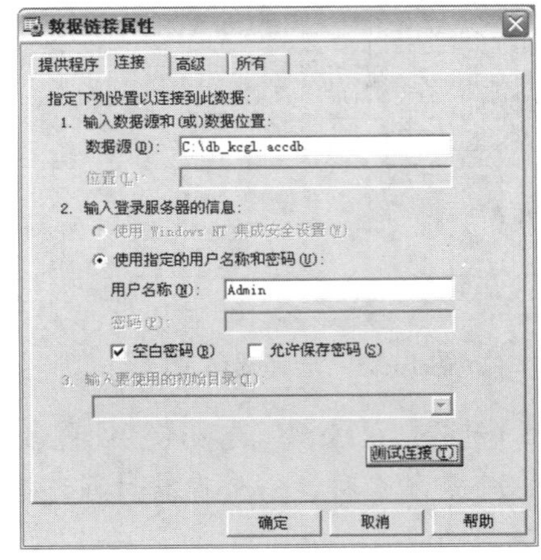

图 13.27　选择要连接的数据库

扫一扫，看视频

4．连接 SQL Server 数据库

在本小节中将介绍如何通过 ADODC 控件连接 SQL Server 数据库。

通过 ADODC 控件的“属性页”对话框连接 SQL Server 数据库。其具体操作如下：

（1）单击“生成”按钮，打开“数据链接属性”对话框，选择“Microsoft OLE DB Provider for SQL Server”，如图 13.28 所示。

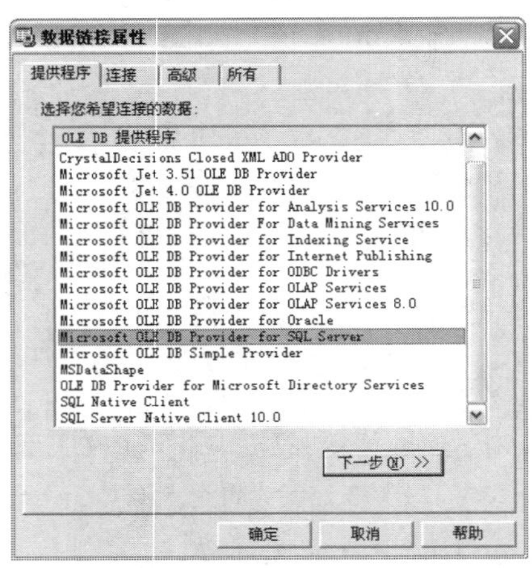

图 13.28　选择提供者

（2）单击“下一步”按钮，切换到“连接”选项卡。在此选项卡中，要求指定下列设置以连接到 SQL Server 数据库：

① 在“选择或输入服务器名称”下拉列表框中选择或输入服务器名称。

② 在“输入登录服务器的信息”项中，选择“使用指定的用户名称和密码”，并在其下的“用

户名称”文本框中输入用户名称，这里为sa；在“密码”文本框中输入密码，这里为空。

③ 选择“服务器上选择数据库”单选按钮，并在其下拉列表框中选择或输入数据库名称。

④ 如果用户需要对连接信息进行测试，可以单击“测试连接”按钮。

⑤ 创建连接字符串后，单击“确定”按钮。ADODC 控件的 Connectonstring 属性将被如下字符串填充：

```
Provider=SQLOLEDB.1;Persist Security Info=False;User ID=sa;Data Source=mrgcy
```

（3）设置记录源。设置记录源的方法可参考本章前文，这里就不介绍了。

扫一扫，看视频

5. 用代码连接数据库

用编写代码的方式连接数据库，主要是对 ADODC 控件的 ConnectionString 属性和 RecordSource 属性进行设置。

（1）ConnectionString 属性

该属性包含用来建立到数据源的连接的信息。

说明：

使用 ConnectionString 属性，通过传递包含一系列由分号分隔的 argument = value 语句的详细连接字符串可指定数据源。

ADO 支持 ConnectionString 属性的 4 个参数，任何其他参数将直接传递到提供者，而不经过 ADO 处理。ADO 支持的参数见表 13.4。

表 13.4 ConnectionString 属性参数说明

参　数	说　明
Provider=	指定用来连接的提供者名称。
File Name=	指定包含预先设置连接信息的特定提供者的文件名称（例如，持久数据源对象）
Remote Provider=	指定打开客户端连接时使用的提供者名称（仅限于 Remote Data Service）
Remote Server=	指定打开客户端连接时使用的服务器的路径名称（仅限于 Remote Data Service）

设置 ConnectionString 属性并打开 Connection 对象后，提供者可以更改属性的内容，例如通过将 ADO 定义的参数名映射到其提供者等价项来更改属性的内容。

ConnectionString 属性将自动继承用于 Open 方法的 ConnectionString 参数的值，以便在 Open 方法调用期间覆盖当前的 ConnectionString 属性。

由于 File Name 参数使得 ADO 加载所关联的提供者，因此无法传递 Provider 和 File Name 参数。

连接关闭时 ConnectionString 属性为读/写，打开时其属性为只读。

Remote Data Service 用法在客户端 Connection 对象上使用该服务时，ConnectionString 属性只能包括 Remote Provider 和 Remote Server 参数。

（2）RecordSource 属性

RecordSource 属性用于返回或设置语句或返回一个记录集的查询。

语法：

```
object.RecordSource [= value ]
```

参数说明：

- object：对象表达式。

- value：一个字符串表达式，它指定了一个记录源。

例 13.1 连接一个 SQL Server 数据库“book”中的数据表“作者”，并且用控件显示数据表。程序的代码如下：

```
Private Sub Command1_Click()
   Adodc1.ConnectionString = "Provider=SQLOLEDB.1;Integrated
Security=SSPI;Persist Security Info=False;Initial Catalog=book"    '指定数据源
   Adodc1.RecordSource = "select * from 作者"                        '查询
   Set DataGrid1.DataSource = Adodc1                                 '刷新 ADODC 控件
End Sub
```

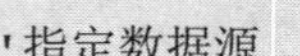

扫一扫，看视频

13.4.3 ADODC 控件的主要属性、方法

为了在开发数据库程序中更好地发挥 ADODC 控件的作用，需要了解并掌握该控件的主要属性以及方法。下面将对 ADODC 控件的属性、方法、事件进行逐一介绍。

1．属性

ADODC 控件拥有的属性大部分是用来对数据库的连接以及对表的操作进行参数设置的，下面将对它们进行说明。ADODC 控件的主要属性见表 13.5。

表 13.5　ADODC 控件的属性

属　性	功 能 说 明
BOFAction	返回或设置一个值，指示在 BOF 属性为 True 时 ADO Data 控件进行什么操作
CacheSize	指示缓存在本地内存中的 Recordset 对象的记录数
CausesValidation	返回或设置一个值，该值确定正在获得焦点的第二个控件上 Validate 事件是否将发生
CommandTimeout	指示在终止尝试和产生错误之前执行命令期间需等待的时间
CommandType	指示 Command 对象的类型
ConnectionString	包含用来建立到数据源的连接的信息
ConnectionTimeout	指示在终止尝试和产生错误前建立连接期间所等待的时间
CursorLocation	设置或返回游标引擎的位置
CursorType	指示在 Recordset 对象中使用的游标类型
EOFAction	返回或设置一个值，指示在 EOF 属性为 True 时 ADODC 控件进行什么操作
LockType	指示编辑过程中对记录使用的锁定类型
MaxRecords	指示通过查询返回 Recordset 的记录的最大数目
Mode	指示用于更改在 Connection 中的数据的可用权限
Object	返回一个对控件的属性或方法的引用，它们具有 Visual Basic 对该控件自动扩展的属性或方法相同的名字
Negotiate	设置一个值，当窗体上活动对象显示一个或多个工具栏时，决定是否显示一个可以对齐的控件
Orientation	返回或设置一个值，该值指出文档是以纵向还是横向的方式打印
Password	设置 ADO Recordset 对象创建过程中所使用的口令
Recordset	返回或设置对下一级 ADO Recordset 对象的引用
RecordSource	返回或设置语句或返回一个记录集的查询
ToolTipText	返回或设置一个工具提示
UserName	返回或设置一个值，该值代表了 ADO Recordset 对象的一个用户

以下是 ADODC 控件的关键属性，它们分别是：

（1）ConnectionString 属性

ConnectionString 属性是一个字符串，可以包含进行一个连接所需的所有设置值。例如，ODBC 驱动程序允许该字符串包含驱动程序、提供者、默认的数据库、服务器、用户名称以及密码等。

（2）RecordSource 属性

RecordSource 属性通常包含一条语句，用于决定从数据库检索什么信息。

例如要查询一个数据表，代码如下：

```
Adodc1.RecordSource = "select * from 作者"
```

（3）Recordset 属性

Recordset 属性返回或设置对下一级 ADO Recordset 对象的引用。利用 Recordset 属性，可以使用 ADO 的 ADODB Recordset 对象的方法、属性和事件。必须在 Set 语句中使用 Recordset 属性。

2. 方法

ADODC 控件除了通用方法外，只有一个 Refresh 方法。在 ADODC 控件的 Recordset 对象中具有多个方法，其中主要的方法有 AddNew、Delete、Update，下面将对上述函数进行逐一介绍。

（1）Refresh 方法

Refresh 方法用来重新建立或显示与 ADO Data 控件相连的数据库记录集。如果在程序代码中改变了 ConnectionString、RecordSource、CommandType 的属性值，就必须用 Refresh 方法来刷新记录集。

语法：

```
object.Refresh
```

参数说明：

object：代表一个对象表达式。

（2）AddNew 方法

AddNew 方法为可更新的 Recordset 对象创建新记录。

语法：

```
recordset.AddNew FieldList, Values
```

参数说明：

FieldList：可选参数，表示新记录中字段的单个、一组字段名称或序列位置。

Values：可选参数，表示新记录中字段的单个或一组值。

注意：

如果 Fields 是数组，那么 Values 也必须是有相同成员数的数组，否则将发生错误。字段名称的次序必须与每个数组中的字段值的次序相匹配。

说明：

在调用 AddNew 方法后，新记录将成为当前记录，并在调用 Update 方法后继续保持为当前记录。

（3）Delete 方法

Delete 方法用于删除当前记录或记录组。

语法：

```
recordset.Delete AffectRecords
```

参数说明：

AffectRecords：AffectEnum 值，用于确定 Delete 方法所影响的记录数目，该值可以是表 13.6 中的常量之一。

表 13.6　AffectRecords 参数常量说明

常　　量	说　　明
adAffectCurrent	默认值。仅删除当前记录
adAffectGroup	删除满足当前 Filter 属性设置的记录。使用该选项必须将 Filter 属性设置为有效的预定义常量之一

说明：

使用 Delete 方法可标记 Recordset 对象中的当前记录或一组记录，以便删除。如果 Recordset 对象不允许删除记录，将引发错误。使用立即更新模式，将在数据库中立即删除，否则记录将标记为从缓存删除，实际的删除将在调用 UpdateBatch 方法时进行（使用 Filter 属性可查看已删除的记录）。

从已删除的记录中检索字段值将引发错误。删除当前记录后，在移动到其他记录之前，已删除的记录将保持为当前状态。一旦离开已删除记录，则无法再次访问它。

（4）Update 方法

Update 方法用于保存对 Recordset 对象的当前记录所做的所有更改。

语法：

```
recordset.Update Fields, Values
```

参数说明：

Fields：可选参数。变体类型，用于代表单个名称；或变体型数组，代表需要修改的字段（单个或多个）名称或序号位置。

Values：可选参数。变体类型，代表单个值；或变体型数组，代表新记录中字段（单个或多个）值。

说明：

使用 Update 方法保存自从调用 AddNew 方法，或自从现有记录的任何字段值发生更改之后，对 Recordset 对象的当前记录所做的所有更改。Recordset 对象必须支持更新。

要设置字段值，请进行下列某项操作：

① 给 Field 对象的 Value 属性赋值并调用 Update 方法。

② 传送字段名和值作为 Update 调用的参数。

③ 将字段名数组和值数组传送给 Update 调用。

④ 在使用字段和值数组时，两个数组中必须有相等数量的元素，同时字段名的次序必须与字段值的次序相匹配。字段和值的数量及次序不匹配将产生错误。

如果 Recordset 对象支持批更新，可以在调用 UpdateBatch 方法之前将一个或多个记录的多个更改缓存在本地。如果在调用 UpdateBatch 方法时正在编辑当前记录或者添加新记录，ADO 将自动调用 Update 方法，以便在批更改传送到提供者之前将所有挂起的更改保存到当前记录。

如果在调用 Update 方法之前移动正在添加或编辑的记录，ADO 将自动调用 Update 以便保存更改。如果希望取消对当前记录所做的所有更改或者放弃新添加的记录，则必须调用 CancelUpdate 方法。

调用 Update 方法后当前记录仍为当前状态。

13.4.4 使用 ADODC 控件操作数据表

扫一扫，看视频

对数据表的操作无非就是记录的添加与修改，以及记录的查询与删除，下面将对这 4 种操作的方法以实例的形式进行介绍。

1. 使用 AddNew 方法增加数据记录

使用 AddNew 方法增加一条新记录，首先是录入数据，录入完成后，用 Update 方法保存新记录。

例 13.2 连接“book”数据库中的“作者”表。在文本框中输入数据，单击“增加记录”按钮。程序的代码如下：

```
Private Sub Command1_Click()
   '查询
   Adodc1.RecordSource = "select * from 作者  where  编号='" & Trim(Text1(0).Text)
& "'"
   Adodc1.Refresh                                               '刷新 ADODC 控件
   If Adodc1.Recordset.RecordCount > 0 Then                     '记录数大于 0
      MsgBox "输入的记录已存在"                                   '弹出对话框
   Else
      Adodc1.Recordset.AddNew                                   '添加记录
      For i = 0 To 4                                            '设置字段内容
         Adodc1.Recordset.Fields(i) = Text1(i).Text
      Next i
      MsgBox "增加记录成功"                                       '弹出对话框，提示成功
      Adodc1.RecordSource = "select * from 作者"                 '查询
      Adodc1.Refresh                                            '刷新 ADODC 控件
   End If
End Sub
```

2. 使用 Update 方法修改数据记录

扫一扫，看视频

要改变数据库中的数据，必须先把要编辑的记录设为当前记录，然后在被绑定的数据控件中进行修改。要保存数据的修改，只需把当前记录指针移到其他记录上，或者使用 Update 方法保存数据。

使用代码编辑修改数据记录的步骤如下：

（1）把当前记录定位到要编辑的记录上。

（2）修改当前记录中各个字段的值。

（3）使用 Update、Move、Find 或 Seek 方法中的任何一种保存数据的修改。

例 13.3 使用 Update 方法修改数据记录。对于作者数据表，单击任意一条记录，将其显示在文本框绑定的控件上，在文本框上修改完之后单击“保存修改”按钮。程序的代码如下：

```
Private Sub Command1_Click()
   '查找到要修改的记录
   Adodc1.RecordSource = "select * from 作者  where  编号='" & Trim(Text1(0).Text)
& "'"
   For i = 0 To 4                                               '设置字段内容
      Adodc1.Recordset.Fields(i) = Text1(i).Text
```

```
    Next i
    Adodc1.Recordset.Update                                '更新
    MsgBox "修改记录成功"                                   '弹出对话框，提示成功
    Adodc1.RecordSource = "select * from 作者"
    Adodc1.Refresh
End Sub
```

扫一扫，看视频

3. 使用 Delete 方法删除数据记录

删除数据记录用 Delete 方法。首先要将当前记录指针定位到要删除的记录上，然后使用 Delete 方法删除该记录。要注意的是，在每次删除以后，必须使用 MoveNext 方法或 MovePrevioys 方法来改变当前记录，否则已删除的记录将保持为当前状态，继续访问该记录将导致错误。

例 13.4　使用 Delete 方法删除数据。删除“作者”表中的数据。选择要删除的记录将其显示在文本框中，单击“删除记录”按钮确定删除记录。程序的代码如下：

```
Private Sub Command1_Click()
    '查找到要修改的记录
    Adodc1.RecordSource = "select * from 作者  where  编号='" & Trim(Text1(0).Text)
& "'"
    Adodc1.Recordset.Delete                                '删除记录
    Adodc1.Refresh                                         '刷新 ADODC 控件
    MsgBox "删除记录成功"                                   '弹出对话框，提示成功
    Adodc1.RecordSource = "select * from 作者"              '查询
    Adodc1.Refresh                                         '刷新 ADODC 控件
    For i = 0 To 4                                         '清空文本框内容
        Text1(i).Text = ""
    Next
End Sub
```

扫一扫，看视频

4. 使用 RecordSource 属性查询记录

ADODC 控件的 RecordSource 属性可以执行 SQL 查询语句，通过 RecordSource 属性可以非常方便地查询记录。

查询控件中的数据可以是数值型。例如对于“书名”表，查询销售量大于文本框所输入的数的图书信息。代码如下：

```
Adodc1.RecordSource = "select * from 书名 where 销售量>" & Val(Text1.Text) & " "
```

查询控件中的数据可以是字符型。例如对于“书名”表，查询文本框所输入类型的图书信息。代码如下：

```
Adodc1.RecordSource = "select * from 书名 where 类型='" & Trim(Text1.Text) & "' "
```

查询控件中的数据也可以是日期型的。例如对于“图书销售员表”，查询销售员的出生日期等于日期控件中所选的日期的信息。程序代码如下：

```
Adodc1.RecordSource = "select * from 图书销售员 where  出生日期= " & Chr(35) &
DTPicker1.Value & Chr(35)
```

注意：

如连接 SQL Server 数据库，日期数据的查询方式与字符串查询相同；如连接 Access 数据库，日期查询须使用“#”或 Chr(35)。

13.5　常用数据显示控件

对数据表中的记录进行查询后，需要将查询到的记录显示出来。在 Visual Basic 中两个最常用的数据显示控件分别是 DataGrid 控件、MSHFlexGrid 控件。本小节中主要对它们的使用方法进行介绍。

13.5.1　DataGrid 控件概述

DataGrid 控件是一种类似于电子数据表的绑定控件，通过和 ADO 数据控件绑定来使用。

DataGrid 可以通过显示一系列行和列来表示 Recordset 对象的记录和字段，也可以创建一个允许最终用户阅读和写入到绝大多数数据库的应用程序。只需少量代码或无须代码就可以创建一个功能很不错的应用系统。

DataGrid 控件是 ActiveX 控件，需要添加，方法是：在 VB 开发环境中执行“工程”/“部件”命令，在弹出的对话框中选择“Microsoft DataGrid Controls 6.0 (SP6)”复选框（如图 13.29 所示），然后将其添加到工具箱中。

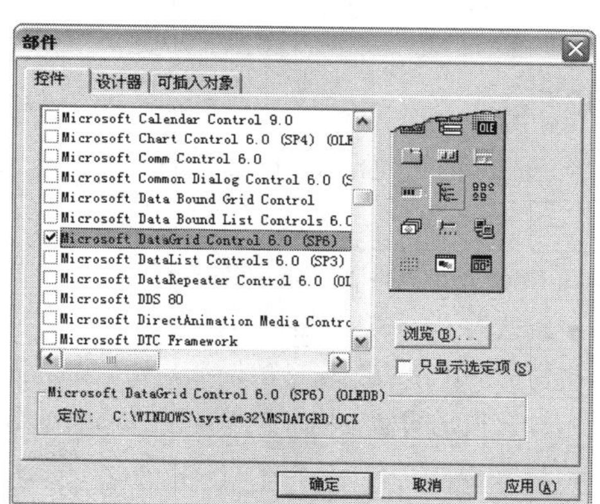

图 13.29　添加 Microsoft DataGrid Controls 6.0 (SP6)部件

13.5.2　DataGrid 控件的主要属性、方法和事件

在掌握使用 DataGrid 控件对数据进行操作的方法前，对它的属性、事件以及方法需要有所了解。下面将对 DataGrid 控件的属性、方法、事件进行逐一介绍。

1. 属性

DataGrid 控件有 4 个最常用的属性，它们分别是 DataSource、Col、Row、ColumnHeaders 属性，下面将对它们进行说明。

（1）DataSource 属性

该属性返回或设置一个数据源，通过该数据源，数据使用者被绑定到一个数据库。

语法：

```
object.DataSource [=datasource]
```

参数说明：

object：一个对象表达式。

datasource：一个对象引用，作为一个数据源限定，包括 ADO Recordset 对象，以及定义为类或用户控件（DataSourceBehavior 属性 = vbDataSource）。

DataSource 属性设置数据源有两种方法：一种是在属性窗口设置，另一种是通过代码设置。例如要连接数据控件 ADODC 控件：

```
Set DataGridt1.DataSource = Adodc1
```

（2）Col 和 Row 属性

这两个属性用于返回或者指定 DataGrid 控件中的活动单元。在实际的编程过程中，使用这两个属性来指定 DataGrid 控件中的哪一单元为活动单元，也可以在选定区域内查找哪一行或者列含有活动单元。

（3）ColumnHeaders 属性

这个属性用于确定是否在 DataGrid 控件中显示每一列的表头。如果设置为真，则在 DataGrid 控件上显示出每一列的表头，否则不会显示每一列的表头。

2. 方法

DataGrid 控件所具有的方法大多数是用来设置该控件的外观以及布局，其余的部分主要用于返回某一数值。

DataGrid 控件的方法见表 13.7。

表 13.7　DataGrid 控件的方法

编　　号	方　　法	说　　明
1	CaptureImage	返回 DataGrid 控件在当前状态下显示的被捕获图像
2	ClearFields	恢复默认的 DataGrid 控件布局
3	ClearSelCols	撤销对拆分中所有列所做的选择。如果未选择列，则不做任何事情
4	ColContaining	返回包含指定的横坐标（X）值的 DataGrid 控件的列的 ColIndex 值。不支持命名的参数
5	GetBookmark	对与 DataGrid 控件中当前行相关的某一行，返回一个包含书签的值。不支持命名参数
6	HoldFields	设置当前列/字段布局作为自定义布局
7	Rebind	重新生成 DataGrid 控件的属性和列。不支持命名的参数
8	RowBookmark	对 DataGrid 控件中的可见行，返回一个包含书签的值。不支持命名的参数
9	RowContaining	返回一个与 DataGrid 控件指定的纵坐标（Y）的行号相对应的值。不支持命名的参数
10	RowTop	返回一个包含 DataGrid 控件的一个指定行顶部的纵坐标（Y）的值。不支持命名的参数
11	Scroll	在一个简单操作中水平或垂直地滚动 DataGrid 控件。不支持命名参数
12	SplitContaining	返回包含一对指定坐标的拆分的 Index 值

3. 事件

要使用 DataGrid 控件对数据进行显示以及操作，只了解该控件的属性和方法是远远不够的，还需要对其事件有所了解，只有这样才能充分发挥该控件的作用和优点。

DataGrid 控件的事件见表 13.8。

表 13.8　DataGrid 控件的事件

事　件	说　明
AfterColEdit	在完成网格单元中的编辑之后出现
AfterColUpdate	在数据从 DataGrid 控件中的一个单元格移动到该控件的复制缓冲区后被触发
AfterDelete	当用户在 DataGrid 控件中删除一条选定的记录后被触发
AfterInsert	在用户往 DataGrid 控件中插入一条新记录后被触发
AfterUpdate	修改过的数据已经从 DataGrid 控件中被写到数据库后被触发
BeforeColEdit	仅在键入字符而进入编辑模式之前出现该事件
BeforeColUpdate	在一个单元内的编辑完成之后而数据从单元移到 DataGrid 控件的复制缓冲区之前被触发
BeforeDelete	发生在 DataGrid 控件中选定的记录被删除之前
BeforeUpdate	发生在数据从 DataGrid 控件移动到控件的复制缓冲区之前
ButtonClick	在单击当前单元的内置按钮时出现该事件
Change	指示一个控件的内容已经改变。此事件如何和何时发生则随控件的不同而不同
ColResize	当某个用户调整 DataGrid 控件的一个列的大小时该事件发生
DblClick	当在一个对象上按下和释放鼠标按钮并再次按下和释放鼠标按钮时，该事件发生
Error	该事件由于数据访问错误而出现，而在没有执行 Visual Basic 代码时就会产生这个错误
HeadClick	在用户单击一个 DataGrid 控件指定列的标题时发生
OnAddNew	在用户操作调用 AddNew 操作时出现
RowColChange	在当前单元改变为一个不同的单元时该事件发生
RowResize	当某个用户调整一个 DataGrid 控件中的行尺寸时该事件发生
Scroll	当 DataGrid 控件的滚动条被重新定位，或按水平方向或垂直方向滚动时，此事件发生

13.5.3　用 DataGrid 控件显示数据表中的数据

扫一扫，看视频

通过设置 DataGrid 控件的 DataSource 属性，将数据源指定为某一 ADODC 控件或数据环境，即可以将记录集中的数据显示在 DataGrid 控件中。

例 13.5　用 DataGrid 控件显示数据表中的数据。连接 SQL Server 数据库 Book 的“书名”数据表，用 DataGrid1 控件显示整个表中的记录，并把第 4 列和第 5 列数据格式化为“金额”格式。程序代码如下：

```
Dim con As New ADODB.Connection                              '创建 Connection 对象
Dim rs  As New ADODB.Recordset                               '创建 Recordset 对象
Private Sub Form_Load()
   Adodc1.ConnectionString = "Provider=SQLOLEDB.1;Integrated Security=SSPI;
Persist Security Info=False;Initial Catalog=book"            '指定数据源连接串
   Adodc1.RecordSource = "select * from 书名"                 '查询
   Adodc1. Refresh                                           '刷新
   Set DataGrid1.DataSource = Adodc1                         '指定数据源
   DataGrid1.Columns(3).NumberFormat = "$0.00"               '格式化
   DataGrid1.Columns(4).NumberFormat = "$0.00"               '格式化
End Sub
```

说明：

DataGrid 控件的数据源也可以在属性窗口中设置 DataSource 属性。

13.5.4 使用 MSHFlexGrid 控件显示数据

Microsoft Hierarchical FlexGrid（MSHFlexGrid）控件可以对表格数据进行显示和操作，还可以将包含字符串和图片的表格进行分类、合并以及格式化，具有完全的灵活性。当绑定到 ADODC 控件上时，MSHFlexGrid 所显示的数据是只读的。本节将对使用 MSHFlexGrid 控件显示数据的方法进行介绍。

扫一扫，看视频

1. MSHFlexGrid 控件的添加与设置

欲使用 MSHFlexGrid 控件显示数据，首先需要将该控件添加到工具箱中，并且需要对窗体中的 MSHFlexGrid 控件的属性进行设置，具体操作步骤及相关设置如下：

（1）将 MSHFlexGrid 控件添加到工具箱中。单击“工程”/“部件”菜单项，在弹出的“部件”对话框中选择“Microsoft Hierarchical FlexGrid Conctrol 6.0（SP4）(OLEDB)”列表项。然后，单击“确定”按钮，即可将 MSHFlexGrid 控件添加到工具箱中。

（2）显示数据。如果用户使用 ADODC 控件作为数据源，只设置 DataSource 属性为 ADODC 控件（如 Adodc1）即可；如果用户使用数据环境作为数据源，那么设置 DataSource 属性为数据环境（如 DataEnvironment1），设置 DataMember 属性为 Command 对象（如 Command1）。

（3）检索结构，显示数据字段。MSHFlexGrid 控件不能在其单元格中自动显示数据字段，因此需要通过鼠标右键单击 MSHFlexGrid 控件，在弹出的菜单中选择“检索结构”菜单项，以实现显示数据字段。

（4）调整 MSHFlexGrid 控件的“外观”。右键单击 MSHFlexGrid 控件，在弹出的菜单中选择“属性”命令，打开“属性页”对话框，选择“通用”选项卡，如图 13.30 所示。

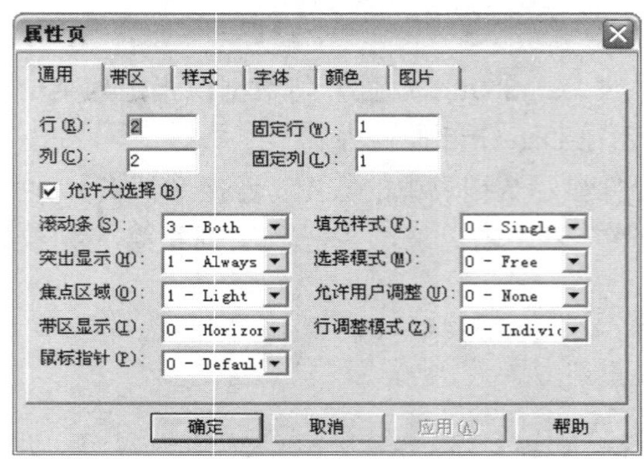

图 13.30 “属性页”对话框中的“通用”选项卡

在“通用”选项卡中可以设置 MSHFlexGrid 控件的如下属性：

① 行、列：对应 MSHFlexGrid 控件的 Rows 属性和 Cols 属性，主要用于设置该控件表格的行数和列数。

② 固定行、固定列：决定 MSHFlexGrid 控件最上面有多少行固定行和最左边有多少行固定列。

固定行上可以自动显示字段的名称。

③ 突出显示：突出显示对应 MSHFlexGrid 控件的 HighLight 属性。它有 3 种选择，见表 13.9。

表 13.9　HighLight 属性的常数说明

常　数	值	说　明
flexHighlightNever	0	表明选定的单元格上没有突出显示
flexhighlightAlways	1	默认设置值，表明选定的单元格突出显示
flexHighlightWithFocus	2	表明突出显示只在控件有焦点时有效

在“属性页”对话框中选择“样式”选项卡，如图 13.31 所示。

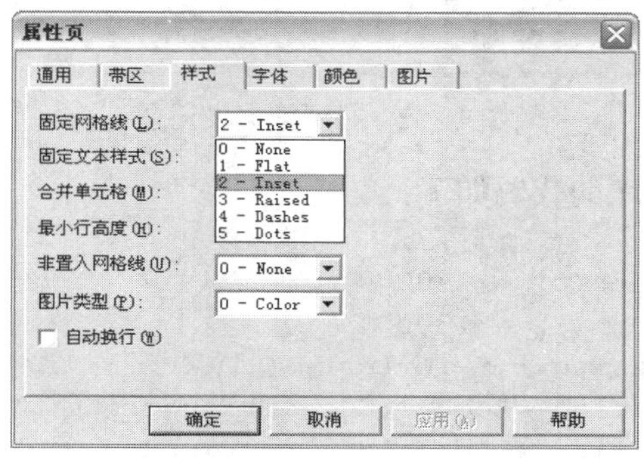

图 13.31　“属性页”对话框中的“样式”选项卡

① 固定网格线：决定在 MSHFlexGrid 中绘制网格线的类型，它对应 MSHFlexGrid 的 GridLinesFixed 属性。有 6 种选择，见表 13.10。

表 13.10　GridLinesFixed 属性的常数说明

常　数	值	说　明
flexGridNone	0	在单元之间没有线
flexGridFlat	1	表明单元格之间的线条样式被设置为正常的，平面的线
flexGridInset	2	表明单元格之间的线条样式为凹入线
flexGridRaised	3	表明单元格之间的线条样式为凸起线
flexGridDashes	4	表明单元格之间的线条样式设定为虚线
flexGridDots	5	表明单元格间的线条样式设定为点线

② 固定文本样式：决定本带区中文本显示的风格，它对应 MSHFlexGrid 的 TextStyle 属性。有 5 种选择，见表 13.11。

表 13.11　TextStyle 属性的常数说明

常　数	值	说　明
flexTextflat	0	文本正常显示，平面文本。这是默认设置值
flexTextRaised	1	文本看起来凸起
flexTextInset	2	文本看起来凹入
flexTextRaisedlight	3	文本看起来轻微凸起
flexTextInsetlight	4	文本看起来轻微凹入

扫一扫，看视频

2. MSHFlexGrid 控件的数据显示

通过设置 MSHFlexGrid 控件的 DataSource 属性，将数据源指定为某一 ADODC 控件或数据环境，就可以将记录集中的数据显示在 MSHFlexGrid 控件中。

例 13.6 使用 ADODC 控件作为 MSHFlexGrid 控件数据源，显示数据。程序运行效果如图 13.32 所示。

显示作者表

编号	姓名	电话	住址	城市
267-41-2394	李一	1234	长春市二道区	长春
274-80-9391	赵二	52231	长春市二道区	长春
341-22-1782	奇三	82231	长春市二道区	长春
409-56-7008	李二	6775	长春市二道区	长春市
427-17-2319	赵四	5667	长春市二道区	上海
486-29-1786	孙五	3567	长春市二道区	长春市
333-03-0303	刘六	1212345	长春市二道区	长春市

图 13.32　显示数据表记录

连接“作者”数据表。程序的代码如下：

```
Private Sub Form_Load()
    MSHFlexGrid1.ColWidth(0) = 1300                              '设置列宽
    MSHFlexGrid1.ColWidth(3) = 1300
    Adodc1.ConnectionString = "Provider=SQLOLEDB.1;"            '指定数据源连接串
    Adodc1.ConnectionString = Adodc1.ConnectionString & "Integrated Security=SSPI;"
    Adodc1.ConnectionString = Adodc1.ConnectionString & "Persist Security
Info=False;Initial Catalog=book"
    Adodc1.RecordSource = "select * from 作者"                   '查询
    Set MSHFlexGrid1.DataSource = Adodc1                         '指定数据源
End Sub
```

✍ **说明：**

MSHFlexGrid 控件的数据源也可以在属性窗口中设置 DataSource 属性。

扫一扫，看视频

第 14 章　错误处理与程序调试

扫一扫，看视频

在程序设计时，出现错误是在所难免的。越复杂的程序越容易产生错误，有些错误还会导致程序无法正常运行。因此程序的调试工作就尤为重要，在设计程序时要通过不断地测试来捕捉错误。Visual Basic 提供了强大的调试工具，可以方便地进行程序调试。另外，还可以通过 Visual Basic 有关错误处理语句对产生的错误进行处理。本章视频要点如下：

- 如何学好本章；
- 知晓错误产生的主要原因；
- 认知 3 种工作模式；
- 切换 3 种工作模式；
- 使用调试工具；
- 插入断点和逐语句跟踪；
- 使用 Err 对象；
- 使用 On Error 语句。

14.1　错 误 类 型

扫一扫，看视频

VB 捕获的错误有很多，在编写代码或程序调试运行中，如果捕获到错误信息，屏幕上将显示错误信息提示对话框。VB 中的这些错误信息按照类型大致可以分为编译错误、运行错误与逻辑错误 3 种。

14.1.1　编译错误

编译错误也可以称为语法错误，它是由于代码的结构违反了语句的语法规定而产生的错误。例如，遗漏了标点符号或关键字就属于编译错误。当出现编译错误时，提示形式为系统将出错行的代码变成红色高亮度显示，并提示错误原因。

通常情况下，可以通过设置“自动语法检测”使系统自动检测语法错误。当一行代码输入完后，当光标转移到其他行的时候，如果存在错误，将提示错误信息。其设置方法为：

选择菜单栏中的“工具”/“选项”命令，在弹出的“选项”对话框中选择“编辑器”选项卡，选中“代码设置”选项组中的“自动语法检测”复选框，这样程序在编辑时就会自动检测语法错误。“编辑器”选项卡如图 14.1 所示。

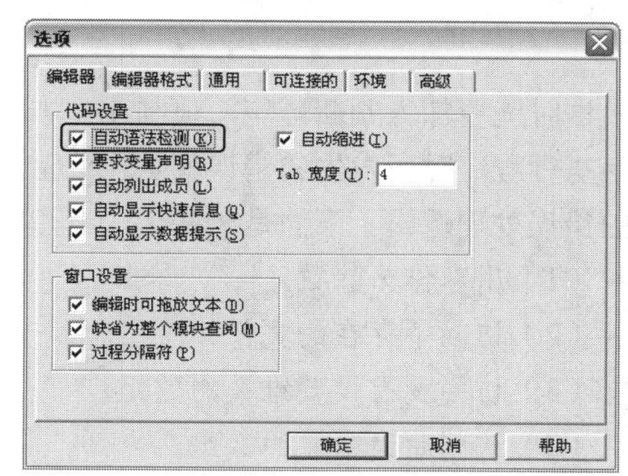

图 14.1　“编辑器”选项卡

在设置“自动语法检测”后，用户在输入代码时，系统就在用户输入完一行代码并移动光标时自动执行语法检测，以发现错误。例如，当输入 If 语句时，没有输入 Then 关键字，当光标离开该行以后，将弹出编译错误对话框，提示错误原因，如图 14.2 所示。

有些编译错误在代码编写时可能无法发现，需要当程序运行到相应的位置时才提示错误。例如当缺少配对结构的错误，如使用 If 语句时，如果没有 End If 语句，运行时将会提示错误信息，如图 14.3 所示。

图 14.2　编译错误

图 14.3　程序运行时发现的编译错误

14.1.2　运行错误

运行错误是在程序编译通过后运行代码时发生的，一般是由于程序执行过程中出现了非法操作引起的。例如，在进行除法运算时除数为 0、类型不匹配、访问的文件不存在等。

运行错误相对于语法错误比较难发现，需要通过不同的方法进行多次测试才会发现。因此在编写代码时，要考虑程序执行的每一步会发生什么变化，然后再将代码应用到程序中。

例如，定义了一个数值型变量 i，当程序运行时，通过文本框控件输入数据，将输入的数据赋值给变量 i。如果输入了非数值型信息，系统将出现错误提示；单击“调试”按钮，将会转到代码窗口中出错的代码行上，程序进入中断模式，如图 14.4 所示。

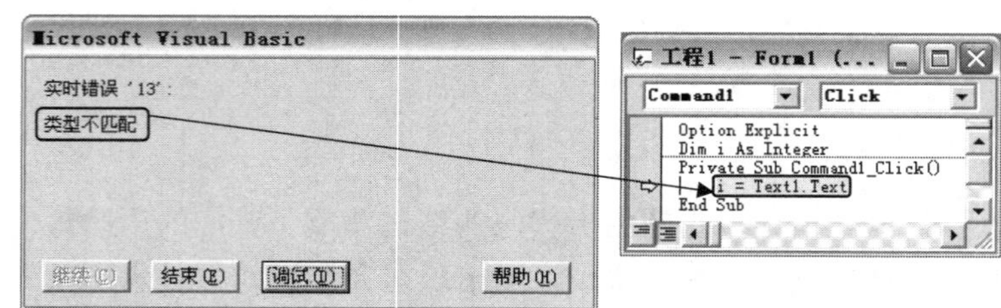

图 14.4　运行错误

这时就要加入判断语句，限制在文本框内输入的数据必须为数值型。

执行程序时所发生的错误就是执行错误。大部分的执行错误是因为开发人员不能预料并实现合适的错误处理逻辑。下面是一些比较典型的执行错误：

（1）用零作为除数。

（2）访问不存在的文件。

（3）访问没有设置维数的数组。

（4）访问超过上限的数组。

（5）调用一段程序，给它传递错误的变元数目或错误类型的变元。

14.1.3　逻辑错误

当源代码的语法正确而语义或意思与程序员本意不同时，就是语义错误。由于构造遵循编程语义的规则，因此语义错误无法由编译器或解释器发现。编译器或解释器只关心代码结构而不管意义。语义错误会导致程序非正常终止，带有或不带有错误消息通俗地讲，就是语义错误会导致程序崩溃或挂起。语义错误是一类比较难以察觉的错误，它们可能隐藏得很深。

在某些语义错误下，程序可以继续运行，但内部状态却不是程序员想要的。比如变量包含的可能不是正确的数据，或者程序可能沿着设想的某一路径运行，最终输出结果却不正确。这样的错误就叫做逻辑错误，程序没有崩溃，但执行的逻辑是错误的。例如，错误键入的键或其他外部影响可能会导致应用程序在所需的参数内停止运行，或完全停止运行。

在这三类错误中，逻辑错误通常是最难修复的，因为它们发生的位置一般不确定，系统也不会像语法错误和运行错误那样给出提示信息。检测逻辑错误的唯一办法是以手动或自动的方式测试程序，验证输出是否符合要求，因此需要更多的可能是经验和技巧。测试是软件开发过程不可或缺的一部分。遗憾的是，测试可以证明程序输出不正确，却不能给出线索来明确代码的哪一部分导致了错误，这时就需要依靠调试过程了。

14.2　工 作 模 式

扫一扫，看视频

VB 的工作状态可以分为 3 种模式：设计模式、运行模式和中断模式（Break）。用户要时刻知道应用程序正处在何种模式下，这样才能更好地测试和调试应用程序。

14.2.1　设计模式

应用程序的创建过程大多数工作都是在设计模式中完成的。在设计模式下可以进行程序的界面设计、属性设置、代码编辑等，此时标题栏显示“设计”，如图 14.5 所示。

图 14.5　设计模式

14.2.2　运行模式

执行“启动”命令后，程序由设计模式进入运行模式，标题栏显示“运行”，如图 14.6 所示。在运行模式下，可以查阅代码，但不能进行修改。

图 14.6　运行模式

14.2.3 中断模式

当程序运行时，选择菜单栏中的“运行”/“中断”命令，或者直接单击工具栏中的“中断”按钮，程序将切换到中断模式。中断模式下窗体状态如图 14.7 所示。在中断模式下可以浏览和修改代码，查阅变量取值等。在 VB 中有以下几种方式进入中断模式。

图 14.7 中断模式

- 在运行模式下选择“中断”命令；
- 在程序代码中设置了断点或 Stop 语句，程序执行到断点或 Stop 语句处；
- 在程序运行时发现错误而发生的中断。

扫一扫，看视频

14.3 调试工具

为了有效地排除程序中发生的各种错误，VB 提供了强大的调试工具与良好的调试环境。通过使用这些工具，有助于查找程序中的错误。

14.3.1 “调试”工具栏的使用

VB 提供了专门的“调试”工具栏供程序员对代码进行调试。“调试”工具栏中包含在调试代码时经常用到的一些常用菜单命令按钮。如果在 VB 集成开发环境的工具栏中没有找到“调试”工具栏，可以通过菜单命令将其添加到工具栏中。添加方法为：选择菜单栏中的“视图”/“工具栏”/“调试”命令，或是在工具栏的空白处单击鼠标右键，在弹出的快捷菜单中选择“调试”命令，将“调试”工具栏添加到集成开发环境的工具栏中，如图 14.8 所示。

“调试”工具栏如图 14.9 所示。“调试”工具栏中共有 3 组 12 个按钮，其中前 3 个按钮在标准工具栏中也可以看到。

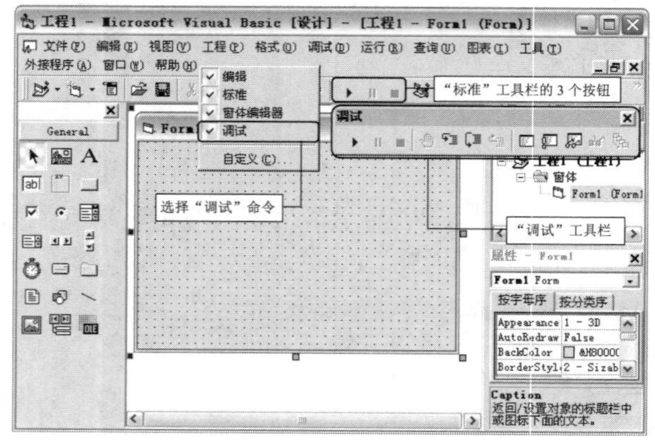

图 14.8 添加“调试”工具栏

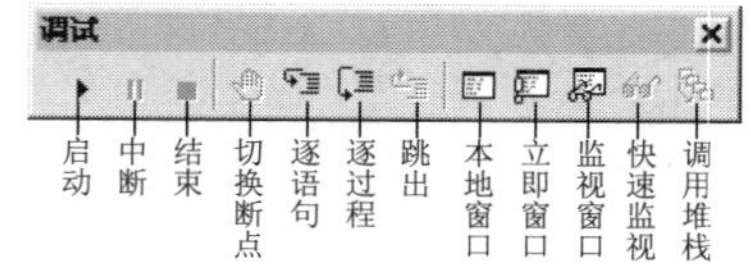

图 14.9 “调试”工具栏

14.3.2 “本地”窗口的使用

“本地”窗口显示当前过程中所有变量以及对象的当前值。由于它只反映当前过程的情况，所以当程序的执行从一个过程切换到另一个过程时，“本地”窗口的内容会发生改变。

程序在中断模式时“本地”窗口如图 14.10 所示。

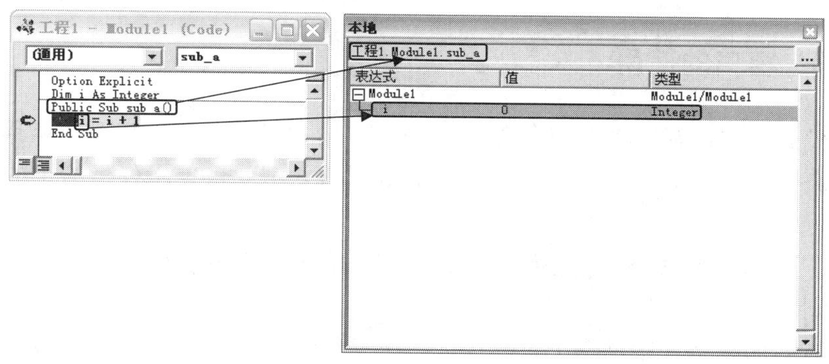

图 14.10 “本地”窗口

第一行中显示窗体或者模块的名称，这里显示的是标准模块的名称 Module1。

程序在中断模式时执行菜单栏中的“视图”/“本地窗口”命令，弹出“本地”窗口，如图 14.10 所示。

图 14.10 中的“i”为标准模块 Module1 中的模块级变量，“0”为它的当前值。

“本地”窗口主要由 3 个部分组成，分别是“表达式”“值”“类型”。各组成部分的功能说明见表 14.1。

表 14.1 “本地”窗口各组成部分说明

部　分	说　明
表达式	列出变量的名称。列表中的第一个变量是一个特殊的模块变量，可用来扩充显示出当前模块中的所有模块层次变量。对于类模块，会定义一个系统变量<Me>。对于常规模块，第一个变量是<name of the current module>。全局变量以及其他工程中的变量，都不能从“本地”窗口中访问
值	列出变量的值。选择任意一个变量的值，可以编辑一个新值。所有的数值变量都应该有一个值，而字符串变量则可以有空值
类型	列出变量的类型

14.3.3 “调用堆栈”窗口的使用

程序在中断模式时，在“本地”窗口中单击窗口右侧的▭按钮，或执行菜单栏中的“视图”/“本地窗口”命令，可以调用“调用堆栈”窗口。例如，在代码编辑器中有一个过程 sub_a 调用另一个过程 sub_b，而 Form_Load 事件又调用过程 sub_a。这样的嵌套过程调用很难跟踪，需要借助于如图 14.11 所示的“调用堆栈”窗口。

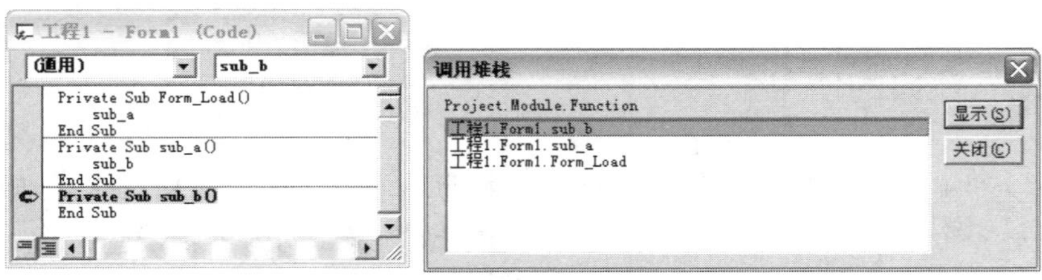

图 14.11 “调用堆栈”窗口

14.3.4 “立即”窗口的使用

程序在中断模式时自动显示“立即”窗口。“立即”窗口是在调试窗口中最常用的窗口。“立即”窗口不接收数据声明，但是可以使用 Sub 和 Function 过程，由此可使用任何给定的一系列参数来测试过程的结果。

可以在“立即”窗口使用 Print 语句或“？ ”显示变量的值，也可以在程序代码中利用 Debug.Print 方法，把输出送到“立即”窗口。

例如，在窗体的加载事件中使用 For 循环计算 1+2+...+10 的值。在 End Sub 语句处设置断点，按<F5>键后启动程序，在“立即”窗口中输入代码，显示结果如图 14.12 所示。

图 14.12 “立即”窗口

扫一扫，看视频

14.3.5 插入断点和单步调试

本节将对断点的设置与取消，以及单步调试的方法进行介绍。

1. 断点的设置和取消

设置断点可以在程序运行到断点处时中断程序的运行，然后逐语句跟踪检查相关变量、表达式的值是否在预期的范围内。断点可在 3 种模式下的任何模式中设置或删除。在代码窗口选择可能存在问题的语句作为断点，按<F9>键或在代码所在行的左侧灰色边框处单击，即可添加断点，如图 14.13 所示。在断点处再次单击即可取消断点。

程序运行到断点处时中断，切换到中断模式，此时可以直接查看变量或表达式的值。只要把鼠标悬停在要查看的语句上，就会显示该变量或表达式的值，如图 14.14 所示。

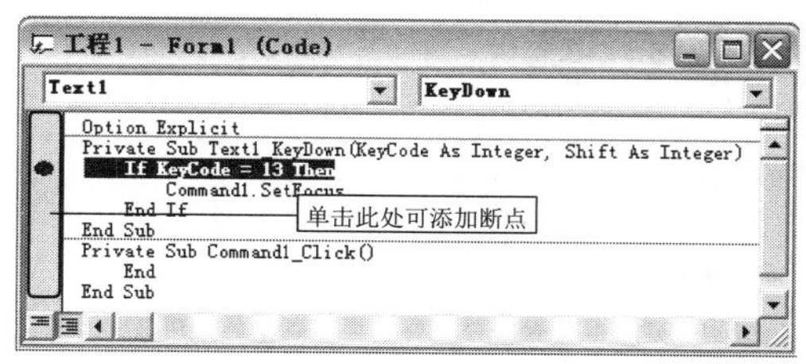

图 14.13　插入断点

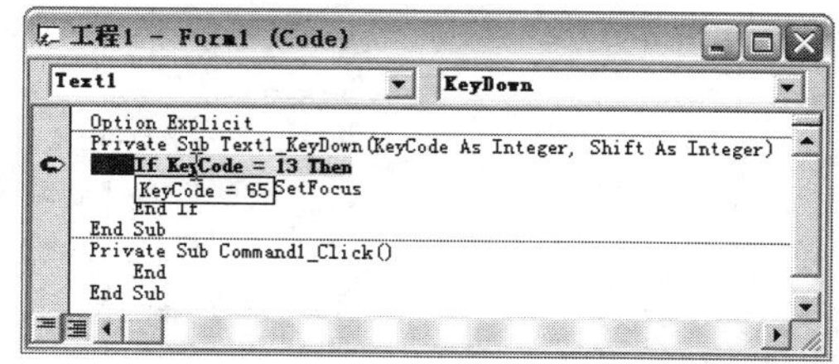

图 14.14　查看参数值

若要继续跟踪断点后面的语句执行情况，只要按<F8>键或者单击“调试”工具栏中的“逐语句”按钮，带有黄色箭头的突出显示将按照程序执行顺序逐行移动。

设置断点和逐语句跟踪是最简单、最常用的程序调试方式。

2. 单步调试

单步调试即逐语句或逐过程地执行程序，程序每执行完一条语句或一个过程，就发生中断。

（1）逐语句调试。执行“调试”菜单中的“逐语句”命令或单击“调试”工具栏的“逐语句”按钮，即可进行逐语句调试。

（2）逐过程调试。使用逐过程调试方法，系统将被调用过程或函数作为一个整体来执行。在进行单步调试时，当确认某个过程中不存在错误时，可使用逐过程调试方式。

14.3.6　“监视”窗口的使用

在工程中如果设置了监视内容（表达式或变量），“监视”窗口就会自动显示。“监视”窗口可显示当前的监视表达式，并负责监视这个表达式或变量在程序中的变化。

在使用“监视”窗口监视某个表达式或变量前，需要先将其设置为监视内容。监视内容的设置方法如下：

（1）使用鼠标选中要监视的代码内容，如图 14.15 所示。

（2）在 VB 菜单栏中选择“调试”/“添加监视”命令，打开“添加监视”对话框，添加监视表达式以及设置监视类型，如图 14.16 所示。

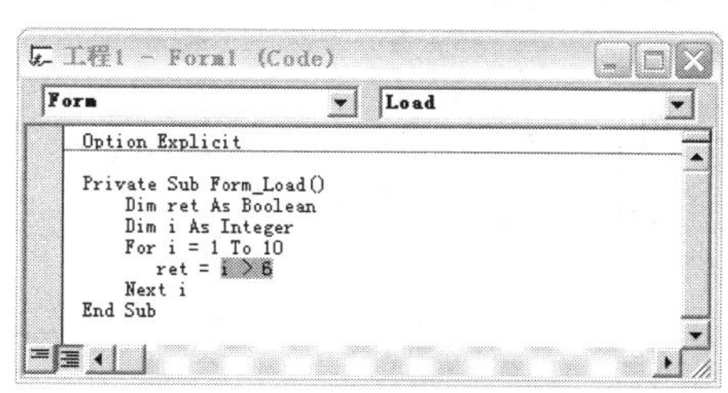

图 14.15　选中表达式

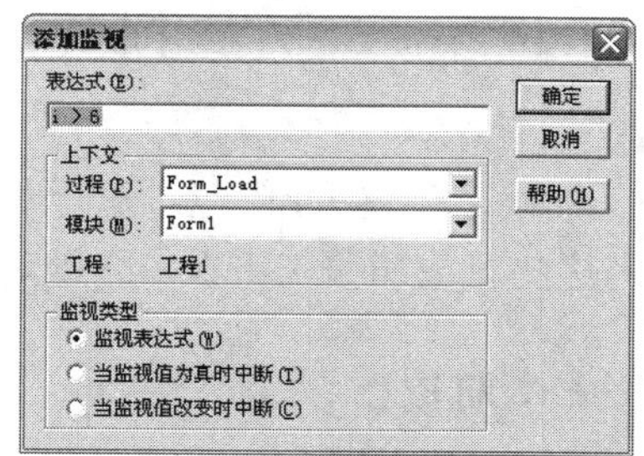

图 14.16　“添加监视”对话框

（3）在“添加监视”对话框中设置完毕后单击“确定”按钮，按<F8>键进行逐语句调试，当执行到第 7 次循环时，“监视”窗口中的结果如图 14.17 所示。

图 14.17　添加监视内容后的“监视”窗口

说明：

添加监视内容也可用鼠标选择要监视的内容，然后将其直接拖曳到“监视”窗口中。

“监视”窗口中各组成部分的说明见表 14.2。

表 14.2　“监视”窗口中各组成部分的说明

组成部分	说　　明
表达式	列出所监视的表达式，并在最左边列出监视图标
值	列出在切换为中断模式时表达式的值。选择任意一个监视内容的值，可以编辑一个新值。如果这个新值是无效的，则编辑字段会保持在作用中，并且值会突出显示，还会出现一个消息框来描述这个错误，此时通过<Esc>键终止之前的更改
类型	列出表达式的类型
上下文	列出监视表达式的内容

注意：

中断模式下，监视表达式的内容不在所选择的范围内时，当前的值不会显示出来。

扫一扫，看视频

14.4　错误处理语句和对象

VB 预定义了一些专门包含运行时错误信息的对象，以及当程序产生错误后进行错误处理的语句。使用这些对象和语句可以有效地对错误进行处理。下面将介绍这些对象和语句。

14.4.1　Err 对象

Err 对象中含有有关当前程序运行时的错误信息，当程序运行中出现问题时，错误信息就会在 Err 对象中反映出来。Err 对象是程序中固有的公用对象，即在过程中不需要创建就可直接使用的对象。

Err 对象的属性和方法说明见表 14.3。

表 14.3 Err 对象的属性和方法说明

属性/方法	说 明
Description 属性	返回或设置一个包含与对象相关联的描述性字符串
HelpContext 属性	返回或设置一个包含 Windows 操作系统帮助文件中主题的上下文 ID
HelpFile 属性	返回或设置一个表示帮助文件的完整限定路径
LastDLLError 属性	返回因调用动态链接库(DLL)而产生的系统错误号
Number 属性	返回或设置表示错误的数值，Err 对象的默认属性
Source 属性	返回或设置一个指明最初生成错误的对象或应用程序的名称
Clear 方法	用来清除 Err 对象的所有属性设置。在错误处理之后使用，用来清除之前产生的 Err 对象的属性
Raise 方法	生成运行时错误

下面介绍 Err 对象的主要属性和方法。

1. Description 属性

Description 属性返回的是 String 类型的值，返回程序的错误描述信息，当无法处理或不想处理错误时，可以使用这个属性提示用户。

2. Number 属性

Number 属性表示错误的数值编号，可以根据这个编号进行错误处理。每个错误产生时都有一个错误号，错误号在 1~65535 之间，其中 1~1000 之间的错误号是系统已经使用的或保留为以后使用的，当产生自定义的错误时应该使用其他的错误号。

3. Clear 方法

Clear 方法用于清除该对象的属性设置，它把 Err 的数值型属性设置为 0；字符串型属性设置为空字符串。

14.4.2 捕获错误（On Error 语句）

利用 On Error 语句可以捕获错误信息，该语句可启动一个错误处理程序，并指定该错误处理程序在过程中的位置，也可用来禁止一个错误处理程序。

如果程序中不使用 On Error 语句，则运行时的错误信息可能导致程序运行终止。On Error 语句的语法包含 3 种形式。

语法：

```
On Error GoTo <位置>
On Error GoTo 0
On Error Resume Next
```

1. On Error GoTo 语句

当程序出现错误时，使用 On Error GoTo 语句将程序的执行流程转移到指定的代码行，由错误处理程序针对具体的错误进行处理。其中“位置”可以是任何标签或行号。指定的位置必须在发生错误的过程中，如果过程中不存在这个位置，VB 将会产生一个编译错误。

```
Sub InitializeMatrix(Var1, Var2, Var3, Var4)
     On Error GoTo ErrorHandler
...
     Exit Sub
ErrorHandler:
...
End Sub
```

2. On Error GoTo 0 语句

该语句用来禁止当前过程中任何已启动的错误处理程序。计时过程中包含编号为 0 的行，也不把 0 指定为处理错误代码的起点。

3. On Error Resume Next 语句

On Error Resume Next 语句是在程序运行错误发生时继续执行发生错误语句之后的语句，而不中断程序的运行。程序中使用该语句可以不管运行时的错误，继续执行程序。该语句可以将错误处理程序代码直接放在发生错误处，也就是将错误处理程序直接嵌入发生错误的过程中，而不用像 On Error Resume GoTo 语句那样到指定的位置上去执行。

另外，如果不做错误处理程序，会忽略错误继续执行代码，这是十分危险的方法。错误没有被提示也没有被纠正，这个错误可能会给后面的操作留下隐患。

注意：

当处理在访问其他对象期间产生的错误时，与其使用 On Error GoTo 指令，不如使用 On Error Resume Next。每次和对象打交道，在不知道用代码访问哪个对象时，检查一下 Err，都会打消这种疑虑。可以确定是哪个对象产生错误（Err.Source 中指定的对象），也可以确定是哪个对象将错误代码放在 Err.Number 中。

14.4.3 结束错误处理（Resume 语句）

错误处理完成后应及时退出，并控制程序返回到合适的位置，使程序继续执行。使用 Resume 语句可以实现这一功能。

Resume 语句有如下 3 种用法。

- Resume[0]：程序返回到出错语句处继续执行。
- Resume Next：程序返回到出错语句的下一句继续执行。
- Resume Line：程序返回到标签或行号处继续执行。

其中，Resume[0]语句的作用是，重新执行与包含该语句的错误处理程序同一过程中的出错语句。如果错误来自从该过程中调用的被调过程，则重新执行这个调用过程的语句。

Resume Line 语句的作用是，执行以参数 Line 为行号或行标签的语句。参数 Line 必须是和错误处理历程在同一个过程中的标签或行号。

例如，当用户删除了数据表中所有信息后，又一次单击了“删除”按钮，这时便出现图 14.18 所示的错误信息。出现这种错误，可以使用 Resume Next 语句。只要在删除语句前加上“On Error Resume Next”语句即可解决这一问题。

图 14.18　删除记录时出现的运行时错误

14.4.4　编写错误处理函数

例 14.1　本实例编写了一个错误处理函数，在按钮单击事件中调用这个函数进行错误处理。程序运行效果如图 14.19 所示。

图 14.19　错误提示框

程序代码如下：

```
Public Function StrErr() As String
   Dim strinfo As String                                   '声明变量
   strinfo = "错误号：" & Err.Number & vbCrLf & _
          "错误描述：" & Err.Description                   '将错误信息赋给变量
   MsgBox strinfo, 48, "错误提示！"                        '显示提示信息
End Function
Private Sub Command1_Click()
   On Error GoTo handle1                                   '错误处理
   Dim i As Integer                                        '声明变量
   i = Text1.Text                                          '错误的赋值
handle1:                                                   '指定标签
   Call StrErr                                             '调用错误处理函数
End Sub
```

扫一扫，看视频

扫一扫，看视频

第 15 章　API 函数

Windows 应用程序接口（即 API）是 Windows 提供的重要功能之一。它和 Windows 一起被安装到计算机中，在 Visual Basic 的应用程序中，可以像调用普通的过程一样调用 API 函数，进而实现需要的功能。本章详细地介绍了如何声明并调用 API 函数，在讲解过程中为了便于读者理解列出了大量的实例。本章视频要点如下：

- 如何学好本章；
- 启动 API 浏览器；
- 加载 API 浏览器；
- 使用 API 浏览器；
- 声明 API 函数；
- 使用及调用 API 函数。

扫一扫，看视频

15.1　API 概述

API 函数涵盖了计算机操作的各个方面，API 函数涉及面广，数量庞大。程序设计人员如果能掌握比较常用的 API 函数，既可以解决很多问题，也可以使程序的功能更加完善。

本节将介绍 API 函数的相关概念以及基本使用方法。

15.1.1　API 的概念

API 函数又称“应用程序编程接口”（Application Proprammaing Interface），它是 Windows 提供给应用程序与操作系统之间的接口，它们犹如建筑工地所使用的“砖瓦”一般，可以搭建出各种丰富多姿的应用界面，功能灵巧的应用程序。所以可以认为 API 函数是构筑整个 Windows 框架的基石。程序设计人员可以在不同的程序设计语言中使用 API 函数，编写运行于 Windows 操作系统的应用程序。

程序员在编写应用程序的时候需要使用一些函数库。所谓函数库就是一些目标代码模块经过组合形成的代码群。应用程序从函数库中调用函数实际上就是通过链接实现，从而使应用程序能够从函数库中存取和使用目标代码，并把外部函数结合到一个应用程序中的进程。

与函数库链接有两种方法：静态链接和动态链接。

1．静态链接

静态链接是指在编写应用程序时，如果需要调用运行函数库中已有的函数，程序员无须在自己的源代码中重写函数库中的函数，而只是给出函数名和所需要的参数，就可以执行相应的操作。生成可执行文件时，首先对源程序进行编译，生成目标文件（.obj），此时目标文件中只有函数的调用语句，没有函数本身的代码。当用链接程序（Link）把目标文件（.obj）与库文件（.lib）相链接，生成可执行文件（.exe）时，链接程序从库函数文件中取出源程序中所需要的库函数，并加入到链接生成的可执行文件中。此时，可执行文件实际上包含了源程序及其所调用的库函数的代码。

2．动态链接

API 函数由许多能完成不同操作的动态链接库组成。动态链接库文件的扩展名为 DLL，这是 Windows 系统中的一种特殊的可执行文件。在动态链接库中包含将某些函数预先编译成目标文件的程序模块，当程序访问所需的动态链接库时，Windows 才能确定被调函数的地址并将其连接到应用程序之中。使用动态链接库可以极大地加速 Windows 应用程序的开发过程。有了这些控件和类库，程序员便可以把主要精力放在程序整体功能的设计上，而不必过于关注技术细节。

Windows 提供了数以千计的 API 函数，这些函数存放在不同的动态链接库中。动态链接库按照功能可以分为三大类（KERNEL、GDI、USER）和一些较小的动态链接库。下面介绍 Windows 中常用的动态链接库，其功能如表 15.1 所示。

表 15.1 Windows 中常用的动态链接库

动态链接库	说　明
KERNEL32.DLL	低级内核函数。用于内存管理、任务管理、文件管理、资源控制及相关操作
GDI32.DLL	图形设备接口库。在该动态链接库中含有与设备输出有关的函数，包含大多数绘图、显示环境、图元文件、坐标及字体函数
USER32.DLL	与 Windows 管理有关的函数。包含消息、菜单、光标、插入标志、计时器、通信以及其他大多数非显示函数
ADVAPI32.DLL	高级 API 服务，支持大量的 API（其中包含许多安全与注册方面的调用）
COMCTL32.DLL	实现了一个新的 Windows 集，称为 Windows 公共控件（例如 Visual Basic 中的 Toolbar、TreeView、ListView、ImageList 等控件都属于这个控件集）
COMDLG32.DLL	通用对话框 API 库
LZ32.DLL	32 位压缩例程
MAPI32.DLL	为应用程序提供一系列电子邮件功能的 API 函数
MPR.DLL	多接口路由库
NETAPI32.DLL	32 位网络 API 库
SHELL32.DLL	32 位 Shell API 库
VERSION.DLL	版本库
WINMM.DLL	Windows 多媒体库
WINSPOOL.DRV	后台打印接口，包含后台打印相关的 API 函数

3．静态链接与动态链接的区别

当使用同一个静态链接的多个应用程序在同时运行时，由于每个实例都拥有相同的代码，因此重复占用宝贵的内存空间，并且这些应用程序在存储时，也会由于代码相同而浪费磁盘空间。此外，如果修改了函数库中的函数代码，则调用该函数的相应的应用程序就需要重新进行链接。因此，在 Windows 环境下，通常不使用静态的链接方式，而是使用动态链接库（DLL，Dynamic Link Library）。

动态链接与静态链接的不同之处在于链接的过程不同，虽然包含库函数的源程序仍然是被预先编译成目标文件，但是它不再复制到可执行文件中，而是被链接成一种特殊的 Windows 可执行文件——动态链接库。应用程序运行时，Windows 操作系统检查执行文件，如果需要不包含在可执行文件自身中的函数，Windows 就自动装入指定的 DLL 文件，使得 DLL 文件中的所有函数都能被应用程序访问，仅到这个时候，Windows 才能确定每个函数的地址并且将其动态地链接到应用程序中。DLL 文件是在运行时被装入的，并且所有使用这个 DLL 文件的应用程序都可以在运行时共享它。

15.1.2 API 的相关概念

1. Win32 API

Win32 API 是 Microsoft 32 位平台的应用程序编程接口，所有运行在 Win32 平台上的应用程序都可以调用它。所有的 Microsoft 32 位平台都支持统一的 API（包括函数、结构、消息、宏和接口）。使用 Win32 API 不仅可以开发适合各种开发平台的应用程序，还可以充分挖掘各种开发平台的潜力，利用各种开发平台的功能和属性。

标准的 Win32 API 可以分为窗口管理、图形设备接口（GDI）、系统服务、窗口通用控制、Shell 特性、国际特性和网络服务几类。

2. 句柄

Windows 用一个 32 位的整数对每一个对象进行标识，这个整数就是“句柄”（Handle）。句柄是操作系统定义的用来唯一标识对象的整数。每个句柄都是一个类型标识符，以小写字母“h”开头。通过句柄，应用程序才能访问信息，才能借助系统完成实际工作，这是 Windows 系统在多任务环境下保护信息的一种途径。例如窗口句柄 hWnd（Windows Handle）、设备环境句柄 hDC（Device Context Handle）、图形接口对象句柄（GDI Object Handle）等。表 15.2 列出了一些常用的句柄。

表 15.2　常用句柄及其说明

对　　象	句　　柄	说　　明
Bitmap（位图）	hBitmap	内存中存放图像信息的一个区域
Brush（刷子）	hBrush	绘图时用于填充区域
Cursor（光标）	hCursor	鼠标的光标。最大可为 32×32 的单色位图
Device Context（设备环境）	hDC	设备环境
File（文件）	hFile	磁盘文件对象
Font（字体）	hFont	文本字体
Icon（图标）	hIcon	图标对象
Instance（实例）	hInstance	正在运行的应用程序实例
Memory（内存）	hMen	内存块
Menu（菜单）	hMenu	菜单栏或弹出菜单
Module（模块）	hModule / hLibModule	程序模块
Pen（画笔）	hPen	绘图函数中画线的类型
Window（窗口）	hWnd	显示器上面的一个窗口

下面以窗口句柄（hWnd）为例，具体介绍句柄的使用方法。窗口句柄（hWnd）主要用来标识一个窗口，Visual Basic 中的窗体和控件都可以看作是一个窗口。几乎在所有情况下，都需要根据窗口句柄 hWnd 来确定 API 函数应用于哪个窗口。也就是说通过 API 函数在某个窗口中输出信息时，必须提供该窗口的句柄，并把它传送给要调用的 API 函数。

例如，在应用程序中将窗体的标题名称改变，可以使用 API 函数的 SetWindowText 来设置，其代码如下：

```
rs = SetWindowText (Form1.hWnd, "欢迎您的光临！")
```

其中 Form1.hWnd 代表 Form1 窗体的句柄。

注意：

在程序的运行过程中，窗口句柄（hWnd）有可能会改变，因此不要把它存放在一个变量中，而应该将其直接传送给 API 函数。

15.2　使用 API 浏览器

API 浏览器可以浏览含有 API 函数的声明、常量和类型，它们存放在文本文件或 Jet 数据库中，可以将其复制到剪贴板中，然后粘贴到 Visual Basic 代码中使用。下面介绍如何使用 API 浏览器。

15.2.1　启动 API 浏览器

启动 API 浏览器一般有两种方法。

➘　方法一

单击“开始”/“所有程序”/“Microsoft Visual Basic 6.0 中文版”/“Microsoft Visual Basic 6.0 中文版工具”/“API 文本浏览器”命令，即可打开 API 浏览器，如图 15.1 所示。

➘　方法二

（1）启动 Visual Basic 6.0，单击“外接程序”菜单中的“外接程序管理器”命令，打开“外接程序管理器”对话框。

（2）在“外接程序管理器”对话框的“可用外接程序”列表中选择“VB 6 API Viewer”选项，然后在“加载行为”选项组中选择“在启动中加载”和“加载/卸载”两个复选框，如图 15.2 所示。

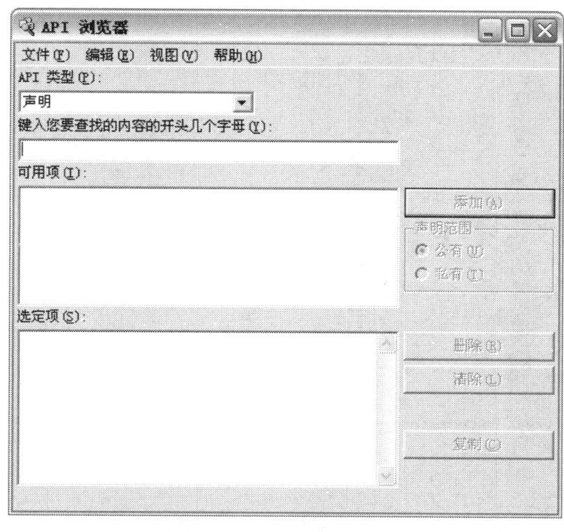

图 15.1　API 浏览器

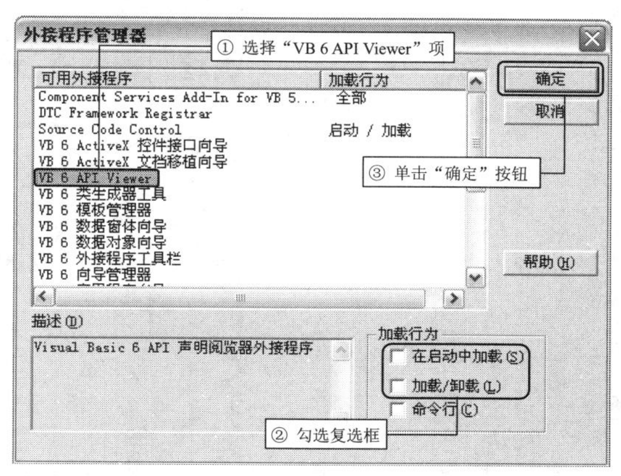

图 15.2　“外接程序管理器”对话框

（3）单击“确定”按钮，即可把“API 浏览器”命令添加到“外接程序”菜单中。

（4）单击“外接程序”菜单中的“API 浏览器”命令，即可打开 API 浏览器。

15.2.2 API 浏览器的加载

API 函数的相关信息（如类型、声明和常量）存放在两个文本文件中，即 WIN32API.TXT 和 MAPI32.TXT。WIN32API.TXT 中含有 Windows API 函数的 32 位版本的常量、声明和类型，而 MAPI32.TXT 中含有 Windows 多媒体 API 函数的常量、声明和类型。在 API 浏览器中可以读取文本文件或 Jet 数据库文件。下面对其两种加载文件的方法进行介绍。

➘ 方法一：加载文本文件

（1）单击“文件”菜单中的“加载文本文件”命令，打开“选择一个文本 API 文件”对话框，如图 15.3 所示。

图 15.3 “选择一个文本 API 文件”对话框

（2）在该对话框中选择“WIN32API.TXT”选项，然后单击“打开”按钮，即可装入文本 API 文件，这时 API 浏览器如图 15.4 所示。

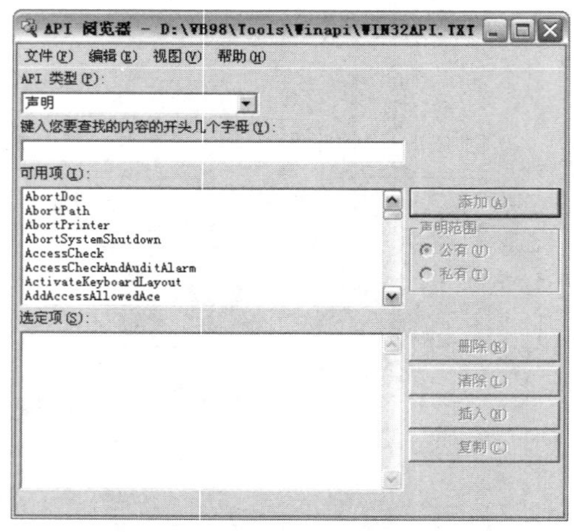

图 15.4 “API 阅览器”对话框

➘ 方法二：加载数据库文件

加载数据库文件，首先需要选择“文件”菜单中的“转换文本为数据库”命令，将其文本文件转换为数据库文件。执行该命令后，将显示“为新数据库选择一个名称”对话框，如图 15.5 所示。用户输入转换后的数据库文件的存放位置和文件名（一般仍使用原来的名称），这里存放在原来的目录下，扩展名为.MDB。单击“保存”按钮，即可开始转换操作。这可能需要等待一段时间，转换结束后，就可以通过“文件”/“加载数据库文件”命令加载 API 文件。

图 15.5　将文本文件转换为数据库文件

说明：

转换后的数据库文件与原来的文本文件内容完全相同，但装入时的速度却有较大差别，在配置较低的计算机上，这种差别尤其明显。把文本文件转换为 Jet 数据库文件后，就能以较快的速度装入。

15.2.3　API 浏览器的使用

在使用 API 浏览器时，首先需要装入文本文件或数据库文件后，才可以对其进行操作（如查看文件中的声明、常量或类型），然后把它们复制到 Visual Basic 代码中即可。下面对其具体操作进行介绍。

1. 查看声明、常量或类型

（1）在 API 浏览器中打开“API 类型”下拉列表框，从中选择“常数”（Constants）、“声明”（Declares）或“类型”（Types），即可在“可用项”列表框中列出相应的项目，如图 15.6 所示。

（2）“可用项”（Available Item）列表框中的项目是按字母顺序排列的，通过垂直滚动条可以找到所需要的项目，但这样效率太低。为了能较快地找到指定的项目，还可以在“API 类型”下拉列表框下面的“键入您要查找的内容的开头几个字母”文本框中输入要查找的项目的前几个字母，“可用项”列表框中的显示内容将随着变化，当出现所需要的项目后，单击该项目，即可选择该项目。

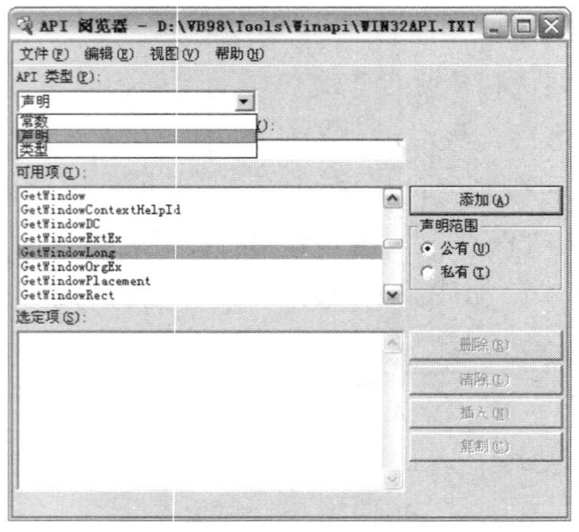

图 15.6　选择需要的 API 类型

2. 复制声明

为了把指定的项目复制到 Visual Basic 代码中，必须先在“可用项”列表框中选择将要复制的项目，然后单击“添加”按钮，把该项目添加到“选定项”（Selected Item）列表框内。此时单击“复制”按钮，即可把“选定项”列表框中的项目复制到剪贴板上，将该函数的声明粘贴在 Visual Basic 代码中即可。

说明：

在单击“添加”按钮前，可以在“声明范围”选项组中选择“公有”或“私有”单选按钮。如果要把项目复制到标准模块中，则选择“公有”；如果要把项目复制到窗体模块或类模块中，则选择“私有”。

例如，将 API 函数 GetWindowLong 的声明复制到 Visual Basic 的标准模块中，其操作步骤如下。

（1）在 API 浏览器中加载 WIN32API.TXT 或 WIN32API.MDB 文件，然后在“API 类型”下拉列表框中选择“声明”。

（2）在“键入您要查找的内容的开头几个字母”文本框中输入“GetWindowLong”。

（3）在“声明范围”选项组中选择“公有”单选按钮。

（4）单击“添加”按钮，将 GetWindowLong 项目添加到“选定项”列表框中，如图 15.7 所示。

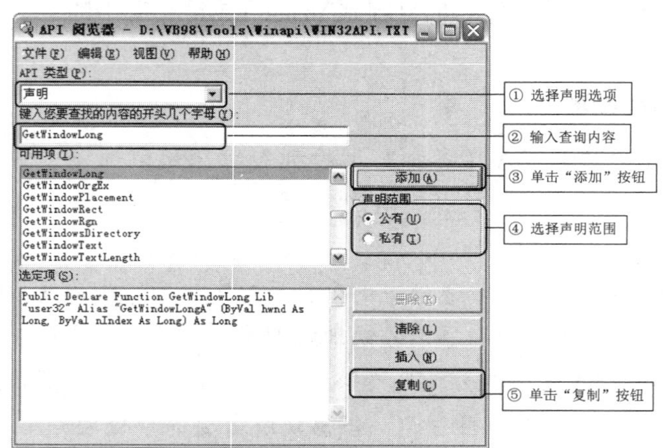

图 15.7　将 GetWindowLong 项目添加到“选定项”列表框中

（5）单击“复制”按钮。

（6）在 Visual Basic 工程中，选择“工程”菜单中的“添加模块”命令，插入一个标准模块。

（7）选择“编辑”菜单中的“粘贴”命令，或按<Ctrl+V>组合键，即可将 GetWindowLong 函数的声明加入到模块中，如图 15.8 所示。

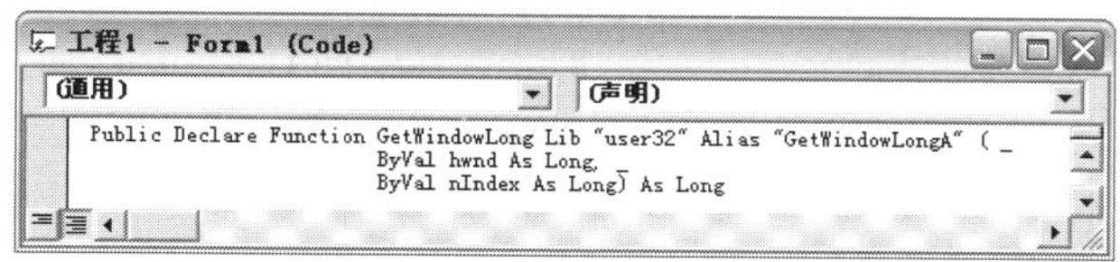

图 15.8　模块中的 GetWindowLong 函数的声明

说明：

如果在步骤（4）中单击“添加”按钮后，再单击“插入”按钮，可直接将函数的声明插入到 Visual Basic 代码窗口中的声明部分。

15.3　API 函数的使用

API 函数在使用时首先需要对 API 函数进行声明、对常数与类型进行定义，然后对 API 函数进行调用实现某功能。下面将对 API 函数的声明方法以及常量与类型的定义，及 API 函数调用的方法进行介绍。

15.3.1　API 函数的声明

声明 API 函数的作用是确定将要使用的 API 函数的名称（有时还需要写出所用的 API 函数的别名）、该 API 函数所在的文件、函数中使用的参数及参数类型、数据传输方式及所用函数本身的函数类型。

在 Visual Basic 浏览器中，虽然已经提供了大量的 Windows API 的预定声明，但还是需要知道应该如何亲自编写声明的。其具体声明 API 函数的语法格式如下：

```
[Public | Private]Declare Sub API 函数名 Lib"该函数所在的文件名"[Alias"该函数的别名"][(变量名及变量类型)] As API 函数类型
```

或

```
[Public | Private]Declare Function API 函数名 Lib"该函数所在的文件名"[Alias"该函数的别名"][(变量名及变量类型)] As API 函数类型
```

如果在声明的过程中不需要返回值，则选择第一种语法格式；如果在声明的过程中需要返回值，则选择第二种语法格式。其声明 API 函数的具体参数说明如表 15.3 所示。

表 15.3　声明 API 函数的参数说明

参　数	说　明
Public	可选项。用于声明在所有模块中都可以使用的过程
Private	可选项。用于声明只能在包含该声明模块中使用的过程

续表

参　　数	说　　明
Sub	可选项。用于表示该过程没有返回值
Function	可选项。用于表示该过程会返回一个可用于表达式的值
Lib	必选项。用于指明包含所声明过程的动态链接库或代码资源。一般情况下 WIN32API 函数总是包含在 Windows 系统自带的或其他公司提供的动态链接库 DLL 中，而 Declare 语句中的 Lib 关键字就用来指定 DLL（动态链接库）文件的路径，这样 Visual Basic 才能找到这个 DLL 文件，然后才能使用其中的 API 函数。如果只是列出 DLL 文件名而不指出其完整的路径，Visual Basic 会自动到.EXE 文件所在目录、当前工作目录、Windows\System 目录、Windows 目录或 Path 环境变量中的目录下搜寻这个 DLL 文件。如果所要使用 DLL 文件不在上述几个目录下，应该指明其完整路径
Alias	可选项。用于指明该函数的别名。当外部过程名与某个关键字重名时，可以使用该参数。当动态链接库的过程与同一范围内的公用变量、常数或任何其他过程的名称相同时，也可以使用该参数。如果该动态链接库过程中的某个字符不符合动态链接库的命名约定时，也可以使用该参数。一般来说在 WIN9X 平台下把 API 函数名后加一个大写 A 作为别名即可

注意：

① Public 和 Private 用于确定该 API 函数的使用范围。如果将 API 函数放在模块里作为公有函数，则在对 API 函数进行声明时，需要使用 Public。如果不进行函数使用范围的说明，系统默认该函数为公有函数。
② Alias 关键字用于指明 API 函数的别名后，在函数的实际调用上是以别名为首要选择的。

15.3.2　API 常数与类型

API 常数与类型实际上和 Visual Basic 中的常数和数据类型的用法一样。在 API 领域里，各种常数和类型都是预先定义好的。其中定义 API 常数和类型的语法格式与定义自定义常数和自定义数据类型的语法格式基本相同。下面对其定义的语法格式进行介绍。

定义 API 常数的语法格式：

```
Public Const constname [As type] = expression
```

定义 API 类型的语法格式：

```
Private Type TypeName
   elementname[([subscripts])] As type
…
End Type
```

15.3.3　API 函数的调用

在 Visual Basic 中，API 函数的调用方式有两种。

方式一：直接调用，注意调用时需要先定义用于接收函数返回值的变量。

方式二：Call 调用。

例如，以 API 函数 ScrollWindow 函数为例，介绍在 Visual Basic 中的调用方式。

（1）在 Visual Basic 中声明 ScrollWindow 函数：

```
Public Declare Function GetWindowLong Lib "user32" Alias "GetWindowLongA" ( _
                        ByVal hwnd As Long, _
```

```
                ByVal nIndex As Long) As Long
```

（2）调用方式：

```
Style = GetWindowLong(Me.hwnd, GWL_STYLE)
```

说明：

当不要获取函数返回值时，可以使用 Call 语句调用。

例 15.1　间隔一段时间随机更改名字颜色，效果如图 15.9 所示。

图 15.9　随机更改名字颜色

代码如下：

```
Private Declare Function SetTextColor Lib "gdi32" (ByVal hdc As Long, ByVal crColor
As Long) As Long
Private Sub Timer1_Timer()
   Randomize                                                   '随机初始化
   Picture1.Cls                                                '清除图像
   Call SetTextColor(Picture1.hdc, RGB(Int(Rnd * 256), Int(Rnd * 256), Int(Rnd * 256)))
                                                               '设置颜色
   Picture1.Print "明日科技"                                   '显示字符串
End Sub
```

扫一扫，看视频

扫一扫，看视频

第 16 章　程 序 发 布

使用 Visual Basic 开发的工程，包含许多分散的、与应用程序相关的文件，在没有经过编译之前是不能在没有 Visual Basic 开发环境的计算机中运行的，而编译以后生成的 EXE 文件，又不能包含所有的分散的与应用程序相关的文件。如果想让应用程序在其他计算机上正常运行，就需要将这些相关的文件集中起来。打包就是将这些相关文件集中起来，形成一个 Setup.exe（可执行）安装包文件的过程。

在其他没有 Visual Basic 环境的计算机上，通过执行 Setup.exe 安装包文件，将应用程序和与其相关的文件一起安装到所在计算机上，这样应用程序就能正常地在该计算机中运行。本章视频要点如下：

- 如何学好本章；
- 应用程序打包；
- 自定义安装程序；
- 解决常见的打包问题。

扫一扫，看视频

16.1　应用程序打包

在完成应用软件开发制作之后，需要对制作出的软件进行打包，打包后才可以把工程项目完整、有效地交到用户手中。

16.1.1　启动打包和展开向导

Visual Basic 自带了打包向导——“Package & Deployment 向导”，可以通过两种方法打开。

第一种方法：选择“开始”/“程序”/“Microsoft Visual Basic 6.0 中文版”/“Microsoft Visual Basic 6.0 中文版工具”/“Package & Deployment 向导”命令，执行打包程序，如图 16.1 所示。

第二种方法：将打包和展开向导视为外接程序功能来执行，使用前应将这个向导加载到外接程序管理器中。在 Visual Basic 工程中选择“外接程序”/“外接程序管理器”命令，打开“外接程序管理器”对话框。在“可用外接程序”列表中选择“打包和展开向导”项，并在“加载行为”选项组中选择“加载/卸载”复选框，单击“确定”按钮，即可将“打包和展开向导”加载到外接程序中，如图 16.2 所示。在“外接程序”菜单中将列出“打包和展开向导”命令，执行这个命令即可启动“打包和展开向导”，为当前启动的工程进行打包和展开操作。

注意：

在运行该向导之前，必须有一个保存并编译了的工程。

启动后的效果如图 16.3 所示。

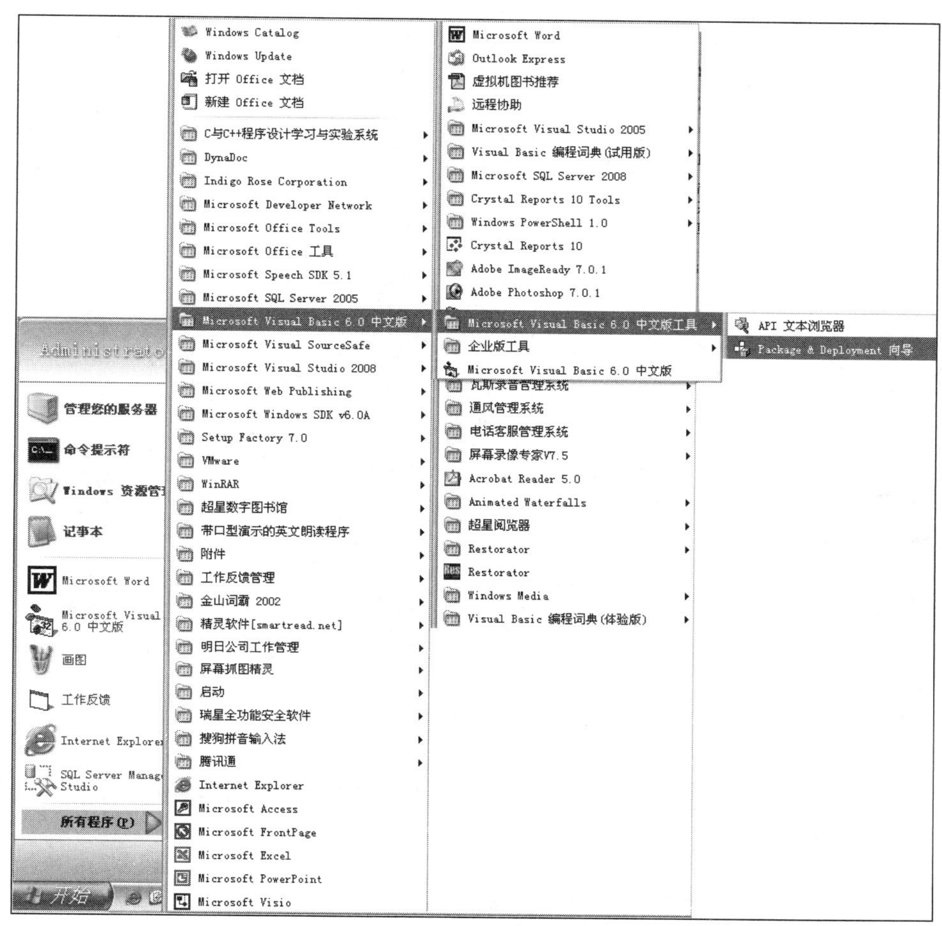

图 16.1　通过“开始”菜单启动打包儿展开向导

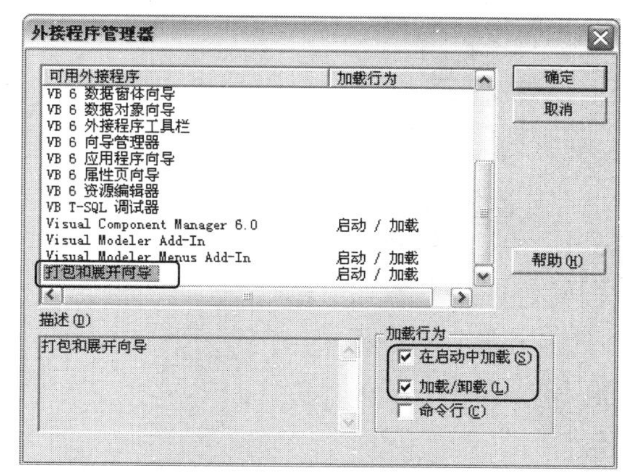

图 16.2　“外接程序管理器”对话框

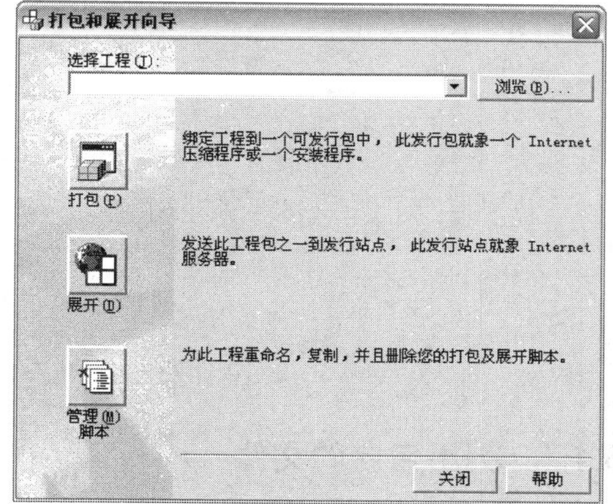

图 16.3　“打包和展开向导”启动界面

16.1.2　指定打包类型

启动“打包和展开向导”后，单击“浏览”按钮，在弹出的“打开工程”对话框中选择所要打包的工程文件，单击“打包”按钮。如果是第一次运行，向导会提示用户是否要编译工程，如图 16.4 所示。

单击“编译”按钮，弹出“打包和展开向导—包类型”对话框，如图 16.5 所示。在“包类型”列表框中，选择“标准安装包”，单击“下一步”按钮，显示“打包和展开向导—打包文件夹”对话框。

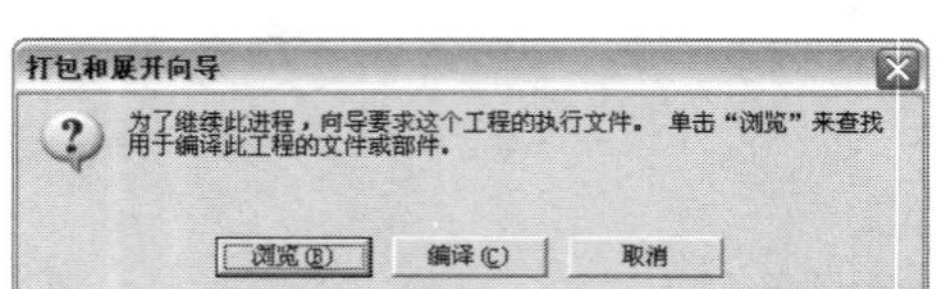

图 16.4 “打开和展开向导”提示对话框

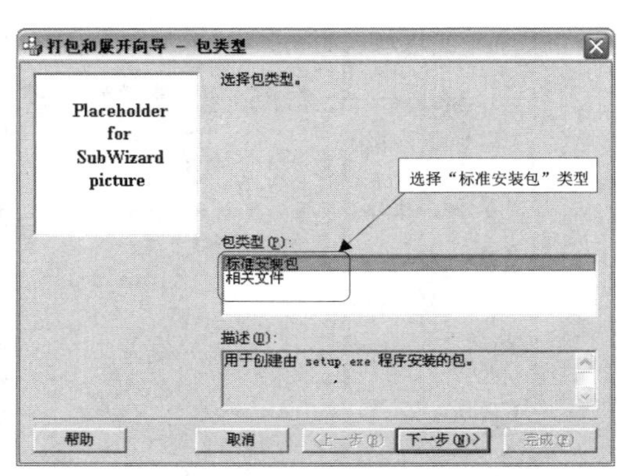

图 16.5 “打包和展开向导—包类型”对话框

16.1.3 指定打包文件夹

如果想要新增一个文件夹来放置这些打包文件，可以通过单击“新建文件夹”按钮来指定，如图 16.6 所示。

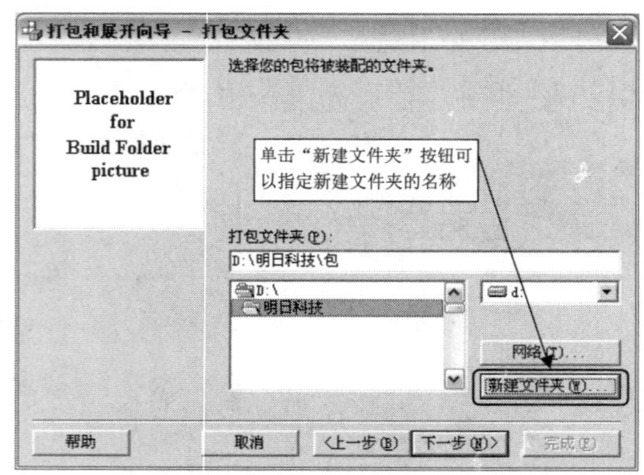

图 16.6 “打包和展开向导—打包文件夹”对话框

16.1.4 列出包含的文件

在“打包和展开向导—包含文件”对话框中依据打包的工程对象，自动将其执行文件和相关文件、控件对象库等列在界面的清单中，如图 16.7 所示。

如果认为有些文件根本不需要，可以取消对该文件前面的复选框的勾选；如果想要另行加入其他必需的文件，如工程当中所需要的.ini 文件、Restore.exe 文件、数据库文件等，可以单击“添加”按钮，在弹出的“添加文件”对话框中选择应用程序需要附加的文件。确定完成需要附加的文件之后，单击“下一步”按钮继续打包操作。

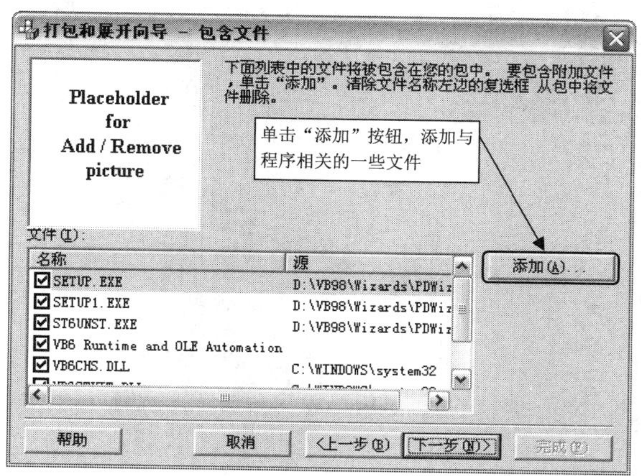

图 16.7　“打包和展开向导—包含文件”对话框

16.1.5　指定压缩文件选项

“打包和展开向导—压缩文件选项”对话框主要用于为压缩文件选择压缩类型，如图 16.8 所示。由于产生的安装程序通常会大于一张 1.44MB 软盘的容量，因此想要将安装程序存放到软盘中，可以选中“单个的压缩文件”单选按钮；如果想要将安装程序分装到多张 1.44MB 软盘中，则改选“多个压缩文件”单选按钮，将安装程序切割成适当的容量以便分装使用。选择相应的压缩文件方式后，单击“下一步”按钮继续打包操作。

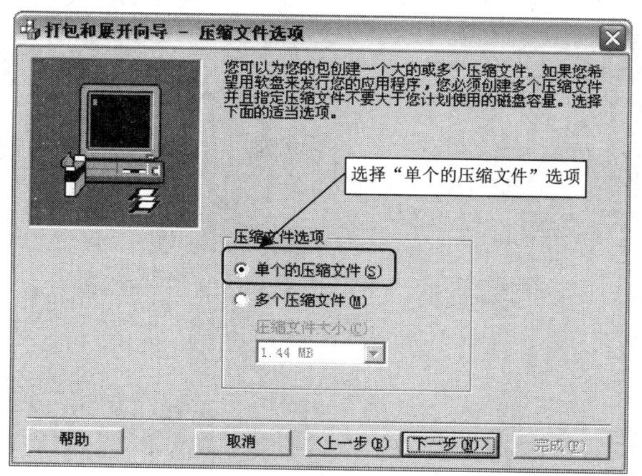

图 16.8　“打包和展开向导—压缩文件选项”对话框

16.1.6　指定安装程序标题

“打包和展开向导—安装程序标题”对话框用于为安装程序设置标题。在该对话框的“安装程序标题”文本框中直接输入安装程序的标题，单击“下一步”按钮继续进行打包操作，如图 16.9 所示。

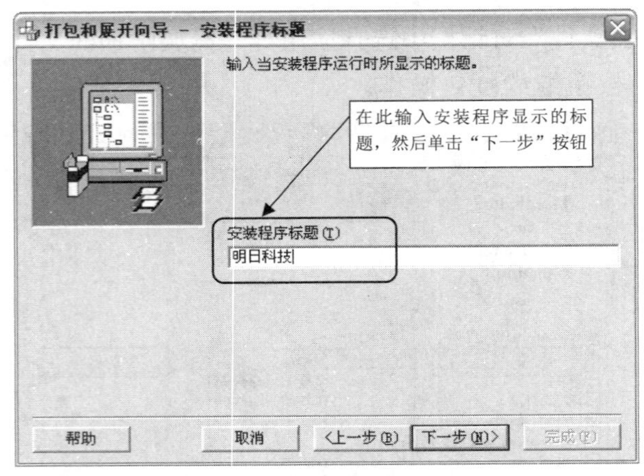

图 16.9　“打包和展开向导—安装程序标题”对话框

16.1.7　指定工作组与项目

“打包和展开向导—启动菜单项”对话框用于创建安装后的应用程序在“开始”菜单中的工作组与项目，如图 16.10 所示。通过该对话框中的“新建组”与“新建项”按钮来调整应用程序在“开始”菜单中的显示结构；通过该对话框中的“属性”或“删除”按钮则可以针对现有的程序组或项目进行编辑或删除的操作。对于程序组及项目所显示的位置，可以放在主菜单或者程序子菜单中，前者设置的方式只将组新增到“开始菜单”文件夹下面；后者则是将组放在“程序”文件夹下面。

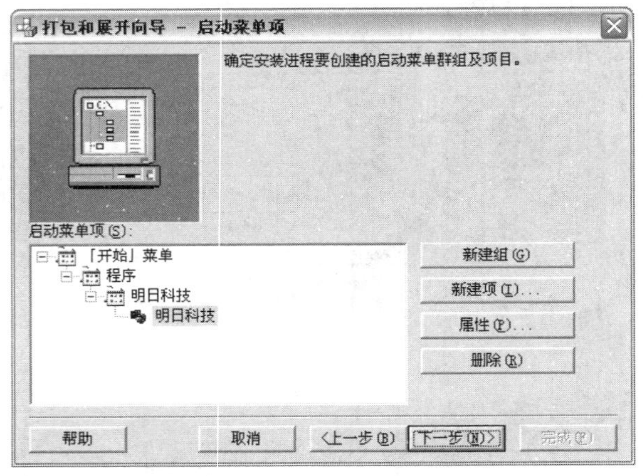

图 16.10　“打包和展开向导—启动菜单项”对话框

16.1.8　调整安装位置

“打包和展开向导—安装位置”对话框会将相关的文件安装到默认的位置，如图 16.11 所示。单击需要改变安装路径文件的安装位置，打开下拉列表框，选择相应的安装位置模式，可以针对这些文件的安装位置进行调整。调整完毕后单击“下一步”按钮，继续进行打包操作。

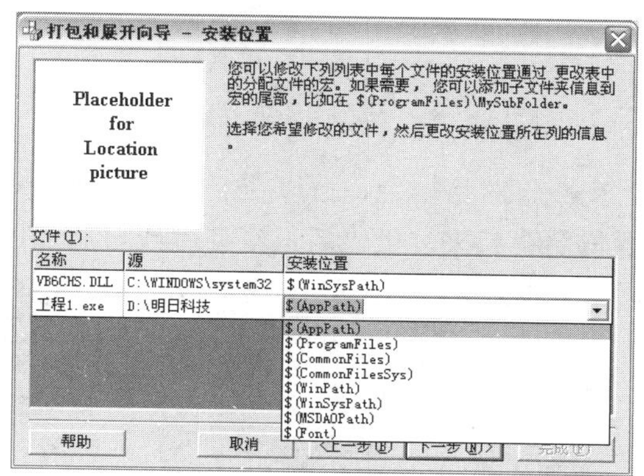

图 16.11 “打包和展开向导—安装位置”对话框

安装位置选项组的说明如表 16.1 所示。

表 16.1 打包文件安装位置对照表

安 装 位 置	描 述
$（AppPath）	应用程序的根目录下
$（ProgramFiles）	操作系统的“Program Files”文件夹下
$（CommonFiles）	操作系统的“Program Files”文件夹中的“Common Files”下
$（CommonFilesSys）	操作系统的“Program Files”文件夹中“Common Files”下的“System”下
$（WinPath）	操作系统的根目录下
$（WinSysPath）	操作系统的“system32”文件夹下
$（MSDAOPath）	操作系统盘符:\Program Files\Common Files\Microsoft Shared\DAO 下
$（Font）	操作系统的“Fonts”文件夹下

16.1.9 指定共享文件

“打包和展开向导—共享文件”对话框用来供设计者决定哪些文件是以共享模式安装进来的。共享文件的特性是在用户机器上允许被其他应用程序使用，当一般用户卸载应用程序时，如果电脑上还有其他应用程序在使用该文件，这种文件将不会被删除。如果某个文件需要共享，选择其前面的复选框即可，如图 16.12 所示。选择完毕后单击“下一步”按钮，继续进行打包操作。

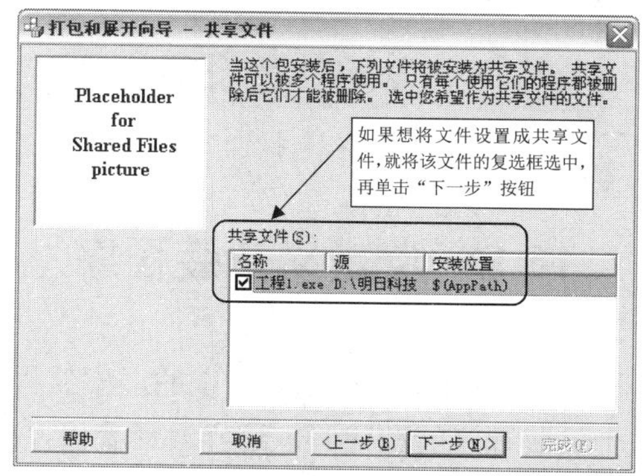

图 16.12 “打包和展开向导—共享文件”对话框

16.1.10 完成并储存脚本

在“打包和展开向导—已完成”对话框中，可以在“脚本名称”文本框中输入脚本名称，以便将先前对工程打包所作的设置值储存起来，供以后重复使用或日后加以修改，如图 16.13 所示。

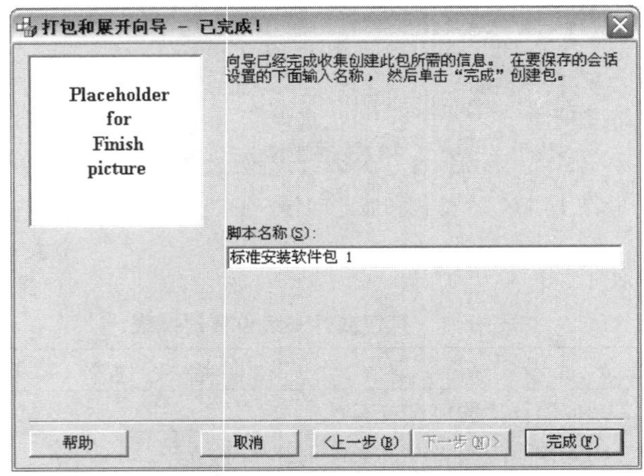

图 16.13 “打包和展开向导—已完成”对话框

单击“完成”按钮，“打包和展开向导”将依据先前的设置完成安装程序打包。完成打包后将弹出“打包报告”窗口，单击“关闭”按钮即可，如图 16.14 所示。

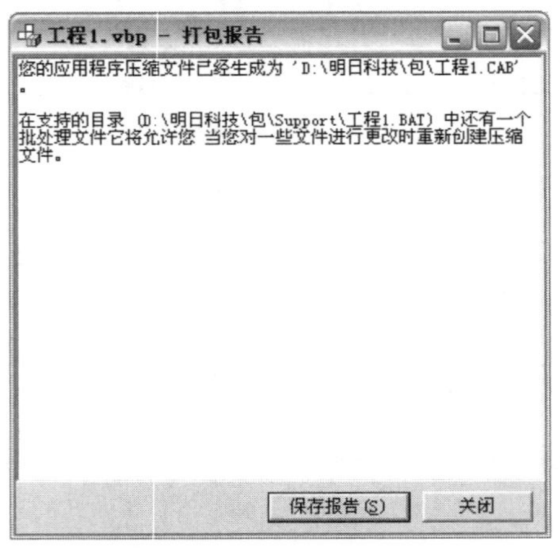

图 16.14 “打包报告”窗口

扫一扫，看视频

16.2 自定义安装程序

Visual Basic 的打包安装程序是微软公司多年以前开发的，安装程序执行时看起来不是很美观。但是 Visual Basic 中提供了这个安装程序的源代码，这样设计者可以根据自己的需求修改这个源代码。这个源代码保存在 Visual Basic 安装路径下的“Visual Basic98\Wizards\PDWizard\Setup1”文件夹内。打开该文件夹内的 SETUP1.VBP 工程文件，通过修改该工程中各窗体的窗体界面及程序源代码，就可以设计自己需要的安装程序。安装程序的源文件如图 16.15 所示。

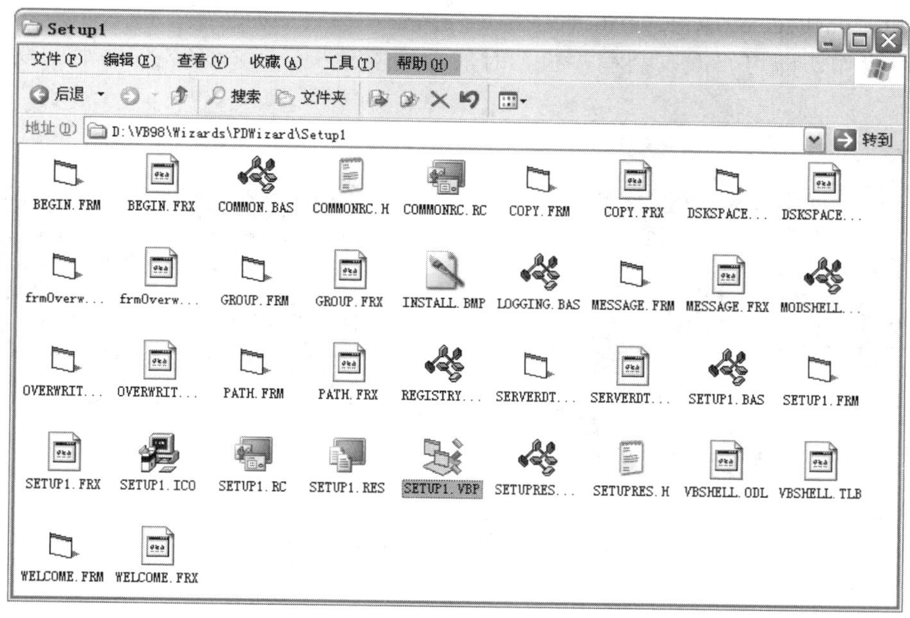

图 16.15　安装程序的源文件

注意：

修改安装程序的源代码前，一定要先备份安装程序的源代码后再进行操作。

例如，修改安装程序的欢迎对话框，修改步骤如下：

（1）找到并打开 SETUP1.VBP 工程文件，在其中找到 frmWelcome 窗体，如图 16.16 所示。

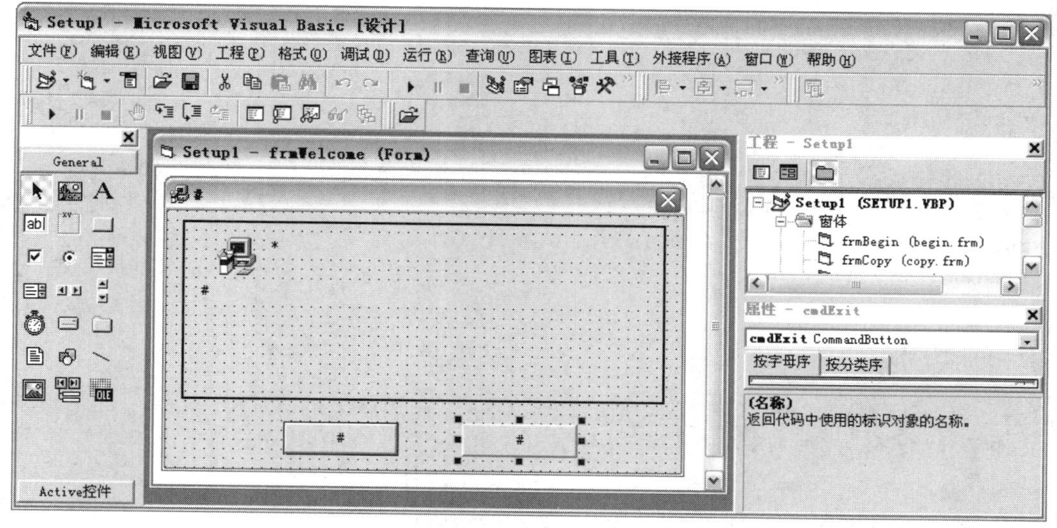

图 16.16　工程中的 frmWelcome 窗体

（2）在“属性”窗口中找到 frmWelcome 窗体对象的 Picture 属性并为其加载图片。加载后的

frmWelcome 窗体如图 16.17 所示。

（3）保存工程并生成.exe 可执行文件。这样安装程序才能调用刚刚修改的内容。

（4）使用“Package & Deployment 向导”给安装程序相对应的程序打包。

通过上述操作，即可修改安装程序执行时的欢迎对话框，运行安装程序后的欢迎对话框如图 16.18 所示。

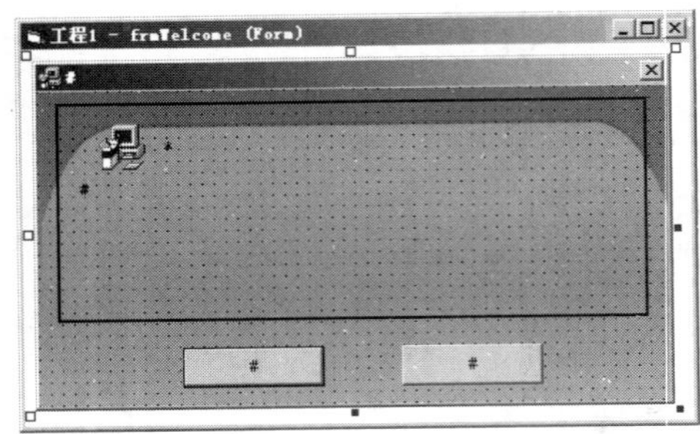

图 16.17　加载图片后的 frmWelcome 窗体

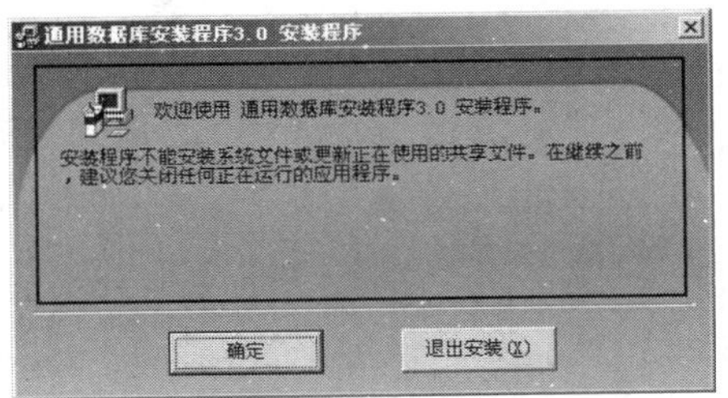

图 16.18　运行安装程序后的欢迎对话框

16.3　常见打包问题

16.3.1　如何打包文件夹

打包过程中向包含文件清单中添加附加文件时，是无法添加文件夹的。如果需要添加文件夹，应该将文件夹压缩之后再添加到清单中，在安装应用程序时，通过应用程序将该文件夹解压之后，才能保证应用程序的正常运行。在应用程序中解压压缩文件夹的事件代码如下：

```
Dim mystr As String
Dim Source As String                                      '源文件
Dim Target As String                                      '目标文件
Dim retval
Private Sub Cmd_jys_Click()
    mystr = "C:\Program Files\WinRAR\WinRAR.exe"
    Source = App.Path & "\Picture.rar"                    '原压缩文件的位置
    Target = App.Path & "\NewFile"                        '存放解压缩文件的位置
    mystr = mystr & " X " & Source & " " & Target
    retval = Shell(mystr, vbHide)                         '调用 RAR 文件解压缩
End Sub
```

注意：

因为不同用户在安装 WinRAR 文件时的安装路径可能不同，所以应该注意在运行解压缩文件的计算机中，安装 WinRAR 程序的路径必须与解压缩文件程序中所调用 WinRAR 文件的路径相同。

16.3.2　在打包文件时要将系统附加文件添加完全

任何一个应用软件在开发完成之后，都会附带有许多的安装文件，这些文件在打包应用程序

时，需要全部添加到打包程序中，否则在安装完应用软件后运行程序时，找不到程序运行时所需要的文件，这样程序运行时就会提示文件未找到的错误提示信息，如图 16.19 所示。如在行政管理系统当中需要添加到打包程序的文件有数据库文件 db_Service_Data.MDF、db_Service_Log.LDF，INI 文件 DataBase.ini、Noname.ini、Set.ini、Setup.ini、UserName.ini、系统日志.ini，及可执行文件 Restore.exe，这些文件在应用程序打包时都要添加到打包程序中去。

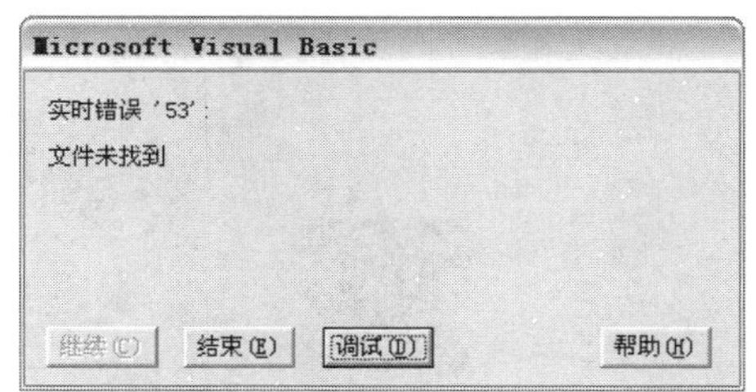

图 16.19　打包文件添加不完全引起的错误提示信息

16.3.3　解决在打包应用程序时没有访问权限的问题

在打包行政管理系统时，弹出如图 16.20 所示的提示信息。仔细分析得知，产生该错误的原因是由于在打包时将数据库文件复制到“行政管理系统.CAB”中时，没有复制权限引起的。

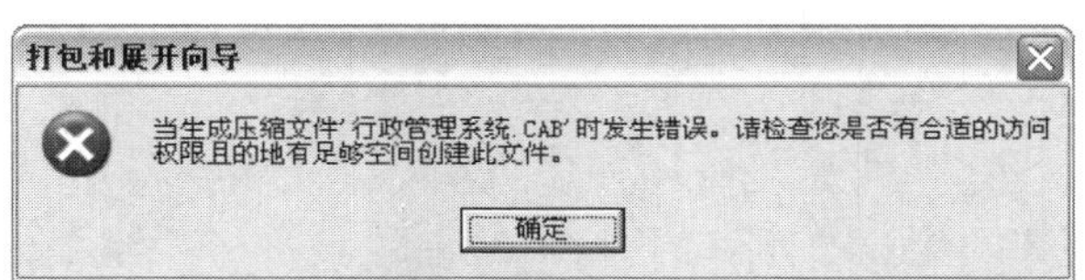

图 16.20　打包应用程序时弹出的错误提示信息

行政管理系统采用的是 SQL Server 数据库，在打包应用程序时需要将 db_Service_Data.MDF、db_Service_Log.LDF 两个数据库文件打包到应用程序当中，其实将这两个文件打包到应用程序的过程就是将这两个文件复制到“行政管理系统.CAB”中的过程。在 SQL 服务器启动时，是不允许复制这两个数据库文件的，所以产生了错误。

在打包应用程序时，将 SQL Server 服务器停止，就可以避免这个错误的发生。

16.3.4　如何修改安装程序的目录

打包后的应用程序进行安装时，安装过程中系统默认的目录是 C:\Program Files\明日科技，如果要修改安装程序的默认目录，可以打开安装盘的 Setup.lst 文件，在这个文件中可以找到下面一行：

```
DefaultDir=$(ProgramFiles)\明日科技
```

将这行中的“$(ProgramFiles)\明日科技”修改为想要的目录（如 D:\明日科技）就可以了。

16.3.5　解决安装文件过期问题

程序打包后，在安装时出现“由于您的系统中某些系统文件过时了，安装无法继续”。如果希望安装程序更新这些文件，请单击“确定”按钮。在继续运行安装程序之前，要重新启动Windows。单击“取消”按钮，退出安装，且不更新系统文件。如果系统重新启动，仍然不能解决问题，出现该问题的原因可能在开发或打包时引用了Microsoft Scripting Runtime库，解决办法是取消对该对象的引用。

扫一扫，看视频

第 17 章　企业进销存管理系统（Visual Basic 6.0+SQL Server 2000 实现）

企业进销存管理系统是一个信息化管理软件，可以实现企业的进货、销售、库存管理等各项业务的信息化管理。实现企业信息化管理是现代社会中小企业稳步发展的必要条件，它可以提高企业的管理水平和工作效率，最大限度地减少手工操作带来的失误。通过本章的学习，将学到：

- 如何进行需求分析和编写项目计划书；
- 进销存管理系统的一般设计理念；
- 如何分析并设计数据库；
- 如何实现 Visual Basic 6.0 的交互；
- 如何实现系统日志的功能；
- 如何实现拖动无标题窗体移动；
- 如何统计现金年的数据；
- 如何使用 MSChart 控件显示不同类型的图表。

17.1 开 发 背 景

加入 WTO 之后，随着国内经济的高速发展，中小型的商品流通企业越来越多。这些企业经营的商品种类繁多，难以管理。进销存管理系统是企业经营和管理中的核心环节，也是企业取得效益的关键。XXX 有限公司是一家以商业经营为主的私营企业。公司为了完善管理制度，增强企业的竞争力，决定开发进销存管理系统，以实现商品管理的信息化。现需要委托其他单位开发一个企业进销存管理系统。

17.2 系 统 分 析

17.2.1 需求分析

通过与 XXX 有限公司的沟通和需求分析，要求系统具有以下功能。

- 系统操作简单，界面友好。
- 规范、完善的基础信息设置。
- 支持多人操作，要求有权限分配功能。
- 为了方便用户，要求系统支持模糊查询。
- 支持库存商品盘点的功能。

➘ 当外界环境（停电、网络病毒）干扰本系统时，系统可以自动保护原始数据的安全。

17.2.2 可行性分析

根据《GB 8567—88 计算机软件产品开发文件编制指南》中可行性分析的要求，制定可行性研究报告如下。

1. 引言

➘ 编写目的

以文件的形式给企业的决策层提供项目实施的参考依据，其中包括项目存在的风险、项目需要的投资和能够收获的最大效益。

➘ 背景

XXX 有限公司是一家以商业经营为主的私营企业。为了完善管理制度、增强企业的竞争力、实现信息化管理，公司决定开发进销存管理系统。

2. 可行性研究的前提

➘ 要求

企业进销存管理系统必须提供商品信息、供应商信息和客户信息的基础设置；强大的模糊查询功能和商品的进货、销售和库存管理功能；可以分不同权限、不同用户对该系统进行操作。另外，该系统必须保证数据的安全性、完整性和准确性。

➘ 目标

企业进销存管理系统的目标是实现企业的信息化管理，减少盲目采购、降低采购成本、合理控制库存、减少资金占用并提升企业市场竞争力。

➘ 条件、假定和限制

为实现企业的信息化管理，必须对操作人员进行培训，而且将原有的库存、销售、入库等信息转化为信息化数据，需要操作员花费大量时间和精力来完成。为不影响企业的正常运行，进销存管理系统必须在两个月的时间内交付用户使用。

系统分析人员需要两天内到位，用户需要 5 天时间确认需求分析文档。去除其中可能出现的问题，例如用户可能临时有事，占用 6 天时间确认需求分析。那么程序开发人员需要在 45 天的时间内进行系统设计、程序编码、系统测试、程序调试和程序的打包工作。其间还包括员工每周的休息时间。

➘ 评价尺度

根据用户的要求，项目主要以企业进货、销售和查询统计功能为主，对于库存、销售和进货的记录信息应该及时准确地保存，并提供相应的查询和统计。

3. 投资及效益分析

➘ 支出

根据系统的规模及项目的开发周期（两个月），公司决定投入 7 个人。为此，公司将直接支付 9

万元的工资及各种福利待遇。在项目安装及调试阶段，用户培训、员工出差等费用支出需要2万元。在项目维护阶段预计需要投入3万元。累计项目投入需要14万元。

➘ 收益

用户提供项目资金 32 万元。对于项目运行后进行的改动，采取协商的原则根据改动规模额外提供资金。因此从投资与收益的效益比上看，公司可以获得18万元的利润。

项目完成后，会给公司提供资源储备，包括技术、经验的积累，其后再开发类似的项目时，可以极大地缩短项目开发周期。

4．结论

根据上面的分析，在技术上不会存在问题，因此项目延期的可能性很小。在效益上公司投入 7 个人、两个月的时间获利 18 万元，效益比较可观。在公司今后发展上可以储备项目开发的经验和资源。因此认为该项目可以开发。

17.2.3　编写项目计划书

根据《GB8567－88 计算机软件产品开发文件编制指南》中的项目开发计划要求，结合单位实际情况，设计项目计划书如下。

1．引言

➘ 编写目的

为了保证项目开发人员按时保质地完成预定目标，更好地了解项目实际情况，按照合理的顺序开展工作，现以书面的形式将项目开发生命周期中的项目任务范围、项目团队组织结构、团队成员的工作责任、团队内外沟通协作方式、开发进度、检查项目工作等内容描述出来，作为项目相关人员之间的共识和约定及项目生命周期内的所有项目活动的行动基础。

➘ 背景

企业进销存管理系统是由 XXX 有限公司委托本公司开发的大型管理系统。主要功能是实现企业进销存的信息化管理，包括统计查询、进货、退货、入库销售和库存盘点等功能。项目周期两个月。项目背景规划如表17.1所示。

表17.1　项目背景规划

项 目 名 称	项目委托单位	任务提出者	项目承担部门
企业进销存管理系统	XXX 有限公司	陈经理	策划部门 研发部门 测试部门

2．概述

➘ 项目目标

项目目标应当符合 SMART 原则，把项目要完成的工作用清晰的语言描述出来。企业进销存系统的项目目标如下：

企业进销存管理系统的主要目的是实现企业的信息化管理，主要业务就是商品的销售和入库，另外还需要提供统计查询功能，其中包括商品查询、供应商查询、销售查询、入库查询和现金统计等。项目实施后，能够降低采购成本、合理控制库存、减少资金占用并提升企业市场竞争力。整个项目需要在两个月的时间内交付用户使用。

➘ 产品目标

时间就是金钱，效率就是生命。项目实施后，企业进销存管理系统能够为企业节省大量人力资源，减少管理费用，从而间接为企业节约了成本，并提高了企业的竞争力。

➘ 应交付成果

- ✧ 在项目开发完成后，交付内容有企业进销存管理系统的源程序、系统的数据库文件、系统使用说明书。
- ✧ 将开发的进销存管理系统打包并安装到企业的计算机中。
- ✧ 企业进销存管理系统交付用户之后，进行系统无偿维护和服务 6 个月，超过 6 个月进行系统有偿维护与服务。

➘ 项目开发环境

操作系统为 Windows XP 或 Windows 2003 均可，使用 Visual Basic 6.0 集成开发工具，打 SP6 补丁，数据库采用 SQL Server 2000。

➘ 项目验收方式与依据

项目验收分为内部验收和外部验收两种方式。在项目开发完成后，首先进行内部验收，由测试人员根据用户需求和项目目标进行验收。项目在通过内部验收后，交给客户进行验收，验收的主要依据为需求规格说明书。

3. 项目团队组织

➘ 组织结构

为了完成企业进销存管理系统的项目开发，公司组建了一个临时的项目团队，由公司副经理、项目经理、系统分析员、软件工程师、美工人员和测试人员构成，如图 17.1 所示。

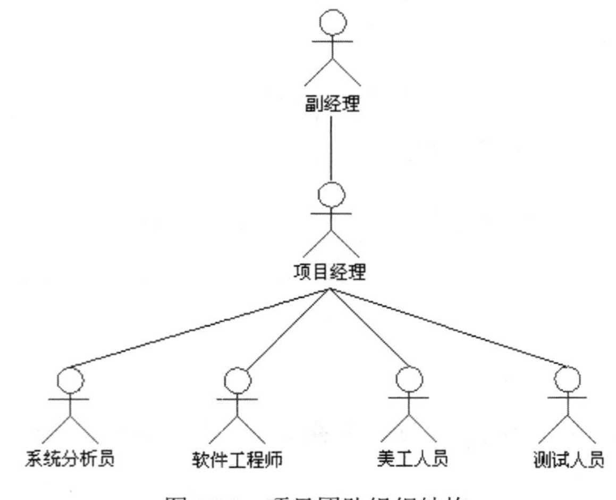

图 17.1 项目团队组织结构

➘ 人员分工

为了明确项目团队中每个人的任务分工，现制定人员分工表，如表 17.2 所示。

表 17.2　人员分工表

姓　　名	技术水平	所属部门	角　　色	工作描述
陈××	MBA	经理	副经理	负责项目的审批、决策的实施
侯××	MBA	项目开发部	项目经理	负责项目的前期分析、策划、项目开发进度的跟踪、项目质量的检查
钟××	高级系统分析员	项目开发部	系统分析员	负责系统功能分析、系统框架设计
梁××	中级系统分析员	项目开发部	系统分析员	负责系统功能分析、系统框架设计
李××	高级软件工程师	项目开发部	软件工程师	负责软件设计与编码
马××	高级软件工程师	项目开发部	软件工程师	负责软件设计与编码
王××	中级软件工程师	项目开发部	软件工程师	负责软件设计与编码
赵××	中级设计师	设计部	美工人员	负责程序界面设计
刘××	测试员	程序测试部	测试人员	负责程序的测试

17.3　系统设计

17.3.1　系统目标

根据需求分析的描述以及与用户的沟通，现制定系统实现目标如下。

➘ 界面设计简洁、友好、美观大方。

➘ 操作简单、快捷方便。

➘ 数据存储安全、可靠。

➘ 信息分类清晰、准确。

➘ 强大的模糊查询功能，保证数据查询的灵活性。

➘ 提供销售排行榜，为管理员提供真实的数据信息。

➘ 提供灵活、方便的权限设置功能，使整个系统的管理分工明确。

➘ 对用户输入的数据，系统进行严格的数据检验，尽可能排除人为的错误。

17.3.2　系统功能结构

扫一扫，看视频

本系统包括基础信息设置、商品入库管理、商品销售管理、商品库存管理、数据统计与报表、系统维护，共计 6 大部分。系统功能结构如图 17.2 所示。

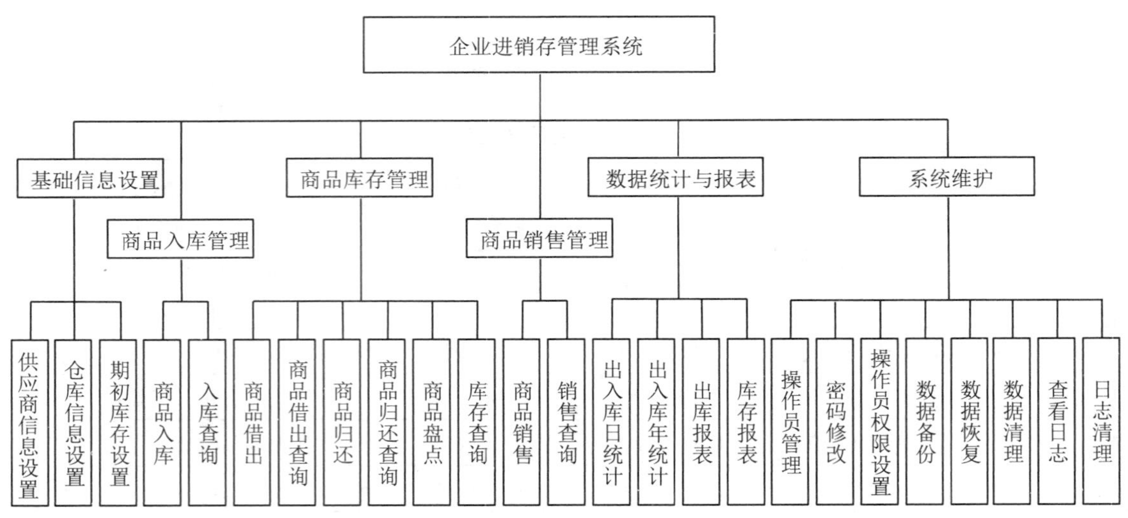

图 17.2　系统功能结构

17.3.3　业务逻辑编码规则

遵守程序编码规则所开发的程序，代码清晰、整洁、方便阅读，并可以提高程序的可读性，真正做到“见其名知其意”。本节从数据库设计和程序编码两个方面介绍程序开发中的编码规则。

1. 数据库对象命名规则

➘　数据库命名规则

数据库命名以字母 db 开头（小写），后面加数据库相关英文单词或缩写。下面将举例说明，如表 17.3 所示。

表 17.3　数据库命名

数据库名称	描　　述
db_SPJXC	企业进销存管理系统数据库
db_library	图书馆管理系统数据库

注意：

在设计数据库时，为使数据库更容易理解，数据库命名时要注意大小写。

➘　数据表命名规则

数据表命名以字母 tb 开头（小写），后面加数据库相关英文单词或缩写和数据表名，多个单词间用“_”分隔。下面将举例说明，如表 17.4 所示。

表 17.4　数据表命名

数据表名称	描　　述
tb_gys	供应商信息表
tb_KCXX	库存信息表

➘ 字段命名规则

字段一律采用英文单词或词组（可利用翻译软件）命名，如找不到专业的英文单词或词组，可以用相同意义的英文单词或词组代替。下面将举例说明，如表 17.5 所示为库存信息表中的部分字段。

表 17.5 字段命名

数据表名称	描 述
KC_Name	库存商品名称
KC_Num	库存数量
KC_Price	库存单价

2. 业务编码规则

➘ 供应商编号

供应商的 ID 编号是进销存管理系统中供应商的唯一标识，不同的供应商可以通过该编号来区分。在本系统中该编号的命名规则：以字符串 GYS 为编号前缀，加上 6 位数字作编号的后缀，这 6 位数字从 000001 开始。例如，GYS000001。

➘ 入库编号

商品入库编号用于区分不同商品的不同入库时间，入库编号的命名规则以 J 字符作前缀，加上 6 位数字作编号的后缀。例如，J000002。

➘ 出库编号

出库编号用于区分不同的出库操作。出库编号的命名规则：以 L 字符作前缀，加上 6 位数字作编号的后缀。例如，L000003。

➘ 商品归还编号

商品归还编号用于标识不同的归还信息。商品归还编号的命名规则：以 GH 字符串作前缀，加上 6 位数字作编号的后缀。例如，GH000001。

➘ 商品借出编号

商品借出编号用于标识不同的商品借出信息。商品借出编号的命名规则：以 JC 字符串作前缀，加上 6 位数字作编号的后缀。例如，JC000003。

17.3.4 系统预览

企业进销存管理系统由多个窗体组成，下面仅列出几个典型窗体，其他窗体参见源程序。

系统主窗体的运行效果如图 17.3 所示，主要功能是调用执行本系统的所有功能。系统登录窗体的运行效果如图 17.4 所示，主要用于限制非法用户进入到系统内部。

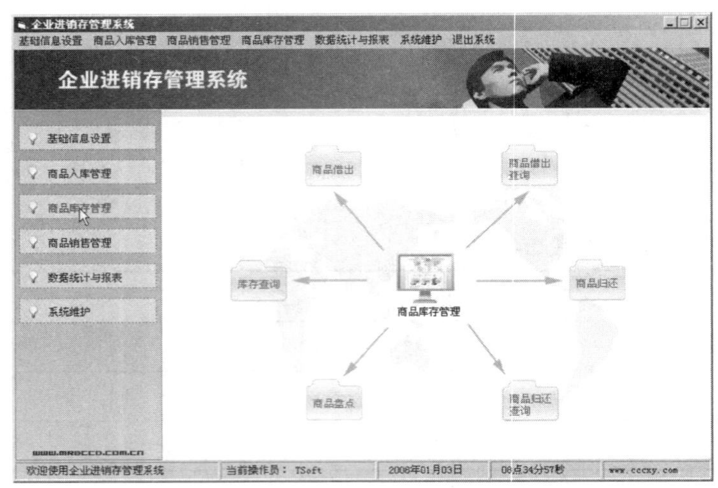

图 17.3　主窗体运行效果（\…\frm_main.frm）　　图 17.4　登录窗体运行效果（\…\frm_xtdl.frm）

商品入库窗体的运行效果如图 17.5 所示，主要功能是对入库商品的信息进行增、删、改操作。商品借出窗体的运行效果如图 17.6 所示，主要功能是对借出商品的信息进行增、删、改操作。

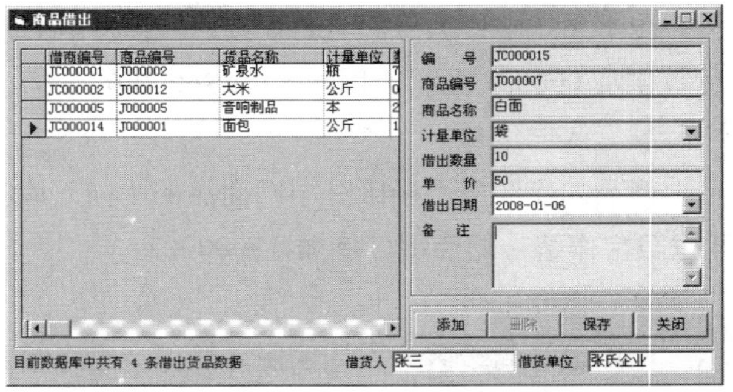

图 17.5　商品入库窗体运行效果（\…\frm_in.frm）　　图 17.6　商品借出窗体运行效果（\…\frm_hpout.frm）

出入库现金年统计数据窗体的效果如图 17.7 所示，主要功能是统计某年的商品出入库现金总数。出入库日统计窗体的效果如图 17.8 所示，主要功能是统计某日商品的出入库信息。

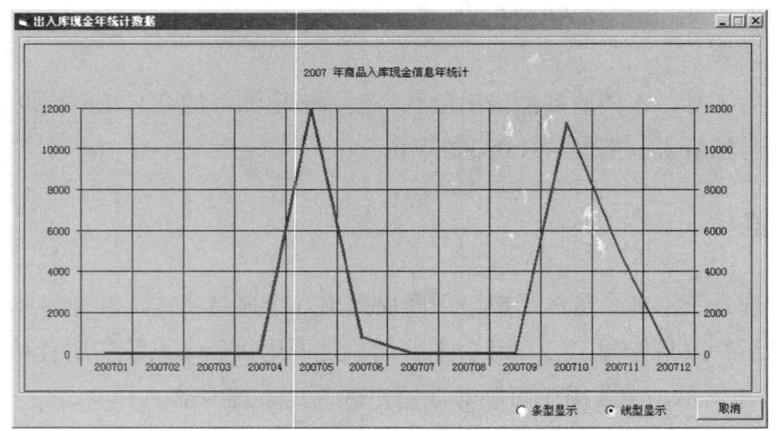

图 17.7　出入库现金年统计数据窗体运行效果（\…\Frm_YStat.frm）

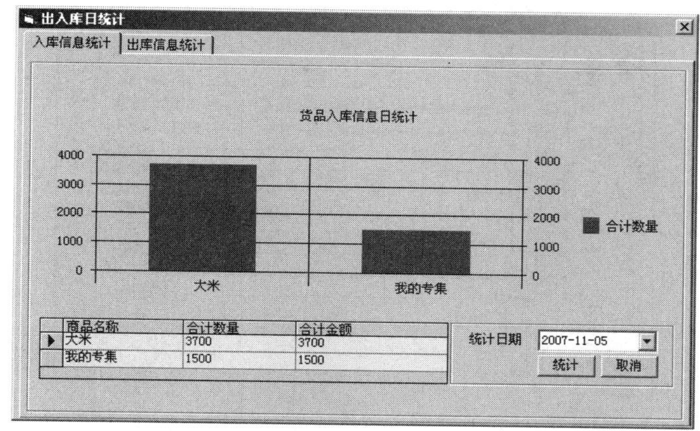

图 17.8　出入库日统计窗体运行效果（\…\frm_Stat.frm）

说明：

由于路径太长，因此省略了部分路径，省略的路径是“TM\01\企业进销存管理系统\Program”。

17.3.5　业务流程图

企业进销存管理系统的业务流程如图 17.9 所示。

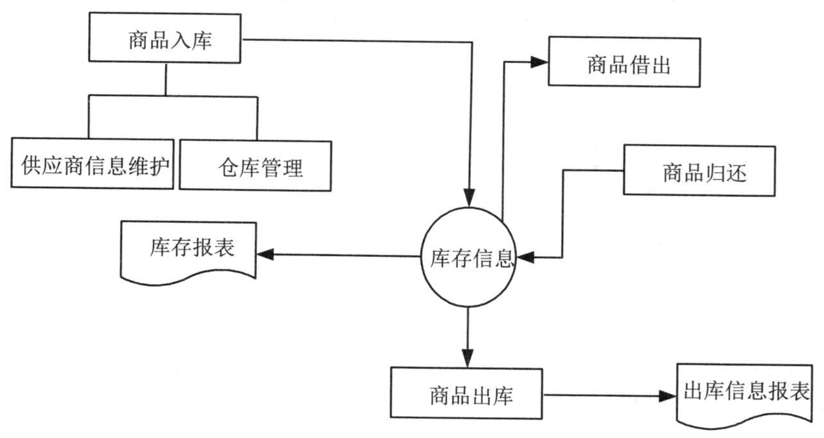

图 17.9　企业进销存管理系统的业务流程

17.4　数据库设计

17.4.1　数据库概要说明

在企业进销存管理系统中，采用的是 SQL Server 2000 数据库，用来存储商品入库信息、商品出库信息、商品库存信息、操作员信息等。这里将数据库命名为 db_SPJXC，其中包含 11 张数据表，用于存储不同的信息，如图 17.10 所示。

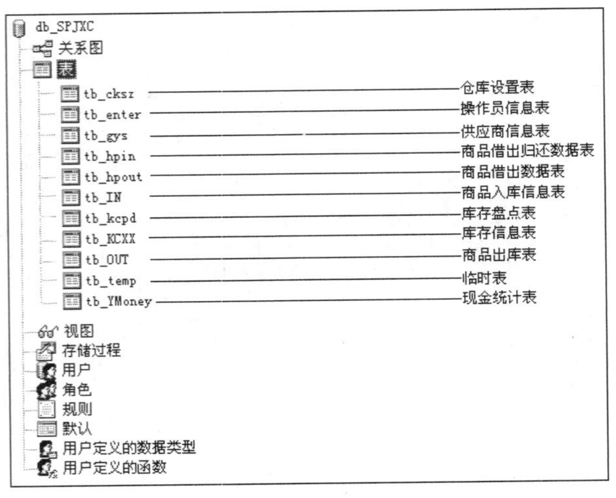

图 17.10　数据库结构

17.4.2　数据库概念设计

通过对系统进行需求分析、业务流程设计以及系统功能结构的确定，规划出系统中使用的数据库实体对象及实体 E-R 图。

进销存管理系统的主要功能是商品的入库、出库管理，因此需要规划库存实体，包括商品编号、商品名称、商品规格、单价、入库数量和入库时间等属性。库存实体 E-R 图如图 17.11 所示。

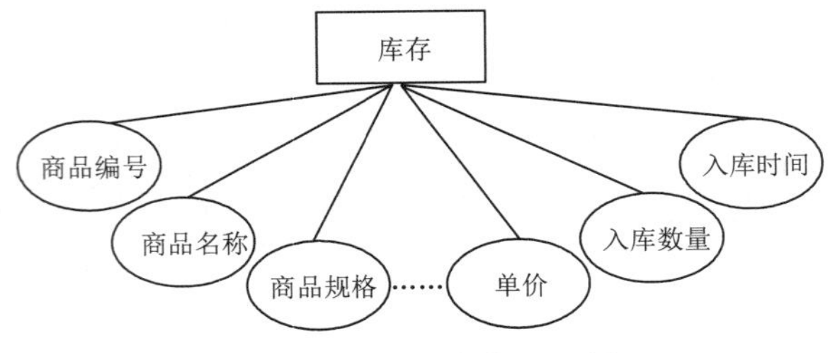

图 17.11　库存实体 E-R 图

在本系统中不仅需要记录商品的库存信息，还需要记录商品是何时入库的。根据该需求规划出入库实体，包括商品编号、商品名称、供应商名称、数量、入库日期和经手人等属性。入库实体 E-R 图如图 17.12 所示。

商品一旦销售，就要从库存中减去相应的数量，因此规划出库实体。出库实体包括出库编号、商品名称、数量、单价、出库日期和经手人等属性。出库实体 E-R 图如图 17.13 所示。

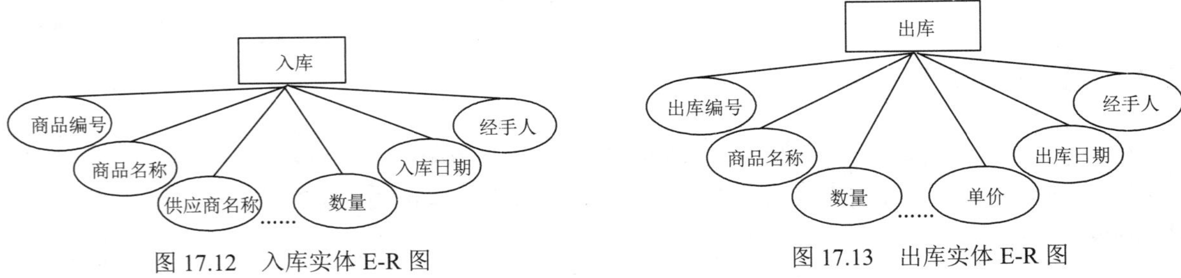

图 17.12　入库实体 E-R 图

图 17.13　出库实体 E-R 图

17.4.3 数据库逻辑设计

根据设计好的 E-R 图在数据库中创建数据表。下面给出比较重要的数据表结构，其他数据表结构可参见本书附带的资料包。

➘ tb_KCXX（库存信息表）

库存信息表用于存储商品库存的相关信息，其结构如表 17.6 所示。

表 17.6 tb_KCXX 表的结构

字 段 名 称	数 据 类 型	字 段 大 小	说　　明
KC_ID	int	4	自动编号
Kc_IDs	nvarchar	30	商品编号
KC_Name	nvarchar	50	商品名称
KC_SPEC	nvarchar	30	商品规格
KC_UNIT	nvarchar	20	商品单位
KC_Num	int	4	入库数量
KC_Price	float	8	单价
KCIN_Date	smalldatetime	4	入库日期
kc_remark	ntext	16	备注

➘ tb_IN（商品入库信息表）

商品入库信息表存储了商品入库的相关信息，其结构如表 17.7 所示。

表 17.7 tb_IN 表的结构

字 段 名 称	数 据 类 型	字 段 大 小	说　　明
ID	int	4	自动编号
IN_NumID	nvarchar	30	商品编号
IN_Name	nvarchar	50	商品名称
IN_gysid	nvarchar	30	供应商编号
IN_gysname	nvarchar	50	供应商名称
IN_SPEC	nvarchar	30	商品规格
IN_UNIT	nvarchar	20	计量单位
IN_Num	int	4	数量
IN_Price	float	8	单价
IN_Money	float	8	金额
IN_Date	smalldatetime	4	入库日期
IN_Year	nvarchar	10	入库年
IN_Month	nvarchar	10	入库月
IN_People	nvarchar	20	经手人

续表

字段名称	数据类型	字段大小	说　明
IN_Remark	ntext	16	备注
IN_Medit	nvarchar	20	修改人
IN_Edate	smalldatetime	4	修改日期

➘ tb_OUT（商品出库表）

商品出库表用于存储商品的出库信息，其结构如表 17.8 所示。

表 17.8　tb_OUT 表的结构

字段名称	数据类型	字段大小	说　明
ID	int	4	自动编号
OUT_NumID	nvarchar	30	出库编号
OUT_Id	nvarchar	50	商品编号
OUT_name	nvarchar	30	商品名称
OUT_UNIT	nvarchar	20	计量单位
OUT_Num	int	4	数量
OUT_Price	money	8	单价
OUT_Money	money	8	金额
OUT_Date	smalldatetime	4	出库日期
OUT_Year	nvarchar	10	出库年
OUT_Month	nvarchar	10	出库月
OUT_THDW	nvarchar	50	提货单位
OUT_people	nvarchar	20	提货人
OUT_Wpeople	nvarchar	20	经手人
OUT_Remark	ntext	16	备注
OUT_MEdit	nvarchar	20	修改人
OUT_MDate	smalldatetime	4	修改日期

扫一扫，看视频

17.5　公共模块设计

公共模块中定义了在本系统中需要使用的公共变量和公共过程。在工程创建完毕后，选择“工程”/“添加模块”命令，创建一个新模块，将其命名为 Mod1，用于存放公共的变量和数据库连接过程 Main。其关键代码如下：

```
Public adoCon As New ADODB.Connection          '定义一个数据连接
Public adoRs As New ADODB.Recordset            '定义一个数据集对象
Public adoRs1 As New ADODB.Recordset           '定义一个数据集对象
Public Temps                                   '定义一个变体类型的公共变量
```

```
'声明一个API函数，用于实现使窗体置前还是取消窗体置前的功能
Public Declare Function SetWindowPos Lib "user32" (ByVal hwnd As Long, ByVal
hWndInsertAfter As Long, ByVal X As Long, ByVal Y As Long, ByVal cx As Long, ByVal
cy As Long, ByVal wFlags As Long) As Long
Public rtn                                     '定义变量存储SetWindowPos函数的返回值
```

定义函数 Main()用于连接数据库。关键代码如下：

```
Public Sub Main()                              '定义一个公共主函数，用于连接数据库
   Dim CnnStr As String                        '定义字符串变量
   CnnStr = "Provider=SQLOLEDB.1;Persist Security Info=False;User ID=sa;Initial
Catalog=db_SPJXC;Data Source=."                '将连接字符串赋给变量
   adoCon.Open (CnnStr)                        '执行数据库连接
End Sub
```

17.6　主窗体设计

扫一扫，看视频

17.6.1　主窗体概述

主窗体是应用程序的“脸面”。在用户看来，应用程序的主窗体就是应用程序，因此主窗体设计的好坏在用户眼里直接决定程序的好坏。企业进销存管理系统的主窗体主要由菜单栏、窗体的主体部分和状态栏组成；窗体的主体部分又由左侧的导航菜单和右侧的 Flash 组成，当用户选择左侧的导航菜单，在右侧即可显示出该菜单下的子菜单，如选择“商品库存管理”项，在右侧的区域中将显示该菜单下的子菜单项，如图 17.14 所示。

图 17.14　主界面

17.6.2　主窗体实现过程

1. 窗体设计

企业进销存管理系统的主窗体设计步骤如下：

（1）在工程中新建一个窗体，命名为 frm_main，设置 Caption 属性为“企业进销存管理系统”，设置 Picture 属性为指定的图片。

（2）利用菜单编辑器设置企业进销存管理系统的主菜单。选择“工具”/“菜单编辑器”命令，打开菜单编辑器（也可以在工具栏上单击“菜单编辑器”按钮）。用菜单编辑器可以创建应用程序的菜单，在已有的菜单上可以增加新的菜单项，或者修改和删除已有的菜单和菜单项。

在菜单编辑器中设计菜单时的界面如图 17.15 所示。

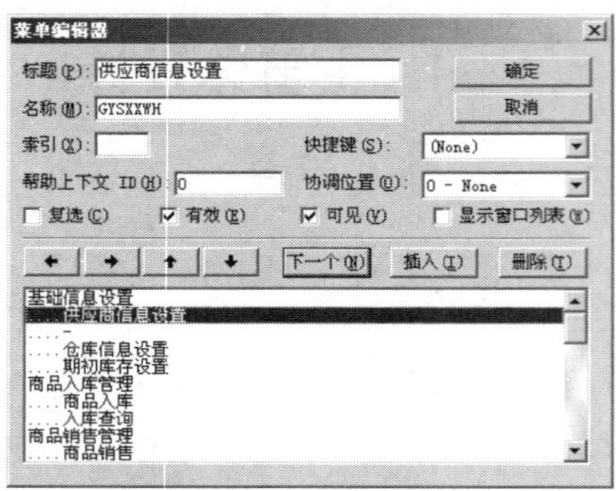

图 17.15　菜单编辑器

在菜单编辑器中需要设计的具体内容如下：

① 标题

“标题”文本框用于设置在菜单栏上显示的文本。

如果在打开菜单时调用的是一个对话框，在“标题”文本框的后面应加“…”。

如果想通过键盘来访问菜单，使某一字符成为该菜单项的访问键，可以使用“(&+访问字符)”的格式。访问字符应当是菜单标题的第一个字母，除非别的字符更容易记，两个同级菜单项不能用同一个访问字符。在运行时访问字符会自动加上一条下划线，“&”字符则不见了。

说明：

除了在菜单编辑器中设置以外，还可以在“属性”窗口中设置，如图 17.16 所示。

图 17.16　通过“属性”窗口设置

② 名称

在“名称”文本框中，设置用来在代码中引用该菜单项的名字。不同菜单中的子菜单可以重名，但是菜单项名称应当唯一。

③ 快捷键

可以在快捷键组合框中输入快捷键，也可以选取功能键或键的组合来设置快捷键。快捷键将自动出现在菜单上。要删除快捷键应选取列表顶部的(None)。

菜单栏中的第一级菜单不能设置快捷键。

④ 其他属性

其他属性可以在菜单编辑器中设置。

- 帮助上下文：指定一个唯一的数值作为帮助文本的标识符，可根据该数值在帮助文件中查找适当的帮助主题。
- 复选（Checked）：如果选中（√），在初次打开菜单项时，该菜单项的左边显示√。在菜单栏中的第一级菜单不能使用该属性。
- 有效（Enabled）：如果选中（√），在运行时以清晰的文字出现；不选中则在运行时以灰色的文字出现，表示不能使用该菜单。

⑤ 移动、插入、删除菜单项

当需要创建下一级子菜单时，可单击“下一个”或者“插入”按钮，然后单击→按钮，缩进级前加了 4 个点（....）；单击←按钮则删除一个缩进级；单击↑或↓按钮可以将选中的菜单项上移或下移；单击“插入”和“删除”按钮可以插入和删除菜单项。

⑥ 分隔条

分隔条是菜单项间的一条水平线，当菜单项很多时，可以使用分隔条将菜单项划分成一些逻辑组。

如果想增加一个分隔条，单击“插入”按钮，在“标题”文本框中输入一个连字符（-），然后在“名称”文本框中输入分隔条菜单的名称。虽然分隔条是当作菜单控件来创建的，但是不能被选取。

本系统的菜单设置如图 17.17 所示。

标题	名称
基础信息设置	jcxxsz
....供应商信息设置	GYSXXWH
....-	qq
....仓库信息设置	CKSZ
....期初库存设置	QCKCSZ
商品入库管理	SPRKGL
....商品入库	HPRKGL
....入库查询	RKXXCX
商品销售管理	SPXXGL
....商品销售	HPCKGL
....销售查询	CKXXCX
商品库存管理	CXTJ
....商品借出	HPJC
....商品借出查询	HPJCCX
....-	QW
....商品归还	HPGH
....商品归还查询	HPGHCX
....-	WE
....商品盘点	HPPDGL
....库存查询	KCXXCX

标题	名称
数据统计与报表	SJBB
....出入库商品日统计	CRKXXRTJ
....出入库现金年统计	CRKNTJ
....-	qr
....出库报表	PRINTOUT
....库存报表	PRINTKC
系统维护	XTWH
....操作员管理	CZYXXWH
....密码修改	MMXG
....操作员权限设置	CZYQXSZ
....-	CC
....数据备份	SJBF
....数据恢复	SJHF
....-	DD
....数据清理	SJQL
....-	bb
....查看日志	CKRZ
....日志清理	RZQL
退出系统	TCXT

图 17.17 企业进销存管理系统的菜单

（3）在窗体上添加 6 个 Label 控件，用于显示程序的主要功能，具体的设置如表 17.9 所示。

表 17.9　Label 控件的属性设置

对　象	属　性	值	功　能
Label	名称 BackStyle Caption Index	Lbl_info 0-Transparent 基础信息设置 0	用于调用基础信息设置子菜单
	名称 BackStyle Caption Index	Lbl_info 0-Transparent 商品入库管理 1	用于调用商品入库管理子菜单
Label	名称 BackStyle Caption Index	Lbl_info 0-Transparent 商品库存管理 2	用于调用商品库存管理子菜单
	名称 BackStyle Caption Index	Lbl_info 0-Transparent 商品销售管理 3	用于调用商品销售管理子菜单
	名称 BackStyle Caption Index	Lbl_info 0-Transparent 数据统计与报表 4	用于调用数据统计与报表子菜单
	名称 BackStyle Caption Index	Lbl_info 0-Transparent 系统维护 5	用于调用系统维护子菜单

（4）在窗体上添加一个 ShockwaveFlash 控件，用于调用各功能的动画，并将其命名为 Flash1。ShockwaveFlash 控件是 ActiveX 控件，在使用前需要将其添加到工具箱中。

这里使用的是 Flash 8 提供的 OCX 控件 Flash8.ocx。在 Visual Basic 中并没有提供这个控件，但是可以通过下面两种方法获取它，一种是安装 Flash 软件，另一种是直接注册 Flash8.ocx 控件。注册 ShockwaveFlash 控件的方法如下：

将 Flash8.ocx 复制到 C:\WINDOWS\system32 目录下，然后选择“开始”/“运行”命令，在“运行”对话框中输入“regsvr32 C:\WINDOWS\system32\Flash8.ocx”，如图 17.18 所示。

单击“确定”按钮，注册控件，当弹出如图 17.19 所示的对话框时，即说明控件注册成功。

图 17.18　注册 Flash 控件

图 17.19　控件注册成功

控件注册成功以后，需要将其添加到 Visual Basic 的工程中。选择“工程”/“部件”命令，在弹出的“部件”对话框中选择“控件”选项卡，选中 ShockwaveFlash 复选框，将其添加到 Visual Basic 的工程中。

（5）在窗体上添加一个 StatusBar 控件。StatusBar 控件不是 Visual Basic 的标准控件，在使用前需要将其添加到工具箱中。具体的添加步骤如下：选择“工程”/“部件”命令，在弹出的“部件”对话框中选中 Microsoft Windows Common Controls 6.0（SP6）复选框，将 StatusBar 控件添加到工具箱中。

将 StatusBar 控件添加到窗体上：用鼠标右键单击该控件，在弹出的快捷菜单中选择“属性”命令，在弹出的“属性页”对话框中选择“窗格”选项卡，从中单击“插入窗格”按钮，即可创建一个窗格。单击“删除窗格”按钮，即可将选中的窗格删除。在“文本”文本框中可以输入要显示的文字，如图 17.20 所示。

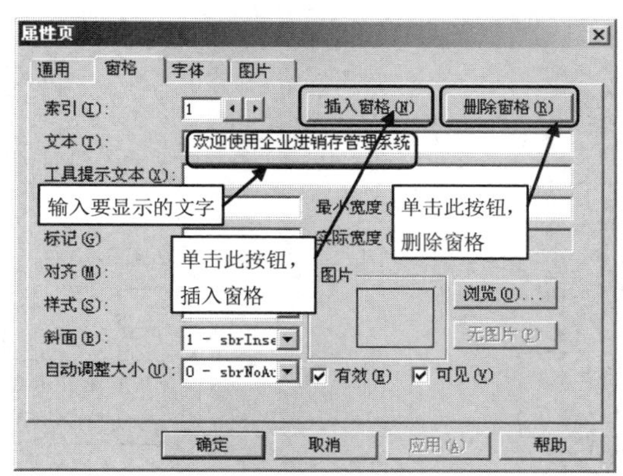

图 17.20　设置状态栏窗格属性

在状态栏中添加 5 个窗格，分别用于显示欢迎信息、当前操作员的信息、当前日期、当前时间以及相关的网址信息，如图 17.21 所示。

图 17.21　主窗体的状态栏

（6）在窗体上添加一个 Timer 控件，设置其 Interval 属性为 60，用于在状态栏中实时显示时间。

2. 代码设计

（1）给菜单添加代码。

设置好菜单以后，就需要给菜单添加代码。给菜单添加代码的方法非常简单，例如给“基础信息设置”菜单下的“供应商信息设置”子菜单项添加代码，只需用鼠标选择“基础信息设置”/“供应商信息设置”命令（如图 17.22 所示），即可进入到代码编辑区域中，在代码编辑器中输入需要执行的代码。例如，在“供应商信息设置”菜单中执行调用“供应商信息设置”窗体，并将本窗体设置为不可用。关键代码如下：

```
Private Sub GYSXXWH_Click()                    '供应商信息设置
```

```
    frm_gys.Show                                  '显示供应商信息窗体
    Me.Enabled = False                            '设置本窗体不可用
End Sub
```

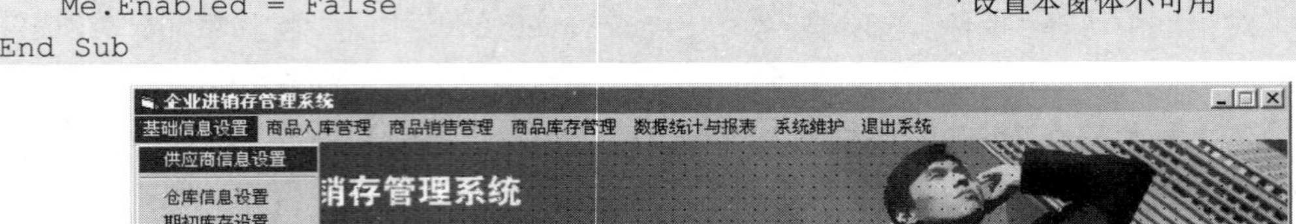

图 17.22　给菜单添加代码

（2）调用 Flash 动画。

在本窗体中，当鼠标在左侧的导航按钮中移动时，右侧的 Flash 将根据所选按钮的不同，调用不同的 Flash 动画；同时，左侧导航按钮的字体颜色也随着改变，当鼠标悬停在导航按钮上时，文字的颜色变成红色，如图 17.23 所示。

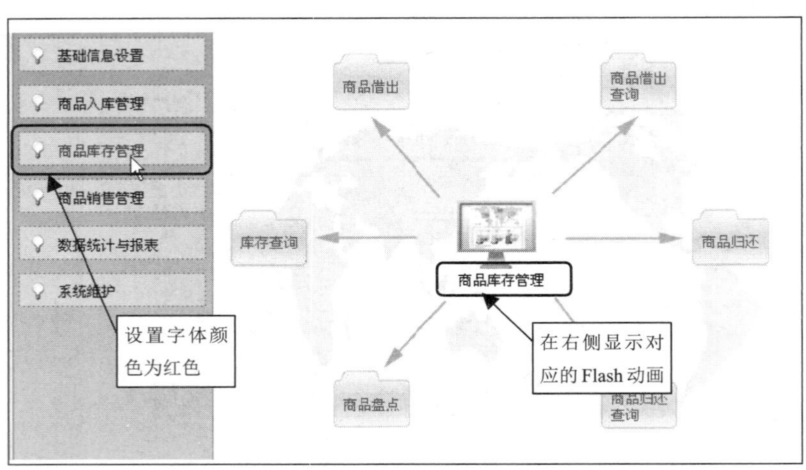

图 17.23　调用 Flash 动画

左侧的导航按钮是利用 Label 控件设置成控件数组实现的。当鼠标移动到 Label 控件上时，利用 Index 属性获得控件的标识，将该控件的前景色设置为红色，调用对应的 Flash 动画。关键代码如下：

```
Private Sub Lbl_info_MouseMove(Index As Integer, Button As Integer, Shift As Integer,
X As Single, Y As Single)
   Lbl_info(Index).ForeColor = RGB(255, 0, 0)                   '设置文字颜色为红色
   Flash17.Movie = App.Path & "\image\swf\" & Index & ".swf"    '调用 Flash 动画
End Sub
```

当鼠标离开导航按钮时，文字的颜色变回黑色。这里使用的是窗体移动的事件。关键代码如下：

```
Private Sub Form_MouseMove(Button As Integer, Shift As Integer, X As Single, Y As
Single)
    Dim i As Integer                                '定义整型变量
    For i = 0 To Lbl_info.Ubound                    '从 0 到数组的最大值进行循环
       Lbl_info(i).ForeColor = vbBlack              '设置字体颜色为黑色
    Next i
End Sub
```

（3）在主窗体的状态栏中可以实时显示当前的时间，如图 17.24 所示。

欢迎使用企业进销存管理系统	当前操作员：TSoft	2008年01月04日	08点45分47秒	www.cccxy.com

图 17.24 在状态栏中显示时间

这里利用 Timer 控件将当前的时间格式化为指定的格式，并将该值赋给状态栏的第 4 个窗格。关键代码如下：

```
Private Sub Timer1_Timer()
❶    StatusBar17.Panels(4).Text = Format(Now, " hh点mm分ss秒")  '将格式化后的时间赋
                                                              给第 4 个窗格
End Sub
```

代码贴士

❶ Format 函数：返回 Variant（String），其中含有一个表达式，它是根据格式表达式中的指令来格式化的。

语法：

```
Format(expression[, format[, firstdayofweek[, firstweekofyear]]])
```

参数说明如下。

- expression：必要参数。任何有效的表达式。
- format：可选参数。有效的命名表达式或用户自定义格式表达式。
- firstdayofweek：可选参数。常数，表示一星期的第一天。
- firstweekofyear：可选参数。常数，表示一年的第一周。

（4）退出系统时，更新系统日志。

当操作员退出系统时，将该操作员退出系统的日期和时间记录到系统日志文件中。关键代码如下：

```
Private Sub Form_Unload(Cancel As Integer)                    '添加退出系统日志
❶   Open (App.Path & "\系统日志.ini") For Input As #1          '首先读取文件中的信息
❷   Do While Not EOF(1)                                       '从文件头到文件尾进行循环
       Line Input #1, Intext                                  '读取文件中的一行信息
       TStr = TStr + Intext + Chr(13) + Chr(10)               '将读取的信息保存到变量中
    Loop
    Close #1                                                  '关闭文件
    '改变变量的值
    TStr = TStr + "    " + Name1 + "              " + Format(Now, "yyyy-mm-dd hh:mm:ss")
+ "          " + "退出系统" + Chr(13) + Chr(10)                '在变量末尾添加一条记录
    Open (App.Path & "\系统日志.ini") For Output As #1         '打开系统日志文件
    Print #1, TStr                                            '将改变后的信息重新保存到
                                                               文件中
    Close #1                                                  '关闭文件
End Sub
```

代码贴士

❶ Path 属性：返回或设置当前路径。在设计时是不可用的。对于 App 对象，在运行时是只读的。

❷ Do…Loop：返回对所选 Node 对象的引用；Root：返回对所选 Node 的根 Node 对象的引用；Selected：返回或设置确定一个对象是否被选中的值。在下面的 Do...Loop 循环中，只要 condition 为 True 就执行 statements。

```
Do While condition
   statements
Loop
```

扫一扫，看视频

17.7 系统登录模块设计

17.7.1 系统登录模块概述

系统登录是用户进入到程序系统的门户，只有通过登录模块，才能对登录用户进行身份验证，只有系统的合法用户才可以进入系统的主界面。这也是设计管理系统软件之前必须考虑的问题。整个登录模块的实现过程非常简单，相信读者会很快掌握。登录模块的运行效果如图 17.25 所示。

图 17.25 系统登录窗体

17.7.2 系统登录模块实现过程

本模块使用的数据表：tb_enter

1. 窗体设计

系统登录模块的窗体设计步骤如下：

（1）在工程中新建一个窗体，命名为 frm_xtdl，设置 StartUpPosition 属性为“2-屏幕中心”，BorderStyle 属性为 0-None，Picture 属性为指定的图片。

（2）在窗体上添加一个 PictureBox 控件，设置其 AutoSize 属性为 True，和图片的大小一致。设置 Picture 属性为指定的图片。

（3）添加一个 ListView 控件和一个 ImageList 控件。这两个控件都是 ActiveX 控件，不是 Visual Basic 的标准控件，因此需要通过选择“工程”/“部件”命令，在弹出的“部件”对话框中选中 Microsoft Windows Common Controls 6.0（SP6）复选框，即可将 ListView 控件和 ImageList 控件都添加到工具箱中。

设置 ListView 控件的 BorderStyle 属性为 0-ccNone，设置 ListView 控件没有边框，可以无痕地嵌入到图片中。向 ImageList 控件中添加图片的方法如下：

① 鼠标右键单击 ImageList 控件，在弹出的快捷菜单中选择“属性”命令，在弹出的“属性页”对话框中选择“通用”选项卡，选中“自定义”单选按钮，在“高度”和“宽度”文本框中设置需要指定的图片的大小，这里分别设置为 36 和 34，如图 17.26 所示。

② 选择“图像”选项卡，单击“插入图片”按钮，选择需要添加到 ImageList 控件中的图片，该图片将显示在 ListView 控件中，用于显示操作员列表中的操作员头像。可以选择要删除的图片，单击“删除图片”按钮，将其删除。根据需要可以设置该图片的关键字和标记。这里只需将图片添

加到 IamgeList 控件中即可，效果如图 17.27 所示。

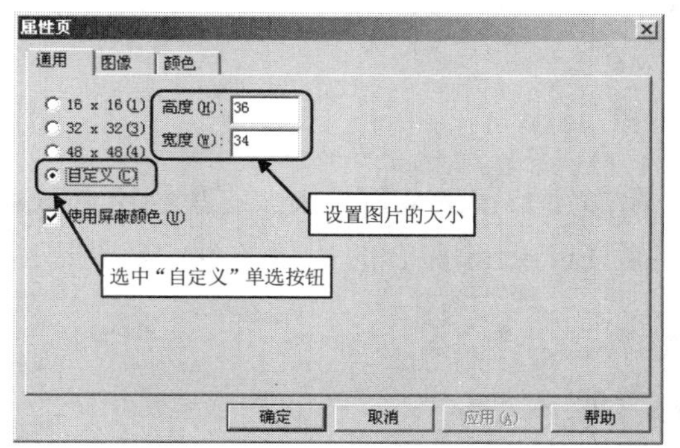

图 17.26　设置图片的大小

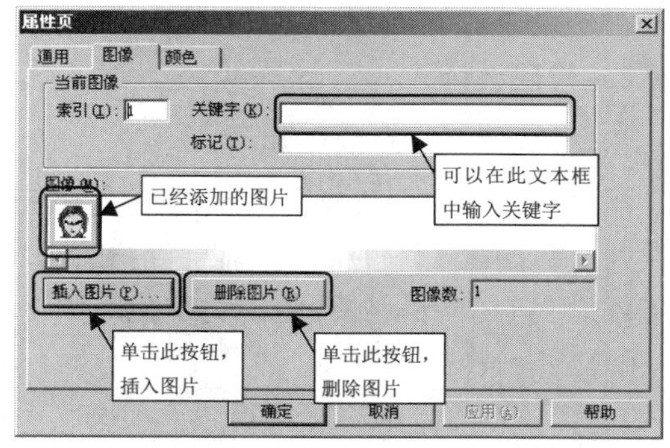

图 17.27　添加图片

③ 单击“确定”按钮，完成图片的添加。

添加好图片以后，就可以将 ImageList 控件与 ListView 控件连接起来。鼠标右键单击 ListView 控件，在弹出的快捷菜单中选择“属性”命令，在弹出的如图 17.28 所示“属性页”对话框中选择“图像列表”选项卡。在“普通”下拉列表框中选择 ImageList1 选项，将 ListView 控件和 ImageList 控件相连接。

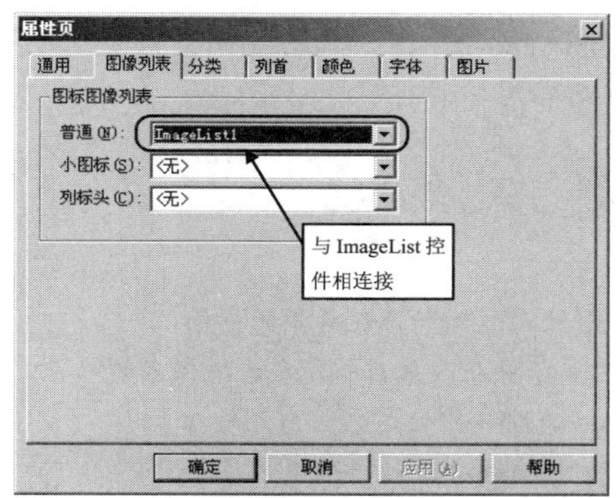

图 17.28　设置 ListView 控件与 IamgeList 控件相连接

（4）在窗体上添加一个 ADO 控件，用于连接数据库。ADO 控件不是标准的 Visual Basic 控件，在使用前需要将其添加到工具箱中。具体的步骤如下：选择“工程”/“部件”命令，在弹出的“部件”对话框中选中 Microsoft ADO Data Control 6.0（SP6）（OLEDB）复选框，即可将 ADO 控件添加到工具箱中。

（5）在窗体上添加 3 个 PictureBox 控件，使用其默认名，分别用于显示“确定”“取消”和“关闭”图片，并执行相应的操作。

（6）在窗体上添加两个 TextBox 控件，使用其默认名，分别用于输入密码和用户名。设置其 Appearance 属性为 0-Flat，目的是为了使文本框与图片的衔接更好。设置 Text1 控件的 PasswordChar 属性为“*”，用于将输入的密码隐藏。

（7）添加一个 Label 控件，命名为 Label3，用于显示操作员的相关信息。设置 BackStyle 属性为 0-Transparent。

（8）在窗体上再添加一个 Label 控件，命名为 Lbl_Drag，用于实现拖动无标题窗体进行移动，设置 BackStyle 属性为 0-Transparent。

2. 代码设计

（1）操作员信息的添加

在窗体启动时，将可以登录到系统中的操作员信息添加到 ListView 控件中。这里利用 ADO 控件查询出数据库中的操作员信息，再利用 ListView 控件的 ListItems 集合的 Add 方法，将查询出的结果添加到 ListView 控件中。关键代码如下：

```
Private Sub Form_Load()
   Adodc1.ConnectionString = "Provider=SQLOLEDB.1;Persist Security
Info=False;User ID=sa;Initial Catalog=db_ SPJXC; Data Source=."           '设置
连接字符串
❶  Adodc1.RecordSource = "select * from tb_enter"        '查询操作员数据表中的所有数据
❷  Adodc1.Refresh                                         '刷新
❸  If Adodc1.Recordset.RecordCount > 0 Then               '如果记录数大于 0
❹     Adodc1.Recordset.MoveFirst                          '移动到记录集的首条记录
❺     Do While Adodc1.Recordset.EOF = False               '将操作员信息添加到 ListView
                                                          控件中
         key = Adodc1.Recordset.Fields("M_Name")          '将操作员姓名字段作为关键字赋
                                                          给变量
         Set itmX = ListView1.ListItems.Add(, , key, 1)   '向 ListView 控件中添加项目
         Adodc1.Recordset.MoveNext                        '移动到下一条记录
      Loop
   End If
End Sub
```

代码贴士

❶ RecordSource 属性：返回或设置语句返回一个记录集的查询。

❷ Refresh 方法：更新集合中的对象以便反映来自并特定于提供者的对象。

❸ RecordCount 属性：指示 Recordset 对象中记录的当前数目。

❹ MoveFirst 方法：移动到所显示 Recordset 的第一条记录。

❺ EOF 属性：指示当前记录位置位于 Recordset 对象的第一条记录之前。

（2）自动添加用户名

操作员被添加到 ListView 控件中，当用户单击操作员的头像时，即可将操作员的用户名添加到“用户名”文本框中，并将焦点移动到“密码”文本框中。这里利用 ListView 控件的 SelectedItem 属性获得所选操作员的用户名，并利用查询语句查询出该操作员的职务，并将其显示在 Label3 控件中，最后将焦点设置在“密码”文本框中。实现的关键代码如下：

```
Private Sub ListView1_Click()
❶  Text2.Text = ListView1.SelectedItem                    '获取已选操作员的用户名
   Adodc1.RecordSource = "select * from tb_enter where M_Name='" + Text2.Text + "'"
                                                          '查询该操作员的记录
   Adodc1.Refresh                                         '刷新
   If Adodc1.Recordset.RecordCount > 0 Then               '如果记录数大于 0
      Label3.Caption = "所选操作员的职务： " & Adodc1.Recordset.Fields(2)
                                                          '将操作员的职务赋给 Label3
❷     Text1.SetFocus                                      '将焦点设置在“密码”文本框中
```

```
    End If
End Sub
```

代码贴士

❶ SelectedItem 属性：返回对所选 ListItem 对象的引用。

❷ SetFocus 方法：将焦点移至指定的控件。

（3）判断用户名和密码是否正确

用户在“密码”文本框中输入对应用户名的密码，然后单击“确定”按钮，即可判断输入的用户名和密码是否正确。如果输入正确，则显示主窗体，并将操作员的信息写入到系统日志中；如果不正确，则提示错误信息。关键代码如下：

```
Private Sub Picture1_Click()
    Adodc1.RecordSource = "select * from tb_enter where M_Name ='" & Text2.Text & "' and m_password ='" + Text1.Text + "'"    '查询用户名和密码为输入信息的记录
    Adodc1.Refresh                                              '刷新
    If Adodc1.Recordset.RecordCount > 0 Then                   '如果记录数大于 0
        '在主窗体的状态栏中的操作员信息
        frm_main.StatusBar1.Panels.Item(2).Text = "当前操作员： " + Adodc1.Recordset.Fields("M_Name")
        Name1 = Text2.Text                                      '将操作员信息赋给变量
❶      frm_main.Show                                           '显示主窗体
        '添加登录日志
        Open (App.Path & "\系统日志.ini") For Input As #1       '打开系统日志文件
❷      Do While Not EOF(1)                                     '循环直到文件尾
            Line Input #1, Intext                               '读入一行数据，并将其赋给变量 Intext
❸          TStr = TStr + Intext + Chr(13) + Chr(10)            '将该行数据添加到变量 TStr 后回车换行
        Loop
        Close #1                                                '关闭文件
        TStr = TStr + "   " + Name1 + "     " + Format(Now, "yyyy-mm-dd hh:mm:ss") + "" + "系统登录" + Chr(13) + Chr(10)    '在变量 TStr 的结尾添加日期、时间和系统登录
        Open (App.Path & "\系统日志.ini") For Output As #1      '再次打开系统日志文件
        Print #1, TStr                                          '将 TStr 变量的内容写入系统日志
        Close #1                                                '关闭文件
❹      Unload Me                                               '卸载登录窗体
    Else                                                        '否则，输入的用户名或密码错误
        MsgBox "错误的用户名或密码！", vbCritical               '提示信息
        Text2.Text = "": Text1.Text = ""                        '清空文本框中的内容
    End If
End Sub
```

代码贴士

❶ Show 方法：用以显示 Form 对象。不支持命名参数。

❷ EOF 函数：返回一个 Integer 类型值，它包含 Boolean 值 True，表明已经到达为 Random 或顺序 Input 打开的文件的结尾。

❸ Chr 函数：返回 String 类型值，其中包含与指定的字符代码相关的字符。

❹ Unload 语句：从内存中卸载窗体或控件。

（4）根据鼠标移动设置图片效果

在本模块中，为了使界面的效果更加友好，实现了在用户操作时产生互动的感觉，当鼠标移动到“确定”按钮上时，将“确定”按钮的图片换成事先准备好的图片，如图 17.29 所示；当鼠标离开时，换回原来的图片，图 17.30 所示。

图 17.29 鼠标悬停

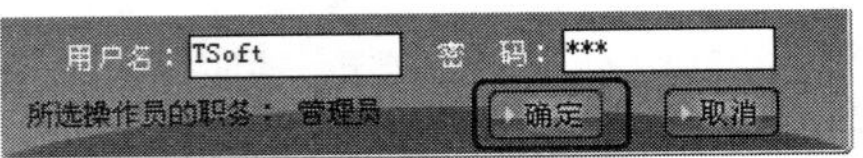

图 17.30 鼠标离开

其实现的原理为，当鼠标移动到“确定”按钮上时，触发“确定”按钮的 MouseMove 事件，再利用 LoadPicture 函数，加载事先准备好的图片。关键代码如下：

```
Private Sub Picture1_MouseMove(Button As Integer, Shift As Integer, X As Single,
Y As Single)
    '利用 LoadPicture 函数加载鼠标悬停时的“确定”按钮图片
    Picture1.Picture = LoadPicture(App.Path & "\image\images\login_07.jpg")
End Sub
```

当鼠标离开“确定”按钮时，鼠标在窗体上移动，即触发了窗体的 MouseMove 事件。这时，再将原来的图片加载到“确定”按钮中，即可实现鼠标移动时图片按钮的不同效果。鼠标离开“确定”按钮时的关键代码如下：

```
Private Sub Form_MouseMove(Button As Integer, Shift As Integer, X As Single, Y As
Single)
    '利用 LoadPicture 函数加载鼠标离开时的“确定”按钮图片
    Picture1.Picture = LoadPicture(App.Path & "\image\images\login1_07.jpg")
End Sub
```

“取消”按钮和“关闭”按钮都是通过此方法实现的，这里就不再赘述。

注意：

在利用此方法实现互动效果时，需要注意图片的存放路径，如果对应路径下没有图片，将产生一个实时错误，如图 17.31 所示。此时只需在对应目录下放置一个对应的图片即可解决。

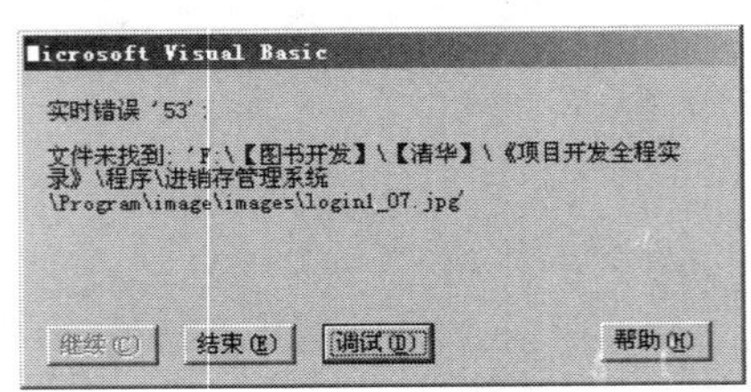

图 17.31 实时错误

（5）窗体前置

登录窗体没有标题栏，因此在系统任务栏中不会显示相应的任务标题，窗体一旦被其他窗体覆盖就很难找到，这里利用 API 函数 SetWindowPos 设置窗体前置的功能。SetWindowPos 函数的声明形式如下：

```
Public Declare Function SetWindowPos Lib "user32" (ByVal hwnd As Long, ByVal
hWndInsertAfter As Long, ByVal X As Long, ByVal Y As Long, ByVal cx As Long, ByVal
cy As Long, ByVal wFlags As Long) As Long
```

其中参数说明如表 17.10 所示。

表 17.10 SetWindowPos 函数的参数说明

参　数	类　型	说　明
hwnd	Long	欲定位的窗口
hWndInsertAfter	Long	窗口句柄。在窗口列表中，窗口 hwnd 会置于这个窗口句柄的后面
X	Long	窗口新的 X 坐标。如 hwnd 是一个子窗口，则 X 用父窗口的客户区坐标表示
Y	Long	窗口新的 Y 坐标。如 hwnd 是一个子窗口，则 Y 用父窗口的客户区坐标表示
cx	Long	指定新的窗口宽度
cy	Long	指定新的窗口高度
wFlags	Long	包含了旗标的一个整数

在窗体加载时，使用 SetWindowPos 函数设置窗体前置的代码如下：

```
Private Sub Form_Load()
   rtn = SetWindowPos(Me.hwnd, -1, 0, 0, 0, 0, 3)        '运用 API 函数 SetWindowPos
                                                          来实现前置窗体的功能
End Sub
```

17.8 商品入库模块设计

17.8.1 商品入库模块概述

商品入库模块的主要功能是将入库商品的信息保存到数据库的入库信息表中，并修改库存表中的库存数量。用户通过选择“商品入库管理”/“商品入库”命令，即可进入到商品入库模块中，单击“增加”按钮，即可添加入库信息，如图 17.32 所示。如果有些入库信息出现错误，需要将其删除，可以选中该记录，单击“删除”按钮。

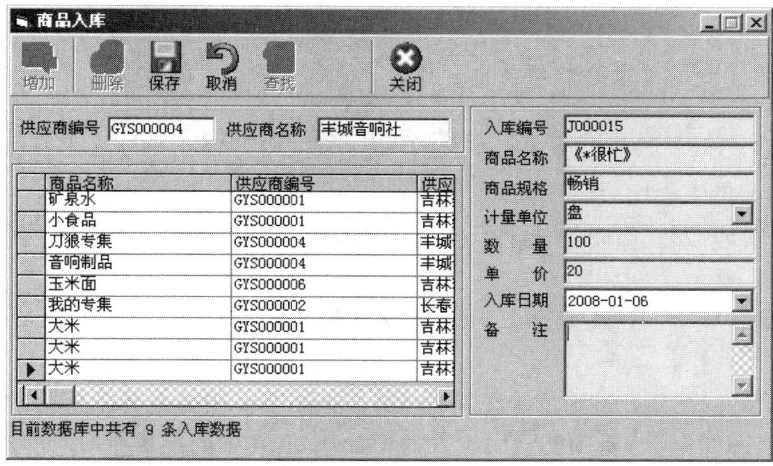

图 17.32 商品入库模块

17.8.2　商品入库模块实现过程

本模块使用的数据表：tb_IN、tb_KCXX

1．窗体设计

商品入库模块的窗体设计步骤如下：

（1）在工程中新建一个窗体，命名为 frm_in，设置 StartUpPosition 属性为“2-屏幕中心”，BorderStyle 属性为 1-Fixe Single，MinButton 属性为 True，Caption 属性为“商品入库”。

（2）在窗体上添加一个 Toolbar 控件和一个 ImageList 控件。Toolbar 控件和 ImageList 控件都不是 Visual Basic 的标准控件，在使用前需要将其添加到工具箱中。具体的步骤如下：选择“工程”/“部件”命令，在弹出的“部件”对话框中选中 Microsoft Windows Common Controls 6.0（SP6）复选框，即可将 Toolbar 控件和 ImageList 控件添加到工具箱中。

① 向 ImageList 控件中添加图片

将 Toolbar 控件和 ImageList 控件添加到窗体上后，鼠标右键单击 ImageList 控件，在弹出的快捷菜单中选择“属性”命令，将弹出“属性页”对话框。

在该对话框中选择“通用”选项卡，从中选中“自定义”单选按钮，设置要添加的图片的高度为 26，宽度为 26。

选择“图像”选项卡，单击“插入图片”按钮，向 ImageList 控件中添加图片，效果如图 17.33 所示。

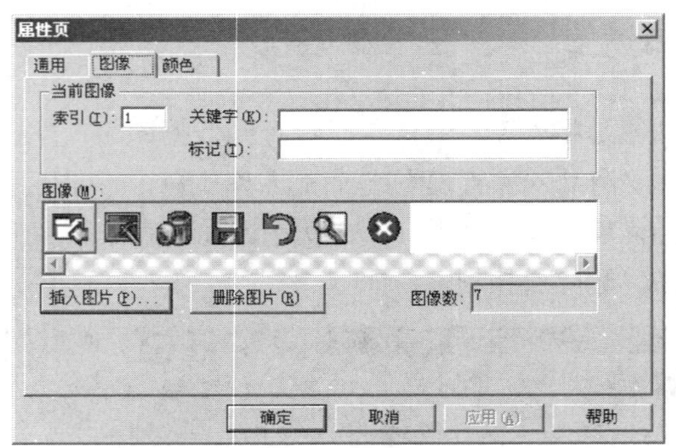

图 17.33　向 ImageList 控件中添加图片

② 向 Toolbar 控件中添加按钮

鼠标右键单击窗体上的 Toolbar 控件，在弹出的快捷菜单中选择“属性”命令，将弹出“属性页”对话框。

在该对话框中选择“通用”选项卡，在“图像列表”下拉列表框中选择 ImageList1 选项，使其和 ImageList1 控件相连接。

选择“按钮”选项卡，单击“插入按钮”按钮，向 Toolbar 中插入一个按钮，索引为 1，设置标题为“增加”，将其“图像”文本框中的索引设置为和 ImageList 中的图片相对应的索引值，如图 17.34 所示。如果需要删除某个按钮，可以通过单击“删除按钮”按钮来实现。

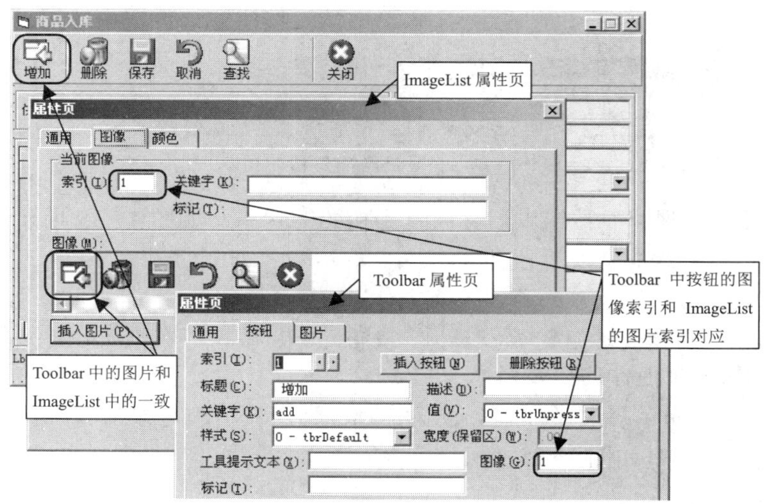

图 17.34　设置 Toolbar 控件的文字和图片信息

（3）在窗体上添加一个 ADO 控件，用于连接数据库中的商品入库信息表。

（4）在窗体上添加 3 个 Frame 控件，使用其默认名。

（5）在 Frame1 控件中添加一个 DataGrid 控件，设置 DataSource 属性为 Adodc1，用于显示入库数据信息。

（6）在 Frame2 控件中添加若干 Label 控件和 TextBox 控件，用于显示入库商品的基本信息。

（7）在 Frame3 控件中添加两个 Label 控件和两个 TextBox 控件，用于显示供应商编号和名称。

（8）在窗体上添加一个 Label 控件，命名为 Lbl_info，用于显示当前数据库中的入库记录条数，设置 ForeColor 属性为蓝色。

（9）在窗体上添加一个 Timer 控件，设置 Interval 属性为 60，用于检测数据库中的入库记录条数。

2．代码设计

（1）设置工具栏按钮状态

在信息录入窗体中经常会用到一些执行某项操作的按钮控件，如果按钮的数量过多，都摆放在窗体界面上会显得非常凌乱。可以在窗体的顶端放置一个工具栏，将所有功能按钮都放置在工具栏中，这样可以使整个录入界面看起来更加清晰明了。

这里工具栏中按钮的添加比较简单，同时这里还使用了平面的效果，并且添加了分隔条，如图 17.35 所示。

图 17.35　商品入库窗体的工具栏

工具栏上的按钮都是用于执行相关操作的，这些操作是有一定的顺序关系和一定的制约关系的，也就是说，不可能同时所有的按钮都有效。例如，当单击“增加”按钮后，“增加”、“删除”

和“查找”按钮应该设置为无效，而“保存”和“取消”按钮应该设置为可用，如图 17.36 所示。

图 17.36　单击“增加”按钮以后

当单击“取消”或“保存”按钮以后又恢复到初始的状态，如图 17.35 所示。由于工具栏只存在这两种状态，因此设计自定义函数 tlbState。

语法：

```
Function tlbState(tlb As Toolbar, state As Boolean)
```

- tlb：表示 Toolbar 控件的控件名。
- state：表示 Toolbar 控件的状态，当为 True 时，表示的是如图 17.36 所示的状态；当为 False 时，表示的是如图 17.35 所示的状态。

程序代码如下：

```
'定义设置 Toolbar 控件上按钮状态的函数
Public Function tlbState(tlb As Toolbar, state As Boolean)
   With tlb
      If state = True Then                                      '如果状态变量为 True
         '设置按钮状态
         .Buttons(1).Enabled = False: .Buttons(2).Enabled = False: .Buttons(3)
.Enabled = False
         .Buttons(6).Enabled = False: .Buttons(4).Enabled = True: .Buttons(5)
.Enabled = True
      Else                                                      '如果状态变量为 False
         '设置按钮状态
         .Buttons(1).Enabled = True: .Buttons(2).Enabled = True: .Buttons(3)
.Enabled = True
         .Buttons(6).Enabled = True: .Buttons(4).Enabled = False: .Buttons(5)
.Enabled = False
      End If
   End With
End Function
```

在程序中，当单击“增加”按钮后，调用该函数用于设置控件的状态（效果如图 17.36 所示）。具体代码如下：

```
tlbState Toolbar1, True
```

（2）给工具栏添加代码

本窗体在设计时，将窗体上按钮的功能都集中在工具栏上。这里利用工具栏的 ButtonClick 事件来实现按钮的功能。利用 Button 对象的 Key 属性来获取工具栏按钮的标识。关键代码如下：

```
Private Sub Toolbar1_ButtonClick(ByVal Button As MSComctlLib.Button)
   Select Case Button.key
   Case "add"                                                  '“增加”按钮
      tlbState Toolbar1, True                                  '调用自定义函数
❶     Call MyAdd                                               '调用增加过程
   Case "delete"                                               '“删除”按钮
      Call MyDel                                               '调用删除过程
   Case "save"                                                 '“保存”按钮
```

```
        Call MySave                                         '调用保存过程
        tlbState Toolbar1, False                            '调用按钮设置过程
    Case "cancel"                                           '"取消"按钮
        tlbState Toolbar1, False                            '调用按钮设置过程
        Call MyClear                                        '调用取消过程
    Case "find"                                             '"查询"按钮
❷       Mystr = InputBox("请输入要查询的货品名称", "企业进销存管理系统", "J000001")
                                                            '提示信息
        Adodc1.RecordSource = "select * from tb_in where in_numid ='" + Mystr + "'"
                                                            '查询记录
        Adodc1.Refresh                                      '刷新
        Call JionBack                                       '调用过程，给文本框赋值
        Adodc1.RecordSource = "select * from tb_in"         '查询所有记录
        Adodc1.Refresh                                      '刷新
    Case "close"                                            '"关闭"按钮
        Unload Me                                           '卸载本窗体
    End Select
End Sub
```

代码贴士

❶ Call 语句：将控制权转移到一个 Sub 过程、Function 过程或动态链接库（DLL）过程。

❷ InputBox 函数：在对话框中显示提示，等待用户输入正文或按下按钮，并返回包含文本框内容的 String。

（3）将录入的数据信息保存到数据库中

在文本框中输入入库商品的基本信息后，就可以将其保存到数据库中了。首先要将商品信息保存到入库信息表（tb_IN）中，这里利用 adoCon 对象的 Execute 方法执行 Insert SQL 语句来实现。关键代码如下：

```
    '判断所保存的信息在数据库中是否已经存在
❶   Adodc1.RecordSource = "select * from tb_in where ID=" + Trim(Str(StrNum)) + ""
    Adodc1.Refresh                                          '刷新
    If Adodc1.Recordset.RecordCount > 0 Then                '如果记录数大于 0
        MsgBox "该信息已经存在,信息保存不成功", 64           '提示信息
        Call Trefresh                                       '调用数据刷新过程
    Else                                                    '否则
        c = MsgBox("您确认要保存该信息吗?", 33)              '确认是否保存
        If c = vbOK Then                                    '如果同意保存
            '限制输入的部分信息不能为空值
            If Text1(1).Text = "" Or Text1(3).Text = "" Or Text1(4).Text = "" Then
                MsgBox "货品数量、单价或名称不能为空值!", 48    '有空值，提示
            Else                                            '否则
                '判断是否有数据类型不匹配的
❷               If Not IsNumeric(Text1(3).Text) Or Not IsNumeric(Text1(4).Text) Then
                                                            '如果有
                    MsgBox "输入的货品数量或单价必须为数值型数据", 48   '提示信息
                Else                                        '否则
                    Call main                               '调用公共模块中的连接数据
                                                            库过程
❸                   NumId = Val(Mid(Text1(0).Text, 2, Len(Text1(0).Text)))
                                                            '给变量 NumId 赋值
❹                   Prices = Val(Text1(3).Text) * Val(Text1(4).Text)
```

```
                                                                  '给变量 Prices 赋值
                    '保存货品入库信息
                    Set adoRs = adoCon.Execute("insert into tb_IN
(ID,IN_NumID,IN_Name,IN_gysid,IN_gysname,IN_SPEC,IN_UNIT,IN_Num,IN_Price,IN_Mon
ey,IN_Date,IN_year,IN_ Month,IN_People,IN_Remark) values(" & StrNum & ",'" &
Text1(0).Text & "','" & Text1(1).Text & "','" & Text2.Text  & "','" & Text3.Text &
"','" & Text1(2).Text & "','" & Combo1.Text & "','" & Text1(3).Text & "','" &
Text1(4).Text & "'," & Prices & ",'" & Str(DTPicker1.Value) & "','" &
Trim(Str(DTPicker1.Year)) & "','" & Trim(Str(DTPicker1.Month)) & "','" & Name1 &
"','" & Text1(5).Text & "')")
                    MsgBox "信息保存成功", 64                    '提示保存成功
                    Call Trefresh                                '调用数据刷新过程
                    adoCon.Close                                 '关闭连接
                End If
            End If
        End If
    End If
```

代码贴士

❶ Trim 函数：返回 Variant（String）类型值，其中包含指定字符串的备份，没有前导和尾随空白。

Str 函数：返回代表数值的 Variant（String）类型。

❷ IsNumeric 函数：返回 Boolean 值，指出表达式的运算结果是否为数字。

❸ Mid 函数：返回 Variant（String）类型值，其中包含字符串中指定数量的字符。

Len 函数：返回 Long 类型值，其中包含字符串内字符的数目，或是存储一变量所需的字节数。

❹ Val 函数：返回包含于字符串内的数字，字符串中是一个适当类型的数值。

（4）向库存信息表中保存数据

在向入库信息表中保存完数据后，还需要向库存信息表中保存数据。如果库存信息表中有该商品的库存信息，只需修改其库存数量等信息即可。如果库存信息表中没有该商品的库存信息，需要将该商品的信息添加到库存信息表中。其关键代码如下：

```
    '利用对象打开与操纵数据表
    adoRs.Open "select * from tb_KCXX where KC_name='" + Text1(1).Text + "' and
KC_SPEC='" + Text1(2).Text + "' and KC_UNIT ='" + Combo1.Text + "' and KC_Price="
& Val(Text1(4).Text) & "", adoCon, adOpenKeyset
    If adoRs.RecordCount > 0 Then                                 '如果存在该商品的信息
        Dim SNum As Integer                                       '定义整型变量
        SNum = Val(adoRs.Fields("KC_Num")) + Val(Text1(3).Text) '重新计算库存货品的
                                                                   数量
        '修改该货品的库存数量
❶       Set adoRs = adoCon.Execute("UPDATE tb_KCXX SET KC_Num='" + Str(SNum) + "' where
KC_name= '" + Text1(1).Text + "' and KC_SPEC='" + Text1(2).Text + "' and KC_UNIT
='" + Combo1.Text + "' and KC_Price=" & Val(Text1(4).Text) & "")
    Else                                                          '否则
        Adodc1.RecordSource = "select * from tb_kcxx order by KC_ID" '查询所有商品
        Adodc1.Refresh                                            '刷新
        If Adodc1.Recordset.RecordCount > 0 Then                  '记录数大于 0
❷           Adodc1.Recordset.MoveLast                             '移动到最后一条
            StrNum = Val(Adodc1.Recordset.Fields("KC_ID")) + 1    '将编号加 1
```

```
            '如果库存中没有该商品的信息，则将入库商品信息保存到库存当中
            Set adoRs = adoCon.Execute("insert into tb_KCXX values(" & StrNum & ",'"
& Text1(0).Text & "','" & Text1(1).Text & "','" & Text1(2).Text & "','" & Combo1.Text
& "','" & Text1(3).Text & "','" & Text1(4).Text & "','" & Str(DTPicker1.Value) &
"','')")
        Else                                                    '否则，如果库存表中没有记录
            StrNum = 1                                          '编号设置为 1
            '如果库存中没有记录，则将入库货品信息保存到库存当中
            Set adoRs = adoCon.Execute("insert into tb_KCXX values(" & StrNum & ",'"
& Text1(0).Text & "','" & Text1(1).Text & "','" & Text1(2).Text & "','" & Combo1.Text
& "','" & Text1(3).Text & "','" & Text1(4).Text & "','" & Str(DTPicker1.Value) &
"','')")
        End If
```

代码贴士

❶ Execute 方法：执行指定的查询、SQL 语句、存储过程或特定提供者的文本等内容。

❷ MoveLast 方法：移动到所显示 Recordset 的最后一条记录。

（5）删除入库信息

当某些入库信息不正确，需要将其删除时，可以通过选中要删除的记录，单击“删除”按钮将其删除。在“删除”按钮中调用了自定义过程 MyDel()。在该过程中，首先利用 ADO 控件 Recordset 对象的 Delete 方法将入库信息表中的记录删除，然后再将库存信息表中该商品的库存数量减少，最后将标识变量 Etemp 设置为 1，并调用 joinRZ 过程，将删除操作记录到系统日志中。关键代码如下：

```
Private Sub MyDel()
    If Adodc1.Recordset.EOF = False Then                        '不是最后一条记录
❶       c = MsgBox("您确认要删除该记录吗?", 17)                   '提示信息，确认删除
        If c = vbOK Then                                        '如果同意删除
❷           Adodc1.Recordset.Delete                             '删除入库信息
            Adodc1.Refresh                                      '刷新
            Call main                                           '调用连接数据库过程
❸           adoRs.Open "select * from tb_KCXX where KC_name='" + Text1(1).Text + "'
and KC_SPEC='" + Text1(2).Text + "' and KC_UNIT ='" + Combo1.Text + "' and KC_Price="
& Val(Text1(4).Text) & "", adoCon, adOpenKeyset
            If adoRs.RecordCount > 0 Then                       '如果库存表中有记录
                Dim SNum As Integer                             '定义整型变量
                SNum = Val(adoRs.Fields("KC_Num")) - Val(Text1(3).Text)
                                                                '重新计算库存货品的数量
                Set adoRs = adoCon.Execute("UPDATE tb_KCXX SET KC_Num='" + Str(SNum)
+ "' where KC_ name='" + Text1(1).Text + "' and KC_SPEC='" + Text1(2).Text + "' and
KC_UNIT ='" + Combo1.Text + "' and KC_Price=" & Val(Text1(4).Text) & "")
                                                                '修改该货品的库存数量
            End If
            adoCon.Close                                        '关闭数据库连接
            ETemp = 1                                           '设置删除标识
            Call joinRZ                                         '调用添加日志过程
        End If
    Else                                                        '数据库中没有记录
        MsgBox "当前数据库中已经没有可删除的记录", 64              '提示信息
```

```
    End If
    Call Trefresh                                        '调用过程
End Sub
```

代码贴士

❶ MsgBox 函数：在对话框中显示消息，等待用户单击按钮，并返回一个 Integer 告诉用户单击哪一个按钮。

❷ Delete 方法：删除当前记录或记录组。

❸ Open 方法：打开到数据源的连接。

（6）将用户对商品入库中的操作记录到系统日志

当用户进入到商品入库模块中，在对商品进行入库操作以后，系统自动将标识变量 ETemp 设置为 0，并调用自定义过程 joinRZ，将用户的修改操作信息写到系统日志中。当用户对入库信息进行删除操作时，系统将标识变量 Etemp 设置为 1，并调用 joinRZ 过程，将用户的删除操作写入到系统日志中。关键代码如下：

```
Private Sub joinRZ()
    Open (App.Path & "\系统日志.ini") For Input As #1       '打开系统日志文件
    Do While Not EOF(1)                                   '循环至文件尾
        Line Input #1, Intext                             '读取一行内容
        TStr = TStr + Intext + Chr(13) + Chr(10)          '写入变量中
    Loop
    Close #1                                              '关闭文件
    If ETemp = 0 Then                                     '添加修改信息日志
        TStr = TStr + "    " + Name1 + "          " + Format(Now, "yyyy-mm-dd hh:mm:ss")
+ "         " + "修改票号 " + Text1(0).Text + "(" + Text1(1).Text + ")" + Chr(13) +
Chr(10)
    ElseIf ETemp = 1 Then                                 '添加删除信息日志
        TStr = TStr + "    " + Name1 + "          " + Format(Now, "yyyy-mm-dd hh:mm:ss")
+ "         " + "删除票号 " + Text1(0).Text + "(" + Text1(1).Text + ")" + Chr(13) +
Chr(10)
    End If
    Open (App.Path & "\系统日志.ini") For Output As #1      '打开系统日志文件
    Print #1, TStr                                        '将日志信息保存到文件中
    Close #1                                              '关闭文件
End Sub
```

扫一扫，看视频

17.9 商品借出模块设计

17.9.1 商品借出模块概述

商品借出模块的主要功能是将借出的商品信息保存到商品借出数据表中，并修改商品的库存信息。用户选择“商品库存管理”/“商品借出”命令，即可进入到“商品借出”模块中，如图 17.37 所示。要添加商品借出信息，单击“添加”按钮，即可添加商品借出信息。当某些信息不需要时，可选择该记录，单击“删除”按钮，将该记录删除。

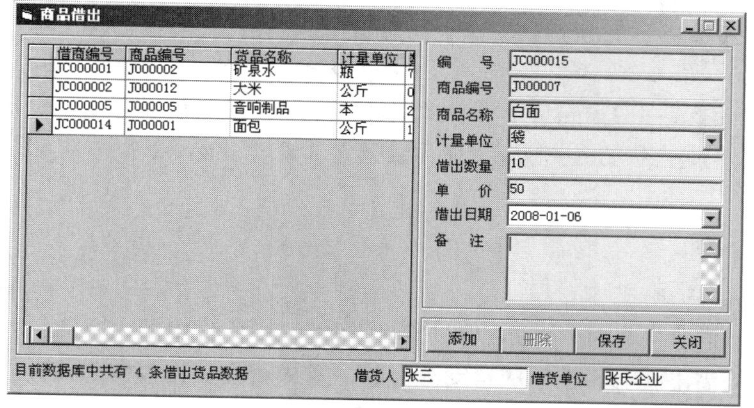

图 17.37 商品借出模块

17.9.2 商品借出模块实现过程

本模块使用的数据表：tb_hpout、tb_KCXX

1. 窗体设计

商品借出模块的窗体设计步骤如下：

（1）在工程中新建一个窗体，命名为 frm_hpout，设置 StartUpPosition 属性为“2-屏幕中心”，BorderStyle 属性为 1-Fixe Single，MinButton 属性为 True，Caption 属性为“商品借出”。

（2）在窗体上添加 ADO 控件，使用其默认名，用于连接商品借出表。

（3）在窗体上添加 3 个 Frame 控件，使用其默认名。

（4）在 Frame1 中添加一个 DataGrid 控件。DataGrid 控件不是 Visual Basic 的标准控件，在使用时需要先将其添加到 Visual Basic 的工具箱中。具体的添加方法如下：选择“工程”/“部件”命令，在弹出的“部件”对话框中选中 Microsoft DataGrid Control 6.0（SP6）（OLDB）复选框，即可将 DataGrid 控件添加到工具箱中。设置 DataGrid1 的 DataSource 属性为 Adodc1，用于显示商品借出表的数据信息。

（5）在 Frame2 中添加若干个 Label 控件和 TextBox 控件，用于显示商品的基本信息。

（6）在 Frame3 中添加 4 个 CommandButton 控件，其相关设置如表 17.11 所示。

表 17.11 CommandButton 控件的属性设置

对 象	属 性	值	功 能
CommandButton	名称 Caption	Cmd_Add 添加	执行添加操作
	名称 Caption	Cmd_Del 删除	执行删除操作
	名称 Caption	Cmd_Save 保存	执行保存操作
	名称 Caption	Cmd_exit 关闭	执行关闭操作

（7）在窗体上添加两个 Label 控件和两个 TextBox 控件，使用默认名，用于显示和输入借货人和借货单位的信息。

（8）在窗体上添加一个 Label 控件，命名为 Lbl_info，用于显示当前的借货信息条数。

（9）在窗体上添加一个 Timer 控件，使用默认名，设置 Interval 属性为 60，用于实时显示当前的借货信息条数。

2．代码设计

（1）添加借货信息

当用户需要添加借货信息时，单击“添加”按钮，将文本框中的内容清空，并在“编号”文本框中输入自动生成的借出编号。在生成自动编号时，首先查询数据库中的 ID 列，获取其最大值，将该值加 1，如果位数不足 6 位，则自动补零。关键代码如下：

```
Private Sub Cmd_Add_Click()
    For i = 0 To 5
        Text1(i).Text = ""                                      '循环清空文本框中的内容
    Next i
    Adodc1.RecordSource = "select * from tb_hpout order by ID"
                                                                '查询商品借出数据表中的所有内容
    Adodc1.Refresh                                              '刷新
    If Adodc1.Recordset.RecordCount > 0 Then                    '如果记录数大于 0
        Adodc1.Recordset.MoveLast                               '将数据库中的记录移向最后一条
        StrNum = Val(Adodc1.Recordset.Fields("ID")) + 1         '将记录编号的值加 1
❶       Select Case Len(Trim(StrNum))                           '位数不足则补 0
        Case 1                                                  '位数为 1
            StrTemp = "00000"                                   '补 5 个零
        Case 2                                                  '位数为 2
            StrTemp = "0000"                                    '补 4 个零
        Case 3                                                  '位数为 3
            StrTemp = "000"                                     '补 3 个零
        Case 4                                                  '位数为 4
            StrTemp = "00"                                      '补两个零
        Case 5                                                  '位数为 5
            StrTemp = "0"                                       '补一个零
        Case 6                                                  '位数为 6
            StrTemp = ""                                        '不补零
        End Select
❷       Text1(0).Text = "JC" & Trim(StrTemp) & Trim(Str(StrNum))
                                                                '生成借货编号
    Else                                                        '如果数据库中没有记录
        Text1(0).Text = "JC000001"                              '则给编号赋一个初值
        StrNum = 1                                              '设置变量值为 1
    End If
End Sub
```

代码贴士

❶ Len 函数：返回 Long，其中包含字符串内字符的数目，或是存储一变量所需的字节数。

Trim 函数：返回 Variant（String）类型值，其中包含指定字符串的备份，没有前导和尾随空白（Trim）。

❷ Str 函数：返回代表一数值的 Variant（String）。

（2）保存借货信息

在添加完借货信息后，需要对这些数据进行保存。单击“保存”按钮，首先对库存信息表中的库存数量进行查询，如果库存数量减去借出数量的值小于零，则提示不能借出。如果库存充足，则可以借出，向商品借出数据表中添加借出记录，并修改库存信息表中的库存数量。关键代码如下：

```
Private Sub Cmd_save_Click()
   '判断要保存的信息在数据库中是否已经存在
   Adodc1.RecordSource = "select * from tb_hpout where P_ID='" + Text1(0) + "'"
   Adodc1.Refresh                                          '刷新
❶    If Adodc1.Recordset.RecordCount > 0 Then              '数据库中存在该数据
      MsgBox "该信息已经存在,信息保存不成功", 64             '提示信息
      Call Trefresh                                        '调用数据刷新过程
   Else                                                    '如果数据库中没有该记录
      c = MsgBox("您确认要保存该信息吗?", 33)              '提示信息，确认保存
      If c = vbOK Then                                     '如果同意保存
         If Text1(1).Text = "" Or Text1(3).Text = "" Or Text1(4).Text = "" Or
Text2.Text = "" Or Text3.Text = "" Then                    '如果输入的信息为空值
            MsgBox "借货人信息、借货单位信息、货品数量、单价或名称不能为空值!", 48
                                                           '提示信息
         Else                                              '如果没有空值
            If Not IsNumeric(Text1(3).Text) Or Not IsNumeric(Text1(4).Text) Then
                                                           '如果数据类型不正确
               MsgBox "输入的货品数量或单价必须为数值型数据", 48   '提示信息
            Else                                                  '如果数据类型正确
               Call main                '调用公共模块中连接数据库函数
               adoRs.Open "select * from tb_KCXX where KC_ids='" + Text1(1).Text
+ "'", adoCon, adOpenKeyset             '查询库存信息表中是否存在要保存的货品编号记录
               If adoRs.RecordCount > 0 Then                      '如果存在
                  Dim SNum As Integer                             '定义整型变量
                  '计算库存中的货品数量
                  SNum = Val(adoRs.Fields("KC_Num")) - Val(Text1(3).Text)
                  If SNum >= 0 Then                               '如果库存数量大于 0
                     NumId = Val(Mid(Text1(0).Text, 2, Len(Text1(0).Text)))
                                                                  '给变量 NumId 赋值
                     Moneys = Val(Text1(3).Text) * Val(Text1(4).Text)
                                                                  '给变量 Moneys 赋值
                     '保存货品借出信息
                     Set adoRs = adoCon.Execute("insert into tb_hpout
(ID,P_ID,P_ids,P_name,P_UNIT, P_Num,P_Price, P_Money,P_Date,P_People,P_Remark,
P_thr,P_thdw) values(" & StrNum & ",'" & Text1(0).Text & "','" & Text1(1).Text &
"','" & Text1(2).Text & "','" & Combo1.Text & "','" & Text1(3).Text & "','" &
Text1(4).Text & "','" & Moneys & "','" & Str(DTPicker1.Value) & "','" & Name1 & "','"
& Text1(5).Text & "','" & Text3.Text & "','" & Text2.Text & "')")
                                                           '修改库存中相应货品的数量
                     Set adoRs = adoCon.Execute("UPDATE tb_KCXX SET KC_Num='" +
Str(SNum) + "' where KC_ids='" + Text1(1).Text + "'")
                     MsgBox "信息保存成功", 64             '提示信息
                  Else                                     '如果不存在该商品编号
                     Dim Strs As String                    '定义字符型变量
                     Strs = "该货品的库存数量为 " & adoRs.Fields("kc_num") & " ,
```

```
货品借出数量不应大于其库存数量"                                  '给变量赋值
                    MsgBox Strs, 48                              '提示信息
                End If
            End If
            ETemp = 0                                            '设置标识变量
            Call joinRZ                                          '调用自定义过程
            adoCon.Close                                         '关闭数据库连接
        End If
    End If
  End If
 End If
End Sub
```

代码贴士

❶ If...Then 语句块：根据表达式的值有条件地执行一组语句。

用 If...Then 结构有条件地执行一个或多个语句。单行语法和多行语法都可以使用：

```
If condition Then statement

If condition Then
   statements
End If
```

（3）删除借货信息

单击商品借出列表中的记录，再单击“删除”按钮，即可将该记录从商品借出数据表中删除；同时修改库存信息表中该商品的库存数量，将该值加上商品借出表中的数量值；设置删除标识，添加系统日志。其实现的关键代码如下：

```
Private Sub Cmd_del_Click()
    If Adodc1.Recordset.EOF = False Then                         '如果存在该记录
        c = MsgBox("您确认要删除该记录吗?", 17)                    '提示信息，确认删除
        If c = vbOK Then                                         '如果同意删除
            Adodc1.Recordset.Delete                              '删除货品借出信息
            Adodc1.Refresh                                       '刷新
            Call main                                            '调用数据库连接过程
            adoRs.Open "select * from tb_KCXX where KC_name='" + Text1(2).Text + "'
and KC_UNIT ='" + Combo1.Text + "' and KC_Price=" & Val(Text1(4).Text) & "", adoCon,
adOpenKeyset                                                     '查询库存信息表中是否有该数据
            If adoRs.RecordCount > 0 Then                        '如果有该记录
                Dim SNum As Integer                              '定义整型变量
                SNum = Val(adoRs.Fields("KC_Num")) + Val(Text1(3).Text)
                                                                 '重新计算库存货品的数量
                '修改该货品的库存数量
                Set adoRs = adoCon.Execute("UPDATE tb_KCXX SET KC_Num='" + Str(SNum)
+ "' where KC_name='" + Text1(2).Text + "' and KC_UNIT ='" + Combo1.Text + "' and
KC_Price=" & Val(Text1(4).Text) & "")
            End If
            adoCon.Close                                         '关闭连接
            ETemp = 1                                            '设置删除标识
            Call joinRZ                                          '调用添加日志过程
❶           For i = 0 To 5
                Text1(i).Text = ""                               '清空文本框
```

```
            Next i
        End If
    Else                                                    '没有可删除的数据
        MsgBox "当前数据库中已经没有可删除的记录", 64        '提示信息
    End If
End Sub
```

代码贴士

❶ For...Next 语句：以指定次数来重复执行一组语句。

在不知道循环内需要执行多少次语句时，用 Do 循环。但是，在知道要执行多少次时，则最好使用 For...Next 循环。与 Do 循环不同，For 循环使用一个叫做计数器的变量，每重复一次循环之后，计数器变量的值就会增加或者减少。For 循环的语法如下：

```
For counter = start To end [Step increment]
   statements
Next [counter]
```

（4）写入系统日志

在对商品借出信息进行数据操作时，利用自定义过程 joinRZ()可以将用户的操作都写入到系统日志文件中，其实现方法和在商品入库模块中的实现方法基本一致，这里就不再赘述。关键代码可参见本书附带的资料包。

17.10　出入库现金年统计数据模块设计

17.10.1　出入库现金年统计模块数据概述

出入库现金年统计数据模块的主要功能是将某年的现金出入库情况按月进行统计，并以线型显示。选择“数据统计与报表”/“出入库现金年统计”命令，进入到一个选择窗体中。在该窗体中选择要统计的年份和现金形式，即入库还是出库，这里统计 2007 年的入库现金，如图 17.38 所示。

单击“确定”按钮，就进入到统计结果显示窗体中。在该窗体中可以用线形图和条形图的形式显示统计结果，如图 17.39 所示即为以线形图显示 2007 年的商品入库现金统计数据。

图 17.38　选择统计年份

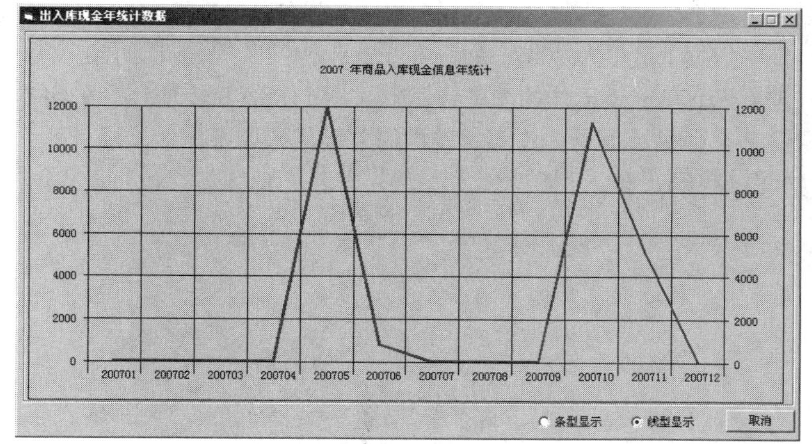

图 17.39　出入库现金年统计数据

17.10.2 出入库现金年统计数据模块实现过程

本模块使用的数据表：tb_YMoney

1. 窗体设计

出入库现金年统计数据模块的窗体设计步骤如下：

（1）在工程中新建一个窗体，命名为 Frm_YStat，设置 StartUpPosition 属性为“2-屏幕中心”，BorderStyle 属性为 1-Fixe Single，MinButton 属性为 True，Caption 属性为“出入库现金年统计数据”。

（2）在窗体上添加一个 ADO 控件，使用其默认名，用于连接数据表（tb_YMoney）。

（3）在窗体上添加一个 Frame 控件，使用其默认名。

（4）在 Frame1 中添加一个 MSChart 控件，使用其默认名，用于显示出入库现金年统计。MSChart 控件不是 Visual Basic 的标准控件，在使用前需要将其添加到 Visual Basic 的工具箱中。具体的添加方法如下：选择“工程”/“部件”命令，在弹出的“部件”对话框中选中 Microsoft Chart Control 6.0（SP4）（OLEDB）复选框，将其添加到工具箱中。

（5）在窗体上添加两个 OptionButton 控件，使用其默认名，设置 Option1 控件的 Caption 属性为“条型显示”，Option2 控件的 Caption 属性为“线型显示”，Value 属性为 True。

（6）在窗体上添加一个 CommandButton 控件，使用其默认名，Caption 属性为“取消”。

2. 代码设计

下面以入库现金年统计为例介绍出入库现金年统计模块的代码实现过程。

（1）统计数据

当用户选择“数据统计报表”/“出入库现金年统计”命令，首先打开的是一个选择窗体，从中选择“入库现金年统计”或者“出库现金年统计”选项卡及要统计的年份。例如，选择“入库现金年统计”选项卡，再选择 2007 年，如图 17.40 所示。

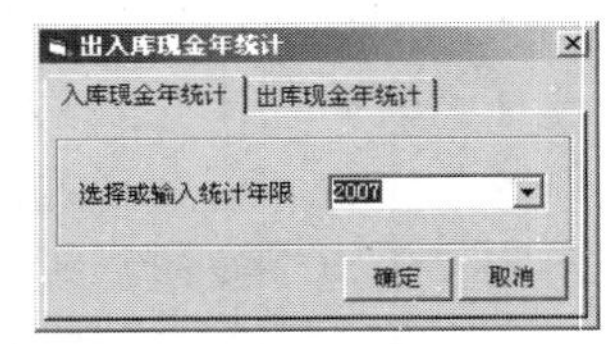

图 17.40　选择统计的年份

单击“确定”按钮，在数据表 tb_IN 中查询年份组合框中所选年份的数据，这里为 2007。如果存在该年份的数据，调用自定义过程 Inxxxs()统计入库现金年数据，并设置 Frm_Ystat 窗体的图表标题，显示 Frm_YStat 窗体，关闭本窗体；如果不存在对应年份的数据信息，则提示信息。该实现过程的关键代码如下：

```
Private Sub Command1_Click()
   '查询指定年份的数据信息
   Adodc1.RecordSource = "select IN_Money,IN_Date from tb_in where in_year='" +
Combo1.Text + "'"
   Adodc1.Refresh                                     '刷新
   If Adodc1.Recordset.RecordCount > 0 Then           '如果存在该年份的数据
      Call Inxxxs                                     '调用统计入库年统计现金数据
                                                       的过程
❶     Frm_YStat.MSChart1.Title = Combo1.Text & " 年商品入库现金信息年统计"
                                                          '图表名称
      Frm_YStat.Show                                  '显示统计分析窗体
```

```
        Unload Me                                              '卸载本窗体
    Else                                                       '如果不存在该年份的数据
        MsgBox "当前数据库中没有符合条件的统计数据", 64         '提示相应的信息
    End If
End Sub
```

代码贴士

❶ Title 属性：对 Title 对象的引用，该对象描述图表的标题文本。

自定义过程 Inxxxs()用于统计入库的现金年信息，其中借助了一个临时数据表 tb_YMoney，将按月统计出来的现金数据存入该数据表中，如果没有，则存入零。自定义过程 Inxxxs()的代码如下：

```
Private Sub INxxxs()
    Dim Nums As Integer                                        '定义整型变量
    Dim YM As String                                           '定义字符型变量
    Call tbTemp                                                '调用过程删除临时表中的数据
    Call main                                                  '调用过程连接数据库
    Adodc1.Recordset.MoveFirst                                 '移动到第一条数据
    For i = 1 To 12                                            '从 1 月到 12 月进行循环
❶       Adodc2.RecordSource = "select sum(IN_Money) from tb_in where in_year='" +
Combo1.Text + "' and IN_Month='" + Trim(Str(i)) + "'"          '按月统计入库金额
        Adodc2.Refresh                                         '刷新
        If Adodc2.Recordset.RecordCount > 0 Then               '如果记录数大于 0
            If Adodc2.Recordset.Fields(0) <> "" Then           '如果统计金额不为空
                Nums = Nums + 1                                '变量 Nums 加 1
                If Len(i) = 1 Then                             '如果 i 长度为 1，格式化为 2 位
                    YM = Combo1.Text & "0" & I                 '赋值给变量 YM
                ElseIf Len(i) = 2 Then                         '如果 i 长度为 2，直接赋值
                    YM = Combo1.Text & I                       '赋值给变量 YM
                End If
                Set adoRs = adoCon.Execute("insert into tb_YMoney values(" & Nums & ",'"
& Trim(Str (Adodc2. Recordset.Fields(0))) & "','" & YM & "')")     '保存年统计信息
            Else                                               '如果统计金额为空
                Nums = Nums + 1                                '变量 Nums 加 1
                If Len(i) = 1 Then                             '如果 i 长度为 1，格式化为 2 位
                    YM = Combo1.Text & "0" & i                 '赋值给变量 YM
                ElseIf Len(i) = 2 Then                         '如果 i 长度为 2，直接赋值
                    YM = Combo1.Text & I                       '赋值给变量 YM
                End If
                '将统计值赋为零
                Set adoRs = adoCon.Execute("insert into tb_YMoney values(" & Nums &
",'0','" & YM & "')")
            End If
        End If
    Next
    adoCon.Close                                               '关闭连接
End Sub
```

代码贴士

❶ sum 函数：SQL 语句中使用的聚合函数，返回表达式中所有值的和，或只返回 DISTINCT 值。SUM 只能用于数字列。空值将被忽略。

（2）显示统计结果

在 Frm_Ystat 窗体加载时，调用自定义过程 LoadNumO()，将临时表 tb_YMoney 中的数据显示到 MSChart 控件中。首先将统计出来的值赋给动态数组，然后将数组的值赋给 MSChart 控件的 ChartData 属性，即可在 MSChart 控件中显示出分析结果。关键代码如下：

```
Private Sub Form_Load()
    Call LoadNumO                                              '调用显示图表中的数据过程
End Sub
Private Sub LoadNumO()
    Dim j As Integer                                           '定义整型变量
    Dim Nums As Integer                                        '定义整型变量
    Adodc1.RecordSource = "select * from tb_YMoney order by id"
                                                               '查询 tb_YMoney 表中的数据
    Adodc1.Refresh                                             '刷新
    If Adodc1.Recordset.RecordCount > 0 Then                   '如果 tb_YMoney 表中有数据
        Adodc1.Recordset.MoveFirst                             '移动到最后一条
        Nums = Adodc1.Recordset.RecordCount                    '将记录数赋给变量 Nums
❶       ReDim arrValues(1 To Nums, 1 To 2)                     '定义动态数组
        For j = 1 To Nums
            arrValues(j, 1) = "  " & Adodc1.Recordset!Dates              '给数组赋值
            arrValues(j, 2) = Adodc1.Recordset!Moneys                    '给数组赋值
            Adodc1.Recordset.MoveNext                                    '移动到下一条记录
        Next j
❷       MSChart1.ChartData = arrValues                                   '图表显示数据
    End If
End Sub
```

代码贴士

❶ ReDim 语句：在过程级别中使用，用于为动态数组变量重新分配存储空间。

❷ ChartData 属性：返回或设置一个数组，该数组包含将要被该图表显示的值。

17.11 文件处理技术

在本程序中，几乎将所有的操作都写入系统日志中，而这里的系统日志是通过写入 INI 文件来实现的。利用 Visual Basic 6.0 强大的文件处理功能，可以编写出功能强大的文件处理程序。下面介绍一下 Visual Basic 中的文件处理技术。

17.11.1 文件的概念

文件是存储在外部介质上的数据或信息的集合，用来永久保存大量的数据。计算机中的程序和数据，都是以文件的形式进行存储的。大部分的文件都存储在诸如硬盘驱动器、磁盘和磁带等辅助设备上，并由程序读取和保存。在程序运行过程中所产生的大量数据，往往也都要输出到磁盘介质上进行保存。

文件通常有两种形式：记录文件和流式文件。记录文件是一种有结构的文件，每个文件由若干个记录组成，每个记录由若干个相关数据项（称为“字段”）组成，记录是文件存储的最小单位。

流式文件是一种无结构的文件，它按“流”的方式组织文件，整个文件就是一个字符流或二进制流，即文件是一个字符序列。这种文件没有记录和字段的界限，文件的存取以字符或二进制位为单位，输入输出数据流的开始和结束只受程序而不受物理符号（如回车换行符）的控制。

17.11.2　文件的分类

1．根据数据的使用分类

根据数据的使用情况，文件可以分为数据文件和程序文件两类。

（1）数据文件

数据文件中存放普通的数据。如药品信息、学生信息等，这些数据可以通过特定的程序存取。

（2）程序文件

程序文件中存放计算机可以执行的程序代码，包括源文件和可执行文件等。如 Visual Basic 中的.vbp、.frm、.frx、.bas、.cls、.exe 等都是程序文件。

- 工程文件（.vbp）

工程文件包含了组成应用程序的所有窗体文件（.frm）、模块文件（.bas）和其他文件，也包含环境设置选项方面的信息。

- 窗体文件（.frm）

窗体文件包含窗体、控件的描述和属性设置，也含有一些窗体级的常数、变量、外部过程的声明，以及事件过程的一般过程。如果程序中没有.frm 窗体文件，就表示没有用户界面。

- 窗体的二进制数据文件（.frx）

窗体的二进制数据文件含有窗体上控件的属性数据，这些文件是在创建窗体时自动生成的。

- 标准模块文件（.bas）

标准模块文件用于存放可以应用在多个窗体中的公共代码，包含常数、变量、外部过程的声明，以及过程代码。

- 类模块文件（.cls）

类模块用于建立新对象，这些新对象可以包含自定义的属性和方法，类模块既包含代码又包含数据，它可以被应用程序内的过程调用。类模块可以看作是没有物理表示的控件。

- 可执行文件（.exe）

当设计和调试好工程中的全部文件后，即可将此工程编译成可执行文件（.exe）。通过“文件”/“生成工程名.exe”命令来实现。

- 其他程序文件

Visual Basic 中的程序文件还包括 ActiveX 控件的文件（.ocx）、单个资源文件（.res）以及动态链接库文件（.dll）等。

2．根据数据访问方式分类

Visual Basic 中提供了 3 种数据的访问方式——顺序访问、随机访问和二进制访问，相应的文件可分为顺序文件、随机文件和二进制文件。

（1）顺序文件

顺序文件具有最简单的文件结构。在顺序文件中，数据的写入是一个接一个依次进行的。顺序文件一般可分为许多行，每一行的长度不固定，顺序文件只提供第一个记录的存储位置，对顺序文件的处理必须从头开始一个个地处理。

顺序文件中记录与记录之间的分界符是回车符，其存储形式如图 17.41 所示。其优点是操作简单；缺点是无法任意取出某一个记录来修改，必须读入全部数据，在数据量很大时或只想修改某一条记录时，非常不方便。一般适用于数据不经常修改、数据之间没有明显的逻辑关系或数据量不大的情况。

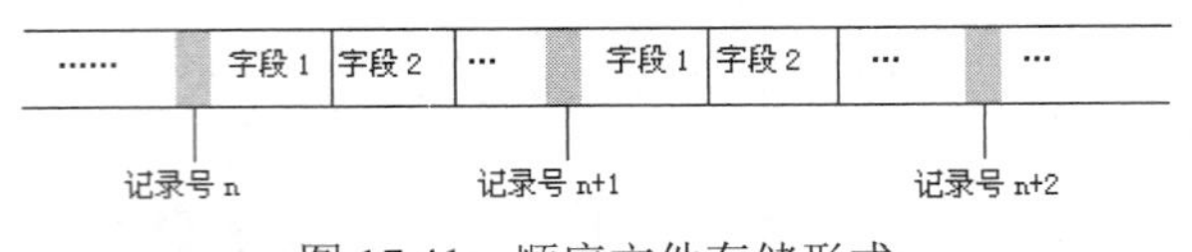

图 17.41　顺序文件存储形式

（2）随机文件

随机文件由固定长度的记录组成，每个记录又由固定数目的字段组成。在设计字段长度时以最大可能为准。存储形式如图 17.42 所示。

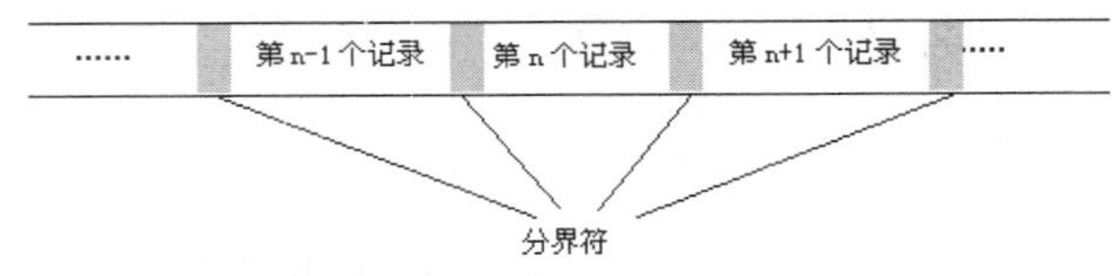

图 17.42　随机文件存储形式

在随机文件中，每条记录都对应一条记录号，在查询或存取数据时，可以按记录号对数据进行存取操作。因此，不但可以随机地访问任意指定的记录，而且对记录的读或写也是可以随意选择的。它的优点是：存取速度快，更新容易。它适用于数据结构一定、数据经常需要修改的情况。

（3）二进制文件

以二进制码的形式保存的文件为二进制文件。二进制文件可以看作字节的顺序排列，存储以字节为单位，允许用户根据字节数来定位操作的位置，这和随机文件相似。图像文件、可执行文件、声音文件等均属于二进制文件。

17.11.3　文件处理的一般步骤

在 Visual Basic 中无论是什么类型的文件，其处理步骤一般都要按下列 3 个步骤进行。

（1）打开（或创建）文件

一个文件必须打开或创建后才可以操作。如果文件已经存在，则打开该文件；如果不存在，则创建文件。

（2）根据打开文件的模式对文件进行读写操作

在打开（或创建）的文件上执行所要求的输入输出操作。在文件处理中，把内存中的数据存储到外部设备并作为文件存放的操作叫做写数据，而把数据文件中的数据传输到内存程序中的操作叫做读数据。一般来说，内存与外设间的数据传输中，由内存到外设的传输叫做输出或写，而外设到内存的传输叫做输入或读。

（3）关闭文件

对文件读写操作完成后，要关闭文件并释放内存。使用 Close 语句可以关闭文件并释放相关文件缓冲。

17.11.4　顺序文件

1．打开顺序文件

在对文件进行任何输入输出操作之前都必须先打开文件。Open 语句分配一个缓冲区供文件进行输入输出之用，并决定缓冲区所使用的访问模式。

语法：

```
Open FileName For [Input | Output | Append ] [ Lock ] As filenumber [ Len = Buffersize ]
```

顺序文件有以下 3 种打开方式，不同的方式可以对文件进行不同的操作。

➘　Input 方式

以此方式打开的文件，是用来读入数据的，可从文件中把数据读入内存，即读操作。FileName 指定的文件必须是已存在的文件，否则会出错。不能对此文件进行写操作。

例如，下面的代码可用来将 C 盘根目录下的文件 MyFile.txt 打开进行读操作，此时文件不可写，文件号为 1 号。

```
Open "c:\MyFile.txt" For Input As #1
```

➘　Output 方式

以此方式打开的文件，是用来输出数据的，可将数据写入文件，即写操作。如果 FileName 指定的文件不存在，则创建新文件；如果是已存在的文件，系统将覆盖原文件。不能对此文件进行读操作。

例如，下面的代码用于打开 C 盘根目录下的文件 MyFile.txt，如果该文件不存在，则创建文件。

```
Open "c:\MyFile.txt" For Output As #1
```

➘　Append 方式

以此方式打开的文件，也是用来输出数据的。与 Output 方式打开不同的是，如果 FileName 指定的文件已存在，不覆盖文件原内容，文件原有内容被保留，写入的数据追加到文件末尾；如果指定文件不存在，则创建新文件。

例如，下面的代码用于打开 C 盘根目录下的 MyFile.txt 文件，如果源文件存在，则写入的数据追加在文件的末尾。

```
Open "c:\MyFile.txt" For Append As #1
```

当以 Input 方式打开顺序文件时，该文件必须已经存在，否则会产生一个错误。然而，当以 Output 或 Append 方式打开一个不存在的文件，Open 语句首先创建该文件，然后再打开它。当在文件与程序之间复制数据时，可利用参数 Len 指定缓冲区的字符数。

2．读取顺序文件

要读取文本文件的内容，首先应以 Input 方式打开该文件，然后再使用 Input #语句、Input 函数或者 Line Input #语句将文件复制到程序变量中。Visual Basic 提供了一些能够一次读写顺序文件中的一个字符或一行数据的语句和函数。

（1）Input #语句

Input#语句用于从文件中依次读出数据，并放在变量列表中对应的变量中；变量的类型与文件中数据的类型要求对应一致。

语法：

```
Input #filenumber, varlist
```

- filenumber：必要参数，任何有效的文件号。
- varlist：必要参数，用逗号分界的变量列表，将文件中读出的值分配给这些变量；这些变量不能是一个数组或对象变量，但是可以使用变量描述数组元素或用户定义类型的元素。

说明：

文件中的字符串数据项若用双引号括起来，双引号内的任何字符（包括逗号）都视为字符串的一部分，所以若有些字符串数据项内需要有逗号时，最好用 Write 语句写入文件，再用 Input 语句读出来，这样在文件中存放数据时就不会出现问题。

示例

本示例使用 Input #语句将文件内的数据读入两个变量中。假设 MyFile 文件内含数行以 Write #语句写入的数据，也就是说，每一行数据中的字符串部分都是用双引号括起来，并与数字用逗号隔开，例如（"MingriSoft",1234）。运行程序，单击“执行”按钮，将文件中的内容读取到变量中，并在窗体上显示两个变量中的内容。程序代码如下：

```
Private Sub Command1_Click()
    Dim MyStr, MyInt                                          '定义变量
    Open App.Path & "\MyFile.txt" For Input As #1             '打开 MyFile.txt
    Do While Not EOF(1)                                       '循环至文件尾
        Input #1, MyStr, MyInt                                '将数据读入两个变量中
        Print MyStr, MyInt                                    '在立即窗口中显示数据
    Loop
    Close #1                                                  '关闭文件
End Sub
```

（2）Line Input #语句

Line Input #语句用于从已打开的顺序文件中读出一行，并将它分配给字符串变量。Line Input #语句一次只从文件中读出一个字符，直到遇到回车符（Chr(13)）或回车/换行符（Chr(13)+Chr(10)）为止。回车/换行符将被跳过，而不会被附加到字符变量中。

语法：

```
Line Input #filenumber, varname
```

- filenumber：必要参数，任何有效的文件号。
- varname：必要参数，有效的 Variant 或 String 变量名。

示例

本示例利用 Line Input#语句从文件中读取一行数据。运行程序，单击窗体，即可在窗体上显示读出的数据信息。程序代码如下：

```
Private Sub Form_Click()
    Dim MyLine                                                '定义变量
```

```
    Open App.Path & "\MyFile.txt" For Input As #1          '打开文件
    Do While Not EOF(1)                                     '循环至文件尾
        Line Input #1, MyLine                               '读入一行数据并将其赋予某变量
        Print MyLine                                        '在立即窗口中显示数据
    Loop
    Close #1                                                '关闭文件
End Sub
```

（3）Input 函数

Input 函数用于返回 String 类型的值，它包含以 Input 或 Binary 方式打开的文件中的字符。通常用 Print#或 Put 将 Input 函数读出的数据写入文件。Input 函数只用于以 Input 或 Binary 方式打开的文件。

语法：

```
Input(number, [#]filenumber)
```

- number：必要参数，任何有效的数值表达式，指定要返回的字符个数。
- filenumber：必要参数，任何有效的文件号。

示例

本示例利用 Input 函数从 MyFile.txt 文件中读取文件信息。运行程序，单击窗体，即可在窗体上显示读出的数据信息。程序代码如下：

```
Private Sub Form_Click()
    Dim MyStr                                               '定义变量
    Open App.Path & "\MyFile.txt" For Input As #1          '打开文件
    Do While Not EOF(1)                                     '循环至文件尾
        MyStr = Input(1, #1)                                '读入一个字符
        Print MyStr                                         '显示到立即窗口
    Loop
    Close #1                                                '关闭文件
End Sub
```

3. 写入顺序文件

在 Visual Basic 中对顺序文件进行写操作主要使用 Print #语句和 Write #语句。

（1）Print #语句

将格式化显示的数据写入顺序文件中。

语法：

```
Print #filenumber, [outputlist]
```

- filenumber：必要参数，任何有效的文件号。
- outputlist：可选参数，表达式或是要打印的表达式列表。

注意：

Print 方法所“写”的对象是窗体、打印或控件，而 Print #语句所“写”的对象是文件。如下面的语句实现了将 Text1 控件中的内容写入到#1 文件中：

```
Print #1,Text1.Text
```

示例

利用 Print #语句将数据写入到 Open 语句开辟的缓冲区，只有在缓冲区中执行下一个 Print #语

句或关闭文件时，才由文件系统将缓冲区数据写入磁盘文件。下面的例子是利用 Print #语句将数据写入文件或窗体。程序代码如下：

```
Private Sub Form_Click()
   Dim i As Integer: Dim j As Integer: Dim x As Integer       '定义变量
   Open App.Path & "\MyFile.txt" For Output As #1              '打开文件
   For i = 1 To 100
      x = Int(50 * Rnd)                                        '给变量 x 赋值
      Print x,                                                 '在窗体上输出 x 的值
      Print #1, x,                                             '在文件中写入 x 的值
      If i Mod 5 = 0 Then                                      '如果 i 是 5 的倍数
         Print                                                 '在窗体上换行
         Print #1,                                             '在文件中换行
      End If
   Next i
   Close 1                                                     '关闭
End Sub
```

（2）Write #语句

将数据写入顺序文件。

语法：

```
Write #filenumber, [outputlist]
```

- filenumber：必要参数，任何有效的文件号。
- outputlist：可选参数，要写入文件的数值表达式或字符串表达式，用一个或多个逗号将这些表达式分隔。

例如，下面利用 Write #语句向文件中写入数据。运行程序，单击“执行”按钮，即可利用 Write#语句向 MyFile.txt 文件中写入数据信息。程序代码如下：

```
Private Sub Command1_Click()
   Open App.Path & "\MyFile.txt" For Output As #1              '打开输出文件
   Write #1, "mingrisoft", 1234                                '写入以逗号隔开的数据
   Write #1,                                                   '写入空白行
   Dim MyStr                                                   '定义变量
   MyStr = "明日科技"                                          '给变量赋值
   Write #1, MyStr; "是一家以计算机软件技术为核心的高科技企业。"   '向文件中写入数据
   Close #1                                                    '关闭文件
   MsgBox "已经将信息写入顺序文件", vbInformation, "信息提示"     '提示操作完成
End Sub
```

（3）Write #语句与 Print #语句的区别

Write #语句通常采用紧凑格式输出，即各数据项之间用逗号分隔，在写入文件时，数据项之间会自动用逗号分界符分隔开。而 Print#语句中的表达式之间因所用分隔符是逗号或分号的不同，其数据项间的位置也不同，也不会自动加入定界符。

Write #语句通常与 Input #读语句配合使用，Print #语句通常与 Line Input #读语句配合使用。

Write #语句通常用于数据写入文件后还要用 Visual Basic 程序读出；而 Print #语句通常用在向文件中写入数据后，要显示或打印出来时作为格式输出语句。

4．关闭顺序文件

当打开顺序文件并对其进行读写操作后，应将文件关闭，以避免占用资源。可以利用 Close 语句将其关闭。

语法：

```
Close [filenumberlist]
```

filenumberlist：可选参数，表示文件号的列表，如#1、#2。如果省略，将关闭 Open 语句打开的所有活动文件。

说明：

（1）Close 语句用来关闭使用 Open 语句打开的文件。Close 语句具有下面两个作用：

- 将 Open 语句创建的文件缓冲区中的数据写入文件中。
- 释放表示该文件的文件号，以方便被其他 Open 语句使用。

（2）若 Close 语句的后面没有跟随文件号，则关闭使用 Open 语句打开的所有文件。

（3）若不使用 Close 语句关闭打开的文件，当程序执行完毕时，系统也会自动关闭所有打开的文件，并将缓冲区中的数据写入文件中。但是，这样执行有可能会使缓冲区中的数据最后不能写入到文件中，造成程序执行失败。

下面利用 Close 语句关闭由 Open 语句打开的文件。运行程序，单击“执行”按钮，即可执行上述操作，并提示操作完毕信息。程序代码如下：

```
Private Sub Command1_Click()
   Open App.Path & "\MyFile.txt" For Output As #1                '打开文件
   Print #1, "ABCDEFG"                                           '将字符串写入文件
   Close                                                         '将已打开的文件关闭
   MsgBox "已经向 MyFile.txt 文件中写入信息，并将该文件关闭！"   '提示操作完成
End Sub
```

17.11.5　随机文件

1．随机文件的打开和关闭

（1）随机文件的打开

随机文件的打开同样使用 Open 语句，但是打开模式必须是 Random 方式，同时要指明记录长度。文件打开后可同时进行读写操作。

语法：

```
Open FileName For Random [Access access] [lock] As [#]filenumber [Len=reclength]
```

表达式 Len=reclength 指定了每个记录的字节长度。如果 reclength 比写文件记录的实际长度短，则会产生一个错误；如果 reclength 比记录的实际长度长，则记录可写入，只是会浪费一些磁盘空间。例如，可利用下面的语句打开一个随机文件 MyFile.txt。

```
Open "C:\MyFile.txt" For Random Access Read As #1 Len = 100
```

（2）随机文件的关闭

随机文件的关闭与关闭顺序文件相同。例如，下面的代码可以将所有打开的随机文件都关闭。

```
Close
```

2．读取随机文件

使用 Get 语句可以从随机文件中读取记录。

语法：

```
Get [#]filenumber, [recnumber], varname
```

其中各参数的说明如表 17.12 所示。

表 17.12　参数说明

参　　数	描　　述
filenumber	必要参数，任何有效的文件号
recnumber	可选参数，指出了所要读的记录号
varname	必要参数，一个有效的变量名，将读出的数据放入其中

例如，使用 Get 语句将文件中的记录读取到变量中，单击窗体，将其输出到窗体上。代码如下：

```
Private Type Record                                          '定义用户自定义的数据类型
   ID As Integer
   Name As String * 30
End Type
Private Sub Form_Click()
   Dim MyRecord As Record, Position                          '声明变量
   Open App.Path & "\MyFile.txt" For Random As #1 Len = Len(MyRecord)
                                                             '为随机访问打开样本文件
   '使用 Get 语句来读样本文件
   Position = 3                                              '定义记录号
   Get #1, Position, MyRecord                                '读第 3 个记录
   Print MyRecord.Name                                       '输出
   Close #1                                                  '关闭文件
End Sub
```

3．写入随机文件

Put #语句可以实现将一个变量的数据写入磁盘文件中。

语法：

```
Put [#]filenumber, [recnumber], varname
```

Put #语句中各参数的说明如表 17.13 所示。

表 17.13　参数说明

参　　数	描　　述
filenumber	必要参数，任何有效的文件号
recnumber	可选参数，Variant（Long）。记录号（Random 方式的文件）或字节数（Binary 方式的文件），指明在此处开始写入
varname	必要参数，包含要写入磁盘的数据的变量名

对于以 Random 方式打开的文件，在使用 Put #语句时，应注意以下几点：

（1）如果已写入的数据的长度小于用 Open 语句的 Len 子句所指定的长度，则 Put#语句以记录长度为边界写入随后的记录，记录终点与下一个记录起点之间的空白将用现有文件缓冲区内的内容填充。因为填入的数据量无法确定，所以一般说来，最好设法使记录的长度与写入的数据长度一致。

如果写入的数据长度大于由 Open 语句的 Len 子句所指定的长度，就会导致错误发生。

（2）如果写入的变量是一个可变长度的字符串，则 Put#语句先写入一个含有字符串长度的双字节描述符，然后再写入变量。Open 语句的 Len 子句所指定的记录长度至少要比实际字符串的长度多两个字节。

（3）如果写入的变量是数值类型的 Variant，则 Put#语句先写入两个字节来辨认 Variant 的 VarType，然后才写入变量。例如，当写入 VarType 3 的 Variant 时，Put #语句会写入 6 个字节，其中，前两个字节辨认出 Variant 为 VarType 3（Long），后 4 个字节则包含 Long 类型的数据。Open 语句的 Len 子句所指定的记录长度至少需要比存储变量所需的实际字节多两个字节。

例如，使用 Put#语句将记录信息写入到 MyFile.txt 文件中。运行程序，单击“写入”按钮，即可将记录信息写入到 MyFile.txt 文件中。程序代码如下：

```
Private Sub Command1_Click()                              '将记录写入 MyFile.txt 文件中
   Dim MyRecord As Record, recordnumber                   '声明变量
   Open App.Path & "\MyFile.txt" For Random As #1 Len = Len(MyRecord)
                                                          '以随机访问方式打开文件
   For recordnumber = 1 To 5                              '循环 5 次
      MyRecord.ID = recordnumber                          '定义 ID
      MyRecord.Name = "明日科技 " & recordnumber          '建立字符串
      Put #1, recordnumber, MyRecord                      '将记录写入文件中
   Next recordnumber
   Close #1                                               '关闭文件
   MsgBox "已经将记录写入到 MyFile.txt 文件中", vbInformation, "信息提示"
End Sub
```

17.11.6 二进制文件

二进制文件的访问与随机文件的访问十分类似，不同的是随机文件是以记录为单位进行读写操作的，而二进制文件则是以字节为单位进行读写操作的。

1. 二进制文件的打开和关闭

（1）二进制文件的打开

二进制文件一经打开，就可以同时进行读写操作，但是一次读写的不是一个数据项，而是以字节为单位对数据进行访问。任何类型的文件都可以以二进制的形式打开，因此二进制访问能提供对文件的完全控制。

语法：

```
Open pathname For Binary As filenumber
```

可以看出，二进制访问中的 Open 语句与随机存储中的 Open 语句不同，它没有 Len=reclength。如果在二进制访问的语句中包括了记录长度，则被忽略。

例如，下面的语句用于以二进制的形式打开 C 盘根目录下的 MyFile.txt 文件。

```
Open "C:\MyFile.txt" For Binary As #1
```

（2）二进制文件的关闭

二进制文件的关闭和其他文件的关闭相同，利用 Close #filenumber 即可实现。例如，下面的代码用于关闭#1 文件。

```
Close #1
```

2．二进制文件的读写操作

对二进制文件的读取和随机文件一样，使用 Get 语句从指定的文件中读取数据，使用 Put 语句将数据写入到指定的文件中。

（1）二进制文件的读操作

二进制文件的读操作可以采用 Get 语句来实现。利用 Get 语句读取二进制文件和读取随机文件是十分相似的，这里不再赘述。

（2）二进制文件的写操作

二进制文件打开后，可以使用 Put 语句对其进行写操作。

语法：

```
Put [#]filenumber, [recnumber], varname
```

Put 语句将变量的内容写入到所打开文件的指定位置，它一次写入的长度等于变量的长度。例如，变量为整型，则写入两个字节的数据。如果忽略位置参数，则表示从文件指针所指的位置开始写入数据，数据写入后，文件指针会自动向后移动。文件刚打开时，指向第一个字节。

17.11.7 常用的文件操作语句和函数

1．文件操作语句

下面介绍一下文件操作的常用语句。

（1）ChDrive 语句

ChDrive 语句用于改变当前的驱动器。

语法：

```
ChDrive drive
```

drive：必要参数，是一个字符串表达式，它指定一个存在的驱动器。如果使用零长度的字符串（""），则当前的驱动器将不会改变。如果 drive 参数中有多个字符，则 ChDrive 只会使用首字母。

例如，下面的代码用于将 D 盘设置为当前的驱动器。

```
ChDrive "D"
```

（2）ChDir 语句

ChDir 语句用于改变当前的目录或文件夹。

语法：

```
ChDir path
```

path：必要参数，是一个字符串表达式。它指明哪个目录或文件夹将成为新的默认目录或文件夹，path 可能会包含驱动器。如果没有指定驱动器，则 ChDir 在当前的驱动器上改变默认目录或文件夹。

说明：

ChDir 语句改变默认目录位置，但不会改变默认驱动器位置。

例如，如果默认的驱动器是 C，则下面的语句将会改变驱动器 D 上的默认目录，但是 C 仍然是默认的驱动器。

```
ChDir "D:\MyFolder"
```

（3）Kill 语句

Kill 语句用于从磁盘中删除文件。

语法：

```
Kill pathname
```

pathname：必要参数，用来指定一个文件名的字符串表达式。pathname 可以包含目录、文件夹以及驱动器。

说明：

在 Microsoft Windows 中，Kill 语句支持多字符（*）和单字符（?）的通配符来指定多重文件。

例如，利用下面的语句可以将驱动器 C 盘下的 MyFile.txt 文件（首先应确定 C 盘下有 MyFile.txt 文件）删除。

```
Kill "C:\MyFile.txt"
```

（4）MkDir 语句

MkDir 语句用于创建一个新的目录或文件夹。

```
MkDir path
```

path：必要参数，是用来指定所要创建的目录或文件夹的字符串表达式。path 可以包含驱动器。如果没有指定驱动器，则 MkDir 语句会在当前驱动器上创建新的目录或文件夹。

例如，下面在驱动器 C 盘中创建 MyFolder 文件夹。创建该文件前，应首先确定在该路径下是否存在同名的文件夹，如果存在同名的文件夹，将产生一个错误，提示“文件/路径访问错误”信息。

```
MkDir "C:\MyFolder"
```

（5）FileCopy 语句

FileCopy 语句用于复制一个文件。

语法：

```
FileCopy source, destination
```

- source：必要参数，字符串表达式，用来表示要被复制的文件名。source 可以包含目录或文件夹以及驱动器。
- destination：必要参数，字符串表达式，用来指定要复制的目的文件名。destination 可以包含目录、文件夹以及驱动器。

注意：

如果对一个已打开的文件使用 FileCopy 语句，则会产生错误。

例如，下面将源文件夹下的 MyFile.txt 文件复制到目的文件夹下。程序代码如下：

```
Private Sub Command1_Click()
    Dim SourceFile, DestinationFile As String                         '定义变量
    SourceFile = App.Path & "\源文件夹\MyFile.txt"                    '指定源文件名
    DestinationFile = App.Path & "\目的文件夹\MyFile.txt"             '指定目的文件名
    FileCopy SourceFile, DestinationFile                              '将源文件复制到目的文件
    MsgBox "已经将源文件复制到目的路径！",vbInformation,"明日图书"    '提示信息
End Sub
```

（6）Name 语句

Name 语句用于重新命名一个文件、目录或文件夹。

语法：

```
Name oldpathname As newpathname
```

- oldpathname：必要参数，字符串表达式，指定已存在的文件名和位置，可以包含目录、文件夹以及驱动器。
- newpathname：必要参数，字符串表达式，指定新的文件名和位置，可以包含目录、文件夹以及驱动器。由 newpathname 所指定的文件名必须存在。

说明：

Name 语句重新命名文件并将其移动到一个不同的目录或文件夹中。如有必要，Name 可跨驱动器移动文件。但当 newpathname 和 oldpathname 都在相同的驱动器中时，只能重新命名已经存在的目录或文件夹。Name 不能创建新文件、目录或文件夹。

注意：

在一个已打开的文件上使用 Name，将会产生错误。必须在改变名称之前，先关闭打开的文件。Name 语句不能包括多字符（*）和单字符（?）的通配符。

例如，下面将 OldFolder 文件夹中的 OldFile.txt 文件移动到 NewFolder 文件夹下，并将文件重命名为 NewFile.txt。程序代码如下：

```
Private Sub Command1_Click()
    Dim OldName, NewName As String                          '定义变量
    OldName = App.Path & "\OldFolder\OldFile.txt"           '给变量 OldName 赋值
    NewName = App.Path & "\NewFolder\NewFile.txt"           '给变量 NewName 赋值
    Name OldName As NewName                                 '文件重命名
End Sub
```

（7）SetAttr 语句

SetAttr 语句用于为一个文件设置属性信息。

语法：

```
SetAttr pathname, attributes
```

- pathname：必要参数，用来指定一个文件名的字符串表达式，可以包含目录、文件夹以及驱动器。
- attributes：必要参数，常数或数值表达式，其总和用来表示文件的属性。设置值如表 17.14 所示。

表 17.14　SetAttr 语句中 attributes 参数的设置值

常　数	值	描　述
vbNormal	0	常规（默认值）
vbReadOnly	1	只读
vbHidden	2	隐藏
vbSystem	4	系统文件
vbArchive	32	上次备份以后，文件已经改变

注意：

如果给一个已打开的文件设置属性，会在运行时产生错误。

例如，下面代码实现的是将工程目录下的 MyFile.txt 文件的属性设置为只读的系统文件。程序代码如下：

```
Private Sub Command1_Click()
    SetAttr App.Path & "\MyFile.txt", vbReadOnly + vbSystem     '设置该文件属性为只
                                                                  读的系统文件
    MsgBox "已经重新设置 MyFile.txt 文件的属性！"                   '提示信息
End Sub
```

2. 文件操作函数

下面介绍常用的文件操作函数。

（1）CurDir 函数

CurDir 函数用于返回一个 Variant（String）型的值，用来代表当前的路径。

语法：

```
CurDir[(drive)]
```

drive：可选参数，是一个字符串表达式，它指定一个存在的驱动器。如果没有指定驱动器，或 drive 是零长度字符串（""），则 CurDir 会返回当前驱动器的路径。

例如，下面的代码利用 CurDir 函数来返回当前的路径。

```
Dim MyPath
MyPath = CurDir
```

（2）GetAttr 函数

GetAttr 函数用于返回一个 Integer 类型的值，该值为一个文件、目录或文件夹的属性。

语法：

```
GetAttr(pathname)
```

pathname：必要参数，是用来指定一个文件名的字符串表达式。pathname 可以包含目录、文件夹以及驱动器。

GetAttr 函数的返回值可以是表 17.15 所示的属性值或属性值的和。

表 17.15　文件的属性值

常　　数	值	描　　述
vbNormal	0	常规
vbReadOnly	1	只读
vbHidden	2	隐藏
vbSystem	4	系统文件
vbDirectory	16	目录或文件夹
vbArchive	32	上次备份以后，文件已经改变
vbAlias	64	指定的文件名是别名

若要判断是否设置了某个属性，在 GetAttr 函数与想要得到的属性值之间使用 And 运算符逐位比较。如果所得的结果不为零，则表示设置了这个属性值。例如，在下面的 And 表达式中，如果档案（Archive）属性没有设置，则返回值为零。

```
Result = GetAttr(FName) And vbArchive
```

如果文件的档案属性已设置，则返回非零的数值。

（3）FileDateTime 函数

FileDateTime 函数用于返回一个 Variant（Date）类型值，此值为一个文件被创建或最后修改的日期和时间。

语法：

```
FileDateTime(pathname)
```

pathname：必要参数，用来指定一个文件名的字符串表达式。pathname 可以包含目录、文件夹以及驱动器。

下面的例子演示的是将工程文件下的 MyFile.txt 文件的最后修改时间显示在窗体上。程序代码如下：

```
Private Sub Command1_Click()
    Dim MyDate As String                                        '定义变量
    MyDate = FileDateTime(App.Path & "\MyFile.txt")             '获取文件的最后修改时间
    Print "该文件的最后修改时间为："; MyDate                     '输出最后修改时间
End Sub
```

（4）FileLen 函数

FileLen 函数用于返回一个 Long 型值，代表一个文件的长度，单位是字节。

语法：

```
FileLen(pathname)
```

pathname：必要参数，用来指定一个文件名的字符串表达式。pathname 可以包含目录、文件夹以及驱动器。

注意：

当调用 FileLen 函数时，如果所指定的文件已经打开，则返回的值是这个文件在打开前的大小。若要取得一个打开文件的长度大小，可使用 LOF 函数。

例如，使用 FileLen 函数来返回 MyFile.txt 文件的字节长度。假设 MyFile 为含有数据的文件，并且存放在 C 盘根目录下。程序代码如下：

```
Dim MySize
MySize = FileLen("C:\MyFile.txt")                               '返回文件的字节长度
```

（5）EOF 函数

EOF 函数用来测试文件的结束状态。利用 EOF 函数可以避免在文件读入时出现“读入超出文件”的提示信息。

语法：

```
EOF(filenumber)
```

filenumber：必要参数，是一个 Integer 类型的值，包含任何有效的文件号。

可通过下面两种方式将文件 MyFile.txt 中的内容读取到文本框中。

① 从文件中一行一行地读取信息

```
Private Sub Command1_Click()
    Dim InPutData                                               '定义变量
    Open App.Path & "\MyFile.txt" For Input As #1               '打开文件
    Do While Not EOF(1)
        Line Input #1, InPutData                                '读取一行数据
        Text1.Text = Text1.Text + InPutData + vbCrLf            '追加到文本框末尾
```

```
    Loop
    Close #1                                               '关闭文件
End Sub
```

② 从文件中一个字符一个字符地读取信息

```
Private Sub Command1_Click()
    Dim InPutData                                          '定义变量
    Open App.Path & "\MyFile.txt" For Input As #1          '打开文件
    Do While Not EOF(1)
        Input #1, InPutData                                '读取一个字符
        Text1.Text = Text1.Text + InPutData                '追加到文本框的末尾
    Loop
    Close #1                                               '关闭文件
End Sub
```

（6）LOF 函数

LOF 函数用于返回一个 Long 型值，表示用 Open 语句打开的文件的大小，以字节为单位。

语法：

```
LOF(filenumber)
```

filenumber：必要参数，是一个 Integer 类型的值，包含一个有效的文件号。

例如，使用 LOF 函数获得工程目录下的 MyFile.txt 文件的长度，并将其显示在窗体上。程序代码如下：

```
Private Sub Command1_Click()
    Dim MyLength                                           '定义变量
    Open App.Path & "\MyFile.txt" For Input As #1          '打开文件
    MyLength = LOF(1)                                      '取得文件长度
    Print "已打开的文件长度为：" & MyLength & "字节！"      '提示信息
    Close #1                                               '关闭文件
End Sub
```

扫一扫，看视频

17.12　本章总结

本章运用软件工程的设计思想，通过一个完整的企业进销存管理系统为读者详细讲解了一个系统的开发流程。通过本章的学习，读者可以了解 Visual Basic 应用程序的开发流程，利用 Flash 控件的 FSCommand 事件实现 Flash 和 Visual Basic 的交互，以及利用文件处理技术将用户对系统的操作写入 ini 文件，作为系统的日志文件。希望对读者日后的程序开发有所帮助。

第 18 章　学生订票管理系统（Visual Basic 6.0+SQL Server 2005 实现）

随着计算机技术的发展，人们对计算机智能化的要求越来越高，许多传统的手工管理逐渐被计算机管理系统代替。针对寒暑假期间各高校学生买票难的问题，制作了学生订票管理系统，避免了学生排队购票的麻烦，节省了大量的人力物力。通过本章的学习，将学到：

- 订票系统的基本开发过程；
- 网格控件的基本应用；
- 对数据的添加、修改和删除操作；
- 过程的定义与调用；
- SQL Server 2005 数据库的基本使用。

18.1　开 发 背 景

随着经济的发展，旅游业的不断壮大，外出、旅游的人数不断增多，增加了交通运输的压力。当前铁路运输仍是我国主要的运输方式，这样在每年的寒暑假期和春秋黄金周客流高峰期，火车站售票大厅经常人满为患，出现排长队购票的情况。特别是各高校放假期间，许多学生更是在乘车购票上费尽心思，不得不为购票准备时间。但随着计算机的普及，信息处理量的逐渐扩大，铁路部门先后提供了网上订票、电话订票等方便、快捷的购票方式。

某高校是一所综合性的重点大学，随着招生量的扩大，该校学生人数不断增多，师生人数已达 4 万。在学校放假开始的几天内，该校所在城市的火车站购票大厅有大量的学生排队购票。针对此种情况，该校同车站协商，决定使用学生订票管理系统，使学生通过计算机在学校就能够订票，以节省学生的时间和减轻车站的压力。

18.2　系 统 分 析

18.2.1　需求分析

对于学生订票管理系统，准确快捷的车次信息查询功能和方便简单的订票操作是十分必要的，因此系统必须为学生提供准确的车次信息和当前的车票状况，这是学生订票管理系统的最基本要求，服务器端要能够及时添加、修改车次信息，对学生信息进行录入和删除。

结合实际情况，学生订票管理系统应满足以下需求：

- 该系统客户端界面清晰，达到一目了然的效果。

- 客户端能够有方便的查询系统，简单明了的订票、退票操作。
- 防止学生重复订票、退票操作，影响系统数据的正确性。
- 服务器端提供信息完全可靠，时效性强。
- 能够保证数据与信息的安全性。

18.2.2 可行性分析

1. 经济可行性

该系统的主要目的就是节省学生的时间和精力，减轻客运高峰期车站的压力。使用本系统，学生在学校就可以订票，不必到车站排队购票，能够节省学生的大量时间，同时还可以减轻火车站的压力，能够节省人力物力。

2. 技术可行性

本系统前台采用 Microsoft 公司的 Visual Basic 6.0 作为主要的开发工具；数据库选择当前十分流行的 Microsoft SQL Server 2005 数据库系统，该系统在安全性、准确性和运行速度方面都占有一定优势。

18.3 系 统 设 计

18.3.1 系统目标

面对车票管理的复杂化和订票系统发展过程中的各种情况，学生订票管理系统在实施后，应达到以下目标：

- 系统界面友好美观，操作简单易行，查询灵活方便，数据存储安全。
- 系统管理信息化，可随时掌握订票人数、车票状态和车票剩余数量等情况。
- 实现多点操作的信息共享，服务器端与客户端信息传递准确、快捷和顺畅。
- 通过学生订票管理系统的实施，可方便学生对车票的预订，减小客运高峰工作人员的工作量。

18.3.2 系统功能结构

扫一扫，看视频

根据学生订票管理系统功能结构的特点，将其分为客户端和服务器端两部分。客户端主要用于学生进行列车时刻信息查询、车次信息查询和剩余车票查询等，服务器端主要用于对车次信息的管理、订票信息的统计和系统的维护。

学生订票管理系统的功能结构如图 18.1 所示。

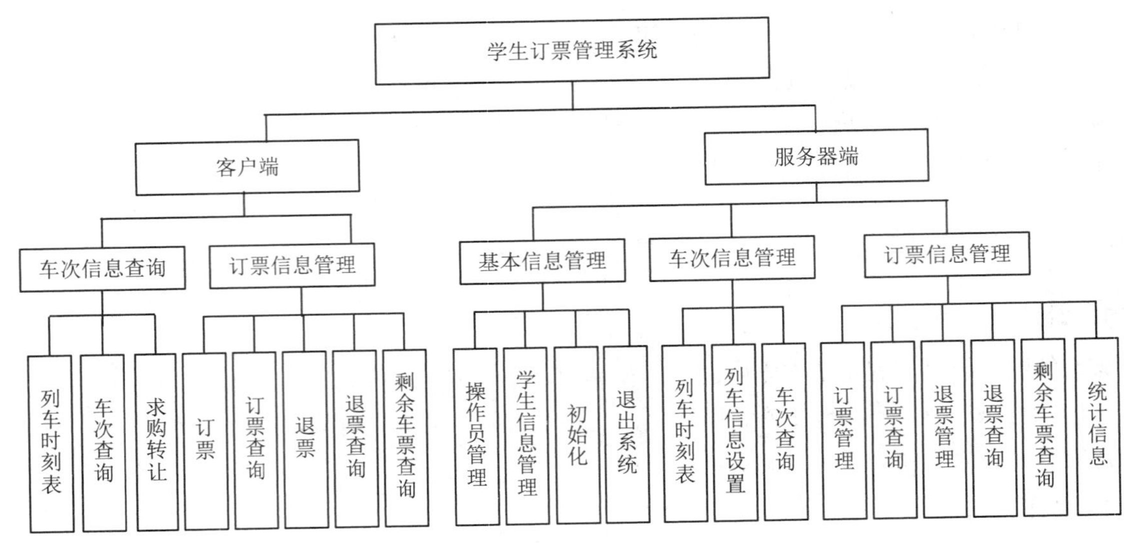

图 18.1　系统功能结构

18.3.3　业务流程图

为了使读者更清晰地了解本系统的业务流程，在此给出业务流程图如图 18.2 所示。

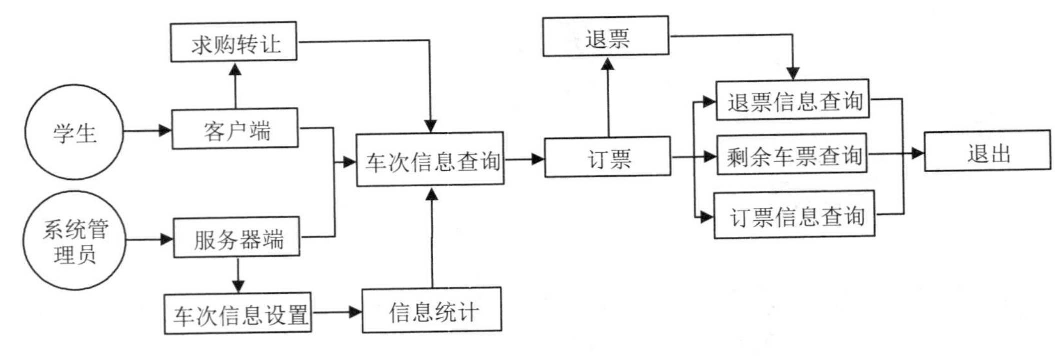

图 18.2　业务流程图

扫一扫，看视频

18.4　数据库设计

数据库的设计在管理系统开发中占有十分重要的地位，一个好的数据库是一个成功的系统的关键，所以，要根据系统的信息量设计合适的数据库。下面介绍创建学生订票管理系统数据库的过程。

18.4.1　数据库概要说明

根据学生订票管理系统需求的数据量，本系统使用当前比较流行的 SQL Server 2005 数据库。SQL Server 2005 数据库功能强大，并且更加安全、稳定、可靠。数据库命名为 db_dpgl，其中包含

6 个表，数据表结构如图 18.3 所示。

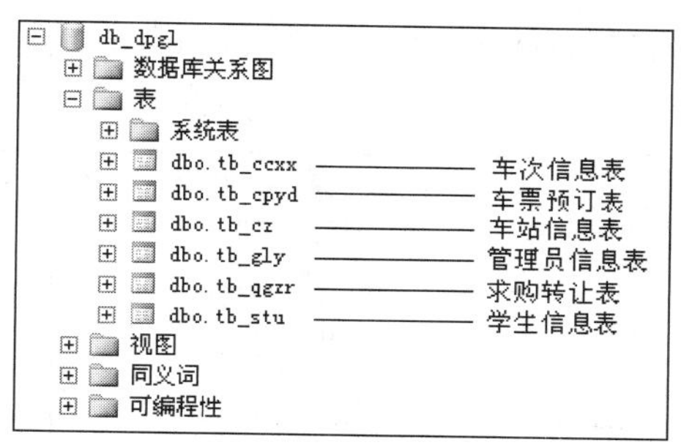

图 18.3　数据表结构

18.4.2　数据库概念设计

通过对系统进行的需求分析、业务流程设计以及系统功能结构的确定，规划出系统中使用的数据库实体对象及实体 E-R 图。

在订票管理系统中车次信息是标志路线的重要实体，其实体 E-R 图如图 18.4 所示。

每个车次都包含了相应的站点，因此规划出车站信息实体，其实体 E-R 图如图 18.5 所示。

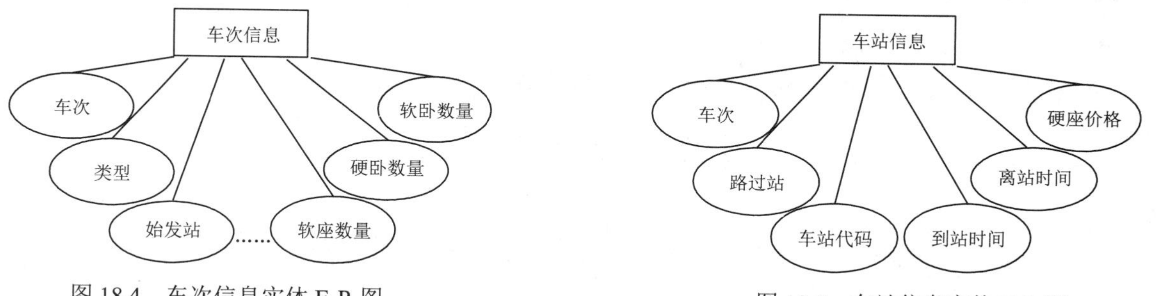

图 18.4　车次信息实体 E-R 图

图 18.5　车站信息实体 E-R 图

学生订票要产生订票信息，因此规划出车票预订实体，其实体 E-R 图如图 18.6 所示。

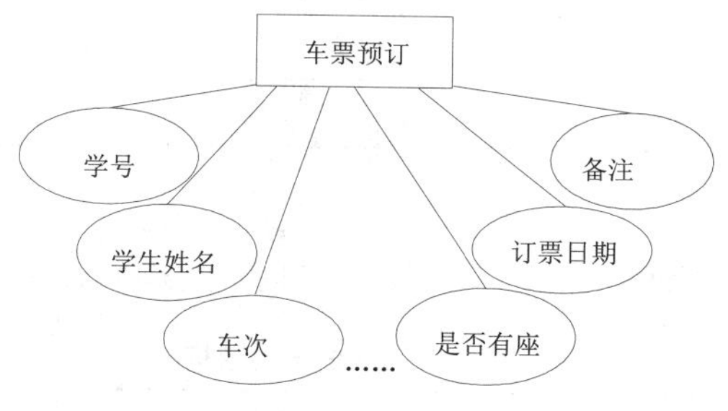

图 18.6　车票预订实体 E-R 图

这里只介绍这几个 E-R 图，其他 E-R 图的设计方法基本相同，这里不再介绍。

18.4.3　数据库逻辑设计

根据设计好的实体 E-R 图在数据库中创建数据表，系统数据库中各数据表的结构如下。

➘ tb_ccxx（车次信息表）

车次信息表 tb_ccxx 用来保存所有的车次信息，结构如表 18.1 所示。

表 18.1　tb_ccxx 表的结构

字 段 名 称	数 据 类 型	字 段 大 小
车次	varchar	10
类型	varchar	10
始发站	varchar	20
始发时间	varchar	10
终点站	varchar	20
终到时间	varchar	10
硬座数量	varchar	10
软座数量	varchar	10
硬卧数量	varchar	10
软卧数量	varchar	10

➘ tb_cz（车站信息表）

车站信息表 tb_cz 用来保存现有车次的所有路过站信息，结构如表 18.2 所示。

表 18.2　tb_cz 表的结构

字 段 名 称	数 据 类 型	字 段 大 小
车次	varchar	10
路过站	varchar	20
车站代码	varchar	10
到站时间	varchar	10
离站时间	varchar	10
硬座价格	varchar	10

➘ tb_cpyd（车票预订表）

车票预订表 tb_cpyd 用来保存学生的订票和退票信息，结构如表 18.3 所示。

表 18.3　tb_cpyd 表的结构

字 段 名 称	数 据 类 型	字 段 大 小
学号	varchar	10
学生姓名	varchar	10
车次	varchar	10
类别	varchar	10

续表

字段名称	数据类型	字段大小
乘坐日期	datetime	10
起点站	varcha	20
到达站	varchar	20
类型	varchar	10
票价	money	
购票方式	varchar	10
实际票价	money	
是否有座	varchar	10
订票日期	datetime	
备注	varchar	10

18.5　公共模块设计

扫一扫，看视频

使用公共模块可实现代码重用，节省系统资源。因此在本系统中添加一个 Module1 模块。此模块主要用于定义全局变量，共享数据库连接，并定义了一个全局函数，返回一个连接串。公共模块代码如下：

```
Public xh As String                                    '全局变量，用于存放表格序号
Public i As Integer                                    '循环变量
Public Function mysql() As String                      '返回一个连接串
   mysql = "Provider=SQLOLEDB;Persist Security Info=False;User ID=sa;Initial
Catalog=db_dpgl"
End Function
Public Function cnn() As ADODB.Connection              '定义函数
   Set cnn = New ADODB.Connection                      '定义连接对象变量
   '返回一个数据库连接
   cnn.Open "Provider=SQLOLEDB;Persist Security Info=False;User ID=sa;Initial
Catalog=db_dpgl"
End Function
```

18.6　客户端主窗体设计

扫一扫，看视频

18.6.1　客户端主窗体概述

启动学生订票管理系统的客户端程序，进入客户端主窗体，如图 18.7 所示。在客户端主窗体中，学生可以通过选择菜单命令或直接单击工具栏中的按钮，打开相应窗体或执行相应功能；在主

界面中可进行用户登录，用户登录后才可进行车票预订，登录密码为学生学号。

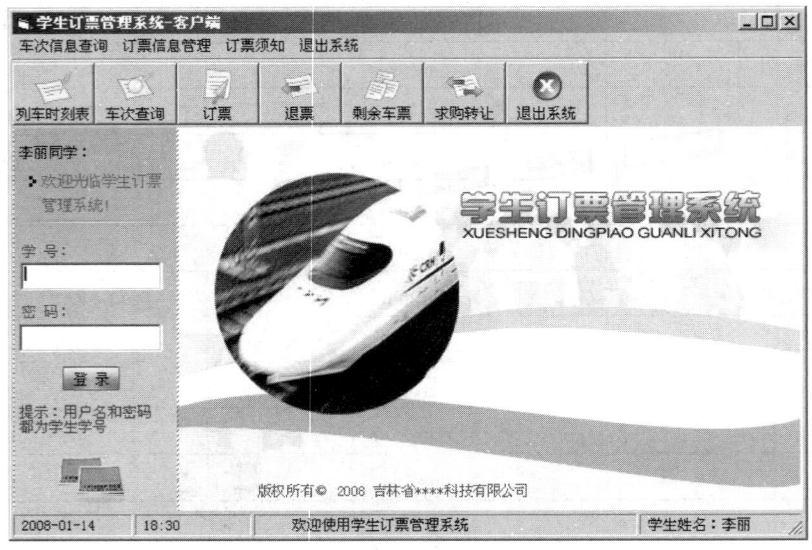

图 18.7　客户端主窗体界面

18.6.2　客户端主窗体实现过程

本模块使用的数据表：tb_stu

1. 窗体设计

为了方便学生对客户端程序的使用，在客户端主窗体设计时添加了菜单栏和工具栏。菜单栏中包含客户端程序的全部功能，工具栏显示系统的主要功能，同时在窗体上添加了学生登录功能。下面介绍系统客户端程序主窗体的设计过程。

（1）新建一个标准工程，该工程会自动创建一个新窗体，命名为 Frm_main，其 Caption 属性设置为“学生订票管理系统-客户端”。

（2）利用 Visual Basic 提供的菜单编辑器设计菜单。在“工具”菜单中选择“菜单编辑器”命令，打开菜单编辑器，也可以在工具栏上单击“菜单编辑器”按钮。通过菜单编辑器可以创建应用程序的菜单，创建的菜单结构如图 18.8 所示。

标题	名称	快捷键
【车次信息查询】	ccxx	
....列车时刻表	zsdj	Ctrl+A
....车次查询	cccx	
....-		
....求购转让	qgzr	
【订票信息管理】	dpxx	
....订票	dp	Ctrl+D
....订票查询	dpcx	
....-		
....退票	tp	Ctrl+T

标题	名称	快捷键
....退票查询	tpcx	
....-		
....剩余车票查询	sycp	
挂账查询	gzcx	
【帮助信息】	bz	
....帮助	help	
....-		
....关于	about	
【退出系统】	exit	

图 18.8　菜单结构

（3）在“工程”菜单栏中选择“工程”/“部件”命令，在弹出的列表中选中 Microsoft Windows Common Control 6.0 复选框，然后单击“确定”按钮，Toolbar 控件、ImageList 控件和 StatusBar 控件将被添加到工具箱中。

（4）在窗体上添加一个 ImageList 控件，用于存放 Toolbar 控件显示的图片。用鼠标右键单击 ImageList 控件，在弹出的快捷菜单中选择“属性”命令，弹出“属性页”对话框。在“属性页”对话框的“通用”选项卡中选择图标大小为 32 × 32，在“图像”选项卡中为控件添加图片。

（5）在窗体上添加一个 Toolbar 控件，作为主窗体的工具栏。用鼠标右键单击 Toolbar 控件，在弹出的快捷菜单中选择“属性”命令，打开 Toolbar 控件的属性对话框，在“通用”选项卡的“图像列表”下拉列表框中选择 ImageList1 选项。在“按钮”选项卡中单击“插入按钮”按钮，可添加按钮。依次设置每个按钮的索引、标题、关键字和对应 ImageList 中的图像。

（6）在窗体中添加一个 StatusBar 控件，作为主窗体的状态栏，用来显示时间和当前操作员等信息。按照上面的方法打开 StatuBar 控件的属性对话框，选择“窗格”选项卡，设置 4 个窗格。设置索引为 1 的窗格样式为 6-sbrDate；设置索引为 2 的窗格样式为 5-sbrTime；设置索引为 3 的窗格样式为 0-sbrtext，并输入文本“欢迎使用学生订票管理系统”；设置索引为 4 的窗格样式为 0- sbrtext。

（7）在窗体左侧添加两个 TextBox 控件，用于学生进行登录时输入学号信息。

（8）添加一个 Label 控件，其 BackStyle 属性选择 0-Transparent，设置背景为透明，Caption 属性设置为空。将其放在窗体背景图的登录处。

2. 代码设计

打开客户端主窗体后，在窗体左侧可进行登录。在放置登录位置标签的 Click 事件下主要实现用户登录，在窗体状态栏中显示当前学生姓名。代码如下：

```
Private Sub Label6_Click()
    Dim rs1 As New ADODB.Recordset                                  '声明记录集对象
    Dim rs2 As New ADODB.Recordset
    Label1.Caption = ""                                             '设置标签标题为空
    If Text1.Text = "" And Text2.Text = "" Then                     '如果文本为空
❶       MsgBox "用户名或密码不能为空！", , "学生订票管理系统"          '提示信息
❷       Exit Sub                                                    '退出过程
    End If
    rs1.Open "tb_stu", cnn, adOpenStatic, , adCmdTable              '打开记录集
    rs2.Open "select * from tb_stu where 学号='" & Text1.Text & "' and 学号='" &
Text2.Text & "'", cnn, adOpenKeyset, adLockOptimistic               '打开记录集
    If rs2.RecordCount < 1 Then                                     '如果记录数小于 1
        MsgBox "登录错误！", , "学生订票管理系统"                      '提示信息
        Text2.Text = ""                                             '将文本内容赋为空
    Else                                                                '否则
        If rs2.RecordCount = 1 Then                                     '如果记录数等于 1
            MsgBox "登录成功！", , "学生订票管理系统"                      '提示信息
            Text3.Text = Text1.Text: Text4.Text = rs2.Fields("学生姓名")
                                                                        '为文本赋值
            Label1.Caption = rs2.Fields("学生姓名") & "同学："             '为标签赋值
```

❸
```
            StatusBar1.Panels(4).Text = "学生姓名: " + rs2.Fields("学生姓名")
                                                                    '为状态栏赋值
        End If
    End If
    rs1.Close                                                       '关闭记录集
    rs2.Close                                                       '关闭记录集
    Text1.Text = "": Text2.Text = "": Text1.SetFocus                '设置文本状态
End Sub
```

代码贴士

❶ MsgBox：显示一个消息框，在对话框中显示消息，等待用户单击按钮，并返回一个 Integer 告诉用户单击哪一个按钮。

❷ Exit ：退出 Do...Loop、For...Next、Function、sub 或 Property 代码块。

❸ Panels：Panels 对象表示在 Panels 集合中的一个单独的面板，该集合属于 StatusBar 控件。要改变所有面板中显示的信息，只需设置该 Panel 对象的 Text 属性即可。

单击主窗体中的菜单项，通过菜单命令实现调出各个窗体或执行相应操作，在各子菜单的 Click 事件下实现相应操作。部分代码如下：

```
'省略部分见资料包的代码
Private Sub cccx_Click()
    Frm_cccx.Show                                                   '显示车次查询窗体
End Sub
Private Sub dp_Click()
    If Label1.Caption = "" Then                                     '如果显示为空
        MsgBox "请先登录，再订票！", , "学生订票管理系统"           '提示信息
        Exit Sub                                                    '退出过程
    Else
        Unload Me                                                   '卸载窗体
        Frm_dpgl.Show 1                                             '显示订票管理窗体
    End If
End Sub
Private Sub dpcx_Click()
    Unload Me                                                       '卸载窗体
    Frm_dpcx.Show 1                                                 '显示订票查询窗体

End Sub
Private Sub tp_Click()
    Frm_tpgl.Show 1                                                 '显示退票管理窗体
End Sub
Private Sub tpcx_Click()
    Frm_tpcx.Show 1                                                 '显示退票查询窗体
End Sub
Private Sub lcskb_Click()
    Unload Me                                                       '卸载窗体
    Frm_lcskb.Show 1                                            '显示列车时刻表窗体
End Sub
……
```

单击主窗体工具栏中的按钮可以调出相应的窗体或实现相应的功能，通过在 ToolBar 控件的单击事件下实现。代码如下：

```
Private Sub Toolbar1_ButtonClick(ByVal Button As MSComctlLib.Button)
❶   Select Case Button.Key                                  'Select 语句
    Case "lcsk"                                             '如果 Button.Key 为 lcsk
❷       Load Frm_lcskb                                      '加载列车时刻表窗体
        Frm_lcskb.Show                                      '显示列车时刻表窗体
    Case "cccx"                                             '如果 Button.Key 为 cccx
        Load Frm_cccx                                       '加载车次查询窗体
        Frm_cccx.Show                                       '显示车次查询窗体
    Case "dp"                                               '如果 Button.Key 为 dp
        If Label1.Caption = "" Then                         '如果标签显示为空
            MsgBox "请先登录，再订票！", , "学生订票管理系统"     '提示信息
            Exit Sub                                        '退出过程
        Else
            Load Frm_dpgl                                   '加载订票管理窗体
        End If
    Case "tp"                                               '如果 Button.Key 为 tp
        If Label1.Caption = "" Then                         '如果标签显示为空
            MsgBox "请先登录，再退票！", , "学生订票管理系统"     '提示信息
            Exit Sub                                        '退出过程
        Else
            Load Frm_tpgl                                   '加载退票管理窗体
        End If
……
End Sub
```

代码贴士

❶ Button：一个 Button 对象代表单个按钮，它属于 Toolbar 控件的 Button 集合。单击按钮时，为了使某些动作出现，可在 Select Case 语句中使用 Index 或 Key 属性。

❷ Load：此事件是在一个窗体被装载时发生。当使用 Load 语句启动应用程序，或引用未装载的窗体属性或控件时，此事件发生。

18.7 列车时刻表模块设计

扫一扫，看视频

18.7.1 列车时刻表模块概述

为了方便学生对列车信息的掌握，本系统设计了列车时刻表模块。该模块包含了数据库中所有的车次信息，以及对应车次的详细车站信息。进入系统后单击工具栏中的“列车时刻表”按钮，即可打开“列车时刻表”窗体。在该窗体中以列表的形式显示了当前数据库中所有的车次信息，单击表格中的某一车次，将弹出浮动表格显示该车次的详细车站信息。该窗体的运行效果如图 18.9 所示。

图 18.9　列车时刻表模块界面

18.7.2　列车时刻表模块实现过程

本模块使用的数据表：tb_cz、tb_ccxx

1. 窗体设计

列车时刻表模块主要用于显示列车车次信息和相应的站点信息，其窗体设计也比较简单，设计步骤如下：

（1）在工程中添加一个新窗体并命名为 Frm_lcskb，其 Caption 属性设置为“列车时刻表”。

（2）在窗体上添加两个 MSHFlexGrid 控件并分别命名为 MS1 和 MS2，分别用于显示车次信息和车站信息。MS1 的 ToolTipText 属性设置为“单击显示详细信息”，用于当鼠标悬停在表格上时显示该提示信息。

（3）添加两个 CommandButton 控件，Caption 属性分别设置为“订票”和“退出”。

2. 代码设计

打开列车时刻表窗体后，窗体列表中显示了当前数据库中所有的车次信息，此功能是在窗体的 Load 事件中实现的。使用 MSHFlexGrid 控件的属性设置表格的列宽和表头名称，使用循环语句将在数据表中查询到的记录显示在表格中。代码如下：

```
Private Sub Form_Load()
    Dim rs1 As New ADODB.Recordset                                '定义记录集对象
❶   Text1.Visible = False                                          '设置为不可见
    rs1.Open "tb_ccxx", cnn, adOpenStatic, , adCmdTable          '打开记录集
❷   With MS1
        .Rows = 100                                                '设置表格行数
        .Cols = 11                                                 '设置表格列数
        '定义 MS1 表格的列宽和表头信息
❸       s = Array("600", "900", "800", "900", "800", "900", "800", "600", "600", "600",
"600")
        y = Array("xh", "列次", "类别", "始发站", "始发时间", "终点站", "终到时间", "硬座",
"软座", "硬卧", "软卧")
        For i = 0 To 10
            .ColWidth(i) = s(i)                                    '定义表格的列宽
            .TextMatrix(0, i) = y(i)                               '定义表头信息
```

```
        Next i
        '定义 MS1 表格的行号
        For i = 1 To 99
            .TextMatrix(i, 0) = I                       '为表格第 0 列赋值
        Next i
    End With
    If rs1.RecordCount > 0 Then                         '如果记录数大于 0
        Do While rs1.EOF = False                        '当不在记录的最后一条的下一条时循环
            On Error Resume Next                        '如果错误继续运行
            For i = 1 To 10
                MS1.TextMatrix(MS1.Row, i) = rs1.Fields(i - 1) '将记录赋给表格
            Next i
            rs1.MoveNext                                '记录下移
            MS1.AddItem (i)                             '向表格中添加内容
            MS1.Row = MS1.Row + 1                       '行加 1
        Loop
    End If
    rs1.Close                                           '关闭记录集
End Sub
```

代码贴士

❶ Visible：决定在运行时控件是否可见，值为 True 时可见，为 False 时不可见。

❷ With：可以对某个对象执行一系列的语句，而不用重复指出对象的名称。

❸ Array：返回包含数组的 Variant 型数据。

单击窗体表格中的车次信息，可显示该车次的具体车站信息。此功能在 MS1 的 Click 事件中实现，通过 MSHFlexGrid 控件的 TextMatrix 属性获取表格当前文本内容，在数据表中查询相应数据信息，使其显示在 MS2 中。代码如下：

```
Private Sub MS1_Click()
    Dim i As Integer                                    '定义变量
❶   MS2.Clear                                           '清空表格的内容
    Text1.Visible = False                               'Text1 不可见
    s = Array("600", "900", "900", "900", "800")        '定义表格列宽数组
    y = Array("xh", "车次", "路过站", "到站时间", "开车时间") '定义表头内容数组
    MS2.Cols = 5                                        '定义表格列数
    MS2.Rows = 20                                       '定义表格行数
    MS2.Row = 1                                         '设置当前在表格的第一行
    For i = 0 To 4
        MS2.ColWidth(i) = s(i)                          '设置表格列宽
        MS2.TextMatrix(0, i) = y(i)                     '设置表头内容
    Next i
    For i = 1 To 19
        MS2.TextMatrix(i, 0) = I                        '设置表格行标号
    Next I
    '打开记录集，查询车次等于当前表格内容的记录
    rs2.Open "select * from tb_cz where 车次='" & MS1.TextMatrix(MS1.Row, 1) & "'",
cnn, adOpenKeyset
    If rs2.RecordCount > 0 Then                         '如果记录数大于 0
        MS2.Visible = True                              'MS2 可见
❷       Do While rs2.EOF = False                        '当不在记录末尾的下一条记录循环
```

❸
```
        On Error Resume Next                                    '出错继续执行
        '为表格中各列赋值
        MS2.TextMatrix(MS2.Row, 1) = rs2.Fields(0)
        MS2.TextMatrix(MS2.Row, 2) = rs2.Fields(1)
        MS2.TextMatrix(MS2.Row, 3) = rs2.Fields(3)
        MS2.TextMatrix(MS2.Row, 4) = rs2.Fields(4)
        rs2.MoveNext                                            '记录下移
        MS2.Row = MS2.Row + 1                                   '行加 1
      Loop
    End If
    If MS1.TextMatrix(MS1.Row, 1) = "" Then MS2.Visible = False
                                                                '如果表格内容为空，MS2 不可见
    rs2.Close                                                   '关闭记录集
    MS2.Top = MS1.CellTop + 600                                 '设置 MS2 的位置
End Sub
```

代码贴士

❶ Clear：清除控件上的内容，包含文本图片和单元格式等。

❷ Do…Loop 语句：当条件为 True 时，或知道条件为 True 时，重复执行一个语句块中的命令。

❸ On Error：启动一个错误处理程序并指定该子程序在一个过程中的位置，也可用来禁止一个错误处理程序。

扫一扫，看视频

18.8 订票管理模块设计

18.8.1 订票管理模块概述

学生登录客户端程序后，单击客户端主界面工具栏中的“订票”按钮，即可进入“订票管理”窗体，如图 18.10 所示。在“订票管理”窗体中输入学生学号和姓名，再输入车次信息，单击“预订”按钮即可进行订票。在此窗体选择车次编号后，在“出发站”下拉列表框中列出了该车次的所有站点；选择出发站后在“到达站”下拉列表框中列出了可以到达的所有站点；选择乘坐日期和乘坐方式后，自动显示有座还是无座以及票价信息；选择购票方式后，自动显示实际票价。

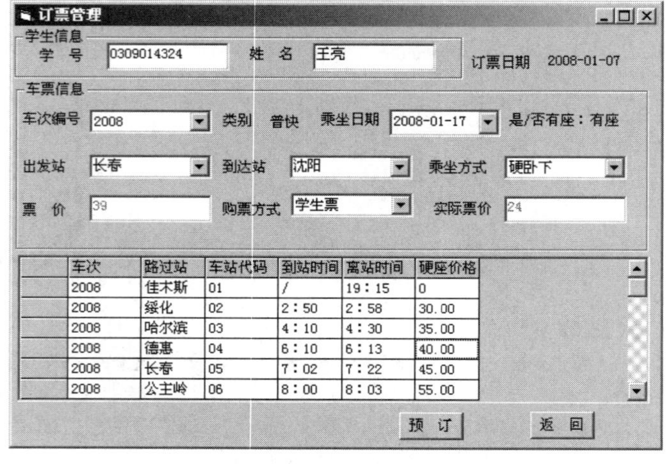

图 18.10 订票管理模块界面

18.8.2　订票管理模块实现过程

本模块使用的数据表：Cbx_cc、tb_ccxx、tb_cpyd

1. 窗体设计

订票管理模块窗体主要用于学生订票，并将订票信息保存到车票预订信息表中，该窗体中使用了组合框、时间控件、文本框和网格控件等，设计步骤如下：

（1）在客户端程序中添加一个新窗体，并命名为 Frm_dpgl，其 Caption 属性设置为“订票管理”。

（2）在窗体上添加 4 个 TextBox 控件，分别用于输入学号和姓名，及显示票价和实际票价。

（3）在窗体上添加 5 个 ComboBox 控件，分别用于选择车次、出发站、到达站、乘坐方式和购票方式。

（4）在窗体上添加一个 DTPicker 控件，用于选择乘坐日期。

主要控件的属性如表 18.4 所示。

表 18.4　主要控件对象的属性列表

对　象	属　性	值	功　能
TextBox	名称	Txt_num	输入学号
	名称	Txt_name	输入学生姓名
	名称 Enabled	Txt_price False	显示票价
	名称 Enabled	Txt_Tprice False	显示实际票价
ComboBox	名称 Style	Cbx_cc 2-Dropdown List	列出车次
	名称	Cbx_start	列出出发站
	名称	Cbx_end	列出到达站
	名称 Style List	Cbx_czfs 2-Dropdown List 硬座、软座、硬卧上、硬卧中、硬卧下、软卧上、软卧下	列出乘坐方式
	名称 Style List	Cbx_gpfs 2-Dropdown List 全价票、学生票	列出购票方式

2. 代码设计

在订票管理窗体的 Load 事件中，主要实现设置网格控件的表头信息、行数、列数和表格的行标号等，同时调用 add 自定义过程，将数据表中的“车次”记录添加到窗体的“车次”下拉列表框中，并将车次信息表中的记录显示在表格中。代码如下：

```
Private Sub Form_Load()
    Dim s, m                                          '声明变量
```

```
    s = "select distinct 车次 from tb_ccxx"                '将查询语句赋给变量
    m = "车次"                                              '将字符串赋给变量
    Call add(Cbx_cc, s, m)                                  '调用 add 自定义过程
    Cbx_gpfs.Text = Cbx_gpfs.List(0)                        '将列表中第一项赋给文本属性
    Cbx_czfs.Text = "硬座"                                  '设置控件文本内容
 rs.Open "select * from tb_ccxx ", cnn, adOpenKeyset, adLockOptimistic
                                                            '打开记录集
    Set MS1.DataSource = rs                                 '将表格赋值
    rs.Close                                                '关闭记录集
    '省略部分见资料包的代码
End Sub
```

在订票管理模块中使用自定义过程 add 向 ComboBox 控件中添加项目，并在其他事件或过程中调用此过程，代码如下：

```
Public Sub add(ByVal t As ComboBox, ByVal j As String, ByVal m As String)
❶   Set rs1 = New ADODB.Recordset                          '定义对象变量
    rs1.Open j, cnn, adOpenStatic                          '打开记录集
    If rs1.RecordCount > 0 Then                            '如果记录数大于 0
        For i = 1 To rs1.RecordCount                       '循环 i 从 1 到记录数
❷           t.AddItem rs1.Fields(m).Value                  '增加项目
            rs1.MoveNext                                   '记录下移
        Next i
    End If
End Sub
```

代码贴士

❶ New：通常在声明时使用 New，以便可以隐式创建对象。如果 New 与 Set 一起使用，则将创建一个新实例。

❷ AddItem：用于将项目添加到控件。

当在“车次编号”下拉列表框中选择要乘坐的车次后，“出发站”下拉列表框中自动添加该车次的所有站点信息，并显示该车次的类别。此功能是在“车次编号”下拉列表框 Cbx_cc 的 Click 事件中实现的。通过查询数据表 tb_cz 表中与选择的车次相同的记录，将“路过站”字段内容累加到“出发站”下拉列表框中；通过查询 tb_ccxx 表中与选择的车次相同的记录，将“类型”字段内容赋给相应标签。代码如下：

```
Private Sub Cbx_cc_Click()
    Dim rs1 As New ADODB.Recordset                         '声明记录对象
    Dim rs2 As New ADODB.Recordset
    Cbx_start.Clear: Cbx_end.Clear                         '清空内容
    Txt_price.Text = "": Txt_Tprice = ""                   '赋值为空
    '打开记录集
    rs1.Open "select * from tb_cz where 车次='" & Cbx_cc.Text & "'", cnn, adOpenStatic,
adLockOptimistic
    Set MS1.DataSource = rs1                               '为表格赋值
    If rs1.RecordCount > 0 Then                            '如果记录数大于 0
        For i = 1 To rs1.RecordCount                       '循环 i 从 1 到记录数
            Cbx_start.AddItem rs1.Fields("路过站").Value   '添加项
            rs1.MoveNext                                   '记录下移
        Next i
        '打开记录集
```

```
        rs2.Open "select * from tb_ccxx where 车次='" & Cbx_cc.Text & "'", cnn,
adOpenDynamic, adLockOptimistic
        Lbl_lb.Caption = rs2.Fields("类型")                        '为“类型”赋值
        rs2.Close                                                  '关闭记录集
    End If
    rs1.Close                                                      '关闭记录集
End Sub
```

选择出发站后，“到达站”下拉列表框中列出了可以到达的车站。此功能在“出发站”下拉列表框 Cbx_start 的 Click 事件中实现，查询数据表中车站代码大于选择的出发站车站代码，将记录的“路过站”字段累加到“到达站”下拉列表框中。代码如下：

```
Private Sub Cbx_start_Click()
    Dim s, m                                                       '定义变量
    Set rs1 = New ADODB.Recordset                                  '定义 Recordset 对象
    Set rs2 = New ADODB.Recordset
    Cbx_end.Clear                                                  '清空控件内容
        rs1.Open "select * from tb_cz where 车次='" & Cbx_cc.Text & "'and 路过站='" &
Cbx_start.Text & "'", cnn, adOpenKeyset                            '打开记录集
❶   s = "select * from tb_cz  where 车次='" & Cbx_cc.Text & "'and cast (车站代码 as int) >
'" & Val(rs1.Fields("车站代码")) & "'"                              '查询语句赋给变量
    m = "路过站"                                                    '为变量 m 赋值
❷   Call add(Cbx_end, s, m)                                        '调用过程 add
    rs1.Close                                                      '关闭记录集
    Call price                                                     '调用过程 price
End Sub
```

代码贴士

❶ cast：将数据暂时转换成另一种数据类型。

❷ Call：将控制权转移到一个 Sub 过程、Function 过程或动态链接库（DLL）过程。

选择乘坐方式后，自动显示票价和是否有座信息，此功能是在“乘坐方式”下拉列表框 Cbx_czfs 的 Click 事件中完成的。通过调用自定义过程 price 来计算票价，调用自定义过程 isyz 判断是否有座。Cbx_czfs 的 Click 事件代码如下：

```
Private Sub Cbx_czfs_Click()
    Dim rs As New ADODB.Recordset                                  '声明对象
    If Cbx_czfs.Text = "硬座" Then Label5.Caption = "硬座数量"     '根据组合框内容为标签赋值
    If Cbx_czfs.Text = "软座" Then Label5.Caption = "软座数量"
    If Cbx_czfs.Text = "硬卧下" Or Cbx_czfs.Text = "硬卧中" Or Cbx_czfs.Text = "硬
卧上" Then Label5.Caption = "硬卧数量"                             '根据组合框内容为标签赋值
    If Cbx_czfs.Text = "软卧上" Or Cbx_czfs.Text = "软卧下" Then Label5.Caption = "
软卧数量"                                                          '为标签赋值
    rs.Open "select * from tb_ccxx where 车次='" & Cbx_cc.Text & "'", cnn, adOpenStatic
                                                                   '打开记录集
    If rs.RecordCount > 0 Then                                     '如果记录数大于 0
        If rs.Fields("" & Label5.Caption & "") = "\" Then          '如果字段内容为"\"
            MsgBox "该次列车没有此种乘坐方式"                       '提示信息
            Cbx_czfs.Text = "硬座"                                 '为组合框文本赋值
        End If
```

```
    End If
    rs.Close                                                      '关闭记录集
    Call price                                                    '调用 price 过程
    Call isyz                                                     '调用 isyz 过程
End Sub
```

因为列车乘坐方式有很多种，根据级别不同，票价就不同。而如果将所有类别的票价一一存储又很浪费空间，所以这里只存储了硬座票价，其他票价按照比例进行计算。自定义过程 price 用来进行票价计算，计算方法为：硬座票价为已定；软座为硬座的两倍；硬卧上铺为硬座的 110%，硬卧中铺为硬座的 120%，硬卧下铺为硬座的 130%；软卧上铺为硬座的 175%，软卧下铺为硬座的 195%。代码如下：

```
Private Sub price()
    Dim rs1 As New ADODB.Recordset                                '声明对象
    Dim rs2 As New ADODB.Recordset                                '声明对象
    rs1.Open "select * from tb_cz where 车次='" & Cbx_cc.Text & "'and 路过站='" &
Cbx_end.Text & "'", cnn, adOpenKeyset, adLockOptimistic          '打开记录集
    rs2.Open "select * from tb_cz where 车次='" & Cbx_cc.Text & "'and 路过站='" &
Cbx_start.Text & "'", cnn, adOpenKeyset, adLockOptimistic        '打开记录集
    If rs1.RecordCount > 0 And rs2.RecordCount > 0 Then          '如果记录数大于 0
        label14.Caption = Val(rs1.Fields("硬座价格")) - Val(rs2.Fields("硬座价格"))
                                                    '计算硬座价格
        If Cbx_czfs.Text = "硬座" Then Txt_price = label14.Caption
                                                    '如果选择硬座则将硬座价格赋给文本框
        If Cbx_czfs.Text = "软座" Then Txt_price = Val(label14.Caption) * 2
                                                    '选择软座则计算其价格
        If Cbx_czfs.Text = "硬卧下" Then Txt_price = Val(label14.Caption) * 130 / 100
                                                    '计算硬卧下铺价格
        If Cbx_czfs.Text = "硬卧中" Then Txt_price = Val(label14.Caption) * 120 / 100
                                                    '计算硬卧中铺价格
        If Cbx_czfs.Text = "硬卧上" Then Txt_price = Val(label14.Caption) * 110 / 100
                                                    '计算硬卧上铺价格
        If Cbx_czfs.Text = "软卧上" Then Txt_price = Val(label14.Caption) * 175 / 100
                                                    '计算软卧上铺价格
        If Cbx_czfs.Text = "软卧下" Then Txt_price = Val(label14.Caption) * 195 / 100
                                                    '计算软卧下铺价格
    End If
    rs2.Close                                       '关闭记录集
    rs1.Close                                       '关闭记录集
End Sub
```

自定义过程 isyz 用来判断是否有座，通过查询数据表中学生选择的车次和乘坐方式的订票数量与数据表中存储的车票数进行比较，从而得出是否有剩余车票。代码如下：

```
Private Sub isyz()
    Set rs1 = New ADODB.Recordset                   '声明对象
    Set rs2 = New ADODB.Recordset                   '声明对象
    '打开记录集
    rs1.Open "select * from tb_ccxx where 车次='" & Cbx_cc.Text & "'", cnn,
adOpenKeyset, adLockBatchOptimistic
```

```
    rs2.Open "select * from tb_cpyd where 车次='" & Cbx_cc.Text & "'and 乘坐方式='"
& Cbx_czfs.Text & "'and 乘坐日期='" & Dtp1.Value & "'and 备注='订票'", cnn,
adOpenKeyset, adLockBatchOptimistic                              '打开记录集
    If rs1.RecordCount > 0 Then                                  '如果记录数大于 0
      If Label5.Caption = "硬座数量" Or Label5.Caption = "软座数量" Then
                                                                 '如果为硬座或软座
         If rs1.Fields("" & Label5.Caption & "") - rs2.RecordCount <= 0 Then
                                                         '如果计算数小于等于 0
            Lbl_zw.Caption = "无座"                              '显示无座
         Else                                                    '否则
            Lbl_zw.Caption = "有座"                              '显示有座
         End If
      End If
      If Label5.Caption = "硬卧数量" Then          '如果为硬卧
         If rs1.Fields("" & Label5.Caption & "") / 3 - rs2.RecordCount <= 0 Then
                                                                 '如果计算数小于等于 0
            Lbl_zw.Caption = "无座"                              '显示无座
         Else                                                    '否则
            Lbl_zw.Caption = "有座"                              '显示有座
         End If
      End If
      If Label5.Caption = "软卧数量" Then                        '如果为软卧
         If rs1.Fields("" & Label5.Caption & "") / 2 - rs2.RecordCount <= 0 Then
                                                                 '如果计算数小于等于 0
            Lbl_zw.Caption = "无座"                              '显示无座
         Else                                                    '否则
            Lbl_zw.Caption = "有座"                              '显示有座
         End If
      End If
    End If
    rs1.Close                                                    '关闭记录集
    rs2.Close                                                    '关闭记录集
End Sub
```

选择购票方式后，将自动生成实际票价，此功能在“购票方式”下拉列表框 Cbx_gpfs 的 Click 事件中通过调用 Tprice 自定义过程实现。Tprice 自定义过程主要通过判断选择的购票方式和乘坐方式计算价格，选择“全价票”后实际票价等于票价；选择“学生票”后硬座和软座按票价的半价计算，选择卧铺票，票价为硬座票价的一半加上卧铺与硬座的差价。代码如下：

```
Private Sub Tprice()
    Set rs1 = New ADODB.Recordset                               '定义记录集对象
    Set rs2 = New ADODB.Recordset                               '定义记录集对象
❶   Dim s As Variant                                            '定义变量
    rs1.Open "select * from tb_cz where 车次='" & Cbx_cc.Text & "'and 路过站='" &
Cbx_end.Text & "'", cnn, adOpenKeyset, adLockOptimistic        '打开记录集
    rs2.Open "select * from tb_cz where 车次='" & Cbx_cc.Text & "'and 路过站='" &
Cbx_start.Text & "'", cnn, adOpenKeyset, adLockOptimistic      '打开记录集
    If rs1.RecordCount > 0 And rs2.RecordCount > 0 Then         '如果记录数大于 0
       s = Val(rs1.Fields("硬座价格")) - Val(rs2.Fields("硬座价格")) '计算硬座价格
```

```
❷      If Cbx_gpfs.Text = "全价票" Then Txt_Tprice.Text = Txt_price.Text
                                                        '如果选择全价票直接赋值
       If Cbx_gpfs.Text = "学生票" Then                   '如果选择学生票
           '如果为硬座或是软座，实际票价为票价的一半
           If Cbx_czfs.Text = "硬座" Or Cbx_czfs.Text = "软座" Then Txt_Tprice.Text
= Val(Txt_price.Text) / 2
           '如果为卧铺，将计算所得数赋给实际票价
           If Cbx_czfs.Text = "硬卧上" Or Cbx_czfs.Text = "硬卧中" Or Cbx_czfs.Text
= "硬卧下" Or Cbx_czfs.Text = "软卧上" Or Cbx_czfs.Text = "软卧下" Then Txt_Tprice.Text
= Val(Txt_price.Text) - Val(s / 2)
       End If
   End If
   rs1.Close                                           '关闭记录集
   rs2.Close                                           '关闭记录集
End Sub
```

代码贴士

❶ Variant：是一种特殊的数据类型，除了定长String数据及用户定义类型外，可以包含任何种类的数据。

❷ Val：返回包含于字符串内的数字，字符串中是一个适当类型的数值。

单击“预订”按钮，将添加的信息保存在车票预订数据表中，如果输入信息不完整将提示错误信息，如果该学生已经订票，则提示信息不能再订票。代码如下：

```
Private Sub Command1_Click()
   Dim rs As New ADODB.Recordset                       '声明记录集对象
   Set rs1 = New ADODB.Recordset                       '声明记录集对象
   If Txt_num.Text = "" And Cbx_end.Text = "" And Txt_Tprice.Text = "" Then
                                                       '如果信息录入不完整
      MsgBox "请输入完整信息！", , "学生订票管理系统"       '提示错误
      Exit Sub                                         '结束此事件
   End If
   '打开记录集
   rs.Open "select * from tb_cpyd where 学号='" & Txt_num.Text & "'", cnn,
adOpenKeyset, adLockOptimistic
   If rs.RecordCount > 0 Then                          '如果记录数大于0
      rs.MoveLast                                      '移动到最后一条记录
      If rs.Fields("备注") = "订票" Then                 '如果字段“备注”为订票
         MsgBox "该学生已经订票", , "学生订票管理系统"      '提示信息
         Exit Sub                                      '结束过程
      End If
   End If
   rs.Close                                            '关闭记录集
   rs1.Open "select * from tb_cpyd ", cnn, adOpenKeyset, adLockOptimistic
                                                       '打开记录集
❶  rs1.AddNew                                          '增加记录
   rs1.Fields("学号") = Txt_num.Text                    '为学号字段赋值
   '省略代码参见资料包
……
   rs1.Fields("学生姓名") = Txt_name.Text                '为学生姓名字段赋值
```

```
    rs1.Fields("备注") = "订票"                          '为备注字段赋值
❷   rs1.Update                                           '更新记录
    rs1.Close                                            '关闭记录集
    msgbox "订票成功！",,"学生订票管理系统"              '提示信息
End Sub
```

代码贴士

❶ AddNew：创建一个新行，可以对它进行编辑，并随后添加到记录对象中。

❷ Update：保存 Recordset 对象的当前记录所做的所有更改。

18.9 剩余车票查询模块设计

18.9.1 剩余车票查询模块概述

进入客户端程序后，在主窗体任务栏中单击“剩余车票”按钮，或在主窗体菜单中选择“订票信息管理”/“剩余车票查询”命令，即可打开“剩余车票查询”窗体，如图 18.11 所示。此窗体打开时列表中显示的是当前系统日期的车票状况。在“车次”下拉列表框中选择车次，然后选择要查询的日期，单击“查询”按钮，将显示该日期该车次的车票状况。

剩余车票查询

车次 2007　日期 2008-01-10　查询　退出

车次	终到站	终到时间	硬座	软座	硬卧	软卧
2007	佳木斯	7:34	有座	\	有座	有座
2008	沈阳	9:30	有座	\	有座	有座
1301	满洲里	18:56	有座	有座	有座	有座
1302	北京	21:21	有座	有座	有座	有座
1391/1394	烟台	20:46	有座	\	有座	有座
1392/1393	佳木斯	5:14	有座	\	有座	有座
1489	佳木斯	11:16:00	有座	有座	有座	有座

图 18.11　剩余车票查询模块窗体

18.9.2 剩余车票查询模块实现过程

本模块使用的数据表：tb_cpyd、tb_ccxx

1. 窗体设计

剩余车票查询模块主要用于查询选定日期和车次的车票状况，本窗体的设计步骤如下：

（1）打开工程，添加一个新窗体并命名为 Frm_sycp，其 Caption 属性设置为“剩余车票查询”。

（2）在窗体上添加一个 Frame 控件，并在此控件上添加一个 ComboBox 控件和一个 DTPicker 控件。ComboBox 控件的名称默认为 Combo1，其 Text 属性设置为 2007。ComboBox 控件用于显示车次列表，DTPicker 控件用于选择时间。

（3）在窗体上添加一个 MSHFlexGrid 控件，名称设置为 MS1，用于显示查询到的车票信息。

2. 代码设计

打开剩余车票查询模块后列表中显示了系统当前日期的车票状况，主要在窗体的 Load 事件中实现此功能。代码如下：

```
Private Sub Form_Load()
    Dim rs As New ADODB.Recordset                               '声明记录集对象
    Dim rs1 As New ADODB.Recordset                              '声明记录集对象
    Dim i, j, m                                                 '声明循环变量
    Dim a, s                                                    '声明变量
    DTP1.Value = Date                                           '将事件控件的值赋给系统日期
    Call title                                                  '调用过程设置表头和行数列数
    rs.Open "select * from tb_ccxx", cnn, adOpenKeyset, adLockOptimistic
                                                                '打开记录集
    rs.MoveFirst                                                '移动到第一条记录
    For i = 1 To rs.RecordCount                                 '循环 i 从 1 到记录数
        a = Array("硬座", "软座", "硬卧", "软卧")                  '定义乘坐方式数组
        For m = 0 To 5                                          '循环 m 从 0 到 5
            MS1.TextMatrix(i, m) = rs.Fields(m)                 '将记录赋给表格
        Next m                                                  '继续循环
        For j = 0 To 3
❶           rs1.Open "select count(*)as 数量 from tb_cpyd where 车次='" & rs.Fields("
车次") & "'and 乘坐方式 like '%" & a(j) & "%' and 乘坐日期='" & Date & "'", cnn,
adOpenKeyset, adLockOptimistic                                  '打开记录集
            s = a(j) & "数量"                                    '将字符串赋给变量
            If rs.Fields("" & s & "") = "\" Then                '如果记录与之相等
                MS1.TextMatrix(i, 6 + j) = "\"                  '为单元格赋值
            Else                                                '否则
                If rs.Fields("" & s & "") - rs1.Fields("数量") >= 1 Then
                                                                '计算剩余票数
                    Label2.Caption = "有座"                      '如果满足条件，赋值为“有座”
                Else                                            '否则
                    Label2.Caption = "无座"                      '赋值为“无座”
                End If
                MS1.TextMatrix(i, 6 + j) = Label2.Caption       '将存储的内容赋给表格
            End If
            rs1.Close                                           '关闭记录集
        Next j                                                  'j 循环
        rs.MoveNext                                             '记录下移
    Next i                                                      'i 循环
    rs.Close                                                    '关闭记录集
❷   s = "select distinct 车次 from tb_ccxx"                     '将字符串赋给变量
    m = "车次"                                                   '将字符串赋给变量
    Call Frm_dpgl.add(Combo1, s, m)                             '调用 Frm_dpgl 模块的 add 过程
End Sub
```

代码贴士

❶ like：运算符，执行样式匹配（通常限制为字符数据类型），通常用来比较两个字符串。

❷ distinct：在查询时排除重复行。

选择车次和要查询的日期后单击“查询”按钮，列表中显示要查询的车票状况。此功能在“查询”按钮 Command1 的 Click 事件下完成。代码如下：

```
Private Sub Command1_Click()
    Dim rs As New ADODB.Recordset                    '声明记录集对象
    Dim rs1 As New ADODB.Recordset                   '声明记录集对象
    Dim i, j As Integer                              '声明循环变量
    Dim a, s, m                                      '声明变量
    Call title                                       '调用过程设置表头和行数列数
    '打开记录集
    rs.Open "select * from tb_ccxx where 车次='" & Combo1.Text & "'", cnn, adOpenKeyset,
adLockOptimistic
    For m = 0 To 5                                   '循环 m 从 0 到 5
        MS1.TextMatrix(MS1.Row, m) = rs.Fields(m)    '将记录赋给表格
    Next m                                           'm 循环
    a = Array("硬座", "软座", "硬卧", "软卧")          '定义乘坐方式数组
    For j = 0 To 3                                   'j 循环
        rs1.Open "select count(*)as 数量 from tb_cpyd where 车次='" & Combo1.Text &
"'and 乘坐方式 like '%" & a(j) & "%' and 乘坐日期='" & DTP1.Value & "'", cnn,
adOpenKeyset, adLockOptimistic                       '打开记录集
        s = a(j) & "数量"                             '将字符串赋给变量
        If rs.Fields("" & s & "") = "\" Then         '如果记录与之相等
            MS1.TextMatrix(MS1.Row, 6 + j) = "\"     '为单元格赋值
        Else                                         '否则
            If rs.Fields("" & s & "") - rs1.Fields("数量") >= 1 Then '计算剩余票数
                Label2.Caption = "有座"                '如果满足条件，赋值为
                                                      "有座"
            Else                                      '否则
                Label2.Caption = "无座"                '赋值为“无座”
            End If
            MS1.TextMatrix(MS1.Row, 6 + j) = Label2.Caption '将存储的内容赋给表格
        End If
        rs1.Close                                     '关闭记录集
    Next j                                            'j 循环
    rs.Close                                          '关闭记录集
End Sub
```

18.10 列车信息添加模块设计

扫一扫，看视频

18.10.1 列车信息添加模块概述

在服务器端，系统管理员可以对列车信息进行添加、修改和删除等操作。运行程序后在服务器端主窗体菜单栏中选择“车次信息管理”/“列车信息设置”命令，打开“列车信息设置”界面；单击工具栏中的“添加”按钮，弹出“列车信息添加”窗体。在“列车信息添加”窗体中可分别进行车次添加和站点添加两种操作，如图 18.12 所示。

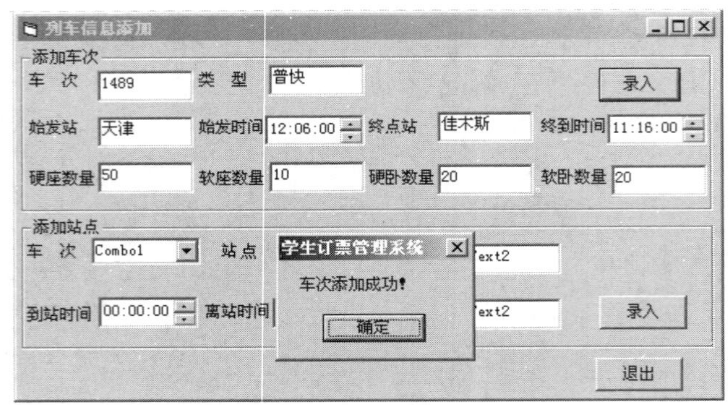

图 18.12　列车信息添加模块界面

18.10.2　列车信息添加模块实现过程

本模块使用的数据表：tb_cz、tb_ccxx

1. 窗体设计

列车信息添加窗体主要实现添加列车信息，本窗体主要使用了大量的 TextBox 控件数组，同时使用了 4 个时间控件，这些控件功能都比较简单，没有复杂的属性设置。窗体的具体设计步骤如下：

（1）在学生订票管理系统服务器端添加一个窗体，命名为 Frm_lcdj，其 Caption 属性设置为“列车信息添加”。

（2）在窗体上添加两个 Frame 控件，Caption 属性分别设置为“添加车次”和“添加站点”。主要作为存放控件的容器。

（3）在 Frame1 中添加 TextBox 控件数组（Text1(0)~Text1(9)），添加两个 DTPicker 控件，名称分别设置为 dtp1 和 dtp2，格式都设置为 dtpTime。这些控件都用于录入车次信息。

（4）在 Frame2 中添加 TextBox 控件数组（Text2(0)~Text2(3)），添加两个 DTPicker 控件，名称分别设置为 dtp3 和 dtp4，格式都设置为 dtpTime。这些控件都用于录入车站信息。

（5）添加 3 个 CommandButton 控件，分别用作“录入”按钮和“退出”按钮。

2. 代码设计

运行程序，打开“列车信息添加”窗体，输入列车信息，单击“添加车次”框架中的“录入”按钮，可在车次信息表中添加新的车次信息。此“录入”按钮的单击事件主要实现控制输入正确的车次信息；判断要添加的车次在数据表中是否已经存在，最后将数据保存在数据表中。代码如下：

```
Private Sub Command2_Click()
    Dim rs As New ADODB.Recordset                                  '定义记录集对象
    Dim rs1 As New ADODB.Recordset
    For i = 0 To 3
        If Text1(i).Text = "" Then                                 '如果文本框内容为空
            MsgBox "请输入完整信息", , "学生订票管理系统"          '显示提示信息
            Exit Sub                                               '退出过程
        End If
    Next i
```

```
   For i = 6 To 9
❶     If IsNumeric(Text1(i).Text) = False Then                 '如果文本框内容不为数值
         MsgBox "请输入正确数据", , "学生订票管理系统"          '显示提示信息
         Exit Sub                                               '退出过程
      End If
   Next i
   '打开记录集
   rs.Open "select * from tb_ccxx where 车次='" & Text1(0).Text & "'", cnn,
adOpenKeyset, adLockOptimistic
   If rs.RecordCount > 0 Then                                   '如果记录数大于 0
      MsgBox "该车次已存在", , "学生订票管理系统"               '提示信息
      Exit Sub                                                  '退出本过程
      rs.Close                                                  '关闭记录集
   End If
   rs1.Open "select * from tb_ccxx", cnn, adOpenKeyset, adLockOptimistic
                                                                '打开记录集
   rs1.MoveLast                                                 '记录移动到最后一条
   rs1.AddNew                                                   '增加新记录
   For i = 0 To 2
      rs1.Fields(i) = Text1(i).Text                             '将文本框内容赋给数据表
   Next i
❷  rs1.Fields(3) = Format(DTP1.Value, "hh:mm:ss")               '将时间赋给数据表
   rs1.Fields(4) = Text1(3).Text                                '将文本框内容赋给数据表
   rs1.Fields(5) = Format(DTP2.Value, "hh:mm:ss")               '将时间赋给数据表
   For i = 4To7
      rs1.Fields(i+2) = Text1(i).Text                           '将文本框内容赋给数据表
   Next i
   rs1.Update                                                   '更新记录
   rs1.Close                                                    '关闭记录集
   rs.Close                                                     '关闭记录集
   MsgBox "车次添加成功！", , "学生订票管理系统"                '提示信息
End Sub
```

代码贴士

❶ IsNumeric：返回 Boolean 值，指出表达式的运算结果是否为数。

❷ Format 函数：Format 函数把数字值转换为文本字符串，从而能够对该字符串的外观进行控制。

车次信息录入完成后，可在下面的“添加站点”框架中输入相应车次的车站信息，当输入车次后，“车站代码”文本框自动生成新的车站代码，此功能是在“车次”文本框的 Change 事件中调用 code 自定义过程实现的。code 过程实现查询输入的车次在车站表中的最大车站代码，生成新的车站代码并赋给“车站代码”文本框。code 过程代码如下：

```
Private Sub code()
   Dim rs As New ADODB.Recordset                                '定义记录集对象
   Dim rs1 As New ADODB.Recordset                               '定义记录集对象
   rs.Open "select *from tb_cz where 车次='" &Combo1.Text & "'order by 车站代码", cnn,
adOpenKeyset, adLockOptimistic                                  '打开记录集
   If rs.RecordCount > 0 Then                                   '如果记录数大于 0
      rs.MoveLast                                               '记录移动到最后一条
```

❶
```
        Label19.Caption = Val(rs.Fields("车站代码")) + 1       '将车站代码赋给标签
        Text2(2).Text = Format(Label19.Caption, "00")          '将标签值格式化赋给文本框
    Else
        Label19.Caption = 1                                     '将标签赋值为 1
        Text2(2).Text = Format(Label19.Caption, "00")          '将格式化后的值赋给文本框
    End If
    rs.Close                                                    '关闭记录集
End Sub
```

代码贴士

❶ Val：返回包含于字符串内的数字，字符串中是一个适当类型的数值。

单击“添加站点”框架中的“录入”按钮，将输入的信息添加到数据表中。此“录入”按钮的单击事件主要实现控制录入正确的车站信息；调用 Tcode 自定义过程，在插入车站后为数据表中的车站代码重新排序。代码如下：

```
Private Sub Command3_Click()
    Dim rs As New ADODB.Recordset                               '定义记录集对象
    Dim rs1 As New ADODB.Recordset                              '定义记录集对象
    Dim rs2 As New ADODB.Recordset                              '定义记录集对象
    '打开记录集
    rs2.Open "select * from tb_ccxx where 车次='" & ombo1.Text & "'", cnn, adOpenKeyset,
adLockOptimistic
    If rs2.RecordCount <= 0 Then                                '如果记录数小于等于 0
    MsgBox "请先在车次信息表中添加车次", , "学生订票管理系统"      '提示信息
    Exit Sub                                                    '退出此过程
    End If
    rs2.Close                                                   '关闭记录集
    rs.Open "select * from tb_cz where 车次='" & Combo1.Text & "' and 路过站='" &
Text2(1).Text & "'", cnn, adOpenKeyset, adLockOptimistic      '打开记录集
    If rs.RecordCount > 0 Then                                  '如果记录数大于 0
        MsgBox "该车站已存在", , "学生订票管理系统"                '提示信息
        Exit Sub                                                '退出过程
    End If
    rs.Close                                                    '关闭记录集
    If Text2(1).Text = "" Then                                  '如果输入为空
        MsgBox "请输入完整信息！", , "学生订票管理系统"            '提示信息
        Exit Sub                                                '退出过程
    End If
    If IsNumeric(Text2(3).Text) = False Then                   '如果文本框内容不为数值型
        MsgBox "请输入正确的价格", , "学生订票管理系统"            '提示信息
        Exit Sub                                                '退出本过程
    End If
    If IsNumeric(Text2(2).Text) = False Then                   '如果输入不为数值型
        MsgBox "车站代码为数值型！", , "学生订票管理系统"          '提示信息
        Exit Sub                                                '退出过程
    End If
    If Val(Text2(2).Text) > Label19.Caption Then               '如果文本框值大于标签值
        MsgBox "车站代码过大", , "学生订票管理系统"                '提示信息
    End If
```

```
❶   Call Tcode                                               '调用 Tcode 过程
    '打开记录集
    rs1.Open "select * from tb_ccxx where 车次='" & Combo1.Text & "' ", cnn,
adOpenKeyset, adLockOptimistic
    If rs1.RecordCount > 0 Then                              '如果记录数大于 0
       rs.Open "select * from tb_cz", cnn, adOpenKeyset, adLockOptimistic
                                                             '打开记录集
       rs.AddNew                                             '增加新记录
        rs.Fields (0)=combo1.Text                            '将值赋给数据表
       For i = 1 To 2
          rs.Fields(i) = Text2(i).Text                       '将文本框数组内容赋给数据表
       Next i
       rs.Fields(3) = Format(DTP3.Value, "hh:mm:ss")         '将格式化时间赋给数据表
       rs.Fields(4) = Format(DTP4.Value, "hh:mm:ss")         '将格式化时间赋给数据表
       rs.Fields(5) = Text2(3).Text                          '将文本框内容赋给数据表
       rs.Update                                             '更新记录集
       rs.Close                                              '关闭记录集
       MsgBox "站点添加完成", , "学生订票管理系统"              '提示信息
    Else
       MsgBox "该车次不存在，请先录入车次信息", , "学生订票管理系统"     '提示信息
    End If
    rs1.Close                                                      '关闭记录集
End Sub                                                            '退出本过程
```

代码贴士

❶ Call：将控制权转移到一个 Sub 过程、Function 过程或动态链接库（DLL）过程。

调用的 Tcode 过程主要实现控制输入正确的车站代码，在插入车站时，为数据表中的车站代码重新排序。代码如下：

```
Private Sub Tcode()
    Dim rs As New ADODB.Recordset                            '定义记录集对象
    If Val(Text2(2).Text) < Label19.Caption And Val(Text2(2).Text) > 0 Then
                                                             '如果文本框值小于标签并且大于 0
       If MsgBox("确定要插入车站到此代码的车站之前", 4, "学生订票管理系统") = vbYes Then
                                                                  '提示信息
          rs.Open "select * from tb_cz where 车次='" & Combo1.Text & "'and 车站代
码>='" & Text2(2).Text & "' order by 车站代码", cnn, adOpenKeyset, adLockOptimistic
                                                                  '打开记录集
          rs.MoveFirst                                            '移到第一条记录
          For i = 1 To rs.RecordCount
          rs.Fields("车站代码") = Format(Val(rs.Fields("车站代码")) + 1, "00")
                                                                  '修改字段车站代码的值
             rs.MoveNext                                          '记录下移
          Next i
       Else
          Text2(2).Text = Format(Label19.Caption, "00")           '将标签值赋给文本框
       End If
    End If
End Sub
```

扫一扫，看视频

18.11 信息统计模块设计

18.11.1 信息统计模块概述

在系统的服务器端，系统管理员可以对订票信息进行数据统计，以方便查询订票信息。运行服务器端程序，在主窗体工具栏中单击“信息统计”按钮，可打开“信息统计”窗体；也可通过选择菜单栏中的“订票信息管理”/“统计信息”命令来打开此窗体，如图 18.13 所示。

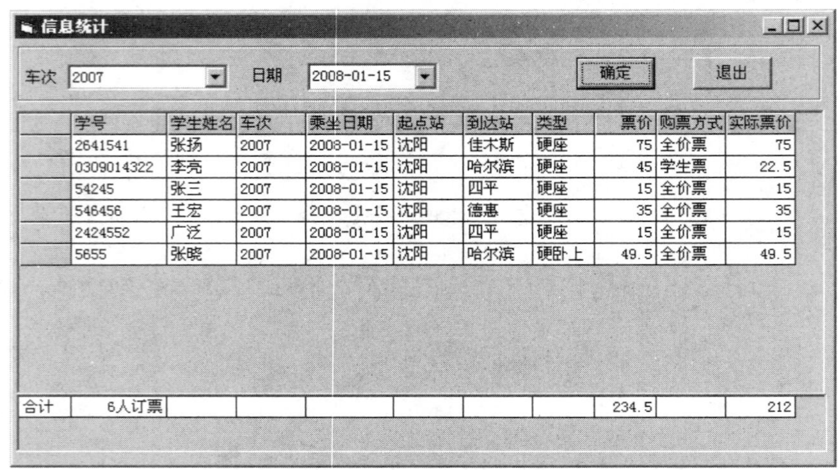

图 18.13 信息统计模块界面

18.11.2 信息统计模块实现过程

本模块使用的数据表：tb_cpyd

1. 窗体设计

“信息统计”窗体主要用于显示数据信息，因此应用的控件不多，控件的属性设置也比较简单。下面详细介绍窗体的设计步骤。

（1）在工程服务器端添加一个新窗体，并命名为 Frm_xxtj，其 Caption 属性设置为“信息统计”。

（2）在窗体上添加一个 Frame 控件，其 Caption 属性设置为空。在 Frame 控件上添加一个 ComboBox 控件，用于存放车次；添加一个 DTPicker 控件用于显示时间；添加两个 CommandButton 控件，Caption 属性分别设置为“确定”和“退出”。

（3）在窗体上添加两个 MSHFlexGrid 控件，分别命名为 MS1 和 MS2。MS2 的 Rows 属性设置为 1。MS1 用于显示查询的数据信息，MS2 用于显示汇总的数据信息。

2. 代码设计

运行程序后打开信息统计模块，窗体的表格中便显示了当前数据库中所有订票信息和汇总情况，此功能在窗体的 Load 事件中实现。代码如下：

```
Private Sub Form_Load()
    '定义记录集对象
    Dim rs As New ADODB.Recordset
    Dim rs1 As New ADODB.Recordset
    Dim rs2 As New ADODB.Recordset
    Dim s, m                                            '定义变量
❶   DTP1.Value = Date                                   '将时间控件值赋为系统时间
    rs.Open "select * from tb_cpyd where 备注='订票'", cnn, adOpenKeyset
                                                        '打开记录集
    Set MS1.DataSource = rs                             '为网格控件赋值
    rs.Close                                            '关闭记录集
    rs1.Open "select distinct 车次 from tb_ccxx ", cnn, adOpenStatic
                                                        '打开记录集
    If rs1.RecordCount > 0 Then                         '如果记录数大于 0
       For i = 1 To rs1.RecordCount                     'i 值循环从 1 到记录数
          Combo1.AddItem rs1.Fields("车次").Value       '向组合框中添加车次
          rs1.MoveNext                                  '记录下移
       Next i
    End If
    rs1.Close                                           '关闭记录集
❷   s = Array(600, 1100, 800, 800, 0, 1000, 800, 800, 700, 700, 800, 800, 0, 0, 0)
                                                        '创建数组存放表格列宽
    MS1.Cols = 15                                       '设置表格列数
    For i = 0 To 14                                     'i 循环从 0 到 14
       MS1.ColWidth(i) = s(i)                           '设置表格列宽
    Next i
    MS2.TextMatrix(0, 0) = "合计"                       '为指定单元格赋值
    MS2.Cols = 15                                       '设置表格列数
    For i = 0 To 14                                     'i 循环从 0 到 14
       MS2.ColWidth(i) = s(i)                           '设置表格列宽
    Next i
❸   rs2.Open "select count(*) as 数量,sum(票价)as 票价 1,sum(实际票价) as 实际票价 1 from
tb_cpyd where 备注='订票'", cnn, adOpenKeyset, adLockOptimistic
                                                        '打开记录集
    '使用数据表中的数据向表格赋值
    MS2.TextMatrix(0, 1) = rs2.Fields("数量") & "人订票"
    MS2.TextMatrix(0, 9) = rs2.Fields("票价 1")
    MS2.TextMatrix(0, 11) = rs2.Fields("实际票价 1")
    rs2.Close                                           '关闭记录集
End Sub
```

代码贴士

❶ Date：返回系统当前的日期。

❷ Array：返回一个包含数组的 Varian 类型的值 t。

❸ count：指示集合中对象的数目。

sum：列中值的合计。列中只能包含数值型数据。

在窗体的“车次”下拉列表框中选择车次，然后选择要查询的日期，单击“确定”按钮，在MS1中显示查询到的所有记录，在MS2中显示查询到的记录汇总。代码如下：

```
Private Sub Command1_Click()
    Dim rs As New ADODB.Recordset                              '定义记录集对象
    Dim rs1 As New ADODB.Recordset                             '定义记录集对象
     '指定单元格为空
    MS2.TextMatrix(0, 1) = ""
    MS2.TextMatrix(0, 9) = ""
    MS2.TextMatrix(0, 11) = ""
    If Combo1.Text = "" Then                                   '如果组合框内容为空
        Set MS1.DataSource = cnn.Execute("select * from tb_cpyd where 乘坐日期='" &
DTP1.Value & "'and 备注='订票'")                                '为表格赋值
        rs.Open "select count(*) as 数量,sum(票价)as 票价1,sum(实际票价) as 实际票价1
from tb_cpyd where 乘坐日期='" & DTP1.Value & "'and 备注='订票'", cnn, adOpenStatic
                                                               '打开记录集
        If rs.RecordCount > 0 Then                             '如果记录数大于0
            MS2.TextMatrix(0, 1) = rs.Fields("数量") & "人订票"    '向表格赋值
            If rs.Fields("票价1") <> "" Then MS2.TextMatrix(0, 9) = rs.Fields("票价1")
                                                                   '如果不向表格赋值
            If rs.Fields("实际票价1") <> "" Then MS2.TextMatrix(0, 11) = rs.Fields("
实际票价1")                                                         '向表格赋值
        End If
        rs.Close                                                   '关闭记录集
    Else
❶           Set MS1.DataSource = cnn.Execute("select * from tb_cpyd where 车次='" &
Combo1.Text & "'and 乘坐日期='" & DTP1.Value & "'and 备注='订票'")  '为表格赋值
        rs1.Open "select count(*) as 数量,sum(票价)as 票价1,sum(实际票价) as 实际票价1
from tb_cpyd where 车次='" & Combo1.Text & "'and 乘坐日期='" & DTP1.Value & "'and 备
注='订票'", cnn, adOpenStatic                                       '打开记录集
        If rs1.RecordCount > 0 Then                                '如果记录数大于0
            MS2.TextMatrix(0, 1) = rs1.Fields("数量") & "人订票"   '为表格指定单元格赋值
            If rs1.Fields("票价1") <> "" Then MS2.TextMatrix(0, 9) = rs1.Fields
("票价1")                                                           '为表格单元格赋值
           If rs1.Fields("实际票价1") <> "" Then MS2.TextMatrix(0, 11) = rs1.Fields
("实际票价1")                                                       '为单元格赋值
        End If
        rs1.Close                                                  '关闭记录集
    End If
End Sub
```

代码贴士

❶ Execute：运行动作查询或执行SQL语句，都不返回行。

18.12 本章总结

本章主要介绍了学生订票管理系统的开发过程，重点介绍了几个模块的实现方法，以及在开发

过程中的相关技术知识。通过学习本章，读者可以掌握管理系统开发的基本思路，了解学生订票管理系统的开发思想，学会对数据库的连接与操作以及对数据的增、删、改等方法，还可以学到当前比较流行的 SQL Server 2005 数据库的基本知识。在程序开发时要特别注意，使用 SQL Server 2005 数据库时，数据库连接字符串与使用 SQL Server 2000 数据库的不同之处，在进行数据操作时，要注意各表间的联系。

第 19 章　BQ 聊天系统（Visual Basic 6.0+SQL Server 2005 实现）

近年来，类似于 QQ 的局域网聊天工具得到了飞速发展。它可以不用连接 Internet，直接在局域网内实现信息的发送。它主要适用于一些中小型企业的内部通信，可以大大提高职工的工作效率，是现代企业不可缺少的辅助工具。通过本章的学习，将学到：

- 使用 WinSock 控件发送字符串；
- 使用 WinSock 控件接收字符串；
- 使用 WinSock 控件发送文件；
- 使用 WinSock 控件接收文件；
- 动态创建窗体；
- 集合对象的应用。

19.1　BQ 开发背景

在一些中小型企业（或是学校），为了便于职工之间的交流，或是工作信息的传递，迫切需要一个企业内部交流用的软件，BQ 聊天系统的开发就显得十分重要。之所以称为 BQ 聊天系统，是因为它是利用 Visual Basic 开发的类 QQ 聊天系统。BQ 聊天系统可以帮助企业快速搭建内部即时通信系统，使上级与下级之间的交流更方便，大幅度提高企业的工作效率。

19.2　需 求 分 析

随着中小型企业的不断发展，在企业内部实现局域网通信是必不可少的。BQ 系统就是一个非常好的局域网通信软件，它可以在职工不移动位置的情况下进行在线聊天、图片发送、文件传递。这样可以便于企业内部员工的交流，大大提高企业员工的工作效率。

19.3　系 统 设 计

19.3.1　系统目标

根据对该系统的要求，本系统可以实现以下目标：

- 界面简洁、美观，操作简单、方便。
- 可以在局域网中实现文字的传输。
- 可以在局域网中实现文件的传输。

- 可以实现接收的 Flash 动画自动播放。
- 系统运行稳定，安全、可靠。

19.3.2　系统功能结构

根据 BQ 聊天系统的特点，可以将其分为客户端和服务器端两个部分进行设计。客户端主要用于用户注册和登录、信息的发送等，服务器端主要用于记录用户在线状态和管理注册用户。

BQ 聊天系统的功能结构如图 19.1 所示。

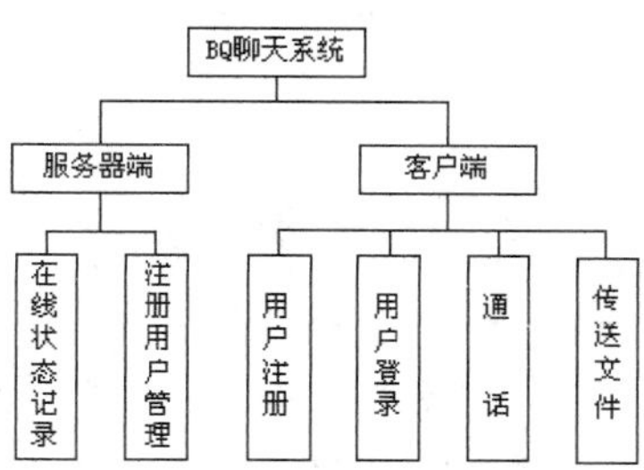

图 19.1　BQ 聊天系统的功能结构

19.3.3　系统预览

BQ 聊天系统由多个窗体组成，下面仅列出几个典型窗体，其他窗体可参见资料包中的源程序。

程序主界面如图 19.2 所示，可以在树形结构中显示好友分组以及好友名称。单击“所有好友”导航按钮，显示界面如图 19.3 所示。此时在程序主界面中显示所有好友名称，并不对好友进行分组。

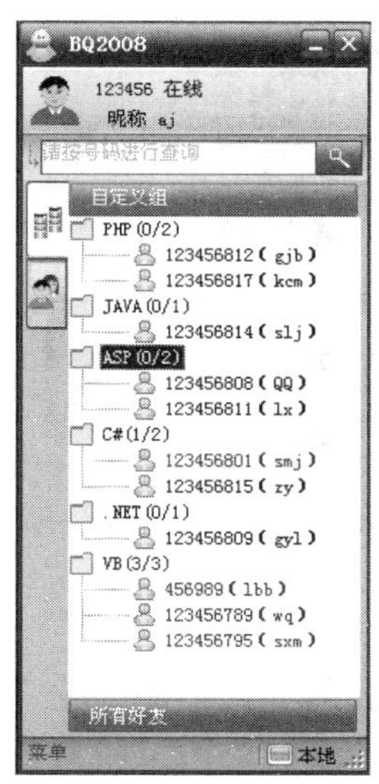

图 19.2　程序主界面（\…\Frm_main.frm）

图 19.3　所有好友界面（\…\Frm_main.frm）

双击好友名称节点，弹出通话窗口。在此窗口中可以输入文字信息及发送文件，还可以显示与好友的聊天记录，如图 19.4 所示。

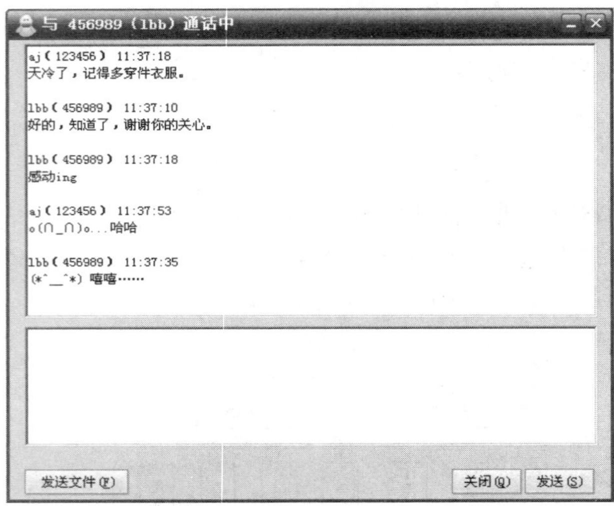

图 19.4　通话窗口（\…\Frm_msg.frm）

单击主界面中的“菜单”按钮，在弹出的菜单中选择“修改分组”命令，弹出好友分组界面，如图 19.5 所示。在该界面中可以修改好友的所在组。

单击主界面中的“菜单”按钮，选择“添加好友”命令，弹出添加好友界面，如图 19.6 所示。在该界面中可以申请添加好友。

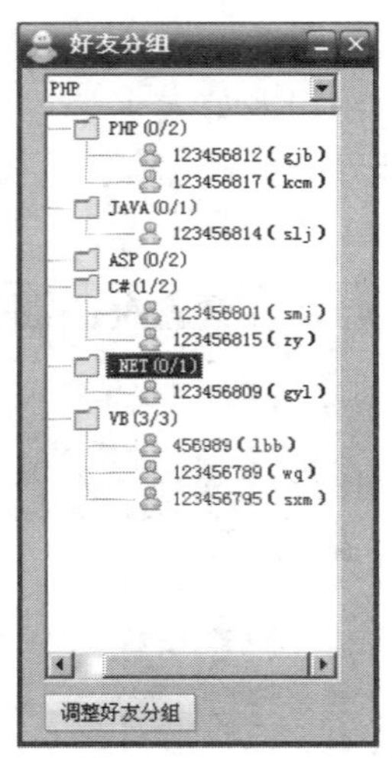

图 19.5　好友分组界面（\…\Frm_group.frm）

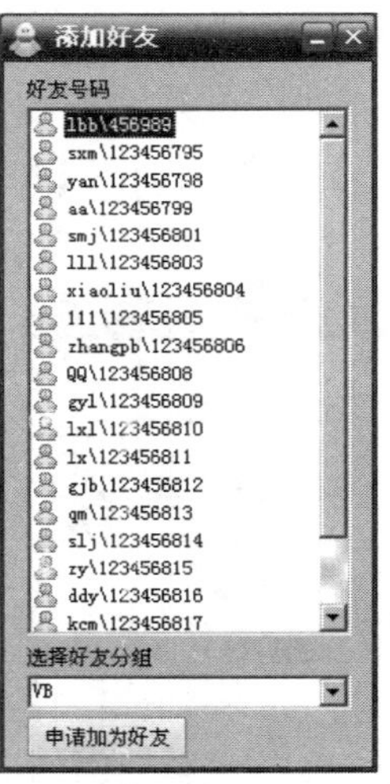

图 19.6　添加好友界面（\…\Frm_addfriend.frm）

说明：

由于路径太长，因此省略了部分路径，省略的路径是：TM\09\BQ 聊天系统\Program。

扫一扫，看视频

19.3.4　业务流程图

BQ 聊天系统的业务流程如图 19.7 所示。

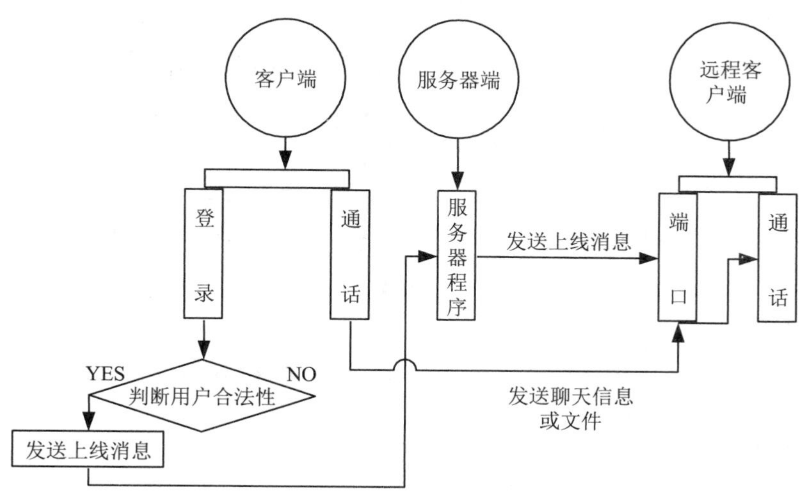

图 19.7　BQ 聊天系统的业务流程

19.4　数据库设计

19.4.1　数据库概要说明

为使数据和程序更加安全、稳定、可靠，本系统采用了 SQL Server 2005 数据库。数据库命名为“BQ 数据库”，其中包含 4 个数据表，用于保存不同的信息。数据表结构如图 19.8 所示。

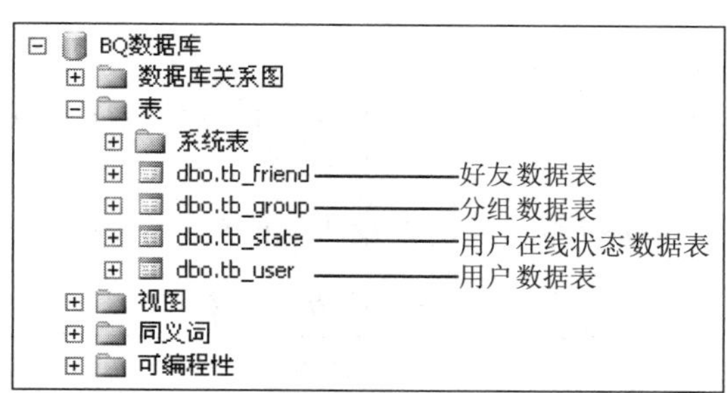

图 19.8　数据表结构

19.4.2　数据库概念设计

通过对系统进行的需求分析、业务流程设计以及系统功能结构的确定，规划出系统中使用的数据库实体对象及实体 E-R 图。

使用聊天系统与好友聊天的前提是存在好友实体，其中包括进行通信必需的“好友号码”等。好友实体包括用户的聊天号码、用户的好友号码及好友的分组信息。好友实体 E-R 图如图 19.9 所示。

用户对好友进行归类、分组，就需要存在分组实体，为好友的分组提供依据。分组实体包括用户的聊天号码、分组信息。分组实体 E-R 图如图 19.10 所示。

图 19.9　好友实体 E-R 图　　　　图 19.10　分组实体 E-R 图

用户向好友发送信息的另一个前提条件是获得好友的 IP 地址，使发送消息成为可能。用户在线状态信息实体不仅提供了好友的 IP 地址，还提供了好友的在线状态。

用户在线状态实体包括用户的聊天号码、IP 地址、在线状态。用户在线状态实体 E-R 图如图 19.11 所示。

用户登录系统时必须有用户实体为判断用户的合法性提供依据。用户实体包括用户的聊天号码、昵称、聊天密码。用户实体 E-R 图如图 19.12 所示。

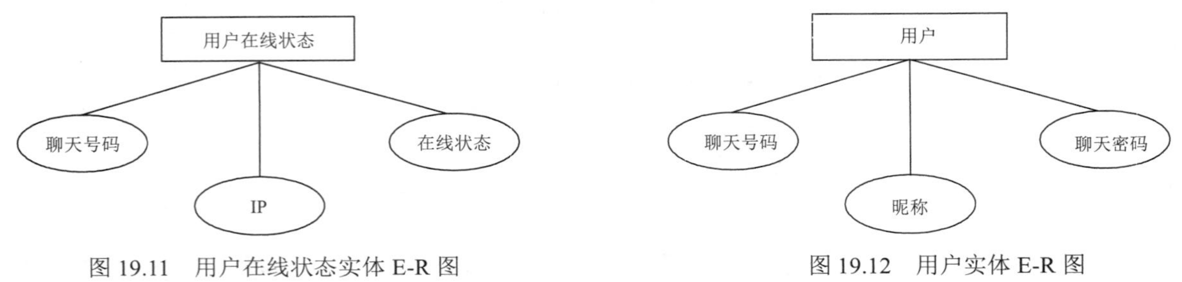

图 19.11　用户在线状态实体 E-R 图　　　　图 19.12　用户实体 E-R 图

19.4.3　数据库逻辑设计

根据设计好的实体 E-R 图在数据库中创建数据表，系统数据库中各数据表的结构如下。

- tb_friend（好友数据表）

好友数据表用于保存用户好友的聊天号码以及所在的分组信息。好友数据表的结构见表 19.1。

表 19.1　tb_friend 表的结构

字　段　名	数 据 类 型	长　　度
聊天号码	bigint	
好友号码	bigint	
分组	nvarchar	50

- tb_group（分组数据表）

分组数据表用于保存用户自定义的分组信息。分组数据表的结构见表 19.2。

表 19.2　tb_group 表的结构

字　段　名	数 据 类 型	长　　度
id	bigint	
聊天号码	bigint	
分组	nvarchar	50

➘ tb_state（用户在线状态数据表）

用户在线状态数据表用于保存用户的在线状态。当用户上线时在线状态值为 1，下线时在线状态值为 0。用户在线状态数据表的结构见表 19.3。

表 19.3　tb_state 表的结构

字　段　名	数 据 类 型	长　　度
id	bigint	
聊天号码	bigint	
IP	nvarchar	50
在线状态	int	

➘ tb_user（用户数据表）

用户数据表用于保存用户的聊天号码、昵称和密码等信息。用户数据表的结构见表 19.4。

表 19.4　tb_user 表的结构

字　段　名	数 据 类 型	长　　度
id	bigint	
聊天号码	bigint	
昵称	nvarchar	50
聊天密码	nvarchar	10

19.4.4　触发器的创建

触发器是一种特殊类型的存储过程，当在指定数据表中进行 UPDATE、INSERT 或 DELETE 中的一种或多种数据修改操作时，触发器会生效。触发器可以查询其他表，而且可以包含复杂的 SQL 语句。它们主要用于强制执行复杂的业务规则或要求。

触发器还有助于强制引用完整性，以便在添加、更新或删除表中的行时保留表之间已定义的关系。然而，强制引用完整性的最好方法是在相关表中定义主键和外键约束。如果使用数据库关系图，则可以在表之间创建关系，以自动创建外键约束。

创建触发器的语法如下：

```
CREATE TRIGGER trigger_name
ON { table | view }
[ WITH ENCRYPTION ]
{
   { { FOR | AFTER | INSTEAD OF } { [ INSERT ] [ , ] [ UPDATE ] }
        [ WITH APPEND ]
        [ NOT FOR REPLICATION ]
        AS
        [ { IF UPDATE ( column )
            [ { AND | OR } UPDATE ( column ) ]
```

```
            [ ...n ]
        | IF ( COLUMNS_UPDATED ( ) { bitwise_operator } updated_bitmask )
            { comparison_operator } column_bitmask [ ...n ]
        } ]
        sql_statement [ ...n ]
    }
}
```

有关触发器创建语法中的参数说明见表 19.5。

表 19.5　触发器创建语法中的参数说明

参　　数	描　　述
trigger_name	是触发器的名称。触发器名称必须符合标识符规则，并且在数据库中必须唯一。可以选择是否指定触发器所有者名称
table | view	是在其上执行触发器的表或视图，有时称为触发器表或触发器视图。可以选择是否指定表或视图的所有者名称
WITH ENCRYPTION	加密 syscomments 表中包含 CREATE TRIGGER 语句文本的条目。使用 WITH ENCRYPTION 可防止将触发器作为 SQL Server 复制的一部分发布
AFTER	指定触发器只有在触发 SQL 语句中指定的所有操作都已成功执行后才激发。所有的引用级联操作和约束检查也必须成功完成后，才能执行此触发器。如果仅指定 FOR 关键字，则 AFTER 是默认设置。不能在视图上定义 AFTER 触发器
INSTEAD OF	指定执行触发器，而不是执行触发 SQL 语句，从而替代触发语句的操作。对于 INSTEAD OF 触发器，不允许在具有 ON DELETE 级联操作引用关系的表上使用 DELETE 选项。同样，也不允许在具有 ON UPDATE 级联操作引用关系的表上使用 UPDATE 选项
WITH APPEND	指定应该添加现有类型的其他触发器。只有当兼容级别是 65 或更低时，才需要使用该可选子句。如果兼容级别是 70 或更高，则不必使用 WITH APPEND 子句添加现有类型的其他触发器（这是兼容级别设置为 70 或更高的 CREATE TRIGGER 的默认行为）。 WITH APPEND 不能与 INSTEAD OF 触发器一起使用，或者，如果显式声明 AFTER 触发器，也不能使用该子句。只有当处于向后兼容而指定 FOR 时（没有 INSTEAD OF 或 AFTER），才能使用 WITH APPEND。以后的版本将不支持 WITH APPEND 和 FOR（将被解释为 AFTER）
NOT FOR REPLICATION	表示当复制进程更改触发器所涉及的表时，不应执行该触发器
AS	是触发器要执行的操作
sql_statement	是触发器的条件和操作。触发器条件指定其他准则，以确定 DELETE、INSERT 或 UPDATE 语句是否导致执行触发器操作

在 BQ 聊天系统中，为数据表创建触发器是通过图形界面来完成的。在“表”中“触发器”节点上单击鼠标右键，在弹出的快捷菜单中选择“新建触发器”命令，如图 19.13 所示。创建出的语法框架如图 19.14 所示。

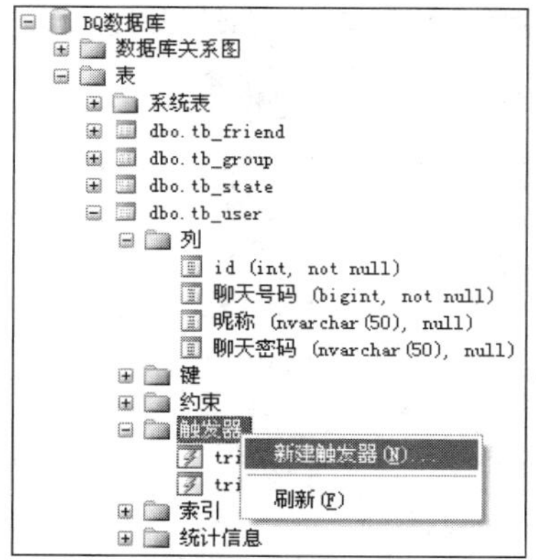

图 19.13　创建触发器的图形界面

```
SET ANSI_NULLS ON
GO
SET QUOTED_IDENTIFIER ON
GO
-- ============================================
-- Author:      <Author,,Name>
-- Create date: <Create Date,,>
-- Description: <Description,,>
-- ============================================
CREATE TRIGGER <Schema_Name, sysname, Schema_Name>.<Trigger_Name, sysname, Trigger_Name>
   ON  <Schema_Name, sysname, Schema_Name>.<Table_Name, sysname, Table_Name>
   AFTER <Data_Modification_Statements, , INSERT,DELETE,UPDATE>
AS
BEGIN
    -- SET NOCOUNT ON added to prevent extra result sets from
    -- interfering with SELECT statements.
    SET NOCOUNT ON;

    -- Insert statements for trigger here

END
GO
```

图 19.14　触发器语法框架

在 BQ 聊天系统中，tb_user、tb_state、tb_group 3 个数据表相互关联，用户注册后系统将新增的用户名和密码添加到 tb_user 数据表中。因为数据表 tb_user 与数据表 tb_state、tb_group 根据“聊天号码”字段建立关联，为了使这 3 个数据表中的聊天号码字段数据保持同步，需要创建触发器。具体如下：

（1）创建数据插入触发器 triinsert。在数据表 tb_user 中添加了新记录后触发 triinsert 触发器，将新添加记录中的聊天号码字段内容分别插入到数据表 tb_state、tb_group 中。下面代码中的 inserted 是临时表用来存储新增记录的内容。创建触发器代码如下：

```
CREATE TRIGGER [triinsert]                                --创建触发器
   ON   [dbo].[tb_user]                                   --用于 tb_user 表
   AFTER INSERT                                           --执行插入操作后
AS
BEGIN
    SET NOCOUNT ON;
    declare @temp  bigint                                 --声明变量
    select @temp=聊天号码 from inserted                    --保存新增记录中聊天号码字段内容
    insert into tb_state(聊天号码) values(@temp)           --将聊天号码插入到 tb_state 表中
```

```
    insert into tb_group(聊天号码,分组) values(@temp,'好友')
                                            --将聊天号码插入到 tb_group 表中
END
```

（2）创建数据删除触发器 tridel。当数据表 tb_user 中的某条记录被删除时，与 tb_user 相互关联的数据表中的相关数据也将被删除。创建触发器代码如下：

```
CREATE TRIGGER [tridel]                     --创建触发器
  ON   [dbo].[tb_user]                      --用于 tb_user 表
  AFTER delete                              --执行删除操作后
AS
BEGIN
    SET NOCOUNT ON;
    declare @temp  bigint                   --声明变量
    select @temp=聊天号码 from deleted      --保存被删记录中聊天号码字段内容
    --将 tb_state 表中聊天号码与被删记录中聊天号码相同的记录删除
    delete tb_state where 聊天号码=@temp
    --将 tb_friend 表中聊天号码与被删记录中聊天号码相同的记录删除
    delete tb_friend where 聊天号码=@temp
    --将 tb_group 表中聊天号码与被删记录中聊天号码相同的记录删除
    delete tb_group where 聊天号码=@temp
END
```

（3）创建触发器 tridell。当好友分组数据表 tb_group 中的某条记录被删除后，在其分组内的所有好友记录也将会被删除。创建触发器代码如下：

```
CREATE TRIGGER [tridell]                    --创建触发器
  ON   [dbo].[tb_group]                     --用于 tb_group 表
  AFTER delete                              --执行删除操作后
AS
BEGIN
    SET NOCOUNT ON;
    declare @temp1  bigint                  --声明变量
    declare @temp2 nvarchar(50)             --声明变量
    --变量@temp1、@temp2 分别记录被删记录中的聊天号码和分组名称
    select @temp1=聊天号码,@temp2=分组 from deleted
    --将 tb_friend 表中聊天号码、分组名称分别等于变量@temp1、@temp2 值的记录删除
    delete tb_friend where 聊天号码=@temp1 and 分组=@temp2
END
```

扫一扫，看视频

19.5 公共模块设计

在项目开发中，为了减少代码量通常将需要重复利用的自定义函数或过程放置在公共模块中。在其他功能模块中，可以直接调用公共模块中的函数或过程。公共模块提供的自定义函数或过程通常是比较成熟的方法，具有很强的通用性。

在本项目的客户端程序中，定义了一个公共模块 Mdl_1。在 Mdl_1 中定义数据连接函数 cnn，用于以树型结构的形式加载好友信息的 loadfriend 过程，以及一些在程序中使用的全局变量。

（1）在模块中声明全局变量，用于记录当前用户或好友的相关信息。声明全局变量的代码

如下:

```
Public usernum As String                    '声明变量保存本地用户号码
Public serverip As String                   '声明变量服务器地址
Public clt As Collection                    '声明集合变量用于保存对话窗体
Public Const iMax = 8192                    '声明常量用于设置包大小
Public iPos As Long                         '声明长整型变量用于记录位置
Public receivecount As Long                 '记录文件接收次数
Public sendcompleteflag As Boolean          '记录发送是否成功
Public mysel As Boolean                     '标识是否自身发送
Public othernum As String                   '保存被发送人号码
Public sending As Boolean                   '标识是否正在发送文件
Public filereceiving As Boolean             '标识是否正在接收文件
Public selnode As Long                      '记录被选中父节点的索引值
Public Expanded As Boolean                  '标识节点是否被展开
Public quitpro As Boolean                   '标识是否退出发送文件过程
```

（2）自定义 cnn 函数用于返回 ADODB.Connection 对象，并设置 ConnectionString 属性，用于指定数据库所在服务器地址和数据库名称。在功能模块中对数据表进行增、删、改、查操作，都需要使用该对象。代码如下:

```
Public Function cnn() As ADODB.Connection
    Set cnn = New ADODB.Connection
    cnn.Open "provider=msdasql;driver={sql server};server=" & serverip & ";uid=sa;
pwd=;database=BQ 数据库"
End Function
```

注意:

在本项目的服务器端程序中也有一个名为 Mdl_1 的公共模块，在该模块中创建了与上面代码中同样的自定义函数，实现与客户端程序中的 ADODB.Connection 对象同样的功能。

（3）自定义过程 loadfriend 用于添加树型结构节点、加载好友分组以及与分组相匹配的好友名称。在该过程中需要创建两个记录集对象，分别用于保存当前用户所拥有的所有分组名称与好友名称。

首先，需要使用循环语句遍历记录集中的“分组名称”，并将“分组名称”添加到树型结构中。

然后，遍历保存“好友名称”的记录集，并将每条记录中的“好友名称”添加到相应的父节点中。在创建该过程时，定义了一个 TreeView 类型的形式参数 tree，用于传递 TreeView 对象，这样做的目的是任何窗体中的 TreeView 对象都可以通过调用该过程实现添加节点的功能。代码如下:

```
Public Sub loadfriend(ByVal tree As TreeView)
    On Error Resume Next                    '防止添加节点时出现关键字重复的错误
    Dim rs1 As ADODB.Recordset              '声明记录集变量
    Set rs1 = New ADODB.Recordset           '创建记录集实例 rs1，用于读取当前用户的好友分组
    Dim rs As ADODB.Recordset               '声明记录集变量
    Set rs = New ADODB.Recordset            '创建记录集实例 rs，用于读取当前用户的好友
    '声明变量 i、j，分别用于保存分组中包含好友人数和每个分组中当前在线好友人数
    Dim i As Long, j As Long
    '查询好友分组数据表
❶   rs1.Open "SELECT 分组 from tb_group  where 聊天号码='" & usernum & "' and 分组 is
```

```
not null order by id desc", cnn, adOpenStatic
    tree.Nodes.Clear                                          '清除所有节点
    Do While Not rs1.EOF                                      '遍历记录集 rs1 中的所有记录
        i = 0: j = 0                                          '设置变量初始值
        '添加父节点用于加载当前用户的分组信息
❷       tree.Nodes.Add , , "g" & rs1.Fields(0), rs1.Fields(0), 2
        '设置节点 Tag 属性，用于保存新增父节点所对应的分组名称
        tree.Nodes("g" & rs1.Fields(0)).Tag = rs1.Fields(0)
        If rs.state = adStateOpen Then rs.Close               '当记录集 rs 处于打开状态时
        '查询好友以及与好友号码匹配的在线状态
        rs.Open "select distinct tb_friend.好友号码,昵称,isnull(在线状态,0),IP from
tb_friend inner join tb_state on tb_friend.好友号码 = tb_state.聊天号码 inner join
tb_user on tb_state.聊天号码 = tb_user.聊天号码 where tb_friend.聊天号码='" & usernum
& "' and isnull(分组,'')='" & rs1.Fields(0) & "'", cnn, adOpenStatic
        Do While Not rs.EOF                                   '遍历记录集 rs 中的所有记录
            '根据父节点关键字添加相应的子节点，用于加载好友号码
            tree.Nodes.Add "g" & rs1.Fields(0), tvwChild, "i" & rs.Fields(0),
rs.Fields(0) & "(" & rs.Fields(1) & ")", 1
            '设置节点 Tag 属性用于保存新增子节点所对应的好友号码
❸           tree.Nodes( i" & rs.Fields(0)).Tag = rs.Fields(3)
            i = i + 1                                         '用于记录分组中好友数量
            If rs.Fields(2) > 0 Then                          '当在线状态字段数值大于 0 时
                '将在线好友文字颜色设置为红色
                tree.Nodes("i" & rs.Fields(0)).ForeColor = vbRed
                j = j + 1                                     '用于记录分组中在线好友数量
            Else
                '将下线好友文字颜色设置为黑色
                tree.Nodes("i" & rs.Fields(0)).ForeColor = vbBlack
            End If
            rs.MoveNext                                       '将记录指针下移
        Loop
        '当节点为子节点时
❹       If tree.Nodes(tree.Nodes.Count).Parent Is Nothing = False Then
            '设置与子节点相对应的父节点的 Text 属性，用于显示分组中在线好友数量
            tree.Nodes(tree.Nodes.Count).Parent.Text = tree.Nodes
(tree.Nodes.Count).Parent.Text & "(" & j & "/" & i & ")"
        End If
        rs1.MoveNext                                          '将记录指针下移
    Loop
❺   tree.Nodes(selnode).Selected = True          '选中指定节点，变量 selnode 为节点的索引值
❻   tree.SelectedItem.Expanded = Expanded        '将选中节点展开，变量 Expanded 为 Boolean 类型
End Sub
```

代码贴士

❶ 过滤空记录：查询当前用户所拥有的所有分组，查询条件通过使用 WHERE 子句设置。为了防止加载分组字段中的空值，使用 IS NOT 关键字过滤掉所有分组名称为空的记录。

❷ 添加节点的方法：使用 TreeView 控件的 Nodes 集合中的 Add 方法添加节点。

❸ TreeView 控件的 Node 对象的 Tag 属性：用于保存节点的备注信息。

❹ TreeView 控件的 Node 对象的 Parent 属性：返回当前节点的父节点对象。

❺ TreeView 控件的 Node 对象的 Selected 属性：返回类型为 Boolean，指明对象是否已被选中。

❻ TreeView 控件的 Node 对象的 Expanded 属性：返回或设置一个值，该值确定在 TreeView 控件中的 Node 对象当前是被展开的还是被折叠的。

（4）自定义过程 moveform 用于移动无标题栏窗体。为了美化程序界面，需要将标题栏隐藏，并在窗体中以图片的形式显示标题栏。在标题栏被隐藏后，无法在窗体中以拖动的方式移动窗体位置。为了解决这一问题，在下面的自定义过程中使用了 API 函数 SendMessage 发送移动窗体的消息。

在创建该过程时，分别使用了 Long 类型形式参数 hwnd、Integer 类型形式参数 Button、Integer 类型形式参数 Shift、Single 类型形式参数 x 和 Single 类型形式参数 y。形式参数说明见表 19.6。

表 19.6　形式参数说明

参　　数	描　　述
hwnd	用于传递窗体句柄
Button	用于标识该事件的产生是按下（MouseDown）或者释放（MouseUp）按钮引起的
Shift	用于标识在 Button 参数指定的按钮被按下或者被释放的情况下，该整数对应于 Shift、Ctrl 和 Alt 键的状态
x、y	分别用于记录窗体的当前坐标值

自定义过程代码如下：

```
Public Sub moveform(hwnd As Long, Button As Integer, Shift As Integer, x As Single,
y As Single)
    Dim ReturnVal
    If Button = 1 Then
        x = ReleaseCapture()
❶       ReturnVal = SendMessage(hwnd, WM_NCLBUTTONDOWN, HTCAPTION, 0)
    End If
End Sub
```

代码贴士

❶ API 函数 SendMessage 声明方法如下：

```
Public Declare Function SendMessage Lib "user32" Alias "SendMessageA" (ByVal hwnd
As Long, ByVal wMsg As Long, ByVal wParam As Long, lParam As Any) As Long
```

其参数功能与上面的自定义函数的形式参数相匹配。常数 WM_NCLBUTTONDOWN=&HA1，常数 HTCAPTION=2

```
Public Declare Function ReleaseCapture Lib "User32" () As Long
```

上面为当前的应用程序释放鼠标捕获。返回值为长整型或布尔类型，非零表示成功，零表示失败。

19.6　主窗体设计

扫一扫，看视频

19.6.1　主窗体概述

系统主窗体为用户通信提供一个平台，主要用于显示好友昵称和号码，创建通话窗体；其次用来对好友进行分组和管理，如图 19.15 所示。

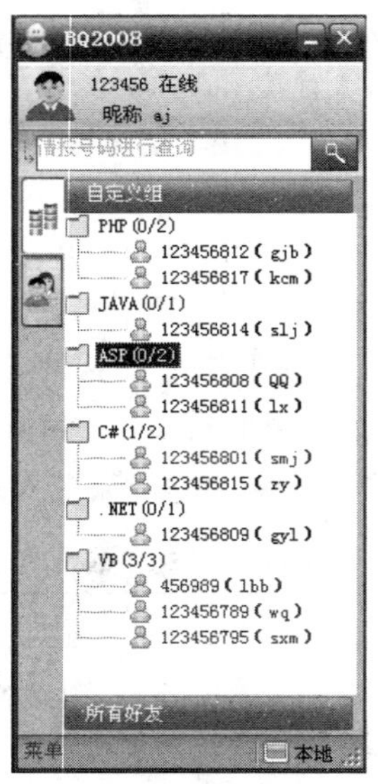

图 19.15　程序主界面

19.6.2　主窗体实现过程

本模块使用的数据表：tb_user

1．窗体设计

主窗体模块设计步骤如下：

（1）创建新窗体。

启动 Visual Basic 6.0，新建一个"VB 企业版控件"工程，命名为 BQ2008，在该工程中会自动创建一个新窗体，将该窗体命名为 Frm_main。将该窗体的 Caption 属性设置为 BQ2008（主窗体标题栏名称），并在 Picture 属性中设置背景图片。

（2）创建下拉菜单。

如果在主界面中创建菜单，则无法隐藏标题栏，所以菜单需要在其他窗体（Frm_menu）中创建，并在主窗体中通过代码方式（使用 PopupMenu 方法）调用。菜单设计效果如图 19.16 所示。

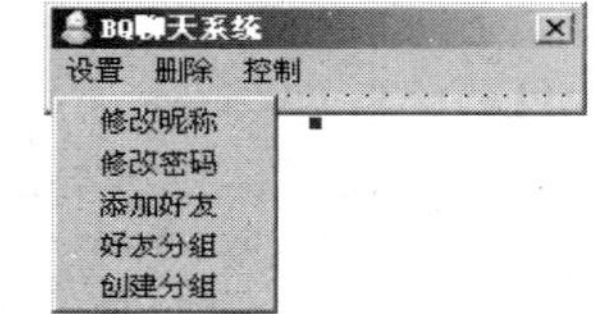

图 19.16　菜单设计效果

说明：

如果窗体中创建了菜单，该窗体将无法通过设置 BorderStyle 属性的方法隐藏标题栏。

菜单的设计是通过菜单设计器实现的。根据 BQ 聊天系统的实现功能，将菜单划分为设置、删除、控制 3 个主菜单。

下面以制作弹出式菜单为例介绍菜单的窗体设计。

① 选取 Frm_menu 窗体，单击工具栏中的"菜单编辑器"按钮，打开"菜单编辑器"对话框。

② 在"标题"文本框中输入"设置"。

③ 在“名称”文本框中输入“bqconfig”，并单击“插入”按钮，创建下一级菜单。

④ 插入新菜单后，单击向右箭头按钮。下一级菜单项标题为“修改昵称”，名称为 xgnc。

⑤ 重复上述操作，一一创建其他菜单项。“设置”菜单的具体设置如图 19.17 所示。

标题	名称
【设置】	bqconfig
....修改昵称	xgnc
....修改密码	xgmm
....添加好友	tjhy
....好友分组	hyfz
....创建分组	cjfz

图 19.17　菜单设置

注意：

如在菜单中设置几个相同名称的菜单项，便构成了一个菜单数组。在菜单数组中需要用索引号来区分不同的菜单项，系统通过菜单项的索引可以设置菜单项所处的位置。

（3）创建“菜单”按钮。

在主窗体上添加一个 Label 控件并命名为 Label1，用其充当“菜单”按钮。将 Label1 的 AutoSize 属性设置为 True；BackStyle 属性设置为 0-Transparent，用于透明显示背景图片；Caption 属性设置为“菜单”。

（4）添加图像列表控件。

在窗体中添加一个 ImageList 控件并命名为 ImageList1，用鼠标右键单击此控件，在弹出的快捷菜单中选择“属性”命令，弹出“属性页”对话框。选择“通用”选项卡，设置图像大小为 16×16，如图 19.18 所示。选择“图像”选项卡，单击“插入图片”按钮，插入两个 ico 图片，如图 19.19 所示。

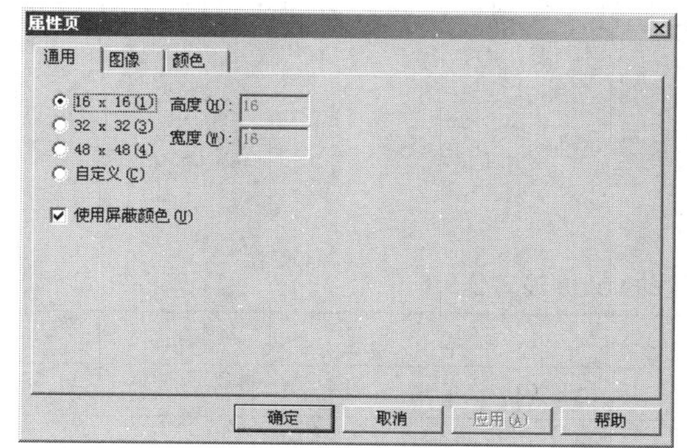

图 19.18　设置图像大小

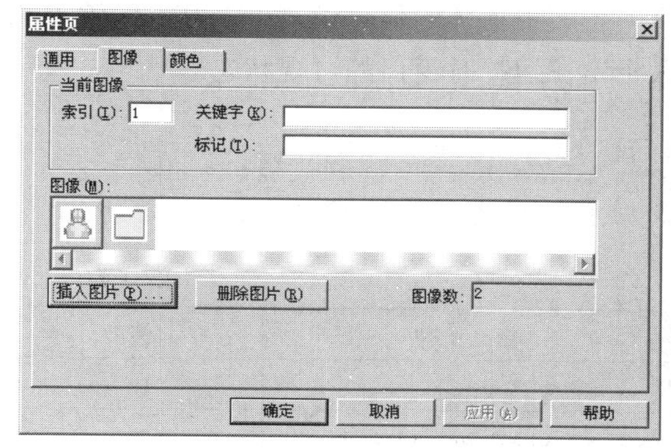

图 19.19　插入图片

（5）将 TreeView 控件与 ImageList 控件绑定。

在窗体上添加一个 TreeView 控件并命名为 TreeView1。用鼠标右键单击 TreeView1，在弹出的快捷菜单中选择“属性”命令，弹出“属性页”对话框。选择“通用”选项卡，在“图像列表”下拉列表框中选择 ImageList1 选项，如图 19.20 所示。

（6）创建导航按钮。

创建导航按钮的目的是分别以分组的方式或不进行分组的方式显示好友列表。

导航按钮由两个 Image 控件和两个 Label 控件创建。两个 Image 控件都通过在属性窗口中设置 Picture 属性加载背景图片。

在属性窗口中将两个 Label 控件的 BackStyle 属性都设置为 0-Transparent，并分别设置 Caption 属性为“自定义组”“所有好友”。主窗体中导航按钮的设计效果如图 19.21 所示。

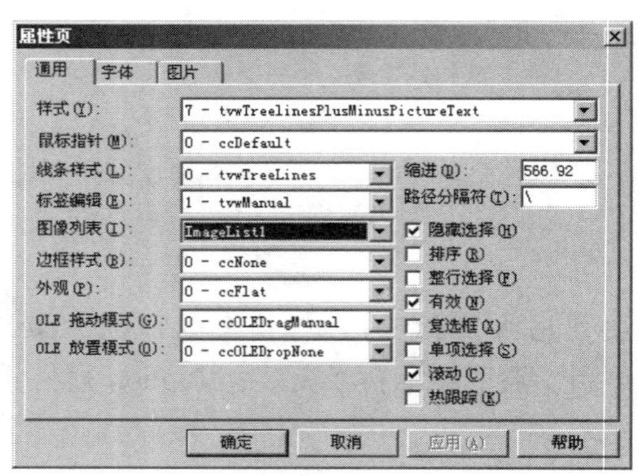

图 19.20　TreeView 控件属性页

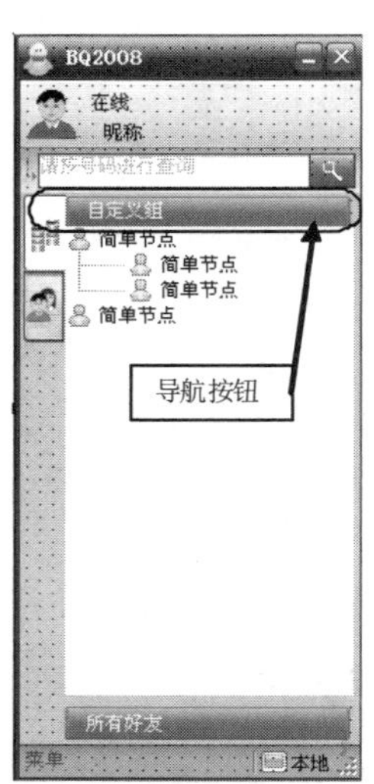

图 19.21　主窗体中导航按钮的设计效果

（7）创建“最小化”按钮和“关闭”按钮。

在主窗体设计中，使用 Image 控件创建“最小化”和“最大化”按钮。Image 控件加载按钮背景图，可通过在属性窗口中设置 Picture 属性实现。

更改主窗体的显示模式可以通过设置 WindowState 属性来实现。该属性返回或设置一个值，用来指定在运行时窗口的可视状态。

语法：

```
object.WindowState [= value]
```

value 的设置值见表 19.7。

表 19.7　WindowState 属性的 value 设置值

常　　数	值	描　　述
vbNormal	0	（默认值）正常
vbMinimized	1	最小化（最小化为一个图标）
vbMaximized	2	最大化（扩大到最大尺寸）

2. 代码设计

主窗体模块内代码设计步骤如下：

（1）声明窗体级变量。

声明一个整型变量 trwheigth，用来记录“自定义组”导航按钮与“所有好友”导航按钮的间距。

声明一个布尔型变量 allfriend，用来记录当前好友显示模式是否为“所有好友”模式。

声明代码如下：

```
Dim trwheigth As Integer                           '窗体级变量，记录 TreeView 控件高度
'标识是否显示所有好友名称，作用域在工程内
Public allfriend As Boolean
```

（2）设置 TreeView 控件属性。

TreeView 控件的 LabelEdit 属性用来确定是否可以编辑在 TreeView 控件中的 Node 对象的标签，其默认值为 0-tvwAutomatic（允许修改）。本程序要求显示的好友名称不可以在 Node 对象的标签内修改，需要将其属性值设置为 1-tvwManual。

TreeView 控件的 HideSelection 属性用以决定当控件失去焦点时选择文本是否高亮显示，其默认值为 True，当控件失去焦点时选择文本不高亮显示。本程序要求当控件失去焦点时选择文本高亮显示，需要将其属性值设置为 False。

设置 TreeView 控件属性的代码如下：

```
With TreeView1
    .LabelEdit = tvwManual                         '禁止修改标签
    .HideSelection = False                         '失去焦点时文本高亮显示
End With
```

（3）创建“通话窗体”集合对象。

创建集合对象 clt（变量已在公共模块 Mdl_1 中声明）用以将动态创建的“通话窗体”添加到集合中。在消息接收时需要使用该集合调用指定的“通话窗体”。

创建集合对象的代码如下：

```
Set clt = New Collection
```

（4）属性结构初始化。

调用 Ige_fz_Click 事件初始化树型结构，代码如下：

```
Ige_fz_Click
```

（5）Ige_fz_Click 事件。

在 Ige_fz_Click 事件中主要功能如下：

① 加载好友分组以及与分组匹配的好友名称。

② 调整 TreeView 控件和导航按钮的位置。

代码如下：

```
Private Sub Ige_fz_Click()
    '省略部分见资料包的代码
    '设置 TreeView 控件与窗体顶边之间的距离，Ige_fz 为充当“自定义组”导航按钮的 Image 控件
    TreeView1.Top = Ige_fz.Top + Ige_fz.Height + 10
    ' Ige_sy 为充当“所有好友”导航按钮的 Image 控件，将其与窗体顶边之间的距离设置为 6360
    Ige_sy.Top = 6360
    TreeView1.Height = Ige_sy.Top - TreeView1.Top - 10      '设置 TreeView 控件的高度
    Lbl_sy.Top = Ige_sy.Top + 75                            '设置 Lbl_sy 与窗体顶边之
                                                             间的距离
    '加载好友分组以及与分组匹配的好友名称，loadfriend 过程在公共模块 Mdl_1 中
    loadfriend Me.TreeView1
    '将判定是否为“所有好友”显示模式的标识设置为 False
    allfriend = False
```

```
    '省略部分见资料包的代码
1: End Sub
```

（6）显示当前用户昵称。

首先声明 ADODB.Recordset 类型变量并将其实例化，然后使用 ADODB.Recordset 对象的 Open 方法和 SQL 语句对当前用户的昵称进行查询，最后将记录集中的指定字段内容显示在 Label 控件中。

代码如下：

```
Dim rs As ADODB.Recordset                              '声明 ADODB.Recordset 类型变量
Set rs = New ADODB.Recordset                           '创建 ADODB.Recordset 对象
❶ rs.Open "select isnull(昵称,聊天号码) from tb_user where 聊天号码='" & usernum & "'",
cnn, adOpenStatic
Label13.Caption = "昵称 " & rs.Fields(0)
```

代码贴士

❶ ISNULL 函数使用指定的替换值替换 NULL。

语法：

```
ISNULL ( check_expression , replacement_value )
```

参数说明如下。

- check_expression：将被检查是否为 NULL 的表达式。check_expression 可以是任何类型的。
- replacement_value：在 check_expression 为 NULL 时将返回的表达式。replacement_value 必须与 check_expresssion 具有相同的类型。

（7）发送上线消息。

通过自定义过程 linkstate 发送上线消息，其中参数 1 代表上线。

代码如下：

```
linkstate (1)
```

（8）自定义过程 linkstate 使用 WinSock 控件发送消息。

当用户上线或下线时，利用循环语句与 Winsock 控件的 SendData 方法将消息发送给每个好友。因为好友列表有两种显示方式，所以针对不同的显示方式对好友发送消息。

代码如下：

```
   Public Sub linkstate(ByVal state As Integer)
       Dim i As Integer                                '声明整型变量 i,下面的循环语句
                                                        需要使用它
       If allfriend = False Then                       '当显示模式为“自定义分组”时
❶         For i = 1 To TreeView1.Nodes.Count           '创建循环体
❷             If TreeView1.Nodes(i).Parent Is Nothing = False Then
                                                       '当指定节点为子节点时
                   With Frm_login.Wsk_1
❸                     .RemotePort = 1234               '设置远程端口号
❹                     .RemoteHost = TreeView1.Nodes(i).Tag '设置远程计算机 IP 地址
❺                     .SendData (usernum & "*#####*,*#####*" & CStr(state))
                                                       '发送上线消息
                   End With
               End If
❻               Sleep (100)                             '休眠 0.1 秒
```

```
        Next i
    Else                                                    '当显示模式为"所有好友"时
        For i = 1 To TreeView1.Nodes.Count
            With Frm_login.Wsk_1
            '省略部分见资料包的代码
            End With
            Sleep (100)
        Next i
    End If
End Sub
```

代码贴士

❶ Nodes 集合的 Count 属性：返回 TreeView 控件节点的总数。

❷ Node 对象的 Parent 属性：返回或设置 Node 对象的父对象。当 Node 对象不存在父对象时返回值为 Nothing。

❸ WinSock 控件的 RemotePort 属性：返回或设置要连接的远程端口号。

❹ WinSock 控件的 RemoteHost 属性：返回或设置远程计算机。

❺ WinSock 控件的 SendData 方法：可将数据发送给远程计算机。

语法：

```
object.SendData data
```

SendData 方法的语法参数如下。

- object：对象表达式。
- data：要发送的数据。对于二进制数据应使用字节数组。

❻ Sleep 函数：API 函数，用于延时。

（9）在 Form_MouseDown 事件中调用公共模块 Mdl_1 中的自定义过程 moveform，用于拖动无标题栏窗体。

代码如下：

```
Private Sub Form_MouseDown(Button As Integer, Shift As Integer, X As Single, Y As Single)
    moveform Me.hwnd, Button, Shift, X, Y
End Sub
```

（10）Ige_sy_Click 事件的主要功能如下：

① 加载所有好友名称。

加载所有好友名称，通过调用公共模块 Mdl_1 中自定义过程 loadfriend3 实现。该过程的创建方法与前面提到的自定义过程 loadfriend 类似，这里不再赘述。

② 调整 TreeView 控件和导航按钮的位置。

实现代码如下：

```
Private Sub Ige_sy_Click()
    '省略部分见资料包的代码
    Ige_sy.Top = Ige_fz.Top + Ige_fz.Height + 10      '设置"所有好友"导航按钮与窗体顶边
                                                      之间的距离
    TreeView1.Top = Ige_sy.Top + Ige_sy.Height + 10  '设置 TreeView 控件与窗体顶边之间
                                                      的距离
    TreeView1.Height = trwheigth                      '设置 TreeView 控件高度
    '设置显示"所有好友"的 Label 控件与窗体顶边之间的距离
    Lbl_sy.Top = Ige_sy.Top + 75
```

```
    loadfriend3 Me.TreeView1                        '以显示"所有好友"方式加载好友名称
    '将判定是否为"所有好友"显示模式的标识设置为True
    allfriend = True
    '省略部分见资料包的代码
1: End Sub
```

（11）创建通话窗口对象。

在跟好友聊天时，需要根据不同的好友号码弹出不同的聊天窗体，这需要动态创建通话窗体对象。窗体对象创建完毕后，还需要对该对象的 Tag 属性和窗体内的 Label 控件的 Caption 属性进行设置。

在 Tag 属性中保存的是好友的号码，可以通过该属性在 TreeView 控件的 Node 对象的 Tag 属性中获取好友 IP 地址。

代码如下：

```
Private Sub TreeView1_DblClick()
On Error GoTo 1                                     '错误处理，当遇错时跳转到标签1
                                                     所在位置
    Dim Frm As Frm_msg                              '声明通话窗体（Frm_msg）变量
    '省略部分见资料包的代码
    If TreeView1.SelectedItem.Parent Is Nothing Then '当选中的节点为父节点时
        If allfriend = True Then                    '当显示方式为"所有好友"时
            Set Frm = New Frm_msg                   '创建通话窗体（Frm_msg）对象
            '设置通话窗体对象的Tag属性，保存好友号码
            Frm.Tag = Right(TreeView1.SelectedItem.Key, Len(TreeView1
.SelectedItem.Key) - 1)
            '设置通话窗体标题，因为标题栏被隐藏，所以Label4充当标题栏的角色
            Frm.Label4 = "与 " & TreeView1.SelectedItem.Text & "通话中"
            Frm.Caption = Frm.Label4
            Frm.show                                    '显示通话窗体
        End If
    Else
        '省略部分见资料包的代码
    End If
1: End Sub
```

（12）通过使用 PopupMenu 方法弹出 Frm_menu 窗体中的“设置”菜单。通过该菜单可以进行“修改昵称”“修改密码”“添加好友”，调整“好友分组”和“创建分组”的操作。

代码如下：

```
Private Sub Lbl_menu_Click()
    PopupMenu Frm_menu.bqconfig                         '弹出菜单
End Sub
```

（13）关闭主窗体。

当关闭主窗体时，需要向好友和服务器端发送下线消息。发送下线消息仍然使用 WinSock 控件的 SendData 方法实现。

当用户下线时，首先将下线消息发送给服务器，服务器接收到下线消息后，将数据表中保存的用户在线状态设置为下线。

给服务器发送下线消息后，利用循环将下线消息发送给每个好友，好友接收到下线消息后，用户的在线状态被设置为下线，即显示的名称为黑色。

代码如下：

```
Private Sub Form_Unload(Cancel As Integer)
On Error Resume Next
    With Frm_login.Wsk_1
        .RemotePort = 4321                                    '设置远程端口号
        .RemoteHost = Frm_login.Txt_ip1.Text                  '设置远程 IP 地址
        '向服务器发送下线消息
        .SendData .LocalIP & "*#####*,*#####*" & usernum & "*#####*,*#####*" & "0"
    End With
    linkstate (0)                                             '向好友发送下线消息
    '省略部分见资料包的代码
    Unload Frm_login                                          '关闭登录窗体
End Sub
```

19.7　系统登录模块设计

19.7.1　系统登录模块概述

系统登录窗体是操作应用程序的入口，用户输入服务器 IP 和正确的 BQ 号码、密码后，就可以登录到程序主界面。

系统登录窗体的功能除了用户验证外，还有个非常重要的功能，就是绑定端口对数据进行监听。登录程序的运行效果如图 19.22 所示。

图 19.22　登录界面

19.7.2　系统登录模块实现过程

本模块使用的数据表：tb_user

1．窗体设计

系统登录模块的设计步骤如下：

（1）创建登录窗体。

在“工程资源管理器”中单击鼠标右键，在弹出的快捷菜单中选择“添加”/“添加窗体”命令，创建新窗体并命名为 Frm_login。设置 Picture 属性，添加窗体的背景图片。

（2）添加 TextBox 控件。

在窗体上添加 3 个 TextBox 控件，分别命名为 Txt_num、Txt_pass 和 Txt_ip。其中 Txt_num、Txt_pass 分别用于输入用户登录号码和密码。设置 Txt_pass（密码文本框）的 PasswordChar 属性为“*”，Txt_ip 用来设置服务器地址。

（3）添加 Image 控件。

在窗体上添加 Image 控件，用其充当按钮。通过设置 Image 控件的 Picture 属性添加背景图片。

（4）添加 Label 控件。

在窗体上添加 7 个 Label 控件。其中一个充当窗体的标题，5 个作为控件的标识，还有一个充当打开注册窗体的按钮。

上述 7 个 Label 控件的 BackStyle 属性都设置为 0-Transparent。充当注册按钮的 Label 控件的 ForeColor 属性设置为&H000000FF&（红色）。

（5）添加 Winsock 控件。

在窗体上添加 3 个 Winsock 控件，命名为 Wsk_1、Wsk_2 和 Wsk_3，分别用于接收好友上线或下线消息、接收或发送字符串、发送或接收文件的操作。

2．代码设计

系统登录模块内代码的设计步骤如下：

（1）声明窗体级变量。

声明 3 个字符串类型变量 filename、friendnump 和 sendfriend，分别用于记录发送文件路径、发送文件用户的号码、正在通话的好友号码。

声明整型变量 max，用来记录并接收包数量，在发送文件时需要使用该变量。

声明对象类型变量 msgFrm，为创建窗体 Frm_msg 对象作准备。

声明代码如下：

```
Dim filename As String                  '记录发送文件路径以及文件名
Dim friendnump As String                '记录发送文件用户的号码
Dim sendfriend As String                '记录正在通话的好友号码
Dim max As Integer                      '记录接收包数量
Dim msgFrm As Object                    '声明窗体 Frm_msg 的对象变量
```

（2）绑定 Winsock 控件（Wsk_1）的远程和本地端口，绑定后可以使用该控件向服务器和好友发送上线或下线消息。关于 Winsock 控件的 Protocol、RemotePort、LocalPort 属性上面已经讲过，这里不再重复。

代码如下：

```
With Wsk_1
    .Protocol = sckUDPProtocol          '使用 UDP 协议
    .RemotePort = 4321                  '设置远程端口
    .LocalPort = 1234                   '设置本地端口
    .Bind                               '绑定到本地的端口上
End With
```

（3）对登录用户的合法性进行验证。当用户合法时，隐藏登录窗体 Frm_login，绑定通信端口，登录主界面 Frm_main，并向服务器发送上线消息。

创建 ADODB.Recordset 对象，用 Open 方法和 SELECT 语句查询同时满足号码和密码两个查询条件的记录。当查询记录数大于 0 时，说明用户合法，可以登录。

用户合法时使用 Winsock 控件（Wsk_1）的 SendData 方法向服务器发送上线消息。

代码如下：

```
Dim rs As ADODB.Recordset                                    '声明 ADODB.Recordset 变量
Set rs = New ADODB.Recordset                                 '创建 ADODB.Recordset 对象
'对同时满足号码和密码两个查询条件的记录进行查询
rs.Open "select 聊天号码 from tb_user where 聊天号码='" & Txt_num.Text & "' and
isnull(聊天密码,'')='" & Txt_pass.Text & "'", cnn, adOpenStatic
❶ If rs.RecordCount > 0 Then                                 '当记录数大于 0 时
    With Wsk_1
       .RemoteHost = Txt_ip.Text                             '设置远程计算机 IP 地址
       '发送上线消息，"*#####*,*#####*"作为数组拆分标识
❷      .SendData (.LocalIP & "*#####*,*#####*" & usernum & "*#####*,*#####*" & "1")
    End With
    usernum = rs.Fields(0)                                   '记录好友号码
    With Wsk_2                                               '信息发送与接收
       .Protocol = sckUDPProtocol                            '使用 UDP 协议
       .RemotePort = 6666                                    '设置远程端口
       .LocalPort = 6666                                     '设置本地端口
       .Bind                                                 '绑定到本地的端口上
    End With
    With Wsk_3                                               '信息发送与接收
       .Protocol = sckUDPProtocol                            '使用 UDP 协议
       .RemotePort = 8888                                    '设置远程端口
       .LocalPort = 8888                                     '设置本地端口
       .Bind                                                 '绑定到本地的端口上
    End With
    Load Frm_main                                            '加载主窗体
    Frm_main.show                                            '显示主窗体
    Me.hide                                                  '隐藏登录窗体
Else
    MsgBox "用户名或密码错误", vbCritical
    Exit Sub
End If
```

代码贴士

❶ RecordCount 属性：返回记录集中的记录数。

❷ LocalIP 属性：返回本地机器的 IP 地址。

（4）接收好友上线或下线消息。

在 Winsock 控件（Wsk_1）的 DataArrival 事件中接收好友发送的上线消息。上线消息由上线好友号码和在线状态组成。

下面代码中的字符串类型变量 friendnum 用来记录上线好友号码，字符串类型变量 state 用来记录在线状态。当 state="1"时表示上线，state="0"时表示下线。

代码如下：

```
Private Sub Wsk_1_DataArrival(ByVal bytesTotal As Long)
'错误处理，遇到错误时跳转到标识 1 所在位置，防止出现"元素不存在"的错误
```

```
On Error GoTo 1
    Dim mystr As String                                           '声明字符串类型变量
    '省略部分见资料包的代码
    '获取当前的数据块并将其存储在 mystr 中
    Wsk_1.GetData mystr
    Dim arr() As String                                           '声明字符串类型数组
    '声明字符串类型变量 friendnum，用于保存好友号码
    Dim friendnum As String
    '声明字符串类型变量 state，用于保存在线状态
    Dim state As String
❶   arr = Split(mystr, "*#####*,*#####*", -1, vbTextCompare)      '根据标识拆分数组
    friendnum = arr(0)                                            '保存好友号码
    '省略部分见资料包的代码
    state = arr(1)                                                '保存在线状态
    If Val(state) > 0 Then
        '将好友号码所对应的节点颜色设置为红色
        Frm_main.TreeView1.Nodes("i" & friendnum).ForeColor = vbRed
    Else
        '将好友号码所对应的节点颜色设置为黑色
        Frm_main.TreeView1.Nodes("i" & friendnum).ForeColor = vbBlack
    End If
1:
End Sub
```

代码贴士

❶ Split 函数：返回一个下标从零开始的一维数组，它包含指定数目的子字符串。

语法：

```
Split(expression[, delimiter[, count[, compare]]])
```

（5）接收好友发送的文字。

在 Winsock 控件（Wsk_2）的 DataArrival 事件中接收好友发送的文字。在这个事件中除了最基本的通话功能外，还可接收添加好友申请、获取接收文件名、远程计算机接收文件状态等信息。

① 接收基本通话信息

使用 Winsock 控件的 GetData 方法，将获取的数据保存在字符串类型数据 mystr 中。在 mystr 中包含好友号码和好友发送信息两部分。

获取 mystr 中好友号码和好友发送信息，需要使用 Split 函数对字符串按照拆分标识“*####*,*####*”进行拆分，将其拆分为数组 arr 的元素。

将 arr(0)的值赋予变量 friendnum，其值为好友号码；将 arr(1)的值赋予变量 receive，其值为好友发送的信息。

代码如下：

```
Dim mystr As String                                 '声明字符串类型变量 mystr
'省略部分见资料包的代码
Wsk_2.GetData mystr                                 '获取当前的数据块并将其存储在 mystr 中
Dim receive As String                               '声明字符串类型变量 receive
Dim friendnum As String                             '声明字符串类型变量 friendnum
Dim arr() As String                                 '声明字符串类型数组
arr = Split(mystr, "*#####*,*#####*", -1, vbTextCompare)  '拆分为数组 arr 的元素
friendnum = arr(0)                                        '好友号码
```

```
'省略部分见资料包的代码
receive = arr(1)                                                  '接收好友发送信息
```

② 接收添加好友申请

当 receive 值为*####*questaddfriend*####*时，标识有人向用户提出加为好友的申请。

使用 Split 函数对 receive 按照拆分标识“*####*,*####*”进行拆分，将其拆分为数组 arr3 的元素。

将 arr3(0)的值赋予变量 friendnum，将 arr3(1)的值赋予变量 group。变量 group 用于保存对方申请将用户加为好友的分组。

代码如下：

```
If receive = "*####*questaddfriend*####*" Then               '当接收到申请加为好友的标识时
   Dim arr3() As String                                       '声明字符串类型数组
   arr3 = Split(friendnum, "*####*;*####*")                   '拆分为数组 arr3 的元素
   friendnum = arr3(0)                                        '保存申请加为好友的用户号码
   'group 用于保存对方申请将用户加为好友的分组
   group = arr3(1)
❶  If MsgBox(friendnum & "申请加为好友", vbYesNo) = vbYes Then
                                                              '当单击对话框中的 Yes 按钮时
      With Frm_login.Wsk_2
         .RemoteHost = Wsk_2.RemoteHostIP                     '设置远程计算机 IP 地址
         '向远程计算机发送允许加为好友的标识
         .SendData (usernum & "*####*;*####*" & group & "*####*,*####*" & "*####*
questaddfriendok*####*")
      End With
      '省略部分见资料包的代码
End If
```

代码贴士

❶ MsgBox 函数：用于在对话框中显示消息，等待用户单击按钮，并返回一个 Integer 告诉用户单击哪一个按钮。

③ 添加好友

当接收到允许加为好友的标识时，将用户号码、好友号码和分组名称一起插入到好友数据表（tb_friend）中。

将记录插入到数据表中，需要使用 SQL 语句中的 Insert 语句。该语句通过公共模块 Mdl_1 中 ADODB.Connection 对象的 Execute 方法执行。

将记录插入到数据表后，使用公共模块 Mdl_1 中的自定义过程 loadfriend 重新加载好友分组，以及与分组相匹配的好友名称。

代码如下：

```
If receive = "*####*questaddfriendok*####*" Then         '接收信息为允许加为好友标识
   Dim arr4() As String                                  '声明字符串类型数组
   arr4 = Split(friendnum, "*####*;*####*")              '拆分数组
   friendnum = arr4(0)                                   '获取好友号码
   group = arr4(1)                                       '获取分组名称
   '执行 Insert 语句
   cnn.Execute ("insert into tb_friend values('" & usernum & "','" & friendnum &
"','" & group & "')")
   loadfriend Frm_main.TreeView1                         '重新加载节点
End If
```

④ 信息的交互

当双击 TreeView 控件节点时，动态创建一个通话窗体，并将该窗体添加到公共模块 Mdl_1 的集合 clt 中。使用循环语句判断集合中是否存在 Tag 属性值与好友号码（friendnum）相同的窗体对象。

当存在时，在满足条件的窗体对象内进行通话；当不存在时，将布尔型变量 haveFrm 设置为 False，表示没有打开过与该好友进行通话的窗体。

代码如下：

```
Dim haveFrm As Boolean                          '声明变量，用于判断与该好友对话的
                                                 窗口是否打开
Dim i As Integer                                '声明整型变量 i
For i = 1 To clt.Coun                           '创建循环体
   If clt(i).Tag = friendnum Then               '当与该好友对话的窗口已经打开时
       '省略部分见资料包的代码
       '当收到内容不为收到文件标识时
       If receive <> "*#####*fileget*#####*" And receive <> "*#####*fileget*#####*" And
receive <> "*#####*nofileget* #####*" And receive <> "*#####*filebusy*#####*" And
InStr(1, receive, "*#####*questaddfriend*#####*", vbTextCompare) = 0 And InStr(1,
receive, "*#####*questaddfriendok*#####*", vbTextCompare) = 0 Then
           If Len(Trim(clt(i).Rtb_1.Text)) = 0 Then      '当通话记录长度为 0 时
               '当接收内容中不存在文件名关键字时
               If InStr(1, receive, "*#####*filename*#####*", vbTextCompare) = 0 Then
                   '显示接收内容
                   clt(i).Rtb_1.Text = clt(i).Rtb_1.Text & Replace(receive, "*#####
*filename*#####*", "")
               Else
                   '显示接收内容
                   clt(i).Rtb_1.Text = clt(i).Rtb_1.Text & getname(friendnum) & "
(" & friendnum & ")" & " " & Time & " " & vbNewLine & Replace(receive, "*#####
*filename*#####*", "")
               End If
           Else
               '省略部分见资料包的代码
           End If
       Else                                     '当收到内容为收到文件标识时
           Set msgFrm = clt(i)                  '将 clt(i)对象赋予变量 msgFrm
       End If
       haveFrm = True                           '表示与该好友对话的窗口正在打开
       Exit For                                 '退出循环
   End If
Next i
```

⑤ 动态创建通话窗体

当与该好友的对话窗体没有打开时，需要动态创建对话窗体。创建对话窗体对象需要使用 Set 语句将其实例化。

动态创建的对话窗体被打开后，在其窗体内的 RichTextBox 控件（Rtb_1）内显示接收的消息，并且在 Tag 属性中保存正在通话的好友号码。

保存好友号码的主要目的是从主窗体（Frm_main）中的 TreeView 控件中获取好友的 IP 地址，和迅速调用与该号码相匹配的对话窗体。

代码如下：

```
'当与该好友的对话窗体没有打开时
If haveFrm = False Then
    If friendnum <> usernum Then                                '防止接收自身消息
        Set Frm = New Frm_msg                                   '创建对话窗体
        '当数据包大于 0，并且不处于接收文件状态时
        If max > 0 And filereceiving = False Then
            '省略部分见资料包的代码
            Set msgFrm = Frm                                    '将 Frm 对象赋予变量 msgFrm
            sendfriend = friendnum                              '保存正在通话的好友号码
        End If
        '设置窗体对象的 Tag 属性，使其保存正在通话的好友号码
        Frm.Tag = friendnum
        '省略部分见资料包的代码
        '当收到内容不为收到文件标识时
        If receive <> "*#####*fileget*#####*" And receive <> "*#####*fileget*#####*" And
receive <> "*#####*nofileget* #####*" And receive <> "*#####*filebusy*#####*" And InStr(1,
receive, "*#####*questaddfriend*#####*", vbTextCompare) = 0 And InStr(1, receive,
"*#####*questaddfriendok*#####*", vbTextCompare) = 0 Then
            '省略部分见资料包的代码
                        '显示接收内容
                        Frm.Rtb_1.Text = Frm.Rtb_1.Text & Replace(receive, "*####
*filename*#####*", "")
            '省略部分见资料包的代码
            Load Frm                                            '加载窗体对象
            Frm.Form_Activate                                   '调用窗体对象 Activate 事件
            Frm.show                                            '显示通话窗体
❶           Frm.SetFocus                                        '设置窗体焦点
        End If
    End If
End If
```

代码贴士

❶ SetFocus 方法：将焦点移至指定的控件或窗体。

⑥ 接收发送文件请求

接收到文件发送请求后，根据用户的不同选择，以及目前的文件发送或接收状态，向发出请求的好友发送回执信息。

关键字*#####*fileget*#####*作为允许发送文件的标识；关键字*#####*nofileget*#####*作为禁止发送文件的标识；关键字*#####*filebusy*#####*表示当前用户正在发送或接收文件，无法在同一时间内接收不同文件。

代码如下：

```
If InStr(1, receive, "*#####*filename*#####*", vbTextCompare) > 0 Then
    With Wsk_2
        .RemoteHost = Wsk_2.RemoteHostIP                          '设置远程计算机地址
        If filereceiving = False And sending = False Then         '当未处于发送或接收状态时
            filename = Replace(receive, "*#####*filename*#####*", "")
                                                                  '设置接收文件名
            friendnump = friendnum                                '记录发送文件好友号码
```

```
            If MsgBox("是否同意接收文件", vbYesNo) = vbYes Then '当单击对话框中“是”按钮时
                '省略部分见资料包的代码
                '发送允许发送文件标识
                .SendData friendnump & "*#####*,*#####**#####*fileget*#####*"
                Exit Sub                                        '退出过程
            Else                                                '当单击对话框中“否”按钮时
                '发送不允许发送文件标识
                .SendData friendnump & "*#####*,*#####**#####*nofileget*#####*"
                '省略部分见资料包的代码
            End If
        Else                                                    '当处于发送或接收状态时
            '发送当前用户正在发送或接收文件标识
            .SendData friendnump & "*#####*,*#####**#####*filebusy*#####*"
        End If
    End With
End If
```

⑦ 接收发送文件请求的回执消息

当接收到标识*####*fileget*####*时接收好友发送的文件，接收到标识*####*nofileget*####*或*####*filebusy*####*时禁止好友发送文件。

代码如下：

```
If receive = "*####*fileget*####*" Then                   '当收到允许文件标识时
    sendcompleteflag = True                               '将收到数据包标识设置为“真”
    Exit Sub                                              '退出过程
ElseIf receive = "*####*nofileget*####*" Then             '当收到不允许文件标识时
    '将收到数据包标识设置为“假”
    sendcompleteflag = False
    '省略部分见资料包的代码
    MsgBox "好友拒绝接收文件", vbInformation              '弹出对话框
    Exit Sub                                              '退出过程
    '当好友正在处于发送或接收文件状态时
ElseIf receive = "*####*filebusy*####*" Then
    '将收到数据包标识设置为“假”
    sendcompleteflag = False
    '省略部分见资料包的代码
    MsgBox "好友正在发送或接收文件，请稍等", vbInformation '弹出对话框
    Exit Sub                                              '退出过程
End If
```

⑧ 接收文件

由于好友发送文件时需要将文件拆分为若干个数据包，分别对各个包进行发送。接收端接收到数据包后将包中的二进制数据追加到指定文件中（使用 Put 语句实现）。接收到所有数据包后即可在本地生成完整的文件。

代码如下：

```
Private Sub Wsk_3_DataArrival(ByVal bytesTotal As Long)
'省略部分见资料包的代码
'接收到的发送文件名不为空时
    If filename <> "" Then
        '正在接收文件标识设置为“真”
```

```
        filereceiving = True
        '省略部分见资料包的代码
        Dim bytData() As Byte                    '声明字节类型数组
        Dim lLenFile As Long                     '声明长整型变量
        Dim f                                    '声明变量
        f = FreeFile                             '记录供 Open 语句使用的文件号
        '省略部分见资料包的代码
1:      Open App.path & "\receive\" & filename For Binary Access Write As #f
                                                 'filename 是文件名
❶       lLenFile = LOF(f)                        '记录接收文件长度
        ReDim bytData(1 To bytesTotal)           '定义数组上下标
        Wsk_3.GetData bytData                    '获取数据
        If lLenFile = 0 Then                     '当接收文件长度为 0 时
            Put #f, 1, bytData                   '向文件写入数据
        Else                                     '当接收文件长度大于 0 时
            Put #f, lLenFile + 1, bytData        '向文件追加数据
        End If
End Sub
```

代码贴士

❶ LOF 函数：返回用 Open 语句打开的文件大小，该大小以字节为单位。

19.8　通话模块

扫一扫，看视频

19.8.1　通话模块概述

通话窗体用来与好友对话和发送文件。用户可以在此界面中与好友进行网上聊天。在企事业单位的局域网中多采用这种方式进行沟通和工作交流。这样既可以及时相互联系，且不影响工作环境。

文件发送功能可以实现资源的共享，可以将文件通过本程序发送到任何运行本程序的客户端。通话窗体的运行效果如图 19.23 所示。

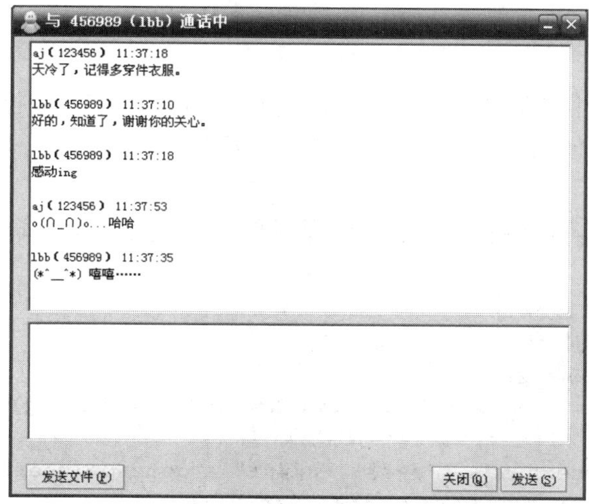

图 19.23　通话窗体运行效果

19.8.2 通话模块实现过程

1. 窗体设计

通话模块设计步骤如下：

（1）创建通话窗体。

在“工程资源管理器”中单击鼠标右键，在弹出的快捷菜单中选择“添加”/“添加窗体”命令，创建新窗体并命名为 Frm_msg。窗体创建后，在窗体的属性窗口中通过设置 Picture 属性添加窗体的背景图片。

（2）添加 RichTextBox 控件。

在窗体上添加两个 RichTextBox 控件，命名为 Rtb_1、Rtb_2，分别充当通话记录文本框和通话发送文本框。将 RichTextBox 控件 Rtb_1 的 Lock 属性设置为 True，使其锁定。

（3）添加 Image 控件。

在窗体上添加 Image 控件，用其充当按钮。通过设置 Image 控件的 Picture 属性添加背景图片。

（4）添加 Label 控件。

在窗体上添加 4 个 Label 控件，其中一个充当窗体的标题，其余作为控件的标识。这 4 个 Label 控件的 BackStyle 属性都设置为 0-Transparent。

（5）添加 CommandButton 控件。

在窗体上添加 3 个 CommandButton 控件，命名为 Cmd_1、Cmd_2、Cmd_3，分别用于发送聊天信息、关闭窗体、发送文件。

Cmd_1 的 Caption 属性设置为“发送（&S）”，Cmd_2 的 Caption 属性设置为“关闭（&Q）”，Cmd_3 的 Caption 属性设置为“发送文件（&F）”。

（6）添加一个 CommonDialog 控件，命名为 CommonDialog1，用于选择发送文件。

（7）添加一个 ProgressBar 控件，命名为 ProgressBar1，用于显示发送或接收文件的进度。

2. 代码设计

通话模块内代码设计步骤如下：

（1）发送通话内容。

将通话窗体的 Tag 属性保存的正在与之通话的好友号码和字符 i 进行连接，作为主窗体中树型结构节点的关键字。通过使用该关键字迅速获取与号码相对应节点的 Tag 属性中保存的好友 IP 地址。

获取好友 IP 地址后，可以将聊天信息发送到拥有该 IP 地址的客户端。

代码如下：

```
Private Sub Cmd_1_Click()
    '省略部分见资料包的代码
    With Frm_login.Wsk_2
        .RemoteHost = Frm_main.TreeView1.Nodes("i" & Me.Tag).Tag    '设置远程 IP 地址
        '发送聊天信息，*#####*,*#####*为数组拆分标识
        .SendData (usernum & "*#####*,*#####*" & getname(usernum) & " (" & usernum &
") " & " " & Time & " " & vbNewLine & Rtb_2.Text)
    End With
```

```
    '省略部分见资料包的代码
    Exit Sub                                            '退出过程
    Cmd_1.SetFocus                                      '发送按钮获得焦点
    '省略部分见资料包的代码
End Sub
```

（2）发送文件。

文件的发送分两种情况：一种文件小于等于 8192 字节，这种情况比较少；另一种是文件超过 8192 字节，这种情况需要将文件拆分为若干个数据包后发送。这里主要讲述如何将文件拆分为若干数据包后发送。

① 发送文件名称

在发送文件前先把欲发送的文件名发送给好友，好友根据该文件名创建文件。创建后的文件长度为 0，还需要向该文件追加数据。

代码如下：

```
With Frm_login.Wsk_2
    .RemoteHost = Frm_main.TreeView1.Nodes("i" & Me.Tag).Tag  '设置远程计算机 IP 地址
    '发送文件名
    .SendData (usernum & "*#####*,*#####*" & "*#####*filename*#####*" & getfilename
(filename) & "*#####*; *#####*" & max)
End With
```

② 发送大于 8192 字节的文件

下面代码中的变量 iPos 用于记录从文件获取数据的起始位置。创建一个循环体，当 iPos 值大于等于文件长度减去数据包最大字节数的值时结束循环。在其循环体内将文件顺序拆分为若干数据包，并将数据包中的数据发送。

结束上述循环后发送工作并没有结束，还有最后一个数据包需要发送，该数据包小于数据包允许的最大字节数。将其发送后，发送文件工作完成。

代码如下：

```
With Frm_login.Wsk_3
    .RemoteHost = Frm_main.TreeView1.Nodes("i" & Me.Tag).Tag  '设置远程 IP 地址
    Dim FreeF As Integer                                '声明整型变量
    Dim bytData() As Byte                               '声明字节类型数组
    FreeF = FreeFile                                    '获得空闲的文件号
    Open filename For Binary Access Read As #FreeF      '打开欲发送文件
    '省略部分见资料包的代码
    Do Until (iPos >= (LenFile - iMax))                 '创建循环体
        '省略部分见资料包的代码
        ReDim bytData(0 To iMax - 1)                    '重新定义数组上下标
        '将指定范围内的数据赋予数组 bytData
        Get #FreeF, iPos + 1, bytData
        .SendData bytData                               '发送数据包
        sendcompleteflag = False
        iPos = iPos + iMax                              '移动 iPos，使其指向下一
                                                        数据块起始位置
        '省略部分见资料包的代码
    Loop
    '省略部分见资料包的代码
```

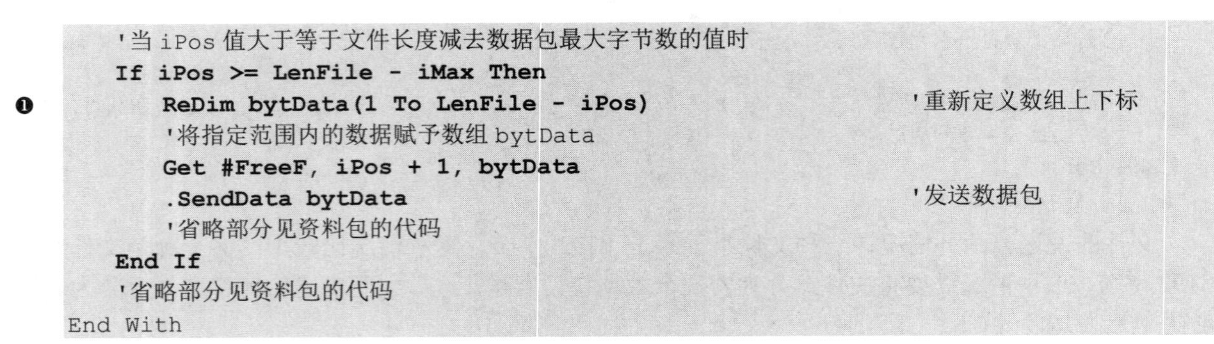

```
    '当 iPos 值大于等于文件长度减去数据包最大字节数的值时
    If iPos >= LenFile - iMax Then
        ReDim bytData(1 To LenFile - iPos)                   '重新定义数组上下标
        '将指定范围内的数据赋予数组 bytData
        Get #FreeF, iPos + 1, bytData
        .SendData bytData                                    '发送数据包
        '省略部分见资料包的代码
    End If
    '省略部分见资料包的代码
End With
```

代码贴士

❶ ReDim 语句：在过程级别中使用，用于为动态数组变量重新分配存储空间。

扫一扫，看视频

19.9　添加好友模块

19.9.1　添加好友模块概述

添加好友窗体用于向某用户提出加为好友的申请。用户可以在树型结构中选择已注册的用户，指定好友分组，发送加为好友的请求。

如果接收到对方允许加为好友的消息，对方的名字就会添加到相应的分组中。添加好友窗体的运行效果如图 19.24 所示。收到对方申请加为好友的消息时，弹出如图 19.25 所示的对话框。

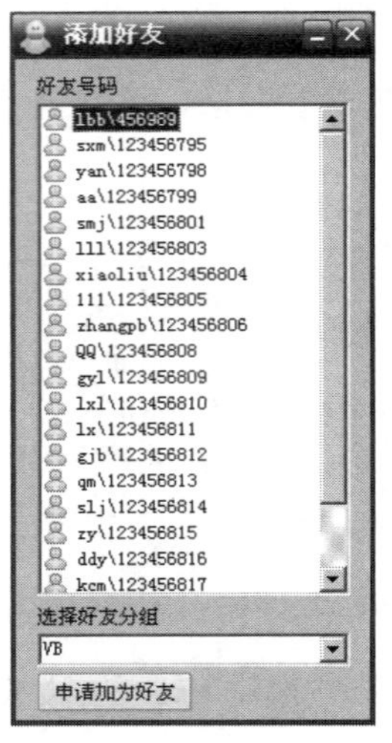

图 19.24　添加好友界面

图 19.25　申请加为好友

19.9.2　添加好友模块实现过程

本模块使用的数据表：tb_user、tb_state、tb_group

1．窗体设计

添加好友模块设计步骤如下：

（1）创建添加好友窗体。

在“工程资源管理器”中单击鼠标右键，在弹出的快捷菜单中选择“添加”/“添加窗体”命令，创建新窗体并命名为 Frm_addfriend。窗体创建后，在窗体的属性窗口中通过设置 Picture 属性添加窗体的背景图片。

（2）添加 TreeView 控件。

在窗体上添加一个 TreeView 控件并命名为 TreeView1，用以显示所有注册用户。

（3）添加 ComboBox 控件。

在窗体上添加一个 ComboBox 控件并命名为 Combo1，用以显示用户自定义的所有分组。

（4）添加 Label 控件。

在窗体上添加 4 个 Label 控件，其中一个充当窗体的标题，其余作为控件的标识。这 4 个 Label 控件的 BackStyle 属性都设置为 0-Transparent。

（5）添加 Image 控件。

在窗体上添加一个 Image 控件，用其充当按钮。通过设置这个 Image 控件的 Picture 属性添加背景图片。

（6）添加一个 ImageList 控件并命名为 ImageList1，用其添加用户列表树型结构节点图片。

2．代码设计

添加好友模块内代码的设计步骤如下：

（1）向 TreeView 控件中添加所有注册用户名。

自定义过程 loadfriend2 用来向 TreeView 控件中添加所有注册用户名。在该过程中使用 ADODB.Recordset 对象的 Open 方法和连接查询语句，将所有注册用户的用户名添加到 TreeView 控件中，并将注册用户的 IP 地址添加到与其号码相对应的 Node 对象的 Tag 属性中。

代码如下：

```
Private Sub loadfriend2()
On Error Resume Next
   Dim rs As ADODB.Recordset                                        '声明记录集变量
   Set rs = New ADODB.Recordset                                     '创建记录集对象
❶  rs.Open "select distinct tb_user.聊天号码,isnull(tb_user.昵称,tb_user.聊天号码),
ip from tb_user inner join tb_state on tb_user.聊天号码=tb_state.聊天号码", cnn,
adOpenStatic                                                        '执行查询语句
   TreeView1.Nodes.Clear                                            '清除节点
   Do While Not rs.EOF                                              '创建循环体
       '添加节点
       TreeView1.Nodes.Add , , "i" & rs.Fields(0), rs.Fields(1) & TreeView1.
PathSeparator & rs.Fields(0), 1
       TreeView1.Nodes("i" & rs.Fields(0)).Tag = rs.Fields("ip")
                                                                    '设置节点对象的 Tag 属性
       rs.MoveNext                                                  '下一条记录
   Loop
   rs.Close                                                         '关闭记录集
   Set rs = Nothing                                                 '释放对象
End Sub
```

代码贴士

❶ distinct 关键字：可从 SELECT 语句的结果中消除重复的行。如果没有指定 distinct，将返回所有行，包括重复的行。

（2）发送加为好友的申请。

使用 WinSock 控件的 SendData 方法发送申请加为好友的标识*####*questaddfriend*####。下面代码中的*####*;*####*作为数组拆分标识符。ComboBox 控件 Combo1 中保存的是指定的自定义分组名。

代码如下：

```
Private Sub Pte_add_Click()
    '省略部分见资料包的代码
       With Frm_login.Wsk_2
          .RemoteHost = TreeView1.SelectedItem.Tag        '设置远程 IP 地址
          .SendData (usernum & "*#####*;*#####*" & Me.Combo1.Text & "*#####*,*#####*"
& "*#####* questaddfriend*#####*")                         '发送加为好友请求
       End With
    '省略部分见资料包的代码
End Sub
```

扫一扫，看视频

19.10　好友分组模块

19.10.1　好友分组模块概述

好友分组窗体用于修改好友所在分组。出于某种原因，用户可能需要将某好友移到其他分组中。如果不创建好友分组模块，就要首先将需要移动分组的好友删除，再重新提交加为好友的申请，这样操作非常麻烦。为了方便用户更改好友分组的操作，创建了好友分组模块。好友分组界面如图 19.26 所示。选中好友节点，并在下拉列表框中选择相应的分组名称，单击“调整好友分组”按钮，对好友所在分组进行修改。

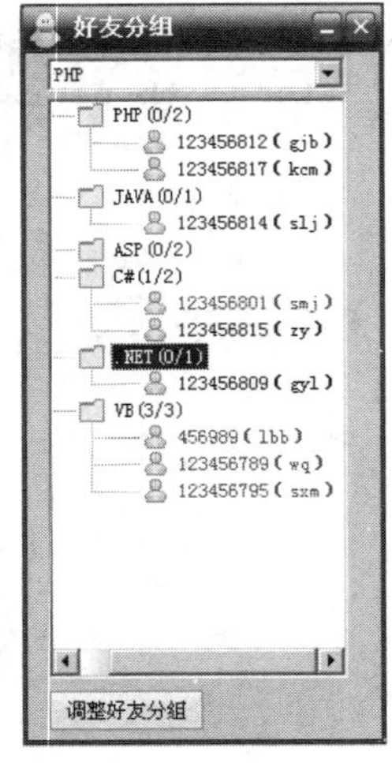

图 19.26　好友分组界面

19.10.2　好友分组模块实现过程

本模块使用的数据表：tb_group、tb_friend

1．窗体设计

好友分组模块的设计步骤如下：

（1）创建好友分组窗体。

在“工程资源管理器”中单击鼠标右键，在弹出的快捷菜单中选择“添加”/“添加窗体”命令，创建新窗体并命名为 Frm_group。窗体创建后，在窗体的属性窗口中通过设置 Picture 属性添加窗体的背景图片。

（2）添加 TreeView 控件。

在窗体上添加一个 TreeView 控件并命名为 TreeView1，用以显示分组名称和与之相匹配的好友名称。

（3）添加 ComboBox 控件。

在窗体上添加一个 ComboBox 控件并命名为 Combo1，用以显示用户自定义的所有分组。

（4）添加 Label 控件。

在窗体上添加两个 Label 控件，其中一个充当窗体的标题，其余作为控件的标识。这两个 Label 控件的 BackStyle 属性都设置为 0-Transparent。

（5）添加 Image 控件。

在窗体上添加一个 Image 控件，用其充当按钮。通过设置这个 Image 控件的 Picture 属性添加背景图片。

2．代码设计

好友分组模块内代码的设计步骤如下：

（1）加载分组名称以及与之相匹配的好友名称。

通过调用公共模块 Mdl_1 中的自定义过程 loadfriend，可以将分组名称和与之相匹配的好友名称添加到 TreeView 控件中。

关键代码如下：

```
loadfriend Me.TreeView1
```

（2）加载用户自定义分组。

通过使用 ADODB.Recordset 对象的 Open 方法、SELECT 语句和循环语句，将用户所有自定义的分组名称添加到 ComboBox 控件 Combo1 中。下面代码中的变量 usernum 代表本地用户号码。

代码如下：

```
Dim rs As ADODB.Recordset                                   '声明 ADODB.Recordset 对象变量
Set rs = New ADODB.Recordset                                '创建 ADODB.Recordset 对象
❶ rs.Open "SELECT 分组 from tb_group  where 聊天号码='" & usernum & "' and 分组 is not
null order by id desc", cnn, adOpenStatic                   '查询用户自定义分组
Do While Not rs.EOF                                         '创建循环体
```

```
    Me.Combo1.AddItem rs.Fields(0)                '添加选项
    rs.MoveNext                                   '下一条记录
Loop
```

代码贴士

❶ is [not] null 子句用来确定指定的表达式是否为 NULL。

（3）调整好友所在分组。

使用公共模块 Mdl_1 中的 Connection 对象 cnn 的 Execute 方法执行 SQL 语句中的 UPDATE 语句，通过更新数据表更改好友所在分组。

需要更改分组的好友号码由被选中的节点的关键字确定。删除关键字的第一个字符即为好友的号码（节点的关键字由一个字母和好友号码合并组成）。将好友号码和本地用户号码作为更新条件，指定新的分组名称，即可更改好友所在分组。

代码如下：

```
If TreeView1.SelectedItem.Parent Is Nothing = False Then   '当选中节点为子节点时
    cnn.Execute "update tb_friend set 分组='" & Combo1.Text & "' where 聊天号码='" & usernum & "' and 好友号码='" & Right(TreeView1.SelectedItem.Key, Len(TreeView1.SelectedItem.Key) - 1) & "'"         '更改好友分组
    loadfriend Me.TreeView1                        '重新加载 TreeView 控件中的数据
    loadfriend Frm_main.TreeView1                  '重新加载主窗体 TreeView 控件中的数据
End If
```

扫一扫，看视频

19.11 BQ 系统服务器

19.11.1 BQ 系统服务器模块概述

BQ 系统服务器模块用于记录用户的在线状态、登录 IP 地址、管理用户表记录。在管理界面中可以修改用户的密码，删除用户记录。BQ 系统服务器界面如图 19.27 所示。

BQ服务器

id	聊天号码	昵称	聊天密码
98	123456789	淼	123
97	123456819	lzh	
96	123456818	ls	
95	123456817	kcm	
93	123456815	zy	44444
92	123456814	slj	
91	123456813	qm	
89	123456811	lx	
88	123456810	lxl	
87	123456809	gyl	
76	123456808	lao A	
74	123456806	zhangpb	
73	123456805	111	111

双击密码列修改密码，回车后对密码进行更新

删除　退出

图 19.27　BQ 系统服务器界面

获取网格控件的单元格内容：在 BQ 系统服务器模块中使用的网格控件是 MSHFlexGrid 控件，通过该控件的 TextMatrix 属性获得指定单元格中的内容。

MSHFlexGrid 控件的 TextMatrix 属性语法如下：

```
object.TextMatrix(rowindex, colindex) [=string]
```

TextMatrix 属性参数说明如表 19.8 所示。

表 19.8 MSHFlexGrid 控件的 TextMatrix 属性参数说明

参　　数	描　　述
object	对象表达式
rowindex, colindex	整数类型，一个数值表达式，指定要读或写哪一个单元
string	一个字符串表达式，包含一个任意的单元的内容

说明：

这一属性允许不更改 Row 和 Col 属性来设置或获取一个单元的内容。

例如，分别将第 3 列、第 4 列的单元格中的文字显示在文本框中。代码如下：

```
Text1.Text = Me.MSHFlexGrid1.TextMatrix(Me.MSHFlexGrid1.Row, 2)
Text2.Text = Me.MSHFlexGrid1.TextMatrix(Me.MSHFlexGrid1.Row, 3)
```

当双击 MSHFlexGrid 控件的“聊天密码”列内的单元格时，文本框移动到单元格所在位置。此功能通过使用 Move 方法实现。

Move 方法的语法如下：

```
object.Move left, top, width, height
```

Move 方法的参数说明见表 19.9。

表 19.9 Move 方法的参数说明

参　　数	描　　述
object	对象表达式
left	必选参数，单精度值，指示 object 左边的水平坐标（x 轴）
top	可选参数，单精度值，指示 object 顶边的垂直坐标（y 轴）
width	可选参数，单精度值，指示 object 新的宽度
height	可选参数，单精度值，指示 object 新的高度

例如，将文本框移动到窗体坐标为（0,0）的位置。代码如下：

```
Text1.Move 0, 0, Text1. Height, Text1.Width
```

19.11.2 BQ 系统服务器模块实现过程

1. 窗体设计

BQ 系统服务器模块的设计步骤如下：

（1）创建新窗体。

启动 Visual Basic 6.0，新建一个“VB 企业版控件”工程，命名为“BQ 服务器”，在该工程中会自动创建一个新窗体，将该窗体命名为 Frm_server。在该窗体的属性页中设置 Caption 属性为“BQ 服务器”（主窗体标题栏名称）。

（2）添加网格控件。

在窗体上添加 MSHFlexGrid 控件，命名为 MSHFlexGrid1。添加后选中该控件，单击鼠标右键，在弹出的快捷菜单中选择“属性”命令，显示“属性页”对话框。在“属性页”对话框中将“固定列”属性设置为 0，如图 19.28 所示。

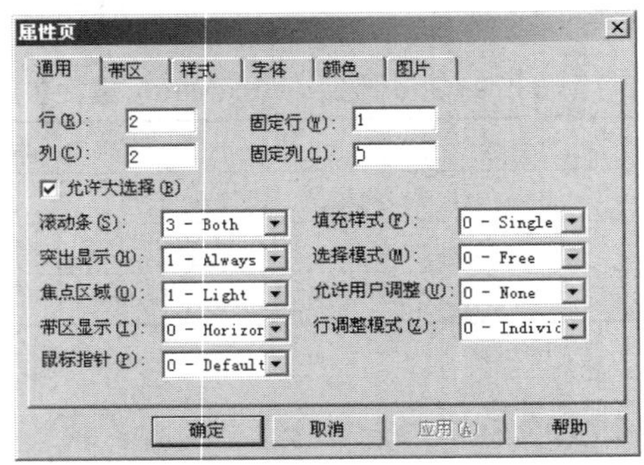

图 19.28　MSHFlexGrid 控件的属性页

（3）添加文本框。

在窗体上添加 TextBox 控件并命名为 Text1，在其属性窗口中将 BorderStyle 属性设置为 0-None。

（4）在窗体上添加两个 CommandButton 控件并分别命名为 Cmd_del、Cmd_quit。将 Cmd_del 的 Caption 属性设置为“删除”，将 Cmd_quit 的 Caption 属性设置为“退出”。

2．代码设计

BQ 系统服务器模块内代码的设计步骤如下：

（1）设置远程端口并绑定本地端口。

设置远程端口并绑定本地端口用于接收 BQ 系统用户登录信息。代码如下：

```
With Winsock1
    .Protocol = sckUDPProtocol                    '使用 UDP 协议
    .RemotePort = 1234                            '远程的端口
    .LocalPort = 4321                             '设置本地端口号
    .Bind                                         '绑定到本地的端口上
End With
```

（2）设置用户在线状态。

接收用户登录后发送的上线消息，并将字符串*####*,*####*作为拆分关键字，使用 Split 函数将接收消息拆分为数组。数组元素中分别保存登录用户的 IP 地址、登录号码、在线状态。获得登录用户的相关信息后，使用 ADODB.Connection 对象的 Execute 方法和 SQL 语句中的 UPDATE 语句更新在线状态表中登录用户的相关信息。

代码如下：

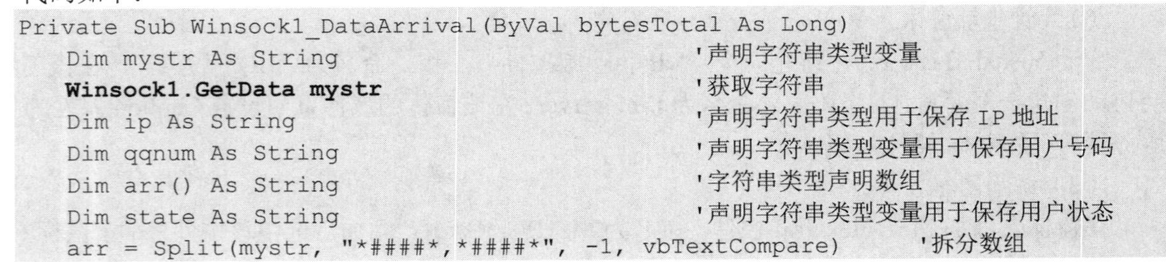

```
Private Sub Winsock1_DataArrival(ByVal bytesTotal As Long)
    Dim mystr As String                           '声明字符串类型变量
    Winsock1.GetData mystr                        '获取字符串
    Dim ip As String                              '声明字符串类型用于保存 IP 地址
    Dim qqnum As String                           '声明字符串类型变量用于保存用户号码
    Dim arr() As String                           '字符串类型声明数组
    Dim state As String                           '声明字符串类型变量用于保存用户状态
    arr = Split(mystr, "*#####*,*#####*", -1, vbTextCompare)      '拆分数组
```

```
    ip = arr(0)                                                    '保存 IP 地址
    qqnum = arr(1)                                                 '保存用户号码
    state = arr(2)                                                 '记录用户在线状态
    '执行 Update 语句
    cnn.Execute "update tb_state set 在线状态=" & state & ",IP='" & ip & "' where 聊天号码='" & qqnum & "'"
End Sub
```

（3）删除指定用户。

后台管理员可以删除指定用户，禁止其用户登录系统。删除记录通过使用 ADODB.Connection 对象的 Execute 方法和 SQL 语句中的 delete 语句实现。代码如下：

```
Private Sub Cmd_del_Click()
    '删除指定编号的记录
    cnn.Execute "delete tb_user where id='" & Me.MSHFlexGrid1.TextMatrix(Me.MSHFlexGrid1.Row, 0) & "'"
❶   rs.Resync                                                      '刷新记录集
    Set Me.MSHFlexGrid1.DataSource = rs                            '绑定记录集
End Sub
```

代码贴士

❶ Resync 方法用于从现行数据库刷新当前 Recordset 对象中的数据。

19.12　本章总结

本章主要介绍了如何通过 Winsock 控件实现信息和文件的发送功能。在开发过程中，首要考虑的问题就是本系统采用哪种网络协议进行通信，因为 Winsock 控件可以支持 TCP 与 UDP 两种协议。为了减少项目开发过程中的代码量，故采用了 UDP 协议，因为 Winsock 控件可以发送的数据块最大为 8192 字节。其次需要考虑的就是如何对文件进行分块发送和接收。通过对本章的学习，读者能够更快、更好地掌握聊天系统的开发技术。

第 20 章　云台视频监控系统
（Visual Basic 6.0+天敏 VC4000 监控卡 SDK 实现）

视频监控是一种实时的可视监控系统，通过电子眼对监控现场状况的视频采集，获取监控现场的信息。视频监控被广泛应用在科研、勘探、交通、医疗等方面。视频监控的主要目的是通过机械监控来达到对人员财产的保护。通过阅读本章，可以学到：

- VC Series SDK 动态链接库的调用；
- 串行端口传输数据；
- 自定义窗体移动事件；
- 自定义窗体标题栏双击事件；
- 模拟 MDI 窗体滚动条事件；
- 读取资源位图；
- 获取硬盘分区可用空间。

20.1　开 发 背 景

随着科技的飞速发展，视频监控设备在各个工作领域中被广泛地应用。目前，视频监控设备主要作为安防设备使用。使用视频监控设备一方面可以起到震慑作用，另一方面可以采集监控目标的影像信息，方便有关部门的证据的收集。在应用中为了能够扩大监控的范围，就需要使用云台来支撑监控探头。云台支撑的监控探头可以在一定范围内进行旋转与翻转，只要使用少数探头就可以覆盖较大面积的监控范围。

20.2　需 求 分 析

根据用户的要求，该项目为“通用型”的视频监控系统，换句话说就是可以满足大多数单位以及个人的一般性需求。一般性需求如下：

- 云台视频监控系统可以同时对多个目标进行监控。
- 用户可以通过对云台的控制来调整监控探头的角度。
- 要求可以调整监控探头的焦距，进行高清拍摄。
- 要求可以通过对程序的控制，调整显示画面的亮度以及对比度等。
- 要求可以对监控画面进行手动录制以及定时录制。

- 用户可以将监控的画面进行抓取，并保存为图片。

20.3 系统分析

20.3.1 系统目标

云台视频监控系统本着经济、实用、可靠的原则，以及客户的需求制定了以下实现目标：

- 云台视频监控程序主要包括 5 大功能，分别为“视频捕捉”“监控控制”“模式切换”“视频录像”“图片快照”。
- 视频捕捉，是对来自电子眼的监控视频进行采集。
- 监控控制，包括对电子眼的光学控制、颜色控制以及旋转方向控制。
- 模式切换，是指单屏显示视频与多屏显示视频的切换。
- 视频录像，顾名思义，是将采集到的视频流生成视频文件。
- 图片快照，是将当前视频窗口中的视频景象保存为图片。

20.3.2 系统功能结构

扫一扫，看视频

云台视频监控程序主要包括 5 大功能，分别为“视频捕捉”“监控控制”“模式切换”“视频录像”“图片快照”。系统功能结构如图 20.1 所示。

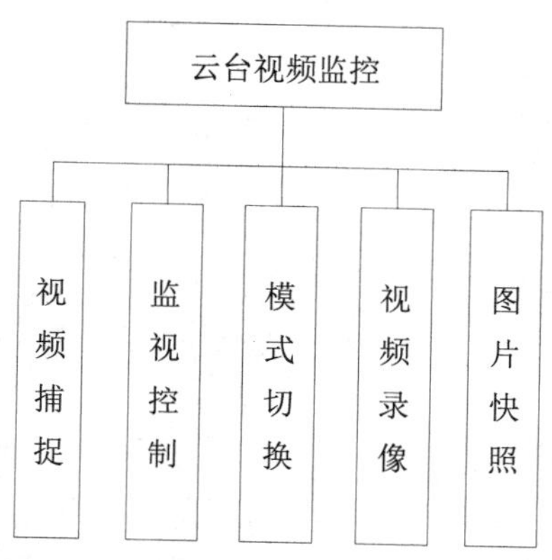

图 20.1 云台视频监控功能结构图

20.3.3 系统预览

云台视频监控系统可以对多路同时进行监控，如图 20.2 所示。

双击某一视频窗口或单击“单屏”按钮后进行单屏监控，如图 20.3 所示。

图 20.2　多屏显示

图 20.3　单屏显示

20.3.4　原理示意图

因为本程序不需要音频采集功能，并且笔者所使用的监控卡并不支持音频处理，所以只给出了关于视频方面的原理示意图，如图 20.4 所示。

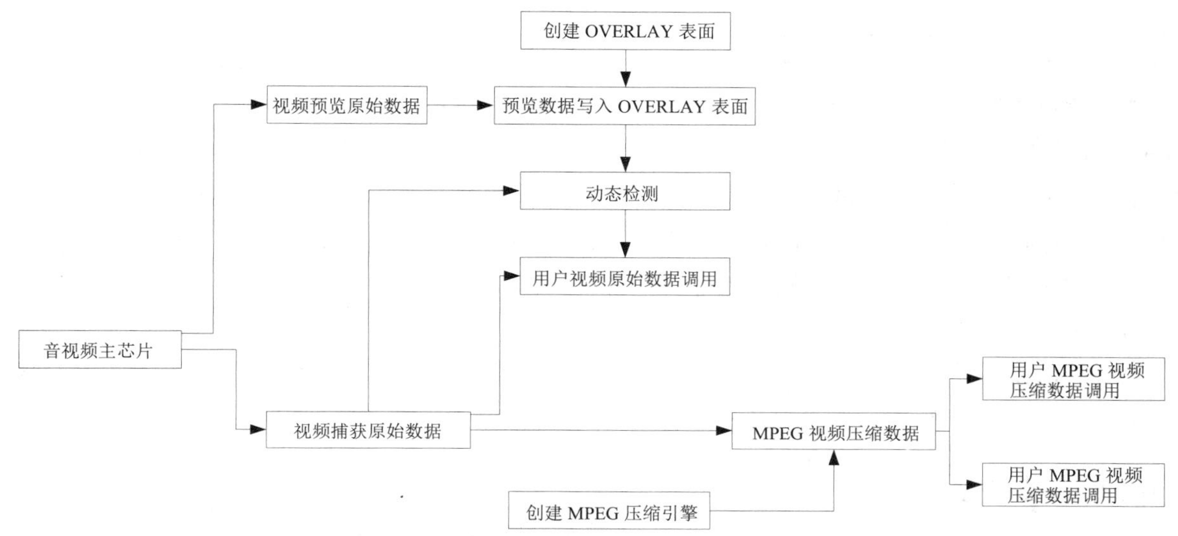

图 20.4　视频操作原理示意图

20.4　软、硬件环境配置

在开发视频监控系统时，通常需要使用一些专用的监控卡。为了让用户能够进行二次开发，某些监控卡提供了 SDK 开发包。使用开发包提供的函数，用户可以根据需要自行设计监控软件。本节将介绍开发环境的配置与相关硬件的选购与安装方法。

20.4.1　监控卡选购分析

在开发视频监控系统时，需要选择一款适宜的监控卡。为了方便用户选购，下面列出选购监控卡时需要注意的几个方面：

- 具有 SDK 开发包

在购买监控卡时，一定要选购具有 SDK 开发包的监控卡。这样，开发人员可以方便地进行二次开发。否则，只有支持 WDM 驱动的监控卡才可以进行二次开发（使用 Direct Show）。

- 监控卡的性能

购买的监控卡需要满足用户的需求。例如，监控卡的分辨率、高级的监控卡分辨率可以达到

720*516，捕捉的画面接近 DVD 的质量。监控卡是否支持硬件压缩，支持硬件压缩的监控卡，用户不用编写算法进行软件压缩，这样数据压缩的过程不经过 CPU，能够提供系统的捕捉效率。此外，还需要考虑监控卡能够实现多少路视频捕捉、一台计算机可以同时安装几个监控卡等。

➘ 环境需求

对于不同厂家、不同类型的监控卡，其硬件要求通常是不同的。在监控卡的使用手册中，会有监控卡详细的环境需求描述。

多数监控卡对于计算机的硬件配置要求比较“苛刻”，尤其是对显卡、CPU、内存的要求。以天敏的 VC4000 为例，显卡要求支持 DirectDraw 和 Overlay 技术，显卡内存建议 32MB 以上。由于 VC4000 采用的是软压缩技术，对于 8 路的视频需求，要求 CPU 为赛扬 2.4G 以上，对于 16 路的视频需求，要求 CPU 为赛扬 2.8G 以上，而对于 24 路（VC4000 支持的视频需求上限）视频需求，要求 CPU 为 P42.8G 以上。至于内存的要求，也是随着视频需求的提高而提高，在 8 路和 16 路环境下，内存应在 256M 以上，在 24 路环境下，内存要求在 512MB 以上。

➘ 价格因素

高级的监控卡价格比较昂贵，性能比较突出。在购买监控卡时，需要从自身或用户的角度考虑，既要满足需求又要节约成本。

20.4.2 安装监控卡

在购买监控卡后，厂家会随同提供监控卡的驱动程序及产品说明书。用户首先需要仔细阅读产品说明书，将监控卡安装到主板上。监控卡多数都采用 PCI 插槽，如图 20.5、图 20.6 所示分别是天敏的 VC4000 监控卡和德加拉的监控卡。

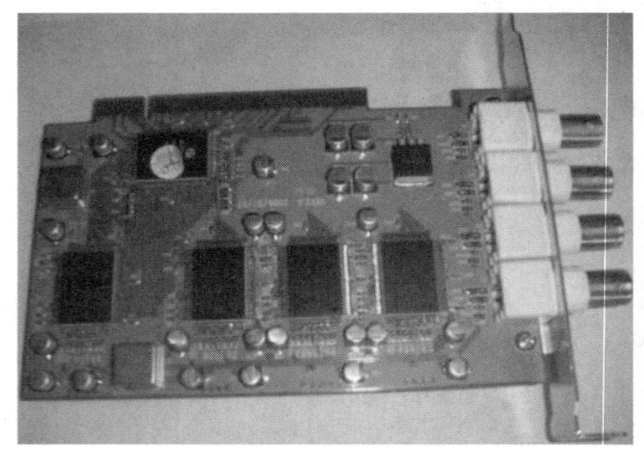

图 20.5 VC4000 监控卡

图 20.6 德加拉监控卡

下面以天敏的 VC4000 为例，介绍监控卡的安装过程。

（1）关闭计算机电源，打开机箱，将监控卡安装在一个空的 PCI 插槽上，如图 20.7 所示。

（2）从监控卡包装盒中取出螺丝，将监控卡固定在机箱上，如图 20.8 所示。

（3）将摄像头的信号线连接到监控卡上，如图 20.9 所示。

图 20.7　安装监控卡

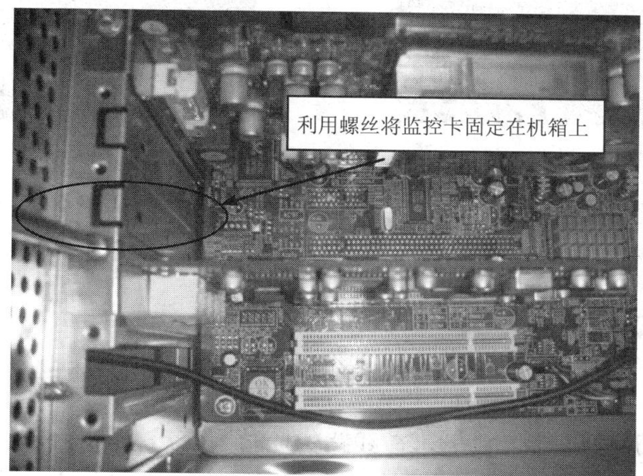

图 20.8　固定监控卡

图 20.9　连接信号线

至此，完成了监控卡的硬件安装，此外，还需要进行软件安装，安装监控卡使用的驱动程序、MPEG 编码器、解码器等。具体步骤如下：

（1）安装 DirectX 5.0 或以上版本。许多监控卡都要求安装 DirectX 才能够使用监控卡。

（2）安装并注册 MPEG 编码器、解码器。

（3）将监控卡的安装盘放入光驱，会弹出如图 20.10 所示的窗口。

（4）选择 VC4000 监控卡驱动，如图 20.11 所示。

图 20.10　监控卡驱动列表

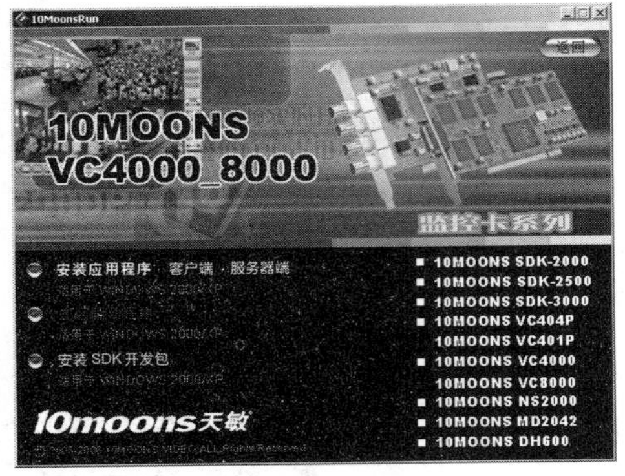

图 20.11　VC4000 驱动程序

（5）依次选择“安装驱动程序”“安装 SDK 开发包”“安装应用程序 客户端 服务器端”。

（6）重新启动计算机，完成软件的安装。

20.4.3　安装云台设备

云台通常是与摄像头结合在一起的，摄像头提供额外的线路用于云台设备与计算机的连接。该线路通常以 Com 端口的形式连接计算机，在线路的一端连接有云台控制转换器，如图 20.12 显示。

云台控制转换器是以 Com 端口的形式连接计算机的，图 20.13 显示了云台控制转换器与计算机的连接。

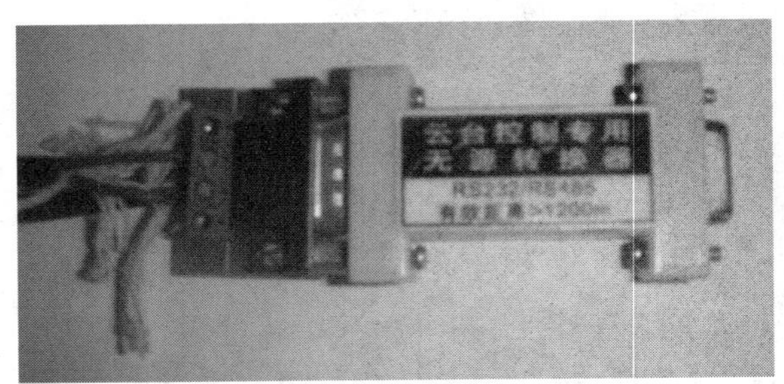

图 20.12　云台控制转换器

图 20.13　云台控制转换器连接计算机

扫一扫，看视频

20.5　公共模块设计

在项目开发中为了减少代码量，通常将需要重复利用的自定义函数或过程放置在公共模块中。在其它功能模块中可以直接调用公共模块中的函数或过程。公共模块提供的自定义函数或过程通常是比较成熟的方法，具有很强的通用性。下面将对 3 个重要的模块分别进行介绍。

20.5.1　VC Series SDK 动态链接库的介绍

在购买具有 SDK 开发包的监控卡时，会附带监控卡的使用手册，其中包含 SDK 开发包的详细说明。以天敏 VC4000 监控卡为例，SDK 主要由 Sa7134Capture.dll、MediaTransmit.dll、MPG4c32.dll 等文件组成。下面对 Sa7134Capture.dll 中的常用函数的声明方法以及功能进行介绍。

1．VCAInitSdk

该函数用于初始化开发包。在使用 SDK 开发包中的函数前，首先需要调用该函数进行初始化。VCAInitSdk 函数的语法如下：

```
Public Declare Function VCAInitSdk Lib "Sa7134Capture.dll" (ByVal hWndMain As Long, _
                    ByVal eDispTransType As DISPLAYTRANSTYPE, _
                    ByVal bLnitAuDev As Boolean) As Boolean
```

参数说明：

- hWndMain：表示视频显示多路小窗口的父窗口句柄。
- eDispTransType：表示显示类型。
- bInitAudDev：表示是否初始化音频设备。

例如下面代码针对 VGA 显示卡初始化：

```
HaveCard = VCAInitSdk(Me.hwnd, DISPLAYTRANSTYPE.PCI_VIEDOMEMORY, False)
```

2．VCAUnInitSdk

该函数用于释放调用 VCAInitSdk 函数分配的系统资源，通常在程序结束时调用该函数。VCAUnInitSdk 函数的原型如下：

```
Public Declare Sub VCAUnInitSdk Lib "Sa7134Capture.dll" ()
```

3．VCAGetDevNum

该函数用于获得监控卡中芯片的数量。通常，监控卡支持多少路视频，将会存在多少个芯片。VCAGetDevNum 函数的语法如下：

```
Public Declare Function VCAGetDevNum Lib "Sa7134Capture.dll" () As Long
```

返回值：表示系统中安装在监控卡上的芯片数量。

获取芯片数量的代码如下：

```
m_dwDevNum = VCAGetDevNum
```

4．VCAOpenDevice

该函数打开指定卡号的设备，分配相应系统资源。语法如下：

```
Public Declare Function VCAOpenDevice Lib "Sa7134Capture.dll" (ByVal dwCard As Long, _
                    ByVal hPreviewWnd As Long) As Boolean
```

参数说明：

- dwCard：表示视频捕捉的卡号。
- hPreviewWnd：表示视频预览窗口句柄。

例如下面的代码，以 PictureBox 控件数组元素为预览窗口打开设备。

```
VCAOpenDevice i, Picture1(i).hwnd
```

5. VCAStartVideoPreview

该函数用于打开视频预览窗口。语法如下：

```
Public Declare Function VCAStartVideoPreview Lib "Sa7134Capture.dll" (ByVal dwCard
As Long) As Boolean
```

参数说明：

dwCard：表示预览的视频卡号。

例如下面的代码：

```
VCAStartVideoPreview i
```

6. VCAStopVideoPreview

该函数用于停止视频预览。语法如下：

```
Public Declare Function VCAStopVideoPreview Lib "Sa7134Capture.dll" (ByVal dwCard
As Long) As Boolean
```

参数说明：

dwCard：表示停止预览的视频卡号。

7. VCAUpdateOverlayWnd

该函数用于更新视频预览窗口。当预览窗口的父窗口大小或位置改变时，需要调用该函数进行调整。VCAUpdateOverlayWnd 函数的语法如下：

```
Public Declare Function VCAUpdateVideoPreview Lib "Sa7134Capture.dll" (ByVal dwCard
As Long, _
                    ByVal hPreviewWnd As Long) As Boolean
```

参数说明：

hOverlayWnd：表示预览窗口的父窗口。

例如下面的代码：

```
VCAUpdateOverlayWnd Frm_main.hwnd
```

8. VCAUpdateVideoPreview

该函数用于更新视频预览窗口。当预览窗口的大小和位置需要调整时调用该函数。通常，在调用该函数前，需要调用 VCAUpdateOverlayWnd 函数。VCAUpdateVideoPreview 语法如下：

```
Public Declare Function VCAUpdateVideoPreview Lib "Sa7134Capture.dll" (ByVal dwCard
As Long, _
                    ByVal hPreviewWnd As Long) As Boolean
```

参数说明：

- dwCard：表示视频卡号。
- hPreviewWnd：表示视频预览窗口。

例如下面的代码：

```
VCAUpdateVideoPreview CardNumarr(i), Frm_main.Picture1(i).hwnd
```

9．VCAUpdateOverlayWnd

该函数更新 overlay 窗口，当 overlay 窗口句柄改变或尺寸、位置改变时调用，overlay 窗口就是包含多路显示小窗口的大窗口。overlay 窗口必须有一个，多路显示小窗口必须包含在其内部。语法如下：

```
Public Declare Function VCAUpdateOverlayWnd Lib "Sa7134Capture.dll" ( _
                    ByVal hOverlayWnd As Long) As Boolean
```

参数说明：

hOverlayWnd：包含多路显示小窗口的大窗口。

例如下面的代码：

```
VCAUpdateOverlayWnd hwnd
```

10．VCASetVidCapSize

该函数用于设置视频捕捉的大小。语法如下：

```
Public Declare Function VCASetVidCapSize Lib "Sa7134Capture.dll" (ByVal dwCard As
Long, _
                    ByVal dwWidth As Long, _
                    ByVal dwHeight As Long) As Boolean
```

参数说明：

- dwCard：表示视频卡号。
- dwWidth：视频捕捉图像的宽度，建议为 16 的整数倍。
- dwHeight：视频捕捉图像的高度，建议为 16 的整数倍。

例如，设置视频捕捉代码如下：

```
VCASetVidCapSize addressin, 320, 240
```

11．VCASetVidCapFrameRate

该函数用于设置视频捕捉帧率。语法如下：

```
Public Declare Function VCASetVidCapFrameRate Lib "Sa7134Capture.dll" (ByVal dwCard
As Long, _
                    ByVal dwFrameRate As Long, _
                    ByVal bFrameRateReduction As Boolean) As Boolean
```

参数说明：

- dwCard：表示视频卡号。
- dwFrameRate：表示设置的捕捉帧率，PCL 信号最大帧率为 25，NTSC 最大帧率为 30。
- bFrameRateReduction：该参数是保留的，未被使用。

设置视频频率代码如下：

```
VCASetVidCapFrameRate addressin, 25, False
```

12．VCASetBitRate

该函数用于设置 MPEG 压缩的位率。语法如下：

```
Public Declare Function VCASetBitRate Lib "Sa7134Capture.dll" (ByVal dwCard As Long, _
                    ByVal dwBitRate As Long) As Boolean
```

参数说明：

- dwCard：表示视频卡号。
- dwBitRate：表示 MPEG 的压缩位率。范围在 56kbps~10Mbps 之间。

设置 MPEG 压缩率代码如下：

```
VCASetBitRate addressin, 256
```

13．VCAStartVideoCapture

该函数用于开始视频捕捉。语法如下：

```
Public Declare Function VCAStartVideoCapture Lib "Sa7134Capture.dll" (ByVal dwCard
As Long, _
                    ByVal enCapMode As CAPMODEL, _
                    ByVal enMp4Mode As MP4MODEL, _
                    ByVal lpFileName As String) As Boolean
```

参数说明：

- dwCard：表示视频卡号。
- enCapMode：表示视频捕捉模式。
- enMp4Mode：表示 MPEG 压缩模式，只有在 enCapMode 参数为 CAP_MPEG4_STREAM 时，该参数才起作用。

lpFileName：表示视频捕捉的文件名称。

视频捕捉代码如下：

```
VCAStartVideoCapture addressin, CAPMODEL.CAP_MPEG4_STREAM, _
                MP4MODEL.MPEG4_AVIFILE_CALLBACK _
                , CommonDialog11.FileName
```

14．VCAStopVideoCapture

该函数用于停止视频捕捉。语法如下：

```
Public Declare Function VCAStopVideoCapture Lib "Sa7134Capture.dll" (ByVal dwCard
As Long) As Boolean
```

参数说明：

dwCard：表示视频卡号。

例如下面的代码：

```
VCAStopVideoCapture addressin
```

15．VCAGetVidFieldFrq

该函数用于得到视频源输入频率，即可得到视频源输入制式。语法如下：

```
Public Declare Function VCAGetVidFieldFrq Lib "Sa7134Capture.dll" (ByVal dwCard As
Long, _
                    ByRef eVidSourceFieldRate As Integer) As Boolean
```

参数说明：

- dwCard：卡号。
- eVidSourceFieldRate：视频源输入频率。

获取视频频率代码如下：

```
VCAGetVidFieldFrq CardNumarr(i), Frequency
```

20.5.2 SDK 调用模块

在“工程”窗口中选中“窗体”，单击鼠标右键，在弹出的快捷菜单中选择“添加”/“添加模块”命令，添加一模块并命名为 Mdl_VideoOperate。该模块将是实现本程序功能的关键，其中调用了 VC Series SDK 动态链接库中的主要函数，并声明了枚举类型，定义数据常量。

模块内代码如下：

```
Public Enum DISPLAYTRANSTYPE        '视频预览和视频捕捉数据流格式，目前版本只支持 UUY2 格式
          NOT_DISPLAY = 0
          PCI_VIEDOMEMORY = 1
          PCI_MEMORY_VIDEOMEMORY = 2
End Enum

Public Enum COLORFORMAT             '颜色格式
          RGB32 = &H0
          RGB24 = &H1
          RGB16 = &H2
          RGB15 = &H3
          YUY2 = &H4
          BTYUV = &H5
          Y8 = &H6
          RGB8 = &H7
          PL422 = &H8
          PL411 = &H9
          YUV12 = &HA
          YUV9 = &HB
          RAW = &HE
End Enum

Public Enum COLORCONTROL            '视频预览及视频捕获的显示属性
   brightness = 0                   'BRIGHTNESS 为亮度，value 范围：0~255，最佳：80
   contrast = 1                     'CONTRAST 为对比度，value 范围：-128~127，最佳：&H44
   saturation = 2                   'SATURATION 为饱和度，value 范围：-128~127，最佳：&H40
   hue = 3                          'HUE 为色度，value 范围：-128~127，最佳：&H0,只有当
                                     COLORDEVICETYPE 等于 COLOR_DECODER 时才有效
   SHARPNESS = 4                    'SHARPNESS 为锐度，value 范围：-8~7，最佳：&H0，只有当
                                     COLORDEVICETYPE 等于 COLOR_DECODER 时才有效
End Enum

Public Enum COLORDEVICETYPE         '显示设备的显示属性
   COLOR_DECODER = 0                'COLOR_DECODER 为解码器的显示属性，它会影响视
                                     频预览和视频捕获的显示属性
   COLOR_PREVIEW = 1                'COLOR_PREVIEW 为视频预览的显示属性
   COLOR_CAPTURE = 2                'COLOR_CAPTURE 为视频捕获的显示属性
End Enum

Public Enum CAPMODEL                '音视频捕获方式
```

```
    CAP_NULL_STREAM = 0                    'CAP_NULL_STREAM 捕获无效
    CAP_ORIGIN_STREAM = 1                  'CAP_ORIGIN_STREAM 捕获为原始流回调
    CAP_MPEG4_STREAM = 2                   'CAP_MPEG4_STREAM 捕获为MPEG4
End Enum

Public Enum MP4MODEL                       '音视频MPEG4 捕获方式，只有 CAPMODEL 等于
                                           'CAP_MPEG4_STREAM时有效
     MPEG4_AVIFILE_ONLY = 0                'MPEG4_AVIFILE_ONLY 存为MPEG4 文件
     MPEG4_CALLBACK_ONLY = 1               'MPEG4_CALLBACK_ONLY MPEG数据回调
     MPEG4_AVIFILE_CALLBACK = 2            'MPEG4_AVIFILE_CALLBACK 存为MPEG文件并回调
End Enum

Public Enum COMPRESSMODE                   'MPEG4_XVID压缩模式
    XVID_CBR_MODE = 0
    XVID_VBR_MODE = 1
End Enum

Public Enum eFieldFrequency                '视频源的输入频率
    FIELD_FREQ_50HZ = 0                    'FIELD_FREQ_50HZ 50Hz，绝对多数为PAL制式
    FIELD_FREQ_60HZ = 1                    'FIELD_FREQ_60HZ 60Hz，绝对多数为NTSC制式
    FIELD_FREQ_0HZ = 2                     'FIELD_FREQ_0HZ 无信号
End Enum

Public Enum eVOLTAGELEVEL                  '电平状态
    HIGH_VOLTAGE = 0                       'HIGH_VOLTAGE 高电平
    LOW_VOLTAGE = 1                        'LOW_VOLTAGE 低电平
End Enum

Public Declare Function VCAInitSdk Lib "Sa7134Capture.dll" _
                (ByVal hWndMain As Long, _
                ByVal eDispTransType As DISPLAYTRANSTYPE, _
                ByVal bLnitAuDev As Boolean) As Boolean        '初始化系统资源

Public Declare Sub VCAUnInitSdk Lib "Sa7134Capture.dll" ()      '释放系统资源
Public Declare Function VCAOpenDevice Lib "Sa7134Capture.dll" _
                (ByVal dwCard As Long, _
                ByVal hPreviewWnd As Long) As Boolean   '打开指定卡号的设备，分配
                                                          相应系统资源

Public Declare Function VCACloseDevice Lib "Sa7134Capture.dll" _
                (ByVal dwCard As Long) As Boolean       '关闭指定卡号的设备，释放
                                                          相应系统资源

Public Declare Function VCAGetDevNum Lib "Sa7134Capture.dll" _
                () As Long      '返回系统当中卡号数量，即为SAA7134硬件数目，为0时
                                 表示没有设备存在
Public Declare Function VCAStartVideoPreview Lib "Sa7134Capture.dll" _
                (ByVal dwCard As Long) As Boolean       '开始视频预览
```

```
Public Declare Function VCAStopVideoPreview Lib "Sa7134Capture.dll" _
                (ByVal dwCard As Long) As Boolean           '停止视频预览

Public Declare Function VCAUpdateVideoPreview Lib "Sa7134Capture.dll" _
(ByVal dwCard As Long, ByVal hPreviewWnd As Long) As Boolean  '更新视频预览

Public Declare Function VCAUpdateOverlayWnd Lib "Sa7134Capture.dll" _
                (ByVal hOverlayWnd As Long) As Boolean       '更新 overlay 窗口，
                                                              当 overlay 窗口句
                              '柄改变或尺寸、位置改变时调用，overlay 窗口就是包含
                               多路显示小窗口的大窗口，overlay 窗口必须有一个，多
                               路显示小窗口必须包含在其内部

Public Declare Function VCASaveAsJpegFile Lib "Sa7134Capture.dll" _
                (ByVal dwCard As Long, _
                ByVal lpFileName As String, _
                ByVal dwQuality As Long) As Boolean          '保存快照为 JPEG 文件

Public Declare Function VCASaveAsBmpFile Lib "Sa7134Capture.dll" _
                (ByVal dwCard As Long, _
                ByVal lpFileName As String) As Boolean       '保存快照为 BMP 文件

Public Declare Function VCAStartVideoCapture Lib "Sa7134Capture.dll" _
                (ByVal dwCard As Long, _
                ByVal enCapMode As CAPMODEL, _
                ByVal enMp4Mode As MP4MODEL, _
                ByVal lpFileName As String) As Boolean       '开始视频捕获

Public Declare Function VCAStopVideoCapture Lib "Sa7134Capture.dll" (ByVal dwCard
As Long) _
                As Boolean                                   '停止视频捕获

Public Declare Function VCASetVidCapSize Lib "Sa7134Capture.dll" _
                (ByVal dwCard As Long, _
                ByVal dwWidth As Long, _
                  ByVal dwHeight As Long) As Boolean         '设置视频捕获尺寸，
                                                              dwWidth 和
                  'dwHeight 最好为 16 的倍数，否则，动态检测为 16*16 的一个检测小块，
                   检测将会不准确

Public Declare Function VCAGetVidCapSize Lib "Sa7134Capture.dll" _
                (ByVal dwCard As Long, _
                ByVal dwWidth As Long, _
                  ByVal dwHeight As Long) As Boolean         '得到视频捕获尺寸

    Public Declare Function VCASetVidCapFrameRate Lib "Sa7134Capture.dll" _
                (ByVal dwCard As Long, _
```

```
            ByVal dwFrameRate As Long, _
            ByVal bFrameRateReduction As Boolean) As Boolean
                                                        '设置视频捕获频率

Public Declare Function VCASetBitRate Lib "Sa7134Capture.dll" _
            (ByVal dwCard As Long, _
            ByVal dwBitRate As Long) As Boolean        '设置 MPEG 压缩的位率

Public Declare Function VCASetKeyFrmInterval Lib "Sa7134Capture.dll" _
            (ByVal dwCard As Long, _
            ByVal dwKeyFrmInterval As Long) As Boolean '设置 MPEG 压缩的关键
                                                        帧间隔，必须大于等于
                                                        帧率

Public Declare Function VCASetXVIDQuality Lib "Sa7134Capture.dll" _
            (ByVal dwCard As Long, _
            ByVal dwQuantizer As Long, _
              ByVal dwMotionPrecision As Long) As Boolean  '设置 MPEG4_XVID
                                                            压缩的质量

   Public Declare Function VCASetXVIDCompressMode Lib "Sa7134Capture.dll" _
            (ByVal dwCard As Long, _
            ByVal enCompessMode As COMPRESSMODE) As Boolean
            '设置 MPEG4_XVID 压缩的模式

Public Declare Function VCASetVidDeviceColor Lib "Sa7134Capture.dll" _
            (ByVal dwCard As Long, _
            ByVal enCtlType As COLORCONTROL, _
            ByVal dwValue As Long) As Boolean
            '设置视频颜色属性，它将影响视频预览和视频捕获的显示属性

Public Declare Function VCAGetVidFieldFrq Lib "Sa7134Capture.dll" _
(ByVal dwCard As Long, ByRef eVidSourceFieldRate As Integer) _
As Boolean          '得到视频源输入频率，即可得到视频源输入制式

Public Declare Function VCAInitVidDev Lib "Sa7134Capture.dll" () _
As Boolean          '初始化视频设备，当视频不显示，只需视频录像获音频处理时，或通过
                     VCAInitSdk()函数已经初始化完成，可以不初始化

Public Declare Function VCAGetDeviceID Lib "Sa7134Capture.dll" _
            (ByVal dwCard As Long, _
             ByVal dwDeviceID As Long) As Boolean  '返回芯片 ID

'********************************基本指令定义（开始）********************************
Public Const FocusNear As Byte = &H1                              '增加聚焦
Public Const IrisOpen As Byte = &H2                               '减小光圈
Public Const IrisClose As Byte = &H4                              '增加光圈
Public Const CameraOnOff As Byte = &H8                            '摄像机打开和关闭
```

```
Public Const AutoManualScan As Byte = &H10                    '自动和手动扫描
Public Const Sense As Byte = &H80                             'Sence 码
Public Const PanRight As Byte = &H2                           '右
Public Const PanLeft As Byte = &H4                            '左
Public Const TiltUp As Byte = &H8                             '上
Public Const TiltDown As Byte = &H10                          '下
Public Const ZoomTele As Byte = &H20                          '增加对焦
Public Const ZoomWide As Byte = &H40                          '减小对焦
Public Const FocusFar As Byte = &H80                          '减小聚焦
'****************************基本指令定义（结束）******************************

'******************************镜头左右平移速度（开始）***************************
Public Const PanSpeedMin As Byte = &H0                        '停止
Public Const PanSpeedMax As Byte = &HFF                       '最高速
'******************************镜头左右平移速度（结束）***************************

'******************************镜头上下平移速度（开始）***************************
Public Const TiltSpeedMin As Byte = &H0                       '停止
Public Const TiltSpeedMax As Byte = &H3F                      '最高速
'******************************镜头上下平移速度（结束）***************************

Public Enum Switch                                            '雨刷控制
    TurnOn = &H1
    TurnOff = &H2
End Enum

Public Enum Focus                                             '聚焦控制
    Near = FocusNear
    Far = FocusFar
End Enum

Public Enum Zoom                                              '对焦控制
    Wide = ZoomWide
    Tele = ZoomTele
End Enum

Public Enum Tilt                                              '上下控制
    Up = TiltUp
    down = TiltDown
End Enum

Public Enum Pan                                               '左右控制
    Left = PanLeft
    Right = PanRight
End Enum

  Public Enum Scan                                            '自动和手动控制
      Auto
```

```
    Manual
End Enum

Public Enum Iris                                           '光圈控制
    IOpen = IrisOpen
    IClose = IrisClose
End Enum
```

20.5.3 云台控制模块

本模块（Mdl_Message）主要用于为云台控制提供方法。通过调用本模块中的方法可以显示对电子眼角度、光圈、聚焦等的控制。控制指令由一指定的常数经过一计算过程后生成，控制指令以字节数组的形式存在。

模块内代码如下：

```
Public CardNumarr() As Integer
Public messagesend(6) As Byte
Public WatchDir1 As String                                 '监控方向
Public Const STX As Byte = &HFF                            '同步字节
Public address As Byte
Public CheckSum As Byte
Public Command1 As Byte, Command2  As Byte, data1  As Byte, data2  As Byte
Public Function GetMessage(ByVal address1 As Long, _
                    ByVal Command12 As Byte, _
                    ByVal command22 As Byte, _
                    ByVal data11 As Byte, _
                    ByVal data22 As Byte)
   If address1 < 1 And address1 > 256 Then
      MsgBox "Pelco D 协议只支持 256 设备"
   End If
'*****************************操作指令计算过程（开始）******************************
   address = address1
   data1 = data11
   data2 = data22
   Command1 = Command12
   Command2 = command22
   CheckSum = CByte(STX Xor address Xor Command1 Xor Command2 Xor data1 Xor data2)
   messagesend(0) = CByte(STX)                     '操作指令保存在数组 messagesend 中
   messagesend(1) = CByte(address)
   messagesend(2) = CByte(Command1)
   messagesend(3) = CByte(Command2)
   messagesend(4) = CByte(data1)
   messagesend(5) = CByte(data2)
   messagesend(6) = CByte(CheckSum)
End Function
```

```
'****************************操作指令计算过程（结束）******************************

Public Function CameraSwitch(ByVal deviceAddress As Long, ByVal action As Switch)
As Byte                                                         '雨刷控制
    Dim m_action As Byte
    m_action = CameraOnOff
    If action = Switch.TurnOn Then
        m_action = CameraOnOff + Sense
        CameraSwitch = GetMessage(deviceAddress, m_action, 0, 0, 0)
    End If
End Function

Public Function CameraIrisSwitch(ByVal deviceAddress As Long, ByVal action As Iris)
As Byte                                                         '光圈控制
    CameraIrisSwitch = GetMessage(deviceAddress, CByte(action), 0, 0, 0)
End Function

Public Function CameraFocus(ByVal deviceAddress As Long, action As Focus) As Byte
                                                                '聚焦控制
    If action = Focus.Near Then
        CameraFocus = GetMessage(deviceAddress, CByte(action), 0, 0, 0)
    Else
        CameraFocus = GetMessage(deviceAddress, 0, CByte(action), 0, 0)
    End If
End Function

Public Function CameraZoom(ByVal deviceAddress As Long, ByVal action As Zoom) As
Byte                                                            '对焦控制
    CameraZoom = GetMessage(deviceAddress, 0, CByte(action), 0, 0)
End Function

Public Function CameraTilt(ByVal deviceAddress As Long, _
                        ByVal action As Tilt, _
                        ByVal speed As Long) As Byte            '上下控制
    If speed < TiltSpeedMin Then
        speed = TiltSpeedMin
    End If
    If speed < TiltSpeedMax Then
        speed = TiltSpeedMax
    End If
    CameraTilt = GetMessage(deviceAddress, 0, CByte(action), 0, CByte(speed))
End Function

Public Function CameraPan(ByVal deviceAddress As Long, _
                       ByVal action As Pan, _
                       ByVal speed As Long) As Byte             '左右控制
    If speed < PanSpeedMin Then
        speed = PanSpeedMin
    End If
```

```
    If speed > PanSpeedMax Then
        speed = PanSpeedMax
    End If
    CameraPan = GetMessage(deviceAddress, 0, CByte(action), CByte(speed), 0)
End Function

Public Function CameraStop(ByVal deviceAddress As Long) As Byte    '停止云台的移动
    CameraStop = GetMessage(deviceAddress, 0, 0, 0, 0)
End Function

Public Function CameraScan(ByVal deviceAddress As Long, ByVal Scan1 As Scan) As Byte
                                                                   '自动和手动控制
    Dim m_byte As Byte
    m_byte = AutoManualScan
    If Scan1 = Scan.Auto Then
        m_byte = AutoManualScan + Sense
    End If
    CameraScan = GetMessage(deviceAddress, m_byte, 0, 0, 0)
End Function
```

20.5.4 事件消息模块

本模块（Mdl_FormMove）用于获取窗体标题栏单击或双击鼠标左键的消息，并执行相应的操作。当获取到单击或双击鼠标左键消息后，更新视频窗口中的视频。在视频更新时需要对显示窗口（PictureBox）的可见性进行判断，如果可见就更新视频，否则关闭相应的设备。

模块内代码如下：

```
Public addressin As Byte
Public oneview As Boolean
Public speedin As Byte
Public Const WM_NCLBUTTONDOWN = &HA1
Public Const WM_NCLBUTTONDBLCLK = &HA3
'******************************消息 API 的声明（开始）******************************
Public Declare Function CallWindowProc Lib "user32" Alias "CallWindowProcA" ( _
                    ByVal lpPrevWndFunc As Long, _
                    ByVal hwnd As Long, ByVal Msg As Long, _
                    ByVal wParam As Long, _
                    ByVal lParam As Long) As Long
Public Declare Function GetWindowLong Lib "user32" Alias "GetWindowLongA" (ByVal
hwnd As Long, _
                    ByVal nIndex As Long) As Long
Public Declare Function SetWindowLong Lib "user32" Alias "SetWindowLongA" (ByVal
hwnd As Long, _
                    ByVal nIndex As Long, ByVal dwNewLong As Long) As Long
'******************************消息 API 的声明（结束）******************************
Public Declare Sub Sleep Lib "kernel32" (ByVal dwMilliseconds As Long)
Public Const GWL_WNDPROC = -4&
```

```
Public OldWindowProc As Long                    '用来保存系统默认的窗口消息处理函数的地址
                                                 自定义的消息处理函数
Public Function NewWindowProc(ByVal hwnd As Long, _
                    ByVal Msg As Long, _
                    ByVal wParam As Long, _
                    ByVal lParam As Long) As Long
   On Error Resume Next
'****************************窗体移动事件或标题栏双击事件(开始)**********************
   If Msg = WM_NCLBUTTONDOWN Or Msg = WM_NCLBUTTONDBLCLK Then
      NewWindowProc = CallWindowProc(OldWindowProc, hwnd, Msg, wParam, lParam)
      If MDIForm11.closeform = False Then
         Frm_main.Top = 0
         Frm_main.Left = 0
         Dim i As Integer
         Frm_main.SetFocus
         For i = Frm_main.Picture11.LBound To Frm_main.Picture11.UBound
            If Frm_main.Picture1(i).Visible = True Then
               VCAUpdateOverlayWnd Frm_main.hwnd          '更新视频预览窗口
               '更新预览窗口
               VCAUpdateVideoPreview CardNumarr(i), Frm_main.Picture1(i).hwnd
            Else
               VCACloseDevice CardNumarr(i)               '关闭设备
            End If
         Next i
      End If
'****************************窗体移动事件或标题栏双击事件(结束)**********************
   Else
      '执行历史事件
      NewWindowProc = CallWindowProc(OldWindowProc, hwnd, Msg, wParam, lParam)
   End If
End Function
Public Sub myhook(ByVal obj As Object)                    '事件绑定过程
   Dim hwndobject As Long
   hwndobject = obj.hwnd
   OldWindowProc = GetWindowLong(hwndobject, GWL_WNDPROC)
   Call SetWindowLong(hwndobject, GWL_WNDPROC, AddressOf NewWindowProc)
End Sub
```

20.5.5 自定义窗体移动事件

在本程序的开发过程中需要使用 Form_Move 事件，但遗憾的是 VB6 并没有提供该事件。需要使用三个 API 消息函数（GetWindowLong、SetWindowLong、CallWindowProc）自创建 Form_Move 事件。

API 函数 GetWindowLong 用于从指定窗口的结构中取得信息。声明方法如下：

```
Public Declare Function GetWindowLong Lib "user32" Alias "GetWindowLongA" ( _
                    ByVal hwnd As Long, _
                    ByVal nIndex As Long) As Long
```

返回值类型为 Long，返回值由参数 nIndex 决定，零表示出错。

参数说明：

- hwnd：类型为 Long，是欲为其获取信息的窗口的句柄。
- nIndex：类型为 Long，是欲取回的信息，可以是表 20.1 中任何一个常数。

表 20.1　API 函数 GetWindowLong 的消息常数以及说明

常　　数	值	说　　明
GWL_EXSTYLE	−20	扩展窗口样式
GWL_STYLE	−16	窗口样式
GWL_WNDPROC	−4	该窗口的窗口函数的地址
GWL_HINSTANCE	−6	拥有窗口的实例的句柄
GWL_HWNDPARENT	−8	该窗口之父的句柄。不要用 SetWindowWord 来改变这个值
GWL_ID	−12	对话框中一个子窗口的标识符
GWL_USERDATA	−21	含义由应用程序规定
DWL_DLGPROC	4	这个窗口的对话框函数地址
DWL_MSGRESULT	0	在对话框函数中处理的一条消息返回的值
DWL_USER	8	含义由应用程序规定

API 函数 SetWindowLong 用于在窗口结构中为指定的窗口设置信息。声明方法如下：

```
Public Declare Function SetWindowLong Lib "user32" Alias "SetWindowLongA" ( _
                    ByVal hwnd As Long, _
                    ByVal nIndex As Long, _
                    ByVal dwNewLong As Long) As Long
```

返回值类型为 Long，表示指定数据的前一个值。

参数及其说明如表 20.2 所示。

表 20.2　API 函数 SetWindowLong 的参数及其说明

参　　数	类　　型	说　　明
hWnd	Long	欲为其取得信息的窗口的句柄
nIndex	Long	请参考表 20.1 中 GetWindowLong 函数的 nIndex 参数的说明
dwNewLong	Long	由 nIndex 指定的窗口信息的新值

API 函数 CallWindowProc 用于将消息传至窗口。声明方法如下：

```
Public Declare Function CallWindowProc Lib "user32" Alias "CallWindowProcA" ( _
                    ByVal lpPrevWndFunc As Long, _
                    ByVal hwnd As Long, _
                    ByVal Msg As Long, _
                    ByVal wParam As Long, _
                    ByVal lParam As Long) As Long
```

返回值指定了消息处理结果，它与发送的消息有关。

参数及其说明如表 20.3 所示。

表 20.3　API 函数 CallWindowProc 的参数及其说明

参　　数	说　　明
lpPrevWndFunc	指向前一个窗口过程的指针。如果该值是通过调用 GetWindowLong 函数，并将该函数中的 nlndex 参数设为 GWL_WNDPROC 或 DWL_DLGPROC 而得到的，那么它实际上要么是窗口或者对话框的地址，要么就是代表该地址的句柄
hWnd	指向接收消息的窗口过程的句柄
Msg	指定消息类型
wParam	指定其余的、消息特定的信息。该参数的内容与 Msg 参数值有关
lParam	指定其余的、消息特定的信息。该参数的内容与 Msg 参数值有关

定义 Form_Move 事件模块，代码如下：

```
Option Explicit
Global Const WM_NCLBUTTONDOWN = &HA1
Public Declare Function CallWindowProc Lib "user32" Alias "CallWindowProcA" ( _
ByVal lpPrevWndFunc As Long, ByVal hwnd As Long, ByVal Msg As Long, ByVal wParam
As Long, _
ByVal lParam As Long) As Long
Public Declare Function GetWindowLong Lib "user32" Alias "GetWindowLongA" ( _
ByVal hwnd As Long, ByVal nIndex As Long) As Long
Public Declare Function SetWindowLong Lib "user32" Alias "SetWindowLongA" ( _
ByVal hwnd As Long, ByVal nIndex As Long, ByVal dwNewLong As Long) As Long
Public Const GWL_WNDPROC = -4&
Public OldWindowProc As Long                    '用来保存系统默认的窗口消息处理函数的地址
'自定义的消息处理函数
Public Function NewWindowProc(ByVal hwnd As Long, ByVal Msg As Long, ByVal wParam
As Long, _
ByVal lParam As Long) As Long
    On Error Resume Next
    If Msg = WM_NCLBUTTONDOWN Then              '当按下标题栏时
        '执行历史事件
        NewWindowProc = CallWindowProc(OldWindowProc, hwnd, Msg, wParam, lParam)
        '在此添加窗体移动事件代码
    Else
        '执行历史事件
        NewWindowProc = CallWindowProc(OldWindowProc, hwnd, Msg, wParam, lParam)
    End If
End Function
Public Sub myhook(ByVal obj As Object)
    Dim hwndobject As Long
    hwndobject = obj.hwnd                                       '对象句柄
    OldWindowProc = GetWindowLong(hwndobject, GWL_WNDPROC)      '记录历史事件
    '为指定的对象设置信息并回调函数 NewWindowProc
    Call SetWindowLong(hwndobject, GWL_WNDPROC, AddressOf NewWindowProc)
End Sub
```

上述代码中的常数 WM_NCLBUTTONDOWN 代表鼠标在程序窗体的标题栏按下的消息。

窗体中调用窗体移动事件的代码如下：

```
myhook Me
```

扫一扫，看视频

20.6 主窗体设计

20.6.1 主窗体概述

主窗体为用户提供了一个用于控制云台与镜头的平台。主要用于“监控控制”“视频录像”“图片快照”。其中“监控控制”包括对电子眼的光学控制、颜色控制以及旋转方向控制。本节将对主窗体的设计过程进行介绍。

20.6.2 主窗体实现过程

1. 窗体设计

主窗体是一个 MDI 窗体，它其实只是一个控制平台，并不显示视频监控画面，如图 20.14 所示。监控画面是在下一节介绍的 MDI 子窗体（视频显示窗体）中显示。

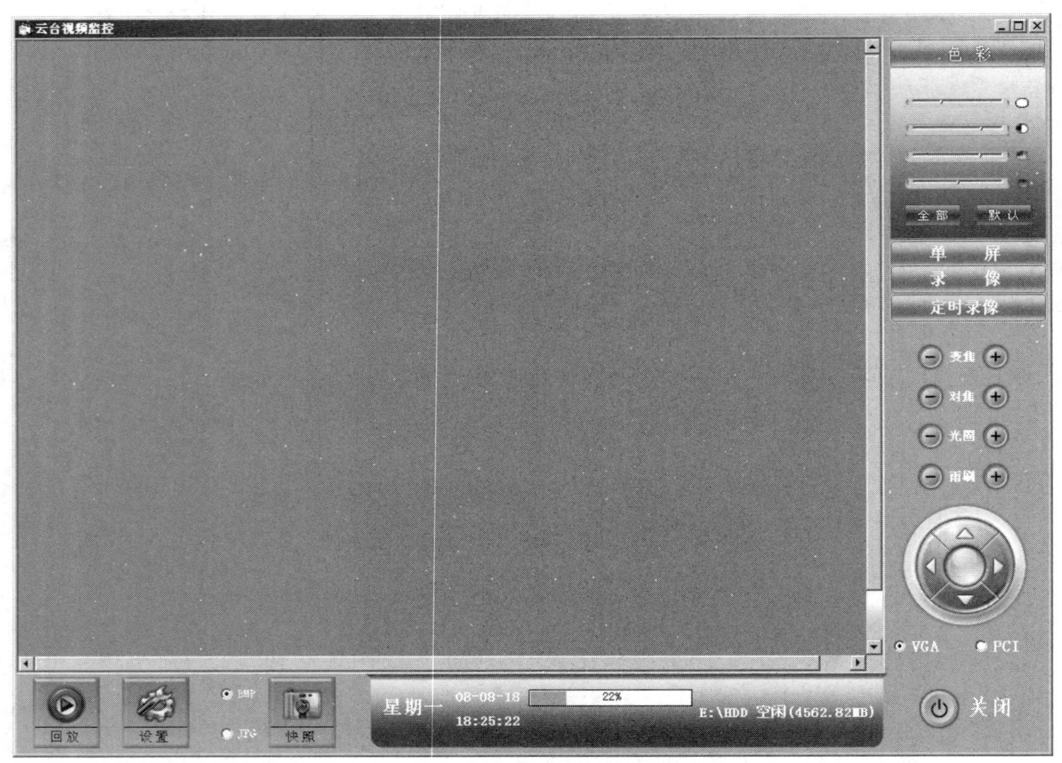

图 20.14　MDI 窗体

主窗体设计步骤如下：

（1）创建窗体

在“工程窗口”中选中“窗体”，单击鼠标右键，在弹出的快捷菜单中选择“添加”/“添加 MDI 窗体”命令，创建一 MDI 窗体。将新创建的窗体命名为 MDIForm1，Caption 属性设置为“云台视频监控”。

（2）添加 Image 控件

在窗体上添加 4 个 Image 控件，分别命名为 Img_Down、Img_Left、Img_Right、Img_Up。

（3）添加 OptionButton 控件

在窗体上添加 3 个 OptionButton 控件，分别命名为 Option1、Option2、Option3、Option4。

（4）添加 PictureBox 控件

在窗体上添加 23 个 PictureBox 控件，分别命名为 Pic_AllSet、Pic_Config、Pic_Control、Pic_default、Pic_Exit、Pic_FocusFar、Pic_FocusNear、Pic_GetPic、Pic_IrisClose、Pic_IrisOpen、Pic_Rec、Pic_rectime、Pic_Replay、Pic_Single、Pic_SwitchTurnOn、Pic_Way、Pic_ZoomTele、Pic_ZoomWide、PicSwitchTurnOff、Picture1、Picture2、Picture3、Picture4。

（5）添加 Slider 控件

在使用 Slider 控件前，首先需要单击“工程”菜单项，选择“部件”命令，在弹出的“部件”对话框中选择“Microsoft Windows Common Controls 6.0 (SP6)”，添加 Slider 控件，如图 20.15 所示。在窗体上添加 4 个 Slider 控件，并分别命名为 Slider1、Slider2、Slider3、Slider4。

（6）添加 Timer 控件

在窗体上添加一个 Timer 控件，并将其 Enabled 属性设置为 False。

（7）添加 CommonDialog 控件

在使用 CommonDialog 控件前，首先需要单击“工程”菜单项，选择“部件”命令，在弹出的“部件”对话框中选择“Microsoft Common Dialog Control 6.0 (SP6)”，添加 CommonDialog 控件，如图 20.16 所示。在窗体上添加一个 CommonDialog 控件，并命名为 CommonDialog1。

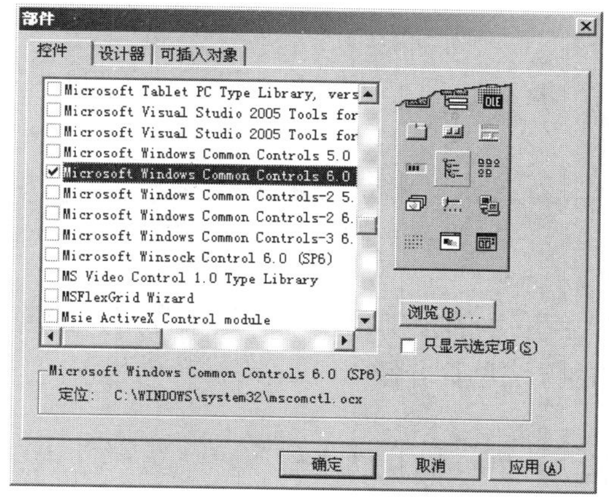

图 20.15 添加 Slider 控件

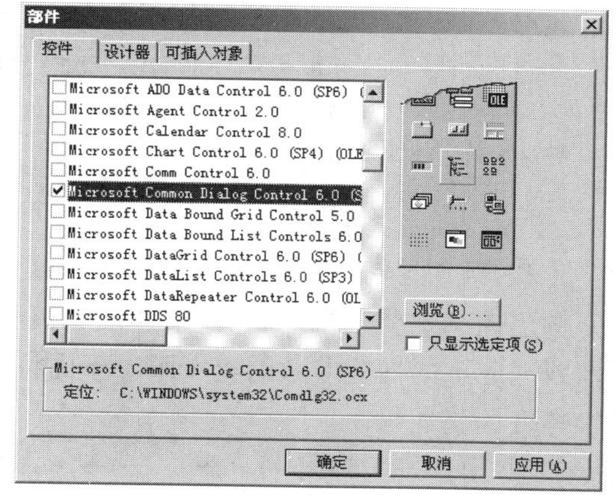

图 20.16 添加 CommonDialog 控件

（8）添加 Label 控件

在窗体上添加若干个 Label 控件，它们的 BackStyle 属性均为 0-Transparent，AutoSize 属性均为 True。

2. 代码设计

（1）光学控制

光学控制主要包括“变焦”“对焦”“光圈”3 个功能。下面对上述 3 个功能进行介绍。

➘ 变焦

通过变焦有助于拍摄时放大远端物体。下面将介绍通过串行端口通信实现电子眼变焦功能的方法。

减小，代码如下：

```
CameraFocus addressin, Focus.Near
linkcom messagesend
```

增大，代码如下：

```
CameraFocus addressin, Focus.Far
linkcom messagesend
```

上面代码中的 CameraFocus 方法为公共模块 Mdl_Message 中的自定义方法；linkcom 为 MDIForm1 窗体中的自定义过程，用于串行端口通信，在后面将进行详细介绍。

➘ 对焦

对焦通过改变镜头与感光元件之间的距离让某一特定位置的物体通过镜头的成像点上，得出最清晰的影像。对焦仍然通过串行端口通信实现。

减少，代码如下：

```
CameraZoom addressin, Zoom.Wide
linkcom messagesend
```

增加，代码如下：

```
CameraZoom addressin, Zoom.Tele
linkcom messagesend
```

➘ 光圈

光圈是一种用来控制光线透过镜头，进入机身内感光的光量装置。调整光圈的方法如下：

减少，代码如下：

```
CameraIrisSwitch addressin, Iris.IClose
linkcom messagesend
```

增加，代码如下：

```
CameraIrisSwitch addressin, Iris.IOpen
linkcom messagesend
```

（2）颜色控制

颜色控制主要包括对“亮度”“对比度”“饱和度”“色度”的控制，用于满足不同用户的视觉习惯或适应不同性能参数的电子眼。下面将对颜色控制的方法进行介绍。

亮度调整代码：

```
VCASetVidDeviceColor addressin, COLORCONTROL.brightness, Slider1.Value
```

对比度调整代码：

```
VCASetVidDeviceColor addressin, COLORCONTROL.contrast, Slider2.Value
```

饱和度调整代码：

```
VCASetVidDeviceColor addressin, COLORCONTROL.saturation, Slider3.Value
```

色度调整代码：

```
VCASetVidDeviceColor addressin, COLORCONTROL.hue, Slider4.Value
```

修改全部视频窗口的颜色，通过自定义过程 colorall 实现，代码如下：

```
Private Sub colorall()
On Error Resume Next
```

```
    Dim i As Integer
    For i = Frm_main.Picture1.LBound To Frm_main.Picture1.UBound
        VCASetVidDeviceColor CardNumarr(i), COLORCONTROL.brightness, Slider1.
Value
        VCASetVidDeviceColor CardNumarr(i), COLORCONTROL.contrast, Slider2.Value
        VCASetVidDeviceColor CardNumarr(i), COLORCONTROL.saturation, Slider3.Value
        VCASetVidDeviceColor CardNumarr(i), COLORCONTROL.hue, Slider4.Value
    Next i
End Sub
```

（3）方向控制

方向控制用于调整电子眼的监视角度，使电子眼在允许的角度范围内调整角度，获取指定角度的监控画面。下面将对方向控制的方法进行介绍。

向上，代码如下：

```
CameraTilt addressin, Tilt.Up, speedin
linkcom messagesend
```

向下，代码如下：

```
CameraTilt addressin, Tilt.down, speedin
linkcom messagesend
```

向左，代码如下：

```
CameraTilt addressin, Pan.Left, speedin
linkcom messagesend
```

向右，代码如下：

```
CameraTilt addressin, Pan.Right, speedin
linkcom messagesend
```

（4）结束操作

在执行某控制操作后需要将其停止，停止操作通过调用公共模块中的全局过程过程 CameraStop 实现，代码如下：

```
Private Sub Fun_stop()
    Dim i As Integer
    CameraStop (addressin)                                  '结束操作
    If Frm_main.MSComm1.PortOpen = True Then                '当端口打开时
        Frm_main.MSComm1.PortOpen = False                   '关闭端口
    End If
    Frm_main.MSComm1.PortOpen = True                        '打开端口
    Frm_main.MSComm1.Output = messagesend                   '发送操作指令
End Sub
```

（5）串行端口通信

本小节监控控制的所有方法都是通过串行端口通信实现的。自定义过程 linkcom 用于发送控制指令。为了防止串行端口正处于打开状态，需要对其状态进行判断。如果正处于打开状态就关闭串行端口，然后重新打开，并发送控制指令。

代码如下：

```
Private Sub linkcom(ByVal messagesend1 As Variant)
    If Frm_main.MSComm1.PortOpen = True Then                '当端口打开时
        Frm_main.MSComm1.PortOpen = False                   '关闭端口
```

```
    End If
    Frm_main.MSComm1.PortOpen = True                    '打开端口
    Frm_main.MSComm1.Output = messagesend1              '发送操作指令
End Sub
```

（6）视频录像

视频录像除了要保证录像画面清晰外，还要对视频文件的压缩格式、压缩比率、视频窗口大小等进行考虑。选择既能保证画面质量，又能适当减少视频文件占用空间的方案。

下面的录像过程中使用VC Series SDK动态链接库中的VCASetKeyFrmInterval函数设置MPEG压缩的关键帧间隔；VCASetBitRate函数设置MPEG压缩的位率；VCASetVidCapFrameRate函数设置视频捕获频率；VCASetVidCapSize函数设置视频捕获尺寸；VCASetXVIDQuality函数设置MPEG4_XVID压缩的质量；VCASetXVIDCompressMode函数设置MPEG4_XVID压缩的模式；VCAStartVideoCapture函数设置视频捕获。

代码如下：

```
Private Sub Pic_Rec_Click()
On Error GoTo err
    If Lbl__Rec.Caption = "录    像" Then
        Lbl__Rec.Caption = "停止录像"
        CommonDialog1.FileName = ""
        CommonDialog1.ShowSave
        If CommonDialog1.FileName <> "" Then
            VCASetKeyFrmInterval addressin, 250             '设置MPEG压缩的关键帧间隔
            VCASetBitRate addressin, 256                    '设置MPEG压缩的位率
            VCASetVidCapFrameRate addressin, 25, False      '设置视频捕捉帧率
            VCASetVidCapSize addressin, 320, 240            '设置视频捕捉的大小
            VCASetXVIDQuality addressin, 10, 3              '设置MPEG4_XVID压缩质量
            '设置MPEG4_XVID压缩的模式
            VCASetXVIDCompressMode addressin, COMPRESSMODE.XVID_VBR_MODE
            VCAStartVideoCapture addressin, _
            CAPMODEL.CAP_MPEG4_STREAM, _
            MP4MODEL.MPEG4_AVIFILE_CALLBACK _
            , CommonDialog1.FileName                        '开始视频捕捉
        Else
            Lbl__Rec.Caption = "录    像"
            VCAStopVideoCapture addressin                   '停止视频捕捉
            GetFreeSpace Left(App.Path, 3)                  '显示硬盘分区可用空间
        End If
    ElseIf Lbl__Rec.Caption = "停止录像" Then
        Lbl__Rec.Caption = "录    像"
        VCAStopVideoCapture addressin                       '停止视频捕捉
    End If
err: End Sub
```

（7）视频快照

BMP和JPG是两种应用最为广泛的图片格式。BMP格式的图片以画面清晰著称；JPG格式的图片以画面清晰度适中、占用空间较小著称。使用VC Series SDK动态链接库中的VCASaveAs-

BmpFile、VCASaveAsJpegFile 可以将视频画面保存为 BMP、JPG 格式。

代码如下：

```
If Option1.Value = True Then                                    '保存 BMP 格式图片
   VCASaveAsBmpFile addressin, _
                 App.Path & "\picture\" & Format(Now, "yyyymmddnnss") & ".bmp"
Else                                                            '保存 JPG 格式图片
      VCASaveAsJpegFile addressin, _
                 App.Path & "\picture\" & Format(Now, "yyyymmddnnss") & ".jpg", 100
End If
```

20.7　视频显示模块窗体设计

扫一扫，看视频

20.7.1　视频显示窗体概述

视频显示窗体作为本程序的子窗体，它才是真正显示监控画面的窗体。该窗体主要功能是视频显示，视频显示模式分为多屏与单屏两种。下面将对视频显示窗体的设计过程进行介绍。

20.7.2　视频显示窗体实现过程

1. 窗体设计

视频显示窗体是主窗体的 MDI 子窗体，如图 20.17 所示。

图 20.17　视频显示窗体

视频显示窗体的创建步骤如下：

（1）创建 MDI 子窗体

在“工程窗口”中选中“窗体”，单击鼠标右键，在弹出的快捷菜单中选择“添加”/“添加窗体”命令，创建一新窗体。将新创建的窗体命名为 Frm_Main，并将其 MDIChild 属性设置为 True、BackColor 设置为&H00000000&（黑色）。

（2）添加 MSComm 控件

拖曳工具栏中的 MSComm 控件到窗体 Frm_Main 上，并命名为 MSComm1。

（3）添加 PictureBox 控件

在窗体上添加一 PictureBox 控件，将其命名为 PictureBox1，并将其 Index 属性设置为 0、BackColor 属性设置为&H00FF00FF&（粉红色）。

（4）在窗体上添加一 Shape 控件，将其命名为 Shape1，并将其 BorderColor 属性设置为&H0000FF00&（亮绿色）、BorderWidth 属性设置为 3、Visible 属性设置为 False。

（5）在窗体上添加一 Timer 控件并命名为 Timer1。

2. 代码设计

➘ 视频窗口初始化

视频显示窗口其实是由 PictureBox 控件充当的。视频窗口的多少是由监控卡的视频输出口的数量决定的。自定义一过程 startMonitor 用于初始化视频窗口。以下讲述的全部代码都在过程 startMonitor 中。

（1）初始化提示

由于视频窗口初始化需要一定时间，为了提示用户初始化状态，在子窗体 Frm_main 上显示“初始化...”字样。提示文字尽量要醒目，需要将字体设置得大一些，颜色鲜艳一些。窗体输出文字的大小由窗体的 Font 对象的 Size 属性决定；窗体输出文字的颜色由窗体的 ForeColor 属性决定；输出提示文字由公共方法 Print 实现。

初始化提示代码如下：

```
Frm_main.Font.Size = 72                                 '设置文字大小
Frm_main.ForeColor = &HFF00FF                           '设置文字颜色
Frm_main.Print vbNewLine & vbNewLine & "初始化..."      '输出文字
```

（2）初始化开发包

捕捉监控视频首先的步骤是要初始化开发包。虽然现在计算机使用的大多是 VGA 显示卡，但仍有部分计算机采用了老式的 PCI 显示卡。为了使两种显示卡都能正常地捕捉监控画面，需要在初始化时指定显示卡类型的参数。

代码如下：

```
Dim HaveCard As Boolean                                 '布尔型变量用于判断初始化是否成功
If MDIForm1.Option3.Value = True Then                   '选择 VGA 显示卡时
   HaveCard = VCAInitSdk(Me.hwnd, DISPLAYTRANSTYPE.PCI_VIEDOMEMORY, False)
ElseIf MDIForm1.Option4.Value = True Then               '选择 PCI 显示卡
   HaveCard = VCAInitSdk(Me.hwnd, DISPLAYTRANSTYPE.PCI_MEMORY_VIDEOMEMORY, False)
End If
```

（3）初始化视频窗口

当开发包初始化成功后开始初始化视频窗口。视频窗口初始化首先的步骤是获取监控卡支持的视频路数。支持的路数由 VC Series SDK 动态链接库提供的 VCAGetDevNum 函数获取。当获取的路数为零时提示“VC404 卡驱动程序没有安装”。当获取的路数大于零时动态创建视频窗口。

视频窗口是通过使用 Load 语句动态添加 PictureBox 控件数组元素实现的。控件数组的上限是由监控卡的视频路数决定的。在动态添加数组元素的同时，将视频显示在相应的视频窗口内；获取在注册表中保存的每一路卡号；根据数组的上标与数组元素的索引值调整 PictrueBox 控件数组元素的位置。

显示视频首先需要打开指定卡号的设备，分配相应系统资源，然后预览视频窗口。打开指定设备通过使用 VC Series SDK 动态链接库提供的 VCAOpenDevice 函数实现；预览视频窗口通过使用 VCAStartVideoPreview 实现。

代码如下：

```
If HaveCard Then
    m_dwDevNum = VCAGetDevNum                          '获取支持路数
    If m_dwDevNum = 0 Then
        MsgBox "VC404 卡驱动程序没有安装"
    Else
    '省略部分见资源包的代码
        Dim i As Integer
        For i = 0 To m_dwDevNum - 1
            DoEvents
            Picture1(0).Visible = True                 '将第一个视频窗口设置为可见
            '获取注册表中保存的卡号
            CardNumarr(i) = GetSetting("ScreenApp", "Config", "road" & i, i)
            VCAOpenDevice i, Picture1(i).hwnd          '打开指定卡号的设备
            VCAStartVideoPreview i                     '打开视频预览窗口
            If Picture1.Count < m_dwDevNum Then

'************************动态创建 PictureBox 控件元素（开始）************************
                Load Picture1(i + 1)
                Picture1(Picture1.UBound).Visible = True
                If Picture1.UBound Mod 2 > 0 Then
                    Picture1(Picture1.UBound).Left = Picture1(Picture1.UBound - 1).
Left + _
                    Picture1(Picture1.UBound - 1).Width + 80
                Else
                    Picture1(Picture1.UBound).Left = Picture1(Picture1.LBound).Left
                End If
                If Picture1.UBound > 1 Then
                    Picture1(Picture1.UBound).Top = Picture1(Picture1.UBound - 2).
Top + _
                    Picture1(Picture1.UBound - 2).Height + 80
                End If
'************************动态创建 PictureBox 控件元素（结束）************************

            End If

'*****************************调整 MDI 子窗体大小（开始）*****************************
            Me.Height = Picture1(Picture1.UBound).Top + Picture1(Picture1.UBound).
```

```
Height + 80
        Me.Width = Picture1(0).Width * 2 + Picture1(0).Left + 200
'***************************调整 MDI 子窗体大小（结束）****************************

     Next i
     Timer1_Timer
   End If
End If
Frm_main.Cls
```

（4）判断是否存在信号

监控卡的的视频输入口较多，不一定每个输入口都与电子眼进行连接；或因某电子眼出现故障无法正常工作，可能导致某一路无视频流输入。为了提示用户某一路视频无信号，将提示信息显示在相应的视频窗口中（即相应的 PictureBox 控件中），如图 20.18 所示。

图 20.18　无信号

判断是否有视频流输入，通过使用 VC Series SDK 动态链接库提供的 VCAGetVidFieldFrq 函数获取视频源输入频率判断。当输入频率为零时表示无视频流输入，提示“无信号”。由于每隔一段时间就要判断一次，所以将代码放入 Timer 控件（Timer1）的 Timer 事件中。

代码如下：

```
Public Sub Timer1_Timer()
   Dim Frequency As Integer
   Dim i As Integer
   For i = 0 To m_dwDevNum - 1
      VCAGetVidFieldFrq CardNumarr(i), Frequency           '获取输入频率
      If Frequency = 2 Then
         Picture1(i).Cls                                   '清空 Picture1 中图像
```

```
            Picture1(i).Font.Size = 48                              '设置文字大小
            Picture1(i).ForeColor = vbWhite                         '设置文字颜色
            Picture1(i).Print "无信号"                               '输出文字
        Else
            Picture1(i).Cls                                         '清空 Picture1 中图像
        End If
    Next i
End Sub
```

（5）显示模式切换

在监控过程中用户采用多屏模式同时对各个监控画面进行监视。当需要单独播放某一重要画面时，则采用单屏模式。在单屏模式下视频窗口较大，便于用户更清楚地对画面进行监视。

➘ 记录视频窗口位置

为了实现多屏与单屏显示模式切换的功能，需要对多屏模式下的每个视频窗口位置进行记录，为从单屏显示模式切换为多屏显示模式的视频窗口提供多屏模式下的位置坐标。

代码如下：

```
Private Sub Form_Activate()
    startMonitor                                                    '初始化视频窗口

'*****************************定义数组上标（开始）*********************************
    ReDim oldleft(Picture1.UBound)
    ReDim oldtop(Picture1.UBound)
    ReDim oldwidth(Picture1.UBound)
    ReDim oldheight(Picture1.UBound)
'*****************************定义数组上标（结束）*********************************

    Dim i As Integer
    Dim i As Integer

'*****************************记录每个视频窗口位置(开始)****************************
    For i = Picture1.LBound To Picture1.UBound
        oldleft(i) = Picture1(i).Left
        oldtop(i) = Picture1(i).Top
        oldwidth(i) = Picture1(i).Width
        oldheight(i) = Picture1(i).Height
    Next i
'*****************************记录每个视频窗口位置(开始)****************************

End Sub
```

➘ 多屏与单屏显示切换

模式切换代码放置于 PictureBox 控件 Picture1 的双击事件中。单屏切换的多屏模式的设计思路如下：

当选中的视频窗口宽度小于子窗体（Frm_Main）的内宽时说明程序正处于多屏显示模式下。模式切换过程中首先需要隐藏除当前选中的视频窗口外的所有视频窗口，关闭相应的设备。然后将选中的视频窗口移动到子窗体坐标（0,0）处，并将视频窗口高度与宽度调整为子窗体的纵向度量值、内宽。

当选中的视频窗口宽度大于等于子窗体(Frm_Main)的内宽时说明程序正处于单屏显示模式下。模式切换过程中首先需要将当前视频窗口移动到原来位置，并恢复到原（多屏状态下）大小。然后重新打开与其他视频窗口相对应的设备，显示其他视频窗口画面。

代码如下：

```
Public Sub Picture1_DblClick(Index As Integer)
On Error Resume Next
    Dim i As Long
    If Picture1(Index).Width < Me.ScaleWidth Then

'*********************************单屏显示(开始)*********************************
        For i = Picture1.LBound To Picture1.UBound
            If i <> Index Then
                Picture1(i).Visible = False
                VCACloseDevice CardNumarr(i)
            End If
        Next i
        Picture1(Index).Move 0, 0, Me.ScaleWidth, Me.ScaleHeight
        MDIForm1.Lbl_Single.Caption = "多    屏"
        oneview = True
'*********************************单屏显示(结束)*********************************

    Else

'*********************************多屏显示(开始)*********************************
        Picture1(Index).Move oldleft(Index), oldtop(Index), oldwidth(Index), _
                oldheight(Index)
        For i = Picture1.LBound To Picture1.UBound
            If i <> Index Then
                Picture1(i).Visible = True
                VCAOpenDevice i, Picture1(i).hwnd
                VCAStartVideoPreview i
                VCAUpdateOverlayWnd Me.hwnd
                VCAUpdateVideoPreview i, Picture1(i).hwnd
            End If
        Next i
        MDIForm1.Lbl_Single.Caption = "单    屏"
        oneview = False
'*********************************多屏显示(结束)*********************************

    End If
    '移动窗体选择框位置
    Shape1.Move Picture1(Index).Left - Shape1.BorderWidth, _
            Picture1(Index).Top - Shape1.BorderWidth, Picture1(Index).Width _
            - Shape1.BorderWidth * 2, Picture1(Index).Height - Shape1.BorderWidth
* 2
End Sub
```

程序运行效果如图 20.19 所示。

图 20.19　云台视频监控程序（多屏）

选择某一视频窗口并双击，切换到单屏模式，如图 20.20 所示。

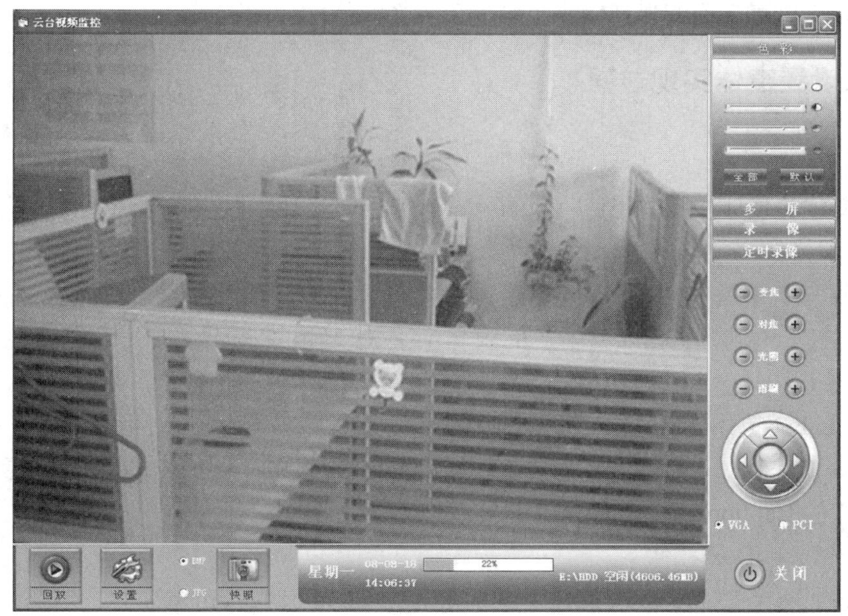

图 20.20　云台视频监控程序（单屏）

（6）更新视频窗口

当视频窗口的大小或位置改变时，需要对视频的位置以及大小进行调整。首先在 PictureBox 控件数组的 Resize 事件中使用 VC Series SDK 动态链接库中 VCAUpdateOverlayWnd 函数对 overlay 窗口进行更新，然后使用 VCAUpdateVideoPreview 函数更新视频预览。

代码如下：

```
Private Sub Picture1_Resize(Index As Integer)
    VCAUpdateOverlayWnd Me.hwnd                              '更新视频预览窗口
    VCAUpdateVideoPreview Index, Picture1(Index).hwnd
End Sub
```

（7）模拟 MDI 窗体滚动条事件

MDI 窗体滚动条事件其实是由该 MDI 窗体中子窗体的 Paint 事件模拟的。设计思路是：当移动 MDI 窗体滚动条时，子窗体将重绘，Paint 事件将响应。

Paint 事件发生于容器告诉控件绘制自己时。该事件可在任何时候产生，甚至可能在控件接收到它的 Show 事件之前，例如，隐藏的窗体需要打印自身。对于用户绘制控件，Paint 事件用于绘制控件外观。

扫一扫，看视频

20.8　参数设置窗体设计

20.8.1　参数设置窗体概述

参数设置窗体用于设置串行端口号以及每个视频窗口的卡号，以保证控制对象与视频窗口相符。下面将对参数设置窗体的设计过程进行介绍。

20.8.2　参数设置窗体实现过程

1. 窗体设计

参数设置窗体的设计步骤如下：

（1）创建窗体

在“工程窗口”中选中“窗体”，单击鼠标右键，在弹出的快捷菜单中选择“添加”/“添加窗体”命令，创建一新窗体。将新创建的窗体命名为 Frm_Config，Caption 属性设置为“参数设置”。

（2）添加 Label 控件

在窗体上添加两个 Label 控件，分别命名为 Label1、Label2。Label1 的 Caption 属性设置为“端口号：”；Label2 的 Caption 属性设置为“卡号：”。

（3）添加 ComboBox 控件

在窗体上添加两个 ComboBox 控件，分别命名为 Combo1、Combo2。

（4）在窗体上添加两个 CommandButton 控件，分别命名为 Command1、Command2。Command1 的 Caption 属性设置为“确定”；Command2 的 Caption 属性设置为“关闭”。

2. 代码设计

本窗体的代码设置部分主要包括下拉列表选项初始化和设置保存两个部分，下面将对这两部分进行介绍。

（1）初始化下拉列表项

在参数设置窗体的加载过程中，向下拉列表框中添加串行端口的端口号或卡号选项。代码如下：

```
Private Sub Form_Load()
On Error GoTo err
   With Combo1                                              '添加下拉选项
       .AddItem "Com1"
       .AddItem "Com2"
       .AddItem "Com3"
       .AddItem "Com4"
       .ListIndex = 0
   End With
   Dim i As Integer
   With Combo2                                              '添加下拉选项
       For i = 0 To Frm_main.m_dwDevNum - 1
          Combo2.AddItem i
       Next i
       .ListIndex = 0
   End With
err: End Sub
```

（2）保存设置

选择下拉列表项，指定串行端口的端口号和与视频窗口相匹配的卡号。设置完毕后程序自动将设置的参数保存在注册表中，下次运行程序时自动读取设置值，避免重复手动设置。

代码如下：

```
If Frm_main.MSComm1.PortOpen = True Then                    '当端口处于打开状态时
   Frm_main.MSComm1.PortOpen = False                        '关闭端口
End If

'********************************设置端口号（开始）*********************************
Select Case Combo1.Text
Case "Com1"
   Frm_main.MSComm1.CommPort = 1
Case "Com2"
   Frm_main.MSComm1.CommPort = 2
Case "Com3"
   Frm_main.MSComm1.CommPort = 3
Case "Com4"
   Frm_main.MSComm1.CommPort = 4
End Select
'********************************设置端口号（结束）*********************************

SaveSetting "ScreenApp", "Config", "Port", Frm_main.MSComm1.CommPort   '保存端口号
SaveSetting "ScreenApp", "Config", "road" & Me.Tag, Me.Combo2.Text     '保存卡号
'修改当前视频窗口的卡号
CardNumarr(Frm_main.windowindex) = GetSetting("ScreenApp", "Config", "road" &
Me.Tag, 0)
addressin = CardNumarr(Frm_main.windowindex)
```

20.9 本章总结

本章主要介绍了如何通过使用监控卡接收监控画面，以及如何通过发送指令对云台进行控制。在开发过程中，首要考虑的问题就是如何以 API 函数的形式来调用开发包中的动态链接库。其次，需要考虑如何根据监控卡的视频输出口的数量动态分配视频播放窗口的数量。再次，需要考虑如何发送控制云台的指令。通过对本章的学习，读者能够更快、更好地掌握通过对开发包提供的接口文件的调用，实现云台视频监控功能的方法。

第 21 章　企业邮件通（Visual Basic 6.0+Access 2000+JMail 组件实现）

当今世界电子邮件已经成为网络生活中不可缺少的一部分，相信每个人都会有一个或者多个电子邮箱，人们通过电子邮件进行通信和交流。毫无疑问，电子邮件已经开始取代普通的信件，成为主流的交流工具。

在企业中邮件更是有其广泛的应用，在发送文件、通知以及公司的简讯方面都有着广泛的应用。VB 有灵活、高效、易用等特点，结合功能完善的邮件发送组件 JMail，即可开发出功能强大的企业邮件收发程序。通过本章的学习，读者能够学到：

- JMail 组件相关知识；
- 邮件分页显示技术；
- 多个同名附件的接收与保存；
- 给工具栏按钮添加下拉菜单；
- 利用右键菜单删除分组信息；
- 安装配置邮件服务器；
- 安装和配置 POP3 服务器。

21.1　开发背景

当今社会是信息高速发展的时代。随着网络技术的快速发展，人们对电子邮件进行通信和交流的需求越来越高。尤其在一些企业中，公司发送文件、通知以及简讯等都离不开电子邮件。传统的面对面进行交流和发送信件等沟通方式费时费力、贻误商机；而电子邮件能够快速便捷、及时、高效地传达信息，能够给企业带来无尽的利益。XXX 有限公司是一家以商业经营为主的私营企业。公司为了完善管理制度，增强企业的竞争力，决定开发企业邮件通系统，以实现信息管理的高效化、实用化。现需要委托其他单位开发一个企业邮件通系统。

21.2　系统分析

21.2.1　需求分析

通过与 XXX 有限公司的沟通和需求分析，要求系统具有以下功能。

- 系统操作简单，界面友好。
- 能够发送和接收邮件。

- 邮件可以分页浏览。
- 支持多个同名附件的接收与保存。
- 完善的邮件管理制度。
- 当外界环境（停电、网络病毒）干扰本系统时，系统可以自动保护原始数据的安全。

21.2.2 可行性分析

根据《GB/T 8567—2006 计算机软件产品开发文件编制指南》中可行性分析的要求，制定可行性研究报告如下。

1．引言

- 编写目的

以文件的形式给企业的决策层提供项目实施的参考依据，其中包括项目存在的风险、项目需要的投资和能够收获的最大效益。

- 背景

XXX 有限公司是一家以商业经营为主的私营企业。为了完善企业邮件管理制度、增强企业的竞争力、实现信息化管理，公司决定开发企业邮件通系统。

2．可行性研究的前提

- 要求

企业邮件通系统必须提供邮件的发送功能、邮件的接收功能和其他邮件的管理功能。由于邮件数量很大，要求邮件可以分页浏览。另外，该系统必须保证数据的安全性、完整性和准确性。

- 目标

企业邮件通系统的目标是实现企业的信息化管理，发出和获得信息及时、高效和准确，节省大量人力、物力和财力，提高现代企业的综合竞争力。

- 条件、假定和限制

为实现企业的信息化管理，必须对操作人员进行培训，而且将原有的重要邮件信息和交流信息转化为信息化数据，需要操作员花费大量时间和精力来完成。为不影响企业的正常运行，企业邮件通系统必须在两个月的时间内交付用户使用。

系统分析人员需要 2 天内到位，用户需要 5 天时间确认需求分析文档。去除其中可能出现的问题，例如用户可能临时有事，占用 6 天时间确认需求分析。那么程序开发人员需要在 45 天的时间内进行系统设计、程序编码、系统测试、程序调试和程序的打包工作。其间，还包括员工每周的休息时间。

- 评价尺度

根据用户的要求，项目主要以发送邮件、接收邮件功能为主，对于发件箱、收件箱、草稿箱、废件箱和通讯录信息应该及时准确地保存，并提供相应的查询和统计。

3. 投资及效益分析

➘ 支出

根据系统的规模及项目的开发周期（2 个月），公司决定投入 7 个人。为此，公司将直接支付 9 万元的工资及各种福利待遇。在项目安装及调试阶段，用户培训、员工出差等费用支出需要 2 万元。在项目维护阶段预计需要投入 3 万元的资金。累计项目投入需要 14 万元资金。

➘ 收益

用户提供项目资金 32 万元。对于项目运行后进行的改动，采取协商的原则根据改动规模额外提供资金。因此从投资与收益的效益比上看，公司可以获得 18 万元的利润。

项目完成后，会给公司提供资源储备，包括技术、经验的积累，其后再开发类似的项目时，可以极大地缩短项目开发周期。

4. 结论

根据上面的分析，在技术上不会存在问题，因此项目延期的可能性很小。在效益上公司投入 7 个人、2 个月的时间获利 18 万元，效益比较可观。在公司今后发展中可以储备项目开发的经验和资源。因此认为该项目可以开发。

21.2.3 编写项目计划书

根据《GB 8567—88 计算机软件产品开发文件编制指南》中的项目开发计划要求，结合单位实际情况，设计项目计划书如下。

1. 引言

➘ 编写目的

为了保证项目开发人员按时保质地完成预定目标，更好地了解项目实际情况，按照合理的顺序开展工作，现以书面的形式将项目开发生命周期中的项目任务范围、项目团队组织结构、团队成员的工作责任、团队内外沟通协作方式、开发进度、检查项目工作等内容描述出来，作为项目相关人员之间的共识和约定及项目生命周期内的所有项目活动的行动基础。

➘ 背景

企业邮件通系统是由 XXX 有限公司委托本公司开发的大型管理系统。主要功能是实现企业邮件的信息化管理，包括统计发件箱、收件箱、草稿箱、废件箱和通讯录等功能。项目周期两个月。项目背景规划如表 21.1 所示。

表 21.1 项目背景规划

项 目 名 称	项目委托单位	任务提出者	项目承担部门
企业邮件通系统	XXX 有限公司	陈经理	策划部门 研发部门 测试部门

2．概述

➘ 项目目标

项目目标应当符合 SMART 原则，把项目要完成的工作用清晰的语言描述出来。企业邮件通系统的项目目标如下：

企业邮件通系统的主要目的是实现企业的信息化管理，主要的业务就是邮件的发送和接收功能。另外还需要对邮件进行合理的管理，其中包括收件箱、发件箱、草稿箱、废件箱和通讯录等。项目实施后，能够节约时间、节省人力、减少资金占用并提升企业市场竞争力。整个项目需要在 2 个月的时间内交付用户使用。

➘ 产品目标

时间就是金钱，效率就是生命。项目实施后，企业邮件通系统能够为企业节省大量人力资源，减少管理费用，从而间接为企业节约了成本，并提高了企业的竞争力。

➘ 应交付成果

在项目开发完成后，交付内容有企业邮件通系统的源程序、系统的数据库文件、系统使用说明书。

将开发的企业邮件通系统打包并安装到企业的计算机中。

企业邮件通系统交付用户之后，进行系统无偿维护和服务 6 个月，超过 6 个月进行系统有偿维护与服务。

➘ 项目开发环境

操作系统为 Windows XP 或 Windows 2003 均可，使用 Visual Basic 6.0 集成开发工具，打 SP6 补丁，数据库采用 Access 2003。

➘ 项目验收方式与依据

项目验收分为内部验收和外部验收两种方式。在项目开发完成后，首先进行内部验收，由测试人员根据用户需求和项目目标进行验收。项目在通过内部验收后，交给客户进行验收，验收的主要依据为需求规格说明书。

3．项目团队组织

➘ 组织结构

为了完成企业邮件通系统的项目开发，公司组建了一个临时的项目团队，由公司副经理、项目经理、系统分析员、软件工程师、美工人员和测试人员构成，如图 21.1 所示。

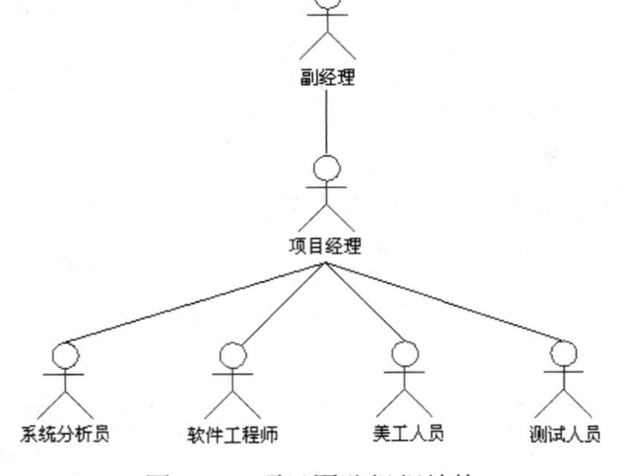

图 21.1 项目团队组织结构

➘ 人员分工

为了明确项目团队中每个人的任务分工，现制定人员分工表如表 21.2 所示。

表 21.2　人员分工表

姓　　名	技术水平	所属部门	角　　色	工作描述
陈××	MBA	经理	副经理	负责项目的审批、决策的实施
侯××	MBA	项目开发部	项目经理	负责项目的前期分析、策划、项目开发进度的跟踪、项目质量的检查
钟××	高级系统分析员	项目开发部	系统分析员	负责系统功能分析、系统框架设计
梁××	中级系统分析员	项目开发部	系统分析员	负责系统功能分析、系统框架设计
李××	高级软件工程师	项目开发部	软件工程师	负责软件设计与编码
马××	高级软件工程师	项目开发部	软件工程师	负责软件设计与编码
王××	中级软件工程师	项目开发部	软件工程师	负责软件设计与编码
赵××	中级设计师	设计部	美工人员	负责程序界面设计
刘××	测试员	程序测试部	测试人员	负责程序的测试

21.3　系统设计

21.3.1　系统目标

根据需求分析的描述以及与用户的沟通，现制定系统实现目标如下。

- 界面设计简洁、友好、美观大方。
- 操作简单、快捷方便。
- 数据存储安全、可靠。
- 信息分类清晰、准确。
- 强大的发件功能和收件功能，快速、安全和可靠。
- 提供分页浏览邮件的信息，浏览查找方便。
- 对用户输入的数据，系统进行严格的数据检验，尽可能排除人为的错误。

21.3.2　系统功能结构

扫一扫，看视频

本系统包括通讯录、收件箱、草稿箱、发件箱、已删除、写信和收信共计 7 大部分。系统结构如图 21.2 所示。

21.3.3　数据库命名规则

遵守程序编码规则所开发的程序，代码清晰、整洁、方便阅读，并可以提高程序的可读性，真正做到“见其名知其意”。本节介绍数据库命名规则。

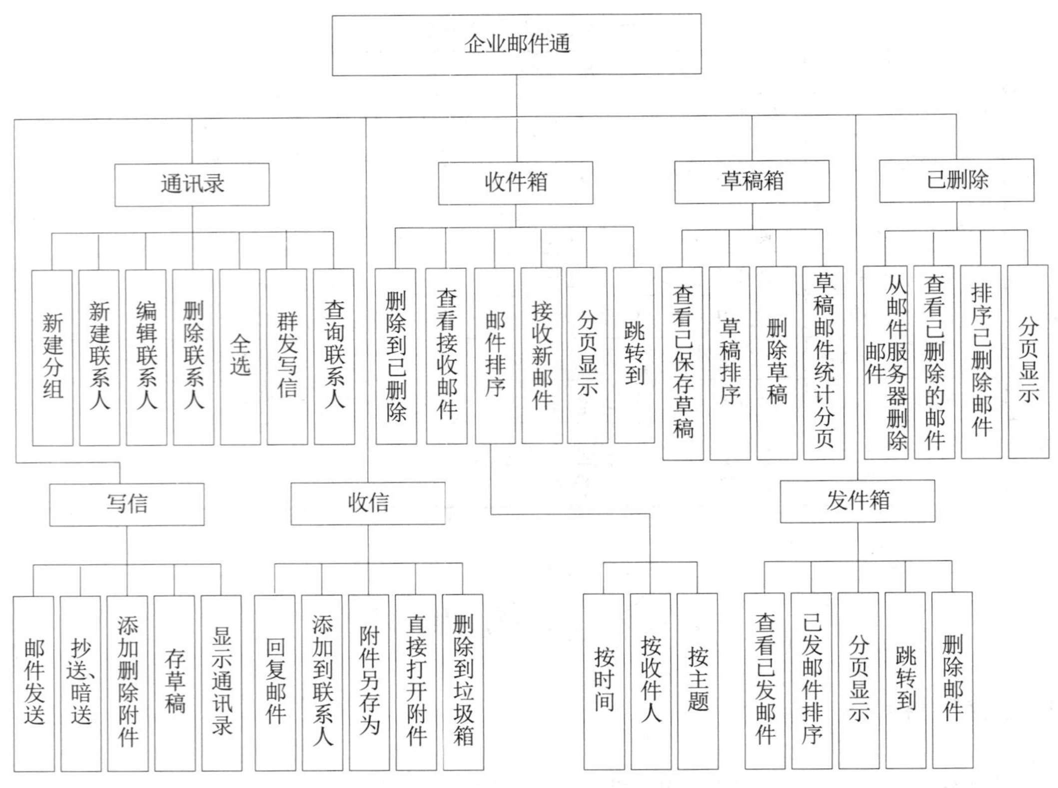

图 21.2　企业邮件通的功能结构图

数据库命名以字母 db 开头（小写），后面加数据库相关英文单词或缩写。下面将举例说明，如表 21.3 所示。

表 21.3　数据库命名

数据库名称	描　　述
db_mail	企业邮件通系统数据库
db_library	图书馆管理系统数据库

注意：

在设计数据库时，为使数据库更容易理解，数据库命名时要注意大小写。

21.3.4　系统预览

企业邮件通程序是由多个窗体组成的，下面仅列出几个典型窗体，其他窗体参见下载资源包中的源程序。

系统登录窗体的运行效果如图 21.3 所示，其主要功能是用于登录到企业邮件通程序的内部。

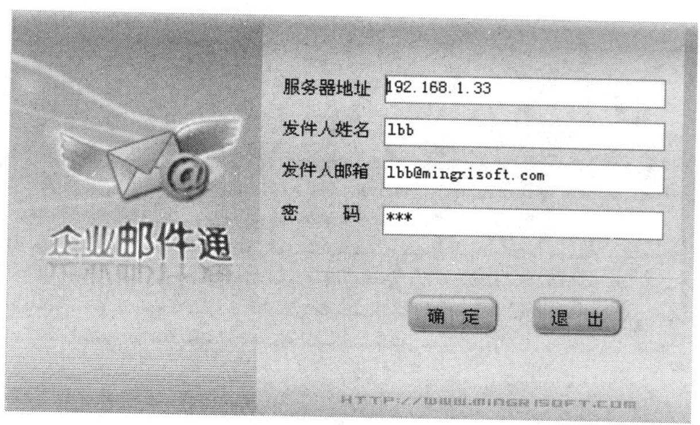

图 21.3　登录界面

收件箱窗体的运行效果如图 21.4 所示，主要功能是用于对邮箱中的邮件进行接收、查看、排序和删除操作，并可以利用分页进行数据导航。

企业邮件通
企业邮件通E-Mail
收信　写信
删除　查看　排序　刷新　关闭
邮件管理
收件箱共有 46 封邮件　其中未读邮件 0 封　上一页　下一页　共 2 页　当前为第 1 页　跳转到
收件箱
发件箱
草稿箱
废件箱
通讯录

发件人	主题	日期
lbb@mingrisoft.com	明日科技幸运读者	2008-08-15 16:55:23
lbb@mingrisoft.com	Re: 第三方第三方	2008-07-17 16:27:33
lbb@mingrisoft.com	Re: 第三方第三方	2008-07-17 16:27:33
lbb@mingrisoft.com	Re: 第三方第三方	2008-07-17 16:27:33
lbb@mingrisoft.com	第三方第三方	2008-07-17 16:18:11
lbb@mingrisoft.com	第三方第三方	2008-07-17 16:18:11
lbb@mingrisoft.com	第三方第三方	2008-07-17 16:18:11
lbb@mingrisoft.com	Re: lbb@mingrisoft.com	2008-06-24 19:55:25
lbb@mingrisoft.com	Re: lbb@mingrisoft.com	2008-06-24 19:55:25
lbb@mingrisoft.com	Re: lbb@mingrisoft.com	2008-06-24 19:55:25
lbb@mingrisoft.com	lbb@mingrisoft.com	2008-06-24 19:54:57
lbb@mingrisoft.com	lbb@mingrisoft.com	2008-06-24 19:54:57
lbb@mingrisoft.com	lbb@mingrisoft.com	2008-06-24 19:54:57
sxm@mingrisoft.com	lbb@mingrisoft.com	2008-06-24 18:47:21
sxm@mingrisoft.com	lbb@mingrisoft.com	2008-06-24 18:47:21
sxm@mingrisoft.com	lbb@mingrisoft.com	2008-06-24 18:47:21
lbb@mingrisoft.com	Re: lbb@mingrisoft.com	2008-06-24 14:42:56
lbb@mingrisoft.com	Re: lbb@mingrisoft.com	2008-06-24 14:42:56
lbb@mingrisoft.com	Re: lbb@mingrisoft.com	2008-06-24 14:42:56
lbb@mingrisoft.com	Re: 111	2008-06-24 14:41:41
lbb@mingrisoft.com	Re: 111	2008-06-24 14:41:41
lbb@mingrisoft.com	Re: 111	2008-06-24 14:41:41
lbb@mingrisoft.com	Re: 111	2008-06-24 14:40:18
lbb@mingrisoft.com	Re: 111	2008-06-24 14:40:18
lbb@mingrisoft.com	Re: 111	2008-06-24 14:40:18
lbb@mingrisoft.com	lbb@mingrisoft.com	2008-06-23 11:12:30
lbb@mingrisoft.com	lbb@mingrisoft.com	2008-06-23 11:12:30
lbb@mingrisoft.com	lbb@mingrisoft.com	2008-06-23 11:12:30
lbb@mingrisoft.com	lbb@mingrisoft.com	2008-06-20 16:57:03
lbb@mingrisoft.com	lbb@mingrisoft.com	2008-06-20 16:57:03

欢迎使用企业邮件通程序　Http://www.mingrisoft.com　2008-8-20　13:38　明日科技

图 21.4　收件箱运行效果

发件箱窗体的运行效果如图 21.5 所示，主要功能是用于发送邮件、保存草稿、对已经收到的邮件进行回复操作。

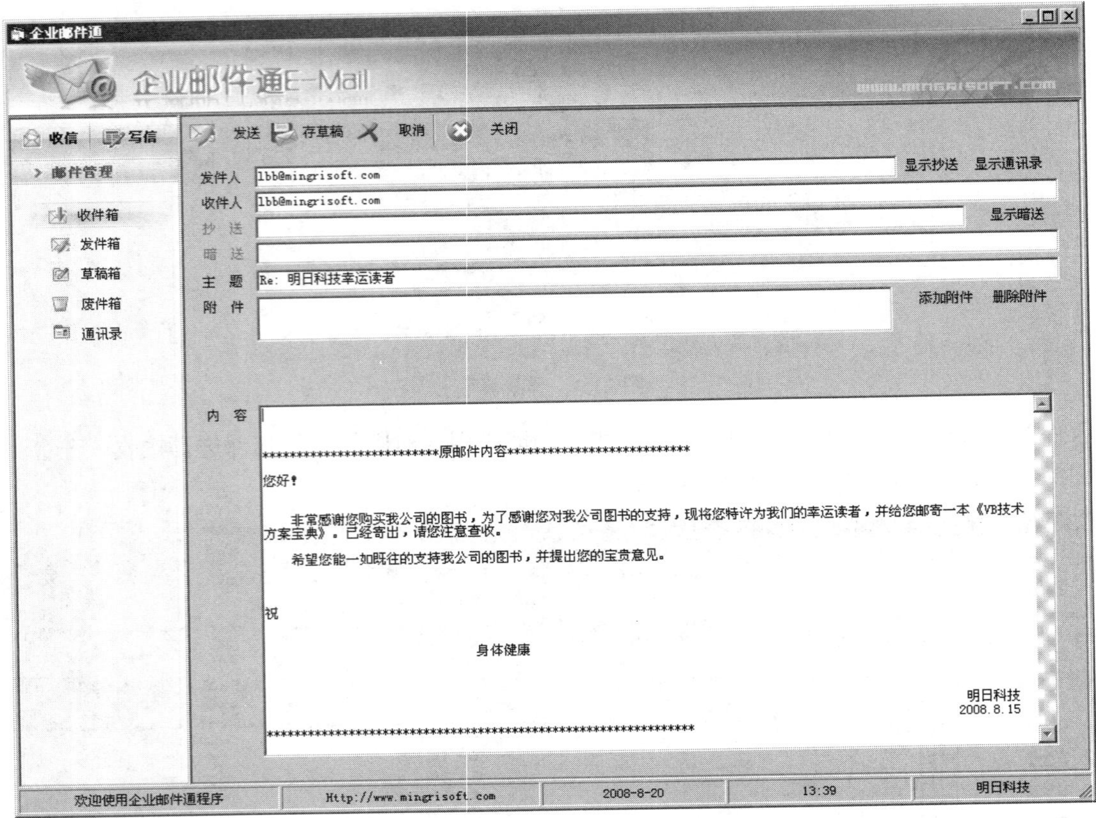

图 21.5　发件箱运行效果

21.3.5　业务流程图

企业邮件通系统的业务流程如图 21.6 所示。

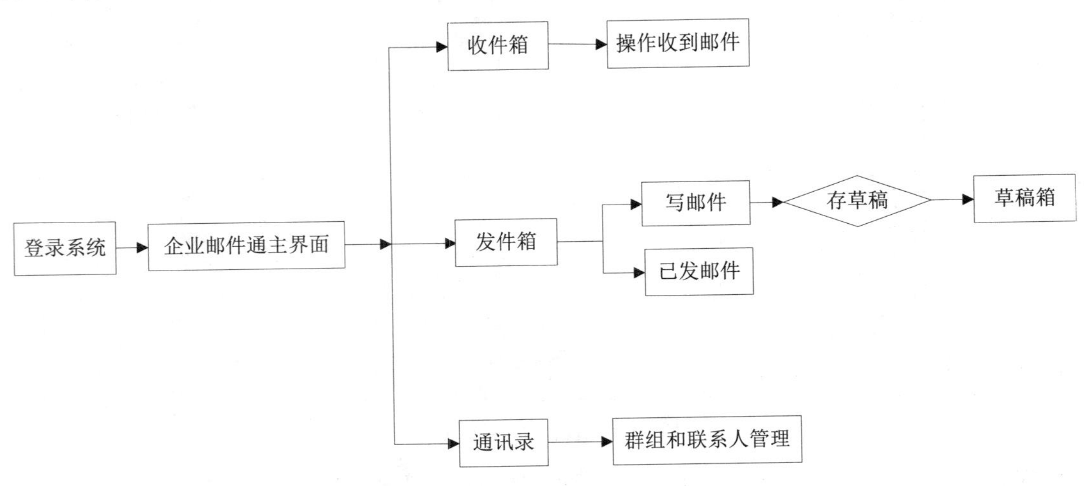

图 21.6　企业邮件通系统的业务流程

21.4　数据库设计

扫一扫，看视频

21.4.1　数据库概要说明

在企业邮件通系统中，采用的是 Access 2000 数据库，用来存储发件信息、收件信息、草稿信息、组别信息、联系人信息和附件信息。这里将数据库命名为 db_mail，其中包含 6 张数据表，用于存储不同的信息，如图 21.7 所示。

21.4.2　数据库概念设计

通过对系统进行的需求分析、业务流程设计以及系统功能结构的确定，规划出系统中使用的数据库实体对象及实体 E-R 图。

企业邮件通系统的主要功能是邮件的发送和接收功能，因此需要规划收件实体，包括编号、发件人、收件人、抄送、暗送、主题、内容、附件个数、附件等属性。收件实体 E-R 图如图 21.8 所示。

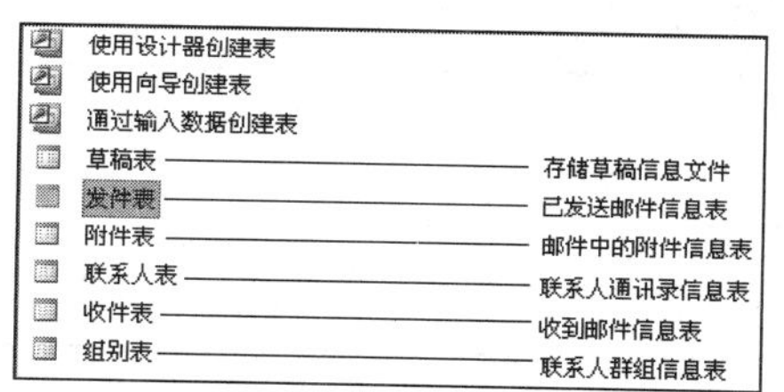

图 21.7　数据库结构

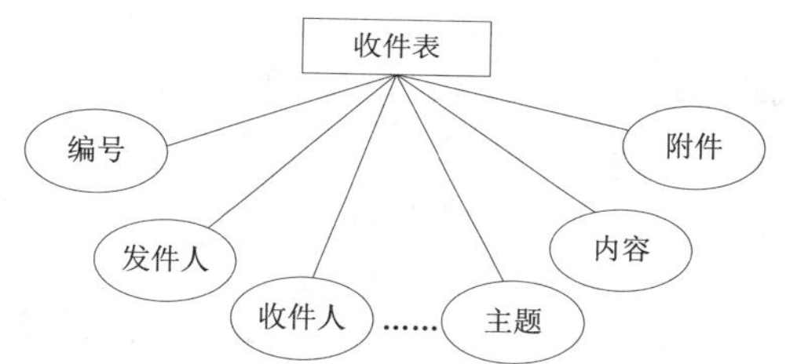

图 21.8　收件实体 E-R 图

在本系统中不仅需要记录邮件的发送和接收信息，还需要记录联系人的组别信息。根据该需求规划出组别实体，包括编号、组别名称、组别描述和邮箱用户等属性。组别实体 E-R 图如图 21.9 所示。

在邮件的接收和发送过程中记录联系人的信息也是非常重要的，因此需要规划联系人实体。联系人实体包括编号、姓名、邮箱地址、联系电话、组别和邮箱用户等属性。联系人实体 E-R 图如图 21.10 所示。

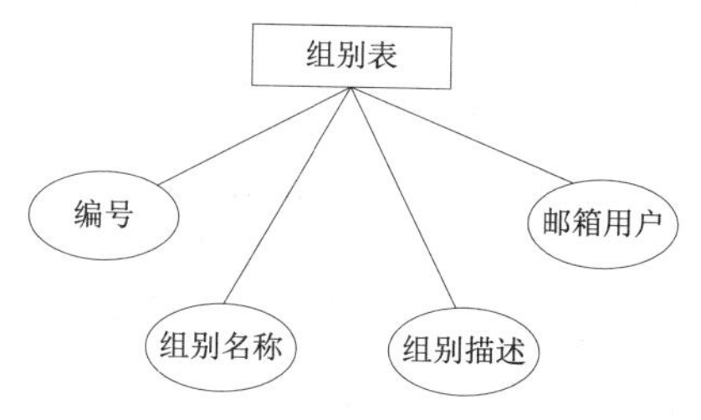

图 21.9　组别实体 E-R 图

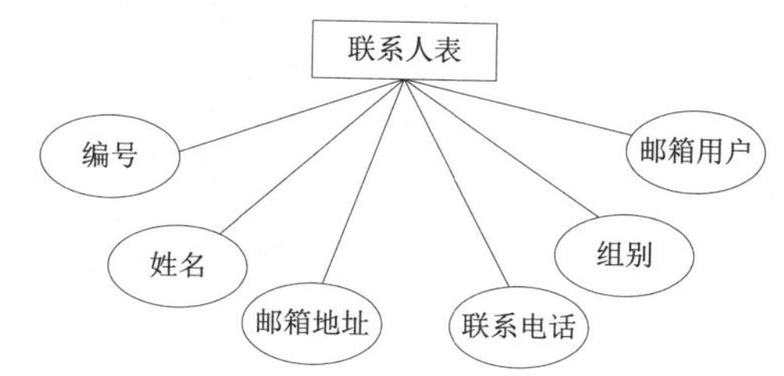

图 21.10　联系人实体 E-R 图

21.4.3　数据库逻辑设计

根据设计好的 E-R 图在数据库中创建数据表。下面给出比较重要的数据表结构，其他数据表结构可参见下载资源包中的相关内容。

➘ 收件表

收件表用于存储收到邮件的详细信息表，收件表的结构如表 21.4 所示。

表 21.4 收件表的结构

字段名称	数据类型	字段大小	说明
编号	自动编号	长整型	主键 唯一编号
发件人	文本	50	发件人姓名
收件人	文本	50	收件人姓名
抄送	文本	50	抄送信息
暗送	文本	50	暗送信息
主题	文本	50	主题名称
内容	备注	长整型	详细内容
附件个数	数字	8	附件个数信息
附件	备注	长整型	附件内容
日期	日期/时间		发件日期
邮箱用户	文本	50	邮箱用户信息

➘ 组别表

组别表存储了联系人所属的群组信息，组别信息表的结构如表 21.5 所示。

表 21.5 组别表的结构

字段名称	数据类型	字段大小	说明
编号	自动编号	长整型	主键 唯一编号
组别名称	文本	50	组别名称
组别描述	文本	50	组别信息描述
邮箱用户	文本	50	邮箱用户信息

➘ 联系人表

联系人表用于存储联系人的详细信息，联系人表的结构如表 21.6 所示。

表 21.6 联系人表的结构

字段名称	数据类型	字段大小	说明
编号	自动编号	4	主键 唯一编号
姓名	文本	50	联系人姓名
邮箱地址	文本	50	联系人邮箱地址
生日	日期/时间		联系人生日
联系电话	文本	50	联系人电话
地址	文本	50	联系人地址
组别	文本	50	联系人所属组别
邮箱用户	文本	50	邮箱用户信息

21.5 邮件服务配置

扫一扫，看视频

21.5.1 SMTP 和 POP3 简介

1. SMTP 概述

SMTP 是 Simple Mail Transfer Protocol 的简称，即简单邮件传输协议。SMTP 是一种提供可靠且有效电子邮件传输的协议。它是一组用于由源地址到目的地址发送邮件的规则，由它来控制信件的中转方式。它帮助每台计算机在发送或中转信件时找到下一个目的地，通过 SMTP 协议所指定的服务器就可以将邮件发送到收件人的服务器上。

2. POP3 概述

POP3 是 Post Office Protocol 3 的简称，即邮局协议第 3 版，它规定了怎样将个人计算机连接到 Internet 的邮件服务器和如何下载电子邮件。它是 Internet 电子邮件的第一个离线协议标准。简单点说，POP3 就是一个简单而实用的邮件信息传输协议。

21.5.2 安装和配置邮件服务器

在互联网上发送或者接收电子邮件之前，必须配置邮件服务器。下面以 Windows 2003 操作系统为例，介绍配置邮件服务器的关键步骤。

1. 安装 Microsoft SMTP 服务

由于 Microsoft SMTP 服务是 Microsoft Internet 信息服务（IIS）的一个组件，因此必须安装 IIS 才能使用 Microsoft SMTP 服务。

（1）打开“控制面板”窗口，鼠标双击“添加或删除程序”图标，然后在打开的对话框中，单击“添加/删除 Windows 组件”，如图 21.11 所示。

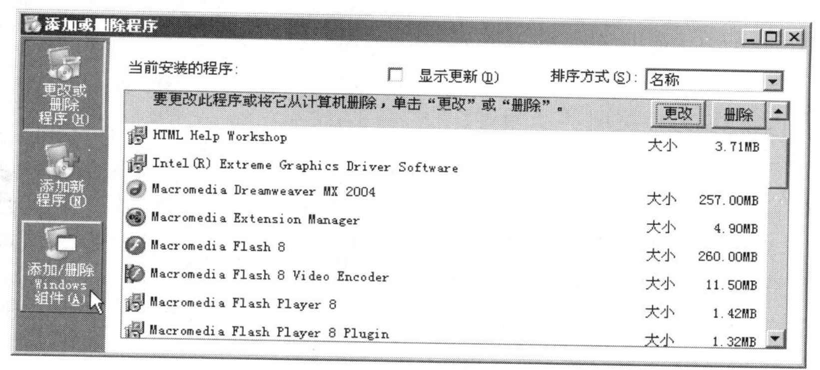

图 21.11　添加/删除 Windows 组件

（2）在“Windows 组件向导”对话框中，选中“应用程序服务器”复选框。单击“详细信息”按钮，打开“应用程序服务器”对话框；在该对话框中选中“Internet 信息服务（IIS）”复选框，单击“详细信息”按钮，打开“Internet 信息服务（IIS）”对话框。

（3）在“Internet 信息服务（IIS）”对话框中，选中“Internet 信息服务管理器”SMTP Service“公用文件”“万维网服务”等复选框，如图 21.12 所示。

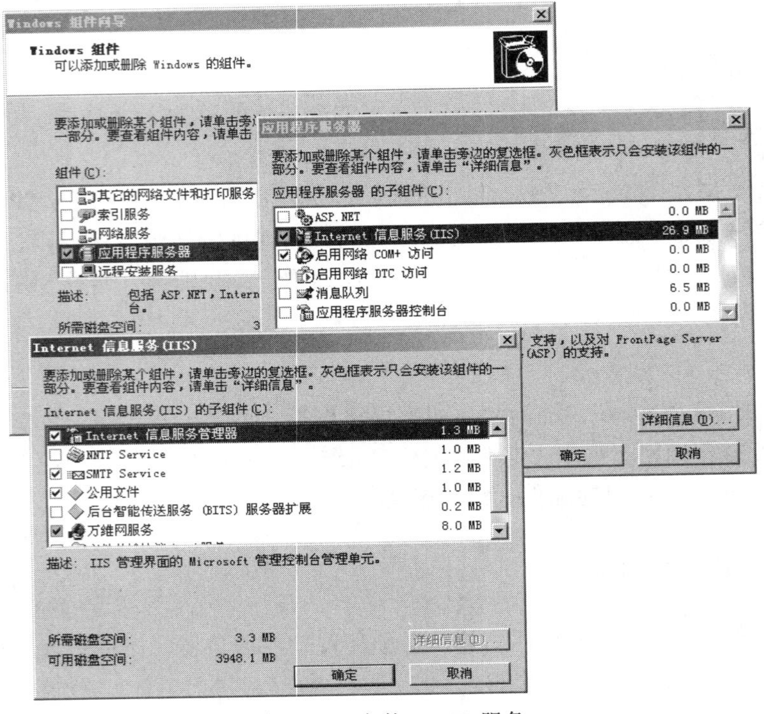

图 21.12　安装 SMTP 服务

（4）单击“确定”按钮，完成安装 Microsoft Internet 信息服务（IIS）和 Microsoft SMTP 服务。

2. 配置 SMTP 虚拟服务器

安装 SMTP 服务时，系统将创建一个默认的 SMTP 虚拟服务器来处理基本的邮件传递功能。SMTP 虚拟服务器会自动使用默认设置进行配置，这些设置使其能够接收本地客户机连接并处理消息。

用户也可以更改 SMTP 虚拟服务器配置，使其符合实际的消息传送要求，下面介绍配置 SMTP 虚拟服务器的关键步骤。

（1）SMTP 虚拟服务器可以对指定计算机的连接请求给予响应，可以为 SMTP 虚拟服务器分配 IP 地址。打开“Internet 信息服务（IIS）管理器”对话框，鼠标右键单击“默认 SMTP 虚拟服务器”，选择“属性”命令，在打开对话框中的“常规”选项卡中可以选择 IP 地址，单击“高级”按钮可以添加、编辑或者删除 IP 地址，如图 21.13 所示。

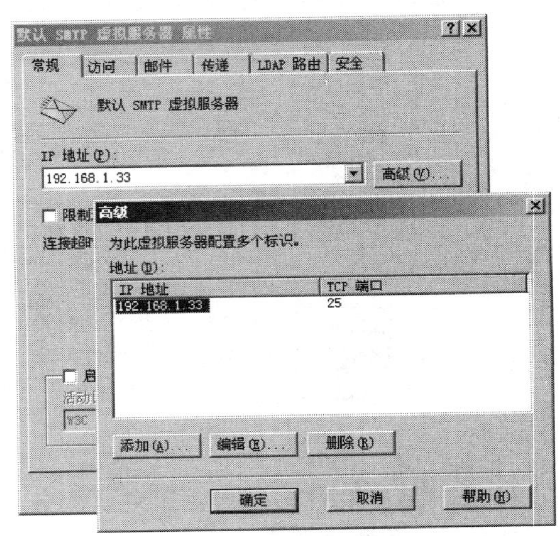

图 21.13　设置 IP 地址

（2）SMTP 虚拟服务器有一个本地默认域，默认域指定的传入邮件消息都放置在 Inetpub\Mailroot\ Drop 文件夹中，根据实际情况可以更改 Drop 文件夹的位置。鼠标右键单击默认域，选择“属性”命令，如图 21.14 所示。在打开的对话框中，单击“浏览”按钮可以确定邮件信息的存放位置，如图 21.15 所示。

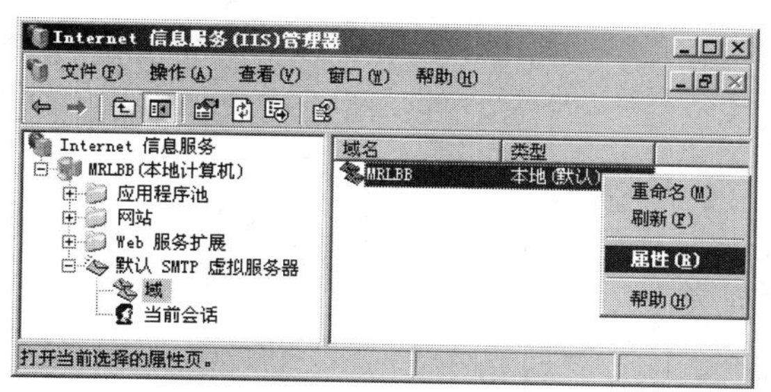

图 21.14　SMTP 默认域

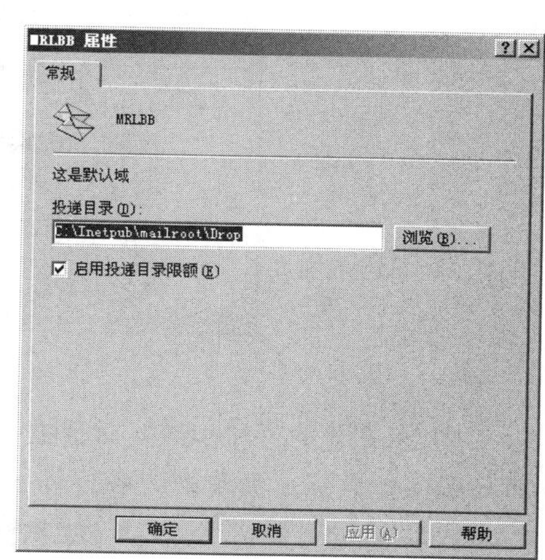

图 21.15　设置默认域的路径

21.5.3　安装和配置 POP3 服务器

POP3 服务器是遵循 POP3 协议的接收邮件服务器，用来接收用户发送的电子邮件。下面以 Windows 2003 操作系统为例，介绍安装 POP3 服务以及配置 POP3 服务器的关键步骤。

（1）打开“控制面板”窗口，双击“添加或删除程序”图标，在打开的对话框中单击“添加/删除 Windows 组件”。在弹出的“Windows 组件向导”对话框中，勾选“电子邮件服务”复选框，单击“下一步”按钮确定安装 POP3 服务，如图 21.16 所示。

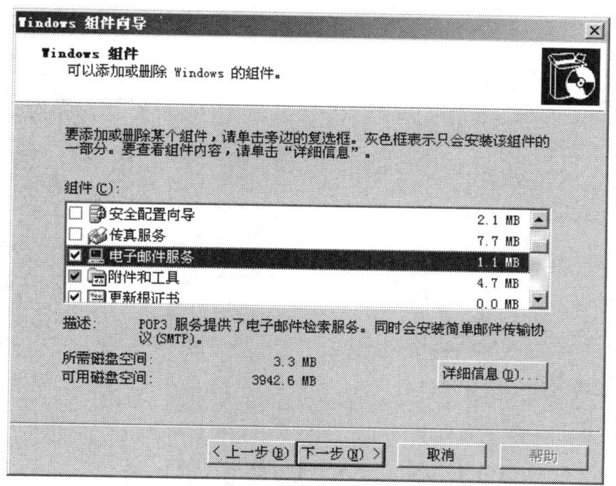

图 21.16　安装 POP3 服务

（2）安装 POP3 服务后，单击“开始”按钮，选择“程序”/“管理工具”/“POP3 服务”选项，打开“POP3 服务”窗口，在这里可以新建域，在相应域下可以新建邮箱。

（3）在“POP3 服务”窗口中，鼠标右键单击默认的本地计算机名称，这里为 MRLBB，然后选择“新建”/“域”命令，如图 21.17 所示。

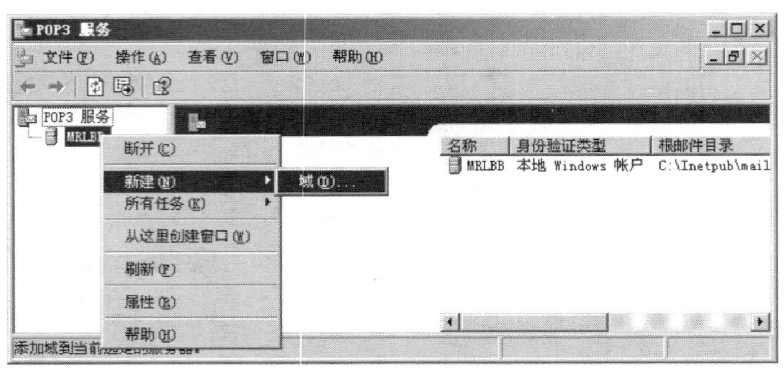

图 21.17 新建域

（4）在打开的“添加域”对话框中，输入域的名称，这里为 mingrisoft.com，如图 21.18 所示。单击“确定”按钮，新建的域名称将显示在左侧树状列表中。

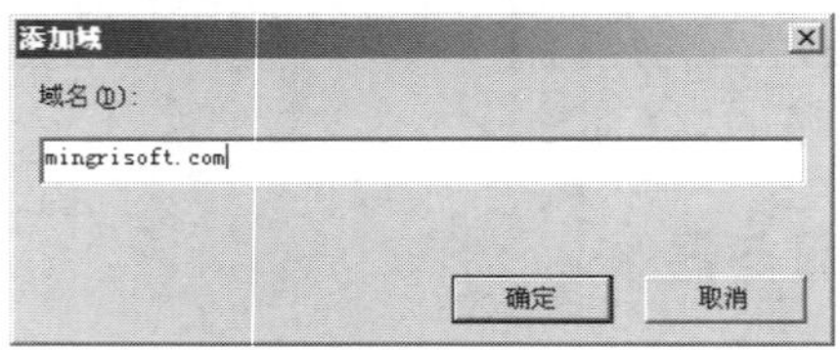

图 21.18 添加域

（5）鼠标右键单击“域名称”，选择“新建”/“邮箱”选项，在打开的“添加邮箱”对话框中输入邮箱名称，这里输入 mrsoft 以及邮箱密码，单击“确定”按钮，如图 21.19 所示。如果添加成功则返回邮箱的登录信息，如图 21.20 所示。

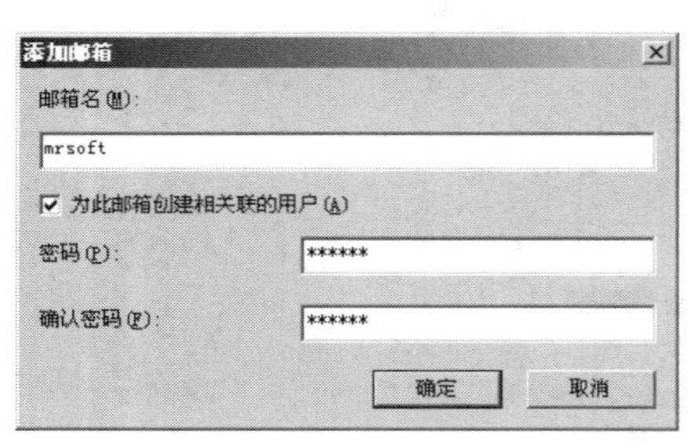

图 21.19 添加邮箱

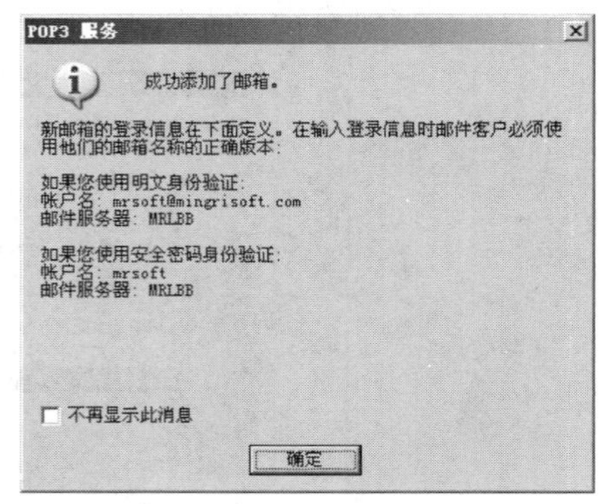

图 21.20 邮箱设置成功信息

21.6 公共模块设计

扫一扫，看视频

公共模块中定义了在本系统中需要使用的公共变量和公共过程。在工程创建完毕后，选择“工程”/“添加模块”命令，即可创建一个新模块。本程序创建了两个公共模块，名称分别为 Mdl_Sub 和 Mdl_Var。

在公共模块 Mdl_Sub 中，存放公共的变量、公共过程和数据库连接过程。其关键代码如下：

```
Option Explicit
'*************************************************************************
'**函 数 名: Lit_AddData
'**输    入: sTable(String) -  需要添加字段的数据表名称（字符串类型）
'**        : sField(String) -  需要添加的字段名称（字符串类型）
'**        : Lit(ListBox)  -  要添加的 ListBox 控件名称
'**输    出: 无
'**功能描述: 向 ListBox 控件中添加指定数据表的指定字段，并将焦点设置在第一个
'**全局变量:
'**调用模块:
'**作    者: mrlbb
'**日    期: 2016-06-10 08:47:16
'**修 改 人:
'**日    期:
'**版    本: V1.0.0
'*************************************************************************
Public Sub Lit_AddData(sTable As String, sField As String, Lit As ListBox)
   Dim i As Integer
   Dim rs As New ADODB.Recordset
   rs.Open "select distinct " & sField & " from  " & sTable & " where 邮箱用户 =
'" + sForm + "'", cnn, adOpenStatic
   If rs.RecordCount > 0 Then
      rs.MoveFirst
      For i = 0 To rs.RecordCount - 1
         Lit.AddItem rs.Fields(0)
         rs.MoveNext
      Next i
   End If
End Sub

'*************************************************************************
'**函 数 名: cnn
'**输    入: 无
'**输    出: (ADODB.Connection) - 返回一个数据连接类型的值
'**功能描述: 用于连接数据库
'**全局变量:
'**调用模块:
'**作    者: mrlbb
'**日    期: 2016-06-10 09:04:20
'**修 改 人:
'**日    期:
'**版    本: V1.0.0
'*************************************************************************
Public Function cnn() As ADODB.Connection
   Set cnn = New ADODB.Connection
```

```
    cnn.Open "Provider=Microsoft.Jet.OLEDB.4.0;Data Source=" & App.Path &
"\db_mail.mdb;Persist Security Info=False"
End Function

'**************************************************************************
'**函 数 名：Tree_Add
'**输    入：StrNod1(String) - 第一层节点在数据表中的字段名称
'**        ：StrNod2(String) - 第二层节点在数据表中的字段名称
'**        ：sTable(String)  - 数据表的名称
'**        ：Tree(TreeView)  - 要显示的TreeView控件的名称
'**        ：Root(Node)      - 根节点的名称，也可以不使用根节点
'**输    出：无
'**功能描述：用于向TreeView控件中添加一个两层的树结构。
'**全局变量：
'**调用模块：
'**作    者：mrlbb
'**日    期：2008-06-02 08:47:38
'**修 改 人：
'**日    期：
'**版    本：V1.0.0
'**************************************************************************
Public Sub Tree_Add(StrNod1 As String, StrNod2 As String, sTable As String, Tree
As TreeView, Root As Node)
    Dim key, text, BH, StrTemp As String
    Dim nod As Node                                              '定义一个节点变量
    Dim rs1 As New ADODB.Recordset
    Dim rs2 As New ADODB.Recordset
    Dim Node1 As Node
    Dim Node2 As Node
    rs1.Open "select distinct " & StrNod1 & " from " & sTable & " where 邮箱用户 =
'" + sForm + "'", cnn, adOpenKeyset
    If rs1.RecordCount > 0 Then
        rs1.MoveFirst
        Do While rs1.EOF = False                                 '循环读取第1层节点中的数据信息
            key = Trim(rs1.Fields(0))
            text = rs1.Fields(0)
            StrTemp = rs1.Fields(0)
            Set Node1 = Tree.Nodes.Add(Root, tvwChild, key, text)  '给第1层节点赋值
            rs2.Open "select " & StrNod2 & " from " & sTable & " where " & StrNod1
& " =  '" & StrTemp & "'" & " and  邮箱用户 = '" + sForm + "'", cnn, adOpenKeyset
            If rs2.RecordCount > 0 Then
                rs2.MoveFirst
                Do While rs2.EOF = False                         '循环读取第2层节点中的数据信息
                    key = Trim(rs2.Fields(0))
                    text = rs2.Fields(0)
                    Set Node2 = Tree.Nodes.Add(Node1.Index, tvwChild, key, text)
                                                                 '给第2层节点赋与数值

                    rs2.MoveNext
                Loop
```

```
            End If
            rs2.Close
            rs1.MoveNext
        Loop
    End If
    rs1.Close
End Sub

'*************************************************************************
'**函 数 名：Cbx_AddData
'**输    入：sTable(String) - 数据表的名称
'**         ：sField(String) - 要添加的字段名称
'**         ：Cbx(ComboBox)  - 要显示的 ComboBox 控件名称
'**输    出：无
'**功能描述：用于向 ComboBox 控件中添加项目，并显示第一条记录
'**全局变量：
'**调用模块：
'**作    者：mrlbb
'**日    期：2008-06-02 08:45:48
'**修 改 人：
'**日    期：
'**版    本：V1.0.0
'*************************************************************************
Public Sub Cbx_AddData(sTable As String, sField As String, Cbx As ComboBox)
    Dim i As Integer
    Dim rs As New ADODB.Recordset
    rs.Open "select distinct " & sField & " from  " & sTable & " where 邮箱用户 = '"
+ sForm + "'", cnn, adOpenStatic
    If rs.RecordCount > 0 Then
        rs.MoveFirst
        For i = 0 To rs.RecordCount - 1
            Cbx.AddItem rs.Fields(0)
            rs.MoveNext
        Next i
        Cbx.ListIndex = 0
    End If
End Sub
```

在公共模块 Mdl_Var 中，存放公共的变量和常量等信息。其关键代码如下：

```
Option Explicit

Public sForm As String                    '定义字符型变量，用于存储发件人的邮箱地址
Public sFormName As String                '定义字符型变量，用于存储发件人姓名
Public sServer As String                  '定义字符型变量，用于存储服务器 ip
Public sPwd As String                     '定义字符型变量，用于存储密码
Public sReceiveName As String             '定义变量，用于存储收件人邮箱地址
Public bLinkmanFlag As Boolean            '定义布尔变量，用于标识是添加还是删除联系人，True 为
                                           添加，False 为修改
Public bMailFlag As Boolean               '定义布尔变量，用于标识调用的是收件箱还是已删除，True
                                           为收件箱，False 为已删除
```

```
Public sUID As String                        '定义字符型变量用于存储邮件的 UID 信息，该
                                              信息标识邮件
Public bMailSendFlag  As Boolean             '定义布尔变量，用于标识调用的是草稿箱还是发
                                              件箱，True 为草稿箱，False 为发件箱
Public Const PageSize  As Integer = 30       '定义分页大小
Public ReceiveID As Integer                  '定义整型变量，存储收件箱和已删除的邮件编号
Public DraftID As Integer                    '定义整型变量，存储草稿箱和发件箱的邮件编号
```

扫一扫，看视频

21.7 主窗体设计

21.7.1 主窗体概述

企业邮件通程序的主窗体是一个 MDI 主窗体，它是程序中所有 MDI 子窗体的容器，所有的子窗体都显示在主窗体中的空白位置，本程序中将子窗体的标题栏去掉，将子窗体完整地嵌入在主窗体中。因此本主窗体被设计为一个框架的样式，如图 21.21 所示。

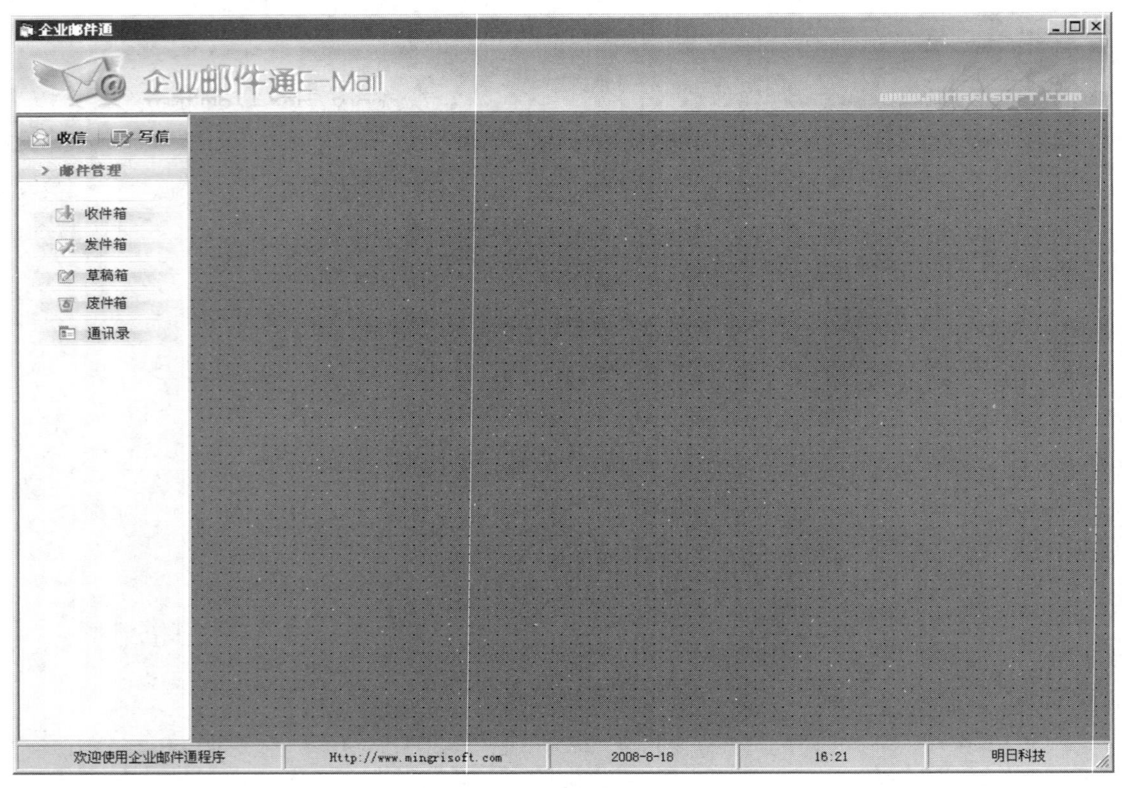

图 21.21　企业邮件通的设计效果图

在窗体的顶部是一个图片框，显示与程序相关的图片信息。在左侧是一个导航菜单性质的列表，用户可以通过单击这些按钮来调用相应的程序功能。在程序的底部是状态栏，用于显示程序的相关状态信息。

21.7.2 主窗体实现过程

1. 窗体设计

企业邮件通的窗体界面设计过程如下：

（1）新建一个VB企业版控件的工程。

（2）创建一个MDI窗体，使用默认名，设置Caption属性为“企业邮件通”。

（3）在窗体的顶部添加一个PictureBox控件，使用默认名，设置Align属性为1-Align Top，顶部显示。设置Picture属性为指定图片。

（4）在窗体左侧添加一个PictureBox控件，命名为Picture2，设置Picture属性。在Picture2中添加若干Label控件和PictureBox控件。

（5）在窗体上添加StatusBar控件，用于显示状态栏信息。

2. 代码设计

（1）给邮件导航添加代码。

主窗体左侧的导航信息是利用Label控件和PictureBox控件设计而成的。Label控件在下面，用于显示文字，PictureBox控件在上面，用于显示图片。

当鼠标移动时，将文字的颜色设置为红色；当单击某一项目时，如单击“收件箱”时，则将对应的PictureBox控件设为可见；在PictureBox控件中设置了指定的图片，用于表示该项目被选中，如图21.22所示。

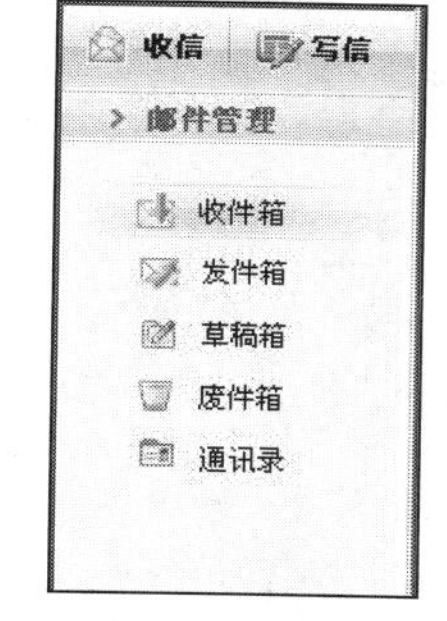

图21.22 邮件导航栏

在设计时，将Label控件的BackStyle属性设置为0-Transparent，透明显示。覆盖在上面的PictureBox控件，设置AutoSize属性为True，BorderStyle属性为0-None，无边框效果。

程序运行时，设置覆盖在上面的PictureBox控件不显示，鼠标在Label控件上移动时，Label控件的文字变成红色，关键代码如下（以收件箱按钮为例）：

```
Private Sub Lbl_Reveive_MouseMove(Button As Integer, Shift As Integer, X As Single, Y As Single)
    Lbl_Reveive.ForeColor = RGB(255, 0, 0)          '设置收件箱文字颜色为红色
End Sub
```

当鼠标移开时，又变回黑色，也就是当鼠标移开时，鼠标在Picture2控件上移动，因此当鼠标在Picture2上移动时，将所有Label控件的前景色都设置为黑色，关键代码如下：

```
Private Sub Picture2_MouseMove(Button As Integer, Shift As Integer, X As Single, Y As Single)
    Lbl_Reveive.ForeColor = RGB(0, 0, 0)            '设置“收件箱”文字颜色为黑色
    Lbl_SendBox.ForeColor = RGB(0, 0, 0)            '设置“发件箱”文字颜色为黑色
    Lbl_Draft.ForeColor = RGB(0, 0, 0)              '设置“草稿箱”文字颜色为黑色
    Lbl_Del.ForeColor = RGB(0, 0, 0)                '设置“已删除”文字颜色为黑色
    Lbl_linkman.ForeColor = RGB(0, 0, 0)            '设置“通讯录”文字颜色为黑色
```

```
    Lbl_Send.ForeColor = RGB(0, 0, 0)                    '设置“写信”文字颜色为黑色
    Lbl_Receive.ForeColor = RGB(0, 0, 0)                 '设置“收信”文字颜色为黑色
End Sub
```

当单击对应的 Label 控件时，将显示对应的图片信息。其他的图片将被隐藏。同时在 MDI 窗体的中间区域，将显示对应的窗体信息。

说明：

在导航菜单中调用的 MDI 子窗体的大小都是固定的，并且没有标题栏，在显示时，将子窗体嵌入 MDI 主窗体的空白位置，使其看起来就像一个窗体一样。

关键代码如下（以收件箱按钮为例）：

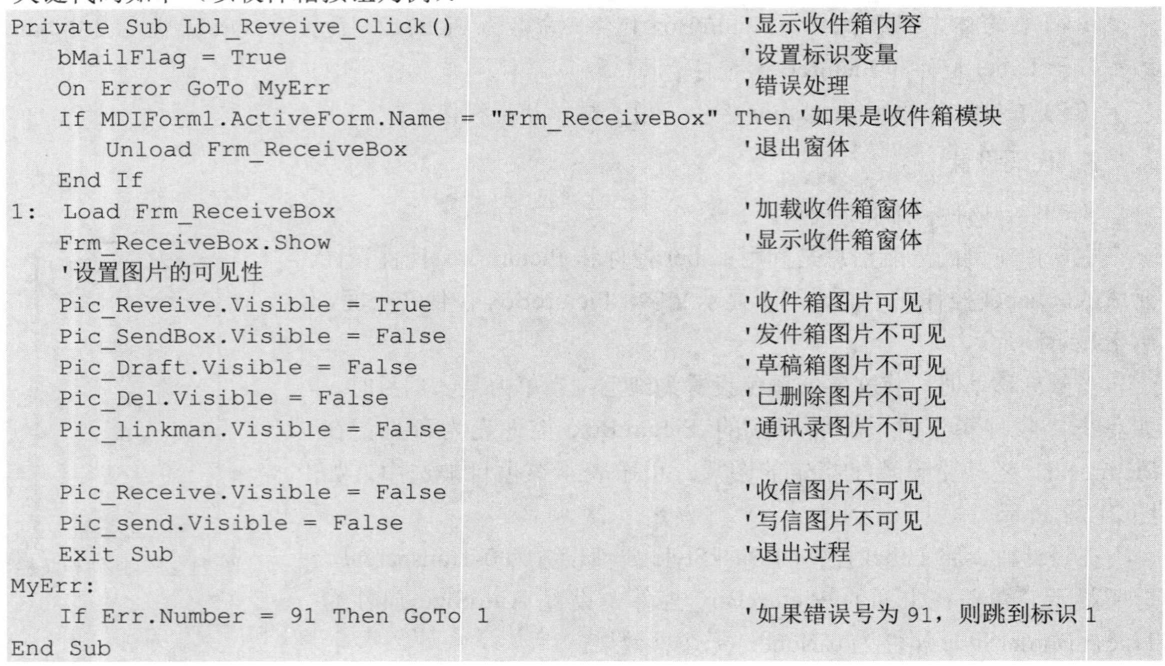

```
Private Sub Lbl_Reveive_Click()                          '显示收件箱内容
    bMailFlag = True                                     '设置标识变量
    On Error GoTo MyErr                                  '错误处理
    If MDIForm1.ActiveForm.Name = "Frm_ReceiveBox" Then '如果是收件箱模块
        Unload Frm_ReceiveBox                            '退出窗体
    End If
1:  Load Frm_ReceiveBox                                  '加载收件箱窗体
    Frm_ReceiveBox.Show                                  '显示收件箱窗体
    '设置图片的可见性
    Pic_Reveive.Visible = True                           '收件箱图片可见
    Pic_SendBox.Visible = False                          '发件箱图片不可见
    Pic_Draft.Visible = False                            '草稿箱图片不可见
    Pic_Del.Visible = False                              '已删除图片不可见
    Pic_linkman.Visible = False                          '通讯录图片不可见

    Pic_Receive.Visible = False                          '收信图片不可见
    Pic_send.Visible = False                             '写信图片不可见
    Exit Sub                                             '退出过程
MyErr:
    If Err.Number = 91 Then GoTo 1                       '如果错误号为 91，则跳到标识 1
End Sub
```

（2）状态栏设计。

在窗体的底部，添加一个 StatusBar 控件，用于充当状态栏，效果如图 21.23 所示。

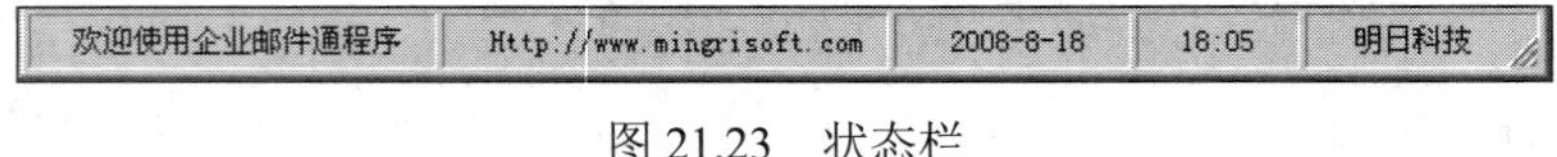

图 21.23　状态栏

在该状态栏中，将 StatusBar 控件通过“属性”命令分成 5 个区域，分别用于显示欢迎信息、网址、日期、时间和公司信息。其中除了日期和时间，其他的信息都是通过在“文本”框中输入信息来实现的。

日期的实现是通过在“属性页”对话框中，选择“窗格”选项卡，在“样式”组合框中选择 6-sbrDate 实现的，如图 21.24 所示。

时间的实现是通过在“属性页”对话框中，选择“窗格”选项卡，在“样式”组合框中选择 5-sbrTime 实现的，如图 21.25 所示。

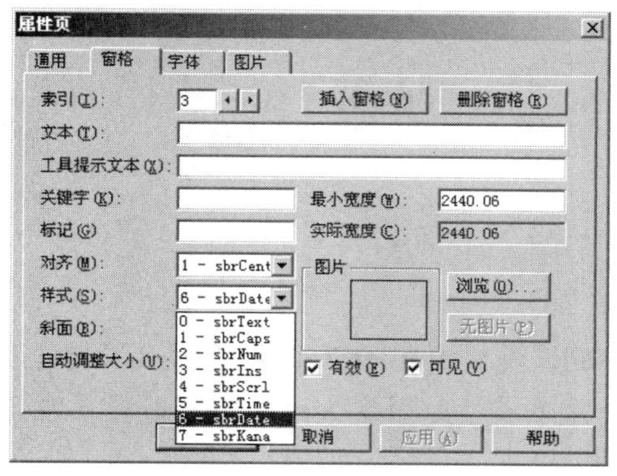

图 21.24　显示日期

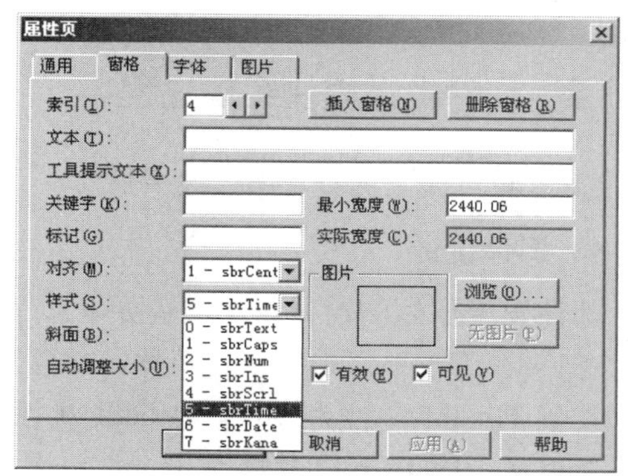

图 21.25　显示时间

21.8　邮件发送模块设计

扫一扫，看视频

21.8.1　邮件发送模块概述

邮件发送是本程序的一个最主要的功能。当进入到主窗体时，单击左侧导航菜单中的“写信”按钮，即可显示邮件发送窗体。在该窗体中输入收件人、主题、内容以及附件信息，单击工具栏上的“发送”按钮，即可将该邮件信息发送出去，如图 21.26 所示。

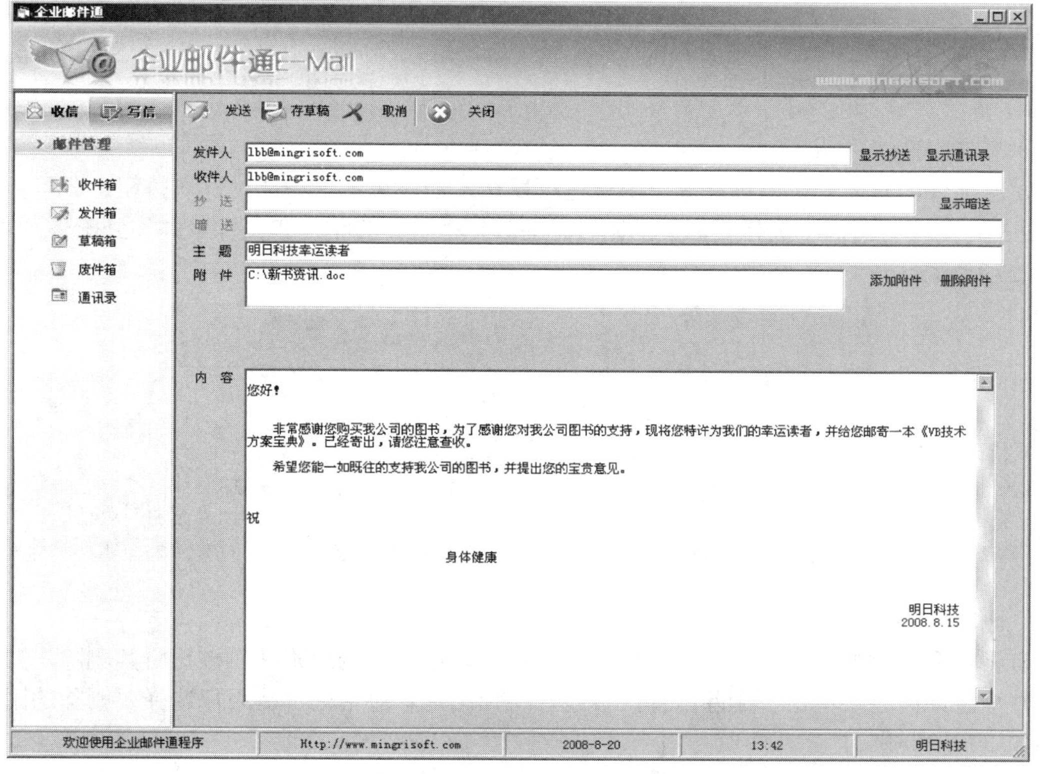

图 21.26　邮件发送界面

21.8.2 邮件发送模块实现过程

本模块使用的数据表：发件表

1. 窗体设计

邮件发送窗体的窗体设计过程如下：

（1）在工程中添加一个新窗体，命名为 Frm_SendMail，设置 BorderStyle 属性为 0-None，无边框，设置 Height 属性为 9015，Width 属性为 11880，这两个属性是固定大小的，刚好显示在 MDI 主窗体中间。MDIChild 属性为 True，设置为 MDI 子窗体。

（2）在窗体上添加一个 Toolbar 控件和一个 ImageList 控件，向 ImageList 控件中添加图片信息，向 Toolbar 控件中添加按钮，并将 Toolbar 控件与 ImageList 控件连起来。

（3）在窗体上添加若干 Label 控件和 TextBox 控件，用于显示标签信息和输入文本信息。其中，文本框 Txt_Content 用于显示和输入邮件的内容，因此需要设置 MultiLine 属性为 True，多行显示，设置 ScrollBars 属性为 2-Vertical，显示垂直滚动条。

（4）添加两个 ListBox 控件，分别命名为 Lit_Linkman 和 Lit_attachments，用于显示联系人信息和附件信息。

（5）在窗体上添加一个 CommonDialog 控件，用于添加附件时使用。

（6）在窗体上添加一个 Adodc 控件，用于连接数据库，将邮件的发送信息和草稿信息保存到数据库中。

2. 代码设计

（1）添加、删除附件。

➘ 添加附件

在发送邮件的时候，可以选择多个附件进行发送，通过单击“添加附件”按钮，即可打开“添加”对话框，在该对话框中选择要添加的附件信息，并将附件的路径和文件名添加到附件列表框中，如图 21.27 所示。

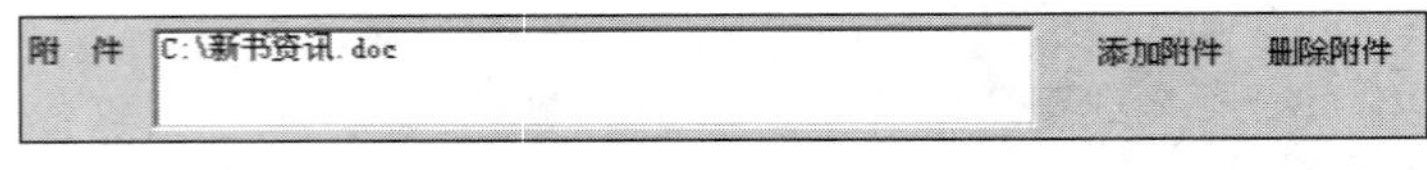

图 21.27 添加附件

关键代码如下：

```
Private Sub Lbl_addAttach_Click()                           '添加附件
   CommonDialog1.ShowOpen                                   '显示“添加”对话框
   Lit_attachments.AddItem CommonDialog1.FileName           '将附件信息添加到附件列表框
End Sub
```

➘ 删除附件

当有不需要发送的附件信息时，可以选中该附件，单击“删除附件”按钮将其删除，如果没有选中附件信息，而直接单击“删除附件”按钮，将弹出提示对话框，请用户选择要删除的附件，关键代码如下：

```
Private Sub Lbl_DelAttatch_Click()                          '删除附件
```

```
    If Lit_attachments.ListIndex = -1 Then                    '如果没有选择要删除的附件
        MsgBox "请选择要删除的附件！", vbCritical              '提示对话框
    Else                                                      '否则
        Lit_attachments.RemoveItem (Lit_attachments.ListIndex)  '将该附件项移除
    End If
End Sub
```

（2）发送邮件。

当用户将收件人地址、主题、内容及附件添加好以后，单击工具栏上的“发送”按钮，即可利用 JMail 组件发送邮件。

➘ 提示信息

在发送邮件之前，先要判断需要填写的基本信息是否添加完整，即收件人、主题、内容等信息不能为空，如果为空，则提示信息，并退出过程，否则设置 MDI 主窗体的状态栏信息，关键代码如下：

```
If Txt_Addr.text = "" Then                                 '如果收件人为空
    MsgBox "收件人不能为空！", vbInformation                '提示信息
    Exit Sub                                               '退出过程
End If
If Txt_Subject.text = "" Then                              '如果主题为空
    MsgBox "主题不能为空！", vbInformation                  '提示信息
    Exit Sub                                               '退出过程
End If
If Txt_Content.text = "" Then                              '如果内容为空
    MsgBox "内容不能为空！", vbInformation                  '提示信息
    Exit Sub                                               '退出过程
End If
MDIForm1.StatusBar1.Panels(1).text = "邮件发送中......"     '设置状态栏
```

➘ 利用 JMail 组件发送邮件

定义一个 JMail.Message 对象，利用该对象发送邮件，关键代码如下：

```
'利用 Jmail 发送邮件
Dim email As New jmail.Message                             '定义一个 JMail 消息对象
email.Charset = "GB2312"                                   '设置使用的字符集
email.From = sForm                                         '发件人地址
email.FromName = sFormName                                 '发件人姓名
email.MailServerPassWord = sPwd                            '发件人密码
email.AddRecipient Txt_Addr.text                           '收件人地址
If Txt_RecipientCC.text <> "" Then email.AddRecipientCC Txt_RecipientCC.text
                                                           '抄送地址
If Txt_RecipientBCC.text <> "" Then email.AddRecipientBCC Txt_RecipientBCC.text
                                                           '暗送地址
email.Silent = False                                       'JMail 抛出意外错误
email.Body = Txt_Content                                   '邮件的主要内容
email.Subject = Txt_Subject.text                           '邮件的主题
For i = 0 To Lit_attachments.ListCount - 1                 '循环添加附件
    Lit_attachments.ListIndex = i                          '设置选中项
    email.AddAttachment Lit_attachments.text               '添加附件
```

```
Next i
email.Send sServer, False                          '发送邮件
MsgBox "邮件发送成功！", vbInformation             '提示邮件发送成功
email.Close                                        '关闭对象
```

➘ 将发送邮件保存到数据库

当邮件发送完成以后，将发送的相关信息保存到数据库中，这里调用了一个自定义的过程SaveMail将邮件保存到数据库中，调用代码如下：

```
'将邮件信息保存到数据库中
SaveMail ("select * from 发件表 where 邮箱用户 = '" + sForm + "' ")
```

SaveMail过程的声明过程如下，通过向该过程发送SQL语句，来实现向不同的数据表中添加不同的数据，代码如下：

```
'**************************************************************************
'**函 数 名：SaveMail
'**输    入：sSQL(String) -  关于发件表和草稿表的相关信息
'**输    出：无
'**功能描述：用于将邮件信息保存到发件表和草稿表中
'**************************************************************************
Private Sub SaveMail(sSQL As String)
   Dim sPath As String                             '定义变量 存储附件的路径，用分号隔开
   Dim i As Integer                                '定义整型变量
   Adodc1.RecordSource = sSQL                      '利用ADO控件执行SQL语句
   Adodc1.Refresh                                  '刷新
   Adodc1.Recordset.AddNew                         '添加新记录
   Adodc1.Recordset.Fields("收件人") = Txt_Addr.text              '保存收件人信息
   Adodc1.Recordset.Fields("抄送") = Txt_RecipientCC.text         '保存抄送信息
   Adodc1.Recordset.Fields("暗送") = Txt_RecipientBCC.text        '保存暗送信息
   Adodc1.Recordset.Fields("主题") = Txt_Subject.text             '保存主题信息
   Adodc1.Recordset.Fields("内容") = Txt_Content.text             '保存内容信息
   Adodc1.Recordset.Fields("附件个数") = Lit_attachments.ListCount '保存附件个数
   Adodc1.Recordset.Fields("邮箱用户") = sForm                    '保存邮箱用户
   sPath = ""                                                     '清空变量
   For i = 0 To Lit_attachments.ListCount - 1                     '循环
      Lit_attachments.ListIndex = i                               '设置选中项
      sPath = sPath & Lit_attachments.text & ";"            '将附件信息赋给变量
   Next i
   Adodc1.Recordset.Fields("附件") = sPath                  '保存附件信息
   Adodc1.Recordset.Fields("日期") = Format(Now, "YYYY-MM-DD hh:mm:ss")'保存日期时间
   Adodc1.Recordset.Fields("邮箱用户") = sForm              '保存邮箱用户信息
   Adodc1.Recordset.Update                                  '更新数据
End Sub
```

（3）保存草稿。

如果用户想将发送的邮件信息保存成草稿，以备下次发送时使用，可以通过单击工具栏上的“存草稿”按钮，将邮件存入到草稿箱中。在保存草稿的过程中，同样使用到了自定义过程SaveMail（在发送邮件中介绍过），不同的是，传递的SQL语句不同。发送邮件中是针对发件箱传递的SQL语句，而保存草稿是针对草稿箱传递的SQL。关键代码如下：

```
SaveMail ("select * from 草稿表 where 邮箱用户 = '" + sForm + "' ")   '保存到草稿箱
MsgBox "已经保存到草稿箱！", vbInformation                            '提示信息
```

21.9　收件箱/废件箱

扫一扫，看视频

21.9.1　收件箱/废件箱模块概述

收件箱和废件箱使用的是同一个窗体，只是调用的数据不相同。下面以收件箱为主，以废件箱为辅介绍本窗体。

在主窗体中单击左侧导航中的“收件箱”按钮，即可调出本窗体，在本窗体中可以以分页的形式显示邮件信息，并可以利用“上一页”和“下一页”进行导航。同时还可以对邮件进行删除、查看、排序和接收操作。

收件箱的运行效果如图 21.28 所示。

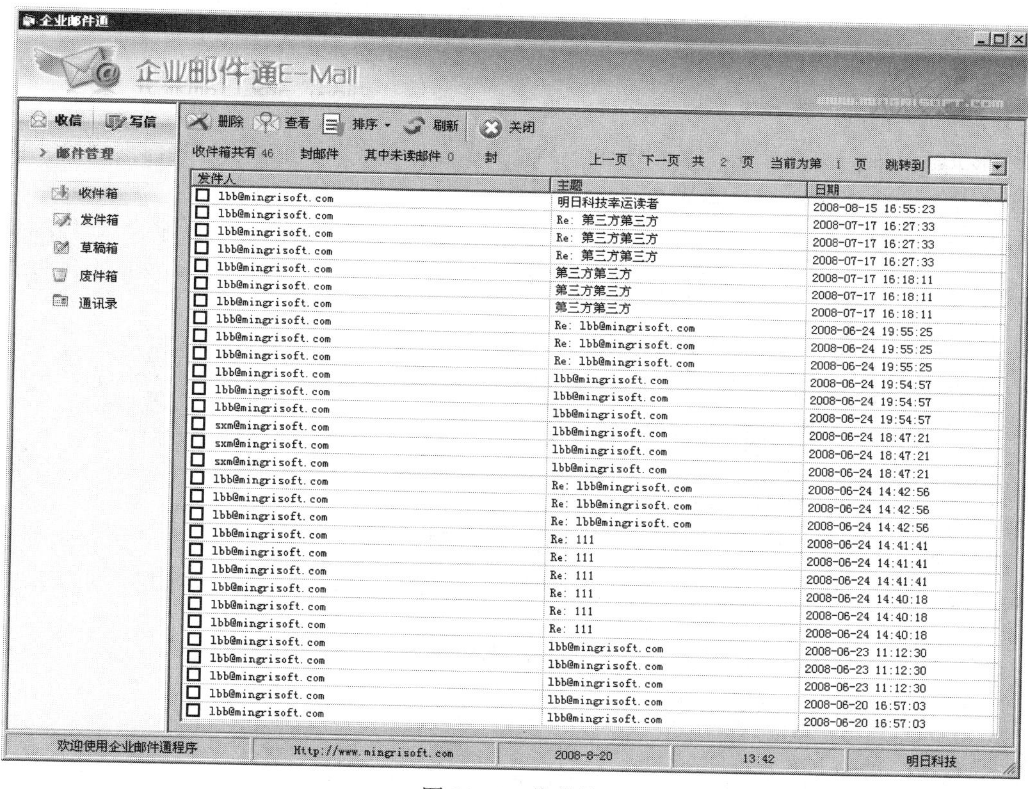

图 21.28　收件箱

21.9.2　收件箱/废件箱模块实现过程

本模块使用的数据表：收件表

1．窗体设计

（1）在工程中添加一个新窗体，命名为 Frm_ReceiveBox，设置 BorderStyle 属性为 0-None，无边框，设置 Height 属性为 9015，Width 属性为 11880，这两个属性是固定大小的，刚好显示在 MDI

主窗体中间。MDIChild 属性为 True，设置为 MDI 子窗体。

（2）在窗体上添加一个 Toolbar 控件和一个 ImageList 控件，向 ImageList 控件中添加图片信息，向 Toolbar 控件中添加按钮，并将 Toolbar 控件与 ImageList 控件连起来。

（3）在窗体上添加若干 Label 控件，用于显示邮箱中的邮件总数、未读邮件的数量、邮件显示的页码等信息。

（4）在窗体上添加一个 ComboBox 控件，将其命名为 Cbx_PageNum，用于显示跳转到的页码。

（5）在窗体上添加一个 ListView 控件，命名为 Lvw_Receive，用于显示邮件信息。

（6）在 Lvw_Receive 控件内部添加一个 PictureBox 控件，命名为 Picture1，BackColor 属性设置为&H8000000E&，BorderStyle 属性设置为 0-None。在 Picture1 控件的内部添加一个 Label 控件，设置 Alignment 属性为 2-Center，设置 BackStyle 属性为 0-None，Caption 属性为“没有可显示的数据”。当邮件列表中没有数据时，显示该信息。

（7）在窗体上添加 3 个 Adodc 控件，用于连接数据库和执行对数据的相关操作。

2. 代码设计

（1）刷新接收邮件。

在“收件箱”中，用户单击工具栏上的“刷新”按钮，系统将根据设置的标识判断当前应该显示“收件箱”中的内容还是“废件箱”中的内容。如果是“收件箱”，则利用自定义过程 GetEMail 将新获取到的邮件信息写入到数据库中，然后再利用自定义过程 CheckFlag，判断邮件标识，并将对应的邮件信息显示在 ListView 控件中。如果是“废件箱”，则直接利用 CheckFlag 过程判断邮件并显示，关键代码如下：

```
If bMailFlag = True Then                                    '显示收件箱内容
    GetEMail                                                '调用过程获取邮件信息
    CheckFlag                                               '判断邮件标识
ElseIf bMailFlag = False Then                               '显示废件箱内容
    CheckFlag                                               '判断邮件标识
End If
```

在上述代码中使用到自定义过程 GetEMail，该过程是利用 jmail.POP3 对象，获取到邮件服务器中的邮件信息，判断该邮件是否已经保存到数据库中，如果已经保存了，则跳过，如果没有保存到数据库中，则将其存储到数据库中，关键代码如下：

```
'*********************************************************************
'**函 数 名：GetEMail
'**输    入：无
'**输    出：
'**功能描述：利用 Jmail 组件获得邮件信息，如果没写入数据库的，则将其写入到数据库中
'*********************************************************************
Private Sub GetEMail()
    Dim email As New jmail.POP3                             '定义 jmail.POP3 对象
    Dim sSize As String                                     '邮件大小
    Dim i As Integer                                        '定义变量用于循环
    Dim j As Integer                                        '定义变量用于循环
    Dim rs As New ADODB.Recordset                           '定义数据集对象
    Dim sPath As String                                     '定义变量用于存储路径信息
    Dim Attsid As String                                    '定义附件编号变量
    Dim Mailid As String                                    '定义邮件编号变量
```

```
    Dim AttsName As String                                    '定义附件名称变量
    email.Connect sForm, sPwd, sServer, 110                   '连接邮件服务器
    '循环遍历所有的邮件
    For i = 1 To email.Count
        '查询数据库中是否存在该邮件
        Ado_EMail.RecordSource = "select * from 收件表 where 发件人='" + _
                        email.DownloadSingleMessage(i).From + "' and 主题 ='" + _
                        email.DownloadSingleMessage(i).Subject + "' and 接收日
期 = '" + _
                        Format(email.DownloadSingleMessage(i).Date, _
                        "YYYY-MM-DD hh:mm:ss") + _
                        "'  and  邮箱用户 = '" + sForm + "'"
        Ado_EMail.Refresh                                     '刷新
        If Ado_EMail.Recordset.RecordCount = 0 Then           '如果不存在

            Ado_EMail.Recordset.AddNew                        '添加一条新记录
            '将邮件的 UID 存储到数据表中，方便删除操作
            '获取 UID
            Ado_EMail.Recordset.Fields("邮件的 UID") = email.GetMessageUID(i)
            '获取发件人信息
            Ado_EMail.Recordset.Fields("发件人") = email.DownloadSingleMessage(i).From
            '获取收件人信息
            Ado_EMail.Recordset.Fields("收件人") = email.DownloadSingleMessage(i).
RecipientsString
            Ado_EMail.Recordset.Fields("主题") = email.DownloadSingleMessage(i).Subject
                                                              '主题
            Ado_EMail.Recordset.Fields("内容") = email.DownloadSingleMessage(i).Body
                                                              '内容
            Ado_EMail.Recordset.Fields("接收日期") = Format (email.
DownloadSingleMessage(i).Date, _
                            "YYYY-MM-DD hh:mm:ss")            '时间
            sSize = email.DownloadSingleMessage(i).Size       '获取邮件大小
            '附件个数
            Ado_EMail.Recordset.Fields("附件个数") = email.DownloadSingleMessage(i).
Attachments.Count
            '循环所有附件
            For j = 0 To email.DownloadSingleMessage(i).Attachments.Count - 1
                '将邮件名称和大小保存到附件字段
                Ado_EMail.Recordset.Fields("附件") = Ado_EMail.Recordset.Fields("附件")&_
                        email.DownloadSingleMessage(i).Attachments.Item(j).Name &"//" &_
                        Format((email.DownloadSingleMessage(i).Attachments.Item(j).
Size) / 1024, _
                        ".00") & "K;"
                Mailid = email.GetMessageUID(i)               '邮件编号
                '获取附件的名称
                AttsName = email.DownloadSingleMessage(i).Attachments.Item(j).Name
                '查询附件表
                Ado_Temp.RecordSource = "select * from 附件表 where 邮件编号='" + Mailid + _
                    "' and 附件名称 = '" + AttsName + "' and 邮箱用户 = '" + sForm + "'"
                Ado_Temp.Refresh                              '刷新
```

```
            Ado_Temp.Recordset.AddNew                              '添加新记录
            Ado_Temp.Recordset.Fields("邮件编号") = Mailid          '保存邮件编号
            '保存附件名称
            Ado_Temp.Recordset.Fields("附件名称") = _
                    email.DownloadSingleMessage(i).Attachments.Item(j).Name
            '保存附件编号
            Ado_Temp.Recordset.Fields("附件编号") = Ado_Temp.Recordset.
RecordCount
            If Ado_Temp.Recordset.RecordCount = 1 Then              '如果不存在同名的附件
                sPath = App.Path & "\附件\" & Mailid & "$$" & AttsName
                                                                   '使用默认的文件名
            Else                                                   '如果存在同名附件
                sPath = App.Path & "\附件\" & Mailid & "$$" & AttsName
                                                                   '获取默认文件名
                sPath = Left(sPath, Len(sPath) - 4) & "(" & _
                        (Ado_Temp.Recordset.RecordCount - 1) & _
                        ")" & Right(sPath, 4)                      '添加文件序号
            End If
            Ado_Temp.Recordset.Fields("邮箱用户") = sForm          '保存邮件用户信息
            Ado_Temp.Recordset.Update                              '更新附件表
            '保存附件信息
            email.DownloadSingleMessage(i).Attachments.Item(j).SaveToFile (sPath)
          Next j

          Ado_EMail.Recordset.Fields("是否显示") = True           '设置为收件箱显示
          Ado_EMail.Recordset.Fields("是否阅读") = False          '设置为没有阅读
          Ado_EMail.Recordset.Fields("邮箱用户") = sForm          '设置邮箱用户

          Ado_EMail.Recordset.Update                              '更新收件表
      End If
   Next i
   email.Disconnect                                               '断开连接
End Sub
```

在用 GetEMail 过程获得邮件信息以后，再用 CheckFlag 过程判断邮件的标识，根据不同的邮件标识显示不同的邮件信息。代码如下：

```
'*************************************************************************
'**函 数 名：CheckFlag
'**输    入：无
'**输    出：
'**功能描述：判断邮件标识
'*************************************************************************
Private Sub CheckFlag()                                          '判断邮件标识
   If bMailFlag = True Then                                      '显示收件箱内容
      '组合 SQL 语句
      MySQL = "select * from 收件表 where 是否显示 = true and 邮箱用户 = '" + sForm + _
            "' order by 接收日期 desc"
   ElseIf bMailFlag = False Then                                 '显示已删除内容
      '组合 SQL 语句
```

```
        MySQL = "select * from 收件表 where 是否显示 = false and 邮箱用户 = '" + sForm + _
                "' order by 接收日期 desc"
    End If
    ShowMail (MySQL)                                              '调用自定义过程显示邮件
End Sub
```

ShowMail 函数用于根据 SQL 语句的不同在 Lvw_Receive 控件中显示邮件信息，并将未读的邮件信息加粗显示。关键代码如下：

```
'**********************************************************************
'**函 数 名：ShowMail
'**输    入：strSQL(String)   —   查询收件人表的 SQL 语句
'**输    出：Boolean          —   返回值为布尔类型值
'**功能描述：向 Lvw_Receive 控件中添加收件箱中的信息，将未读信息加粗显示
'**********************************************************************
Public Function ShowMail(strSQL As String) As Boolean
    Dim i As Integer                                          '定义整型变量，循环使用
    Dim ItemX As ListItem                                     '定义 ListItem 对象
    Dim iCountMax As Integer                                  '定义整型变量
    Picture1.Visible = False                                  '设置图片控件不可见
    Lvw_Receive.ListItems.Clear                               '清空 Lvw_Receive 控件
    Adodc1.RecordSource = strSQL                              '执行查询语句
    Adodc1.Refresh                                            '刷新
    If Adodc1.Recordset.RecordCount > 0 Then                  '如果查询结果大于零

        Adodc1.Recordset.PageSize = PageSize                  '设置每页显示的记录数
        Lbl_PageNum.Caption = Adodc1.Recordset.PageCount      '显示分页总数
        Adodc1.Recordset.AbsolutePage = PageMark              '设置当前页

        iCountMax = PageSize                                  '给循环变量赋值
        If PageMark = Adodc1.Recordset.PageCount Then         '如果是最后一页
            If Adodc1.Recordset.RecordCount Mod PageSize <> 0 Then
                                                              '如果最后一页个数不为零
                iCountMax = Adodc1.Recordset.RecordCount Mod PageSize
                                                              '将记录数赋值给变量
            End If
        End If

        For i = 1 To iCountMax                                '循环所有记录
            '添加发件人信息到 Lvw_Receive 控件
            Set ItemX = Lvw_Receive.ListItems.Add(, , " " & Adodc1.Recordset.Fields
("发件人"))
            ItemX.SubItems(1) = CStr(Adodc1.Recordset!主题)   '添加主题信息
            If Not IsNull(Adodc1.Recordset!接收日期) Then      '如果接收日期不为空
                ItemX.SubItems(2) = CStr(Adodc1.Recordset!接收日期)    '显示接收日期
            Else                                                       '否则
                ItemX.SubItems(1) = ""                         '显示空
            End If
            If Adodc1.Recordset.Fields("是否阅读") = False Then '如果是没有阅读的邮件信息
                ItemX.Bold = True                              '发件人加粗显示
                ItemX.ListSubItems(1).Bold = True              '主题信息加粗显示
                ItemX.ListSubItems(2).Bold = True              '接收日期加粗显示
```

```
        End If
        Adodc1.Recordset.MoveNext                          '记录下移
      Next i
      ShowMail = True                                      '设置返回值为 True
    Else                                                   '如果没有数据记录
      ShowMail = False                                     '设置返回值为 False
      Picture1.Visible = True                              '没有数据可以显示
    End If
End Function
```

（2）利用分页导航数据。

当调用收件箱窗体时，将自动将收件箱中邮件数量、未读邮件数量、总共的页码数以及当前是第几页等信息都统计并显示出来，如图 21.29 所示。

用户可以通过“上一页”按钮、“下一页”按钮及“跳转到”组合框来导航列表区域中所显示的邮件信息。

收件箱共有 49 封邮件　其中未读邮件 0 封	上一页　下一页　共 2 页　当前为第 1 页　跳转到 第1页

图 21.29　分页导航数据

➘　加载时显示邮件数量

在公共模块中，定义了一个公共常数，用于定义每个分页的大小，这里每个分页中所显示的邮件的数量为 30 个，代码如下：

```
Public Const PageSize  As Integer = 30                     '定义分页大小
```

在窗体加载的时候，显示邮件的第一页信息，并将邮件的总数获取出来，同时获取邮件的总页数，将页码序号添加到“跳转到”组合框中，关键代码如下：

```
    PageMark = 1                                           '设置显示第一页
    Lbl_curPage.Caption = 1                                '显示当前页
    CheckFlag                                              '显示邮件信息

    '显示邮件数量和未读数量
    Dim rs As New ADODB.Recordset                          '定义数据集对象

    If bMailFlag = True Then                               '显示收件箱内容
        查询收件表中的邮件信息
        rs.Open "select * from 收件表 where 是否显示 = true and  邮箱用户 = '" + _
              sForm + "' order by 接收日期 desc " _
              , cnn, adOpenKeyset, adLockOptimistic
        Lbl_EmailCount.Caption = rs.RecordCount            '显示收件箱中的邮件总数
        rs.Close                                           '关闭数据集对象
        '查询收件表中的未读邮件数量
        rs.Open "select * from 收件表 where 是否显示 = true and  邮箱用户 = '" + _
              sForm + "' and 是否阅读 = False  order by 接收日期 desc" _
              , cnn, adOpenKeyset, adLockOptimistic
        Lbl_UnreadCount.Caption = rs.RecordCount           '显示未读邮件
        rs.Close                                           '关闭数据集对象
        Lbl_Numinfo.Caption = "收件箱共有"                 '显示信息
    ElseIf bMailFlag = False Then                          '显示已删除内容
        '查询“已删除”中的邮件信息
```

```
    rs.Open "select * from 收件表 where 是否显示 =false and 邮箱用户 = '" + _
          sForm + "' order by 接收日期 desc" _
          , cnn, adOpenKeyset, adLockOptimistic
    Lbl_EmailCount.Caption = rs.RecordCount          '显示“已删除”中的邮件数量
    rs.Close                                         '关闭数据集对象
    '查询“已删除”中的未读邮件信息
    rs.Open "select * from 收件表 where 是否显示 =false and 邮箱用户 = '" + _
          sForm + "' and 是否阅读 = False  order by 接收日期 desc" _
          , cnn, adOpenKeyset, adLockOptimistic
    Lbl_UnreadCount.Caption = rs.RecordCount         '显示未读邮件信息
    rs.Close                                         '关闭数据集对象
    Lbl_Numinfo.Caption = "垃圾箱共有"                '显示信息
  End If

  '向“跳转到”组合框中添加数据
  For i = 1 To Val(Lbl_PageNum.Caption)              '循环
    Cbx_PageNum.AddItem "第" & i & "页"               '添加页码序号
  Next i
```

➘ 上一页

当单击“上一页”按钮时，将显示上一页的邮件信息，如果当前为第一页，则退出过程，关键代码如下：

```
Private Sub Lbl_UpPage_Click()                       '上一页
  If PageMark = 1 Then Exit Sub                      '如果是第一页，则退出过程
  PageMark = PageMark - 1                            '页码标识减一
  ShowMail (MySQL)                                   '显示邮件信息
  Lbl_curPage.Caption = PageMark                     '显示当前页信息
End Sub
```

➘ 下一页

当单击“下一页”按钮时，将显示下一页的邮件信息，如果当前为最后一页，则退出过程，关键代码如下：

```
Private Sub Lbl_DownPage_Click()                     '下一页
  If PageMark = Val(Lbl_PageNum.Caption) Then Exit Sub '如果是最后一页，则退出过程
  PageMark = PageMark + 1                            '页数加一
  ShowMail (MySQL)                                   '显示邮件信息
  Lbl_curPage.Caption = PageMark                     '显示当前页数
End Sub
```

➘ 跳转到

如果邮件箱中的页数过多，通过“上一页”“下一页”按钮不能以最快的速度跳转到指定的页面时，可以通过“跳转到”组合框来直接跳转到指定的页。关键代码如下：

```
Private Sub Cbx_PageNum_Click()                      '选择分页
  '获取所选择的页码
  PageMark = Val(Left(Right(Cbx_PageNum.Text, Len(Cbx_PageNum.Text) - 1), _
         Len(Cbx_PageNum.Text) - 2))
  ShowMail (MySQL)                                   '显示邮件信息
  Lbl_curPage.Caption = PageMark                     '显示当前页数
End Sub
```

（3）删除邮件信息。

当有些邮件不需要时，可以将其删除。勾选邮件前面的复选框，单击工具栏上的“删除”按钮，即可将其删除。删除操作可以同时针对“收件箱”和“废件箱”中的数据进行操作。根据所显示的信息的不同，所执行的删除操作也不同。

➘ 收件箱

当为“收件箱”时，是将收件表中的“是否显示”字段设置为 False，即在“收件箱”中不显示该邮件信息。关键代码如下：

```
If bMailFlag = True Then                                        '收件箱
    For i = 1 To Lvw_Receive.ListItems.Count                    '循环
        If Lvw_Receive.ListItems(i).Checked = True Then         '如果被选中
            '查询该记录
            Adodc1.RecordSource = "select * from 收件表 where 发件人 ='" + _
                         Trim(Lvw_Receive.ListItems(i).Text) + _
                         "' and 主题 = '" + Lvw_Receive.ListItems(i).SubItems(1)+_
                         "' and 接收日期 = '" + Lvw_Receive.ListItems(i).
SubItems(2) + _
                          "' and  邮箱用户 = '" + sForm + "'"
            Adodc1.Refresh                                      '刷新
            If Adodc1.Recordset.RecordCount > 0 Then            '如果存在该记录
                For j = 0 To Adodc1.Recordset.RecordCount - 1   '循环
                    Adodc1.Recordset.Fields("是否显示") = False  '设置该邮件不显示
                    Adodc1.Recordset.Update                     '更新数据库
                    Adodc1.Recordset.MoveNext                   '记录集下移
                Next j
            End If
        End If
    Next i
```

➘ 废件箱

当为“废件箱”时，将该邮件信息，从邮件表中删除，再将对应的附件信息从附件表中删除，并将对应的附件文件删除。同时将该邮件从邮件服务器上彻底删除。关键代码如下：

```
ElseIf bMailFlag = False Then                                   '废件箱
    For i = 1 To Lvw_Receive.ListItems.Count                    '循环
        If Lvw_Receive.ListItems(i).Checked = True Then         '如果被选中

            '删除收件表中的邮件信息
            Adodc1.RecordSource = "select * from 收件表 where 发件人 ='" + _
                         Trim(Lvw_Receive.ListItems(i).Text) + _
                         "'and 主题 = '"+Lvw_Receive.ListItems(i).SubItems(1)+_
                         "'and 接收日期 = '"+Lvw_Receive.ListItems(i).SubItems(2)+_
                          "' and  邮箱用户 = '" + sForm + "'"
            Adodc1.Refresh                                      '刷新
            If Adodc1.Recordset.RecordCount > 0 Then            '如果记录数大于零
                '删除邮件服务器上的邮件信息
                TempUID = Adodc1.Recordset.Fields("邮件的 UID")   '获取邮件的 UID
                email.Connect sForm, sPwd, sServer, 110         '连接邮件服务器
                For j = 1 To email.Count                        '循环
```

```
            If TempUID = email.GetMessageUID(j) Then           '如果要删除的UID相同
                email.DeleteSingleMessage (j)                  '删除该邮件
            End If
        Next j

        '删除附件表中的对应附件信息
        Ado_Temp.RecordSource = "select * from 附件表 where 邮件编号='" + TempUID+_
                        "' and 邮箱用户 = '" + sForm + "' "
        Ado_Temp.Refresh                                       '刷新
        If Ado_Temp.Recordset.RecordCount > 0 Then             '如果记录数大于零

            '删除"附件"文件夹下的附件文件
            sPath = App.Path & "\附件\"                          '给变量赋值
            Dim MyFSO As New FileSystemObject                  '定义FSO变量
            Dim MyFolder As Folder                             '定义文件夹变量
            Dim MyFile As File                                 '定义文件变量
            Set MyFolder = MyFSO.GetFolder(sPath)              '给变量赋值
            For Each MyFile In MyFolder.Files                  '遍历所有的文件
                If Left(MyFile.Name, 26) = TempUID Then        '如果邮件的UID相同
                    Kill sPath & MyFile.Name                   '删除该附件
                End If
            Next

            Ado_Temp.Recordset.Delete                          '删除附件表中的数据
            Ado_Temp.Recordset.Update                          '更新数据库
        End If

        Adodc1.Recordset.Delete                                '删除邮件表中的数据
        Adodc1.Recordset.Update                                '更新数据
    End If
  End If
 Next i
End If
MsgBox "邮件已删除！", vbInformation                            '提示信息
CheckFlag                                                      '调用自定义过程，显示
                                                                邮件
```

（4）查看邮件信息。

勾选要查看邮件前面的复选框，单击工具栏上的“查看”按钮，即可查看该邮件信息。

注意：

这里限制了查看邮件的个数，每次只能选择一个邮件进行查看。当选择的邮件数量超过 1 个时，提示信息。

当单击“查看”按钮时，程序将遍历所有的记录，当有记录被选中时，循环变量加一，当选中数为 2 个时，提示信息，并退出过程。否则调用自定义过程 ShowSingleMail 来显示邮件的详细信息。关键代码如下：

```
Count = 0                                                      '给变量赋值
For i = 1 To Lvw_Receive.ListItems.Count                       '循环
   If Lvw_Receive.ListItems(i).Checked = True Then             '如果记录被选中
```

```
        Count = Count + 1                                   '变量加一
        If Count = 2 Then                                   '如果变量为 2
            MsgBox "请选择单个的邮件查看！", vbInformation     '提示信息
            Exit Sub                                        '退出过程
        End If
    End If
Next i
ShowSingleMail                                              '调用自定义过程
```

调用自定义过程 ShowSingleMail，将查询数据库的 SQL 语句传递给 LoadMailData 过程，利用该过程给窗体 Frm_RecMail 上的控件赋值，用于显示邮件的详细信息。关键代码如下：

```
'*******************************************************************
'**函 数 名：ShowSingleMail
'**输    入：无
'**输    出：
'**功能描述：将单个邮件的信息显示出来
'*******************************************************************
Private Sub ShowSingleMail()                                '显示单个邮件信息
    Dim i As Integer                                        '定义整型变量
    Dim sMySQL As String                                    '定义字符型变量
    iCount = 0                                              '给变量赋值
    For i = 1 To Lvw_Receive.ListItems.Count                '循环
        If Lvw_Receive.ListItems(i).Checked = True Then     '如果项目被选中
            If bMailFlag = True Then                        '收件箱
                '将 SQL 语句赋给变量
                sMySQL = "select * from 收件表 where 发件人 ='" + _
                         Trim(Lvw_Receive.ListItems(i).Text) + _
                         "' and 主题 = '" + Lvw_Receive.ListItems(i).SubItems(1) + _
                         "' and 接收日期 = '" + Lvw_Receive.ListItems(i).SubItems(2) + _
                         "' and 是否显示 = true  and  邮箱用户 = '" + sForm + "'"
                Frm_RecMail.sMySQL = sMySQL         '将 SQL 语句赋给 Frm_RecMail 窗体中的变量
                '执行 SQL 语句
                Frm_RecMail.RSReceive.Open sMySQL, cnn, adOpenKeyset, adLockOptimistic
                LoadMailData (sMySQL)               '调用过程向窗体中加载邮件信息
                Frm_RecMail.RSReceive.Close         '关闭对象
            ElseIf bMailFlag = False Then           '废件箱
                '给字符变量赋值
                sMySQL = "select * from 收件表 where 发件人 ='" + _
                         Trim(Lvw_Receive.ListItems(i).Text) + _
                         "' and 主题 = '" + Lvw_Receive.ListItems(i).SubItems(1) + _
                         "' and 接收日期 = '" + Lvw_Receive.ListItems(i).SubItems(2) + _
                         "' and 是否显示 = false and  邮箱用户 = '" + sForm + "'"
                Frm_RecMail.sMySQL = sMySQL         '将 SQL 语句赋给 Frm_RecMail 窗体中的变量
                Frm_RecMail.RSDel.Open sMySQL, cnn, adOpenKeyset, adLockOptimistic
                LoadMailData (sMySQL)               '调用过程向窗体中加载邮件信息
                Frm_RecMail.RSDel.Close             '关闭数据集对象
            End If
        End If
        iCount = iCount + 1                         '计数加一
```

```
    Next i
    If iCount = 0 Then                                  '如果计数值为一
        MsgBox "请选择要查看的邮件信息！", vbCritical    '提示信息
        Exit Sub                                         '退出过程
    End If
    CheckFlag                                            '调用邮件标识显示邮件信息
End Sub
```

在上述过程中调用了自定义过程 LoadMailData，向窗体 Frm_RecMail 中加载邮件的信息。并将该邮件的“是否阅读”字段设置为已阅读。关键代码如下：

```
'*********************************************************************
'**函 数 名：LoadMailData
'**输    入：sSQL(String) －  查询收件表的相关 SQL 语句
'**输    出：无
'**功能描述：向 Frm_RecMail 窗体中加载邮件信息
'*********************************************************************
Public Sub LoadMailData(sSQL As String)                  '向 Frm_RecMail 中加载邮件信息
    Dim i As Integer                                     '定义整型变量
    Dim j As Integer                                     '定义整型变量
    Adodc1.RecordSource = sSQL                           '执行 SQL 语句
    Adodc1.Refresh                                       '刷新
    If Adodc1.Recordset.RecordCount > 0 Then             '如果查询到该邮件
        Load Frm_RecMail                                 '加载窗体
        Frm_RecMail.Show                                 '显示窗体
        Frm_RecMail.Lbl_Subject.Caption = Adodc1.Recordset.Fields("主题")
                                                         '显示主题信息
        Frm_RecMail.Lbl_ReceiveMail.Caption = Adodc1.Recordset.Fields("收件人")
                                                         '显示收件人信息
        Frm_RecMail.Lbl_SendMail.Caption = Adodc1.Recordset.Fields("发件人")
                                                         '显示发件人信息
        '调整“添加到联系人”标签的位置，紧跟在“发件人”后面+300 缇
        Frm_RecMail.Lbl_AddLinkman.Left = Frm_RecMail.Lbl_SendMail.Left + _
                                     Frm_RecMail.Lbl_SendMail.Width + 300
        Frm_RecMail.Lbl_Date.Caption = Adodc1.Recordset.Fields("接收日期")
                                                         '显示接收日期
        sUID = Adodc1.Recordset.Fields("邮件的 UID")     '将 UID 保存到公共变量中
        If Adodc1.Recordset.Fields("附件个数") = 0 Then  '如果附件数为零
            Frm_RecMail.Lit_attachments.Clear            '清空附件列表
        ElseIf Adodc1.Recordset.Fields("附件个数") = 1 Then  '如果附件数为 1
            '添加附件信息到附件列表
            Frm_RecMail.Lit_attachments.Clear            '清空附件列表
            Frm_RecMail.Lit_attachments.AddItem Left(Adodc1.Recordset.Fields("附件"), _
                                Len(Adodc1.Recordset.Fields("附件")) - 1)
        ElseIf Adodc1.Recordset.Fields("附件个数") >1 Then   '如果附件数大于 1
            Dim sSplit() As String                       '定义字符数组，用于存储附件
            sSplit = Split(Adodc1.Recordset.Fields("附件"), ";") '将附件信息拆分成数组
            Frm_RecMail.Lit_attachments.Clear            '清空附件列表
            For j = 0 To UBound(sSplit) - 1              '循环
                Frm_RecMail.Lit_attachments.AddItem sSplit(j) '向附件列表中添加附件信息
```

```
            Next j
        End If
        Frm_RecMail.Txt_Content.Text = Adodc1.Recordset.Fields("内容")    '添加内容信息
    End If
    Adodc1.Recordset.Fields("是否阅读") = True                  '设置该邮件为已阅读
    Adodc1.Recordset.Update                                    '更新数据库
End Sub
```

（5）排序邮件。

在该窗体中还可以按照邮件的“时间”“收件人”“主题”排序邮件，单击工具栏上“排序”按钮右侧的倒三角，即可弹出下拉菜单，如图 21.30 所示。

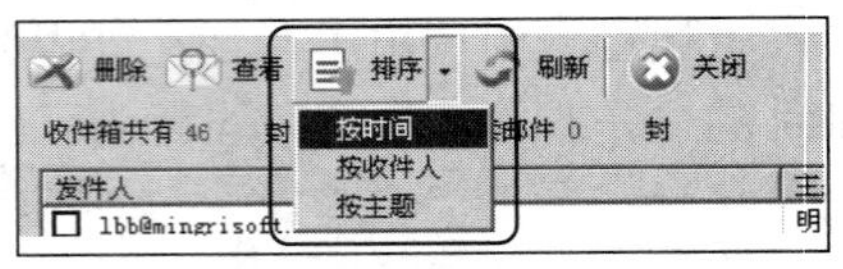

图 21.30　排序邮件

邮件的排序是通过 Toolbar 控件的 ButtonMenuClick 事件来实现的，通过单击的菜单不同，来形成不同的 SQL 语句，传递给自定义过程 ShowMail，用它来重新显示邮件信息。关键代码如下：

```
'**********************************************************************
'**功能描述：Toolbar 控件的下拉菜单部分
'**********************************************************************
Private Sub Toolbar1_ButtonMenuClick(ByVal ButtonMenu As MSComctlLib.ButtonMenu)
    PageMark = 1                                             '设置显示第一页
    Lbl_curPage.Caption = 1                                  '显示当前为第一页
    If bMailFlag = True Then                                 '显示收件箱内容
        Select Case ButtonMenu.Key                           '查询菜单关键字
        Case "aTime"                                         '按接收时间倒序
            '按接收时间倒序，形成 SQL 语句
            MySQL = "select * from 收件表 where 是否显示 =true  and 邮箱用户 = '" + _
                    sForm + "' order by 接收日期 desc"
        Case "receiver"                                      '按发件人顺序
            '按发件人顺序，形成 SQL 语句
            MySQL = "select * from 收件表 where 是否显示 =true and 邮箱用户 = '" + _
                    sForm + "' order by 发件人 "
        Case "Subject"                                       '按主题顺序
            '按主题顺序，形成新的 SQL 语句
            MySQL = "select * from 收件表 where 是否显示 =true and 邮箱用户 = '" + _
                    sForm + "' order by 主题 "
        End Select
    ElseIf bMailFlag = False Then                            '显示废件箱内容
        Select Case ButtonMenu.Key                           '查询菜单关键字
        Case "aTime"                                         '按接收时间倒序
            '按接收时间倒序形成 SQL 语句
            MySQL = "select * from 收件表 where 是否显示 =false and 邮箱用户 = '" + _
                    sForm + "' order by 接收日期 desc "
        Case "receiver"                                      '按发件人顺序
            '按发件人顺序形成 SQL 语句
            MySQL = "select * from 收件表  where 是否显示 =false and 邮箱用户 = '" + _
                    sForm + "' order by 发件人 "
        Case "Subject"                                       '按主题顺序
```

```
            '按主题顺序形成 SQL 语句
            MySQL = "select * from 收件表 where 是否显示 =false and 邮箱用户 = '" + _
                    sForm + "' order by 主题 "
        End Select
    End If
    ShowMail (MySQL)                                          '显示邮件信息
End Sub
```

21.10　邮件查看模块设计

21.10.1　邮件查看模块概述

当进入到收件箱或者废件箱以后，选中要查看的邮件，单击“查看”按钮，或者双击要查看的邮件，即可进入到邮件的查看窗体中，如图 21.31 所示。

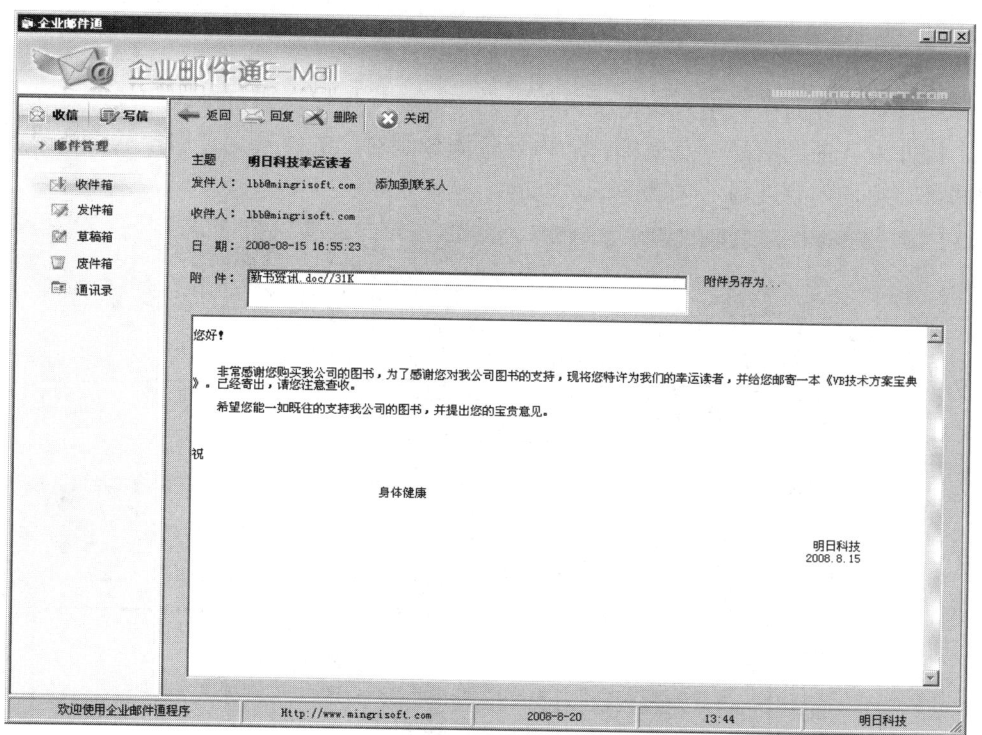

图 21.31　查看邮件

在该窗体中，可以对查看的邮件信息进行回复、删除、保存发件人邮箱地址到联系人列表、将附件另存到其他路径下以及以默认的打开方式打开附件文件。

21.10.2　邮件查看模块实现过程

本模块使用的数据表：收件表、附件表

1．窗体设计

邮件查看窗体的窗体设计过程如下：

（1）在工程中添加一个新窗体，命名为 Frm_RecMail，设置 BorderStyle 属性为 0-None，无边框，设置 Height 属性为 9015，Width 属性为 11880，这两个属性是固定大小的，刚好显示在 MDI 主窗体中间。MDIChild 属性为 True，设置为 MDI 子窗体。

（2）在窗体上添加一个 Toolbar 控件和一个 ImageList 控件，向 ImageList 控件中添加图片信息，向 Toolbar 控件中添加按钮，并将 Toolbar 控件与 ImageList 控件连起来。

（3）在窗体上添加若干 Label 控件，用于显示标签信息。

（4）在窗体上添加一个 TextBox 控件，命名为 Txt_Content，用于显示邮件的内容，设置 MultiLine 属性为 True，多行显示，设置 ScrollBars 属性为 2-Vertical，显示垂直滚动条。

（5）添加一个 ListBox 控件，命名为 Lit_attachments，用于显示附件信息。

（6）在窗体上添加一个 CommonDialog 控件，用于添加附件时使用。

（7）在窗体上添加两个 Adodc 控件，用于连接数据库和执行数据库相关操作。

2．代码设计

（1）回复邮件。

在“邮件查看”界面中，用户单击工具栏上的“回复”按钮，即可进入到邮件发送窗体中，并将发件人、收件人、主题信息以及原邮件的内容都添加到对应的位置上。用户只需在“内容”文本框中添加回复的邮件内容即可，如图 21.32 所示。

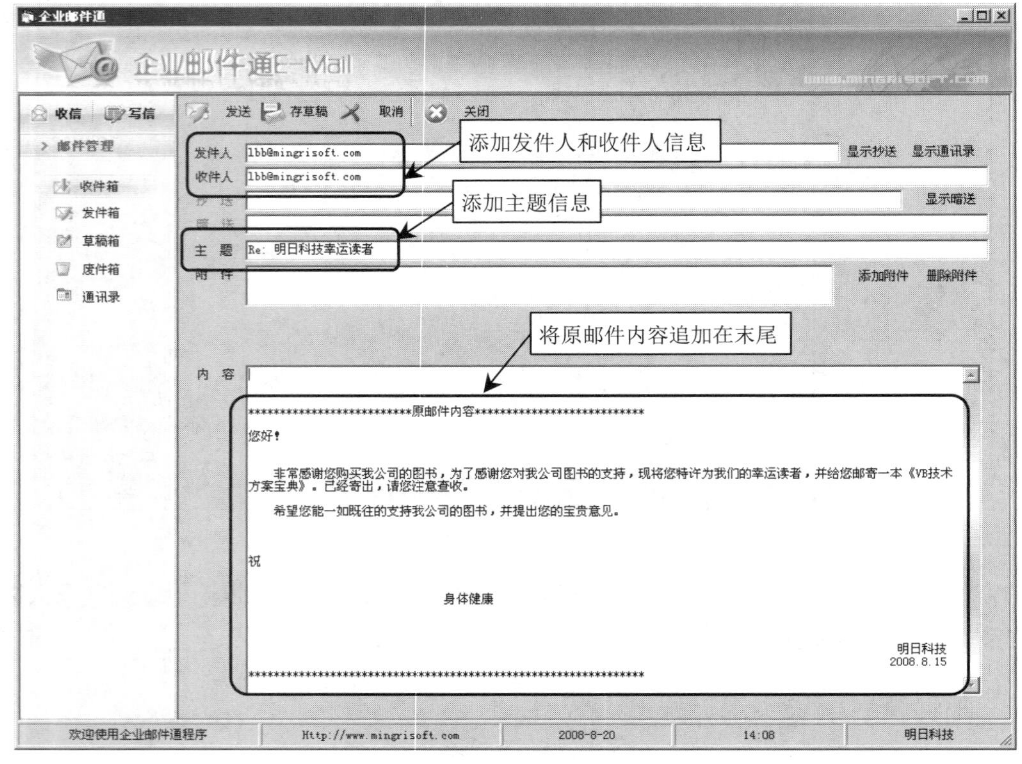

图 21.32　回复邮件

在单击“回复”按钮时，调用邮件发送窗体，并将收件人、发件人、主题和原邮件的内容显示在对应控件中，并且关闭邮件查看窗体。关键代码如下：

```
Load Frm_SendMail                                          '加载邮件发送窗体
Frm_SendMail.Show                                          '显示邮件发送窗体
Frm_SendMail.Txt_Addr.Text = Lbl_SendMail.Caption              '显示收件人信息
Frm_SendMail.Txt_Subject.Text = "Re:"& Lbl_Subject.Caption     '显示主题信息
'显示内容
Frm_SendMail.Txt_Content.Text = vbCrLf & vbCrLf & vbCrLf & _
        "************************原邮件内容**************************" & _
        vbCrLf & Txt_Content.Text & vbCrLf & _
        "************************************************************"
Frm_SendMail.Txt_Content.SetFocus                          '将焦点设置在“内容”文本框中
Unload Me                                                  '卸载本窗体
```

（2）删除邮件。

单击“删除”按钮，可以将当前查看的邮件信息删除，在删除时，要首先判断查看的是“收件箱”中的邮件还是“废件箱”中的邮件。根据不同的情况，执行不同的操作。

➘ 收件箱

如果是收件箱，查询收件箱中的邮件，将收件表中该邮件的“是否显示”字段设置为False，即在收件箱中不显示该记录。关键代码如下：

```
If bMailFlag = True Then                                   '收件箱
    '查询数据表中是否存在该邮件信息
    Ado_Temp.RecordSource = "select * from 收件表 where 邮件的UID ='" + _
                sUID + "' and 邮箱用户 = '" + sForm + "'  "
    Ado_Temp.Refresh                                       '刷新
    If Ado_Temp.Recordset.RecordCount > 0 Then             '如果查询结果大于零
        Ado_Temp.Recordset.Fields("是否显示") = False      '设置“是否显示”为False
        Ado_Temp.Recordset.Update                          '更新数据库
    End If
```

➘ 废件箱

如果是废件箱中的邮件，则查询收件箱中的邮件，将收件表中的邮件删除，再查询附件表中的对应邮件信息，将附件表中的附件信息删除，并将已经下载到服务器的附件文件都删除。再将该邮件从邮件服务器上彻底删除，最后利用自定义过程ClearCtl，将控件中的内容清空。关键代码如下：

```
ElseIf bMailFlag = False Then                              '废件箱
    '在收件箱中查询邮件信息
    Adodc1.RecordSource = "select * from 收件表 where 邮件的UID ='" + _
                sUID + "' and 邮箱用户 = '" + sForm + "'"
    Adodc1.Refresh                                         '刷新
    If Adodc1.Recordset.RecordCount > 0 Then
        '删除邮件服务器上的邮件信息
        TempUID = Adodc1.Recordset.Fields("邮件的UID")     '保存邮件的UID
        email.Connect sForm, sPwd, sServer, 110            '连接邮件服务器
        For j = 1 To email.Count                           '循环
            If TempUID = email.GetMessageUID(j) Then       '如果UID相同
                email.DeleteSingleMessage (j)              '删除该邮件
            End If
```

```
        Next j

        '删除附件表中的对应附件信息
        Ado_Temp.RecordSource = "select * from 附件表 where 邮件编号 ='" + _
                        TempUID + "' and 邮箱用户 = '" + sForm + "' "  '查询数据库
        Ado_Temp.Refresh                                      '刷新
        If Ado_Temp.Recordset.RecordCount > 0 Then            '如果查询结果大于零

            '删除“附件”文件夹下的附件文件
            sPath = App.Path & "\附件\"                        '将路径值赋给变量
            Dim MyFSO As New FileSystemObject                 '定义 FSO 对象
            Dim MyFolder As Folder                            '定义文件夹对象
            Dim MyFile As File                                '定义文件对象
            Set MyFolder = MyFSO.GetFolder(sPath)             '给文件夹对象赋值
            For Each MyFile In MyFolder.Files                 '遍历所有的文件
                If Left(MyFile.Name, 26) = TempUID Then       '如果 UID 相同
                    Kill sPath & MyFile.Name                  '删除该附件
                End If
            Next

            Ado_Temp.Recordset.Delete                         '删除附件表数据
            Ado_Temp.Recordset.Update                         '更新附件表
        End If
        Adodc1.Recordset.Delete                               '删除收件表数据
        Adodc1.Recordset.Update                               '更新数据
    End If
End If
MsgBox "已删除"                                                '弹出提示对话框
ClearCtl                                                      '调用自定义过程清空控件内容
```

自定义过程 ClearCtl 用于清空控件中的内容，代码如下：

```
'*************************************************************************
'**函 数 名：ClearCtl
'**输    入：无
'**输    出：
'**功能描述：清空控件中的内容
'*************************************************************************
Private Sub ClearCtl()
    Lbl_Subject.Caption = ""                                  '清空主题内容
    Lbl_SendMail.Caption = ""                                 '清空发件人内容
    Lbl_ReceiveMail.Caption = ""                              '清空收件人内容
    Lbl_Date.Caption = ""                                     '清空接收时间内容
    Lit_attachments.Clear                                     '清空附件列表内容
    Txt_Content.text = ""                                     '清空内容文本框
End Sub
```

（3）添加到联系人。

如果想将收件人的信息添加到联系人列表中，以备下一次发送邮件时使用，可以单击“添加到联系人”，将弹出“联系人”窗体，如图 21.33 所示。在该窗体中填写必要的信息，即可将收件人的

信息保存到联系人列表中。

图 21.33　添加联系人窗体

当单击“添加联系人”时，加载联系人窗体，将发件人的邮箱地址写入到联系人的“邮箱地址”文本框中，并设置联系人标识为 True。代码如下：

```
Private Sub Lbl_AddLinkman_Click()                          '添加到联系人列表中
    Load Frm_Linkman                                        '加载联系人窗体
    Frm_Linkman.Show                                        '显示联系人窗体
    Frm_Linkman.Txt_Mail.text = Lbl_SendMail.Caption        '将收件人信息写入到对应的文本框中
    bLinkmanFlag = True                                     '设置联系人标识
End Sub
```

（4）附件另存为。

用户如果想将接收到的邮件下载到本地计算机中，可以单击“附件另存为”，在弹出的对话框中设置文件的文件名和要保存的路径。关键代码如下：

```
Private Sub Lbl_SaveAs_Click()                              '附件另存为
    Dim Str As String                                       '定义字符串变量
    Dim sAttPath As String                                  '定义变量
    Dim i As Integer                                        '循环变量
    Dim TempRS As New ADODB.Recordset                       '定义临时记录集变量
    Dim AttsPlit()  As String                               '定义字符数组
    '查询附件表中的数据
    TempRS.Open "select * from 附件表 where 邮件编号 = '" + sUID + _
            "' and 邮箱用户 = '" + sForm + _
            "' ", cnn, adOpenKeyset, adLockOptimistic
    TempRS.MoveFirst                                        '移动到第一条
    For i = 0 To Lit_attachments.ListCount - 1              '循环
        Lit_attachments.ListIndex = i                       '设置选中项
        AttsPlit = Split(Lit_attachments.Text, "//")        '拆分出附件名称
        If TempRS.Fields("附件编号") = 1 Then               '查询对应邮件的附件
            '获取对应附件的存储路径和名称，将其存储在变量 sAttPath 中
            sAttPath = App.Path & "\附件\" & TempRS.Fields("邮件编号") & _
                    "$$" & AttsPlit(0)
        ElseIf TempRS.RecordCount > 1 Then                  '如果附件数大于 1
            ' 获取对应附件的存储路径和名称，将其存储在变量 sAttPath 中
            sAttPath = App.Path & "\附件\" & TempRS.Fields("邮件编号") & _
                    "$$" & AttsPlit(0)
            '如果有重名的附件，则在文件尾添加序号
            sAttPath = Left(sAttPath, Len(sAttPath) - 4) & "(" & _
                    (TempRS.Fields("附件编号") - 1) & ")" & Right(sAttPath, 4)
```

```
        End If
        CommonDialog1.FileName = sAttPath                          '将路径作为对话框的默认
                                                                    路径
        CommonDialog1.ShowSave                                     '显示保存对话框

        If CommonDialog1.FileTitle <> "" Then                      '设置对话框的标题为空
            If CommonDialog1.FileName = sAttPath Then GoTo 1       '如果保存在默认路径下，循环
            FileCopy sAttPath, CommonDialog1.FileName              '拷贝附件文件
        Else                                                       '如果文件名为空
            MsgBox "请输入要保存的文件名！", vbInformation           '提示对话框
        End If
1:      TempRS.MoveNext                                            '记录集下移
    Next i
    TempRS.Close                                                   '关闭记录集
End Sub
```

21.11　通讯录模块设计

21.11.1　通讯录模块概述

在主窗体中单击左侧导航中的“通讯录”按钮，即可进入到“通讯录”窗体中，如图 21.34 所示。在该窗体中用户可以新建联系人、新建分组、对联系人进行编辑、删除和查找操作。也可以对选中的一个或多个联系人进行写信操作。并可以利用分页功能和 TreeView 控件进行数据导航。

图 21.34　通讯录

21.11.2　通讯录模块实现过程

本模块使用的数据表：联系人表、组别表

1. 窗体设计

通讯录窗体的窗体设计过程如下：

（1）在工程中添加一个新窗体，命名为 Frm_linkmanlist，设置 BorderStyle 属性为 0-None，无边框，设置 Height 属性为 9015，Width 属性为 11880，这两个属性是固定大小的，刚好显示在 MDI 主窗体中间。MDIChild 属性为 True，设置为 MDI 子窗体。

（2）在窗体上添加一个 Toolbar 控件和一个 ImageList 控件，向 ImageList 控件中添加图片信息，向 Toolbar 控件中添加按钮，并将 Toolbar 控件与 ImageList 控件连起来。

（3）在窗体上添加若干 Label 控件，用于显示联系人数量、页码导航等信息。

（4）在窗体上添加 ComboBox 控件，将其命名为 Cbx_PageNum，用于显示跳转到的页码。

（5）在窗体上添加一个 TreeView 控件，使用默认名，用于显示联系人的分组信息。

（6）在窗体上添加一个 ListView 控件，命名为 Lvw_linkman，用于显示邮件信息。

（7）在 Lvw_linkman 控件内部添加一个 PictureBox 控件，BackColor 属性设置为&H8000000E&，BorderStyle 属性设置为 0-None。在 Picture1 控件的内部添加一个 Label 控件，设置 Alignment 属性为 2-Center，设置 BackStyle 属性为 0-None，Caption 属性为“没有可显示的数据”。当联系人列表中没有数据时，显示该信息。

（8）在窗体上添加两个 Adodc 控件，用于连接数据库和执行对数据的相关操作。

2. 代码设计

（1）树状显示联系人信息。

当联系人窗体被加载时，将树状显示联系人信息，如图 21.35 所示。

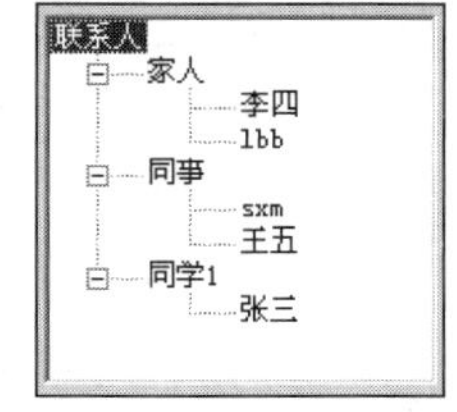

图 21.35　树状显示联系人信息

在窗体加载时，利用自定义过程 Tree_Add，在联系人数据表中检索数据信息，并将其添加到 TreeView 控件中。添加完成之后，将第一层节点展开。关键代码如下：

```
Private Sub Form_Load()
   Dim nodX As Node                                             '创建树
   Set nodX = TreeView1.Nodes.Add(, , "r", "联系人")            '创建根节点
   '调用自定义过程 Tree_Add 添加联系人到 TreeView 控件中
   Call Tree_Add("组别", "姓名", "联系人表", TreeView1, TreeView1.Nodes.Item(1))
   TreeView1.Nodes(1).Expanded = True                           '展开第一层节点
End Sub
```

下面介绍一下自定义过程 Tree_Add，该过程用于向 TreeView 控件中添加数据。可以添加两个层次的树结构，在参数传递时，需要将第一层、第二层节点的字段名称、数据表名称、要加载数据的 TreeView 控件的名称以及该 TreeView 控件的根节点都传递给自定义过程 Tree_Add，即可实现将数据信息添加到 TreeView 控件中的功能。代码如下：

```
'***********************************************************************
'**函 数 名: Tree_Add
'**输    入: StrNod1(String)  —  第一层节点在数据表中的字段名称
'**         : StrNod2(String)  —  第二层节点在数据表中的字段名称
'**         : sTable(String)   —  数据表的名称
'**         : Tree(TreeView)   —  要显示的 TreeView 控件的名称
'**         : Root(Node)       —  根节点的名称，也可以不使用根节点
'**输    出: 无
'**功能描述: 用于向 TreeView 控件中添加一个两层的树结构。
'***********************************************************************
Public Sub Tree_Add(StrNod1 As String, StrNod2 As String, sTable As String, Tree
As TreeView, _
                 Root As Node)
    Dim key, text, BH, StrTemp As String                        '定义字符型变量
    Dim nod As Node                                             '定义一个节点变量
    Dim rs1 As New ADODB.Recordset                              '定义数据集对象
    Dim rs2 As New ADODB.Recordset                              '定义数据集对象
    Dim Node1 As Node                                           '定义 Node 对象
    Dim Node2 As Node                                           '定义 Node 对象

    '查询数据表
    rs1.Open "select distinct " & StrNod1 & " from " & sTable & _
         " where 邮箱用户 = '" + sForm + "'", cnn, adOpenKeyset
    If rs1.RecordCount > 0 Then                                 '如果记录数大于零
        rs1.MoveFirst                                           '移动到第一条
        Do While rs1.EOF = False                                '循环读取第 1 层节点中的数据信息
            key = Trim(rs1.Fields(0))                           '给变量赋值
            text = rs1.Fields(0)                                '给变量赋值
            StrTemp = rs1.Fields(0)                             '给变量赋值
            Set Node1 = Tree.Nodes.Add(Root, tvwChild, key, text)  '给第 1 层节点赋值
            '查询第二层节点数据
            rs2.Open "select " & StrNod2 & " from " & sTable & " where " & _
                  StrNod1 & " = '" & StrTemp & "'" & " and 邮箱用户 = '" + sForm + _
                  "'", cnn, adOpenKeyset
            If rs2.RecordCount > 0 Then                         '如果查询结果大于零
                rs2.MoveFirst                                   '移动到第一条记录
                Do While rs2.EOF = False                        '循环读取第 2 层节点中的数据信息
                    key = Trim(rs2.Fields(0))                   '将关键字赋给变量
                    text = rs2.Fields(0)                        '将文本内容赋给变量
                    '给第 2 层节点赋值
                    Set Node2 = Tree.Nodes.Add(Node1.Index, tvwChild, key, text)
                    rs2.MoveNext                                '记录集下移
                Loop
            End If
            rs2.Close                                           '关闭记录集对象
            rs1.MoveNext                                        '记录集下移
        Loop
    End If
    rs1.Close                                                   '关闭记录集对象
End Sub
```

（2）新建联系人。

当选择“新建”/“联系人”命令，将弹出新建联系人窗体，在该窗体中输入联系人的姓名、邮箱地址、生日、联系电话、地址和组别信息，如图 21.36 所示。其中，姓名、邮箱地址、组别是必须填写的，其他内容可选。

图 21.36　新建联系人

添加完联系人信息以后，单击“确定”按钮，即可将联系人的信息保存到数据库中。关键代码如下：

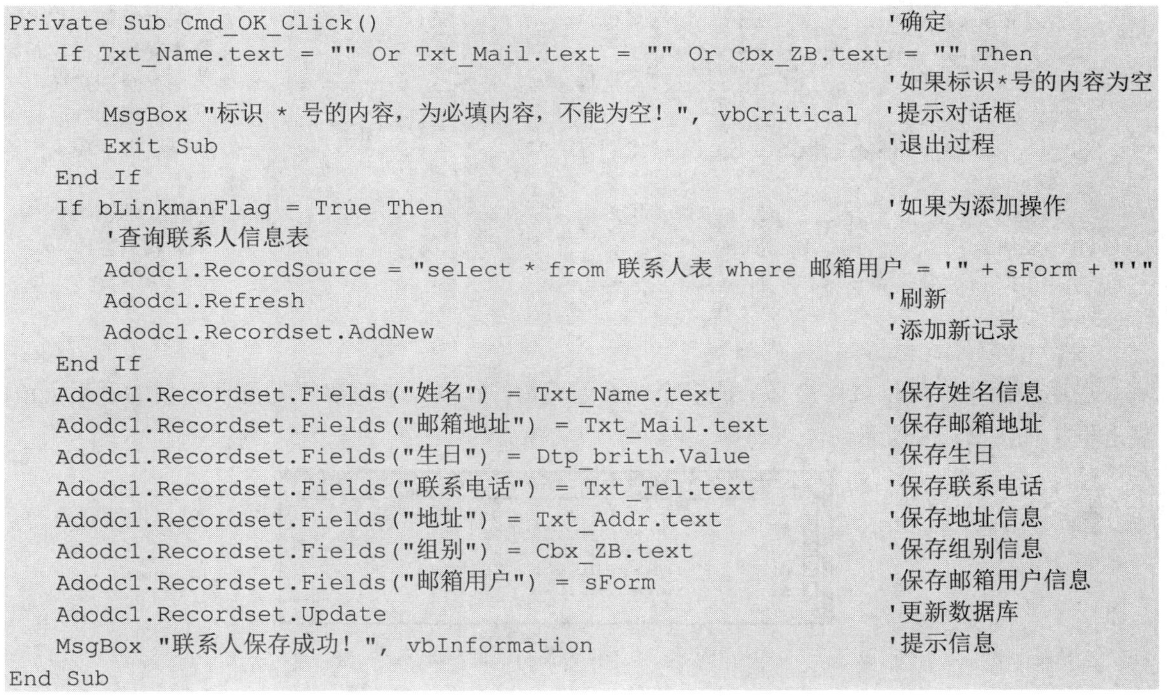

```
Private Sub Cmd_OK_Click()                                          '确定
    If Txt_Name.text = "" Or Txt_Mail.text = "" Or Cbx_ZB.text = "" Then
                                                                    '如果标识*号的内容为空
        MsgBox "标识 * 号的内容，为必填内容，不能为空！", vbCritical  '提示对话框
        Exit Sub                                                    '退出过程
    End If
    If bLinkmanFlag = True Then                                     '如果为添加操作
        '查询联系人信息表
        Adodc1.RecordSource = "select * from 联系人表 where 邮箱用户 = '" + sForm + "'"
        Adodc1.Refresh                                              '刷新
        Adodc1.Recordset.AddNew                                     '添加新记录
    End If
    Adodc1.Recordset.Fields("姓名") = Txt_Name.text                 '保存姓名信息
    Adodc1.Recordset.Fields("邮箱地址") = Txt_Mail.text             '保存邮箱地址
    Adodc1.Recordset.Fields("生日") = Dtp_brith.Value               '保存生日
    Adodc1.Recordset.Fields("联系电话") = Txt_Tel.text              '保存联系电话
    Adodc1.Recordset.Fields("地址") = Txt_Addr.text                 '保存地址信息
    Adodc1.Recordset.Fields("组别") = Cbx_ZB.text                   '保存组别信息
    Adodc1.Recordset.Fields("邮箱用户") = sForm                     '保存邮箱用户信息
    Adodc1.Recordset.Update                                         '更新数据库
    MsgBox "联系人保存成功！", vbInformation                         '提示信息
End Sub
```

（3）新建分组。

选择“新建”/“组别”命令，即可弹出“添加组别”对话框，在该对话框中输入组别名称、组别描述后，单击“确定”按钮，即可将该组别信息添加到组别表中，如图 21.37 所示。

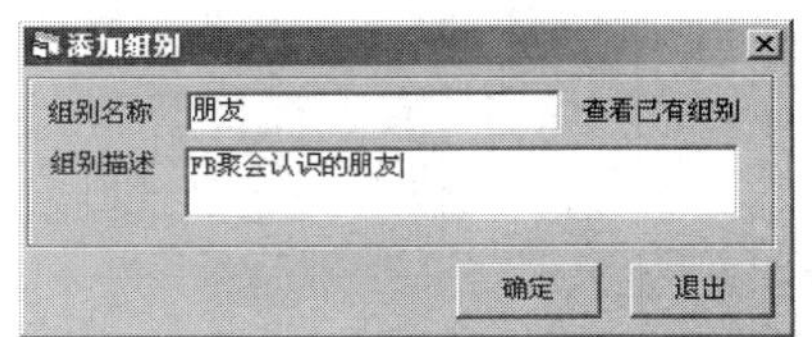

图 21.37　添加组别

单击“确定”按钮时，首先判断“组别名称”文本框内容是否为空，如果为空，则提示对话框，并退出该

过程，同时将焦点设置在该文本框中。如果不为空，则查询组别表中是否存在该组别信息，如果存在，则提示用户重新输入，否则将该组别信息保存到数据库中。关键代码如下：

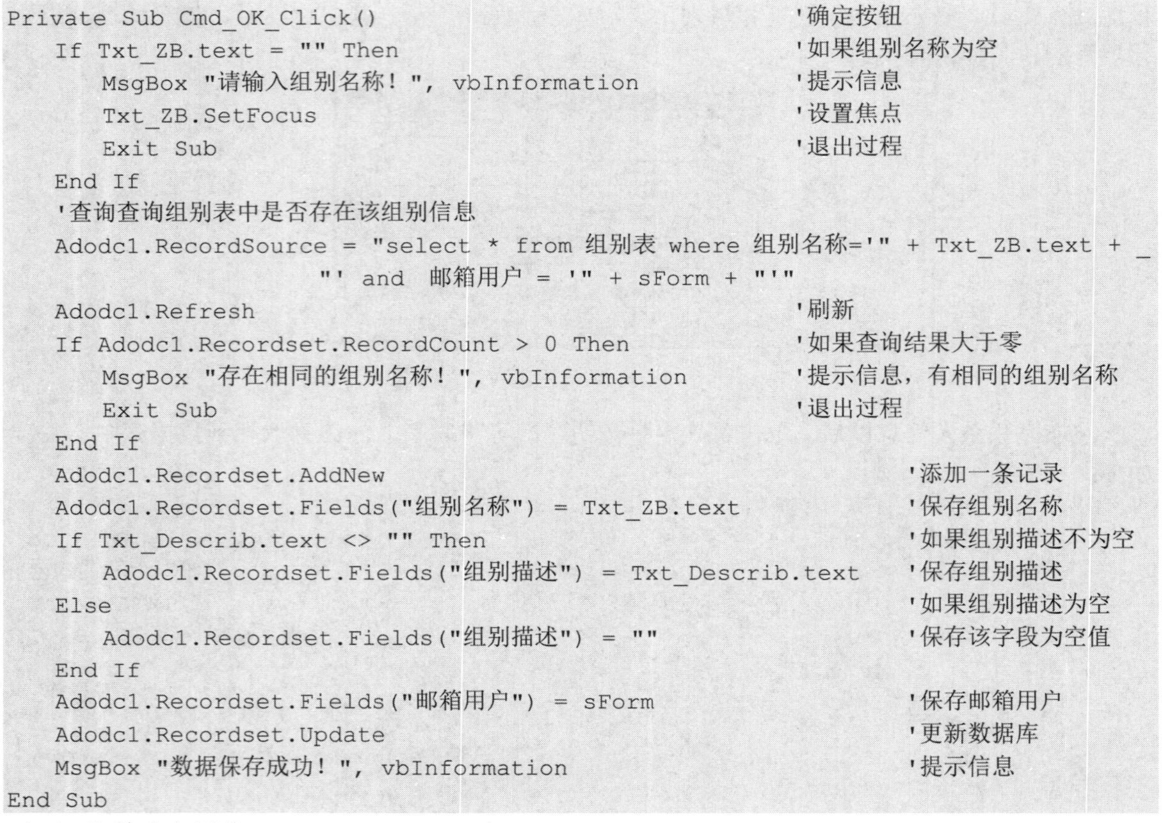

```
Private Sub Cmd_OK_Click()                                    '确定按钮
   If Txt_ZB.text = "" Then                                   '如果组别名称为空
      MsgBox "请输入组别名称！", vbInformation                '提示信息
      Txt_ZB.SetFocus                                         '设置焦点
      Exit Sub                                                '退出过程
   End If
   '查询查询组别表中是否存在该组别信息
   Adodc1.RecordSource = "select * from 组别表 where 组别名称='" + Txt_ZB.text + _
                     "' and 邮箱用户 = '" + sForm + "'"
   Adodc1.Refresh                                             '刷新
   If Adodc1.Recordset.RecordCount > 0 Then                   '如果查询结果大于零
      MsgBox "存在相同的组别名称！", vbInformation            '提示信息，有相同的组别名称
      Exit Sub                                                '退出过程
   End If
   Adodc1.Recordset.AddNew                                            '添加一条记录
   Adodc1.Recordset.Fields("组别名称") = Txt_ZB.text                  '保存组别名称
   If Txt_Describ.text <> "" Then                                     '如果组别描述不为空
      Adodc1.Recordset.Fields("组别描述") = Txt_Describ.text          '保存组别描述
   Else                                                               '如果组别描述为空
      Adodc1.Recordset.Fields("组别描述") = ""                        '保存该字段为空值
   End If
   Adodc1.Recordset.Fields("邮箱用户") = sForm                        '保存邮箱用户
   Adodc1.Recordset.Update                                            '更新数据库
   MsgBox "数据保存成功！", vbInformation                             '提示信息
End Sub
```

（4）给联系人写信。

在通讯录中，可以直接给一个或多个联系人写信，在联系人列表中勾选要写信的联系人前面的复选框，如图 21.38 所示。

姓名	邮箱地址	联系电话
☐ 李四	lisi@126.com	987654321
☑ 张三	zhansan@126.com	3424
☑ sxm	sxm@mingrisoft.com	
☑ lbb	lbb@mingrisoft.com	234234
☐ 王五	wangwu@mingrisoft.com	

图 21.38　勾选要写信的联系人

选择完成以后，单击工具栏上的“写信”按钮，即可弹出邮件发送窗体，并且将要写信的联系人的邮箱地址都添加在“收件人”文本框中，如图 21.39 所示。

发件人 lbb@mingrisoft.com　显示抄送　显示通讯录
收件人 zhansan@126.com;sxm@mingrisoft.com;lbb@mingrisoft.com;
抄 送　显示暗送

图 21.39　添加联系人到收件人文本框

在单击“写信”按钮时，利用自定义过程 CheckLinkmanNum 来判断所选择的联系人的个数，

如果选择的联系人个数为零，则提示对话框，如果联系人个数不为零，则利用 CheckLinkmanNum 过程将联系人的邮件地址写到变量 sReceiver 中，并用分号隔开，然后将该变量赋值给“收件人”文本框。关键代码如下：

```
If CheckLinkmanNum() = 0 Then                              '如果联系人个数为零
   MsgBox "请选择要写信的对象！", vbInformation              '提示信息
   Exit Sub                                                '退出过程
ElseIf CheckLinkmanNum() > 0 Then                          '如果联系人个数大于零
   Load Frm_SendMail                                       '加载邮件发送窗体
   Frm_SendMail.Show                                       '显示邮件发送窗体
   Frm_SendMail.Txt_Addr.text = sReceiver                  '给联系人文本框赋值
   Unload Me                                               '卸载本窗体
End If
```

CheckLinkmanNum 过程实现的是，遍历联系人列表中的所有选项，并将选中的联系人邮箱地址赋给公共变量 sReceiver，并用分号隔开。联系人个数即为 CheckLinkmanNum 过程的返回值。关键代码如下：

```
Private Function CheckLinkmanNum() As Integer              '检查选择联系人个数
   Dim i As Integer                                        '定义变量用于执行循环
   Dim iCount As Integer                                   '定义整型变量
   iCount = 0                                              '给变量赋初值
   sReceiver = ""                                          '清空变量
   sName = ""                                              '清空变量
   For i = 1 To Lvw_linkman.ListItems.Count                '循环
      If Lvw_linkman.ListItems(i).Checked = True Then      '如果联系人被选中
         '将选中的联系人的邮箱地址赋给变量
         sReceiver = sReceiver & Lvw_linkman.ListItems(i).SubItems(1) & ";"
         sName = Lvw_linkman.ListItems(i).text             '给变量赋值
         iCount = iCount + 1                               '计数值加一
      End If
   Next i
   CheckLinkmanNum = iCount                                '给函数赋返回值
End Function
```

（5）查找联系人。

当联系人的数量过多时，除了可以利用分页功能来导航数据以外，还可以利用“查找联系人”窗体，对联系人进行更准确的查找和定位。

在通讯录窗体中，单击工具栏上的“查找”按钮，即可弹出“查找联系人”窗体，在该窗体中选择和输入查询条件，如图 21.40 所示。

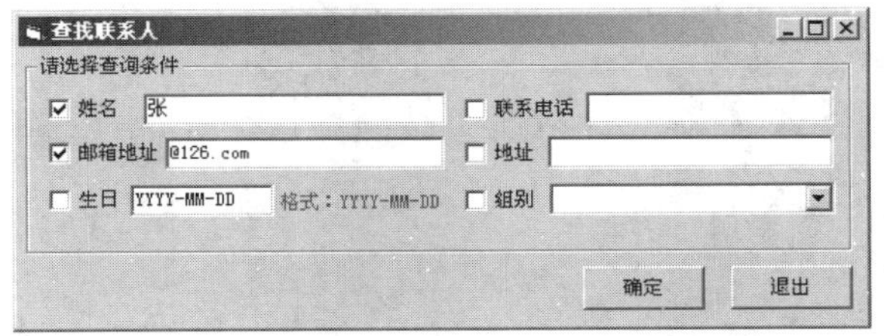

图 21.40　查找联系人

注意：

本查询窗体支持模糊查询。

单击“确定”按钮，即可将查询结果显示在联系人列表中，如图 21.41 所示。

姓名	邮箱地址	联系电话
□ 张三	zhansan@126.com	3424

图 21.41　查询结果

在“查找联系人”窗体中，当单击“确定”按钮以后，程序根据用户选择和输入的查询条件组合成 SQL 语句，并利用 rs 数据集对象执行该 SQL 语句，并将得到的查询结果赋值给通讯录窗体中的联系人列表，关键代码如下：

```
Private Sub Cmd_Query_Click()                                       '查询
   Dim i As Integer                                                 '定义整型变量
   sSQL = ""                                                        '清空 SQL 语句
   If Cek_Name.Value = 1 Then                                       '姓名被选中
      If sSQL = "" Then                                             '如果变量为空
         sSQL = "姓名 like '%" & Txt_Name & "%'"                     '给变量赋值
      Else                                                          '如果变量为空
         sSQL = sSQL & " and 姓名 like '%" & Txt_Name & "%'"
                                                                    '将 SQL 语句追加在变量后面
      End If
   End If
   If Cek_Mailbox.Value = 1 Then                                    '如果选择邮箱地址
      If sSQL = "" Then
         sSQL = "邮箱地址 like '%" & Txt_Mailbox & "%'"              '给变量赋值 SQL 语句
      Else                                                          '如果不为空
         sSQL = sSQL & " and 邮箱地址 like '%" & Txt_Mailbox & "%'"  '追加 SQL 语句
      End If
   End If

   If Cek_birth.Value = 1 Then                                      '如果选择生日作为查询条件
      If sSQL = "" Then
         sSQL = "生日 = " & Chr(35) & Txt_birth.text & Chr(35)
      Else
         sSQL = sSQL & " and 生日 = " & Chr(35) & Txt_birth.text & Chr(35)
      End If
   End If
   If Cek_Tel.Value = 1 Then                                        '如果选择联系电话
      If sSQL = "" Then
         sSQL = "联系电话 like '" & Txt_Tel.text & "'"
      Else
         sSQL = sSQL & " and 联系电话 like '" & Txt_Tel.text & "'"
      End If
   End If
   If Cek_Addr.Value = 1 Then                                       '如果选择地址
      If sSQL = "" Then
         sSQL = "地址 like '%" & Txt_Addr & "%'"
```

```
        Else
            sSQL = sSQL & " and 地址 like '%" & Txt_Addr & "%'"
        End If
    End If
    If Cek_ZB.Value = 1 Then                                        '如果组别被选中
        If sSQL = "" Then
            sSQL = "组别 like '%" & Cbx_ZB.text & "%'"
        Else
            sSQL = sSQL & "and 组别 like '%" & Cbx_ZB.text & "%'"
        End If
    End If
    '组合新的 SQL 语句
    sSQL = "select * from 联系人表 where " & sSQL & "and  邮箱用户 = '" + sForm + "'"

    rs.Open sSQL, cnn, adOpenKeyset, adLockOptimistic         '利用 rs 对象执行 SQL 语句
    If rs.RecordCount > 0 Then                                   '如果查询结果大于零
        '弹出查询结果，询问是否显示结果，如果用户同意显示查询结果
        If MsgBox("查询出" & rs.RecordCount & "条记录，是否显示？", vbYesNo) = vbYes Then
            Frm_linkmanlist.ShowLinkMan (sSQL)                   '调用显示联系人的过程
            rs.PageSize = PageSize                               '设置分页大小
            Frm_linkmanlist.Lbl_PageNum.Caption = rs.PageCount        '显示总页数
            Frm_linkmanlist.Lbl_EmailCount.Caption = rs.RecordCount  '显示总条数
            Frm_linkmanlist.Cbx_PageNum.Clear                    '清空联系人列表
            For i = 1 To Val(Frm_linkmanlist.Lbl_PageNum.Caption)     '循环
                Frm_linkmanlist.Cbx_PageNum.AddItem "第" & i & "页"
                                                                 '添加“跳转到”组合框
            Next i
            Unload Me                                            '卸载本窗体
        End If
    Else                                                         '如果查询结果等于零
        MsgBox "没有查询出记录！", vbInformation                   '提示对话框
    End If
    rs.Close                                                     '关闭对象
End Sub
```

21.12　本 章 总 结

扫一扫，看视频

本章运用软件工程的设计思想，通过一个完整的企业邮件通系统为读者详细讲解了一个系统的开发流程。通过本章的学习，读者可以了解 Visual Basic 应用程序的开发流程，制作类似邮件功能的程序，希望对读者日后的程序开发有所帮助。

第 22 章　客户管理系统

随着科技的发展，竞争也越发激烈、残酷，企业传统的管理方式对于现今社会的竞争已明显感觉到力不从心。客户作为市场的最大资源，已成为市场营销核心，谁争取到了最多的客户，谁就能取得最大的成功，对客户的把握将最终决定企业的命运。客户关系管理系统正是在这种需求下经过深入的市场调研和专家系统化的指导应运而生。系统具有完善的基础信息维护和客户信息维护功能，强大的数据查询及图表分析功能，基本能够满足中小型企业的需要。

学习本章前，请仔细阅读如下说明。

- 在计算机中使用本实例的源程序，用户需安装 Visual Basic 6.0。
- 本实例数据库为 SQL Server 2000，使用本实例前，请安装 SQL Server 2000。安装时，验证模式为混合模式，用户名为 sa，密码为空。
- 本实例中调用了 Microsoft Word，使用本实例前，请安装 Microsoft Word。
- 本实例中调用了 Microsoft Excel，使用本实例前，请安装 Mircrosft Excel。
- 本实例提供了开发程序过程中所使用的背景图片和 Ico 图标，如果需要修改 Ico 文件，需要安装 Ico 编辑软件。

22.1　开 发 背 景

在全球一体化、企业互动和以 Internet 为核心的时代，企业面临着如何发展潜在客户，如何将社会关系资源变为企业的销售和发展资源的一系列难办棘手的问题。在上述背景下，客户管理系统应运而生。本系统本着把握客户多样化和个性化的特点，以最快的速度响应客户需求，以吸引新客户，留住老客户为原则。即从过去的以产品为中心的（Product-Centric）管理策略转向以客户为中心的（Customer-Centric）管理理念。系统旨在改善企业与客户之间的关系，建立新型的运营机制。本系统以企业级的整体客户管理为解决方案，帮助企业建立统一的客户资源、拓展销售渠道、寻求最佳市场方式、规范企业销售流程、提供科学分析方法，建立持久的客户体系。其大容量客户数据处理能力，让您的企业从多渠道收集信息，快速发现核心客户和潜在伙伴，进而给企业带来无限的利润。

22.2　需 求 分 析

根据市场的需求，系统应具有以下功能：

- 由于该系统的使用对象较多，要求有严密的权限管理机制。
- 具有数据备份及数据恢复的功能，确保系统的安全性。
- 方便的全方位的数据查询功能。

- 强大的报表打印功能。
- 在相应的权限下，可以删除或修改数据。

22.3　总体设计

22.3.1　项目规划

客户管理系统是一个非常有特点的管理软件，系统由基础信息维护、客户信息维护、客户服务、信息查询、数据管理、辅助工具、系统管理和帮助信息等几个功能模块组成，规划系统功能模块如下。

- 基础信息维护模块

基础信息维护模块主要包括区域信息设置、企业性质设置、企业类型设置、企业资信设置、客户级别设置和客户满意程度设置 6 部分。

- 客户信息维护模块

客户信息维护模块主要包括客户信息、联系人信息、业务往来、客户呼叫中心和发送邮件 5 个部分。

- 客户服务模块

客户服务模块主要包括客户反馈、客户投诉、客户反馈满意度分析和客户投诉满意度分析 4 个部分。

- 信息查询模块

信息查询模块主要包括客户信息查询、联系人信息查询、客户反馈满意度查询、客户投诉满意度查询、客户反馈查询、客户投诉查询和国内城市区号邮编查询 7 个部分。

- 数据管理模块

数据管理模块主要包括客户信封打印、客户信息列表、联系人信息列表和省份邮编信息打印 4 个部分。

- 辅助工具模块

辅助工具模块包括调用 Word、调用 Excel、计算器、登录 Internet 和工作业务备忘 5 个部分。

- 系统管理模块

系统管理模块主要包括操作员设置、密码修改、权限设置、系统数据清理、数据备份与恢复 5 个部分。

- 帮助信息模块

帮助信息模块主要包括本单位信息、关于、帮助等 3 个部分。

22.3.2　系统功能结构图

本系统功能结构图如图 22.1 所示。

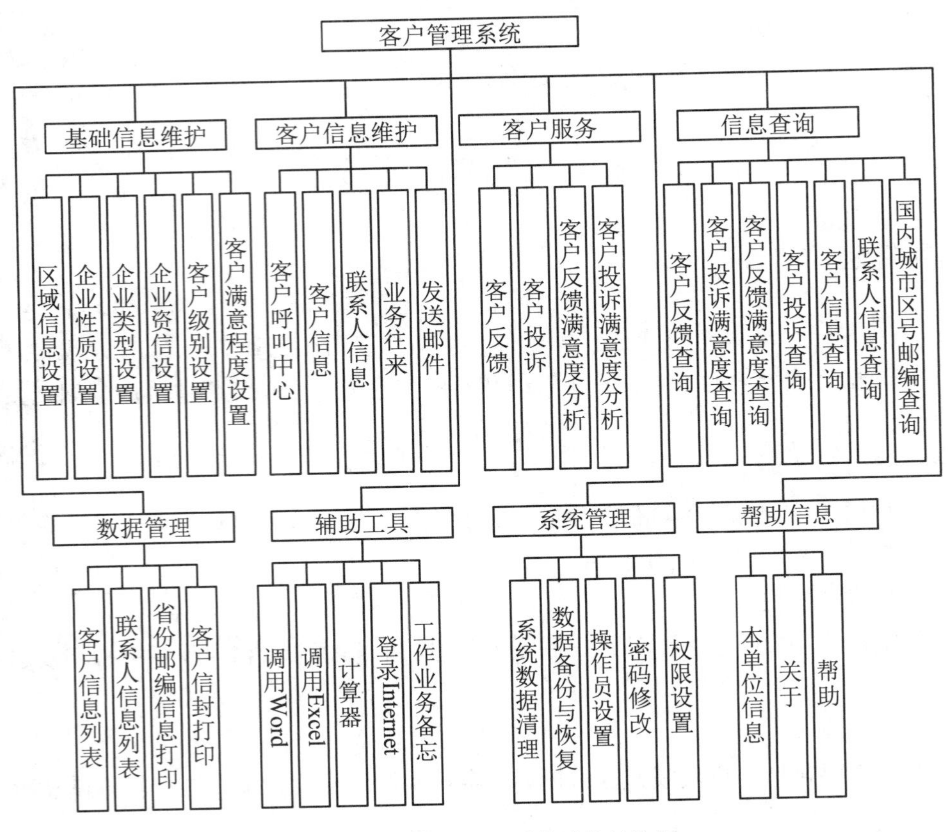

图 22.1　客户管理系统功能结构图

22.4 系统设计

22.4.1 设计目标

本系统是根据中小企业的实际需求而开发的，完全能够实现企业对客户的自动化管理，通过本系统可以达到以下目标：

- 系统运行稳定，安全可靠。
- 界面设计美观，人机交互界面友好。
- 信息查询灵活、方便、快捷、准确，数据存储安全可靠。
- 满足键盘和鼠标的双重操作，完全支持回车键。
- 采用多种方式查询数据。
- 操作员可以随时修改自己的口令。
- 对用户输入的数据，系统进行严格的数据检验，尽可能排除人为的错误。
- 数据保密性强，为每个用户设置相应的权限级别。
- 强大的图表分析功能。

- 收录了全国各省市县的邮政编码及区号信息等二千多条记录。
- 不仅采用了传统的数据报表打印方式，还可以向 Word 中打印输出。

22.4.2　开发及运行环境

- 系统开发平台：Visual Basic 6.0。
- 数据库管理系统软件：SQL Server 2000。
- 运行平台：Windows XP/Windows 2000/Windows 98/Windows 7。
- 分辨率：最佳效果 800*600。

22.4.3　编码设计

系统内部信息编码方式情况如下所示。

- 客户信息编号

客户信息编号为 3 位数字编码与大写字母“KH”的组合。例如：KH001。

- 联系人信息编号

联系人信息编号为 3 位数字编码与大写字母“LXR”的组合。例如：LXR001。

- 区域信息编号

区域信息编号为 3 位数字编码与大写字母“QY”的组合。例如：QY001。

- 企业性质编号

企业性质编号为 3 位数字编码与大写字母“XZ”的组合。例如：XZ001。

- 企业类型编号

企业类型编号为 3 位数字编码与大写字母“LX”的组合。例如：LX001。

- 企业资信编号

企业资信编号为 3 位数字编码与大写字母“ZX”的组合。例如：ZX001。

- 客户级别编号

客户级别编号为 3 位数字编码与大写字母“KJB”的组合。例如：KJB001。

- 客户满意度编号

客户满意度编号 3 位数字编码与大写字母“KMYD”的组合。例如：KMYD001。

22.4.4　数据库设计

本系统采用 SQL Server 2000 数据库，系统数据库名为 db_Client，数据库 db_Client 中包括 18 个数据表。下面分别给出数据库概要说明和主要数据表的结构。

1．数据库概要说明

从读者角度出发，为了使读者对本系统后台数据库中的数据表有一个更清晰的认识，下面给出一个数据表树形结构图，如图 22.2 所示。该数据表树形结构图包含系统中所有的数据表。

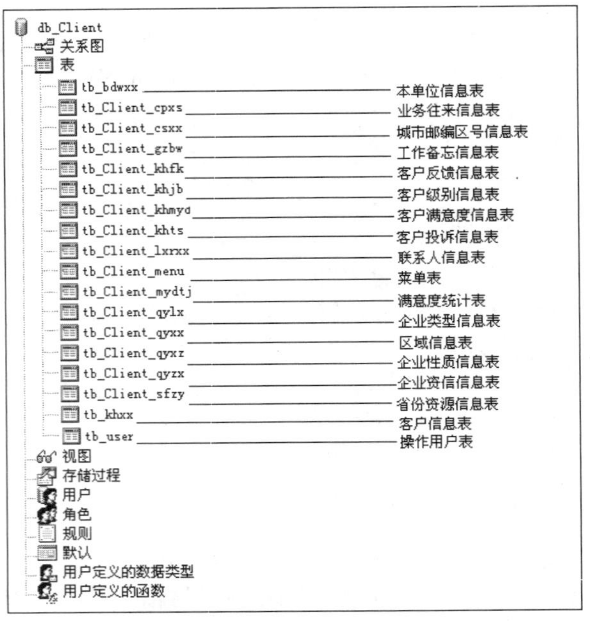

图 22.2　数据表树形结构图

2. 主要数据表结构

由于篇幅所限，在此只给出较重要的数据表，其他数据表请参见本书附带的下载的资源包中的相关内容。

（1）tb_Client_mydtj（满意度统计表）

满意度统计表主要用于在客户满意度分析窗体中统计客户对企业满意程度的信息。该表结构如表 22.1 所示。

表 22.1　满意度统计表

字　段　名	数 据 类 型	长　　度	描　　述
mydtj_myd	varchar	30	满意度名称
mydtj_sl	numeric	9	满意度数量

（2）tb_Client_lxrxx（联系人信息表）

联系人信息表主要保存联系人的详细信息。该数据表的结构如表 22.2 所示。

表 22.2　联系人信息表

字　段　名	数 据 类 型	长　　度	描　　述
lxrxx_id	varchar	20	联系人编号
lxrxx_qymc	varchar	20	企业名称
lxrxx_xm	varchar	30	联系人姓名
lxrxx_xb	varchar	5	联系人性别
lxrxx_csny	datetime	8	出生年月
lxrxx_nl	varchar	5	联系人年龄

续表

字 段 名	数 据 类 型	长　　度	描　　述
lxrxx_zw	varchar	30	联系人职位
lxrxx_bgdh	varchar	30	联系人办公电话
lxrxx_Email	varchar	50	联系人电子邮件
lxrxx_sj	varchar	20	联系人手机
lxrxx_grjj	text	16	个人简介
lxrxx_djrq	datetime	8	登记日期
lxrxx_xxdjr	varchar	30	信息登记人
lxrxx_bz	varchar	50	备注

（3）客户信息表（khxx_tb）

客户信息表主要用于保存客户的详细信息。该数据表的结构如表 22.3 所示。

表 22.3　客户信息表

字 段 名	数 据 类 型	长　　度	描　　述
khxx_id	varchar	30	客户编号
khxx_mc	varchar	50	企业名称
khxx_qyxz	varchar	30	企业性质
khxx_qylx	varchar	30	企业类型
khxx_qyzx	varchar	30	企业资信
khxx_qydz	varchar	50	企业地址
khxx_szsf	varchar	30	所属省份
khxx_szcs	varchar	30	所属城市
khxx_gsyb	varchar	6	公司邮编
khxx_frdb	varchar	20	法人代表
khxx_khyh	varchar	50	开户银行
khxx_yhzh	varchar	50	银行帐号
khxx_nsh	varchar	50	纳税号
khxx_ICcard	varchar	50	客户 IC 卡号
khxx_gswz	varchar	50	公司网址
khxx_gsdh	varchar	20	公司电话
khxx_gscz	varchar	20	公司传真
khxx_lxr	varchar	30	主要联系人
khxx_lxrdh	varchar	20	联系人电话
khxx_khjb	varchar	20	客户级别
khxx_bz	text	16	备注信息

（4）tb_Client_khmyd（客户满意度信息表）

客户满意度信息表主要用于保存客户满意程度的信息。该数据表的结构如表 22.4 所示。

表 22.4　客户满意度信息表

字　段　名	数 据 类 型	长　　度	描　　述
khmyd_id	varchar	30	客户满意度编号
khmyd_myd	varchar	50	客户满意度
khmyd_bz	text	16	备注信息

（5）tb_Client_menu（菜单表）

菜单表主要保存主窗体上的菜单信息。该数据表的结构如表 22.5 所示。

表 22.5　菜单表

字　段　名	数 据 类 型	长　　度	描　　述
menu_id	varchar	10	子菜单编号
menu_submenu	varchar	50	子菜单名
menu_menu	varchar	50	主菜单名
menu_menuid	varchar	50	主菜单编号

22.5　控 件 准 备

本系统中需要通过“工程”/“部件”向工具箱中添加 ActiveX 控件，如图 22.3 所示。

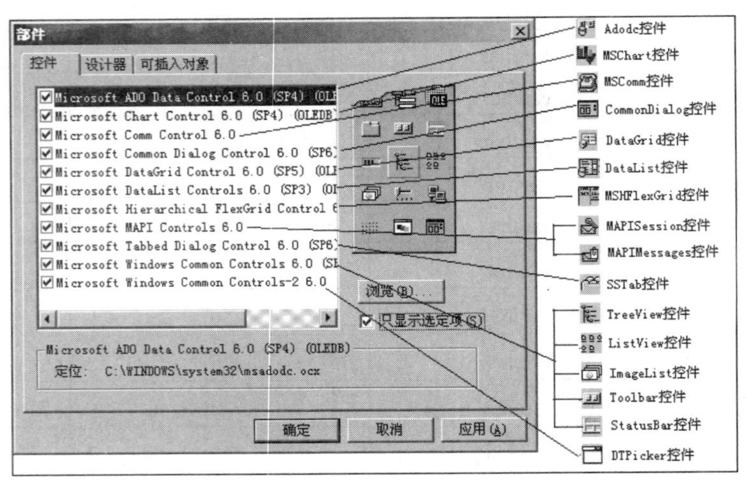

图 22.3　控件准备图

注意：

当全部添加完毕后，勾选“只显示选定项”复选框，核对是否已全部选择。

22.6　主要功能模块设计

22.6.1　系统架构设计

本系统文件夹架构图如图 22.4 所示。

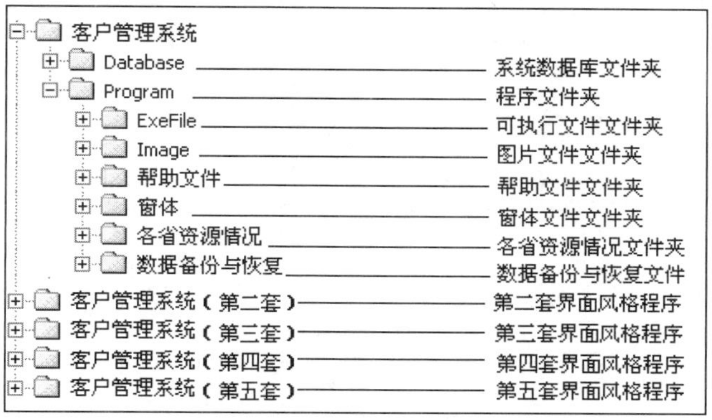

客户管理系统
Database
系统数据库文件夹
Program
程序文件夹
ExeFile
可执行文件文件夹
Image
图片文件文件夹
帮助文件
帮助文件文件夹
窗体
窗体文件文件夹
各省资源情况
各省资源情况文件夹
数据备份与恢复
数据备份与恢复文件
客户管理系统（第二套）
第二套界面风格程序
客户管理系统（第三套）
第三套界面风格程序
客户管理系统（第四套）
第四套界面风格程序
客户管理系统（第五套）
第五套界面风格程序

图 22.4　系统文件夹架构图

为了使读者能够对系统文件有一个更清晰的认识及了解，笔者在此设计了程序文件架构图。主文件架构图如图 22.5 所示。

Frm_start.frm（系统启动）
frm_mm.frm（系统登录）
frm_main.frm（系统主界面）
基础信息维护
客户信息维护
客户服务
信息查询
数据管理
辅助工具
系统管理
帮助信息
退出系统

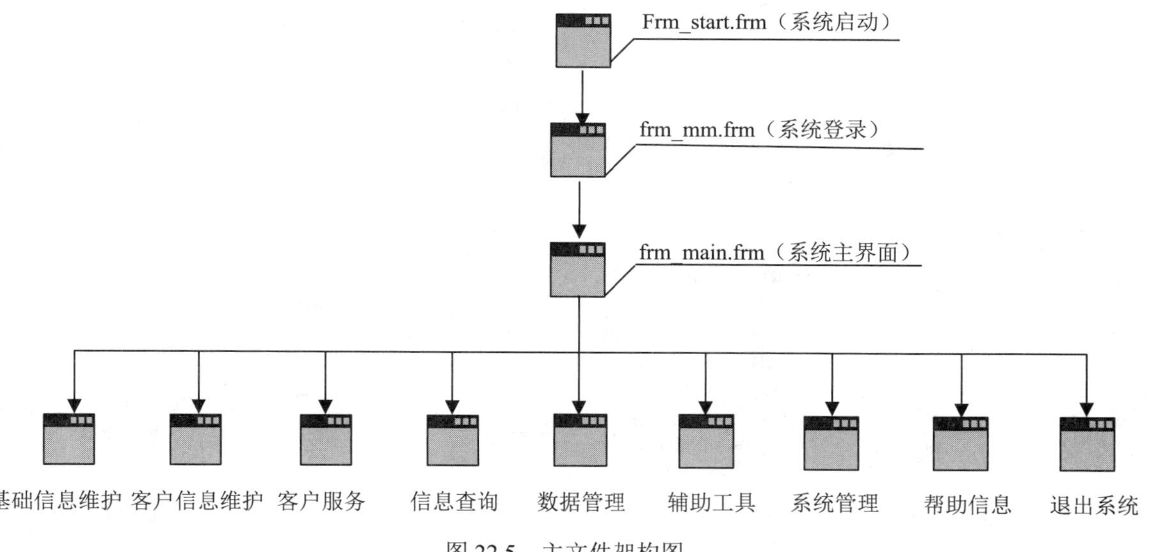

图 22.5　主文件架构图

基础信息维护文件架构图如图 22.6 所示，客户信息维护文件架构图如图 22.7 所示。

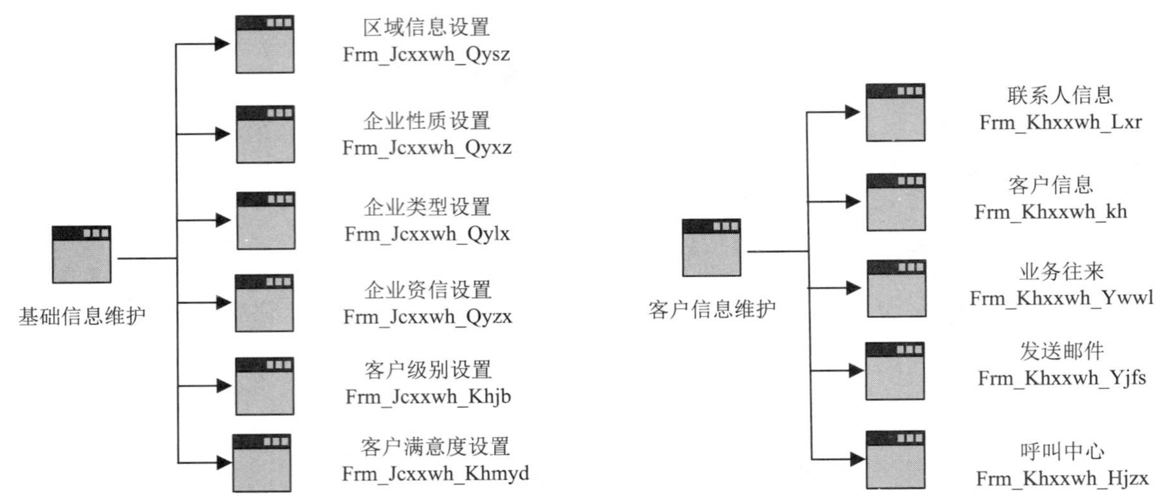

图 22.6　基础信息维护文件架构图　　　　图 22.7　客户信息维护文件架构图

客户服务文件架构图如图 22.8 所示，信息查询文件架构图如图 22.9 所示。

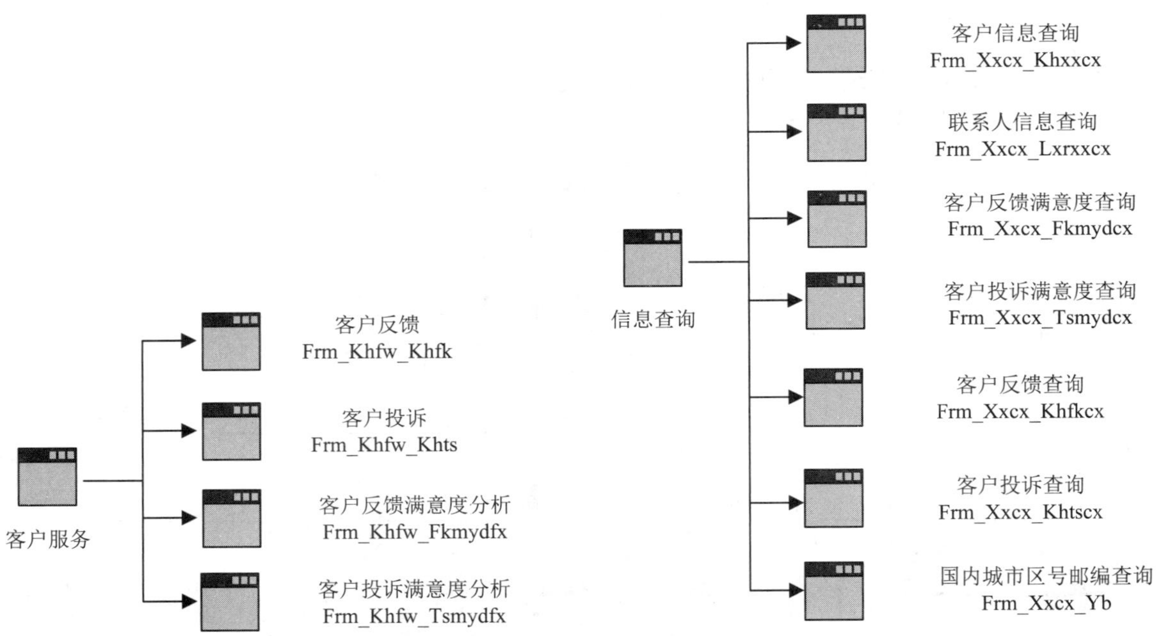

图 22.8　客户服务文件架构图　　　　图 22.9　信息查询文件架构图

数据管理文件架构图如图 22.10 所示，辅助工具文件架构图如图 22.11 所示。

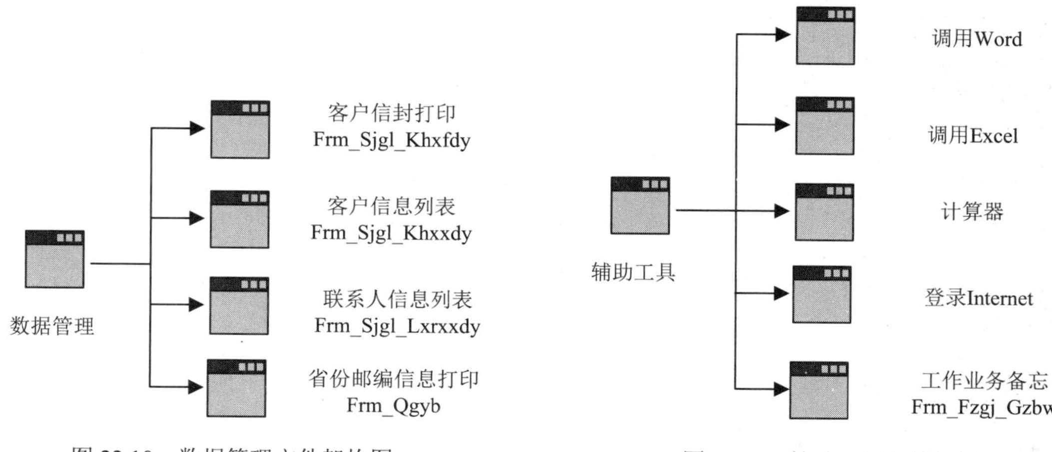

图 22.10　数据管理文件架构图　　　图 22.11　辅助工具文件架构图

系统管理文件架构图如图 22.12 所示，帮助信息文件架构图如图 22.13 所示。

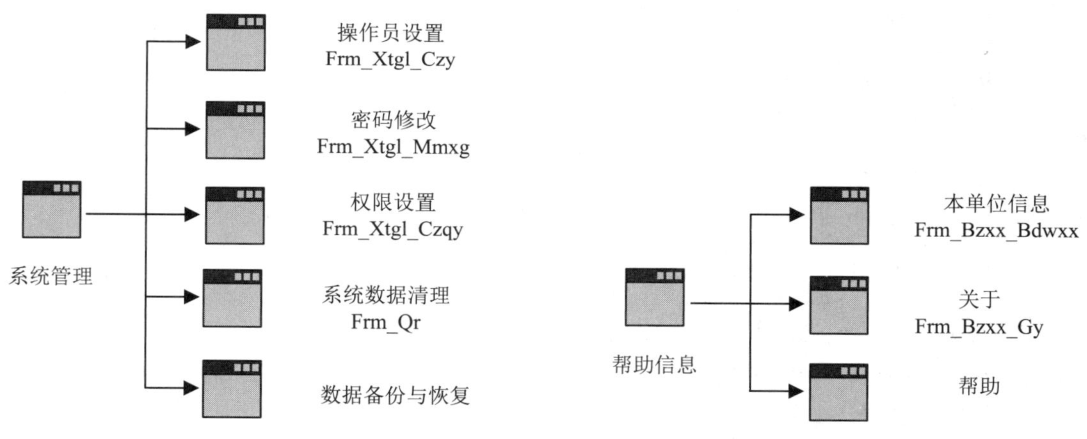

图 22.12　系统管理文件架构图　　　图 22.13　帮助信息文件架构图

22.6.2　公共模块设计（Mdl_Link 模块）

通过使用模块可以减少程序的代码量。在本系统中，将通用的代码（如：数据库连接、Toolbar 控件的按钮设置代码以及公共的全局变量等）都集中放置在一个数据模块 Mdl_Link 中，节省了代码量，提高了编程效率。

数据模块 Mdl_Link 中定义的公共变量如下所示。

```
//..............................................................................//
Public PublicStr As String          '定义公共变量用于 ADODC 控件的数据连接，使程序模块化
Public sql As String                '定义字符变量存储 SQL 语句
Public Tb As String                 '存储数据表名称
Public Province As String           '存储省份名称
Public Myflag As Boolean            '标识
```

数据模块 Mdl_Link 中提供连接数据库的程序代码如下所示。

```
//..............................................................................//
'数据连接模块
Public Function cnn() As ADODB.Connection                    '定义函数
   Set cnn = New ADODB.Connection
   '打开数据连接
cnn.Open "Provider=SQLOLEDB.1;Persist Security Info=False;User ID=sa;Initial
Catalog=db_Client"
PublicStr = "Provider=SQLOLEDB.1;Persist Security Info=False;User ID=sa;Initial
Catalog=db_Client"
End Function
```

数据模块 Mdl_Link 中关于 Toolbar 控件设置按钮状态的通用代码如下所示。

```
//..............................................................................//
'定义设置 Toolbar 控件上按钮状态的函数
     Public Function tlbState(tlb As Toolbar, state As Boolean)
     With tlb
   If state = True Then                                      '如果状态变量为 True
      .Buttons(1).Enabled = False
      .Buttons(2).Enabled = False
      .Buttons(3).Enabled = False
      .Buttons(6).Enabled = False
      .Buttons(4).Enabled = True
      .Buttons(5).Enabled = True
   Else                                                      '如果状态变量为 False
      .Buttons(1).Enabled = True
      .Buttons(2).Enabled = True
      .Buttons(3).Enabled = True
      .Buttons(6).Enabled = True
      .Buttons(4).Enabled = False
      .Buttons(5).Enabled = False
    End If
  End With
End Function
```

22.6.3 主窗体设计

主窗体是显示系统主要操作功能的面板，在系统主窗体的状态栏中，可以显示开发公司的网址、当前的操作员、当前系统的日期、时间等信息，还可以通过菜单或单击窗体左侧的树状列表以及右侧的功能列表来控制其他功能子窗体，并且根据不同的操作员赋予相应的操作权限。

系统主窗体的运行结果如图 22.14 所示。

1．窗体设计

（1）在“工程”中新建一个窗体，将窗体的“名称”设置为 frm_Main，MaxButton 属性设置为 False，Caption 属性设置为“客户管理系统”，Icon 属性设置为“客户管理系统\Program\Image\ListView\业务往来.Ico”，StartUpPosition 属性设置为 2 - 屏幕中心。

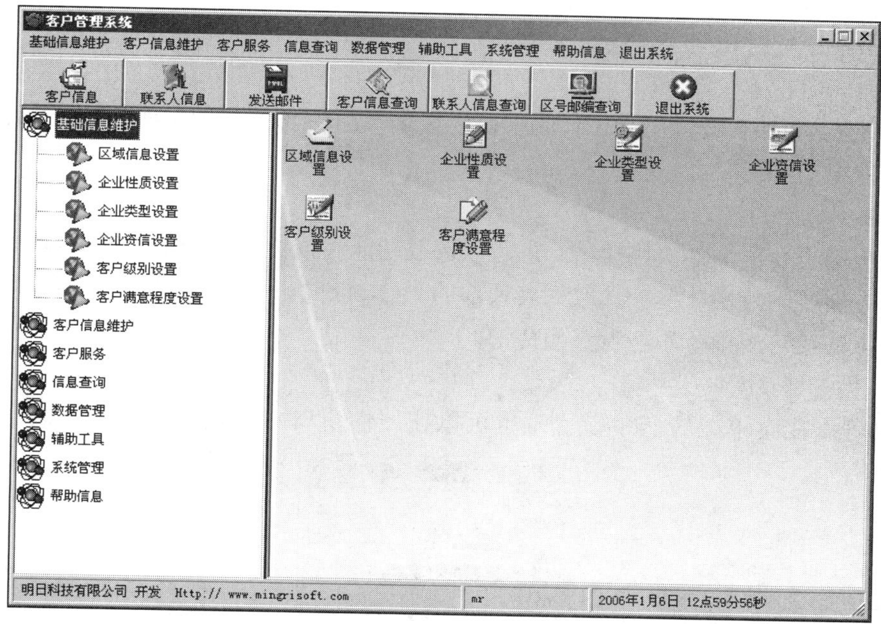

图 22.14　系统主窗体的运行结果

（2）利用 VB 提供的菜单编辑器设计菜单。从“工具”菜单上，选取“菜单编辑器”命令即可打开菜单编辑器，也可以在“工具栏”上单击“菜单编辑器”按钮。用菜单编辑器可以创建应用程序的菜单，在已有的菜单上可以增加新的菜单项，或者修改和删除已有的菜单和菜单项。

通过菜单编辑器建立的菜单如图 22.14 所示，在菜单编辑器对话框中设计菜单时的界面如图 22.15 所示。

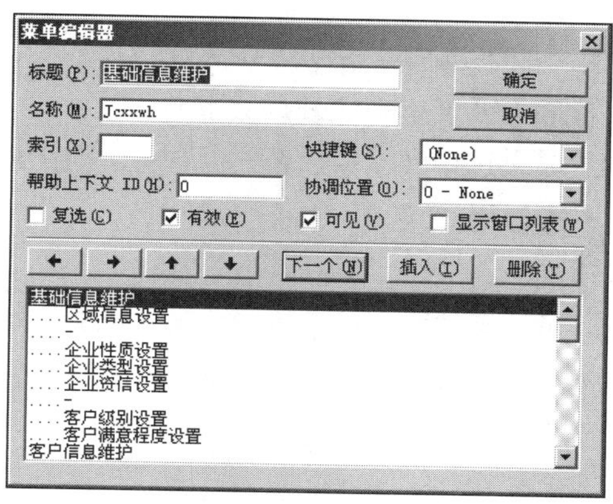

图 22.15　菜单编辑器

在菜单编辑器中需要设计的具体内容如下。

① 标题

“标题”文本框用于设置在菜单栏上显示的文本。

如果菜单项将调用一个对话框，在标题文本框的后面应加“…”。

如果要通过键盘来访问菜单，使某一字符成为该菜单项的访问键，可以用“(&+访问字符)”的格式，访问字符应当是菜单标题的第一个字母，除非别的字符更容易记，两个同级菜单项不能用同一个访问字符。在运行时访问字符会自动加上一条下划线，“&”字符则不见了。

② 名称

在“名称”文本框中，设置用来在代码中引用该菜单项的名字。不同菜单中的子菜单可以重名，但是菜单项名称应当唯一。

③ 快捷键

可以在快捷键组合框中输入快捷键，也可以选取功能键或键的组合来设置快捷键。快捷键将自动出现在菜单上，要删除快捷键应选取列表顶部的“(None)”。

在菜单条上的第一级菜单不能设置快捷键。

④ 其他属性

其他属性可以在菜单编辑器中设置，也可以在属性窗口中设置，如图 22.16 所示。

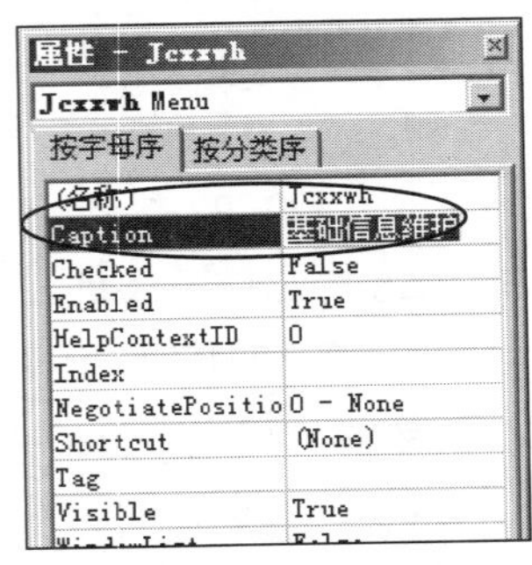

图 22.16　菜单控件属性窗口

- 帮助上下文：指定一个唯一的数值作为帮助文本的标识符，可根据该数值在帮助文件中查找适当的帮助主题。
- 复选（Checked）属性：如果选中（√），在初次打开菜单项时，该菜单项的左边显示“√”。在菜单条上的第一级菜单不能使用该属性。
- 有效（Enabled）属性：如果选中（√），在运行时以清晰的文字出现；未选中则在运行时以灰色的文字出现，不能使用该菜单。

⑤ 移动、插入、删除菜单项

当需要建下一个子菜单时，可选取“下一个”或者单击“插入”按钮，然后单击➡按钮，缩进级前加了 4 个点(....)；单击⬅按钮则删除一个缩进级；⬆或⬇按钮可以将选中的菜单项上移或下移；“插入”和“删除”按钮可以插入和删除菜单项。

⑥ 分割条

分割条为菜单项间的一个水平线，当菜单项很多时，可以使用分割条将菜单项划分成一些逻辑组。

如果想增加一个分割条，单击“插入”按钮，在“标题”文本框中键入一个连字符(-)，然后在“名称”中输入分割条菜单的名称。虽然分割条是当作菜单控件来创建的，但是不能被选取。

本系统的菜单设置如图 22.17 所示。

(3) 向窗体上添加 1 个 Toolbar 控件，1 个 ImageList 控件，由于这两个控件属于 ActiveX 控件，在使用之前必须从“部件”对话框中添加到工具箱。添加方法如下。

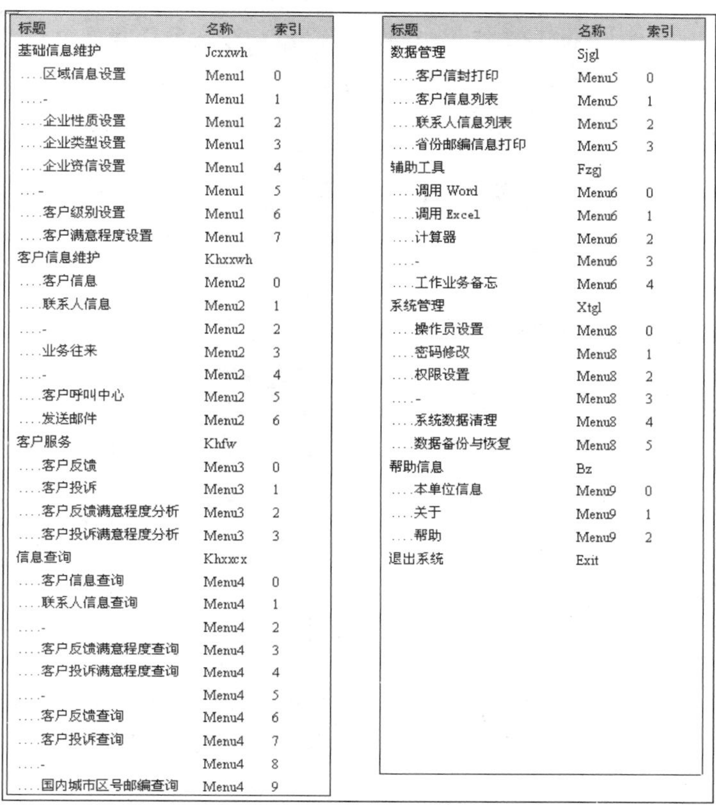

标题	名称	索引
基础信息维护	Jcxxwh	
....区域信息设置	Menu1	0
....-	Menu1	1
....企业性质设置	Menu1	2
....企业类型设置	Menu1	3
....企业资信设置	Menu1	4
....-	Menu1	5
....客户级别设置	Menu1	6
....客户满意程度设置	Menu1	7
客户信息维护	Khxxwh	
....客户信息	Menu2	0
....联系人信息	Menu2	1
....-	Menu2	2
....业务往来	Menu2	3
....-	Menu2	4
....客户呼叫中心	Menu2	5
....发送邮件	Menu2	6
客户服务	Khfw	
....客户反馈	Menu3	0
....客户投诉	Menu3	1
....客户反馈满意程度分析	Menu3	2
....客户投诉满意程度分析	Menu3	3
信息查询	Khxxcx	
....客户信息查询	Menu4	0
....联系人信息查询	Menu4	1
....-	Menu4	2
....客户反馈满意程度查询	Menu4	3
....客户投诉满意程度查询	Menu4	4
....-	Menu4	5
....客户反馈查询	Menu4	6
....客户投诉查询	Menu4	7
....-	Menu4	8
....国内城市区号邮编查询	Menu4	9

标题	名称	索引
数据管理	Sjgl	
....客户信封打印	Menu5	0
....客户信息列表	Menu5	1
....联系人信息列表	Menu5	2
....省份邮编信息打印	Menu5	3
辅助工具	Fzgj	
....调用 Word	Menu6	0
....调用 Excel	Menu6	1
....计算器	Menu6	2
....-	Menu6	3
....工作业务备忘	Menu6	4
系统管理	Xtgl	
....操作员设置	Menu8	0
....密码修改	Menu8	1
....权限设置	Menu8	2
....-	Menu8	3
....系统数据清理	Menu8	4
....数据备份与恢复	Menu8	5
帮助信息	Bz	
....本单位信息	Menu9	0
....关于	Menu9	1
....帮助	Menu9	2
退出系统	Exit	

图 22.17　客户管理系统菜单设置

在“工程”/“部件”对话框中勾选“Microsoft Windows Common Controls6.0”列表项，单击“确定”按钮之后即可将 Toolbar 控件添加到工具箱当中。

（4）在工具箱中选择 Toolbar 控件，如图 22.18 所示，将其放置在窗体上。并将其 Align 属性设置为 1-vbAlignTop（默认设置）。

（5）在 Toolbar 控件上单击鼠标右键，在弹出的快捷菜单中选择“属性”，然后在弹出的“属性页”对话框中选择“通用”选项卡，设置 Toolbar 控件的显示样式，如图 22.19 所示。

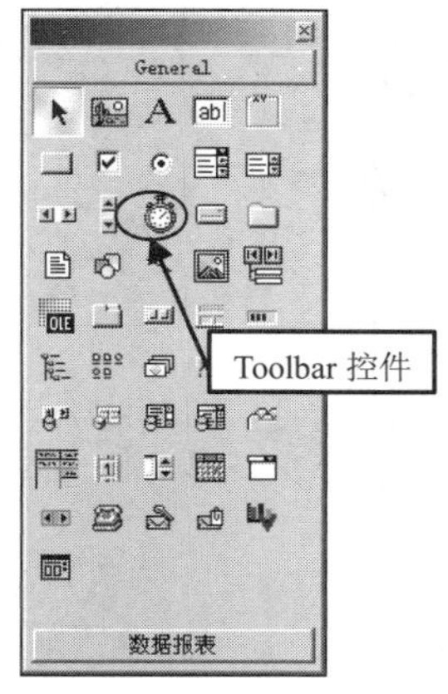

图 22.18　工具箱

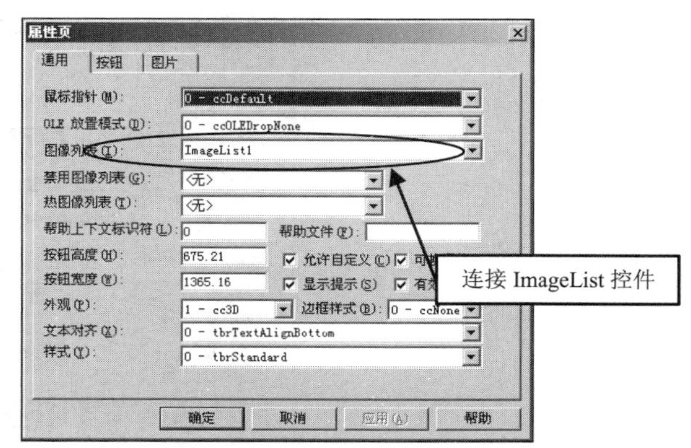

图 22.19　Toolbar 控件属性页

（6）将 Toolbar 控件与 ImageList 控件相连，同时添加按钮和图片，如图 22.20 所示。

（7）向窗体上添加 1 个 TreeView 控件。由于该控件是 ActiveX 控件，在使用前必须通过在“工程”/“部件”对话框中勾选“Microsoft Windows Common Controls6.0”列表项来向工具箱中添加该控件。

（8）在工具箱中选择 TreeView 控件，将其添加到窗体中。在 TreeView 控件上单击鼠标右键，在弹出的快捷菜单上选择“属性”项，在弹出的“属性页”对话框中选择“通用”选项卡，设置相应的属性，并将其与 ImageList 控件连接，如图 22.21 所示。

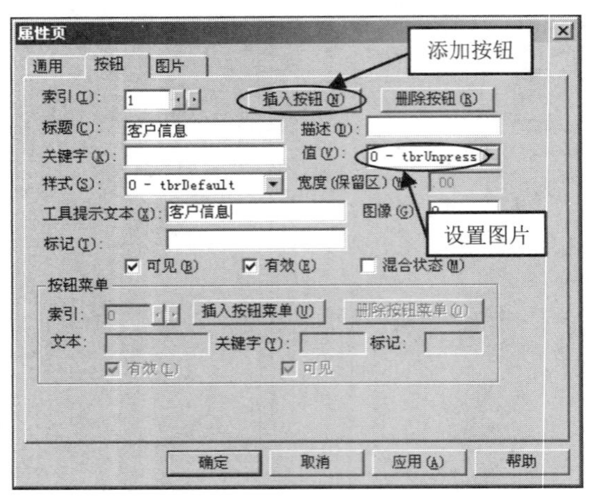

图 22.20　在 Toolbar 中添加按钮和图片

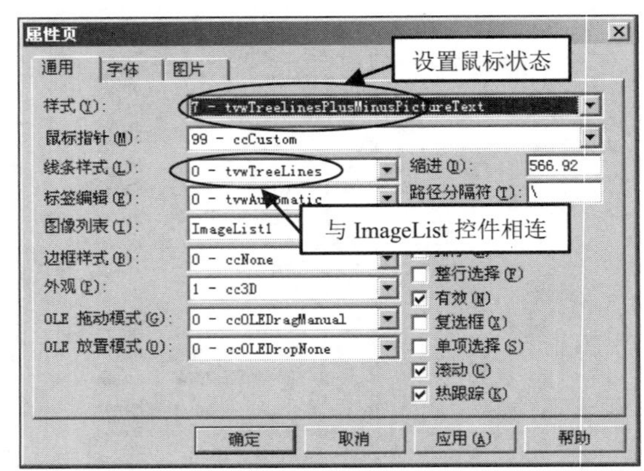

图 22.21　TreeView 控件的属性页

（9）向窗体中添加 1 个 StatusBar 控件，由于 StatusBar 控件属于 ActiveX 控件，在使用之前必须从“部件”对话框中添加到工具箱。添加方法如下。

在“工程”/“部件”对话框中勾选“Microsoft Windows Common Controls6.0”列表项，单击“确定”按钮之后即可将 StatusBar 控件添加到工具箱当中。

（10）在 StatusBar 控件上单击鼠标右键在弹出的快捷菜单中选择“属性”命令，在弹出的“属性页”对话框中选择“窗格”选项卡，如图 22.22 所示单击“插入窗格”按钮，可以在 StatusBar 控件中添加窗格，同时可以设置添加后窗格的文本内容、工具提示文本信息和宽度等信息；如果想删除窗格，则通过“索引”旁边的箭头，选中要删除的窗格，然后单击“删除窗格”按钮即可。

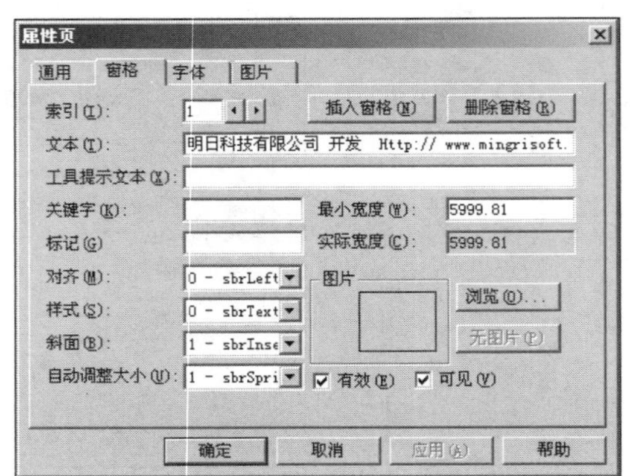

图 22.22　设置 StatusBar 控件中的窗格

（11）向窗体上添加 ListView 控件，由于 ListView 控件属于 ActiveX 控件，在使用之前必须从“部件”对话框中添加到工具箱。添加方法如下：

在“工程”/“部件”对话框中勾选“Microsoft Windows Common Controls6.0”列表项，单击“确定”按钮之后即可将 ListView 控件添加到工具箱当中。

2. 代码设计

通过主窗体当中的菜单项，可以控制系统中各个子窗体，现以“辅助工具”菜单为例，介绍调用系统子窗体的代码。

```
//..........................................................................................//
Private Sub Menu6_Click(Index As Integer)
Select Case Index                                          '辅助工具
Case 0                                                     '调用 Word
      ShellExecute Me.hWnd, "open", "winword.exe", "", 1, 5
Case 1                                                     '调用 Excel
   ShellExecute Me.hWnd, "open", "excel.exe", "", 1, 5
Case 2                                                     '调用计算器
  ShellExecute Me.hWnd, "open", "CALC.EXE", "", 1, 5
Case 3                                                     '登录 Internet
 ShellExecute Me.hWnd, "open", "http://www.mingrisoft.com", 1, 1, 5
Case 5                                                     '工作备忘
  Load Frm_Fzgj_Gzbw   Frm_Fzgj_Gzbw.Show 1
End Select
End Sub
```

在窗体启动的时候，首先查看工作备忘表（tb_Client_gzbw）中是否有要提醒的信息，如果有，则提示相应的信息，否则直接加载窗体。其实现的关键代码如下。

```
//..........................................................................................//
Dim rs1 As New ADODB.Recordset                             '定义数据集对象
'打开数据连接
 rs1.Open "select * from tb_Client_gzbw where gzbw_txrq='" + Str(Date) + "'", cnn,
adOpenKeyset
If rs1.RecordCount > 0 Then                                '如果记录数大于零
   If MsgBox("今日重要工作：" & Trim(rs1.Fields("gzbw_bt")) & ",是否查看详细信息？",
4, "信息提示") = vbYes Then
   '将 SQL 语句赋给 sql 变量
   sql = "select * from tb_Client_gzbw where gzbw_txrq='" + Str(Date) + "'"
   '显示工作备忘窗体
   Load Frm_Fzgj_Gzbw
   Frm_Fzgj_Gzbw.Show 1
 End If
End If
rs1.Close                                                  '关闭数据对象
```

在程序运行时，可通过单击 Toolbar 控件上的按钮，来调用相应的子功能窗体，实现增加、删除、修改和查找功能。其实现的代码如下。

```
//..........................................................................................//
Private Sub Toolbar1_ButtonClick(ByVal Button As MSComctlLib.Button)
```

```
Select Case Button.Index
Case 1
  Load Frm_Khxxwh_kh                                    '调用客户信息窗体
  Frm_Khxxwh_kh.Show 1
Case 2
  Load Frm_Khxxwh_Lxr                                   '调用联系人信息窗体
  Frm_Khxxwh_Lxr.Show 1
Case 3
  Load Frm_Khxxwh_Yjfs                                  '调用发送邮件窗体
  Frm_Khxxwh_Yjfs.Show 1
Case 4
  Load Frm_Xxcx_Khxxcx                                  '调用客户信息查询窗体
  Frm_Xxcx_Khxxcx.Show 1
Case 7
  End   '关闭退出
End Select
End Sub
```

在程序运行时，当用鼠标单击 TreeView 控件中的节点时，在右边的 ListView 控件中就可以显示该节点下的相应的子功能图标。该功能的实现是通过在 TreeView1 控件的 NodeClick 事件实现的。下面以“基础信息维护”菜单为例介绍其主要实现的方法。

```
//..........................................................................//
  If TreeView1.SelectedItem.key = "基础信息维护" Then
        ListView1.ListItems.Clear                      '清除 ListView 中的项目
      '向 ListView 控件中添加项目并设置图片
      Set itmX = ListView1.ListItems.Add(, , "区域信息设置", 3)
      Set itmX = ListView1.ListItems.Add(, , "企业性质设置", 4)
      Set itmX = ListView1.ListItems.Add(, , "企业类型设置", 6)
      Set itmX = ListView1.ListItems.Add(, , "企业资信设置", 5)
      Set itmX = ListView1.ListItems.Add(, , "客户级别设置", 7)
      Set itmX = ListView1.ListItems.Add(, , "客户满意程度设置", 8)
       Exit Sub                                        '退出本事件
  End If
```

在程序运行时，StatusBar 控件中的时间显示的是当前系统的时间，并跟随系统时间发生变化。其实现方式是：向窗体中添加时钟控件，将其 Enabled 属性设置为 True，Interval 属性设置为 60，并添加如下的代码。

```
//..........................................................................//
Private Sub Timer1_Timer()
 '显示系统时间
   Frm_Main.StatusBar1.Panels(3).Text = Format(Date, "long date") + Format(Now,
"hh 点 mm 分 ss 秒")
End Sub
```

22.6.4 客户呼叫中心

客户呼叫中心是客户管理系统中比较重要的部分，是企业利用现代通信手段集中处理与客户交互过程的机构。在客户呼叫中心中能够根据客户的电话号码显示该客户简单的信息，同时可以呼叫该客户，并可查询该号码客户的详细信息，以及联系人的相关信息。

在程序运行时，单击“客户信息维护”主菜单下的“客户呼叫中心”子菜单，系统将调用客户呼叫中心窗体。客户呼叫中心窗体的运行结果如图 22.23 所示。

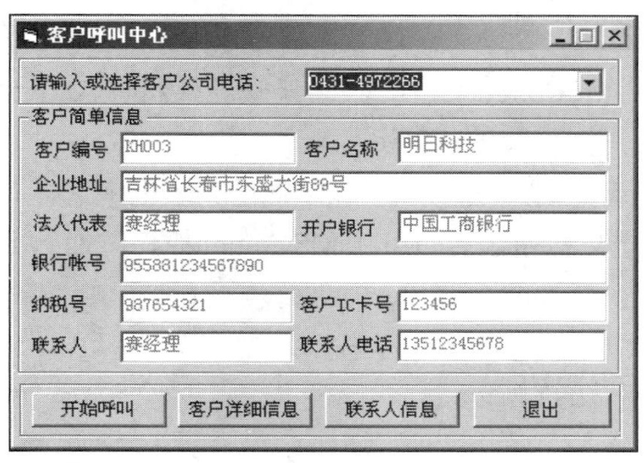

图 22.23　客户呼叫中心窗体的运行结果

1．窗体设计

（1）在“工程”中新建一个窗体，将窗体的“名称”设置为 Frm_Khxxwh_Hjzx，MaxButton 属性设置为 False。Caption 属性设置为“客户呼叫中心”。

（2）向窗体上添加 1 个 Frame 控件，设置其 Caption 属性为空，在窗体中用于标识分组，使窗体显得规整。并向其中添加 1 个 Label 控件A，将该标签控件的 Caption 属性设置为“请输入或选择客户公司电话”。

（3）向窗体上添加 1 个 ComboBox 控件，设置其“名称”属性为 Cbx_Khdh，Text 属性为 Cbx_Khdh，Style 属性为 0 – Dropdown Combo。该控件用于显示客户的公司电话。

（4）向窗体上添加 2 个 Frame 控件，分别设置其 Caption 属性值为“客户简单信息”和空，并向其中添加若干 Label 控件A，Caption 属性设置及摆放位置如图 22.23 所示。

（5）向窗体上添加若干 TextBox 控件abl，并将其设置为控件数组。

在设计时有 3 种方法可以创建控件数组。

① 将相同的名字赋给多个控件。例如，创建含有 2 个文本框的控件数组，使用相同的“名称”：Text1。先创建第一个文本框，然后创建第二个，系统自动将第二个文本框的名称设置为 Text2。在属性窗口中将 Text2 改为 Text1，弹出如图 22.24 所示对话框。单击按钮“是”，系统自动设置第一个文本框的 Index 属性为 0，第二个文本框的 Index 属性为 1。

② 复制现有控件并将其粘贴到窗体上。例如，创建有 2 个文本框的控件数组，先创建第 1 个文本框，然后选择“编辑”菜单的“复制”命令，单击窗体后选择“编辑”菜单的“粘贴”命令，这时出现如图 22.24 所示的对话框，单击按钮“是”就出现了第二个文本框。

③ 将控件的 Index 属性设置为非空的数值。如图 22.25 所示，将属性窗口中的 Index 属性设置为 1，这时系统会自动创建一个控件数组。

图 22.24　创建控件数组对话框

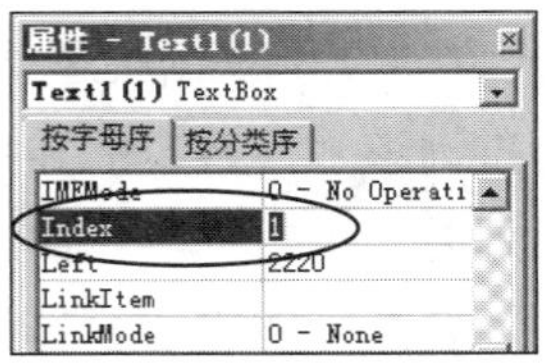

图 22.25　属性窗口

（6）向窗体中添加 1 个 MSComm 控件。由于该控件属于 ActiveX 控件，在使用之前必须从“部件”对话框中添加到工具箱。添加方法如下：

在“部件”对话框中选择“控件”选项卡，在左侧的列表框中选择 Microsoft Comm Control 6.0，如图 22.26 所示。单击“确定”按钮之后即可将 MSComm 控件添加到工具箱中如图 22.26 所示。

（7）在窗体上添加 4 个 CommandButton 控件，分别将其“名称”属性和 Caption 属性设置为 Cmd_Hj 和“开始呼叫”、Cmd_Kh 和“客户详细信息”、Cmd_Lxr 和“联系人信息”、Cmd_Exit 和“退出”。其摆放位置如图 22.27 所示。

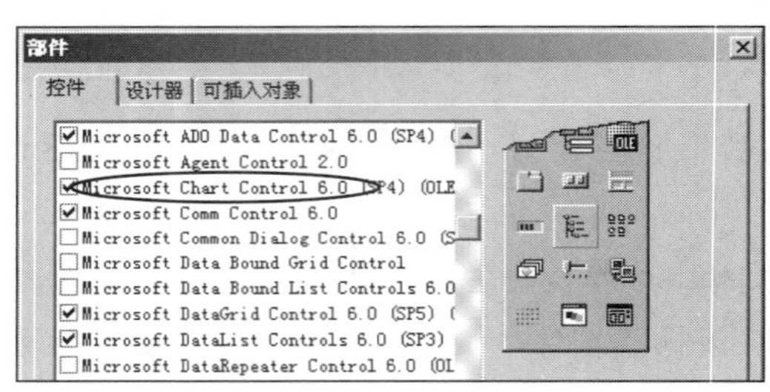

图 22.26　添加 MSComm 控件

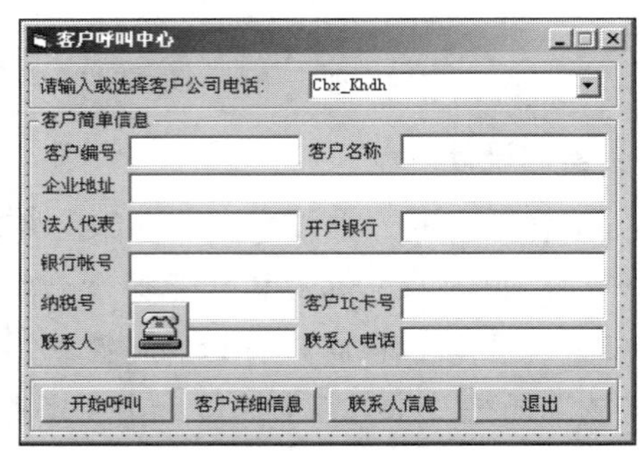

图 22.27　客户呼叫中心窗体的设计界面

2. 代码设计

在窗体加载时，向 Cbx_khdh 组合框中添加客户电话，当用户在该文本框中选择相应的项目时，在下面的“客户简单信息”框架中就可以显示出相应的信息，其实现的代码如下。

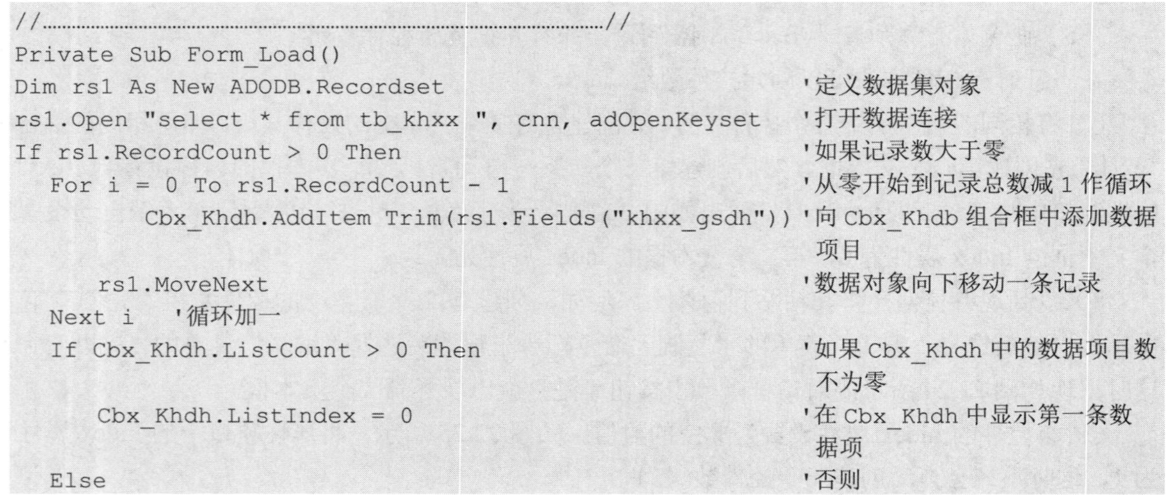

```
//............................................................................//
Private Sub Form_Load()
Dim rs1 As New ADODB.Recordset                          '定义数据集对象
rs1.Open "select * from tb_khxx ", cnn, adOpenKeyset    '打开数据连接
If rs1.RecordCount > 0 Then                             '如果记录数大于零
  For i = 0 To rs1.RecordCount - 1                      '从零开始到记录总数减 1 作循环
       Cbx_Khdh.AddItem Trim(rs1.Fields("khxx_gsdh"))  '向 Cbx_Khdb 组合框中添加数据
                                                        项目
     rs1.MoveNext                                       '数据对象向下移动一条记录
  Next i   '循环加一
  If Cbx_Khdh.ListCount > 0 Then                        '如果 Cbx_Khdh 中的数据项目数
                                                        不为零
     Cbx_Khdh.ListIndex = 0                             '在 Cbx_Khdh 中显示第一条数
                                                        据项
  Else                                                  '否则
```

```
    Cbx_Khdh.Text = "请选择"                              '显示“请选择”信息
  End If
End If
rs1.Close                                                 '关闭数据集对象
End Sub
```

根据公司的电话号码，单击“开始呼叫”按钮，可以呼叫该用户。其代码如下。

```
//...............................................................//
Private Sub Cmd_Hj_Click()                                '开始呼叫
If Cbx_Khdh.Text = "" Then                                '如果组合框为空
MsgBox "请您输入电话号码!", vbInformation, "客户管理系统"
Cbx_Khdh.SetFocus                                         '将焦点设置在组合框上
Else                                                      '否则
MSComm1.CommPort = 1                                      '设置通信端口号
MSComm1.Settings = "4800,N,8,1"                           '设置波特率、奇偶校验位、数据
                                                           位和停止位参数
MSComm1.PortOpen = True
MSComm1.Output = "ATDT" & Cbx_Khdh.Text & vbCr
MsgBox "请听电话！", vbpuestion, "客户管理系统"
MSComm1.PortOpen = False
End If
End Sub
```

单击“客户详细信息”按钮，可以调用“客户信息”窗体。通过定义的公共字符变量 sql，可以在调用“客户信息”窗体时，直接显示该客户的信息。其实现的关键代码如下。

```
//...............................................................//
Private Sub Cmd_Kh_Click()                                '调用客户详细信息
Dim rs3 As New ADODB.Recordset                            '定义数据集变量
'打开数据对象
rs3.Open "select * from tb_khxx where khxx_gsdh='" + Cbx_Khdh.Text + "'", cnn,
adOpenKeyset
If rs3.RecordCount > 0 Then                               '如果数据记录大于零
  sql = "select * from tb_khxx where khxx_gsdh='" + Cbx_Khdh.Text + "'"
                                                          '将 SQL 语句赋给 sql 字符变量
  Load Frm_Khxxwh_kh                                      '调用客户信息窗体
  Frm_Khxxwh_kh.Show 1
End If
End Sub
```

在本窗体关闭前，将 sql 变量清空，避免对其他窗体造成影响。其实现代码如下。

```
//...............................................................//
Private Sub Form_QueryUnload(Cancel As Integer, UnloadMode As Integer)
sql = ""                                                  '清空 sql 变量
End Sub
```

22.6.5　邮件发送

随着 Internet 技术的飞速发展和融合，产生了由先进计算机系统集成的管理中心。这种系统极

大地改善了企业与用户接触的广度和深度，正在引发一场企业客户服务方式的革命。邮件发送也在客户服务中起着越来越重要的作用。本系统中的邮件发送窗体具有邮件发送和群发的功能。邮件发送窗体的运行结果如图 22.28 所示。

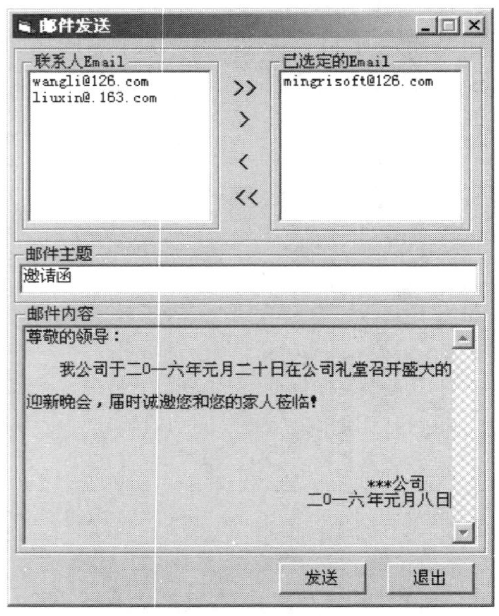

图 22.28　邮件发送窗体的运行结果

1. 窗体设计

（1）在“工程”中新建一个窗体，将窗体的“名称”设置为 Frm_Khxxwh_Yjfs，MaxButton 属性设置为 False，Caption 属性设置为“邮件发送”。

（2）向窗体上添加 5 个 Frame 控件，其相应的属性设置及摆放位置如图 22.28 所示。

（3）向窗体上添加 2 个 ListBox 控件，将其“名称”属性分别设置为 Lit_Lxr 和 Lit_Xd，分别用于显示联系人的邮编列表信息和选定的邮编列表信息。

（4）向窗体上添加 2 个 TextBox 控件，设置其“名称”属性分别为 Txt_Zt 和 Txt_Nr，其中 Txt_Zt 控件用于输入邮件的发送主题，Txt_Nr 控件用于输入发送邮件的内容，因此应设置其 MultiLine 属性为 True，设置 ScrollBars 属性为 2 – Vertical。

（5）向窗体上添加 2 个 CommandButton 控件，设置其“名称”属性分别为 Cmd_Fs 和 Cmd_Exit，设置 Caption 属性分别为“发送”和“退出”，分别用于发送邮件和退出本窗体。

（6）向窗体上添加 MAPIMessages 控件和 MAPISession 控件。由于这 2 个控件属于 ActiveX 控件，在使用之前必须从“部件”对话框中添加到工具箱。添加方法如下。

在“部件”对话框中选择“控件”选项卡，在左侧的列表框中选择 Microsoft MAPI Controls 6.0，单击“确定”按钮，即可将这 2 个控件添加到工具箱，如图 22.29 所示。

（7）向窗体中添加 4 个 Label 控件，将标签控件设置为控件数组的形式。设置其 Caption 属性分别为>>、>、<、<<，其摆放位置如图 22.30 所示。

邮件发送窗体的设计界面如图 22.30 所示。

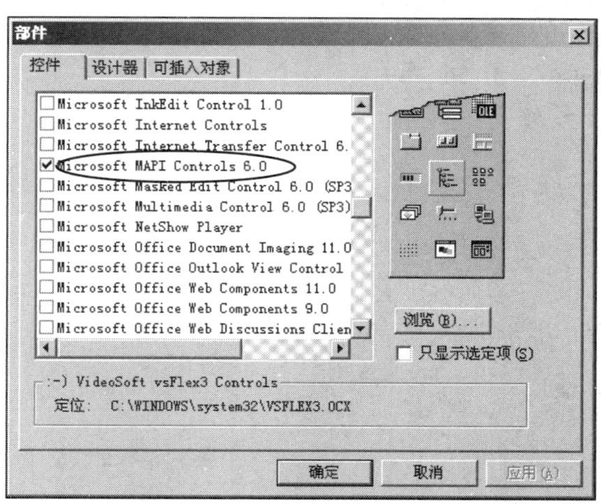

图 22.29　向工具箱中添加 MAPI 控件

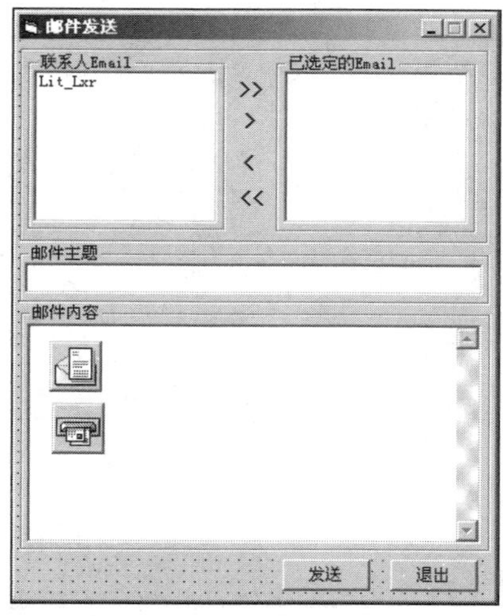

图 22.30　邮件发送窗体的设计界面

2．代码设计

当窗体启动的时候，向 Lit_Lxr 列表框中添加联系人的邮箱信息。并建立一个邮件对话连接。窗体启动时的事件代码如下。

```
//..........................................................................//
Private Sub Form_Load()
Dim rs1 As New ADODB.Recordset                          '定义数据集对象
'打开数据连接
rs1.Open "select * from tb_Client_lxrxx ", cnn, adOpenKeyset
If rs1.RecordCount > 0 Then                             '如果记录数量大于零
 For i = 0 To rs1.RecordCount - 1                       '从零到记录数减 1 作循环
   Lit_Lxr.AddItem Trim(rs1.Fields("lxrxx_Email"))      '向列表框汇中添加对象
   rs1.MoveNext                                         '移至下一条记录
 Next i                                                 '循环加一
End If
MAPISession1.SignOn                                     '建立一个邮件会话
End Sub
```

当用户单击 Label1 控件数组时，对已选定的邮件和全部联系人的邮件信息进行相应的操作。实现的代码如下。

```
//..........................................................................//
Private Sub Label1_Click(Index As Integer)
Select Case Index
Case 0                                                  '全部选中
 For i = 0 To Lit_Lxr.ListCount - 1
    Lit_Lxr.ListIndex = i
    Lit_Xd.AddItem (Lit_Lxr.Text)                       '将选中的项目添加到 Lit_Xd 文本框中
 Next i                                                 '循环加一
 Lit_Lxr.Clear                                          '清空 Lit_Lxr 列表
Case 1                                                  '选择一项
 a = 0                                                  '定义变量用于存储未选定的项目
```

```
    For i = 0 To Lit_Lxr.ListCount - 1
        If Lit_Lxr.Selected(i) = False Then a = a + 1
    Next i
    If a = Lit_Lxr.ListCount Then
      MsgBox "请选择项目", , "信息提示"
    Else
      Lit_Xd.AddItem (Lit_Lxr.Text)
      Lit_Lxr.RemoveItem (Lit_Lxr.ListIndex)
    End If
Case 2                                                    '退回一项
    a = 0
    For i = 0 To Lit_Xd.ListCount - 1
      If Lit_Xd.Selected(i) = False Then a = a + 1
    Next i
    If a = Lit_Xd.ListCount Then
      MsgBox "请选择项目", , "信息提示"
    Else
      Lit_Lxr.AddItem (Lit_Xd.Text)
      Lit_Xd.RemoveItem (Lit_Xd.ListIndex)
    End If
Case 3                                                    '全部退回
     For i = 0 To Lit_Xd.ListCount - 1
        Lit_Xd.ListIndex = i
        Lit_Lxr.AddItem (Lit_Xd.Text)
     Next i
     Lit_Xd.Clear
End Select
End Sub
```

当用户选定要发送邮件的邮件信息，并填写好相应的主题和内容后。单击“发送”按钮，将触发 Cmd_Fs 控件的 Click 事件，其实现的代码如下。

```
//..........................................................//
Private Sub Cmd_Fs_Click()                                '发送邮件
On Error GoTo SendErr                                     '如果出错则转出错处理
j = 0                                                     '定义变量
If Lit_Xd.ListCount > 0 Then                              '如果选定的邮件数大于零
Lit_Xd.Selected(0) = True                                 '选定第一条记录
  Do While j < Lit_Xd.ListCount
      Lit_Xd.SetFocus                                     '设置焦点
      Lit_Xd.Selected(j) = True                           '选定记录
      MAPIMessages1.MsgIndex = -1
      MAPIMessages1.RecipDisplayName = Lit_Xd.Text
      MAPIMessages1.MsgSubject = Txt_Zt.Text
      MAPIMessages1.MsgNoteText = Txt_Nr.Text
      MAPIMessages1.SessionID = MAPISession1.SessionID
      MAPIMessages1.Send
      j = j + 1                                           '记录加一
  Loop                                                    '循环
```

```
MsgBox "邮件发送成功!", , "信息提示"
End If
Exit Sub
SendErr:                                              '出错处理
  MsgBox Err.Description, , "信息提示"
End Sub
```

22.6.6　客户投诉

客户投诉是企业了解客户意见的重要手段之一。在本系统中用户可以通过单击客户服务菜单下的客户投诉子菜单，进入到客户投诉窗体中。该窗体具有对客户投诉信息进行增加、删除、修改和查找的功能，并可以通过单击 DataGrid 控件来浏览客户投诉信息。客户投诉窗体的运行结果如图 22.31 所示。

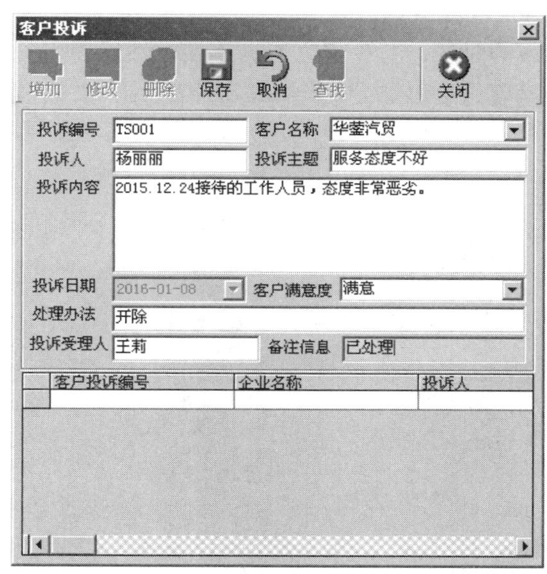

图 22.31　客户投诉窗体的运行结果

1．窗体设计

（1）在“工程”中新建一个窗体，将窗体的“名称”设置为 Frm_Khfw_Khts，Caption 属性设置为“客户投诉”，MaxButton 属性设置为 False。

（2）向窗体上添加 1 个 Toolbar 控件，1 个 ImageList 控件。由于这两个控件属于 ActiveX 控件，在使用之前必须从“部件”对话框中添加到工具箱。添加方法如下：

在“工程”/“部件”对话框中勾选“Microsoft Windows Common Controls6.0”列表项，单击“确定”按钮之后即可将 Toolbar 控件和 ImageList 控件添加到工具箱当中。

（3）向窗体上添加 2 个 ComboBox 控件，将控件的 Style 属性设置为 0 – Dropdown Combo。“名称”属性分别设置为 Cbx_Khmc 和 Cbx_Myd，分别用于存储客户名称和客户满意度信息。

（4）向窗体上添加 1 个 DTPicker 控件，“名称”属性设置为 Dtp_Tsrq，用于显示客户投诉日期。

DTPicker 控件属于 ActiveX 控件，在使用之前必须从“部件”对话框中添加到工具箱。添加方法如下。

在“工程”/“部件”对话框中勾选“Microsoft Windows Common Controls2.6”列表项，单击“确定”按钮之后即可将 DTPicker 控件添加到工具箱当中。

（5）向窗体上添加 1 个 ADODC 控件和 1 个 DataGrid 控件，设置 DataGrid 控件的“名称”为 Dgr_Khts，DataSource 属性设置为 Adodc1，AllowUpdate 属性设置为 False。Adodc1 控件的 RecordSource 属性设置为 tb_Client_khts，CommandType 属性设置为 2 – adCmdTable，Visible 属性设置为 False。其中 ADODC 控件用于连接客户投诉表，DataGrid 控件用于显示客户投诉表中的数据信息。

（6）向窗体上添加若干个 Label 控件和 TextBox 控件，并设置 TextBox 控件为控件名为 Text1 的控件数组。

2. 代码设计

在“客户投诉”窗体加载的时候，首先建立数据连接，然后调用自定义过程来设置数据表的表头。并将客户名称和客户满意度信息添加到 ComboBox 控件中，并设置其显示第一条记录。其实现的关键代码如下。

```
//.......................................................................................//
Private Sub Form_Load()
 Adodc1.ConnectionString = PublicStr                        '连接数据库
 Call Dgr_Title                                             '调用本模块中的过程
 tlbState Toolbar1, False                                   '调用公共模块中的自定义过程
 Dim rs2 As New ADODB.Recordset                             '定义数据集对象
 rs2.Open "select * from tb_khxx ", cnn, adOpenKeyset '建立数据连接
 If rs2.RecordCount > 0 Then                                '如果记录数大于零
   For i = 0 To rs2.RecordCount - 1                         '从零到记录数减 1 作循环
    Cbx_Khmc.AddItem Trim(rs2.Fields("khxx_mc"))            '向添加 Cbx_Khmc 中添加数据项
     rs2.MoveNext                                           '数据记录移至下一条
   Next i                                                   '循环加一
 End If
 If Cbx_Khmc.ListCount = 0 Then                             '如果 Cbx_Khmc 中的数据项为 0
   Cbx_Khmc.Text = ""                                       '显示空
 Else                                                       '否则
   Cbx_Khmc.ListIndex = 0                                   '显示第一条记录
 End If
 rs2.Close                                                  '关闭记录集
 Dim rs3 As New ADODB.Recordset
 rs3.Open "select * from tb_Client_khmyd ", cnn, adOpenKeyset
 If rs3.RecordCount > 0 Then
   For i = 0 To rs3.RecordCount - 1
     Cbx_Myd.AddItem Trim(rs3.Fields("khmyd_myd"))          '向 Cbx_Myd 中添加数据项
     rs3.MoveNext
   Next i
 End If
```

```
  If Cbx_Myd.ListCount = 0 Then
     Cbx_Myd.Text = ""
  Else
     Cbx_Myd.ListIndex = 0
  End If
  rs3.Close
  Call view_data                                  '调用本模块中的子定义过程显示
                                                    数据信息
  For i = 0 To Text1.UBound
    Text1(i).Enabled = False
  Next i
  Dtp_Tsrq.Value = Date: Cbx_Khmc.Enabled = False : Cbx_Myd.Enabled = False :
Dtp_Tsrq.Enabled = False
End Sub
```

本系统中的数据库采用的是英文字段，因此在数据表显示的时候，将会显示英文字段，所以，在程序运行时，当遇到用于显示数据信息的时候，先调用自定义过程，设置 DataGrid 控件中的表头为中文，自定义过程的代码如下。

```
//……………………………………………………………………………………//
Sub Dgr_Title()                                  '设置 DataGrid 控件的标题
Dgr_Khts.Columns(0).Caption = "客户投诉编号" : Dgr_Khts.Columns(1).Caption = "企业名称"
Dgr_Khts.Columns(2).Caption = "投诉人" : Dgr_Khts.Columns(3).Caption = "投诉主题"
Dgr_Khts.Columns(4).Caption = "投诉内容" : Dgr_Khts.Columns(5).Caption = "投诉日期"
Dgr_Khts.Columns(6).Caption = "处理办法" : Dgr_Khts.Columns(7).Caption = "客户满意度"
Dgr_Khts.Columns(8).Caption = "投诉受理人" : Dgr_Khts.Columns(9).Caption = "备注信息"
End Sub
```

在本窗体中将数据信息显示定义为自定义过程，在显示数据信息时，调用自定义过程，这样可避免同样的代码重复编写，提高程序代码的可重用性。数据信息显示自定义过程的关键代码如下。

```
//……………………………………………………………………………………//
Sub view_data()
 If Adodc1.Recordset.RecordCount > 0 Then
   Text1(0).Text = Dgr_Khts.Columns(0)  : Cbx_Khmc.Text = Dgr_Khts.Columns(1)
   Text1(1).Text = Dgr_Khts.Columns(2)  : Text1(2).Text = Dgr_Khts.Columns(3)
   Text1(3).Text = Dgr_Khts.Columns(4)  : Dtp_Tsrq.Value = Dgr_Khts.Columns(5)
   Text1(4).Text = Dgr_Khts.Columns(6)  : Cbx_Myd.Text = Dgr_Khts.Columns(7)
   Text1(5).Text = Dgr_Khts.Columns(8)  : Text1(6).Text = Dgr_Khts.Columns(9)
 End If
End Sub
```

22.6.7　客户投诉满意程度分析

“客户投诉满意程度分析”窗体可以根据客户投诉的满意程度，以不同的形式（条形、线形、三维、列表）显示客户对投诉处理的满意程度。在程序运行时，单击“客户服务”主菜单下的“客户投诉满意程度分析”，即可进入到“客户投诉满意程度分析”窗体中。该窗体的运行结果如

图 22.32 所示。

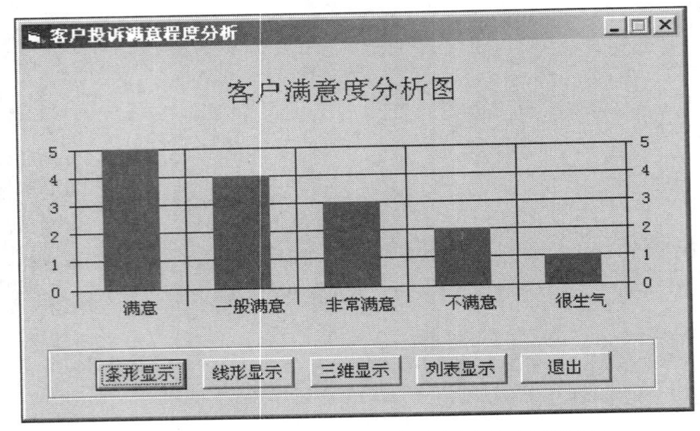

图 22.32　客户投诉满意程度分析窗体运行结果

1. 窗体设计

（1）在“工程”中新建一个窗体，将窗体的“名称”设置为 Frm_Khfw_Tsmydfx，Caption 属性设置为“客户投诉满意程度分析”，MaxButton 属性设置为 False。

（2）向窗体中添加 1 个 MSChart 控件，由于该控件属于 ActiveX 控件，在使用之前必须从“部件”对话框中添加到工具箱。添加方法如下。

在“工程”/“部件”对话框中勾选“Microsoft Chart Control 6.0 (SP4)”列表项，单击“确定”按钮之后即可将 MSChart 控件添加到工具箱当中。MSChart 控件用于图形显示分析结果。

（3）向窗体中添加 1 个 DataGrid 控件和 1 个 ADODC 控件，设置 DataGrid 控件的“名称”属性为 Dgr_Mydfx，设置 Caption 属性为“客户满意程度分析表”，DataSource 属性为 Adodc1。CommandType 属性设置为 2 – adCmdTable，Adodc1 的 RecordSorce 属性设置为 tb_Client_mydtj，Visible 属性设置为 False。其中 ADODC 控件用于连接满意度统计表，DataGrid 控件用于显示满意度统计信息。

ADODC 控件和 DataGrid 控件须从“部件”对话框中添加到工具箱。添加方法如下。

在“工程”/“部件”对话框中勾选“Microsoft ADO Data Control 6.0(SP4)”列表项，单击“确定”按钮之后即可将 ADO 控件添加到工具箱当中。

在“工程”/“部件”对话框中勾选“Microsoft DataGrid Control 6.0(SP5)”列表项，单击“确定”按钮之后即可将 DataGrid 控件添加到工具箱当中。

（4）向窗体上添加 5 个 CommandButton 控件，其摆放位置情况请参见图 22.32。

2. 代码设计

在窗体加载时，统计客户投诉表中的数据信息，并根据客户满意度设置表中的满意度级别，将相应的满意度级别和该级别的数量统计并添加到满意度统计表中，根据该表中的数据信息在 MSChart 控件或 DataGrid 控件中显示相应的信息。

```
//............................................................................//
Private Sub Form_Load()
```

```
Adodc1.ConnectionString = PublicStr                    '数据连接
'清空满意度统计数据表中的数据信息
cnn.Execute "delete tb_Client_mydtj select * from tb_Client_mydtj"
rs1.Open "select * from tb_Client_khmyd", cnn, adOpenKeyset
                                                       '打开数据连接
If rs1.RecordCount > 0 Then                            '如果记录数大于零
  S1 = rs1.RecordCount                                 '将记录数赋给变量 S1
  For i = 0 To rs1.RecordCount - 1                     '从零到记录总数减一作循环
     Mystr = rs1.Fields("khmyd_myd")                   '将字段 khmyd_myd 中的记录赋给 Mystr
                                                        变量
     '打开数据集对象，查看满意程度为 Mystr 变量中存储的字符串的记录数量
rs2.Open "select * from tb_Client_khts where khts_khmyd='" + Mystr + "'", cnn,
adOpenKeyset
     If rs2.RecordCount >= 0 Then                      '如果记录数大于等于零
       rs3.Open "select * from tb_Client_mydtj", cnn, adOpenKeyset, adLockOptimistic
                                                       '打开数据集对象
       '向 tb_Client_mydtj 表中添加数据记录
       rs3.AddNew                                      '添加一条新记录
       rs3.Fields("mydtj_myd") = Mystr                 '将 Mystr 赋给 mydtj_myd 字段
       rs3.Fields("mydtj_sl") = rs2.RecordCount '将该满意程度的记录数赋给 mydtj_sl 字段
       rs3.Update                                      '刷新
       rs3.Close                                       '关闭数据集对象
     End If
     rs2.Close                                         '关闭数据集对象
     rs1.MoveNext                                      '记录加一
  Next i                                               '循环加一
End If
rs1.Close                                              '关闭数据集对象
'打开 tb_Client_mydtj 表的数据集对象
rs4.Open "select * from tb_Client_mydtj order by mydtj_sl desc", cnn, adOpenKeyset
If rs4.RecordCount > 0 Then                            '如果记录数大于零
     ReDim arrValues(1 To S1, 1 To 2)                  '定义动态数组
     For i = 1 To S1                                   '给数组赋值
       arrValues(i, 1) = "  " & rs4!mydtj_myd
       arrValues(i, 2) = rs4!mydtj_sl
       rs4.MoveNext
     Next i
 MSChart1.ChartData = arrValues                        '图表显示数据
 MSChart1.Title = "      客户满意度分析图       "        '设置图表名称
 MSChart1.Title.VtFont.Size = 15
 rs4.Close                                             '关闭数据集对象
 End If
Adodc1.Refresh                                         '刷新 ADODC 控件
Set Dgr_Mydfx.DataSource = Adodc1                      '设置 DataGrid 的 DataSource 属性
 Call Dgr_Title                                        '调用自定义程序设置 DataGrid 控件中的
                                                        数据表表头
```

```
Dgr_Mydfx.Visible = False                          'DataGrid控件不可见
Cmd_Tx_Click                                       '执行条形显示事件
End Sub
```

22.6.8 客户信息查询

在“客户信息查询”窗体中，用户可以根据客户信息(tb_khxx)表中的任何关键字及查询条件，查询客户的相关信息。单击“信息查询”菜单下的“客户信息查询”子菜单，即可进入到客户信息查询窗体中。该窗体的运行结果如图 22.33 所示。

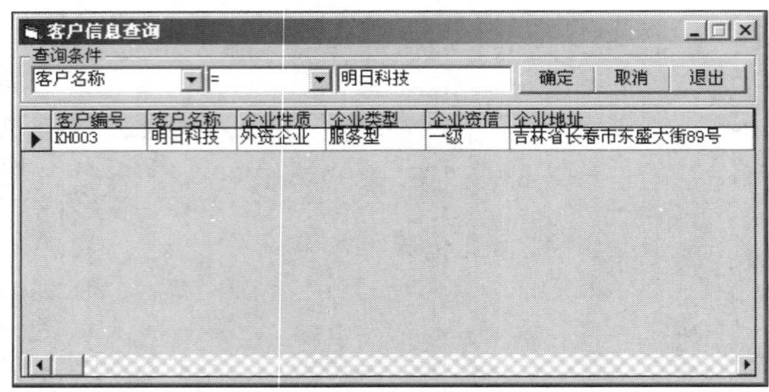

图 22.33　客户信息查询窗体运行结果

1．窗体设计

（1）在“工程”中新建一个窗体，将窗体的“名称”设置为 Frm_Xxcx_Khxxcx，Caption 属性设置为“客户信息查询”，MaxButton 属性设置为 False。

（2）向窗体上添加 2 个 ComboBox 控件，设置其“名称”分别为 Cbx_Field 和 Cbx_Oper，分别用于存储查询的字段名和查询方式。

（3）向窗体中添加 1 个 DataGrid 控件和 1 个 ADODC 控件，设置 DataGrid 控件的“名称”为 Dgr_Kh，DataSource 属性为 Adodc1。Adodc1 的 RecordSource 属性设置为 select * from tb_khxx order by khxx_id，Visible 属性设置为 False。其中 DataGrid 控件用于显示客户表中的数据信息，ADODC 控件用于连接客户信息表。

2．代码设计

在窗体加载时，将客户表中的字段信息，添加到 Cbx_Field 控件中，其实现的关键代码如下。

```
//..............................................................................//
Private Sub Form_Load()
 Adodc1.ConnectionString = PublicStr
 Adodc1.RecordSource = "select * from tb_khxx "
 Adodc1.Refresh
 Set Dgr_Kh.DataSource = Adodc1
 Call Dgr_Title                                        '调用过程
   For i = 0 To Adodc1.Recordset.Fields.Count - 1
      Cbx_Field.AddItem Dgr_Kh.Columns(i).Caption      '向控件中添加数据项
   Next i
 Cbx_Field.ListIndex = 0                               '显示数据项中的第一条记录
```

```
  Cbx_Oper.AddItem ("like"): Cbx_Oper.AddItem (">"): Cbx_Oper.AddItem ("=")
  Cbx_Oper.AddItem (">="): Cbx_Oper.AddItem ("<"): Cbx_Oper.AddItem ("<=")
  Cbx_Oper.AddItem ("<>"): Cbx_Oper.ListIndex = 0
End Sub
```

当用户选择和输入相应的查询条件，单击“确定”按钮，触发该控件的 Click 事件的时候，执行相应的查询语句，实现的代码如下。

```
//……………………………………………………………………………………//
Private Sub Cmd_Ok_Click()
   Fld1 = Adodc1.Recordset.Fields.Item(Cbx_Field.ListIndex).Name
   Select Case Adodc1.Recordset.Fields(Cbx_Field.ListIndex).Type
    Case 200                                                    '字符数据
      If Cbx_Oper.Text = "like" Then
         sql = "select * from tb_khxx where " & Fld1 & " like+ '%'+'" + Txt_Key + "'+'%'"
      Else
         sql = "select * from tb_khxx where " & Fld1 & Cbx_Oper & "'" + Txt_Key + "'"
      End If
    Case 135                                                    '日期数据
      If Cbx_Oper.Text = "like" Then
         MsgBox "日期型数据不能选用“Like”作为运算符！", , "提示窗口"
         Cbx_Oper.ListIndex = 1
      End If
        If IsDate(Txt_Key) = False Then
          MsgBox "请输入正确的日期！", , "提示窗口"
          rs.Close
          Exit Sub
          End If
      sql = "select * from tb_khxx where " & Fld1 & Cbx_Oper & "'" + Txt_Key + "'"
    Case 6                                                      '货币数据
        If IsNumeric(Txt_Key) = False Then
         MsgBox "请输入正确的数据！", , "提示窗口"
         rs.Close
         Exit Sub
      End If
      If Cbx_Oper.Text = "like" Then
         MsgBox "货币数据不能选用“Like”作为运算符！", , "提示窗口"
         Cbx_Oper.ListIndex = 1
      End If
      sql = "select * from tb_khxx where " & Fld1 & Txt_Key
   Case 131                                                     '数字数据
      If Cbx_Oper.Text = "like" Then
         MsgBox "数字数据不能选用“Like”作为运算符！", , "提示窗口"
         Cbx_Oper.ListIndex = 1
      End If
      If IsNumeric(Txt_Key) = False Then
         MsgBox "请输入正确的数据！", , "提示窗口"
```

```
            rs.Close
            Exit Sub
         End If
         sql = "select * from tb_khxx where " & Fld1 & Cbx_Oper & Txt_Key
        Case Else
         If Cbx_Oper.Text = "like" Then
            sql = "select * from tb_khxx  where " & Fld1 & " like+ '%'+'" + Txt_Key +
"'+'%'"
         Else
            sql = "Select * from tb_khxx  where " & Fld1 & Cbx_Oper & "'" + Txt_Key +
"'"
         End If
   End Select
   Adodc1.RecordSource = sql & "order by khxx_id"
   Adodc1.Refresh
   Set Dgr_Kh.DataSource = Adodc1
   Call Dgr_Title
End Sub
```

22.6.9 国内城市邮编区号查询

“国内城市邮编区号查询”窗体是客户管理系统中比较有特点的窗体之一。在该窗体中以地图的形式显示全国信息，当光标移动到相应的省份时，该省份名称即凹陷以突出显示，在右边的空白处即可显示该省份的资源信息，如图 22.34 所示。当单击该省份时，即可进入到该省份的窗体中，从中查询相应的邮编区号信息。在该窗体中除了可以按地图的形式显示信息之外，还可以按列表的形式显示全国的区号和邮编信息。

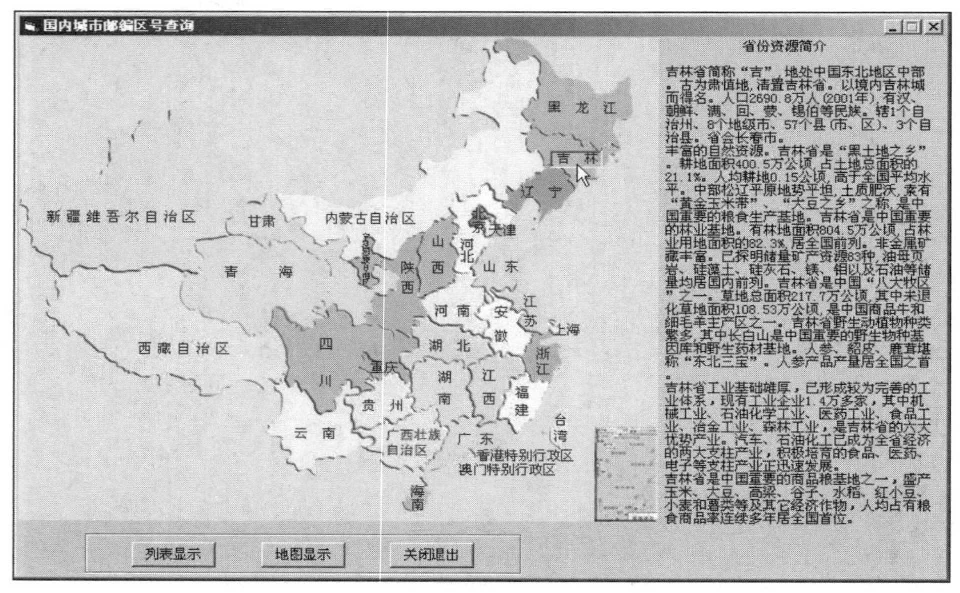

图 22.34　国内城市邮编区号查询窗体

1. 窗体设计

（1）在“工程”中新建一个窗体，将窗体的“名称”设置为 Frm_Xxcx_Yb，Caption 属性设置为“国内城市邮编区号查询”，MaxButton 属性设置为 False。

（2）向窗体中添加 1 个 PictureBox 控件，设置其 Picture 属性为“客户管理系统\Program\Image\地图\全国地图.jpg”。该控件用于显示全国地图信息。

（3）向窗体中添加 1 个 DataGrid 控件和 1 个 ADO 控件，设置 DataGrid 控件的“名称”为 Dgr_Yb，DataSource 属性为 Adodc1。Adodc1 的 CommandType 属性设置为 1 – adCmdText，RecordSource 属性设置为 select * from tb_Client_csxx，Visible 属性设置为 False。其中 DataGrid 控件用于显示全国城市的邮编和区号信息。Adodc1 用于数据连接。

（4）向窗体中添加 1 个 Label 控件，设置其“名称”为 Lbl_info，用于当鼠标移动到相应的省份时，显示省份资源信息。

（5）向窗体上添加 34 个 Label 控件，将其设置为以 Lbl_Province 为“名称”的控件数组，将每个 Label 控件放置在省份名称上，并设置其 BackStyle 属性为 0 – Transparent，Caption 属性设置为空。

2. 代码设计

在程序运行时，当鼠标移动到放置在省份名称上的 Lbl_Province 控件上时，设置 Label 控件的边框形式为有边框，并在右边的空白处显示相应的省份资源信息，其实现的代码如下。

```
//……………………………………………………………………………………//
Private Sub Lbl_Province_MouseMove(Index As Integer, Button As Integer, Shift As Integer, X As Single, Y As Single)
Select Case Index
Case 0
……
Case 14                                                         '吉林
 Lbl_Province(14).BorderStyle = 1
rs1.Open "select * from tb_Client_sfzy where sfzy_sfmc='吉林省'", cnn, adOpenKeyset
 If rs1.RecordCount > 0 Then
     Lbl_Info.Caption = "                    省份资源简介" + Chr(10) + Chr(10) + rs1.Fields("sfzy_zyms")
 End If
 rs1.Close
……
End Select
End Sub
```

当鼠标离开 Lbl_Province 控件，在 Picture 控件上移动时，将 Label 控件的边框形式设置为 0（无边框形式），并清空 Lbl_info 文本框。这样用户在操作时，会有互动的感觉，其代码的实现如下所示。

```
//……………………………………………………………………………………//
Private Sub Picture1_MouseMove(Button As Integer, Shift As Integer, X As Single, Y As Single)
For i = 0 To 33
```

```
Lbl_Province(i).BorderStyle = 0
Lbl_info.Caption = ""
Next i
End Sub
```

22.6.10 区号邮编查询

下面以吉林省为例，简单介绍一下区号邮编查询窗体的设计和代码编写思路。如图 22.35 所示即为运行效果。

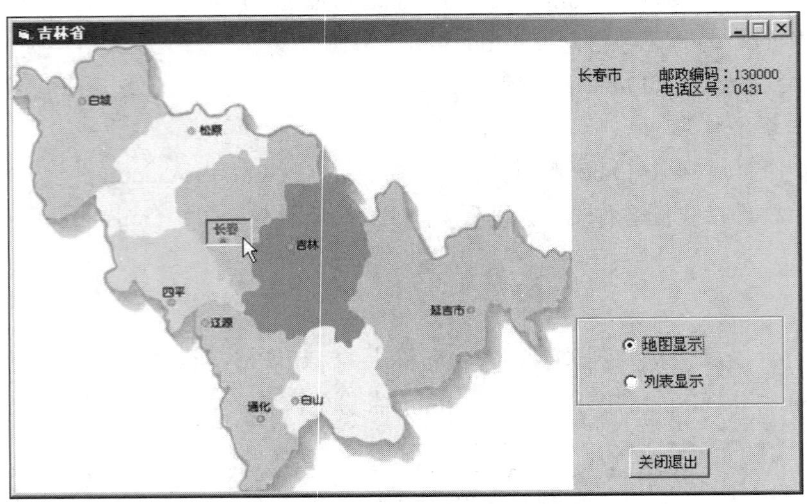

图 22.35 吉林省区号邮编查询窗体

1. 窗体设计

（1）在“工程”中新建一个窗体，将窗体的“名称”设置为 Frm_Province_Jilin，Caption 属性设置为“吉林省”，MaxButton 属性设置为 False。

（2）向窗体上添加 1 个 PictureBox 控件，设置其 Picture 属性为“客户管理系统\Program\Image\地图\jilin.jpg”。该控件用于显示吉林省地图信息。

（3）向窗体上添加 1 个 DataGrid 控件和 1 个 ADODC 控件，设置 DataGrid 控件的“名称”为 Dgr_Yb，DataSource 属性为 Adodc1。Adodc1 的 CommandType 属性设置为 1 – adCmdText，RecoreSorce 属性设置为 select * from tb_Client_csxx where csxx_sfmc='吉林省'，Visible 属性设置为 False。其中 DataGrid 控件的用于显示吉林省各县市的城市区号和邮编信息。ADODC 控件用于数据连接。

（4）向窗体上添加 1 个 Label 控件，设置其“名称”为 Lbl_info，用于当鼠标移动到相应的城市上时，显示该城市的邮编和区号信息。

（5）向窗体上添加若干个 Label 控件，将其设置为以 Lbl_Jilin 为“名称”的控件数组，将每个 Label 控件放置在各个城市名称上，并设置其 BackStyle 属性为 0 – Transparent，Caption 属性设置为空。

（6）向窗体上添加 2 个 OptionButton 控件，分别设置其“名称”为 Otn_Dt 和 Otn_Lb，设

置其 Caption 属性为“地图显示”和“列表显示”。

（7）向窗体上添加其他控件。

2. 代码设计

在程序运行时，当鼠标移动到放置在城市名称上的 Lbl_Jilin 控件上时，Lbl_Jilin 控件出现边框，并在右边的 Lbl_info 控件中显示该城市的邮编和区号信息。当鼠标离开时，Lbl_Jilin 控件设置为无边框。其设计思路和代码实现与全国城市区号邮编查询窗体的实现方式基本相同，在这里就不再重复。

当用户选中“列表显示”单选按钮时，系统将图片隐藏，并显示相应的列表信息。在下面的文本框中输入要查询的城市名称，即可查询出相应城市的邮编和区号信息，如图 22.36 所示。

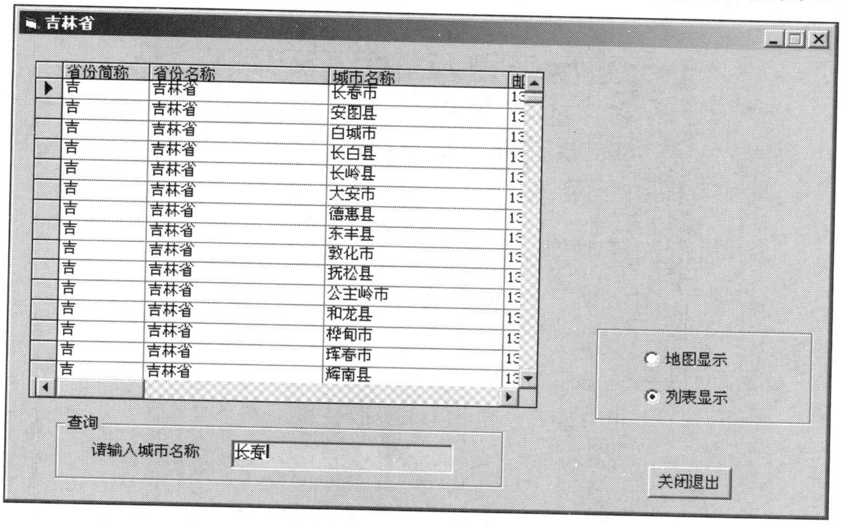

省份简称	省份名称	城市名称	邮
吉	吉林省	长春市	13
吉	吉林省	安图县	13
吉	吉林省	白城市	13
吉	吉林省	长白县	13
吉	吉林省	长岭县	13
吉	吉林省	大安市	13
吉	吉林省	德惠县	13
吉	吉林省	东丰县	13
吉	吉林省	敦化市	13
吉	吉林省	抚松县	13
吉	吉林省	公主岭市	13
吉	吉林省	和龙县	13
吉	吉林省	桦甸市	13
吉	吉林省	珲春市	13
吉	吉林省	辉南县	13

图 22.36　吉林省区号邮编查询之列表显示

其关键代码如下。

```
//.......................................................................//
Private Sub Otn_Lb_Click()                          '列表显示
If Otn_Lb.Value = True Then
  Picture1.Visible = False
  Dgr_Yb.Visible = True
  Frame2.Visible = True
  Dgr_Yb.Top = 300: Dgr_Yb.Left = 200: Dgr_Yb.Height = 4000
  Txt_Key.Text = ""
  Call Dgr_Title                                    '调用自定义过程
End If
End Sub
```

用户在下面的文本框中输入要查询的城市名称，此时文本框的背景色设置为蓝色，当文本框失去焦点时，背景色变为白色。这样设置对操作用户有鲜明的提示作用，和用户的互动比较密切。其实现的代码如下。

```
//.......................................................................//
Private Sub Txt_Key_GotFocus()                      '文本框获得焦点
```

```
Txt_Key.BackColor = &HFFFF80
End Sub
Private Sub Txt_Key_LostFocus()                    '文本框失去焦点
Txt_Key.BackColor = &HFFFFFF
End Sub
```

22.6.11 客户信封打印

在现代企业管理中与客户的交流和沟通是必不可少的，因此在这里向您介绍一下客户信封的打印。在程序运行时，单击“数据管理”菜单下的“客户信封打印”，即可弹出“客户信封打印”窗体。该窗体的运行结果如图 22.37 所示。

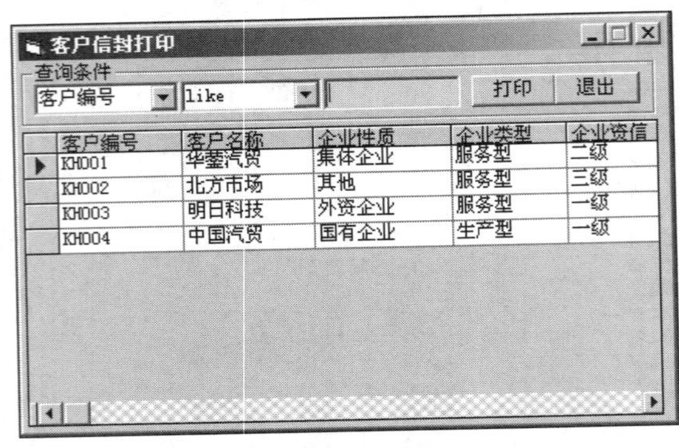

图 22.37　客户信封打印窗体运行结果

1. 窗体设计

（1）在“工程”中新建一个窗体，将窗体的“名称”设置为 Frm_Sjgl_Khxfdy，Caption 属性设置为“客户信封打印”，MaxButton 属性设置为 False。

（2）向窗体中添加 2 个 ComboBox 控件，设置其“名称”分别为 Cbx_Field 和 Cbx_Oper，分别用于存储查询的字段名和查询方式。

（3）向窗体中添加 1 个 DataGrid 控件和 1 个 ADODC 控件，设置 DataGrid 控件的“名称”为 Dgr_Kh，DataSource 属性为 Adodc1。Adodc1 的 CommandType 属性设置为 1 – adCmdText，RecordSource 属性设置为 select * from tb_khxx order by khxx_id，Visible 属性设置为 False。其中 DataGrid 控件用于显示数据表中的客户信息，ADODC 用于数据连接。

（4）向窗体上添加 2 个 CommandButton 控件，分别命名为 Cmd_Dy 和 Cmd_Exit，设置 Caption 属性为“打印”和“退出”，分别用于调用报表打印窗体和退出本窗体。

2. 代码设计

在程序运行时，当用户输入相应的查询条件，在下面的列表中即可显示相应的查询结果，此时，单击“打印”按钮，即可将查询到的客户信息打印成相应的信封。如图 22.38 所示即为打印吉林省客户的信封。

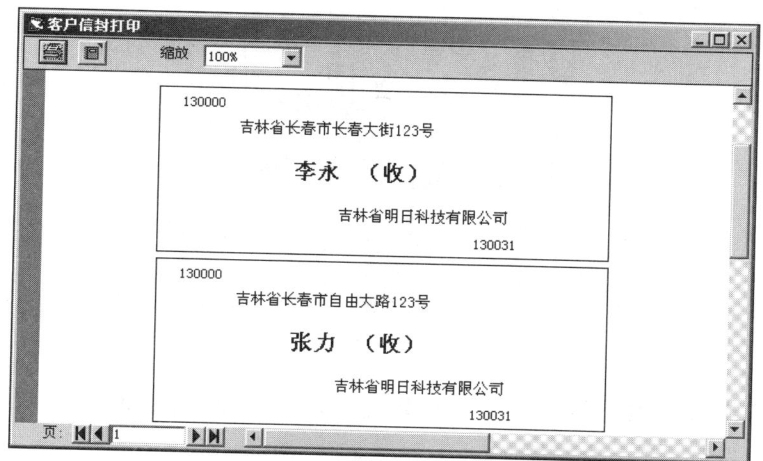

图 22.38　客户信封打印的效果

“打印”按钮下的代码如下。

```
//..............................................................................................//
Private Sub Cmd_Dy_Click()  '打印
Fld1 = Adodc1.Recordset.Fields.Item(Cbx_Field.ListIndex).Name
If sql <> "" Then    '根据相应的 SQL 语句打印相应的客户信封
 DataE1.rsCommand1.Open sql & "order by khxx_id"
  If DataE1.rsCommand1.RecordCount > 0 Then
      Unload Me
      Dr_Xf.Show  '显示报表设计窗体
  End If
Else  '打印全部的客户信封
  DataE1.rsCommand1.Open "select * from tb_khxx order by khxx_id"
  If DataE1.rsCommand1.RecordCount > 0 Then
     Unload Me
     Dr_Xf.Show
  End If
End If
End Sub
```

22.7　程序调试与错误处理

22.7.1　如何处理数据表中的英文字段

在企业性质设置中，当对数据进行添加操作时，DataGrid 控件中的列表头变为英文字段，其运行结果如图 22.39 所示。

在程序运行时，出现上述情况是因为在数据库中的数据表是用英文设置字段名称而引起的，因此在数据显示时会显示英文表头。解决办法很简单，只需在删除操作后调用自定义过程，将 DataGrid 控件的表头设置为中文即可，设置代码请参见 22.6.6 节中的代码设计部分。

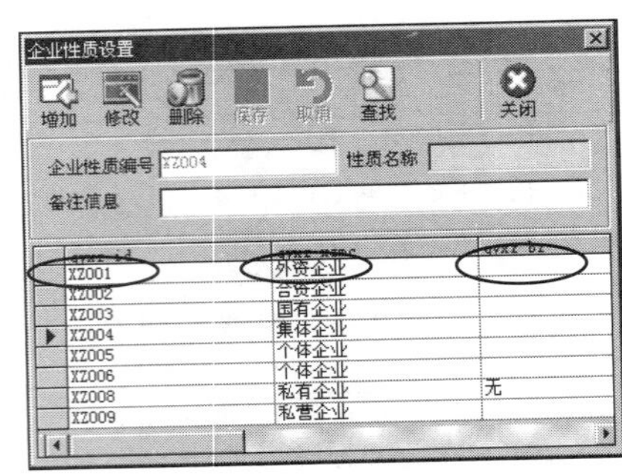

图 22.39　企业性质设置窗体

22.7.2　由于 ADO 属性中记录源命令类型设置的不同出现的问题

在设置 ADODC 控件属性时，如果在记录源选项卡的命令类型中选择 2 – adCmdTable（如图 22.40 所示），而在程序代码编写过程中出现如下代码：

```
//……………………………………………………………………//
        Adodc1.RecordSource = "select * from tb_Client_qyxx order by qyxx_id"
        Adodc1.Refresh
```

在程序运行时，会出现如图 22.41、图 22.42 所示的错误。

解决办法：可以将 ADO 属性中的记录源的命令类型设置为 1 – adCmdText，并在下面的命令文本中添加相应的 SQL 语句即可，如图 22.43 所示。

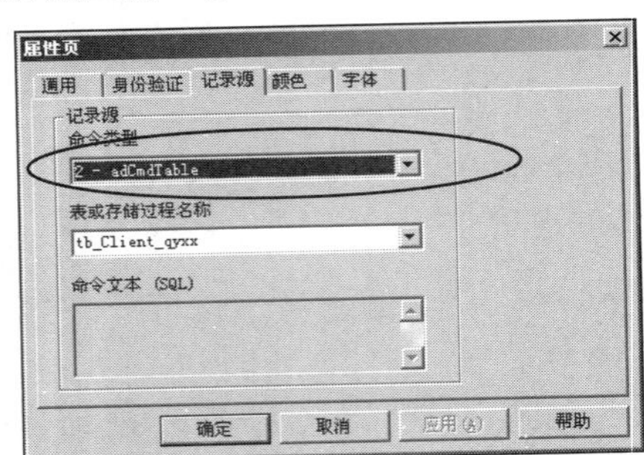

图 22.40　ADO 属性页设置

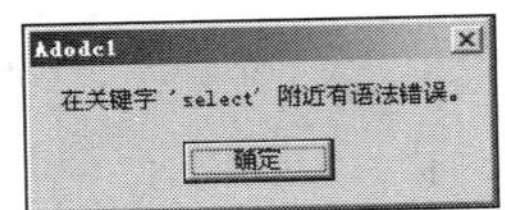

图 22.41　错误提示

图 22.42　错误信息

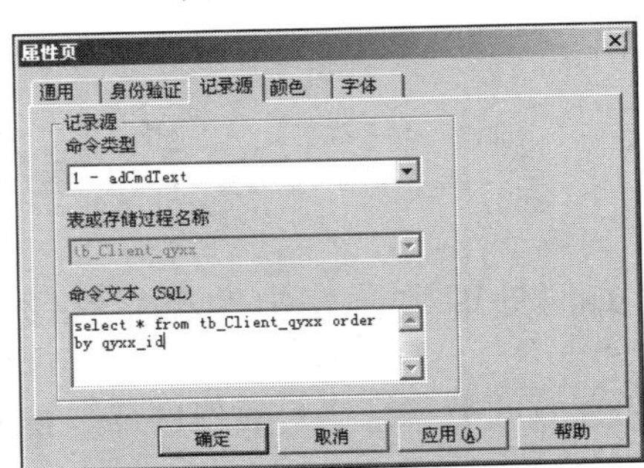

图 22.43　ADO 属性页

第 23 章　人力资源管理系统

本系统采用 Microsoft 公司的 Visual Basic 6.0 作为主要的开发工具，数据库选择了比较流行的 Microsoft SQL Server 数据库系统。通过本人力资源管理系统的开发，管理者可以高效完成企业日常事务中的人事工作，降低了人力资源管理成本，使管理者能更专注于企业战略目标的实施；另一方面，通过软件及时收集与整理分析大量的人力资源管理数据，为企业战略决策的生成与实施控制提供强有力的支持，以提高组织目标实现的可能性。

23.1　开发背景

目前市场上的人力资源管理系统很多，但要找到一款真正称心、符合公司实际情况的人力资源管理系统（HRM）软件并不容易。由于存在很多的不足，企业在选择 HRM 系统时倍感困惑，主要集中在以下方面：

（1）大多数自称为人力资源管理系统的软件其实只是简单的人事管理系统，难以真正提升企业人力资源管理水平，提高工作效率，其降低管理成本的效果也不明显。

（2）系统功能不切实际，大多是互相模仿，不是从企业实际需求中开发出来的。

（3）大部分系统不能满足企业全面沟通及管理的需要。安装部署、管理极不方便，或者选用小型数据库，不能满足企业海量数据存取的需要。

（4）系统操作不方便，界面设计不美观、不标准、不专业、不统一，用户实施及学习费时费力。

23.2　系统分析

23.2.1　可行性研究

开发任何一个基于计算机的系统，都会受到时间和资源上的限制。因此，对在接受任何一个项目开发任务之前，必须根据客户可能提供的时间和资源条件进行可行性分析，以减少项目开发风险，避免人力、物力和财力的浪费。可行性分析与风险分析在很多方面是相互关联的，项目风险越大，开发高质量的软件的可行性就越小。

23.2.2　经济可行性

经济可行性，进行成本效益分析，评估项目的开发成本，估算开发成本是否会超过项目预期的全部利润。分析系统开发对其他产品或利润的影响。

23.2.3 技术可行性

技术可行性研究过程中，系统分析员应采集系统性能、可靠性、可维护性和可生产性方面的信息；分析实现系统功能和性能所需要的各种设备、技术、方法和过程；分析项目开发在技术方面可能担负的风险以及技术问题对开发成本的影响。

开发一个中小型人力资源管理（HRM）系统，涉及到的技术问题不会太多，主要用到的技术就是数据库和一门可视化开发的编程语言。在这方面，数据库主要是用来存放数据，就目前主流的数据库来看，可以考虑采用 Microsoft SQL Server 或 Oracle。Oracle 是一个安全、可靠的并且支持面向对象设计的数据库系统，同时 Oracle 又有海量存储的特点。然而，相对于 Microsoft SQL Server 而言，Oracle 的易用性和可维护性相对差一点，而且 Oracle 的成本相对较高，不适合于中小企业使用。因此，我们选择了目前比较流行的 Microsoft SQL Server 数据库系统；在前台开发编程方面，本系统采用 Microsoft 公司的 Visual Basic 6.0 作为主要的开发工具。

23.3 总 体 设 计

23.3.1 系统结构设计

C/S 结构就是“客户端/服务端”的一种工作模式。一般来说，这种模式都会要求安装一个客户端程序，由这个程序和服务器端进行协同工作，因为由客户端来专门处理一些工作，所以 C/S 结构的程序一般都功能强大、界面漂亮，由于任务分散在服务器端和客户端分别进行，所以提高了硬件的利用效率，对于程序员来说，编程开发也更加容易。基于以上原因，在设计人力资源管理系统时，采用了传统的基于两层的 C/S 结构。

23.3.2 系统功能结构

为了使读者清晰、全面地了解人力资源管理系统的功能，以及各个功能模块间的从属关系，下面以结构图的方式给出系统功能，如图 23.1 所示。

23.3.3 系统功能概述

1. 基本资料管理

基本资料管理中涉及的内容较为全面，其主要包括：部门管理、工种类型管理、职务类型管理、职称类型管理、文化程度管理、政治面貌管理、民族管理、培训课程管理、考核项目管理、合同类型管理和聘用类型管理。

其中部门管理实现了按照树形结构进行各个部门的管理，并从部门全称可以看出该部门的上下级关系。

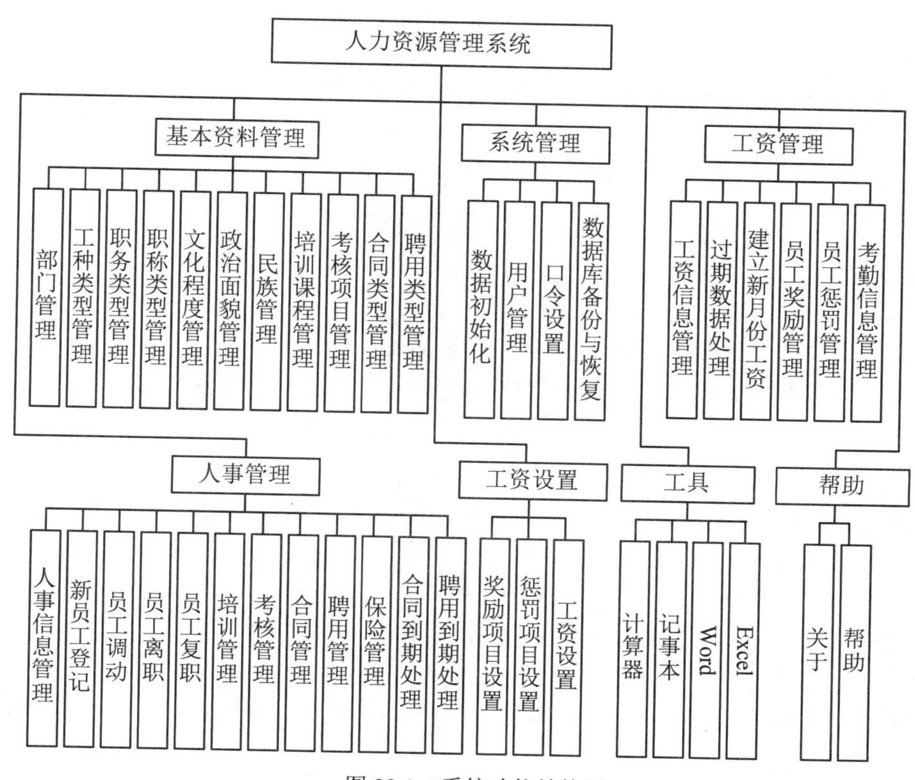

图 23.1 系统功能结构图

2. 工资设置

工资设置是计算员工工资时的最基本的设置，其主要包括奖励项目设置、惩罚项目设置和工资设置。

3. 人事管理

人事管理实现了对公司员工的全面管理，其主要包括人事信息管理、新员工登记、员工调动、员工离职、员工复职、培训管理、考核管理、合同管理、聘用管理、保险管理、合同到期处理和聘用到期处理。

4. 工资管理

工资管理实现了对公司员工工资的计算、发放和打印，以及员工的奖励、惩罚和考勤信息。其主要包括工资信息管理、过期数据处理、建立新月份工资、员工奖励管理、员工惩罚管理和考勤信息管理。

5. 系统管理

登录系统时需要验证身份，只有合法的用户才可以进入人力资源管理系统，不同的用户使用不同的功能，同时也可以对密码进行修改，以及对数据进行备份与还原，保护企业的数据安全。其主要包括用户管理、口令设置、数据初始化和数据备份与恢复。

6. 工具

为了方便用户日常管理工作，工具中提供了记事本、计算器、Office-Word 和 Office-Excel。

7. 帮助

如果要了解系统功能、使用方法以及开发的相关信息，可以使用帮助和关于。

23.4 系 统 设 计

23.4.1 设计目标

通过人力资源管理系统使得管理者快速高效地完成企业日常事务中的人事工作，降低了人力资源管理成本，使管理者能集中精力在企业战略目标；另一方面，通过软件及时收集与整理分析大量的人力资源管理数据，为企业战略决策的生成与实施控制提供强有力的支持，以提高组织目标实现的可能性。具体实现目标如下。

- 系统采用人机对话方式，界面美观友好，信息查询灵活、方便、快捷、准确，数据存储安全可靠。
- 键盘操作，快速响应。
- 对用户输入的数据，系统进行严格的数据检验，尽可能排除人为的错误。
- 万能查询器实现自由设置查询。
- 强大的工资报表。与 EXCEL 实现无缝连接，使人员、考勤、工资等信息的查询结果可直接保存在 EXCEL 表中。
- 不同的操作员有不同的操作员权限，增强了系统的安全性。
- 系统最大限度地实现了易安装性、易维护性和易操作性。
- 系统运行稳定、安全可靠。

23.4.2 开发及运行环境

- 系统开发平台：Visual Basic 6.0。
- 数据库管理平台：SQL Server2000。
- 运行平台：Windows XP/ Windows 2000/Windows 7。
- 分辨率：最佳效果 1024*768。

23.4.3 编码设计

编码设计是数据库系统开发的前提条件，是系统不可缺少的重要内容。编码是指与原来名称对应的编号、符号或记号。它是进行信息交换、处理、传输和实现信息资源共享的关键。编码也用于指定数据的处理方法、区别数据类型，并指定计算机处理的内容等。

本系统内部信息编码采用了统一的编码方式情况。如下所示。

1. 部门编号

部门编号是根据级别订制的。其设计思路是：1 级部门编号 2 位，初始值“01”，后面的部门编号依次往下排（如“02”、“03”等）；2 级部门编号 4 位，初始值依据上级编号，如果上级编号为“01”，则该部门编号为“0101”，如果上级编号为“02”，则该部门编号为“0201”；其他级别的部门编号的位数为级别乘 2，编码思路与上面同理。

2．人员编号

人员编号为 5 位数字编码，初始值为“00001”，后面的人员编号依次往下排。

3．合同编号

合同编号为当前系统年、月和人员编号的组合，如“20161200002”。

4．聘用编号

聘用编号为当前系统年、月和人员编号的组合，如“20161100008”。

23.4.4 数据库设计

本系统数据库采用 SQL Server 2000 数据库，系统数据库名称为 db_manpowerinfo。数据库 db_manpowerinfo 中包含 29 张表。下面分别给出数据表概要说明及主要数据表的结构。

1．数据表概要说明

从读者角度出发，为了使读者对本系统后台数据库中的数据表有一个更清晰的认识，笔者在此特意设计一个数据表树形结构图，其中包含了对系统所有数据表的相关描述，如图 23.2 所示。

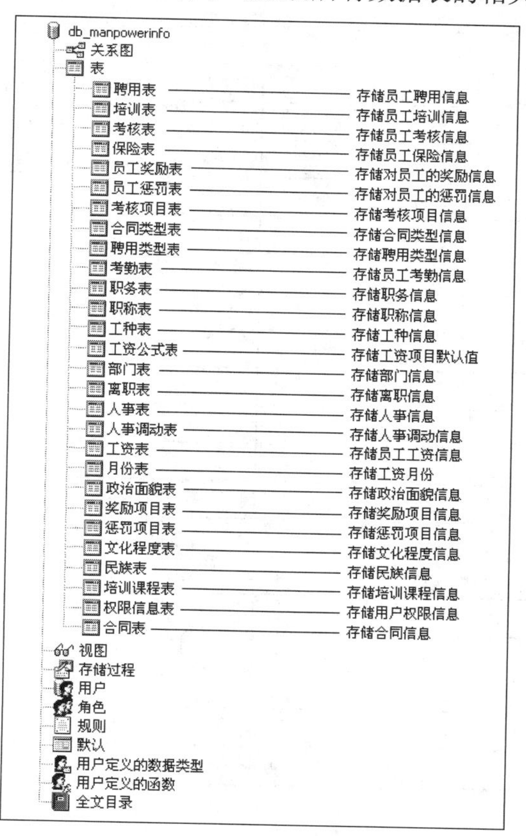

图 23.2 数据表树形结构图

2. 主要数据表的结构

由于篇幅所限，笔者在此只给出较重要的数据表，其他数据表请参见下载的资源包中对应章节的相关内容。

（1）人事表

人事表用来保存人事基础信息。人事表的结构如表 23.1 所示。

表 23.1　人事表的结构

字　段　名	数 据 类 型	长　　度	是 否 为 空
编号	varchar	5	否
姓名	varchar	10	否
性别	varchar	2	是
身份证号	varchar	20	是
出生年月	datetime	8	是
民族	varchar	20	是
婚姻状况	varchar	4	是
政治面貌	varchar	10	是
入党团时间	datetime	8	是
籍贯	varchar	50	是
联系电话	varchar	20	是
手机号码	varchar	30	是
家庭地址	varchar	50	是
毕业院校	varchar	50	是
专业	varchar	20	是
文化程度	varchar	10	是
特长	varchar	50	是
参加工作时间	datetime	8	是
总工龄	int	4	是
照片	image	16	是
部门	varchar	200	是
工种	varchar	20	是
职务	varchar	20	是
职称	varchar	20	是
基本工资	money	8	是
其他工资	money	8	是
调入时间	datetime	8	是
本单位工龄	int	4	是
简历	text	16	是
登记人	varchar	30	是
登记日期	datetime	8	是

（2）合同表

合同表用来保存合同信息。合同表的结构如表 23.2 所示。

表 23.2 合同表的结构

字段名	数据类型	长度	是否为空
员工编号	varchar	5	否
员工姓名	varchar	10	否
合同编号	varchar	15	否
合同类型	varchar	20	是
合同开始日期	datetime	8	是
合同结束日期	datetime	8	是
合同期限	varchar	10	是
合同期工资	money	8	是
试用期	varchar	10	是
试用期工资	money	8	是
备注	text	16	是
状态	varchar	4	是

（3）考勤表

考勤表用来保存考勤信息。考勤表的结构如表 23.3 所示。

表 23.3 考勤表的结构

字段名	数据类型	长度	是否为空	默认值
所属工资月份	varchar	15	否	
员工编号	varchar	5	否	
员工姓名	varchar	10	是	
出勤天数	numeric	9	是	0
请假天数	numeric	9	是	0
迟到或早退次数	numeric	9	是	0
旷工天数	numeric	9	是	0
加班次数	numeric	9	是	0

（4）工资表

工资表用来保存工资信息。工资表的结构如 23.4 所示。

表 23.4 工资表的结构

字段名	数据类型	长度	是否为空	默认值
ID	bigint		否	
所属工资月份	varchar	15	是	
员工编号	varchar	5	是	
员工姓名	varchar	10	是	
基本工资	money	8	是	0
加班费	money	8	是	0
工龄工资	money	8	是	0
全勤奖	money	8	是	0

续表

字 段 名	数据类型	长　度	是否为空	默 认 值
奖励总额	money	8	是	0
职务津贴	money	8	是	0
旷工费	money	8	是	0
惩罚总额	money	8	是	0
养老保险	money	8	是	0
失业保险	money	8	是	0
医疗保险	money	8	是	0
应发工资	money	8	是	0
应扣工资	money	8	是	0
实发工资	money	8	是	0

23.5 技术准备

23.5.1 认识 VB 资源编辑器

“VB 资源编辑器”可以添加、删除和编辑与工程相关联的资源文件（.res）中的资源。一次只能编辑一个资源文件；一个工程只能包含一个资源文件。

“VB 资源编辑器”窗口是可连接的。下面介绍打开“资源编辑器”窗口的 3 种方法：

（1）在“工程”窗口中，双击资源文件，或选定资源文件并按下“Enter”键。

（2）在“工具”菜单中，选定“资源编辑器”命令。

（3）使用 Visual Basic 的“标准型”工具栏上的“资源编辑器”工具栏按钮。

注意：

如果工程中没有“资源编辑器”，可以选择“外接程序”/“外接程序管理器”菜单命令，打开“外接程序管理器”对话框，在此选定“资源编辑器”外接程序。

打开“资源编辑器”窗口，如图 23.3 所示。

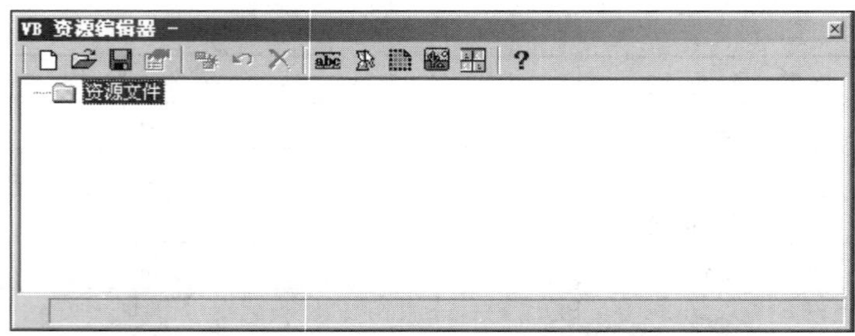

图 23.3　VB 资源编辑器

工具栏中有资源编辑器外接程序各种操作的快捷方式按钮。将鼠标在按钮上停顿一下，将显示该按钮的简短说明。下面介绍这些按钮的功能，如表 23.5 所示。

表 23.5 VB 资源编辑器中工具栏按钮的功能

按 钮	描 述
	添加一个新的资源文件，替换当前文件
	显示“打开一个资源文件”对话框
	保存当前资源文件并更新当前工程中的拷贝
	打开当前选定资源的“属性”对话框
	复制选定资源并分配下一可用的资源 ID
	取消最后一次操作
	删除选定资源
	打开字符串表编辑器
	打开“添加光标”对话框
	打开“添加图标”对话框
	打开“添加位图”对话框
	打开“添加自定义资源”对话框
	显示“显示资源编辑器”帮助

23.5.2 控件准备

为了方便读者学习和使用人力资源管理系统，下面给出该系统涉及的所有 ActiveX 控件，如图 23.4 所示。

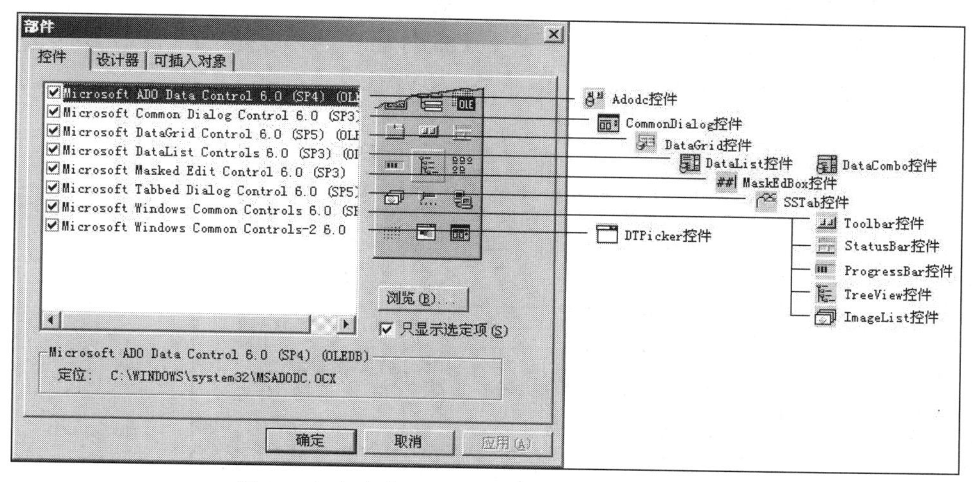

图 23.4 人力资源管理系统用到的 ActiveX 控件

ActiveX 控件的添加方法为：选择“工程”/“部件”命令，打开“部件”对话框，选择所需的选项，然后单击“确定”按钮。

23.5.3 使 Data Environment 和 Data Report 出现在“工程”菜单中

如果在 VB 工程菜单中没有“添加 Data Environment”和“添加 Data Report”命令，可以选择“工程”/“部件”命令，在弹出的“部件”对话框中选择“设计器”选项卡，选中 Data Environment 和 Data Report 选项，如图 23.5 所示。单击“确定”按钮，即可将其添加到 VB 环境中。

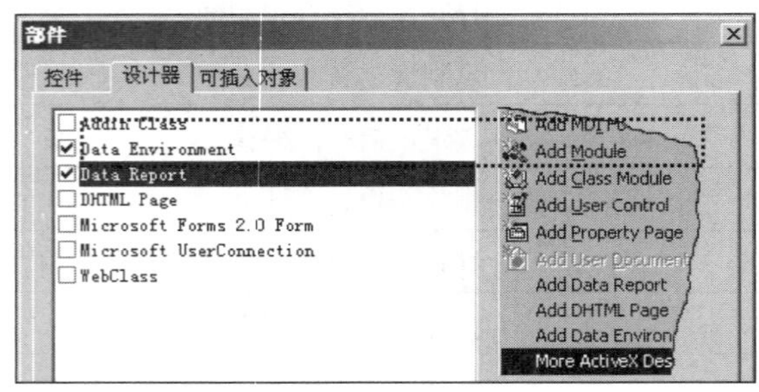

图 23.5　部件“设计器”选项卡

23.6 主要功能模块设计

23.6.1 系统架构设计

为了使读者在使用系统的过程中，快速找到所需的数据库文件、程序文件、图标文件和常用的素材等，将以架构图的方式给出系统架构。

1. 系统文件夹架构

系统文件夹包括数据库、帮助、图标、程序、数据库备份与恢复文件夹和一些常用的素材等，其架构如图 23.6 所示。

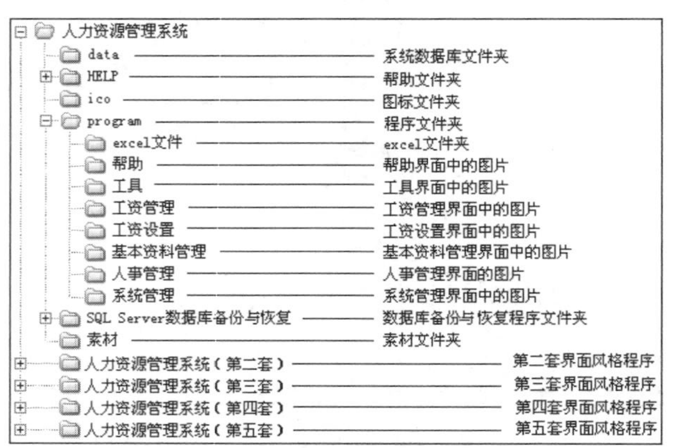

图 23.6　系统文件夹架构图

2. 主文件架构

为了使读者能够对系统文件有一个更清晰的认识，方便、快捷地使用，笔者在此设计了主文件架构图，如图 23.7 所示。

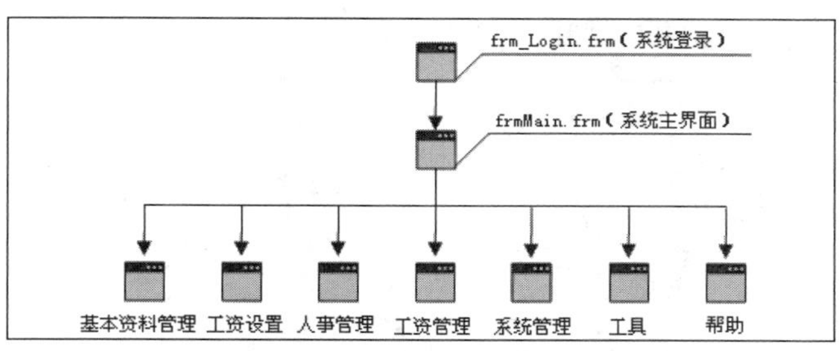

图 23.7　主文件架构图

3. 基本资料管理和人事管理文件架构

基本资料管理和人事管理文件架构如图 23.8 所示，其中基本资料管理中的工种类型管理、职务类型管理、职称类型管理、文化程度管理、政治面貌管理和民族管理模块使用了公用窗体 main_jbzl_public。

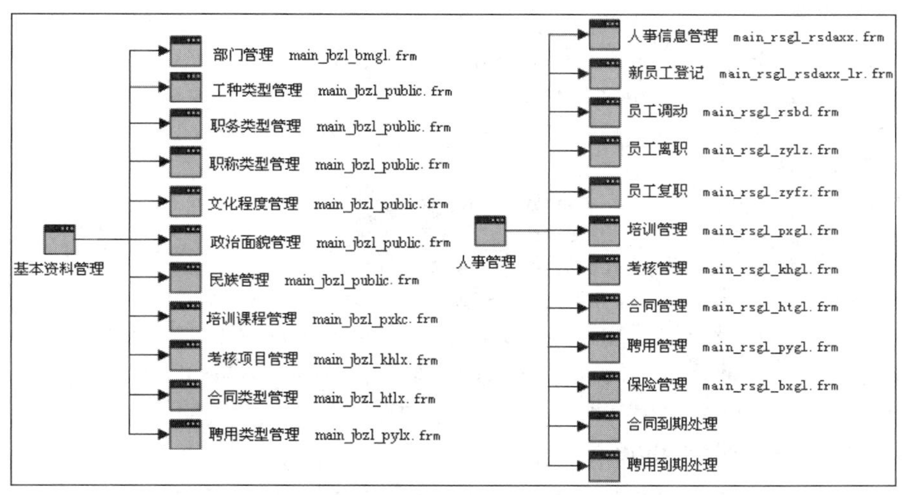

图 23.8　基本资料管理和人事管理文件架构图

4. 工资设置和工资管理文件架构

工资设置和工资管理文件架构如图 23.9 所示，其中工资设置中的奖励项目设置和惩罚项目设置使用了公用窗体 main_jbzl_public。

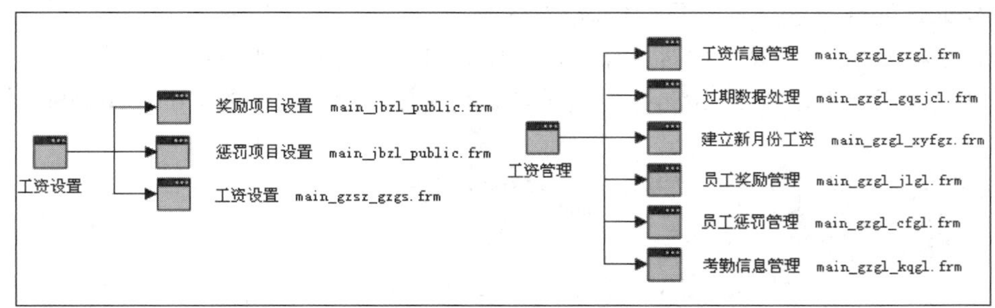

图 23.9　工资设置和工资管理文件架构图

5. 系统管理和工具文件架构

系统管理及工具文件架构如图 23.10 所示。

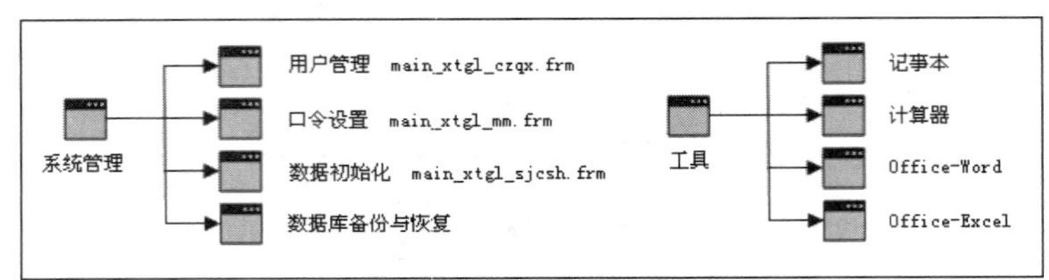

图 23.10　系统管理和工具文件架构图

23.6.2　公用模块设计

在人力资源管理系统程序中，首先要创建公用模块（Module1）。此模块包括用户定义的数据类型、全局变量、API 函数、数据库连接函数等。下面分别进行介绍。

1. 添加全局变量

添加全局变量，用于存储操作员、表和 SQL 语句，代码如下。

```
Public czy As String, tb As String, tb1 As String, sql As String, sql1 As String,
text As String
Public jbxxtb As String
```

添加全局变量，用来标记各个窗体数据添加或修改的状态，代码如下。

```
Public blnAddRS As Boolean, blnAddPX As Boolean, blnAddKH As Boolean, blnAddHT As
Boolean, blnAddPY As Boolean, blnAddBX As Boolean
Public blnAddJL As Boolean, blnAddCF As Boolean
```

blnAdd….变量用户记录数据添加还是修改状态，赋值为 True 为添加，赋值为 False 为修改。

```
Public HTygbh As String, PYygbh As String
Public KGBH As Integer,JBBH As Integer, deptMark As Integer
```

2. 声明 API 函数 ShellExecute

该函数主要用于查找与指定文件关联在一起的程序的文件名，代码如下。

```
Declare Function ShellExecute Lib "shell32.dll" Alias "ShellExecuteA" (ByVal hWnd
As Long, ByVal lpOperation As String, ByVal lpFile As String, ByVal lpParameters
As String, ByVal lpDirectory As String, ByVal nShowCmd As Long) As Long
```

3. 共享数据库连接

为了减少重复的数据连接和为日后修改程序提供接口，在公用模块（Module1）中建立了数据库连接函数 cnn 和 cnStr。如果使用对象操作数据库，可以调用 cnn 函数；如果使用 ADO 控件访问数据库，则可以调用字符串函数 cnStr，并将该函数值赋给 ADO 控件的 ConnectionString 属性。具体代码如下。

```
Public Function Cnn() As ADODB.Connection                    '定义一个函数
  Set Cnn = New ADODB.Connection
  '返回一个数据库连接
 Cnn.Open "Driver={SQL Server};Server=(local);Database=db_manpowerinfo;Uid=sa;
Pwd="
```

```
End Function
Public Function cnStr() As String
  cnStr = "Provider=SQLOLEDB.1;Persist Security Info=False;User ID=sa;Initial
Catalog=db_manpowerinfo"
End Function
```

23.6.3　系统登录模块设计

系统登录模块主要完成对登录系统的用户进行验证，只有合法的用户才可以进入系统。另外，为了防止用户无限期地输入错误的用户名或密码，在系统登录模块中增加了限制登录次数的功能。首先定义一个窗体级的常量 MaxTimes，其主要用来保存允许用户最多登录的次数（这里为 3 次），然后在 cmdOk_Click 过程中定义一个静态变量 intMyTimes，其主要用来保存累计登录系统的次数，并判断是否超过允许登录的次数，如果超过，则显示提示信息，并结束应用程序。运行系统登录模块，其结果如图 23.11 所示。

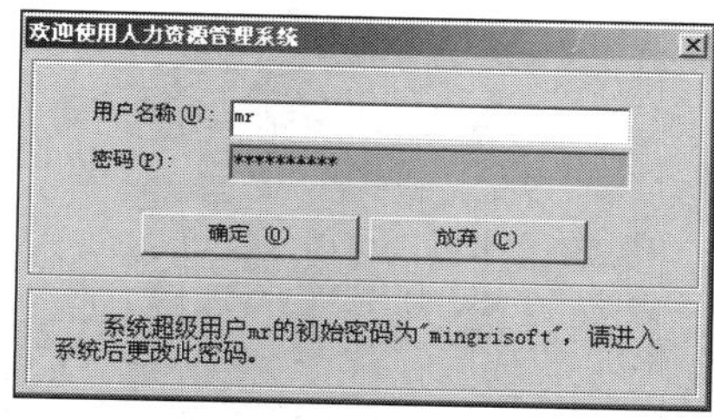

图 23.11　系统登录

1. 窗体设计

（1）新建一个工程，在该工程中新建一个窗体，将窗体的“名称”属性设置为“frm_Login”，BorderStyle 属性设置为“3-Fixed Dialog”；Caption 属性设置为“欢迎使用人力资源管理系统”。

（2）在窗体中添加 3 个 Label 控件，名称为默认的，设置 BackStyle 属性为“0-Transparent”。其中 Label1 和 Label2 的 Caption 属性分别设置为“用户名称（U）”和“密码（P）”。

（3）在窗体中添加 2 个 TextBox 控件，分别设置“名称”属性为 txtUserName 和 txtPassword。

（4）在窗体中添加 2 个 CommandButton 控件，分别设置“名称”属性为 cmdOk 和 cmdCancel；Caption 属性为“确定（O）”和“放弃（C）”。

（5）设置 ADO 对象的引用。单击“工程”/“引用”，在“引用”对话框中选定“Microsoft ActiveX Data Objects 2.5 Library”。

2. 代码设计

```
Option Explicit
Const MaxTimes As Integer = 3
```

单击“确定”按钮，根据用户输入的用户名和密码来判断该用户是否为合法用户。如果是合法用户，将进行系统；如果不是将提示用户，提示超过 3 次，自动退出系统，代码如下。

```
//..........................................................................//
Private Sub cmdOK_Click()
  Static intMyTimes As Integer
   Dim rs1 As New ADODB.Recordset, rs2 As New ADODB.Recordset
```

```
  rs1.Open "权限信息表", Cnn, adOpenKeyset, , adLockOptimistic
 If rs1.RecordCount > 0 Then
   If txtUserName.text = "" Then
       MsgBox "请输入用户名！", , "提示窗口"
       txtUserName.SetFocus
         Exit Sub
   End If
   rs2.Open "权限信息表 where 操作员='" + txtUserName.text + "'", Cnn, adOpenKeyset, ,
adLockOptimistic
   If rs2.RecordCount > 0 Then
     If txtPassword.text = "" Then
       MsgBox "请输入密码！", , "提示窗口"
       txtPassword.SetFocus
       Exit Sub
     End If
     If txtPassword = rs2.Fields("密码") Then
        czy = txtUserName
        Load frmMain
        frmMain.Show
        Unload Me
     Else
        If intMyTimes > MaxTimes Then
           MsgBox "您无权使用该软件！", , "提示窗口"
           End
        Else
          MsgBox "密码不正确，请重新输入！", , "提示窗口"
          intMyTimes = intMyTimes + 1
          txtPassword.SetFocus
        End If
     End If
   Else
     MsgBox "用户名不正确，请重新输入！", , "提示窗口"
     txtUserName.SetFocus
   End If
   rs2.Close
 Else
   MsgBox "初次登录本系统，请在进入系统后，立即设置操作员及其密码，以确保系统的安全！", , "
提示窗口"
   Load frmMain
   frmMain.Show
   Unload Me
 End If
 rs1.Close
End Sub
```

23.6.4 主界面设计

主界面是应用程序的主体，也是应用程序的门面，它设计的好坏将直接影响用户的第一感觉，如果主界面设计得很糟糕，则不论应用程序的其他部分设计得多么细致，用户都不能或不愿意使用它。所以，在设计主界面时应保持界面的简洁性和明确性。人力资源管理系统的主界面便遵循了这一原则，其运行结果如图 23.12 所示。

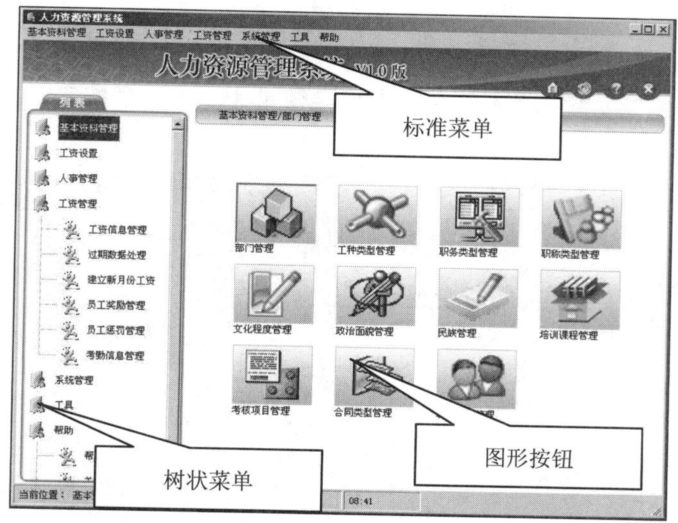

图 23.12　主界面

主界面担负着调用各个功能模块、赋予操作员不同的操作权限、显示当前操作员、操作状态和系统日期等任务。其中应用了 VB 资源编辑器、动态创建图形按钮、动态定位图形按钮等技术。

下面介绍调用各个功能窗体的操作方法。

（1）使用 Windows 标准菜单。单击菜单命令，进入相应的功能模块。

（2）通过树状菜单。鼠标双击菜单树中的主节点，展开菜单树，单击菜单树中的子节点，进入相应的功能模块。

（3）通过图形按钮。鼠标双击菜单树中的主节点，右侧区域将出现图形按钮，单击图形按钮，进入相应的功能模块。

1. 创建主窗体

（1）选择“工程”/“添加窗体”命令，在工程中添加一个新窗体，将该窗体的“名称”属性设置为“frmMain”；BorderStyle 属性为“2-Sizable”；Caption 属性为“人力资源管理系统”；Picture 属性为事先设计好的背景图片。（参见“资源包\人力资源管理系统\素材\主界面.jpg”）

（2）在 frmMain 窗体上添加 1 个 StatusBar 控件和 1 个 CommonDialog 控件。这两个控件属于 ActiveX 控件，在使用前应首先将其添加到工具箱中。具体添加方法如下。

在“工程”/“部件”对话框中选中“Micrsoft Windows Common Controls 6.0（SP4）”和“Microsoft Common Dialog Controls 6.0（SP3）”选项，然后单击“确定”按钮。此时，StatusBar 和 CommonDialog 控件将出现在工具箱中。

2. 使用 VB 资源编辑器和菜单编辑器创建标准菜单

使用 VB 资源编辑器和菜单编辑器设计完成如图 23.12 所示的人力资源管理系统中的标准菜单，应分 3 大步：

（1）使用“资源编辑器”中的“字符串表编辑器”编辑菜单中需要的字符串（即菜单标题）。

（2）使用“菜单编辑器”编辑菜单（菜单标题为资源 ID）。

（3）使用 LoadResString 函数将资源 ID 所对应的字符串显示为菜单标题。

详细设计步骤如下。

1）在“资源编辑器”中的“字符串表编辑器”编辑字符串

（1）单击“资源编辑器”工具栏上的“编辑字符串表”工具栏按钮，打开字符串表编辑器，如图 23.13 所示。

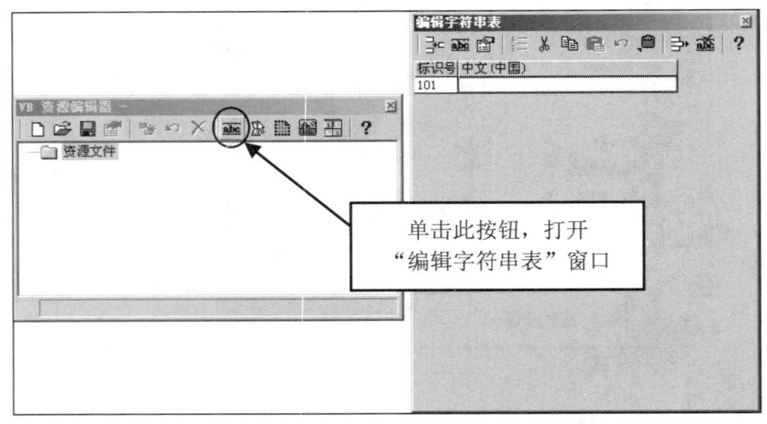

图 23.13　打开字符串表编辑器

（2）添加一个新的字符串表。单击“插入新字符串表”工具栏按钮，一个新的字符串表将被添加到表格中，同时突出显示其“语言 ID”列表框，从中可以选择适当的语言 ID。

如果这是资源中的第一个字符串表，网格中将添加一个初始的条目，其资源 ID 为 101。

如果这是一个附加的字符串表，将为所有现存的行添加网格单元。

（3）编辑资源 ID 和字符串条目。在“标识号”单元格中输入资源 ID；在“中文（中国）”单元格中输入字符串条目（这里输入要作为菜单标题的文本，如“基本资料管理”）。

编辑完成的字符串表如图 23.14 所示。

编辑字符串表

标识号	中枢
1000	基本资料管理
1001	部门管理
1002	工种类型管理
1003	职务类型管理
1004	职称类型管理
1005	文化程度管理
1006	政治面貌管理
1007	民族管理
1008	培训课程管理
1009	考核项目管理
1010	合同类型管理
1011	聘用类型管理
1012	工资设置
1013	奖励项目设置
1014	惩罚项目设置
1015	工资设置
1016	人事管理
1017	人事信息管理
1018	新员工登记
1019	员工调动
1020	员工离职
1021	员工复职
1022	培训管理
1023	考核管理
1024	合同管理
1025	聘用管理
1026	保险管理
1027	合同到期处理
1028	聘用到期处理
1029	工资管理
1030	工资信息管理
1031	过期数据处理
1032	建立新月份工资
1033	员工奖励管理
1034	员工惩罚管理
1035	考勤信息管理
1036	系统管理
1037	用户管理
1038	口令设置
1039	数据初始化
1040	数据库备份与恢复
1041	工具
1042	记事本
1043	计算器
1044	Office-Word
1045	Office-Excel
1046	帮助
1047	帮助
1048	关于

图 23.14　编辑完成的字符串表

2）在“菜单编辑器”中设计菜单

将 frmMain 窗体设为作用中的窗体，然后选择“工具”/“菜单编辑器”命令，在“菜单编辑器”对话框中的“标题”文本框内输入菜单标题（如“1000”），在“名称”文本框内输入名称（如“m”），如图 23.15 所示，然后按表 23.6 所示菜单名称和标题依次完成。

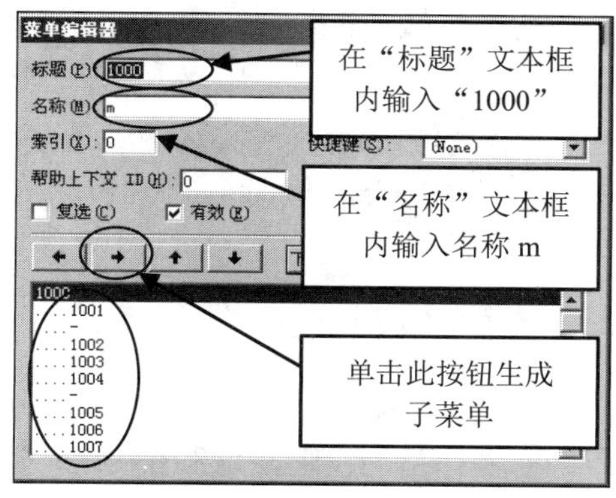

图 23.15 菜单编辑器界面

注意：

（1）菜单编辑器中设计的菜单，其标题应与“资源编辑器”中的 ID 所对应的字符串一致，否则菜单将显示错位。

（2）菜单中分隔线的标题为“-”。

为了程序设计方便，菜单设计为菜单数组，其中所有的主菜单为一个菜单数组，名称为 m(0)～m(6)，每个主菜单下的子菜单为一个数组（如 m1(0)～m1(13)）。详细设置如表 23.6 所示。

表 23.6 菜单名称和菜单标题设置

主菜单名称	主菜单标题	子菜单名称	子菜单标题
m(0)	1000	m1(0)～m1(13)	1001～1011
m(1)	1012	m2(0)～m2(2)	1013～1015
m(2)	1016	m3(0)～m3(14)	1017～1028
m(3)	1029	m4(0)～m4(7)	1030～1035
m(4)	1036	m5(0)～m5(3)	1037～1040
m(5)	1041	m6(0)～m6(3)	1042～1045
m(6)	1046	m7(0)～m7(1)	1047～1048

3．使用 TreeView 控件创建树状菜单

树状菜单的实现主要使用了 TreeView 控件的 Nodes 集合中的 Add 方法，该方法可以向 Nodes 集合中添加一个 Node 对象，从而实现树状菜单。

在使用 TreeView 控件前应将其添加到 frmMain 窗体中，添加方法为：在工具箱中选取 TreeView 控件，将鼠标放置在 frmMain 窗体上，当鼠标指针变成一个十字架时，按住鼠标左键同时拖动鼠标，当达到所需要控件的大小时放开鼠标左键，这时 TreeView 控件将被添加到窗体中。

如果要将 TreeView 控件中显示的内容带图标，应在窗体上添加一个 ImageList 控件。

4．使用 Image 控件数组创建图形按钮

图形按钮的构成原理是动态加载 Image 控件数组并设置其 Picture、Left、Top 属性。具体设计思路如下：

窗体载入后，使用 Load 方法动态加载 12 个 Image 控件数组（初始状态为不可见），当用户单击树状菜单的主节点时，根据其下的子节点的数量，动态设置 Image 控件数组的 Picture、Left 和 Top 属性。

实现上述功能，应首先在工具箱中选取 Image 控件，然后在窗体中添加 1 个 Image 控件数组，默认名为 Image1，设置其 Index 属性为 0，Visible 属性为 False。

5．代码设计

声明模块级变量，用于在一个窗体中的不同过程使用，代码如下。

```
Dim i As Integer, a As Integer
//.......................................................................//
```

自定义函数 blnPower，用于判断操作员的权限，如果有权限，返回值为 True；如果无权限，返回值为 False，代码如下：

```
Function blnPower(str As String) As Boolean
  Dim rs1 As New ADODB.Recordset
  rs1.Open "select * from 权限信息表 where 操作员='" & czy & "'", Cnn, adOpenKeyset,
adLockOptimistic
   If rs1.RecordCount > 0 Then
      If rs1.Fields(str) = False Then
         blnPower = False
      Else
         blnPower = True
      End If
   End If
   rs1.Close
End Function
```

窗体载入时，设置状态栏和 Image1(0)控件数组的相关属性、完成由数字菜单到字符串菜单的转换、添加树状菜单及动态加载 Image1 控件数组等，代码如下。

```
//.......................................................................//
Private Sub Form_Load()
  Dim pnlX As Panel
  '添加面板，并将它们设置为目录
   sbStatusBar.Panels(1).AutoSize = sbrContents
  sbStatusBar.Panels(1) = mytag
   Set pnlX = sbStatusBar.Panels.Add
  pnlX.AutoSize = sbrContents
  pnlX.text = "当前操作员： " & czy
  Set pnlX = sbStatusBar.Panels.Add
  pnlX.Style = sbrDate
  Set pnlX = sbStatusBar.Panels.Add
   pnlX.Style = sbrTime
  '设置图形按钮的初始位置
```

```
Image1(0).Left = 4000: Image1(0).Top = 2625
'将 VB 资源管理器中的字符串添加到菜单中
On Error Resume Next
Dim ctl As Control, sCtlType As String
For Each ctl In Me.Controls
  sCtlType = TypeName(ctl)
  If sCtlType = "Menu" Then
     ctl.Caption = LoadResString(CInt(ctl.Caption))
  End if
Next
'添加树状菜单
Dim nodX As Node
Set nodX = TreeView1.Nodes.Add(, , "X1", "基本资料管理", 1)
For a = 1 To 11
   TreeView1.Nodes.Add "X1", tvwChild, "C" & a, LoadResString(a + 1000), 2
Next a
Set nodX = TreeView1.Nodes.Add(, , "X2", "工资设置", 1)
For a = 12 To 14
   TreeView1.Nodes.Add "X2", tvwChild, "C" & a, LoadResString(a + 1001), 2
Next a
Set nodX = TreeView1.Nodes.Add(, , "X3", "人事管理", 1)
For a = 15 To 26
   TreeView1.Nodes.Add "X3", tvwChild, "C" & a, LoadResString(a + 1002), 2
Next a
Set nodX = TreeView1.Nodes.Add(, , "X4", "工资管理", 1)
For a = 27 To 32
   TreeView1.Nodes.Add "X4", tvwChild, "C" & a, LoadResString(a + 1003), 2
Next a
Set nodX = TreeView1.Nodes.Add(, , "X5", "系统管理", 1)
For a = 33 To 36
  TreeView1.Nodes.Add "X5", tvwChild, "C" & a, LoadResString(a + 1004), 2
Next a
Set nodX = TreeView1.Nodes.Add(, , "X6", "工具", 1)
For a = 37 To 40
  TreeView1.Nodes.Add "X6", tvwChild, "C" & a, LoadResString(a + 1005), 2
Next a
Set nodX = TreeView1.Nodes.Add(, , "X7", "帮助", 1)
Set nodX = TreeView1.Nodes.Add("X7", tvwChild, "C41", "帮助", 2)
Set nodX = TreeView1.Nodes.Add("X7", tvwChild, "C42", "关于", 2)
nodX.EnsureVisible
'动态创建图形按钮（Image 控件）和标题（Label 控件）
For i = 1 To 12
   i = Image1.UBound + 1
   Load Image1(i)
   Load lblCaption1(i)
    Image1(i).ZOrder (0)
   lblCaption1(i).ZOrder (0)
```

```
  Next i
End Sub
```

当鼠标移到图形按钮（指定的 Image1 控件数组）上时，将其 BorderStyle 属性由 0 设置为 1，以形成动态效果，同时将该图形按钮所属功能的完整路径显示在 Label1 中。其具体代码如下。

```
//..........................................................................................//
Private Sub Image1_MouseMove(index As Integer, Button As Integer, Shift As Integer,
X As Single, Y As Single)
  Image1(index).BorderStyle = 1
  Label1.Caption = TreeView1.SelectedItem.text & "/" & lblCaption1(index).Caption
End Sub
Private Sub Label2_MouseMove(index As Integer, Button As Integer, Shift As Integer,
X As Single, Y As Single)
  Label2(index).BorderStyle = 1
End Sub
```

当鼠标移到窗体上时，将图形按钮（Image1 控件数组）的 BorderStyle 属性由 1 设置为 0，具体代码如下。

```
//..........................................................................................//
Private Sub Form_MouseMove(Button As Integer, Shift As Integer, X As Single, Y As
Single)
  For i = 1 To Image1.UBound
    Image1(i).BorderStyle = 0
  Next i
  For i = 0 To Label2.UBound
    Label2(i).BorderStyle = 0
  Next i
End Sub
Private Sub Label1_Change()
  sbStatusBar.Panels(1).text = "当前位置： " & Label1
End Sub
Private Sub Label2_Click(index As Integer)
  Select Case index
    Case 0
      Temp = "www.mingrisoft.com"                          '所要连接的网站名称
      ShellExecute 0&, vbNullString, Temp, vbNullString, vbNullString, 0
                                                           '调用 IE
    Case 1
      m7_Click (1)
    Case 2
      m7_Click (0)
    Case 3
      End
  End Select
End Sub
```

单击菜单数组，首先判断操作员的权限，如果操作员有权限，则调入相应的功能窗体或执行相应的操作；否则提示用户。具体代码如下。

```
//..........................................................................................//
Private Sub m1_Click(index As Integer)
```

```
  text = m1(index).Caption
  If blnPower(m1(index).Caption) = False Then
    MsgBox "对不起，您没有使用此项功能的权限！", vbInformation, "提示窗口"
    Exit Sub
  End If
  Select Case m1(index).Caption
    Case "部门管理"
      Load main_jbzl_bmgl
      main_jbzl_bmgl.Show 1
    Case "工种类型管理"
      jbxxtb = "工种表"
    Case "职务类型管理"
      jbxxtb = "职务表"
    Case "职称类型管理"
      jbxxtb = "职称表"
    Case "文化程度管理"
      jbxxtb = "文化程度表"
    Case "政治面貌管理"
      jbxxtb = "政治面貌表"
    Case "民族管理"
      jbxxtb = "民族表"
      Load main_jbzl_pxkc
      main_jbzl_pxkc.Show 1
    Case "考核项目管理"
      Load main_jbzl_khlx
      main_jbzl_khlx.Show 1
  End Select
  With m1(index)
    If .Caption = "工种类型管理" Or .Caption = "职务类型管理" Or .Caption = "职称类型
管理" Or .Caption = "文化程度管理" Or .Caption = "政治面貌管理" Or .Caption = "民族管
理" Then
      Load main_jbzl_public
      main_jbzl_public.Show 1
    End If
  End With
End Sub
```

其他菜单数组的 Click 事件过程省略，详细内容请参见下载的资源包中的相关内容。

鼠标单击指定的图形按钮（Image1 控件数组），调入相应的功能窗体或执行相应的操作，代码如下。

```
//......................................................................................//
Private Sub Image1_Click(index As Integer)
  text = lblCaption1(index).Caption: Image1(index).BorderStyle = 1
  If blnPower(lblCaption1(index).Caption) = False Then
    MsgBox "对不起，您没有使用此项功能的权限！", vbInformation, "提示窗口"
    Exit Sub
  End If
End Sub
```

此处代码与菜单数组 Click 事件过程中的代码设计思路基本相同，因此省略，详细内容请参见下载的资源包中的相关内容。

单击 TreeView 控件根据选定节点的关键字，调用相应的菜单事件过程。具体代码如下。

```
//..........................................................................//
Private Sub TreeView1_NodeClick(ByVal Node As MSComctlLib.Node)
  Label1 = Node.FullPath
  For b = 1 To Image1.UBound
    Image1(b).Visible = False: lblCaption1(b).Visible = False:
lblCaption1(b).Caption = ""
  Next b
  '当鼠标单击 TreeView 控件的父节点时，根据其下的子节点的数量，设置相应的 Image1 控件数组的
  '可见数量、picture、Left 和 Top 属性。
  For a = 1 To TreeView1.SelectedItem.Children
    Image1(a).Visible = True: lblCaption1(a).Visible = True
    lblCaption1(a) = TreeView1.Nodes(TreeView1.SelectedItem.Child.index + a - 1).
text
    Image1(a).Picture = LoadPicture(App.Path & "\" & Node.text & "\" & a & ".jpg")
    Image1(a).Left = Image1(0).Left + (Image1(a).Width + 420) * ((a - 1) Mod 4)
    lblCaption1(a).Left = Image1(a).Left
    Image1(a).Top = Int(a / 23.1) * (Image1(0).Height + 420) + Image1(0).Top
    lblCaption1(a).Top = Image1(a).Top + Image1(a).Height + 30
  Next a
  '此处代码省略，详细内容请参见下载的资源包中的相关内容
End Sub
```

23.6.5 部门管理模块设计

部门管理模块实现了部门的添加、修改、删除、展开和收缩等功能，其中使用了 TreeView 控件，充分体现了部门间上下级关系。其运行结果如图 23.16 所示。

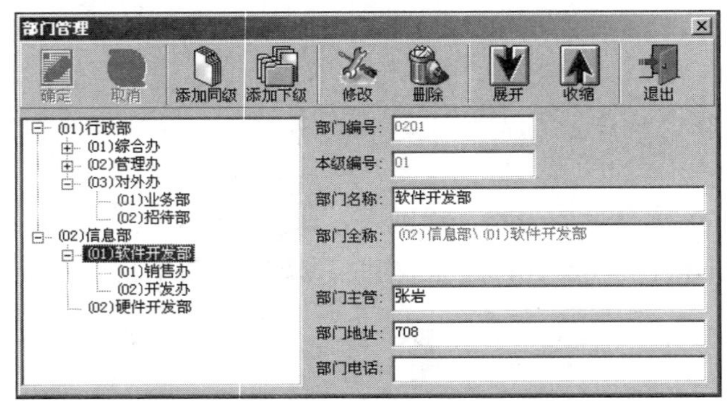

图 23.16　部门管理

1. 窗体设计

部门管理窗体主要使用了 Toolbar、ImageList、TreeView 和 TextBox 等控件。其具体设计步骤如下。

（1）选择“工程”/“添加窗体”命令，在工程中添加一个新窗体，将该窗体的“名称”属性

设置为 main_jbzl_bmgl；BorderStyle 属性设置为“2-Sizable”。

（2）在窗体中添加 1 个 ImageList 控件、1 个 Toolbar 控件、1 个 TreeView 控件、1 个 TextBox 控件数组（text1(0) ~ text1(6)）等。

（3）鼠标右键单击 ImageList1 控件，打开“属性”/“属性页”/“通用”选项卡，在此选择 32 × 32；在“图像”选项卡中，单击“插入”按钮插入“资源包\人力资源管理系统\素材”文件夹中所带的一些图标文件。

（4）鼠标右键单击 Toolbar1 控件，打开“属性”/“属性页”/“通用”选项卡，设置“图像列表”为 ImageList1；在“按钮”选项卡中插入“确定”、“取消”、“添加同级”、“添加下级”等工具栏按钮。

2. 代码设计

（1）声明模块级变量。

```
Dim rs1 As New ADODB.Recordset, blnTJ as Boolean, blnAdd As Boolean
Dim bmbh As String, bmjc As Integer ,i As Integer, lngOL As Long
```

（2）自定义添加树状菜单的过程，其中使用了 TreeView 控件 Nodes 集合的 Add 方法，代码如下。

```
//..............................................................................................//
Public Sub tree_change()                        '定义添加树状列表的函数
  TreeView1.Nodes.Clear
  Dim mNode As Node
  rs1.Open "select * from 部门表 order by 部门编号,编码级次", Cnn, adOpenKeyset,
adLockOptimistic
  If rs1.RecordCount > 0 Then
  rs1.MoveFirst
   Do While rs1.EOF = False
     Select Case rs1.Fields("编码级次")
        Case 1
          Set mNode = TreeView1.Nodes.Add()
          mNode.text = "(" & rs1.Fields("本级编号") & ")" & rs1.Fields("部门名称")
          mNode.Key = rs1.Fields("部门全称")
        Case 2
          Set mNode1 = TreeView1.Nodes.Add(mNode.index, tvwChild)
          mNode1.text = "(" & rs1.Fields("本级编号") & ")" & rs1.Fields("部门名称")
          mNode1.Key = rs1.Fields("部门全称")
        Case 3
          Set mNode2 = TreeView1.Nodes.Add(mNode1.index, tvwChild)
          mNode2.text = "(" & rs1.Fields("本级编号") & ")" & rs1.Fields("部门名称")
          mNode2.Key = rs1.Fields("部门全称")
        Case 4
          Set mNode3 = TreeView1.Nodes.Add(mNode2.index, tvwChild)
          mNode3.text = "(" & rs1.Fields("本级编号") & ")" & rs1.Fields("部门名称")
          mNode3.Key = rs1.Fields("部门全称")
        Case 5
          Set mNode4 = TreeView1.Nodes.Add(mNode3.index, tvwChild)
          mNode4.text = "(" & rs1.Fields("本级编号") & ")" & rs1.Fields("部门名称")
```

```
        mNode4.Key = rs1.Fields("部门全称")
      End Select
      rs1.MoveNext
    Loop
  End If
  rs1.Close
End Sub
```

（3）自定义设置工具栏按钮和控件状态的函数过程，代码如下。

```
//................................................................................//
Sub tlbState(state As Boolean)
  With Toolbar1
    If state = True Then
      .Buttons(1).Enabled = False:.Buttons(2).Enabled = False
      For i = 4 To 11
        .Buttons(i).Enabled = True
      Next i
      For i = 0 To Text1.UBound
        Text1(i).Locked = True
      Next i
    Else
      .Buttons(1).Enabled = True:.Buttons(2).Enabled = True
      For i = 4 To 11
        .Buttons(i).Enabled = False
      Next i
      For i = 0 To Text1.UBound
        Text1(i).Locked = False
      Next i
    End If
  End With
End Sub
```

（4）窗体载入时，设置窗体标题，同时调用 tree_change 过程和 tlbState 函数过程，代码如下。

```
Private Sub Form_Load()
  Me.Caption = text
  tree_change
  tlbState True
End Sub
```

（5）按 Enter 键，使下一个文本框获得焦点，并自动生成“部门全称”，代码如下。

```
//................................................................................//
Private Sub Text1_KeyDown(index As Integer, KeyCode As Integer, Shift As Integer)
  If KeyCode = vbKeyReturn And index = 2 Then
    If blnAdd = False Then
      If Text1(3) <> "" Then Text1(3) = Left(Text1(3), Len(Text1(3)) - lngOL) & "("
& Text1(1) & ")" & Text1(2)
    Else
      If blnTJ = True Then
        If TreeView1.Nodes.Count > 0 Then
```

```
        If TreeView1.SelectedItem.Root.Selected = True Then
          Text1(3) = "(" & Text1(1) & ")" & Text1(2)
        Else
        Text1(3) = TreeView1.SelectedItem.Parent.FullPath & "\" & "(" & Text1(1)
& ")" & Text1(2)
        End If
      Else
        Text1(3) = "(" & Text1(1) & ")" & Text1(2)
      End If
    Else
     Text1(3) = TreeView1.SelectedItem.FullPath & "\" & "(" & Text1(1) & ")" &
Text1(2)
    End If
   End If
   Text1(4).SetFocus
  End If
  If KeyCode = vbKeyReturn And index > 3 And index < 6 Then Text1(index + 1).SetFocus
End Sub
//............................................................................//
Private Sub TreeView1_NodeClick(ByVal Node As MSComctlLib.Node)
 rs1.Open "select * from 部门表 where 部门全称='" + TreeView1.SelectedItem.Key + "'",
Cnn, adOpenKeyset, adLockOptimistic
 If rs1.RecordCount > 0 Then
  For i = 0 To 6
   Text1(i) = rs1.Fields(i)
  Next i
 End If
 rs1.Close
End Sub
```

（6）单击工具栏按钮，根据关键字 key 来判断用户单击的是哪个按钮，从而实现部门信息的添加、修改等，代码如下。

```
//............................................................................//
Private Sub Toolbar1_ButtonClick(ByVal Button As MSComctlLib.Button)
 Select Case Button.Key
  Case "ok"                                          '保存部门信息
   tlbState True
   If Len(Text1(0)) > 10 Then
    MsgBox "部门编号超长！"
    Exit Sub
   End If
   If blnAdd = True Then
    rs1.Open "select * from 部门表", Cnn, adOpenKeyset, adLockOptimistic
    rs1.AddNew
    For i = 0 To 6
     rs1.Fields(i) = Text1(i)
    Next i
    rs1.Fields("编码级次") = Len(Text1(0)) / 2
```

```
      rs1.Update
      rs1.Close
    Else
      rs1.Open "select * from 部门表 where 部门编号='" + Text1(0) + "'", Cnn,
adOpenKeyset, adLockOptimistic
      If rs1.RecordCount > 0 Then
      For i = 0 To 6
        rs1.Fields(i) = Text1(i)
      Next i
      rs1.Update
      End If
      rs1.Close
    End If
    tree_change
   Case "cancel"                                    '取消
    tlbState True
   Case "addnew"                                    '添加同级
    tlbState False
    blnTJ = True: blnAdd = True
    For i = 0 To Text1.UBound
      Text1(i).text = ""
    Next i
    rs1.Open "select * from 部门表 where 部门全称='" + TreeView1.SelectedItem.Key +
"'order by 编码级次", Cnn, adOpenKeyset, adLockOptimistic
    If rs1.RecordCount > 0 Then
      bmjc = rs1.Fields("编码级次")
    End If
    rs1.Close
    rs1.Open "select * from 部门表 where 部门全称 like '" +
Left(TreeView1.SelectedItem.Key, (bmjc - 1) * 2) + "'+'%'and 编码级次=" & bmjc & "",
Cnn, adOpenKeyset, adLockOptimistic
    If rs1.RecordCount > 0 Then
      rs1.MoveLast
      Text1(1) = Format(Val(rs1.Fields("本级编号")) + 1, "00")
      Text1(0) = Left(rs1.Fields("部门编号"), Val(bmjc - 1) * 2) & Text1(1)
    Else
      Text1(1) = "01"
      For i = 1 To bmjc
        Text1(0) = Text1(0) & "01"
      Next i
    End If
    rs1.Close
    Text1(2).SetFocus
   Case "child"                                     '添加下级
    tlbState False
    blnTJ = False: blnAdd = True
    For i = 0 To Text1.UBound
      Text1(i).text = ""
```

```
    Next i
    rs1.Open "select * from 部门表 where 部门全称= '" + TreeView1.SelectedItem.
Key + "'order by 编码级次", Cnn, adOpenKeyset, adLockOptimistic
    If rs1.RecordCount > 0 Then
      rs1.MoveLast
      bmjc = rs1.Fields("编码级次") + 1
      bmbh = rs1.Fields("部门编号")
    End If
    rs1.Close
    rs1.Open "select * from 部门表 where 部门全称 like '" + TreeView1.SelectedItem.
Key + "'+'%'and 编码级次=" & bmjc & "", Cnn, adOpenKeyset, adLockOptimistic
    If rs1.RecordCount > 0 Then
      rs1.MoveLast
      Text1(1) = Format(Val(rs1.Fields("本级编号")) + 1, "00")
      Text1(0) = Left(rs1.Fields("部门编号"), Val(bmjc - 1) * 2) & Text1(1)
    Else
      Text1(1) = "01"
      For i = 1 To bmjc
        Text1(0) = bmbh & "01"
      Next i
    End If
    rs1.Close
    Text1(2).SetFocus
  Case "modify"                                    '修改部门信息
    blnAdd = False
    tlbState False
    lngOL = Len("(" & Text1(1) & ")" & Text1(2))
    Text1(2).SetFocus
  Case "del"                                       '删除部门信息
   If TreeView1.SelectedItem.Children > 0 Then
     MsgBox "此部门存在下级部门，不允许删除！"
     Exit Sub
   End If
   Cnn.Execute ("delete from 部门表 where 部门全称='" + TreeView1.SelectedItem.
Key + "'")
   tree_change
   '此处代码省略，详细内容请参见下载的资源包中的相关内容
 End Select
End Sub
```

23.6.6 人事信息管理模块设计

人事信息管理模块主要完成人事信息的增加、修改、删除、查找、导出 Excel 等功能。为了方便用户操作，系统将增加、修改与删除、查找、导出 Excel 功能分别放在两个不同的窗体中，其中父窗体（如图 23.17 所示）主要完成浏览、查找、删除、导出 Excel 和打开“人事信息添加”或“人事信息修改”窗体（子窗体）；子窗体（如图 23.18 和图 23.19 所示）则主要完成增加和修改人事信息功能。

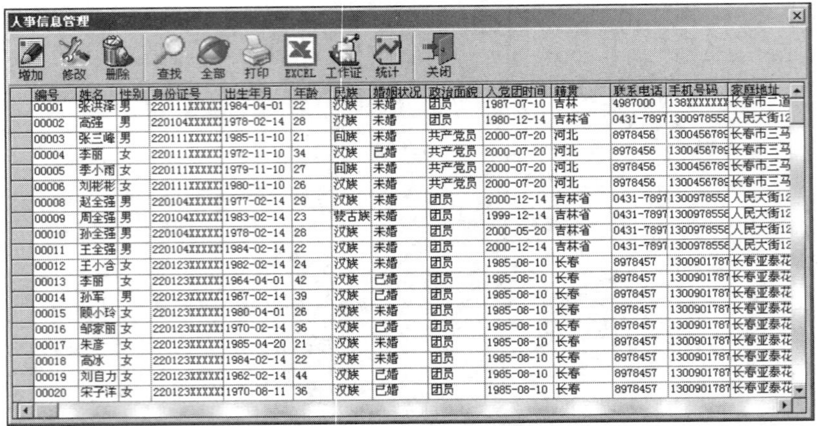

图 23.17　人事信息管理

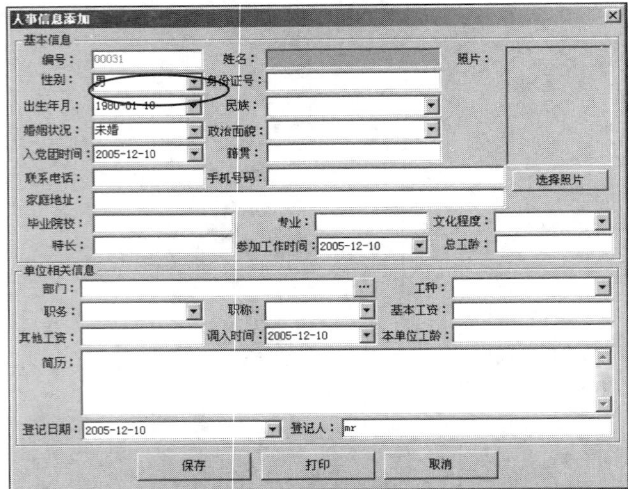

图 23.18　人事信息添加

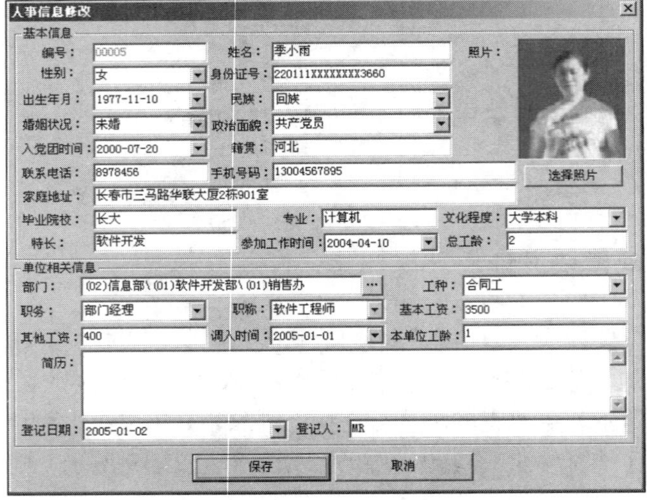

图 23.19　人事信息修改

1. 父窗体设计

（1）选择“工程”/“添加窗体”命令，添加一个窗体，将该窗体的“名称”属性设置为 main_rsgl_rsdaxx。

（2）在窗体中设计如图 23.17 所示的工具栏。

（3）添加 1 个 ADODC 控件和 1 个 DataGrid 控件。这两个控件属于 ActiveX 控件，在使用前应首先将其添加到工具箱中。具体添加方法如下。

在“工程”/“部件”对话框中选中“Microsoft ADO Data Control 6.0（SP4）（OLEDB）”和“Microsoft DataGrid Control 6.0（SP5）”选项，然后单击“确定”按钮。此时，ADODC 和 DataGrid 控件将出现在工具箱中。

（4）主要控件对象的属性设置如表 23.7 所示。

表 23.7 主要控件对象的属性列表

对　象	属　性	值	功　能
Adodc1	CommandType	2-adCmdText	提供数据绑定
	ConnectionString	Provider=SQLOLEDB.1;Persist Security Info=False; User ID=sa;Initial Catalog=db_manpowerinfo	
	RecordSource	select * from 人事表	
	Visible	false	
DataGrid1	DataSource	Adodc1	显示人事信息

（5）程序代码如下。

```
Dim rs1 As New ADODB.Recordset
Private Sub Form_Activate()
 If sql1 <> "" Then
    Adodc1.RecordSource = "select * from " & sql1
    Adodc1.Refresh
    If Adodc1.Recordset.RecordCount > 0 Then
    Else
      MsgBox "没有找到符合条件的记录！", , "提示窗口"
    End If
  End If
End Sub
Private Sub Form_QueryUnload(Cancel As Integer, UnloadMode As Integer)
 sql1 = ""
End Sub
//.................................................................//
Private Sub DataGrid1_DblClick()
 If Adodc1.Recordset.RecordCount > 0 Then
   blnAddRS = False
   Load main_rsgl_rsdaxx_lr
   main_rsgl_rsdaxx_lr.Show 1
 End If
End Sub
```

单击工具栏按钮，根据其关键字 key 来判断用户单击的是哪个按钮，从而实现人事信息的添加、修改、查找和导出 Excel 等功能，代码如下。

```
Private Sub Toolbar1_ButtonClick(ByVal Button As MSComctlLib.Button)
  Select Case Button.Key
    Case "add"
      blnAddRS = True
      Load main_rsgl_rsdaxx_lr
      main_rsgl_rsdaxx_lr.Show 1
    Case "modify"
      If Adodc1.Recordset.RecordCount > 0 Then
        blnAddRS = False
        Load main_rsgl_rsdaxx_lr
        main_rsgl_rsdaxx_lr.Show 1
      Else
        MsgBox "系统没有要修改的数据！", , "提示窗口"
      End If
    Case "delete"                           '删除 DataGrid 控件中选择的人事信息
      If Adodc1.Recordset.RecordCount > 0 Then
        Adodc1.Recordset.Delete
        Adodc1.Refresh
      Else
        MsgBox "系统没有要删除的数据！", , "提示窗口"
      End If
    Case "find"                             '调出万能查询器
      tb1 = "人事表"
      Load main_fzfind
      main_fzfind.Show 1
    Case "all"
      Adodc1.RecordSource = "人事表 order by 编号"
      Adodc1.Refresh
    '此处代码省略，详细设计思路请参见 23.7.3 节
  End Select
End Sub
```

2. 子窗体设计

（1）在工程中添加一个新窗体，将该窗体的“名称”属性设置为 main_rsgl_rsdaxx_lr。

（2）在窗体上添加 TextBox 控件数组（txt1(0) ~ txt1(16)）、2 个 ComboBox 控件、1 个 PictureBox 控件、7 个 ADODC 控件、1 个 CommonDialog 控件和 4 个 CommandButton 控件等。

（3）在窗体上添加 5 个 DTPicker 控件、6 个 DataCombo 控件。DTPicker 控件和 DataCombo 控件属于 ActiveX 控件，在使用前应首先将其添加到工具箱中。具体添加方法如下。

在“工程/部件”对话框中选中“Micrsoft Windows Common Controls-26.0（SP4）”“Microsoft DataList Controls 6.0（SP3）”选项，然后单击“确定”按钮。此时，DataCombo 控件将出现在工具箱中。

（4）主要控件对象的属性设置如表 23.8 所示。

表 23.8 主要控件对象的属性列表

对　象	属　性	值	功　能
Adodc2	RecordSource	民族表	提供数据绑定
Adodc3	RecordSource	政治面貌表	提供数据绑定
Adodc4	RecordSource	文化程度表	提供数据绑定
Adodc5	RecordSource	工种表	提供数据绑定
Adodc6	RecordSource	职务表	提供数据绑定
Adodc7	RecordSource	职称表	提供数据绑定
DataCombo1	RowSource ListField	Adodc2 民族	显示民族信息
DataCombo2	RowSource ListField	Adodc3 政治面貌	显示政治面貌信息
DataCombo3	RowSource ListField	Adodc4 文化程度	显示文化程度信息
DataCombo4	RowSource ListField	Adodc5 工种	显示工种信息
DataCombo5	RowSource ListField	Adodc6 职务名称	显示职务信息
DataCombo6	RowSource ListField	Adodc7 职称名称	显示职称信息

（5）程序代码如下。

```
Option Explicit
Dim i As Integer     '定义整型变量
Dim rs1 As New ADODB.Recordset, mst As New ADODB.Stream
Public photoFilename As String
```

载入窗体时，将首先通过全局布尔型变量 blnAddRS 判断是添加还是修改。如果是添加状态，则自动生成“编号”，同时清除其他文本框中的内容；如果是修改状态，则父窗体中选择的记录将显示在文本框中。代码如下。

```
//..........................................................................//
Private Sub Form_Load()
  Combo1.AddItem ("男"):Combo1.AddItem ("女"):Combo1.ListIndex = 0
  Combo2.AddItem ("未婚"): Combo2.AddItem ("已婚"): Combo2.AddItem ("再婚
"):Combo2.ListIndex = 0
  If blnAddRS = True Then
    Me.Caption = "人事信息添加"
    rs1.Open "select * from 人事表 order by 编号", Cnn, adOpenKeyset, adLockOptimistic
    If rs1.RecordCount > 0 Then
      rs1.MoveLast
      Txt1(0) = Format(Val(rs1.Fields("编号")) + 1, "00000")
    Else
      Txt1(0) = "00001"
    End If
```

```
    rs1.Close
    Txt1(16) = czy
  Else
    Me.Caption = "人事信息修改"
    With main_rsgl_rsdaxx.Adodc1.Recordset
     If .RecordCount > 0 Then
        Txt1(0) = .Fields("编号"):Txt1(1) = .Fields("姓名"):Combo1.text = .Fields("
性别")
        Txt1(2) = .Fields("身份证号"): DTP1.Value = .Fields("出生年月"):Txt1(17)
= .Fields("年龄")
        DataCombo1 = .Fields("民族"): Combo2 = .Fields("婚姻状况")
        DataCombo2 = .Fields("政治面貌")
        DTP2.Value = .Fields("入党团时间"): Txt1(3) = .Fields("籍贯")
        Txt1(4) = .Fields("联系电话"): Txt1(5) = .Fields("手机号码")
        Txt1(6) = .Fields("家庭地址"): Txt1(7) = .Fields("毕业院校")
        Txt1(8) = .Fields("专业"): DataCombo3 = .Fields("文化程度")
        Txt1(9) = .Fields("特长"): DTP3.Value = .Fields("参加工作时间")
        Txt1(10) = .Fields("总工龄")
        Set PicPhoto.DataSource = main_rsgl_rsdaxx.Adodc1
        PicPhoto.DataField = "照片"
         If .Fields("照片") Is Nothing Then
          PicPhoto.Picture = LoadPicture()
        End If
        Txt1(11) = .Fields("部门"): DataCombo4 = .Fields("工种")
        DataCombo5 = .Fields("职务"): DataCombo6 = .Fields("职称")
        Txt1(12) = .Fields("基本工资"): Txt1(13) = .Fields("其它工资")
        DTP4.Value = .Fields("调入时间"): Txt1(14) = .Fields("本单位工龄")
        If .Fields("简历") <> "" Then Txt1(15) = .Fields("简历")
        DTP5.Value = .Fields("登记日期"): Txt1(16) = .Fields("登记人")
     End If
    End With
  End If
End Sub
Private Sub Form_Activate()
  Txt1(1).SetFocus
  If deptMark = 1 Then DataCombo4.SetFocus
End Sub
Private Sub cmdDept_Click()                                          '打开部门信息窗口
  deptMark = 1
  Load main_datatree
  main_datatree.Show 1
End Sub
```

通过 CommonDialog 控件显示“打开”对话框并选择图片，代码如下。

```
//..............................................................................//
Private Sub cmdPhotoAdd_Click()
  '添加职工相片
```

```
  With CommonDialog1
      .DialogTitle = "选择要加入的职工相片"
      .Filter = "jpg 图片|*.jpg"
      .ShowOpen     '打开对话框
      PicPhoto.Picture = LoadPicture(.FileName)
      photoFilename = .FileName
  End With
End Sub
Private Sub DTP3_Change()
  Txt1(10) = Val(Left(Date, 4)) - Val(Left(DTP3, 4))        '自动计算总工龄
End Sub
```

单击“保存”按钮，将首先通过全局布尔型变量 **blnAddRS** 判断是添加还是修改。如果是添加状态，则添加记录；如果是修改状态，则修改记录，代码如下。

```
//...........................................................................//
Private Sub cmdSave_Click()
  Dim a As Long
  If blnAddRS = False Then
    a = MsgBox("您确实要修改这条数据吗?", vbYesNo)
    If a = vbYes Then
     rs1.Open "select * from 人事表 where 编号='" + Txt1(0).text + "'", Cnn,
adOpenKeyset, adLockOptimistic
   If rs1.RecordCount > 0 Then
    rs1.Fields("编号") = Txt1(0): rs1.Fields("姓名") = Txt1(1)
    rs1.Fields("性别") = Combo1.text: rs1.Fields("身份证号") = Txt1(2)
    rs1.Fields("出生年月") = DTP1.Value: rs1.Fields("年龄")= Txt1(17)
    rs1.Fields("民族") = DataCombo1: rs1.Fields("婚姻状况") = Combo2
    rs1.Fields("政治面貌") = DataCombo2: rs1.Fields("入党团时间") = DTP2.Value
    rs1.Fields("籍贯") = Txt1(3): rs1.Fields("联系电话") = Txt1(4): rs1.Fields("手
机号码") = Txt1(5)
rs1.Fields("家庭地址") = Txt1(6): rs1.Fields("毕业院校") = Txt1(7): rs1.Fields("专
业") = Txt1(8)
   rs1.Fields("文化程度") = DataCombo3: rs1.Fields("特长") = Txt1(9)
   rs1.Fields("参加工作时间") = DTP3.Value: rs1.Fields("总工龄") = Val(Txt1(10))
   mst.Type = adTypeBinary
   mst.Open
   If photoFilename <> "" Then mst.LoadFromFile photoFilename
   rs1.Fields("照片") = mst.Read
   rs1.Fields("部门") = Txt1(11): rs1.Fields("工种") = DataCombo4
   rs1.Fields("职务") = DataCombo5: rs1.Fields("职称") = DataCombo6
   rs1.Fields("基本工资") = Val(Txt1(12)): rs1.Fields("其它工资") = Val(Txt1(13))
   rs1.Fields("调入时间") = DTP4.Value: rs1.Fields("本单位工龄") = Val(Txt1(14))
   rs1.Fields("简历") = Txt1(15): rs1.Fields("登记日期") = DTP5.Value
   rs1.Fields("登记人") = Txt1(16)
   rs1.Update
   main_rsgl_rsdaxx.Adodc1.Refresh
  End If
```

```
    rs1.Close: mst.Close
   End If
  Else
    rs1.Open "select * from 人事表", Cnn, adOpenKeyset, adLockOptimistic
    '添加记录
    rs1.AddNew
    rs1.Fields("编号") = Txt1(0): rs1.Fields("姓名") = Txt1(1)
    rs1.Fields("性别") = Combo1.text: rs1.Fields("身份证号") = Txt1(2)
    rs1.Fields("出生年月") = DTP1.Value: rs1.Fields("民族") = DataCombo1:
rs1.Fields("婚姻状况") = Combo2
    rs1.Fields("政治面貌") = DataCombo2: rs1.Fields("入党团时间") = DTP2.Value:
rs1.Fields("籍贯") = Txt1(3)
    rs1.Fields("联系电话") = Txt1(4): rs1.Fields("手机号码") = Txt1(5): rs1.Fields("
家庭地址") = Txt1(6)
    rs1.Fields("毕业院校") = Txt1(7): rs1.Fields("专业") = Txt1(8): rs1.Fields("文
化程度") = DataCombo3
    rs1.Fields("特长") = Txt1(9): rs1.Fields("参加工作时间") = DTP3.Value
    rs1.Fields("总工龄") = Val(Txt1(10))
    mst.Type = adTypeBinary
    mst.Open
    If photoFilename <> "" Then mst.LoadFromFile photoFilename
    rs1.Fields("照片") = mst.Read
    rs1.Fields("部门") = Txt1(11): rs1.Fields("工种") = DataCombo4: rs1.Fields("职
务") = DataCombo5
    rs1.Fields("职称") = DataCombo6: rs1.Fields("基本工资") = Val(Txt1(12))
    rs1.Fields("其它工资") = Val(Txt1(13)): rs1.Fields("调入时间") = DTP4.Value
    rs1.Fields("本单位工龄") = Val(Txt1(14)): rs1.Fields("简历") = Txt1(15)
    rs1.Fields("登记日期") = DTP5.Value: rs1.Fields("登记人") = Txt1(16)
    '更新数据库
    rs1.Update
    main_rsgl_rsdaxx.Adodc1.Refresh
    关闭数据集对象
    rs1.Close
    mst.Close
  End If
  Unload Me
End Sub
```

23.6.7 员工调动模块设计

员工调动模块实现了员工在部门之间的调动、工种、职务、职称的调动和员工信息查找等功能。其设计思路与人事信息管理模块基本相同。其中父窗体主要用于浏览、查找和打开“添加调动信息”窗体（子窗体）；子窗体则用于保存人员的调动信息。

员工调动模块中的父窗体和子窗体的运行结果如图 23.20 所示。

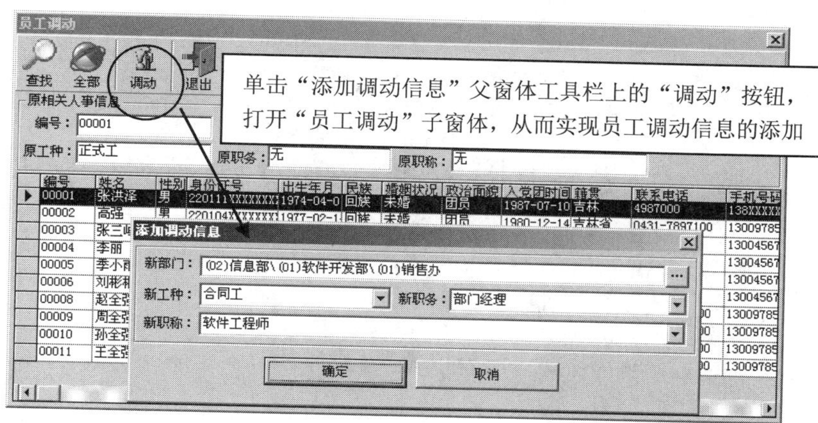

图 23.20 员工调动

1. 父窗体设计

（1）在"工程"中添加一个窗体，将该窗体的"名称"属性设置为 main_rsgl_rsbd。

（2）在窗体中设计如图 23.20 所示的工具栏。

（3）在窗体上添加 1 个 ADODC 控件和 1 个 DataGrid 控件。设置 Adodc1 控件的 CommandType 属性为 1-adCmdText，RecordSource 属性为 select * from 人事表 order by 编号；设置 DataGrid1 控件的 DataSource 属性为 Adodc1。

（4）程序代码如下。

```
Dim rs1 As New ADODB.Recordset
//……………………………………………………………………………//
Private Sub Form_Activate()
  If sql <> "" Then
     Adodc1.RecordSource = "select * from " & sql
     Adodc1.Refresh
     If Adodc1.Recordset.RecordCount > 0 Then
     Else
        MsgBox "没有找到符合条件的记录！", , "提示窗口"
     End If
  End If
End Sub
Private Sub Form_Load()
  Me.Caption = text
  DataGrid1_RowColChange 0, 0
End Sub
Private Sub Form_QueryUnload(Cancel As Integer, UnloadMode As Integer)
  sql = ""
End Sub
Private Sub DataGrid1_DblClick()
   Load main_rsgl_rsbd_lr
   main_rsgl_rsbd_lr.Show 1
End Sub
//……………………………………………………………………………//
Private Sub DataGrid1_RowColChange(LastRow As Variant, ByVal LastCol As Integer)
```

```
  With Adodc1.Recordset
    If Adodc1.Recordset.RecordCount > 0 Then
      Text1(0) = .Fields("编号"):Text1(1) = .Fields("姓名"):Text1(2) = .Fields("
部门")
      Text1(3) = .Fields("工种"):Text1(4) = .Fields("职务"):Text1(5) = .Fields("
职称")
    End If
  End With
End Sub
//..............................................................................//
Private Sub Toolbar1_ButtonClick(ByVal Button As MSComctlLib.Button)
  Select Case Button.Key
    Case "find"
      tb = "人事表"
      Load main_find
      main_find.Show 1
    Case "all"
      Adodc1.RecordSource = "select * from 人事表 order by 编号"
      Adodc1.Refresh
    Case "remove"
     Load main_rsgl_rsbd_lr
     main_rsgl_rsbd_lr.Show 1
    Case "close"
      Unload Me
  End Select
End Sub
```

2. 子窗体设计

（1）在“工程”中添加一个窗体，将该窗体的”名称”属性设置为 main_rsgl_rsbd_lr。

（2）在窗体上添加 1 个 TextBox 控件、3 个 ADODC 控件、3 个 DataCombo 控件和 3 个 CommandButton 控件等。

（3）主要控件对象的属性设置如表 23.9 所示。

表 23.9　主要控件对象的属性列表

对　　象	属　　性	值	功　　能
Adodc1	RecordSource	工种表	提供数据绑定
Adodc2	RecordSource	职务表	提供数据绑定
Adodc3	RecordSource	职称表	提供数据绑定
DataCombo1	RowSource ListField	Adodc1 工种	显示工种信息
DataCombo2	RowSource ListField	Adodc2 职务名称	显示职务信息
DataCombo3	RowSource ListField	Adodc3 职称名称	显示职称信息

（4）程序代码如下。

```
Private Sub Form_Activate()
  If deptMark = 0 Then DataCombo1.SetFocus
End Sub
Private Sub cmdDept_Click()
  deptMark = 0
  Load main_datatree
  main_datatree.Show 1
End Sub
//..........................................................................................//
Private Sub Command1_Click()
  Cnn.Execute ("update 人事表 set 部门='" + Txt1 + "',工种='" + DataCombo1 + "',职务
='" + DataCombo2 + "',职称='" + DataCombo3 + "'where 编号='" + main_rsgl_rsbd.Text1(0)
+ "'")
  With main_rsgl_rsbd
   Cnn.Execute ("insert into 人事调动表(职员编号,职员姓名,原部门,现部门,原工种,原职务,原职
称,现工种,现职务,现职称,调动时间,登记人)values('" + .Text1(0) + "','"
+ .Text1(2) + "','" + Txt1 + "','" + .Text1(3) + "','" + .Text1(4) + "','" + .Text1(5)
+"','" + DataCombo1 + "','" + DataCombo2 + "','" + DataCombo3 + "','" + str(Date)
+ "','" + czy + "')")
    .Adodc1.Refresh
  End With
  Unload Me
End Sub
```

23.6.8 合同管理模块设计

合同管理模块主要完成合同信息的增加、修改、删除、续约、解除、生效、试用、到期处理和导出 Excel 等功能。为了方便用户操作，系统将增加、修改与删除、续约、解除、生效、试用、到期处理和导出 Excel 功能分别放在两个不同的窗体中，其中父窗体主要完成浏览、查找、删除、续约、解除、生效、试用、到期处理、导出 Excel 和打开“合同信息添加”或“合同信息修改”窗体（子窗体），如图 23.21 所示；子窗体则主要完成合同信息的增加和修改，其运行结果如图 23.22 和图 23.23 所示。

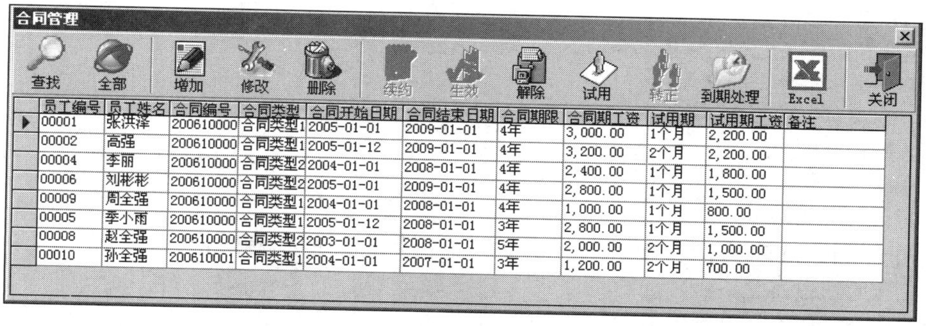

合同管理

查找 全部 增加 修改 删除 续约 生效 解除 试用 转正 到期处理 Excel 关闭

员工编号	员工姓名	合同编号	合同类型	合同开始日期	合同结束日期	合同期限	合同期工资	试用期	试用期工资	备注
00001	张洪泽	200610000	合同类型1	2005-01-01	2009-01-01	4年	3,000.00	1个月	2,200.00	
00002	高强	200610000	合同类型1	2005-01-12	2009-01-01	4年	3,200.00	2个月	2,200.00	
00004	李丽	200610000	合同类型2	2004-01-01	2008-01-01	4年	2,400.00	1个月	1,800.00	
00006	刘彬彬	200610000	合同类型2	2005-01-01	2009-01-01	4年	2,800.00	1个月	1,500.00	
00009	周全强	200610000	合同类型1	2004-01-01	2008-01-01	4年	1,000.00	1个月	800.00	
00005	季小雨	200610000	合同类型1	2005-01-12	2008-01-01	3年	2,800.00	1个月	1,500.00	
00008	赵全强	200610000	合同类型2	2003-01-01	2008-01-01	5年	2,000.00	2个月	1,000.00	
00010	孙全强	200610001	合同类型1	2004-01-01	2007-01-01	3年	1,200.00	2个月	700.00	

图 23.21 合同管理

图 23.22　合同信息添加

图 23.23　合同信息修改

1. 父窗体设计

（1）在“工程”中添加一个窗体，将该窗体的“名称”属性设置为 main_rsgl_htgl。

（2）在窗体中设计如图 23.21 所示的工具栏。

（3）在窗体上添加 1 个 ADODC 控件和 1 个 DataGrid 控件。设置 Adodc1 控件的 CommandType 属性为 1-adCmdTable；RecordSource 属性为“合同表”，设置 DataGrid1 控件的 DataSource 属性为 Adodc1。

（4）程序代码如下。

```
Dim rs1 As New ADODB.Recordset, i As Integer
Private Sub SetButtons()
 For i = 5 To 12
  Toolbar1.Buttons(i).Enabled = True
 Next i
End Sub
```

鼠标双击 DataGrid 表格，直接进入子窗体，并进行合同信息修改，代码如下。

```
//................................................................................//
Private Sub DataGrid1_DblClick()
 If Adodc1.Recordset.RecordCount > 0 Then
```

```
    blnAddHT = False
    Load main_rsgl_htgl_lr
    main_rsgl_htgl_lr.Show 1
  End If
End Sub
//......................................................................//
Private Sub Form_Activate()
  If sql1 <> "" Then
     Adodc1.RecordSource = sql1
     Adodc1.Refresh
     If Adodc1.Recordset.RecordCount > 0 Then
     Else
        MsgBox "没有找到符合条件的记录！", , "提示窗口"
     End If
  End If
End Sub
```

窗体载入时，将 DataGrid 表格中的工资项格式化为金额，代码如下。

```
//......................................................................//
Private Sub Form_Load()
  Me.Caption = text
  DataGrid1_RowColChange 0, 0
  Dim fld
  For Each fld In Adodc1.Recordset.Fields
     '如果字段类型为"货币"，则格式化该列
     If fld.Type = 6 Then
        Dim f1 As StdDataFormat
        Set f1 = DataGrid1.Columns(fld.Name).DataFormat
        f1.Format = "##,##0.00"
     End If
  Next
End Sub
//......................................................................//
Private Sub Toolbar1_ButtonClick(ByVal Button As MSComctlLib.Button)
  Select Case Button.Key
     Case "add"
       blnAddHT = True: main_yyxx.Tag = 3
       Load main_yyxx
       main_yyxx.Show 1
     Case "modify"
       If Adodc1.Recordset.RecordCount > 0 Then
         blnAddHT = False
         Load main_rsgl_htgl_lr
         main_rsgl_htgl_lr.Show 1
       Else
         MsgBox "系统没有要修改的数据！", , "提示窗口"
       End If
     Case "delete"
```

```
    If Adodc1.Recordset.RecordCount > 0 Then
      Adodc1.Recordset.Delete
      Adodc1.Refresh
    Else
      For i = 5 To 15
       Toolbar1.Buttons(i).Enabled = False
      Next i
      MsgBox "系统没有要删除的数据！", , "提示窗口"
    End If
   Case "find"
    tb1 = "合同表"
    Load main_fzfind
    main_fzfind.Show 1
   Case "all"
    Adodc1.RecordSource = "合同表 order by 合同编号"
    Adodc1.Refresh
   Case "addpact"
    Load main_htxy
    main_htxy.Show 1
   Case "takee"
    Cnn.Execute ("update 合同表 set 状态='生效' where 员工编号='" + DataGrid1.
Columns(0) + "'")
    Adodc1.Refresh
   Case "undo"
    Cnn.Execute ("update 合同表 set 状态='解除' where 员工编号='" + DataGrid1.
Columns(0) + "'")
    Adodc1.Refresh
   Case "test"
    Cnn.Execute ("update 合同表 set 状态='试用' where 员工编号='" + DataGrid1.
Columns(0) + "'")
    Adodc1.Refresh
   Case "change"
    Cnn.Execute ("update 合同表 set 状态='生效' where 员工编号='" + DataGrid1.
Columns(0) + "'")
    Adodc1.Refresh
   Case "atterm"
    Cnn.Execute ("update 合同表 set 状态='到期' where 合同结束日期>" & Date)
    Adodc1.Refresh
    '此处代码省略，详细设计思路请参见 23.7.3 节
  End Select
End Sub
```

2．子窗体设计

（1）在“工程”中添加一个窗体，将该窗体的“名称”属性设置为 main_rsgl_htgl_lr。

（2）在窗体上添加 TextBox 控件数组（text1(0)~text1(7)）、1 个 ADODC 控件、1 个 DataCombo 控件、2 个 DTPicker 控件和 2 个 CommandButton 控件等。

（3）主要控件对象的属性设置如表 23.10 所示。

表 23.10　主要控件对象的属性列表

对　　象	属　　性	值	功　　能
Adodc1	RecordSource	合同类型表	提供数据绑定
DataCombo1	RowSource ListField	Adodc1 合同类型	显示合同类型信息

（4）程序代码。

载入窗体时，将首先通过全局布尔型变量 blnAddHT 判断是添加还是修改。如果是添加状态，将自动生成“合同编号”；如果是修改状态，将父窗体中选择的记录显示在文本框中，代码如下。

```
//……………………………………………………………………………………………//
Private Sub Form_Load()
  Text1(0) = Year(Date) & Month(Date) & HTygbh
  If blnAddHT = True Then
    Me.Caption = "合同信息添加"
  Else
    Me.Caption = "合同信息修改"
    With main_rsgl_htgl.Adodc1.Recordset
        If .RecordCount > 0 Then
           Text1(0) = .Fields("合同编号"): Text1(1) = .Fields("员工编号"): Text1(2)
= .Fields("员工姓名")
           DataCombo1 = .Fields("合同类型"): DTP1.Value = .Fields("合同开始日期")
           DTP2.Value = .Fields("合同结束日期"): Text1(3) = .Fields("合同期限")
           Text1(5) = .Fields("合同期工资"): Text1(4) = .Fields("试用期")
           Text1(6) = .Fields("试用期工资"): Text1(7) = .Fields("备注")
      End If
   End With
  End If
End Sub
```

单击“保存”按钮，触发 Click 事件，根据布尔型变量 blnAddHT 的值，判断是添加还是修改，如果是添加，则使用 inser into 语句添加内容到数据表；如果是修改，则使用 Update 语句修改数据，代码如下。

```
//……………………………………………………………………………………………//
Private Sub Command1_Click()
  If blnAddHT = True Then
    Cnn.Execute ("insert into 合同表(员工编号,员工姓名,合同编号,合同类型,合同开始日期," _
    & "合同结束日期,合同期限,合同期工资,试用期,试用期工资,备注,状态)values('" + Text1(1) +
"','" + _
    Text1(2) + "','" + Text1(0) + "','" + DataCombo1 + "','" + str(DTP1.Value) + "','"
+ _
    str(DTP2.Value) + "','" + Text1(3) + "'," + Text1(5) + ",'" + Text1(4) + "',"
+ Text1(6) + _
    ",'" + Text1(7) + "','生效')")
  Else
    Cnn.Execute ("update 合同表 set 合同编号='" + Text1(0) + "',合同类型='" + DataCombo1
+ _
```

```
    "',合同开始日期='" + str(DTP1.Value) + "',合同结束日期='" + str(DTP2.Value) + "',
合同期限=" + _
    Text1(3) + ",合同期工资=" + Text1(5) + ",试用期='" + Text1(4) + "',试用期工资=" +
Text1(6) + _
    ",备注='" + Text1(7) + "'where 员工编号='" + Text1(1) + "'")
  End If
  main_rsgl_htgl.Adodc1.Refresh
  Unload Me
End Sub
```

23.6.9 考勤信息管理模块设计

考勤信息管理模块主要完成员工考勤信息的修改、批量修改、显示当前月份或所有月份员工考勤信息、查找和导出 Excel 等功能。为了方便用户操作，系统将修改、批量修改与显示当前月份或所有月份员工考勤信息、查找和导出 Excel 功能分别放在 3 个不同的窗体中，其中父窗体主要完成浏览、查找、显示当前月份或所有月份员工考勤信息、导出 Excel 和打开“考勤信息修改”（子窗体）、“批量修改”窗体（子窗体）；子窗体则主要完成考勤信息修改、批量考勤信息修改。运行结果如图 23.24、图 23.25 和图 23.26 所示。

考勤信息管理

所有月份 批量修改 修改 查找 Excel 关闭

所属工资月份	员工编号	员工姓名	出勤天数	请假天数	迟到或早退次数	旷工天数	加班次数
2005-01	00001	张洪泽	26	0	0	0	0
2005-01	00002	高强	26	0	0	0	0
2005-01	00003	张三峰	25	1	0	0	0
2005-01	00004	李丽	25	0	1	1	0
2005-01	00005	季小雨	26	0	0	0	4
2005-01	00008	赵全强	24	2	0	0	0
2005-01	00009	周全强	26	0	0	0	2
2005-01	00010	孙全强	26	0	0	0	0
2005-01	00011	王全强	26	0	0	0	0
2005-01	00012	王小含	23	3	0	0	3
2005-02	00001	张洪泽	26	0	0	0	0
2005-02	00002	高强	26	0	0	0	0
2005-02	00003	张三峰	23	3	0	0	7
2005-02	00004	李丽	26	0	0	0	0
2005-02	00005	季小雨	26	0	1	0	0
2005-02	00008	赵全强	26	0	0	0	0

图 23.24　考勤信息管理

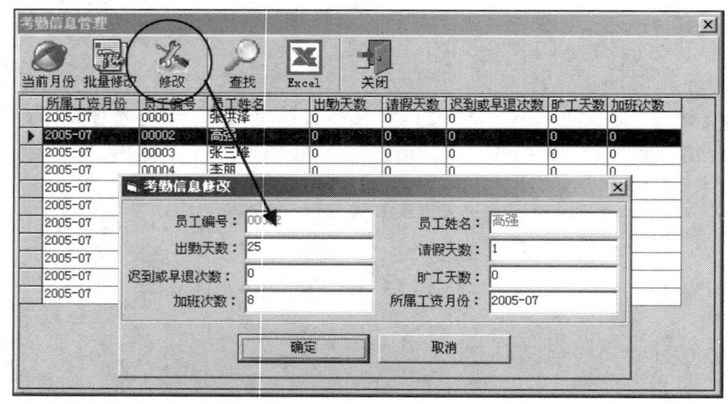

图 23.25　考勤信息修改

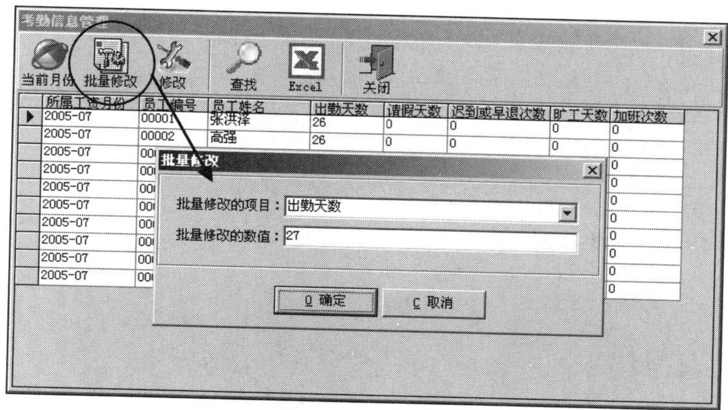

图 23.26 批量修改

1. 父窗体设计

（1）在“工程”中添加一个窗体，将该窗体的“名称”属性设置为 main_gzgl_kqgl。

（2）在窗体中设计如图 23.24 所示的工具栏。

（3）在窗体上添加 1 个 ADODC 控件和 1 个 DataGrid 控件。设置 Adodc1 控件的 CommandType 属性为 1-adCmdText，RecordSource 属性为“select * from 考勤表”；设置 DataGrid1 控件的 DataSource 属性为 Adodc1。

（4）程序代码如下。

```
Dim rs1 As New ADODB.Recordset
Private Sub Form_Activate()
  If sql1 <> "" Then
     Adodc1.RecordSource = "select * from " & sql1
     Adodc1.Refresh
     If Adodc1.Recordset.RecordCount > 0 Then
     Else
        MsgBox "没有找到符合条件的记录！", , "提示窗口"
     End If
  End If
End Sub
```

窗体载入时，将首先判断当前月份是否存在考勤信息，如果不存在，则将人事表中的所有员工的编号和姓名信息插入到考勤表中，然后更新“所属工资月份”，代码如下。

```
//..........................................................................//
Private Sub Form_Load()
  Me.Caption = text
  Adodc1.RecordSource = "select * from 考勤表 where 考勤表.所属工资月份=(select 月份
from 月份表)"
  Adodc1.Refresh
  If Adodc1.Recordset.RecordCount = 0 Then
    Cnn.Execute ("insert into 考勤表(员工编号,员工姓名) select 编号,姓名 from 人事表")
    Cnn.Execute ("update 考勤表 set 所属工资月份=月份 from 月份表 where 所属工资月份 is
null")
    Adodc1.Refresh
  End If
End Sub
```

单击工具栏按钮，执行相应的操作或打开相应的功能窗体，代码如下。

```
//..................................................................................//
Private Sub Toolbar1_ButtonClick(ByVal Button As MSComctlLib.Button)
  Select Case Button.Key
    Case "all"
      If Toolbar1.Buttons(1).Caption = "当前月份" Then
         Toolbar1.Buttons(1).Caption = "所有月份"
      Else
         Toolbar1.Buttons(1).Caption = "当前月份"
      End If
      If Toolbar1.Buttons(1).Caption = "所有月份" Then
        Adodc1.RecordSource = "select * from 考勤表 order by 所属工资月份,员工编号"
        Adodc1.Refresh
      Else
    Adodc1.RecordSource = "select * from 考勤表 where 考勤表.所属工资月份=(select 月
份 from 月份表)"
        Adodc1.Refresh
      End If
    Case "modify"
      If Adodc1.Recordset.RecordCount > 0 Then
        Load main_gzgl_kqgl_lr
        main_gzgl_kqgl_lr.Show 1
      Else
        MsgBox "系统没有要修改的数据！", , "提示窗口"
      End If
    Case "modifyall"
      If Adodc1.Recordset.RecordCount > 0 Then
         Load main_gzgl_kqgl_pl
         main_gzgl_kqgl_pl.Show 1
      Else
        MsgBox "系统没有要修改的数据！", , "提示窗口"
      End If
    Case "find"
      tbl = "考勤表"
      Load main_fzfind
      main_fzfind.Show 1
      '此处代码省略，详细设计思路请参见 23.7.3 节
  End Select
End Sub
```

2．子窗体——考勤信息修改窗体设计

（1）在“工程”中添加一个窗体，将该窗体的“名称”属性设置为 main_gzgl_kqgl_lr。

（2）添加 TextBox 控件 数组（text1(0) ~ text1(7)）和 2 个 CommandButton 控件 等。

（3）程序代码如下。

```
//..................................................................................//
Private Sub Form_Load()
    Me.Caption = "考勤信息修改"
    With main_gzgl_kqgl.Adodc1.Recordset
     If .RecordCount > 0 Then
```

```
        Text1(0) = .Fields("员工编号"): Text1(1) = .Fields("员工姓名")
        Text1(2) = .Fields("出勤天数"): Text1(3) = .Fields("请假天数")
        Text1(4) = .Fields("迟到或早退次数"): Text1(5) = .Fields("旷工天数")
        Text1(6) = .Fields("加班次数"): Text1(7) = .Fields("所属工资月份")
    End If
   End With
End Sub
Private Sub Command1_Click()
  Cnn.Execute ("update 考勤表 set 出勤天数=" + Text1(2) + ",请假天数=" + Text1(3) + ",
迟到或早退次数=" + Text1(4) + ",旷工天数=" + Text1(5) + ",加班次数=" + Text1(6) + "where
员工编号='" + Text1(0) + "'and 所属工资月份='" + Text1(7) + "'")
  main_gzgl_kqgl.Adodc1.Refresh
  Unload Me
End Sub
```

3．子窗体——批量修改窗体设计

（1）在“工程”中添加一个窗体，将该窗体的”名称”属性设置为 main_gzgl_kqgl_pl。

（2）在窗体上添加 1 个 ComboBox 控件和 2 个 CommandButton 控件等。

（3）程序代码如下。

```
//………………………………………………………………………………//
Private Sub Form_Load()
  Dim rs1 As New ADODB.Recordset
  rs1.Open "select * from 考勤表", Cnn, adOpenKeyset, adLockOptimistic
  Dim fld
  Set fld = rs1.Fields
  For i = 3 To 7
cboFields1.AddItem fld(i).Name
Next i
rs1.Close
End Sub
//………………………………………………………………………………//
Private Sub Command1_Click()
With main_gzgl_gzgl
If .Toolbar1.Buttons(1).Caption = "所有月份" Then
If sql1 <> "" Then
Cnn.Execute "update 工资表 set " & cboFields1.text & "=" & Text1.text & " from " &
sql1
Else
Cnn.Execute "update 工资表 set " & cboFields1.text & "=" & Text1.text & ""
End If
Else
If sql1 <> "" Then
Cnn.Execute "update 工资表 set " & cboFields1.text & "=" & Text1.text & " from " &
sql1 & " and 所属工资月份=(select 月份 from 月份表)"
Else
Cnn.Execute "update 工资表 set " & cboFields1.text & "=" & Text1.text & " from 工
资表 where 所属工资月份=(select 月份 from 月份表)"
End If
End If
```

```
.Adodc1.Refresh
End With
Unload Me
End Sub
```

23.6.10 工资信息管理模块设计

工资信息管理模块主要完成员工工资信息的修改、批量修改、显示当前月份或所有月份员工工资信息、查找和导出 Excel 等功能。为了方便用户操作，系统将修改、批量修改与显示当前月份或所有月份员工工资信息、查找和导出 Excel 功能分别放在 3 个不同的窗体中，其中父窗体主要完成浏览、查找、显示当前月份或所有月份员工工资信息、导出 Excel 和打开“工资信息修改”（子窗体）、“批量修改”窗体（子窗体）；子窗体则主要完成工资信息修改、批量工资信息修改，其运行结果如图 23.27 和图 23.28 所示。

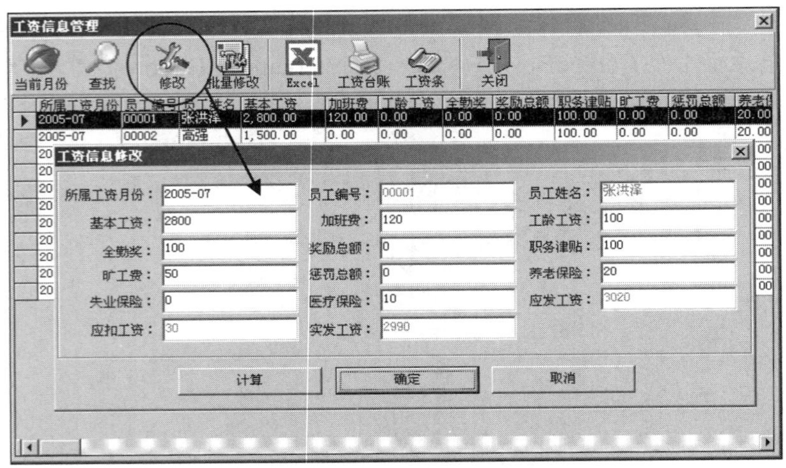

图 23.27　工资信息修改

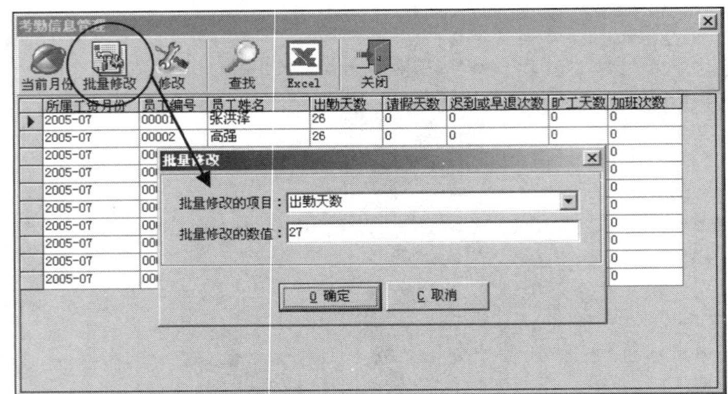

图 23.28　批量修改

1. 父窗体设计

（1）在“工程”中添加一个窗体，将该窗体的”名称”属性设置为 main_gzgl_gzgl。

（2）在窗体中设计如图 23.27 所示的工具栏。

（3）添加 1 个 ADODC 控件和 1 个 DataGrid 控件。设置 Adodc1 控件的 CommandType 属性为 1-adCmdText; RecordSource 属性为“select * from 工资表”，设置 DataGrid1 控件的 DataSource 属性为 Adodc1。

（4）程序代码如下。

```
Dim rs1 As New ADODB.Recordset
//..........................................................................//
Private Sub Form_Activate()
  If Toolbar1.Buttons(1).Caption = "所有月份" Then
    If sql1 <> "" Then
       Adodc1.RecordSource = "select * from " & sql1
       Adodc1.Refresh
    Else
       Adodc1.RecordSource = "select * from 工资表 order by 所属工资月份,员工编号"
       Adodc1.Refresh
    End If
  Else
    If sql1 <> "" Then
      Adodc1.RecordSource = "select * from " & sql1 & " and 所属工资月份=(select 月份 from 月份表)"
      Adodc1.Refresh
    Else
      Adodc1.RecordSource = "select * from 工资表 where 所属工资月份=(select 月份 from 月份表)"
      Adodc1.Refresh
    End If
  End If
  If Adodc1.Recordset.RecordCount = 0 Then
    MsgBox "没有找到符合条件的记录！", , "提示窗口"
  End If
End Sub
//..........................................................................//
Private Sub Form_Load()
  Me.Caption = text
  Adodc1.RecordSource = "select * from 工资表 where 工资表.所属工资月份=(select 月份 from 月份表)"
  Adodc1.Refresh
  rs1.Open "select * from 工资表 where 工资表.所属工资月份=(select 月份 from 月份表)", Cnn, adOpenKeyset, adLockOptimistic
  If rs1.RecordCount > 0 Then
  Else
    Cnn.Execute ("insert into 工资表(员工编号,员工姓名) select 编号,姓名 from 人事表")
    Cnn.Execute ("update 工资表 set 所属工资月份=月份 from 月份表 where 所属工资月份 is null")
    Cnn.Execute ("update 工资表 set 基本工资=初始值 from 工资公式表 where 项目名称='基本工资'and 工资表.所属工资月份=(select 月份 from 月份表)")
```

```
    Cnn.Execute ("update 工资表 set 工龄工资=初始值 from 工资公式表 where 项目名称='工龄
工资'and 工资表.所属工资月份=(select 月份 from 月份表)")
    Cnn.Execute ("update 工资表 set 加班费=初始值 from 工资公式表 where 项目名称='加班费
'and 工资表.所属工资月份=(select 月份 from 月份表)")
    Cnn.Execute ("update 工资表 set 全勤奖=初始值 from 工资公式表 where 项目名称='全勤奖
'and 工资表.所属工资月份=(select 月份 from 月份表)")
    Cnn.Execute ("update 工资表 set 奖励总额=奖励金额 from 员工奖励表 where 工资表.员工编
号=员工奖励表.员工编号 and 工资表.所属工资月份=员工奖励表.所属工资月份")
    Cnn.Execute ("update 工资表 set 职务津贴=初始值 from 工资公式表 where 项目名称='职务
津贴'and 工资表.所属工资月份=(select 月份 from 月份表)")
    Cnn.Execute ("update 工资表 set 旷工费=初始值 from 工资公式表 where 项目名称='旷工费
'and 工资表.所属工资月份=(select 月份 from 月份表)")
    Cnn.Execute ("update 工资表 set 惩罚总额=惩罚金额 from 员工惩罚表 where 工资表.员工编
号=员工惩罚表.员工编号 and 工资表.所属工资月份=员工惩罚表.所属工资月份")
    Cnn.Execute ("update 工资表 set 养老保险=初始值 from 工资公式表 where 项目名称='养老
保险'and 工资表.所属工资月份=(select 月份 from 月份表)")
    Cnn.Execute ("update 工资表 set 失业保险=初始值 from 工资公式表 where 项目名称='失业
保险'and 工资表.所属工资月份=(select 月份 from 月份表)")
    Cnn.Execute ("update 工资表 set 医疗保险=初始值 from 工资公式表 where 项目名称='医疗
保险'and 工资表.所属工资月份=(select 月份 from 月份表)")
    Cnn.Execute ("update 工资表 set 应发工资=基本工资+工龄工资+加班费+全勤奖+奖励总额+职务
津贴 where 工资表.所属工资月份=(select 月份 from 月份表)")
    Cnn.Execute ("update 工资表 set 应扣工资=旷工费+惩罚总额+养老保险+失业保险+医疗保险
where 工资表.所属工资月份=(select 月份 from 月份表)")
    Cnn.Execute ("update 工资表 set 实发工资=应发工资-应扣工资 where 工资表.所属工资月份
=(select 月份 from 月份表)")
    Adodc1.Refresh
  End If
  rs1.Close
  Dim fld
  For Each fld In Adodc1.Recordset.Fields
     '如果字段类型为"货币"，则格式化该列
     If fld.Type = 6 Then
        Dim f1 As StdDataFormat
        Set f1 = DataGrid1.Columns(fld.Name).DataFormat
        f1.Format = "##,##0.00"
     End If
  Next
End Sub
//..............................................................................//
Private Sub Toolbar1_ButtonClick(ByVal Button As MSComctlLib.Button)
  Select Case Button.Key
     Case "all"
       If Toolbar1.Buttons(1).Caption = "当前月份" Then
          Toolbar1.Buttons(1).Caption = "所有月份"
       Else
          Toolbar1.Buttons(1).Caption = "当前月份"
       End If
```

```
      If Toolbar1.Buttons(1).Caption = "所有月份" Then
        Adodc1.RecordSource = "select * from 工资表 order by 所属工资月份,员工编号"
        Adodc1.Refresh
      Else
    Adodc1.RecordSource = "select * from 工资表 where 工资表.所属工资月份=(select 月份 from 月份表)"
        Adodc1.Refresh
      End If
    Case "modify"
      If Adodc1.Recordset.RecordCount > 0 Then
        Load main_gzgl_gzgl_lr
        main_gzgl_gzgl_lr.Show 1
      Else
        MsgBox "系统没有要修改的数据！", , "提示窗口"
      End If
    Case "allmodify"
      If Adodc1.Recordset.RecordCount > 0 Then
        Load main_gzgl_gzgl_pl
        main_gzgl_gzgl_pl.Show 1
      Else
        MsgBox "系统没有要修改的数据！", , "提示窗口"
      End If
    Case "find"
      tb1 = "工资表"
      Load main_fzfind
      main_fzfind.Show 1
      '此处代码省略，详细内容请参见 23.7.1、23.7.2 和 23.7.3
  End Select
End Sub
```

2. 子窗体——工资信息修改窗体设计

（1）在“工程”中添加一个窗体，将该窗体的“名称”属性设置为 main_gzgl_gzgl_lr。

（2）在窗体上添加 TextBox 控件数组（text1(0) ~ text1(16)）和 3 个 CommandButton 控件等。

（3）程序代码如下。

```
Private Sub Form_Load()
  With main_gzgl_gzgl.DataGrid1
    For i = 0 To 16
      Text1(i).text = .Columns(i).CellValue(.Bookmark)
    Next i
  End With
End Sub
//……………………………………………………………………………………//
Private Sub Command1_Click()
  For i = 3 To 16
    Cnn.Execute "update 工资表 set " & Mid(Label1(i), 1, Len(Label1(i)) - 1) & "=" + Text1(i) + " where 所属工资月份='" + Text1(0) + "'and 员工编号='" + Text1(1) + "'"
```

```
  Next i
  Cnn.Execute "update 工资表 set 应发工资=基本工资+工龄工资+加班费+全勤奖+奖励总额+职务津
贴 where 所属工资月份='" + Text1(0) + "'and 员工编号='" + Text1(1) + "'"
  Cnn.Execute "update 工资表 set 应扣工资=旷工费+惩罚总额+养老保险+失业保险+医疗保险 where
所属工资月份='" + Text1(0) + "'and 员工编号='" + Text1(1) + "'"
  Cnn.Execute "update 工资表 set 实发工资=应发工资-应扣工资 where 所属工资月份='" +
Text1(0) + "'and 员工编号='" + Text1(1) + "'"
  main_gzgl_gzgl.Adodc1.Refresh
  Unload Me
End Sub
//..............................................................................//
Private Sub Command3_Click()
  Text1(14) = Val(Text1(3)) + Val(Text1(4)) + Val(Text1(5)) + Val(Text1(6)) +
Val(Text1(7)) + Val(Text1(8)) + Val(Text1(9))
  Text1(15) = Val(Text1(10)) + Val(Text1(11)) + Val(Text1(12)) + Val(Text1(13))
  Text1(16) = Val(Text1(14)) - Val(Text1(15))
End Sub
```

3．子窗体——批量修改窗体设计

（1）在“工程”中添加一个窗体，将该窗体的“名称”属性设置为 main_gzgl_kqgl_pl。

（2）在窗体上添加 1 个 ComboBox 控件和 2 个 CommandButton 控件等。

（3）程序代码如下。

```
Private Sub Form_Load()
  Dim rs1 As New ADODB.Recordset
  rs1.Open "select * from 工资表", Cnn, adOpenKeyset, adLockOptimistic
  Dim fld
  Set fld = rs1.Fields
  For i = 3 To 15
     cboFields1.AddItem fld(i).Name
  Next i
  rs1.Close
End Sub
//..............................................................................//
Private Sub Command1_Click()
  With main_gzgl_gzgl
    If .Toolbar1.Buttons(1).Caption = "所有月份" Then
      If sql1 <> "" Then
        Cnn.Execute "update 工资表 set " & cboFields1.text & "=" & Text1.text & "
from " & sql1
      Else
        Cnn.Execute "update 工资表 set " & cboFields1.text & "=" & Text1.text & ""
      End If
    Else
      If sql1 <> "" Then
        Cnn.Execute "update 工资表 set " & cboFields1.text & "=" & Text1.text & " from
" & sql1 & " and 所属工资月份=(select 月份 from 月份表)"
      Else
```

```
        Cnn.Execute "update 工资表 set " & cboFields1.text & "=" & Text1.text & " from
工资表 where 所属工资月份=(select 月份 from 月份表)"
      End If
    End If
    .Adodc1.Refresh
  End With
  Unload Me
End Sub
```

23.6.11 过期数据处理模块设计

过期数据处理模块主要完成清除指定月份的工资信息，其运行结果如图 23.29 所示。

图 23.29 过期数据处理

1. 窗体设计

（1）在“工程”中添加一个窗体，将该窗体的“名称”属性设置为 main_gzgl_gqsjcl。

（2）在窗体上添加 1 个 ListBox 控件、1 个 ProgressBar 控件和 2 个 CommandButton 控件等。

（3）设置 ListBox 控件的 Style 属性为 1-Check，设置 ProgressBar 控件的 Visible 属性为 False。

2. 代码设计

主要代码如下。

```
Dim rs1 As New ADODB.Recordset
//..............................................................................//
Private Sub Form_Load()
  Me.Caption = text
  rs1.Open "select 所属工资月份 from 工资表 group by 所属工资月份", Cnn, adOpenKeyset,
adLockOptimistic
  If rs1.RecordCount > 0 Then
    rs1.MoveFirst
    Do While rs1.EOF = False
      List1.AddItem rs1.Fields("所属工资月份")
      rs1.MoveNext
    Loop
  End If
  rs1.Close
```

```
End Sub
//..........................................................................................//
Private Sub Command1_Click()
  Dim Counter As Integer, Workarea(250) As String             '定义变量
  ProgressBar1.Visible = True
  ProgressBar1.Max = UBound(Workarea): ProgressBar1.Min = LBound(Workarea)
  '设置进度的值为 Min
  ProgressBar1.Value = ProgressBar1.Min
  '在整个数组中循环
  For Counter = LBound(Workarea) To UBound(Workarea)
    '设置数组中每项的初始值
    Workarea(Counter) = Counter: ProgressBar1.Value = Counter
    For i = 0 To List1.ListCount - 1
      If List1.Selected(i) = True Then
        Cnn.Execute ("delete from 工资表 where 所属工资月份='" & List1.List(i)) & "'"
      End If
    Next i
  Next Counter
  ProgressBar1.Visible = False: ProgressBar1.Value = ProgressBar1.Min
End Sub
```

23.7 程序调试与错误处理

23.7.1 如何解决关键字 Select 附近的语法错误

在测试培训课程管理模块的过程中，单击“查找”按钮，将出现如图 23.30 所示的错误。

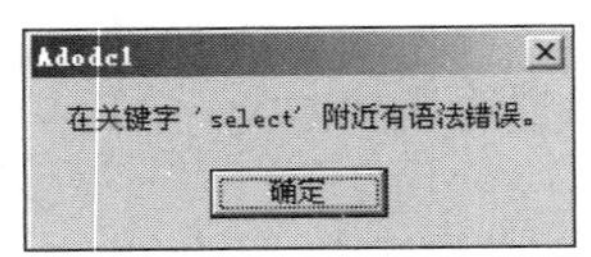

图 23.30 错误提示

经过分析得知，当 ADO Data 控件的 CommandType 属性为 2-adCmdTable 时，如果用代码为 ADO Data 控件的 RecordSource 属性赋予查询语句，若代码中不小心使用了 Select 关键字，则会出现上述错误。

解决方法如下。

不使用 Select 关键字，直接使用表名加 where 子句。如：

```
Adodc1.RecordSource="培训课程表 where 课程编号='02'"
Adodc1.Refresh
```

23.7.2 如何解决使用了千位分隔符后的金额在保存过程中出现的错误

在工资信息管理模块中，单击“修改”按钮进行工资信息的修改，修改完成后单击“确定”按钮，将出现如图 23.31 所示的错误。

图 23.31　错误提示

分析后得知，由于工资项中的数据被格式化金额，并使用了千位分隔符（如图 23.32 所示），SQL Server 数据库认为带千位分隔符的数据不是货币型数据，因此出现了上述的错误。

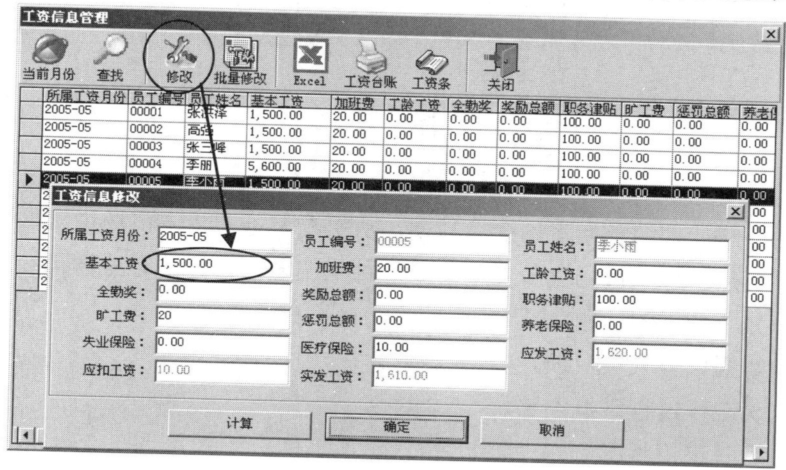

图 23.32　工资信息修改

解决方法：由于“工资信息修改”窗体的各个文本框中的数据都来自于“工资信息管理”窗体中的 DataGrid 表格，因此要解决问题的根本，应从 DataGrid 表格入手，即将 DataGrid 表格中的原始数据显示在“工资信息修改”窗体的各个文本框中，而不是格式化后的数据。

利用 DataGrid 控件的 CellValue 方法可以将格式化后的数据变成原始数据。具体代码如下。

```
Private Sub Form_Load()
  With main_gzgl_gzgl.DataGrid1
    For i = 0 To 16
        Text1(i).text = .Columns(i).CellValue(.Bookmark)
    Next i
  End With
End Sub
```

第 24 章　企业营销管理系统

随着互联网技术的发展，企业营销部门对信息的依赖日益加剧，许多企业的信息处理还不够精细。许多公司还没有营销调研部门或只有小的营销调研部，许多经理对可利用的信息感到不满意。抱怨他们不了解重要的信息在哪里；他们不能利用的信息太多而真正有用的信息太少；重要的信息来得太迟；很难估计收到的信息的准确性。为使企业有效使用经营中的各种数据，我们开发了企业营销管理系统。

24.1　开 发 背 景

伴随着中国经济从计划经济向市场经济转型，从卖方市场向买方市场过渡，以及全球性的产品过剩以及产品的同质化，导致市场竞争加剧。在这种状况之下，导致企业营销环境也在加速变化，企业会经常面临着如下棘手的问题。

- 不能及时掌握销售人员业绩。
- 对销售人员工作过程掌握不够。
- 不能及时了解销售状况。
- 不能对各地区销售分公司的销售数据进行有效管理。
- 不能及时对销售数据进行分析及对市场行情进行预测。
- 决策缓慢，不能及时调整商品的价格，延缓商机。
- 企业营销管理系统可以有效地解决这些问题。

24.2　需 求 分 析

企业营销部门对信息的依赖日益加剧，例如：随着商品的市场覆盖面的扩大，就需要掌握比以前更多更及时的市场信息；从价格竞争发展到非价格竞争，为了有效地运用差异化、广告和促销等竞争工具，也需要更多的信息资源。

随着科学技术的发展，对这些急剧增加信息的需要，已能够通过因特网、传真机等得到有效解决。然而，许多企业的信息处理还不够精细。许多公司还没有营销调研部门或只有小的营销调研部，许多经理对可利用的信息感到不满意。抱怨他们不了解重要的信息在哪里；他们不能利用的信息太多而真正有用的信息太少；重要的信息来得太迟；很难估计收到的信息的准确性。

24.3 总 体 设 计

24.3.1 系统结构设计

C/S 结构就是“客户端/服务器端”的一种工作模式。一般来说，这种模式都会要求安装一个客户端程序，由这个程序和服务器端进行协同工作，因为由客户端来专门处理一些工作，所以 C/S 结构的程序一般都功能强大、界面漂亮，由于任务分散在服务器端和客户端分别进行，所以提高了硬件的利用效率，对于程序员来说，编程开发也更加容易。

基于以上原因，在设计企业营销管理系统时，采用了传统的基于两层的 C/S 结构。

24.3.2 系统功能结构

为了使读者清晰、全面地了解企业营销管理系统的功能，以及各个功能模块间的从属关系，下面以结构图的方式给出系统功能，如图 24.1 所示。

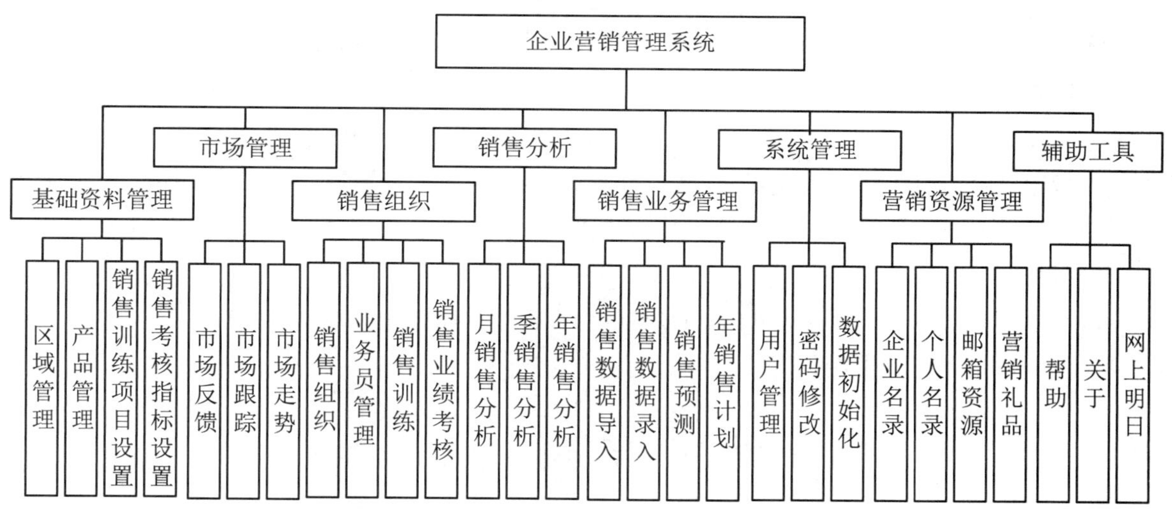

图 24.1 系统功能结构图

24.3.3 系统功能概述

1. 基本资料管理

基本资料管理为企业营销管理系统提供基础资料。其主要包括：区域管理、产品管理、销售训练项目设置和销售考核指标设置。

2. 销售组织

销售组织可有效地管理及控制企业的销售团队，提高销售员的专业水平，激励销售员做出更大的业绩。其主要包括：销售组织、业务员管理、销售训练、销售业绩考核。

3. 市场管理

市场管理主要根据收集产品在市场上的价格信息，对产品的市场走势以视图的形式进行显示，为企业决策者提供决策依据。其主要包括：市场反馈、市场跟踪、市场走势。

4. 销售业务管理

销售业务管理主要管理销售流程各环节的活动，是企业营销管理系统的核心部分。该模块将企业所有销售环节有机的组合起来，使其产品化。销售业务管理可实现销售数据的导入或录入，并根据销售数据对下一年度某一区域的销售情况进行预测及制订下一年的销售计划。其主要包括：销售数据导入、销售数据录入、销售预测、年销售计划。

5. 销售分析

销售分析主要对销售过程中各种数据进行分析，得出统计报表，如销售月报表、销售季报表。其主要包括：月销售分析、季销售分析、年销售分析。

6. 营销资源管理

营销资源管理用于管理企业营销活动中所应用到的资源，确保企业资源合理利用。实现了对企业名录、个人名录、邮件资源、营销礼品的灵活查询及管理，是进行客户拓展的资源基础，并为挖掘客户提供依据。其主要包括企业名录、个人名录、邮件资源、营销礼品。

7. 系统管理

登录系统时需要验证身份，只有合法的用户才可以进入企业营销管理系统，不同的用户拥有不同的使用权限。系统管理可以实现对用户的管理，并可对系统内的数据进行初始化操作，以清空系统内所有数据。其主要包括：用户管理、密码修改、数据初始化。

8. 辅助工具

辅助工具中提供了使用本系统的帮助及版权信息，并可通过相应模块登录到开发商网站。其主要包括：帮助、关于、网上明日。

24.4 系统设计

24.4.1 设计目标

企业营销管理系统本着经济、实用、高效的原则，为企业提供一个高效、规范、轻松的营销工作环境，满足企业不断发展的需要。具体实现目标如下。

- 系统采用人机对话方式，界面美观友好，信息查询灵活、方便、快捷、准确，数据存储安全可靠。
- 对用户输入的数据，系统进行严格的数据检验，尽可能排除人为的错误。
- 万能查询器实现自由设置查询。
- 根据业务员的销售业绩完成比率，自动计算业务员的得分情况。
- 根据市场跟踪数据以图表形式显示产品的市场走势。

- 根据本年度的销售数据对下一年度的销售情况进行预测。
- 与 Excel 实现无缝连接，可将 Excel 表中的数据直接导入到系统中。
- 不同的操作员有不同的操作权限，增强了系统的安全性。
- 系统最大限度地实现了易安装性、易维护性和易操作性。
- 系统运行稳定、安全可靠。

24.4.2　开发及运行环境

- 系统开发平台：Visual Basic 6.0。
- 数据库管理平台：SQL Server2000。
- 运行平台：Windows XP/ Windows 2000。
- 分辨率：最佳效果 1024×768。

24.4.3　编码设计

编码设计是数据库系统开发的前提条件，是系统不可缺少的重要内容。编码是指与原来名称对应的编号、符号或记号。它是进行信息交换、处理、传输和实现信息资源共享的关键。编码也用于指定数据的处理方法、区别数据类型，并指定计算机处理的内容等。

本系统内部信息编码采用了统一的编码方式情况。如下所示：

1. 产品编号

产品编号为 5 位数字编码，初始值为“00001”，后面的产品编号依次往下排。

2. 单据号

单据号由当前系统日期、单据标识和 4 位数字编码组成。

例如，销售单单据号为 2005-10-12xs0001，销售计划单据号为 2005-12-09xsjh0007。

24.4.4　数据库设计

本系统数据库采用 SQL Server 2000 数据库，系统数据库名称为 db_Csell。数据库 db_Csell 中包含 19 张表。下面分别给出数据表概要说明及主要数据表的结构。

1. 数据表概要说明

从读者角度出发，为了使读者对本系统后台数据库中的数据表有一个更清晰的认识，笔者在此特意设计一个数据表树形结构图，如图 24.2 所示，其中包含了对系统所有数据表的相关描述。

2. 主要数据表的结构

由于文章的篇幅所限，笔者在此只给出较重要的数据表，其他数据表请参见下载的资源包中的相关内容。

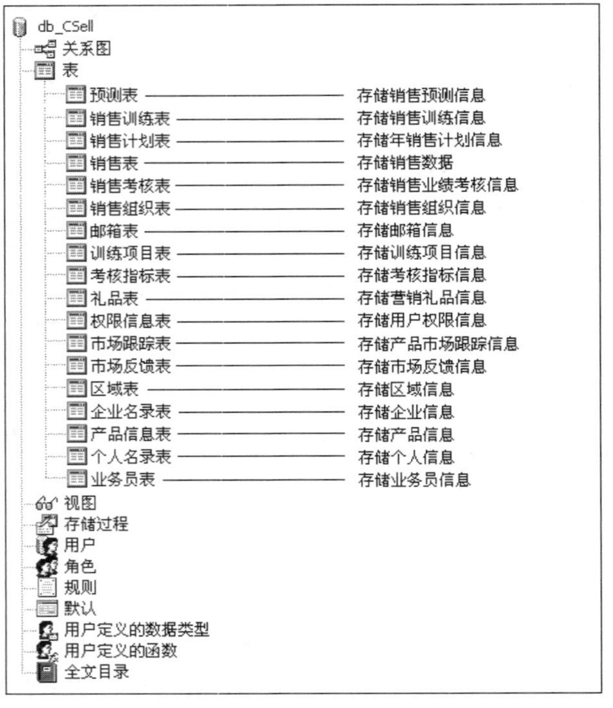

图 24.2　数据表树形结构图

（1）产品信息表

产品信息表用来保存产品基础信息，其结构如表 24.1 所示。

表 24.1　产品信息表的结构

字　段　名	数据 1 类型	长　　度	是 否 为 空	默　认　值
产品编号	varchar	5	否	
品名规格	varchar	200	是	
单位	varchar	10	是	
单价	money	8	是	0
备注	text	16	是	

（2）考核指标表

考核指标表用来保存考核指标信息，其结构如表 24.2 所示。

表 24.2　考核指标表的结构

字　段　名	数 据 类 型	长　　度	是 否 为 空
ID	bigint	8	否
考核指标	varchar	20	是

（3）销售考核表

销售考核表用来保存销售考核详细信息，其结构如表 24.3 所示。

表 24.3 销售考核表的结构

字 段 名	数 据 类 型	长 度	是 否 为 空
ID	bigint	8	否
业务员编号	varchar	4	是
业务员姓名	varchar	20	是
考核指标	varchar	20	是
完成率	varchar	20	是
分数	numeric	9	是
年度	varchar	10	是
考核日期	datetime	8	是

（4）市场跟踪表

市场跟踪表用来保存市场跟踪的详细信息，其结构如表 24.4 所示。

表 24.4 市场跟踪表的结构

字 段 名	数 据 类 型	长 度	是 否 为 空	默 认 值
ID	bigint	8	否	
品名规格	varchar	200	是	
市场价格	money	8	是	0
市场信息	text	16	是	
备注	text	16	是	
跟踪月份	varchar	10	是	
跟踪人	varchar	10	是	
录入日期	datetime	8	是	

（5）销售表

销售表用来保存产品销售详细信息，其结构如表 24.5 所示。

表 24.5 销售表的结构

字 段 名	数 据 类 型	长 度	是 否 为 空	默 认 值
产品编号	varchar	5	否	
品名规格	varchar	200	是	
单位	varchar	10	是	
单价	money	8	是	0
月销量	numeric	9	是	0
月销售额	money	8	是	0
销售组织编号	varchar	5	是	
销售组织名称	varchar	50	是	
所在区域	varchar	200	是	

续表

字 段 名	数 据 类 型	长　　度	是 否 为 空	默 认 值
单据号	varchar	30	是	
所在月份	varchar	10	是	
录入日期	datetime	8	是	

（6）预测表

预测表用来保存销售预测信息，其结构如表 24.6 所示。

表 24.6　预测表的结构

字 段 名	数 据 类 型	长　　度	是 否 为 空
ID	bigint	8	否
产品编号	varchar	5	是
品名规格	varchar	200	是
预测年销量	numeric	9	是
预测年销售额	money	8	是
固定增长率	varchar	10	是
预测日期	datetime	8	是

24.5　主要功能模块设计

24.5.1　系统架构设计

为了使读者在使用系统的过程中，快速找到所需的数据库文件、程序文件、图标文件和常用的素材等，将以架构图的方式给出系统架构。

1. 系统文件夹架构

系统文件夹包括数据库、帮助、图标、程序、数据库备份与恢复文件夹和一些常用的素材等，其架构图如图 24.3 所示。

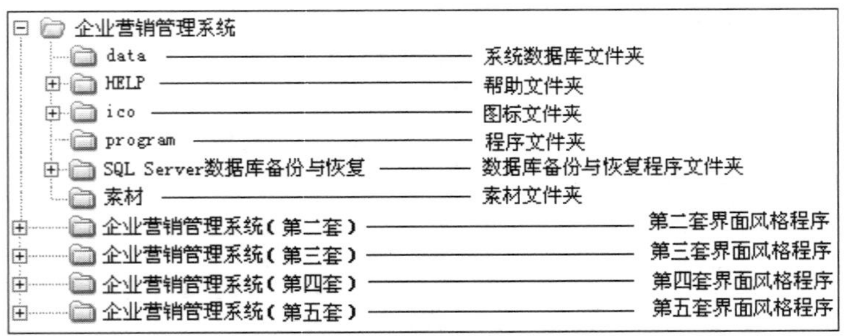

图 24.3　系统文件夹架构图

2．程序主文件架构

为了使读者能够对系统文件有一个更清晰的认识，方便、快捷地使用，笔者在此设计了程序主文件架构图，如图 24.4 所示。

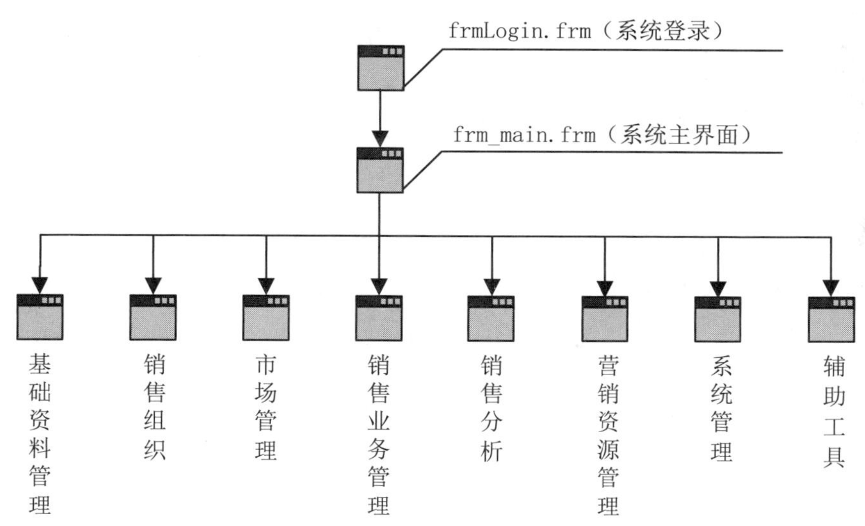

图 24.4　主文件架构图

3．基本资料管理文件架构

基本资料管理的文件架构如图 24.5 所示，其中销售训练项目设置和销售考核指标设置模块使用了公用窗体 main_jbzl_public。

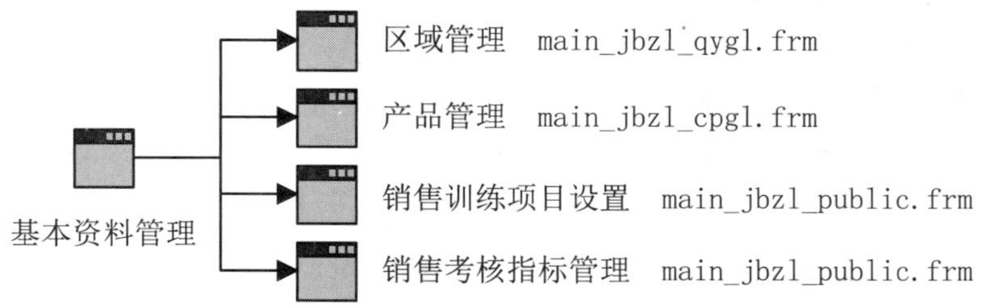

图 24.5　基本资料管理文件架构图

4．销售组织和市场管理文件架构

销售组织和市场管理文件架构如图 24.6 所示。

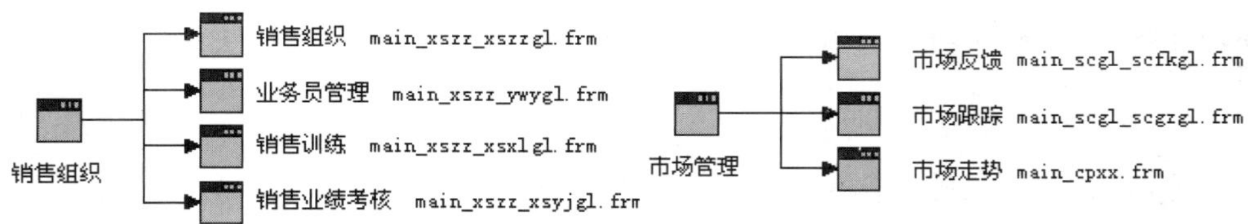

图 24.6　销售组织和市场管理文件架构图

5．销售业务管理和销售分析文件架构

销售业务管理和销售分析文件架构如图 24.7 所示。

图 24.7　销售业务管理和销售分析文件架构图

6．营销资源管理

营销资源管理文件架构如图 24.8 所示。

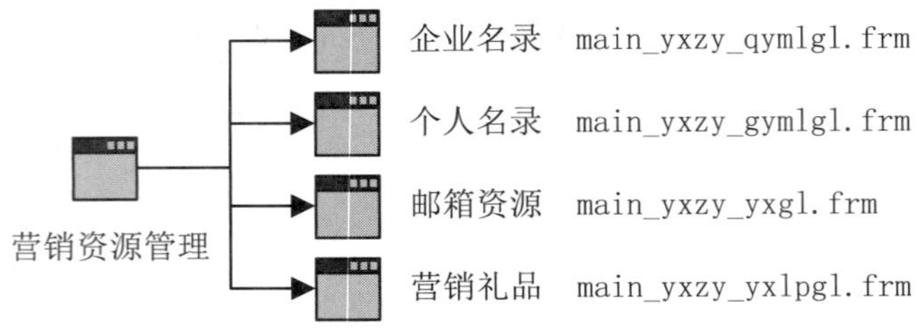

图 24.8　营销资源管理文件架构图

24.5.2　公用模块设计

用公用模块来存放整个工程项目中公用的函数、全局变量等，使工程项目中的任何地方都可以调用公用模块中的函数、变量，极大地提高了程序开发效率和代码重复利用率。

在营销资源管理系统中，就创建了这样一个模块，该模块的名称为 Module1，其中包括自定义的全局变量、数据库连接函数、工具栏状态设置函数。下面分别进行介绍。

1．添加全局变量

添加全局变量，用于存储操作员、表和 SQL 语句，代码如下。

```
Public czy As String, tb As String, tb1 As String, jbxxtb As String, sql As String,
sql1 As String, text As String
```

text 变量主要用于存储菜单标题，以赋给各个窗体的 Caption 属性，这样为程序开发人员带来了方便，以免逐个设置窗体的 Caption 属性。

添加全局变量，用来标记各个窗体数据添加或修改的状态，代码如下。

```
Public blnAddCP As Boolean, blnAddYWY As Boolean, blnAddXSZZ As Boolean, blnAddQYML
As Boolean
Public blnAddGRML As Boolean, blnAddLP As Boolean, blnAddXSXL As Boolean, blnAddXSKH
As Boolean
Public blnAddSCGZ As Boolean
```

blnAdd….变量用户记录数据添加还是修改状态，赋值为 True 为添加，赋值为 False 为修改。

添加全局变量，用来记录返回到哪个窗体，代码如下。

```
Public IntLoadDataTree As Integer, intCP As Integer
```

IntLoadDataTree 变量用来记录返回到哪个窗体，赋值为 1 返回 main_xszz_xszzgl_lr 窗体；赋值为 2 返回 main_xsyw_xsyc 窗体；赋值为 3 返回 main_xsyw_xsjh 窗体。

IntCP 变量用来记录返回到哪个窗体，赋值为 0 返回 main_scgl_sczs 窗体，赋值为 1 返回 main_scgl_scgzgl_lr 窗体，赋值为 2 返回 main_xsyw_xsyc 窗体。

添加全局变量，用来标记 DataGrid 控件中 RowBuffer 对象内部指定行的书签，代码如下。

```
Public CPBookmark, YWYBookmark, XSZZBookmark, QYMLBookmark, GRMLBookmark,
LPBookmark
Public XSKHBookmark, XSXLBookmark, SCGZBookmark
```

2．定义数据库连接函数

为了减少重复的数据连接和为日后修改程序提供接口，在公用模块（Module1）中建立了数据库连接函数 cnn 和 cnStr。如果使用对象操作数据库，可以调用 cnn 函数；如果使用 ADO 控件访问数据库，则可以调用字符串函数 cnStr，并将该函数值赋给 ADO 控件的 ConnectionString 属性。代码如下。

```
Public Function cnstr() As String
  cnstr = "Provider=SQLOLEDB;Persist Security Info=False;User ID=sa;Initial
Catalog=db_Csell"
End Function
Public Function Cnn() As ADODB.Connection                          '定义函数
  Set Cnn = New ADODB.Connection
  '返回一个数据库连接
 Cnn.Open "Driver={SQL Server};Server=(local);Database=db_Csell;Uid=sa;Pwd="
End Function
```

3．定义用于设置 Toolbar 按钮状态的函数

大部分功能窗体中都使用了 Toolbar 控件，为了控制其状态，定义了下面的函数，代码如下。

```
'定义用于设置 Toolbar 工具栏按钮状态的函数
Public Function tlbState(tlb As Toolbar, state As Boolean)
  With tlb
    If state = True Then
       .Buttons(1).Enabled = False: .Buttons(2).Enabled = False: .Buttons(3).Enabled
= False
        .Buttons(6).Enabled = False:.Buttons(4).Enabled = True: .Buttons(5).Enabled
= True
    Else
       .Buttons(1).Enabled = True: .Buttons(2).Enabled = True:.Buttons(3).Enabled
= True
       .Buttons(6).Enabled = True: .Buttons(4).Enabled = False: .Buttons(5).Enabled
= False
      End If
   End With
End Function
```

24.5.3 主界面设计

软件界面是人与计算机之间的媒介，用户通过软件界面来与计算机进行信息交换，因此，软件

界面的质量将直接关系到应用系统的性能能否充分发挥，尤其是主界面。

但由于自身的力量缺乏，导致软件虽然功能强大，但却苦于没有人性化的精美主界面，因此影响了软件的整体形象。针对这种现状，企业营销管理系统的主界面改变了传统的设计风格，将美学思想整合进去，引入平面设计思想，真正实现了使用户准确、高效、轻松、愉快地工作。企业营销管理系统主界面的运行结果如图 24.9 所示。

图 24.9　主界面

主界面担负着调用各个功能模块，赋予操作员不同的操作权限，显示当前操作员、操作状态和系统日期等任务，其中应用了动态创建列表项、动态定位列表等技术，具体步骤如下。

1．创建主窗体

（1）选择“工程”/“添加窗体”命令，在工程中添加一个新窗体，将该窗体的“名称”属性设置为 frm_main，BorderStyle 属性设置为 2-Sizable，Caption 属性设置为“企业营销管理系统”，Picture 属性设置为事先设计好的背景图片（参见“资源包\企业营销管理系统\素材\主界面.jpg”）。

（2）在 frm_main 窗体上添加一个 StatusBar 控件和一个 CommonDialog 控件。这两个控件都属于 ActiveX 控件，在使用前应先将其添加到工具箱中。具体添加方法如下。

在“部件”对话框中选中 Micrsoft Windows Common Controls 6.0（SP4）和 Microsoft Common Dialog Controls 6.0（SP3）选项，然后单击“确定”按钮，此时，StatusBar 和 CommonDialog 控件将出现在工具箱中。

2．创建标准菜单

选择“工具”/“菜单编辑器”命令，打开菜单编辑器，在此创建如图 24.10 所示的菜单结构。

标题	名称	索引
基础资料管理	m	1
....区域管理	m1	0
....产品管理	m1	1
....销售训练项目设置	m1	2
....销售考核指标管理	m1	3
销售组织	m	2
....销售组织	m2	0
....业务员管理	m2	1
....销售训练	m2	2
....销售业绩考核	m2	3
市场管理	m	3
....市场反馈	m3	0
....市场跟踪	m3	1
....市场走势	m3	2
销售业务管理	m	4
....销售数据导入	m4	0
....销售数据录入	m4	1
....销售预测	m4	2
....年销售计划	m4	3

标题	名称	索引
销售分析	m	5
....月销售分析	m5	0
....季销售分析	m5	1
....年销售分析	m5	2
营销资源管理	m	6
....企业名录	m6	0
....个人名录	m6	1
....邮箱资源	m6	2
....营销礼品	m6	3
系统管理	m	7
....用户管理	m7	0
....密码修改	m7	1
....数据初始化	m7	2
辅助	m	8
....帮助	m8	0
....关于	m8	1
....网上明日	m8	2

图 24.10　标准菜单的结构

3．创建动态菜单栏

当鼠标移到动态菜单栏时，菜单项将凸起，菜单标题也由原来的“黑色”变为“红色”，结果如图 24.11 所示。

图 24.11　动态菜单栏的结构

创建动态菜单栏的步骤如下。

（1）在 frm_main 窗体图片的动态菜单栏所在添加 Label 控件数组（Label2(0) ~ Label2(7)），设置其 BackStyle 属性为 0-Transparent，ForeColor 属性为“&H80000012&”，Caption 属性分别为“产品管理”“销售组织”“销售训练”“销售业绩考核”“市场跟踪”“市场走势”“销售数据导入”“销售预测”。

（2）在窗体上添加一个 Picture 控件，默认名为 Picture1，设置其 BorderStyle 属性为 0-None；Picture 属性为事先设计好的图片（参见“资源包\企业营销管理系统\素材\移动菜单.jpg”）。

（3）在 Picture1 控件里添加 1 个 Label 控件，设置“名称”属性为 lblCaption；BackStyle 属性为 0-None；ForeColor 属性为&H00000080&。

4．创建 Outlook 式导航栏

当单击 Outlook 式导航栏上的导航按钮时，该导航栏将展开，并显示相应的项，单击该项则调入相应的功能窗体，具体设计步骤如下。

（1）在 frm_main 窗体上添加 Picture 控件数组（picMenu(0) ~ picMenu(7)），设置其 BorderStyle 属性为 0-None; Picture 属性为事先设计好的图片（参见“资源包\企业营销管理系统\素材\按钮.jpg”）。

（2）在 picMenu(0) ~ picMenu(7)控件数组中各添加一个 Label（lblMenu）控件数组，其 index 属性与 picMenu 控件数组的 index 属性相同，BackStyle 属性为 0-Transparent，ForeColor 属性为“&H00FFFFFF&”，Caption 属性分别为“基本资料管理”“销售组织”“市场管理”“销售业务管理”“销售分析”“营销资源管理”“系统管理”“辅助”。

（3）在窗体中添加 ListView 控件和 ImageList 控件。设置 ListView 控件的 Appearance 属性为 0-ccFlat; BorderStyle 属性为 0-ccNone。

（4）右键单击 ListView 控件，在弹出的菜单中选择“属性”命令，打开“属性页”对话框，在“图像列表”选项卡中，设置图标图像列表（普通）为 ImageList1。

5. 代码设计

```
//......................................................................//
Private Declare Function ShellExecute Lib "shell32.dll" Alias "ShellExecuteA" (ByVal hWnd As Long, ByVal lpOperation As String, ByVal lpFlie As String, ByVal lpParameters As String, ByVal lpDirectory As String, ByVal nShowCmd As Long) As Long
Dim rs1 As New ADODB.Recordset
Dim i, j As Integer
Public strMenu As String
```

窗体载入时，添加状态栏，并设置相关属性，以显示操作员、当前系统日期等，代码如下。

```
Private Sub Form_Load()
  lblMenu_Click (0)
//......................................................................//
  Dim pnlX As Panel
  '添加面板，并将它们设置为目录。
  StatusBar1.Panels(1).AutoSize = sbrContents
  StatusBar1.Panels(1) = mytag
   Set pnlX = StatusBar1.Panels.Add
  pnlX.AutoSize = sbrContents
  pnlX.text = "当前操作员： " & czy
  Set pnlX = StatusBar1.Panels.Add
  pnlX.Style = sbrDate
  Set pnlX = StatusBar1.Panels.Add
   pnlX.Style = sbrTime
End Sub
Private Sub Label1_MouseMove(Index As Integer, Button As Integer, Shift As Integer, X As Single, Y As Single)
  Label1(Index).ForeColor = &HC0&
End Sub
```

当鼠标移到动态菜单栏上的文字上时（Label2），Picture1 控件可见，使其 Left 属性等于 Label2 控件数组的 Left 属性，同时设置 Picture1 控件中的 lblCaption 的 Caption 属性等于 Label2 控件数组的 Caption 属性，代码如下。

```
Private Sub Label2_MouseMove(Index As Integer, Button As Integer, Shift As Integer, X As Single, Y As Single)
  Picture1.Left = Label2(Index).Left - 10
  Picture1.Visible = True
  lblCaption = Label2(Index).Caption
End Sub
```

当鼠标移到窗体上时恢复相关控件的属性，代码如下。

```
//......................................................................//
Private Sub Form_MouseMove(Button As Integer, Shift As Integer, X As Single, Y As Single)
  Picture1.Visible = False
```

```
  For i = 0 To 3
    Label1(i).ForeColor = &HC0C0C0
  Next i
End Sub
Private Sub Label1_Click(Index As Integer)
  If Index < 3 Then
    m8_Click (Index)
  End If
  If Index = 3 Then End
End Sub
```

通过动态菜单栏显示的标题，调用相应菜单的 Click 事件过程，代码如下。

```
Private Sub lblCaption_Click()
  Select Case lblCaption.Caption
    Case "产品管理"
      m1_Click (1)
      '此处代码省略，详细内容请参见下载的资源包中的相关内容
  End Select
End Sub
```

单击导航栏上的导航按钮，动态调整导航按钮的高度、ListView 控件的高度，并向 ListView 控件添加项，代码如下。

```
//..............................................................................................//
Private Sub lblMenu_Click(Index As Integer)
   strMenu = lblMenu(Index).Caption
   Dim m As Integer
   For i = 1 To Index
     picMenu(i).Top = picMenu(i - 1).Top + picMenu.Item(i - 1).Height
   Next i
   ListView1.Top = picMenu(i - 1).Top + picMenu.Item(i - 1).Height
   If Index < 7 Then picMenu(Index + 1).Top = ListView1.Top + ListView1.Height
   For i = Index + 2 To picMenu.Count - 1
     picMenu(i).Top = picMenu.Item(i - 1).Top + picMenu.Item(i - 1).Height
   Next i
   Select Case Index
    Case 0
      ListView1.ListItems.Clear
      ListView1.Enabled = True
      For i = 0 To m1.Count - 1
        Key = "【" & m1.Item(i).Caption & "】"
        m = i + 1
        Set itmX = ListView1.ListItems.Add(, , Key, m)
      Next i
    Case 1
      ListView1.ListItems.Clear
      ListView1.Enabled = True
      For i = 0 To m2.Count - 1
        Key = "【" & m2.Item(i).Caption & "】"
        m = i + m1.Count
        Set itmX = ListView1.ListItems.Add(, , Key, m)
```

```
      Next i
   Case 2
      ListView1.ListItems.Clear
      ListView1.Enabled = True
      For i = 0 To m3.Count - 1
        Key = "【" & m3.Item(i).Caption & "】"
        m = m1.Count + m2.Count + i
        Set itmX = ListView1.ListItems.Add(, , Key, m)
      Next i
   Case 3
      ListView1.ListItems.Clear
      ListView1.Enabled = True
      For i = 0 To m4.Count - 1
        Key = "【" & m4.Item(i).Caption & "】"
        m = m1.Count + m2.Count + m3.Count + i
        Set itmX = ListView1.ListItems.Add(, , Key, m)
      Next i
      '此处代码省略，详细内容可参见下载的资源包中的相关内容
End Sub
```

单击 ListView1 中的项，根据选定项的索引值调用相应菜单的 Click 事件过程，代码如下。

```
//.....................................................................//
Private Sub ListView1_Click()
  Select Case strMenu
    Case "基本资料管理"
      m1_Click (ListView1.SelectedItem.Index - 1)
      '此处代码省略，详细内容请参见下载的资源包中的相关内容
  End Select
End Sub
```

单击菜单数组，通过变量 czy 判断操作员的操作权限。如果没有权限，则提示用户；如果有权限，则根据菜单数组的索引值调用相应的功能窗体或执行相应的操作，代码如下。

```
//.....................................................................//
Private Sub m1_Click(Index As Integer)
  text = m1(Index).Caption
  rs1.Open "select * from 权限信息表 where 操作员='" & czy & "'", Cnn, adOpenStatic
  If rs1.RecordCount > 0 Then
     If rs1.Fields(Index) = False Then
       MsgBox "对不起，您没有使用此项功能的权限！", vbInformation, "提示窗口"
       rs1.Close
       Exit Sub
     End If
  End If
  rs1.Close
  Select Case Index
    Case 0
      Load main_jbzl_qygl
      main_jbzl_qygl.Show 1
    Case 1
```

```
      Load main_jbzl_cpgl
      main_jbzl_cpgl.Show 1
    Case 2
      jbxxtb = "训练项目表"
      Load main_jbzl_public
      main_jbzl_public.Show 1
    Case 3
      jbxxtb = "考核指标表"
      Load main_jbzl_public
      main_jbzl_public.Show 1
  End Select
End Sub
Private Sub m2_Click(Index As Integer)
  text = m2(Index).Caption
  rs1.Open "select * from 权限信息表 where 操作员='" & czy & "'", Cnn, adOpenStatic
  If rs1.RecordCount > 0 Then
     If rs1.Fields(Index + 11) = False Then
        MsgBox "对不起，您没有使用此项功能的权限！", vbInformation, "提示窗口"
        rs1.Close
        Exit Sub
     End If
  End If
  rs1.Close
  Select Case Index
    Case 0
      Load main_xszz_xszzgl
      main_xszz_xszzgl.Show 1
    Case 1
      Load main_xszz_ywygl
      main_xszz_ywygl.Show 1
    Case 2
      Load main_xszz_xsxlgl
      main_xszz_xsxlgl.Show 1
    Case 3
      Load main_xszz_xsyjgl
      main_xszz_xsyjgl.Show 1
  End Select
End Sub
```

此处代码与上述代码的设计相同，因此省略，详细内容可参见下载的资源包中的相关内容。

24.5.4　产品管理

产品管理模块主要用于对企业内部产品进行有效的管理，建立详细的产品档案，实现产品信息的添加、修改、删除及查询功能，其中查询可通过万能查询器对产品信息进行多种条件查询。产品管理模块的运行结果如图 24.12 所示。

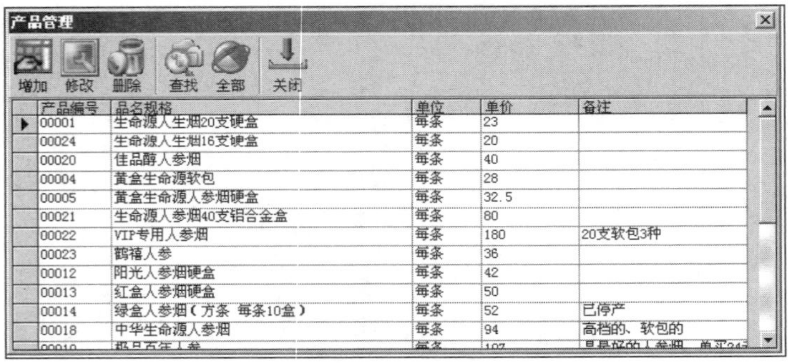

产品管理
增加
修改
删除
查找
全部
关闭
产品编号 品名规格 单位 单价 备注
00001 生命源人生烟20支硬盒 每条 23
00024 生命源人生烟16支硬盒 每条 20
00020 佳品醇人参烟 每条 40
00004 黄盒生命源软包 每条 28
00005 黄盒生命源人参烟硬盒 每条 32.5
00021 生命源人参烟40支铝合金盒 每条 80
00022 VIP专用人参烟 每条 180 20支软包3种
00023 鹤禧人参 每条 36
00012 阳光人参烟硬盒 每条 42
00013 红盒人参烟硬盒 每条 50
00014 绿盒人参烟（方条 每条10盒） 每条 52 已停产
00018 中华生命源人参烟 每条 94 高档的、软包的

图 24.12　产品管理

单击“增加”按钮，添加新的产品信息，如图 24.13 所示。

产品信息添加
产品编号 00025
品名规格 红盒人参烟20支软
单位 每条
单价 30
备注 无
确定
取消

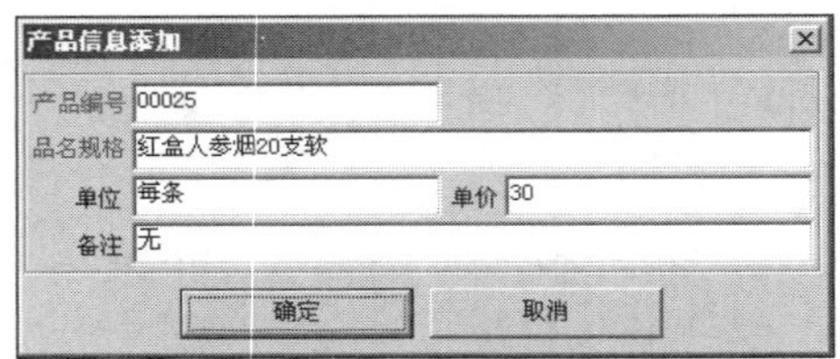

图 24.13　产品信息添加

单击“修改”按钮，修改产品信息，如图 24.14 所示。

产品管理
产品信息修改
产品编号 00025
品名规格 红盒人参烟20支软
单位 每条
单价 30
备注 红塔集团-长春卷烟厂出品
确定
取消

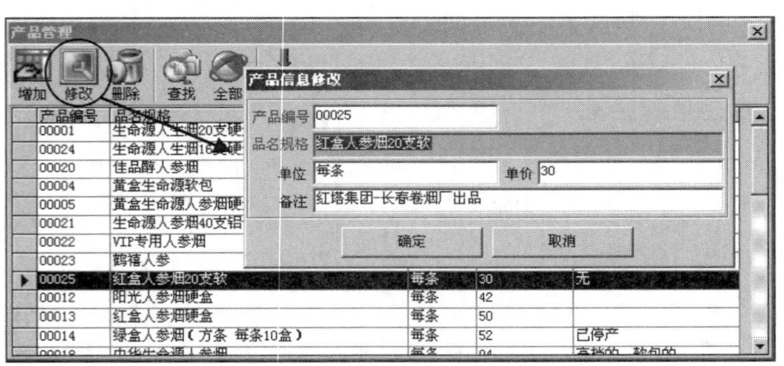

图 24.14　产品信息修改

单击“查找”按钮，打开万能查询器，可实现产品信息的多种条件查询，如图 24.15 所示。

复杂查询窗口
字段名称 单价
运算符 >
关 键 字 23
查找逻辑
并且
或者
增加
清除
查询
查询所有
退出
产品信息表.产品编号 like +'%'+'0001'+'%'
and 产品信息表.单价 >23

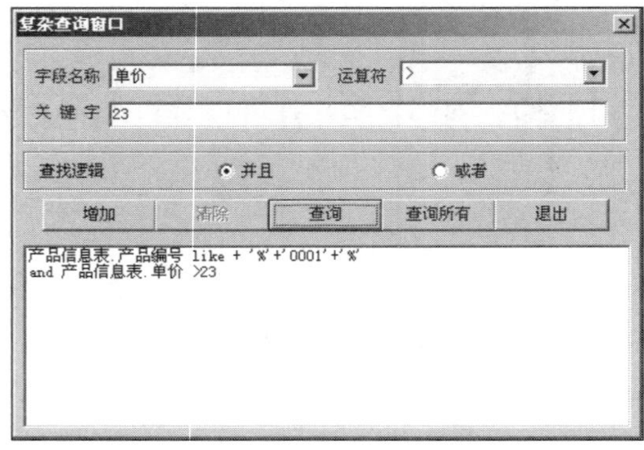

图 24.15　产品查询

1. 父窗体设计

（1）选择“工程”→“添加窗体”命令，添加一个窗体，将该窗体的“名称”属性设置为 main_jbzl_cpgl。

（2）在窗体中设计如图 24.12 所示的工具栏。

（3）在窗体上添加一个 ADO 控件和一个 DataGrid 控件。这两个控件都属于 ActiveX 控件，在使用前应先将其添加到工具箱中，具体添加方法如下。

在“部件”对话框中选中 Microsoft ADO Data Control 6.0（SP4）（OLEDB）和 Microsoft DataGrid Control 6.0（SP5）选项，然后单击“确定”按钮。此时，ADO 和 DataGrid 控件将出现在工具箱中。

（4）主要控件对象的属性设置如表 24.7 所示。

表 24.7　主要控件对象的属性列表

对　象	属　性	值	功　能
Adodc1	CommandType	2-adCmdText	提供数据绑定
	ConnectionString	Provider=SQLOLEDB.1;Persist Security Info=False;User ID=sa;Initial Catalog=db_CSell	
	RecordSource	select * from 产品信息表	
	Visible	False	
DataGrid1	DataSource	Adodc1	显示产品信息

（5）程序代码如下。

```
//..........................................................................................//
Private Sub Form_Activate()
  If sql1 <> "" Then
     Adodc1.RecordSource = sql1
     Adodc1.Refresh
  End If
End Sub
Private Sub Form_Load()
  Me.Caption = text
End Sub
Private Sub Form_QueryUnload(Cancel As Integer, UnloadMode As Integer)
  sql1 = ""      '清空查询字符串
End Sub
Private Sub DataGrid1_DblClick()
  If Adodc1.Recordset.RecordCount > 0 Then
     blnAddCP = False
     CPBookmark = DataGrid1.Bookmark
     Load main_jbzl_cpgl_lr
     main_jbzl_cpgl_lr.Show 1
   Else
     MsgBox "系统没有要修改的数据！", , "提示窗口"
   End If
End Sub
```

单击工具栏按钮，调出相应窗体或执行相应操作，代码如下。

```
//........................................................................................//
Private Sub Toolbar1_ButtonClick(ByVal Button As MSComctlLib.Button)
 Select Case Button.Key
   Case "add"                                        '添加状态
     blnAddCP = True
     Load main_jbzl_cpgl_lr
     main_jbzl_cpgl_lr.Show 1
   Case "modify"                                     '修改状态，调用 DataGrid1_DblClick 过程
     DataGrid1_DblClick
   Case "delete"                                     '删除指定记录
     If Adodc1.Recordset.RecordCount > 0 Then
       Adodc1.Recordset.Delete
       Adodc1.Refresh
     Else
       MsgBox "系统没有要删除的数据！", , "提示窗口"
     End If
   Case "find"                                       '调出万能查询器
     tb1 = "产品信息表"
     Load main_fzfind
     main_fzfind.Show 1
   Case "all"                                        '显示所有记录
     Adodc1.RecordSource = "select * from 产品信息表 order by 产品编号"
     Adodc1.Refresh
   Case "close"
     Unload Me
 End Select
End Sub
```

2. 子窗体设计

（1）在工程中添加一个新窗体，将该窗体的“名称”属性设置为 main_jbzl_cpgl_lr。

（2）在窗体上添加 TextBox 控件数组（text1(0) ~ text1(4)）和两个 CommandButton 控件。

（3）程序代码。

```
Dim rs1 As New ADODB.Recordset
```

窗体载入时，将首先通过布尔型变量 blnAddCP 判断是添加还是修改。如果是添加状态，由系统将自动生成产品编号，并清空除“产品编号”以外的文本框中的内容；如果是修改状态，则显示当前所选择的记录。

```
Private Sub Form_Load()
 If blnAddCP = True Then
   Me.Caption = "产品信息添加"
   rs1.Open "select * from 产品信息表 order by 产品编号", Cnn, adOpenKeyset
   If rs1.RecordCount > 0 Then
     rs1.MoveLast
     Text1(0) = Format(Val(rs1.Fields("产品编号")) + 1, "00000")
   Else
     Text1(0) = "00001"
   End If
   rs1.Close
   For i = 1 To Text1.UBound
```

```
      Text1(i) = ""
    Next i
  Else
    Me.Caption = "产品信息修改"
    With main_jbzl_cpgl.Adodc1.Recordset
       For i = 0 To Text1.UBound
         Text1(i) = .Fields(i)
       Next i
    End With
  End If
End Sub
```

用户输入内容完毕后，单击“保存”按钮，触发 Click 事件，代码如下。

```
//...........................................................................................//
Private Sub Command1_Click()
  On Error GoTo SaveErr
  If blnAddCP = True Then
    Cnn.Execute ("insert into 产品信息表 values('" + Text1(0) + "','" + Text1(1) +
"','" + Text1(2) + _
    "'," + Text1(3) + ",'" + Text1(4) + "')")
  Else
   Cnn.Execute ("update 产品信息表 set 品名规格 ='" + Text1(1) + "',单位 ='" +
Text1(2) + _
   "',单价 =" + Text1(3) + ",备注='" + Text1(4) + "'where 产品编号 ='" +
Text1(0) + "'")
  End If
  main_jbzl_cpgl.Adodc1.Refresh
  main_jbzl_cpgl.DataGrid1.Bookmark = CPBookmark
  Unload Me
  Exit Sub
SaveErr:
  MsgBox Err.Description
End Sub
```

24.5.5　销售组织

销售组织模块主要实现对企业的销售分公司、销售网点等进行有效管理，其中包括销售组织信息的添加、修改、删除及查找等功能。销售组织模块的运行结果如图 24.16 所示。

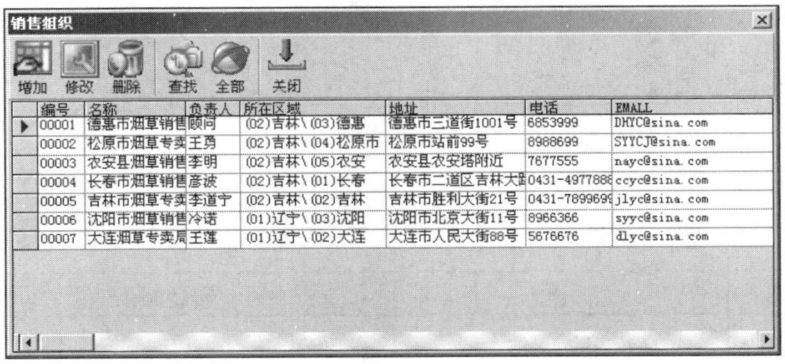

图 24.16　销售组织模块的运行结果

单击“增加”按钮，添加新的销售组织信息，如图 24.17 所示。

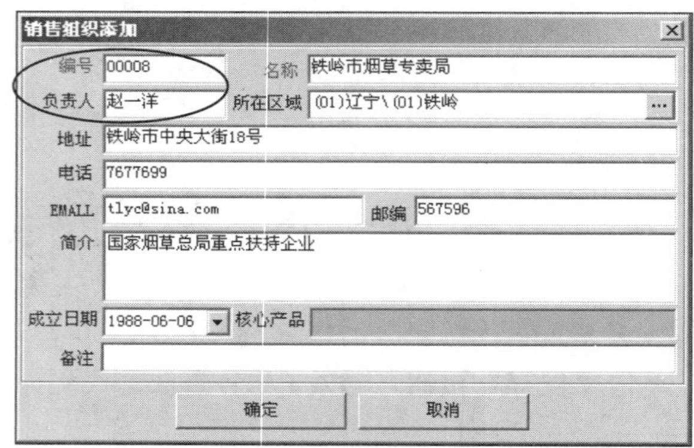

图 24.17　销售组织添加

单击“修改”按钮，修改销售组织信息，如图 24.18 所示。

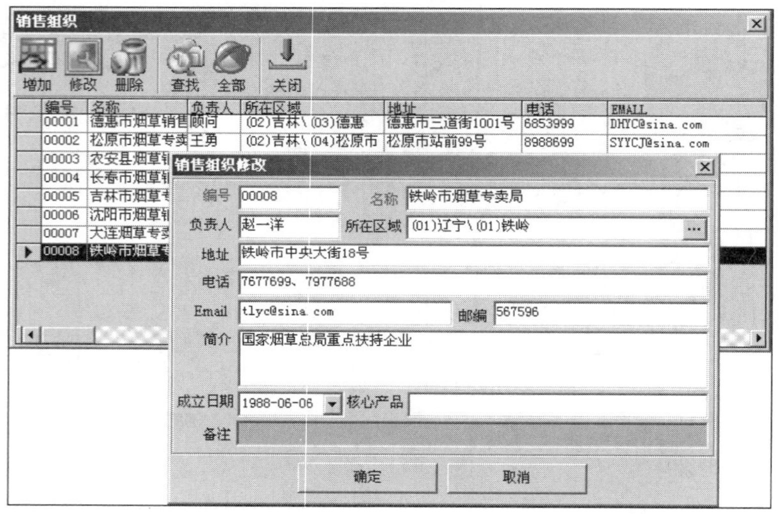

图 24.18　销售组织修改

1．父窗体设计

（1）选择“工程”→“添加窗体”命令，添加一个窗体，将该窗体的“名称”属性设置为 main_xszz_xszzgl。

（2）在窗体中设计如图 24.16 所示的工具栏。

（3）在窗体上添加一个 ADODC 控件和一个 DataGrid 控件。

（4）主要控件对象的属性设置如表 24.8 所示。

表 24.8　主要控件对象的属性列表

对　　象	属　　性	值	功　　能
Adodc1	RecordSourc	select * from 销售组织表	提供数据绑定
DataGrid1	DataSource	Adodc1	显示销售组织信息

（5）程序代码如下。

```
Private Sub Form_Activate()
  If sql1 <> "" Then
    Adodc1.RecordSource = sql1
    Adodc1.Refresh
  End If
End Sub
Private Sub Form_Load()
  Me.Caption = text
End Sub
//……………………………………………………………………………………//
Private Sub Form_QueryUnload(Cancel As Integer, UnloadMode As Integer)
  sql1 = ""                                        '清空查询字符串
End Sub
```

双击 DataGrid 表格，进入修改状态，同时调出 main_xszz_xszzgl_lr 窗体，代码如下。

```
//……………………………………………………………………………………//
Private Sub DataGrid1_DblClick()
  If Adodc1.Recordset.RecordCount > 0 Then
    blnAddXSZZ = False
    XSZZBookmark = DataGrid1.Bookmark
    Load main_xszz_xszzgl_lr
    main_xszz_xszzgl_lr.Show 1
  Else
    MsgBox "系统没有要修改的数据！", , "提示窗口"
  End If
End Sub
```

单击工具栏按钮，调出相应窗体或执行相应操作，代码如下。

```
//……………………………………………………………………………………//
Private Sub Toolbar1_ButtonClick(ByVal Button As MSComctlLib.Button)
  Select Case Button.Key
    Case "add"                                     '添加状态
      blnAddXSZZ = True
      Load main_xszz_xszzgl_lr
      main_xszz_xszzgl_lr.Show 1
    Case "modify"                                  '修改状态，调用 DataGrid1_DblClick 过程
      DataGrid1_DblClick
    Case "delete"                                  '删除指定的记录
      If Adodc1.Recordset.RecordCount > 0 Then
        Adodc1.Recordset.Delete
        Adodc1.Refresh
      Else
        MsgBox "系统没有要删除的数据！", , "提示窗口"
      End If
    Case "find"                                    '调出万能查询器
      tb1 = "销售组织表"
      Load main_fzfind
```

```
      main_fzfind.Show 1
    Case "all"                                    '显示所有记录
      Adodc1.RecordSource = "select * from 销售组织表 order by 编号"
      Adodc1.Refresh
    Case "close"
      Unload Me
  End Select
End Sub
```

2. 子窗体设计

（1）在工程中添加一个新窗体，将该窗体的“名称”属性设置为 main_xszz_xszzgl_lr。

（2）在窗体上添加 TextBox 控件数组（text1(0) ~ text1(10)）和 3 个 CommandButton 控件。

（3）在窗体上添加一个 DTPicker 控件，默认名称为 DTPicker1。该控件属于 ActiveX 控件，在使用前应先将其添加到工具箱中。具体添加方法如下。

在“部件”对话框中选中 Micrsoft Windows Common Controls-2 6.0（SP4）选项，然后单击“确定”按钮。此时，DTPicker 控件将出现在工具箱中。

（4）程序代码。

窗体载入时，将首先通过布尔型变量 blnAddXSZZ 判断是添加还是修改。如果是添加状态，则系统将自动生成“编号”，并清空除“编号”以外的文本框中的内容；如果是修改状态，则显示当前所选择的记录。代码如下。

```
//..........................................................................................//
Private Sub Form_Load()
  If blnAddXSZZ = True Then
    Me.Caption = "销售组织添加"
    rs1.Open "select * from 销售组织表 order by 编号", Cnn, adOpenKeyset
    If rs1.RecordCount > 0 Then
      rs1.MoveLast
      Text1(0) = Format(Val(rs1.Fields("编号")) + 1, "00000")
    Else
      Text1(0) = "00001"
    End If
    rs1.Close
    For i = 1 To Text1.UBound
     Text1(i) = ""
    Next i
  Else
    Me.Caption = "销售组织修改"
    With main_xszz_xszzgl.Adodc1.Recordset
      For i = 0 To 8
        If .Fields(i) <> "" Then Text1(i) = .Fields(i)
      Next i
      If .Fields(9) <> "" Then DTPicker1.Value = .Fields(9)
      If .Fields(10) <> "" Then Text1(9) = .Fields(10)
```

```
      If .Fields(12) <> "" Then Text1(10) = .Fields(12)
    End With
  End If
End Sub
Private Sub cmdQY_Click()                       '调出“区域信息”窗口，供用户选择或输入区域信息
  Load main_datatree
  main_datatree.Show 1
  IntLoadDataTree = 1
End Sub
```

用户输入内容完毕后，单击“保存”按钮，触发 Click 事件，代码如下。

```
//......................................................................................//
Private Sub Command1_Click()
  On Error GoTo SaveErr
  If blnAddXSZZ = True Then
     Cnn.Execute ("insert into 销售组织表 values('" + Text1(0) + "','" +
Text1(1) + "','" + _
     Text1(2) + "','" + Text1(3) + "','" + Text1(4) + "','" + Text1(5) + "','" +
Text1(6) + _
     "','" + Text1(7) + "','" + Text1(8) + "','" + Str(DTPicker1.Value) + "','" +
Text1(9) + _
     "',1,'" + Text1(10) + "')")
  Else
     Cnn.Execute ("update 销售组织表 set 名称 ='" + Text1(1) + "',负责人='" +
Text1(2) + _
     "',所在区域 ='" + Text1(3) + "',地址='" + Text1(4) + "',电话='" + Text1(5) +
"',EMALL='" + _
     Text1(6) + "',邮编='" + Text1(7) + "',简介 ='" + Text1(8) + "',成立日期='" + _
     Str(DTPicker1.Value) + "',核心产品='" + Text1(9) + "',备注='" + Text1(10) + "'where
编号 ='" + _
     Text1(0) + "'")
  End If
  main_xszz_xszzgl.Adodc1.Refresh
  If XSZZBookmark <> "" Then main_xszz_xszzgl.DataGrid1.Bookmark = XSZZBookmark
  Unload Me
  Exit Sub
SaveErr:
  MsgBox Err.Description
End Sub
```

24.5.6 销售业绩考核

销售业绩考核模块主要用于对业务员的销售业绩考核信息进行有效管理，并根据业务员销售业绩的完成比率，自动计算业务员的得分情况。本模块可实现销售业绩考核信息的添加、修改、删除、查找等功能。销售业绩考核模块的运行结果如图 24.19 所示。

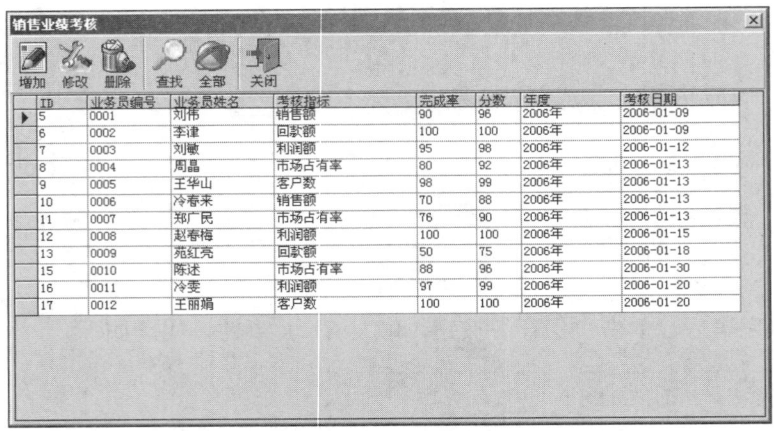

图 24.19　销售业绩考核

单击“增加”按钮，添加业务员的销售业绩考核信息，如图 24.20 所示。

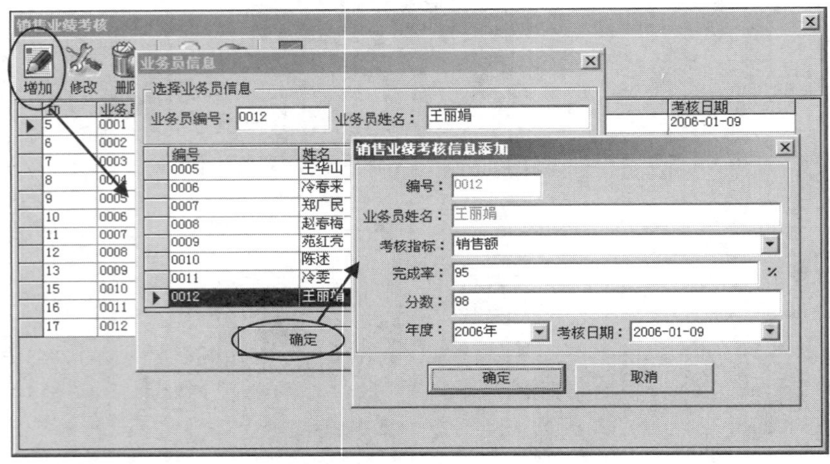

图 24.20　销售业绩考核信息添加

单击“修改”按钮，修改业务员的销售业绩考核信息，如图 24.21 所示。

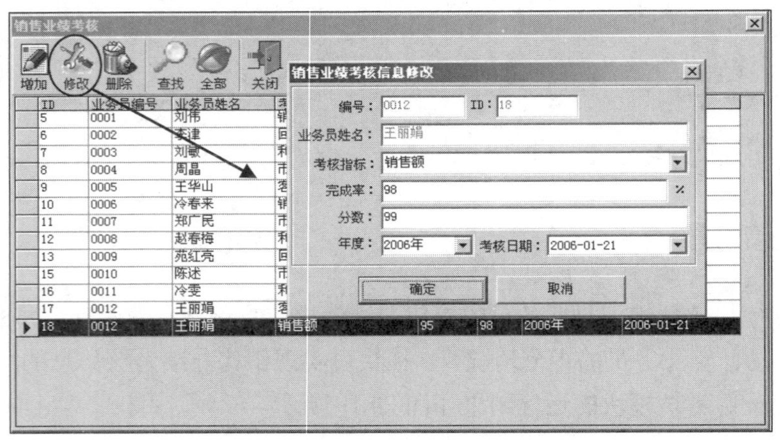

图 24.21　销售业绩考核信息修改

单击“查找”按钮，查找业务员的销售业绩考核信息，如图 24.22 所示。

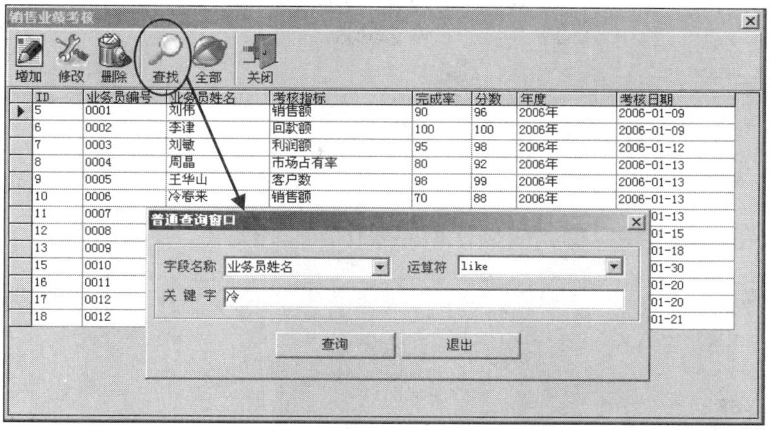

图 24.22　销售业绩考核信息查询

1．父窗体设计

（1）选择“工程”→“添加窗体”命令，添加一个窗体，将该窗体的“名称”属性设置为 main_xszz_xsyjgl。

（2）在窗体中设计如图 24.19 所示的工具栏。

（3）在窗体上添加一个 ADO 控件和一个 DataGrid 控件。

（4）主要控件对象的属性设置如表 24.9 所示。

表 24.9　主要控件对象的属性列表

对　　象	属　　性	值	功　　能
Adodc1	RecordSource	销售考核表	提供数据绑定
DataGrid1	DataSource	Adodc1	显示销售考核信息

（5）程序代码如下。

```
Dim rs1 As New ADODB.Recordset
//.......................................................................//
Private Sub Form_Activate()
 If sql <> "" Then
   Adodc1.RecordSource = sql
   Adodc1.Refresh
   If Adodc1.Recordset.RecordCount > 0 Then
   Else
     MsgBox "没有找到符合条件的记录！", , "提示窗口"
   End If
 End If
End Sub
```

双击 DataGrid 表格，进入修改状态，同时调出 main_xszz_xsyjgl_lr 窗体，代码如下。

```
//.......................................................................//
Private Sub DataGrid1_DblClick()
 If Adodc1.Recordset.RecordCount > 0 Then
```

```
    blnAddXSKH = False
    XSKHBookmark = DataGrid1.Bookmark
    Load main_xszz_xsyjgl_lr
    main_xszz_xsyjgl_lr.Show 1
  Else
    MsgBox "系统没有要修改的数据！", , "提示窗口"
  End If
End Sub
```

单击工具栏按钮，调出相应窗体或执行相应操作，代码如下。

```
//..........................................................................................//
Private Sub Toolbar1_ButtonClick(ByVal Button As MSComctlLib.Button)
  Select Case Button.Key
    Case "add"                                    '添加状态
      blnAddXSKH = True
      main_yyxx.Tag = 2
      Load main_yyxx
      main_yyxx.Show 1
    Case "modify"                                 '修改状态，并调用 DataGrid1_DblClick 过程
      DataGrid1_DblClick
    Case "delete"
      If Adodc1.Recordset.RecordCount > 0 Then
        Adodc1.Recordset.Delete
        Adodc1.Refresh
      Else
        MsgBox "系统没有要删除的数据！", , "提示窗口"
      End If
    Case "find"
      tb = "销售考核表"
      Load main_find
      main_find.Show 1
    Case "all"
      Adodc1.RecordSource = "销售考核表 order by ID"
      Adodc1.Refresh
  End Select
End Sub
```

2. 子窗体设计

（1）在工程中添加一个新窗体，将该窗体的“名称”属性设置为main_xszz_xszzgl_lr。

（2）在窗体上添加TextBox控件数组（text1(0)~text1(10)）、一个TextBox控件（txtID）、一个Combo控件、一个DTPicker控件（默认名称为DTPicker1）和3个CommandButton控件等。

（3）在窗体上添加一个ADODC控件、一个DataCombo控件，DataCombo控件属于ActiveX控件，在使用前应先将其添加到工具箱中，具体添加方法如下：

在“部件”对话框中选中Microsoft DataList Controls 6.0（SP3）选项，然后单击“确定”按钮。此时，DataCombo控件将出现在工具箱中。

（4）主要控件对象的属性设置如表 24.10 所示。

表 24.10　主要控件对象的属性列表

对　　象	属　　性	值	功　　能
Adodc1	RecordSource	考核指标表	提供数据绑定
DataCombo1	RowSource ListField	Adodc1 考核指标	显示考核指标信息

（5）程序代码。

```
Dim n1 As Single
```

窗体载入时，将首先通过布尔型变量 blnAddXSKH 判断是添加还是修改。如果是添加状态，则设置窗体的标题为“销售业绩考核信息添加”；如果是修改状态，则显示当前所选择的记录，代码如下。

```
//..........................................................................................//
Private Sub Form_Load()
  For i = 2005 To 3010
    Combo1.AddItem i & "年"
  Next i
  Combo1.ListIndex = 1
  If blnAddXSKH = True Then
    Me.Caption = "销售业绩考核信息添加"
  Else
    Me.Caption = "销售业绩考核信息修改"
    lblID.Visible = True: txtID.Visible = True
    With main_xszz_xsyjgl.Adodc1.Recordset
     If .RecordCount > 0 Then
       txtID = .Fields("ID")
       Text1(0) = .Fields("业务员编号"): Text1(1) = .Fields("业务员姓名")
       DataCombo1 = .Fields("考核指标"): Text1(2) = .Fields("完成率")
       Text1(3) = .Fields("分数"): If .Fields("年度") <> "" Then Combo1 = .
Fields("年度")
       If .Fields("考核日期") <> "" Then DTPicker1 = .Fields("考核日期")
     End If
    End With
  End If
End Sub
//..........................................................................................//
Private Sub Text1_KeyDown(Index As Integer, KeyCode As Integer, Shift As Integer)
  If KeyCode = vbKeyReturn And Index = 2 Then
    n1 = Val(Text1(2))
    Text1(3) = Round(3 * (n1 / 100) / (2 * (n1 / 100) + 1), 2) * 100
  End If
End Sub
//..........................................................................................//
Private Sub Command1_Click()
  n1 = Val(Text1(2))
  Text1(3) = Round(3 * (n1 / 100) / (2 * (n1 / 100) + 1), 2) * 100
  If blnAddXSKH = True Then
```

```
  Cnn.Execute ("insert into 销售考核表(业务员编号,业务员姓名,考核指标,完成率,分数,年度,
考核日期) values('" + Text1(0) + "','" + Text1(1) + "','" + DataCombo1 + "','" + Text1(2)
+ "'," + Text1(3) + ",'" + Combo1 + "','" + Str(DTPicker1) + "')")
 Else
  Cnn.Execute ("update 销售考核表 set 考核指标='" + DataCombo1 + "',完成率='" + Text1(2)
+ "',分数=" + Text1(3) + ",年度='" + Combo1 + "',考核日期='" + Str(DTPicker1) + "'where
ID=" + txtID + "")
 End If
 main_xszz_xsyjgl.Adodc1.Refresh
 If XSKHBookmark <> "" Then main_xszz_xsyjgl.DataGrid1.Bookmark = XSKHBookmark
 Unload Me
End Sub
```

24.5.7 市场走势

市场走势模块主要用于根据产品的市场跟踪数据，以图表的形式显示此产品的市场走势，以帮助企业及时掌握市场信息、抓住商机、降低市场开发成本、提高市场开发效率。市场走势模块的运行结果如图 24.23 所示。

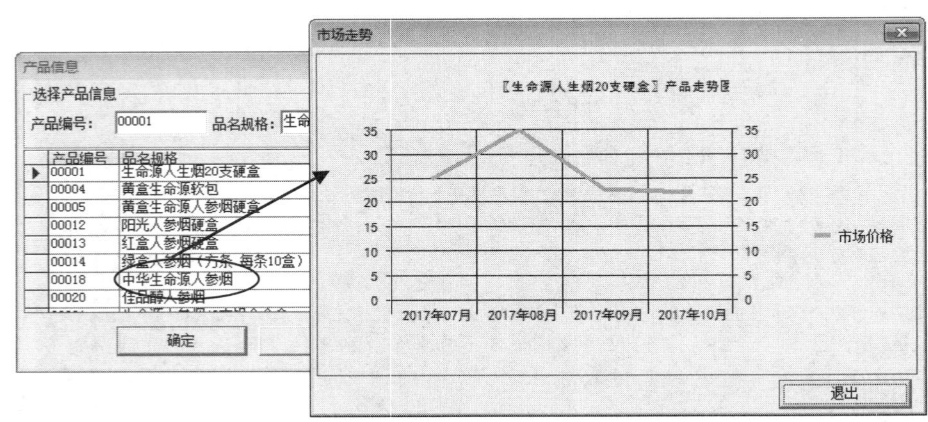

图 24.23　市场走势模块运行结果

1. 窗体设计

（1）在工程中添加一个新窗体，将该窗体的“名称”属性设置为 main_scgl_sczs。

（2）在窗体上添加一个 CommandButton 控件，设置其 Caption 属性为“退出”。

（3）在窗体上添加一个 MSChart 控件。该控件属于 ActiveX 控件，在使用前应先将其添加到工具箱中，具体添加方法如下。

在“部件”对话框中选中 Microsoft Chart Controls 6.0（SP4）选项，然后单击“确定”按钮。此时，MSChart 控件将出现在工具箱中。

2. 代码设计

```
Dim rs1 As New ADODB.Recordset
Public cp As String
//..........................................................................//
Private Sub Form_Load()
```

```
  rs1.Open "select 市场价格,跟踪月份 from 市场跟踪表 where 品名规格='" + cp + "' order by
跟踪月份", Cnn, adOpenKeyset, adLockOptimistic
  If rs1.RecordCount > 0 Then
    rs1.MoveLast
    rs1.MoveFirst
    nums = rs1.RecordCount
    ReDim arrValues(1 To nums, 1 To 2)                          '定义动态数组
    For i = 1 To nums                                           '给数组赋值
     arrValues(i, 1) = " " & rs1!跟踪月份
     arrValues(i, 2) = rs1!市场价格
     rs1.MoveNext
    Next i
    MSChart1.ChartData = arrValues                              '图表显示数据
 End If
 rs1.Close
 MSChart1.Title = "〖" & cp & "〗产品走势图"                    '图表名称
End Sub
```

24.5.8　销售数据导入

销售数据导入模块主要用于实现将业务员或销售分公司提交的 Excel 销售数据或销售计划数据报表导入到系统中。销售数据导入模块的运行结果如图 24.24 所示。

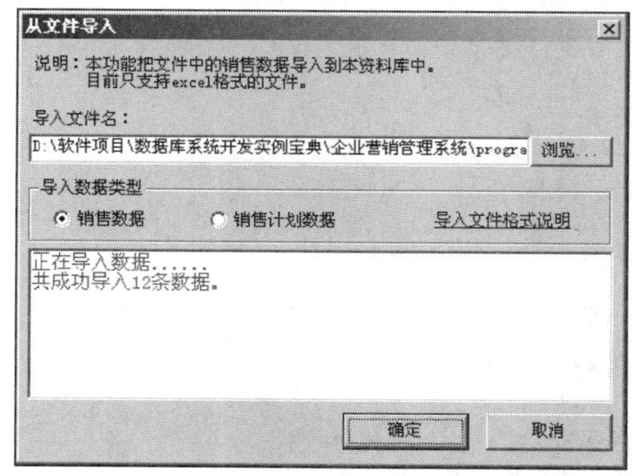

图 24.24　销售数据导入

1．窗体设计

（1）在工程中添加一个新窗体，将该窗体的“名称”属性设置为 main_xsyw_xsdr，Caption 属性设置为“从文件导入”。

（2）在窗体上添加两个 TextBox 控件、两个 OptionButton 控件和 3 个 CommandButton 控件等。

2．代码设计

```
Dim rs1 As New ADODB.Recordset
Dim r As Integer, c As Integer,intNew As Integer, xstb As String
Dim newxls As Excel.Application, newbook As Excel.Workbook, newsheet As
```

```
Excel.Worksheet
//…………………………………………………………………………//
Private Sub Label3_Click()
  Set newxls = CreateObject("Excel.Application")  '创建Excel应用程序，打开Excel2000
  If Option1.Value = True Then
    xstb = "销售表"
  Else
    xstb = "销售计划表"
  End If
  Set newbook = newxls.Workbooks.Open(App.Path & "\" & xstb & ".xls")
  newxls.Visible = True
End Sub
//…………………………………………………………………………//
Private Sub Command1_Click()
   CommonDialog1.ShowOpen
   CommonDialog1.Filter = "Excel文件(*.xls)|*.xls"
   Text1 = CommonDialog1.FileName
End Sub
//…………………………………………………………………………//
Private Sub Command2_Click()
  If Option1.Value = True Then
    xstb = "销售表"
  Else
    xstb = "销售计划表"
  End If
  Text2 = "正在导入数据......"
  Set newxls = CreateObject("Excel.Application") '创建Excel应用程序，打开Excel2000
  Set newbook = newxls.Workbooks.Open(Text1)
  Set newsheet = newbook.Worksheets(xstb)
  Me.Enabled = False
  rs1.Open xstb, Cnn, adOpenKeyset, adLockOptimistic
  intOr = rs1.RecordCount
  For r = 2 To 2000
    If newsheet.Cells(r, 1) <> "" Then
      rs1.AddNew
      For c = 0 To rs1.Fields.Count - 1
        rs1.Fields(c) = newsheet.Cells(r, c + 1)
      Next c
      rs1.Update
      intNew = intNew + 1
      Text2 = Text2 & Chr(13) & Chr(10) & "已成功导入" & intNew & "条数据......"
    End If
  Next r
  rs1.Close
  newxls.Quit
  Text2 = Text2 & Chr(13) & Chr(10) & "共成功导入" & intNew & "条数据。"
  Me.Enabled = True
End Sub
```

24.5.9　销售数据录入

销售数据录入模块主要用于实现销售数据的录入功能。在进行销售数据录入时，可通过产品浮动列表选择产品，使用户录入数据的过程更加方便、快捷。销售数据录入模块的运行结果如图 24.25 所示。

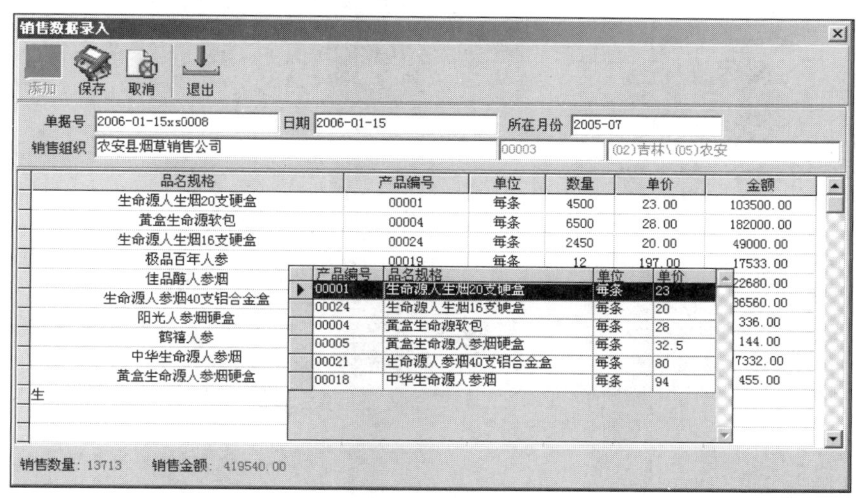

图 24.25　销售数据录入

1．窗体设计

（1）在工程中添加一个新窗体，将该窗体的“名称”属性设置为 main_xsyw_xslr。

（2）在窗体上设计如图 24.25 所示的工具栏。

（3）在窗体上添加 5 个 TextBox 控件、两个 ADO 控件和两个 DataGrid 控件等。

（4）在窗体上添加一个 MSHFlexGrid 控件和一个 MaskEdBox 控件。这两个控件都属于 ActiveX 控件，在使用前应先将其添加到工具箱中，具体添加方法如下。

在“部件”对话框中选中 Microsoft Masked Edit Controls 6.0（SP3）和 Microsoft Hierarchical FlexGrid Control 6.0（SP4）（OLEDB）选项，然后单击“确定”按钮。此时，MaskEdBox 和 MSHFlexGrid 控件将出现在工具箱中。

（5）主要控件对象的属性设置如表 24.11 所示。

表 24.11　主要控件对象的属性列表

对　　象	属　　性	值	功　　能
Adodc1	RecordSource	产品信息表	提供数据绑定
Adodc2	RecordSource	销售组织表	提供数据绑定
DataGrid1	DataSource	Adodc1	显示产品信息
DataGrid2	DataSource	Adodc2	显示销售组织

2．代码设计

```
Public rs1 As New ADODB.Recordset, rs2 As New ADODB.Recordset    '定义数据集对象
```

```
Public r As Integer
Dim i As Integer, j As Integer
```

自定义 EditKeyCode 过程，用于控制 TextBox 控件在 MSHFlexGrid 控件中的位置，代码如下。

```
//..........................................................................................//
Sub EditKeyCode(MSHFlexGrid As Control, Edt As Control, KeyCode As Integer, Shift
As Integer)
  '标准编辑控件处理。
  Select Case KeyCode
    Case 27     'Esc 隐藏焦点并将其返回 MSHFlexGrid
      Edt.Visible = False
      MSHFlexGrid.SetFocus
    Case 13     'Enter 将焦点返回 MSHFlexGrid
      MSHFlexGrid.SetFocus
      DoEvents
      If MSHFlexGrid.Col < MSHFlexGrid.Cols - 1 Then
        MSHFlexGrid.Col = MSHFlexGrid.Col + 1
      Else
        If MSHFlexGrid.Col = MSHFlexGrid.Cols - 1 Then
          MSHFlexGrid.Row = MSHFlexGrid.Row + 1
          MSHFlexGrid.Col = 1
        End If
      End If
    Case 38        '向上
      MSHFlexGrid.SetFocus
      DoEvents
      If MSHFlexGrid.Row > MSHFlexGrid.FixedRows Then
        MSHFlexGrid.Row = MSHFlexGrid.Row - 1
      End If
  End Select
End Sub
```

自定义 view_DP 过程，用于计算并格式化 MSHFlexGrid 控件的列，代码如下。

```
//..........................................................................................//
Sub view_DP()
  If flex1.Col = 4 Or flex1.Col = 5 Or flex1.Col = 6 Then
     flex1.TextMatrix(flex1.Row, 5) = Format(flex1.TextMatrix(flex1.Row, 5),
"0.00")
    flex1.TextMatrix(flex1.Row, 6) = Val(flex1.TextMatrix(flex1.Row, 4)) *
Val(flex1.TextMatrix(flex1.Row, 5))
     flex1.TextMatrix(flex1.Row, 6) = Format(flex1.TextMatrix(flex1.Row, 6),
"0.00")
  End If
  Dim A, B As Single                                   '声明单精度浮点型变量
  On Error Resume Next
  For i = 1 To flex1.Rows - 1
    If flex1.TextMatrix(i, 1) <> "" And flex1.TextMatrix(i, 4) <> "" Then
      A = Val(flex1.TextMatrix(i, 6)) + A        '求合计金额
      B = Val(flex1.TextMatrix(i, 4)) + B        '求合计数量
    End If
  Next i
```

```
  lblCount = B
  lblSum = Format(A, "0.00")                        '格式化合计金额
End Sub
//……………………………………………………………………………………//
Sub SetButtons(bVal As Boolean)
  Toolbar1.Buttons(1).Enabled = Not bVal: Toolbar1.Buttons(2).Enabled = bVal
  Toolbar1.Buttons(3).Enabled = bVal: flex1.Enabled = bVal
  Frame1.Enabled = bVal: txtEdit.Visible = bVal
End Sub
//……………………………………………………………………………………//
Private Sub Form_Load()
  Me.Caption = text
  flex1.ColWidth(0) = flex1.ColWidth(0) / 2
 '初始化编辑框
  txtEdit = ""
  flex1.Rows = 101: flex1.Cols = 7
  '设置列标头
  s$ = "^ |^品名规格          |^产品编号       |^单位     |^数量     |^单价        |^金额    "
  flex1.FormatString = s$
  lblCount = "0": lblSum = "0.00"
  SetButtons False
End Sub
```

在 DataGrid 控件的 KeyDown 事件中，如果按 Enter 键，则将 DataGrid 控件中的数据赋值给 MSHFlexGrid；如果按 Esc 键，则使 DataGrid 控件不可见。代码如下。

```
//……………………………………………………………………………………//
Private Sub DataGrid1_KeyDown(KeyCode As Integer, Shift As Integer)
  If KeyCode = vbKeyReturn Then
   With Adodc1.Recordset
      '赋值给 flex1 表格
      If .Fields("品名规格") <> "" Then flex1.TextMatrix(flex1.Row, 1) = Trim
(.Fields("品名规格"))
      If .Fields("产品编号") <> "" Then flex1.TextMatrix(flex1.Row, 2) = Trim
(.Fields("产品编号"))
      If .Fields("单位") <> "" Then flex1.TextMatrix(flex1.Row, 3) = Trim(.Fields
("单位"))
      flex1.TextMatrix(flex1.Row, 5) = .Fields("单价")
   End With
   flex1.Col = 4: flex1.SetFocus: DataGrid1.Visible = False
   txtEdit.text = "": txtEdit.Visible = False
  End If
  If KeyCode = vbKeyEscape Then          '按 Esc 键 DataGrid1 不可见，txtEdit 获得焦点
    DataGrid1.Visible = False: txtEdit.SetFocus
  End If
End Sub
//……………………………………………………………………………………//
Private Sub DataGrid2_KeyDown(KeyCode As Integer, Shift As Integer)
  With Adodc2.Recordset
  If KeyCode = vbKeyReturn Then
    Text1(0) = .Fields("名称"): Text1(1) = .Fields("编号"): Text1(2) = .Fields
```

```
("所在区域")
    DataGrid2.Visible = False
    flex1.Col = 1: flex1.Row = 1: flex1.SetFocus
  End If
  End With
End Sub
//……………………………………………………………………………………//
Private Sub flex1_KeyPress(KeyAscii As Integer)
  If flex1.Col >= 4 Or flex1.Col = 1 Then
    MSHFlexGridEdit flex1, txtEdit, KeyAscii
  End If
End Sub
Private Sub flex1_DblClick()
  If flex1.Col >= 4 Or flex1.Col = 1 Then
    MSHFlexGridEdit flex1, txtEdit, 32                '模拟一个空格
  End If
End Sub
```

自定义 MSHFlexGridEdit 过程用于初始化文本框，并将焦点从 MHFlexGrid 控件传递到 TextBox 控件上，代码如下。

```
//……………………………………………………………………………………//
Sub MSHFlexGridEdit(MSHFlexGrid As Control, Edt As Control, KeyAscii As Integer)
  '使用已输入的字符。
  Select Case KeyAscii
    '空格表示编辑当前的文本
  Case 0 To 32
    Edt = MSHFlexGrid: Edt.SelStart = 1000
    '其他所有字符表示取代当前的文本
  Case Else
    Edt = Chr(KeyAscii): Edt.SelStart = 1
  End Select
  '在合适的位置显示 Edt
  Edt.Move MSHFlexGrid.Left + MSHFlexGrid.CellLeft - 15, MSHFlexGrid.Top +
MSHFlexGrid.CellTop - 15, MSHFlexGrid.CellWidth, MSHFlexGrid.CellHeight
  Edt.Visible = True: Edt.SetFocus
End Sub
```

当输入数据并按下 Enter 键时，使用查询语句查询符合“编号”或“名称”的销售组织信息，代码如下。

```
//……………………………………………………………………………………//
Private Sub Text1_KeyDown(index As Integer, KeyCode As Integer, Shift As Integer)
  If KeyCode = vbKeyReturn And index = 0 Then
    Adodc2.RecordSource = "销售组织表 where 编号 like +'%'+'" + Text1(0) + "'+'%'or 名
称 like +'%'+'" + Text1(0) + "'+'%'"
    Adodc2.Refresh
    If Adodc2.Recordset.RecordCount > 0 Then
      DataGrid2.Visible = True: DataGrid2.SetFocus
    Else
      Adodc2.RecordSource = "销售组织表"
```

```
      Adodc2.Refresh
      If Adodc2.Recordset.RecordCount > 0 Then
        DataGrid2.Visible = True: DataGrid2.SetFocus
      Else
        MsgBox "无可选的销售组织信息，请首先录入销售组织数据！", , "提示窗口"
      End If
    End If
  End If
End Sub
```

当输入数据并按下 Enter 键时，使用查询语句查询是否有符合“品名规格”的产品信息，如果有，则显示 DataGrid 控件，用户可以通过此控件方便地选择并录入产品信息，代码如下。

```
//................................................................//
Private Sub txtEdit_KeyDown(KeyCode As Integer, Shift As Integer)
  If KeyCode = vbKeyReturn And flex1.Col = 1 Then
    Adodc1.RecordSource = "产品信息表 where 品名规格 like +'%'+'" + txtEdit + "'+'%'"
    Adodc1.Refresh
    If Adodc1.Recordset.RecordCount > 0 Then
      DataGrid1.Visible = True: DataGrid1.SetFocus
    Else
      Adodc1.RecordSource = "产品信息表"
      Adodc1.Refresh
      If Adodc1.Recordset.RecordCount > 0 Then
        DataGrid1.Visible = True: DataGrid1.SetFocus
      Else
        MsgBox "无可选的产品信息，请首先录入产品数据！", , "提示窗口"
      End If
    End If
  End If
  '只有 TextBox 控件在“数量”单元格时，才使用以下过程
  If flex1.Col >= 4 Then
    EditKeyCode flex1, txtEdit, KeyCode, Shift
  End If
End Sub
```

当输入数据并按下 Enter 键或用鼠标单击 MSHFlexGrid 控件中的另一个单元格时，焦点将返回此控件，这时 TextBox 中的文本会被复制到活动单元中，代码如下。

```
//................................................................//
Private Sub flex1_GotFocus()
  If txtEdit.Visible = False Then Exit Sub
  flex1 = txtEdit
  txtEdit.Visible = False
  view_DP
End Sub
Private Sub flex1_LeaveCell()
  If txtEdit.Visible = False Then Exit Sub
  flex1 = txtEdit
  txtEdit.Visible = False
End Sub
```

单击工具栏按钮，实现数据的添加、保存、取消等操作，代码如下。

```
//......................................................................................//
Private Sub Toolbar1_ButtonClick(ByVal Button As MSComctlLib.Button)
  Select Case Button.Key
    Case "add"
      Dim lsph As Integer                         '声明一个整型变量
      '创建单据号
      rs1.Open "select * from 销售表 order by 单据号", Cnn, adOpenKeyset,
adLockOptimistic
      If rs1.RecordCount > 0 Then
        If Not rs1.EOF Then rs1.MoveLast
        If rs1.Fields("单据号") <> "" Then
          lsph = Val(Right(Trim(rs1.Fields("单据号")), 4)) + 1
          txtph.text = Date & "xs" & Format(lsph, "0000")
        End If
      Else
        txtph.text = Date & "xs" & "0001"
      End If
      rs1.Close
      txtdate.text = Date
      '设置控件有效或无效
      SetButtons True
      For i = 1 To flex1.Rows - 1
          For j = 1 To flex1.Cols - 1
              flex1.TextMatrix(i, j) = ""
          Next j
      Next i
      For i = 0 To Text1.UBound
        Text1(i) = ""
      Next i
      MaskEdBox1.SetFocus
      view_DP
    Case "save"
      Dim js As Integer
      For i = 1 To flex1.Rows - 1
         If flex1.TextMatrix(i, 1) <> "" And flex1.TextMatrix(i, 4) = "" Then
           MsgBox "第" & i & "行录入错误！", , "提示窗口"
           Exit Sub
         End If
         If flex1.TextMatrix(i, 1) = "" Then
           js = js + 1
         End If
      Next i
      If js = flex1.Rows - 1 Then
         MsgBox "没有要保存的数据！", , "提示窗口"
         Exit Sub
      End If
      rs1.Open "select * from 销售表", Cnn, adOpenKeyset, adLockOptimistic
      For i = 1 To flex1.Rows - 1
```

```
        If flex1.TextMatrix(i, 1) <> "" And flex1.TextMatrix(i, 2) <> "" And flex1.TextMatrix(i, 4) <> "" Then
          '添加新记录到销售表中
          rs1.AddNew
          If flex1.TextMatrix(i, 1) <> "" Then rs1.Fields("品名规格") = flex1.TextMatrix(i, 1)
          If flex1.TextMatrix(i, 2) <> "" Then rs1.Fields("产品编号") = flex1.TextMatrix(i, 2)
          If flex1.TextMatrix(i, 3) <> "" Then rs1.Fields("单位") = flex1.TextMatrix(i, 3)
          rs1.Fields("月销量") = Val(flex1.TextMatrix(i, 4)): rs1.Fields("单价") = Val(flex1.TextMatrix(i, 5))
          rs1.Fields("月销售额") = Val(flex1.TextMatrix(i, 6))
          If txtph.text <> "" Then rs1.Fields("单据号") = Trim(txtph.text)
          rs1.Fields("所在月份") = MaskEdBox1.text: rs1.Fields("销售组织编号") = Text1(1)
          rs1.Fields("销售组织名称") = Text1(0): rs1.Fields("所在区域") = Text1(2)
          rs1.Update
        End If
      Next i
      rs1.Close
      '此处代码省略，详细内容可参见下载的资源包中的相关内容
  End Select
End Sub
```

24.5.10　销售预测

销售预测模块主要用于根据本年度的某一产品在某一销售组织内的销售数量及销售额对下一年度该产品在该销售组织的销售数量及销售额进行预测，运行结果如图 24.26 所示。

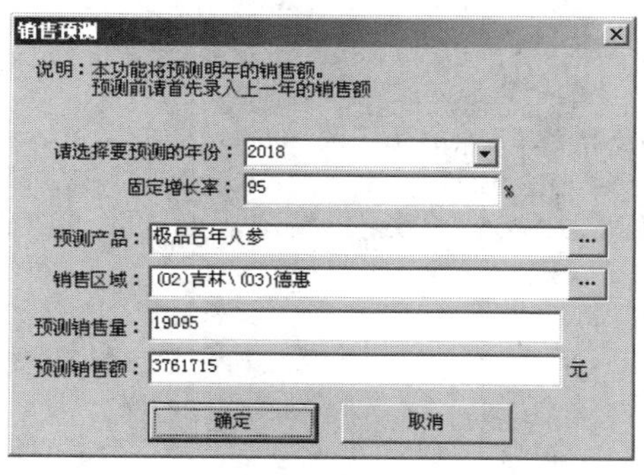

图 24.26　销售预测

1. 窗体设计

（1）在工程中添加一个新窗体，将该窗体的“名称”属性设置为 main_xsyw_xsyc。

（2）在窗体上添加 TextBox 控件 数组（Text1(0) ~ Text1(4)）、一个 ComboBox 控件 和 4 个 CommandButton 控件 等。

2．代码设计

```
Dim rs1 As New ADODB.Recordset
//……………………………………………………………………………………//
Private Sub Form_Activate()
  If IntLoadDataTree = 2 Then
     Command1.SetFocus
     ElseIf intCP = 2 Then Text1(2).SetFocus
  Else
    Combo1.SetFocus
  End If
End Sub
```

窗体载入时，向 Combo1 控件中添加规范化数据，代码如下。

```
//……………………………………………………………………………………//
Private Sub Form_Load()
  Me.Caption = text
  For i = 2000 To 3010
    Combo1.AddItem i
  Next i
  Combo1.ListIndex = 1
End Sub
Private Sub cmdCP_Click()                        '调出“产品信息”窗口，供用户选择或输入产品数据
  intCP = 2
  Load main_cpxx
  main_cpxx.Show 1
End Sub
Private Sub cmdQY_Click()
  IntLoadDataTree = 2
  Load main_datatree
  main_datatree.Show 1
End Sub
Private Sub Command1_Click()
   '(预测)明年的销售额=上一年的销售额×固定增长率
   rs1.Open "select 品名规格,left(所在月份,4),sum(月销量)as 销售总量,sum(月销售额) as 销售总额 from 销售表 where left(所在月份,4)=" & Combo1 - 1 & "and 品名规格='" + Text1(1) + "'and 所在区域='" + Text1(2) + "'group by 品名规格,left(所在月份,4)", Cnn, adOpenKeyset, adLockOptimistic
   If rs1.RecordCount > 0 Then
     Text1(3) = Round(rs1.Fields(2) * (Val(Text1(0)) / 100), 0)
     Text1(4) = Round(rs1.Fields(3) * (Val(Text1(0)) / 100), 2)
     Cnn.Execute ("insert into 预测表(品名规格,销售区域,预测销量,预测销售额,预测年份,录入日期) values('" + Text1(1) + "','" + Text1(2) + "'," + Text1(3) + "," + Text1(4) + ",'" + Combo1 + "','" + Str(Date) + "')")
   Else
     MsgBox "没有预测数据！"
   End If
   rs1.Close
End Sub
```

24.5.11 月销售分析

月销售分析模块主要用于实现对所设置月份的销售信息进行分析统计，可按销售数量、按销售金额、按销售数量及金额这 3 种方式进行分析统计。月销售分析模块的运行结果如图 24.27 所示。

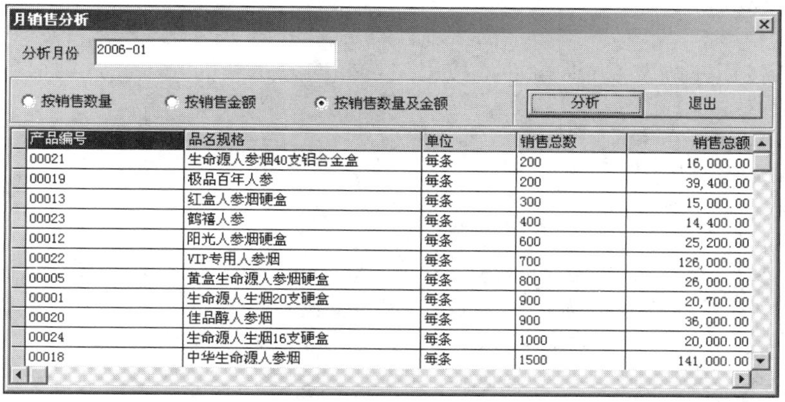
月销售分析
分析月份
2006-01
按销售数量
按销售金额
按销售数量及金额
分析
退出
产品编号 品名规格 单位 销售总数 销售总额
00021 生命源人参烟40支铝合金盒 每条 200 16,000.00
00019 极品百年人参 每条 200 39,400.00
00013 红盒人参烟硬盒 每条 300 15,000.00
00023 鹤禧人参 每条 400 14,400.00
00012 阳光人参烟硬盒 每条 600 25,200.00
00022 VIP专用人参烟 每条 700 126,000.00
00005 黄盒生命源人参烟硬盒 每条 800 26,000.00
00001 生命源人生烟20支硬盒 每条 900 20,700.00
00020 佳品醇人参烟 每条 900 36,000.00
00024 生命源人生烟16支硬盒 每条 1000 20,000.00
00018 中华生命源人参烟 每条 1500 141,000.00

图 24.27 月销售分析

1．窗体设计

（1）在工程中添加一个新窗体，将该窗体的“名称”属性设置为 main_xsfx_yxsfx。

（2）在窗体上添加 OptionButton 控件数组（Option1(0) ~ Option1(2)）、一个 MaskEdBox 控件、一个 MSHFlexGrid 控件、一个 Adodc 控件和两个 CommandButton 控件等。

（3）主要控件对象的属性设置如表 24.12 所示。

表 24.12 主要控件对象的属性列表

对　　象	属　　性	值	功　　能
Adodc1	RecordSource	select 产品编号，品名规格，单位，sum(月销量) as 总销量，sum(月销售额) as 销售总金额 from 销售表 group by 产品编号，品名规格，单位 order by 产品编号	提供数据绑定
MSHFlexGrid1	DataSource	Adodc1	显示分析数据
MaskEdBox1	Name	MEBtxtmonth	显示分析月份

2．代码设计

```
Public myIndex As Integer
```

定义 flexSetting 过程，用于设置 MSHFlexGrid1 的数据源和列宽，代码如下。

```
//................................................................................//
Sub flexSetting()
  With MSHFlexGrid1
     Set .DataSource = Adodc1
    .ColWidth(0) = 200: .ColWidth(1) = 2000
    .ColWidth(2) = 3000: .ColWidth(3) = 1200: .ColWidth(4) = 1400
```

```
  End With
End Sub
Private Sub Form_Load()
 Me.Caption = text
 cmdFind_Click
End Sub
Private Sub Option1_Click(index As Integer)
 myIndex = index
End Sub
```

单击“查询”按钮，触发 Click 事件，按用户选择的方式查询并统计月销售数据，代码如下。

```
//..........................................................................//
Private Sub cmdFind_Click()      '查询统计
  Dim r1 As Integer
  Select Case myIndex
    Case 0
      Adodc1.RecordSource = "select 产品编号,品名规格,单位,sum(月销量) as 销售总数 from 销售表 where 所在月份='" + MEBtxtmonth + "'group by 产品编号,品名规格,单位 order by 销售总数"
      Adodc1.Refresh
      flexSetting
    Case 1
      Adodc1.RecordSource = "select 产品编号,品名规格,单位,sum(月销售额) as 销售总额 from 销售表 where 所在月份='" + MEBtxtmonth + "'group by 产品编号,品名规格,单位 order by 销售总额"
      Adodc1.Refresh
      r1 = Adodc1.Recordset.RecordCount
      flexSetting
      With MSHFlexGrid1
          For i = 1 To r1
              .TextMatrix(i, 4) = Format(.TextMatrix(i, 4), "##,##0.00")
          Next i
      End With
    Case 2
      Adodc1.RecordSource = "select 产品编号,品名规格,单位,sum(月销量) as 销售总数,sum(月销售额) as 销售总额 from 销售表 where 所在月份='" + MEBtxtmonth + "'group by 产品编号,品名规格,单位 order by 销售总数,销售总额"
      Adodc1.Refresh
      r1 = Adodc1.Recordset.RecordCount
      flexSetting
      With MSHFlexGrid1
          For i = 1 To r1
              .TextMatrix(i, 5) = Format(.TextMatrix(i, 5), "##,##0.00")
          Next i
        .ColWidth(5) = 1600
      End With
  End Select
End Sub
```

24.6　程序调试与错误处理

24.6.1　如何解决多步 OLE DB 操作产生的错误

在使用销售数据导入模块导入销售计划数据时，会出现如图 24.28 所示的错误。

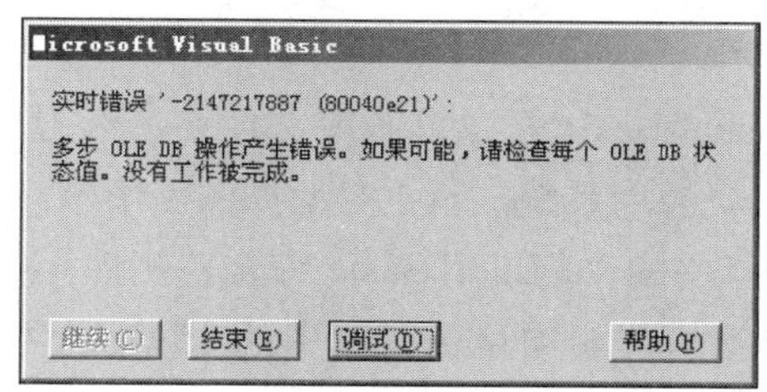

图 24.28　错误提示

出现上述问题后，代码将突出显示，旁边还有一个箭头标记，将鼠标移到该处，发现程序执行到如图 24.29 所示的地方时出错。

```
For r = 2 To 2000
  If newsheet.Cells(r, 1) <> "" Then
     rs1.AddNew
     For c = 1 To rs1.Fields.Count - 1
        rs1.Fields(c) = newsheet.Cells(r, c)
     Next c     newsheet.Cells(r, c) = "(01)辽宁"
     rs1.Update
     intNew = intNew + 1
   End If
Next r
rs1.Close
newxls.Quit
Text2 = Text2 & Chr(13) & Chr(10) & "共成功导入" & intNew & "条数据。"
```

图 24.29　代码调试

经过以上分析，得知出错的原因是数据表的“销售区域”字段太小，而导入的销售区域名称却很长。

解决方法：打开 SQL Server 数据库，将销售计划表中的“销售区域”字段的大小改为 200。

24.6.2　如何调试无法正常结束的程序

在程序开发过程中不断地进行调试并观察其正确性、稳定性时，有时会因为算法上的错误使程序陷入死循环，调试中的程序和 VB 编程环境均无反应，这时很多人会按下 Ctrl+Alt+Del 键结束任务，使尚未保存的程序就这样被退出。

现在就可以不用这样做了。如果在调试程序的过程中无法停止正在运行的程序，可以按下键盘上的 Ctrl+PauseBreak 键。

开发资源库使用说明

为了更好地学习《Visual Basic 从入门到精通（项目案例版）》，本书还赠送了 Visual Basic 开发资源库（需下载后使用，具体下载方法详见前言中“本书学习资源列表及获取方式”），以帮助读者快速提升编程水平。

打开下载的资源包中的 Visual Basic 开发资源库文件夹，双击 Visual Basic 开发资源库.exe 文件，即可进入 Visual Basic 开发资源库系统，其主界面如图 1 所示。Visual Basic 开发资源库内容很多，本书赠送了其中实例资源库中的“Visual Basic 综合范例库”（包括 891 个完整实例的分析过程）、模块资源库中的 15 个典型模块、项目资源库中的 15 个项目开发的全过程，以及能力测试题库。

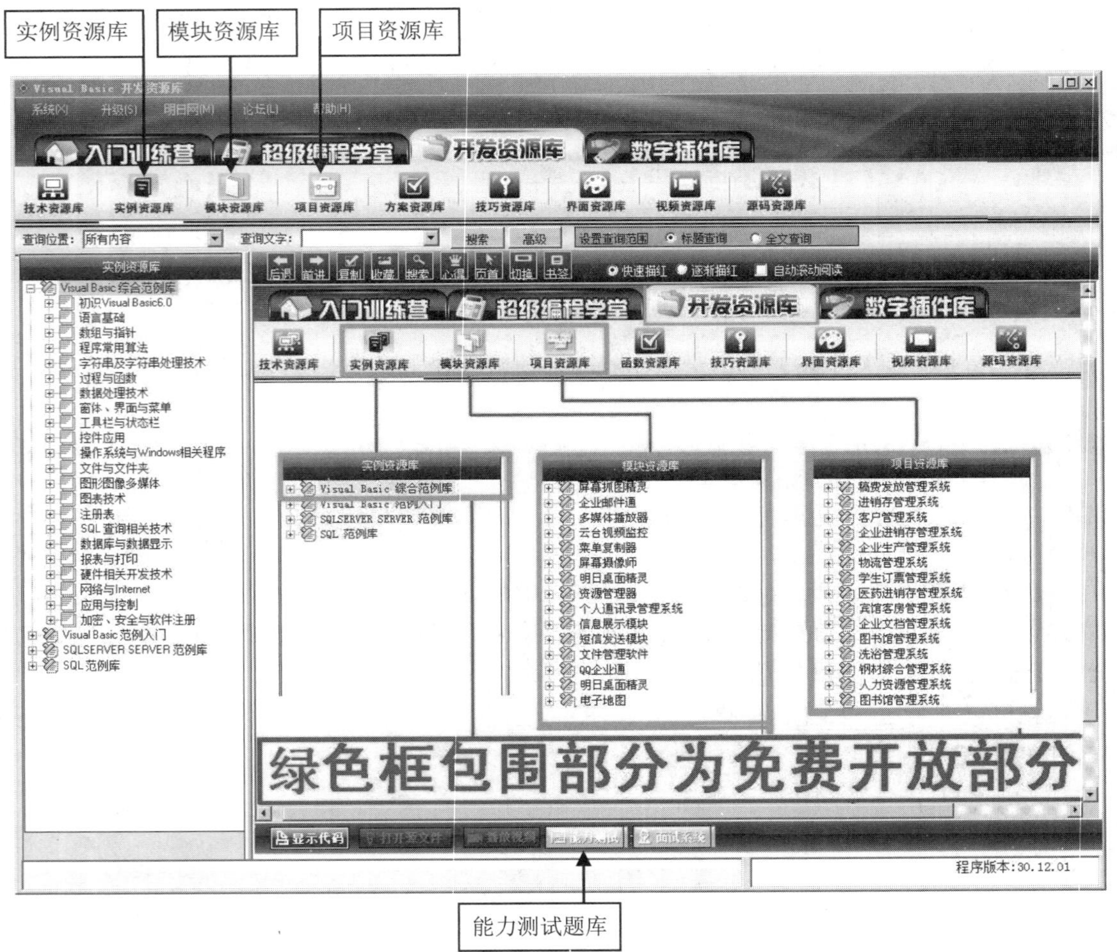

图 1　Visual Basic 开发资源库主界面

优秀的程序员通常都具有良好的逻辑思维能力和英语读写能力，所以在学习编程前，可以对数学及逻辑思维能力和英语基础能力进行测试，对自己的相关能力进行了解，并根据测试结果进行有针对的训练，为后期能够顺利学好编程打好基础。本开发资源库能力测试题库部分提供了相关的测试，如图 2 所示。

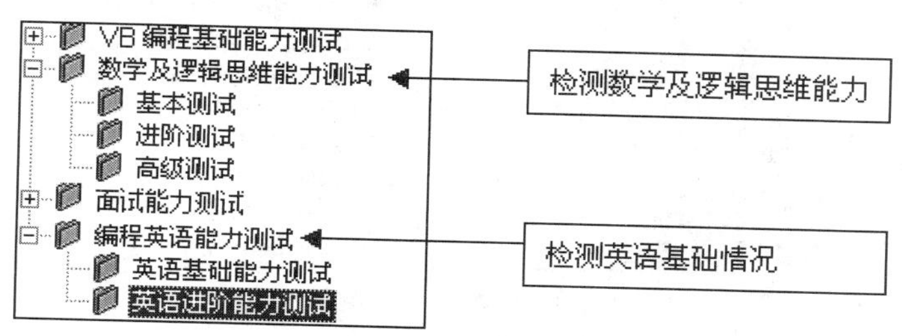

图 2　数学及逻辑思维能力测试和编程英语能力测试目录

在学习编程过程中，可以配合实例资源库，利用其中提供的大量典型实例，巩固所学编程技能，提高编程兴趣和自信心。同时，也可以配合能力测试题库的对应章节进行测试，以检测学习效果。实例资源库和编程能力测试题库目录如图 3 所示。

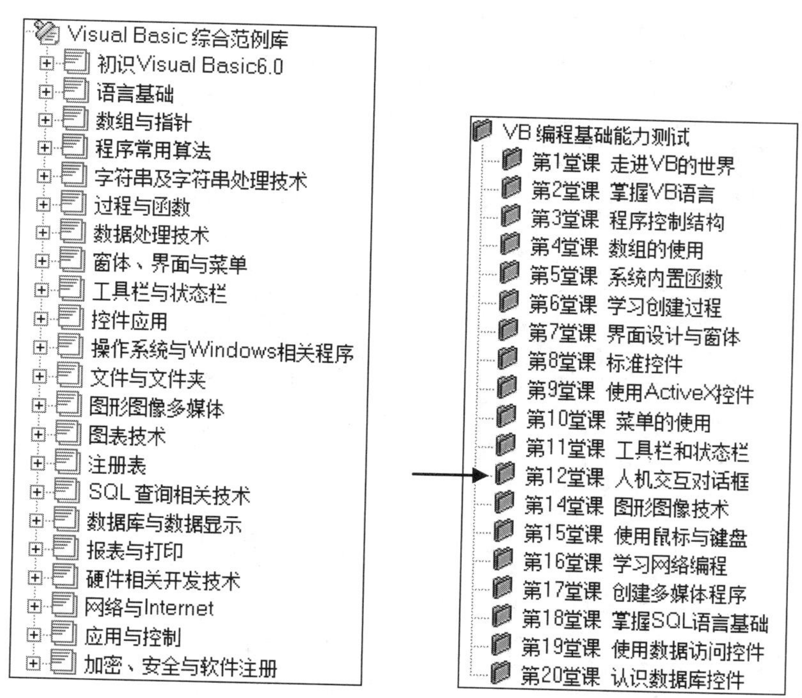

图 3　使用实例资源库和编程能力测试题库

当编程知识点学习完成后，可以配合模块资源库和项目资源库，快速掌握 15 个典型模块和 15 个项目的开发全过程，了解软件编程思想，全面提升个人综合编程技能和解决实际开发问题的能力，为成为软件开发工程师打下坚实基础。具体模块和项目目录如图 4 所示。

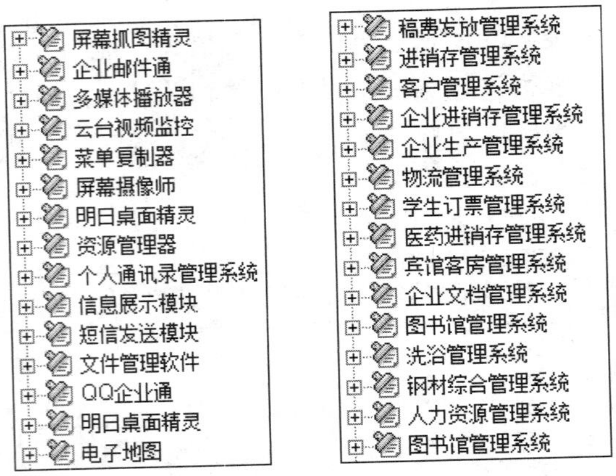

屏幕抓图精灵
企业邮件通
多媒体播放器
云台视频监控
菜单复制器
屏幕摄像师
明日桌面精灵
资源管理器
个人通讯录管理系统
信息展示模块
短信发送模块
文件管理软件
QQ企业通
明日桌面精灵
电子地图

稿费发放管理系统
进销存管理系统
客户管理系统
企业进销存管理系统
企业生产管理系统
物流管理系统
学生订票管理系统
医药进销存管理系统
宾馆客房管理系统
企业文档管理系统
图书馆管理系统
洗浴管理系统
钢材综合管理系统
人力资源管理系统
图书馆管理系统

图4　模块资源库和项目资源库目录

学以致用，学完以上内容后，就可以到程序开发的主战场上真正检测学习成果了。本书作者及所有编辑人员祝您学习愉快！

如果您在使用 Visual Basic 开发资源库时遇到问题，可查看前言中“本书学习资源列表及获取方式”，与我们联系，我们将竭诚为您服务。

150学时在线课程界面展示

明日学院 www.mingrisoft.com 专注编程教育十八年！

课程 ▾ 请输入内容 明日图书 淘宝店铺 登录 | 注册

首页 课程 读书 社区 服务中心 VIP会员

实战课程 从基础到精深，编程语言尽可掌握！ 更多>>

课程	分类	费用	时长	学习人数
命令方式修改数据库	Oracle | 实例	免费	12分9秒	233人学习
实现手机QQ农场的进入游戏界面	Android | 实例	免费	12分19秒	333人学习
第1讲 企业门户网站-功能概述	Java | 模块	免费	1分34秒	359人学习
第1讲 酒店管理系统-概述	Java | 项目	免费	1分32秒	475人学习
编写一个考试的小程序	Java | 实例	免费	3分57秒	938人学习
画桃花游戏	C# | 实例	免费	12分48秒	252人学习
三天打鱼两天晒网	C++ | 实例	免费	29分26秒	363人学习
统计学生成绩	C++ | 实例	免费	9分51秒	167人学习

体系课程 更多>>

Java入门第一季 C#入门第一季 Oracle入门第一季 Java入门第二季 C++入门第一季 Android入门第一季 Php入门第一季 JavaScript入门第一季

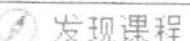

发现课程 返回发现课程

第32讲 贪吃蛇大作战- 游戏说明模…

第1讲 趣味俄罗斯方块- 开发背景

百钱买百鸡

最新动态

1. 第四讲 小恐龙的诞生（七）
2. 第三讲 小恐龙的诞生（六）
3. 第二讲 小恐龙的诞生（五）
4. 第一讲 小恐龙的诞生（四）
5. 第三讲 小恐龙的诞生（三）
6. 第二讲 小恐龙的诞生（二）
7. 第一讲 小恐龙的诞生（一）
8. 第六讲 如何轻松拿到Offer（…

客服热线(每日9:00-21:00)

400 675 1066

关注学习交流群

专注编程

专业用户，专注编程
提高能力，经验分享

成长自己成就他人

不断学习、成长自己
授人以渔、助人成长

150学时在线课程资源展示及获取方式

体系课程　实战课程

C++入门第一季

主讲：大米粥　课时：20小时9分11秒　开始学习

Android入门第一季

主讲：无言吾　课时：19小时25分17秒　开始学习

Java入门第一季

主讲：根号申　课时：10小时9分15秒　开始学习

体系课程　实战课程　难 - 中 - 易

实例　更多>>

猴子吃桃

C++ | 实例　免费

5分24秒　32人学习

判断三角形类型

C++ | 实例　免费

13分51秒　26人学习

易

猴子吃桃问题

Java | 实例　免费

3分33秒　53人学习

项目　更多>>

难

快乐吃豆子游戏

快乐吃豆子游戏

C++ | 项目　免费

2小时15分55秒　17人学习

根号申教你用Java开发小恐龙游…

Java | 模块　免费

1小时12分22秒　20人学习

适中

单　记　词　锁　屏

锁屏背单词

Android | 项目　免费

2小时5分10秒　6人学习

150学时在线课程激活方法

150学时在线课程，包括“体系课程”和“实战课程”，其中“体系课程”主要介绍软件各知识点的使用方法，“实战课程”介绍具体项目案例的设计和实现过程，并传达一种软件设计思想和思维方法。

课程激活方法如下：

1、首先登录明日学院网站http://www.mingrisoft.com/。

2、单击网页右上角的“注册”按钮，按要求注册为网站会员（此时的会员为普通会员，只能观看网站中标注为“免费”字样的视频）。

3、鼠标指向网页右上角的用户名，在展开的列表中选择“我的VIP”选项，如下图所示。

4、此时刮开封底的涂层，在下图所示的“使用会员验证”文本框中输入学习码，单击“立即使用”按钮，即可获取本书赠送的为期一年的150学时在线课程。

有会员验证码的用户可在此处激活

使用会员验证　请输入会员验证码　立即使用

5、激活后的提示如下图所示。注意：用户需在激活后一年内学完所有课程，否则此学习码将作废。另外，此学习码只能激活一次，一年内可无限次使用，另外注册的账号将不能使用此学习码再次激活。

会员记录

类型	数量	开始时间	结束时间	备注
V1会员	1年	2017-10-13	2018-10-13	使用优惠码

扫描下面的二维码，可直接进入注册界面，用手机进行注册，在线课程的激活方法与网站激活方法一样，不再赘述。激活后即可用手机随时随地进行学习了。读者也可以下载明日学院app进行学习，APP主界面和观看效果如下图所示。

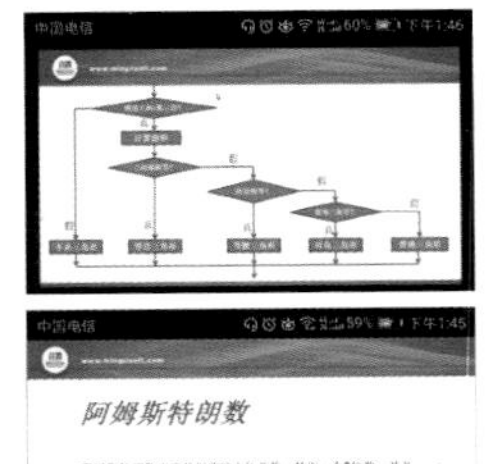

阿姆斯特朗数

你的未来你做主